软件测试

实践者方法

孙志安　李　源　韩启龙　豆康康　费　琪　编著

電子工業出版社
Publishing House of Electronics Industry
北京·BEIJING

内容简介

本书基于软件测试过程模型，构建软件测试价值模型、能力模型及基于能力战略的软件测试策略框架，讨论软件测试终止、测试预言、测试生成问题。基于图结构、图元素及软件失效行为，介绍逻辑驱动、数据驱动、剖面驱动的基础理论、基础技术及实践者方法。基于技术创新及软件测试发展需求，构建面向服务、大数据及应用、软硬件一体化测试的技术框架，讨论基于服务模型的形式化描述及求解、服务实体及基于时间波动的服务实时性测试、大数据算法及应用性能测试、基于环境剖面及多域任务场景综合的一体化测试技术的最新研究成果及实践者方法。基于能力战略的软件测试策略，构建基于质量、效率驱动的软件测试框架，结合实际案例，讨论文档类、代码类、数据类、功能类、性能类、接口类和专项类软件测试的技术要求、测试策略、环境构建及实践者方法。

本书可供软件测试人员、软件质量管理人员、软件工程管理人员、软件开发人员及软件工程专业本科高年级学生、研究生使用和参考。

未经许可，不得以任何方式复制或抄袭本书之部分或全部内容。
版权所有，侵权必究。

图书在版编目（CIP）数据

软件测试 : 实践者方法 / 孙志安等编著. -- 北京 : 电子工业出版社, 2024. 9. -- ISBN 978-7-121-48718-7

Ⅰ. TP311.5

中国国家版本馆 CIP 数据核字第 20248QD100 号

责任编辑：徐蕾薇　　文字编辑：赵　娜
印　　刷：北京七彩京通数码快印有限公司
装　　订：北京七彩京通数码快印有限公司
出版发行：电子工业出版社
　　　　　北京市海淀区万寿路 173 信箱　邮编：100036
开　　本：880×1230　1/16　印张：35.25　字数：1018 千字
版　　次：2024 年 9 月第 1 版
印　　次：2024 年 9 月第 1 次印刷
定　　价：200.00 元

凡所购买电子工业出版社图书有缺损问题，请向购买书店调换。若书店售缺，请与本社发行部联系，联系及邮购电话：（010）88254888，88258888。

质量投诉请发邮件至 zlts@phei.com.cn，盗版侵权举报请发邮件至 dbqq@phei.com.cn。

本书咨询联系方式：xuqw@phei.com.cn。

前言 FOREWORD

这是一个软件定义的百年未有之大变局时代！

基于软件定义，以信息平台为基础载体，以数据资源为关键要素，融合应用以全要素数字化转型为驱动力的新技术、新产品、新模式、新业态，代际跃升，群体演进，推进以绿色、智能及泛在为特征的关键引领技术跨越发展，构成纷繁的物理—数字时空，自然世界与虚拟世界深度融合，原子世界向比特世界高歌猛进。软件已成为国民经济和社会发展的基础性、战略性、先导性产业。碳基只是载体，软件才是核心。

一个日益增长的需求是：软件应具有检定合格的质量和持续交付能力。然而，快速增加的系统复杂性、不确定性、演化性及需求过载、集成变更、版本迭代、海量增长的数据，无处不在的 Bug（程序错误），导致软件质量形成及改进面临前所未有的挑战，即便是日常生活中的一般应用亦概莫能外。无人驾驶、轨道交通、宇航探索、核安控制、金融服务等可靠性、安全性攸关的系统，对软件质量提出了新的更高要求。与此同时，随着大规模敏捷、DevSecOps、持续集成交付等开发模式的迭代演进，大数据集成及增强现实、混合数据架构、开放弹性业务架构及应用容器化、微服务及无服务架构等的广泛应用，语言模型构成了一个全新的软件栈基础，日益复杂及不断重构的过程中异构软件功能难以形成合力，进一步加剧了质量风险。我们惶恐地生活在质量的大堤之下。未来已来，与有荣焉？

软件质量构建于富有弹性的设计、规范有序的管理、充分完备的测试、持续改进且不断增强的过程能力之上，是区分产品与服务的核心要素。在快速迭代演进的研发模式下，如何实现软件质量控制及改进的重大提升，是软件测试人员或团队必须面对并着力研究解决的问题。业界将关注的重点集中于两端：一端基于系统构建，进行全程测试，检出缺陷，规避过程及产品质量风险；另一端基于用户体验，在关键路径抽取关键绩效指标（Key Performance Indicator，KPI），进行全栈分析，测试验证质量目标的实现情况。而不幸的是，有望从根本上改进软件质量的代码生成、服务重用、应用程序编程接口（Application Programming Interface，API）推荐、形式化设计等先进软件开发及自主测试、程序正确性证明、形式化验证、超级自动化测试等重大关键技术，尚待进一步突破和实践检验。敢问路在何方？

软件测试是在确定的环境中，运行并测定软件，检出错误，度量并评价软件的符合性、正确性、适用性、完全性、稳定性及交付能力是否满足使用要求的过程活动，是软件错误的过滤器，是软件质量的把关者，是用户权益的捍卫者，是流程治理的实践者，是过程改进的创新者，是软件文明的守望者。通过业界卓绝的探索和广泛实践，逻辑、数据、流程驱动的软件测试技术已臻成熟，剖面、能力驱动的软件测试技术亦取得长足进展，为软件测试技术发展奠定了坚实的基础。持续测试、超级自动化测试、人工智能测试、基于测试驱动的质量工程，是软件测试技术发展的重要方向。随着人工智能技术的快速发展，基于人工智能生成内容的高效学习效率、生成式大模型的多模态处理能力，给测试用例生成、文本输入生成、自动化执行与回归、智能缺陷检测、缺陷自动修复、智能协作等技术发展注入了新的动能，推动软件测试技术实现新发展。但即便如此，存在的问题比已有答案多得多。

软件测试是基于软件行为建模的数据抽样验证，是基于测试过程模型、能力模型、价值模型，序化演进的系统工程过程。整合离散的测试资源，建设集基础设施、测试环境、测试用例、场景数据、环境数据、缺陷数据等资产于一体，测试验证、分析评价、认可认证相互融合，云化承载的测试基础能力体系，建设创新驱动、嵌套闭环、开放融合、持续改进的质量提升生态，面向过程，聚焦测试策划，着眼测试设计，着力测试执行，以质量、效率、能力驱动可视、可测、可信的测试过程改进及能力提升，实现逻辑覆盖、业务覆盖、能力覆盖与质量目标综合，错误检测、故障预测及健康管理融合，软件测试与系统验证、能力评价、质量保证及组织战略交联，以测保质、以测促研、以测促产、以测促用，推进基于测试驱动的客户价值提升。这是软件测试的初心和使命。

软件测试人，是对软件问题最敏感、对软件质量最敬畏的群体之一。七十多年来，通过几代软件测试人的执着探索，勇毅实践，软件测试从迷茫到觉悟，从概念到体系，从抽象到具体，从具象归于抽象。这是软件工程发展的必然结果，是质量工程发展的必然选择，而这些都离不开技术的创新、方法的运用、知识的积淀、能力的支撑及实践的驱动，更加离不开软件测试人艰辛的努力和智慧的付出。如果来时的方向只靠不断回望，必将裹足不前，需不断审视、探索与践行，超越绝对的积极与消极、纯粹的乐观与悲观，在极端的不对称中发现契机，寻找逆袭点，再出发。

浸淫于软件测试近二十载，除了诚心敬畏每一行代码，认真对待每一个问题，在这条不只局限于技术概念的道路上，常有所思，偶有所得，却未能分杯于斯。自发的演练，并非偶然。在内心的反复挣扎之后，鼓起勇气，站在前人的肩膀上，把对软件测试的思和想，情感与共鸣集结到一起，期望能够在软件测试及质量工程界，营造一种能够引起广泛兴趣的学术氛围，为软件测试专业化、服务化、融合化、产业化发展构造一个创新驱动、技术引领、开放融合的技术生态与工程实践示范。

全书分为 11 章。第 1 章分析软件质量、软件测试技术的现状及存在的问题，跟踪软件测试的发展历程，研究软件测试的发展趋势，为本书结构构建及内容展开建立基础。第 2 章基于软件质量模型，简述软件测试及其相关概念，构建软件可测试性生命周期过程模型，讨论不同级别的可测试性问题；定义软件缺陷，分析软件失效机理，为基于软件失效行为及故障假设的软件测试奠定基础。第 3 章基于软件测试过程模型及成熟度模型，构建软件测试价值模型，给出软件测试模型开发及选择策略。第 4 章基于软件测试价值模型，提出基于目标、基于风险、基于能力驱动的测试策略及测试策划的实践者方法，介绍软件测试的不确定性及控制方法。第 5 章基于图结构及图元素，介绍逻辑覆盖、路径覆盖、循环结构覆盖、符号执行等经典逻辑驱动测试技术，讨论逻辑驱动测试的边界值问题，介绍同源检测、基于语义检测与规则集聚类的静态分析融合方法。第 6 章基于软件可用性理论，介绍等价类划分、边界值分析、场景驱动、决策表驱动、因果图分析、功能图分析、正交试验设计、均匀试验设计、组合测试、被动测试等数据驱动测试的概念、理论基础、技术原理及工程实践方法。第 7 章面向服务软件，构建面向服务的测试框架，基于服务模型的形式化描述及求解，讨论服务实体、有状态服务实体及基于时间波动的服务实时性测试技术及实践者方法。第 8 章基于软件运行周期的可靠性风险，构建软件运行剖面，介绍随机过程类、非随机过程类、构件软件可靠性模型，讨论软件可靠性增长测试、可靠性验证测试的概念、技术原理、充分性准则及基于蒙特卡罗方法的软件可靠性测试。第 9 章基于大数据架构模型及大数据应用安全要素，构建大数据及应用测试体系，讨论大数据及算法、大数据应用性能、大数据应用安全性测试技术与方法。第 10 章基于系统行为模型，构建基于环境应力剖面、软件状态剖面、多域任务场景综合的一体化测试剖面，介绍数据归纳及统计容差修正、基于动态故障树的失效不确定性建模，以及基于退化模型及多域任务场景驱动的一体化测试技术及方法。第 11 章构建基于质量、效率驱动的软件测试框架及开放融合的测试类型集，以丰富的案例，分享文档类、代码类、数据类、功能类、性能类、接口类和专项类软件测试的技术要求、测试策略、环境构建及实践者方法。

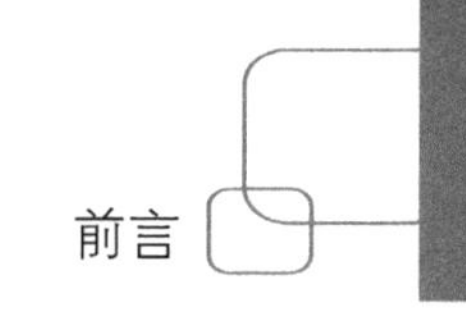

由于编著者水平有限，虽笔耕不辍，数易其稿，难免萧兰并撷，珉玉杂陈，不当之处，恳请读者批评指正。作为一门快速发展与持续演进的学科，本书只是软件测试技术研究和实践的一个起点。以有限的时间和认知，探索软件测试的无尽难题，路漫漫永难穷尽，还需要业界和同仁们的大力支持和共同努力。

在本书的编著过程中，参考并采用了中国船舶工业软件测试中心的部分研究成果，对相应项目组及成员艰辛的探索、智慧的创新、卓越的成果致以由衷的敬意！另外，中国船舶工业软件测试中心费琪高工提供了部分静态分析案例，哈尔滨工程大学韩启龙教授、Shopify 公司数据分析师 Sun ruolun 审阅了书稿并提出了建设性的意见和建议，电子工业出版社徐蕾薇编辑，精心策划、悉心指导、逐字审阅，保证了书稿的编辑出版质量，在此一并致谢！在本书的编著过程中参考了相关网络文献，难以逐一列出，特向作者及信息发布者致谢！

编 著 者

2024 年 5 月

CONTENTS 目录

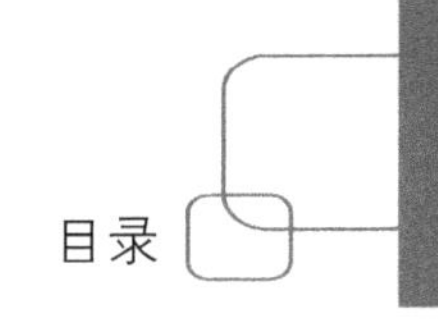

第 1 章　软件测试进展

软件是指与计算系统操作有关的程序、规程、规则、文件、文档和数据，是对客观世界问题空间及解空间的具象描述，具有构造性和演化性。软件赋予了物理世界以生命、生机、活力和智慧，正以跨界融合的崭新面貌，势不可挡的强大力量，打破旧秩序，重构新世界，是新一轮信息技术革命和产业变革的新特征和新标志。

软件测试是基于软件系统行为及过程能力建模的数据抽样验证，发轫于不可控的软件质量及不断增长的软件质量需求。基于狭隘质量观，软件测试旨在检出缺陷，保证软件质量，是软件错误的过滤器；基于卓越质量观，软件测试是对系统能力的测试验证，是软件质量工程的重要子域。

1.1　软件赋能、赋值与赋智

软件自肇始至今，历 70 余载，走过了一条波澜壮阔的发展之路。基于不同视角，软件发展历程可划分为不同阶段。基于软件形态、驻留环境等视角及测试模式，通常将软件发展历程划分为概念化、一体化，产品化、产业化，网络化、服务化 3 个阶段。基于软件架构及编程技术视角，软件开发经历了面向过程、面向对象、面向组件、面向服务、DevSecOps 等序化演进的发展阶段。软件数字化、智能化发展，潮涌而来，势不可挡，必将演化为智能化发展阶段。图 1-1 展示了基于编程技术的软件发展及演进历程。

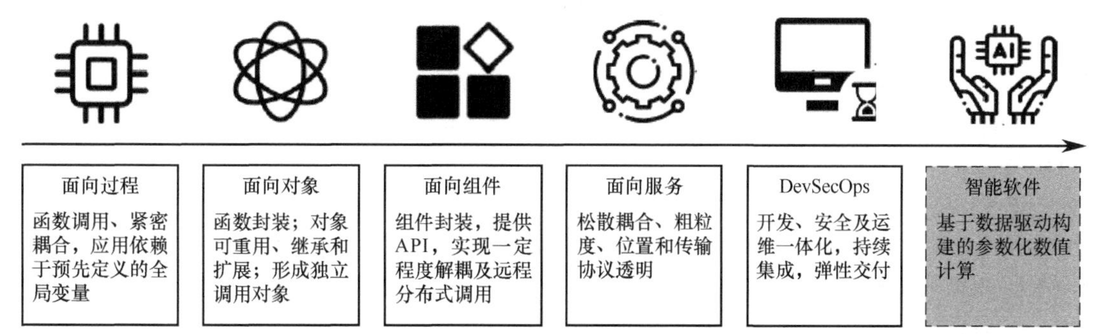

图 1-1　基于编程技术的软件发展及演进历程

2013 年 5 月，媒体 Wired 提出软件定义一切（Software-Defined Everything，SDE/SDx），进一步推进了软件形态的演进。SDx 就是将服务器、存储设备、网络系统等资源虚拟化，按需分割、重组虚拟及池化资源，实现管理功能可编程化，系统功能定制化、客户化、多样化、敏捷化、智能化及开放、灵活、智能的管控服务。在人–机–物融合计算场景下，万物皆可互联，一切均可编程，所有应用系统乃至社会经济组织形态，都能够以软件定义的形态呈现。图 1-2 所示为软件定义人–机–物互联领域视图。

从软件定义网络开始，拓展到软件定义频谱、传输、交换、计算、存储、数据中心、环境及信息技术基础设施等几乎所有领域。基于物联网、云计算、人工智能、先进计算技术及成千上万台 CPU+GPU 服务器架构的超计算能力，软件定义加速推进且进一步泛化和延伸，从单一资源管控到人–机–物互联融合，引领技术创新和商业模式创新，催生了泛娱乐、新零售、线上教育、大数据服务等创新业态，推进包括网络基础、软件服务、数据服务以及灵活包容的创新政策环境的构建及优化，形成软件定义的新势能和新生态。

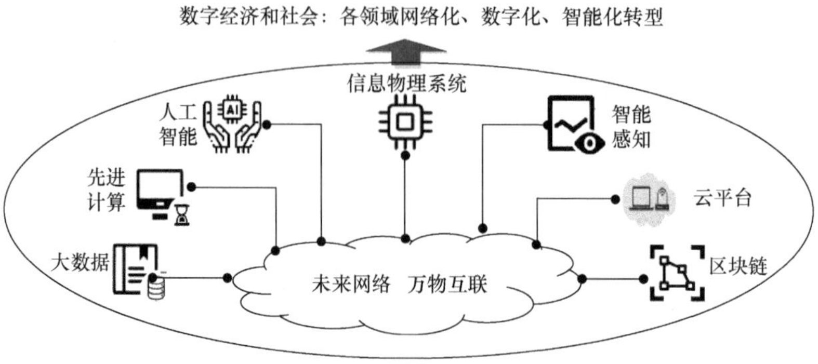

数字经济和社会：各领域网络化、数字化、智能化转型

信息物理系统 人工智能 智能感知 先进计算 云平台 大数据 区块链 未来网络 万物互联

图 1-2 软件定义人–机–物互联领域视图

以数字化生产力为特征的新发展阶段，软件承载的使命及形态发生了深刻变化，对拓展产品功能，变革产业组织形态，创新价值创造模式，实现产业赋能、经济赋值、社会赋智，驱动信息技术迭代创新，激发数据要素创新活力，催生全新的技术和社会形态，促进社会经济数字化、网络化、平台化、智能化、融合化发展的质量变革、效率变革、动力变革，具有重要的基础支撑作用。

软件赋能是通过软件定义应用系统的使命任务，赋予用户需求的能力。SDx 有助于通过软件弥合离散的 IT 竖井之间的技术和组织差距，创建能够进行整体管理的底层基础设施。新动能推动新发展。软件已深度融入工业生产力，从产品和产业层面跃升到社会经济发展层面，为社会经济发展赋予新的动能，是新一代信息技术的底座，是信息技术的关键载体及产业融合发展的关键纽带，是促进社会经济发展的使能动力和新的生产力。

软件赋值是通过软件赋予应用系统以价值，实现业务增值、增益、增效。据 2023 年 9 月 27 日《工信微报》报道，2023 年 1—8 月，我国软件业务完成收入 75178 亿元，实现利润 8628 亿元，同比分别增长 13.3%和 13.9%。与此同时，通过持续集成、持续发布、运维服务、平台服务及成果转移转化等应用模式创新和商业模式变革，拓展价值展现维度，延伸价值链，放大价值创造空间；持续提升过程能力，增强产品研发、产业发展活力，提升企业内在价值；激发数据要素创新活力，促进创新链、产业链、价值链的延伸和融合，促进产业组织形态及社会经济发展模式加速转型，展现其社会价值。

软件赋智是基于数据及信息软件化、数字化、知识化，将智能模型嵌入软件系统，将知识赋予应用系统，产生智能行为。软件是数字工具、知识容器、思想利器、智能之魂，在数字化及智能化过程中，提升创新能力，影响社会经济发展机理及社会结构治理，赋予社会智能思考与智能化运行能力。今天，一幅智慧生活的画卷正徐徐展开。触手可及的智能家居、智能穿戴设备、无人驾驶汽车等无一不以智能形态改变人们的生产生活方式。

1.2 软件质量现状

这是一个质量创新驱动市场主体创新的时代。质量管理大师 William Edwards Deming 在《新经济观》中提出“质量是新经济纪元的基础”这一关键命题，引发持续的质量反思。质量是企业最后的防火墙，是社会经济高质量发展的基石。

传统软件质量控制技术及质量工程方法论，面临着前所未有的挑战。在怀疑论者悲观情绪不断弥漫，完美软件开发、程序正确性证明、形式化验证等重大关键技术尚未完全突破，软件工程方法备受诟病的今天，软件测试是保证软件质量，改进软件过程，降低使用风险，实现用户价值的重要手段。而基于软件定义，系统质量需要解决的问题包括如何合理平衡管理的灵活性以及虚拟化之后的性能损耗，如何降低软件实现的复杂性和故障率，如何有效定位故障以保障系统的可靠性与健康性，如何在新型架构及质量要求下开发有效的测试技术及最佳实践。系统安全性对硬件资源管理可编程提出开放性、灵活性要求的同时，带来了更多安全隐患，而对于可靠性、安全攸关领域，可能会带来难以估量的损失甚至灾难性后果。

产品质量不仅是其外在表现的高质量，更是其内在实现高质量的过程，是过程及其结果双重可验证的属性，是技术创新、产品创新、模式创新、业态创新的基础。幽暗的丛林中，荆棘密布；平静的海面下，暗流汹涌。何曾识得庐山真面目，只缘未入此山中。不论是大型工程系统还是日常生活用品，越来越证明软件是一个薄弱环节，即便是通过规定测试与合格验证的软件，也常常受到错误的困扰，更何况我们还难以保证软件质量哪怕是在一段时间的将来是足够的。而不幸的是，软件规模越来越大，结构越来越复杂，持续集成与交付加速迭代，质量与效率此消彼长。

遨游太空，探索宇宙的无穷奥秘，是人类美好的梦想和追求；嫦娥奔月，夸父逐日已夙梦成真，地球流浪未必只是科幻。航空航天产品是可靠性、安全性攸关的复杂系统，质量管控一丝不苟，开发设计严密规范，测试验证充分完备，适航认证严慎细实，双五归零严肃彻底，形成了大量独树一帜的最佳实践成果。然而，质量问题依然时有发生，甚至引发了不少灾难性事故。据 2023 年 1 月 6 日《空天动力瞭望》报道，截至 2022 年，全球共进行 186 次航天发射，谱写了航天发射新的辉煌，但却仍然有 42 个航天器因 7 次发射失败和 1 次部分失败，未能入轨或未能成功部署载荷，其中相当一部分是因为软件质量问题所致。在航空航天发展史上，因为软件质量问题引发的重大质量事故俯拾皆是。1996 年 6 月 4 日，ARIANE 5 火箭首发升空 40 秒，即燃放了一个“大烟花”，其原因是主惯性参考系统将 64 位浮点数转换成 16 位有符号整数时，数字转换超界，未将正确的姿态数据传送至箭载计算机，致使其攻角大于 20°，引起极高的气动载荷，引爆自毁。2003 年 5 月 4 日，联盟 TMA-1 号飞船自国际空间站返回时，软件错误导致导航系统故障，使得自动驾驶仪以弹道方式降落，飞船失联长达 11 分钟，与原定溅落点偏差达 460 千米。自波音 737 MAX 投入商飞后，先后于 2018 年、2019 年发生两起重大空难，造成 346 人丧生，除波音公司管理不透明、美国联邦航空局监管缺失之外，导致悲剧发生的根本原因是错误地将特定条件下自动压低机头的 MCAS 软件激活时间设定过短（4 秒，一个经验丰富的飞行员至少需要 10 秒才能完成诊断和应对）。2022 年 2 月 10 日，Astra Space 的 ELaNa41 发射失败，损失 4 颗立方体卫星，一个重要原因是数据包丢失故障模式，上层级发动机 Aether 无法利用其推力矢量控制飞行器，进行稳定和机动控制。2023 年 1 月 11 日，美国航班飞行通告系统因一个数据文件损坏，导致美国全境空中交通全面瘫痪，引发巨大混乱。

现代战争不仅是尖端武器及平台的对抗，更是在扩大的空间与缩短的时间、分散的布势与模糊的战线、动态行动的军兵种与频繁转换的作战样式之上的体系对抗，作战理念及样式不断改变。软件定义装备，软件是战斗力形成及作战效能有效发挥的关键要素，深刻影响新军事变革。基于军工系统卓越的质量管控机制，有效地规范了装备软件的开发设计、测试验证、试验鉴定等工作，较好地保证了装备软件质量。即便如此，装备软件质量问题时有发生，甚至已成为制约装备建设发展的瓶颈。欧美等西方发达国家和地区，亦概莫能外。例如，海湾战争期间，爱国者防空系统因跟踪软件运行 100 小时后出现 0.36 秒舍入误差，未能成功拦截伊拉克的飞毛腿导弹，造成 28 名英军官兵被炸身亡。又如，美国海军“约克城”（CG-48）号巡洋舰动力系统软件存在被零除错误，数据溢出，导致动力系统失效，致使全舰瘫痪。前车已覆，后车之鉴。在美军事转型计划关键项目——网络中心战研制过程中，构建数字化试验鉴定体系，实施基于能力的试验鉴定战略，推进美军装备试验鉴定由技术性能验证向系统效能验证和交付能力评价，以标准化能力文档为中心的线性试验鉴定转型，对保证软件系统质量发挥了重要作用。

可靠性、安全性攸关的航空航天、军工装备尚且如此，与我们日常生产生活密切相关的工业软件、商用软件，情况又如何呢？不幸的是，操作系统、数据库等基础软件及信息与通信技术（Information and Communications Technology，ICT）基础设施，其核心算法、技术架构、应用模式等自主创新能力不足，价值失衡，生态脆弱，异构软件功能难以形成合力，质量安全风险居高不下，已成为制约软件产业发展的瓶颈。信息技术及软件服务业的技术妄念、汉尼拔情结及销售驱动增长给软件质量管控及产业发展造成了难以弥合的伤害。臭虫成堆、架构腐败、功能缺失、性能离散、操作不便、运维困难、黑客侵扰、恶意攻击、隐私泄露、服务中断、系统宕机等问题，层出不穷。2017 年 1 月 31 日 GitLab.com 的“数据丢失”事件，2017 年 2 月 28 日百度的“不正经”事件，同日 Amazon S3 Cloud 的“互联网毁灭”事件，2017 年 3 月 21 日，ofo 的“小瘫车”事件，对互联网服务行业发展产生了深刻的影响。2021 年 12 月 9 日，广泛用于企业业务架构的日志框架 Log4j2 的远程代码执行漏洞，触发无须特殊配置，攻击者可通过构造恶意代码请求在目标服务器上执行任意代码，进行页面篡改、数据窃取、挖矿、勒索等，对业界造成巨大冲击；2021 年 12 月 20 日，攻击者利用该安全漏洞攻击比利时国防部网络系统，导致邮件系统宕机达数日之久，此乃近十年来最严重的软件质量事故之一。2022 年 1 月 4 日，西安一码通系统继 2021 年 12 月 20 日崩溃之后再次崩溃，无法显示疫情防控码，导致成千上万西安市民在瑟瑟寒风中无奈地等待，更讽刺的是，这一幕再次发生在 4 个月后的“上海健康云”系统。2022 年 3 月 15 日，央视“3.15”晚会曝出，一些不良厂商为压低儿童智能手表成本，使用 10 年前的 Android4.4 操作系统，各种 App 安装后，无须用户授权即可获取定位、通讯录、摄像头等多种敏感权限，轻易获得用户地理位置、图片视频、通话录音等隐私信息，用于偷窥偷听，给使用人员带来重大安全隐患。2022 年 9 月 2 日，“四川天府健康通”系统崩溃，出现民众高举手机“呼唤”信号时心酸而又无奈的一幕。作者封笔交稿时，又传来了令人震惊的消息：2023 年 11 月 12 日，“双 11”刚刚过去，阿里就迎来了一次 P0 级事故，阿里云直接崩溃，阿里系的淘宝、钉钉、闲鱼、语雀、高德地图等全线崩溃，影响到数以万计的用户，那些使用阿里云 OSS 服务的公司，亦未能幸免；11 月 27 日，滴滴崩溃，宕机长达 12 小时，不仅造成千万订单、4 亿元交易额的损失，更为严重的是影响了大量人员出行，造成难以弥补的社会影响。事实上，上述问题仍然在无时无刻地上演。

自 2013 年至 2022 年，我们组织完成了 162 项某类软件系统鉴定、定型测评，不计文档问题，共检出 13523 个软件问题，其中致命问题 757 个、严重问题 3871 个，平均至每个项目，软件测试检出一般问题数、致命问题数、严重问题数分别达到 83.48、4.67、23.90，平均千行代码缺陷率达到 3.933。该类软件系统测试问题统计如图 1-3 所示。

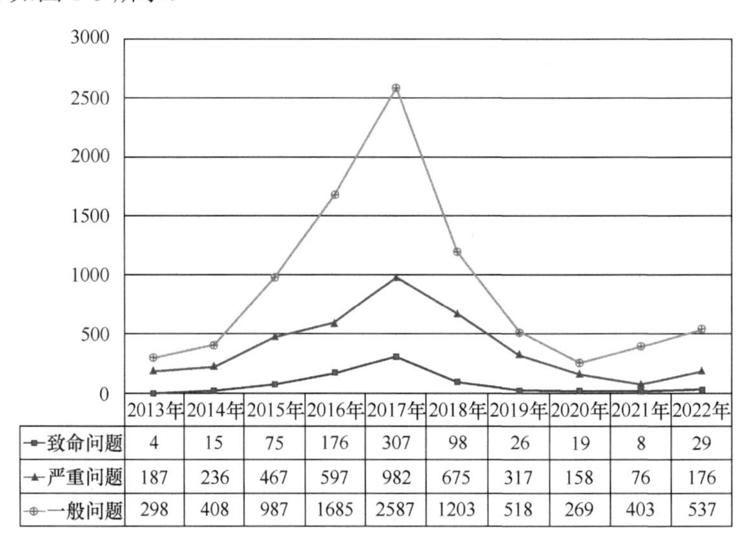

	2013年	2014年	2015年	2016年	2017年	2018年	2019年	2020年	2021年	2022年
致命问题	4	15	75	176	307	98	26	19	8	29
严重问题	187	236	467	597	982	675	317	158	76	176
一般问题	298	408	987	1685	2587	1203	518	269	403	537

图 1-3　某类软件系统测试问题统计（单位：个）

由图 1-3 可见，该类软件系统虽历十载，在鉴定定型测试阶段，软件问题依然居高不下，质量问题十分突出。与此同时，图 1-3 以无可争辩的事实证明，软件测试是检出缺陷、改进软件质量的重要手段。

质量需求催生软件测试，质量变革驱动测试发展。现代质量起源于检测，软件质量回归于测试。正本清源，重塑新时代质量思维，熔炼尚不成熟的软件质量心智，面向软件的二重性及其严峻的质量形势，认清软件测试对软件质量控制的极端重要性和不可或缺性，基于软件质量保证能力提升以及质量工程创新变革的迫切需求，强化软件测试技术创新，深化软件测试最佳实践，检出缺陷保质量，验证性能固状

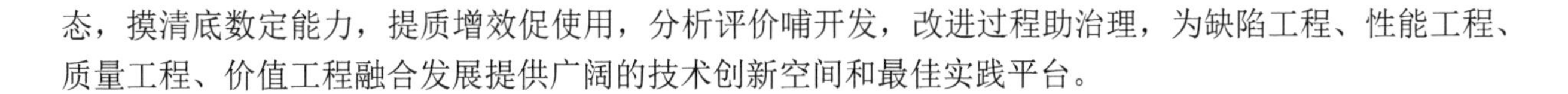

态，摸清底数定能力，提质增效促使用，分析评价哺开发，改进过程助治理，为缺陷工程、性能工程、质量工程、价值工程融合发展提供广阔的技术创新空间和最佳实践平台。

1.3　软件测试发展历程

软件测试发轫于不断增加的软件缺陷及不可控的软件质量，是质量工程的重要子域。软件测试伴随软件产生而产生，伴随软件发展而发展。对应于软件开发及质量工程发展历程，软件测试经历了发轫、发展及成熟三个发展阶段。

发轫阶段：需求驱动，测试概念产生。肇始之初，软件规模小、结构简单，与硬件紧密耦合，通常被当作硬件的附属物，开发过程无序，遑论软件测试乎！在这个阶段，调试是主要的质量保证手段。调试是软件开发及质量保证不可或缺的工作，主要用于解决编译及单个方面的问题，尚不能验证程序逻辑、内外接口、不同功能模块之间的耦合等问题。直到 20 世纪 50 年代后期，作为程序错误检测的重要手段之一，软件测试逐渐与调试分离，成为一项确定的过程活动。这一时期，主要依靠错误推测（经验或直觉），推测程序中可能存在的错误。但因测试技术落后，测试流程不规范，错误检出能力有限，即便是经过测试的软件也常常受到错误的困扰。20 世纪 60 年代，软件错误导致开发成本、进度和质量失控，软件危机爆发。如何避免错误产生并消除错误，实现质量目标，业界在程序设计语言、软件开发模型、形式化设计、程序正确性证明等方面进行了卓有成效的探索，软件工程兴起。但是，这并未从根本上解决软件质量问题，期望另辟蹊径的人们不得不再次将注意力转移到软件测试上来。但这个时期的软件测试主要是靠猜想和推断，尚未形成明确的定义、定位及方法论。1973 年，Bill Hetzel 首次将软件测试定义为：对程序或系统能否完成特定任务建立信心的过程。该定义的提出标志着软件测试的诞生。不过该定义很快受到质疑，思想一旦爆发，就会引发百家争鸣。Glenford J.Myers 认为，软件测试应认定软件存在错误，基于逆向思维，发现错误。鉴于此，1979 年，Myers 在 *The art of software testing* 中将软件测试定义为：**为发现错误而执行程序或系统的过程。**该定义将软件测试视为编码实现结束之后一项确定的过程活动，面向程序，解构软件，侧重于软件逻辑结构分析及代码错误查找，旨在检出未发现的错误，以证明程序存在错误，而非证明程序不存在错误，这是一个证伪过程。这一思想为软件测试技术发展奠定了基础。但此概念深受瀑布模型影响，混淆了软件测试的目的和手段，忽视了影响软件行为及质量的文档、数据和环境等要素，忽视了软件开发过程活动，以及应用系统的整体行为和用户需求，滋生了软件测试的随意性、盲目性和片面性。

发展阶段：面向软件，保证产品质量。20 世纪 80 年代，软件开发演进到结构化设计，开发流程和管理模式逐渐规范，C 语言诞生，面向对象技术兴起，软件结构日趋复杂，规模不断增加，应用领域不断拓展。软件测试旨在检出错误，对软件需求进行确认，对软件质量进行度量和评价，成为软件开发过程中重要的质量保证活动。1983 年，Bill Hetzel 在 *Complete Guide of Software Testing* 中将软件测试定义修改为：**评价一个程序和系统的特性或能力，确定其是否达到预期结果。**该定义是基于软件需求，针对软件功能点，采用特定方法，在规定的环境中验证并评价软件系统的符合性，不再局限于代码分析，强力地推进了软件测试基础理论、基础技术、应用技术研究及工程实践进展。同年，IEEE ANSI 将软件测试定义为：**使用人工或自动手段运行或测定软件系统，判定预期结果和实际结果的差别，确认其是否满足规定的需求。**该定义将软件测试视为软件开发过程中为发现错误、验证软件需求的符合性而执行程序的一项过程活动，将测试对象从程序拓展到文档和数据，将软件测试活动从静态的程序分析拓展到动态的错误检测，软件测试不再停留在编码实现之后这一特定阶段，而是贯穿于整个开发过程。尽管该定义依然停留在确定的层面上，却将软件测试从狭义的查错拓展到广义的质量工程。直到今天，这一成果在软件测试领域依然产生着深远的影响。

成熟阶段：面向用户，确保使用质量。20 世纪 90 年代，基于互联网平台、分布式对象模型以及面向对象、面向服务等软件开发技术，软件系统架构发生重大变化，软件质量问题逐渐演化为系统质量问题。软件测试不仅局限于需求验证，而是对用户要求及交付能力的验证和确认，其重要性被推向了前所未有的高度，成为软件质量保证的一根“稻草”，测试基础理论、基础技术、应用技术研究持续深化，代码扫描、静态分析、性能测试、捕获回放、Web 测试技术等快速发展。2000 年之后，随着高可信软件、网构软件、敏捷开发、持续集成、DevSecOps 及智能软件技术等发展的内生需求，移动应用测试、云服务平台测试、大数据及应用测试、微服务测试、敏捷测试、软件开发工具包（Software Development Kit，SDK）测试、API 自动化测试、WebService 测试、DevSecOps 测试等技术研究及应用实践得以快速发展，基于容器的持续集成测试平台建设，构建于 Kubernetes 上的微服务持续集成测试、大数据并发场景下的性能测试、基于云计算环境的规模化测试、基于行为驱动开发（Behavior-Driven Development，BDD）端到端的自动化测试、iOS UI 自动化+基于 Docker 的分布式测试等技术得以广泛应用示范，取得显著成效。公共测试技术平台及各类专业测试机构如雨后春笋般涌现，测试技术体系、标准体系与工程管理体系以及基于测试驱动的软件质量工程快速发展，软件测试迈入规范化、专业化、服务化、产业化发展之路。

伴随着软件开发技术的发展，人们对于软件质量的认知以及测试验证能力、质量保证能力持续演化发展，软件测试需求、测试目的、测试技术等亦随之演化发展。基于被测对象及不同测试模式的技术特征、组织形态等，可以基于不同视角描述软件测试的发展演进过程。图 1-4 给出了一个基于被测应用系统形态，前向兼容、序化演进的软件测试演化过程。

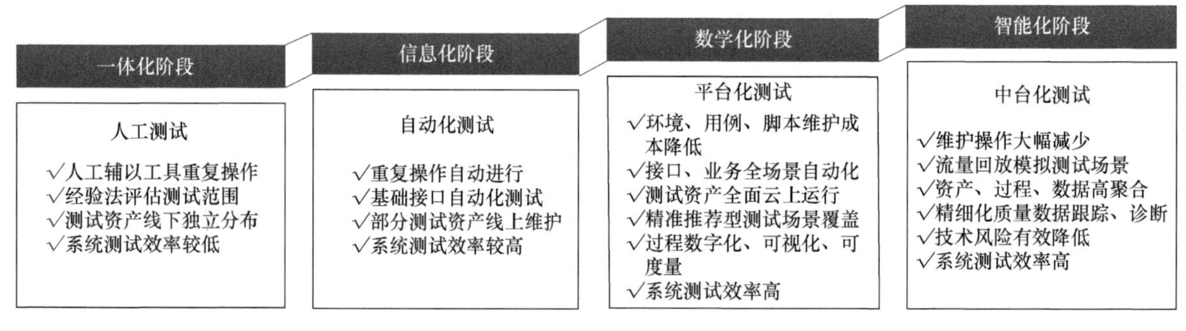

图 1-4　基于被测对象及不同测试模式的软件测试演化过程

自软件测试概念诞生以来，业界从测试目的、测试对象、测试技术、测试流程、测试能力等不同维度，对软件测试进行定义，有人甚至将软件测试视为一种艺术，从哲学的角度进行定义，从《易经》中寻找答案，但均未形成主流，亦未根本改变软件测试的定义及内涵。但基于系统工程思想，一种内生、外促的软件测试思维模式，正在演化成为促进软件测试最佳实践的方法论，已是不争的事实。

基于内部质量视角，软件测试是为发现错误而执行程序的过程，即依据软件开发阶段的规格说明、开发文档、程序结构等，基于逆向思维模式，解构软件，设计测试用例，运行被测应用，暴露隐藏的错误和缺陷。基于外部质量视角，软件测试是贯穿于软件生命周期过程的验证和确认活动，验证软件系统是否完整、正确地实现了系统规格所定义的系统功能及其特性。基于规约、设计、编码检查与验证，软件测试是软件质量保证、软件工程的重要内容。基于使用质量视角，软件测试则跳出了错误检测、验证确认等的掣肘，面向用户，基于系统行为建模，聚焦于交付能力、用户体验、用户价值及社会价值提升。这是软件测试概念演化的新方向，是软件测试发展的新阶段和新模式。

一致性难以保证应用系统满足用户需求以及需求的持续演化。业界以用户为关注的焦点，关切用户感受，充分理解用户行为需求，将软件测试作为跨学科、跨领域活动，通过不断调查和讲故事的方式完成体验式测试、探索式测试、社会调查式测试，挖掘软件系统的使用价值和社会价值，拓展价值展现维度，放大价值创造空间，服务社会经济发展。

回溯软件测试发展历程，展望软件测试美好未来，基于价值驱动和系统工程思维，从软件测试的基

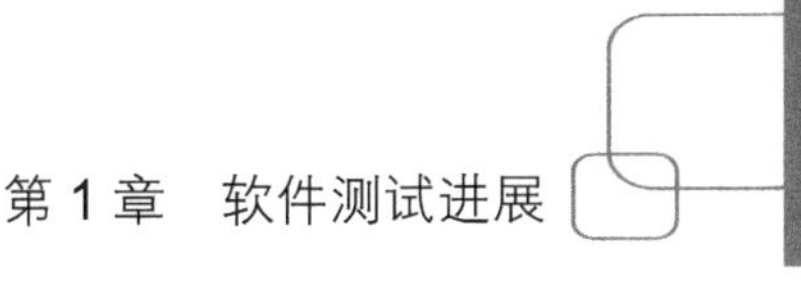

本概念出发，澄清软件测试的目的，揭示软件测试的内涵，推进基于软件测试驱动的缺陷工程、性能工程、质量工程、价值工程发展，是软件测试的美好愿景。

1.4　软件测试发展展望

1.4.1　软件测试面临的挑战

1.4.1.1　面向故障的软件测试

1. 故障模型

缺陷检出、分析、处置是软件测试发展的内生动力，故障模型是基于缺陷的软件测试的理论基础。对于任意软件 S_{oftware}，假设 F 是可能的任意故障集合，M 是一个确定的测试方法，C_M 是基于 M 对给定 S_{oftware} 和 F 所生成的测试用例集，F_M 是 C_M 所能检出的故障集合，G_{CM} 是产生 C_M 所花费的代价，譬如生成并执行 C_M 所需的时间，我们期望通过最少的测试用例，以最小的代价达成测试目标，即获得最小化的 C_M 和 G_{CM}。对于两个不同测试方法 M_1 和 M_2，若 $G_{\text{CM1}} < G_{\text{CM2}}$，且 $F_{M1} \supset F_{M2}$，则认为 M_1 优于 M_2。显然，这种方法未必会存在。通常，只要 G_{CM} 在可控范围之内且不会无限扩大，且 $F_{M1} \supset F_{M2}$，则可以断定 M_1 优于 M_2。然而，由于对软件失效机理认知的局限性、软件缺陷描述的不确定性、软件缺陷定位的不精准性，目前还难以建立统一或普适软件故障模型，这是面向故障软件测试及软件测试理论发展的主要瓶颈之一。

2. 单故障模型

假设软件故障为“小故障”或可以分解为小故障。与所谓“正确”的软件相比，软件逻辑结构正确，其错误表现为变量替代错误、运算符遗漏、括号偏移等一个或几个符号错误。面向单故障模型测试是基于单故障模型假设，对于任意给定程序，生成故障集合 $F=\{f_1,f_2,\cdots,f_n\}$，基于面向故障的测试用例，生成故障模拟算法及能够检测 F 中所有故障的测试用例，以检测软件中存在的小检测概率故障，但精准的元素定位问题无法保证模型拟合度的无偏性。

3. 系统崩溃测试

对于一个软件系统，即使某个或某些缺陷被激活，亦未必会诱发系统失效，但在不可预知的条件下，如果缺陷被多次激发，则可能导致系统崩溃。例如，对于以 C++实现的程序，虽然已有大量测试工具能够检出其内存泄漏、数组越界、空指针引用等静态缺陷，但 C++语言因其缺乏与内存安全相关的特性，存在缓冲区溢出、悬空指针等问题，特定触发或场景下，可能导致程序崩溃、未定义的行为，甚至是安全漏洞。但 C++语言广泛使用带来的高扩散性，使得针对这种情况的测试场景构建、触发条件设置、数据阈值预置等可能处于不可控状态。

4. 域比较测试

假定软件需求规格通过完备测试，而且能够从需求规格 D_S 和代码 D_P 两个方面得到软件的定义域，那么，“软件正确”的必要条件就是 $D_S = D_P$，也就是软件设计与实现同需求规格完全契合，软件设计、编码实现完整、准确地实现了软件需求。反之，若 $D_S \neq D_P$，则表明软件设计及实现同需求规格不一致。对于 $x \in (D_S - D_P) \cup (D_P - D_S)$ 中的点，一般是软件中一个特别的点，但往往可能会被开发人员所忽略或遗漏。例如，对一元二次方程 $ax^2+bx+c=0$ 求根的程序，设计及实现过程中，可能会忽略 $a=0$ 的情况。当然，除数为 0 的点，负数开平方的点，其他不该取值的点等，莫不如此。对于这类情况，可进行域比较测试，全面、系统地检验软件不同输入空间所对应输出的正确性。但是，对于域比较测试，子域分割图构建、边界测试点选择、子域内测试点选择、测试结果比对等的理论解释、实践方法，尚待进一步深入研究。

1.4.1.2 基于规范的软件测试

基于规范的软件测试具有坚实的理论基础，构建了较完备的技术标准体系，拥有丰富的测试工具支撑，且已通过广泛的实践验证。逻辑覆盖、路径覆盖、符号执行、边界测试、组合测试、数据驱动测试、软件成分分析等都是重要的基于规范的软件测试技术。其中，被动测试、符号执行、组合测试、数据驱动测试、软件成分分析还面临着挑战，在此予以简述。

1. 被动测试

主动测试是由测试人员向被测应用发送测试输入，将测试输出同预期结果比较，判定测试结果。对于主动测试，软件系统处于被测状态而非正常工作状态，环境确定，场景预置，难以实现充分的系统动态行为测试、基于场景驱动的系统能力测试，尤其是对于多协议变量复杂系统，无法实现在线测试，难以实现真实运行状态下的性能测试，环境差异会对测试结果产生重要影响。

被动测试则是在真实环境下运行被测软件，在正常工作状态下及应用场景中，被动接收输入，在不干预软件运行的情况下，根据 I/O 序列，判定软件状态，预测下一个输出。一般地，被动测试过可分为自动导引（Homing）和故障检测两个阶段。有限状态机（Finite State Machine，FSM）是被动测试的重要方法，包括遍历所有状态转移测试序列的 T 方法、构造测试输入序列的 D 方法及状态验证的 U 方法，模型简单且易于实现，但它仅考虑了系统的控制流而未考虑数据流，对于系统流程测试，力难从心。基于 FSM、扩充输入输出参数、上下文变量、定义在上下文变量、输入参数上的谓词条件和操作，构造扩展有限状态机（Extended Finite State Machine，EFSM），既可以表达控制流，也能够表达数据流，能够更加准确地描述复杂系统。但是，由于软件系统可能处于随机状态，如何处理其变量，是 EFSM 面临的难题之一。不确定的变量处理、变量区间表示及其处理是该技术领域研究的重点。

2. 符号执行

符号执行是使用变量名称的符号值而非真实数据作为程序输入，采用前向扩展和后向回溯执行程序，对源程序进行词法、语法分析，生成关于输入符号的代数表达式，用于程序路径检查、程序证明、程序简约及符号调试，检出程序缺陷，较好地解决了定理证明、类型推导、抽象解释、模型检测、规则检查等存在的问题，可为缺陷触发提供具体输入，是静态分析的重要手段。如果代码中存在数组元素、复杂数据结构、循环及方法调用等情况，自动定理证明需借助于各种判定程序，判断被测算法是否为定理，不能直接用于程序分析；类型推导仅适用于函数式程序设计语言；抽象解释只能作用于确定的抽象域；基于模型检测的搜索算法效率较低，且可能导致状态空间爆炸；规则检查受制于规则描述机制，只能对特定类型缺陷进行分析。

3. 组合测试

组合测试是基于多参数故障模型，基于系统参数的相互作用及取值组合，以较少的测试用例，实现测试目标，是基于测试性能及代价约束的优化问题。假设 k 个参数相互独立，其中第 i 个参数有 n_i 个取值 $n_0 \geqslant n_1 \geqslant \cdots \geqslant n_{k-1}$。$v_i$ 表示第 i 个参数的某个取值即水平，$\tau=(v_0,v_1,\cdots,v_{k-1})$ 表示一个测试用例，$T=\{\tau=(v_0,v_1,\cdots,v_{k-1})\}$ 表示所有可能的测试用例构成的集合，S 表示选定的某个测试用例集，$S \subseteq T$，对这些参数的全部组合进行测试，需 $|T|=\prod_{i=0}^{k-1} n_i$ 个测试用例。当参数个数 k 或其取值个数 n_i 很大时，测试用例数将会是一个庞大的数字，难以或无法实现全组合测试，需要从全部组合中选择最少的测试用例，以达到确定的测试目标。

理论上，可以通过有限输入空间表示无限输入空间，但只能解决单个输入的取值问题，必须为每个输入确定相应的取值，驱动系统运行。如何通过不同输入组合，解决测试组合爆炸问题，保证测试的充

分性，是软件测试所需面对的基本问题。

4. 数据驱动测试

数据驱动测试（Data-Driven Testing，DDT）是一种从 Excel 表格、JSON 文件、数据库等外部数据源读取测试数据，以参数形式输入测试脚本，驱动测试的软件测试技术。数据驱动测试将测试用例中的执行逻辑与数据分离，较好地解决了数据存储、读取、测试执行及测试结果写入等问题，测试脚本简练，可以灵活地添加测试数据，具有良好的可理解性、可重用性、可扩展性、可维护性，能够显著地提高测试覆盖率和测试效率，广泛地应用于接口测试、性能测试、网站测试等场景，是自动测试的重要组成部分。但是，数据驱动测试用例生成和执行强依赖于数据，对测试数据设计提出了非常高的要求。同时，冗余测试用例的优化处理，也是不得不面对的问题。

5. 软件成分分析

软件成分分析（Software Compostition Analysis，SCA）是通过软件源码分析，提取项目依赖的第三方组件及其版本、许可证、模块、框架、库等特征信息，识别跟踪项目中引入的开源组件，检测相关组件、支持库及它们之间的依赖关系，识别已知的安全漏洞及许可证授权问题，提高软件系统抗恶意软件包渗透、攻击软件和应用程序威胁的能力，规避开源软件所带来的合规性、知识产权等风险。

基于构建文件的软件成分分析是通过提取开源组件特征信息，识别开源组件及第三方依赖项风险，但 SCA 并不查找自定义代码中的安全漏洞，不检测不安全的网络配置，无法缓解 SolarWinds 供应链等漏洞，对于安装痕迹模糊或用户选择性安装的组件，存在分析结果准确性偏差；基于代码相似度的软件成分分析依赖于分析算法及已知漏洞数据库和组件数据库，虽然能够在大规模组件库支持下进行快速计算，检测潜在的安全风险，但受限于数据源及其更新及时性等问题，可能无法发现最新的安全漏洞或某些特定的组件；基于静态软件成分分析，无法对已投入生产或动态加载的组件进行识别和分析，可能导致一些重要的安全风险被忽略。

1.4.1.3　基于架构的软件测试

1. 移动互联测试

移动应用种类繁多的移动设备、复杂多变的应用环境、千差万别的应用场景、持续引入的新特性，对移动互联测试提出了新的要求。基于逻辑、数据、剖面的测试为移动互联测试提供了基础支撑，解决了基本的测试需求；基于软件即服务（Software as a Service，SaaS）系统的多租户架构，负载均衡、容错处理、备份恢复等技术手段，身份认证、访问控制、漏洞管理等安全策略，构建移动互联测试平台，集成 Monkeytalk、Appium 等自动化测试工具，模拟用户真实的终端操作方式，将应用提交到平台中，实现全量功能性能测试、全链路压测、流量回放、跨地域跨时区测试、安全性测试，支持应用在不同平台上的多版本适配，较好地支撑了移动互联测试的工程实践。但即便如此，移动互联测试还面临着设备和操作系统的多样性、平台及操作系统不断更新、网络环境下的系统性能和稳定性、用户体验及手势操作测试、系统安全性及隐私保护等挑战。

2. 云服务测试

将测试服务部署到云上，即可根据需求使用云端资源，将云平台和容器技术结合，能够快速构建可扩展、可伸缩的测试环境，基于使用场景驱动测试，对基于弹性伸缩模型的云计算服务设施的弹性能力及基于故障注入的云计算服务设施进行测试，减少用户的基础设施投入，降低成本。

云服务包含私有云、公有云、混合云等不同形态，规模庞大、架构复杂、配置困难、计算及存储量巨大，其高负载、高扩展、动态部署等特点，对云服务测试提出了新的更高要求。首先，软件测试人员必须深入分析云架构的结构及技术特征，开发基于云架构的测试技术及测试策略，构建符合云平台质量要求的测试工程能力和质量保障能力；其次，对于云计算平台功能性能、可扩展性及弹性测试，传统软件测试工具力难从心，通过负载测试、压力测试、基准测试及系统的可伸缩性验证，能在一定程度上避免超大规模云端压力模拟所带来的困难，但需要网络运营商、CDN 服务提供商支持，代价高昂；再次，云计算环境中，错误类型众多、错误信息表达形式各异、相同的错误在不同云产品上表达不一致、业务错误码与 HTTP 错误码含义不匹配、错误码超越可枚举集合，如此等等，无一不是云服务平台容错性和可靠性测试难以逾越的障碍；最后，云计算环境中，配置参数及其组合数量巨大，虽然我们可以采用组合测试技术缩减组合数，但如何完成巨量的组合测试，保证其覆盖率，存在较大质量风险。

3. 区块链测试

区块链是一种去中心化、跨越多个子网、多个数据中心、多个运营商甚至多个国家的分布式系统，通过一系列基于时间顺序排列的数据块即所谓“区块”记录数据，通过加密技术确保数据的不可篡改、不可伪造性，规模庞大、边界模糊、交易复杂、安全性要求高。区块链测试不仅涉及前端 API 与某个区块链节点之间的测试，还涉及大量区块链节点之间的测试，不仅需要测试验证其功能、性能、安全性、兼容性、容错性、数据一致性等特性，还需要对共识算法的合法性、完整性、可终止性及智能合约等进行测试验证。首先，区块链涉及网络、存储设备等基础设施安全性、网络协议安全性、加密算法安全性、共识算法漏洞等共识机制安全性，智能合约安全性，Web、移动客户端软件、数字钱包等应用安全性及身份认证与鉴别等极高的安全性要求，其安全性测试极具挑战性。其次，区块链网络采用工作量证明（Proof of Work，PoW）、权益证明（Proof of Stake，PoS）等共识机制，这些共识机制算法复杂，对测试提出了极高的要求。再次，智能合约类似于法律，在执行过程中，一切均听命于事先设定好的代码，而事先设定好的代码一旦上线就不能轻易修改，如何通过测试，确保智能合约百分之百正确，本来就是软件测试领域的一个悖论。最后，公有链、私有链、联盟链等不同类型的区块链，其网络节点、共识机制、智能合约、身份认证、运行管理等方面存在着较大差异，如何进行一致性测试验证和分析评价，是区块链测试面临的又一难题。

4. 物联网测试

物联网（Internet of Things，IoT）是一个集大量网络设备、感知设备及计算、存储等基础设施于一体，人-机-物互联融合的复杂巨系统（Complex Giant System，CGS）。其广泛使用诸如 MQTT、OPCUA、ModBus-TCP 等工业协议，规模庞大，结构复杂，系统元素及其之间的关系具有不确定性，使用场景复杂多变，解决方案多元化，无一不对 IoT 测试带来挑战。首先，测试环境复杂，如异构互联、M2M 互联、软硬件紧密耦合，需构建全新、规模庞大的测试环境，基于 IoT 场景仿真，尽管可以在少量物理设备上创建不同类型的虚拟设备，构建不同协议的虚拟连接，模拟应用场景，但难以甚至无法针对所有 IoT 设备、连接协议、服务节点，实现全域、全业务链路的测试覆盖。其次，对于 IoT 系统测试，必须基于系统所有设备时间同步，虽然基于实践敏感网络（Time Sensitive Network，TSN），建立通用时间框架，支持实时数据采集、实时数据同步传输，但如何在网络震荡的情况下保持高度的时间同步？如何实现基于多系统、多设备、对协议协调的整网配置？在赋能客户同步迭代升级的同时，如何平滑地切换至 TSN？如何优化流量传输的确定性？都是目前尚待进一步研究解决的问题。最后，网络安全策略、配置组合、通信协议兼容、系统可伸缩性、系统可扩展性、协同感知、大数据处理性能、智能特性测试及可靠性评估，是一个测试技术创新与应用，测试有效性与效率平衡的系统工程，也是 IoT 测试面临的重大挑战。

1.4.1.4 大数据及应用测试

传统软件测试技术和方法难以在确定的条件下、给定的时间内获得大数据及应用系统期望的目标结果，甚至无法找到问题的入口到底在哪里。大数据及应用测试包括对数据本身及大数据应用测试两个维度。大数据测试是对数据的完整性、准确性、一致性、及时性、可用性等进行的测试验证，旨在剔除缺省、重复、错误数据，获得理想的数据集，保证数据质量。对于海量、多源非结构化大数据测试，需要搭建可扩展、具有良好伸缩性的测试平台，模拟大量测试客户端，对测试数据的完整性及数据备份、数据管理提出了前所未有的新要求。同时，面对大数据多场景下输出的不确定性、大数据结构的多样、动态性等，定位数据的关联关系面临着巨大挑战。

基于分布式集群环境及数据相关性分析、数据分类、数据聚类、个性化推荐、趋势预测等典型应用场景，大数据应用系统输出的正确性、有效性不仅与大数据质量、架构及算法等密切相关，还有赖于输入数据及其分布特性，具有未知性和不确定性。针对大数据特征及其应用需求，基于大数据架构及层次分解，对大数据算法、数据架构、大数据应用性能、成功处理海量数据的能力及安全性等进行测试验证，是大数据应用测试的重要内容。

1.4.1.5　软件测试分析

软件测试性分析与设计是减少测试复杂性、提高测试效率的重要手段之一，是软件测试复杂性度量的重要方法学。20 世纪 90 年代以来，业界提出简明性、复杂性度量等测试分析设计方法，测试覆盖及缺陷传播、感染、执行（Propagation-Infection-Execution，PIE）等定量分析技术得以深入研究，取得显著成效。

1. 测试覆盖

测试覆盖是指测试系统覆盖被测系统的程度，即一项或一组给定测试，对于确定系统或构件的所有指定测试用例进行处理所达到的程度，是测试终止及测试充分性的重要度量，也是测试质量评价的重要依据。一般地，测试覆盖包括需求、逻辑、功能、能力等覆盖目标、测试度量及分析方法。

设 F 是程序 P 的任意缺陷集合，E 是程序中某个元素，如语句、分支、路径、谓词、分支-谓词、C-应用、P-应用、ALL-应用等，$\mathrm{PE}=\{\mathrm{PE}_1,\mathrm{PE}_2,\cdots,\mathrm{PE}_n\}$ 是程序 P 中所有符合元素 E 定义的集合，T 是测试用例集，R_{PEC} 是 T 对 PE 的覆盖率。逻辑覆盖包括语句、判定、条件、判定–条件及修正条件判定等覆盖类型，分支–谓词、ALL-应用具有良好的测试覆盖性。逻辑覆盖研究的问题是：当 R_{PEC} 为一个确定值如 $R_{\mathrm{PEC}}=1$ 时，执行测试用例集 T，能够检测到的缺陷集合为 F_T，逻辑覆盖分析就是 F 和 F_T 的相关性分析。测试覆盖解决的主要问题就是如何使 $R_{\mathrm{PEC}}=1$ 及当 $R_{\mathrm{PEC}}=1$ 时，获得 $F-F_T$ 的取值。

2. PIE 技术

在特定环境及条件下，缺陷代码能感染其他代码，生成错误的程序状态，当被感染代码执行时，将导致软件功能异常、性能下降，甚至失效。跨站脚本（Cross-Site Scripting，XSS）攻击是一种基于代码注入的网站应用程序的安全漏洞攻击手段。例如，针对 Popup Builder 插件的 XXS 漏洞（CVE-2023-6000），攻击者通过构造恶意输入，将恶意脚本注入网站的自定义 JavaScript 中，恶意脚本在浏览器中执行，当用户访问受感染的网页时，就会被重定向到恶意目的地，用以窃取用户信息、安装恶意软件或进行其他形式的网络攻击。感染亦可能向下传播和蔓延。

执行给定的测试用例，观察软件的执行状态及输出，将每个缺陷的检测划分为故障 f 的元素以执行概率 E_f 被执行，执行 f 时以变异概率 I_f 发生变异，f 的变异以传播概率 P_f 传播到输出 3 个部分，得到故障 f 的检测概率为 $D_f=E_fI_fP_f$，由此对软件中可能存在的故障进行估计，分析失效产生的上下文，识别可疑代码及“缺陷-感染-失效”链，查找失效根源，消除缺陷。

3. 信息屏蔽分析

程序中，当一条语句向另一条语句过渡时，有些缺陷可能被一些特别的语句屏蔽。这种情况常见于多对一函数中如关系表达式、BOOLEAN 表达式、特殊算术表达式如 mod()函数等。一般地，我们难以通过测试检出这些表达式中所包含的错误。尽管通过增加测试点，能够屏蔽缺陷，但测试点增加具有随机性，基于随机模型的测试将带来不可预知的不确定性因素，进而大幅增加工作量。

4. 综合评价

基于目标–问题–度量元（Goal-Question-Metric，GQM）建立综合评价模型，是一种有效的评价策略。

GQM 是一个继承性结构，自上而下，逐层分解，逐步求精，最终基于特定目标得到所需度量。基于确定的度量，将测试类型作为评价的目标和判断依据，通过一个可操作的定义考察每个测试类型中测试用例的执行情况，建立 GQM 结构，构造评价指标体系并将其逐级分解为所需解决的问题，细化到具体问题需要用到的度量元，对指标进行评价。

模糊评价将评价目标看成由多种因素组成的模糊集即因素集 μ，设定因素所能选取的评价等级，组成模糊集 v，分别求出各单一因素对各评价等级的归属程度，构造模糊矩阵 $\boldsymbol{R}$，然后确定各主因素下的单因素权重 A 和主因素权重 W，根据各个因素在评价目标中的权重分配，计算模糊矩阵合期（$A, \boldsymbol{R}$），给出评价的定量值。

1.4.2 软件测试发展趋势

无论是基于技术发展还是工程实践视角，分析软件发展需求及其面临的挑战，在可预知的未来，数字化、敏捷化、自动化、智能化、服务化是软件测试发展的主流方向，是驱动软件测试创新发展、融合发展、跨越发展的重要抓手。

1.4.2.1 数字化

软件测试不仅需要关注程序的静态特性，更加需要关注动态环境、任务场景下的数据及环境配置、操作使用、系统效能、交付能力等问题。等比例构建真实测试环境既不经济，也不现实。基于系统工程业务数字化及系统开发模式转型，软件测试从线性、以文档为中心的过程向动态、互连、以数字模型和虚拟现实为中心的生态系统转型，虚拟测试、数字化测试迎来了重大发展机遇。

数字化测试是基于测试需求，构建数字化模型及仿真环境，以替代真实环境，获得等价的测试数据，驱动测试。数字代理、数字孪生、不确定性量化、数字化决策、数字化试验鉴定计划（Test & Evaluation Main Plan，TEMP）等，为数字化测试转型奠定了坚实基础；以模型为中心，对测试过程及测试策略进行持续动态调整，适应软件需求的变化及迭代升级；以虚拟现实为手段，基于价值的决策分析、贝叶斯信任网络等，基于数据驱动的测试风险分析和决策成为可能；使用数字化手段对测试能力及测试过程的不确定性进行度量，获得软件系统性能参数的敏感性、实现需求、过程及测试结果的数字化表征，支撑测试过程虚拟化及持续改进。

数字化测试与虚拟测试相辅相成，旨在突破经典软件测试对时空的限制，实现操作的交互性，测试输入、测试结果的仿真性。首先，基于软件设计分析，生成模块表、变量表、指令描述表、调用关系树，逆向生成可视化程序流程图，与软件系统动态关联，实施静态分析。其次，基于数据源特性，以软件缺陷模式，构造软件系统运行环境和任务场景，通过双向查询与实时同步、CPU 模拟、存储器模拟、时钟模拟、中断控制模拟、通信模拟等，生成测试用例，注入测试数据，实现软件系统动态模拟。最后，基于系统任务场景、质量目标、使用模式、运行剖面等，逆向生成流程图标识语言，使用流程图标识语言生成流程图块文件，将流程图块文件与系统数据流耦合，实现系统能力验证。

1.4.2.2 敏捷化

轻量级、能更好适应客户及市场需求变化、加速价值交付及迭代更新的敏捷软件开发快速发展，DevOps 文化普及，持续集成和持续部署已成为软件开发的标准实践。为适应这种一切敏捷、快速迭代、频繁发布的软件开发模式，软件测试敏捷化，势在必行。

知名咨询公司 Accenture 将敏捷测试定义为：遵循敏捷开发原则的一种测试实践。敏捷测试将测试集成到软件开发流程，贯穿于软件生命周期过程，自我驱动、灵活赋能，持续响应客户反馈，加速价值交付；基于软件迭代开发，同步进行测试迭代，快速反馈质量状态，不断修正质量指标，及时调整测试策略，持续改进测试过程；同步组织实施测试迭代，强化与软件开发的合作，强化测试的持续性和跨职能团队的协作，使得软件测试具有更强的协作性、更短的周期性、更灵活的计划性、更高效的自动化等特征。

敏捷测试以用户需求为驱动，面向被测系统，基于确定的测试过程及测试模式，设计多个冲刺（Sprint）以满足迭代目标，将测试安排在每个敏捷迭代中，持续响应频繁反馈，持续发布软件增量，迭代验证进展，冲刺验证价值。迭代开始时，可能是粗粒度测试，在 Sprint 0 及后续 Sprint 中，则为适时（Just-in-Time）式测试，基于不断修正的质量指标，不断迭代，直至满足测试充分性要求。

就测试技术及方法而言，敏捷测试同传统软件测试并无本质差别。传统软件测试技术和方法在每个 Sprint 迭代中，都有用武之地。敏捷测试遵循敏捷宣言，采用敏捷模式，同敏捷开发方式紧密融合，契合敏捷开发周期，与开发并行，能够尽早检出问题，避免缺陷堆积，缩短价值交付周期，规避系统风险。敏捷测试强调质量属于每个角色的职责，开发、测试、质保、管理等所有人员对软件质量负责。敏捷测试推崇轻量级的管理模式，摒弃定义繁杂的测试流程和缺陷管理流程，裁剪繁杂的测试过程文档，让测试工作化繁为简，轻装上阵。敏捷测试必将推动软件测试模式的深刻变革，测试理念的重大变化。

1.4.2.3　自动化

推进软件测试自动化，提质增效，是软件测试人的不懈追求。软件测试自动化是在自动化测试框架下，基于人工智能等技术，使用自动化测试工具，通过可视化界面或命令，自动生成测试用例、测试数据、测试脚本，按预定计划组织实施软件测试，实现软件测试目标定位、测试分析、测试设计、测试执行、质量度量、过程监控、分析评估等全流程自动化，是软件测试发展的重要趋势，是测试组织技术及能力成熟度的重要标志。自动化测试框架是一组抽象构件及构件实例之间交互的方法，提供脚手架命令生成一个自动化项目，实现依赖自动组装，支撑系统可重用设计，主要包括脚本模块化架构、测试库架构、关键词或表格驱动架构、数据驱动架构等类型。

软件测试自动化包括浸入式和非浸入式两种类型。浸入式测试需要修改软件代码或控制其运行环境，非浸入式测试用于监视和检查软件，无须修改软件结构及代码。软件测试自动化涉及测试技术、测试体系、自动化编译、持续集成、自动发布等测试系统，以及自动化测试流程改进、自动化基础设施建设等所有方面及环节。

近年来，软件测试自动化发展取得了一系列重大突破。例如，基于遗传算法、爬山法等技术，自动生成满足某一软件成分的测试用例，支撑逻辑覆盖测试用例自动生成和自动执行；又如，ChatGPT 将文件上传至活动对话工作区，基于代码解释器的扫描代码，自动完成代码静态分析和代码审查，实现逻辑驱动测试自动化的新突破。与此同时，基于分布式自动化测试框架和测试中台，基于 BDD 端到端的自动化测试、DevOps 自动化测试、iOS UI 自动化+基于 docker 的分布式测试、基于人工智能的超级自动化测试等技术取得重大进展，为软件测试自动化发展注入了创新动能。

事实上，即便是最有可能实现自动化的测试执行也还难以真正地自动化，因为测试执行是一个不稳定的过程，需要人工干预，况且自动化测试脚本也难以自动生成，测试结果亦需要人工分析。对于千差万别的软件系统及测试需求，基于测试工程师的智慧和经验，创新自动化测试技术，使用自动化测试工具，往往会产生意想不到的效果，但完全自动化的软件测试可能事倍功半，除非是对于特定软件系统的特定测试需求，讨论测试自动化，似乎并无太大意义。软件测试是基于创新、创造的人类智慧活动。超级自动化或许只是一个美好的梦想。即便前路迷茫，软件测试自动化发展，势不可挡。

1.4.2.4　智能化

人工智能在软硬件两端赋能，构筑了较完善的智能基础软件体系、协同的上层软件生态及相互衔接的下游价值链闭环，形成了涵盖计算芯片、开源平台、基础应用、行业应用、智能产品等的人工智能产业链。面对人工智能的高速发展，软件测试面临着两个方面的挑战：一方面是如何创新测试技术，对智能软件进行测试，保证其可行性和能力；另一方面是如何应用人工智能技术及成果，推进软件测试的智能化发展。

1. 智能软件测试

智能软件是基于数据驱动的构建，由算法模型、基础设施、数据及产品服务构成，具有自主感知、智能判断、自主决策、行为控制等功能特征，以及自主性、学习性、协同性、自适应性等技术特征。传统软件系统是基于控制流和数据流构建的业务处理系统，智能软件则是一个智能模型嵌入的复杂系统，是基于数据驱动构建的参数化数值计算系统，软件特征及生命周期过程较传统软件存在着显著差异。智能软件生命周期过程如图 1-5 所示。

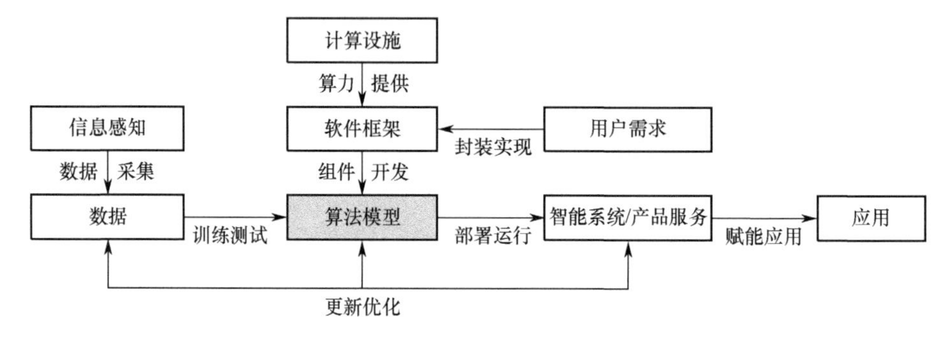

图 1-5　智能软件生命周期过程

智能软件测试尚处于发展阶段，目前主要集中于智能软件缺陷定义、失效行为刻画、测试准则构建等方面，较传统软件测试，智能软件测试面临着新的需求和挑战。第一，智能软件是一种动态系统，系统行为具有不确定性、自适应性等特性，系统能力随着学习时间增长而增强，难以精确地描述或表达其目标任务、动态增长的能力及系统行为，受测试样本及测试资源制约，而又无法通过等价类划分等方法大幅降低样本量，难以对测试结果进行准确判断，难以对软件质量进行分析评价。第二，算法模型是智能软件的核心，但模型的统计学本质使得智能软件的输出具有不确定性，难以通过测试发现测试预言数据驱动特性、内部行为分析方法缺失等问题，测试结果不稳定，且可理解性，鲁棒性差，需要基于大量数据，通过大量测试验证其普适性。第三，智能软件通过数据驱动建模实现预测或决策，运行于非确定性开放环境，数据驱动建模使得系统行为随训练数据改变而改变，如何构造测试数据、感知环境、交互环境、上下文场景，是保证有限测试及测试有效性的关键。第四，传统软件缺陷是代码中能够引起一个或一个以上失效的错误的编码，智能软件缺陷不再是显式的代码或参数错误，具有非确定性和确定性相结合的缺陷触发与传播机制，缺陷识别、缺陷单位、缺陷分类、缺陷分析、缺陷处置愈发困难。第五，智能软件测试依赖于大数据，基于大数据的自动产生、分析、呈现等技术，能够有效地验证智能软件的可信性及交付能力，但测试工作量巨大。

基于智能软件特征、内部和外部形态及数据和模型视角，从数据对模型的影响、模型对数据的作用两个方向，可将智能测试划分为数据分布多样性驱动测试、数据边界稳定性驱动测试、数据语义一致性驱动测试、数据精度适应性驱动测试四种类型。智能软件测试分类及内容如图 1-6 所示。

基于测试对象视角，智能软件测试可以划分为智能算法、智能算力、数据质量、智能产品测试四种类型及智能化水平评估。智能算法是智能软件测试的核心内容，主要包括智能算法正确性、算法收敛性、算法鲁棒性、算法依赖性、算法可增强性、算法效率等方面的测试。例如，面对智能算法的不确定性、难解释性等特征，基于 IT/ECSA 1021、ISO/IEC 39119、ISO/IEC 25059 等标准规范，建立面向智能算法的测试流程、覆盖准则，构造如图 1-7 所示的智能算法测试系统，对智能算法的准确性、对抗样本攻击、覆盖率等进行多维度测试，支持多种模态数据集对抗曾广和非对抗曾广。

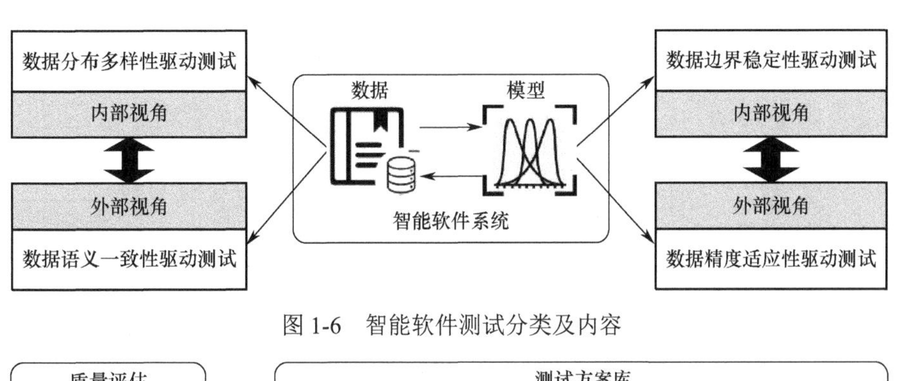

图 1-6　智能软件测试分类及内容

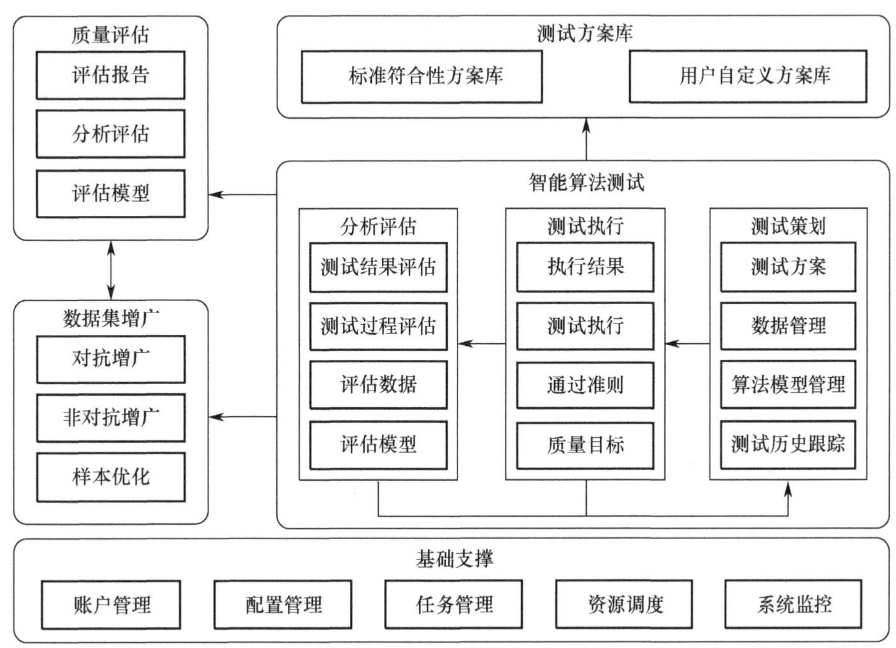

图 1-7　智能算法测试系统

2. 测试智能化

软件测试智能化是应用人工智能技术，对软件系统进行智能分析和测试，降本增效，加速软件交付的测试实践，是软件测试领域的一个重要发展趋势。目前，软件测试智能化发展主要集中于：一是将人工智能技术同软件测试策划、测试设计、测试执行、测试分析、缺陷管理等结合起来，推进全程自动化测试、智能化分析，改进测试过程；二是将软件开发、测试过程中形成的资产转换成规则和知识，构建测试模型，基于机器学习，实现测试用例、测试数据、测试预言等自动生成，以及缺陷和日志智能分析、测试设计与测试分析优化，如 Eggplant AI 导入已有测试资产，创新模型，使用智能算法选择最佳测试集并进行测试用例排序；三是基于图像识别、语音识别、知识图谱、自然语言处理等技术，开发应用智能测试工具，提高测试覆盖率和测试效率；四是通过领域知识图谱工程、代码深度分析，实现精准测试及缺陷定位，推进基于测试驱动的软件质量工程发展。智能化软件测试的基本原理如图 1-8 所示。

目前，神经网络和遗传算法在智能算法、智能算力、数据质量、智能体测试及智能化水平评估等方面得到了较好应用。其中，神经网络在 GUI 测试、内存使用测试、分布式系统功能验证等场景及缺陷定位与测试分析等方面取得了重要进展。遗传算法可以用于选择最优的单元测试用例，也就是单元测试的最优输入集。同时，利用人工智能还可以优化测试工具，将软件测试的上下文与测试用例结合起来，选择最优测试用例集进行测试。

未来，随着人工智能的深化发展，在特定的业务领域能够持续提升机器的认知能力，实现从感知智能向认知智能演化，使得测试机器人能够对领域知识进行深刻领悟，能够对业务知识进行深刻认知，实现真正意义上的测试智能化。

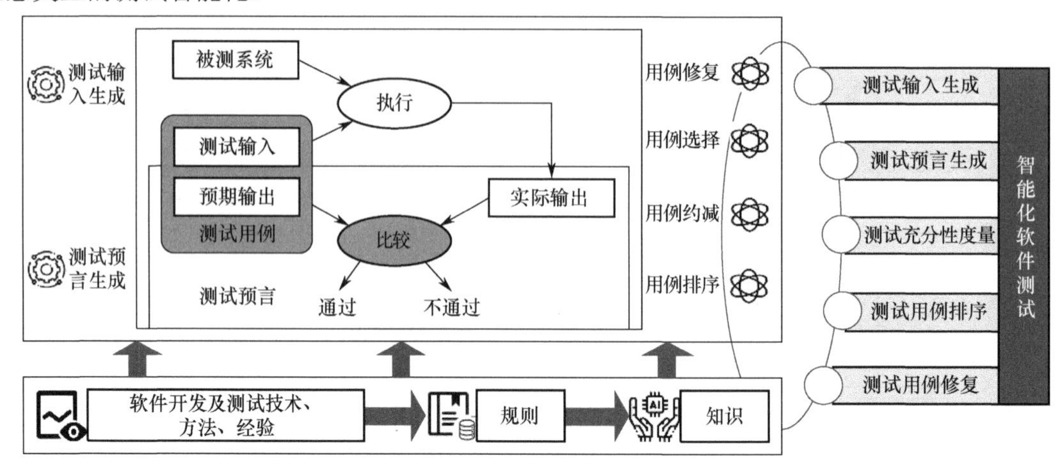

图 1-8 智能化软件测试的基本原理

3. 基于大模型的软件测试

大模型是具有大规模参数和复杂计算结构，由深度神经网络构建而成的机器学习模型，通过海量数据训练，学习复杂的模式和特征，具有强大的泛化和智能涌现能力，已在自然语言理解和生成、机器视觉、语音识别、科学计算、智能推荐等领域得以广泛应用。ChatGPT 的横空问世及一批类似大模型的迅猛发展，推进信息社会迈向以大模型为主导的新发展阶段。同样，这对软件测试带来了重大影响和深刻变革。

基于大模型的软件测试是利用大模型的上下文理解能力、高效的学习效率、多模态处理能力、自动化性能，基于海量数据训练，通过对被测软件的理解，生成有针对性的测试用例、多样化的测试输入、逼真的应用场景，驱动测试，实现软件测试的自动化、智能化和集成化，提高测试质量和效率。

（1）自动化：大模型具有强大的自然语言理解与处理能力，能够自动地理解软件需求，生成测试需求和测试用例，自动地执行测试用例，收集和分析测试结果，生成测试报告。

（2）智能化：通过大模型的深度学习及模式识别能力，智能生成模拟数据，用于各种场景及边界条件下的软件测试，提高测试覆盖率；对测试结果进行深度分析，以发现异常和潜在的软件缺陷，提高测试的可信性。

（3）集成化：大模型能够将软件测试过程同软件生命周期过程紧密集成，实现测试与开发实时互动和反馈，改进开发过程，提高软件质量。

目前，基于大模型的软件测试，研究和实践的重点包括两个方面：一是将传统软件测试技术与基于大模型的生成技术相结合，生成多样化的测试输入，实现精准的测试及覆盖率目标；二是基于历史软件缺陷数据训练，生成能够更加高效触发错误的测试输入。目前我国已在测试用例生成和执行、文本输入生成、智能缺陷检测、缺陷自动修复、自动回归、智能协作等方面取得了显著成效。中国科学院软件研究所、澳大利亚 Monash 大学、加拿大 York 大学的研究团队，基于软件测试和大模型视角，分析了截至 2023 年 10 月 30 日的 102 篇论文，总结出了如图 1-9 所示的大模型在软件测试领域的应用情况。

由图 1-9 可见，大模型在软件测试领域的应用主要集中于测试用例生成、测试预言生成、缺陷分析、缺陷修复等软件测试生命周期的后端。例如，在大量的大模型中，Codex 和 CodeT5 是基于多种编程语言代码语料库训练得到的大模型，能够根据自然语言描述生成完整的代码片段，适宜于基于源代码的测试，对于测试用例生成，能够比较准确地理解领域知识及软件项目和代码上下文的信息，生成准确、全面且有针对性的测试用例。但遗憾的是，大模型在测试需求分析、测试计划制订等方面尚未取得实质性进展。

尽管大模型在软件测试中展现出了巨大的潜力，也进行了大量成功的实践，但基于大模型的软件测试，尚处于探索和起步阶段，在复杂程序结构理解和处理、高覆盖率、测试预言、精准评估等方面，还存在着大量需要研究解决的问题。展望基于大模型的软件测试发展，一是通过预训练和微调及提示工程，基于零样本或少样本学习、自我一致性、思维链、自动提示等技术，调整大模型行为，以适应特定的领域和任务，提高大模型的理解和推理能力。二是同变异测试、差分测试、蜕变测试、程序分析、统计分析等传统软件测试技术进行融合，进一步提高测试覆盖率和测试质量。

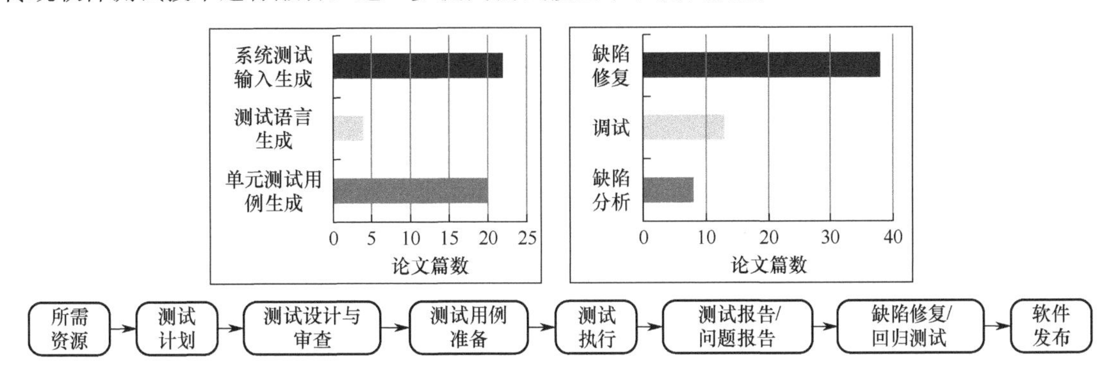

图 1-9　大模型在软件测试领域的应用情况

1.4.2.5　服务化

软件测试服务化是指将测试策划、测试设计、测试执行、测试总结等过程资产作为独立的服务进行封装，将测试作为一种服务（Test as a Service，TaaS），通过专业测试团队或工具，为客户提供定制化的解决方案即定制化服务，提高测试效率，降低测试成本。它是云计算和软件测试相结合的一种新型服务模式，具有定制化、专业化、集成化、系统化、扩展化等特征，正在成为推进软件测试行业专业化发展源动力，是软件测试的重要发展趋势。

在企业或软件开发组织内部，基于测试中台，测试人员、开发人员、管理人员及相关方能够通过应用程序编程接口（API），按需自动获得测试能力，使得开发人员能够尽早关注并开展测试，根据测试需求及其变化情况，快速调整测试资源和服务内容，推进测试左移及全程质量管控。图 1-10 展示了一个软件测试中台服务示例。

测试需求	开发测试	静态测试	动态测试	特性测试	场景测试	系统验证	测试目标

测试策划	目标驱动	架构引导	技术推进	环境主导	流程驱动	风险控制
测试资产	静态扫描规则库	开发测试用例库	性能测试用例库	场景测试用例库	软件缺陷库	流程库
测试技术	经典测试技术	通用测试技术	专用测试技术	特色测试技术	测试评价技术	技术架构
测试桌面	数字化测试 App	性能测试 App	场景测试 App	专项测试 App	交叉测试 App	自动化测试 App
环境工具	测试环境架构	测试工程工具	通用工具	专用工具	驱动环境	基础设施

模型	软件行为模型	过程能力模型	特征退化模型	问题	开发	测试	审视	策略	技术	方法
	故障分析模型	失效不确定性模型	分析归纳模型		使用	管理		流程	环境	评价

测试云

图 1-10　软件测试中台服务

一个在软件测试领域进行深入研究和最佳实践的时代已经到来，制约软件测试发展的重大关键引领技术正在被逐一突破，软件测试数字化、敏捷化、自动化、智能化、服务化发展，势不可挡，一个创新发展、融合发展、跨越发展的时代已然来临。

第2章　软件测试基础

软件测试是构建于多种学科、多种知识及多种技能之上，贯穿于软件生命周期过程的创新与最佳实践。这里，编著者引用同济大学朱少民教授制作的软件测试知识地图，向读者系统地呈现软件测试所涉及的基础知识、专业知识、领域知识、管理知识，为软件测试知识体系构建及测试人员培训提供一个知识地图。软件测试知识地图如图2-1所示。

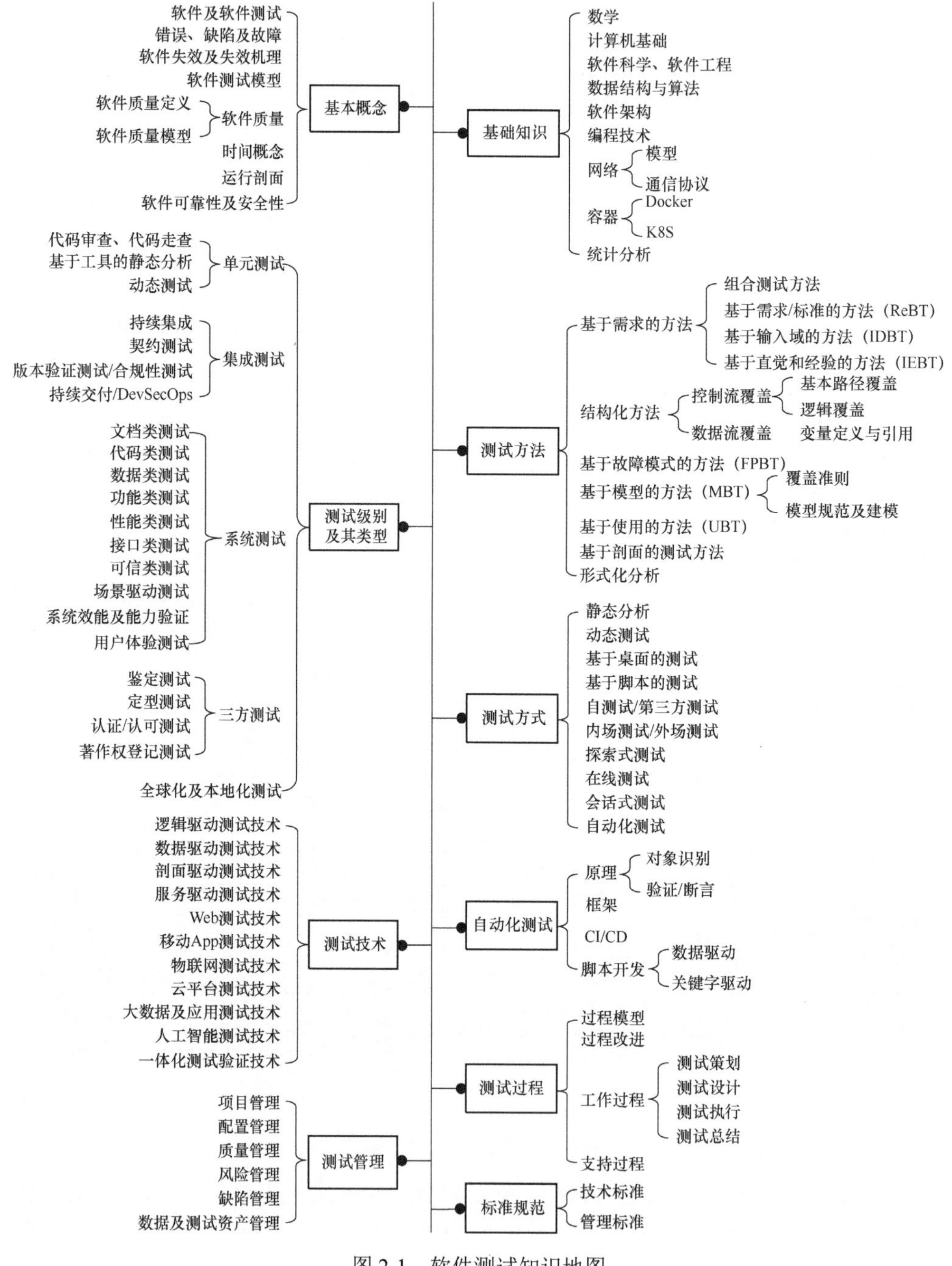

图2-1　软件测试知识地图

2.1 软件质量

质量是什么？ISO 9001C 将质量定义为：**一组固有特性满足要求的程度**。该定义从固有特性及要求之间的关系描述质量，其对象泛指一切可以单独描述和研究的事物，不局限于具象化的产品，可以是服务、活动、过程、体系乃至于人及其任意组合。软件也不例外。

ANSI/IEEE Std 729—1983 将软件质量定义为：**软件产品满足规定和隐含的与需求能力有关的全部特征或特性**。该定义是基于软件特点，对质量概念的自然拓展。定义软件质量，等价于为软件定义了一系列质量特性。ISO/IEC 5055 基于性能效率、安全性、可靠性、可维护性四个影响系统行为的关键因素，提供一套工程规则，度量并评价软件质量。在特定条件下，软件质量可以转换为可用性、可靠性、可维护性、安全性乃至经济性、社会性等特性。

通过对软件的内部属性如静态测度（内部质量）、外部属性如执行特性（外部质量）、使用属性（使用质量）进行持续测量和评价，改进过程，提高过程能力，使得软件系统在指定的使用周境（Contexts of Use）下，实现用户需求，是软件质量保证的基本要求，是组织过程能力持续提升的基础。基于软件生命周期过程的软件质量度量模型如图 2-2 所示。

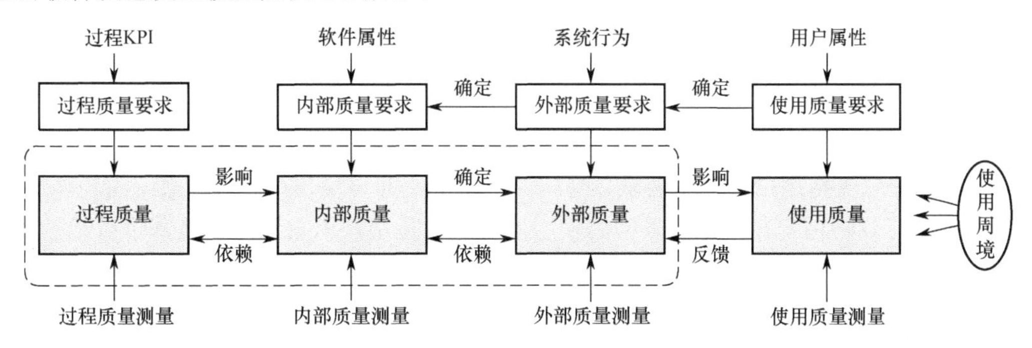

图 2-2　基于软件生命周期过程的软件质量度量模型

2.1.1 软件质量架构

ISO/IEC 25000 规定了软件质量管理、质量模型、质量度量、质量需求、质量评估的目的及要求、内容、流程和方法，构建了一个软件质量需求和评价框架，基于质量特性，定义了使用质量、产品质量及数据质量的分层模型，是系统及软件质量需求与评价（Systems and Software Quality Requirements and Evaluation，SQuaRE）的重要标准。图 2-3 给出了 SQuaRE 系列标准体系结构。

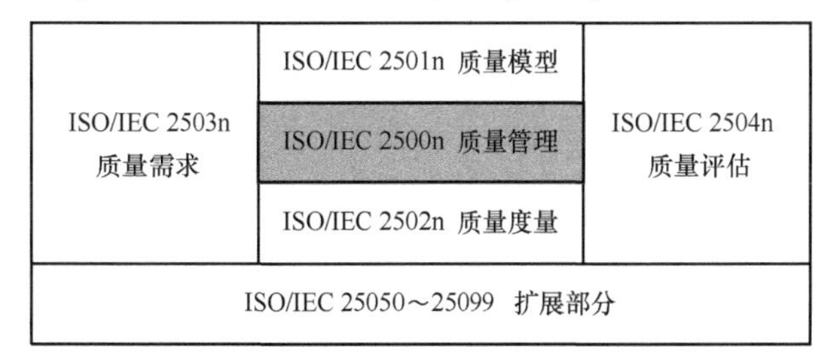

图 2-3　SQuaRE 系列标准体系结构

（1）**ISO/IEC 2500n 质量管理**：由 SQuaRE 指南、计划与管理两部分构成，定义了该系列标准引用的公共模型、术语和定义，标准引用路径及使用建议，提供了软件需求及评价支持功能的要求和指南。

（2）**ISO/IEC 2501n 质量模型**：包括系统与软件质量模型和数据质量模型，基于软件质量特性、使用质量特性及其子特性，构建用户质量模型、产品质量模型及数据质量模型。

（3）**ISO/IEC 2502n 质量度量**：包括测量参考模型、质量测度元素、使用质量测量、产品质量测量、数据质量测量定义及应用指南，给出了软件使用质量、产品质量、数据质量测量的要求及测量元素。

（4）**ISO/IEC 2503n 质量需求**：规定质量需求，为软件质量需求识别与获取、质量目标体系建立、过程质量保证提供支撑，为评审、测试及评价过程提供输入，并将需求定义过程映射到 ISO/IEC 15288 定义的技术过程。

（5）**ISO/IEC 2504n 质量评估**：给出由需方、开发方、独立评价方等相关方执行的软件系统评价要求、建议和指南。

2.1.2 软件质量模型

软件质量模型用以描述影响软件质量的行为及特性，主要有 Boehm、McCall、ISO 共 3 类软件质量模型。ISO/IEC 14598 和 ISO/IEC 9126 以分层方式定义了软件质量特性及其影响质量特性的子特性，基于每个质量特性及其子特性，测量软件的内部、外部及使用属性，确认并评价软件内部、外部及使用质量水平。

质量特性及子特性为软件质量测量和评价提供了一致的术语，为软件质量需求及过程能力之间的综合权衡提供了统一框架。使用软件的产品属性如功能性、性能效率、可靠性等刻画软件质量时，所反映的就是软件产品质量。当软件在特定环境及场景下运行时，所表现出来的行为就是软件的使用质量。在对软件质量进行测量时，着重强调标准的依从性，当对所有质量特性及其子特性进行测量时，应遵循相关标准、规程、约定以及与标准的符合程度。

2.1.2.1 使用质量模型

使用质量是用户使用软件系统的结果而非软件系统自身的测量属性。ISO/IEC 9126-1 将使用质量定义为：**满足目标用户和支持用户的使用要求**，是软件系统广义的质量目标。软件系统的功能性、可靠性、有效性、可用性决定目标用户在特定场景中的使用质量，支持用户所关注的则是基于可维护性和可移植性的质量。可用性是软件系统效能及交付能力的外在呈现及核心质量特性，功能性、可靠性、安全性、有效性、维护性、移植性服务服从于可用性。基于用户视角，在特定的使用场景中，所体验到的是软件质量特性的总体，关注的重点并非软件的结构和行为（内部质量和外部质量），而是用户体验及交付能力的呈现、用户价值的实现。使用质量模型由有效性、效率、满意度、抗风险能力、周境覆盖等特性构成。软件使用质量模型如图 2-4 所示。

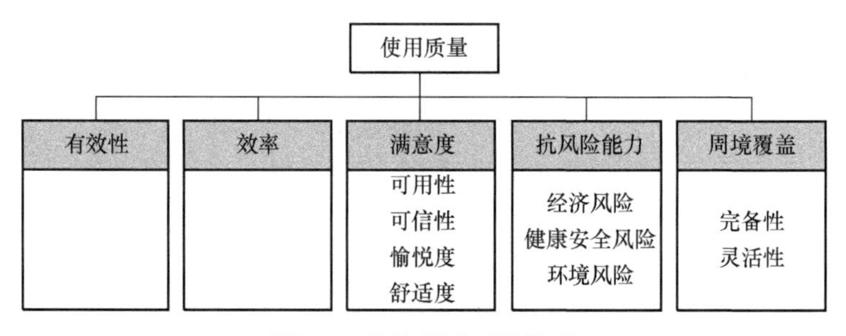

图 2-4 软件使用质量模型

使用质量模型将软件系统对相关人员的影响特征化，由软件质量、人员属性、使命任务及使用环境共同决定。即便软件系统实现了内部、外部质量目标，但如果用户不满意，不能得到用户和市场的认同，即认为该系统未实现其质量目标。也就是说，对于一个软件系统，即便满足产品测度准则的要求，但并不足以确保其符合外部测度准则，而满足其质量特性的外部测度准则也并非足以保证符合使用质量准则的要求。此乃以用户为关注焦点的现代质量观，是基于能力战略的软件测试的核心思想。一般地，用户关注的典型质量特性如下：

（1）功能完备，性能优良，实现用户需求，超越用户期望。

（2）良好的人因工程，人机界面友好，操作简便，维护方便，给用户以美妙的体验。

（3）用户手册、支持文档、在线帮助、智能支持等功能完备准确，清晰易懂，使用方便。

（4）使用中不发生死机以及用户能感知的缺陷、运行缓慢等现象。

（5）运行过程中若发生问题，能够容易地排除或实现降功能使用。

2.1.2.2　产品质量模型

内部质量是软件系统质量特性的总体，由需求分析、软件设计、编码实现赋予，由设计评审、软件测试验证和确认。产品质量模型由与软件系统的静态属性、动态属性密切相关的功能性、效率、兼容性、易用性、可靠性、安全性、可维护性和可移植性 8 个质量特性及一系列子特性构成。软件产品质量模型如图 2-5 所示。对于每个特性及子特性，可以测量软件系统的一组属性，以确定其所达到的质量水平。

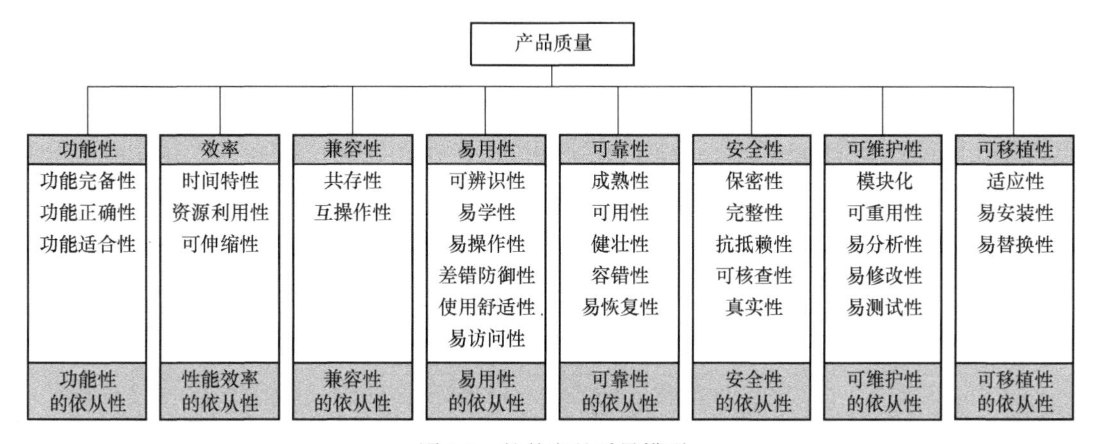

图 2-5　软件产品质量模型

（1）**功能性**是指软件系统所实现的功能，达到设计要求（满足用户需求的程度），强调完备性、正确性和适合性。

（2）**效率**是指在确定的使用环境及任务场景中，软件系统对操作使用所表现出的时间特性，如响应速度；实现特定功能时资源的利用情况，如 CPU 占用时间、内存占用率等。若局部资源占用率高，则意味着存在性能瓶颈；当对并发用户数等进行测试和度量时，需要考虑系统的可伸缩性。

（3）**兼容性**包括共存性和互操作性两个子特性。共存性是指软件系统同系统平台、子系统及第三方软件等兼容的能力；对于特定软件系统，还包括国际化、本地化需求适宜性处理的能力；互操作性要求系统功能之间能够有效对接，涉及 API 和文件格式等。对于不同的平台系统，兼容性表现为适配性。

（4）**易用性**是指用户学习、使用及输入准备、输出理解的难易程度，如安装简单、界面友好、操作简便、维护方便，且能够适用于残疾人、老年人等特殊用户群体。

（5）**可靠性**是指在规定的时间内和条件下，软件系统正常工作（不发生失效）的能力。工程上通常使用平均失效时间（Mean Time To Failure，MTTF）、平均无故障间隔时间（Mean Time Between Failure，MTBF）等指标度量软件系统的可靠性。

（6）**安全性**是指在确定的条件下，确保软件系统登录、操作使用、数据传输、数据存储等安全的能力，包括用户身份认证、数据加密和完整性校验、关键操作防护、安全漏洞检测等技术措施，关键操作应具有完整的日志或记录，以支持对不同用户角色进行操作的审查。其包括保密性、完整性、抗抵赖性、可核查性、真实性等子特性。

（7）**可维护性**是指软件系统投入使用之后，当错误发生或用户需求、运行环境等发生变化时，能够进行修改的程度及升级的能力，包括模块化、可重用性、易分析性、易修改性、易测试性等子特性。

（8）**可移植性**是指软件系统从一个系统或环境移植到另一个系统或环境的难易程度，或一个系统和外部条件共同工作的容易程度。其包括适应性、易安装性、易替换性等子特性。

2.1.3 质量模型的 GDQA 应用框架

ISO/IEC 25000 标准构建了一个通用软件质量要求和评价框架，用户可以根据评价需求开发评价模型，适用于不同领域，但未给出具体的实施指南以及应用领域的使用指南，而且所给出的度量属性相互独立，没有给出属性之间的关联关系及组合关系，在一定程度上制约了该系列标准的工程应用。为了解决该问题，Nihal Kececi 和 Alain Abran 开发了一个图形化动态质量评估（Graphical Dynamic Quality Assessment，GDQA）框架模型，将软件质量的评估构建为软件过程、测试、管理乃至与人的因素相关的分层结构。

这里，我们构建了如图 2-6 所示的 GDQA 框架模型。该 GDQA 框架提供了一种应用 ISO 质量模型的思路和方法，其输入与开发过程绑定，适用于开发过程。在该框架结构中，其高层由软件质量特性构成，而底层则由质量属性组成。质量因子的可测性，既是软件系统的特性，也是内外部质量属性的组合，分别表征产品质量和使用质量。

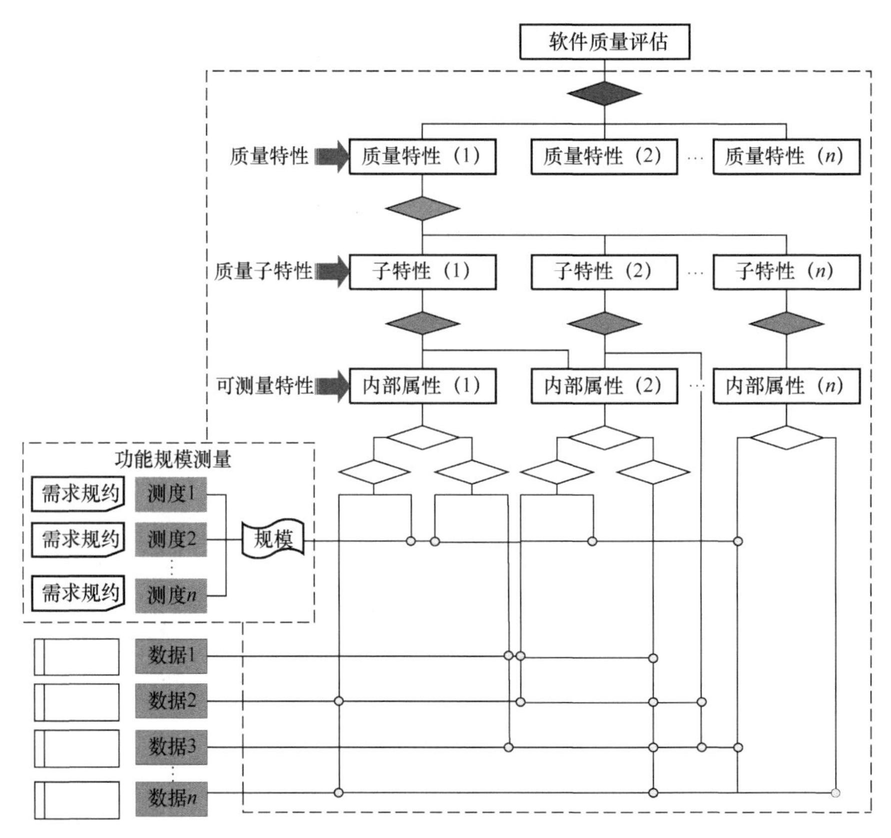

图 2-6　GDQA 框架模型

GDQA 框架模型所关注的焦点是自顶而下或自底而上确定高层质量特性与基础数据之间的关系。GDQA 框架模型使用步骤如下：

（1）建立分层结构树模型，分解软件质量特性、子特性及属性。

（2）确定质量属性的优先级和权重。

（3）定义属性间的关系。

（4）确定间接测量值与质量特性及子特性之间的关系。

（5）确定开发过程文档、源代码、测试及维护报告等评价输入。

2.2　软件测试

解构软件，检出错误，保证质量，是软件测试的核心目标，是软件测试的初心。基于系统规格和需求规格，在确定的运行环境及任务场景中，以正向思维方式，验证软件系统实现的正确性、符合性、一致性，是传统质检技术在软件测试中的自然延伸。基于现代质量观，一致性质量是一种狭隘、庸俗化的质量思维。

面对快速变化的用户需求，软件测试被赋予了新的使命，对持续改进软件过程、提高交付能力、降低使用风险、实现用户价值，发挥着越来越重要的作用，是缺陷工程、性能工程、质量工程、价值工程融合发展及软件质量革命的驱动器。

2.2.1　测试的充分性

软件测试的充分性是指在确定的环境中、规定的时间内，完成约定测试，所有问题得到有效处置，实现规定的质量目标。基于时间、成本、资源约束，制定准出准则，确定测试充分性的阈值及风险，是制定测试充分性准则的基础。软件缺陷理论、失效机理、环境搭建、场景构建、输入组合、测量不确定性以及时间与资源等无一不是制约测试充分性的重要因素。下面给出了软件测试充分性保证的基本法则，供读者参考。

（1）**基于目标驱动的测试充分性**：以目标为导向，定义质量目标，确定质量目标测量、分析、评价要求和方法，如逻辑覆盖率、功能覆盖率、错误检出率等。根据确定的质量目标进行测试策划，制定测试充分性准则，驱动测试设计。

（2）**基于能力驱动的测试充分性**：基于被测系统的使命任务、系统架构、测试风险等，确定实现测试目标所需的人员、技术、工具、环境等能力需求，保证测试的充分性。

（3）**基于技术驱动的测试充分性**：基于确定的测试目的及质量目标，分析确定并应用特定的测试技术，确保测试的充分性。

（4）**基于用户体验的测试充分性**：邀请用户代表及相关方参与测试大纲、测试说明、就绪检查等评审，基于正向思维模式，深度挖掘功能需求，在各种可能不同的使用环境和测试场景中组织实施体验式测试，验证操作使用、运行模式、运行流程的正确性和有效性。

（5）**基于用例覆盖的测试充分性**：单元测试用例覆盖每一条语句，配置项及系统测试用例覆盖每一个接口输入参数的每种等价类，以及每个场景及系统的每一个运行流程及组合。覆盖每个场景是系统测试设计的基本要求。

2.2.2　测试的追溯性

建立从系统规格、需求规格、设计文档、测试项的正向和逆向追踪关系，确定测试可追溯性的范围、内容和过程，测试结束之后，分析确定追溯过程、追溯内容、追溯关系的正确性及一致性、完整性并进行评价，确保测试的充分性。

2.2.3　测试的时机

对于一个具有确定状态的软件系统，在其生命周期过程中，通过测试，能够检出绝大部分缺陷，使缺陷率下降至一个可以接受的水平。而事实上，软件生命周期过程中，任何阶段的任一过程活动，尤其是升级维护，可能因为需求调整、设计变更、代码更改、数据更新、环境变化等引入新的错误，即便是测试过程中的错误分类、错误隔离、错误排除等过程活动，也可能引入新的错误。软件生命周期过程中，软件缺陷率随变更而变化且呈如图 2-7 所示的变化态势。

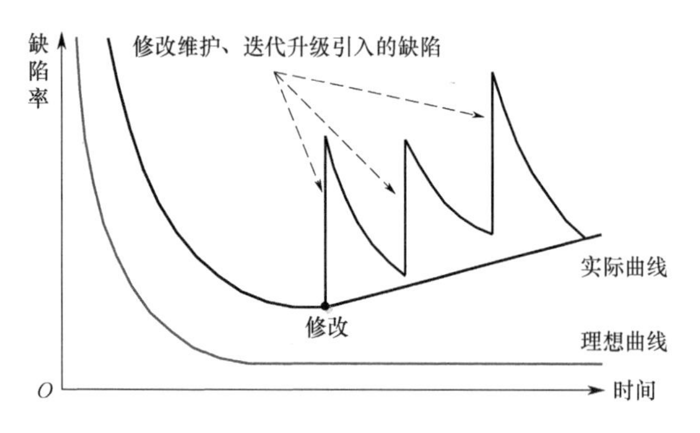

图 2-7　软件生命周期过程中软件缺陷率的变化态势

软件生命周期过程中的任一阶段，如果缺陷未能及时检出，会向下传递、蔓延并放大，具有传染性。任何用于防止或检出缺陷的工作，都会残留更为微妙的缺陷，且检出这类缺陷将更加困难，此乃软件测试中的“杀虫剂”效应。统计表明，如果一个需求错误未能及时检出，交付阶段检出该错误的成本将增长 50～100 倍。软件缺陷传递放大模型如图 2-8 所示。

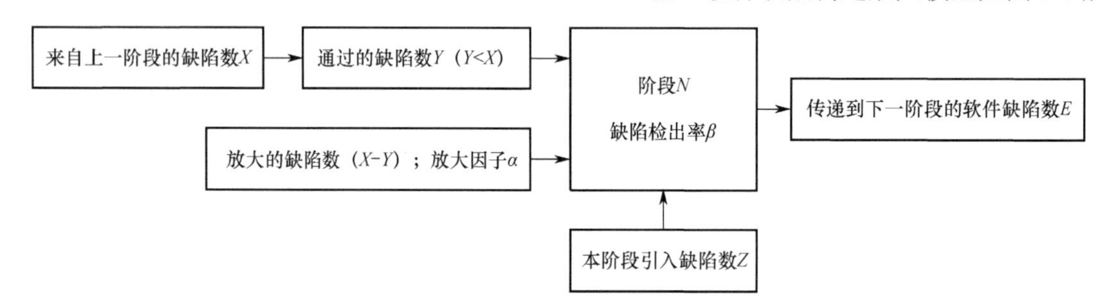

图 2-8　软件缺陷传递放大模型

假设模型中的缺陷放大因子为α，在开发过程中某个阶段，通过评审、测试等工作，缺陷检出率为β，所有被检出缺陷均能及时而彻底地被排除，那么在通过该阶段之后传递到下一阶段的软件缺陷数为

$$E=[Y+(X-Y)\cdot\alpha+Z]\cdot(1-\beta) \quad (2\text{-}1)$$

由此可见，软件测试不仅仅是基于开发模型的阶段产品验证以及最终产品的验证确认，也是基于软件质量风险及其传递的动态验证。

2.2.4　测试的针对性

软件缺陷具有不均匀性、集群性等特征。例如，某编码人员总是对循环语句多做一次，而另一编码人员则总是在条件判断语句的布尔表达式上遗漏判断条件，形成不同的缺陷积聚性。统计表明：大约 80%的软件缺陷存在于 20%的代码行中，同 80/20 原则高度吻合，残留缺陷与检出缺陷率成正比。显然，这个“20%”就是高风险带，需要重点关注。受时间和资源约束，软件测试难以实现所有功能和路径遍历，所以不能将精力放在经过测试而没有发现错误的代码或功能点上，而应集中于关键功能模块以及已经发现错误的模块或功能点上，抓住质量风险这个“牛鼻子”。基于风险的测试策略正是缘于此。

2.2.5　测试与调试

软件测试是在未知错误的情况下，为检出错误所做的努力。软件调试是在已知错误或通过推测能够识别错误的情况下，发现、分析、修正错误，剔除失效根源的过程活动。其包括软硬件匹配、功能调整、性能调优、集成优化等工作。直到今天，测试与调试混同，重开发、轻测试，重调试、轻测试现象普遍存在。这是一种轻视质量的行为。开发与测试对立是根本性的。软件测试，成也萧何，败也萧何！

开发人员往往存在自我主观认同感，自我迷信，往往不会基于测试角度，以逆向思维方式分析和思考问题，难以发现自己所开发软件中存在的问题，更有甚者，忽视开发规范，忽视测试性设计，不希望自己开发的软件被别人发现错误，对自己的错误视而不见或拒绝承认。自测试过程中，发现错误的概率尤其是发现自身错误的概率相对较小，为了“程序正确”的自测试，可以休矣！为了达到测试目的，在编码实现阶段，应强化单元测试，倡导双人编程，这也正是结对编程不断受到推崇的根本原因；在集成测试、配置项测试、系统测试阶段，弱化自测试，推行交叉测试，强化三方测试，是测试独立、质量独立的基本观念。

深刻理解和正确认识软件测试和调试的概念、目的、流程和方法，采用问题代码片段引用及扫描结果截图等方式描述问题，提供问题描述的客观证据，减少二义性描述，增加沟通的可视性，有利于问题的分析处理，有利于二者的融合互进。基于全程测试及质量管理要求，推进测试左移与右看实践，实现团队诊断、敏捷度量、流程敏捷、文档敏捷、创新组织治理，是推进基于测试驱动的软件质量工程创新的基础实践。

2.3　软件可测试性

2.3.1　可测试性生命周期过程模型

可测试性（Testability）是指软件系统或组件或程序片段的属性能够被验证的程度，即一个软件系统能够被测试的难易程度或被确认的能力。理论上，对于任何一个软件，总能找到办法对其进行测试验证，但只有那些具有良好可测试性的软件，才可能得到高效、完备的测试。一个函数如果粒度太大，多功能带来多入参问题，必然产生多组合验证等问题，显著增加测试初始化难度及测试生命周期成本。微服务架构下，如果构建 Mock 服务的难度和成本过高，会直接造成不可测或测试成本过高等。

基于云原生等技术，软件系统的规模及复杂性与日俱增，如果被测系统缺乏良好的可测试性，软件测试将愈发困难，传统软件测试方法亦将受到前所未有的挑战。软件开发，为测试而设计、为部署而设计、为监控而设计、为扩展而设计、为失效而设计。这是认识和理念的根本转变。良好的可测试性让软件缺陷无处遁形，有利于软件测试工作有效开展，有利于降低质量风险和测试成本。

软件可测试性包括需求、架构、设计、代码、数据等的可测试性。基于设计方法学的软件设计，基于编码规则的编码实现，是保证可测试性的基础，简化软件设计和编码，是改进可测试性的重要手段。软件可测试性生命周期过程模型如图 2-9 所示。

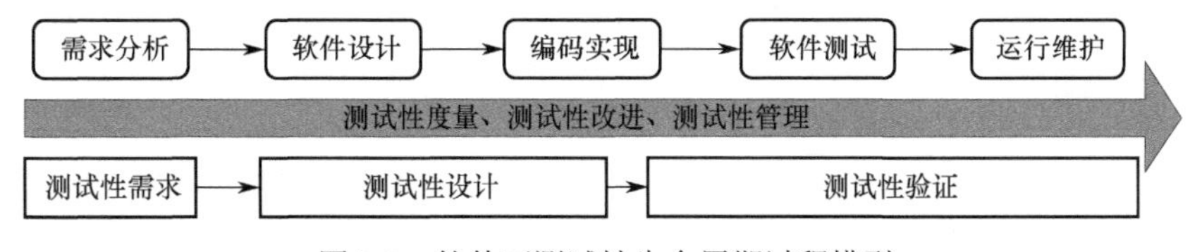

图 2-9　软件可测试性生命周期过程模型

可测试性是软件的通用质量特性之一，与开发同策划、同设计、同验证、同改进。需求分析阶段，在业务层面对每个用户故事建立验收标准，在功能层面基于用户要求，确定测试性需求；软件设计阶段，从架构设计、接口设计、日志设计等，建立可测试性规范，采用良好的设计模式，遵守高内聚低耦合、面向对象的 SOLID 等设计原则，为测试提供额外的接口；编码实现阶段，为可测试性设计代码规范，确保代码具有良好的可测试性。

例如，避免在构造函数中引入业务逻辑，如实例化和初始化协作对象、调用静态方法及复杂赋值逻辑等。在一个类中，只传入所需对象作为参数，避免在传入对象中进一步挖掘依赖对象。图 2-10 所示反例和正例，清晰地说明了软件的可测试性问题。

```
// controllers /userController . ts
Import { UserRepo} from ' ../ repos ' // Bad
/ **
      * @class UserController
      * @desc Responsible for handling API requests for the
      * / user route .
      **/
class UserController {
      private userRepo: UserRepo ;
      constructor (   )   {
            this. userRepo = new UserRepo () ; // Also bad.
      }
      async handleGetUsers ( req . res ) : Promise<void> {
            const users = await this. userRepo . getUser() ;
            return res. status (200). json({ users } )
      }
}
```

（a）软件可测试性反例

```
// controllers /userController . ts
Import{UserRepo} from'../ repos' // Good! Refering
                                          to the abstraction.
/ **
      * @class UserController
      * @desc Responsible for handling API requests
      * / or the user route .
      **/
   class UserController {
         private userRepo: IUserRepo ; // abstraction here
         constructor ( userRepo: IUserRepo) { // and here
               this. userRepo = UserRepo;
         }
         async handleGetUsers(req.res): Promise<void>{
               const users=await this. userRepo. getUser();
               return res . status (200).json({users} );
         }
   }
```

（b）软件可测试性正例

图 2-10　一个软件可测试性的反例和正例

2.3.2　可测试性特征

可测试性主要通过可控制性、可观测性、可追踪性及可理解性等要素来表征，当然，在特定的场景中，预见性、简单性、稳定性也是表征软件可测试性的重要特征。软件可测试性特征及其维度如图 2-11 所示。

例如，某软件系统由两个不具备可观测性和可控制性的单元 A 和 B 构成，这两个软件单元及软件系统不具备可测试性。那么，如何改善这两个软件单元及软件系统的可测试性呢？显然，只要在单元 A 和 B 之间增加一个接口，使单元 A 的输出（状态信息）能够在该接口被观测到，同时通过接口能够向单元 B 输入数据，就能够对单元 B 进行控制。通过如此处理之后，由单元 A 传递给单元 B 的数据就可以被观测和控制，且具有可预见性，从而使得该软件系统具有满足需求的可测试性。图 2-12 展示了该软件系统可测试性的改进方法。

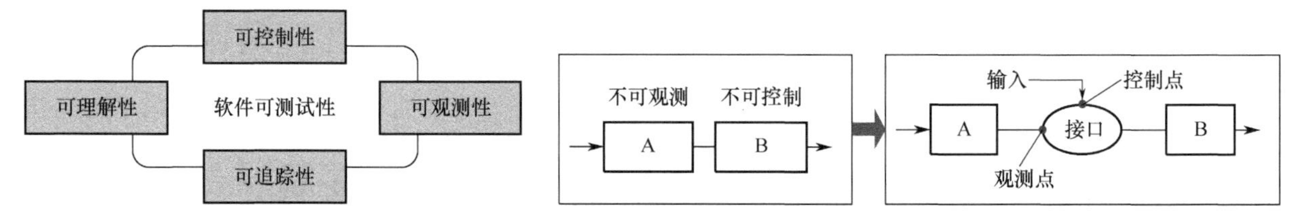

图 2-11　软件可测试性特征及其维度

图 2-12　软件系统可测试性改进方法示例

2.3.2.1　可控制性

可控制性是指在确定的条件下，在配置空间操作或改变系统的能力，包括状态控制、输入输出控制。可控制性一般包括如下四个层面。

（1）业务层面：业务流程以及业务场景易于分解，可实现分段控制与验证。对于复杂业务流程，则需要合理地设定分解点，确保测试过程中能够对其进行有效分解或切片。

（2）架构层面：采用模块化设计，各模块支持独立部署和测试，具有良好的独立性和可隔离性，便于构造 Mock 环境，模拟依赖关系。

（3）数据层面：测试数据具有良好的可控制性，以便构建多样性测试数据，满足不同的测试场景需求。

（4）实现层面：可控制性的技术实现手段涉及多个方面。例如，在系统外部直接或间接控制系统状态及变量，方便的接口调用，运行时的可注入能力，私有函数及内部变量的外部访问能力，轻量级的插桩能力，面向切面编程（Aspect Oriented Programming，AOP）等技术，实现预期的可控制性。

2.3.2.2　可观测性

可观测性是指在确定的条件下和时间内，基于输出描述系统状态的能力，即通过外部获取系统内部状态信息，评估其状态能力的难易程度。对于一组操作或输入，系统产生预期、明确及可视的响应或输出。所谓“可视”是指运行时及过程可视，在时间维度上，还包括当前和过去的可视，而且是可查询的。输出是可视的基础。工程上，通常采用输入、输出的个数之比（Domain/Range Ratio，DRR）度量信息的丢失程度，DRR 值越大，说明信息丢失越多，错误隐藏越多，可测试性越差。在输入个数不变的情况下，输出参数越多，就能够获取更多的信息，发现更多的错误，系统的可测试性就越好。

通过分级事件日志、调用链路追踪信息及各种聚合度量指标，识别输出，基于可测试性接口获取系统内部自检上报信息，确保影响软件行为的因素可视，提高可观测性。在云原生环境下，OpenTelemetry 将事件日志、追踪信息及度量指标统一起来，实现数据互通及互操作，较好地解决了信息孤岛问题。

工程上，通常使用日志、度量、追踪等输出，评价系统的可观测性。日志是有时间戳、不可改变的离散事件记录，用于识别系统中不可预测的行为，洞察软件系统发生错误时的行为及变化，一般以结构化方式读取日志，如 JSON 格式，便于日志查询和自动索引。度量是监控的基础，会在一段时间内汇总并提供度量结果。在分布式系统中，当一个单独的事务或请求从一个节点移动至另一个节点时，追踪允许深入了解特定请求的细节，以确定哪些组件会导致系统错误，如监测通过模块的流量，找到性能瓶颈。

监控是可观测性的一部分，可观测性是监控的超集。两者的主要区别在于主动发现问题的能力。主动发现问题是可观测性的关键。可观测性从“被动监控”向“主动发现与分析”方向发展。可观测能力可划分为告警、应用概览、排错、剖析和依赖分析 5 个层级。告警与应用概览属于传统监控范畴。对于触发告警，往往具有明显的症状及表象，随着系统架构愈发复杂以及应用向云原生部署方式转变，没产生告警并不能说明系统不存在问题。因此，对于系统内部信息的获取与分析尤为重要。这部分能力主要体现在排错、剖析和依赖分析，这三者体现了“主动发现与分析”能力，逐层递进。

无论是否触发告警，基于主动发现能力，能够对系统运行状态进行诊断，通过指标呈现系统运行的实时状态。一旦发现异常，逐层下钻定位问题，必要时进行性能分析，有利于基于数据分析，增进对系统的认识，预测和防范故障发生。调取模块与模块之间的交互状态，通过链路追踪构建整个系统的“上帝视角”。图 2-13 给出了系统可观测性与监控的关系。

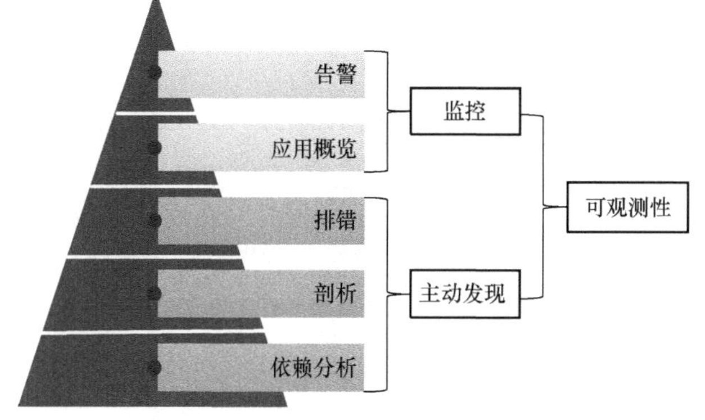

图 2-13　系统可观测性与监控的关系

可观测性对系统的可控制性具有重要影响，系统状态信息对于系统的可测试性具有决定性的作用。但如果无法获得准确的状态信息，就无法判断在下一步是否需要进行控制变更。如果不能对状态及变更进行有效控制，可控制性就无从谈起。可观测性与可控制性相辅相成，缺一不可。DevSecOps 的基础就是监控和可观测性。可观测性是一个聚合系统产生的所有数据的解决方案，而监控则是一种收集和分析从单个系统中提取的预定数据的解决方案。监控只显示数据，可观测性则可以借助基础设施度量多个应用程序、微服务、服务器以及数据库的所有输入和输出，支撑系统的健康监测。

2.3.2.3　可追踪性

可追踪性是指跟踪系统行为、事件、操作、状态、性能、错误以及调用链路的能力，主要包括如下几个方面：

（1）记录并持续更新全局逻辑架构视图与物理部署视图。

（2）跟踪记录服务端模块间的全量调用链路、调用频次及性能数据。

（3）跟踪记录关键流程的函数执行过程、输入输出参数、持续时间及扇入扇出信息。

（4）跟踪记录跑批类作业的执行溯源。

（5）打通前端和后端调用链路，确保后端流量的可溯源性。

（6）实现数据库和缓存类组件的数据流量可溯源。

（7）以确定的周期为频次进行异常分析。

2.3.2.4 可理解性

可理解性是指获取软件系统信息并予以理解的能力，包括信息获取的难易程度以及信息本身的完备性、易理解性。其包含但不限于如下内容：

（1）任务定义完整、准确，关注点分离。

（2）系统行为可以进行确定性推导及预测。

（3）设计模式遵循行业通用规范，能够被很好地理解。

（4）文档、流程、代码、数据等信息齐套、完整、准确，易于理解。

2.3.3 不同级别的可测试性问题

2.3.3.1 代码级别的可测试性

代码级别的可测试性，通常用于度量单元测试的难易程度。对于一段代码，如果需要依赖测试框架和 Mock 框架的高级特性，或奇技淫巧，才能完成测试，则意味着该代码的可测试性较差。编写具有良好可测试性的代码并非易事，违反可测试性的反模式不胜枚举。比如，无法 Mock 依赖的组件或服务、代码中包含未决行为逻辑、滥用可变全局变量、滥用静态方法、使用复杂的继承关系、高度耦合的代码、I/O 和计算不解耦，等等。而那些随心所欲的注释、莫名其妙的链接，如果再“下点毒”，测试人员不“吐血”才怪！

除编程技能外，良心、规范是确保代码可测试性的基础。为了便于理解代码级别的可测试性，下面以“无法 Mock 依赖的组件或服务”为例进行说明。

```
1   public class Transaction {
2       // ...
3       public boolean execute() throws InavlidTransactionException {
4           // ...
5           WalletRpcService walletRpcService = new WalletRpcService();
6           String walletTransactionId = walletRpcService . moveMoney (id, buyerId, sellerId, amount );
7           if ( walletTransactionId ! = null )   {
8               this . walletTransactionId = walletTransactionId;
9               this. Status = STATUS. EXECUTED;
10              return true;
11          } else {

12              this. status = STATUS. FAILED;
13              return false;
14          }
15      }
16      // ...
17  }
```

上述 Transaction 类是经过抽象简化的一个电商系统交易类，用以记录每笔订单的交易情况，类中的

execute()函数实现转账操作，将交易费用从买家转入卖家，通过 Execute()函数调用 WalletRpcService RPC 服务完成转账操作。对此，编写如下测试代码，通过提供参数调用 Execute()函数，实现上述转账服务测试。

```
1    public void testExecute ()   {
2        Long buyerId = 123L;
3        Long sellerId = 234L;
4        Long productId = 345L;
5        Long orderId = 456L;
6        Transaction transaction = new Transaction (buyerId, sellerId, productId, orderId);
7        boolean executedResult = transaction. execute () ;
8        assertTrue (executedResult) ;
9    }
```

该测试代码提供参数调用 Execute()函数，但为了使得该测试能够顺利运行，需要部署 WalletRpcService 服务，但搭建和维护成本较高，且需要确保将构造的 transaction 数据发送给 WalletRpcService 服务之后，返回期望结果以完成不同路径覆盖。基于网络的测试执行，耗时较长，网络中断、超时以及 WalletRpcService 服务不可用等情况都会影响测试执行，需要用 Mock 实现依赖解耦，即用一个“假”服务替换“真”服务，模拟输出所需数据，以便控制测试执行路径。因此，构建如下 Mock，通过继承 WalletRpcService 类，重写 moveMoney()函数，就可以让 moveMoney()返回任意想要得到的数据，而无须进行网络通信。

```
1    public class Transaction {
2        // ...
3        //  添加一个成员变量及其 set 方法
4        private WalletRpcService walletRpcService;
5
6        public void setWalletRpcService (WalletRpcService walletRpcService ) {
7            this. walletRpcService = walletRpcService;
8        }
9        // ...
10      public boolean execute () {
11           // ...
12           // 删除下面一行代码
13           // WalletRpcService walletRpcService = new WalletRpcService () ;
14           // ...
15      }
16  }
```

接下来，如果用 MockWalletRpcServiceOne 和 MockWalletRpcServiceTwo 代替代码中的 WalletRpcService，就会发现 WalletRpcService 是在 execute()函数中通过 new 方式创建，无法动态地对其替换，这就是典型的代码测试性问题。

为了能够有效地解决该问题，可通过依赖注入方式，对代码进行适当重构，将 WalletRpcService 对象的创建反转给上层逻辑，在外部创建完成之后，将其注入到 Transaction 类中。重构后的测试代码如下：

```
1  public void testExecute ()    {
2     Long buyerId = 123L;
3     Long sellerId = 234L;
4     Long productId = 345L;
5     Long orderId = 456L;
6     Transaction transaction = new Transaction (null, buyerId, sellerId, productId, orderId );
7     // 使用 Mock 对象替代真正的 RPC 服务
8     transaction. setWalletRpcServive( new, MockWalletRpcServiceOne() );
9         boolean executedResult = transaction . execute ();
10        assertTrue (executedResult);
11        assertEquals(STATUS. EXECUTED, transaction. getStatus() )
12 }
```

2.3.3.2 服务级别的可测试性

在服务级别，基于服务架构，可测试性包括接口设计文档的详细程度、接口设计的契约化程度、私有协议设计的详细程度、服务内部状态的可控制性、服务运行的可隔离性、服务扇入扇出大小、服务资源占用的可观测性、内置测试（Built-In Test，BIT）的实现程度以及服务部署、服务配置信息获取、测试数据构造、服务输出结果验证、服务后向兼容性验证、服务契约获取与聚合、内部异常模拟、外部异常模拟、服务调用链路追踪等的难易程度。

2.3.3.3 业务需求级别的可测试性

业务需求级别的可测试性可划分为人工及自动化测试的可测试性，通常包括登录过程中的图片或短信验证码、硬件 U 盾/USB Key、触屏应用的自动化测试设计、第三方系统的依赖与模拟、业务测试流量隔离、系统不确定性弹框、非回显结果验证、可测试性与安全性平衡、业务测试的分段执行、业务测试数据构造等典型场景。

2.4 软件可靠性

可靠性是重要的软件质量特性之一。IEEE 将软件可靠性定义为：**在规定的条件下和规定的时间内，软件不引起系统失效的能力**。该能力的概率表示就是软件可靠度，即系统输入和使用的函数。系统输入以确定是否触发软件错误，软件可靠度是软件固有错误的函数。

规定的条件是指系统所处环境条件、负荷大小及运行方式。环境条件包括软件运行、储存等软硬件环境、数据环境及其输入分布。软件运行一次所需要的输入数据构成输入空间的一个元素，该元素是一个多维向量，全体输入向量集合构成软件的输入空间。输出数据构成一个输出向量，全部输出向量集合构成输出空间。在软件运行过程中，输入空间元素及每个元素被选用的概率构成运行剖面。软件可靠性与规定的时间密切相关，在不同时间内，系统将呈现出不同的可靠性。规定的功能是指软件具备的功能，即所能提供的服务。用 E 表示规定的条件，t 表示规定的时间，随机变量 ξ 表示软件从运行开始到失效所经历的时间。那么，软件可靠度为

$$R(E,t) = P(\xi > t \mid E) \tag{2-2}$$

软件是从输入空间到输出空间的映射，软件失效是由于未将某些输入映射到期望的输出所致，是逻辑错误、系统退化、外部环境、输入错误等因素或其组合诱发，并非像硬件那样因为老化、磨损、耗散等原因所致，机理复杂。软件可靠性的概率性质主要体现在输入选择上。假设输入空间上共有 I 个输入，则可以引入一个执行变量 $Y(i)$：

$$Y(i) = \begin{cases} 1, & \text{输入} i \text{时，软件运行正确} \\ 0, & \text{输入} i \text{时，软件运行错误} \end{cases}$$

对于特定的软件系统，$P(i)$ 是输入 i 时软件运行正确的概率。在这一特定应用中的一次输入导致软件运行正常的概率为

$$P = \sum_{i=1}^{I} P(i)Y(i) \tag{2-3}$$

因此有

$$R(t) = \left[\sum_{i=1}^{I} P(i)Y(i) \right]^n \tag{2-4}$$

式中，n 是时间区间 $(0,t)$ 内软件系统运行的总次数。

以上描述似乎从本质上反映了软件可靠性定义的概率性质。事实上，输入空间 I 的大小即使不是无穷

大，也可能十分庞大，在某一特定应用中确定 $P(i)$，可能非常困难。对于确定的软件系统，这种定义并无实际意义。一种有效的方法是将基于运行的软件可靠性定义描述为：假设在一特定应用中，软件系统实际运行次数为 n，c_n 表示在这 n 次运行中正确运行的次数，则 $\lim_{n\to\infty}\frac{c_n}{n}$ 表示一次运行正确的概率。于是有

$$R(t)=\left[\lim_{n\to\infty}\frac{c_n}{n}\right]^n \tag{2-5}$$

导致软件失效的原因及机理非常复杂，至今还难以甚至无法事先判定软件的错误性质以及错误引入时间、错误引入部位，难以准确确定软件的运行状态和执行路径，且软件失效的外部表象具有明显的随机性。对于随机事件的变化规律，基于概率描述，是一种有效的方法，也是一种必然的选择。硬件系统尤其是电子装备系统，其可靠性分析评估技术已臻成熟，得以广泛应用。创立一套与系统可靠性相兼容的软件可靠性理论和方法，是软件可靠性分析的基础。上述定义恰到好处地反映了系统可靠性综合与分析的要求，这种引申和扩展是十分自然的。

2.5　软件错误、缺陷、故障及失效

2.5.1　软件错误、缺陷及故障

2.5.1.1　软件错误

软件错误（Software Error）是指软件生命周期过程中不希望或不可接受的人为差错，是一种内部属性，相对于软件本身而言，是一种外部行为。软件错误可能导致软件缺陷，同软件失效具有直接的因果关系。常用初始错误数、剩余错误数、千（百）行代码错误数等指标进行度量。

初始错误数是指错误排除之前，软件中错误数的估计值；剩余错误数是指经过测试及纠错之后，仍然残留在软件中错误数的估计值；千（百）行代码错误数是每千（百）行有效代码中所包含的错误数，既可以用来度量初始错误数，也可以用来度量残留错误数。

错误计数依据导致软件失效的因果关系确定，而非简单的错误个数累加。假若软件失效是由一条错误语句所致，那么该语句对应于一个错误；如果软件失效是若干条错误语句共同作用的结果，则这若干条错误语句对应于一个错误；如果软件失效是因为需求规格错误所致，则该错误所涉及的语句数可能不止一条，且不一定顺序相连，可能涉及软件架构及相关文档。

错误排除之前，可能导致一次或多次软件失效，相同失效可能因为不同错误被触发所致，必须进行具体分析，不能一概而论，更不能以偏概全。软件运行过程中，以失效形式反映出来的软件错误，可能只是全部错误的一部分，另一部分隐含错误同样具有导致软件失效的可能，仅仅只是未被触发而已。

文档错误尤其是需求规格、设计文档错误是软件错误的根源，用户手册等应用文档错误可能导致用户接受错误的操作信息而导致操作失误，是软件错误的重要组成部分。一般地，操作失误不作为质量与可靠性研究范畴。一些勘误性错误可能并不直接对软件造成影响，如果将这类文档错误一并计入软件错误，将对软件质量评价的客观性、真实性带来偏差。文档错误是否计入软件错误或者是否以单独的形式加以标记和统计，需要通过甄别后区别对待。

软件生命周期过程中，可以使用直接查错法、间接查错法以及这两种方法的组合，检出错误。桌面检查、需求评审、设计评审、代码审查、编译诊断等能够直接发现错误，通过纠正评审、编译等过程中所发现的错误，能有效规避错误向下传递。间接查错法是软件调试、测试及运行过程中，有目的、有针对性地触发错误，判断和检出软件错误的有效方法。

1. 错误分类

基于软件定义，软硬件之间的界限正变得越来越模糊，尤其是嵌入式系统构建，越来越多地采用软

件硬化和硬件软化设计模式。例如，在特定情况下，只读存储器中的微程序、通用阵列逻辑器件中烧录的方程及时序，其错误可能引起硬件指令错误执行，故障表象为硬件特征或运行环境特征。微程序错误通常是在程序设计过程中引入的，似乎应该归类为软件错误，但它引起的却是硬件指令的错误执行，是否应将其划归到硬件错误的范畴呢？都是亟待研究解决的问题。

1）根据错误征兆分类

当将软件错误分类与其输入空间进行关联考虑时，可以根据软件错误直接表现出来的征兆进行分类。根据错误征兆的软件错误分类如表 2-1 所示。

表 2-1　根据错误征兆的软件错误分类

系统反应	输　入	
	超出预先规定的输入范围	在预先规定的输入范围内
对输入的拒绝（系统查错）	正确	第Ⅰ种类型
读出错误结果（系统外查错）	第Ⅱ种类型（严重）	第Ⅲ种类型（严重）
系统崩溃	第Ⅳ种类型（严重）	第Ⅴ种类型（严重）

对于该分类方法，某种类型错误引起的实际后果依赖于应用要求，与特定应用场景密切相关。第Ⅰ种类型错误即因系统本身辨识出不能处理正常的但超出预先规定范围的输入，拒绝该输入，不像第Ⅱ～Ⅴ种类型错误那么严重。在一个预先规定的时间范围内，系统必须对任一输入做出反应，尤其是对于实时嵌入式系统，对某个输入的拒绝可能导致灾难性的后果。

2）根据错误诱因分类

对于一个应用系统，尤其是实时嵌入式系统，错误诱因不外乎硬件或软件设计错误、环境改变等引起硬件劣化、输入错误等。设计错误、硬件劣化、输入错误构成系统的错误空间。该分类方法是以错误起因为基点，而非错误产生的影响，其先决条件是构建一个完全的错误诊断框架集。当一个设计错误发生时，即便所有输入和操作均正确无误，但也不可能产生期望的结果，且不正确的操作往往可能导致输入错误。而由于硬件劣化或环境条件改变等因素导致错误时，系统状态往往是确定且可以复现的。表 2-2 给出了基于诱因的软件错误发生情况及特征。

表 2-2　基于诱因的软件错误发生情况及特征

	设计错误	硬件劣化	输入错误
错误起因	设计复杂性及输入分布错误	硬件劣化，环境改变	操作错误
错误率变化	软件和输入分布不变	呈浴盆曲线	逐渐减少且趋稳定
错误完全排除（理论/实际）	可/不可	不可/不可	不可/不可

3）根据错误发生时的持续时间分类

对于硬件及输入错误，可以根据错误发生时的持续时间进行分类。如果一个错误从某一特定时间开始，反复发生且能够在特定的条件下复现，称这类错误为永久错误。当某个错误发生时，系统特性产生短暂变化之后即恢复正常状态，则称这类错误为瞬时错误，这类错误持续时间短暂，引发的失效难以复现和定位，诊断和排除困难，可能导致严重后果。对于硬件中的瞬时错误，如某硬件瞬时错误将某位二进制数位取反，导致一个错误数据存储或一条错误指令执行，由此引起的错误往往难以同软件错误区分开来。

4）根据错误的表现形式及可观察性分类

根据错误的表现形式及可观察性，可将软件错误分为外部错误和内部错误。一个错误可能无法被直接观察到，除非只有诸如一个内部错误的影响传播到输出时，该错误才能在外部被观察到。如果系统采用冗余设计，并非每个内部错误都必然导致一个外部错误。内部错误和外部错误的划分，在很大程度上依赖于查错界面的选择。例如，如果一个查错界面具有分层结构，则同一个错误既可以被看成内部错误，

也可以被看成外部错误。

5）根据应用结果分类

软件设计过程中，根据应用结果将软件功能划分为主要功能、基本功能、次要功能、辅助功能并加以区别对待，有利于突出重点。次要或辅助功能失效可能不会影响系统使命任务的遂行，如果一个错误只影响软件系统的次要或辅助功能，该错误就是非关键性的。如果将软件错误划分为关键性错误和非关键性错误，同样有利于关键问题的解决，这正是软件测试的出发点。

6）根据软件生命周期过程分类

基于软件生命周期过程，将软件错误划分为分配需求错误、需求错误、设计错误、实现错误、测试错误、验收与交付错误、运行与维护错误等类型。软件生命周期过程中，如果能够对每个阶段的错误形态进行定义并进行充分的测试验证，对系统质量保证及改进事半功倍。这正是软件测试与开发过程分离、注重验收测试、忽视测试左移与回看等广受诟病的重要原因。

7）根据软件构成成分分类

根据软件构成成分，可将软件错误分为程序错误、数据错误和文档错误 3 类。

8）根据错误严重程度分类

所有错误均可能导致软件失效，但其严重程度则具有显著差别。依据相关标准规范，基于系统服务功能丧失、人员伤害、设备损坏、环境破坏的程度，将软件错误划分为致命错误、严重错误、一般错误等不同等级或类型。基于错误严重程度的软件错误分类粒度，不同标准规范具有一定差异，但分类方法大同小异。

2. 软件生命周期过程错误表征

1）需求识别、需求获取与需求分析错误

对问题进行准确定义、抽象处理及严格的数学描述，是我们面临的重大挑战。何况，软件错误征兆、错误诱因、失效机理异常复杂，难以预先定义统一的标准。而基于软件状态与预先定义标准的比较，辨识软件状态并对其给定状态进行评价，无异于无源之水。

需求识别、需求获取及需求分析，是通过对实际问题的归纳和抽象，剔除不涉及问题本质的次要因素，抽取与具体问题相关的要素，对问题进行定义和抽象描述，构建需求规格。在此过程中，可能遗漏、曲解、错误定义用户需求，甚至会掩盖问题的本质。统计表明，软件错误大都是由于对系统需求识别不充分、描述不准确以及对问题理解偏差所致，并非软件设计所致。

2）软件设计错误

（1）设计文档错误。

（2）架构笨重。

（3）程序说明的错误中断。

（4）不完全的逻辑。

（5）模块之间解耦不够。

（6）安全性设计不足。

（7）特殊情况被忽略。

（8）缺乏对错误处理能力的考虑。

（9）对时间、资源等疏忽。

3）编码实现错误

（1）不符合编码规范。

（2）语法错误。

（3）初始化错误。

（4）参数混淆。

（5）循环计数错误。

（6）对判定结果的不正确处理。

（7）变量重复或未定义便加以使用。

（8）变量名书写错误。

（9）数组类型和维数说明不正确。

尽管开发技术对软件设计与实现错误具有直接影响，而更加突出的问题是团队笨重，难以实现有效的扁平化，导致沟通困难。与此同时，与软件开发、编码实现及软件测试等人员的素质和能力相关，尤其是对复杂问题处理更是如此。统计表明，软件设计与编码实现阶段所检出的逻辑错误数与系统分析、系统设计阶段的时间成正比。

4）软件运行错误

通常，当讨论软件运行错误时，总是假定一个正确的软件，加上正确的输入，得到正确的结果。这不仅是应该的，而且也是可能的，否则，我们将对所交付的软件失去信心。但受制于软件测试技术、能力、成本等因素，完备软件测试还只是一个梦想。因此，在软件系统运行过程中，仍然可能发现错误，如不正确的初始化、数组越界、数据溢出、内存泄漏、防误操作设计、硬件缺陷等导致的软件失效。基于使用质量视角，运行阶段的错误表征，更多的是与运行环境、使用流程、功能完备、系统效能、操作使用、人机交互等与系统能力、用户体验相关的问题。而这些问题的定义往往超越了错误的范畴。基于缺陷驱动的测试与基于能力驱动的测试，存在着本质的差别。这是软件测试发展的重大跨越。

5）瞬时硬件故障

瞬时硬件故障可能产生不正确的数据或控制流，具有与软件错误相似的征兆，可能因此被裁定为软件错误。瞬时硬件故障是系统故障的诱因，特别是当通过诊断软件检查硬件且显示硬件功能正常时，更是如此。例如，某嵌入式系统显示界面同时进行背景填充和汉字输出时，某些汉字出现多余笔画，直接表象是软件错误所致，而实际上是因为DRAM芯片TC5118160BJ-60的瞬时故障，使得进行OpenGL作图时，16MB DRAM作为深度缓存（Z Buffer）与纹理映射存储器，用于缓存用户数据、存放字库，导致该瞬时故障发生。

瞬时硬件故障大多是由于间歇性干扰、硬件渐变等原因所致，发生时间非常短暂，定位及排除困难，对于不具备硬件查错功能的系统，瞬时硬件故障可能引起更多问题，甚至可能演变为系统故障的主要诱因。工程上，通过老化试验能够估计得到瞬时硬件故障的发生概率。Ball和Hardie对这类故障进行深入研究后指出：对于瞬时硬件故障，控制部件的反应比算术部件更加敏感；在一条指令执行期间，对于出现在控制部件中的故障，被立即查出的概率较算术部件小一个数量级；瞬时硬件故障仅仅只有在其持续时间大于一个周期时，才是至关重要的。

3. 典型软件错误

1）需求错误或变化

（1）要求全新的功能（包括要求新的硬件）或增加新的功能。

（2）对硬件环境及外设的要求。

（3）对处理器的要求。

（4）对输入/输出及接口的要求。

（5）对内存、存储资源及容量的要求。

（6）对操作系统功能的特殊要求。

（7）对数据库管理及完整性的要求。

（8）对安全性的要求。

2）文档错误

（1）程序限制。

（2）操作过程。

（3）流程图或问题分析图（Problem Analysis Diagram，PAD）与编码之间的区别。

（4）错误信息。
（5）程序应有功能说明。
（6）输出形式的要求。
（7）文档的完整性及正确性。
3）逻辑错误
（1）问题抽象错误。
（2）不正确或无效逻辑以及简单逻辑复杂化和错误的逻辑分支。
（3）不完全的处理。
（4）死循环。
（5）逻辑或条件不完全的测试。
（6）对上、下限的判断错误。
（7）下标未经校验。
（8）特征值或特殊数据未经测试。
（9）重复步长的不正确判断。
4）数据处理错误
（1）向故障存储介质或接口读/写数据。
（2）数据丢失、无法存储或传输。
（3）数据、下标、特征值未加设置，或不正确设置，或不正确初始化，或错误更改。
（4）额外项（表、数组）的产生。
（5）二进位信息处理错误。
（6）错误变址。
（7）数组类型转换错误。
（8）内部变量定义错误、设置或使用。
（9）对不存在的记录进行数据查找。
（10）越限。
（11）数据链接错误。
（12）溢出或对溢出的错误处理。
（13）读出错误。
（14）错误分类。
（15）错误覆盖。
5）操作覆盖错误
（1）测试执行错误。
（2）使用错误的主结构。
（3）数据准备错误。
6）在要求满足方面的问题
（1）要求的能力被忽略或对相应要求考虑不周。
（2）未达到所要求的功能。
（3）超过规定的运行时间。
（4）规定的时间内不释放资源。
7）计算错误
（1）使用不正确的表达式与习惯表示法。
（2）数学模型错误。
（3）错误或不精确的运算结果。

（4）算法选择问题。
（5）非期望的运算结果。
（6）下标计算错误。
（7）混合运算次序错误。
（8）向量运算错误。
（9）符号习惯表示法错误运用。
8）用户接口错误
（1）通信协议不一致或不协调。
（2）对输入数据的不正确解释。
（3）拒绝接收或无法使用有效的输入数据。
（4）本来已被拒绝的输入数据又被程序所用。
（5）不使用读出的输入数据。
（6）接收并处理非法输入数据。
（7）对合法输入数据的不正确处理。
（8）接口设计不完善。
（9）不适当的中断与再启动。
9）程序接口错误
（1）要求错误的参数。
（2）无法使用可用参数。
（3）调用次序紊乱。
（4）初始化错误。
（5）程序之间通过错误的数据区进行通信。
（6）程序不兼容。
10）程序/系统软件接口错误
（1）操作系统接口错误。
（2）程序对系统支持软件的不正确使用。
（3）操作系统本身的问题限制程序功能的发挥。
11）输入/输出错误
（1）输出与设计要求不一致。
（2）输出信息丢失或丢失数据项；输出形式不正确；重复输出；输出域大小不适当。
（3）设计中未定义必要的输出形式。
（4）排错时的输出问题（与设计文档有关）。
（5）打印控制错误。
（6）行/页计数错误。
（7）应输出的出错信息被删除。
（8）标题输出问题。

2.5.1.2 软件缺陷

软件缺陷（Software Defect）是因人为差错或其他客观原因使得软件隐含导致其在运行过程中出现不希望或不可接受偏差的需求定义、软件设计、编码实现等错误。软件缺陷和错误有着相近的含义。当软件运行于某一特定环境时出现故障，称缺陷被激活。软件缺陷存在于软件内部，是一种静态形式。

软件生命周期过程中，软件开发组织及测评机构应建立软件缺陷库，将其作为重要资产进行跟踪管理。一般地，软件缺陷管理流程如图 2-14 所示。

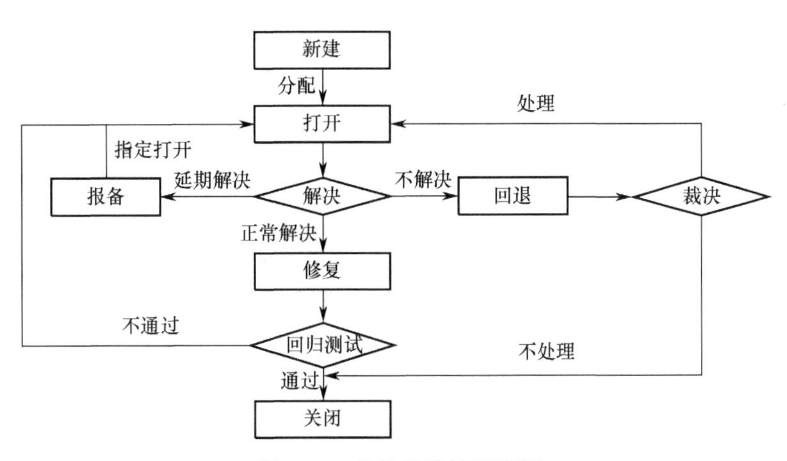

图 2-14　软件缺陷管理流程

1. 软件缺陷及行为

软件缺陷是软件测试关注的焦点。不仅要关注程序、文档、数据等缺陷，还要面向应用系统，关注软件修改、升级维护引入及僵尸代码唤醒、开源代码应用、操作使用等缺陷。软件缺陷的内涵及演变如图 2-15 所示。

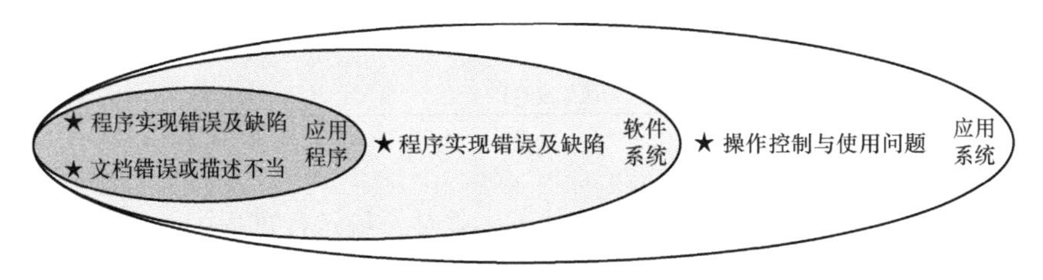

图 2-15　软件缺陷的内涵及演变

2. 软件缺陷分类

鉴于软件缺陷同错误的相关性和相似性，可以按错误分类方法对软件缺陷进行分类。面向软件缺陷的不同表现形式，基于总体视角，将软件缺陷分为语法缺陷和语义缺陷两类。语法缺陷是指软件不符合程序设计语言的语法要求以及应遵循的标准、规则和约定，语义缺陷则是指软件未正确地表达应表达的含义，包括初始化缺陷、接口缺陷等形式。基于软件成分，可以将软件缺陷划分为程序缺陷、数据缺陷、文档缺陷三种类型。基于软件测试视角，给出如表 2-3 所示的软件缺陷的工程化分类，同时对不同缺陷类型的表象进行描述。

表 2-3　软件缺陷的工程化分类

序　号	缺陷类型	描　述
1	需求	影响软件发布和维护，如描述含糊、不完整、不正确；需求缺少或多余；需求不能实现或不能验证；不满足依从性、与用户需求不一致、文档信息错误等
2	需求变更	测试过程中，发现实现错误而必须变更的需求逻辑
3	功能	影响系统行为及重要特性、用户界面及接口，如功能缺失、功能错误、功能歧义、功能超越等
4	性能	不满足系统可测属性值，如执行时间、存储容量、计算精度、作用距离、数据处理能力等不达标
5	逻辑	不符合业务逻辑，如分支不正确、重复的逻辑、忽略极端条件、条件测试错误、循环不正确、计算顺序错误、逻辑顺序错误等
6	数据	影响数据输入输出，如输入输出数据错误、数据范围及边界错误、数据存储错误、数据量纲错误、数据维数不正确、数据覆盖错误、外部数据错误、数据检验错误以及数据不兼容等问题
7	人机交互	人机交互特性，屏显格式、用户输入确认、功能有效性、页面布局等方面的缺陷，如界面风格不统一、显示错误信息、显示信息不可用、功能布局和操作不符合常规等
8	兼容	软件系统之间不能正确地交互或共享信息，不能正确地交互，不能协同运行，如操作系统、浏览器不兼容等
9	环境	运行环境因为变化、重构等引发的问题。通常包括测试环境、预发布环境、正式运行环境等

同软件错误一样，基于缺陷的严重等级，可以将软件缺陷分为致命缺陷、严重缺陷、一般缺陷三种类型。基于严重等级的软件缺陷分类如表 2-4 所示。

表 2-4　基于严重等级的软件缺陷分类

序号	严 重 等 级	优先级	缺陷类型	范 围 说 明
1	致命缺陷	最高	环境	软件及硬件环境故障，系统悬挂或崩溃；无法访问或长时间、大面积不可用
			需求	需求规格中关键功能未实现，关键性能未达标
2	严重缺陷	高	功能	系统功能未实现或不满足要求；页面抛出异常；主要连接页面错误，如一、二级页面跳转错误及死连接等
			性能	性能指标未实现或不满足要求
			数据	数据操作未对数据生效，如保存成功但未生成数据；出现错误或未对事务进行回滚；接口数据无法调用或数据错误
			逻辑	流程逻辑错误，如流程控制不符合要求、流程实现不完整；页面出现脚本错误提示信息，影响正常功能实现
3	一般缺陷	低	文档	需求不明确，存在歧义性描述；设计文档错误，与需求规格不一致；用户文档如操作手册错误
			代码	不满足编码规范要求
			数据	数据计算、数据约束、数据输入输出错误，如边界值、数据乱码及数据精度等
			性能	运行一段时间后，性能下降或出现偏差，如运行速度降低、响应时间变慢
			人机交互	页面布局、显示、操作等不符合用户习惯或人因工程；显示/提示信息不准确或不满足相关标准规范要求；长操作未对用户提示或长操作结束后提示未清除；可输入区域和只读区域没有明显的区分标识；显示信息错误，如文字错误

2.5.1.3　软件故障

软件故障（Software Fault）是指在规定的条件下，软件系统运行过程中，出现可感知的不正常、不正确或不按规范执行的状态。软件故障仅与设计和编码实现有关。在数据结构或软件输出中的表现称为软件差错。这里，可通过如下示例，展示软件的故障及其形态。

```
publics static void Csta ( int [ ] numbers )
{
      int length = numbers. length;
      double mean. sum;
  sum = 0.0;
      for ( int i = 1; i<length; i++ )      // i=0
      {
            sum + = numbers [ i ];
      }
      mean = sum / ( double ) length;
      System. out. Println (“mean : ” + mean );
}
```

基于故障持续时间，软件故障可分为永久性故障和瞬时故障；基于运算特性，软件故障通常由计算错误、逻辑错误、数据处理错误、接口错误、数据定义错误、数据库错误、输入/输出错误以及文件资料错误等导致，可将软件故障对应地划分为这八类。

2.5.2　软件失效

软件失效（Software Failure）是指软件运行过程中，规定功能的终止。该定义包含三方面的含义：一是软件系统不能在规定的时间内和条件下完成规定的功能，丧失对用户预期服务的能力；二是功能单元执行所要求功能的能力终结；三是软件操作偏离用户需求。与硬件不同，软件不会因为环境应力作用而疲劳，也不会随时间推移而磨损和耗散，软件寿命失效可能是因为硬件寿命失效所致，随机失效通常由设计过程中所遗留的内部缺陷所致。

2.5.2.1　软件失效与软件缺陷的关系

在特定的条件下，缺陷被激活，诱发软件失效。由于软件系统结构及缺陷产生机理的复杂性，执行路径不能完全准确刻画软件的失效行为。对于呈分立状态的软件系统，状态数往往比其驻留环境的非重复状态数大得多，软件失效可能是单个缺陷或缺陷组合所致。图 2-16 形象地给出了软件失效与软件缺陷的关系。

软件缺陷是一种内在的物理及静态存在，而软件失效则是一种动态行为。如果软件存在缺陷，对于确定的输入或其组合，会将处于休眠状态的内部缺陷激活，导致软件失效。来源于系统的物理或人为环境错误等也是导致软件失效的重要原因。同一缺陷在不同条件下被激活，可能产生不同失效及组合。软件测试过程中，受输入制约，直观呈现出的往往是单点失效，从而掩盖了软件缺陷的本质。

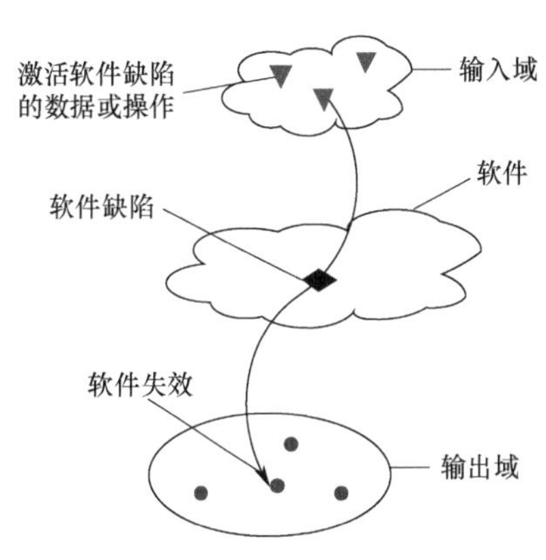

图 2-16　软件失效与软件缺陷的关系

对于大型复杂软件系统，因其结构的复杂性、系统的多功能性、运行场景的多变性、使用环境的极端性，支持这种复杂情形的开销往往存在显著的差异，尤其是对于智能软件系统，具有非确定性和确定性相结合的缺陷触发与传播机理，对软件缺陷及失效机理的认识将变得更加困难，似乎已无路可循，难道得另辟蹊径？

抽象系统功能模式是执行一个输入域 I 到输出域 O 的映射。系统运行过程中，从输入域 I 中选择一个输入点序列，输入空间分别是错误输入子空间 (I_{fi}) 及激活缺陷的输入子空间 (I_{afi})，系统失效域为

$$I_{\text{F}} = I_{\text{fi}} \cup I_{\text{afi}} \tag{2-6}$$

当输入轨迹进入 I_{F} 时，缺陷被激活，诱发系统失效。选择输入点时，对应一个非零的系统失效概率 p，无论选择什么输入点，p 都暂时不变。假设离散系统概率为

$$R_{\text{d}}(k) = (1-p)^k I_{\text{afi}} \tag{2-7}$$

若 t_{e} 为与输入相关的执行时间，那么不论选择什么样的输入点，当 $t_{\text{e}} \to 0$ 时，失效率为

$$\lambda = \lim_{t_{\text{e}} \to \infty} \frac{p}{t_{\text{e}}} \tag{2-8}$$

2.5.2.2　失效率

工程上，用失效率度量软件失效。软件失效率（Software Failure Rate）是指软件在 t 时刻尚未发生失效的条件下，在 t 时刻之后的单位时间 $(t, t+\Delta t)$ 内发生失效的概率，有时称之为风险函数（Hazard Function）。根据定义，可以得到

$$\lambda(t) = \lim_{\Delta t \to 0} \frac{P\{t+\Delta t \geqslant \xi > t \mid \xi > t\}}{\Delta t} = \lim_{\Delta t \to 0} \frac{F(t+\Delta t) - F(t)}{\Delta t \Delta R(t)} = \frac{f(t)}{R(t)} \tag{2-9}$$

由于 $f(t)$ 是随机变量 ξ 的密度函数，那么式（2-9）可表示为

$$\lambda(t) = \frac{-R'(t)}{R(t)} \tag{2-10}$$

在初始条件 $R(0)=1$ 时，求解该常微分方程可得到

$$R(t) = \mathrm{e}^{-\int_0^t \lambda(s)\mathrm{d}s} \tag{2-11}$$

如果 $\lambda(s)$ 为常数，则可以得到

$$R(t) = \mathrm{e}^{-\lambda t} \tag{2-12}$$

2.5.2.3 失效强度

失效强度（Software Failure Intensity）是指在单位时间内，软件失效的机会或可能性，即在时间区间 $(t,t+\Delta t)$ 上，当 $\Delta t \to 0$ 时，软件故障数的期望值与该时间区间的长度 Δt 之比的极限值。在非齐次泊松过程模型中，用 $m(t)$ 表示故障数的期望值，$f(t)$ 表示失效强度。有

$$f(t)=\frac{\mathrm{d}[m(t)]}{\mathrm{d}t} \tag{2-13}$$

2.6 时间问题

软件质量及其度量、分析、预测、评价等无不与时间密切相关。对于不同对象，时间含义不一样。通常，软件运行、测试、维护等过程中，使用执行时间（Execution Time）、时钟时间（Clock Time）、日历时间（Calendar Time）三种时间度量。执行时间是指软件运行时实际占用 CPU 的时间；时钟时间是软件从运行开始到运行结束所经历的时长，包括等待时间和辅助时间，但不包括停机时间；日历时间是日常生活中所使用的时间。如果计算机资源被软件连续占用，该软件占用 CPU 的一个时间段，则执行时间与时钟时间成正比。

对于上述三种时间单位，较日历时间，执行时间能更好地表征软件系统的运行行为，是软件测试及软件质量度量常用的时间度量，但为了便于理解及使用，最终与日历时间关联，尤其是不同系统之间进行比较时，尤为如此。因此，需要在日历时间与执行时间之间进行转换。如果难以得到执行时间，可用其他时间的近似值，如时钟时间、加权时钟时间、主要运行时间或其他计时单位代替。

在软件系统运行、维护、测试等过程中，一旦确定时间基准，即可用累积失效函数（Cumulative Failure Function，CFF）、失效密度函数（Failure Intensity Function，FIF）、失效平均时间函数（Mean Time to Failure Function，MTFF）、平均无故障间隔时间（Mean Time Between Failure，MTBF）、平均失效时间（Mean Time To Failure，MTTF）、平均修复时间（Mean Time To Repair，MTTR）等任一种描述软件失效行为。CFF 表示与每一时间点相关的平均累积失效；FIF 表示累积失效函数的变化率；MTFF 表示观察到下次失效的期望时间。这三种度量密切相关且可以相互转化。例如，失效密度是累积失效函数相对于时间的瞬时值，如果可靠性函数呈指数分布，其平均失效时间即为失效密度函数的导数。

2.6.1 基于时间的可靠性度量

2.6.1.1 平均无故障间隔时间

平均无故障间隔时间是软件系统在当前时间到下一次失效时间的均值，是反映软件故障行为的一个重要参数。假设软件系统从当前时间到下一次失效时间的间隔为 ξ，ξ 具有累积概率密度函数

$$F(t)=P(\xi \leqslant t)=1-R(t)=1-P(\xi>t) \tag{2-14}$$

则

$$\mathrm{MTBF}=\int_0^{\infty} tf(t)\mathrm{d}t=\int_0^{\infty} R(t)\mathrm{d}t \tag{2-15}$$

2.6.1.2 平均失效时间

平均失效时间是指软件系统两次相邻失效时间间隔的均值。设两次相邻失效时间间隔为 ξ，ξ 具有累积概率密度函数

$$\mathrm{MTTF}=\int_0^{\infty} tf(t)\mathrm{d}t=\int_0^{\infty} R(t)\mathrm{d}t \tag{2-16}$$

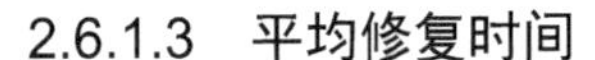

2.6.1.3　平均修复时间

平均修复时间是指在观察到失效后，经维护到恢复所需要时间的平均值。硬件修复过程是在完成故障诊断及定位之后，用同样或等效部件替换，精确地测量或估计平均修复时间。软件运行过程中，对于偶然出现的非关键性失效，可以通过复位和重启来解决，尽管可能会发生部分数据丢失，但能够快速恢复运行。

对于关键故障触发的失效，永久性恢复需要进行故障分析、故障定位、软件更改、回归测试、确认和重新安装运行。而现场使用的软件，是否可以进行排错和维护，取决于软件的配置和使用状况。软件维护的难易程度及时间，可用维护时间或停工时间来度量。

维护时间包括查错、纠错、验证及重新启动等过程所需要的时间。在现场使用条件下，用户可能不具备纠错能力，那么，维护时间就只包括软件重新载入和重启时间。MTTR 因系统维护性质而异。

2.6.1.4　可用性

可用性（Software Availability）是指软件系统在任一随机时刻需要开始执行任务时，处于工作或可使用状态的程度，即“开则能用，用则成功”的能力，可表示为

$$A = f(R,M) = \frac{\text{MTTF}}{\text{MTTF} + \text{MTTR}} \tag{2-17}$$

2.6.2　Musa 执行时间

Musa 认为，执行时间是最基本的软件失效时间测度之一，执行时间模型以及对数泊松执行时间模型均以执行时间作为基本时间量度单位。故障发生时间、故障间隔时间、到指定时刻为止的累积故障数以及在一个给定时间区间内发生的故障数，都是通过执行时间来刻画的。图 2-17 给出了平均故障数 $\mu(\tau)$、故障密度 $\lambda(\tau)$ 与执行时间 τ 之间的关系。

图 2-18 给出的是在一段执行时间内，软件可靠度随着执行时间增长的变化情况以及与执行时间的关系。

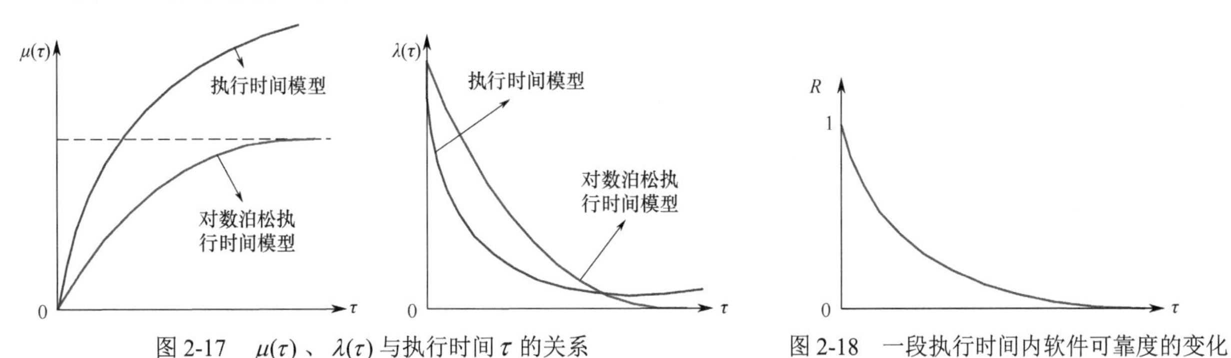

图 2-17　$\mu(\tau)$、$\lambda(\tau)$ 与执行时间 τ 的关系　　图 2-18　一段执行时间内软件可靠度的变化

由图 2-18 可见，在一段无故障执行时间内，软件可靠度由 1 向 0 变化：开始执行时，软件未发生故障，可靠度为 1，随着执行时间逐渐增加，可靠度逐渐下降，一旦发生故障，则软件可靠度变为 0。当然，实际情况并非如此，除非软件故障所导致的是系统失效。即便如此，在整个软件生命周期过程中，基于概率观点，这种曲线是不会出现的。

2.6.3　时间问题再思考

软件失效是因其内部缺陷所致，而非软件开发及测试过程中的表象。那么，对于软件缺陷的揭示，以及软件可靠度的测定、分析、评估，时间的意义是什么？时间的作用是什么？决定软件测试释放时间的因素是什么？都是需要研究和回答的问题。

充裕的时间使得我们有更多的机会开发更多测试用例，以便进行更充分的测试，但时间的长短并不

是测试完备性的决定因素。用户所关注的是系统的可靠性及预期寿命，迫切的需求是能否通过测试，有效检出错误，评价并证明软件是否满足需求。对于不同能力的测试人员，一个给定的时间并无实际意义。

2.7 运行剖面

运行剖面（Operational Profile）是关于如何使用应用系统的一种定量特征描述，是由可执行的操作及其发生概率构成的集合，是对软件系统使用条件的定义，为开发人员揭示如何根据系统使用需求组织实施开发策划，配置开发资源，确定开发策略，提高开发效率和质量。

现实中的应用系统，操作及其组合数量巨大，确定所有操作及其概率的全部细节可能会非常困难，甚至不可能。通常，使用基于输入状态或系统状态分组或划分，构成域的操作。我们用运行剖面来定义和描述软件的运行环境，指明软件运行所需的环境，如用户初始输入状态或影响系统的状态。

软件的运行剖面是一组不相交、给定发生概率或估计值的可替代事件的集合，通常以离散型和连续型两类方式呈现，可以使用图形或表格进行定义或描述。离散型运行剖面是将相应的事件及操作在横坐标上按其发生概率进行排列，并在纵坐标上逐一给出各事件发生的概率；连续型运行剖面则是一条连续的曲线。软件运行剖面如图 2-19 所示。

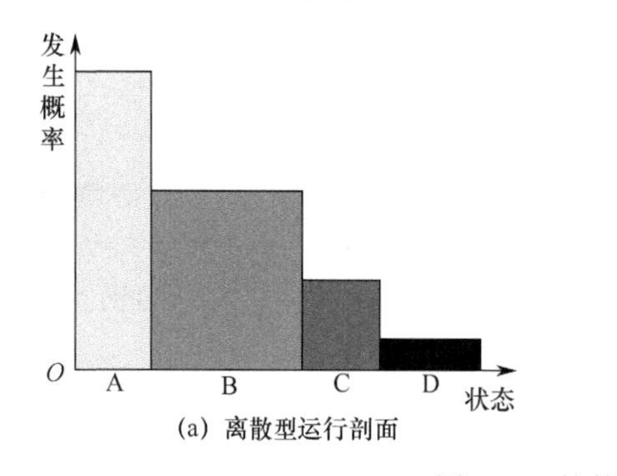

(a) 离散型运行剖面

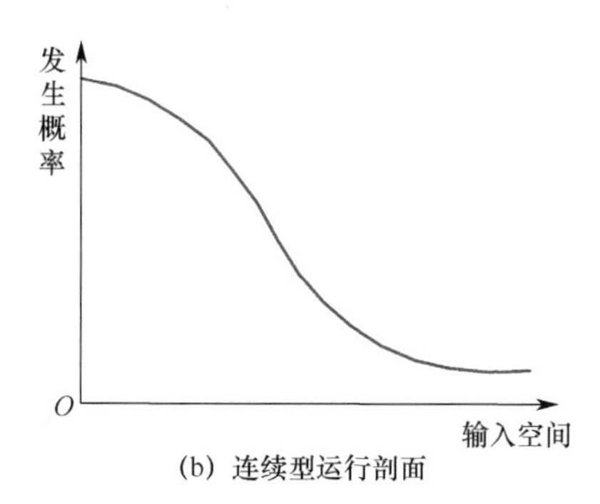

(b) 连续型运行剖面

图 2-19 软件运行剖面

运行剖面面向用户，面向过程。为了确定软件系统的运行剖面，需要从一个逐步缩小透视的角度——从用户深入到操作——观察软件的运行状态，且在每一步定量描述每个元素以及在每一步被调用的频度。例如，测试策划时，为了分配测试任务，确定测试级别、测试类型、测试项及测试次序，选定测试工具，建立测试环境，必须获得软件的运行剖面并在运行剖面的驱动下完成这些工作。

自顶向下，逐级细化，构造软件运行剖面。首先，确定客户剖面。客户剖面由独立的客户类型序列构成，客户是购买软件的个人或组织，客户类型是以相同或相近方式使用软件的一个客户或客户群体，其行为在本质上不同于其他客户类型。其次，建立用户剖面。用户剖面是用户类型及用户使用该软件的概率，用户是使用而非获取该软件的个人、群体或机构，用户类型是以相似方式使用软件的用户群体。再次，定义系统模式剖面。系统模式剖面是关于系统模式及其对应发生概率的集合，系统模式是为便于分析软件系统运行行为分组而构造的一项功能或运行集合，每个系统能在多种模式间转换，但每次只有一种模式有效，或者可以允许若干种模式同时存在，共享同一资源。最后，确定功能剖面。功能剖面是软件系统给定功能及其发生概率的集合，每一项功能表示一项在本质上不同的任务。

第 3 章　软件测试模型

20 世纪 80 年代后期，基于瀑布模型，Paul Rook 提出 V 模型，定义了软件开发过程中的测试活动与开发过程的关系，奠定了软件测试过程模型的基础。但是，V 模型存在测试滞后、对象单一、过程隔离等问题。为解决这些问题，业界相继研究开发了 W 模型、H 模型、X 模型、前置模型等基于流程的测试过程模型，为规范测试过程行为，提升测试过程能力发挥了重要作用。

1996 年，Thomas C. Staab 将软件测试定义为软件开发的子过程，基于测试过程改进、测试组织成熟度、测试评估程序，定义了软件的可测试性及测试充分性，建立了软件测试成熟度模型（Testing Maturity Model，TMM），基于测试策划、组织实施、测试能力、过程活动、工作产品等确定测试成熟度等级，支持测试过程改进，为促进软件测试工程化及测试能力评价奠定了基础。

不论是测试过程模型还是测试成熟度模型，要么关注概念或模型的完备性，要么同开发过程模型及开发方法深度耦合，要么疏于测试过程改进及测试能力提升，因此还有不少问题尚待进一步研究解决。随着智能软件系统的快速发展，面向数据驱动的参数化数值计算及确定性和非确定性相结合的缺陷触发与传播，软件测试模型发展与应用面临新的重大挑战。

3.1　软件测试过程模型

3.1.1　软件测试过程

ISO 9000 将过程定义为：**一组将输入转化为输出的相互关联或相互作用的活动**。过程的任务是基于确定的人、机、料、法、环，将输入转化为输出。过程管理是指以结果为导向，使用一组实践方法、技术和工具，对过程绩效进行持续监视测量，通过有效反馈，持续改进过程，获得持续稳定的过程增值及过程能力提升。增值是过程的目标，改进是过程的方向，演化是过程的活力。一个完整的过程包括过程策划、过程设计、过程实施和过程改进四项基本活动，如图 3-1 所示。

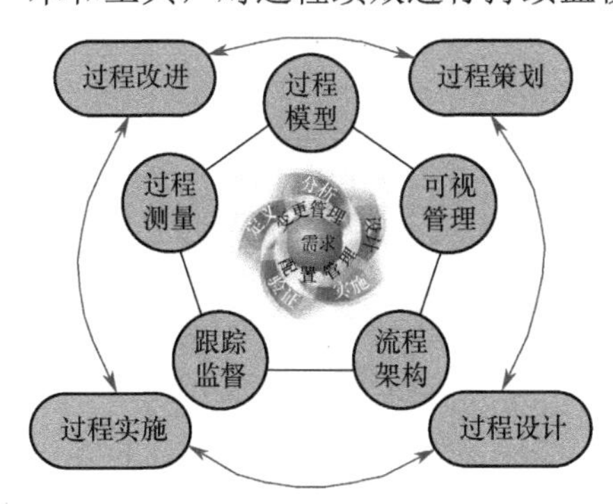

图 3-1　过程活动及其关系

过程策划是根据组织战略，确定过程活动的目标、要求、流程、输入、输出及过程监视测量的指标、技术、方法和手段，识别关键过程，确定关键过程目标、过程测量指标、过程关键要求、过程有效性、过程敏捷性等要求，为过程活动有效开展及过程改进提供依据。

过程设计是基于过程类别，建立可测量的过程 KPI；确定价值创造过程和支持过程，明确过程输入及输出对象；确定过程顾客和其他相关方及要求；基于过程要求，融合相关要求、相关信息、相关技术，组织实施过程设计。

过程实施是遵循相关标准规范，采用适宜的技术、方法和工具，持续采集并分析内外部环境因素变化及来自顾客和其他相关方的信息，在过程设计的柔性范围内，对过程设计进行调整、修偏和优化；基于监视测量信息，应用统计过程控制（Statistical Process Control，SPC）方法，控制过程输出的关键特性，确保过程处于受控状态并具有足够的过程能力。

过程改进是为了优化、改善软件过程开展的一系列活动，包括目标驱动和缺陷驱动两种改进方式。目标驱动的过程改进方式是根据一个预定的目标，自顶而下，建立过程度量和评价模型，有目的地进行过程改进；缺陷驱动的过程改进方式是根据实际产生的关于过程缺陷的反馈信息，实施针对性的改进。在实际工作中，过程改进包括渐进式改进和突破式改进。渐进式改进是对现有过程的持续性改进，是集腋成裘式的改进；突破式改进是对过程的重大变更或使用全新过程取代已有过程。

过程监视和测量包括过程实施中及实施后的监测，旨在通过设计评审、验证确认、试验验证、过程审核，以及为实施 SPC、过程改进进行的过程因素、过程输出抽样测量，检查验证过程实施是否遵循过程策划与设计要求，评价过程绩效。

基于系统工程过程思想及测试流程，解耦软件测试与软件开发过程模型的相关性，将软件测试过程活动划分为测试策划、测试设计、测试执行、测试总结四个阶段，以及贯穿于软件测试周期活动的监视和测量，构成如图 3-2 所示的软件测试过程模型。当然，测试过程的每个阶段活动也构成一个过程。

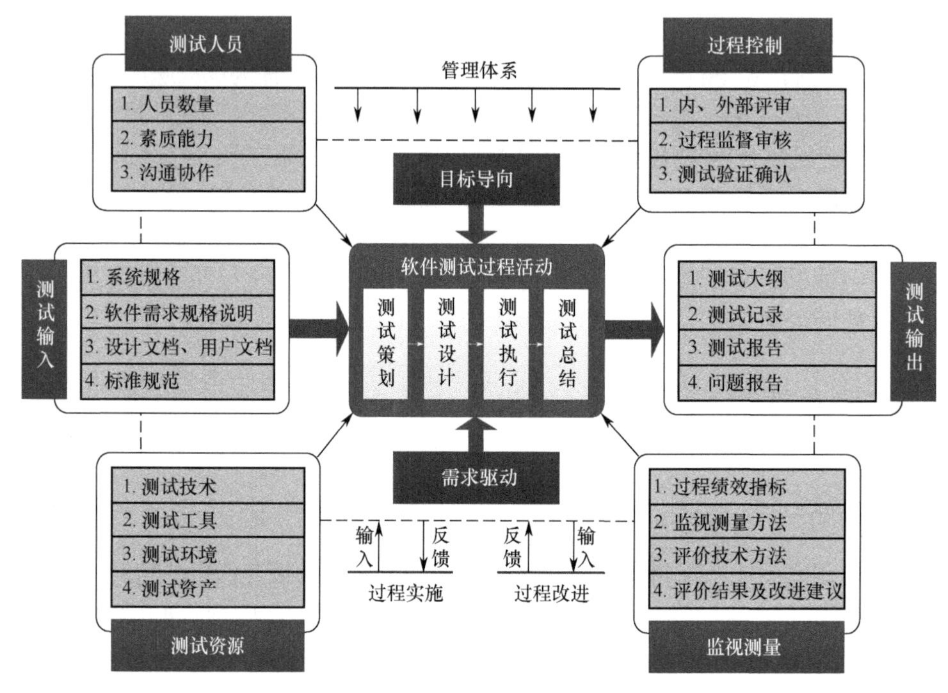

图 3-2 软件测试过程模型

依据 CNAS-CL01 等标准规范，采用层次分析、结构化分解等方法，确定测试过程活动的输入、输出，以及测试人员、测试资源、过程控制及监视测量要求，实现过程闭环，确保过程活动受控并得以持续改进。这是一个标准化、基于流程的软件测试过程模型。

3.1.2 软件测试过程活动

3.1.2.1 测试策划

测试策划包括组织级策划和项目级策划。组织级策划由组织的质量方针和质量目标定义，纳入组织级过程。项目级策划则是基于确定的测试项目，从测试目的、质量目标、技术体制、软件架构、操作使用、运行环境、使用场景等进行多维度、多层次、多视角的正向和逆向分析，制定测试策略，确定测试要素、测试级别、测试类型、测试方法、通过准则、测试环境、资源配置、质量保证、配置管理、风险控制、计划管理等目标、内容和要求，指导最佳测试实践。

1. 测试策略

测试策略是基于测试过程模型，依据特定的约束条件，确定关键过程和主要风险，制定测试目标，确定测试流程，组建测试团队，对测试生命周期过程的期望值及风险进行管理，实现开发方、测试方、顾客和用户等利益相关方的一致性目标。

2. 风险分析

软件测试为软件系统验收交付、鉴定定型、上线运行、市场投放、司法鉴定、著作权登记等提供支撑，为用户建立信心。风险分析是在测试策划过程中，分析并识别软件测试过程中的资源、技术、环境、数据等风险，确定风险等级，制定基于风险的测试策略并实施风险防控措施，规避风险。

3. 测试需求分析

基于系统规格、需求规格、设计文档、用户文档，依据相关标准规范、产品规范及相应规则、惯例、约定，分析确定测试需求，建立软件需求与测试需求的映射关系，以及正向和逆向的追踪关系，确定测试充分性要求及准则，确保测试需求覆盖软件需求。

4. 测试大纲编制

软件测试大纲用于确定并描述软件的测试目的、测试范围、测试策略、测试级别、测试类型、测试方法、测试环境、计划进度、安全保密、知识产权保护、配置管理、质量管理、风险管理等内容。GB/T 9386—2008 规定了软件测试大纲的格式及主要内容，为测试大纲编制构建了一致的对话平台。

3.1.2.2 测试设计

1. 测试用例

测试用例是对某一特定测试项设计的一组测试输入、执行条件及预期结果，用于验证软件是否满足确定的需求。其内容包括测试目标、测试环境、输入数据、测试步骤、预期结果、测试脚本等。测试用例设计将在相应章节详细讨论，此处不赘述。但需要强调的是，测试用例及测试资产重用对于测试效率提升和测试质量保证具有重要意义。

2. 测试代码开发

测试设计过程中，需要开发必要的测试代码，尤其是单元测试和集成测试。设计驱动模块（主程序），负责接收测试数据，并将其传送至被测模块，完成顶层模块及不能独立运行模块的测试。设计桩模块，为被测模块设计模拟其下级模块功能的替身模块，代替被测模块接口，接收或传递被测模块数据，解决被测模块的调用和返回问题。一般情况下，只要设计一个伪模块（只有入口和出口而无其他语句的模块）即可。对于逻辑驱动测试，为考察程序的执行路径，往往需要在程序中插入显示或打印语句，通过程序输出的数据流分析程序执行路径。

3. 测试数据准备

为验证软件运行的正确性，测试执行前需要准备一组已经验证的数据，尤其是验收测试过程中，需要准备相关试验、使用、校核及环境等真实数据。对性能测试所需要的大批量测试数据，可以设计数据发生器，自动生成测试数据。另外，还需要一些为使被测软件正常运行所需的初始化数据和软件用户的典型数据。

4. 测试脚本编制

基于测试设计、测试方法、测试资源、测试风险等约束，确定测试用例执行顺序，包括操作流程、测试输入、测试输出及期望结果，执行测试时，需要录制和编辑测试脚本。测试脚本是一组由测试工具执行、具有正规语法的测试操作指令和/或数据，以实现测试用例、导航、测试设置及测试结果比较。通常，测试脚本以文本形式保存或输出。

3.1.2.3 测试执行

在确定的环境中，执行测试用例，驱动测试，录取、分析并判断测试结果。若采用手工测试，则需要根据实际测试流程，逐一执行每个测试项，记录每一步的测试结果，当测试过程出现异常时，可以硬拷贝出错的显示画面，打印测试输出，如曲线、表格等。

当测试环境发生异常时，同步记录测试环境的异常情况，采取措施，对测试过程的正常或异常终止情况进行核对，根据核对结果，对未达到测试终止条件的测试用例，停止测试，分析原因，再行对是否继续进行测试做出决策。如果采用自动化测试工具，则由测试工具回放测试脚本进行测试，自动记录、比对和分析测试结果，生成测试结果统计图表和缺陷报告。

3.1.2.4 测试总结

基于测试过程监测数据，分析评价测试工作是否按照测试策划的流程，组织完成测试大纲规定的测试内容，是否达到测试目标；对测试大纲、测试说明的变化及受控情况，因测试异常终止未实施的测试情况，无法解决的测试问题，测试安排或测试执行能力匹配性等进行分析说明，对测试的规范性、符合性、完备性及测试质量进行评价，如果存在偏差，则需要对测试的充分性、有效性进行分析，实施并评价改进措施。列出被测软件的功能实现情况、性能达标情况、质量度量指标及问题报告单，分析被测软件与需求规格的符合性，对软件缺陷的严重性等级和缺陷处理的优先级进行划分，分析软件缺陷的严重性及分布情况，编制测试报告，对被测软件是否通过测试给出明确结论。

3.1.3 基于流程的测试过程模型

3.1.3.1 V 模型

V 模型定义了基本的开发过程和测试行为，描述测试过程活动与开发过程的关系，展示了动态测试的全部过程，确定了软件开发过程中需要经历的测试级别，是最具代表性、最基础的测试过程模型之一。基于 V 模型的测试策略包括低层测试和高层验证。低层测试旨在验证源代码的正确性，而高层验证将关注的重点放在软件系统与需求符合性的验证上。V 模型如图 3-3 所示。

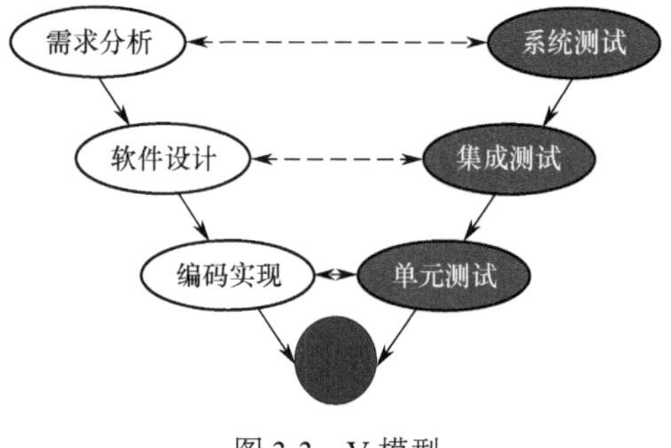

图 3-3 V 模型

3.1.3.2 W 模型

V 模型将软件测试作为编码结束后查找程序错误的一项过程活动，忽视了对系统规格、需求规格、系统设计的验证和确认，与瀑布模型形成紧耦合关系，不利于过程的展开和优化。1993 年，为解决 V 模型存在的不足，Paul Herzlich 将 V 模型耦合成 V&V 模型，即 W 模型。与 V 模型相比，W 模型增加了软件开发各阶段需要同步开展的验证和确认活动，强调测试与开发同步。W 模型如图 3-4 所示。

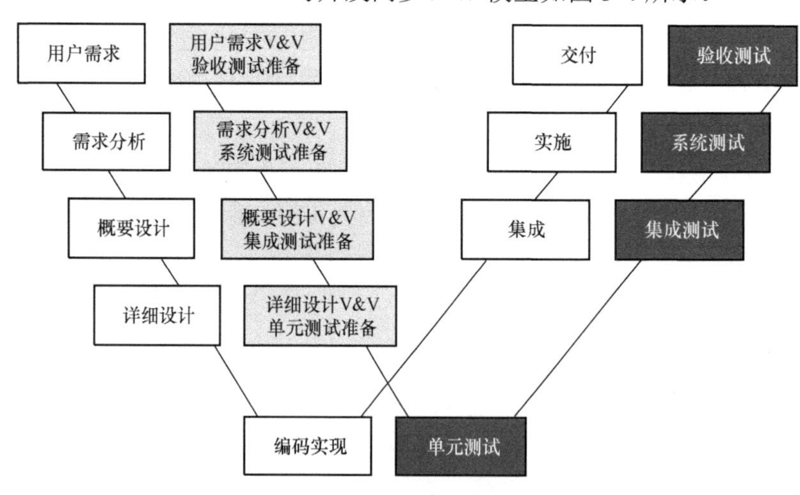

图 3-4 W 模型

W 模型是 V 模型的自然拓展，将测试过程同开发过程融为一体，每项测试活动对应一个开发行为，展示了测试与开发的并行关系，同时将程序、文档及数据作为测试对象，体现了测试贯穿于开发过程及“尽早和持续不断地进行测试”的思想，更加科学地展示了软件测试的目的和意义。

虽然 V 模型和 W 模型都将开发行为与测试行为相互对应，但 W 模型并不主张动态测试必须与开发阶段严格对应。例如，在某些情况下，系统测试中的功能测试、性能测试、安全性测试等即可构成动态测试的全部内容，在验收测试过程中，采信系统测试结果。同时，W 模型也不限制动态测试行为必须严格地基于对应开发行为所产生的文档。

W 模型同样基于瀑布模型，开发和测试保持线性的前后关系，不利于迭代支持、自发性及变更调整。对于迭代开发、敏捷开发、持续集成及基于原型的大型复杂系统开发，难以有效解决软件测试管理所面临的困难。

3.1.3.3　H 模型

无论是 V 模型还是 W 模型，均基于瀑布模型，将需求分析、软件设计、编码实现过程线性展开。而工程上，这些活动可能相互交叉、相互重叠。软件测试是一个反复触发、不断迭代的过程活动，并非严格的次序关系。H 模型将测试过程活动独立出来，形成一个独立过程，构建开发过程中某阶段的一次测试循环，清晰地展示测试策划、测试设计、测试执行等过程活动，贯穿于软件生命周期，与其他流程并发进行，当某个测试点准备就绪时，就可以从测试准备阶段进入测试执行阶段。H 模型如图 3-5 所示。

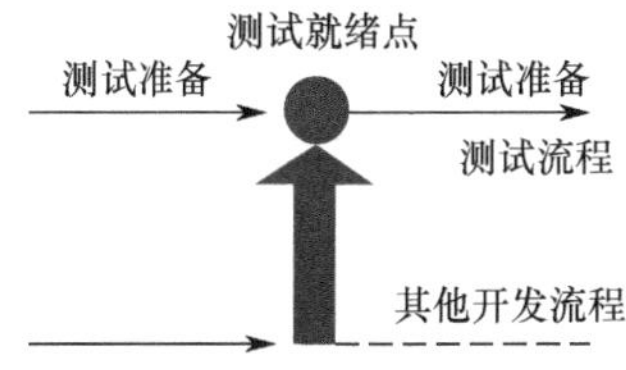

图 3-5　H 模型

H 模型描述了软件开发过程中某个阶段所对应的测试活动。模型中的其他开发流程可以是任意的开发流程，如软件设计或编码实现。也就是说，只要测试准备就绪，就可以开始测试执行活动。在软件生命周期过程中，存在多个这样独立的测试活动，与其他活动并发进行，不同测试活动可以按次序进行，也可以迭代实施。

3.1.3.4　X 模型

X 模型针对单独的软件元素，进行相互分离的编码和测试，然后通过频繁的交接，集成为可执行程序。X 模型同样也是对 V 模型的改进。X 模型如图 3-6 所示。

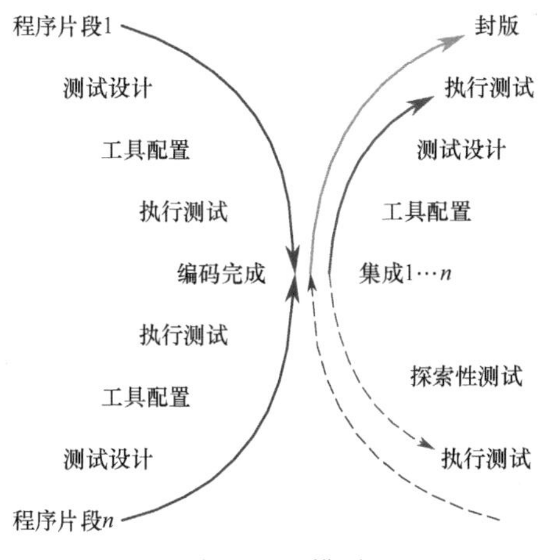

图 3-6　X 模型

X 模型左侧描述的是对单独程序片段进行的相互分离的编码和测试，然后进行交接，集成为最终的可执行程序，随后对这些可执行程序进行测试。多条并行的曲线表示变更可能在各个部分发生。X 模型定位了探索性测试，这是不进行事先计划的特殊类型测试，该方法能帮助测试人员在测试计划之外发现更多错误。但运用该模型可能造成人力、物力和财力浪费，并且对软件测试人员的能力和素质提出了更高的要求。

3.1.4　基于 RUP 的测试过程模型

统一开发过程（Rational Unified Process，RUP）是 RATIONAL 公司的一款基于网络平台，以架构为中心，面向对象，用例驱动的迭代和增量开发过程模型，包括初始、细化、构造、移交四个阶段。每个阶段都由若干迭代周期构成，每个迭代周期都是一个微型瀑布模型，但随着项目进展所处阶段不同而有所不同。将软件测试过程活动与 RUP 模型结合，能够建立基于 RUP 的软件测试模型。

3.1.4.1 初始阶段

初始阶段旨在通过策划确定测试过程活动，定义测试需求，制定测试策略，确定测试资源，分析测试风险，编制测试大纲，使相关人员能够就软件测试生命周期目标及活动达成一致。该阶段的目标如下：

（1）确定软件范围及边界条件，包括关于可操作的概念、可接受的准则。

（2）识别软件系统的主要任务场景，以驱动系统的功能行为并对重要功能做出权衡。

（3）针对某个主要场景展示或演示其候选架构。

（4）对所需资源、时间等进行估算，对细化阶段进行评估。

基于软件开发过程的宏观变换模型，如果某次循环的初始阶段建立在上一循环的基础之上，那么整体测试策略、测试过程、测试方法就是上一循环的迭代。RUP 初始阶段的测试活动如图 3-7 所示。

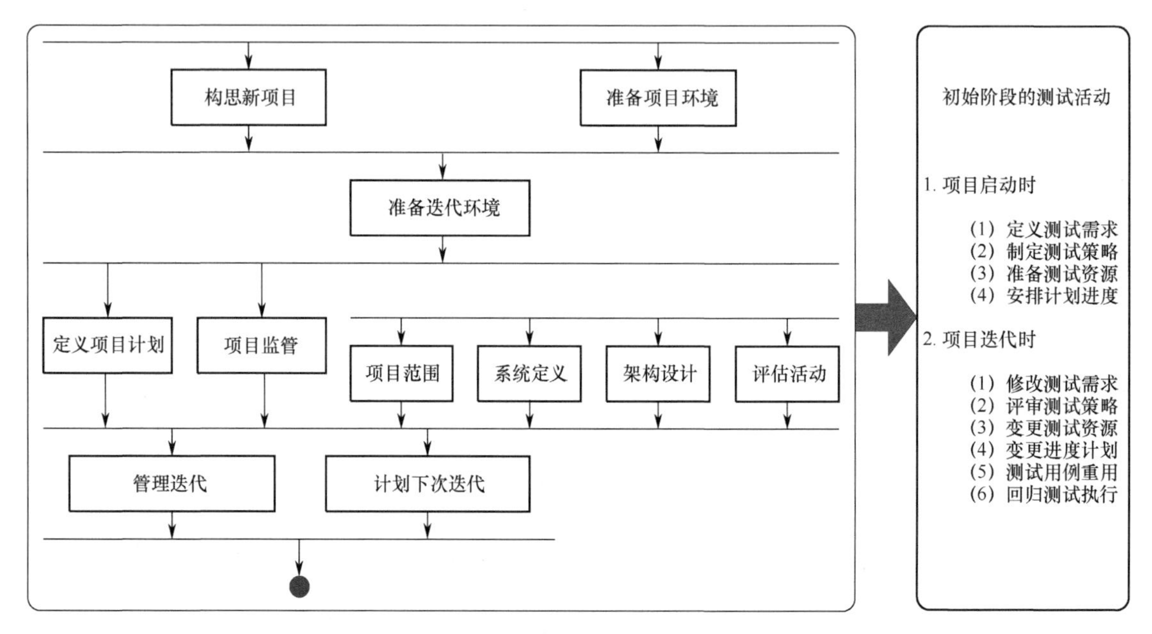

图 3-7 RUP 初始阶段的测试活动

3.1.4.2 细化阶段

细化阶段旨在分析问题域，建立基础架构，进行风险分析和评估，确定主要风险因素并进行排序，制定风险防控措施。RUP 细化阶段的测试活动如图 3-8 所示。

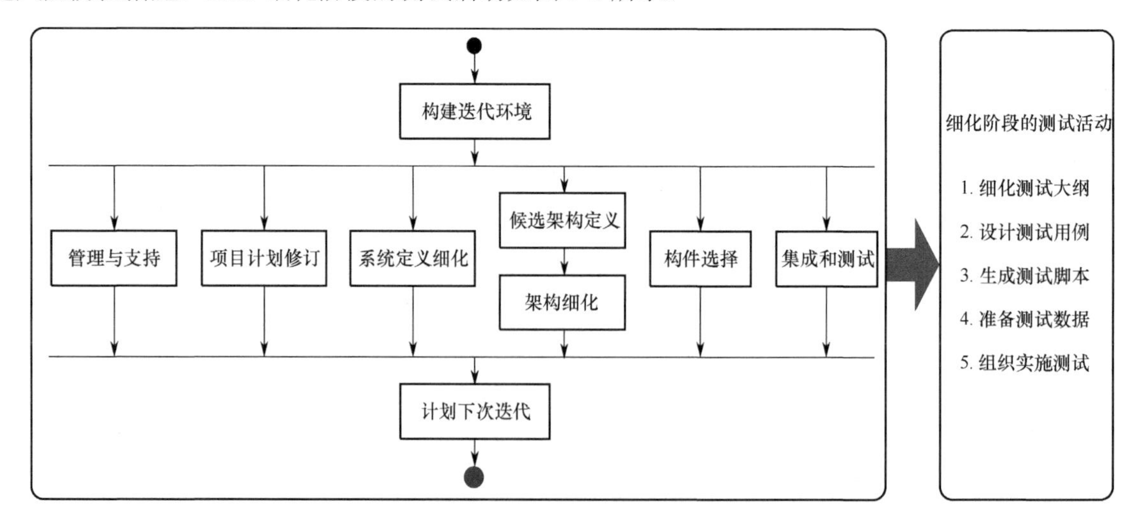

图 3-8 RUP 细化阶段的测试活动

细化阶段的工作产品包括需求规格、软件架构描述、可执行架构原型、开发计划、用例模型等。该阶段，测试策划所需要素已全部具备，测试需求已明确，能够以此确定测试范围、测试级别、测试类型、测试项，确定每个测试项的测试方法及充分性条件，构建测试环境，确定质量控制，配置管理要求，编制测试大纲。

针对工作产品生成时间，逐一按序进行测试，检出错误，为后续测试尤其是系统测试和验收测试奠定基础。对于需求规格，通常以静态评审进行需求测试，检出需求缺陷，同时对修改情况实施跟踪和回归。

通常，将细化阶段划分为一至两次迭代，在迭代的最后，系统测试用例已经明确，以这些用例为基础，着手进行不同级别、不同类型的测试设计，如果采用自动化测试，尚需依据测试用例生成测试脚本，准备测试数据，到构造阶段形成产品后即可开展测试执行。

3.1.4.3　构造阶段

在构造阶段，通过持续集成构建，开发一个有效版本并确保其质量。构造阶段是测试活动最集中的阶段。软件构造是一个持续的过程，通常将构造阶段划分成多次迭代。每次迭代，都要按测试过程模型进行测试策划、测试设计、准备测试脚本和测试数据、执行测试，对发现的问题进行分析、处理、跟踪和回归，直至完成系统构造。所有迭代并非彼此孤立，后一次迭代通常会重用或采信前一次迭代的资产。

一次迭代结束之后的测试评估可以产生大量数据和经验，如测试用例设计的有效性、容易产生缺陷的模块及原因、测试领域知识等。在下一次迭代过程中，能够有的放矢，对测试资源进行合理调整。显而易见，根据测试重用原则，各次迭代中测试的工作量，尤其是测试用例设计的工作量逐步递减。RUP 构造阶段的测试活动如图 3-9 所示。

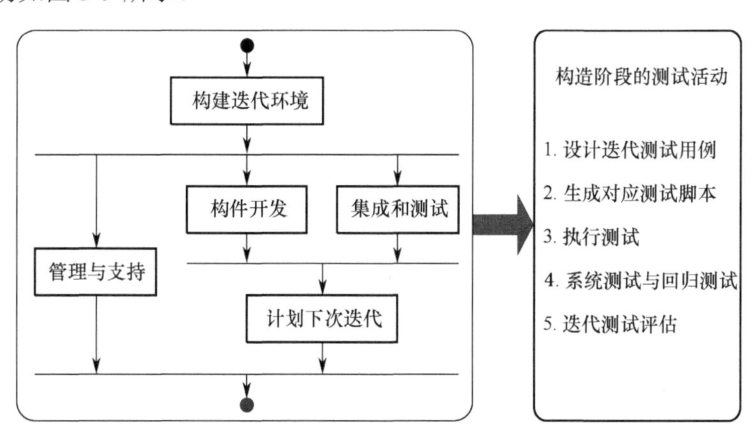

图 3-9　RUP 构造阶段的测试活动

3.1.4.4　移交阶段

移交阶段是软件系统的验收交付阶段。RUP 移交阶段的测试活动如图 3-10 所示。

此阶段，所有迭代结束，软件系统运行于实际使用环境，基于实际使用条件和场景，进行系统测试，验证系统的符合性及交付能力。这个阶段的测试可以是上线测试，也可以是鉴定测试，但其本质一样，都是为系统验收交付和状态鉴定提供支撑。

不同开发阶段，测试的对象及重点不同，测试活动需要一系列支撑过程，包括测试风险管理、测试环境准备、配置管理、人员管理、质量保证、计划管理等内容。

每个项目的特点、迭代划分、测试开销均不同。当然，RUP 并非一成不变，它既是一个过程，也是一个产品，并且是一个可以根据项目特点和用户需求进行裁剪和定制的过程。迭代测试过程突出了迭代过程所具有的优点，可以更早地、全流程地检出错误，缓解风险，可以更容易地管理变更，可以更加有效地提高测试资产的重用率，可以更加有效地促进项目组在整个过程中不断学习，持续增强测试过程能力。

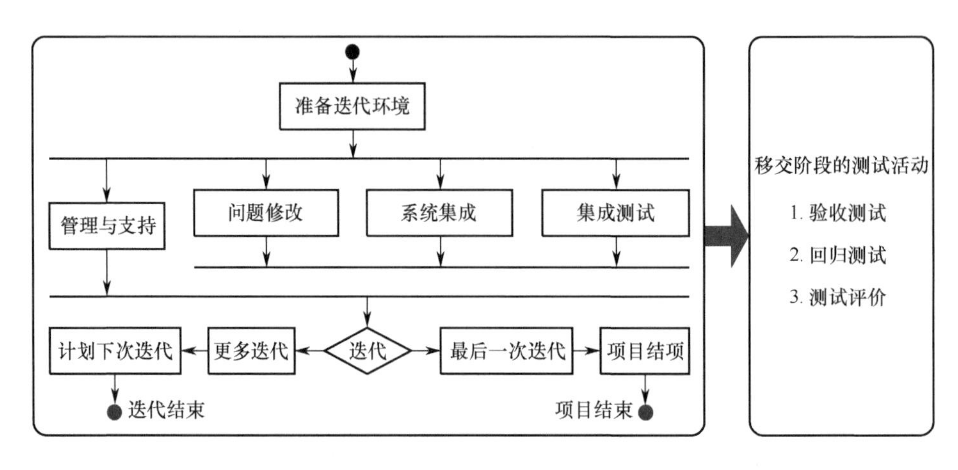

图 3-10　RUP 移交阶段的测试活动

3.2　软件测试成熟度模型

3.2.1　模型框架

TMM 从开发过程、用户需求、管理活动、支持过程等对软件测试策划、组织实施、测试能力、过程活动、工作产品等确定测试成熟度等级，关注成熟度等级递增，是一个基于测试组织成熟度、测试过程改进、测试评价过程、关键过程域的模型框架。TMM 框架如图 3-11 所示。

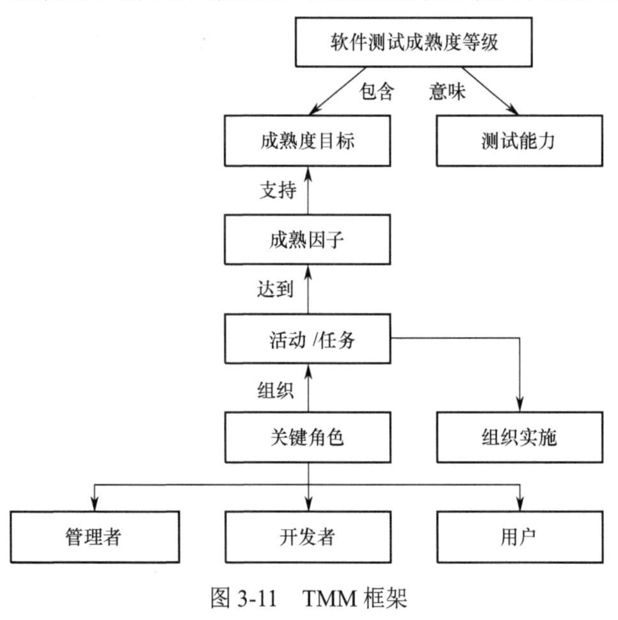

图 3-11　TMM 框架

TMM 框架提供了包括成熟度目标、活动/任务等在内的一系列等级层次。通过评价测试组织的测试能力所处的成熟度层级来定义其可信度，可以通过持续改进 TMM 所确定的关键过程域来改进并持续提升测试过程能力。

3.2.2　能力成熟度等级

TMM 同软件能力成熟度模型（Capability Maturity Model for Software，CMM）一样，采用分级表示法，按测试能力成熟度划分为初始级、重复级、定义级、量化级及卓越级。每一等级都是实现下一等级的基础，分级递进，为软件测试过程能力评估和改进提供支撑。软件测试能力成熟度模型如图 3-12 所示。

3.2.2.1　第一级：初始级

测试过程未定义，过程无序；缺乏测试资源、测试工具及专业测试人员；缺乏规范的测试流程及成熟的测试目标；测试与调试相互交叉，混为一体，软件测试被忽视。

3.2.2.2　第二级：重复级

组建测试团队，配置测试人员，具备基本的测试技术和方法，测试与调试已明确地被区分开来。这一级需要实现三个成熟度目标：制定测试目标、启动测试策划过程、基本测试技术和方法体系化。

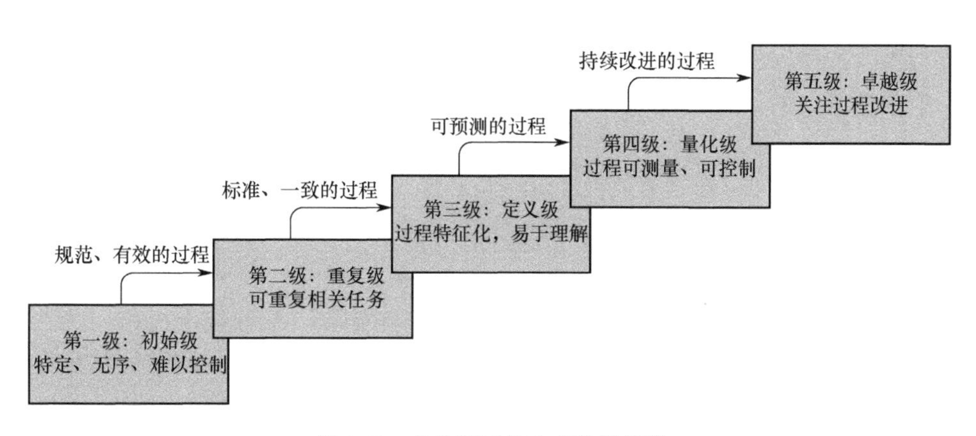

图3-12　软件测试能力成熟度模型

（1）**制定测试目标**。区分软件开发过程中的测试与调试过程，识别并确定各自的目标、任务和活动。与调试不同，软件测试是一个有计划、可以进行管理和控制的活动，需要制定相应策略或规程，以确定和协调这两个过程。

（2）**启动测试策划过程**。测试策划是保证软件测试活动有序开展且能有效管理的基础。该阶段的主要任务是启动测试策划过程，明确测试策划职责、建立测试过程、开发测试工作产品模板、建立评审机制、确定测试支持和约束条件。

（3）**基本测试技术和方法体系化**。建立基本测试技术、方法框架，并通过标准规范等形式体系化，制定管理方针以确保所制定的技术和方法得到一致的贯彻和实施；组织实施培训和考核，测试人员掌握何时及如何使用相应的技术、方法和工具。

3.2.2.3　第三级：定义级

软件测试是集成到软件生命周期过程中一组已定义的活动。如果采用瀑布模型进行软件开发，则测试活动遵循基于流程的测试过程模型。需求分析阶段同步启动测试过程，开展测试策划，建立测试目标。这一级的成熟度目标包括建立测试组织、制定培训规程、软件生命周期测试及测试过程监控。

（1）**建立测试组织**。建立由专业测试、质量保证等人员组成的测试组织，定义测试组织的构成及职责，其活动包括：制定测试标准与规范，制定测试大纲，进行测试设计、测试执行、测试结果报告和测试跟踪，建立测试资产重用数据库，进行测试度量和评价。

（2）**制定培训规程**。配备相应工具、设备和教材，制定培训管理规范和培训计划，确定培训目标。软件测试、质量保证等岗位员工必须经过培训、考核合格并经授权后方可上岗。

（3）**软件生命周期测试**。软件测试贯穿于整个软件生命周期过程，将测试阶段划分为若干个子阶段，并与软件生命周期过程的各阶段相关联，制定与测试相关的工作产品标准，建立测试人员与开发人员共同遵循的工作机制。

（4）**测试过程监控**。建立监视与测量、反馈与控制机制，制定监控规则和方法；确立测试标准及测试里程碑，进行测试度量；建立测试日志，开发并文档化一组纠偏措施和偶发事件处理预案，以备测试偏离测试计划时使用。

3.2.2.4　第四级：量化级

软件测试是为了将软件系统不能正常工作的可预知及潜在风险降低到能够接受的程度，是一个可量化和可测量的过程。这一级的成熟度目标包括测试规程、测量规程和软件质量评价。

（1）**测试规程**。建立组织范围内的测试规程，在软件生命周期各阶段实施测试，遵循测试规程，文档化软件生命周期过程中的测试目标、测试计划、测试流程及测试记录机制。

（2）**测量规程**。测量规程是测试过程测量、评价及改进的基础，其包括：确定组织范围内的测量规程及目标，制订测量计划，制定测量数据收集、分析及使用方法，以及基于测量结果驱动的测试过程改进。

（3）**软件质量评价**。软件质量评价内容包括：定义软件质量属性，以及定义评价软件工作产品的质量目标、评价方法和步骤。

3.2.2.5 第五级：卓越级

测试过程处于受控状态，具备过程调整、持续改进、缺陷预防、质量控制机制。软件测试不仅是一种行为，更是一种自觉的约束。基于缺陷预防、质量控制和过程优化，软件测试过程持续改进，测试过程能力持续提升。这一级的成熟度目标包括缺陷预防、质量控制和过程优化。

（1）**缺陷预防**。记录、分析并消除软件生命周期过程中各阶段引入的缺陷，制定并实施缺陷预防措施，防止相同或类似缺陷重复发生。

（2）**质量控制**。采用抽样统计技术，测量测试过程及产品质量，持续改进测试过程。

（3）**过程优化**。监视测试过程并识别改进需求，建立适当的机制以评估改进测试过程能力和测试成熟度所需的工具和技术，支持技术创新；持续评估测试过程的有效性，确定与质量目标相一致的测试终止准则。

3.2.3 测试能力评价体系

测试能力评价体系由类–实践域–实践（CRP）三层指标组成。第一层为Ⅰ级类指标，包括组织管理类、项目管理类、测试过程类、测试支持类指标；第二层为Ⅱ级实践域指标，分别属于不同类；第三层为Ⅲ级实践指标，分别属于不同实践域。软件测试能力评价体系如图 3-13 所示。

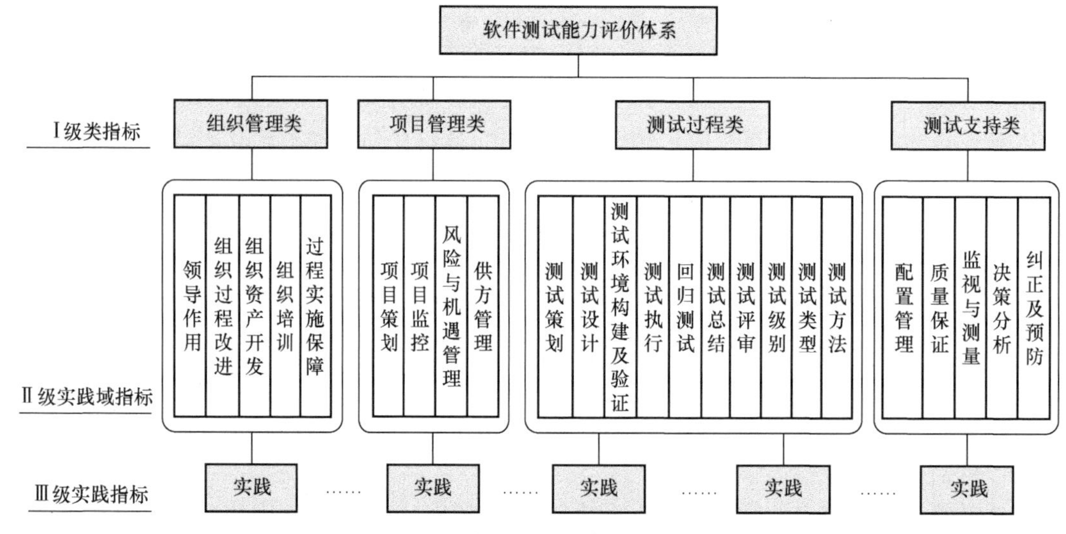

图 3-13 软件测试能力评价体系

3.2.3.1 Ⅰ级类指标

Ⅰ级类指标包括组织管理类、项目管理类、测试过程类和测试支持类，其与测试能力等级的对应关系如表 3-1 所示。

3.2.3.2 Ⅱ级实践域指标

Ⅱ级实践域指标定义了 24 类评价指标，分别属于 4 项Ⅰ级类指标，其与测试能力等级的对应关系如表 3-2 所示。

表 3-1　Ⅰ级类指标与测试能力等级的对应关系

序　号	类 指 标	二级	三级	四级	五级
1	组织管理类	●	●	●	—
2	项目管理类	●	●	●	—
3	测试过程类	●	●	●	●
4	测试支持类	●	●	●	●
注：●表示需要评价该类指标；–表示无须评价该类指标					

表 3-2　Ⅱ级实践域指标与测试能力等级的对应关系

序　号	类 指 标	实践域指标	二级	三级	四级	五级
1	组织管理类	领导作用	●	●	●	—
2		组织过程改进	●	●	●	—
3		组织资产开发	—	●		—
4		组织培训	●	●	—	—
5		过程实施保障	●	●	—	—
6	项目管理类	项目策划	●	●	●	—
7		项目监控	●	●	●	—
8		风险与机遇管理	●	●	●	—
9		供方管理	●	●	●	—
10	测试过程类	测试策划	●	●	●	●
11		测试设计	●	●	●	●
12		测试环境构建及验证	●	●	●	●
13		测试执行	●	●	●	●
14		回归测试	●	●	●	●
15		测试总结	●	●	●	●
16		测试评审	●	●	●	●
17		测试级别	●	●	●	●
18		测试类型	●	●	●	●
19		测试方法	●	●	●	●
20	测试支持类	配置管理	●	●	●	●
21		质量保证	●	●	●	●
22		监视与测量	—	●	●	●
23		决策分析	—	●	●	●
24		纠正及预防	—	●	●	●

3.2.3.3　Ⅲ级实践指标

1. 组织管理类

组织管理类由 29 项Ⅲ级实践指标组成，分别属于领导作用、组织过程改进、组织资产开发、组织培训、过程实施保障 5 项Ⅱ级实践域指标，其与测试能力等级的对应关系如表 3-3 所示。

表 3-3　组织管理类Ⅲ级实践指标与测试能力等级的对应关系

序　号	实践域指标	实 践 指 标	二级	三级	四级	五级
1	领导作用	测试组织的独立性、公正性与保密性	●	—	—	—
		制定并落实质量方针和质量目标	●	—	—	—
		确保组织资源并分配职责	●	—	—	—
		内部评审与管理评审	●	—	—	—
		确保组织的过程能力满足要求	—	●	—	—
		基于统计或其他量化分析结果的决策	—	—	●	—

续表

序　号	实践域指标	实 践 指 标	二级	三级	四级	五级
2	组织过程改进	内部审核与管理审核	●	—	—	—
		测试过程改进	●	—	—	—
		引进新测试技术	●	—	—	—
		新测试技术的创新开发	—	●	—	—
		建立高质量测试过程资产的重用	—	—	●	—
		量化评估并确认改进效果	—	—	●	—
3	组织资产开发	建立并维护测试生命周期模型	—	●	—	—
		建立并维护标准测试过程集	—	●	—	—
		建立并维护组织的测试环境标准	—	●	—	—
		建立并维护组织的测试过程数据库	—	●	—	—
		建立并维护组织的测试过程资产库	—	●	—	—
4	组织培训	明确岗位能力要求	●	—	—	—
		识别战略测试培训需要	●	—	—	—
		制订培训规划和培训计划	●	—	—	—
		实施培训	●	—	—	—
		建立组织的培训能力	—	●	—	—
		评估培训的有效性	—	●	—	—
5	过程实施保障	提供测试过程和项目资源保障	●	—	—	—
		建立并维护测试过程规范	●	—	—	—
		测试资产可用并逐步积累测试资产	●	—	—	—
		使用测试过程和测试资产开展工作		●	—	—
		评估测试过程和测试资产的符合性		●	—	—
		测试过程实施相关信息或测试资产		●	—	—

2．项目管理类

项目管理类包括23项Ⅲ级实践指标，分属于项目策划、项目监控、风险与机遇管理、供方管理4项Ⅱ级实践域指标，其与测试能力等级的对应关系如表3-4所示。

表3-4　项目管理类Ⅲ级实践指标与测试能力等级的对应关系

序　号	实践域指标	实 践 指 标	二级	三级	四级	五级
1	项目策划	估计测试工作量和成本	●	—	—	—
		计划测试进度	●	—	—	—
		计划测试人员	●	—	—	—
		计划测试环境	●	—	—	—
		计划测试策略和方法	●	—	—	—
		制订数据采集计划	—	●	—	—
		制订利益相关方参与计划	—	●	—	—
		使用统计或量化技术定义测试过程	—	—	●	—
2	项目监控	监督测试进度及策划参数的执行情况	●	—	—	—
		根据计划和预期监督测试质量	—	●	—	—
		跟踪利益相关方参与测试的情况	—	●	—	—
		测试进展偏离计划时，采取纠正措施	—	●	—	—
		与利益相关方一起管理和解决问题	—	—	●	—
3	风险与机遇管理	识别风险或机遇	●	—	—	—
		建立并维护风险或机遇管理策略	—	●	—	—
		分析和评价风险或机遇	—	●	—	—
		制定并实施风险或机遇应对措施	—	●	—	—
		监控并沟通风险或机遇的状态	—	—	●	—

续表

序　号	实践域指标	实 践 指 标	二级	三级	四级	五级
4	供方管理	选择合格供方，建立外部供方名录	●	—	—	—
		监督所选择的外部供方过程	—	●	—	—
		使用准则评价外部供方履约能力	—	●	—	—
		选择合格的分包方	—	●	—	—
		对分包方进行监督	—	—	●	—

3. 测试过程类

测试过程类是一组工程类指标集，包括 52 项Ⅲ级实践指标，分别属于测试策划、测试设计、测试环境构建及验证、测试执行、回归测试、测试总结、测试评审、测试级别、测试类型、测试方法 10 项Ⅱ级实践域指标，其与测试能力等级的对应关系如表 3-5 所示。

表 3-5　测试过程类Ⅲ级实践指标与测试能力等级的对应关系

序　号	实践域指标	实 践 指 标	二级	三级	四级	五级
1	测试策划	策划和编制测评总体方案	—	—	●	—
		实施测评方案并做质量保证	—	—	●	—
		总结测评总体实施情况	—	—	●	—
		量化评估并确认测评方案实施效果	—	—	—	●
		分析与重用共性测评总体方案	—	—	—	●
		获取和分析测试需求	●	—	—	—
		获得对测试需求的理解和承诺	●	—	—	—
		建立并维护测试需求双向可追溯性	●	—	—	—
		管理测试需求变更	●	—	—	—
		分析和重用共性测试需求	—	●	—	—
2	测试设计	设计测试用例	●	—	—	—
		准备和验证测试数据	●	—	—	—
		确定测试用例的优先级	●	—	—	—
		准备并获取测试资源	●	—	—	—
		建立维护与测试大纲的双向追踪性	●	—	—	—
		开发测试执行需要的程序	●	—	—	—
3	测试环境构建及验证	分析测试环境需求	●	—	—	—
		执行测试环境实施	●	—	—	—
		管理和控制测试环境	●	—	—	—
		自行研制或二次开发测试环境	—	●	—	—
		构建半实物仿真环境	—	●	—	—
		构建对抗环境和使用环境	—	—	●	—
4	测试执行	执行测试用例	●	—	—	—
		报告发现问题	●	—	—	—
		自动化执行测试用例		●	—	—
5	回归测试	制订回归测试计划	●	—	—	—
		回归测试执行	●	—	—	—
6	测试总结	总结测试工作及被测软件	●	●	●	●
		配置项级软件产品评价	—	●	—	—
		软件质量评价	●	●	—	—
		收集有价值的数据和文档	—	●	—	—
		系统软件产品评价	—	●	—	—
		软件产品能力评价	—	—	●	—

续表

序号	实践域指标	实践指标	二级	三级	四级	五级
7	测试评审	实施评审	●		—	—
		分析评审数据	—	●	—	—
		使用统计或量化技术改进评审过程	—	—	●	—
8	测试级别	单元测试能力	—	◉	—	—
		配置项级测试技术能力	●	—	—	—
		系统级测试技术能力	—	●	●	—
		复杂大系统测试技术能力	—	—	●	●
9	测试类型	文档类测试技术能力	●	●	—	—
		代码类测试技术能力	●	●	—	—
		数据类测试技术能力	●	●	—	—
		功能类测试技术能力	●	●	—	—
		性能类测试技术能力	●	●	—	—
		接口类测试技术能力	●	●	—	—
		专项类（互操作性、兼容性）测试技术能力	●	●	—	—
		可靠性测试技术能力	●	●	—	—
		可编程逻辑器件测试类型技术能力	—	◉	—	—
10	测试方法	动态黑盒测试方法技术能力	●	●	—	—
		动态白盒测试方法技术能力	●	●	—	—
		可编程逻辑器件测试方法技术能力	—	◉	—	—
注：1. ◉ 为选配项。当被评价软件包含可编程逻辑器件软件时，此实践为必选项；当被评价软件种类不包含可编程逻辑器件软件时，此实践可不选。 2. 实践域1～8称为过程实践域，实践域9～10称为技术实践域						

4. 测试支持类

测试支持类由32项Ⅲ级实践指标组成，分别属于配置管理、质量保证、监视与测量、决策分析、纠正及预防共5项Ⅱ级实践域指标，其与测试能力等级的对应关系如表3-6所示。

表3-6　测试支持类Ⅲ级实践指标与测试能力等级的对应关系

序号	实践域指标	实践指标	二级	三级	四级	五级
1	配置管理	标识配置项	●	—	—	—
		建立配置管理系统	●	—	—	—
		建立配置管理基线	●	—	—	—
		跟踪和控制变更	●	—	—	—
		建立并维护配置管理记录	●	—	—	—
		执行配置审核	●	—	—	—
2	质量保证	制订质量保证计划	●	—	—	—
		评价过程和工作产品	●	—	—	—
		识别和整改不符合项	●	—	—	—
		管理质量保证活动记录	●	—	—	—
		识别过程改进机会	—	●	—	—
3	监视与测量	建立项目测量目标和测量项	●	—	—	—
		采集分析测量数据并解决问题	●	—	—	—
		建立组织级测量目标和测量项	—	●	—	—
		建立并维护保证数据质量准则	—	●	—	—
		建立并维护组织测量库	—	●	—	—
		基于测量数据，分析组织绩效及改进需要	—	●	—	—

续表

序　号	实践域指标	实 践 指 标	二级	三级	四级	五级
3	监视与测量	建立质量与过程绩效目标	—	—	●	—
		使用量化技术建立过程绩效基线和模型	—	—	●	—
		预测质量和过程绩效目标的实现情况	—	—	●	—
		定量评估业务目标与战略和绩效相一致	—	—	—	●
		定量分析绩效数据，识别潜在改进区域	—	—	—	●
		分析评估、实施改进	—	—	—	●
4	决策分析	建立决策分析指南	—	—	●	—
		建立评选方案准则	—	—	●	—
		标识、选择、实施解决问题方案	—	—	●	—
		评价实施效果并提交改进建议	—	—	●	—
5	纠正及预防	选择待分析事项，分析并确定原因	—	●	—	—
		针对原因确定并实施行动方案	—	●	—	—
		评价实施效果并提交改进建议	—	●	—	—
		用量化管理技术分析原因、评价行动方案	—	—	●	—
		量化评估类似的解决方法并推广	—	—	—	●

3.2.4　评价模型

对每个实践的能力评价，分为很好、好、较好、合格、不合格。

（1）实践能力评价为合格及以上，即可认定具备该实践的能力。

（2）具备对应等级能力要求的所有实践能力，即可认定该等级能力。

（3）若存在不合格实践，则对应等级能力评价为不合格。

（4）实践能力评价结果档分值：很好为α_1，好为α_2，较好为α_3，合格为α_4。

对于每个实践域，依据各实践的评价结果，综合计算后分为很强、强、较强、一般。假设实践域中有N_A个实践，计算实践域中所有实践档分值的平均值f_A，即该实践域能力评价得分为

$$f_A = \frac{\sum\alpha_1 + \sum\alpha_2 + \sum\alpha_3 + \sum\alpha_4}{N_A} \tag{3-1}$$

实践域能力评价结果档下限阈值：很强为β_1，强为β_2，较强为β_3。若$f_A \geqslant \beta_1$，则认定该实践域能力为很强；若$\beta_1 > f_A \geqslant \beta_2$，则认定该实践域能力为强；若$\beta_2 > f_A \geqslant \beta_3$，则认定该实践域能力为较强；若$\beta_3 > f_A$，则认定该实践域能力为一般。

对于每个类的能力评价，依据类中各实践域能力评价结果，综合计算后分为很强、强、较强和一般。假设类中有N_C个实践域，计算类中所有实践域得分的平均值f_C，即该类得分为

$$f_C = \frac{\sum f_A}{N_C} \tag{3-2}$$

类评价结果档下限阈值：很强为β_1，强为β_2，较强为β_3。如果$f_C \geqslant \beta_1$，则认定该类的能力为很强；若$\beta_1 > f_C \geqslant \beta_2$，则认定该类的能力为强；若$\beta_2 > f_C \geqslant \beta_3$，则认定该类的能力为较强；若$\beta_3 > f_C$，则认定该类的能力为一般。

对测评机构能力评价：依据组织管理、项目管理、测试过程、测试支持四个类的得分，综合计算后分为很强、强、较强、一般四档。假设四个类的得分分别为f_{C1}、f_{C2}、f_{C3}和f_{C4}，其权重分别为γ_1、γ_2、γ_3和γ_4，则测评机构的能力评价得分为

$$g = \gamma_1 f_{C1} + \gamma_2 f_{C2} + \gamma_3 f_{C3} + \gamma_4 f_{C4} \tag{3-3}$$

测评机构评价结果档下限阈值：很强为β_1，强为β_2，较强为β_3。若$g \geqslant \beta_1$，则认定测评机构的能力为很强；若$\beta_1 > g \geqslant \beta_2$，则认定测评机构的能力为强；若$\beta_2 > g \geqslant \beta_3$，则认定测评机构的能力为较强；若$\beta_3 > g$，则认定测评机构的能力为一般。

3.3 测试过程模型选择

不同测试过程模型具有不同特征，不能一味地为使用模型而使用模型，应根据不同测试需求，综合利用不同模型的优势及价值。一个建议的策略是：以 W 模型为基本框架，灵活应用 H 模型，与软件开发同步，只要满足就绪条件就进行独立测试，并对测试工作进行迭代，直至实现测试目标。基于软件生命周期的测试过程模型如图 3-14 所示。

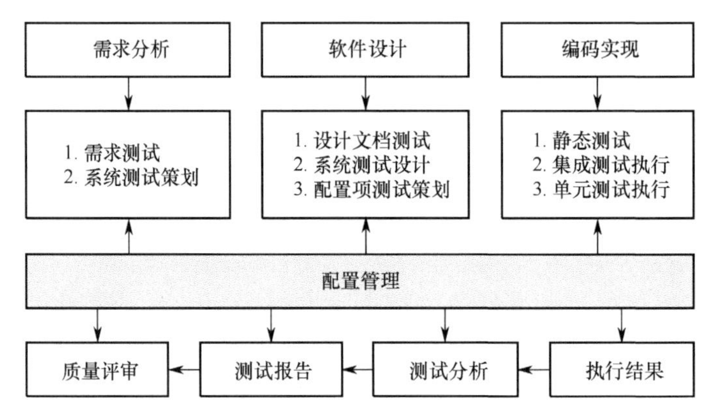

图 3-14 基于软件生命周期的测试过程模型

软件测试过程中，可能难以获得真实环境，一比一地开发测试环境成本巨大，除非软件的可靠性要求高到其经济性可以忽略不计。建立全面模拟典型使用环境统计特性的仿真测试环境，无疑是最佳选择。对于嵌入式系统，按照 V 模型，将测试过程划分为模型测试/模型循环测试、快速原型法测试、软件循环测试、硬件循环测试、系统测试。将相应的测试映射到嵌入式系统开发的不同阶段，由此根据多 V 模型的结构描述其测试环境。从模拟系统到真实系统转变的测试过程如图 3-15 所示。

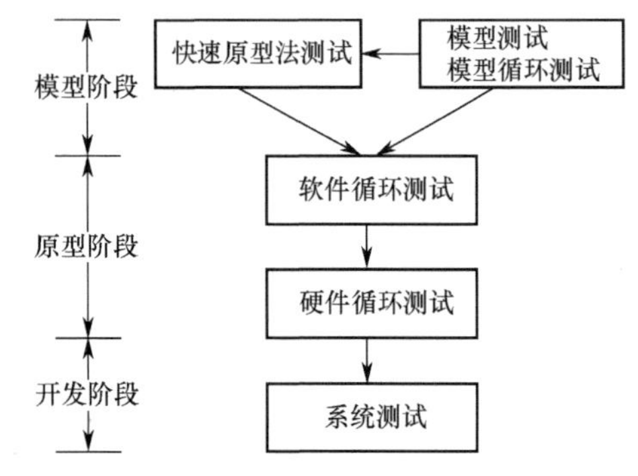

图 3-15 从模拟系统到真实系统转变的测试过程

（1）同步测试：测试与开发是两个相互依存且同步的过程，测试活动始于需求分析，根据不同开发阶段开展测试活动，而不是编码结束之后才启动测试，只要条件具备，即可开始测试活动。同步测试强调尽早开始测试。

（2）全面测试：软件测试不仅仅局限于对程序的测试，程序中的数据及各开发阶段产生的文档也是测试对象。前期产品质量直接影响后期软件质量，代码质量影响系统质量。基于现代软件测试思维，软件测试不仅关注逻辑覆盖、功能覆盖，而且需要更加关注系统能力的覆盖。全面测试是指基于全方位视角对软件进行测试，有助于交付能力的保证。

（3）独立、迭代测试：在软件开发过程中，需求分析、软件设计、编码实现等可能重叠并反复进行，软件测试也是迭代和反复的。在测试的每一个阶段，应根据软件开发过程的变化，及时调整测试策略，动态修改测试过程文档，以保持与开发过程的同步更新。

第 4 章　软件测试策略

软件测试策略是基于良好软件定义的可重用测试框架，以最小的投入实现软件测试核心价值的总体方案，是测试策划的结果，是基于系统工程的测试思维、基于过程改进的测试战略及基于风险管控的测试规划。一般地，软件测试策略包括组织级策略和项目级策略。

组织级策略是为持续改进测试过程、增强过程能力，保证测试质量，以管理体系等形式规定的质量方针、质量目标、组织结构、管理规范及技术要求，是组织战略的重要组成部分。项目级策略是基于组织战略，依据相关标准规范，基于软件系统的使命任务、系统结构、功能性能、接口关系、运行环境、使用场景、业务关联、约束条件、潜在风险等分析，制定测试总体方案，基于测试方、开发方及使用方等利益相关方一致的目标，为测试实践提供指南。

4.1　软件测试价值模型及测试体系

4.1.1　软件测试价值模型

对于一个确定的系统，软件测试策略解决的问题是：基于系统规格和需求规格确定测试需求，基于用户需求验证系统能力，基于系统架构确定测试级别，基于可靠性、安全性等级确定测试类型，基于功能分解确定测试项，基于质量目标确定测试充分性准则，基于质量风险确定测试次序，基于运行环境构建测试环境，基于测试技术确定测试方法，基于抽样理论及统计技术进行测试分析。以软件系统的特征、行为、约束条件、过程模型为基础，以质量、效率、能力为驱动，构建如图 4-1 所示的开放、融合的软件测试策略框架。

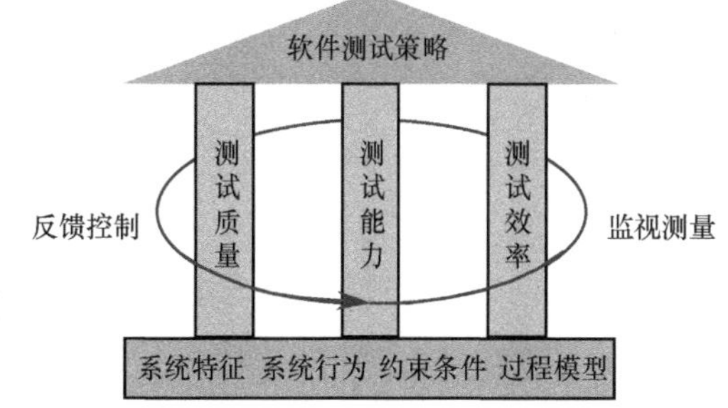

图 4-1　软件测试策略框架

特定软件系统的测试策略是该框架具象化后的特征集。基于目标驱动、结果导向、创新引导、过程改进、能力提升及质量保证，构建如图 4-2 所示的软件测试价值模型。

软件测试价值模型体现了软件测试的系统观、创新观、风险观和过程观，是软件测试思维转变及测试赋值、测试赋能的基础。

（1）**系统观**：基于系统工程思想，构建基于质量、效率、能力驱动的软件测试价值体系及对象主导、模式决定、流程引导、场景驱动、能力导向的测试策划模型，实现项目级策略同组织级策略关联，技术策略和管理策略综合。

（2）**创新观**：将软件测试的核心价值从错误检出、符合性验证拓展到基于系统效能、交付能力、用户价值的质量工程，构建集缺陷工程、性能工程、质量工程、价值工程于一体的技术与管理创新体系，实现测试过程模型与软件测试价值模型融合，测试驱动质量工程，测试驱动客户价值提升。

（3）**风险观**：基于质量、效率、能力（人员、技术、资源等）风险分析，将风险管控融入测试生命周期过程，实现风险管控的过程化、敏捷化和全程化。

（4）**过程观**：基于软件测试过程模型，进行过程策划、过程设计、过程改进、能力提升，建立监视测量及反馈控制机制，持续改进测试过程质量，提升过程能力。

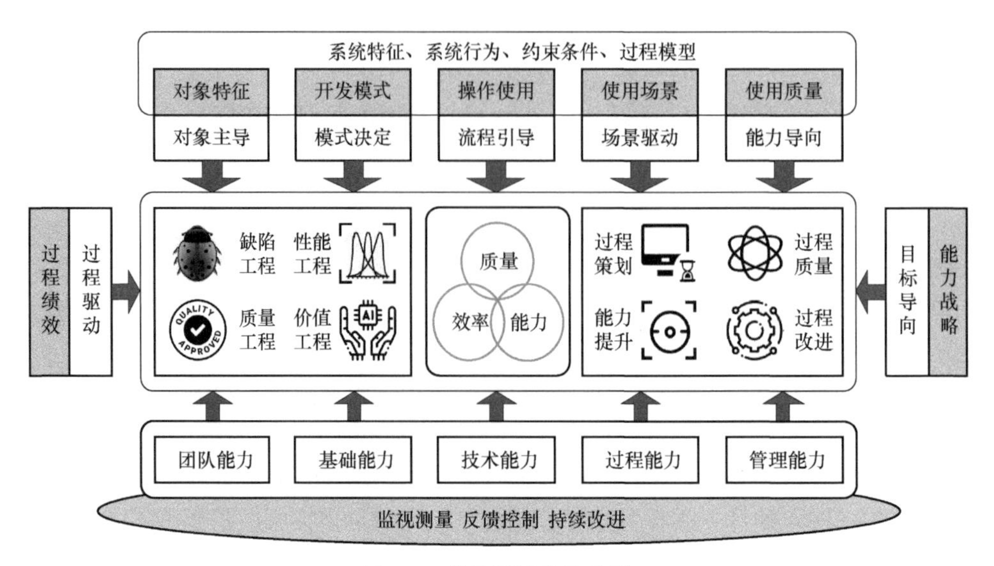

图 4-2　软件测试价值模型

4.1.2　软件测试目标体系

在一个放大的空间和时间尺度上，软件测试不再局限于错误检出和符合性验证，而是面向用户、面向对象、面向过程，以测保质、以测促研、以测促产、以测促用，形成新发展阶段的软件测试使命。软件测试目标体系如图 4-3 所示。

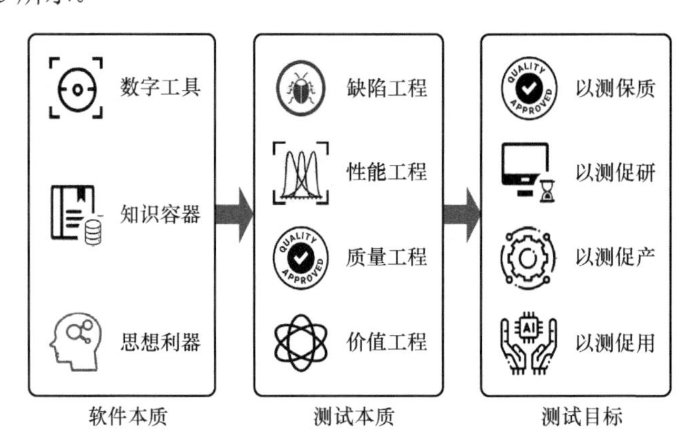

图 4-3　软件测试目标体系

以测保质就是基于质量风险、测试能力及测试目标，实施全过程、全要素测试覆盖，检出错误，对软件系统的符合性、正确性、完全性、可用性、伸缩性、交付能力进行验证、度量和评价，横向到边，纵向到底，摸清性能底数，鉴定或确认软件状态；测试左移并右看，实施全生命周期过程的错误检测、分析评价、缺陷预测、健康管理及质量工程迭代演进，持续改进并提升测试过程能力，确保过程质量；以结果为导向，关注用户体验及用户价值，测量并评价用户满意度和忠诚度，基于数据决策，持续改进，提升用户价值。

以测促研就是基于软件开发范型、技术架构、开发模式及新的软件形态和新环境下的软件本质，建立基于缺陷工程、性能工程、质量工程、价值工程的软件测试技术体系，放大需求捕捉，建立正向激励和逆向反馈机制，提供基于缺陷数据驱动的纠正预防措施及改进建议，反哺软件研发，促进研发能力及测试技术服务能力提升。

以测促产就是基于软件测试，建设研发–测试–产业生态，积聚研发、测试、运维力量，培育创新、自主的集软件研发、测试、市场于一体的产业生态，推进软件产业及软件测试、分析评价、认证认可向一体化、服务化及产业化发展。

以测促用就是以用户需求为导向，摒弃一致性及狭义、庸俗化的质量思维，以任务场景驱动测试场景构建，推进基于用户体验的流程测试及交付能力测试，持续改进并提升软件的适用性、可用性，持续提升交付能力，持续提升用户体验，实现用户价值，超越用户期望。

4.1.3　软件测试体系

4.1.3.1　软件测试体系架构

持续的质量内建是软件测试的核心使命。基于测试驱动的软件质量工程是软件测试的发展方向。质量赋能是软件测试从项目到组织发展的重大跨越，基于组织战略，驱动软件测试思想和行动的跨越，是软件测试发展的高级阶段。

软件测试体系是以系统工程思想为指导，基于可重用测试框架，以软件测试技术体系为基础，以组织管理和过程管理为支撑，以基础设施及基础能力为载体的总体架构，指导系统化的软件测试实践。软件测试体系总体架构如图 4-4 所示。

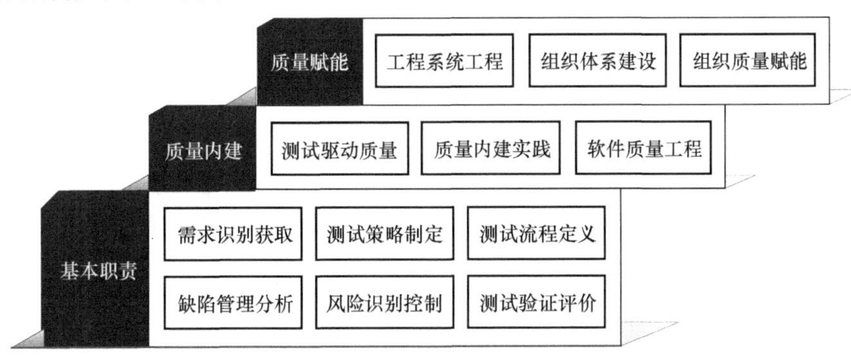

图 4-4　软件测试体系总体架构

4.1.3.2　软件测试基础能力体系

软件测试是对软件生命周期过程中各阶段构建的体系架构模型、功能结构模型、业务流程模型、数据关系模型、系统行为模型等以形式化方法和工具进行模型检测的过程活动。软件测试基础能力体系由技术能力体系、组织能力体系、管理能力体系、过程能力体系及支撑能力体系组成。软件测试基础能力体系如图 4-5 所示。

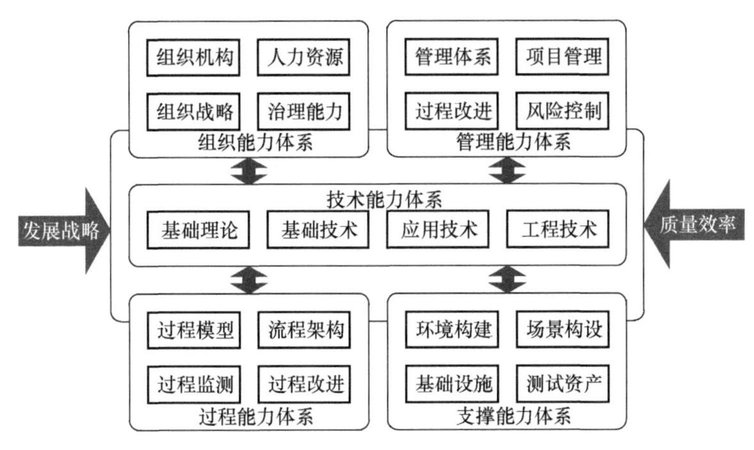

图 4-5　软件测试基础能力体系

基于测试对象，将软件测试执行划分为三个阶段的过程活动。一是对软件代码进行静态分析和逻辑结构测试，分析编码规则，检出代码缺陷；二是对软件系统的功能、性能、接口等实现的正确性、符合性进行测试验证；三是在实际运行环境或模拟环境、虚拟环境中，对软件系统的功能性能、运行流程、操作使用、数据及环境配置等进行测试验证，对系统的适宜性、可用性及交付能力进行评价。

对于软硬件一体化系统，则需要在实际或近似使用条件的环境下，建立数据分析模型，从单一功能、性能验证向复杂环境条件下面向使命任务的能力验证转变，进行多阶段、多场景、多环境下的数据融合，实现测试回放分析、缺陷分析、测试充分性分析，持续有效地观察并控制系统响应及变化趋势，对系统效能及能力进行分析评价。不仅强调结构和功能覆盖，更加关注流程、场景和能力覆盖。

4.1.3.3 基于测试驱动的软件质量架构

软件测试是软件质量保证的重要子域，其根本目的是检出错误并验证系统的符合性。这是软件测试的初心。这里，在对系统特征、系统行为、约束条件、质量要求、潜在风险及测试能力等进行综合审视的基础上，将软件形态、测试目标同软件生命周期过程融合，构建一个旨在识别、度量、评价被测软件系统及测试过程改进的、基于测试驱动的软件质量架构，为测试策略制定及基于测试驱动的软件质量工程最佳实践提供支撑。基于测试驱动的软件质量架构如图 4-6 所示。

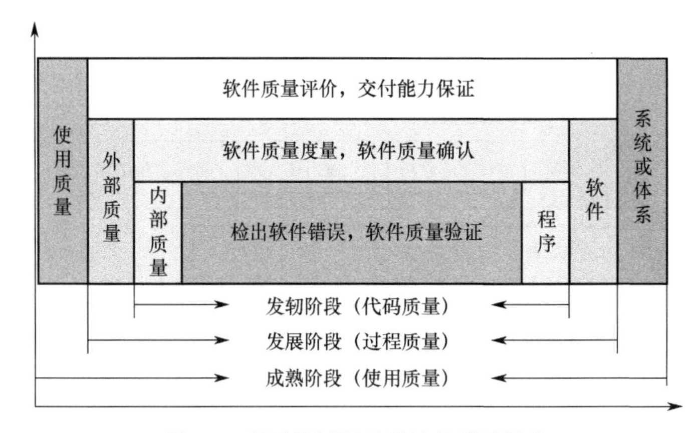

图 4-6 基于测试驱动的软件质量架构

图 4-6 展示了在软件测试的发展阶段，对软件质量的关注点及对软件质量在不同层面上的贡献。究其实质，该框架呈现了软件测试及软件质量的发展历程。基于以需求规格驱动的软件测试，侧重于设计验证，但却对功能的适合性及可达性问题关注不够。这对如何设定测试目标，如何通过测试目标驱动测试，提出了新的挑战。这就是软件测试策略中的目标依赖问题。例如，1.2 节中分析的波音 737 MAX 失事案例，并非功能实现的正确性问题，而是特定条件下功能的适合性问题，以及补救功能的可达性问题。除非特别熟悉飞行控制流程，能够天才般地捕捉该问题并预知该问题将引发灾难性后果，否则不可能构建这种极端测试场景并挖掘出该致命缺陷。我们无须质疑基于需求的软件测试是否能够发现这类问题，但毫无疑问，软件测试的首要目标就是检出错误，哪怕是极小概率错误。

4.1.3.4 软件测试技术体系

软件测试技术体系是软件测试技术能力体系的核心。通过业界的艰辛努力和广泛实践，构建了以体系性技术为基本架构，以基础理论、基础技术为基本元素，一系列关键引领技术支撑的软件测试技术体系。图 4-7 展示了一个双叠 Hall 结构软件测试技术体系，试图为读者打开一扇窗。

图 4-7 所示软件测试技术体系是图 2-1 所示软件测试知识地图的一个抽象框架集。在此开放、融合的技术体系下，需求驱动技术创新，创新驱动技术发展，从主动测试到被动测试，从逻辑驱动到流程驱动，从数据驱动到模型驱动，从需求驱动到剖面驱动，从手动到自动，从面向结构到面向对象再到面向

服务，从规格测试到敏捷测试，从测试用例参数组合到不同测试技术的组合，基于结对测试支持端到端的自动化执行，不断集成相关要素，驱动测试技术体系不断扩展、丰富和完善。

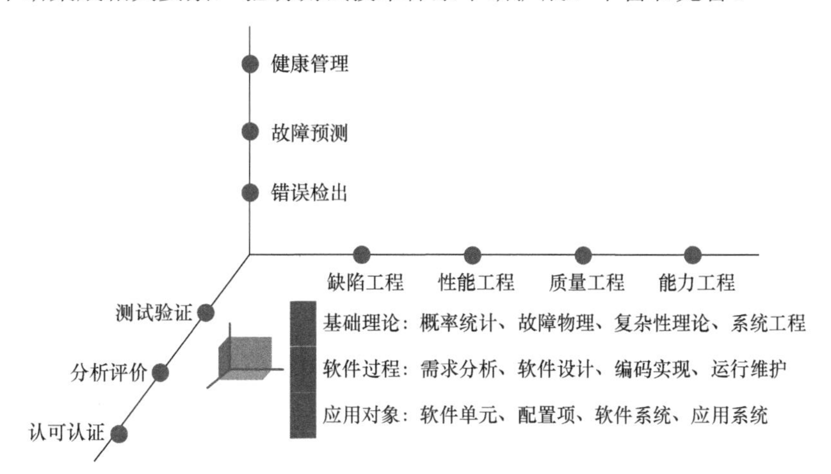

图 4-7　双叠 Hall 结构软件测试技术体系

4.2　基于风险、能力的测试策略

4.2.1　基于风险的测试策略

基于风险的测试策略是通过对系统使命任务、业务流程、任务场景、使用环境等的分析，确定质量风险及风险等级，然后依据质量目标、测试能力、潜在风险及功能的可见性、使用频率、故障模式、修复成本等要素，识别风险影响因素，基于缺陷触发的可能性及其影响，构建风险评估矩阵，确定主要风险因素，规定最低程度的测试充分性及需求跟踪方法，建立如图 4-8 所示的基于风险的测试策略矩阵。

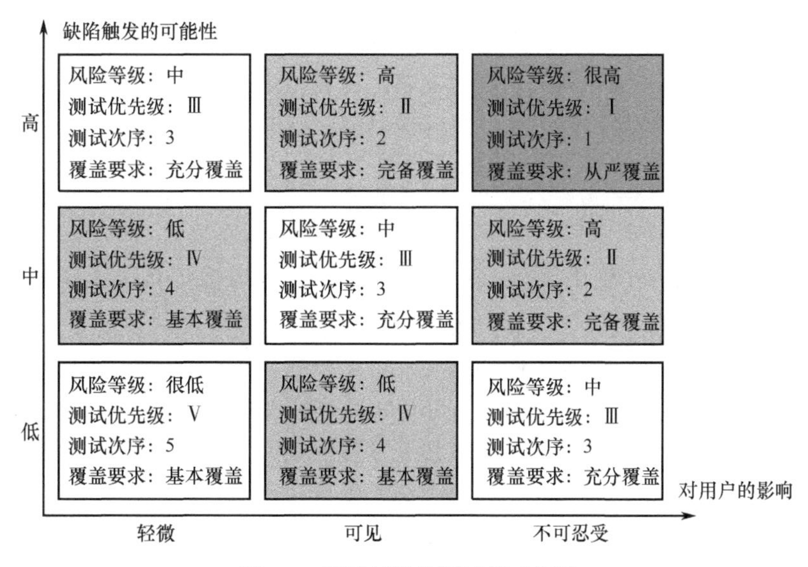

图 4-8　基于风险的测试策略矩阵

基于风险的测试策略是根据风险严重等级，确定测试优先级、测试次序及测试充分性要求，确保高概率质量风险得以高测试覆盖，规避抽样验证风险。风险越高的测试项，测试优先级及测试覆盖要求越高，需优先配置更加充分的测试资源，构建更加完备的测试环境，使用更加先进的测试技术，安排专业水平高、业务能力强的测试人员进行重点测试。对于高风险测试项中所发现的缺陷及发生的偏离，以“定位准确、机理清楚、问题复现、措施有效、举一反三”为原则进行归零处理，并回溯到测试用例及系统需求。与此同时，基于持续的风险分析评估，持续完善风险评估矩阵，持续降低风险。

例如，基于测试工作量评估，某软件系统测试需要 5 个工作日，但任务紧急，要求 2 天内完成测试。若按既定计划进行，测试覆盖率仅为 $2 \div 5 \times 100\% = 40\%$，风险不可避免。于是，构建基于风险的测试策略，分析确定高风险测试项，按 80/20 原则，第一天执行 20%的测试用例，覆盖 80%的质量风险，然后对剩余 80%的测试用例进行分析，第二天执行其中 20%的测试用例，覆盖剩余 20%风险的 80%，即再覆盖 16%的风险，总体上风险覆盖率达到 96%。尽管未能实现 100%的风险覆盖，但在测试时间压缩 60%的情况下，仍然实现了较高的覆盖率，并且基于高风险优先的原则，严重缺陷及重大偏离所导致的风险基本被排除，基本实现了测试目标。事实上，在实际工作中，因为时间进度、资源配置等制约，如果能够基于风险进行测试策划并组织实施，则能够在较大程度上对风险进行管控。基于风险的测试策略如图 4-9 所示。

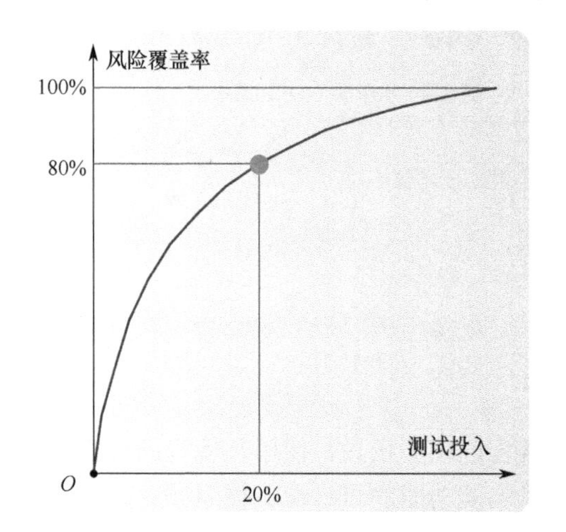

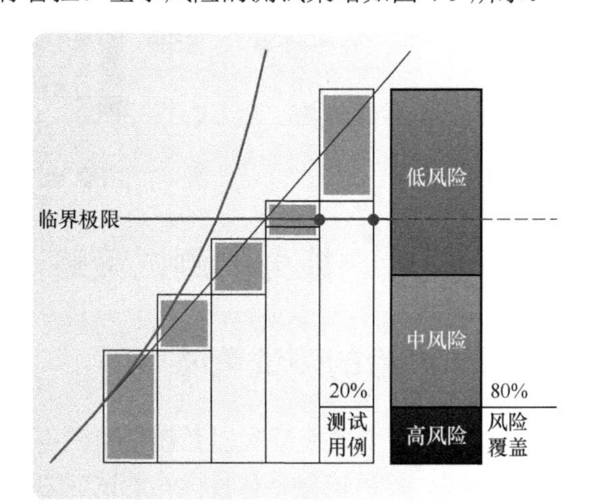

图 4-9　基于风险的测试策略

软件测试是基于软件行为建模的数据抽样验证。抽样本身就意味着风险，况且测试所需时间往往远大于可获得的时间，测试资源也同样如此，质量风险处于不可控状态。质量风险意味着用户使用系统的风险及开发方交付系统的风险。基于风险的测试策略，以风险为导向，将有限的测试资源集中于软件系统的关键功能及重要性能等高风险特性测试，从而保证测试质量。

4.2.2　基于能力的测试策略

对于特定的软件系统，各利益相关方关注的是：能否在确定的条件下，在给定的时间内，完成测试任务，保证测试的充分性、完备性、有效性、可信性及规避各利益相关方风险。诚然，能否实现测试目标，与系统特征、系统行为、约束条件等密切相关，这是“测什么”的问题，通过测试需求分析，予以识别、界定和确认，如同中医通过望、闻、问、切，对病人进行诊断，确定病灶和病因。这取决于测试人员的技术水平、业务技能及对测试架构、领域知识掌握的能力。测试需求确定后，基于确定的目标，制定测试策略，也就是“怎么测”的问题。类似于病人确诊后，用什么药，做什么手术，治疗几个疗程的问题。这不仅取决于测试人员的创新及应用实践能力，还取决于测试设备、测试工具、基础设施、测试资产、环境构建的完备性、先进性、适宜性。显然，作为一种方法论，测试策略有千万种，但无论使用哪种，都离不开测试能力的支撑。软件测试，取决于能力，受制于能力，决定于能力。

基于能力的测试策略是以能力为出发点，以能力为落脚点，即基于软件测试团队能力、基础能力、技术能力、过程能力、管理能力等固有能力，进行能力需求分析及风险评估，制定并实施测试策略。表 4-1 给出了基本的软件测试能力分类。

表4-1　基本的软件测试能力分类

序　　号	测 试 能 力	需 求 描 述
1	团队能力	组织结构、治理能力；人员数量、人员层级、学习能力；技术水平、专业技能、分析综合、团队创新能力；团队协作，沟通协调能力
2	基础能力	基础设施、环境条件、测试工具、测试资产、环境构建能力
3	技术能力	技术体系、标准规范、创新成果、成果转化、技术支持能力
4	过程能力	过程策划、过程设计、过程实施、监视测量、统计分析、过程改进、流程治理能力
5	管理能力	项目管理、过程管理、质量管理、配置管理、风险管理能力

对于本书3.2.3节构建的类—实践域—实践（CRP）软件测试能力评价体系，不论是Ⅰ级类指标，还是Ⅱ级实践域指标，抑或是Ⅲ级实践指标，其实现与评价都有赖于团队能力、基础能力、技术能力、过程能力、管理能力等固有能力。当然，注重专业能力、专项能力、特色能力、特种能力建设，将不同能力进行综合，方能实现测试能力的最大化、专业化和特色化。

对于专业软件测试机构，需对测试能力保有、变化情况及适宜性，进行定期分析评价，调整组织策略，持续保持并改进测试能力。当测试能力不能满足测试需求时，应有计划地配置或增强测试能力。显然，不可能无限制增加测试人员或测试工具，而是应该不断挖掘潜在能力、不断提高技术能力、改进流程治理能力，弥补能力不足并持续增强测试能力。例如，基于不同业务场景，CPU密集型、内存密集型、网络密集型系统对测试环境及资源需求可能大相径庭，面对混合部署交叉、测试环境扩/缩容、多环境代码不一致、稳定的线下测试环境缺乏等问题，一个基本的想法就是增加服务器，搭建满足要求的测试环境，但会显著增加测试成本，有悖于系统工程思想。当基础能力不足时，可以采用技术手段予以弥补。例如，通过Docker对整个工程进行重构，能够解决应用分发、部署和管理等问题。这不是捷径，而是技术能力的威力。不同能力相互关联，相互制约，任何一个能力的突破，都将推进整体能力的提升。当然，这需要测试人员具备、掌握并驾驭相应能力的能力。

4.3　基于架构的测试策略

不同软件架构在本质上决定了软件逻辑结构的复杂性，在深层次决定了软件可靠性等质量特性。不同软件架构决定了测试设计层次的选择及静态分析、逻辑测试、可移植性测试、可扩展性测试的方法选择，与测试环境搭建密切相关。软件测试策略制定的重要方法之一就是基于架构引导，对于不同软件架构，应有针对性地进行测试策划，制定测试策略。

4.3.1　分层架构

分层架构（Layered Architecture）将软件系统划分为若干水平层，每一层都具有清晰的角色定义和分工，各层之间通过接口实现通信和交互。图4-10给出了一个常见四层结构的分层架构。

表现层用于实现用户界面，负责视觉和用户交互；业务层用于实现系统业务逻辑；持久层提供相应的数据，其中，SQL语句就放在这一层；数据库层用于保存数据。用户请求将依次通过这四层的处理，不能跳过任何一层。可以在业务层和持久层之间，增加一个服务层，为不同业务逻辑提供通用接口。分层架构用户请求流程如图4-11所示。

在分层架构的每一层，按照独立原则或敏捷原则，独立地进行逻辑覆盖、功能覆盖和业务覆盖，并对系统建模，封装浏览器控制、结果解析逻辑等，为每一层提供一个接口，实现系统测试。一旦系统功能、环境发生变化，或代码调整时，需要对系统进行重新部署。当用户请求大量增加时，须依次对每一层进行扩展，但受每一层内部耦合关系制约，扩展困难。分层架构测试一般遵循单向逐层调用，针对接口编程、依赖倒置、单一职责及开放封闭的策略。

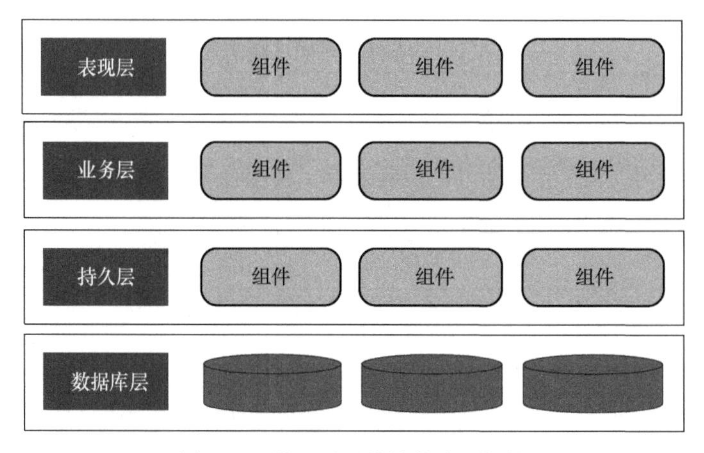

图 4-10　常见四层结构的分层架构

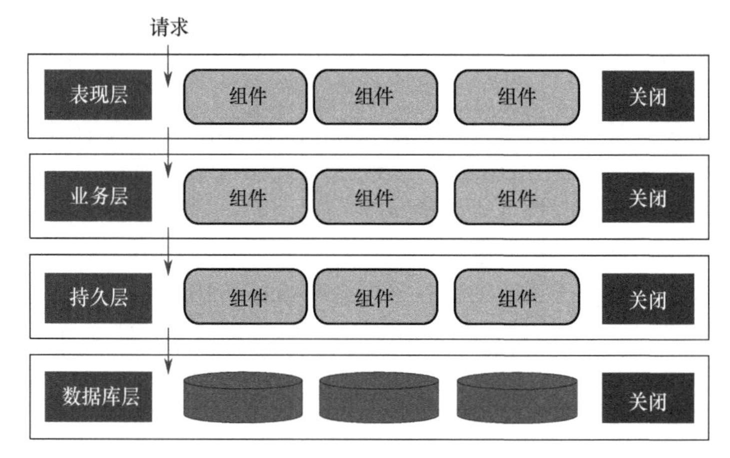

图 4-11　分层架构用户请求流程

对于单向逐层调用，如果将 N 层架构各层自底向上依次编号为 $1,2,\cdots,N$，当被测架构第 $k(1<k\leqslant N)$ 层只能依赖第 $k-1$ 层，而不依赖其他层时，也就是说如果 P 层依赖 Q 层，则 P 的编号一定大于 Q 的编写。该策略保证了依赖的逐层性及其整个架构的依赖逐层向下，不能跨层依赖，从而保证了依赖的单向性，即只能上层依赖底层，底层不能反过来依赖上层。

编程接口是一种抽象的、在语义层面具有接合作用的语义体，而非具体的语言元素，具体实现可能是接口，抑或是抽象类，甚至可能是具体类。在软件测试过程中，将接口定义为两种形式：一种是一定领域中行为的约定，即接口实现必须遵循的指定契约；另一种是在一定维度上，同类事物的共同抽象，针对不同维度，同类事物具有不同展现形式。

针对接口编程原则，如果约定将 N 层架构各层自底向上依次编号为 $1,2,\cdots,N$，则第 $k(1<k\leqslant N)$ 层不依赖具体的第 $k-1$ 层，而是依赖第 $k-1$ 层的接口，即在第 k 层中不应该有第 $k-1$ 层中的具体类，第 k 层的编程仅仅针对第 $k-1$ 层的接口进行。

依赖倒置是一种重要的软件设计思想，即不能让高层组件依赖低层组件，不论是高层组件还是低层组件，均依赖抽象。该原则定义具体依赖，而上面所定义的则是抽象依赖。具体依赖指如果 P 层中有一个及以上的地方实例化了 Q 层中某个具体类，则称 P 层具体依赖 Q 层。

抽象依赖指如果 P 层没有实例化 Q 层中的具体类，而是在一个及以上的地方实例化了 Q 层中的某个接口，则称 P 层抽象依赖 Q 层，也称接口依赖 Q 层。依赖倒置针对接口编程，而不是针对实现编程，依赖抽象而非具体实现。

4.3.2　事件驱动架构

事件驱动架构（Event-driven Architecture）是通过事件通信的分布式异步软件架构，由事件队列、事件分发器、事件通道、事件处理器四部分构成。事件队列是接收事件的入口，事件分发器负责将不同事件分发到不同业务逻辑单元，事件通道是事件分发器与事件处理器之间的连接渠道，事件处理器实现业务逻辑，处理完成后发出事件，触发下一步操作。事件驱动架构涉及异步编程，需要考虑远程通信、失去响应等情况，涉及多个处理器，很难回滚，难以支持原子性操作。事件驱动架构如图 4-12 所示。

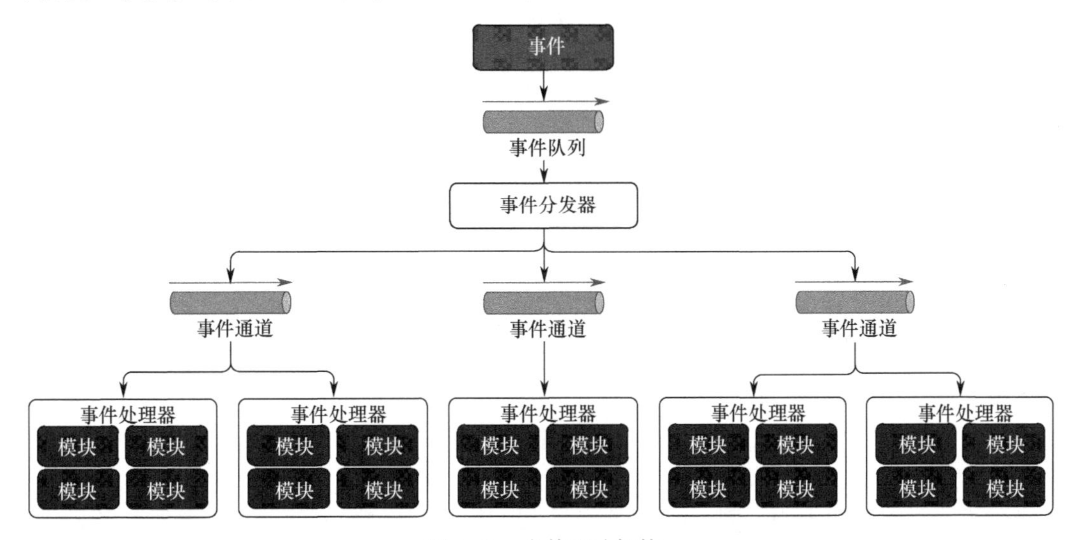

图 4-12　事件驱动架构

虽然独立的单元测试并无特别之处，也不存在特别的困难，但需要特殊的测试客户端或测试工具来生成事件。事件驱动架构的分布式和异步特性导致基于这类架构的软件系统测试较其他架构系统困难。

4.3.3　微服务架构

微服务架构（Microservices Architecture）是将单体应用拆分为多个能够独立构建、独立测试、独立部署、独立管理的服务，通过轻量级通信机制交互的分布式、松耦合、自治且相互解耦的软件架构，较好地解决了基于单体应用，使用单一技术栈导致系统资源利用率低、错误隔离性差、不易扩展、难以支持持续交付等问题。微服务架构如图 4-13 所示。

微服务架构具有三种实现模式：一是 RESTful API 模式，由 API 提供服务，云服务即属于这一类模式；二是 RESTful 应用模式，由网络协议或应用协议提供服务；三是集中消息模式，采用消息代理，实现消息队列、负载均衡、统一日志和异常处理，这种模式可能导致单点失效，通常以集群方式实现。

对于微服务架构，软件系统将单一可部署单元拆分为多个服务，具有良好的可测试性、延展性和可部署性。微服务架构强调服务的独立性和低耦合性，因服务被拆分得过小，服务、模块及层次之间存在复杂的依赖关系，导致整体性能下降。若单独测试某个服务或服务中的某个模块，就必须剥离其对其他微服务的依赖关系。集成不同服务的端到端测试往往会因为一个服务的变更而发生错误，对多个服务的 UI 端到端测试即 E2E 测试，必须采取一定的防干扰、防误报策略。通用 Utility 类就是典型例子。其解决方案就是以冗余换取架构的简单性，即将它们复制到另一个服务中，通过 Mock 等方式来实现。与此同时，微服务架构的分布式特征使其难以实现原子性操作，交易回滚困难，且不同服务可能在不同环境或配置下运行，尤其是一些后端服务，与前端服务的运行环境可能截然不同，面临着诸如基础环境准备、配置管理、服务间依赖关系复杂，以及服务监控、鉴权、安全控制等困难。若考虑对每种服务设立自动化管线时，就必须有针对性地设置相应的环境配置。因此，需要一个能够提供基础环境且具备服务发布、服务治理、运行监控等功能的 PaaS 平台支撑。

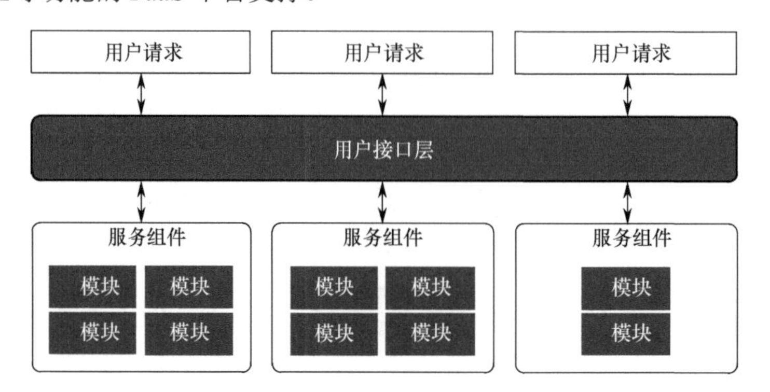

图 4-13　微服务架构

微服务相对轻量，适宜部署于轻量的容器平台。微服务生命周期过程是 DevSecOps 微服务开发及基于容器平台部署、测试、管理、运营微服务的过程。因此，不仅需要对微服务功能、性能、部署、协同能力等进行测试，而且需要基于容器平台，采用 DevSecOps 流程组织实施微服务测试。在微服务开发阶段，完成单元测试后的微服务镜像进入测试环境镜像仓库，自动完成镜像扫描，扫描通过的镜像可部署于测试环境，根据规则构建微服务测试域，生成测试用例，驱动测试。在关联项目管理工具 Jira 中创建缺陷跟踪记录，并从 Jira 发送邮件给相关人员，开发人员修复缺陷提交代码自动编译，完成单元测试，打包到镜像仓库，然后部署于测试环境，启动新的测试流程，形成一个测试闭环。

基于微服务架构的测试结果取决于网络系统的稳定性，尤其是涉及数据存储及外部通信时，如测试过程中不能摆脱这些因素的影响，则可能得到随机性误报，干扰测试结果。微服务架构测试应力求为服务内部每个模块的完整性及每个模块之间、各个服务之间的交互，提供全面的测试覆盖，同时保持测试的轻便和快捷。较基于整体式架构的测试，微服务架构对测试提出了新的挑战。为应对新挑战，微服务架构测试策略应基于自动化、层次化和可视化三个基本原则。所谓自动化，就是随着测试任务的持续增加，将测试策略聚焦于测试自动化。自动化测试必须足够稳健、稳定，不能动辄误报，否则反而导致居高不下的维护成本。所谓层次化，就是采用层次化的测试方法，将测试自底向上划分为单元测试、服务测试和 UI 测试三个层次，粒度由细到粗，范围由小到大。所谓可视化，就是将构建、测试、部署等相关任务构建在一个流水线上，使得所有测试结果可视化。工程上，基于微服务生命周期过程模型，将微服务架构测试划分为持续集成、测试环境测试、生产环境验证三个阶段。

4.3.3.1　持续集成

代码提交会触发自动构建流程，完成代码检查、代码编译、单元测试、打包、构建镜像并上传镜像到镜像仓库等过程。这一阶段，代码检查及单元测试是保证微服务代码质量的重要措施。需要强调的是，需要从不同侧面、不同层次测试功能的容错性，制定测试策略时，必须清醒地认识到，把握验证错误的测试设计更为重要。

4.3.3.2　测试环境测试

基于 DevSecOps，测试所需基础设施由云平台提供，测试人员直接从云平台申请资源，构建测试域。微服务可能需要其他微服务协同支持，或使用测试挡板程序模拟协同微服务，以构建测试环境。

1. *构建测试域*

使用标准 API 隔离底层服务版本的逻辑变化，只要接口不变或相互兼容，就认为是同一个 API，而不兼容的变更则认为是一个新接口；部署业已开发完成的 API 或暂时使用 API 挡板，保证测试过程平滑推进；对于公共组件，使用基线版本，构建最小测试域，完成功能、接口及单一功能的性能测试。

2. 部署及功能测试

功能测试旨在验证微服务及基于微服务架构的应用系统是否满足功能性要求。根据需求和设计规则生成测试用例，验证输入和输出是否符合预期结果，以及微服务部署、配置、安全等能力。这一过程是 DevSecOps 自动化流程的一部分，流程定义应满足特定的场景要求，这正是测试策略中必须明确的问题。

3. API 接口测试

微服务会在 API 网关上映射 API 接口，使用 API 网关有助于服务治理。一个微服务可能会映射为多个 API，或多个微服务映射为一个 API，同时定义 API 接口的访问控制、流量控制、安全、路由等策略。API 接口配置难以实现自动化，需要接口管理人员来完成相应工作，然后生成测试用例，完成接口测试。

4. 应用测试

基于微服务架构的集成测试，可以看作应用测试。基于微服务架构，根据业务需求，将应用编排部署为不同的业务应用，如客户中心应用、产品中心应用、服务中心应用等。应用测试通常包含界面测试、业务流程测试、部署扩展测试等。

5. 性能及非功能性测试

制定微服务架构测试策略时，需要充分考虑微服务性能、可用性、容错性、弹性及容灾备份能力等测试验证。工程上，可以基于容器的弹性伸缩、资源调度及高可用部署等特性，验证微服务的高可用性、弹性、容错性及容灾备份能力，而微服务性能测试需要考虑基准测试、负载测试、压力测试、容量测试等，以验证微服务在不同条件下性能指标的达标情况。

4.3.3.3　生产环境验证

微服务部署于生产环境之后，需要基于最终生产环境进行测试验证。通常采用验收测试或灰度发布机制，使用历史数据或模拟数据，验证业务逻辑的正确性。对于验收测试，需要明确验收条件，包括功能性和非功能性验收条件，如平均延迟时间、单实例负载支持、资源需求等性能要求。通常，验收测试需要用户参与，开展基于用户体验及交付能力的验证。

多版本情况下，特别是类似于 App 服务，可能经常发生变更，需要在生产环境中导入部分流量进行验证。引流方式多种多样，可以根据需要导入不同请求进行验证。这也正是我们在 API 层实现负载均衡和 API 治理的原因之一。

4.3.4　云架构

云架构（Cloud Architecture）是指将构建云所需组件及功能连接起来，提供应用运行的在线平台。通常，云架构包括处理单元和虚拟中间件两部分。处理单元实现业务逻辑，虚拟中间件负责通信、保持 Sessions、数据复制、分布式处理和处理单元部署等任务。虚拟中间件包含消息中间件、数据中间件、处理中间件、部署中间件四个组件。云架构如图 4-14 所示。

云架构的高负载、高扩展、动态部署特点，使得基于云架构的软件测试变得非常困难，必须研究开发基于云架构的测试技术及测试策略。第一，构建安全测试评价指标体系和综合可信性评估模型，研究制定运营公正和透明性测试方案；第二，创新云测试服务模式，通过云测试平台，为用户提供测试服务，对测试请求信息进行存储，供虚拟机测试调用，根据用户请求规模，通过交互平台进行虚拟机配置和调度，在云端进行测试验证；第三，性能测试是指验证云计算在各种负载条件下的服务性能，基于不同测试场景，模拟云计算的极限测试和压力测试；第四，进行云测试时，必须保证云平台的安全，验证云是否安全的一个有效方法是有选择地在公共云上暴露数据，然后查找可能存在的各类风险和缺陷；第五，通过云计算模型，建立云计算质量模型与安全模型，应用测试数据对基于云架构应用系统进行质量与安全性评价。

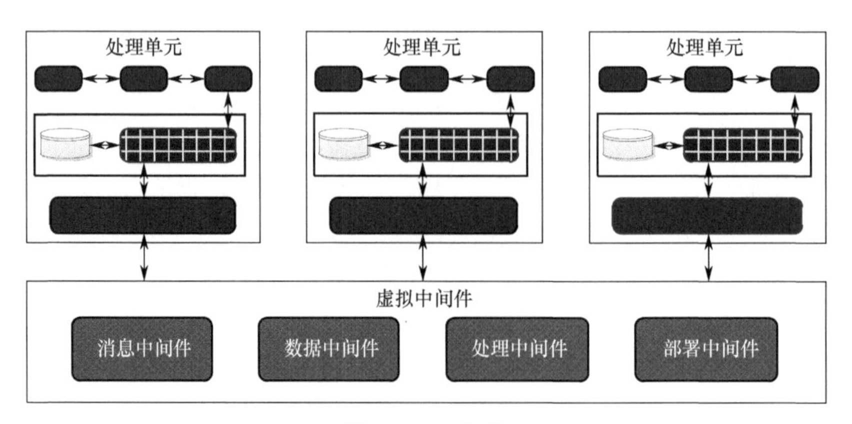

图 4-14　云架构

4.4　基于对象及环境的测试策略

4.4.1　测试对象模型

世界上没有两片相同的雪花。测试对象千差万别，不同对象的使命任务、系统组成、软件架构、接口关系、运行环境、操作使用等截然不同。不同测试对象，具有不同的结构形态。图 4-15 给出了一个树状结构被测对象结构模型。

图 4-15 是一个抽象的、基于单体应用的分层架构模型，展示了系统的结构关系及开发演进过程。不同测试对象，其系统特征、系统行为、约束条件等各不相同，是主要的测试风险制约因素。系统特征由使命任务、组成结构、体系架构、功能、性能、接口关系等表征；系统行为由运行流程、运行剖面、操作使用、系统能力等表征；约束条件则由运行环境、使用场景、外部数据、通用质量特性等表征。图 4-16 给出了一个基于不同软件开发模式的对象结构特征及系统行为。

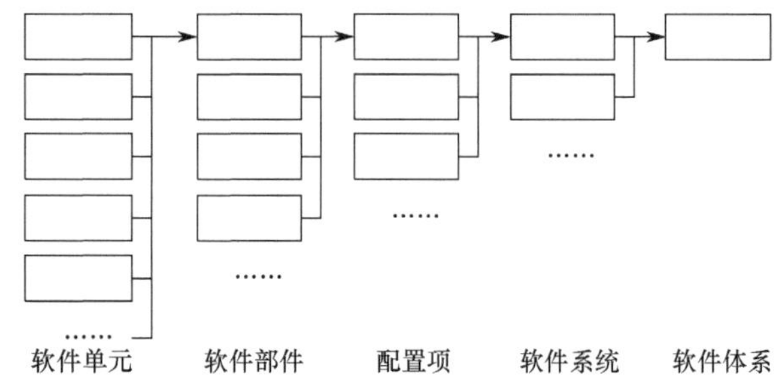

图 4-15　树状结构被测对象结构模型

在测试对象分析时，应基于系统结构特征，从本质上解剖系统。例如，对于云原生架构及云原生应用，就不能像对待传统软件系统那样，关注软件单元、配置项和软件系统，而是基于容器、微服务、服务网络、不可变基础设施、声明式 API 等理解系统架构。

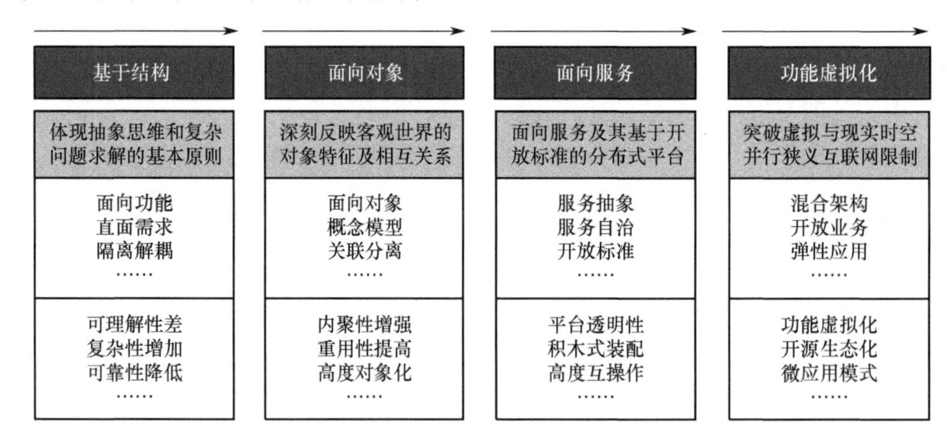

图 4-16　基于不同软件开发模式的对象结构特征及系统行为

对于特定的系统，其构成单元可能存在新研、继承、改进、重用等不同状态。在测试策划时，对被测系统及其构成单元状态、特征、约束条件等进行分析，确定测试范围。例如，对于状态已固化，如已通过鉴定的配置项，一般不再对这类配置项进行测试，但需纳入系统测试范畴。对于状态固化但进行部分修改的配置项，在对修改情况及影响域进行分析的基础上，确定测试范围，但这些配置项必须纳入系统测试。对于系统组成中的货架产品及驻留于外购硬件中的软件，是否进行配置项测试应视情况而定，但必须纳入系统测试。

大型复杂系统开发是一个基于持续集成的迭代过程，集成模式变化驱动系统设计由传统接口互联互通设计向面向任务的资源优化设计转变，生命周期测试由先设计后验证向边设计边验证转变，更加注重模块化集成与搭载平台系统一体化深度设计、系统迭代升级等需求及系统交付能力验证。基于多视图建模的系统行为分析与场景设计，面向基线的系统需求敏捷开发与管理，面向任务定义的系统功能逻辑架构设计，面向结构共形和资源解耦的系统物理架构设计，基于模型交互的系统与搭载平台系统间深度融合设计及模型驱动的系统虚实融合设计、系统多异构模型关联映射与数据互操作，面向资源均衡优化的系统多方案虚拟集成及其快速推演评估，实现一体化测试验证。这是一个复杂的组织体系工程问题。

4.4.2　测试环境分析

对于一个特定系统，测试环境构建、差异性分析及影响控制是确保测试充分性和可信性的基础。测试环境包括硬件环境、软件环境、数据环境和使用环境。使用环境涉及任务剖面、输入环境和自然环境等环境特性。

对于确定的测试对象，如何根据测试需求确定测试环境需求？如何根据测试环境需求，构建并验证测试环境？如何选择并确定测试环境构成的硬件项和软件项？如何将操作使用及运行剖面同测试环境关联？是否存在制约软件使用的环境条件，如平台环境、自然环境、电磁环境？对数据库及数据量有无要求？如何开发等效的模拟环境？如何验证确认模拟环境的有效性？如何分析确定测试环境与使用环境的差异及环境差异所带来的风险？这些都是软件测试策划需要重点关注和解决的问题。

测试环境问题是软件测试的重要风险之一。测试环境需求分析、测试环境搭建、测试环境验证确认，不仅取决于测试组织的基础能力，还与技术和管理能力密切相关。工程上，最大限度地使用被测系统的真实运行环境，开发搭建模拟仿真环境，使用已经验证的试验或使用数据，无疑是最佳选择。针对软件测试所面临的问题，审视软件测试策略、测试技术、测试方法、测试流程，测试环境，构建基于云化承载，集测试策略、测试资产、测试技术等于一体的软件测试环境集成体系，驱动基于复杂场景极限条件下的测试环境构建。云化承载的软件测试环境集成体系如图 4-17 所示。

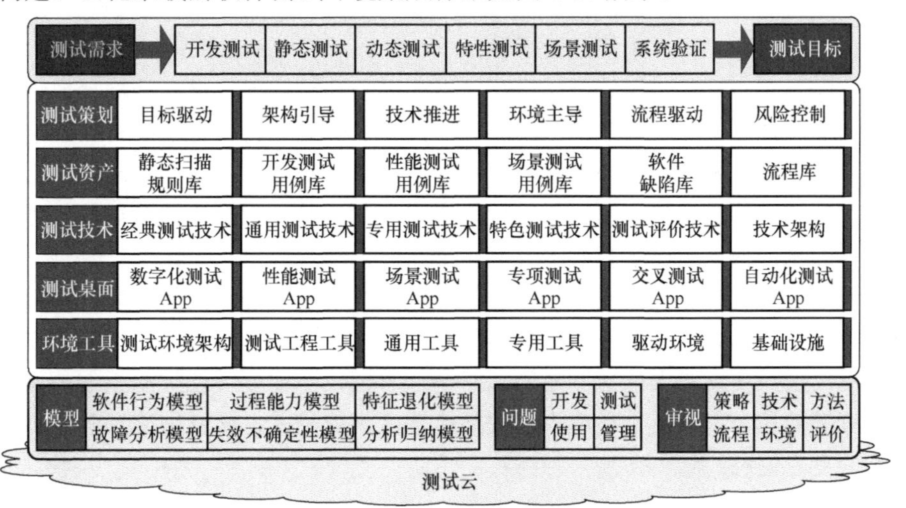

图 4-17　云化承载的软件测试环境集成体系

4.5 基于流程及组织的测试策略

一个特定的软件系统，在确定的任务场景及使用环境下，基于确定的运行流程，实现一个或多个特定的目标。在不同运行流程下，系统输入/输出及软件行为存在差异。测试策划过程中，必须充分考虑不同运行流程及流程的转换和组合，尤其是对于系统测试，应对不同运行流程驱动下的系统能力进行验证。系统运行在一个确定的剖面下，软件测试不仅需要验证其符合性，还需要验证基于剖面驱动的系统功能性能及系统能力的实现程度。对于同一系统，基于不同的操作组织、运行流程，系统行为存在差异，需要验证这种差异对系统行为的影响及可能导致的使用风险。

运行流程、操作使用决定了系统的运行方式、运行状态、健壮性及质量风险。基于系统的外部质量特性，关注系统的运行流程和操作使用，在系统测试过程中，有针对性地强化基于流程的测试，基于能力路径的测试及基于剖面的测试，再造测试流程，不仅有利于改进测试过程质量及被测系统的使用质量，也有利于软件测试组织的组织和结构治理。

4.5.1 测试策略螺旋结构模型

在软件生命周期过程中，软件测试是一个螺旋上升的迭代过程。软件测试始于螺旋结构的中心，对于软件单元，以代码质量为关注的焦点，组织开展单元测试。这是软件测试的基点，也是软件测试的起点。软件及系统集成过程中，面向软件体系结构的设计构造及内部接口，开展集成测试，这一过程持续沿着螺旋向外演进，直到集成结束。确认测试关注的重点是软件系统功能的实现和性能的达标情况，验证的是需求的符合性，是一个沿着螺旋向外继续循环上升的过程。最后，以使用质量为关注的焦点，在真实环境下组织实施系统测试，对系统的外部接口、系统运行、操作使用、用户体验、交付能力等进行测试验证。测试策略螺旋结构模型如图 4-18 所示。

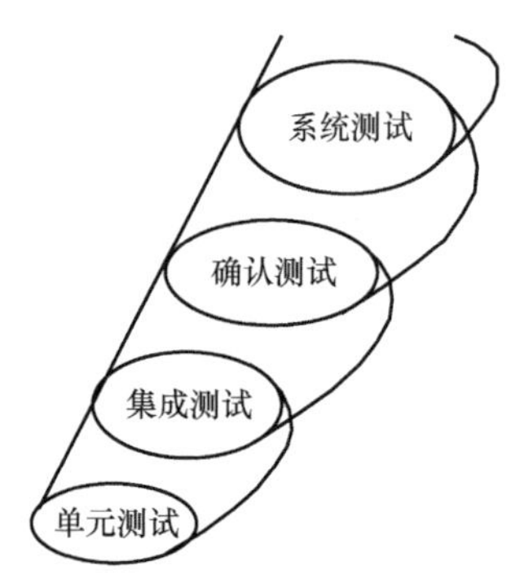

图 4-18　测试策略螺旋结构模型

编码实现阶段，面向每个独立的软件单元，采用控制流分析、数据流分析、程序变异分析及符号求值等逻辑驱动测试技术，验证程序逻辑的正确性。Edward Miller 认为，如果分支覆盖率不小于 85%，则分支覆盖检出的缺陷将是功能测试检出缺陷的两倍。随着软件开发技术及方法学的发展，尤其是智能化软件开发技术的应用，程序结构性问题总体上呈下降趋势。由于软件系统结构及缺陷产生机理的高度复杂性，执行路径并不能完全准确地刻画其失效行为，应在逻辑驱动测试及整个测试开销间寻找平衡，不能过犹不及。

集成测试旨在检出与系统功能实现、设计结构、内部接口等相关的问题，通常使用功能分解、等价类划分、边界值分析、判定表、因果图、随机测试、正交试验等测试技术。为保证重要分支覆盖，逻辑驱动测试亦不可或缺。对于软件系统，基于系统规格，对系统功能性能、操作使用、系统效能等进行测试验证，在确认测试的基础上，数据驱动测试及基于能力路径等测试技术是行之有效的。

系统测试需要验证所有元素能够正确、有效地完成整个系统的功能性能、运行模式、操作使用及环境适宜性、系统交付能力。最后的高级别测试步骤已跳出软件工程的边界，在一定意义上属于质量工程范畴。软件测试不仅是对实现错误的检测及需求符合性验证，更需要关注被测系统的操作控制、使用环境、数据环境配置等问题，以及特定环境中的失效机理、失效模式，建立缺陷预测及评价模型，实现测试、预测及评价的良好生态。

4.5.2　测试流程

基于瀑布模型的软件测试过程模型，是一种线性、以文档为中心的测试过程模型，已有大量著作进行了系统介绍，在此不赘述。基于瀑布模型的测试过程模型，有悖于软件质量工程，存在着明显的局限性。随着敏捷开发、微服务架构、云原生应用等开发技术及软件测试技术、软件质量工程技术的发展，基于数据和能力驱动，软件测试流程向动态、以数字化模型为中心的敏捷形态转变，将测试过程活动独立出来，形成一个独立流程，构建软件生命周期过程中某阶段的一次测试循环。基于能力驱动的测试过程模型如图 4-19 所示。

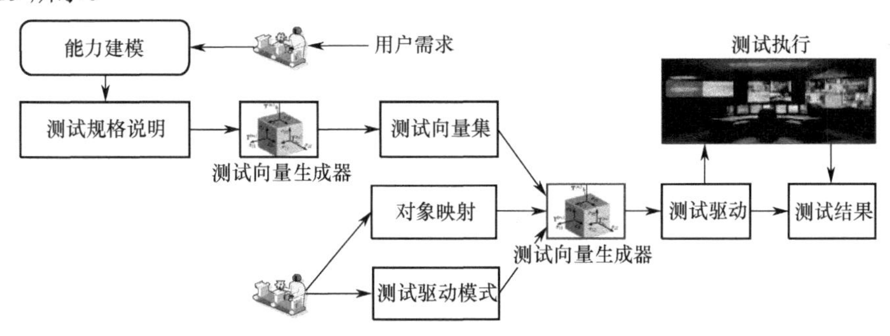

图 4-19　基于能力驱动的测试过程模型

测试过程模型旨在定义测试流程，确定测试过程的输入/输出、过程活动、控制要求、控制方法，对测试过程实施有效控制，确保测试过程活动有效展开，实现过程改进、过程能力提升与过程活动增值。软件测试过程中不同活动的输入/输出及控制要求如图 4-20 所示。

4.5.3　测试组织

软件测试不是按部就班的程序化操作和流水线作业，是一个持续创新、深入思考、不断质疑的组织创新及最佳实践过程，不仅需要专业的技能，更需要倡导匠艺精神，培育并传承优良的文化，建设一支主动学习、勇于创新、不断进取、团结协作的高素质团队。图 4-21 给出了一个测试团队技能图谱。

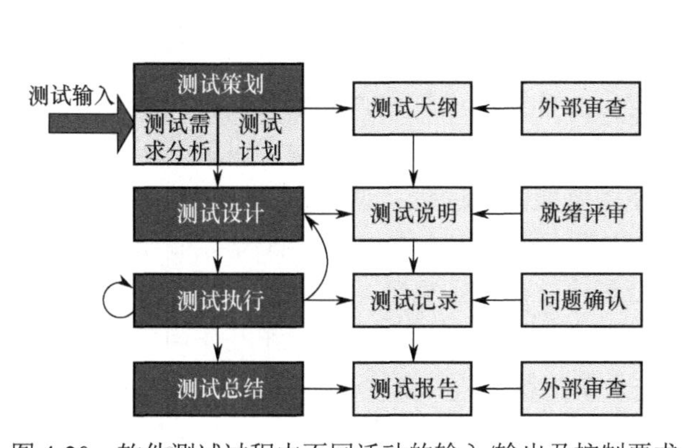

图 4-20　软件测试过程中不同活动的输入/输出及控制要求

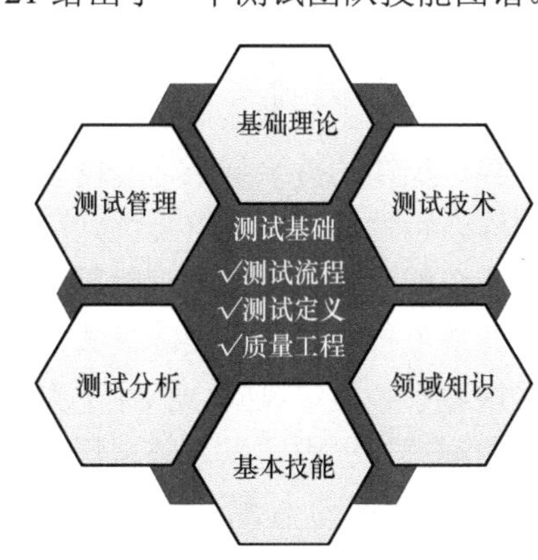

图 4-21　测试团队技能图谱

项目启动前，组建测试团队，确定项目负责人及项目组成员、角色定义、能力要求等是测试策划的重要内容之一。一般地，项目组由项目负责人、测试人员、技术支持人员、监督管理人员、质量保证人员、配置管理人员等构成。角色定义旨在明确项目组成员的分工和职责，各司其职。在软件开发组织内部，对于可靠性、安全性攸关的软件系统或条件较好的软件开发组织，可以为每一个开发小组配备一名或若干名专职测试人员或独立的测试小组，同步组织开展单元测试、集成测试、确认测试和系统测试。当然，这并不能代替开发团队的自测试，也不能免除开发团队的自测试责任，同时还要规避测试与调试的交织。对于软件从业人员较少或严重缺乏测试人员的开发组织，单元测试、集成测试可以由开发团队自行完成，但应尽可能由不同人员交叉进行，即结对测试。对于独立的第三方测试机构，应建设包括测试策划、测试设计、测试执行及技术支持、质量保证、配置管理、样品管理、保密管理等的测试团队，团队成员构成及技术能力要求应满足实验室认可准则及相关标准规范要求。

4.6 软件测试思维

所谓软件测试思维，是指在测试实践中的方法创新、经验积累、认知演进、文化积淀，是一种最佳实践方法论。例如，微软的两类测试方法、IBM 的 RUP 测试方法、Parasoft 的 AEP 自动错误预防测试方法等。软件测试思维需要通过长期摸索、训练和培育养成。第一方面，建立完备或独具特色的测试技术体系与创新体系，突破相应的重大关键引领技术和特色技术，推进基于技术创新驱动测试实践主体创新，创新决定思路。第二方面，对技术储备、测试能力、资源配置、资产积累等进行系统分析，将测试资产转化为知识，知识决定思维。第三方面，以测试能力提升为导向，将分析性思维、发散性思维、系统性思维融合，有针对性地开展思维方式训练，推进软件测试思维方式的持续转变，形成独具特色的思维方式。

对于一名优秀的测试人员或一支优秀的测试团队，需要具有独特的视角和思维方式，才能应对纷繁的测试需求，高屋建瓴、匠心独运、创新超越、精准设计、庖丁解牛、火眼金睛、秋毫不放，直下城池。我们之所以在软件测试过程中，探索并应用不同的思维方式，是希望从不同视角，以独特的思维模式，促进软件测试最佳实践。

4.6.1 系统思维

系统思维将软件系统作为一个整体，从全局和总体出发，多角度、多层次、多维度分析软件系统与各要素及各要素之间的关系，关注测试生命周期管理，关注测试过程改进与过程能力提升，是原则性与灵活性有机结合的基本思维方式。系统思维能力是普适的、终身受益的一种能力，需要在软件测试最佳实践中进行不断探索、不断积累、不断创新、不断改进。

人们往往会依赖于长期形成的习惯，形成思维定式和路径依赖。比如，一些测试组织，基于实验室管理体系，制定了标准测试流程，要求测试人员按照作业模板进行程序化操作，但却忽视了测试的系统性及对客户反馈的持续响应，妨碍基于客户需求及变化的持续迭代测试。又如，测试人员可能重点关注代码的静态特性及需求的符合性，但却可能忽视基于不同使用环境和任务场景，对系统运行流程、操作使用、系统能力的验证，难以对系统的总体目标和整体效能做出评价。再如，基于缺陷驱动的测试，关注系统的缺陷行为，忽视故障模式及影响分析，难以从根源上实现问题归零，也难以基于质量工程视角审视并规避系统质量风险，抓住了点和线，忽视了面和体，重视了局部，忽视了整体，只见树木不见森林。软件测试过程中，以系统工程思想为指导，将软件系统视为一个不同要素相互作用、动态熵增、开放融合的整体，将软件测试过程视为一个持续迭代的系统工程过程，将软件测试作为一个基于错误检出、用户体验、开发聚合于一体的系统解析、分析评价过程活动，深入思考如何从系统和要素、要素和要素、系统和环境的相互关系和相互作用分析问题、发现问题、解决问题，面向总体，抓住要害，避免用线性的思维方式解决非线性问题，避免片面地追求单个目标，避免被表象所迷惑而看不到问题的本质，避免忽视软件测试的过程风险和被测系统的质量风险。

系统思维具有整体性、结构性、立体性、动态性、综合性等特征。整体性是系统思维的核心，是在对软件系统解析、理解和把握的基础上，确定测试目标和风险，制定基于整体目标最优化的测试策略；

结构性是基于系统结构理论，解剖软件系统结构，发现结构性问题；立体性是将软件系统置于纵向及横向思维的交点，从纵向把握系统特征、系统行为及其演化发展规律，从横向重用相似系统的测试资产，对系统进行比较和评价，即从纵向和横向两个维度，立体性地对被测系统进行测试和分析评价，这是软件测试系统思维的本质；动态性就是破除线性单值机械决定论的影响，树立非线性思维统计决定论的思想，根据被测系统开发—变更—发布—变更—升级的循环演化，制定并适时调整测试策略，实施最佳测试实践，确保被测系统向演化目标方向发展；综合性是从总体和全局出发，将文档、代码、数据、开发环境、运行环境等视为实现特定目标的综合体，从不同的侧面、多因果、多功能、多角度、多层次、多效能上把握测试目标，管控测试风险。

系统思维能够从整体上支撑测试策划，优选测试方法，防控测试风险，保证测试质量和效率，改进测试过程。例如，基于数据驱动的测试，对系统架构及各元素之间的相互关系和影响进行综合分析，对系统进行分解、分层，针对不同上下文驱动的系统输入/输出，在不同使用环境、不同应用场景下，通过UI、API、软件单元测试投入的有效分配执行测试，实现风险与效率平衡、质量与进度协调。

基于系统思维的软件测试，是以目标为导向，基于资源、时间、成本等约束条件，全盘掌控软件测试的目标、要素及系统与要素、要素与要素之间的关系，从正向、逆向、狭义、广义等不同视角，对测试策略、测试设计、测试结构、测试方法、测试环境等进行系统审视，全面把握测试过程，灵活应对测试过程中出现的问题和风险，支撑测试过程活动调优。例如，基于数据驱动测试，不仅要关注测试的输入/输出，而且需要关注被测系统所处的环境、条件、接口等。针对测试输入，不仅要关注正常输入，而且要考虑异常输入及不同角色的用户操作。针对 Test Oracle，不仅局限于标准规范确定的准则，还包括不确定性等准则。基于系统思维的软件测试流程如图 4-22 所示。

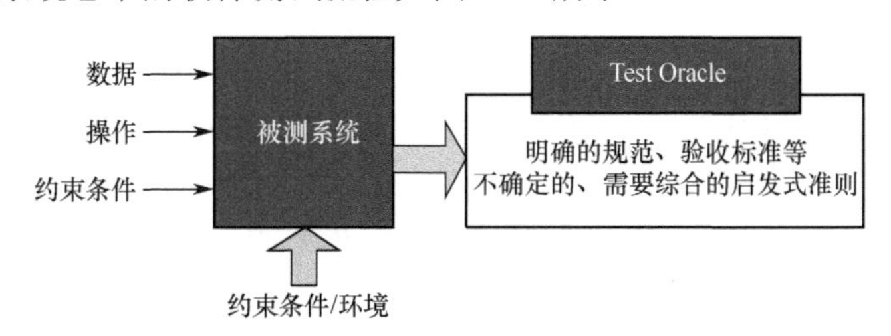

图 4-22　基于系统思维的软件测试流程

基于系统思维的软件测试，引导测试人员或测试团队从全局、全过程关注制约软件测试的各种要素。同济大学朱少民教授在《完美测试：软件测试系列最佳实践》中，构建了一个软件测试金字塔，给出了质量、人员、技术、资源、流程五个确保测试效率和质量的要素及其基于系统思维的软件测试视图，并将软件测试要素概括为思想、方法、方式、流程和管理。团队是测试成功的决定性因素，项目范围、进度、业务领域、市场则是重要的影响因素。图 4-23 给出了一个基于系统思维的软件测试要素及关系图。

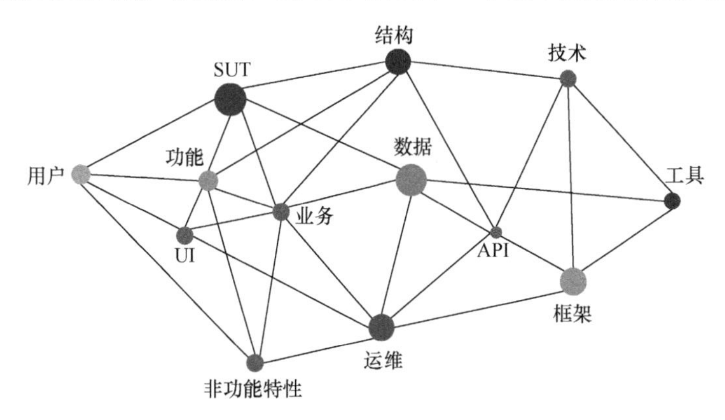

图 4-23　基于系统思维的软件测试要素及关系图

基于系统思维，分析确定影响测试风险的要素及其关系，科学准确地制定测试策略，精准施策，从不同层次、不同维度保证测试的充分性。这里给出如下基于系统思维的测试原则：

（1）业务需求决定使用需求，使用需求决定用户角色需求，使用质量决定外部质量，外部质量规定内部质量，功能需求是为了支撑业务需求，是软件系统构成的依赖关系。软件测试不仅是基于需求的符合性验证，而且更加需要从用户需求和使用出发，进行总体策划，对系统效能及交付能力进行测试验证。

（2）针对业务需求的测试是传统意义上的验收测试，系统测试是为了覆盖系统功能和非功能性需求及明示和隐含需求，集成测试、单元测试则是为了覆盖接口、代码层次等，针对的是系统构成的层次性。

（3）业务数据贯穿于系统运行过程，包括业务规则和流程。在整个过程中，如何保证数据的完整性、一致性、保密性，确保数据和系统功能和谐相处、有效协作是完备性测试的基础。

（4）测试分析是测试设计的基础，测试设计是测试执行的基础，反过来，测试执行、测试设计分别为设计、分析提供系统反馈，支撑测试分析和测试设计优化改进。

（5）软件测试应站在更高的层面和高度上，面向系统的全局性和综合性，基于软件生命周期过程，综合运用与管理测试流程、测试模式、测试方法及测试数据。

4.6.2 分析思维

分析思维是指经过仔细研究、逐步分析，得出明确结论的思维方式，即根据系统的构成逻辑，收集、分析、比较不同来源的信息，使用归纳推理、演绎推理、逻辑证明等方法，确定问题，制定解决方案，逐步逼近问题的本质，是系统思维的逆向过程，是一种循序渐进的思维方式，也是一种纵向思维方式，是分解和剖析问题的重要方式。

康奈尔大学 R. J. Sternberg 教授对人类认知的研究表明：人的认知能力主要源于分析性、创造性、实用性思维。基于认知层次，分析能力的层次较高，处于记忆、理解、应用之上。综合和评价离不开分析思维，创造性思维得益于批判性思维，批判性思维是分析思维的一种方式。传统软件测试就是基于分析思维的过程活动，分析流派是最早出现的软件测试流派之一。

目前，业界已构建符合科学逻辑、结构化的软件测试知识体系，可以进行度量和定量分析。基于这个视角，通过推理分析，能够发现软件需求、软件设计及软件实现缺陷；通过比较分析，能够完整地理解软件，验证软件需求、软件设计和软件实现的一致性；通过综合分析，依据功能实现情况、性能指标达标情况及软件缺陷率、质量度量数据等评价软件质量。

分析思维遵循严密的逻辑规则，通过逐步推理得到符合逻辑的正确答案或结论。因此，根据“定义问题—分析问题—解决问题—评估模型—方案选择—制订计划—实施方案—实施计划—分析评估—总结反思”的分析思维，建立并维护软件测试过程模型，是一种自然的选择。本书 3.1.3 节讨论的基于流程的测试过程模型同基于分析思维的软件测试流程具有高度的一致性。基于分析思维的软件测试流程如图 4-24 所示。

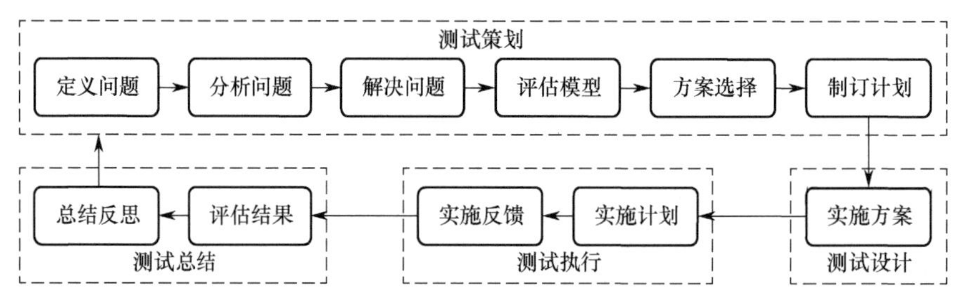

图 4-24　基于分析思维的软件测试流程

基于分析思维的软件测试是指面对测试问题，理性、科学、逻辑地构建测试过程模型、数据模型及价值模型，确保测试工作有效展开。没有分析思维或许根本无法构造出软件测试过程模型。其他流派的软件测试可能强调标准规范、质量模型、上下文等，但终究离不开分析过程，除非完全对照标准进行测试，或者具有一种测试工具能够完全自动地完成测试策划、测试设计及测试执行和分析评价。至少到目前为止，还无法将用户需求直接输入到测试平台，获得测试结果。而事实上，也许根本不存在这样的测试平台。何况，软件系统千差万别，纷繁复杂，产品需求、客户期望等需要经过分析整理，才能转化为测试需求，测试输出同样需要进行分析比对，才能确定究竟如何影响软件系统的整体质量及其属性。

4.6.3　结构化思维

结构化思维是基于一定范式、流程顺序及整体视角，遵循启发式原则，以假设为先导，利用固有认知，分析界定问题，枚举问题的构成要素并进行分类，排除非关键要素，确定重点要素，制定对策和行动计划，循序渐进，逐步求精的思维方式，具有视角多元性、影响跨期性及层级互适性等特征。

在日常生活和工作中，人们会自觉或不自觉地使用结构化思维方式。总—分—总结构就是一种最简单的结构化思维方式。结构化软件开发方法中的自顶向下结构即是典型的结构化思维应用。

结构化思维启动的前提是已具备一个可以度量的目标，若目标不明确，则应先行挖掘问题，将陌生问题转化为熟悉问题，将抽象问题转化为具体问题，实现系统目标转化。比如，测试策划时，不能笼统地要求性能测试，而是将性能需求转化为可以度量的测试需求，如常见的响应时间、吞吐量、作用距离、解算精度等，不仅要根据具体指标，量化测试目标，而且还要确定性能指标的余量、容量、强度等测试需求。

目标确定后，对问题进行分解，然后以相互独立、完全穷尽（Mutually Exclusive Collectively Exhaustive，MECE）为原则，基于宏观、微观、外因、内因等不同角度，将一个问题分成若干个类，并确保其相互不重叠，无遗漏，捕捉到问题的核心，从中得到有效的解决方案。基于 MECE 原则的问题分类，有利于从不同视角审视问题，有利于将复杂问题简单化。比如，当测试时间不充分时，就可以按照重要程度、质量风险等，将测试用例按照优先级分类，并按照优先级从高到低的次序依次执行，降低测试风险。

在目标确定且分类完成之后，尽管其结构比之前清晰得多，但依然可能是一个塞满信息的结构。因此，需要继续为这个结构补充相关信息。基于卓越绩效及持续改进思想，结构的完善和优化是一个持续的过程。其实，这是一个从思维模式构建、应用、评估到改进循环反复而又不断螺旋上升的优化过程。

软件测试的最终目标是获得软件系统中所有产生数据的用户行为或模拟用户行为的性能表征，如果测试过程中遇到与现实差距巨大或不能具象化、定量化的目标，首要任务就是将性能需求的歧义指标转变为可例证化的指标，将模糊指标清晰化和具象化，将非量化指标转化为量化的可执行目标。例如，某综合保障系统，其性能需求包括并发能力、响应速度、资源利用率、性能调优。在确定系统性能目标的基础上，我们对该综合报账系统梳理出了 198 个业务类型，其目标就是要获取这 198 个业务类型的功能需求及性能表现，即每一个业务的并发支持及响应时间。进一步梳理这 198 个业务类型，将复杂业务按结构进行分解，直至获得典型业务的性能表现形式。但由于这 198 个业务类型整合了不同终端、不同业务类型，无法再进行分割和分类，同时，由于受硬件资源、多系统协调、成本控制等因素制约，无法搭建完备的测试环境，而是采用某些程序模拟部分测试环境，不再关注被模拟程序隔离的真实测试环境。工程上，通过挡板程序可以将业务按层进行结构分割。这些业务流独立地在每一层上存在重复，通过这样的黑盒化，只需要关心输入和输出是否符合预期即可，而无须过分关注业务，从而这 198 个业务类型就可以继续进行分割和分类。

制定测试策略时，需要重点关注的是关键性能指标的测试验证。对于前述示例，首先，确定系统是否在负载并发能力上达到了业务性能需求；其次，通过负载加压获得系统最大的并发能力，以及通过负载压力测试验证目标。此外，在不同负载条件下，系统响应速度是否达到业务性能需求？首先完成基准测试，然后在不同负载级别上获得加权的系统响应速度。显然，对于资源利用率、设备优配，就是建立测试模型、明确目标、如何分类、怎么确保分类的合理性，测试方案呼之欲出，剩下的无非就是测试环境搭建、工具准备、数据准备等工作。

4.7 不确定性及控制

在软件生命周期过程中，不同测试阶段、不同测试目的、不同测试类型，测试目标不同且不断变化，测试策略亦随之演进和迭代。基于质量、效率、能力驱动，构建多维度测试策略监视与测量体系及反馈机制，对测试目标、测试类型、测试阶段、约束条件及质量风险等变化进行监视和测量，对测试过程活动的变化及过程偏差、质量风险等进行分析，确定偏离结果及导致偏离的主要因素，将监视测量结果反馈到测试过程，对测试策略及测试组织、资源配置、测试流程等进行动态调整，持续改进测试过程，实现组织效能提升和质效平衡。软件测试策略监测与控制如图 4-25 所示。

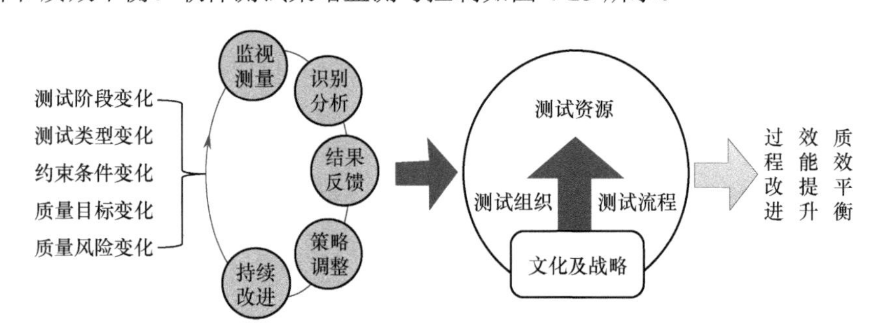

图 4-25　软件测试策略监测与控制

在软件生命周期过程中，任一阶段的过程活动都不可避免地会引入不确定性，不确定性是软件生命周期过程的固有属性。不确定性依赖于不同阶段的工作产品，每个元素的开发过程模型、工作产品、运行环境、使用场景等各不相同，而人的介入进一步引发了预期结果的变化。随着系统需求工程、设计开发等工作的推进，不确定性逐渐增长。我们希望所有不确定性能够得以有效识别、标识、度量和管理，能够无缝、稳定地适应不同需求。

一般地，不确定性有两个来源：对问题域、用户需求的理解偏差及维护不够。不确定性可分为两类：一类是验证给定需求是否属于系统规格，在不能确定需求规格正确性的情况下，软件开发没有任何意义，是需求测试与确认的基础；另一类与有效规格说明的生存周期有关。

通常，可以通过拟合曲线、案例分析、边际效应等方法对不确定性进行度量，基于工作产品、过程活动等不确定性的概率表述，采用模糊化、专家系统、神经网络、可能性推理等进行不确定性建模。首先，识别并确定不确定性来源，如果测试结果未能达到预期目标，或超出预期的概率区间，则对这种不确定性进行标识，如果能够准确地识别不确定性，就可以有效实施软件风险管理。其次，分析产生不确定性的场景，有针对性地采取措施，举一反三整改。与此同时，制定并持续完善不确定性预防机制，对不确定性进行预防和控制。

用一个三元组$[I,S,O]$表示一个测试用例。其中，I表示输入数据；S表示系统的状态，即每个阶段结束后产生的工作产品；O表示系统输出。对于给定的有限输入空间I、输出空间O及将输入映射到输出的函数$f(i)$，测试用例定义如下。

【定义 4-1】 测试用例(I,S,O)：对于I中的所有i，存在$f(i)=r$，$r\in O$。

测试用例集构成测试套，每个测试用例的预期输出已知。如果系统输出是预期输出，则称被测系统

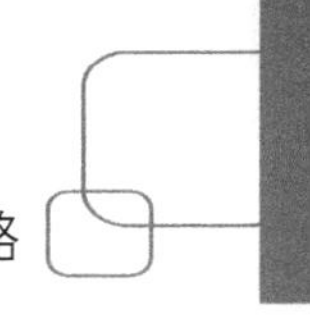

的状态是确定的。

【定义 4-2】确定性(I,S,O)：对于I中的一个i，且$o \in O$，有$f(i)=o$。

如果预期输出未知，但输出分布已知，则存在风险。对于给定输入i，系统输出未知，但知道落在输出空间一定的分布范围。

【定义 4-3】风险(I,S,O)：存在于I中的一个i，使得$f(i)=r$，$r \notin O$。

如果输出及分布均未知，存在不确定性。不确定性的概率已知且风险可评估，但不确定性中的任何意外事件的发生概率都是不可计算的。对于给定输入，所产生的输出落在输出空间之外，导致不确定性。如果对于同一输入所产生的输出不同，同样也会产生不确定性。

【定义 4-4】不确定性(I,S,O)：存在于I中的一个i，使得$f(i)=p$，$p \notin O$。

问题域、软件需求、体系结构、解决方案域、人员介入、需求变更、赛博物理系统、移动性、快速演化及学习等无一不是导致不确定性的重要因素。

问题域中最常见的不确定性源自软件需求。首先，软件系统是对现实世界问题的建模，而现实世界本身就存在着不确定性，对其建模的系统自然地继承了其不确定性。其次，基于模型构建系统，需要对用户需求进行准确识别和理解，将用户需求转换为软件需求并映射到开发模型的过程，同样会导入不确定性，并且对用户要求的近似处理也可能产生不确定性，何况用户需求及优先级本身就存在着不确定性。再次，对于软件需求中的问题假设、约束条件，需要进行假设检验和模型一致性验证，否则可能导致风险和不确定性。最后，模型结构会因各种因素和数据集合的动态变化而变化，依据历史数据构建的模型可能带来不确定性。

对于特定问题，可能存在多种体系结构选项。如果不同选项的后果未知或不确定，固化系统体系结构时，无疑会引入不确定性。不同的解决方案，可能产生不同的结果，也可能带来不确定性。测试策略的不确定性则会带来整个测试过程的不确定性及不确定性的蔓延和放大。

软件测试是人员密集型活动，人的因素占据着支配地位，除非实施全自动化测试或标准作业过程，否则势必引入不确定性。非正常的操作使用，非理性的需求变更，也是导致不确定性产生的重要原因之一。软件开发是一个持续迭代的演化过程，软件需求持续变更。如果需求规格是公理性的，且通过有效性验证和确认，则认为公理性需求规格是确定的。非公理性需求规格可能发生变化。基于持续不断的变化，如果需求规格没有得到同步验证和确认，其有效性将无法得到保证。对于这类不确定性问题，需要在整个软件生命周期过程中，对非公理性需求的有效性进行周期性评估和确认。

赛博物理系统的实现需要在软件和实体要素之间进行复杂的转化和迭代。对于大型复杂系统具有的不确定性，可能很难获得实体环境的动态观察，且系统构成要素行为观察的不完整性进一步加剧了对系统运行不确定性的理解。移动应用的部署方式与从简单的桌面系统到复杂的云计算环境，需要部署大量不同移动终端，可用资源差别很大，且具有很强的动态性。因此，移动应用的输出对于特定的目标环境可能是不确定的。

软件测试的不确定性问题非常突出，但却未得到足够重视。例如，外部软硬件带来的不确定性，被测系统在模拟环境和真实环境下输出的差异性和不确定性，不同测试人员、不同测试方法、不同执行顺序、同步性及其他动态问题等导致测试结果的差异性和不确定性，测试环境失效带来的不确定性，等等。假定软件生命周期过程中，下一阶段的工作是在上一阶段工作正确输出的基础上进行的。但由于输入及过程活动中的不确定性，难以保证相应输出的正确性，并且随着软件开发的演进，不确定性不断积累，设计输出产品的顺序和执行逻辑会受到不确定性因素的影响。为了开发高质量的软件系统，必须对软件生命周期过程中不同阶段的工作产品进行测试、验证和确认，降低阶段活动及阶段工作产品的不确定性。

在测试策划过程中，基于系统特征、系统行为、约束条件、测试风险分析，制定不确定性控制策略。目前，一种行之有效的方法就是制定精准的测试准则，用于确定系统行为是否为预期正确行为。由于不确定性的存在，测试人员或测试团队可能难以预先判断测试用例执行输出，宽松的测试准则有可能影响缺陷定位。测试准则由准则信息和准则过程两部分构成，准则信息定义正确行为的条件或状态，准则过程用于验证测试执行所对应的指定准则。基于形式化规格说明的准则，能够保证规格说明提供的意向行为的正确性。

理论上，只有穷尽测试才能确保测试的充分性，有限的测试用例可能无法覆盖所有测试需求，由此引入不确定性，并且测试用例绑定也会带来不确定性。因此，测试用例选择及适合性确认、正确性检查至关重要。所谓测试用例的适合性是指能够恰当地验证软件质量的程度，取决于多种因素，对测试用例适合性理解得不深入会造成测试用例分类的不确定性。目前，软件测试用例适合性度量尚存较大困难。如果测试用例的正确性未经验证，测试结果可能存在着不确定性。对测试用例集的确认主要考虑所执行测试用例集的适合性及价值，测试用例集可能存在冗余性、模糊性和不适合性，会显著增加测试工作量。

软件测试是由错误检出和错误纠正两个阶段构成的周期性过程活动。对于相同的开发环境及输入，每次测试可能执行不同路径，重复执行某个场景并无实际意义，因为有可能存在不同场景并发存在的情况。并发性增加了并行程序的复杂性，并行程序测试所需工作量较顺序程序大得多。在某些情况下，同样的输入，对于并发或并行程序并不能得到同样的输出。例如，第一个过程试图在一块共享内存中执行写操作，而第二个过程从同一块内存读取数据，因为过程所要求的新、旧值会产生差异，第二个过程的输出不同于第一个过程。如果类似输入导致不期望的行为或不可接受的输出，系统就可能无法创建该错误场景。这种情况被称为海森堡不确定性原理，即“观察者的存在可能影响科学观察，使得不能确保所得到的观察结果是真实的”，此乃所谓探针效应。如果不存在同步错误就可能不会发生探针效应。并发程序设计中的不确定性是由于竞争条件引起的，该问题的处理取决于网络负载或CPU负载等因素。

4.8 测试策划的实践者方法

测试策划是基于知识和经验的智慧活动，是一个复杂的系统工程过程。我们虽然构建了测试策略价值模型和测试体系架构，讨论了基于风险、能力、架构、对象、环境、流程、组织等的测试策略及测试思维，但却无法构建一套通用的测试策略制定准则。这里，本着过程模型驱动、范围覆盖完整、关注关键过程、突出特殊过程、强化风险控制的基本原则，总结了如下测试策划的实践方法，供读者参考。

（1）**强化总体策划**。以系统工程思想为指导，基于不同思维方式，对系统特征、系统行为及其约束条件等进行综合分析，以目标为驱动，以结果为导向，总体策划，确保测试工作规范组织、有序推进、风险受控及质量、效率、效益综合平衡；基于领域分析、测试经验及知识工程，定义领域范围、特定领域元素、特定领域设计，实现需求约束与领域模型关联，开发测试过程模型，确定测试目标，识别测试风险，制定测试准则；以测试级别全包含、测试类型全覆盖、测试要素全受控为原则，确定测试级别、测试类型、测试项、测试方法、测试环境、通过准则；结合有关试验验证同步开展软件测试，尽可能在真实环境下实施软件测试，减小环境差异影响，确保任务场景覆盖；充分考虑新研、新增、改进、优化及开源软件对软件系统的影响，控制影响及其错误的蔓延或扩散。

（2）**强化风险控制**。基于系统特征、系统行为及测试能力、测试环境等约束条件，确定质量风险及等级，构建基于风险的测试策略矩阵，规定测试优先级、测试次序、覆盖要求及需求跟踪方法，确保高风险要素优先覆盖；基于质量效率最优原则，对系统边界域设定、性能数据设定、输出数据实时干预、开源依赖等缺陷高发要素进行重点测试，确保高风险要素重点覆盖；对运行流程、操作使用、任务场景、环境依赖、系统效能等关乎系统能力的要素进行重点测试和评价；建立测量与反馈机制，实施全过程基

于多源数据分析的测试决策，持续改进测试过程。

（3）**强化专业测试**。基于软件系统的总体需求，通过测试需求分析工具，如 RBT 对软件需求的逻辑关系进行图形化分析和检查，保证测试需求的完整性、正确性、有效性、一致性和可达性；基于测试需求，选择或开发适宜的测试技术，如基于功能分解、等价类划分、边界值分析等技术设计测试用例，使用测试用例优选与测试过程录制工具，结合测试用例优化算法推导出最小的测试用例集，实现最大的测试覆盖率；对于特殊测试对象或特定的测试需求，采用专业领域知识和技术，准确地识别测试需求，确保测试的完备性；采用专业的分析技术和工具，对软件缺陷及测试结果进行分析，如对于可靠性、安全性攸关软件，采用 FTA 或 FMEA，确定软件问题的严重程度；采用可靠性评估方法，确定被测软件的缺陷密度、平均故障间隔时间等可靠性指标，为问题整改提供指导，为软件质量保证和过程能力提升提供指南。

（4）**强化系统测试**。在单元测试、集成测试、确认测试迭代的基础上，针对系统的主要功能、性能指标、外部接口、运行流程、使用场景、运行环境等系统需求，强化基于能力驱动的系统测试，确保系统的适合性、可达性、有效性等在真实环境中得到验证，尤其是外围设备接口、多处理器设备之间的接口不相容、系统时序匹配、性能容量、使用效能、系统强度、系统运行环境适配性及实时性与安全性等能够在确定的运行环境下得到全面验证。在系统测试过程中，应尽可能将系统运行流程转化为系统数据流和控制流，实现基于数据流与控制流的系统流程覆盖。

（5）**强化重用测试**。软件变更可能是源于发现错误修改，也可能是因为需求变更，如果错误跟踪与管理系统不够完善，可能造成纠错遗漏；对错误理解不透彻或存在偏差，可能导致纠错失败，且错误修改可能产生副作用或引入新的错误；新增代码不仅可能包含错误，还有可能对原有代码带来影响。当软件变更时，必须重新组织测试，以确定其变更是否达到预期目的，检查变更是否损害原有功能；软件继承和重用也是软件错误重用、新错误引入的过程，可能导致软件系统免疫力下降或丧失，忽视对继承和重用软件的测试，有悖于软件质量改进要求。

（6）**强化环境差异控制**。测试策划过程中，首先制定测试准入检查策略，对测试环境的充分性、有效性、适宜性进行检查确认，确保能够最大限度地使用真实的运行环境，使用陪试驱动软件构建外围测试环境，实现软件系统与外部设备数据通信；使用相应的通用接口测试工具、网络收发工具等与被测设备相结合构建完整的测试流程，仿真相应场景，完成相应功能输入、关键数据处理，能够通过接口对异常功能流程的测试进行人工干预，实现构建最小差异的测试环境。

（7）**强化质量分析**。根据软件系统的使命任务、功能、性能、操作使用等，从构件层、交互层、业务层、系统层构建质量评价指标体系与度量模型，在测试过程中，采集数据，进行质量度量，对被测系统进行分析评价，建立基于数据驱动的纠正预防措施及改进提升策略，持续改进测试过程，持续提升测试过程能力。

（8）**强化测试管理**。强化软件测试工程化管理，确保测试项目受控。管理层统筹策划保证进度；技术层提供保障服务，深层挖掘、攻克难点；质量层进行过程监督，及时纠正，确保测试过程质量。同时，测试方同开发方建立良好沟通互动机制，全面互动，深度融合，全面把握测试质量，共同推进测试项目管理及测试问题整改。

第 5 章　逻辑驱动测试

逻辑驱动测试（Logic Driven Testing，LDT）是在程序边界及可操作范围之内，通过程序扫描，检测程序的基本功能、逻辑结构、程序状态、执行过程及代码与规则模式的匹配性，检出数据类型、数据结构、代码逻辑、内存管理、数据定义、数据使用等缺陷，是基于程序逻辑结构，研究解决软件质量问题的重要方法。逻辑驱动测试将程序视为一个透明、开放、可拆解的结构，程序逻辑结构、运行方式、执行动作、执行结果一览无遗，故称之为白盒测试（White-box Testing），亦称之为结构测试或基于代码的测试。

逻辑驱动测试面向源代码，基于程序逻辑结构，始于软件单元或函数，目标明确，针对性强，环境依赖性低，具有完备的理论基础和较强的工具支撑，能够实现自动执行及回归，便于缺陷定位和修复，易于质量度量，有助于统一编程风格，优化程序结构，改进代码质量，具有显著的效率、成本和质量改进优势。但是，逻辑驱动测试需要对程序的逻辑结构进行全面剖析、深入了解，要求测试人员具备较强的软件设计、代码理解、缺陷分析、工具使用等能力，否则将导致脆弱测试（Flaky Test）；同时，虽然通过静态分析能够检出规则匹配、CRLF 注入、信息泄露等常见缺陷，但逻辑覆盖算法实现过程中的工程化约减，导致覆盖精度损失，进而导致缺陷漏报、误报、误判，且理论上不可彻底根除，现行静态分析工具的误报率为 5%～10%，且路径遗漏、数据敏感性错误检测力有不逮；此外，受规则库、缺陷库的充分性、有效性及分析的自动化、智能化能力的制约，逻辑驱动测试的效能尚无法得以充分发挥。

5.1　静态分析

静态分析（Static Analysis）是基于词法分析、语法分析、语义分析、控制流分析、数据流分析、污点分析，静态地检查程序的逻辑结构及编码规范，检出程序描述、表示、规格等方面的错误及算法实现、故障处理、安全漏洞等方面的缺陷，是软件测试的基础。定理证明、类型推导、抽象解释、规则检查、模型检测、符号执行奠定了静态分析的理论基础。

定理证明旨在根据消解原理，构建定理证明器，证明命题的永真性，但消解原理不能处理整数及有理数域上的运算，需借助判定程序，判别公式是否为定理，方能用于程序分析。**类型推导**是按一定规则，将编程语言中的数据划分为不同集合，利用推导算法分析得到程序变量及函数类型，适用于函数式程序设计语言。**抽象解释**是将抽象函数作用于指定抽象域，对程序属性进行检查，抽象域可以通过对具体的精确域模糊化得到，而具体的精确域可以通过求解程序语义的表达函数 F 的最小不动点 $x = F(x)$ 得到，由于抽象函数作用的抽象域使得求解最小不动点的运算规模大幅度减小，利用解集合，能够很好地适用于静态分析。**规则检查**是基于规则检查分析系统，检查程序是否遵循相应规则，检出特定类型的编码规则类缺陷。规则检查分析系统由规则处理器和分析器组成，通过规则处理器将编码规则转换为分析器能够接收的内部表示，应用于程序分析。**模型检测**是通过遍历系统模型，验证系统性质，系统模型包括 FSM 或 EFSM，模型检测的难点在于搜索算法的效率及如何避免状态空间爆炸。**符号执行**是使用符号值代替真实值作为程序输入，将运算过程逐语句或逐指令转换为数学表达式，生成基于控制流图的符号执行树，为每一条路径建立一系列以输入数据为变量的符号表达式，得到一个基于符号值函数输出的静态分析技术。

5.1.1 静态分析技术架构

一般地，将静态分析划分为技术评审、代码走查、代码审查、桌面检查、逻辑覆盖、路径覆盖、符号执行等不同类型，但可以归结为基于模式和基于流的静态分析。基于模式的静态分析主要用于合规性验证及资源泄露、逻辑错误、API 滥用、安全漏洞检查分析。基于流的静态分析是基于程序路径，通过控制流和数据流分析，检出诸如内存使用、缓冲区覆盖、空指针引用、静态条件、死锁等缺陷。当然，基于流的静态分析还可以绕过安全关键代码，如身份验证或加密代码路径，实现安全性检测。

不论哪种静态分析方法，通常都包括程序预处理、错误分析、报告生成三个阶段。静态分析技术架构由程序预处理器、错误分析器、报告生成器及数据库构成，如图 5-1 所示。

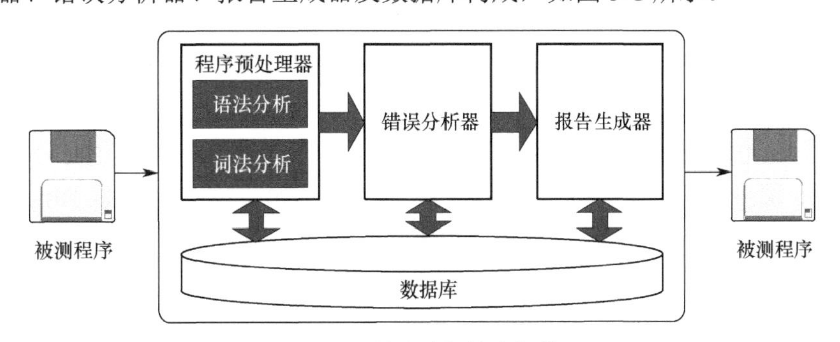

图 5-1　静态分析技术架构

程序预处理器根据所采用的分析技术及逻辑覆盖算法，对程序进行词法和语法分析，生成抽象语法树、有限自动机、有向图等，以便程序描述、表示、规格等错误分析；错误分析器是依据规则，对处理结果进行分析，生成错误列表；报告生成器是依据分析结果，以文本或图表等形式输出静态分析报告；数据库以表格形式存储各种语言信息，记录程序变量类型、使用情况、各种标号及控制流、数据流等信息。根据数据库作用范围的不同，将表格分为全局表和局部表。全局表记录程序的全局变量、模块名、函数及过程调用关系等信息；局部表对应于程序的各个模块，记录模块信息，如标号引用、分支索引、变量属性、语句变量引用、数组或记录特性等。

词法及语法分析是静态分析的基础。基于规则段，词法说明文件定义需要识别的符号，规定识别后所需处理的内容。语法说明文件定义所支持的语法结构规则及其所对应的动作，其核心同样也是规则段。规则段定义输入流应满足的语法规则及相应的执行程序，由一条或多条文法规则组成。规则段的左边是正则表达式，右边是对应的动作，规定识别出正则表达式之后需要执行的程序。Lex 和 Yacc 就是一款基于 UNIX/Linux 的词法和语法分析工具。Lex 是一个基于词法分析器的自动生成程序，其输入是一个面向问题的用于字符匹配检查的高级说明文件，其输出是一个用普通语言书写的能够识别正则表达式的程序。

5.1.2 技术评审

技术评审（Technical Review）是指由测试人员、开发人员、管理人员、用户代表、行业专家及相关方人员组成评审组，依据标准规范，使用编码模板，基于内部和外部质量要求，依据系统规格、需求规格、设计文档及编码规则等，对软件代码进行评审，检出逻辑结构、算法实现及故障处理等错误，然后对检出的缺陷进行分析讨论、定位并确认问题，分析问题产生的原因及其影响域，纠正问题并进行回归验证。技术评审是基于标准规范、领域知识、专家经验，在一致的需求驱动及统一模式下的静态分析过程活动，是保证软件质量的有效手段之一，不仅能够发现程序描述、表示及规格等方面的错误，确保代码与预先定义的开发规范、需求规格、设计文档的一致性，而且有助于正确理解文档的完整性、规范性。

但不少人混淆了技术评审与软件测试的区别，加之技术评审过程及结果的不可量化，技术评审的效果常常受到质疑，使得技术评审工作不断弱化，流于形式。

5.1.3 代码走查

代码走查（Code Walkthrough）是指在软件开发项目组内建立代码标准的集体阐述机制，在由系统分析人员、架构设计人员、编码实现人员、相关方人员对编码实现思路进行充分沟通交流的基础上，进行走查策划，编制走查计划和代码走查单，从开发库中提取代码，根据代码走查单阅读代码，通过模拟运行及集中分析、讨论、辩论等方式审查代码，确定并排除代码错误的过程活动。对于可靠性、安全性攸关的软件系统，在提交代码到版本库即正式测试之前，进行代码走查具有重要意义。

代码走查并非持续集成之前开展的代码规范检查，而是根据需求规格，验证编码实现与需求规格、软件设计的符合性和一致性。代码中的绝大多数错误尤其是编码规范等问题，一般能够通过工具扫描检出，并且在冒烟测试过程中也能够被轻易发现，所以有人认为代码走查是浪费资源。到底是不是如此呢？事实上，有些程序问题尤其是一些恶性缺陷，往往难以通过逻辑覆盖等方式检出。例如，图 5-2 所示代码，用于调用 dubbo 服务接口，当连接一个系统时，传入的枚举 UNSETTLED_BILL_REPAY 表示偿付未出的账单，但这段代码则错误地实现为偿还已出账单的 service 层。此问题可能是在系统集成时，开发人员疏于沟通、存在理解偏差导致错误调用造成的。

```
}
if (billCardVo ! = null )
{
    try{
        Stringresult = systemRepayService . systemRepay(adminChargeRepaymentStatus. getUserKay () ,
            RepayType. UNSETTLED_BILL_REPAY, billCardVo.getBillAmount(), null, null, null);
        // 提交结果校验，并修改状态
        updateRepayStatus（resule, adminChargeRepaymentLoans, userKay）;
    }
    catch(Throwablet)
    {
        updateRepayStatusForException(adminChargeRepaymentLoans. userKey, t);
}
```

图 5-2 用于调用 dubbo 服务接口的代码

对于图 5-2 所给出的程序实现所存在的服务接口调用错误，即便能够通过代码审查等方法发现，也必然存在一定的偶然性。显而易见，在开发过程中，通过代码走查，基于相关方的沟通交流，能够有效地发现这类问题。这里，通过图 5-3 所示代码片段，进一步说明代码走查的效果及意义。

```
else if(fabs(dx_x) <= 0.00001F && DY_y > 0)
    {
        *Glon=(float)degrees(-PI/2.);
    }
    else if (fabs(DX_x) <= 0.00001F && DY_y < 0)
    {
        *Glon = (float)degrees(PI/2.);
```

图 5-3 代码走查示例

XYZ_TO_BHL(float DX_x,float DY_y,float DZ_z,float *Glon,float *Glat,float *Gh)中，当地心直角坐标 X 趋于零、Y 不等于 0 时，赋值错误。通常，这种错误往往难以通过代码审查发现。但如果对照设计要求，仔细分析，透彻理解“当 $|X| \leqslant 0.00001F\&\&Y>0$ 时，$L=\pi/2$；且 $|X| \leqslant 0.00001F\&\&Y==0$ 时，

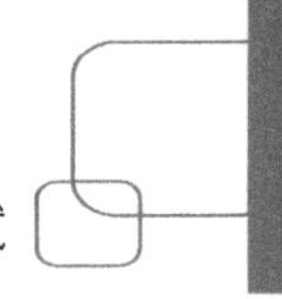

$L=-\pi/2$，地心直角坐标到地理坐标的转换为 $L=\arctan(Y/X)$”这一设计要求时，通过代码走查，就能够非常容易地发现此问题。

当然，代码走查并非易事。需要测试人员具有丰富的软件开发经验和深厚的领域知识积淀，更需要一丝不苟的工作作风和良好的团队沟通协作精神。

5.1.4　代码审查

代码审查（Code Review）就是依据编码规则，通过人工、自动或人工与工具相结合，扫描代码，测试代码的逻辑结构、安全问题、脱敏问题、代码冗余、编码风格等是否符合软件设计及编码规则等要求，检出功能实现问题及代码缺陷、格式化字符串攻击、竞争危害、内存泄漏、缓存溢出等安全隐患，同时对编码规范、性能优化等进行评价，有利于改善代码质量及软件的可测试性、可维护性、保障性。代码审查所关注的问题是软件质量的基点，也是团队交流的起点，包括正式代码审查和轻量级代码审查。

正式代码审查是基于正式、规范的流程，由测试人员会同开发人员成立审查组，进行审查策划，编制代码审查单，对代码进行分阶段审查，其审查策划、审查准备及实施过程中需要投入大量资源，专业的代码分析工具或集成开发环境下的测试工具，能显著提升审查效率，为开发过程提供编程规范的兼容反馈。范根检查法是最具代表性的正式代码审查实践之一，它为试图检出代码缺陷提供了一种结构化流程，用于发现编码规范问题和设计缺陷。

轻量级代码审查是与软件开发过程中同步进行的审查方法，可分为瞬时代码审查（结对编程）、同步代码审查（及时代码审查）、异步代码审查（工具支持的代码审查）、偶尔代码审查及基于会议的代码审查。结对编程是广泛使用的轻量级代码审查实践，是极限编程中常见的敏捷开发方法，由两名编码人员在同一开发环境中并行实施，一个编写程序即所谓“驾驶员”，完成战术性的编程任务，另一个即“观察员”或“导航员”，同步进行代码审查，把握战略方向，发现问题并提出改进意见。当然，如果“驾驶员”和“导航员”能够有的放矢地互换角色，进行交叉检查，会呈现意想不到的效果。

代码审查并不验证需求规格等顶层技术文件的正确性和符合性，无法验证业务逻辑的正确性、功能的完整性及代码中遗漏的路径和数据敏感性错误，存在着一定的局限性。

5.1.4.1　审查组织

审查人员、开发人员及相关人员联合组成审查组。开发人员依据设计文档，采用诸如从前端到后台，从 Web 层到 DAO 层的方式，基于开发设计重点、可能存在的问题，详述代码实现及相关逻辑。

审查人员进行审查策划，编制代码审查单进行代码审查，发现并记录问题，同开发人员进行沟通确认，修改完毕之后，进行代码复审，确认所发现的缺陷得到有效处置，编制问题报告单及代码审查报告，将审查过程中发现的缺陷更新到《代码规范》等文档中，对于特别重要或典型问题应报告给质保人员及相关人员。通过复审后，更新审查结果，进行代码备份与版本控制。

代码审查通过之后，一般不对代码再行修改。任何通过审查的代码，修改后必须重新组织实施审查。

5.1.4.2　进入条件

（1）代码结构完整、语法正确、注释清晰、符合相关编码规范、通过编译。

（2）日志代码完整，业务日志、系统日志相互分离，已进行脱敏处理，状态变更清晰明确。

（3）项目引用关系明确，依赖关系清晰，配置文件描述准确。

（4）测试代码覆盖全部分支和流程，能够使用相应工具进行覆盖性检查。

5.1.4.3　审查内容

代码审查包括基本规范、程序逻辑、设计实现三个方面。

（1）代码审查的通用方法所关注的是编码风格，如变量、参数等是否声明为final，以及函数变量定义与调用代码或函数开始代码是否太相似。

（2）域、常量、变量、参数、类等名称是否符合命名规则，如命名方式是否符合驼峰规则，命名是否太短等。

（3）被审查代码是否通过覆盖测试。

当然，代码审查需要综合考虑各种因素，优先级分配和持续检查是一个非常烦杂的问题。

1. 基本规范审查

整洁、优雅、高效的代码令人心情愉悦。基于人工智能的代码审查让我们充满期待，但能否透彻地理解客户模糊或极具情感的需求尚待时日。代码可能永远需要人来书写，不确定性不可避免。代码规范问题不是洁癖，是软件质量的基本问题，是软件文明的基础。美国软件工程大师Robert C. Martin在《代码整洁之道》一书中提出了一个极具影响力的观点：代码的好名字本身就解释了最重要的信息。干净优雅的代码让人心生敬畏！

代码不规范，亲人两行泪！2018年9月19日，因同事在编码中未遵循驼峰命名规则，使用括号换行、git push-f参数强行覆盖仓库及未进行注释等原因，美国程序员安东尼·汤恼羞成怒，向四名同事开枪射击，致使一名同事重伤，自己被击毙。虽然这是一幕惨剧，但却有人将安东尼·汤誉为“用生命维护代码的程序员”。

现实中，命名不规范、成员变量不能表示其含义、函数名不能反映其功能、大量使用if else逻辑、一个方法包括成百上千行代码、注释缺失或不规范等问题俯拾皆是，从源头埋下质量隐患。编程规范审查就是依据编码规则，审查代码与标准规范的符合性，检出诸如命名不规范、magic Number、System.out等问题。这里，以如下代码为例，讨论基本规范审查的内容。

```
ILayerlayer = null;
int dataGridColNum = 0;
string strCurExcelPath = * *;
private Dictionary<string.IDXStation> dicStation = new Dictionary <string. IDXStation> 0;

RegionManager regionManager = null;

Image_backgroundImage=Image.FromFile(System.Windows.Forms.Application.StartupPath+@"\Symbol\系统管理);

private Leador_CCDImageUI.CCDImage_currentImageCtrl;
private MeasureTypemeasureType;
public List<Leador_Photogrammetry_MeasureUnit> listMeasureUnit=newList<Leador_Photogrammetry_Measure>;
Leador.Photogrammetery.ParameterInfo currentPrjParameter = new Leador_Photogrammetry.ParameterInfo 0;
string strCurStationGuid = * *;

string strCurStationGuid = "";
```

依据编码规范，对上述这段简短代码进行审查，即可发现上述代码存在如下问题：

（1）成员变量命名不规范。

（2）成员变量访问权限声明方式不一致。

（3）代码之间的空行不符合规范。

（4）部分成员变量只有声明，没有进行初始化。

（5）未进行必要的注释。

关于软件编码规范问题，已有大量标准规范、技术文献进行了详细的定义，在此不赘述。

2. 程序逻辑审查

程序逻辑审查是指对代码的循环、递归、线程、事务等逻辑结构的合理性及异常处理、性能、重复代码、可优化代码、无效代码等进行测试的过程活动。在代码级别检查用户界面操作逻辑是否正确、布局是否合理、用户提示是否简洁明了，是否存在重复或无用功能等。现以如下代码为例，说明程序逻辑审查的内容。

```
Try
{
        IWorkspacepWorkspace = fileWorkspaceFactory_OpenFromFile(fileDirectory,0);
        IFeatureWorkspace featureWorkspace = pWorkspace as IFeatureWorkspace;
        pfeatureClass = featureWorkspace.OpenFeatureClass(shpFileName);
}
catch (System. Exception ex)
{

}
return pfeatureClass;
```

对上述代码的程序逻辑进行审查发现：该代码异常捕获后未进行处理，未将异常抛出，存在异常淹没问题。

错误处理和异常捕获是程序中处理错误和异常情况的重要机制。对于不同的编程语言，异常处理的实现方法有所不同。例如，C++使用如下 try-catch 实现异常处理。

```
try {
      // 可能抛出异常的代码
}catch (Exceptionype1 e1) {
      // 处理 ExceptionType1 类型的异常
}catch (Exceptionype2 e2) {
      // 处理 ExceptionType2 类型的异常
}catch(...){
      // 处理其他类型的异常
}
```

3. 设计实现审查

做人要有原则，写代码也要讲原则。否则，脱离原则的播放自由必将在代码中埋下隐患。设计实现审查的目的就是检查代码或项目是否遵循相应的设计原则，如单一职责原则、开闭原则、里氏替换原则、接口隔离原则和依赖倒置原则等，确保代码的可读性、可扩展性、可测试性、可重用性、可维护性。软件设计原则如图 5-4 所示。

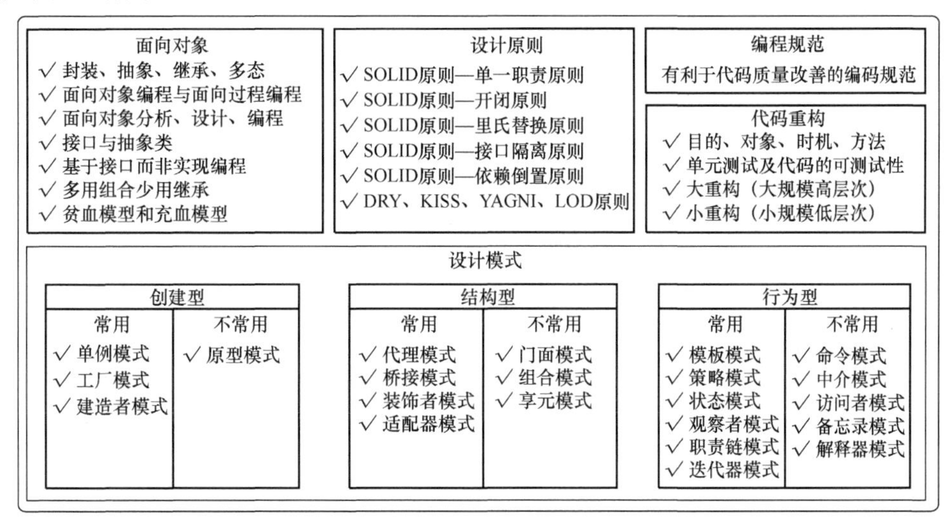

图 5-4　软件设计原则

设计实现审查是对软件层次结构划分的合理性，用户界面（User Interface，UI）层、逻辑层、数据层、组件层的清晰性及性能设计、安全性设计、维护性设计、健壮性设计等的合理性进行审查的过程活动。审查内容包括但不限于：

（1）代码是否与整体架构匹配？

（2）设计模式是否合适？是否遵循 SOLID 原则，即单一职责原则（Single Responsibility Principle）、开闭原则（Open Closed Principle）、里氏替换原则（Liskov Substitution Principle）、接口隔离原则（Interface Segregation Principle）、依赖倒置原则（Dependency Inversion Principle），以及领域驱动或其他设计模式？

（3）若代码库采用混合标准或设计风格，代码是否符合规定的风格？

（4）代码迁移是按正确方向进行还是效仿那些可能被淘汰的旧代码？

（5）代码是否处于正确位置？如果代码执行与顺序相关，是否按顺序执行？

（6）是否重用相关代码？如何根据保持简洁原则（You Ain't Gonna Need It，YAGNI）权衡重用内容？

（7）是否使用开源代码？开源代码是否遵循开源协议？

（8）如果包含冗余代码，是重构为更加可重用部分还是在此阶段能接受这种冗余？

其中，代码功能审查是设计审查的重点。审查内容包括但不限于：

（1）代码实际工作是否符合预期？

（2）测试代码是否满足约定要求？对于未覆盖的代码，是否引入不可避免的性能问题，如不必要的数据调用或远程服务？

（3）是否包含错误，如使用错误变量进行检查，或将 or 误用为 and？

（4）展示给用户的消息是否通过检查且准确无误？

（5）是否存在潜在的安全问题？

（6）是否需要创建公共文档或修改现有帮助文档？

（7）是否存在导致产品崩溃的明显错误？

（8）代码是否会意外指向测试数据库，是否存在应替换为真正服务的硬编码存根代码？

5.1.4.4 审查范围

1. 完整性

（1）是否完整实现软件设计规定的功能、性能、接口、流程等内容？

（2）是否包含业务日志、系统日志、异常日志等所需日志？日志内容是否完整？日志文件配置是否正确？

（3）是否使用缓存？配置信息是否正确且可配置？

（4）是否存在未定义或未引用到的变量、常数或数据类型？

2. 一致性

（1）代码逻辑是否符合设计要求？

（2）格式、符号、结构等风格是否保持一致？

3. 正确性

（1）软件设计规定的功能、性能、接口、流程等是否准确实现？

（2）变量定义和使用是否准确？

（3）程序调用是否使用正确的参数？

（4）是否符合相关编码规范？

（5）注释是否完整准确？

4. 可修改性

（1）常量是否易于修改？如配置、定义为类常量及专门常量类定义等。

（2）是否包含交叉说明或数据字典？
（3）是否存在描述程序对变量和常量的访问？
（4）除严重异常处理外，代码是否只有一个出口和一个入口？

5. 可预测性

（1）开发语言是否具有定义良好的语法和语义？
（2）能否避免依赖于开发语言缺省提供的功能？
（3）是否无意中陷入了死循环？
（4）能否避免无穷递归？

6. 健壮性

是否采取数组边界溢出、被零除、值越界、堆栈溢出等检测及防护措施？

7. 结构性

（1）每个功能是否仅作为一个可辨识的代码块存在？
（2）循环是否只有一个入口？

8. 可追溯性

（1）程序标识是否唯一？
（2）是否存在一个交叉引用框架用于代码和开发文档之间的映射和追踪？
（3）是否包括一个修订历史记录，用于代码修改及原因记录？
（4）是否对所有安全功能进行了标识？

9. 可理解性

（1）字段、变量、参数、函数、类等命名，能否反映所定义的对象及属性？

（2）是否具有良好的可阅读性？通过阅读代码能否领会或理解设计要求？是否使用统一的格式化技巧，如缩进、空白等增强代码的清晰度？命名规则定义是否采用便于理解、记忆、反映类型等方法？

（3）是否为每个变量定义了合法的取值范围？算法实现是否同数学模型一致？是否存在影响算法精度的约减或取舍？

（4）异常错误消息是否易于理解？

（5）难以理解的代码是否进行了备注、评论或使用易于理解的测试用例覆盖？

（6）注释能否清晰地描述每个子程序，当使用不明确或不必要的复杂代码时，是否进行了清晰、准确的注释？

（7）能否理解测试目的？测试是否覆盖绝大部分情况、常见情况、异常情况以及未考虑到的情况？

10. 可验证性

（1）实现技术是否便于测试？
（2）测试代码是否正确且覆盖所有流程？

5.1.5　动态测试

动态测试就是运行程序，执行测试用例，验证测试输出与预期结果的一致性和符合性，包括功能确认、接口测试、覆盖分析、性能分析、内存缺陷测试等。究其本质，动态测试是一种测试用例设计方法，可以直接使用 UML 图产生或设计测试用例，将基于经验的测试用例设计方法作为系统化测试的补充。本书将在后续章节对动态测试展开详细论述。这里，仅仅为了与静态分析进行比较而简述之。

功能确认与接口测试包括程序的基本功能、图形用户界面功能、数据一致性、开发环境配置、过渡迁移能力、代码导航等功能验证确认以及函数调用关系、函数接口、编程接口、单元接口、局部数据结构、重要执行路径、错误处理路径覆盖及影响软件功能、接口等边界条件验证确认。覆盖分析是通过扫描或观察软件代码，验证函数调用关系、行、分支、类、方法、语法分析树等的覆盖能力以及软件设计模型验证能力，包括控制流和数据流覆盖。控制流覆盖包括语句、判定、条件、判定-条件组合、条件组合、修正条件判定及路径等覆盖；数据流覆盖是选择一组满足变量的定义与引用间的某种关联关系实体以及一组实体的有限路径，包括 Rapps、Weyuker、Ntafos、Ural、Laski、Korel 等标准，关注程序中某个变量从声明、赋值到引用的变化情况，是路径覆盖的变种。性能分析是对资源容量、数据处理能力、网络通信传输效率、并发吞吐、文档存取、图形界面操作效率等进行测试，验证其性能指标是否满足规定的要求，改进软件性能瓶颈。内存缺陷测试是通过测试软件的内存使用情况，发现内存分配、非正常使用以及内存泄漏等错误，定位内存缺陷的上下文状况，确定发生错误的原因。

动态测试是在测试平台或目标环境中运行软件。但在单元测试、集成测试等低级别测试阶段，程序尚不能单独运行，需要将其集成到动态测试平台，构成可执行程序后再执行测试。图 5-5 展示了一个动态测试平台的构成及工作原理。

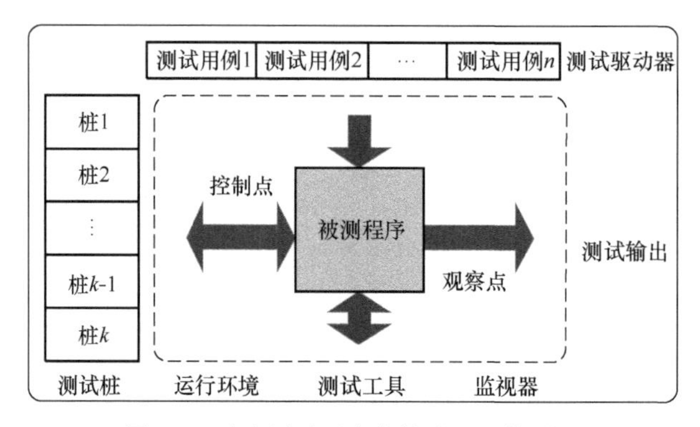

图 5-5　动态测试平台的构成及工作原理

测试驱动器和桩的组合构成动态测试平台。桩用于模拟程序中由测试对象调用部分输入/输出的行为，驱动器用于模拟程序中调用被测程序的部分，为测试对象提供输入数据。

5.1.6　静态分析方法比较

至此，读者不禁会问，怎么会有如此之多的静态分析方法呢？它们之间有什么关系？事实上，静态分析方法远不止这些。上述静态分析方法一个比一个正式，参与人员逐渐增多，测试机构也从以内部为主转向第三方测试机构。这里，从参与人员、是否生成测试大纲和报告以及正式程度三个维度，对静态分析方法进行比较，如表 5-1 所示。

表 5-1　静态分析方法比较

静态分析类型	参与人员	是否生成测试大纲和报告	正式程度
代码走查	开发组内部	无	低 ↓ 高
代码审查	开发组内部或测试机构	有	
技术评审	开发、测试及相关人员	有	
符号执行	第三方测试机构	有	

在实际工作过程中，不必被概念所左右，无须纠结于如何区分以及到底是代码走查、代码审查还是技术评审，而是应该根据实际情况选择静态分析方法。

软件测试界百花齐放，各种静态分析工具如雨后春笋般地涌现，如语义缺陷检测工具 Klockwork、编码规则检测工具 LDRA Testbed、通过状态机语言自定义时序规则实现静态分析扩展的

Meta-Compilation、安全漏洞检测工具 Fortify 等得以广泛应用，强有力地支持和促进了静态分析的最佳实践。但无论是基于技术视角还是工程视角，无论是基于工程实用性还是分析结果的可信度，现有静态分析技术及工具尚不足以解决目前所存在的问题。一方面，抽象解释、值依赖分析、符号执行通过数学约束求解，进行路径约减或可达性分析，促进静态分析技术向模拟执行技术方向发展，降低缺陷漏报、误报率。另一方面，在一个开放融合的平台上，集成不同的静态分析工具，实现静态分析集成化以及静态分析与动态测试的综合化，静态测试与综合分析一体化，进一步降低缺陷漏报、误报、误判率，提高静态分析质量和静态分析的可信度。此乃综合测试、一体化测试的重要发展方向。

5.2　逻辑覆盖

逻辑覆盖（Logic Coverage）是基于程序流程图，计算圈复杂度，确定基本路径集合，即基于“主路径+转向”策略，确定从程序入口开始，到出口结束的路径，以主路径为基础，经过判断节点（包括循环节点），每经过一个未转向判断节点时，在该节点处转向一次，剔除不可行路径，补充执行概率较高、算法复杂、包含严重缺陷、具有高风险等重要路径，根据路径集合设计测试用例，执行测试，遍历程序逻辑结构，实现逻辑结构覆盖。逻辑覆盖是一系列测试过程的总称。这组测试过程正逐渐演变成为完整的通路测试。

基于逻辑驱动覆盖，必须解剖程序逻辑结构。程序结构是一种由软件内部定义的程序执行方式。任何算法都可以由顺序结构、分支结构、循环结构这三种基本结构组合而成。基本程序结构如图 5-6 所示。

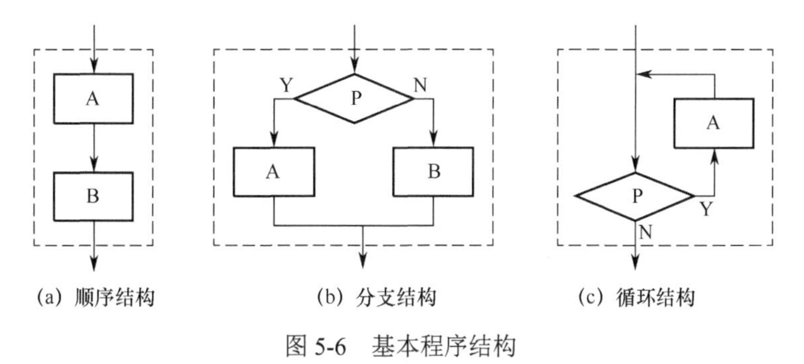

图 5-6　基本程序结构

对于顺序结构，仅需设计简单测试用例，遍历每条语句即可，覆盖简单。对于分支和循环结构，路径数和循环次数可能较多，遍历所有路径，存在较大的困难。通常，优先考虑代码覆盖，在测试策划过程中，确定覆盖率目标，如 80%，但对于可靠性、安全性攸关软件，则要求覆盖率达到 100%。要完整地覆盖程序代码行，就必须做到代码结构的分支覆盖，进一步检验构成分支判断的各个判定条件及其组合，要求实现条件覆盖以及条件组合覆盖。

逻辑覆盖不仅适用于代码检测，也可以覆盖需求层次的业务逻辑，其应用范围可以扩展到业务流程图、数据流图。钱忠胜在《基于规格说明的若干逻辑测试准则》一文中，针对决定性逻辑覆盖准则存在的不足，构建了基于掩盖性逻辑测试准则的测试用例生成算法，从判定的结构入手，分析条件之间的约束关系，复杂判定的分解、合成及判定之间的关系，提出了全真判定覆盖、全假判定覆盖、完全子判定覆盖、唯一条件真覆盖、唯一条件假覆盖等测试准则，为需求层次的业务逻辑覆盖奠定了基础。

5.2.1　语句覆盖

语句覆盖（Statement Coverage）就是使每条可执行语句至少被执行一次。因此，语句覆盖又被称为代码行覆盖（Line Coverage）、段覆盖（Segment Coverage）、基本块覆盖（Basic Block Coverage）。这里，以如下函数为例进行语句覆盖及其他逻辑覆盖讨论。

```
# include<stdio.h>
void main( )
{
    float A, B, X ;

    scanf( "%f %f %f", &A, &B, &X );
    if ( (A>1)&&(B == 0) )
        X=X/A ;
    if ( (A == 2) || (X>1))
        X=X+1 ;
    printf ("%f" ,X) ;
}
```

对于此函数，能够非常容易地得到如图 5-7 所示的程序流程图。

为了方便说明，对图 5-7 所示流程图，分别编号如下：

入口：s。

if((A>1)&&(B==0))：a。

if((A==2)||(X>1))：b。

X=X/A：c。

X=X+1：e。

返回：d。

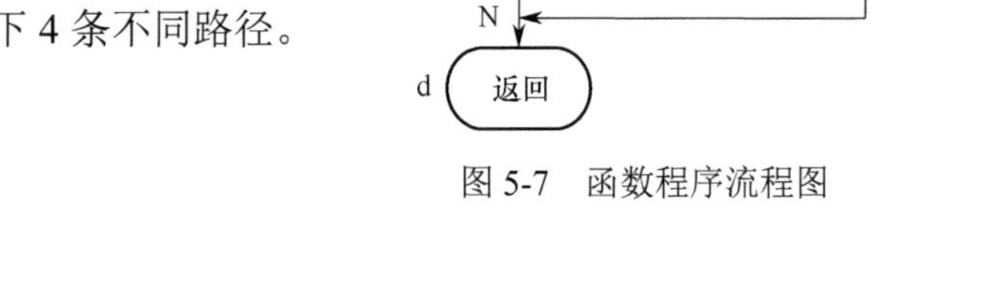

图 5-7　函数程序流程图

由图 5-7 可以直观地看出，该流程图具有如下 4 条不同路径。

L1：s-a-c-b-e-d。

L2：s-a-b-d。

L3：s-a-b-e-d。

L4：s-a-c-b-d。

对于 C 语言，一个分号对应于一条语句。判断语句数量时，只需计数其分号个数即可。显然，该函数共有如下 5 条语句：

float A，B，X；//变量定义语句，一定执行。

scanf("%f　%f　%f",&A，&B，&X)；//输入语句，由用户输入执行。

X=X/A；//赋值语句，不一定执行。

X=X+1；//赋值语句，不一定执行。

printf("%f",X)；//打印语句，一定执行。

if((A>1)&&(B==0))和 if((A==2)||(X>1))是判定条件，而非语句。

语句覆盖可以直观地基于源代码设计测试用例，不需要细分每一条判定表达式。显然，只需设计并运行测试用例（A=2，B=0，X=2），程序执行路径 s-a-c-b-e-d 即被覆盖，同时满足条件((A>1)&&(B==0))和((A==2)||(X>1))，即 X=X/A 和 X=X+1 两条语句被执行。但该测试用例只能覆盖 L1：s-a-c-b-e-d，即两个判断条件都为“真”的情况，并不能覆盖所有分支，即当两个条件都为假时，L2：s-a-b-d 未能被覆盖。

由于语句覆盖仅仅针对程序逻辑中显式存在的语句，对于隐藏条件和可能到达的隐式逻辑分支则无法覆盖，且语句覆盖只运行一次，仅覆盖代码中的可执行语句，未考虑各种分支及组合以及分支及循环中的代码，逻辑计算错误等情况，无法全面、有效地反映多分支逻辑运算。也就是说，语句覆盖无法解决路径中的多语句及判定中的逻辑运算错误。相对于路径覆盖而言，语句覆盖是一种最弱的逻辑覆盖。进一步，我们考察如下代码：

```
int for (int a, int b)
{
    return a/b ;
}
```

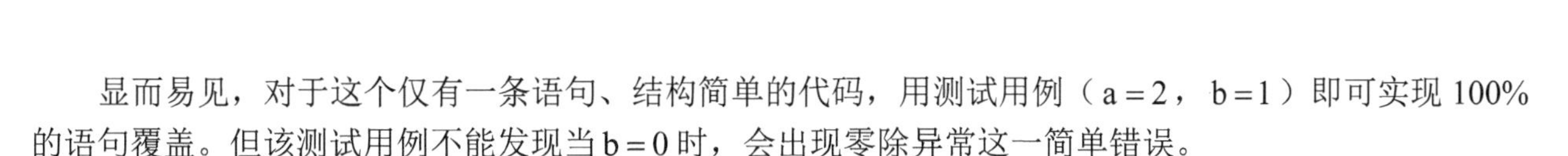

显而易见，对于这个仅有一条语句、结构简单的代码，用测试用例（a = 2，b = 1）即可实现 100%的语句覆盖。但该测试用例不能发现当 b = 0 时，会出现零除异常这一简单错误。

5.2.2　判定覆盖

判定覆盖（Decision Coverage）是使得每个判断取“真”以及“假”的分支至少被执行一次。一个判定代表程序的一个分支，所以说，判定覆盖也称为分支覆盖。

对于图 5-7 所示函数程序流程图，能够覆盖 L1：s-a-c-b-e-d、L2：s-a-b-d、L3：s-a-b-e-d 及 L4：s-a-c-b-d 4 条路径的测试用例即满足判定覆盖标准。路径 L1：s-a-c-b-e-d 是条件 if((A>1)&&(B==0))及条件 if((A==2)||(X>1))为“真”的路径，路径 L2：s-a-b-d 是条件 if((A>1)&&(B==0))及 if((A==2)||(X>1))均为“假”的路径，两两组合为一组，覆盖每个条件取“真”“假”的分支；路径 L3：s-a-b-e-d 是条件 if((A>1)&&(B==0))为“真”而条件 if((A==2)||(X>1))为“假”的路径，路径 L4：s-a-c-b-d 是条件 if((A>1)&&(B==0))为“假”而条件 if((A==2)||(X>1))为“真”的路径，两两组合成一组，覆盖每个条件取“真”和“假”的分支。据此设计覆盖此 4 条路径的测试用例，如表 5-2 所示。

表 5-2　判定覆盖测试用例表

用 例 号	测 试 用 例
1	（1）A=2，B=0，X=2（L1：s-a-c-b-e-d）
	（2）A=1，B=1，X=1（L2：s-a-b-d）
2	（3）A=2，B=1，X=1（L3：s-a-b-e-d）
	（4）A=3，B=0，X=3（L4：s-a-c-b-d）

对于表 5-2 给出的两组测试用例，任选其一均可实现该函数的判定覆盖。但是，因为大部分判定语句由多个逻辑条件组合而成，在运行过程中往往只判断其最终结果，忽略每个条件的取值情况，可能导致部分测试路径遗漏。

5.2.3　条件覆盖

条件覆盖（Condition Coverage）是使得每个判断的每个条件的所有可能取值至少被执行一次，且每个判定表达式中的每个条件均能够得到可能结果及其结果的组合。

图 5-7 所给出的函数程序流程图共包括 4 个条件，每个条件都有“真”“假”两种可能，在 *a* 和 *b* 两个点，共产生如下 8 个条件状态。

（1）在 a 点：A>1，A≤1，B = 0，B≠0。

（2）在 b 点：A = 2，A ≠ 2，X >1，X≤1。

据此，设计如下测试用例：

（1）A = 2，B = 1，X = 4（L3：s–a–b–e–d）。

（2）A = −1，B = 0，X = 1（L2：s–a–b–d）。

显然，执行这两组测试用例，即可覆盖此 8 个条件状态，即 A>1，A≤1，B = 0，B ≠ 0 以及 A = 2，A ≠ 2，X >1，X≤1。

较判定覆盖，条件覆盖增加了对符合判定情况的测试，增加了测试路径，使判定表达式中每个条件都取到“真”“假”两个不同状态。尽管判定覆盖只关心整个判定表达式的值，但条件覆盖仅仅考虑每个条件至少被执行一次，这就可能使得测试用例无法覆盖整个程序的全部分支，如果要覆盖全部分支，则需要足够多的测试用例。条件覆盖并不能保证判定覆盖，上述两组测试用例就未能覆盖判定条件((A>1)&&(B==0))取“真”的分支。条件覆盖只能够保证每个条件至少一次为“真”，而非所有判定结果。

5.2.4　判定–条件覆盖

判定–条件覆盖（Decision-Condition Coverage）是将判定覆盖和条件覆盖综合，使得判定条件中所有条件的可能取值，所有判断的可能结果至少执行一次的测试方法。仍以图 5-7 所示函数程序流程图为例进行讨论。设计如下测试用例：

（1）A = 2，B = 0，X = 4（L1：s–a–c–b–e–d）。

（2）A = 1，B = 1，X = 1（L2：s–a–b–d）。

此两组测试用例覆盖程序取“真”和“假”判断（L1：s–a–c–b–e–d 和 L2：s–a–b–d），同时，该测试用例还覆盖了判定表达式中条件取“真”及“假”两种情况，即 A>1，A≤1，B = 0，B ≠ 0 及 A = 2，A ≠ 2，X >1，X≤1 两个判断的 8 种状态。

判定–条件覆盖测试所有条件的所有可能结果，解决了判定覆盖和条件覆盖存在的问题。但是该方法未关注条件组合，有些条件可能掩盖另外一些条件，如“与”表达式中，当某一条件为“假”时，整个判定值为“假”，该判定中的其他条件被掩盖。同样，当“或”表达式中某一条件为“真”时，整个判定值为“真”，该判定中的其他条件被掩盖。判定–条件覆盖可能无法检出判定表达式中的错误。为此，业界研究提出了条件组合覆盖测试技术。

5.2.5 条件组合覆盖

条件组合覆盖（Condition Combination Coverage）是判定表达式中条件的各种可能组合以及每个判定本身的判定结果至少执行一次，覆盖所有条件的所有可能组合。相较条件覆盖，条件组合覆盖并非简单要求每个条件出现“真”与“假”两种判定结果，而是要求这些结果的所有可能组合至少出现一次。

图 5-7 所示函数包含((A>1)&&(B==0))和((A==2)||(X>1))4 个条件。在 a 点，所有条件两两组合，构成如下条件组合：

（1）A>1，B = 0。

（2）A>1，B≠0。

（3）A≤1，B = 0。

（4）A≤1，B≠0。

在 b 点，所有条件两两组合，构成如下条件组合：

（1）A = 2，X >1。

（2）A = 2，X≤1。

（3）A ≠ 2，X>1。

（4）A ≠ 2，X≤1。

在 a、b 两点各有 4 组共 8 种可能的条件组合。据此设计如下测试用例：

（1）A = 2，B=0，X=4（L1：s–a–c–b–e–d，1，5）。

（2）A = 2，B=1，X=1（L3：s–a–b–e–d，2，6）。

（3）A = 1，B=0，X=2（L3：s–a–b–e–d，3，7）。

（4）A = 1，B=1，X=1（L2：s–a–b–d，4，8）。

显然，满足条件组合覆盖的测试用例一定满足判定覆盖、条件覆盖和判定–条件覆盖。条件组合覆盖是覆盖测试中最强的一种逻辑覆盖方法。不过，它并不一定使得程序中的每一条路径都执行到，且条件组合覆盖存在冗余，增加了无意义的测试开销。

5.2.6 修正条件判定覆盖

修正条件判定覆盖（Modified Condition/Decision Coverage，MC/DC）要求每一种输入、输出都至少出现一次，每一个条件都必须产生所有可能输出结果至少一次，每个判定中的每个条件都必须能独立地影响一个判定的输出，即在其他条件不变的前提下，仅改变该条件的值而使判定结果改变，是 DO-178B Level A 认证标准规定的一种结构覆盖准则。当循环中存在判定时，一个测试用例下的同一判定可能被多次重复计算，但每次的条件值和判定值都可能不同，一个测试用例即可完成循环中判定的 MC/DC。条件表示是不含布尔操作符号的布尔表达式；判定表示则是由条件和“0”或布尔操作符组成的一个布尔表达式。MC/DC 是条件组合覆盖的子集，即基于条件和判定覆盖，对于每个条件 C，都存在符合以下条件的两次计算：

（1）条件 C 所在判定内的所有条件，除条件 C 外，其他条件取值完全相同。

（2）条件 C 的取值相反。

（3）判定的计算结果相反。

每个判定中的每个条件独立影响判定结果至少一次，每个条件能够独立地作用于结果。对如下条件和判定，A、B、C 都是一个条件，（A or B and C）是一个判定。那么，对于判定覆盖而言，就是使该判定值分别为“真”和“假”各一次，即可实现判定覆盖。

```
if A or B and C then
        Statement;
else
        Statement2;
```

那么对于 MC/DC 呢？讨论如下程序：

```
int func ( BOOL A, BOOL B, BOOL C )
{
    if ( A && ( B|| C ) )
        return 1 ;
        return 0 ;
}
```

显然，用表 5-3 所示测试用例，即可实现对 A、B、C 这 3 个条件的判定覆盖。

表 5-3　修正条件判定覆盖测试用例

条　件	用　例　1	用　例　2	用　例　3	用　例　4
A	1	0	1	1
B	1	1	0	0
C	0	0	0	1
ret	1	0	0	1

由表 5-3 可见，对于条件 A，用例 1 和用例 2，A 取值相反，B 和 C 取值相同，判定结果分别为 1 和 0；对于条件 B，用例 1 和用例 3，B 取值相反，A 和 C 取值相同，判定结果分别为 1 和 0；对于条件 C，用例 3 和用例 4，C 取值相反，A 和 B 取值相同，判定结果分别为 0 和 1。

【定义 5-1】一个 MC/DC 对是一对对偶真值向量，使得判定语句产生不同结果，且不同结果仅由真值向量中一个条件值的变化所致。

由定义 5-1 可知，符合 MC/DC 对的两组真值向量，独立地影响测试结果，即某个条件的 MC/DC 对，该条件对测试结果的影响是唯一的。通过穷举一个判定中所有条件的真值组合以及对因果的两两对照，即可得到每个条件的 MC/DC 对。

考虑一个仅包含一个布尔操作符的布尔表达式“A and B”，A 和 B 的取值为{0,1}，即可设计“A and B”的完备测试用例集。表 5-4 给出了“A and B”的完备测试用例集。

表 5-4　“A and B”的完备测试用例集

测试用例组号	A	B	结　果
1	1	1	1
2	0	1	0
3	1	0	0
4	0	0	0

分析表 5-4 中第 1、第 2 组测试用例，可得到：条件 A 的所有取值均出现一次；判定“A and B”的所有可能结果出现一次；条件 A 在条件 B 不变的情况下独立影响判定结果。对于第 1 和第 3 组测试用例，则有：条件 B 的所有取值均出现一次；条件 B 在条件 A 不变的情况下独立影响判定结果。由此得到满足 MC/DC 准则的测试用例集，如表 5-5 所示。

布尔表达式“A or B”完备测试用例集中的条件组合与“A and B”相同。那么，基于上述分析，即可得到满足 MC/DC 准则的测试用例集，如表 5-6 所示。

表 5-5 “A and B”满足 MC/DC 准则的测试用例集

测试用例组号	A	B	结　果
1	1	1	1
2	0	1	0
3	1	0	0

表 5-6 “A or B”满足 MC/DC 准则的测试用例集

测试用例组号	A	B	结　果
1	1	0	1
2	0	0	0
3	1	1	1

条件组合覆盖要求覆盖判定中所有条件取值的所有可能组合，需要大量测试用例，且随着条件数增加，组合数急剧增加。对于具有 N 个条件的布尔表达式，完备测试用例为 $2N$ 组。当 N 值较大时，如先列出完备的测试用例集，然后选出适合的 MC/DC 组合，烦琐耗时。Chilenski 研究发现，对于具有 N 个条件的布尔表达式，至少需要 $N+1$ 组测试用例方可满足 MC/DC 准则，称为最小测试用例集，其下界为 $N+1$，上界为 $2N$。

假设某判定中有 3 个条件，条件组合覆盖需要 8 个测试用例，而 MC/DC 需要 4～6 个测试用例。假设某判定中包含 10 个条件，条件组合覆盖需要 1024 个测试用例，而 MC/DC 仅需 11～20 个测试用例。MC/DC 不仅具有条件组合覆盖的优势，而且能够大幅减少测试用例数。

对于一个复杂的布尔表达式，如“(A or B) and (C or D)”，自左向右，分别列出布尔表达式中的每个条件，针对条件 A，任取一个可能值，比如 1，让其直接作用到结果 1。将 B 设为 0，使用“or”测试用例设计方法，将（C or D）设为 1，使用“and”测试用例设计方法，再次使用“or”测试用例设计方法将条件 C 和 D 设为（1,0）或（0,1），假如选用（1,0），则完成第一组测试用例设计。继续针对条件 A，取其另一可能值 0，不改变其他条件的值，且条件 A 直接作用到结果 0，得到第二组测试用例。完成条件 A 的所有取值之后，针对条件 B，选取条件 B 的取值直接作用到结果的测试用例作为参照对象，改变条件 B 的取值 1，保持其他条件的值不变，条件 B 的取值直接作用到结果 1，得到如表 5-7 所示的第三组测试用例集。

表 5-7 “(A or B) and (C or D)”测试用例集

测试用例组别	测试用例组号	A	B	C	D	结　果
第一组	1	1	0	1	0	1
第二组	1	1	0	1	0	1
	2	0	0	1	0	0
第三组	1	1	0	1	0	1
	2	0	0	1	0	0
	3	0	1	1	0	1

依照上述所讨论的方法，我们即可设计出如表 5-8 所示的“(A or B) and (C or D)”的最小测试用例集。

基于上述分析，可以得到如下结论：

（1）对于任何复杂的布尔表达式，都可以通过布尔计算转化为“and”和“or”最简布尔表达式。也就是说，前述“(A or B) and (C or D)”可以转化为“X and Y”形式。其中，X=A or B，Y=C or D。

（2）对于第一个条件（A or B），可以设计直接作用于结果的第一组测试用例，当对其他条件取值时，使用“and”和“or”最简布尔表达式的测试用例设计方法，不断迭代，即可覆盖所有条件。

表 5-8 “(A or B) and (C or D)”的最小测试用例集

测试用例组号	条件组合				判定结果	MC/DC 对的对应编号			
	A	B	C	D	(A||B) &&(C||D)	A	B	C	D
1	1	0	1	0	1	2			
2	0	0	1	0	0	1	3		
3	0	1	1	0	1		2	4	
4	0	1	0	0	0			3	5
5	0	1	0	1	1				4

（3）对于每个条件，选取该条件直接作用到结果的测试用例为参照对象，改变该条件的取值，保持其他所有条件的值不变，逐步演进。

（4）如果某些条件的第一次取值不是唯一的，按照上述方法设计的最小测试用例集同样也不是唯一的。例如，上述第一组测试用例中条件 A、C、D 的取值。

这里，分别给出(A||B)&&(C&&D)、(A&&B)||(C&&D)、A&&(B||C)、(A&&B)||(C&&D&&E)以及(A&&B&&C)||(D&&(E||F)||G)共 5 种典型布尔表达式的 MC/DC 最小测试用例集，分别如表 5-9～表 5-13 所示，读者可以参考使用。

表 5-9　(A||B)&&(C&&D)的 MC/DC 最小测试用例集

测试用例组号	条件组合				判定结果	MC/DC 对的对应编号			
	A	B	C	D	(A||B)&&(C&&D)	A	B	C	D
1	1	0	1	0	0	2			
2	0	0	1	0	0	1	3		
3	0	1	1	0	0		2	4	
4	0	1	1	1	1			3	5
5	0	1	0	1	0				4

表 5-10　(A&&B)||(C&&D)的 MC/DC 最小测试用例集

测试用例组号	条件组合				判定结果	MC/DC 对的对应编号			
	A	B	C	D	(A&&B)||(C&&D)	A	B	C	D
1	1	0	1	0	0	2			
2	1	0	1	1	1	1	3		
3	1	0	0	1	0		2	4	
4	1	1	0	1	1			3	5
5	0	1	0	1	0				4

表 5-11　A&&(B||C)的 MC/DC 最小测试用例集

测试用例组号	条件组合			判定结果	MC/DC 对的对应编号		
	A	B	C	A&&(B||C)	A	B	C
1	1	0	1	0			2
2	1	0	0	1		3	1
3	1	1	0	0	4	2	
4	0	1	0	1	3		

表 5-12　(A&&B)|(C&&D&&E)的 MC/DC 最小测试用例集

测试用例组号	条件组合					判定结果	MC/DC 对的对应编号				
	A	B	C	D	E	(A&&B)|(C&D&&E)	A	B	C	D	E
1	0	1	0	1	1	0	2				
2	1	1	0	1	1	1	1	3			

续表

测试用例组号	条件组合					判定结果	MC/DC 对的对应编号				
	A	B	C	D	E	(A&&B)||(C&&D&&E)	A	B	C	D	E
3	1	0	0	1	1	0		2	4		
4	1	0	1	1	1	1			3	5	6
5	1	0	1	0	1	0				4	
6	1	0	1	1	0	0					4

表 5-13　(A&&B&&C)||(D&&(E||F)||G)的 MC/DC 最小测试用例集

测试用例组号	条件组合							判定结果	MC/DC 对的对应编号						
	A	B	C	D	E	F	G	(A&&B&&C)||(D&&(E||F)||G)	A	B	C	D	E	F	G
1	0	1	1	1	0	1	1	1	2						
2	1	1	1	1	0	1	1	1	1	3	4				
3	1	0	1	1	0	1	1	1		2					
4	1	1	0	1	0	1	1	1			2			5	
5	1	1	0	1	0	0	1	1					6	4	
6	1	1	0	1	1	0	1	1				7	5		
7	1	1	0	0	1	0	1	1				6			8
8	1	1	0	0	1	0	0	0							7

5.3　路径覆盖

路径覆盖（Path Coverage）是遍历从程序流程的一端到达另一端的所有路径，使得每条路径至少被覆盖一次。如果程序存在环路，则要求每条环路同样至少被执行一次。路径覆盖是最高程度的逻辑覆盖技术，更具表征意义。与此同时，执行路径复合了代码权重，抽样方式更具多样性和资源弹性。

为了确保所有的分析和讨论建立在一致的平台之上，这里，仍以图 5-7 所示函数程序流程图为例，讨论路径覆盖问题。图 5-7 所示函数程序流程图仅包含如下 4 条路径：

L1（s-a-c-b-e-d）。

L2（s-a-b-d）。

L3（s-a-b-e-d）。

L4（s-a-c-b-d）。

那么，设计如表 5-14 所示路径覆盖测试用例集，即可覆盖此 4 条路径。

表 5-14　路径覆盖测试用例集

测试用例组号	A	B	X	覆盖路径
1	2	0	2	L1：s-a-c-b-e-d
2	1	1	1	L2：s-a-b-d
3	3	0	3	L4：s-a-c-b-d
4	2	1	1	L3：s-a-b-e-d

即便是不太复杂的程序，如果包含多个判断和循环，其路径数也可能是惊人的，实现路径全覆盖可能非常困难，何况是大型复杂软件系统呢！一个行之有效的方法是将覆盖路径数量压缩到可处理的限度。基本路径覆盖正是一种简化路径数的测试方法。

基本路径覆盖是基于程序控制流图，通过程序控制结构的环路复杂性分析，导出基本可执行路径集合，检查错误计算、不正确比较、不正常控制流等所导致的错误及路径错误，其基本步骤如下。

（1）**程序流程图设计：** 任意程序结构都能通过图 5-6 所示顺序、分支、循环等基本图元来描述，采用流程图描述控制流，得到程序的邻接矩阵及独立路径集合。

（2）**程序复杂度计算：** 计算程序的基本复杂度和圈复杂度，McCabe 圈复杂度为程序逻辑复杂性提供定量测度，用于计算基本独立路径数，通过函数程序流程图分析得到的独立路径数就是该程序的复杂度。

（3）**基本路径确定：** 一条独立路径是指和其他独立路径相比，至少引入一个新处理语句或一条新判断的程序路径，程序的圈复杂度 $V(G)$ 正好等于该程序独立路径数，通过函数程序流程图的基本路径分析，

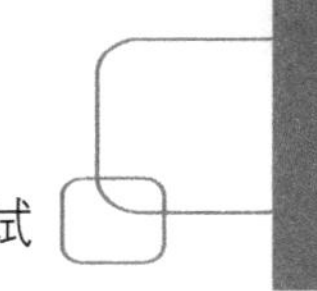

导出程序路径集合。

（4）**测试用例设计**：设计测试用例，确保基本路径集中每一条路径至少被执行一次。

5.3.1　图结构

图结构（Graph Structure）是由有限非空顶点集合 V 和边集合 E 构成的一种数据结构，记为$G(V,E)$。顶点具有数据元素，边表示任意两个顶点 x 和 y 之间的关系，记作$\langle x,y\rangle$。在图$G(V,E)$中，如果$\langle x,y\rangle$与$\langle y,x\rangle$不等价，称$G(V,E)$为有向图；若$\langle x,y\rangle$与$\langle y,x\rangle$等价，则称$G(V,E)$为无向图，并以无序对$\langle x,y\rangle$代替两个有序对$\langle x,y\rangle$和$\langle y,x\rangle$。$G(V,E)$中，每条边都可以有一个称为权的数与之相连，权用以表示两个顶点之间的距离或从一个顶点到另一个顶点的代价。通常，称这种带权的图为网。简单路径是图$G(V,E)$中路径上顶点不同的路径。

图 $G(V,E)$ 中，从顶点 x 到顶点 y 的路径为一顶点序列 $(x=v_{i0},v_{i1},\cdots,v_{in}=y)$，其中 $v_{ik}\in V(0\leqslant k\leqslant n),\langle v_{i,j-1},v_{i,j}\rangle\in E(1\leqslant j\leqslant n)$。路径上，顶点均不相同的路径称为简单路径。第一个顶点与最后一个顶点相同的路径称为回路或环或圈。除第一个顶点与最后一个顶点外，其余顶点均不重复的回路，称为简单回路。若从顶点 x 到顶点 y 至少存在一条路径，则称 x 和 y 是连通的。若图 $G(V,E)$ 中任意两个顶点都是连通的，则称为连通图。

通常，采用数组法和邻接表法等存储结构来表示图结构。数组法用一个一维数组存储各顶点的数据信息，用一个二维数组表示邻接矩阵即边的集合。其中邻接矩阵 $\boldsymbol{A}$ 是一个 n（图中顶点个数）阶方阵。邻接表法对图中的每个顶点建立一个单链表。在顶点 v_i 对应的单链表中，各节点表示以 v_i 为初始点的一条边，再用一个数组存储各顶点的数据信息和指向其对应的单链表的指针。此外，二进制向量表示法、邻接多重表、十字链表等都是图结构的重要表示方法。

R_n 中的弧（arc in R_n）称为简单弧，是曲线弧概念的推广，有两种不同的定义，一种是指连续的单射 $f:[a,b]\to R^n$，弧就是特殊的路径，称 f 为简单路径；而另一种是指这样的 f 的值域 $f([a,b])$，该定义更具几何含义，按照该定义，弧是自身不相交的曲线，或曲线上任意两点间不包含重点的部分。

5.3.2　控制流

控制流分析（Control Flow Analysis）是对源程序或源程序的中间表示形式直接操作，生成控制流图，是一类分析程序控制流结构的静态分析技术，包括过程内控制流分析和过程间控制流分析。过程内控制流分析是对一个函数内部程序执行流程分析，而过程间控制流分析则是对函数调用关系的分析。

静态分析研究的重点是过程内控制流分析。一种方法是利用程序执行过程中的必经点，查找程序中的环，根据程序优化需求，对环增加特定的注释，应用于迭代数据流优化器；另一种方法是基于子程序整体结构分析和嵌套区域分析，构造源程序控制树，将源程序按执行逻辑顺序，构造一棵与源程序对应的树型数据结构。

通常，我们采用控制流图（Control Flow Graph，CFG）表示软件中的各种结构。控制流图是一个过程或程序的抽象表示，用以表示一个程序中所有基本块执行的可能流向，即各基本块之间的相互关系、动态执行状态、各基本块对应的语句表示，反映程序的实时执行过程，代表一个程序执行过程中会遍历到的所有路径。使用图形符号描述程序控制流，每一种结构化构成元素都有一个相对应的流图符号。控制流图分类及符号表示如图 5-8 所示。

在控制流图中，圆圈代表软件模块，称为流图节点，每个节点表示一个基本块；箭头表示控制流，称为边或连接。但是，没有任何跳跃或跳跃目标的直线代码块，跳跃目标以一个块开始，以一个块结束。有向边代表控制流中的跳跃。一张流图可展现一个过程内各基本块之间的相互关系、动态执行状态、各基本块对应的语句表以及各基本块执行的次数、执行时间等。

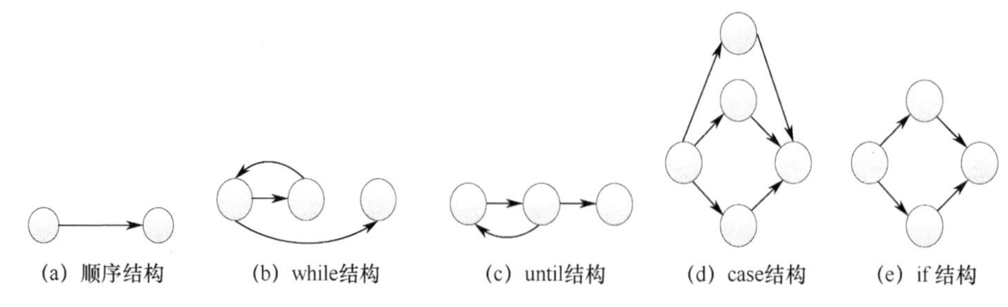

图 5-8　控制流图分类及符号表示

通常，我们所获得的往往是源程序、程序流程图或设计说明。在实际工作中，需要将源程序、流程图转化成控制流图。在选择或多分支结构中，分支汇聚处有一个汇聚节点；边及其节点圈定的区域称为“区域”。对区域计数时，图形外的区域亦计为一个区域。图 5-9 展示了如何将一个程序流程图转化为控制流图的过程。

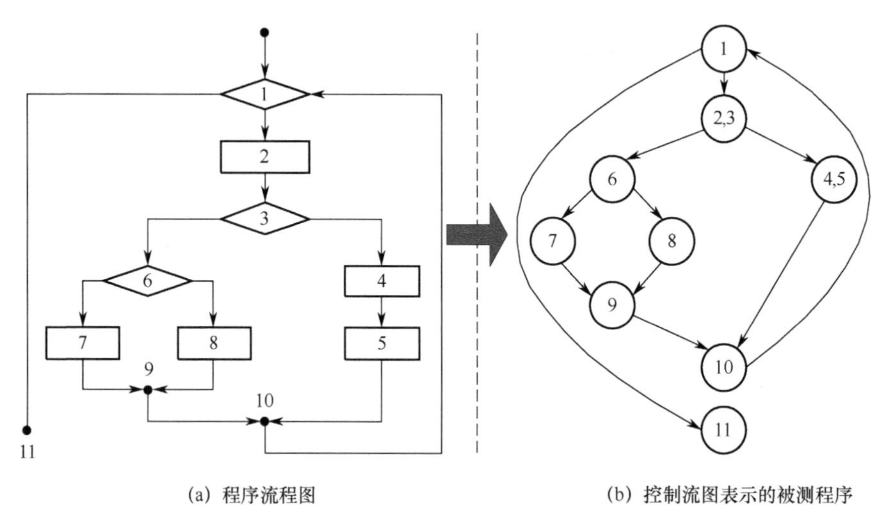

图 5-9　程序流程图转化为控制流图的过程

通过上述转换，即可使用控制流图来表示程序。如果判断中的条件表达式是由 or、and、nand 及 nor 等一个或多个逻辑运算符连接的复合条件表达式，则需要按照布尔计算法则将其转化为只有单条件的嵌套判断。

5.3.3　独立路径

5.3.3.1　控制流图

工程上，可将控制流图映射到一个流程图。假设流程图的判断框中不包含复合条件，一个处理框序列和一个判断框可被映射为一个节点。一条边必须终止于一个节点，即使该节点不代表任何语言，如 if-else-then 结构。通常，采用 Z 路径优化等方法对路径进行优化，无论循环形式和循环体实际执行情况如何，简化后的循环测试只考虑执行循环体一次和零次两种情况，限制循环次数。这里，我们考察如下函数，讨论如何将程序转化为控制流图。

```
    void Sort ( int iRecordNum, int iType )
1   {
2       int x = 0;
3       int y = 0;
4       while ( iRecordNum -->0 )
5           {
```

```
6            if (0 == iType )
7                {   x = y+2; break; }
8            else
9                if ( 1 == iType )
10                   x = y+ 10;
11               else
12                   x = y + 20;
13       }
14   }
```

这是一段用 C 语言实现的简单程序，能够很容易地得到其程序流程图。根据前述讨论，即可生成其控制流图。函数 Sort 程序流程图和控制流图分别如图 5-10 和图 5-11 所示。

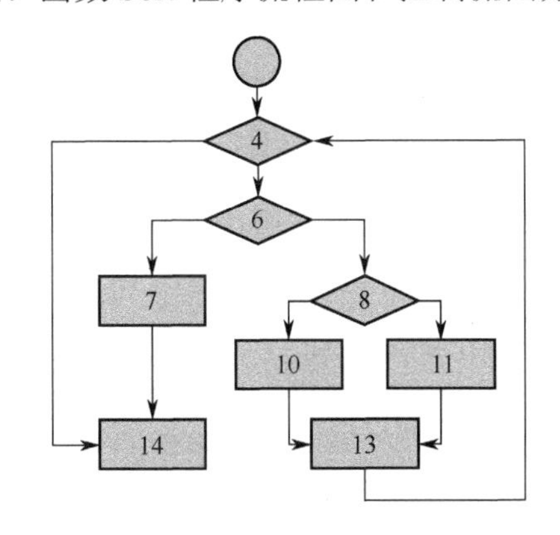

图 5-10　函数 Sort 程序流程图

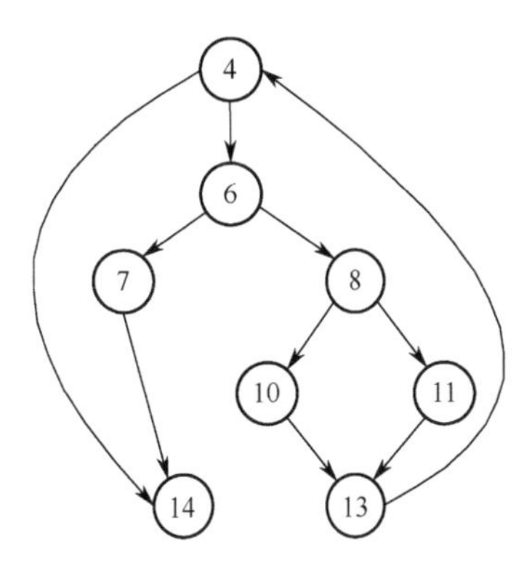

图 5-11　函数 Sort 的控制流图

5.3.3.2　圈复杂度

模糊性和依赖性是影响软件复杂度的重要因素。模糊性使得代码难以理解，是导致软件复杂性的直接因素；依赖性则导致复杂性不断传递，不断外溢的复杂性导致系统不断腐化。一旦代码变成“一锅意大利面条”，测试和维护将变得越发困难。

简单即可靠。复杂度越高，软件可靠性越低。这同系统可靠性工程“复杂即不可靠”论断一致。复杂性是导致软件难以理解和维护的根本原因。基于不同视角，各种定义乏善可陈。其中最具代表性的是 Thomas J. McCabe 的理性派复杂性度量及 John Ousterhout 的感性派复杂性认知。1976 年，McCabe 提出圈复杂度（Cyclomatic Complexity Metric）概念。圈复杂度是指软件线性无关的路径数量，是目前使用最为广泛的软件复杂度度量之一。软件复杂度度量体系如图 5-12 所示。

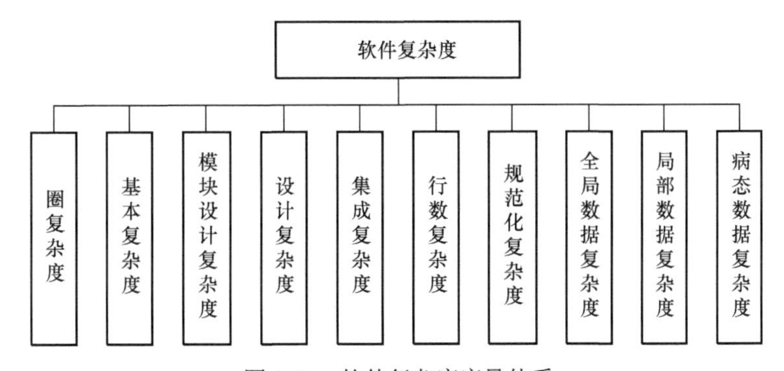

图 5-12　软件复杂度度量体系

圈复杂度是一个模块判定结构复杂程度的重要测度，数量上表现为线性无关的路径数，即预防错误所需要测试的最少路径数。表 5-15 给出了一个推荐的圈复杂度度量指标。圈复杂度高的代码一定不是高质量代码，但圈复杂度低的代码未必就是卓越的代码。

表 5-15　圈复杂度度量指标

圈复杂度	代码状况	可测试性	维护成本
[1，10)	清晰/结构化	高	低
[10，20)	复杂	中	中
[20，30)	非常复杂	低	高
≥30	不可读	不可测	非常高

圈复杂度计算方法比较简单，根据控制流图的边、节点数量、判定节点数及平面被控制流图划分成的区域数等，均可得到圈复杂度。依据图论方法，归结为如下三种方法。

1. 基于控制流图边数及节点数的计算方法

$$V(G)=E-N+2P \tag{5-1}$$

其中，E 是 $G(V,E)$ 边的数量；N 是 $G(V,E)$ 的节点数；P 是 $G(V,E)$ 的连接组件数，即相连节点的最大集合。控制流图是连通图，$P=1$。

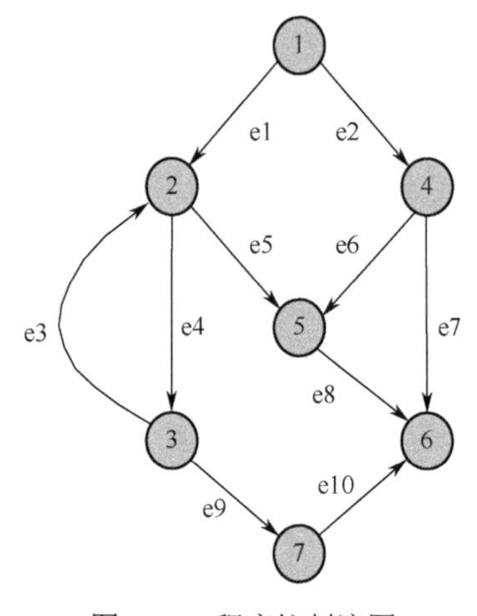

图 5-13　程序控制流图

这里，首先考察如图 5-13 所示程序控制流图。

由式（5-1）及图 5-13 可得

$$V(G)=E-N+2P=10-7+2=5$$

也就是说，图 5-13 所示程序的圈复杂度为 5。对照表 5-15 给出的圈复杂度评价指标，该程序具有较低的复杂度，即具有较好的可靠性及可维护性。

2. 基于判定节点数的计算方法

圈复杂度所反映的是判定条件的数量，即控制流图的区域数。因此，基于判定节点数，圈复杂度就是判定节点数量加 1，即

$$V(G)=\text{区域数}=\text{判定节点数}+1 \tag{5-2}$$

判定节点是指包含条件的节点。对于多分支 case 及 if-elseif-else 结构，统计判定节点时，须统计全部实际判定节点数，即每个 elseif 语句以及每个 case 语句，都计为一个判定节点。图 5-13 中，节点 1、2、3、4 均为判定节点，因此有：$V(G)=4+1=5$。

3. 基于控制流图区域划分的计算方法

基于控制流图计算软件圈复杂度 $V(G)$ 时，最好采用第一种计算方法；而基于模块控制流图计算软件圈复杂度 $V(G)$ 时，可以直接统计其判定节点数，即采用第二种计算方法，这样更简单直观。而对于复杂的控制流图，通过标注区域，可以方便地得到其圈复杂度为

$$V(G)=R \tag{5-3}$$

式中，R 表示平面被控制流图所划分成的区域数。

该程序控制流图将平面划分为包括图形外区域在内的 5 个区域。基于控制流图区域划分的圈复杂度表示如图 5-14 所示。

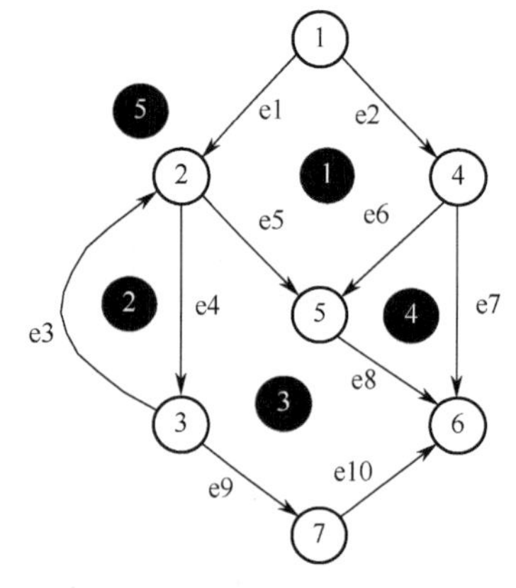

图 5-14　基于控制流图区域划分的圈复杂度表示

得到程序的圈复杂度之后，即可得到程序的基本路径集。程序的基本路径集就是程序可达路径的最小集合，等于圈复杂度$V(G)$。

5.3.3.3　测试用例导出

由基本路径集 BP 设计测试用例集 T，使得 T 在理论上按 BP 执行，然后分析动态跟踪数据，构造实测路径集 P_n。测试覆盖率为

$$\mathrm{PCB}=\frac{P_n}{\mathrm{BP}}\times 100\% \tag{5-4}$$

式中，$P_n = P(T_1)P(T_2)\cdots P(T_n)$。

对于嵌入式软件，其路径覆盖必须在交叉编译环境下，通过物理通道传输完整的动态测试跟踪数据，分析数据后得到路径覆盖率。动态执行前需要检查目标机与宿主机的连接与通信状况，确保测试正常进行。

对于图 5-10、图 5-11 所示流程图和控制流图，根据上述计算方法，得到如下独立路径。

路径 L1：4-14。

路径 L2：4-6-7-14。

路径 L3：4-6-8-10-13-4-14。

路径 L4：4-6-8-11-13-4-14。

该函数的圈复杂度$V(G)$正好等于该函数的独立路径数。那么，根据上述独立路径，设计输入数据，使程序分别执行上述 4 条路径即可。

5.3.3.4　测试用例准备

为了确保基本路径集中的每一条路径均能够被覆盖，根据判断节点给出的条件，选择适当数据，保证每条路径均被覆盖。对于图 5-10 所示程序流程图，满足基本路径集的测试用例如表 5-16 所示。

表 5-16　满足基本路径集的测试用例

序　号	路　径	输入数据	预期结果
1	L1：4-14	iRecordNum = 0 或 iRecordNum < 0 的某一个值	$x=0$
2	L2：4-6-7-14	iRecordNum = 0，iType = 0	$x=2$
3	L3：4-6-8-10-13-4-14	iRecordNum = 1，iType = 1	$x=10$
4	L4：4-6-8-11-13-4-14	iRecordNum = 1，iType = 2	$x=20$

需要注意的是，有时，一些独立路径是程序正常控制流的一部分，并非完全孤立。这个时候，对这些路径的测试可以是另一条路径测试的一部分。

5.3.4　图形矩阵

图形矩阵是一个方阵，其行、列数对应控制流图的节点数，每行、每列依次对应到一个被标识的节点，矩阵元素对应到节点间的连接，由此确定一个基本路径集。对于图$G(V,E)$，将控制流图的每一个节点都用数字标识，每一条边都用字母标识。

若控制流图中第i个节点到第j个节点有一个名为x的边相连接，则在对应的图形矩阵中第i行/第j列有一个非空元素x。

给每个矩阵项加入连接权值，为控制流图提供额外的信息。一种最简单的情况，连接权值 1 表示存在连接，0 表示不存在连接。连接权值可以赋予更有趣的属性，如执行连接的概率、穿越连接的处理时间、所需内存及资源等。图 5-15 展示了图 5-9 所示程序及其控制流图和图形矩阵之间的关系。

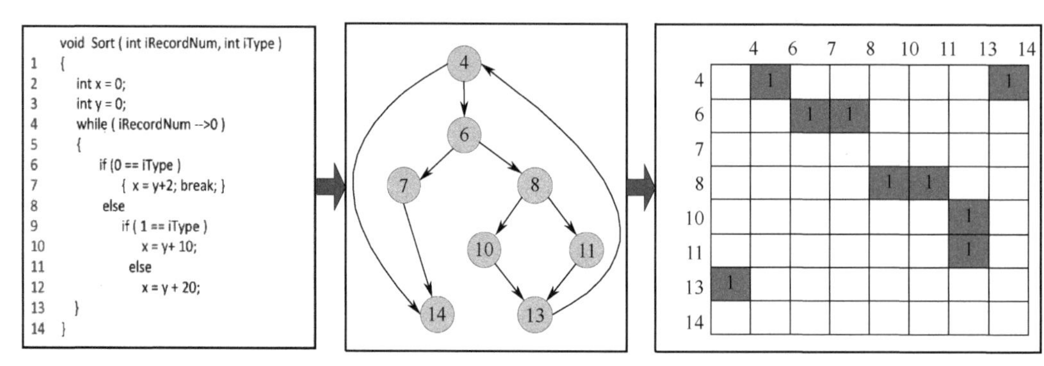

图 5-15　程序、控制流图及图形矩阵之间的关系

在图形矩阵中，如果某一行有两个及以上元素为“1”，则该行所代表的节点一定是一个判定节点，累加连接矩阵中两个及以上元素为“1”的个数，即得到圈复杂度的另一种算法。

5.3.5　基本路径覆盖用例设计

基本路径覆盖就是覆盖程序中所有可能、独立的执行路径。例如，某低温试验系统由 10 台低温试验箱组成，在综合显控台上，从左至右依次显示各低温试验箱的开启情况、ID 号、工作状态及实时温度等信息。根据这些信息，设计如图 5-16 所示二进制字段。

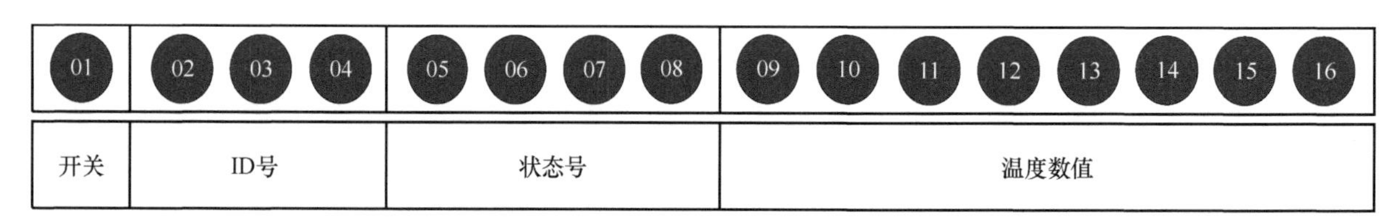

图 5-16　某低温试验系统显示二进制字段

开关：低温试验系统低温功能是否正常开启，“0”表示正常开启，“1”表示未正常开启。

ID 号：10 台低温试验箱的序号，分别从 0000 至 1001。

状态号：低温试验系统中某一个低温试验箱的工作状态，范围从 000 到 100，000 表示温度正常；001 表示温度过低；010 表示温度过高；011 表示电压过低；100 表示电压过高。设定各低温试验箱的有效温度范围为−30～10℃，当某试验箱实时温度高于 10℃或低于−30℃时，显示其状态及实际温度值。标准电压为 180～220V，当低于 180V 或高于 220V 时，显示其状态及实际电压值。

温度数值：各低温试验箱的实时温度值，范围为[−50℃,+50℃]，在此范围内试验箱正常运行。“09”表示试验箱的运行情况，其中 0 表示该试验箱运行正常，1 表示停止运行；“10”表示一个试验箱中实际温度的正负号，0 表示正温，1 表示负温；“11～16”表示实际温度，特殊情况下，当试验箱停止运行时，不再显示温度，即“09”显示为 1，温度数值显示为 0。

以 8 号试验箱为例进行讨论，在 8 号试验箱正常开启的情况下，首先考察其电压值是否在正常范围内，如果正常，再考察其温度值是否在正常范围内。如果电压值不正常，考察其电压值是过高还是过低，如果温度值不正常，考察其温度值是过高还是过低。8 号试验箱温度与电压程序流程图及程序实现代码如图 5-17 所示。

由图 5-17 所示流程图及路径序号，得到该软件路径复杂度 $V(G)=E-N+2P=5$ 。

由此，可设计如表 5-17 所示的基本路径覆盖测试用例。

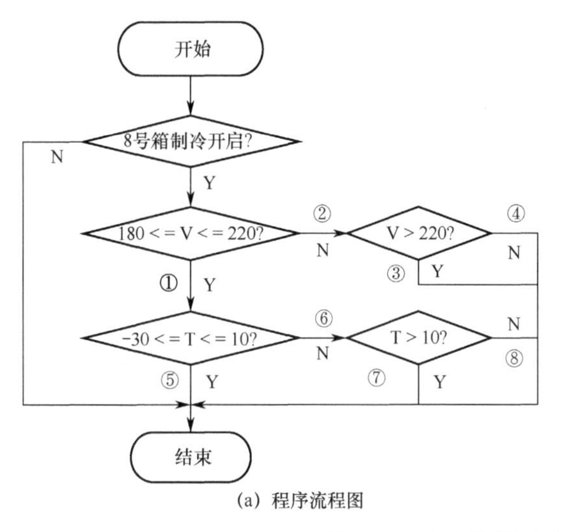

(a) 程序流程图

```
#include<iosstream.h>
int Test( float V, float T )  //V表示电压，T表示温度
{
   bool Active = 0;   //Active表示8号低温箱开启
   if ( !Active )
   {
     if ( V >= 180 && V <= 220)
     {
        if( T >= -30 && T <= 10)
          return 0 ;  //电压、温度正常
        else if (T > 10)
          return 2;      //温度过高
        else return 1;  //温度过低
     }
     else if (V > 220
        return 4;  //电压过高
     else return 3;  //电压过低
   )
   else return 5;   //8号低温箱未开启
}
```

(b) 程序实现代码

图 5-17　程序流程图及程序实现代码

表 5-17　基本路径覆盖测试用例

测试用例 ID 号	输　入		输　出		覆 盖 路 径
	电压（V）	温度（℃）	代　码	结 果 说 明	
REFR-001	200	−20	000（0）	电压、温度正常	1-5
REFR-002	200	−40	001（1）	温度过低	1-6-8
REFR-003	200	+15	010（2）	温度过高	1-6-7
REFR-004	160	−20	011（3）	电压过低	2-4
REFR-005	250	−20	100（4）	电压过高	2-5

5.4　循环结构覆盖

5.4.1　循环结构

循环结构（Loop Structure）是为了在一定条件下，反复执行某项功能而设计的一种程序结构。一个循环结构由循环变量、循环体及循环终止条件构成。不同编程语言具有不同的循环类型。C 语言包括 for、while、do while 共 3 种类型的循环结构。

for 循环是当型循环（when type loop），在循环体执行前进行条件判断，当条件满足时，进入循环，否则结束循环。其格式为

for（表达式 1；表达式 2；表达式 3）语句：/*循环体*/

图 5-18 展示了 for-next 循环的结构及执行过程。

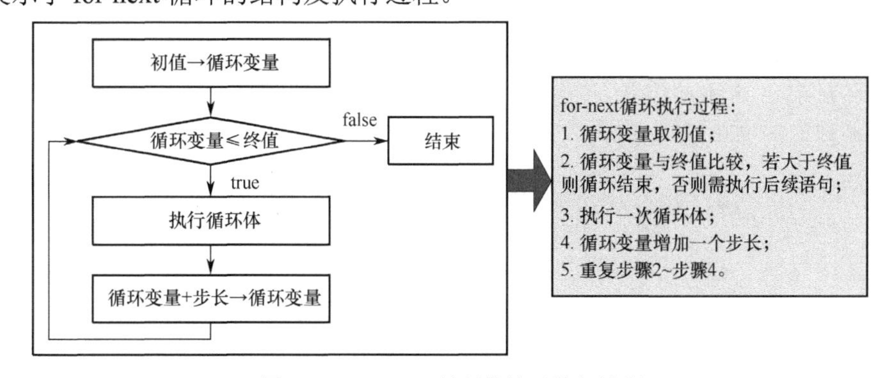

图 5-18　for-next 循环结构及执行过程

while 循环同样也是当型循环。通常，在不知道循环次数的情况下，使用 while 循环。在 while 循环结构中，维持循环的是一个条件表达式，语句是循环体，当表达式为真时，执行循环体内语句，否则终止循环，执行循环体外语句。

do…while 循环是直到型循环（until type loop），在循环次数未知的情况下，使用 do…while 循环，它和 while 循环的区别在于 do…while 循环结构是当执行完一遍循环体之后，再进行条件判断。

5.4.2 循环结构测试

循环结构测试是一种特殊的路径测试，旨在验证循环结构的有效性。而对于不同的循环结构，循环次数通常不确定且可能很大，所包含的执行路径数可能非常庞大，难以或无法对循环结构进行路径穷举。

循环结构分为简单、串接、嵌套和不规则共 4 种循环结构。不规则循环结构由简单、串接、嵌套循环结构组合而成，通常需要将其转化成简单、串接、嵌套结构之后方可测试。图 5-19 给出了简单、串接、嵌套 3 种基本循环结构。

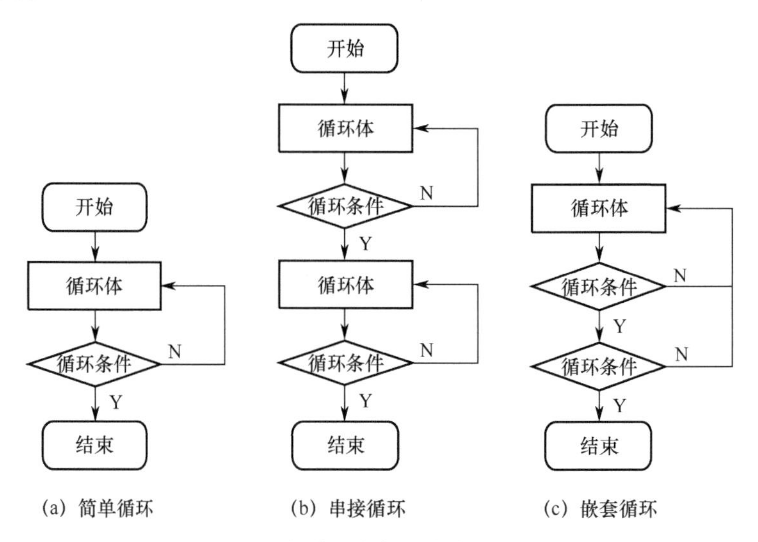

图 5-19 简单、串接、嵌套循环结构

5.4.2.1 简单循环

对于简单循环结构，测试内容包括循环变量的初值、最大值、增量是否正确以及何时退出循环等 4 个方面。假设简单循环结构的最大循环次数为 n，可以采用如下策略进行测试设计：

（1）跳过整个循环。

（2）只循环一次。

（3）只循环两次。

（4）循环 m 次，$m<n$。

（5）分别循环 $n-1$、n 和 $n+1$ 次。

这里，我们考察如下简单循环结构。

```
# include <stdio.h>
void main ( )
{
    int i=0;
    int sum=0;
    while (i<=10)
    {
```

```
        sum = sum + i;
        i ++;
    }
    printf ("%d\n" , sum);
}
```

上述程序定义了两个整型变量 i 和 sum，输入 i，当 i<=10 时，执行循环。sum 的值每次加 1，i 自身加 1，最后输出 sum 的值。对此，即可使用表 5-18 给出的测试项，进行测试设计。

表 5-18　简单循环结构测试项

测　试　项	预 期 结 果
循环变量的初值	0
循环变量的最大值	10
循环变量的增量	i++
何时退出循环	当循环变量 i 达到最大值 10 时退出循环

5.4.2.2　串接循环

串接循环将不同循环结构串接在一起，如果各循环体彼此独立，可以使用简单循环结构的测试方法实现串接循环结构测试，但如果循环体彼此不独立，则可以分别使用简单循环的测试方法对每个循环结构进行测试。如果两个循环串接，且第一个循环的循环计数器值是第二个循环的初始值，则表明这两个循环相互关联。当串接循环不独立时，通常使用嵌套循环测试方法实现串接循环结构测试。

5.4.2.3　嵌套循环

将简单循环结构的测试方法用于嵌套循环，可能的测试次数会随着嵌套层数增加而呈几何级数增加。通常，采用如下方法来减少测试次数：

（1）从最内层循环开始，所有外层循环次数设置为最小值。

（2）对最内层循环按照简单循环的测试方法完成测试。

（3）由内向外进行下一个循环测试，本层循环的所有外层循环仍取最小值，而由本层循环嵌套的循环取某些典型值。

（4）重复上一步的过程，直到所有循环测试完毕。

工程上，对于嵌套循环结构，应重点测试如下几个方面：

（1）当外层循环变量为最小值，内层循环变量也为最小值时的运算结果。

（2）当外层循环变量为最小值，内层循环变量为最大值时的运算结果。

（3）当外层循环变量为最大值，内层循环变量为最小值时的运算结果。

（4）当外层循环变量为最大值，内层循环变量也为最大值时的运算结果。

（5）循环变量的增量是否正确。

（6）何时退出内层循环，何时退出外层循环。

这里，考察如下嵌套循环结构。

```
# include <stdio.h>
void main ( )
{
    int i = 0;
    int j = 0;
    int a[5][5];
    for (i=0;j<5;i++)
    for (j=0;j<5;j++)
    {
        a[i][j] =i+j;
        printf ("%d\n" , a[i][j]);
    }
}
```

该程序定义了一个二维整型数组 a[5][5]及两个循环变量 i 和 j，通过一个嵌套循环对数组的每个元素赋值，即将元素所在的行和列相加并输出。对此，使用如表 5-19 所示嵌套循环结构测试项，进行测试设计。

表 5-19　嵌套循环结构测试项

测 试 项	预 期 结 果
外层循环变量为最小值，内层循环变量也为最小值时的运算结果	a[0][0]=0
外层循环变量为最小值，内层循环变量为最大值时的运算结果	a[0][4]=4
外层循环变量为最大值，内层循环变量为最小值时的运算结果	a[4][0]=4
循环变量的增量是否正确	i++,j++
何时退出内层循环	当 j 达到最大值 4 时退出内层循环
何时退出外层循环	当 i 达到最大值 4 时退出外层循环

5.4.3　Z 路径覆盖下的循环测试

Z 路径覆盖是路径覆盖的一个变体。对于较简单程序，路径覆盖非常简单。当程序中出现多个判断或多个/多种循环时，路径数可能非常庞大，全数路径覆盖非常困难，也不现实。为了解决这一问题，必须舍弃一些次要因素，对循环机制进行简化，最大限度地减少路径数量，使得覆盖有限路径成为可能。称简化循环意义下的路径覆盖为 Z 路径覆盖。无论循环形式还是循环体实际执行的次数，简化后的循环测试只考虑执行循环体 1 次和 0 次，即考虑执行时进入循环体 1 次和跳过循环体这两种情况。图 5-20 给出了循环简化的基本方法。

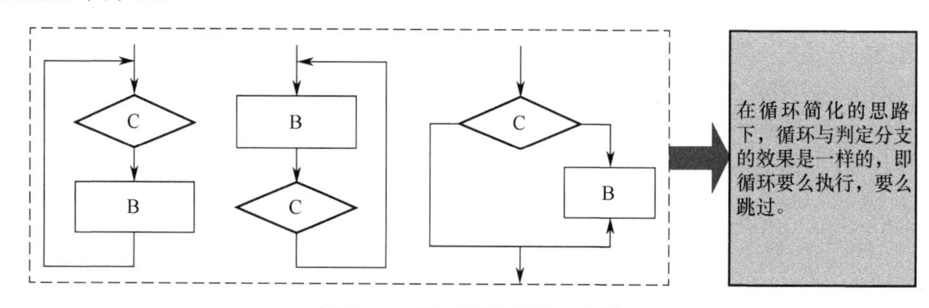

图 5-20　循环简化的基本方法

路径可以用路径树来表示。当得到某一路径的路径树之后，从根节点开始，一次遍历，再回到根节点时，将所经历的叶节点排列起来，得到一条路径。如果遍历了所有叶节点，即得到所有路径；当得到所有路径之后，生成每条路径的测试用例，就可以实现 Z 路径覆盖。

5.4.4　最少测试用例数估算

对于循环结构覆盖，可能需要大量测试用例。而对于某个特定实现，至少需要多少测试用例呢？这需要对最少测试用例数进行估算。结构化程序由顺序型（串行操作）、选择型（分支操作）和重复型（循环操作）3 种基本控制结构组成。为简化问题，避免出现测试用例数量巨大而导致组合爆炸，将构成循环操作的重复型结构用选择结构代替。这样，任一循环便可以改造为进入循环体或不进入循环体的分支操作。

N-S（Nassi Shneiderman）图是结构化编程中的一种可视化建模，是流程图的同构，它将流程图中的流程线去掉，将算法置入一个矩形阵内，表示程序的 3 种基本控制结构。任何 N-S 图都可以转化为流程图，同时大部分流程图也可以转化为 N-S 图。4 种控制结构的 N-S 图如图 5-21 所示。

图中，A、B、C、D、S 表示要执行的操作，P 是可取真值、假值的谓词，Y 表示真值，N 代表假值。简化循环假设之后，对于一般控制流，只考虑选择型结构。图 5-22 表示两个顺序执行分支结构的 N-S 图。当两个分支谓词 P1 和 P2 取不同值时，将分别执行 a 或 b 及 c 或 d 操作。

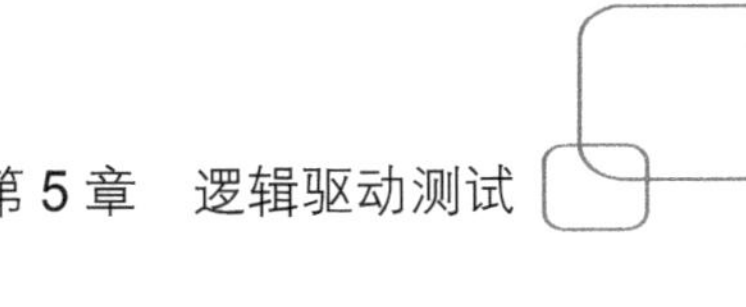

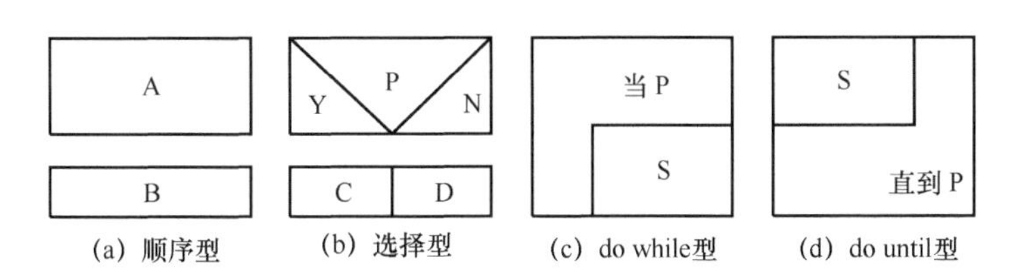

(a) 顺序型　(b) 选择型　(c) do while型　(d) do until型

图 5-21　4 种控制结构的 N-S 图

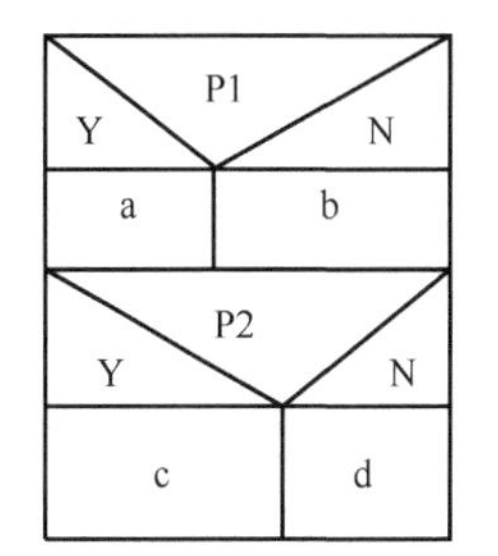

图 5-22　两个顺序执行分支结构的 N-S 图

显然，至少需要设计 4 组测试用例才能覆盖该程序逻辑，使得 ac、ad、bc、bd 操作均得到测试验证。由图 5-22 可见，第一个分支谓词引出两个操作，第二个分支谓词同样引出两个操作。因此，得到 $2\times2=4$ 组操作组合，需要设计 4 组测试用例。这里的 2 是由两个并列的操作即 $1+1=2$ 得到。

对于更加复杂的问题，最少测试用例估算原则同样如此。如果 N-S 图中存在上下并列的层次 A1、A2，那么 A1 和 A2 的最少测试用例个数分别是 $a1$ 和 $a2$，则由 A1、A2 两层所组合的 N-S 图对应的最少测试用例数为 $a1\times a2$；如果 N-S 图中不存在并排层次，则对应的最少测试用例数由并排的操作数决定，即 N-S 图中除谓词之外的操作框的个数。

那么，图 5-23 所示的两个 N-S 图，至少需要多少个测试用例来实现逻辑覆盖呢？

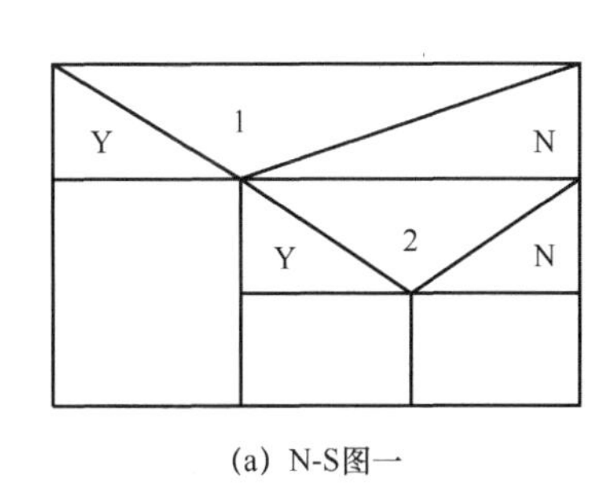

(a) N-S图一

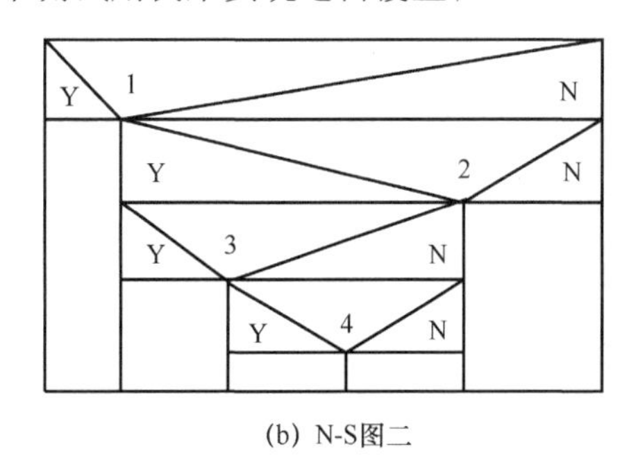

(b) N-S图二

图 5-23　N-S 图示例

对于图 5-23（a）所示 N-S 图，由于图中并不存在并列的层次，最少测试用例数由并排的操作数决定，即为 $1+1+1=3$。对于图 5-23（b）所示 N-S 图，由于图中没有包含并列的层次，最少测试用例数仍由并排的操作数决定，即为 $1+1+1+1+1=5$。

5.5　符号执行

符号执行（Symbolic Execution）是指使用符号值而非具体值或特定值，代替真实值作为输入，将运算过程逐语句或逐指令转换为数学表达式，生成基于控制流图的符号执行树，为每条路径建立以输入数据为变量的符号表达式，执行过程中产生关于输入符号的代数表达式。每一步的状态包括路径条件、程序计数器、程序变量的符号值。路径条件是基于程序变量的布尔型表达式，由输入变量符号值和程序中间变量符号组成的不等式集合，记录程序每一步输入必须满足的约束。当程序满足约束条件时，沿着路径条件规定的路径运行，程序计数器定义下一个需要执行的语句，将符号执行的每一步状态结合起来，产生一个符号执行树，即路径条件树，刻画程序运行的所有路径。符号执行在静态执行代码的同时，将所有中间变量替换成由初始输入变量组成的表达式，当程序执行后得到对应于路径的不同不等式组，不等式组中的变量全部为初始输入变量，其解空间就是满足当前路径的测试用例集，如果不等式组的解空间不存在，即当前路径不可达，将测试用例生成问题转变成约束求解问题，可以精确地找出满足约束条件的测试用例即不可达路径。

对于给定程序，符号执行旨在探索尽可能多的不同程序路径，对于每条路径，生成一个输入集合，检查程序是否存在错误。符号执行适用于程序路径检查、程序证明、程序简约、符号调试等不同场合。符号执行包括变量替换、表达式简化、约束条件求解3个过程。

5.5.1 符号执行原理

符号执行分为前向扩展与后向回溯执行。虽然执行方式不同，但其原理相同，都是用来找出覆盖不同路径的测试用例及不可达路径。符号执行的原理及基本过程如图5-24所示。

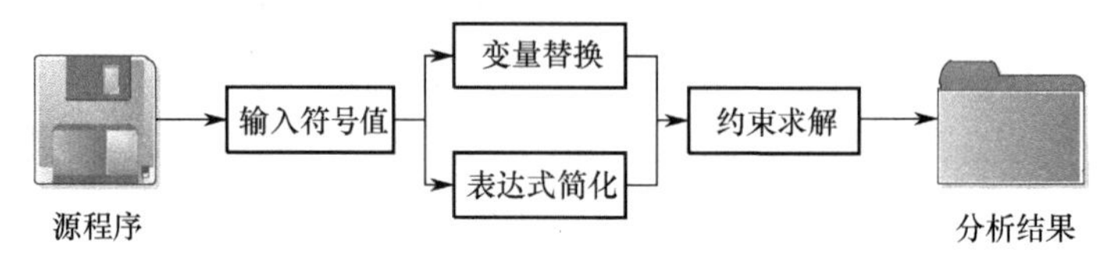

图5-24 符号执行的原理及基本过程

5.5.1.1 前向扩展

前向扩展符号执行是从程序初始状态入手，由前向后，对程序进行顺序分析。例如，对于如下代码，在执行过程中，对变量x、y输入实际值，如3和2，$x-y>0$。在符号执行过程中，如果变量x、y分别赋以符号值X、Y，且$X>Y$成立，x最后得到的值为X，y最后得到的值为Y。

```
     int x ,y ;
S1 : if ( x>y )
     {
S2 :     A = x + y ;
S3 :     x = A - x ;
S4 :     y = A - Y ;
S5 :     if ( x-y ) > 0
S6:       ssert * false ;
     }
```

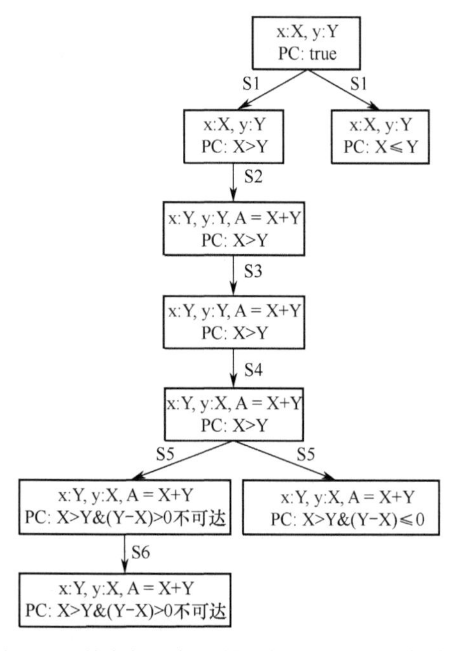

图5-25 前向扩展代码符号执行后的路径条件树

图5-25是上述代码符号执行后所产生的路径条件树，方框表示程序状态，箭头表示状态间的转换。

初始状态下，当路径条件（Path Condition，PC）为“真”时，对x、y分别赋以符号值X和Y，在每一个分支上，路径条件不断扩展。例如，在语句S1中，根据输入的符号值X和Y，路径条件扩展为2条不同的执行路径。

如果$X>Y$，执行左边的路径，如果$X\leqslant Y$，执行右边的路径。在语句S2，将A的符号值替换为$X+Y$。对于语句S3，$x=(X+Y)-Y$，经简化后，$x=Y$。同理，对于语句S4，y的符号值替换为X。该程序共有3条不同路径，对应于3个不同路径条件，即3个表达式组，分别为

$$\begin{Bmatrix} X>Y \\ Y-X>0 \end{Bmatrix} \quad \begin{Bmatrix} X>Y \\ Y-X\leqslant 0 \end{Bmatrix} \quad \begin{Bmatrix} X\leqslant Y \\ \end{Bmatrix}$$

其中，第一个不等式组无解，即其对应路径不可达。

每一个不等式组对应路径条件树中的一条路径，即一个等价类。3个等价类如下：

（1）等价类 1：执行路径 S1、S2、S3、S4、S5、S6，路径条件为$X > Y \& (Y - X) > 0$。

（2）等价类 2：执行路径 S1、S2、S3、S4、S5、S6，路径条件为$X > Y \& (Y - X) \leqslant 0$。

（3）等价类 3：执行路径 S1，路径条件为$X \leqslant Y$。

5.5.1.2　后向回溯

后向回溯符号执行是当程序状态已知时，自后向前，从程序的某一条语句出发，找出到达特定状态的程序路径以及路径的约束条件，聚焦于一条路径上，从路径的最后一个目标状态开始，沿着路径的每一节点（状态）自后向前进行搜索，直至回溯到程序的初始状态。在此过程中，不断地对变量进行替换和简化，得到该路径的路径条件，通过求解由路径条件组成的不等式组，进而得到覆盖该路径的输入。对于本章 5.5.1.1 节给出的代码，图 5-26 描述了其对应的后向回溯符号执行过程。

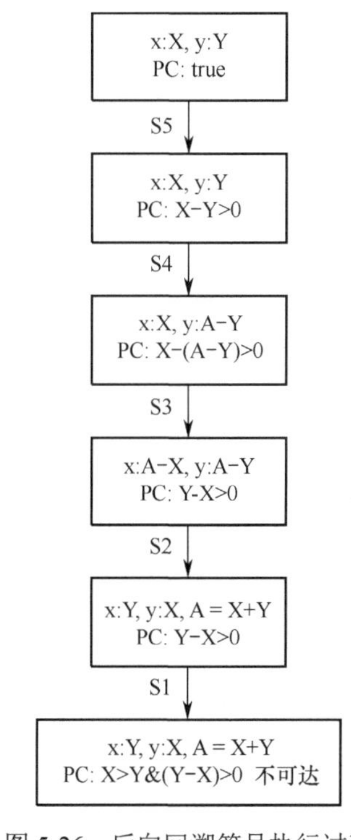

图 5-26　后向回溯符号执行过程

回溯算法是一种类似于枚举的选优搜索方法。针对所给出的问题，定义至少包含一个最优解的问题解空间，确定易于搜索的解空间结构，以深度优先方式等系统地搜索整个解空间，在搜索过程中使用剪枝函数可避免无效搜索。

使用约束函数在扩展节点处剪去不满足约束条件的子树，使用分支限界函数剪去得不到最优解的子树，避免无效搜索。这两类函数称为剪枝函数。剪枝函数给出每个可行节点相应的子树，获得最大价值的上界，如果上界不大于当前最优值，则说明相应子树中不含问题的最优解，可以剪去。

另外，将上界函数确定的每个节点的上界值作为优先级，以该优先级的非增序抽取当前扩展节点，该策略可以更加迅速地找到最优解。$\alpha - \beta$剪枝用以减少极小化极大算法搜索树的节点数，是分支界限类算法，也是一种对抗性搜索算法，能够减少搜索树分枝，将搜索时间用在“更有希望”的子树上，提高搜索深度。

使用后向回溯查找语句 S6 的路径及路径条件，说明后向回溯符号执行的工作方式。初始状态下，语句为 S6，路径条件为“真”，向后回溯到语句 S5，路径条件变为$X - Y > 0$。在语句 S4 遇到赋值语句$y = A - Y$，用符号值替换当前路径条件中的 Y，PC 变为$X - (A - Y) > 0$；同理，回溯到语句 S2 后，变量 x 的符号值为 Y，变量 y 的符号值为 X，PC 为$(X > Y) \& (Y - X) > 0$。该路径条件所组成的不等式组无解，说明语句 S6 的路径 S1、S2、S3、S4、S5、S6 不可达。

5.5.2　符号执行技术

5.5.2.1　经典符号执行

符号执行的主要思想是将输入用符号而非具体值进行表征，同时将程序变量表征为符号表达式，程序输出则被表征为一个输入的函数。在时间和计算等资源足够的情况下，遍历目标程序的所有路径，判断其可达性。

对于符号执行，首当其冲的是将一个程序的所有执行路径表征为一棵执行树。关于程序执行路径的执行树表示，限于篇幅，在此不介绍。感兴趣的读者可以参考相关文献。这里仅根据图 5-27 给出的示例，讨论通过符号执行遍历程序执行树的过程。

在图 5-27（a）所示代码中，函数 testme()有 3 条执行路径，可以将其转化为如图 5-27（b）所示的

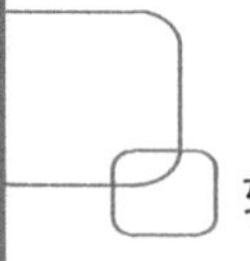

执行树，即将该程序的所有执行路径表征为一棵执行树。从直观上看，只要能够给出 3 个输入，就可以遍历此 3 条路径，即图 5-27（b）中灰色填充方框中 x 和 y 的取值。符号执行的目标就是生成这样的输入集合，在给定的时间内，探索所有路径。

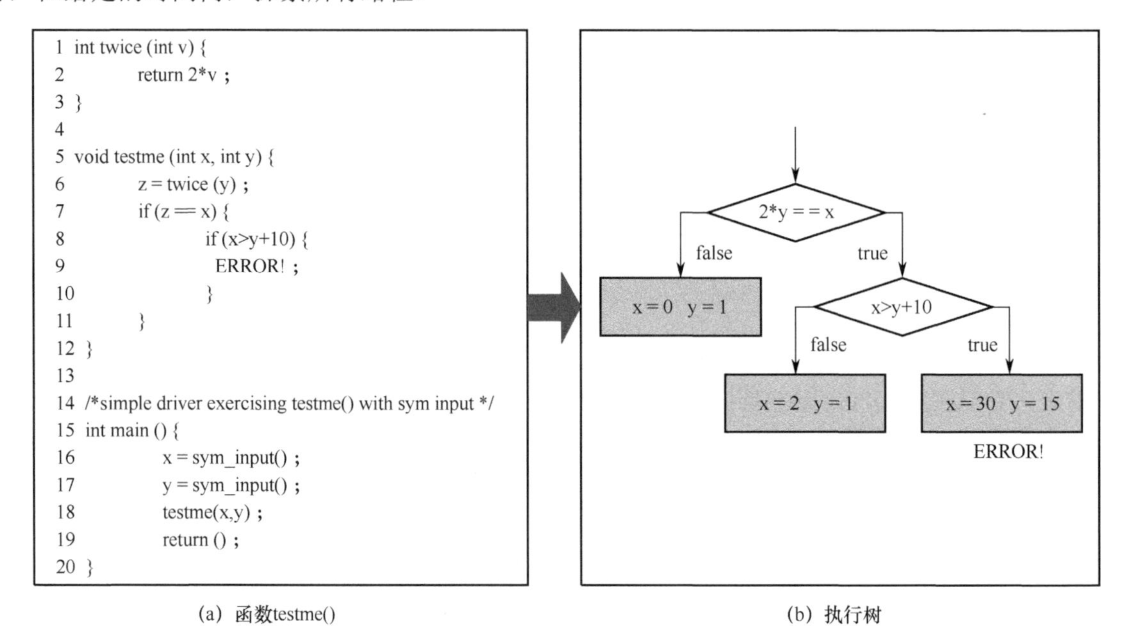

(a) 函数testme()　　(b) 执行树

图 5-27　程序代码及对应的执行树

确定解空间结构后，从根节点出发，以深度优先方式搜索整个解空间。开始节点称为一个活节点，同时也是当前的扩展节点。在当前扩展节点处，搜索向纵深方向移至一个新节点，这个新节点成为一个新的活节点，同时成为当前扩展节点。如果在当前扩展节点处不能继续向纵深方向移动，则当前扩展节点成为死节点。此时，向回移动即回溯至最近的一个活节点处，使该活节点成为当前的扩展节点。后向回溯法就是以这种方式在解空间中进行递归搜索，直至找到所要求的解或解空间中不再有活节点为止。

为了形式化地完成此任务，符号执行在全局维护两个变量。其一是符号状态σ，它是一个从变量到符号表达式的映射；其二是符号化路径约束 PC，是一个无量词的一阶公式，用来表示路径条件。

在符号执行开始时，符号状态σ初始化为一个空的映射，而符号路径约束 PC 初始化为 true。σ和 PC 在符号执行过程中会不断更新。在符号执行结束时，PC 用约束求解器进行求解，以生成实际的初始值。这个实际的输入值如果用程序执行，就会走符号执行过程探索的那条路径，即此时 PC 的公式所表示的路径。

对于函数 testme()，当符号执行开始时，符号状态σ为空，符号路径约束为 true。当遇到第一条读语句，其形式为 var=sym_input()，即接收程序输入，符号执行会在符号状态σ中加入一个映射$var\rightarrow s$。其中，s 是一个新的未约束的符号值。main()函数的前两行得到结果$\sigma=\left\{x\rightarrow x_{0},y\rightarrow y_{0}\right\}$。其中，$x_{0}$和$y_{0}$是两个初始的未约束的符号值。

当遇到一个赋值语句，形式为 v=e 时，符号执行将更新符号状态σ，加入一个 v 到$\sigma\left(e\right)$的映射。其中，$\sigma\left(e\right)$就是在当前符号化状态计算 e 得到的表达式。

对于图 5-27（a）所示的 testme()函数，当代码执行完第 6 行时，$\sigma=\left\{x\rightarrow x_{0},y\rightarrow y_{0},z\rightarrow 2y_{0}\right\}$。这样，可得到如图 5-28 所示的 testme()函数的符号执行结果。

符号执行的目标就是在给定的时间内，生成一个输入集合，使得所有或尽可能多的执行路径依赖于由符号表征的输入。当遇到条件语句 if(e)S1 else S2 时，PC 会有两个不同的更新。首先是 PC 更新为

PC$\wedge\sigma\left(e\right)$，这就表示 then 分支。然后，建立一个符号路径约束 PC′，初始化为 PC$\wedge\neg\ sigma\left(e\right)$，表示 else 分支。如果 PC 是可满足的，赋予一些实际值，程序就会执行 then 分支，此时的状态为：符号状态σ和符号路径 PC。反之，如果 PC′ 是可满足的，则会建立另一个符号实例，其符号状态为σ，符号路径约束为 PC′，执行 else 分支。如果 PC 和 PC′ 都不能满足，那么执行就会在对应路径终止。

```
1  int twice(int v){
2      return 2*v;
3  }
4
5  void testme(int x,inty){
6      z = twice(y);            state :{x->x0,y->y0,z->2y0}
7      if(z == x){
8          if(x>y+10)
9              ERROR;           state:{
10         }                    x->x0;
11     }                        y->y0;
12 }                            x=2y0;
13                              x0>y0+10;
                                }
14 /*simple driver exercising testme() with sym inputs*/
15 int main(){
16     x = sym_input();
17     y=sym_input();           state :{x->x0,y->y0}
18     testmen(x,y);
19     return();
20 }
```

图 5-28　函数 testme()的符号执行结果

如果符号执行遇到 exit 语句或错误，如程序崩溃、违反断言等情况时，符号执行的当前实例会终止，利用约束求解器对当前符号路径约束赋一个可满足的值，构成测试输入。如果程序执行这些实际输入值，就会在同样的路径结束。

对于图 5-27（a）所示函数 testme()，3 条不同执行路径构成了一棵执行树。经过符号执行计算，得到 3 组输入 $\{x=0, y=1\}$、$\{x=2, y=1\}$、$\{x=30, y=15\}$，覆盖了所有执行路径。当其中代码包含循环和递归时，如果终止条件是符号，符号执行就会产生无限数量的执行路径。循环及递归代码符号执行结果如下。

```
1  void testme_inf () {
2      int sum = 0;
3      int N = sym_input ();
4      while ( N>0) {
5          sum = sum + N;
6          N = sym_input ();
7      }
8  }
```

这时，符号路径要么是一串有限长度的“true”后跟着一个“false”（跳出循环），要么是无限长度的“true”。方程表示如下：

$$\left(\bigwedge_{i\in[1,n]} N_i\right) \wedge (N_{n+1} \leqslant 0)$$

如果符号路径的约束不可解或者不能被高效求解，则不可能生成输出。对于图 5-27（a）所示函数 testme()，如果将函数“twice”更改为“(v*v)%50”，求解器将无法求解非线性约束问题，则符号执行失败，无法生成输出，该路径不可达。

5.5.2.2　现代符号执行

1. *混合执行测试*

混合执行测试能够同时维护精确状态和符号状态。精确状态将所有变量映射到具体值，符号状态仅映射具有非具体值的变量。由于混合执行测试需要维护程序执行时的精确状态，所以需要赋予以一个精确的初始值。当给定若干个具体输入时，混合执行测试动态进行符号执行。对于上述 testme()函数，其混合符号执行测试过程及结果如图 5-29 所示。

2. *执行生成测试*

执行每个操作前，检查相关值是精确值还是已符号化的值，然后动态地进行精确和符号执行。若所有相关值都是实际值，则执行原始程序。若至少有一个值已符号化，则该操作将被符号执行。对于图5-27（a）所讨论的程序，如果将第17行改成“y=10”，调用“twice”时，传入精确参数，则其返回值是一个精确值。那么，第7行中的“z”及第8行中的“y+10”被转换成精确值，即可通过符号执行。基于精确值的符号执行测试结果如图5-30所示。

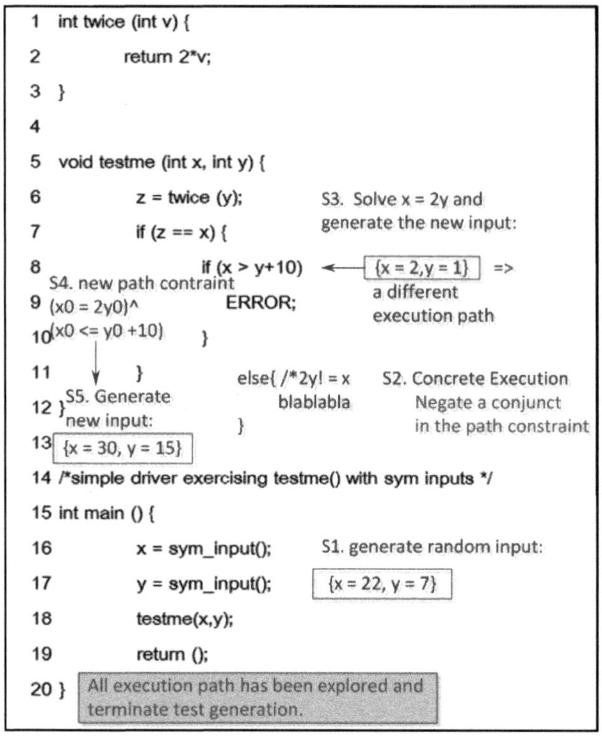

```
1  int twice (int v) {
2          return 2*v;
3  }
4
5  void testme (int x, int y) {
6          z = twice (y);              S3. Solve x = 2y and
7          if (z == x) {               generate the new input:
8                  if (x > y+10)   <-- {x = 2,y = 1} =>
   S4. new path contraint                  a different
9  (x0 = 2y0)^     ERROR;                  execution path
10 (x0 <= y0 +10)      }
11         }        else{ /*2y! = x    S2. Concrete Execution
12 } S5. Generate        blablabla       Negate a conjunct
   new input:         }                  in the path constraint
13 {x = 30, y = 15}
14 /*simple driver exercising testme() with sym inputs */
15 int main () {
16         x = sym_input();            S1. generate random input:
17         y = sym_input();            {x = 22, y = 7}
18         testme(x,y);
19         return ();
20 }  All execution path has been explored and
      terminate test generation.
```

图5-29　函数testme()混合符号执行测试过程及结果

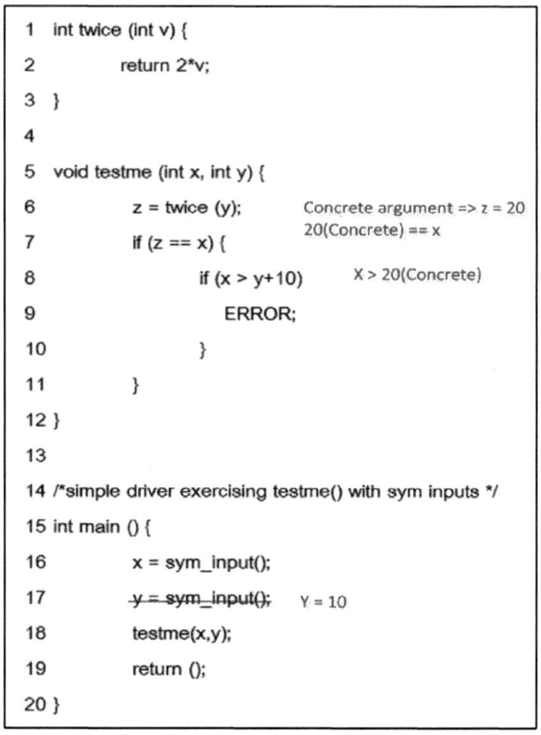

```
1  int twice (int v) {
2          return 2*v;
3  }
4
5  void testme (int x, int y) {
6          z = twice (y);          Concrete argument => z = 20
7          if (z == x) {           20(Concrete) == x
8                  if (x > y+10)        X > 20(Concrete)
9                      ERROR;
10                 }
11         }
12 }
13
14 /*simple driver exercising testme() with sym inputs */
15 int main () {
16         x = sym_input();
17         y = sym_input();   Y = 10   (struck through)
18         testme(x,y);
19         return ();
20 }
```

图5-30　基于精确值的符号执行测试结果

3. *动态符号执行中的不精确性*

不精确性是当调用第三方代码库时，由于某种原因而无法进行代码插装，从而假设传入参数都是精确值，全部当作精确执行，从而导致不精确性。即使传入参数中包含符号，动态符号执行依然可以将符号设定为一个具体值。

混合执行测试和执行生成测试具有不同的解决方法，除了调用外部代码，对于难以处理的操作数如浮点型或复杂函数，使用精确值可以有效地改进符号执行效果。动态符号执行通过精确值可以简化约束，从而防止符号执行受阻。但这种简化可能导致不完整性，即有时候无法对所有执行路径都生成输出。

5.5.2.3　存在的问题及解决方法

当代码中存在数组元素、复杂数据结构、循环、方法调用、指针等情况时，基于符号执行的分析还存在不少困难，尚有一些关键技术需要突破。

1. *数组元素混淆*

例如，如下含有数组的代码段，完成简单的乘法运算，返回数组元素值a[i]。

```
int multiple ( int [ ]a, int i, int j. int k)
{
    a[i] = a[i] * 2;
    a[j] = a[j] * 3;
    a[k] = a[k] * 4;
    return a[i];
}
```

采用符号执行对该程序进行分析，当$i \neq j$、$j \neq k$、$k \neq i$时，令$a[i]$、$a[j]$、$a[k]$的输入符号值分别为a_i、a_j和a_k，可以得到该程序的返回值为$2a_i$，且只产生一条简单的路径条件。当$i \neq j$，$j \neq k$，$k \neq i$中任意一条路径不满足时，程序将返回不同结果。如果$i = j$，$j \neq k$，$k \neq i$，则程序先对$a[i]$进行 2 倍运算，$a[i]$的值变为$2a_i$，对$a[j]$进行 3 倍运算，因$i = j$，实际上是对$a[i]$又进行了一次 3 倍运算。程序将$a[i]$的值乘以 6 得到$6a_i$。根据i、j、k之间的关系，得到如表 5-20 所示结果。

表 5-20 不同i、j、k对返回值的影响

序 号	关 系	返 回 值
1	$i \neq j, j \neq k, k \neq i$	$2a_i$
2	$i = j, j \neq k, k \neq i$	$6a_i$
3	$i \neq j, j = k, k \neq i$	$2a_i$
4	$i \neq j, j \neq k, k = i$	$8a_i$
5	$i = j, j = k, k = i$	$24a_i$

鉴于i、j、k之间的关系，符号执行路径由原来的 1 条变成 5 条，路径数大幅增加，测试用例数亦大幅增加到原来的 5 倍。当使用符号执行工具处理这类数组运算时，可能会造成测试用例遗漏。一个行之有效的办法是通过专门程序，对可能发生数组元素混淆的代码段定位，对混淆情况进行分类，并定义一个前置断言集。当前置断言满足时，产生一类混淆情况；反之不产生混淆。将每种混淆的分类看成一个执行内容（Execution Context，EC），当所有 EC 被定义之后，再次运行符号执行程序，根据前置断言集对程序进行数组元素混淆分析，并通过 EC 升级符号执行树。

假设参数i、j、k在数组界内，且$i \neq j$，$j \neq k$，$k \neq i$，但这些条件并未在代码中体现，使用元素混淆处理程序即可以解决这类问题。元素混淆处理程序定义了如表 5-21 所示 5 个可能产生的 EC 及相应的输出，$a[i]$、$a[j]$、$a[k]$的存储位置分别为s_i、s_j、s_k。当$i = j$时，$a[i]$、$a[j]$的存储位置为s_{ij}；而当$i = j = k$时，$a[i]$、$a[j]$、$a[k]$的存储位置为s_{ijk}。

表 5-21 代码段的执行内容分类

	EC				
	EC1	EC2	EC3	EC4	EC5
i, j, k 关系	$i \neq j, j \neq k, k \neq i$	$i = j, j \neq k, k \neq i$	$i \neq j, j = k, k \neq i$	$i \neq j, j \neq k, k = i$	$i = j, j = k, k = i$
返回存储位置	s_i	s_{ij}	s_i	s_{ik}	s_{ijk}
返回值	2arry[i]	6arry[i]	2arry[i]	8arry[i]	24arry[i]

2. 复杂数组结构处理

对于面向对象软件，使用符号执行处理链表、树、应用等复杂数据结构时，需要设计另外的算法。其中，“懒惰初始化”算法将类中具有复杂数据结构的属性视为不同对象，对这些属性进行调用，即对这些对象引用的调用。其主要特征是在类的属性值为空的状态下即开始运行类的方法，在这些属性第一次被方法调用时才“惰性”地初始化它的值。它允许类中的方法在不限制起始输入对象的数量与界限时就可以启动符号执行。“懒惰初始化”算法如图 5-31 所示。

```
如果 f 是未初始化的
{
    如果 f 是类 T 的调用
    {
        随机初始化 f 为
        1. 空
        2. 对于 T 的一个新的实例（实例的属性值保持未初始化）
        3. 一个已经初始化过的类 T 的实例
        如果 f 不符合方法的前置条件
        {
            重新初始化
        }
    }
    如果 f 是基本数据类型或字符串
    {
        初始化成新的数据类型的符号值
    }
}
```

图 5-31 “懒惰初始化”算法

首先建立一个未初始化属性值 C 的实例 O，用一般符号执行方式运行实例。执行过程中遇到未初始化属性f时，根据f的类型采用不同处理方式。若f为复杂数据结构，算法对

f进行不确定性操作，初始化为空，或新建一个实例，或已存在一个类型相同的实例，该对象在初始化属性过程中创建。初始化完成后，根据方法的前置断言对 f 进行检查，如果存在冲突，则重新初始化。如果f为基本数据类型或字符串，则将其初始化为一个新的数据类型的符号值。

3. *循环语句处理*

在进行循环语句处理时，如果循环结束条件依赖于一个或多个变量，符号执行过程中则无法明确判断循环的终止时间。当循环次数增加时，将导致符号执行过程中可能的路径急剧增加。White 和 Wiszniewski 研究表明，当输出变量与输入变量呈线性关系时，为循环设置一个适当上限，虽然会遗漏一些错误，但这些错误仅在循环执行一定次数后才会产生，具有较好的测试效果。

4. *方法调用*

在符号执行过程中，遇到方法调用时，可以选择宏扩展、引理和可信 3 种处理方式。当可以获得被调用代码段时，宏扩展方式将被调用方法的代码内置化。在引理方式中，被调用方法已经过分析并被划分成等价类，不仅省去了进一步的分析，而且也无须获得被调用代码段，直接增加等价类数量。可信方式认为某些被调用方法 $f(x)$ 是可信的，对 $f(x)$ 的调用不会增加等价类数量，也不会产生新的路径。对一些操作符，如“+”的使用就是对可信 $f(x)$ 的调用，调用常规库函数时，常常使用这种方式。

5.5.3 符号表达式简化

在符号执行过程中，路径条件树中的每个节点都记录路径执行的约束条件及变量符号值。路径条件与变量符号值均由符号表达式组成，路径条件由逻辑表达式表征，变量符号值由代数表达式描述。在变量的不断替换过程中，逻辑及代数表达式均不断地被引入新成分，从而产生大量冗余，最终变得非常复杂，难以计算，必须对其进行简化处理，形成统一的标准形式。

5.5.3.1 逻辑表达式简化

逻辑表达式简化应用于路径条件简化，旨在为约束条件求解提供最简形式，限制路径条件的复杂度。在符号执行过程中，路径条件中的约束条件不断增加。这里，考虑如下例子：

$$\mathrm{PC}_1\begin{cases}\mathrm{not}((x+y)>10\mathrm{and}(y>0))\\ x+y>10\end{cases}$$

PC_1是符号执行过程中所产生的某一条路径所对应的执行条件，包含 not 与 and 两个逻辑操作符。此时，无法直接将 PC_1 作为约束求解，得到覆盖该路径的测试用例。必须首先将 PC_1 进行逻辑简化。我们将 $x+y>10$ 作为表达式 E_1， $y>0$ 作为表达式 E_2 。则 PC_1 可以表示为

$$PC_1'=\left\{\begin{matrix}\neg(E_1E_2)\\ E_1\end{matrix}\right\}\rightarrow\neg(E_1E_2)E_1$$

根据逻辑简化规则， $\neg(E_1E_2)E_1$ 可以转化成 $(\neg E_1+\neg E_2)E_1$ ， $(\neg E_1+\neg E_2)E_1$ 再次转化为 $(\neg E_1)E_1+(\neg E_2)E_1$ 。因为$(\neg E_1)E_1$恒为空，所以，最后 PC_1' 可以简化为$\neg E_2E_1$，将 PC_1' 还原成 PC_1

$$PC_1\{(y\leqslant 0)\mathrm{and}((x+y)>0)\}$$

逻辑表达式简化形式包括简化前及简化后符号表达式必须满足的形式两个部分。表 5-22 列出了部分逻辑表达式的简化规则。其中， E_1 、 E_2 代表符号表达式，1 代表全集。

5.5.3.2 代数表达式简化

代数表达式简化应用于路径条件及变量符号值简化，去除代数表达式冗余，将其转换成一种标准形式。大部分静态分析工具简化系统的核心是简化规则数据库，每一规则均包括简化前后符号表达式必须满足的形式两部分。例如，规则 $(N_1E)+(N_2E)\rightarrow(N_1+N_2)E$ ，其中 N_1 与 N_2 为数字， E 为任何形式的代

数表达式。对于$(N_1E)+(N_2E)$形式的代数表达式，可以将其简化为$(N_1+N_2)E$。表 5-23 列出了部分代数表达式的简化规则。

表 5-22　部分逻辑表达式的简化规则

简化前形式	简化后形式	简化前形式	简化后形式
E_1+1	1	$(E_1+E_2)(E_1+E_3)$	$E_1+E_2E_3$
$1E_1$	E_1	$E_1+\neg E_1E_2$	E_1+E_2
$E_1+\neg E_1$	1	$E_1+E_1E_2$	E_1
E_1E_1	E_1	$\neg(E_1+E_2)$	$\neg E_1\neg E_2$
$\neg\neg E_1$	E_1	$E_1\oplus E_2$	$\neg E_1E_2+\neg E_2E_1$

表 5-23　部分代数表达式的简化规则

简化前形式	简化后形式	简化前形式	简化后形式
$0+E$	E	$0-E$	$-E$
$E+0$	E	$-(-E)$	E
$E+E$	$2E$	$(E_1/E_2)E_2$	E_1
0/E	0	$(N_1E)+(N_2E)$	$(N_1+N_2)E$
$E-0$	E	N_1+N_2	N_3

假设考虑代数表达式$3(Z+5)+5(Z+5)$，简化系统通过扫描发现，该代数表达式满足规则$(N_1E)+(N_2E)\rightarrow(N_1+N_2)E$的形式，将其简化成$(3+5)(Z+5)$，再进行一次扫描，发现$(3+5)(Z+5)$满足规则$N_1+N_2\rightarrow N_3$，则该表达式再次被简化成$8(Z+5)$，经过进一步分析，发现它不满足简化规则库中的任一条规则，显然$8(Z+5)$就是最简化的标准形式。

5.5.4　约束条件求解

路径条件树可能存在多个终止节点，终止节点的路径条件是从程序入口节点到达终止节点的约束条件。如果存在满足约束条件的输入，则路径可达，否则不可达。例如，一条路径的 PC 为$\{R_i<10, R_i=0\}$，可得到该路径的测试用例为$\{R_i=0\}$。又如，一条路径的执行条件为$\{R_i<10, R_i>100\}$，路径条件矛盾，无法得到其解空间，该路径不可达，无法得到测试用例。

对于大多数实际问题，一些约束求解工具能够对不等式组进行求解或断定其解不存在。其中，Clark 和 Richardson 提出的公理与代数技术，较好地解决了路径的可达性问题。公理使用定理证明系统，以判断路径的可达性，代数技术将 PC 中的不等式组视为求解最优问题的条件约束集合，若最优解存在，则路径可达，最优解就是满足路径条件的测试用例；若最优解不存在，则路径不可达。路径条件限制下，如果将路径条件当成线性规划问题中的不等式约束条件，即可将解空间问题转化为线性规划问题。与线性规划问题唯一不同的是，在求解空间时没有目标函数以及用来求解最大值或最小值的变量表达式。目标函数的形式并不重要，可以将源程序中所有变量简单相加后形成的表达式作为目标函数。添加目标函数后，约束求解就是求最优解的过程。

如果目标函数存在最优解，则满足最优解的所有变量取值的组合，肯定也能满足路径条件的限制，这些变量的取值就可以当成覆盖当前路径的测试用例。如果不存在最优解，则说明在 PC 中存在矛盾，当前路径不可达。

5.6　流敏感指针分析

指针分析能够用于空指针引用、内存泄漏、内存释放后重用等缺陷分析，是重要的静态代码分析方法之一。流敏感（Flow-Sensitive）、流不敏感（Flow-Insensitive）、上下文敏感（Context-Sensitive）、上下

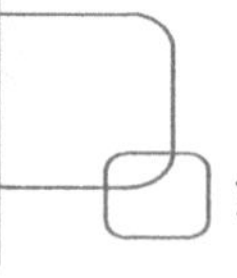

文不敏感（Context-Insensitive）以及流敏感+上下文敏感组合、流敏感+上下文不敏感组合分析算法是常用的指针分析方法。这里仅讨论基于流敏感的指针分析方法，其他分析方法读者可参考相关文献。

流敏感是指基于程序语句执行顺序，如数据流分析的指针别名（Pointer Alias）分析过程中，一个流不敏感指针别名分析可能得到“变量 x 和 y 可能指向同一位置”，流敏感指针别名分析得到的结论则类似于“在执行第 20 条指令后，变量 x 和 y 可能指向同一位置”。一个流不敏感指针别名分析不考虑控制流，且认为所发现的别名在程序所有位置均成立。

5.6.1 流敏感分析背景

程序控制流图上的每个节点 k 维护两个指向图：IN_k 表示进入节点 k 的指针信息，OUT_k 表示从节点 k 流出的指针信息。每个节点都有一个传递函数将 IN_k 传递到 OUT_k。传递函数的一个特点就是采用两个集合 GEN_k 和 $KILL_k$ 分别表示节点 k 产生的指针信息和删除的指针信息，此两个集合的内容依赖于节点 k 关联程序语句的语义，随着新指针信息的积累，在分析过程中，其内容发生变化。对于所有节点 k，指针分析迭代计算如下函数，直至收敛

$$IN_k = \bigcup_{x \in pred(k)} OUT_x \tag{5-5}$$

$$OUT_k = GEN_k \bigcup (IN_k - KILL_k) \tag{5-6}$$

对于一条语句 k，如果关联语句是 $x = y$，则 $KILL_k = \{x \to \_\} \to \_$ 表示 x 指向的所有信息被杀（kill）掉，即被新的关系替代。对于一条语句 k，如果关联的语句是 $*x = y$，则情况将变得比较复杂。如果 x 被定义为仅仅指向一个单一的对象 z，那么 $KILL_k = \{z \to \_\} KILL_k = \{\}$。因此，虽然添加了新的信息，但保守地保留了所有现有指向关系。在如下情况下，一个指针可能指向多个具体的内存地址：

（1）指针的指针集包含多个具体的内存地址。

（2）指针是一个 heap 变量。

（3）递归函数中的局部变量，在栈上运行时将产生多个对象实例。

堆模型是指针分析的基础，它将概念上无限大小的堆抽象为一组有限的内存位置。基本做法是将每个静态内存分配位置视为一个不同的抽象内存位置，并在程序执行过程中映射到多个具体内存位置。

5.6.2 静态单赋值问题

对于静态单赋值（Static Single Assignment，SSA），每个变量在程序中只定义一次，原始程序中具有多个定义的变量被拆分为单独的实例，每个实例对应于一个定义。在控制流图中的汇聚点处，使用 $\varnothing$ 函数组合同一变量的不同实例，生成对该变量新实例的赋值。SSA 形式显式地表示定义–使用（def-use）信息，并允许数据流信息直接从变量定义流到相应使用的地方，是执行稀疏分析的理想形式。

向 SSA 形式的转换是通过指针使用实现的，且指针只能通过指针分析发现，因为间接 def 的存在，使得这种转换异常复杂。由于得到的指针信息是保守的，实际上，每个间接的 def 和 use 都是一个可能的 def 或 use。我们使用 X 和 μ 函数表示这些可能的 def 和 use，在原始程序表示的每一个间接 STORE，如 $*x = y$ 中，对于每一个可能被 STORE 定义的变量 v，用一个函数 $v = X(v)$ 进行注释。类似地，对于每一个可能被 LOAD 如 $x = *y$ 访问的变量 v，则用一个函数 $\mu(v)$ 注释。当转换为 SSA 形式时，每个 X 函数被视为给定变量的定义和使用，每个 μ 函数则被视为对给定变量的使用。

为了有效避免处理间接 STORE 和 LOAD 的复杂性，GCC、LLVM 等编译器使用 SSA 的一个变体，称为不完全 SSA 形式。变量可分为两类：一类是包含从不被指针引用的顶级变量（Top-Level Variables，TLV），其定义和使用可以通过检查予以简单确定，无须指针信息，这些变量可以使用任何构造 SSA 形

式的算法转换为 SSA；另一类是包含那些可以被指针引用的变量（Address-Taken Variables，ATV），为避免上述复杂情况，这些变量不以 SSA 形式放置。

5.6.3 LLVM 的内部表示

在 LLVM 中，TLV 保存在概念上无限的虚拟寄存器中，这些寄存器以 SSA 形式维护。ATV 以非 SSA 形式保存在内存中而非寄存器中，使用 ALLOC 和 COPY 指令修改 TLV。ATV 通过 LOAD 和 STORE 指令访问，这两条指令将 TLV 作为参数。ATV 在内部表示 IR 从未被语法引用，而是使用 LOAD 和 STORE 指令来间接引用。LLVM 指令使用三地址格式，因此每条指令最多有一个指针解引用级别，通过引入临时变量，具有多个间接级别的源状态被简化为一个指针解引用级别。图 5-32 给出了一个 C 代码片段及其对应的不完全 SSA 形式示例。

图 5-32 中，变量 w、x、y、z 是 TLV，已转换为 SSA 形式；变量 a、b、c、d 是 ATV，因为它们存储在内存中，仅通过 LODA 和 STORE 指令访问。因为 ATV 为非 SSA 形式，它们可以分别被定义多次，就像变量 c、d 一样。由于无法直接命名 ATV，LLVM 将对它保持不变，即每个 ATV 至少有一个仅引用该变量的虚拟寄存器。

int a,b,*c,*d;	
int *　w = &a;	$w_1 = ALLOC_a$
int *　x = &b;	$x_1 = ALLOC_b$
int **　y = &c;	$y_1 = ALLOC_c$
int **　z = y;	$z_1 = y_1$
c = 0;	STORE 0 y_1
*y = w;	STORE w_1 y_1
*z = x;	STORE x_1 z_1
y = &d;	$y_2 = ALLOC_d$
z = y;	$z_2 = y_2$
*y = w;	STORE w_1 y_1
*z = x;	STORE x_1 z_1

图 5-32　一个 C 代码片段及其对应的不完全 SSA 形式示例

5.6.4 稀疏流敏感指针分析

稀疏流敏感指针分析（Sparse Flow-Sensitive Pointer Analysis，SFS）的主要数据结构是 def-use 图，它包含程序语句的一个节点以及表示 def-use 链的边，如果在节点 x 中定义变量并在节点 y 中使用，则存在从 x 到 y 的有向边。TLV 的 def-use 边，可以通过程序检查确定。ATV 的边则需要通过辅助分析进行计算。第一步是使用辅助分析结果，将 ATV 转换为 SSA 形式，既然 STORE 和 LOAD 已经使用了 X 和 μ 函数进行注释，则采用任何标准的 SSA 算法，都可以将程序转化为 SSA 形式。图 5-33 给出了一个示例程序片段及采用辅助分析计算的指针信息。

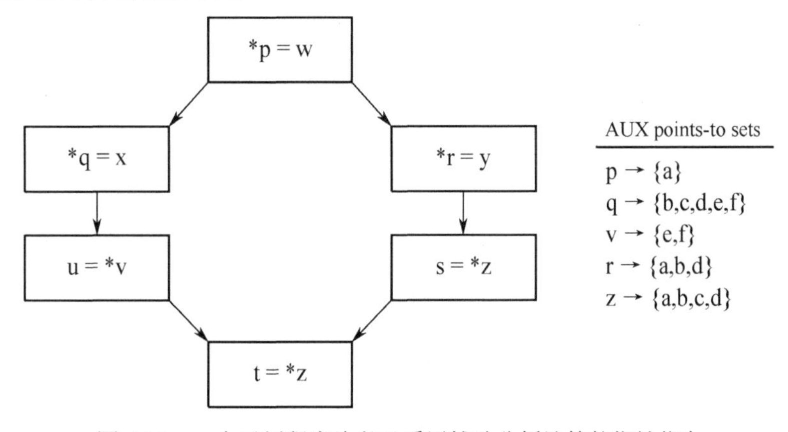

图 5-33　一个示例程序片段及采用辅助分析计算的指针信息

图 5-34 给出了用 X 和 μ 函数注释并翻译成 SSA 的相同程序片段，注释来自于辅助分析计算的指针信息。例如，对于控制流图节点*p = w，为 p 的指针集合中每个变量（a）添加一个 X 函数，$a_1 = X(a_0)$。对于控制流图节点 u = *v，为 v 的指针集合中每个变量（e 和 f）添加一个 μ 函数 $\mu(e_1);\mu(f_1)$。其他节点

都可以通过类似方式进行注释。一旦对所有节点都进行了注释，就可以使用任何标准 SSA 算法导出其 SSA 形式。

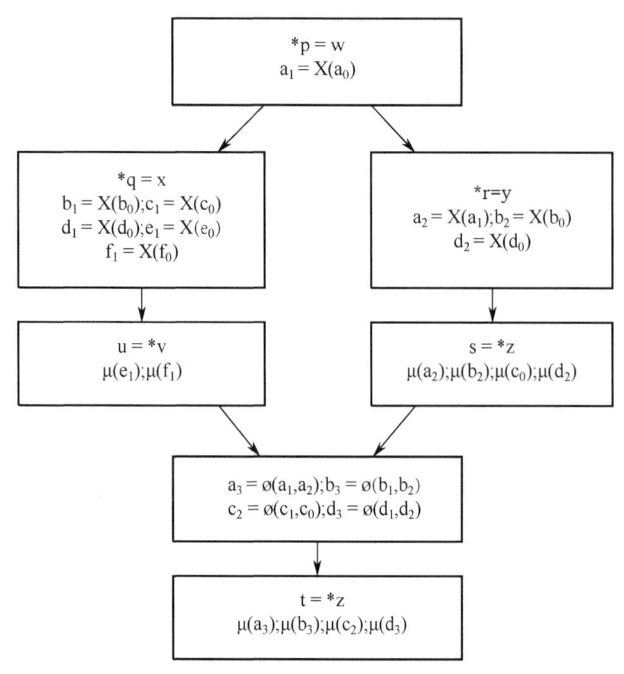

图 5-34　用 X 和 μ 函数注释并翻译成 SSA 的相同程序片段

相对于分析计算更加精确的流敏感信息，辅助分析计算 def-use 信息则偏于保守。因此，对于一个增加了注释 $v_m = X(v_n)$ 的 STORE 指令 $*x = y$，必须解决如下 3 个方面的问题：

（1）在流敏感结果中，x 可能并不指向 v。在这种情况下，v_m 是 v_n 的副本，且不会并入 y 的任何信息。

（2）在流敏感结果中，x 可能仅指向 v。在这种情况下，对 v 的指针集进行强更新，v_m 是 y 的副本，且不包含 v_n 的任何信息。

（3）x 可能指向 v 及流敏感结果中的其他变量。在这种情况下，对 v 的指针集进行弱更新，v_m 包含来自 v_n 和 y 的指向信息。

通过计算得到的 SSA 信息，能够构建 def-use 图。但要创建 def-use 图，必须从每个间接定义，即 STORE 到可能使用这个间接定义变量的每个语句之间，增加一条边。为每个用函数 $v_m = X(v_n)$ 注释的 STORE，创建一个从该 STORE 到每个使用 v_m 作为参数的 X、μ、$\varnothing$ 函数的语句之间，定义一条 def-use 边，用 ATV 变量的名称标记与 ATV 相对应的每条 def-use 边，当传播指针信息时，分析只沿着标有变量名称的边传播变量的信息即可。图 5-35 展示了由图 5-34 转换而成的 def-use 图。

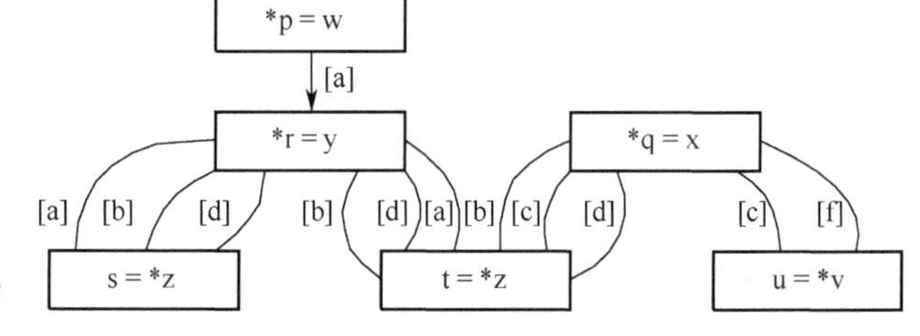

图 5-35　由图 5-34 转换而成的 def-use 图

5.6.5　访问等效性

在实际应用中，可能需要大量 def-use 边，而且每个 LOAD 和 STORE 都可以访问数以千计的变量，基于解引用变量的指针集来设置大小，每个变量都可以在程序中的数十或数百个位置进行访问。在大型基准测试中，可能会创建数以亿计的 def-use 边，以至于无法实现可扩展分析。为此，引入访问等效（Access Equivalence，AE）的概念，以便以紧凑的方式表示相同的信息。也就是无论何时，用 LOAD 或 STORE 指令访问一个变量时，两个 ATV 变量 x 和 y 访问等效。即对于所有变量 v，使得 v 在 LOAD 或 STORE 中被解引用，$x \in \text{points}-\text{to}(v) \Leftrightarrow y \in \text{points}-\text{to}(v)$，这种对等概念与 Hardekopf 和 Lin 所描述的位置对等概念相似，其不同点为：通过位置对等，检查程序中的所有指针，以确定两个变量是否相等，而访问等效性只关注在 LOAD 或 STORE 中解所使用的指针。两个变量的访问等效是一种非位置等效。访问等效的优点是 SSA 算法将为所有访问等效变量计算相同的 def-use 链。根据定义，任何定义一个变量的 STORE 也必须定义所有访问等效变量。类似地，当使用一个变量时，必须使用所有访问等效变量的 LOAD。

使用辅助分析确定访问等效性，必须识别由同一组 LOAD 和 STORE 访问的变量。设 AE 是从 ATV 到指令集的映射，对于每个 LOAD 或 STORE 指令 I，以及对于 I 访问的每个变量 v，AE(v) 包括 I。一旦处理完所有指令，如果 AE(x) = AE(y)，那么任意两个变量 x 和 y 是访问等价的。一旦 ATV 被划分为访问等价类，def-use 图的边就会使用分区而不是变量名重新标记。对于图 5-33，访问等效项为：$\{a\}$、

$\{b,d\}$、$\{c\}$、$\{e,f\}$。图 5-36 展示了与图 5-35 相同的 def-use 图，其不同之处在于同一分区中访问等效变量的边折叠成了一条边。

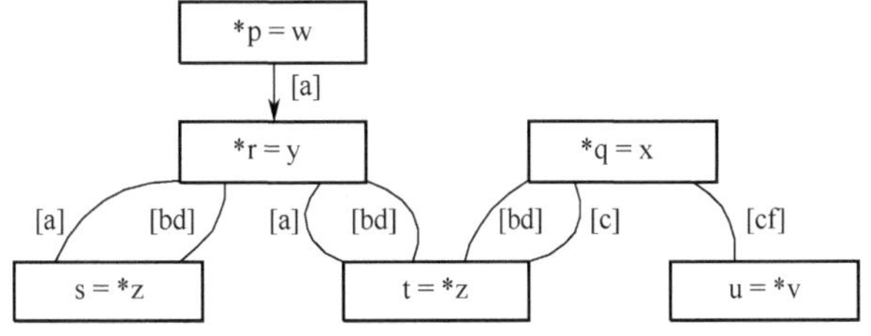

图 5-36　基于访问等效性分析的 def-use 图

5.6.6　算法

将所有内容放在一起，稀疏流敏感指针分析算法从计算 def-use 图的一系列预处理开始。

（1）通过辅助分析计算程序保守的 def-use 信息，通过辅助分析结果计算程序的过程间控制流程图（Interprocedural Control-Flow Graph，ICFG），包括对其潜在目标间接调用的解决方案。然后，所有函数调用被转换为一组 COPY 指令，用以表示参数分配。类似地，函数返回亦被转换为 COPY 指令。

（2）计算所有 TLV 确切的 SSA 信息。这个步骤所计算的 $\varnothing$ 函数被转换成 COPY 语句。例如，将 $x_1=\varnothing(x_2,x_3)$ 转换为 $x_1=x_2x_3$，将地址获取变量划分为访问等价类。

（3）对于每个分区 P，使用辅助分析结果标记每个 STORE，该 STORE 可以使用函数 $P=X(p)$ 修改 P 中的变量，用函数 $\mu(p)$ 标记每个可能访问 P 中变量的 LOAD。

（4）使用多种可用方法中的任一方法计算分区的 SSA 形式创建 $\varnothing$ 函数。

（5）通过为每个指针相关的指令和步骤（4）创建的每个 $\varnothing$ 函数，创建一个节点，构造 def-use 图。然后，对于每个 ALLOC、COPY 和 LOAD 节点 N，将来自 N 的未标记的边添加到使用由 N 定义 TLV 的每个其他节点；对于具有定义分区变量 P_n 的 X 函数的每个 STORE 节点 N，将来自 N 的边添加到使用 P_n 的每个节点，并由分区 P 标记；对于定义分区变量 P_n 的每个 $\varnothing$ 节点 N，为每个使用 P_n 的节点创建一个未标记的边。

一旦完成预处理，即可使用如下数据结构进行稀疏分析：

（1）节点工作列表初始化为包含所有 ALLOC 节点的 Worklist。

（2）全局指针图 FG 包含所有 TLV 的指针集，设 $P_{top}(v)$ 是 TLV 变量 v 的指针集。

（3）每个 LOAD 和 $\varnothing$ 函数 k 包含一个指向图 IN_k，以保存该节点可能访问的所有 ATV 的指针信息。设 $P_k(v)$ 是包含在 IN_k 中的 ATV 变量 v 的指针集。

（4）每个 STORE 节点 k 包含两个指向图，保存该节点可以定义的所有 ATV 的指针信息：IN_k 用于输入指针信息，OUT_k 用于输出指针信息。$P_k(v)$ 是 IN_k 中的地址获取 ATV 变量 v 的指针集。提升 $P_k()$ 对地址获取变量集的运算能力，使其结果是该集中每个变量指针集的并集。

（5）对于每个 ATV 变量 v，part(v) 返回 v 所属变量分区。

指向图的点被初始化为空，循环迭代地从工作列表中选择和处理一个节点。在此期间，可以将新节点添加到工作列表中，循环一直持续到工作列表为空，分析计算结束。上述处理 ATV 变量的 phi 函数计算方法实现如下：

```
Main body of analysis
  while Worklist is not empty do
    k = SELECT(Worklist)
    switch typeof(k)
       case ALLOC: processAlloc(k)      // x = ALLOC_i ;
       case COPY:  processCopy(k)       // x = y z···  ;
       case LOAD:  processLoad(k)       // x = *y ;
       case STORE : processStore(k)     // *x = y ;
       case ∅ :    processPhi(k)        // x = phi(···) ;
define processAlloc(k)
  PG ↩ {x → ALLOC_i}
  if PG changed then
```

```
    Worklist ← {n | k → n ∈ E}
  // x → ALLOC_i 表示 x 指向一个对象， k → n 表示 def-use 的边
define processCopy(k)
  for all  v ∈  right-hand side do
    PG ← {x → P_top(v)}
  if PG changed then
    Worklist ← {n | k → n ∈ E}
define processLoad(k)
  PG ← {x → P_k(P_top(y))}
  if PG changed then
    Worklist ← {n | k → n ∈ E}
define processStore(k)
  if  P_top(x)  represents a single concrete memory location
  then       // strong update
     OUT_k ← (IN_k − {P_top(x) → _}) ⋃ {P_top(x) → P_top(y)}
  else       // weak update
     OUT_k ← IN_k ⋃ {P_top(x) → P_top(y)}
  for all  {n ∈ N, p ∈ P | k →(p) n ∈ E} do
    for all  {v ∈ OUT_k | part(v) = p} do
      IN_n(v) ← OUT_k(v)
      if  IN_n  changed then
        Worklist ← {n}
define processPhi(k)
for all  {n ∈ N | k → n ∈ E} do
  IN_n ← IN_k
  if  IN_n  changed then
    Worklist ← {n}
```

5.7 面向对象软件的逻辑驱动测试

面向对象软件测试包括面向对象分析测试（OOA Test）、面向对象设计测试（OOD Test）和面向对象编码测试（OOP Test）3 个层次。面向对象系统测试是在类测试的基础上，对系统架构及类设计进行分析，验证系统的符合性及能力。从这个意义上，面向对象软件测试同面向过程软件测试并无本质差别，唯有类测试体现了面向对象软件测试的特点。

面向过程软件，逻辑驱动测试是对函数的测试；面向对象软件，逻辑驱动测试是对类的测试，即对基类和派生类的测试。类是面向对象软件的基本单元，类测试方法可以推广到类族测试。类封装了对象的属性和方法，因此对类的测试必然包含属性和方法的测试。方法的测试可以采用基于逻辑驱动的测试技术。但测试人员往往把类视为一个整体，将其属性和方法结合起来进行测试，即对类实现是否正确，类及其属性和方法设计是否合理，是否存在多余的类及其属性和方法，是否缺少相应的类及其属性和方法以及不同类之间的关联进行测试验证。状态测试是类测试的重要环节，基于状态的类测试是一种行之有效的测试方法。一般地，类测试过程为：为类创建实例→构建适当的环境→运行测试用例（向一个实例发送一个或多个消息）→通过参数检测测试执行结果→对测试结果进行分析评价和总结。

5.7.1 类在 UML 中的描述

统一建模语言（Unified Modeling Language，UML）以面向对象图的方式描述对象及其他对象之间的关系，支持应用系统开发，是一种支持对象技术的可视化建模语言。UML 是一种用于说明、可视化、

构建和编写一个正在开发、面向对象、软件密集系统的开发方法，对大规模复杂系统建模，特别是对架构层次的测试验证，具有显著效果。UML 系统开发包括功能模型、对象模型、动态模型 3 个模型。类的 UML 表示如图 5-37 所示。

UML 中，用来表示类的符号是矩形，并划分为名称区域（显示类的名称）、属性区域（显示类中定义的变量）和操作区域（显示类中定义的方法）3 个区域。类之间包括关联、泛化、实现、依赖、聚合和组合 6 种关系。类的每种关系分别使用不同符号表示，并分别用私有、保护和公有 3 个关键字来修饰。

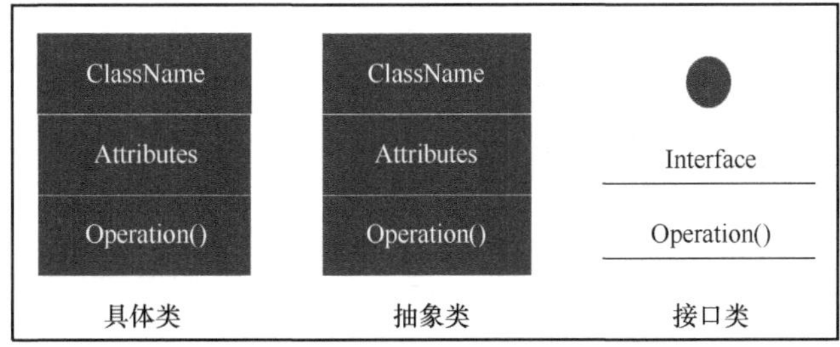

图 5-37　类的 UML 表示

5.7.2　错误表征

类测试旨在找出实际运行的状态模型与预期模型之间的差异。需求规格产生的状态模型称为 Spec（Specification），系统实际运行状态模型称为 IUT（Implementation Under Test）。将 IUT 和 Spec 进行比较，通常会存在如下差异。

（1）**丢失转换**：对一个有效激发事件，IUT 未做出响应。

（2）**不正确的转换**：IUT 行为到达一个不正确的结果状态。

（3）**丢失动作**：对于一个转换，IUT 没有产生任何动作，输出遗漏。

（4）**不正确的动作**：对于一个转换，IUT 产生错误动作，输出错误。

（5）**讹误状态**：IUT 通过转换，到达无效状态。

当类中存在错误时，一个类可能对消息序列做出反应，产生非预期或错误。

（1）**潜行路径**：IUT 接收了一个非法或在此状态中未被规定的事件，到达有效状态。

（2）**非法消息失败**：IUT 未正确处理一个非法消息，接收该消息之后到达一个无效状态。

（3）**陷阱门**：IUT 接收了一个在规约中未定义的事件。

5.7.3　类测试设计

5.7.3.1　类测试用例设计

基于状态、限制及代码覆盖率，进行类测试用例设计。根据状态转换确定测试用例。

5.7.3.2　类测试驱动设计

基于开发者视角，测试驱动就是在测试设计之前设计的测试代码；基于测试者视角，类测试驱动是为了执行测试，运行测试用例，检出软件错误。测试驱动构建应简单、透明且易于维护，能够提供尽可能多的服务，同时兼顾自增量更新。理想的情况是能够重用已有测试驱动程序。类测试驱动程序开发方法很多，下面以 Java 语言为例说明测试驱动程序的结构。

（1）在 main 方法中写入需要运行的测试用例，实现 main 方法，编译并执行该类。

（2）在类中实现一个静态测试方法，通过调用该方法收集每个测试用例的执行结果。

（3）实现独立的测试类，执行并收集每个测试用例的执行结果。

5.7.3.3　类测试序列生成

用例树构造需要以一定的测试覆盖准则为基础，在状态机模型中，存在以下两种覆盖准则。

（1）**状态覆盖**：状态图中，每一个状态至少被访问一次。

（2）**迁移覆盖**：状态图中，每一个使能迁移至少被激活一次。

迁移覆盖集包含状态覆盖集，迁移覆盖强于状态覆盖。测试目标至少包括迁移覆盖。一种测试用例生成方法是基于状态机模型，将状态图视为一种流程图，其具有一个起始点和一个终节点，然后就像基于流程图的测试一样寻找由起始点到终节点的基本路径集，实现状态覆盖。但状态图上的每一个状态都不同于流程图上的语句节点，这样的测试生成法不能满足基于状态测试的要求。另一种是专门针对状态机模型的测试用例生成方法，其中最经典的当属 T. S. Chow 于 1978 年提出的 W 方法。

W 方法覆盖错误的能力较强，但所生成的测试序列集往往较大，尤其是当被测系统比较庞大时，适用性将显著下降。于是，作者提出了 W_P 改进方法，以各个状态的识别集 W_i 来代替系统的特征集 W，测试用例生成步骤为：

（1）$\text{TS}_1 = P \cdot Z$。其中，$Z = \sum[m-n]W$，$\sum[m-n] = \left(\{\varepsilon\} \cup \sum \cup \cdots \cup \sum^{m-n}\right)$。

（2）$\text{TS}_2 = R \cdot \sum[m-n] \otimes W = Y_{p\in P}\{p\}\left(Y_{p\in P\sum[m-n]}\{P1\}I_i\right)W_j$。$R = P - Q$，$W_j$ 是 S_j 的识别集，S_j 由 $P1$ 达到。

UIO（Userspace I/O）方法为每个状态规定一个唯一的输入/输出序列，代替该状态的识别集，生成测试用例。假设 I_j 是 S_j 的 UIO 序列中的输入序列，采用 UIO 方法产生的测试用例集为

$$\text{TS}_2 = Y_{p\in P}\{p\}\left(Y_{p\in P\sum[m-n]}\{P1\}I_i\right) \tag{5-7}$$

S_j 由 $P1$ 达到。

用其所生成的测试用例，执行测试，检查模型中每个状态是否能够由初态正确地到达，然后检查模型中每一个转换及输出是否正确。

这几种方法的不同之处在于：W 方法采用整个状态机模型的区分集，测试时将区分集中的全部输入发送给拟检查的每一个状态，基于输出判断 IUT 是否达到具有此识别集的状态，当 IUT 中的其他状态或出现的谬误状态也错误地呈现了这一状态识别集的状态时，W 方法也可以将其检查出来。W_P 方法同 W 方法类似，但它仅用各个状态的识别集来判断各个状态，仅为每一状态规定唯一的输入/输出序列，减少测试用例的生成，只能判断某一转换是否达到规定的状态，但当其他状态也错误地包含这个状态的 UIO 特性时，却无能为力，但仍不失为一种实用方法。图 5-38 展示了一个随机状态机模型。

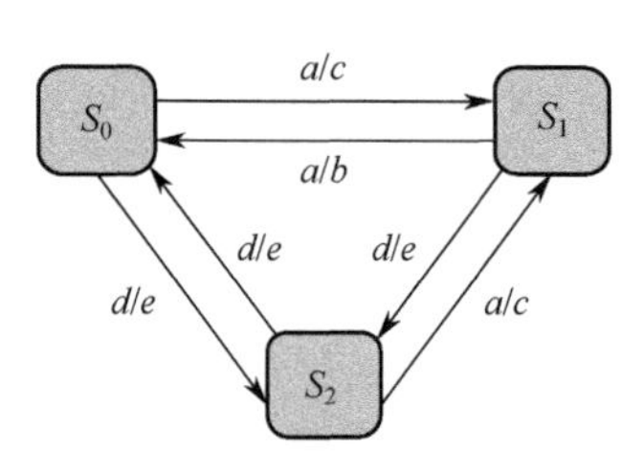

图 5-38　一个随机状态机模型

此状态机模型符合 UIO 方法的前提条件，可以采用 UIO 方法为其生成测试用例。

各状态选定的 UIO 分别为：$\text{UIO}[1] = a/b$，$\text{UIO}[2] = a/c \cdot a/b$，$\text{UIO}[3] = d/e \cdot a/b$。则该状态机模型的状态覆盖集为

$$\{\varepsilon, a, b\}$$

迁移覆盖集为

$$\{\varepsilon, a, d, a\cdot a, a\cdot d, a\cdot d\cdot a, a\cdot d\cdot d\}$$

由此，生成测试序列集

$$\text{TS} = \{a, a\cdot a\cdot a, d\cdot d\cdot a, a\cdot d\cdot d\cdot a, a\cdot d\cdot a\cdot a\cdot a\}$$

相应的预期输出为

$$\text{ES} = \{c, c\cdot b\cdot c, e\cdot e\cdot c, c\cdot e\cdot e\cdot c, c\cdot e\cdot c\cdot b\cdot c\}$$

如前所述，UIO 方法只能判断某一转换是否达到具有此 UIO 特性的状态。

假设图 5-39 是图 5-38 所示状态机模型的被测实现 IUT，则 IUT 的 I_0 状态与 I_1 状态呈现同样的 UIO 特性，都包含序列 $d/e \cdot a/b$。在这种情况下，前述测试用例集无法检出这一错误。

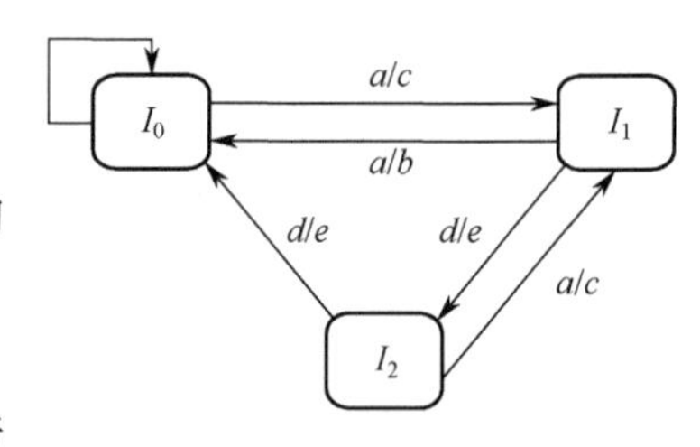

图 5-39　一个状态机模型（IUT）

针对上述问题，业界提出了一种 UIO_V 方法：虽然 Spec 中各个 UIO 对于每一个状态都是唯一的，但是在 IUT 中，这种唯一性未必成立。在对状态进行检查时，不仅需要检查该状态是否呈现了规定的 UIO 特性，还需要检查此状态是否也错误地呈现了其他状态的 UIO 特性。

这里，在为图 5-38 所示状态机模型生成 UIO 测试序列集的基础上，进一步生成 UIO_V 方法所需的额外测试序列，对 S_0，$TS_0=\{a\cdot a,d\cdot a\}$，预期输出为 $ES_0=\{b\cdot c,e\cdot c\}$。同样，对于 S_1 和 S_2，分别得到

$$TS_1=\{a\cdot a,a\cdot d\cdot a\},\quad ES_1=\{b\cdot c,b\cdot e\cdot c\}$$

$$TS_2=\{a\cdot d\cdot a,a\cdot d\cdot a\cdot a\},\quad ES_2=\{b\cdot e\cdot c,b\cdot e\cdot c\cdot c\}$$

将这些测试序列与上述 UIO 的测试序列合并，去掉重复序列，生成测试序列

$$TS=\{a,a\cdot a\cdot a,d\cdot d\cdot a,a\cdot d\cdot d\cdot a,a\cdot d\cdot a\cdot a\cdot a,d\cdot a,a\cdot d\cdot a,a\cdot d\cdot a,a\cdot d\cdot a\cdot a\}$$

预期输出为

$$ES=\{c,c\cdot b\cdot c,e\cdot e\cdot c,c\cdot e\cdot e\cdot c,c\cdot e\cdot c\cdot b\cdot c,b\cdot c,e\cdot c,b\cdot e\cdot c,b\cdot e\cdot c\cdot c\}$$

采用这样的测试序列可以检出图 5-35 中 IUT 所存在的错误。UIO_V 方法覆盖错误的能力要大于 UIO 方法。但是，UIO_V 产生的测试序列太多，实际工程上大多仍然采用 UIO 方法。

IUT 可能接收非法消息，因此必须生成包含非法消息的测试用例，参考潜行路径测试用例，在所生成测试序列集的基础上，进一步生成关于非法消息的测试序列集。

测试序列集生成方法是：首先使得系统达到某一状态 S_i，向该状态发送输入集中对于该状态是非法的消息，然后检查系统是否仍然停留在该状态。仍然假设 $S_i\in S$，S_i 由 q 达到，Σ_i 是 S_i 的输入集，而 i_i 是 S_i 的 UIO 输入序列，当 $m=n$ 时，非法消息的测试序列生成的公式为

$$TS_E=Y_{q\in Q}\{q\}\cdot(\Sigma-\Sigma_i)\cdot I_i \tag{5-8}$$

式中，各个状态非法消息集为

$\Sigma-\Sigma_0=\{c,d,e,f\}$，$\Sigma-\Sigma_1=\{a,b,f\}$，$\Sigma-\Sigma_2=\{a,b,f\}$，$\Sigma-\Sigma_3=\{a,b,c,d,e\}$，$\Sigma-\Sigma_0=\{a,b,c,d,e\}$。

因为 $Q=\{\varepsilon,a,b,a\cdot e,b\cdot e\}$，各个状态的 UIO 仍然如前所述，测试序列集为

$$TS_E=\{c\cdot a,d\cdot a,e\cdot a,f\cdot a,a\cdot a\cdot c,a\cdot b\cdot c,a\cdot f\cdot c,b\cdot a\cdot d,b\cdot b\cdot d,b\cdot f\cdot d,a\cdot a\cdot f,a\cdot e\cdot b\cdot f,$$
$$a\cdot e\cdot c\cdot f,a\cdot e\cdot d\cdot f,a\cdot e\cdot e\cdot f,b,e\cdot a\cdot f,b\cdot e\cdot b\cdot f,b\cdot e\cdot c\cdot f,b\cdot e\cdot d\cdot f,b\cdot e\cdot e\cdot f\}$$

关于由非法消息序列产生的预期输出集，情形要相对复杂一些。当一个状态接收到一个非法消息时，正确的实现应该仍然停留在原状态，不产生任何输出或产生规约中所规定的异常输出。假设是由非法消息序列产生预期输出集，相应的预期输出为（用“-”代替无输出）

$$ES_E=\{-\cdot x,-\cdot x,-\cdot x,-\cdot x,x\cdot -\cdot y,x\cdot -\cdot y,x\cdot -\cdot z,x\cdot -\cdot z,x\cdot -\cdot z,x\cdot u\cdot -\cdot u,x\cdot u\cdot -\cdot u,u\cdot -\cdot u,$$
$$x\cdot u\cdot -\cdot u,x\cdot -\cdot u,x\cdot w\cdot -\cdot w,x\cdot w\cdot -\cdot w,x\cdot w\cdot -\cdot w,x\cdot w\cdot -\cdot w,x\cdot w\cdot -\cdot w\}$$

5.7.4 类测试数据

5.7.4.1 域测试法与随机测试数据生成

域测试法是一种常见的测试用例生成方法，其基本思想是程序中的每一条路径都与程序输入域的某一子域相对应。域测试法简单易行，但该方法未考虑状态模型的结构，所生成的测试数据难以与一定的测试序列匹配。

随机测试是指在程序的整个输入域上，随机选择数据作为测试用例，可以看作是域测试的一种特殊情况，被认为是一种退化的域测试，常被用于评价其他测试方法的优劣。这两种方法都是可供选择的测试数据生成方案。

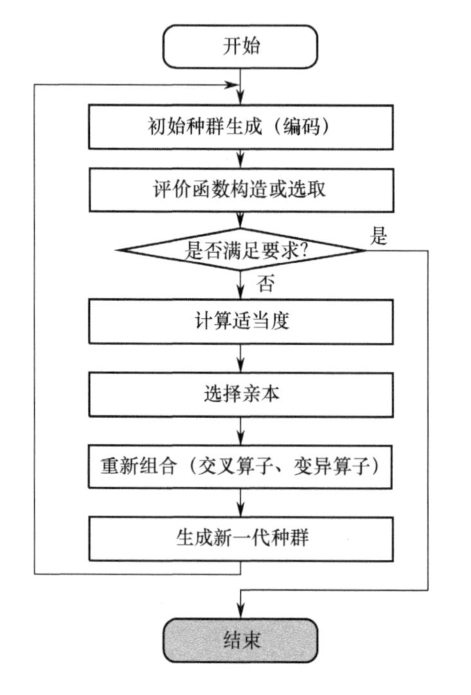

图 5-40　基于遗传算法的测试数据生成过程

5.7.4.2　基于遗传算法的测试数据生成

在输入域内随机产生输入数据，向被测类发送消息序列，判断输入数据是否满足要求，若不满足要求，则对输入数据进行遗传操作，产生新一代输入数据，重复此过程，直到产生满足要求的测试数据。基于遗传算法的测试数据生成过程如图 5-40 所示。

（1）**初始种群生成（编码）**。二进制编码（包括带符号的二进制编码）是常用编码方式，但这种方式对于浮点数或其他较复杂的数据类型，适用性有限。

（2）**评价函数构造或选取**。选取评价函数，以确定个体位串的适应度，建立遗传算法与实际问题的接口，如果没有或不存在评价函数，则遗传算法的搜索过程是盲目的，需要根据需求构造评价函数。

（3）**选择亲本**。如现有种群中没有符合要求的个体，选择亲本时，每次从现有种群中选择两个个体，作为新个体的双亲，再生成新一代种群。

（4）**遗传算子**。选择亲本之后，采用交叉算子、变异算子等遗传算子产生新个体。

（5）**生成新一代种群**。在亲本与其后代中按一定方法选择一定数量的个体，生成新一代种群。

5.7.5　类测试延伸

5.7.5.1　继承层次结构中类的测试

父类被测试用例覆盖的代码被子类继承，只要父类代码未被子类覆盖，则无须重新创建测试用例。假设 Class_A 类有两个实例方法 operation1()和 operation2()，Class_B 继承 Class_A 类并实现新的实例方法 operation3()，Class_C 继承 Class_B 且覆盖 Class_B 类的实例方法 operation3()和 operation2()。这 3 个类之间的继承关系如图 5-41 所示。

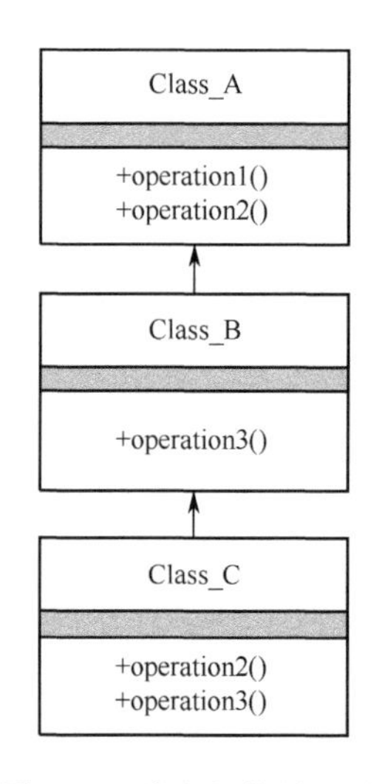

图 5-41　类之间的继承关系

基于 3 个类的区别，确定继承测试用例中是否需要新的子类测试用例，如表 5-24 所示。

表 5-24　类测试用例选择表

类	继承类	类方法	是否改变	是否增加测试用例
Class_A		operation1()		
		operation2()		
Class_B	Class_A	operation1()	否	否
		operation2()	否	否
		operation3()	是	是
Class_C	Class_B	operation1()	否	否
		operation2()	是	是
		operation3()	是	是

类测试用例增补原则为：如子类新增一个或多个新的操作，相应地增加测试用例；如子类定义的同名方法覆盖父类的方法，增加相应测试用例。那么，可以采用如图 5-42 所示接口构建类测试用例。对于

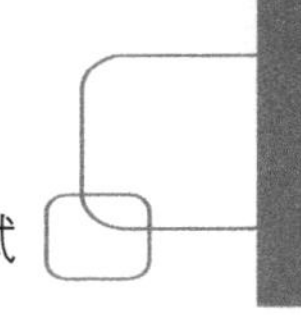

基类，需要进行全部测试，当然，底层测试类可以对父类测试方法回归。

5.7.5.2　接口类测试

接口一定会在某个类中实现，可以使用实现接口的类来完成测试。其原则是：**如果接口未被任何类实现，则无须进行测试；如果接口已被其他类实现，则必须针对实现该接口的类进行测试**。为接口设计一个通用测试程序，引入一个抽象测试类，其方法用于测试接口的共同行为，然后创建接口对象，设计测试程序。该测试程序不仅能够测试当前已实现类的通用属性，还可以不加修改地应用于将来实现的类。InterFace 接口测试类如图 5-43 所示。

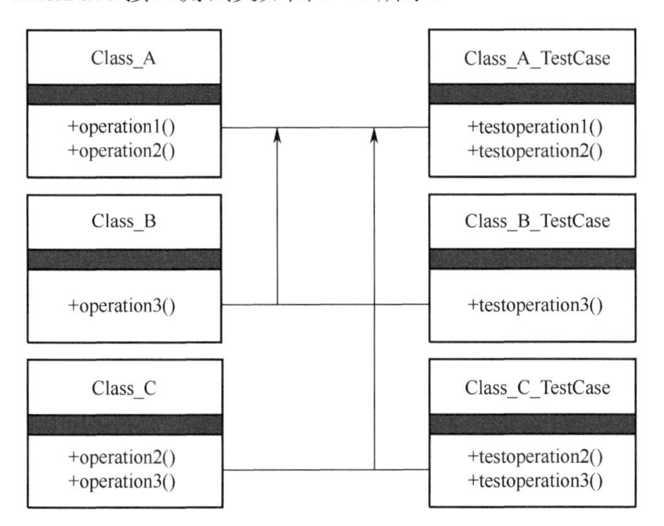

图 5-42　接口构建类测试用例

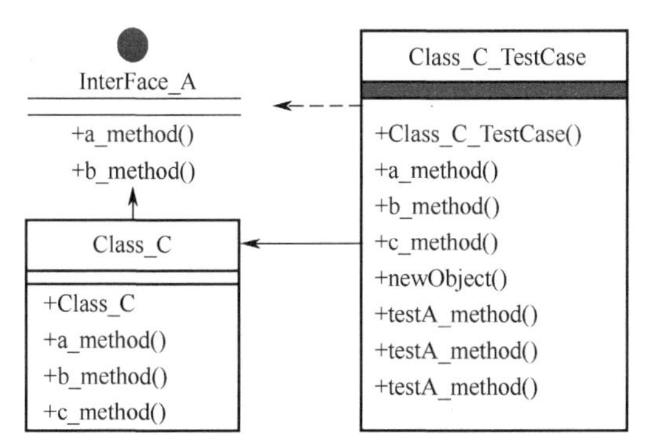

图 5-43　InterFace 接口测试类

（1）确定待测试类，对测试准入条件进行检查和确认，进行测试策划和测试准备。

（2）创建一个抽象测试类，声明拟验证功能的测试方法，在具体的测试程序实现中继承该测试类，并修改相应的测试方法。

（3）在每个接口实现中，运行该测试程序，验证接口行为。

（4）确定创建接口对象的代码，将该代码改为具体且已实现类的创建方法，将该对象声明为接口对象，重复这一过程，直到测试程序中没有已经实现类的对象。

（5）声明需要在测试中调用的抽象方法。

（6）测试只涉及接口及其抽象的测试方法，将测试程序移入抽象的测试类。

（7）重复这一过程直到所有测试都移入抽象的测试类。

（8）重复上述过程，除具体实现的特有方法的测试程序外，所有测试代码均已完成。

基于上述步骤，以 java.util.Iterator 接口测试为例进行分析和说明。如下代码 ListIteratorTest 是测试 java.util.ListIterator 接口的一个具体实现。

```
package junit.cookbook.test;
import java.util.ArrayList;
import java.util.Iterator;
import java.util.List;
import java.util.NoSuchElementException;
import org.junit.Assert.*:
import org.junit.After:
import org.junit.Before
import org.junit.Test;

public class ListIteratorTest{
```

```
    private Iterator noMoreElementsIterator;
    protected abstract Iterator makeNoMoreElementsIterator();
    @Before
    public void setup()throwsException{
        List empty = new ArrayList():
        noMoreElementsIterator = empty.Iterator();
    }
    @Test
    public void testHasNextNoMoreElements(){
        assertFalse(noMoreElementsIterator.hasNext());
    }
    @Test
    public void testNextNoMoreElements(){
        try{
                noMoreElementsIterator.next();
                fail("No exception with no elements remaining!");
            }
            catch(NoSuchElementException expected){
            }
        }
    }
```

引入抽象测试类 IteratorTest，将 ListIteratorTest 类的实现添加到 IteratorTest，得到如下结果。

```
package junit.cookbook.test;
import java.util.Iterator;
import java.util.NoSuchElementException;
import static org.junit.Assert.*;
import org.junit.After:
import org.junit.Before;
import org.junit.Test;

public abstract class IteratorTest{
    private Iterator noMoreElementsIterator;
    protected abstract Iterator makeNoMoreElementsIterator();
@Before
public void setup() throwsException{
    noMoreElementsIterator = makeNoMoreElementsIterator();
}
@Test
public void testHasNextNoMoreElements(){
    assertFalse(noMoreElementsIterator.hasNext());
}
@Test
public void testNextNoMoreElements(){
    try{
            noMoreElementsIterator.next;
            fail("No exception with no elements remaining!");
        }
        catch(NoSuchElementException expected){
        }
}
@Test
public void testRemoveNoMoreElements () {
    try{
            noMoreElementsIterator.remove();
            fail(No exception with no elements remaining!");
        }
```

```
            catch(IllegalStateException expected){
            }
        }
    }
```

显然，只要实现了 makeNoMoreElementsIterator()方法，即可将所有的测试移入 IteratorTest 类中。也就是说，只需将如下方法封装到 ListIteratorTest 类中即可。

```
package junit.cookbook.test;
import java.util.ArrayList;
import java.util.Iterator;
import java.util.List;
import org.junit.After:
import org.junit.Before;
import org.junit.Test;

public class ListIteratorTest extends IteratorTest{
    protected Iterator makeNoMoreElementsIterator(){
        List empty = new ArrayList();
        return empty.Iterator();
        }
}
```

ListIteratorTest 继承抽象类 IteratorTest，实现的创建方法返回一个 iterator 而不是一个空列表。类似地，如果测试一个基于 Set 类的 iterator，应创建一个继承 IteratorTest 的 SetIteratorTest 类，这个类的 makeNoMoreElementsIterator()方法也应返回相应的 iterator 而不是一个空的 Set 对象。

该抽象测试用例能否正常工作，取决于 Junit 中的测试等级。一个 TestCase 类在继承其父类时继承其父类的所有测试。上述描述中的 ListIteratorTest 继承 IteratorTest，所以只要在测试执行过程中运行 ListIteratorTest，IteratorTest 中的测试都将得以运行。

5.7.6　测试流程及方法

下面以形状类周长和面积计算为例，对面向对象软件测试的流程及方法进行分析说明。

5.7.6.1　类及关系确定

定义一个形状类 Shape，派生出矩形 Rectangle、正方形 Square 和圆 Circle 共 3 种形状类，利用多态性及虚函数形式，实现周长和面积计算。其中 Shape 类为基类，表示形状；Rectangle 类和 Circle 类均继承自 Shape 类，分别表示矩形和圆形；Square 类继承自 Rectangle 类，表示正方形。形状类的周长及面积计算实现代码如下。

```
/* 形状类，实现该形状周长及面积计算 */
public abstract class Shape
{
    public abstract double perimeter () ;  // 计算周长，抽象方法
    public abstract double area () ;    // 计算面积，抽象方法
}
```

抽象方法只提供一个方法名，不包含任何实现代码，需要在子类中重写。包含抽象方法的类称为抽象类。Shape 类为抽象类，定义了两个抽象方法 perimeter()和 area()，分别用来计算周长和面积。矩形类的周长及面积计算代码如下。

```
/* 矩形类，矩形周长及面积计算 */
```

```
public class Rectangle extends Shape   // 继承自 Shape 类
{
    int a;   //边长 1
    int b;   //边长 2
    public Rectangle (int x, int y)   // 构造函数，初始化
    {
        a = x;
        b = y;
    }
    public double perimeter ()   //计算周长，重写 Perimeter 方法
    {
        return 2*(a + b);
    }
    public double area ()   // 计算面积，重写 Area 方法
    {
        return a*b;
    }
}
```

Rectangle 类定义了两个私有成员变量，分别表示矩形的长和宽，重写覆盖了父类 Shape 求周长和面积的方法。Square 类定义了一个私有成员变量表示边长，重写覆盖了父类 Rectangle 求周长和面积的方法。Circle 类定义了一个私有成员变量表示半径，重写覆盖了父类 Shape 求周长和面积的方法。正方形类和圆形类的周长及面积计算实现代码分别如下。

```
/*正方形类，实现正方形周长和面积计算*/
public class Square extends Rectangle //继承自 Rectangle 类
{
  public Square(int x, int y) //构造函数，初始化
  {
   super(x,y);
  }
  public double perimeter() //计算周长，重写 perimeter 方法
  {
   return 4*a;
  }
  public double area() //计算面积，重写 area 方法
  {
   return a*a;
  }
}
```

```
/*圆形类，实现圆形周长和面积计算*/
public class Circle extends Shape //继承自 Shape 类
{
  private int r; //半径
  public Circle(int x) //构造函数，初始化
  {
    r=x;
  }
  public double perimeter() //计算周长，重写 perimeter 方法
  {
    return 2*3.14*r
  }
  public double area() //计算面积，重写 area 方法
  {
    return 3.14*r*r;
  }
}
```

5.7.6.2 类优先级划分

若资源有限，可以不对私有类进行测试，但必须对上层关键类进行测试。将所有类按复杂程度、使用频率、风险等级设定优先级。一个基类，如被其他类继承或调用，则优先测试这种类。假设某系统包含 4 个类，其中类 B 和类 C 继承自类 A，类 D 和类 A 是平行关系，类 D 调用类 A 的属性或方法。显然，应优先安排类 A 的测试。

对于前面所讨论的形状类，Shape 类是私有类的基类，被其他类所继承，应优先测试。但 Shape 类是一个抽象类，其方法没有具体的实现细节，只需检查 Shape 类的成员变量和方法设计是否合理即可。因此，测试重点为 Rectangle 类和 Circle 类。

5.7.6.3 类静态分析

（1）检查类的结构是否合理。

（2）检查 public、private、protect 等关键字设置是否合理，一般成员变量设置为私有 private，不允许其他类访问，构造函数设置为 public。

（3）检查类中的成员变量和方法设置是否合理，是否存在缺少或多余的情况。

（4）检查是否符合相应的编码规范。

对于 Shape 类，不同平面图形的周长、面积计算所需参数不一样，矩形用到两边，圆形用到半径，无法统一定义。Shape 类仅定义了两个抽象方法，没有成员变量，周长和面积计算过程中涉及小数，Shape 类及两个抽象方法均定义为 public，两个抽象方法的返回值均定义为 double 型，同样也是合理的。此外，Shape 类符合 Java 编程规范，无语法错误。

5.7.6.4　类测试用例设计

上述形状类中，计算参数均通过构造函数获得，仅需修改构造函数参数即可。例如，Rectangle 类测试时，可以构造测试用例（1,1）、（1.2,3.4）、（a,b）、（,）等。

5.7.6.5　测试驱动程序构造

测试驱动程序即测试驱动框架，用于动态测试。Main 函数就是一种测试驱动程序，比如要测试 Rectangle 类，在该类中添加如下代码重新编辑执行即可。

```
/ *矩形类，矩形周长及面积计算 */
public class Rectangle extends Shape     // 继承自 Shape 类
{
        …
  public static void main (String []arge )  // 测试 Rectangle 类
  {
        Rectangle rect1 = new Rectangle(1,1);        //定义矩形 1 边长为 1，1
        Rectangle rect2 = new Rectangle(1.2,3.4);    //定义矩形 2 边长为 1.2，3.4
        Rectangle rect3 = new Rectangle(a,b);        //定义矩形 3 边长为 a，b
        Rectangle rect4 = new Rectangle(,);          //定义矩形 4 边长为空
        System.out.println(rect1,perimeter());       //输出矩形 1 的周长
        System.out.println(rect1,area());            //输出矩形 1 的面积
        System.out.println(rect2,perimeter());       //输出矩形 2 的周长
        System.out.println(rect2,area());            //输出矩形 2 的面积
        System.out.println(rect3,perimeter());       //输出矩形 3 的周长
        System.out.println(rect3,area());            //输出矩形 3 的面积
        System.out.println(rect4,perimeter());       //输出矩形 4 的周长
        System.out.println(rect4,area());            //输出矩形 4 的面积
    }
}
```

输入“Javac Rectangle.Java”，Java 编译器报错。那么，边长为“空”和边长为“a、b”的测试结果如图 5-44 所示。

```
D:\>Javac Rectangle. Java
Rectangle. Java: 25: 非法的表达式
Rectangle rect4 = new Rectangle ( , ); //定义矩形4 边长为空

Rectangle. Java: 25: 需要')'
Rectangle rect4 = new Rectangle ( , ) ; //定义矩形4 边长为空
```

（a）边长为空

```
Rectangle. Java: 23: 找不到符号
符号：构造函数 Rectangle ( double, double )
位置：类 Rectangle
 Rectangle rect2 = new Rectangle(1.2,3.4); //定义矩形2 边长为1.2,3.4

Rectangle. Java: 24: 无法从静态上下文中引用非静态变量 a
Rectangle rect3 = new Rectangle(a,b); //定义矩形3 边长为a,b

Rectangle. Java: 24: 无法从静态上下文中引用非静态变量 b
Rectangle rect3 = new Rectangle(a,b); //定义矩形3 边长为a,b
3 错误
```

（b）边长为a、b

图 5-44　Rectangle 类的测试结果

Java 编译器具有较强的容错能力，能自动检查参数类型是否匹配，(1.2,3.4)、(a,b)、(,) 这 3 组用例无法通过编译。但是，这并不能算作错误，而是 Java 编译器对异常的处理。

5.8 逻辑驱动测试的边界值

边界测试（Boundary Testing）是根据输入数据范围确定边界值，以边界值作为输入，驱动的测试。边界测试不仅广泛应用于数据驱动测试，在逻辑驱动测试中同样不可或缺。关于边界值分析的概念及原理，将在第 6 章予以详细介绍。这里仅对数据类型、数组、分支判断语句的边界值进行讨论，以说明逻辑驱动测试中的边界值问题。

5.8.1 数据类型的边界值

任何数据类型在内存中都占用一定存储空间，其范围就是测试的边界值。表 5-25 和表 5-26 分别列举了 C 语言和 Java 语言的基本数据类型及其范围。

表 5-25 C 语言的基本数据类型及其范围（Windows 平台）

数据类型	长度	范围
短整型（short）	2B	−32768～32767
整型（int）	4B	−2147485648～2147485647
长整型（long）	4B	−2147485648～2147485647
字符型（char）	1B	256
单精度型（float）	4B	−2147485648～2147485647
双精度型（double）	8B	-1.7×10^{308}～1.7×10^{308}

表 5-26 Java 语言的基本数据类型及其范围（任何平台）

数据类型	长度	范围
单字节型（byte）	1B	−126～127
短整型（short）	2B	−32768～32767
整型（int）	4B	−2147485648～2147485647
长整型（long）	8B	-1.7×10^{308}～1.7×10^{308}
字符型（char）	2B	65535
单精度型（float）	4B	−2147485648～2147485647
双精度型（double）	8B	-1.7×10^{308}～1.7×10^{308}

在不同环境中，数据类型的范围不同。显然，测试需要关注不同数据类型在不同环境中的范围及边界值。例如，在 Windows 环境下，用 C 语言定义了一个整型变量，则需要测试这个整型变量的数值是否超出-2147485648～2147485647 这个范围。这里，以如下程序为例，讨论数据类型边界值分析问题。

```
#include <stdio.h>
main ( )
{
    int a = 32765;
    int b = 3;
    int c;
    c = a + b;
    printf (“ % d,c);
}
```

该程序定义整型变量 a、b、c，对 a 和 b 分别赋初值 32765 和 3，将 a 与 b 之和赋给 c 并打印。似乎，该程序的运行结果为 32765 + 3 = 32768。但在 DOS 环境下，对于 C 语言，int 占 2 个字节，其结果超出[−32768,32767]的范围，不能打印。整型变量 a 和 b，虽然其赋值均未超出范围，但 a+b 的计算结果却超出了短整型数据类型的边界值，需要在测试中予以关注，检出这类边界错误。

5.8.2 数组的边界值

数组是一组具有相同数据类型的数据集合，对于不同的程序设计语言，数组的表现形式不同。这里，以如下程序为例，讨论数组边界值分析问题。

```
#include <stdio.h>
main ( )
{
    int a[5];
    int i;
    for (i=0;i<=5;i++)
    scanf ( "d, &a[i]);    //输入数组 5 个元素

    for (i=1;i<5;i++)
    printf ("d, &a[i]);          // 打印数组 5 个元素
}
```

该程序定义了一个含有 5 个整型元素的数组 a[5]，进行 for 循环，逐个打印数组元素。C 语言用 int a[5]定义的数据元素为 a[0]～a[4]，Java 则用 int a[]=new int[5]定义数据元素 a[0]～a[4]，数据元素同样为 a[0]～a[4]。对于数组，需要测试其边界值，防止数组越界。

显然，在该程序中，循环 i 的取值存在如下问题。

（1）对于第一个 for 循环：for(i=0；i<=5；i++)，i 的值从 0 到 5，a[i]的赋值为 a[0]到 a[5]，而数组 a[5]的范围是 a[0]到 a[4]，并无 a[5]这个元素，因此属于典型的数组越界问题。因为事先在内存中只给 a[5]分配了 5 个整型元素所用空间，而在用 scanf 语句输入时，却要输入 6 个元素，多输入的这个元素就只能存放在与数组 a[5]相邻的内存空间，但该空间并未提前分配，可能导致内存溢出。

（2）对于第二个 for 循环：for(i=1；i<5；i++)，i 的值从 1 到 4，输出 a[1]到 a[4]，漏掉了 a[0]这一数组元素。该问题是典型的数组边界值问题，对该程序作如下修改即可。

```
#include <stdio.h>
main ( )
{
    int a[5];
    int i;
    for (i=0;i<5;i++)
    scanf ( "d, &a[i]);   //输入数组 5 个元素

    for (i=0;i<5;i++)
    printf ("d, &a[i]);    //打印数组 5 个元素
}
```

5.8.3　分支判断语句的边界值

边界值分析的另外一个重要应用就是分支判断语句测试，大多数 if、else if 语句都含有关系表达式，如 if(a>=0)，else if(b<1)，需要测试 a = 0，b = 1 时是否成立。下面给出一个输入两个 2 位数（10～99）之间的整数，计算其和并输出的实现程序。

```
/*程序功能：输入两个 2 位数（10~99）之间的整数，计算其和并输出 */
#include <stdio.h>
main ()
{
    int a;
    int b;
    int c;
    for (i=0; i<5; i++)
    printf ("请输入两个 10~99 之间的整数");
    scanf ( "%d"%d,&a, &b);
    if ( a<=10 || a>= 99)
    printf ("a 的值应该在 10~99 之间");
    else if ( b<=10 || b>=99)
```

```
        printf ("b 的值应该在 10~99 之间");
        else
          {
              c=a+b;
              printf ("两个数的和为%d",c );
          }
}
```

对于语句 if(a<=10||a>=99)，printf(“a 的值应该在 10～99 之间”)，表明只要 a≤10 或 a≥99，程序就会给出错误提示信息。实际上，当输入 10 或 99 时，10 和 99 也是两位数，属于合法数据，程序不应该报错。因此，应将该语句更改为：

if(a<10||a>99)

printf(“a 的值应该在 10～99 之间”)。

同理，其中的 else if 改成：

else if(b<10||b>99)

printf(“b 的值应该在 10～99 之间”)。

5.9 同源检测

软件成分分析（Software Composition Analysis，SCA）是通过对软件系统所使用组件的版本及依赖关系分析，对所引用的三方组件检测，识别已知组件漏洞及授权许可风险，规避开源代码所带来的合规性、安全性、知识产权等风险。同源检测是 SCA 的重要基础。SCA 具有纵深代码同源检测核心能力，可以精准识别开发过程中引用的第三方开源组件，通过应用成分分析引擎多维度提取开源组件特征，计算组件指纹信息，挖掘组件中潜藏的各类安全漏洞及开源协议风险，满足供应链安全审查、软件合规性审查、第三方组件安全管控等行业应用场景需求。

代码同源检测是基于源代码文件维度，面向源代码，对软件进行同源性分析，即对软件进行成分分析、溯源分析、已知漏洞分析、恶意代码分析，析出所引用开源软件及关联信息。按照分析精度，可将其分为文件级、函数级、代码片段级 3 个层级，主要用于源代码片段与项目中其他代码片段或开源代码所存在的相同成分检测。同源检测原理及实现如图 5-45 所示。

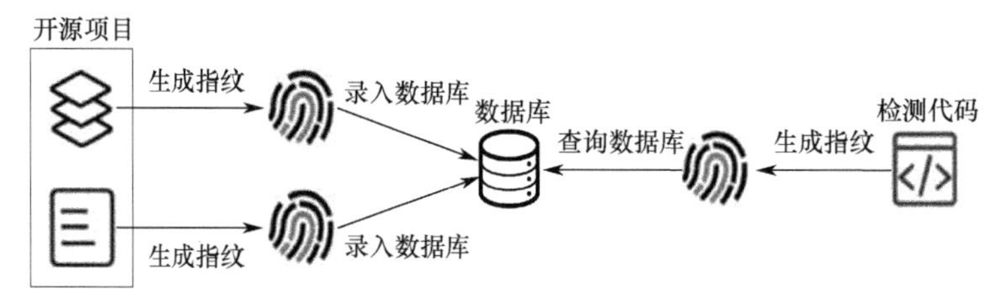

图 5-45　同源检测原理及实现

同源检测也称为代码克隆。代码克隆是指本地或开源代码库中存在着多个相同或相似的代码片段。使用克隆代码不仅可能引入代码片段存在的安全或授权许可风险，而且随着软件系统在敏捷开发模式下不断迭代，代码克隆将造成代码库急剧膨胀，如果管理不善，不仅会增加维护成本，而且软件缺陷会随着代码克隆在系统中传播，带来不可预知的可靠性、安全性问题。

5.9.1 代码克隆类型

代码克隆包括图 5-46 所示的完整克隆、重命名克隆、增删改克隆、自实现克隆 4 种类型。

完整克隆是指完全相同的两个代码片段，但不包括注释和空白符；重命名克隆是指对代码变量、类型、文件及函数名等进行修改，但两个代码片段的逻辑内容一致；增删改克隆是指在重命名克隆的基础上，增加、删除、修改相关语句或对源代码内容布局进行调整，两个代码片段内容相似；自实现克隆是指两个代码片段的逻辑功能相同，但编码实现方式不同，如通过替换同类型函数或表达式，但时间复杂度和输入输出一致。

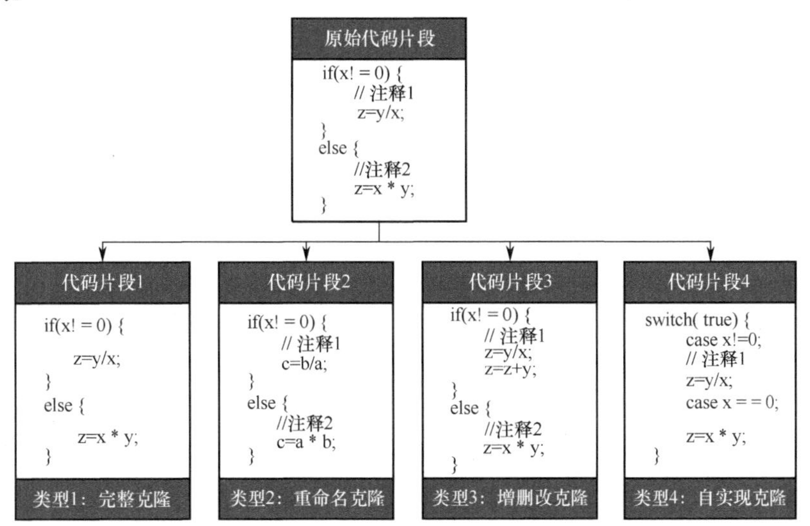

图 5-46　代码克隆分类及含义

对于测试方法而言，完整克隆、重命名克隆、增删改克隆主要通过文本相似性检测技术实现，自实现克隆通过功能相似性检测技术实现。此 4 种克隆类型，从前至后，检测难度渐进增加。

5.9.2　同源检测技术原理

5.9.2.1　代码克隆检测算法

（1）**基于文本的代码克隆检测**：删除源代码中的空格及注释，基于预处理的源代码，使用文本相似度算法，通过比较文本中的词语、词法等不同结构信息，判断两组文本的相似性。基于源代码比较的文本相似度检测，能够覆盖完整克隆和重命名克隆两种类型。但如果将源代码特征及意义作为文本处理，可能导致信息丢失。当提取源代码特征指纹之后，源代码比较就简化成两个字符串文本的比较，这时利用特殊算法就能实现对增删改克隆的覆盖。如果能够实现基于自然语言处理的相似度算法，理论上也能覆盖自实现克隆。

（2）**基于令牌的代码克隆检测**：使用词法分析器将源代码划分为令牌序列，然后在令牌序列中找到相似的子序列并进行比较。基于令牌的检测方法对源代码进行词法分析，符号序列符合编译原则，源代码信息得到充分利用，但缺乏对代码语法和语义的分析，对增删改克隆、自实现克隆的检测效果并不理想。

（3）**基于树的代码克隆检测**：将源代码表示为抽象语法树或代码解析树，使用树匹配算法找到相同或相似子树，检测克隆代码。该方法对源代码进行语法分析，进一步提高了对源代码信息的利用，可以更好地适用于增删改克隆检测，且检测精度显著提高。

（4）**基于度量的代码克隆检测**：提取源代码的代码数量、变量数量、循环数量等特定的索引指标，将它们抽象到特征向量，确定基于特征向量之间的距离。

（5）**基于图的代码克隆检测**：基于图的代码克隆检测方法是利用源代码的语法结构及语义信息，将源代码转换为由数据流图和控制流图组成的程序依赖图，通过寻找齐次子图实现克隆检测。这种方法能够检测自实现克隆。但程序依赖图生成算法及同构程序依赖图子图匹配方法的时空复杂度高，基于图的代码克隆检测还无法应用于大型复杂系统的代码克隆检测。

5.9.2.2 同源检测技术

（1）**代码溯源分析**：代码溯源分析是基于相似哈希精准匹配的代码特征提取方法，对代码特征进行整合、计算后生成代码指纹信息，基于代码级大数据指纹库关联、匹配和分析，溯源目标代码引用的第三方开源项目信息，包括匹配项目的文件及代码行，结合第三方开源项目声明许可证，分析开源代码的引入是否存在兼容性、合规性等风险。

（2）**已知漏洞分析**：在软件开发过程中引入的第三方开源代码，可能存在被攻击者利用的已知漏洞。《2021 年开源软件供应链安全风险研究报告》指出：超过 80%的漏洞文件在开源项目中存在同源文件，漏洞文件影响的范围在开源项目的传播下放大了约 54 倍。通过同源检测技术识别出与当前代码同源的开源项目，结合漏洞信息库，可以检测当前代码是否来自有漏洞的开源项目，是否来自开源项目有漏洞的版本，是否涉及漏洞相关的代码。

（3）**恶意代码文件分析**：不少安全事件是由于攻击者有意在开源社区提交恶意代码并发布更新，或在开源项目中添加恶意依赖事件，或滥用软件包管理器分发恶意软件等所致。例如，在 Mode JS 仓管理和分发工具 NPM 包中，eslint-scope 因黑客盗用开发者账号发布包含恶意代码的版本，event-stream 因黑客混入项目维护者中，在项目中添加恶意依赖事件。SCA 通过从源代码中提取敏感行为函数的特征数据，与提前收集的恶意代码特征数据进行比对，识别源代码中的恶意代码。

（4）**冗余代码检测**：在敏捷开发模式下，不同开发人员负责不同应用开发，可能存在着相同功能代码的实现。通过代码同源检测，识别同类型冗余代码，有利于消除和管理代码重用以及生命周期过程中的升级维护。通过对代码进行相似性检测，可以将相似代码整合成为一个 SDK 包，除了便于统一维护，也可供其他研发人员使用。

（5）**片段代码风险检测**：片段代码风险检测是指在一个代码库或项目中，识别出具有潜在安全风险或漏洞的代码片段，发现和修复潜在的安全问题。使用三方开源组件实现关键功能、性能时，通常是根据业务需求，对开源组件进行二次开发，而非直接使用。针对二次开发的开源组件，代码同源检测可通过缺陷代码片段表征，对开源组件及缺少版本特征的脚本代码进行组件漏洞关联。例如，对基于 jar 扩展名和开源组件进行组件漏洞关联时，主要通过版本号和组件指纹标识进行分析判断，但二次开发后的开源组件破坏了一部分指纹，可能导致无法识别。

（6）**代码知识侵权审核**：开源组件并非自由组件，其使用需要严格遵守开源许可协议，在违背开源项目作者授权意愿的情况下使用其克隆代码，应受开源项目许可协议约束。代码知识侵权是指在编码实现过程中，抄袭或复制他人的代码或算法，侵犯其知识产权，需要定期梳理检查开源组件代码的使用情况，尤其是针对脚本型语言的使用，规避开源许可协议风险。

（7）**安全编码执行溯源**：在安全开发体系建设过程中，安全编码规范是保证编码质量的重要依据。对于标准安全编码的使用，可通过代码同源检测技术进行审核，检查标准安全编码的应用情况，确保应用具备基础的安全性和健壮性。

（8）**AI 生成代码检查**：随着 ChatGPT 的爆发式应用，开发人员逐渐开始使用该技术自动生产代码。但由于 AI 本身收录样本学习，其自动生产的代码可能存在克隆。代码同源检测在代码生成时，能帮助提升安全风险审计能力。

5.9.3 代码克隆检测原理及流程

代码克隆检测包含代码格式转换和相似度检查。不同代码克隆检测工具，其技术实现原理具有一定的差异性，但其主要执行流程大致相同。代码克隆检测原理及流程如图 5-47 所示。

（1）**开源/闭源代码库**：作为代码克隆检测的主要知识库，收集足够完整的开源/闭源代码项目，利用特定算法形成知识库特征表集合；作为检测目标，通过预处理移除无意义的代码片段并进行转换，执行特定的相似性比较，获得克隆检测结果。

（2）**预处理与转换**：针对软件供应链的安全检测场景，对缺陷代码、主干核心代码进行预处理，去除无意义的代码并进行标准化，通过将源代码分为不同片段，转换为可比较的单元。

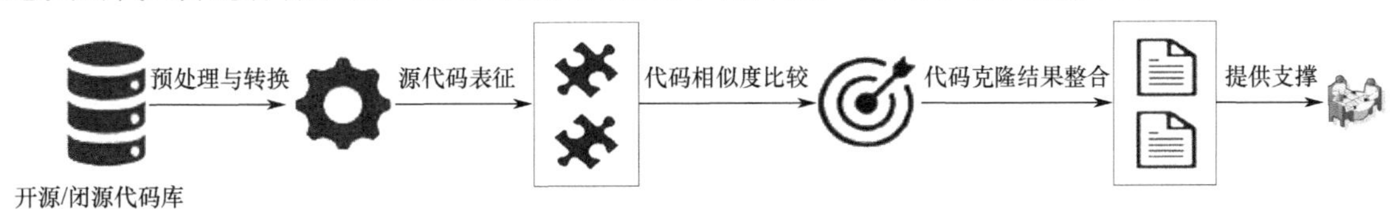

图 5-47　代码克隆检测原理及流程

（3）**源代码表征**：将源代码表征为文本，或进一步利用符号进行表征，将源代码转换成抽象语法树，用于存储记录或后续比较验证。

（4）**代码相似度比较**：将每一个代码片段与其他代码片段进行对比，找到代码克隆，比对结果以克隆对列表的方式呈现。相似度比较的算法在很大程度上由源代码表征方式决定。例如，如果将 AST 作为一种源代码表征方式，则这类源代码表征方式将决定选用何种相似度算法。

（5）**代码克隆结果整合**：将在前几个步骤获得的代码克隆和原始的源代码关联起来，以适当方式呈现。将检测结果提交给需求方，即提供给源代码所有者参考，要求整改或删除。

（6）**提供支撑**：为软件成分分析、自主可控率评价提供支撑。

5.9.4　代码大数据库构建

5.9.4.1　开源代码获取

基于并行计算、分布式爬虫系统以及数据发现、数据抓取、数据抽取、持续更新，实现开源代码一站式转码、抽取及解析。数据发现旨在区分开源、闭源及混源代码差异，甄别有效的开源代码，提取不同代码类型，获取高价值代码，是代码的网络发布平台特性；数据抓取确保抓取行为符合浏览器要求，保证所抓取数据的完整性，是获取代码数据的行为方式；数据抽取是基于机器学习与规则实现的通用提取方案以及基于平台项目代码的结构化提取方案，基于代码数据清洗，过滤并修改不符合要求的数据，甄别出高价值的代码数据，加工提取原始开源代码的有效信息；持续更新是对于实时更新或停止更新的开源代码数据，制定数据更新机制以及已有代码数据库与候选更新代码的合并策略。

5.9.4.2　开源代码存储

基于面向列的分布式数据库，通过大规模可伸缩分布式处理，实时、随机访问超大规模数据集，基于自底向上的构建，通过增加节点实现线性扩展，保证高吞吐量和高容错性，提供高效、安全的数据结构序列化、存储和检索。为应对超大规模的数据量，通过顺序存储行及每行中列的方式，将插入性能与表的大小分割开，消除索引膨胀。当数据量持续增长到阈值时，表自行分裂成区域，并分布到可用节点上。通过一致性检验，确保数据复制和冗余过程中不发生偏差。面对海量代码，通过批处理方式，并行进行分布式作业，采用映射和规约调度策略，快捷、高效地完成数据读写。

在分布式数据库中，数据被分割至服务器集群并保存在冗余文件系统中，通过容错及安全机制，保证数据安全。第一种安全机制是通过心跳机制维持主节点和数据节点之间的有效联系，避免网络故障等导致错误操作，当数据节点无法发出心跳数据包时，则不派发后续操作，并认定该数据节点的数据无效。第二种安全机制是记录所有区块的校验和，当新操作发生时，对区块进行完整性检测，若不一致，则自动地从其他数据节点获取副本。第三种安全机制是对每个节点进行负载均衡检测，当节点动态变化导致数据分布不均匀时，自动均衡各节点上的数据。基于文件垃圾箱缓冲，判断只有超过阈值时才进行正式移除，这是一种工程上常用的安全机制。

5.9.4.3 开源代码管理

在部署过程中，若通过手工配置，将耗费大量时间资源。而自动部署，尤其是在应用、环境和部署流程相对复杂的情况下，对部署的应用、环境和流程建模得到一个良好的自动化部署系统，能够显著提高部署效率。

在海量数据爬取、存储、检索过程中，可能产生数据错误，对每个数据节点周期性发送心跳信号，通过心跳信号缺失检测网络割裂是否导致部分节点失联，若未发送心跳信号，标记为宕机，不再向其发送新的 I/O 请求。任何存储在宕机上的数据不再有效，宕机可能会引起一些数据块的副本系数低于指定值，节点不断地检测这些需要复制的数据块，一旦发现需复制的数据块就启动复制操作。

在数据读取过程中，因为数据节点存储设备、网络系统故障以及软件失效等可导致某个节点数据损坏。当对一个数据节点创建新文件时，计算该文件每个数据块的校验和，将校验和作为一个单独的隐藏文件保存在同一名字空间下。当获取文件内容时，检验从该数据节点获取的数据及相应校验和与文件中的校验和是否匹配，如果不匹配，则从其他节点获取该数据块的副本。

在数据维护过程中，需要对数据进行备份和容灾处理。一般地，数据备份策略包括：在备份机上建立主数据库拷贝；对所需跟踪的重要目标文件的更新进行监控和追踪，并通过网络将日志实时传送到备份系统；当数据库内容被修改后，按时间间隔周期性地将某个特定时刻的数据进行复制备份。当然，数据恢复也是一个重要问题，可以利用数据快照，将其恢复至过去一个数据未损坏的时间节点。

在数据监控过程中，在系统中设置编辑日志，记录访问请求及发生的错误，实时监控并记录系统行为，支持维护人员理解故障原因，进行故障定位，有助于检查集群的健康状况。日志监控是一种有效的监控手段。设定合理的数据均衡策略以维持集群均衡。例如，某个节点上的空闲空间低于特定的临界点，系统就会自动地将数据从该数据节点移动到其他空闲节点。当对某个文件的请求突然增加时，启动一个计划创建该文件新的副本，重新平衡集群中的其他数据。

5.9.4.4 代码大数据库设计

1. 基本信息结构化设计

基于代码物理和逻辑实体的概念关系，从高层设计出发，自上而下，确保基础数据规整及代码分析、处理的有效性。基于开源项目，将实体及属性设计为表。表结构包括两部分：一部分以开源项目的原始信息为基础，其内容来源于爬取的 GitHub 上的项目信息；另一部分以所爬取的项目信息为基础，对项目进行分析的基础数据表。

（1）开源项目原始信息数据表包含 repository、releases、commit、user 共 4 个表，用以存储软件开发过程的项目、人员等信息。

（2）开源项目分析数据表包含 file、function、function_token 共 3 个表，用于存储开源项目经过预处理后的信息。

2. 非结构化数据存储组织

Hadoop 以可靠、高效、可伸缩的方式进行数据处理，维护多个数据副本，确保能够对失败的节点重新进行分布式处理；通过挂载磁盘增加机器修改配置，动态调整数据存储容量及处理能力。面向代码大数据库的 Hadoop 分布式架构采用 iscsi 服务方式，确保底层存储可以通过增加磁盘动态增加存储容量，双 NameNode 互为主备方式，提升集群的高可用性及可靠性。图 5-48 给出了一个代码大数据的分布式存储架构。

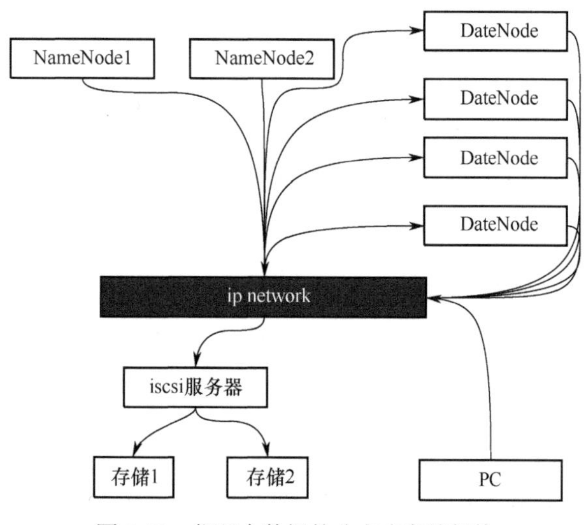

图 5-48 代码大数据的分布式存储架构

5.9.5　分析元模型

与每个克隆实例关联的信息包括项目信息 CC_Repository、版本信息 CC_Release、克隆关联文件信息 CC_File、克隆组信息 CC_Group，这些信息独立成表。其中，克隆组信息是基于相对独立的克隆组检测算法，通过扫描每次克隆检测得到的克隆对关系，归纳得到构成克隆组的克隆实例，这是一个求最大图的问题。在更加简化的算法中，生成克隆对的同时直接生成克隆组。将每条克隆实例信息存储在表 CC_ClassInstance 中，以便代码演化和族谱分析。该表包括克隆组 ID 和代码块 ID。克隆信息元模型及基础表结构如图 5-49 所示。

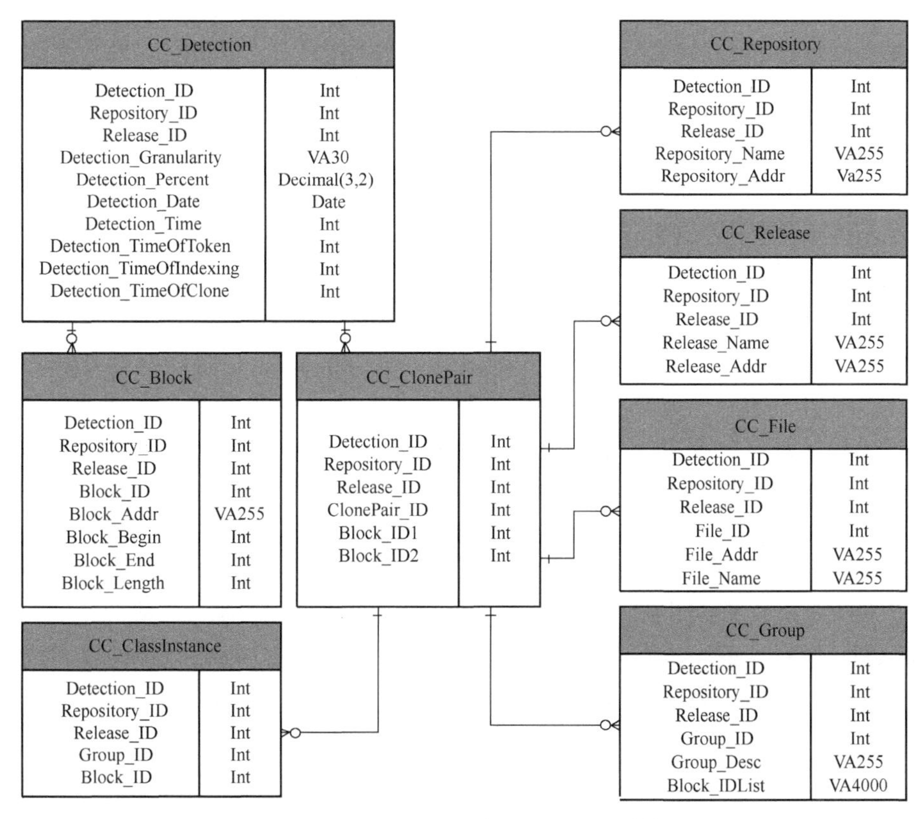

图 5-49　克隆信息元模型及基础表结构

对每次克隆检测的设置、过程及结果，根据元模型进行持久化管理，导出代码克隆信息数据库结构。将每次克隆检测建模为实体集，用一个检查 ID 对每次检测标记，记录检测日期和时间。检测项目 ID 及项目的不同版本 ID，分别用于表示本次所检测项目及项目的不同发布版本。

理论上，克隆检测结果包括克隆类和克隆实例两个层次。受制于克隆类计算的复杂性，大多克隆检测算法仅生成克隆对。克隆对是大部分克隆检测算法最直接的输出，基于克隆对，可以通过相对独立的算法计算克隆类。克隆数据库设计中保留了基本的克隆对存储，每个克隆对涉及两个块，以块 ID 表示。在数据库中，一个克隆对的两个块 ID，其值小的 ID 在前、大的 ID 在后，由此得到克隆对信息表 CC_ClonePair，为每个克隆对编号 ClonePair_ID 以及每个克隆对所对应代码块编号 Block_ID1 和 Block_ID2。

5.9.6　基于代码大数据库的克隆检测

5.9.6.1　多层次、多参数克隆检测

将每次克隆检测行为作为一次检测实体存入数据表 CC_Detection 中，用一个 Detection_ID 表示每次

不同检测行为。假设检测粒度为函数级，相似度为 80%，数据表 CC_Detection 对应字段 Detection_Granularity 和 Detection_Percent，两个字段的值分别为 Function 和 0.8。这是第一次克隆检测行为，将克隆检测 ID 设置为 1。

为了对比基于不同检测粒度和相似度的结果，可以进行多次克隆检测。假设检测相似度仍为 80%且保持不变，将检测粒度调整为块级。这是第二次检测行为，对应的检测 ID 设置为 2，以便与第一次克隆检测行为区分开。然后，假设检测粒度不变，即设置为函数级，将检测相似度修改为 60%。为了与之前的克隆检测行为区分开，将克隆检测 ID 设置为 3。最后，基于检测粒度和相似度同时改变的克隆检测，为了与之前的克隆检测形成对比，将检测粒度和相似度分别修改为块级和 60%。为了与之前的克隆检测行为区分开，将克隆检测 ID 设置为 4。

5.9.6.2 增量克隆检测

大多数克隆检测方法仅能对单一版本源代码进行完整的克隆检测。而对于大型复杂软件系统，每次代码变更后，需要对所有代码重新进行克隆检测，效率低下。基于已有克隆信息，对克隆进行增量检测，将显著提高检测效率。基于分组的代码克隆增量检测将源代码划分为变化和未变化两组，即变化组和未变化组。首先对两组间及变化组内的源代码进行克隆检测，然后将克隆检测结果与原始克隆信息合并，实现增量式检测。

1. 增量克隆检测原理

增量克隆检测的输入是前后两个版本的源代码和前一版本的克隆信息，输出是后一版本的克隆信息。首先将后一版本的软件源码分为未经变化及经过变化的代码集合，然后利用克隆检测算法找到与改变过的代码相关的克隆信息，包括变化代码集合中的克隆信息及存在于变化代码集合和未变化代码集合之间的克隆信息，最后将基于前一版本的克隆信息与改变过代码相关的克隆信息合并得到后一版本的克隆信息。

源代码变化必然引起克隆代码改变。令第 $k-1$、k 个版本的源代码集合分别为 S_{k-1} 和 S_k，定义 f 为从源代码集合 S 到其克隆信息 C 的映射，即 $C=f(S)$；定义 g 是从两个源代码集合 S_1、S_2 到它们之间的克隆信息 C' 的映射，即 $C'=g(S_1,S_2)$。C' 指存在于两个源代码集合之间的克隆信息。增量克隆检测需要通过 $f(S_{k-1})$、g、S_{k-1}、S_k 描述 $f(S_k)$。$S_k=(S_k-S_{k-1})\cup(S_k\cap S_{k-1})$。因此有

$$f(S_k)=f(S_k-S_{k-1})\oplus f(S_k\cap S_{k-1})\oplus g(S_k-S_{k-1},S_k\cap S_{k-1}) \tag{5-9}$$

式中，$\oplus$ 为合并操作符，意味着通过合并集合 $S_k\cap S_{k-1}$、S_k-S_{k-1} 及 S_k-S_{k-1} 与 $S_k\cap S_{k-1}$ 之间的克隆信息，就能获得第 k 个版本的克隆信息。

2. 增量克隆检测实现

增量克隆检测算法的输入包括原版本克隆信息、变化以及未变化的源代码，算法输出包括新版本克隆信息以及从原版本到新版本克隆信息的变化。克隆信息包括克隆类和克隆实例两个层次，克隆信息变化亦分为克隆类和克隆实例的变化两个层次，克隆信息的变化类型包括 Created、Updated、Removed 和 Unchanged 共 4 种。

1）差异克隆信息

根据两个版本之间的差异，将原版本源代码划分为变化和未变化两部分，称发生改变的部分为变化代码集合，未发生改变的部分为未变化代码集合。代码集合中的元素通常指源文件，也可以指更粗粒度的源文件目录或更细粒度的函数或方法。利用克隆检测工具得到新版本中变化代码集合内的克隆信息和变化代码集合与非变化代码集合之间的克隆信息，以克隆类及克隆实例方式呈现克隆信息，称这些克隆信息为差异克隆信息。

2）算法预处理

对原版本中克隆类及克隆实例进行标记。在算法处理过程中，用临时标记 Unknown 表示一个克隆类

或克隆实例处于待定状态。将原版本中所有克隆类标记为 Unknown，如果原版本的某一克隆实例出现在变化代码集合中，意味着不能确定其具体状态，暂时保留该实例的 Unknown 状态，反之标记该克隆实例为 Unchanged。

3）生成增量克隆类/克隆实例

基于所收集的差异克隆信息及预处理标记，由增量克隆检测算法得到增量克隆类及克隆实例。在增量克隆检测算法中，首先默认原版本中的克隆类和新版本中的克隆类，即所要得到的新版本克隆类集合 NCSSet。然后对差异克隆类集合中的每一个差异克隆类进行分析。

如果一个差异克隆类不能在 NCSSet 找到对应的克隆类，则该差异克隆类为新增克隆类，将其标记为 Created；反之，则意味着该克隆类在原版本中存在但在新版本中被修改，于是将该克隆类标记为 Updated。被标记为 Updated 的克隆类需要与前一版本的克隆类进行合并。在甄别完新增和被更新的克隆类后，在剩下的被标记为 Unknown 的克隆类中进一步区分未被改动的克隆类和被移除的克隆类，得到新版本的所有克隆类。

针对差异克隆类 DiffCS 的每一个差异克隆实例，在原克隆类 OCS 中寻找相应的克隆实例。对应的克隆实例表示前后两个版本中代码片段相似且代码位置相似的代码。如果找不到对应的克隆实例，意味着该克隆实例为新版本中新增的克隆实例，将其标记为 Created；反之，观察差异克隆实例的位置/代码是否与找到的克隆实例完全一致。如果完全一致则意味着该克隆实例未被改动，于是将原克隆实例标记为 Unchanged 即可；反之，则意味着该克隆实例被修改，选取差异克隆实例作为新版本克隆实例，并将其标记为 Updated，且保留其原版本信息。

4）后置处理

当增量克隆算法处于待完成状态时，所有克隆类处于 Created、Updated 或 Unknown 状态，而所有克隆实例均处于 Created、Updated、Unchanged 或 Unknown 状态。后处理旨在清除所有 Unknown 状态。算法中，所有新增及被修改的克隆类、克隆实例及未被修改的克隆实例均已被标记，对于剩下且被标记为 Unknown 的克隆类和克隆实例，仅仅需要区分它们是 Removed 还是 Unchanged 即可，但需区分克隆类和克隆实例的这两种状态。

（1）**对于克隆实例的状态区分**。在待完成状态，一个标记为 Unknown 的原版本克隆实例，在新版本中必然是被移除的克隆实例，如果一个标记为 Unknown 的原版本克隆实例仍然存在，意味着该克隆实例未被改变，或已被更新。进行预处理时，该克隆实例被标记为 Unknown，意味着该克隆实例出现在变化代码集合中，必然存在于一个与原克隆类对应的差异克隆类中。在差异克隆类中，该克隆实例并未被标记为 Unchanged，也未被标记为 Updated，表明该克隆实例肯定被更改但未被更新。由此，将在待完成状态时标记为 Unknown 的原版本克隆实例标记为 Removed。

（2）**对于克隆类的状态区分**。在待完成状态，对于一个克隆类，如果所有克隆实例是 Unchanged 状态，表明该克隆类从未被改变；反之，至少有一个克隆实例没有被标记为 Unchanged 时，若被标记为 Unknown，则该克隆类在新版本中被移除。如果一个克隆类的所有克隆实例都是 Unchanged 状态，则要么是该克隆类的克隆实例一开始就未出现在变化代码集合中，由差异代码集合产生的差异克隆类不会与其对应；要么是至少有一个该克隆类的克隆实例出现在变化代码集合中，合并结果仍然表明这些克隆实例的状态是 Unchanged。

对于以上任何一种情况，该克隆类的克隆实例必然均未改变过。反之亦然，所有克隆实例都是 Unchanged 的克隆类必然未被改变过。在待完成状态，如果一个 Unknown 的克隆类一定被改变过，且非新增或更新，那么它一定是被移除的克隆类。反之，如果它被标记为 Unknown，则该克隆类被标记为 Removed。此外，如果一个克隆类，其非 Removed 状态的克隆实例数量小 2，那么也将该克隆类标记为 Removed。

3. 增量克隆检测应用

为分析每个 repository 的演化情况，需要追踪代码的变化情况并进行克隆检测。对 repository 每个

commit 对应的源代码进行克隆检测，如果对每次 commit 对应的源代码进行全量检测，资源耗费巨大，而依次基于前一次克隆结果进行增量式克隆检测，则可能造成积累误差。一个行之有效的办法是基于全量和增量克隆检测进行综合检测。一个 GitHub 项目的 release 和 commit 按时间顺序开展的增量计算克隆如图 5-50 所示。横轴代表项目的时间线，用灰色填充点代表一次 release，未填充点代表一次 commit。

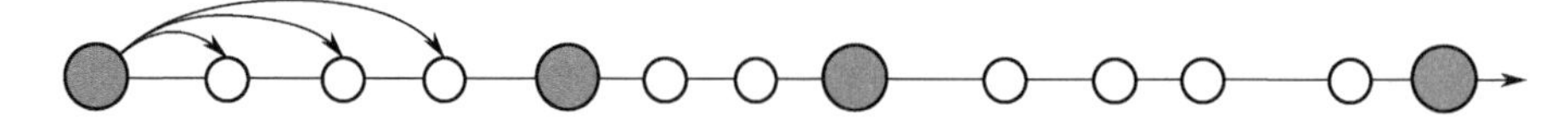

图 5-50　增量计算克隆

调用 ccfinderx 命令，对每个 release 进行全量克隆检测，得到项目每个 release 对应版本的克隆信息。然后对某次 commit，根据 commit_ID 将 repository 选择到对应版本，找到该 commit 前最近的一次 release，取出该 release 对应的克隆信息，利用 git 命令分别得到该 commit 和 release 的源代码以及该 commit 对应的版本克隆信息，实现对每个 commit 的增量克隆检测。将得到的所有克隆信息按实际 release 或 commit 发布日期顺序排列，得到项目完整的克隆演变情况。

5.10　静态分析融合

受制于覆盖计算精度、工程约减以及规则库、缺陷库，以基于形式化的静态分析工具验证非形式化软件，产生输出偏差在所难免，且理论上不可彻底消除。一个行之有效的方法就是构建静态分析融合平台，集成多种静态分析工具，不同工具并行分析，对静态分析结果进行融合，能够显著提高静态分析的准确性，降低错误漏报、误报及误判率。

5.10.1　静态分析融合框架

静态分析融合旨在通过不同分析工具集成，分析数据融合，分析结果聚类，实现分析技术的集成化，分析过程的综合化，提高静态分析的准确性和可信性。图 5-51 构建了一个静态分析融合框架，为多工具集成及数据融合搭建了一个融合云端分析平台。

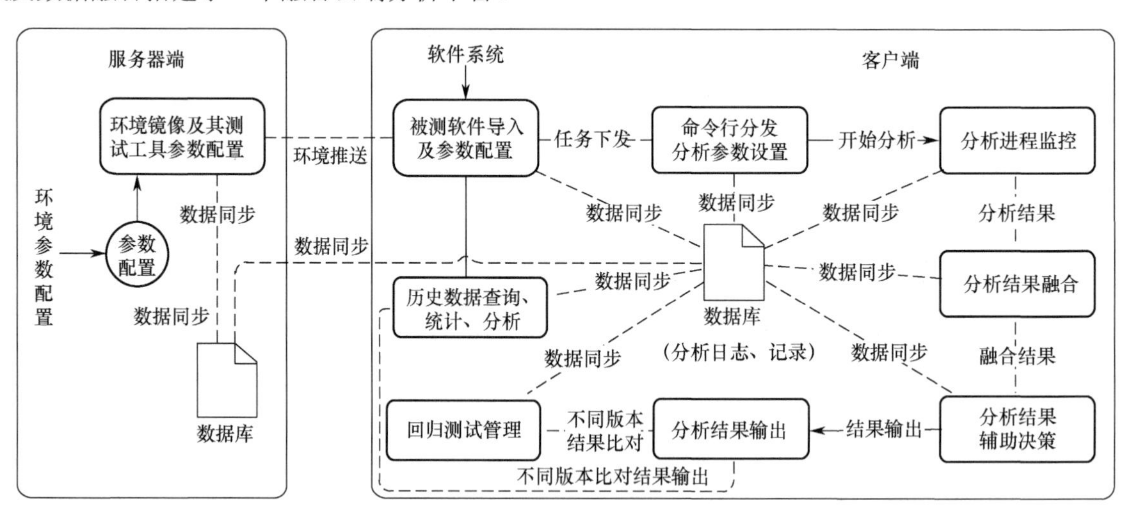

图 5-51　静态分析融合框架

静态分析融合框架通过集成多种不同静态分析工具以及软件成分分析、性能测试、安全渗透测试等工具，在统一的平台上，驱动不同工具运行，同步实现测试，解析不同工具的检测结果，进行缺陷审计、数据同步和数据融合，剔除不一致及冗余数据，实现缺陷自动合并及报告导出，能够有效降低静态分析的错误漏报、误报及误判率。基于云化承载的静态分析融合平台如图 5-52 所示。

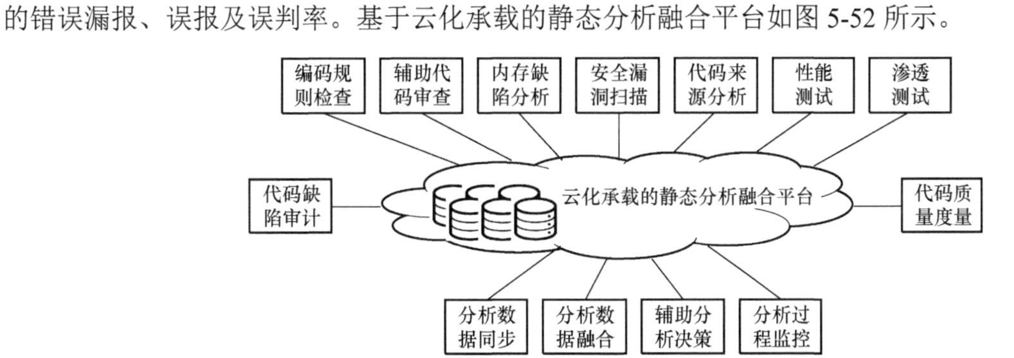

图 5-52　基于云化承载的静态分析融合平台

静态分析工具具有坚实的理论基础，是软件测试领域发展最为成熟的自动化测试工具之一，但基于不同的开发语言，使用的技术、面向的对象、缺陷检测能力各异，种类繁多。这里，我们列举出部分常用静态分析工具，如表 5-27 所示。

表 5-27　常用静态分析工具

工 具 名 称	方法与技术	目标程序语言
Cqual	类型推导，约束求解	C
ESC	定理证明	Java，Modula-3
ESP	类型推导	C，C++
Metal	基于规则的推导	C，Flash machine code
PREfix	符号执行，约束求解	C，C++
SLAM	模型检测	C
Splint	基于程序风格与注释检测	C
RuleChecker	基于规则的推导	C，C++，Ada，Java
Testbed	基于规则的推导	C，C++，Ada，Java，Visual Basic,Intel 及 Motorola、PowerPC Assemblers
PolySpaceVerifier	抽象解释	C, Ada

在工程应用中，上表静态分析工具特别对那些程序规模不大、状态有限，同时对稳定性、可靠性要求很高的软件发挥了重要作用。但当程序复杂性过高且状态数过多时，则可能难以达到理想的效果。需要寻找更好的程序建模、遍历、约束条件求解方法。静态分析是动态测试的有力补充，实际工作中，需要将动态测试与静态分析结合起来，相互融合，发挥各自的优势，提高测试效率和测试质量。

LDRA Testbed、Klocwork、C++test、QAC 等静态分析工具，支持代码规则定制以及检测结果文本形式浏览，以图表和报告实现代码的可视化测试，不仅能够检查代码的标准符合性，而且提高了代码测试的可视性和清晰度，其中 C++test 支持代码复审及在线回归。在此，基于静态规则分析、静态内存分析、代码质量度量能力等视角，对上述 4 款静态分析工具进行比较，如表 5-28 所示。

表 5-28　典型静态分析工具比较

序号	工 具 名 称	静态规则分析	静态内存分析	代码质量度量	命令行的操作	规则库的查看	支 持 语 言
1	Klocwork	√	√	√	√	√	C、C++、C#、JAVA
2	C++test	√	√	√	√	√	C、C++
3	LDRA Testbed	√	√	√	√	√	C、C++、C#、JAVA
4	QAC	√	×	×	×	√	C、C++

这 4 款静态分析工具所依据的规则并非完全一致，无法检出全部违规代码，测试结果之间互有补充

又有诸多重合。事实上，其他静态分析工具亦然。比对测试结果与原始代码，可以发现由工具自动生成的测试报告具有以下特征：

（1）针对存在问题的同一行源码，不同工具的测试结果描述语言不同，各有风格。

（2）不同测试工具检测的同一问题代码，在各自测试结果中显示其路径及代码行数不同。由于工具在代码规则检查时具备更改代码格式的权限，导致测试报告中的问题代码行数与源码存在差异，但其差异一般不大于 5。

（3）选定参考标准如国际标准、国家标准、行业标准，各工具测试报告中的问题描述与参考标准形成一一对应关系，上述测试工具生成英文报告，而国家标准和国家军用标准则均为汉字描述。

综上所述，相应分析工具自动生成的英文检测报告与汉语描述的参考标准之间仍未完全对应，面对规模庞大的代码，人工分析其测试报告在参考标准中的映射，时间和人力成本都随代码规模的扩张呈几何级数增长。因此，将工具生成的报告与参考标准建立准确的映射关系，成为提升最后一步工作效率的可行手段。

5.10.2 基于语义的跨语言文本聚类

静态分析结果与标准之间的映射关系，被视为不同编程语言之间，对语义相近语句的分类。自然语言中，通常把一个词汇描述为向量，一条语句描述为一个矩阵，语义相近的语句之间，在语义空间上必然存在向量一致性。基于语义的跨语言文本聚类方法，解决了多种不同静态分析结果与规则集的映射问题。向量词频模型（Vector Term-Frequency Model，VTM）基于语料库实现跨语言文本聚类，使用 Word2Vec 模型完成“语句-向量”转换，实现文本分类，其由 CBOW 模型和 Skip-gram 模型构成，最早由 Mikolov 提出。Word2Vec 模型数学表达如图 5-53 所示。

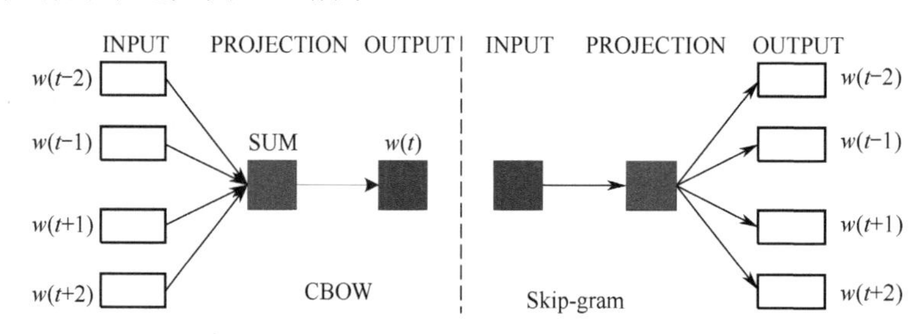

图 5-53 Word2Vec 模型数学表达

不同静态分析工具生成的测试报告，全部问题描述语句和规则集构成平行语料库，从有限语料库中提取文本分类信息，通过平行语料库完成语句分类，能够有效避免先翻译后将翻译结果进行分类所带来的计算问题。聚类过程处于语义和概念层面，更多地结合了自然语言的含义。CBOW 模型由词的前后 m 个词汇出现的概率决定词 A 出现的概率

$$P(\omega_i \mid \tau(W_{m-i}, W_{m-i+1}, \cdots, W_{m+i-1}, W_{m+i})) \tag{5-10}$$

Skip-gram 模型则是由上下文 n 个词汇预测词 A 出现的概率

$$P(\tau(W_{m-i}, W_{m-i+1}, \cdots, W_{m+i-1}, W_{m+i}) \mid \omega_i) \tag{5-11}$$

Word2Vec 是将词语划分为实数值向量表达的深度机器学习工具，在词向量训练中涵盖语料的上下文，从语义层面解决了跨语言文本分类主题漂变和语言隔离问题。

5.10.2.1 文本的向量表达

采用 Word2Vec 模型，将一段文本 S 描述为一组向量 $\boldsymbol{V}(T_i)$，向量存在一个几何中心，就如同该文本存在一个核心词一样。核心词定义为 $\mathrm{Core}(S)$，其归一化向量表达形式为

$$\text{Core}(S)=\frac{\sum \boldsymbol{V}(T_i)}{\left|\sum \boldsymbol{V}(T_i)\right|} \tag{5-12}$$

式（5-12）对文本中的核心词与非核心词未加区别，每个词汇的重要程度一致，这与实际情况不符。为此，在向量表达式中添加权重，对词汇在文本中的重要性加以区分

$$\text{Core}(S)=\frac{\sum \omega(T_i)\boldsymbol{V}(T_i)}{\left|\sum \omega(T_i)\boldsymbol{V}(T_i)\right|} \tag{5-13}$$

如式（5-13）所示，归一化向量表达式描述了文本 S 的几何中心，即该文本的向量表示。

5.10.2.2　基于加权词频的文本向量表示

采用词频–逆向文本频率（Term Frequency-Inverse Document Frequency，TF-IDF）确定式（5-13）中的词向量权重。TF-IDF 是一种常用数据挖掘加权技术，是 TF 与 IDF 的乘积。TF 表示目标词在文本中出现的频率，表示该词在文本中的重要程度；IDF 用于度量目标词的普遍性，反映该词在文本中的识别度。假设语料库 D 中，存在一段包含 N 个词的文本，其中 k 个词不重复。对于一个词 T_i，其重要性 tf_i 定义为

$$\text{tf}_i=\frac{n_i}{\sum_k n_k}=\frac{n_i}{N} \tag{5-14}$$

式中，n_i 表示该词在文本中出现的次数；$\sum_k n_k$ 表示文本中词的总数。

类似地，词 T_i 的 IDF 计算公式如下：

$$\text{idf}_i=\lg\frac{|D|}{\left|\{j:T_i\in D\}\right|} \tag{5-15}$$

式中，$|D|$ 表示语料库中包含的全部文本个数；$\left|\{j:T_i\in D\}\right|$ 表示语料库中包含词 T_i 的文本个数。为防止除数为零，在实际计算中，通常选择 $1+\left|\{j:T_i\in D\}\right|$ 作为分母。

根据式（5-14）和式（5-15）的计算结果，可以得到词 T_i 的 TF-IDF 计算表达式为

$$\text{tf-idf}_i=\text{tf}_i\cdot\text{idf}_i=\frac{n_i}{N}\cdot\text{idf}_i \tag{5-16}$$

文本中，每个词的权重向量可表示为

$$\omega(T_i)\boldsymbol{V}(T_i)=\frac{1}{N}\cdot\text{idf}_i\cdot n_i\cdot\boldsymbol{V}(T_i) \tag{5-17}$$

在一段文本内，所有词的向量和是一个与路径无关的固定结果。因此，如下等式成立：

$$\sum \boldsymbol{V}(T_i)=\sum n_i\cdot\sum \boldsymbol{V}(T_{ni}) \tag{5-18}$$

为了便于理解，将式（5-18）中的词频次数 n_i 替换为 m，得到如下形式：

$$\sum \boldsymbol{V}(T_i)=\sum m\cdot\sum \boldsymbol{V}(T_m) \tag{5-19}$$

将上述结果代入式（5-13）中，得

$$\text{Core}(S)=\frac{\sum \omega(T_i)\boldsymbol{V}(T_i)}{\left|\sum \omega(T_i)\boldsymbol{V}(T_i)\right|}=\frac{\sum \frac{1}{N}\cdot\text{idf}_i\cdot\boldsymbol{V}(T_i)}{\left|\sum \frac{1}{N}\cdot\text{idf}_i\cdot\boldsymbol{V}(T_i)\right|}=\frac{\sum \text{idf}_i\cdot\boldsymbol{V}(T_i)}{\left|\sum \text{idf}_i\cdot\boldsymbol{V}(T_i)\right|} \tag{5-20}$$

由式（5-20）可知，在有限语料库场景下，基于词频的文本权重向量表达式与 TF 无关，仅需计算 IDF 即可得出一段文本的权重向量表达式。

5.10.2.3　相似性测度计算

文本向量距离采用欧氏距离或余弦距离。例如，用 A 和 B 表示两段文本的向量表达，两者之间的欧

氏距离为

$$d_{AB}=\sqrt{(A-B)^2}=\sqrt{\sum(a_i-b_i)^2} \tag{5-21}$$

假设两个文本向量夹角为 C，那么两者的余弦距离为

$$\cos C=\frac{A\cdot B}{|A|\cdot|B|}=\frac{\sum a_i b_i}{\sqrt{\sum a_i^2}\cdot\sqrt{\sum b_i^2}} \tag{5-22}$$

当两个文本向量模为 1 即 $|A|=|B|=1$ 时，那么

$$d_{AB}=\sqrt{(A-B)^2}=\sqrt{2-2A\cdot B}=\sqrt{2-2\cos C} \tag{5-23}$$

当两个文本相似性测度大于设定阈值时，判定为语义相近。至此完成跨语言的文本聚类。

5.10.3 基于语义的检测结果与规则集聚类

为讨论方便，特建立图 5-54 所示基于语义的检测结果与规则集聚类流程。

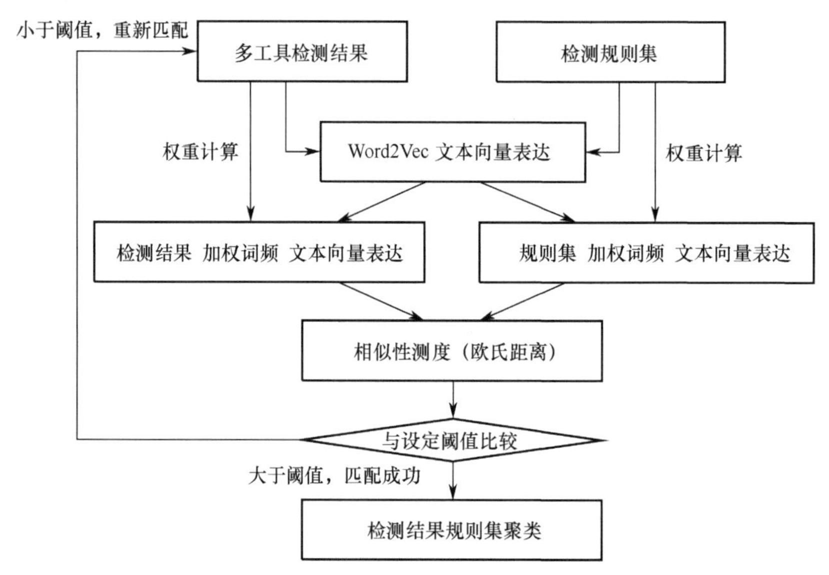

图 5-54 基于语义的检测结果与规则集聚类流程

建立如下包含检测结果与规则集的平行语料库。

```
'nAndFC.fs' is used uninitialized in this function.
'nAndFC.length' is used uninitialized in this function.
'wa' might be used uninitialized in this function.
'nAndFC. is FOK' might be used uninitialized in this function.
Suspicious dereference of pointer 'temp' before NULL check at line 573
Pointer 'tempCoef1'returned from call to function 'malloc' at line 294
may be NULL and may be dereferenced at line 314.
Pointer 'tempCoef2'returned from call tu function 'malloc' at line 295
may be NULL and may be dereferenced at line 315.

避免在同一个程序块中单独使用#define
避免在同一个程序块中单独使用#undef
谨慎使用#pragma
谨慎使用联合（union）的声明
在结构体中谨慎使用无名位域
过程体必须用大括号括起来
循环体必须用大括号括起来
```

```
then/else 中的语句必须用大括号括起来
逻辑表达式的连接必须使用括号
禁止在头文件前有可执行代码
宏参数必须用括号括起来
嵌入汇编程序的过程必须是纯汇编程序
头文件名禁止使用“0”“\”和“/*”等字符
```

运行如下代码，完成文本向量表达和文本向量距离计算。

```
Import gensim
Import jieba
Import numpy as np
From scipy.linalg import norm

Modle_file = ‘ ./word2vec/news_12g_baidubaike_20g_novel_90g_embedding_64.bin ’
Modle = gensim . Models . Keyedvectors . load_word2vec_format (Modle_file, binary = True)

def Vectors_Similarity (s1 , s2);
    def Sentence_Vectors (s);
        words = jieba . Lcuts (s);
        v = np . Zeros (64);
        for word in words;
            v + = model [word]
            v / = len (words)
            return v
        V1,V2 = sentence_vectors (s1), sentence_ vectors (s2)
Return np . Dot(v1 , v2) / (norm(v1)*norm(v2))
```

这里，选取如下 5 条进行检测。

第一条：'nAndFC.fc' is used uninitialized in this function.

第二条：Double freeing of freed memory may be in class c_menu_abount.

第三条：Pointer 'temp' returned from call to function 'malloc' at line 541 may be NULL and may be dereferenced at line 546.

第四条：'den' might be used uninitialized in this function.

第五条：Variable 'pr' was never read after being assigned.

每一列对应计算该检测结果与规则集之间的相似性测度值，对于成功匹配的两条文本相似性计算结果予以填充标明。

两条文本语义上接近的相似性测度值更大，与无关文本相似性测度则存在着明显的分离性，可以通过合理的相似性测度阈值加以区分。表 5-29 给出了检测结果与规则集相似性计算结果。

表 5-29　检测结果与规则集相似性计算结果

规　则　集	检 测 结 果				
	第一条	第二条	第三条	第四条	第五条
变量使用前被赋值	0.9046	0.4672	0.1647	0.9136	0.5478
变量在命名后未使用	0.4863	0.5129	0.5782	0.7847	0.8942
在循环中避免使用 break 语句	0.2487	0.1947	0.1147	0.1985	0.1447
禁用或释放未分配空间或已释放指针	0.0917	0.1682	0.9157	0.2476	0.2975
被 free 指针应指向最初 malloc 和 calloc 分配地址	0.1687	0.8764	0.1543	0.1952	0.1312

上述方法实现了测试报告与规则集之间的映射，但未实现不同工具检测结果的融合，不同检测结果之间仍然存在重合与互补。检测结果自身携带问题代码路径 Path 以及所在函数中行数 Line 可区分问题代码。类似地，规则集的常见形式是“编号 ID+规则描述”，编号即一个规则在其集合中的唯一识别。

规则描述与检测结果完成映射，意味着“Path+Line”与“规则 ID”之间建立映射。问题代码路径与规则标识的关系如图 5-55 所示。

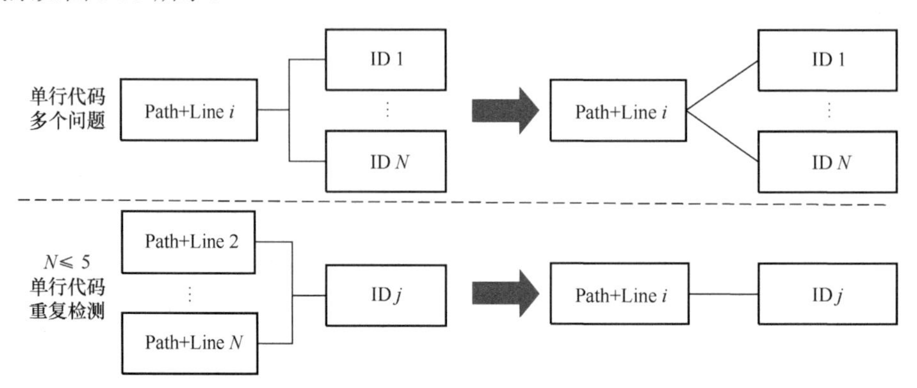

图 5-55　问题代码路径与规则标识的关系

根据测试实践，给出问题与规则之间的关系。对于近似行代码，对应单规则 ID 情况，判定为重复检测，任选其一作为最终结果；单行代码对应多个规则 ID 情况判定为结果互补，保留不重复 ID 规则。至此，完成多工具检测结果与规则集合的融合匹配。

第 6 章　数据驱动测试

数据驱动测试（Data Driven Testing）是在不考虑软件系统的逻辑结构、内部特性、处理过程、实现细节等情况下，基于输入与输出的映射关系，以参数或行为驱动测试。即基于软件行为建模，面向系统行为、外部特性及使用质量，在特定的运行环境和使用场景中，测试软件系统是否能够接受特定的输入并输出预期结果，是基于需求驱动的可用性测试。数据驱动测试将系统视为一个不透明的黑盒子，因此又称为黑盒测试（Black-box Testing），也称为功能测试或基于规格的测试。

数据驱动测试包括关键字驱动测试和行为驱动测试。关键字驱动测试就是将测试过程与实现细节分离，界面元素与内部对象分离，数据域与脚本分离，对操作对象、操作及值等关键字进行分解，得到数据文件并读取数据，以参数形式驱动测试，较录制与回放测试技术，能够显著提高脚本利用率及可维护性。行为驱动测试是基于系统业务需求、数据处理、中间层协作，根据不同场景进行的测试，是基于能力的测试。

等价类划分、边界值分析、决策表驱动、因果图分析、功能图分析、正交试验、均匀试验、组合覆盖、被动测试等测试技术的快速发展、日臻成熟，为数据驱动测试实践奠定了坚实的基础。与此同时，随着软件弹性交付需求不断增长，DevSecOps 战略深入推进，基于需求驱动的测试迭代、基于流程驱动的测试改进、基于持续集成的测试演化以及基于能力驱动的测试发展，推动数据驱动测试技术进入新的发展阶段。

6.1　软件可用性问题

数据驱动测试是基于可用性的测试。可用性是指在特定的任务场景和使用环境下，软件系统能够被理解、学习、使用并持续引起关注的能力，即特定用户有效、可靠、安全、满意地使用软件系统达到特定目标的能力，是软件系统质量、效能、任务能力的外在呈现，是数据驱动测试力求解决的核心问题。ISO 9241 将软件可用性划分为有效性、效率和满意度三个子特性。有效性是使用软件系统完成规定任务，达到期望目标的程度；效率是指单位时间内完成的工作量，即在一个使用周期内，基于确定的精度和完整度，软件系统完成目标任务的能力及资源耗费情况；满意度是指客户期望及体验的匹配程度，是客户对软件系统可感知效果的主观反映，即对软件系统的认可度。认知预演、启发式评估、用户测试，在软件可用性测试与评估中展现出了良好的工程实用价值。

认知预演是将用户行为过程及系统反馈，按任务流程划分实现步骤，对每个步骤进行检查评价，判断可能出现的可用性问题。首先，确定目标用户及使用质量目标，定义测试任务及每项任务的执行顺序、期望结果、操作使用等要素；其次，进行操作使用预演，就能否建立并实现任务目标、获得行动计划、完成预期操作、具备足够的健壮性和容错能力、根据系统反馈信息评价任务完成情况，分析判断可能出现的可用性问题；最后，从达到什么效果、行动是否有效、状态是否良好、系统运行是否可靠等对软件系统的可用性进行评价。该方法首先由 Wharton 等人于 1990 年提出，2000 年 Spencer 对其进行优化改进。该方法能够使用任何低保真原型，但非最终用户评价，尚不能很好地代表用户。

启发式评估是根据可用性原则，首先由评估小组成员独立地对系统进行反复操作，浏览系统界面，检测系统输出，对系统的可用性做出评价；其次进行集中讨论，确认存在的问题并对可用性做出评价。该方法决断快，资源开销少，能够提供综合评价结论，但评价结果可能存在主观性、不一致等问题。

用户测试是由使用人员在不同场景下，按实际使用方式进行操作使用，对测试过程进行观察，处理并分析测试数据，根据问题的严重程度和紧急程度排序，反馈用户使用表现及实际需求，是一种有效的可用性评估方法。用户测试一般分为实验室测试和现场测试。实验室测试往往同软件测试或相关试验同步开展，现场测试则是在实际使用环境下进行测试，如武器装备软件测试过程中，将软件测试同性能鉴定结合，在很大程度上解决了可用性测试的最佳实践问题。

6.2 等价类划分

6.2.1 测试输入问题

理论上，软件测试就是基于所有可能输入，确定测试数据，检查软件系统能否产生正确的输出，实现系统需求覆盖，确定系统底座，评价系统能力。系统输出及其状态，取决于输入及组合空间。但输入及其组合往往异常复杂，何况还需要对不合法但可能的输入进行测试，输入及其组合构成一个庞大的输入空间。穷举所有输入将耗费巨大的资源，甚至无法实现。导出并对输入集进行分解、重组和综合，重构输入空间，是软件测试的核心任务。等价类划分是解决该问题的重要方法之一。

等价类划分（Equivalence Class Partitioning，ECP）是选择能够代表所有可能输入集合的有限子集，将海量或无限的测试用例减少至最小，实现期望的测试覆盖，这是一种基于输入域划分的测试技术。

在讨论等价类划分之前，首先必须明确等价类的概念及其内涵。等价类就是某个输入域的子集，该子集中各输入数据对于揭示软件系统错误是等价的，测试某个等价类的代表值就等于对这一类的其他值遍历，除非存在子集相互交叉或一个子集同属于另一个子集的情况。将全部输入数据合理地划分为若干个等价类，在每个等价类中选取一个数据作为测试输入，即可用少量代表性测试数据获得期望的测试结果。为避免测试冗余，等价类划分过程中，将输入域划分为互不相交的一组等价类。当然，这种情况只是等价关系的理论存在，工程上并不存在这种情况。这里，用图 6-1 形象地表示等价类概念、等价类划分及基于等价类划分的测试过程。

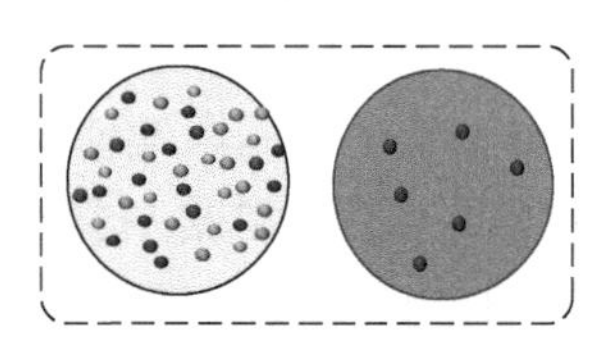

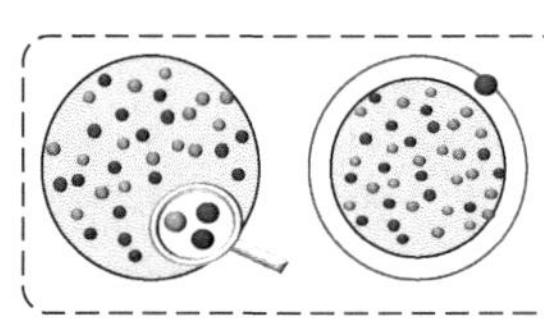
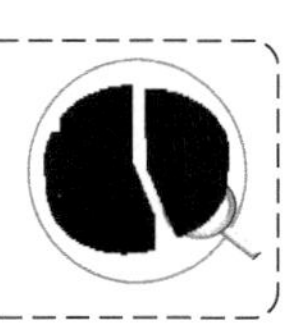

图 6-1 等价类概念、等价类划分及基于等价类划分的测试过程

理想情况是从所有可能的输入中，找出一个足够小且能够发现最多错误的子集，即使用最少测试数据，达到最好的测试质量。那么，如何确定该子集呢？这就要求将软件系统的输入条件划分为有限数量的等价类，合理地假设每个等价类的代表性数据等同于测试该类输入的其他任何数据。这里，以表 6-1 所给出的员工考核结果及绩效等级评定标准为例，说明等价类划分的基本方法。

表 6-1 员工考核结果及绩效等级评定标准示例

考核结果	<60	60～70	71～90	>90
评定档次	不称职	基本称职	称职	优秀

假定考核结果的取值范围为 0～100 的整数，若员工在考核期内发生质量、安全、保密等一票否决事故，则考核结果为 0。基于考核结果的绩效等级评定，共有 101 种输入。设计 101 个测试用例，穷举可能的 101 个输入，是最直接、最简单的方法之一。当然，这也是一种让人无语的方法。如果按绩效评定档次，将程序实现输入划分为[0,59]、[60,70]、[71,90]和[91,100]4 个区间，设计如下简单程序时，仅需在每个区间内取任意整数，执行相应语句即可。如取 1 和取 55，执行语句 if(score>=0&&score<=59)Level=

“不称职”，仅需设计 4 个测试用例，即可覆盖 101 个输入。也就是说，在同一区间内，取任意整数值对程序的执行均等价，这就是等价类划分的基本思想。

```
if (score >= 0 && score <= 59)   Level = “不称职”;
if (score >= 60 && score <= 70)   Level = “基本称职”;
if (score >= 71 && score <= 90)   Level = “称职”;
if (score >= 91 && score <= 100)   Level = “优秀”;
```

由上述分析可见，使用等价类划分，将穷举程序输入的 101 个测试用例大幅减少到 4 个，在保证同样覆盖率的条件下，测试效率显著提高。

等价的测试用例在于使用最少的测试用例实现相同的测试需求，这就是对测试用例等价的完整解释，也是等价类划分的意义之所在。但需要注意的是，对于同一软件系统，基于不同覆盖目标，可能得到不同的等价类划分结果，此乃基于设计视角的等价类划分。

软件测试过程中，往往无法预知系统状态，对于确定的需求规格，基于测试需求分析，进行合理的等价类划分，有利于低成本的系统行为建模。一般地，控制流图、事件流图、功能思维导图，分别对应于软件行为、用户交互、功能设计等价类。基于控制流图、事件流图、功能思维导图的等价类划分及其与系统过程模型的关系如图 6-2 所示。

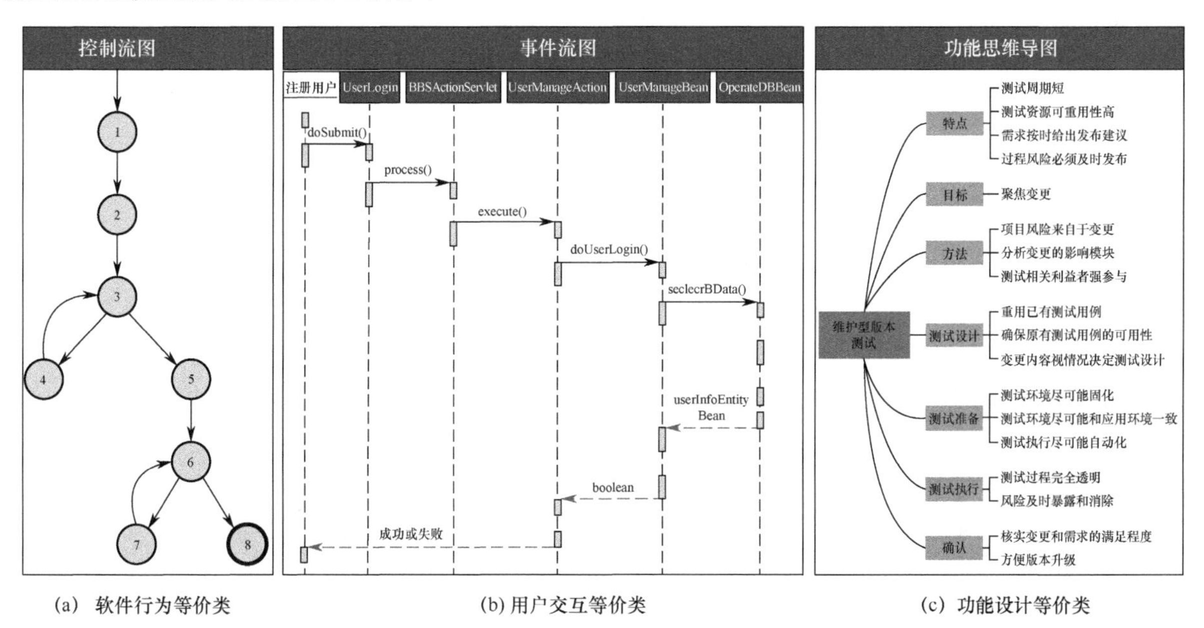

(a)　软件行为等价类　　(b) 用户交互等价类　　(c)　功能设计等价类

图 6-2　基于控制流图、事件流图、功能思维导图的等价类划分及其与系统过程模型的关系

对于智能系统，具有高维输入、低维输出特征，且输入与输出之间大多呈非线性关系，需要重新定义等价类划分的原则和方法。例如，对于深度学习系统，通常基于输入接口类型、功能点及流形分布特征，划分为基于输入数据、基于过程行为和基于输出结果的等价类。

研究等价类划分，至关重要的是对等价关系的深刻理解。等价关系是指定义在集合 A 上满足自反、对称、传递性质的关系。设 R 是定义在集合 A 上的等价关系，与 A 中一个元素 a 有关系的所有元素的集合称为 a 的等价类。即

$$A=\{a,b,c,d,\cdots\}\ ,\quad a=\{a_i,i=1,2,3,\cdots\} \tag{6-1}$$

集合 A 的关于 R 的等价类记为 $[a]_R$。当只考虑一个关系时，将此等价类记为 $[a]$。

【定义 6-1】 设 R 是定义在集合 A 上的等价关系，满足等价关系 R 的等价类构成给定集合 S 的划分，反过来，给定集合 S 的划分 $\{A_i \mid i\in I\}$，存在一个等价关系 R，它以集合 $A_i(i\in I)$ 作为它的等价类。

等价关系 a 具有和任何两个等价类要么相等要么不相交的性质。因此有：X 的所有等价类集合形成 X 的集合划分，所有 X 的元素属于一个且唯一的等价类。反之，X 的所有划分定义了 X 上的等价关系。

6.2.2 等价类划分规则

等价类划分时，应仔细甄别每一项软件需求。例如，对于功能需求，不仅要考虑每个功能需求的输入条件，还要考虑每个功能需求的输出条件以及软件行为、用户交互、运行流程、操作使用。与此同时，不仅要考虑有效等价类，还要考虑无效等价类。有效等价类是指对需求规格有意义、合理的输入数据所构成的集合；无效等价类则是对需求规格不合理或无意义的输入数据所构成的集合。使用无效等价类即使用不合理和非预期输入数据进行测试，能够更加有效地检出错误。一般地，等价类划分应遵循如下规则：

（1）若规定了输入值的范围，则可以将其划分为一个有效等价类、两个无效等价类，即将输入值范围内的值划分为一个有效等价类，输入值范围外的左右或上下值各划分一个无效等价类。例如，需求规格规定某输入条件为“1 到 999”，则可以划分有效等价类为 $1 \leqslant X \leqslant 999$，无效等价类分别为：$X<1$ 和 $X>999$。

（2）若输入数据是一组确定值，软件系统对不同输入值进行不同处理，每个允许的输入值是一个有效等价类，任意一个不允许的输入值则为无效等价类。大多数人机界面中，在不考虑需求遗漏的情况下，列表输入数据是有效等价类，未列入的则是无效等价类。

（3）若输入为布尔表达式，则可将其划分为一个有效等价类和一个无效等价类。例如，某系统登录要求密码非空，有效等价类为非空密码，无效等价类为空密码。

（4）若输入数据必须遵循一组规则，则将符合规则的数据划分为一个有效等价类，违反规则的数据划分为一个无效等价类。

（5）若已知某一等价类的各个值在软件系统中的处理方式不同，则应将此等价类划分为粒度更小的等价类。

通常，可以按区间、数值、数值集合、规则、限制条件、处理方式等进行等价类划分。表 6-2 给出了基于输入条件的等价类划分指南。

表 6-2 基于输入条件的等价类划分指南

输 入 条 件	等价类确定
输入数据范围	1 个有效等价类，2 个无效等价类
输入数据个数	1 个有效等价类，2 个无效等价类
输入数据遵循的规则	1 个有效等价类，1 个无效等价类
一组且需对每个输入值分别处理的可能值	对每个值确定 1 个有效等价类，对 1 组值确定 1 个无效等价类

6.2.3 等价类划分流程

一般地，等价类划分包括如下 5 个步骤：

（1）确定输入数据的类型即合法类型与非法类型。

（2）确定输入数据的范围、数值、数值集合、规则、限制条件、处理方式，即输入数据的合法区间与非法区间、合法数据与非法数据、合法规则与非法规则等。

（3）画出示意图，区分等价类。

（4）为每个等价类编号。

（5）从一个等价类中选择一个或一组测试数据构造测试用例。

上述等价类划分流程可以概括为两个过程活动：一是按照 6.2.2 节给定的等价类划分规则合理地进行

等价类划分；二是在每个等价类中选取一个或一组输入数据，以此生成测试用例。

对于一个特定的输入域，可以按照等价类划分规则，确定合法数据与非法数据，合法数据的合法区间与非法区间，合法规则与非法规则等。为了区分不同等价类，通常为每个等价类进行唯一编号。等价类划分及其标识如图 6-3 所示。其中，a、b、c…就是等价类的编号。

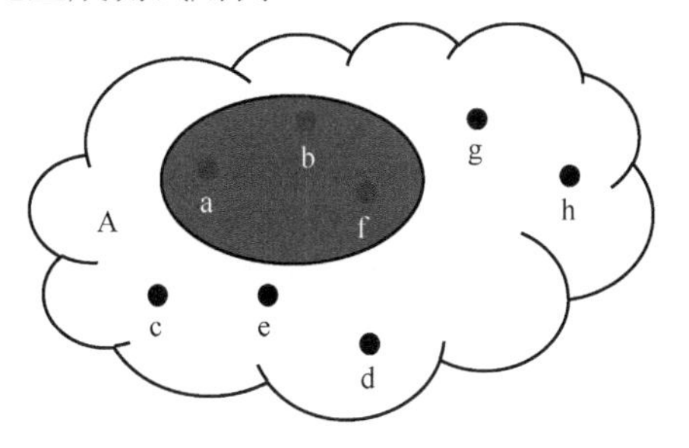

图 6-3　等价类划分及其标识

一般地，利用有效等价类验证软件系统是否实现了规定的功能、性能等需求。对于具体问题，则至少包括一个无效等价类，以对不合理输入和非预期输入进行测试验证。

假设输入域 $A=\{a,b,c,\cdots\}$，a、b、c、…为互补相交的子集，有

$$a\cap b\cap c\cap\cdots=\varnothing；\ a\cup b\cup c\cup\cdots=A$$

子集“与”即整个输入域，能够覆盖所有输入。在同一等价类中，将具有相同的处理映射到相同的执行路径，能够产生相同的结果。因此，选择或标识一个测试用例即代表了这一类的测试输入。

对于不同输入类型，需要进行不同的等价类划分。等价类划分时，既要考虑合法/合理的输入，也要考虑非法/不合理的输入。根据等价类划分规则，完成等价类划分，列出等价类表。表 6-3 给出了一个等价类表参考格式。

表 6-3　等价类表参考格式

序　　号	输 入 条 件	有效等价类	无效等价类

设计一组测试用例，尽可能覆盖未被覆盖的有效等价类，重复此过程，直至所有有效等价类被覆盖为止。然后，设计一组测试用例，覆盖且仅覆盖一个未被覆盖的无效等价类，重复此过程，直到所有无效等价类被覆盖为止。那么，为什么每次仅覆盖一个无效等价类呢？这是因为某些软件系统对某一输入错误的检测可能屏蔽其他输入错误。

例如，某系统具有使用和训练两种工作模式，两种模式之间的切换时间不大于 2 秒，若测试用例的输入数据类型为检修且切换时间为 3 秒，那么该测试用例覆盖“检修”和“切换时间为 3 秒”两个无效等价类，其工作模式类型和切换时间均无效。为了检测到工作模式的类型错误就不可能检测或判断切换时间是否正确。因此，该测试用例执行无论通过与否，都只能确定一个无效等价类，以检测系统工作模式的正确性。

6.2.4　等价类划分方法

6.2.4.1　连续输入等价类

当输入为连续值域时，将其划分为一个合法等价类和两个非法等价类，其值域范围内的值为合法等价类，值域范围之外的值构成非法等价类。例如，某激光测距设备的测量范围为 10～10000 米，其等价类划分如图 6-4 所示。

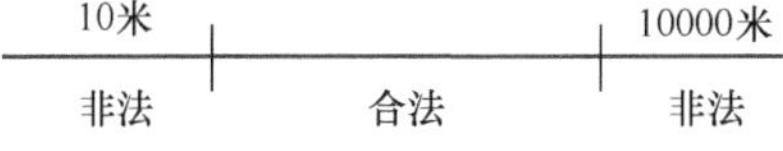

图 6-4　连续值域等价类划分

在该测距设备的测量范围内，5000 米就是一个合法输入，9 米和 10001 米则是两个非法输入。

6.2.4.2　离散输入等价类

如果输入是一组确定、连续的离散值，输入值范围内的数就是一个有效等价类，范围之外的数则是无效等价类。离散输入具有一个有效等价类和两个无效等价类。

例如，某动力系统启动试验，包括电启动、冷启动、热启动三个阶段，其中，冷启动是在非负载条件下启动系统，以对相关参数进行校验和修正，确保热启动成功。假设启动试验前，按规程应进行不少于 1 次、不多于 6 次冷启动。其合法取值为整数 1～6 中的任意一个，非法等价类划分时需要选取两个域，

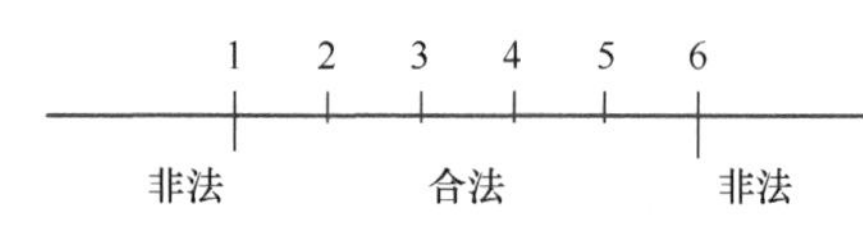

图 6-5　离散型输入等价类划分

分别是一个小于 1 的域和一个大于 6 的域。由此，选取 0 和 7。离散型输入等价类划分如图 6-5 所示。

6.2.4.3　枚举型输入等价类

当输入为枚举型值时，在合法等价类与非法等价类中各选取一个即可。例如，某软件测试机构，由中心领导、综合管理、市场开发、软件测试、研究开发、技术支持、配置管理、质量保证、样品管理等不同岗位人员构成。这些岗位人员均为合法输入，而工艺人员、文印人员则为非法输入。当然，在条件允许的情况下，可以考虑其他因素选取更多的值进行测试。

6.2.5　基于等价类划分的加法器测试

这里，我们以一个 1～100 之间的两个整数之和的加法器计算为例，说明基于等价类划分方法。该加法器的实现程序如下。

```
#include<stdio.h>
void main ( void )
{
    int a;    //加数
    int b;   //加数
    int c;   //和
    while (1)
    {
        printf (“请输入两个 1 到 100 之间的整数：”）;
        fflush ( stdin ) ;   //清空输入缓冲区
        if (( a>1 && a<100 ) && (b>1 && b<100 ))   // 判断两个加数是否在 1～100 之间
        {
            c = a + b;
            printf (“两个数的和为% d\n”, c）
        }
    }
}
```

如果对“计算两个 1～100 之间整数之和”的程序进行穷举测试，所需测试用例如表 6-4 所示。

表 6-4　基于穷举测试的加法器测试用例

用 例 编 号	加　数　1	加　数　2	和
1	1	1	2
2	1	2	3
3	1	3	4
⋮	⋮	⋮	⋮
100	1	100	101
	2	1	3
	2	2	4
	2	3	5
	…	…	…

按照穷举测试，对于加数 1，有 1～100 共计 100 个取值，对于加数 2，同样有 1～100 共计 100 个取值，以此类推，共有$100\times100=10000$种组合，Windows 平台上的标准型计算器包括 0～9 共 10 个数字键以及加、减、乘、除等 8 个运算符键，假设对于简单的 3 位数的一次运算（如$a+b=?$），其穷举测试用例数为$1000\times8\times1000$个。这还只是测试了正常范围内的取值，如果用户输入的数据不在 1～100 之间呢？

可见，穷举测试工作量巨大。那么，对于上述加法器程序，可以根据输入要求，将输入区域划分为 3 个等价类即可。加法器等价类划分如图 6-6 所示。

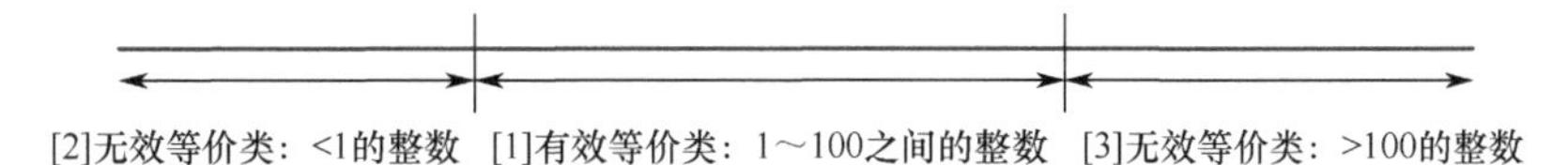

图 6-6　加法器等价类划分

如图 6-6 所示，将输入域划分为一个有效等价类，即 1～100 之间的任意整数，以及两个无效等价类，即“<1”和“>100”的任意整数，并为每个等价类进行编号。然后从每一个等价类中选取一个代表性的数据进行测试，即可覆盖测试输入。基于等价类划分的加法器测试用例如表 6-5 所示。

表 6-5　基于等价类划分的加法器测试用例

用例编号	所属等价类	加数 1	加数 2	和（结果）
1	[1]（有效等价类）	5	58	63
2	[2]（无效等价类）	0	−1	提示“请输入 1～100 之间的整数”
3	[3]（无效等价类）	101	110	提示“请输入 1～100 之间的整数”

读者会发现，上述输入数据都是整数，如果输入的不是整数，而是小数甚至是字母或其他字符，会出现什么样的结果呢？显然，我们虽然关注了输入数据的范围，但并未考虑输入数据的类型，表 6-5 所构造的等价类并不完善。因此，应综合考虑输入数据的类型、范围等，进行等价类划分。扩展加法器等价类如图 6-7 所示。

当用户输入 1 个加数时，无外乎就是数值和非数值两类，其中数值类包含整数和小数；非数值类则包含字母、特殊字符、空格、空白等。若进一步将整数分为[1,100]、<1 及>100 三类，根据图 6-7，上述所划分的三个等价类仅在整数范围内讨论问题，存在遗漏错误的情况，需要对等价类进行扩展。对每个等价类编号，得到一个有效等价类[1]及 7 个无效等价类。此时，从每一个等价类中选取一个数据，即可构造如表 6-6 所示测试用例。

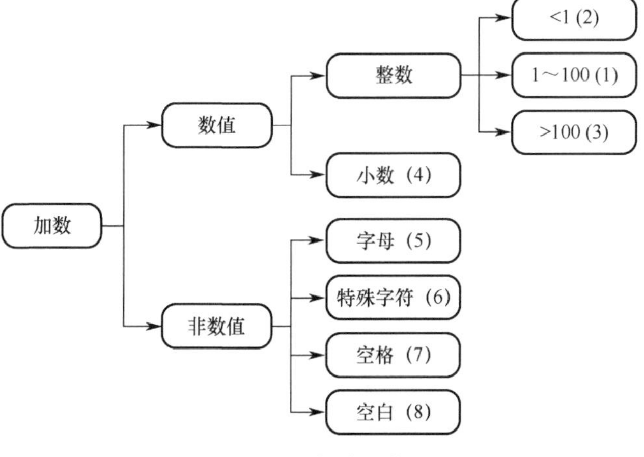

图 6-7　扩展加法器等价类

表 6-6　等价类划分的扩展加法器测试用例

用例编号	所属等价类	加数 1	加数 2	和（结果）
1	[1]（有效等价类）	5	58	63
2	[2]（无效等价类）	0	−1	提示“请输入 1～100 之间的整数”
3	[3]（无效等价类）	101	110	提示“请输入 1～100 之间的整数”
4	[4]（无效等价类）	12.5	5.8	提示“请输入 1～100 之间的整数”
5	[5]（无效等价类）	A	B	提示“请输入 1～100 之间的整数”
6	[6]（无效等价类）	#	$	提示“请输入 1～100 之间的整数”
7	[7]（无效等价类）	空格	空格	提示“请输入 1～100 之间的整数”
8	[8]（无效等价类）			提示“请输入 1～100 之间的整数”

6.3 边界值分析

6.3.1 基于不同视角的边界

错误隐藏在角落，问题狙击在边界，边界乃问题多发地。历史上，国与国之间的争端乃至战事，多因边界问题所致，何况软件之边界乎！所谓边界就是“界限”。通常，边界被理解为一个点、一条线、一个平面，而事实上远非如此，边界是由“界限”以及围绕界限的区域所构成。边界值分析就是对输入或输出边界值进行测试的一种数据驱动测试方法。我们在 5.7 节和 5.8 节讨论了逻辑驱动测试中常见的数据类型、数组、分支判断等边界值问题，对边界值问题已经有了初步的认识。事实上，不仅逻辑驱动测试存在着边界值问题，数据驱动测试中更加广泛地存在着边界值问题。

以 6.2.5 节讨论的加法器为例，说明边界值分析的概念。该加法器要求输入 1～100 之间的整数。显然，会产生 1 和 100 两个边界。构造（0,0）、（1,1）、（100,100）、（101,101）四组测试用例，便可以覆盖边界值及超出边界的值。执行测试用例（1,1）、（100,100），输出“请输入 1～100 之间的整数”提示，测试未能通过。那么，这是为什么呢？审查 6.2.5 节所示加法器源代码就会发现，判断条件 if((a>1&&a<100)&&(b>1&&b<100))未包含 1 和 100 两个整数，若将该判断条件更改为 if((a>=1&&a<=100)&&(b>=1&&b<=100))，那么 1 和 100 这两个边界值则变成了正常值。加法器边界值测试用例如表 6-7 所示。

表 6-7 加法器边界值测试用例

用例编号	所属等价类	边界	加数 1	加数 2	预期结果	实际结果
1	[1]（有效等价类）	1	1	1	2	提示“请输入 1～100 之间的整数”
2		100	100	100	200	
3	[2]（无效等价类）	1	0	0	提示“请输入 1～100 之间的整数”	提示“请输入 1～100 之间的整数”
4	[3]（无效等价类）	100	101	101		
5	[4]（无效等价类）		12.5	5.8		
6	[5]（无效等价类）		A	B		
7	[6]（无效等价类）		#	$		
8	[7]（无效等价类）		空格	空格		
9	[8]（无效等价类）					

边界值分析是对等价类划分的补充，测试用例来自等价类的边界。但边界值分析并不是从某个等价类中随意选取一个数据，而是将该等价类的每个边界作为测试条件。从人类视角到机器视角再到人工智能视角，边界值分析的概念及内涵发生了显著变化。基于人员角色视角，即基于开发人员和终端用户视角，边界值分析是对软件系统行为及输入值域的边界值分析，分别对应于逻辑驱动测试和数据驱动测试。

基于机器学习视角，边界值分析是基于输入数据的微小扰动，对数值计算模型边界的影响分析。对于深度学习系统，边界值分析意味着高维输入的微小扰动对非线性变换函数维度扭曲的边界影响分析。假设神经网络 $f(x):[0,1]^n \to \mathbb{R}^m$ 是一个利普希茨常数为 K，具有关于范数度量 $\|*\|_D$ 的利普希茨连续的条件下，通过控制利普希茨常数 K，得到神经网络的全局最小值，即通过网络搜索找到最小值，为可达性分析提供误差上界。对每一个确定的数据点，估计这个数据点在神经网络 $f(x)$ 上的对抗样本所在空间的剖面，即对抗样本所在空间的剖面估计。此乃边界值测试的理论分析。

6.3.1.1 边界

边界是指稍高于及稍低于边界值的特定区域。边界定义是边界值分析的基础。例如，基于 Windows 平台的 C 语言，其数据类型范围为−32768～32767，对于 16 位短整型整数而言，−32768 和 32767 就是该数据类型的边界。同样，数组元素的第一个和最后一个是边界，报表的第一行和最后一行是边界，循环的第 0 次、第 1 次、倒数第 2 次及最后一次是边界，显示器上光标在最右上和最右下是边界。对于软件测试，不仅需要测试软件系统的输入/输出边界错误，更重要的是验证软件系统在边界上的行为。

对于相同边界，不同开发人员可能采用不同的处理方法。工程上，一般选取正好等于、刚好大于、刚好小于边界的值作为测试数据，而非等价类中的典型值或任意值作为测试数据。对于 6.2.1 节讨论的员工考核程序，假如程序错误地实现如下：

```
if (score >= 0 && score < 59)    Level = "不称职";
if (score >59 && score < 70)    Level = "基本称职";
if (score >70 && score < 90)    Level = "称职";
if (score >90 && score < 100)    Level = "优秀";
```

那么，其边界就由原来的 0、60、70、90、100 变成为 0、59、71、91、100。本例中的边界称为下边界。输入边界值 0、60、70、90、100，不会发现错误。若输入下边界 0、59、71、91 及 100，程序在其下边界处将发生 3 次错误。

6.3.1.2　边界点

边界点的确定，是边界值分析的基础和前提。边界点包括上点、内点和离点。上点是边界上的点，不管是开区间还是闭区间，如果该点是封闭的，上点在其值域范围内，如果该点是开放的，上点则在其值域范围之外。内点是值域范围内的任意一个点。离点是离上点最近的一个点，若边界是封闭的，离点是值域范围之外离上点最近的点，若边界是开放的，离点则是值域范围之内离上点最近的点。一般地，可以按照图 6-8 进行边界点分类。

6.3.1.3　边界类型

边界值分析是对输入、输出进行等价类划分，在等价类之间寻找边界值，包括上边界与下边界，使用边界数据驱动测试。边界包括连续输入、离散输入和多维输入三种类型。与等价类划分一样，边界查找过程中也存在着合法边界与非法边界。

1. 连续输入边界

我们仍使用图 6-4 所示示例进行分析。在测量范围内，设计两个边界值测试用例 9 米和 10001 米，这两个边界连接合法等价类与非法等价类。由于是连续值，无须取上边界与下边界。

2. 离散输入边界

对于 6.2.4.2 节所讨论的例子，冷启动次数为离散值，其边界如图 6-9 所示。

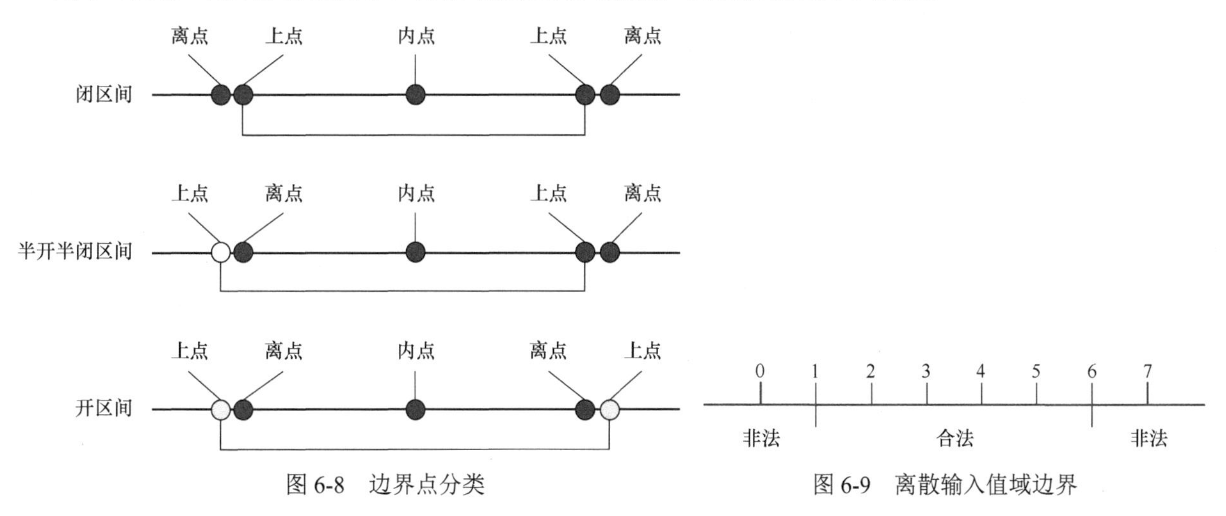

图 6-8　边界点分类

图 6-9　离散输入值域边界

因为冷启动次数的合法取值为整数 1～6 中任意一个，考虑上边界与下边界，设计分别位于边界外、边界上及其边界内的 0、1、2、5、6、7 共 6 个测试用例，即以两端边界点为起点，进行边界点及内外边界测试。

3. 多维输入边界测试

对于多维情况，多维边界值变成了所有输入在合理边界上的联合作用点，使得边界值分析更加复杂。例如，国家规定员工每天工作时间为 8 小时，每小时的最低工资为 20 元，那么，边界则由点变成一条直线 $y = 20x(0 \leqslant x \leqslant 8)$。边界是多维的，多维输入值域边界如图 6-10 所示。

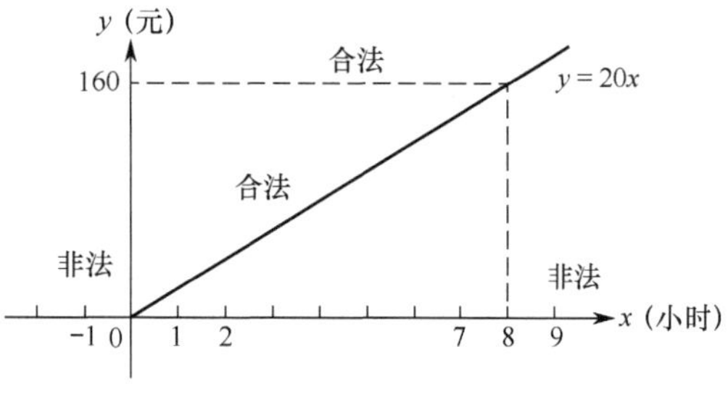

图 6-10 多维输入值域边界

显然，取该直线上的所有点进行测试并无意义。本例中，边界点为（0,0）、（8,160），考虑到上、下边界，设计（−1,−20）、（0,0）、（1,20）、（7,140）、（8,160）、（9,180）共 6 个测试用例，即可满足其边界值分析需求。

需要注意的是，对于边界值分析，上、下边界只适用于离散的输入值域。对于连续的输入值域，采用上、下边界不会提高测试发现错误的能力。读者可以从软件开发人员的角度来理解这一情形。

6.3.1.4 测试数据选取

如果软件系统规定了输入、输出条件值的范围或个数，似乎即可以此确定边界值，并以其上、下边界值作为测试输入数据。但这还远远不够，尚需通过测试需求分析，识别并确定其他可能的边界条件。表 6-8 给出了基于边界值分析的测试数据选取原则。

表 6-8 基于边界值分析的测试数据选取原则

原则	场 景	选 取 原 则
原则 1	输入条件规定了值的范围	取刚达到该范围的边界的值及刚刚超过该范围边界的值作为测试输入数据
原则 2	输入条件规定了值的个数	用最大个数、最小个数、比最小个数少 1、比最大个数多 1 的数作为测试数据
原则 3	输出条件规定了值的范围	同原则 1
原则 4	输出条件规定了值的个数	同原则 2
原则 5	程序使用了一个内部数据结构	选择该内部数据结构边界上的值作为测试数据
原则 6	分析需求规格，识别其他可能的边界	特殊边界值：默认值、空值、空格、0、无效数据等

6.3.2 单缺陷假设及多缺陷假设

边界值分析是根据软件系统输入或输出要求确定边界值，选取等于、刚刚大于、刚刚小于边界的值作为测试数据，也就是在最小值（min）、略高于最小值（min+）、正常值（nom）、略低于最大值（max−）和最大值处取值。

边界值分析是根据定义域实现的，最终演变成单缺陷假设和多缺陷假设两类分析技术。单缺陷假设是指缺陷极少，其失效仅由单个缺陷被触发所致，要求测试用例只使一个变量取极值，其他变量均取正常值。

多缺陷假设是指失效由两个或两个以上缺陷同时作用所致，测试用例同时使多个变量取极值。边界值分析分类如表 6-9 所示。

表 6-9 边界值分析分类

	单缺陷假设	多缺陷假设
有效值	一般边界值	最坏边界值
无效值	健壮边界值	健壮最坏边界值

6.3.2.1　一般边界值

一般地，边界值分析仅考虑有效区间内的单个变量边界值，用最小值、略高于最小值、正常值、略低于最大值及最大值构造测试用例。假设被测变量个数为 n，测试用例数为 $4n+1$。

一般边界条件测试用例设计方法为：保留一个变量，在其余变量取正常值的情况下，被保留变量依次取值 min 、 min+ 、 nom 、 max− 、 max ；对所有变量，按此方法逐一取值。对于函数 $y=f(x_1,x_2)$，假设输入变量 x_1,x_2 的取值范围为 $x_1\in[a,b]$， $x_2\in[c,d]$ 。函数 $y=f(x_1,x_2)$ 的一般边界条件测试用例如表 6-10 所示。

表 6-10　函数 $y=f(x_1,x_2)$ 的一般边界条件测试用例

测试用例	x_1	x_2	预期输出
T1	x_{1nom}	x_{2min}	F1
T2	x_{1nom}	x_{2min+}	F2
T3	x_{1nom}	x_{2nom}	F3
T4	x_{1nom}	x_{2max-}	F4
T5	x_{1nom}	x_{2max}	F5
T6	x_{1min}	x_{2nom}	F6
T7	x_{1min+}	x_{2nom}	F7
T8	x_{1max-}	x_{2nom}	F8
T9	x_{1max}	x_{2nom}	F9

我们可以用图 6-11 更加直观地表示函数 $y=f(x_1,x_2)$ 的一般边界值。

6.3.2.2　健壮边界值

健壮性边界条件测试用例设计原则为：每次保留一个变量，其余变量取正常值，被保留变量依次取值 min− 、 min 、 min+ 、 nom 、 max− 、 max 、 max+ 。对所有变量逐一取值。对于 6.3.2.1 节所讨论的函数 $y=f(x_1,x_2)$，其健壮边界值的取值的直观表示如图 6-12 所示。

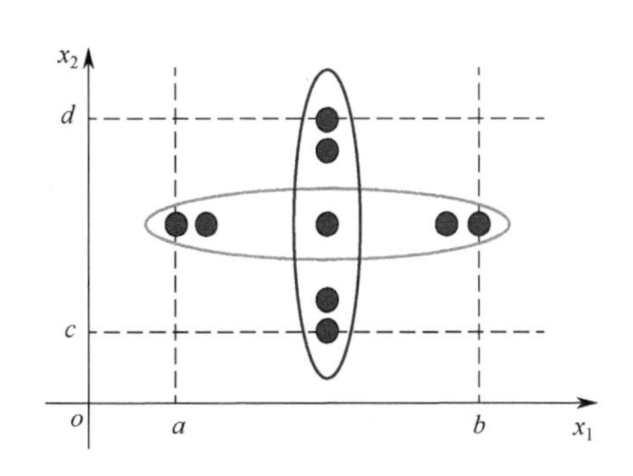

图 6-11　函数 $y=f(x_1,x_2)$ 的一般边界值

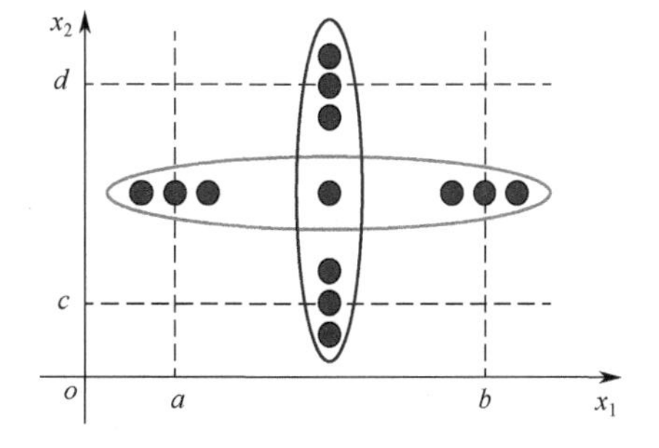

图 6-12　函数 $y=f(x_1,x_2)$ 的健壮边界值

6.3.2.3　最坏边界值

对于最坏边界条件，如果仅考虑有效区间内多个变量边界值同时作用，则所有变量均可取 min− 、 min+ 、 nom 、 max− 、 max 这 5 个边界值中的任何一个。测试用例数为这 5 个集合的笛卡儿积。如果被测变量数为 n，则测试用例数为 5^n 。函数 $y=f(x_1,x_2)$ 的最坏边界值如图 6-13 所示。

6.3.2.4　健壮最坏边界值

当同时考虑有效、无效区间内多个变量的边界值同时作用，那么，所有变量均可取 min− 、 min 、

min+、nom、max-、max、max+7 个边界值中的任一值。测试用例数为 7 个集合的笛卡儿积。如果被测变量数为 n，则测试用例数为 7^n。函数 $y=f(x_1,x_2)$ 的健壮最坏边界值如图 6-14 所示。

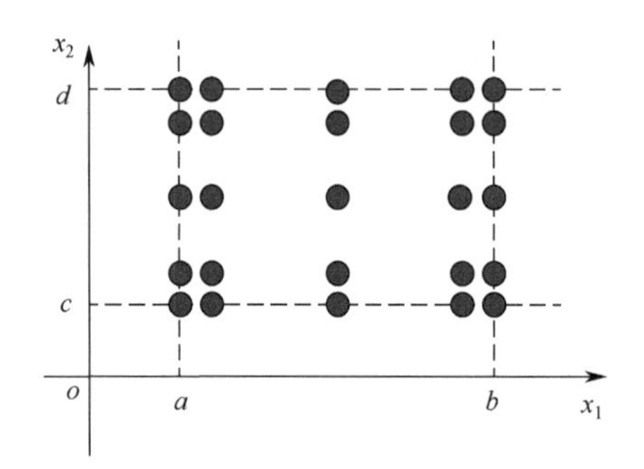

图 6-13 函数 $y=f(x_1,x_2)$ 的最坏边界值

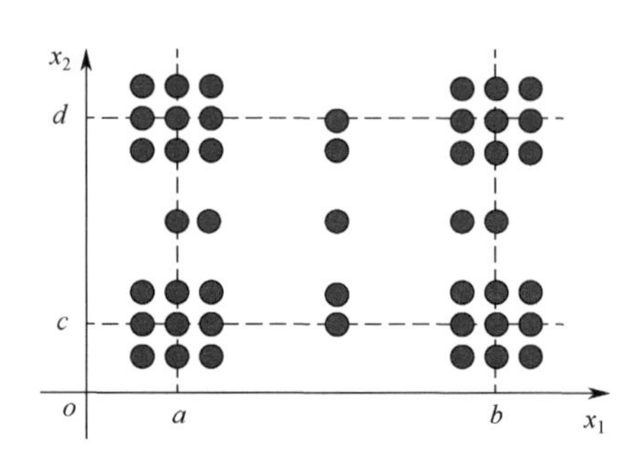

图 6-14 函数 $y=f(x_1,x_2)$ 的健壮最坏边界值

假设三角形的边长分别为 a、b、c，且满足 $1\leqslant a,b,c\leqslant 200$，如何判断三角形的类型呢？可以很容易地设计其边界条件测试用例。表 6-11 给出了三角形类型判断的一般边界条件测试用例。

同样，可以得到三角形类型判断的健壮边界条件的测试用例。表 6-12 是未计入 a 取边界值的测试用例。

表 6-11 三角形类型判断的一般边界条件测试用例

用 例 号	a	b	c	预 期 输 出
001	100	100	1	等腰三角形
002	100	100	2	等腰三角形
003	100	100	100	等边三角形
004	100	100	199	等腰三角形
005	100	100	200	等腰三角形
006	100	1	100	等腰三角形
007	100	2	100	等腰三角形
008	100	199	100	等腰三角形
009	100	200	100	非三角形
010	1	100	100	等腰三角形
011	2	100	100	等腰三角形
012	199	100	100	等腰三角形
013	200	100	100	非三角形

表 6-12 三角形类型判断的健壮边界条件测试用例

用 例 号	a	b	c	预 期 输 出
001	100	100	0	c 超过取值范围
002	100	100	1	等腰三角形
003	100	100	2	等腰三角形
004	100	100	100	等边三角形
005	100	100	199	等腰三角形
006	100	100	200	等腰三角形
007	100	100	201	c 超过取值范围
008	100	0	100	b 超过取值范围
009	100	1	100	等腰三角形
010	100	2	100	等腰三角形
011	100	199	100	等腰三角形
012	100	200	100	非三角形
013	100	201	100	b 超过取值范围

6.3.3 汽车转速控制边界值分析

2017 年，全国大学生软件测试大赛给出了一道边界值分析试题：汽车转速控制软件根据所采集到的转速检测值，进行告警处理，若转速低于 15%，输出“告警”；若转速高于 15%，输出“不告警”，但当转速由高于 15%下降到低于 15%，然后又由低于 15%上升到高于 15%时，软件输出“告警”，这显然与需求不符。对于该问题，大部分参赛人员给出了如图 6-15 所示测试设计。

显然，产生该问题的原因似乎是由高于 15%下降到低于 15%并输出告警后，未关掉告警输出中断所致。对于软件系统的输入域或输出域边界或端点、状态转换边界或端点、功能界限边界或端点、性能界限边界或端点以及容量界限边界或端点等，进行边界值分析，符合相关标准规范对边界值分析的定义及测试要求，于是对该问题进行这样的设计分析无可厚非。但该测试设计遗漏了“故障模式”测试这一至关重要的测试需求。对于输入故障模式的测试，必须包含边界、界外及结合部的测试，对于“0”，还应包括穿越“0”及从两个方向趋近于“0”的输入值测试。基于安全性要求，边界值是某些状态和功能转换的“0”值，边界值分析就是对穿越“0”以及从两个方向趋近于“0”的输入值测试。本例中，传感器输入的故障模式"输入数据在状态转换值处连续波动"，是一种典型的故障模式，应识别、确定并验证此需求。在测试设计过程中，应充分考虑传感器数据的动态变化，而不是基于需求的机械覆盖，达到 100%的需求覆盖率。因此，应分析该边界处理的需求，设计为如图 6-16 所示的边界测试用例。

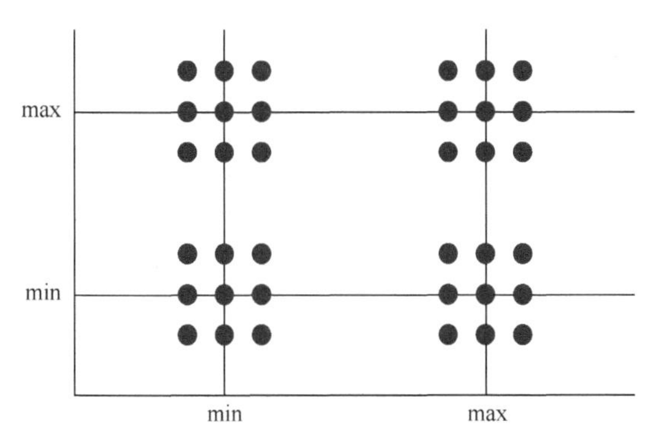

图 6-15　汽车转速控制告警输出边界分析

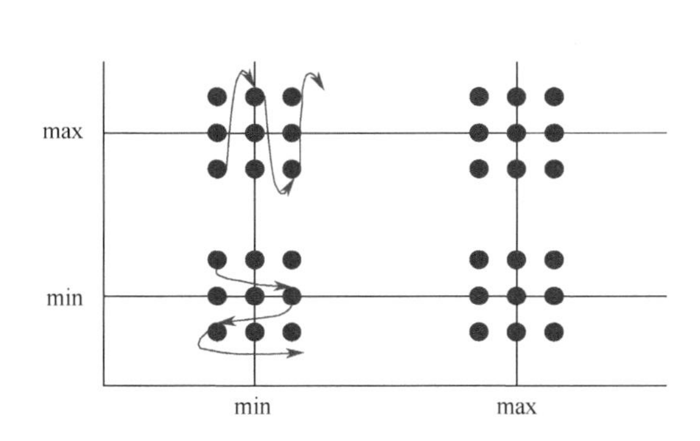

图 6-16　基于穿越边界的测试用例设计

对于上述问题，命题者或许只是"无心插柳"。而事实上，这进一步印证了"问题聚集在边界"的论断。边界处容易存在设计缺陷，这是人的思维不完美的典型体现。图 6-15 所示测试设计满足覆盖要求，图 6-16 所示测试设计是更加充分的测试设计，是追求的目标。当然，这不能仅靠测试人员去验证，在需求设计时，就应该尽早识别这样的操作，并对这样的操作进行主动设计，不仅要追求每项功能的正确性，更要确保功能的每一个"使用方式"都得以正确地响应，这就需要对软件功能的各种正常、异常的使用模式进行识别和处理。

6.4　决策表驱动

6.4.1　决策表表示

决策表（Decision Table）是一个将复杂问题的输入组合值及对应输出值分别以行、列形式描述，以表示决策规则和知识信息的表格，用于多逻辑条件下不同操作的执行分析，适用于逻辑关系复杂、判断条件较多、各条件相互组合且具有多种决策方案的描述和处理，也称为判定表或决策矩阵。若用损失费用表示决策结果，则称为损失矩阵。决策表能简洁、精确地描述复杂的逻辑关系和多种条件组合，并将多个条件与满足这些条件的执行动作对应起来，易于理解，能够有效避免问题遗漏。利用决策表能够设计出完整的测试用例集，基于决策表驱动的测试是最为严格、最具逻辑性的测试方法之一。

决策表配合因果图，适用于多逻辑条件下的组合分析，但不能表达循环结构等重复执行动作，限制了使用范围。在一些数据处理问题中，某些操作的实施依赖于多个逻辑条件组合，分别执行不同操作，同样制约了决策表的使用效果。决策表的一般表示如表 6-13 所示。

表 6-13　决策表的一般表示

行　动	状　态					
	θ_1	θ_2	…	θ_j	…	θ_n
a_1	x_{11}	x_{12}	…	x_{1j}	…	x_{1n}
⋮	⋮	⋮	⋮	⋮	⋮	⋮
a_m	x_{m1}	x_{m2}	…	x_{mj}	…	x_{mn}

表中，$a_i(i=1,2,\cdots,m)$ 表示可供选择的决策行为，$\theta_j(j=1,2,\cdots,n)$ 表示决策行为实施之后的自然状态，x_{ij} 表示实施决策 a_i 后，自然状态是 a_i 的决策结果。人们有时也使用该矩阵的转置形式。决策结

果的自然状态可能是无限、具有一定相容性或不可直接观察性等特征，决策后果可能具有更加一般的含义。

6.4.2 决策表结构

决策表由条件桩、条件项、动作桩、动作项及规则构成。条件桩列出问题的所有条件，除某些问题对条件的先后次序有特定要求之外，通常与条件的次序无关；条件项是条件桩的所有可能取值，每个条件对应一个变量、关系或预测，候选条件是其所有可能值；动作桩是问题可能采取的操作，这些操作无先后次序；动作项指出在条件项各种取值情况下应采取的动作，动作即执行的过程或操作，动作入口是根据入口所对应的候选条件集，是否或按怎样的顺序所执行的动作；规则是任一个条件组合的特定取值及其相应执行的操作。决策表中，贯穿于条件项和动作项的一列就是一条规则，有多少组条件取值，就对应多少条规则，其对应于条件项和动作项列数。表 6-14 给出了一个典型的决策表结构。

表 6-14 典型决策表结构

		规则 1	规则 2	规则 3	…	规则 *m*
条件桩	条件项 1					
	条件项 2					
	⋮					
	条件项 *n*					
动作桩	动作项 1					
	动作项 2					
	⋮					
	动作项 *n*					

有限决策表是最简单的一种决策表形式之一。候选条件项为布尔值，动作入口为 X，表示在某一列中的某个动作将被执行。例如，某公司根据用户反馈的产品使用情况、故障现象等，使用图 6-17 所示决策表，进行故障诊断、故障定位，支持故障处理及故障处理之后的验证确认。

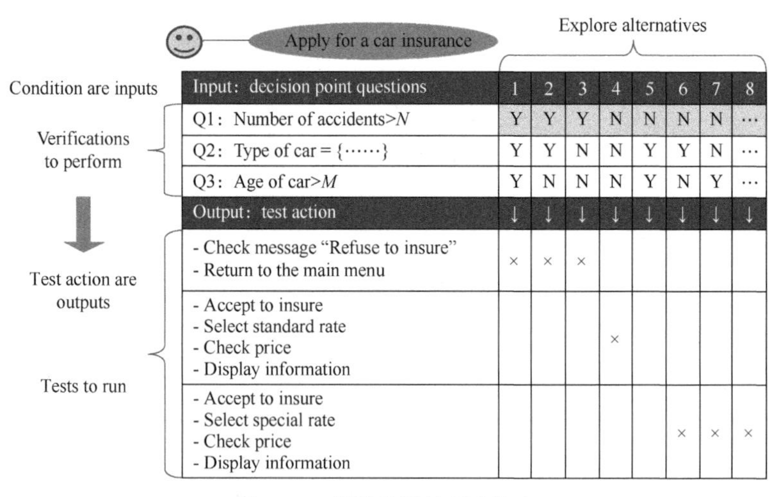

图 6-17 故障分析处理决策表

6.4.3 决策表建立步骤

B. Beizer 给出了如下基于决策表驱动的测试条件：

（1）软件需求规格以决策表形式描述，能够转换为决策表。

（2）条件排列顺序及条件次序对操作执行无影响。

（3）规则排列顺序对操作排列顺序无约束，对操作执行无影响。

（4）当某一规则的条件已满足时，确定需要执行的操作，不必检验其他规则。

（5）如果需要执行多个操作才能使得某一规则得以满足，操作执行顺序无关紧要。

上述决策表驱动的测试条件，旨在使得操作的执行完全依赖于条件组合。对于某些不满足条件的决策表，仅需增加其他测试用例，亦能满足测试需求。一般地，决策表建立步骤如下：

（1）确定规则个数，若有 n 个条件，每个条件有两个取值 (0,1)，则有 2^n 种规则。

（2）列出所有条件桩和动作桩。

（3）填入条件项，如 Y 或 N。

（4）填入动作项，制定初始决策表。

（5）合并相似规则或相同动作，简化决策表。

决策表建立的关键在于规则合并。基本的规则合并原则为：基于相同动作项、相同条件项直接合并，忽略相反条件。对于表 6-15 所示示例，决策表左侧两列可以合并为右侧一列。

表 6-15　决策表简化示例

规则选项	1	2	合并 1、2	3	4
条件 1	Y	Y	Y	Y	Y
条件 2	Y	N	—	Y	—
条件 3	N	N	N	N	N
动作 4	√	√	√	√	√

6.4.4　基于决策表驱动的三角形类型判断测试

对于 3 个任意正数 a 、b 、c ，判断其能否构成三角形及所构成三角形的类型。首先，确定规则个数，定义条件个数。按照三角形边的特性，三角形可分为等腰、等边和一般三角形；然后，确定条件为：$a<b+c$ 、$b<a+c$ 、$c<a+b$ 、$a=b$ 、$b=c$ 、$c=a$ 。对于这 6 个条件，得到 $2^6=64$ 个规则。合并相同规则，得到如表 6-16 所示的初始决策表。

表 6-16　三角形类型判断初始决策表

条件	1～32	33～48	49～56	57	58	59	60	61	62	63	64
$a<b+c$	N	Y	Y	Y	Y	Y	Y	Y	Y	Y	Y
$b<a+c$	—	N	Y	Y	Y	Y	Y	Y	Y	Y	Y
$c<a+b$	—	—	N	Y	Y	Y	Y	Y	Y	Y	Y
$a=b$	—	—	—	N	N	N	N	Y	Y	Y	Y
$b=c$	—	—	—	N	N	Y	Y	N	N	Y	Y
$c=a$	—	—	—	N	Y	N	Y	N	Y	N	Y
一般三角形				√							
等腰三角形					√	√		√			
等边三角形											√
非三角形	√	√	√								
不成立							√		√	√	

去除表 6-16 中不可能的条件，简化得到如表 6-17 所示的最终决策表。

由表 6-17 所示最终决策表，得到如表 6-18 所示基于决策表驱动的三角形类型判断测试用例。

表 6-17　三角形类型判断最终决策表

条　件	1～32	33～48	49～56	57	58	59	61	64
$a<b+c$	N	Y	Y	Y	Y	Y	Y	Y
$b<a+c$	—	N	Y	Y	Y	Y	Y	Y
$c<a+b$	—	—	N	Y	Y	Y	Y	Y
$a=b$	—	—	—	N	N	N	Y	Y
$b=c$	—	—	—	N	N	Y	N	Y
$c=a$	—	—	—	N	Y	N	N	Y
一般三角形				√				
等腰三角形					√	√	√	
等边三角形								√
非三角形	√	√	√					
不成立								

表 6-18　基于决策表驱动的三角形类型判断测试用例

用　例　号	a	b	c	预 期 结 果
001	4	1	2	非三角形
002	1	4	2	非三角形
003	1	2	4	非三角形
004	3	4	6	一般三角形
005	3	4	3	等腰三角形
006	4	3	3	等腰三角形
007	3	3	4	等腰三角形
008	3	3	3	等边三角形

6.5　因果图分析

因果图分析（Causality Chart Analysis，CCA）就是基于输入条件及组合分析，刻画输入与输出之间依赖关系的测试方法，也就是基于需求规格，分析找出“因”（输入条件）和“果”（输出或程序状态）的改变，用图解法表示输入组合关系，然后根据输入组合、约束关系及输出条件的因果关系，构造决策表，检查软件系统输入条件及其各种组合情况，以测试验证输出的符合性、一致性和正确性。

6.5.1　因果图符号及关系

因果图是由东京大学石川馨提出的一种通过带箭头的线表示质量问题及其对应原因之间关系的符号化图形，又称为特性要因图、石川图或鱼翅图。因果图符号如表 6-19 所示。

表 6-19　因果图符号

	原　因	结　果
原因	E，I，O，R	Equal，And，Or，Not
结果		M

图 6-18～图 6-20 分别给出了原因→结果、原因→原因及结果→结果的符号表示及含义。

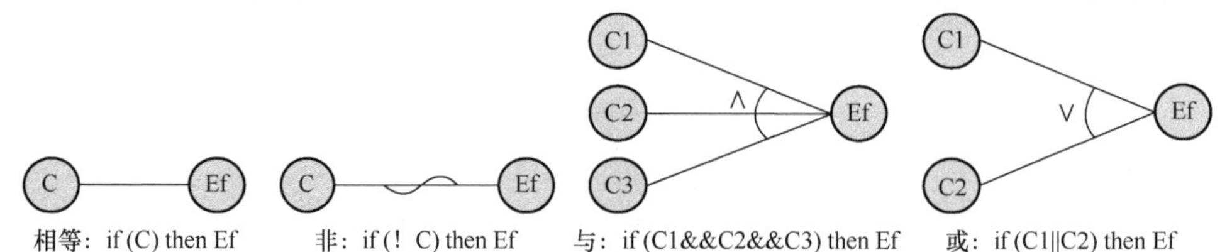

图 6-18　原因→结果符号表示及含义

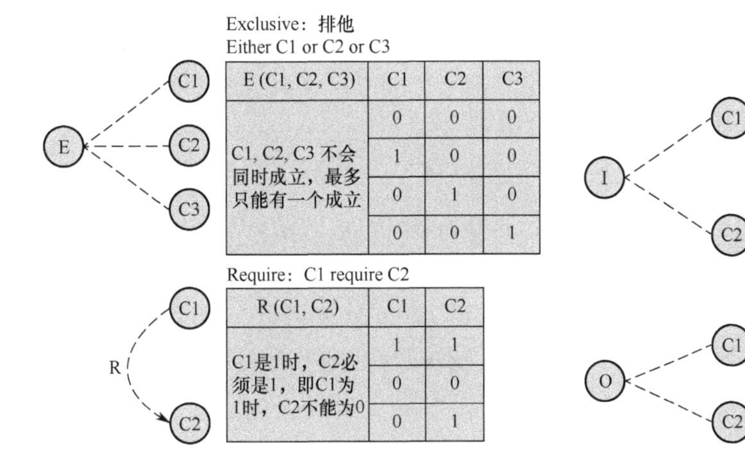

图 6-19　原因→原因符号表示及含义

6.5.2　基于因果图分析的测试设计流程

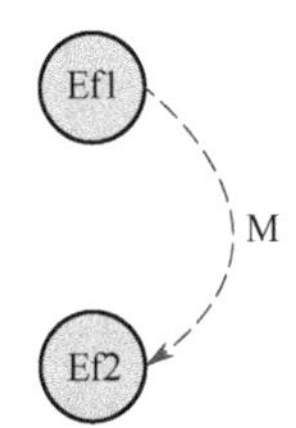

Masking：Ef1 mask Ef2

M (Ef1, Ef2)	Ef1	Ef2
表示Ef1为1时，Ef2被强制为0	1	0
	0	0
	0	1

图 6-20　结果→结果符号表示及含义

一般地，基于因果图分析的测试设计流程包括因果图绘制、判定表导出和测试用例设计三个阶段，其操作步骤如下：

（1）基于系统规格、需求规格，分析确定导致每个事件发生的原因和期望结果。原因是输入或输入条件的等价类，结果是输出条件。为每个原因和结果赋予一个标识符；分析需求规格描述语义的内容，将其表示成连接各原因与结果的关系，根据这些关系，画出因果图。因果图可以用特性要因图、石川图或鱼翅图来表征。

（2）在因果图上，用标识符表明约束条件或限制条件。

（3）将需求分析表示为因果图之间的关系图。

（4）按照决策表建立流程，将因果图转换为决策表。

（5）将决策表的每一列作为依据，设计测试用例。

工程上，常将因果图分析和决策表结合起来，通过映射同时发生相互影响的多个输入，确定判定条件，从不同方向使用不同思维方式进行因果分析。

6.5.3　基于因果图分析的自动售货软件测试设计

自动售货机处理单价为 5 元人民币饮料的软件，投入 5 元人民币，按下“可乐”“雪碧”“红茶”按钮，可送出相应饮料。若投入大于 5 元面值的人民币，送出相应饮料，退还多余的钱款。这里，以投入 10 元人民币为例，说明测试用例设计。

6.5.3.1　确定原因与结果

对于该自动售货软件，“因”是“投入 5 元人民币”“投入大于 5 元面值的人民币”“按下‘可乐’按钮”“按下‘雪碧’按钮”“按下‘红茶’按钮”，这 5 种原因分为两类，分别是确定中间状态为“已投币”和“已按钮”，结果分别为“送出可乐”“送出雪碧”“送出红茶”“退还找补人民币”四种情况。由此，可确定需求中的原因及其对应结果。自动售货软件原因及结果分解如表 6-20 所示。

表 6-20　自动售货软件原因及结果分解

原　因	结　果
C1：投入 5 元人民币	
C2：投入大于 5 元面值的人民币	E1：退还找补人民币
C3：按下“可乐”按钮	E2：送出可乐
C4：按下“雪碧”按钮	E3：送出雪碧
C5：按下“红茶”按钮	E4：送出红茶

6.5.3.2 确定原因与结果的逻辑关系

对于 C1、C2 两个原因，建立一个中间节点 Cm1，对于原因 C3、C4、C5 三个原因，建立一个中间节点 Cm2，进而建立原因与结果之间的逻辑关系。

6.5.3.3 确定因果图中的约束

受语法或环境限制，有些原因与原因之间，原因与结果之间的组合不可能出现，为表明这些特殊情况，需要在因果图上标注约束和限制条件。因输入条件包含 E、I、O、R 四类约束，输出约束只有 M 约束为强制约束。原因 C1、C2 之间具有“或”的关系，C3、C4、C5 也具有“或”的关系。

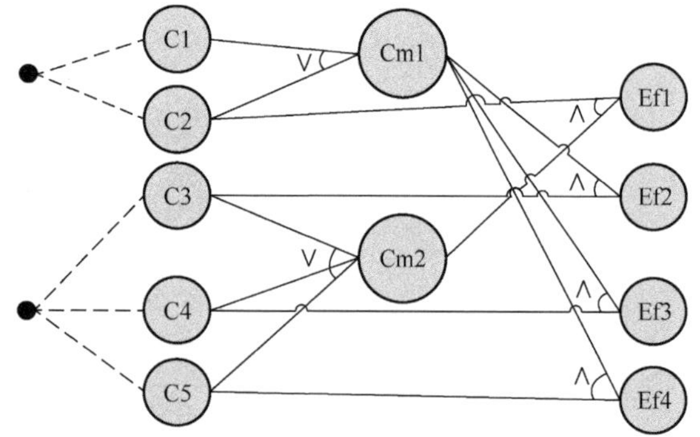

图 6-21 自动售货软件因果图

6.5.3.4 画出因果图并转换成决策表

根据原因与结果的逻辑关系以及因果图中的约束，得到如图 6-21 所示的因果图。

将 5 个原因按二进制由小到大取值，根据 5 种原因的逻辑关系，得到如表 6-21 所示决策表。

表 6-21 决策表

编号	原因					中间结果		编号	原因					中间结果	
	C1	C2	C3	C4	C5	Cm1	Cm2		C1	C2	C3	C4	C5	Cm1	Cm2
01	0	0	0	0	0	X	X	17	1	0	0	0	0	X	X
02	0	0	0	0	1	X	X	18	1	0	0	0	1	1	1
03	0	0	0	1	0	X	X	19	1	0	0	1	0	1	1
04	0	0	0	1	1	X	X	20	1	0	0	1	1	X	X
05	0	0	1	0	0	X	X	21	1	0	1	0	0	1	1
06	0	0	1	0	1	X	X	22	1	0	1	0	1	X	X
07	0	0	1	1	0	X	X	23	1	0	1	1	0	X	X
08	0	0	1	1	1	X	X	24	1	0	1	1	1	X	X
09	0	1	0	0	0	X	X	25	1	1	0	0	0	X	X
10	0	1	0	0	1	1	1	26	1	1	0	0	1	X	X
11	0	1	0	1	0	1	1	27	1	1	0	1	0	X	X
12	0	1	0	1	1	X	X	28	1	1	0	1	1	X	X
13	0	1	1	0	0	1	1	29	1	1	1	0	0	X	X
14	0	1	1	0	1	X	X	30	1	1	1	0	1	X	X
15	0	1	1	1	0	X	X	31	1	1	1	1	0	X	X
16	0	1	1	1	1	X	X	32	1	1	1	1	1	X	X

通过中间结果分析，得到简化决策表，即中间结果 Cm1、Cm2 成立的情况。简化决策表如表 6-22 所示。

表 6-22 简化决策表

编号	原因					中间结果		结果			
	C1	C2	C3	C4	C5	Cm1	Cm2	Ef1	Ef2	Ef3	Ef4
01	0	1	0	0	1	1	1	T	F	F	T
02	0	1	0	1	0	1	1	T	F	T	F
03	0	1	1	0	0	1	1	T	T	F	F
04	1	0	0	0	1	1	1	F	F	F	F
05	1	0	0	1	0	1	1	F	F	T	T
06	1	0	1	0	0	1	1	F	T	T	F

获得决策表之后，即可按 6.4 节讨论的流程和方法，得到基于决策表驱动的测试用例。

6.6　功能图分析

6.6.1　功能图模型

功能图分析是用功能图（Functional Diagram，FD）形式化表示软件功能，生成基于功能图的测试用例。功能图由状态迁移图和逻辑功能模型构成。状态迁移图用状态和迁移描述输入数据序列及相应的输出数据，输入数据及当前状态决定输出数据和后续状态，状态指出数据输入位置或时间，迁移指明状态的变化。逻辑功能模型表示状态中输入条件和输出条件之间的对应关系。软件系统的功能由静态说明和动态说明组成，静态说明描述输入条件与输出条件之间的对应关系，动态说明描述输入数据的次序或转移次序。输出数据由输入数据决定，仅适合于描述静态说明。关于功能图、状态迁移图、逻辑功能模型，前人之述备矣，此不赘述。

6.6.2　基于功能图分析的测试设计流程

基于功能图生成测试用例，测试用例的数量是可控的，问题在于如何从状态迁移图中选取测试用例，如用节点代替状态，用弧线代替迁移，状态迁移图即可转化为程序控制流图。那么该问题就转化为路径测试问题。为了把基于状态迁移（测试路径）的测试用例与基于逻辑模型的测试用例（局部测试用例）综合起来，从功能图生成测试用例，必须在一个结构化的状态迁移中定义顺序、选择和重复三种形式的循环。但是，分辨一个状态迁移中的所有循环极为困难。从功能图生成测试用例的过程如下。

（1）生成局部测试用例：在每个状态中，基于因果图，生成由原因值（输入数据）组合与其对应的结果值（输出数据或状态）构成的局部测试用例。

（2）测试路径生成：根据所定义的循环形式，生成从初始状态到最终状态的测试路径。

（3）测试用例与测试路径合成：合成测试路径与功能图中每个状态的局部测试用例，形成从初始状态到最终状态的状态序列及每个状态中输入数据与对应输出数据的组合。

（4）测试用例合成：基于条件构造树，进行测试用例合成。

6.6.3　基于功能图分析的播放器测试设计

某 MP3 播放器功能状态–事件表如表 6-23 所示。

表 6-23　某 MP3 播放器功能状态–事件表

按　键	Idle	倒	播　放	进	录　音
R（倒）	倒	—	倒	倒	—
P（播放）	播放	播放	—	播放	—
F（进）	进	进	进	—	—
RC（录音）	录音	—	—	—	—
S（Idle）	—	Idle	Idle	Idle	Idle

未选择 MP3 曲目时，不能按下任何键，MP3 曲目在起点时不能按下“R”键，在末端时不能按下“P ”键和“F”键。对此，使用状态迁移法设计测试用例。

6.6.3.1　状态迁移图

使用状态机方式描述需求。状态机测试所关注的是状态转移的正确性，对于一个有限状态机，在给定条件下，验证其能否产生需要的状态变化，有没有不可达状态和非法状态，是否产生非法状态转移等。画出状态迁移图，通过构造能够导致状态迁移的事件来测试状态之间的转换。MP3 播放器状态迁移图如图 6-22 所示。

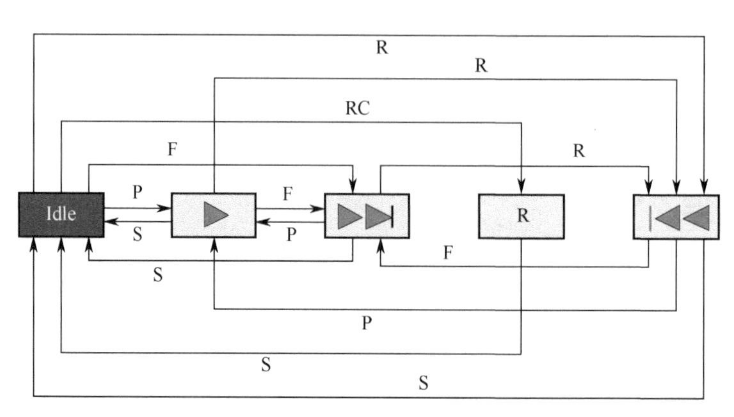

图 6-22　MP3 播放器状态迁移图

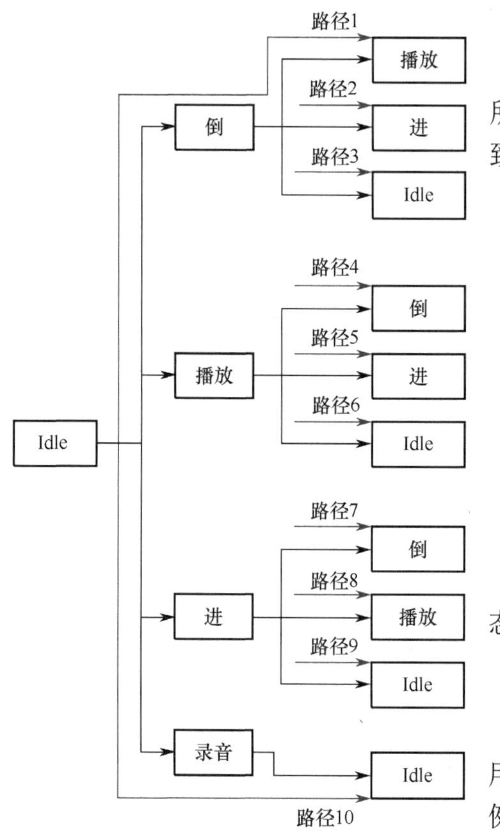

图 6-23　MP3 播放器状态树

6.6.3.2　状态-事件表

根据图 6-22 所示 MP3 播放器状态迁移图，列出如表 6-24 所示 MPS3 播放器状态-事件表。事实上，表 6-24 与表 6-23 一致，仅仅是为了使用方便，将其行和列进行倒置而已。

表 6-24　MP3 播放器状态-事件表

按　键	R（倒）	P（播放）	F（进）	RC（录音）	S（Idle）
Idle	倒	播放	进	录音	—
倒	—	播放	进	—	Idle
播放	倒	—	进	—	Idle
进	倒	播放	—	—	Idle
录音	—	—	—	—	Idle

6.6.3.3　建立状态树

根据状态-事件表，即可得到如图 6-23 所示 MP3 播放器状态树。

6.6.3.4　测试用例设计

根据状态树，得到测试路径，根据测试路径，设计测试用例。一个测试用例对应于一条路径。以路径 1 和路径 2 为例，分别设计测试用例，如表 6-25 所示。其他 8 条路径按此设计测试用例。

表 6-25　测试用例

对应路径 1 的测试用例		对应路径 2 的测试用例	
用例编号	MOBILE_ST_MP3_PLAY_001	用例编号	MOBILE_ST_MP3_PLAY_002
测试项目	播放器状态转换	测试项目	播放器状态转换
测试标题	在 Idle 状态时，先倒后播放	测试标题	在 Idle 状态时，先倒后快进
预置条件	已选定 MP3 曲目，并且不在起点	预置条件	已选定 MP3 曲目，并且不在起点
测试输入	选定曲目	测试输入	选定曲目
操作步骤	1.按“R”键；2.按“P”键	操作步骤	1.按“R”键；2.按“F”键
预期输出	曲目先倒后正常播放	预期输出	曲目先倒后快进

6.7　场景驱动

6.7.1　基于事件触发的场景

大多数软件系统由事件触发控制流程。事件触发时的情景形成场景，同一事件的不同触发顺序及处理结果构成事件流。将这种思想导入软件测试，运用场景对系统的功能点或业务流程进行描述，能够清晰地描述整个事件，生动地呈现事件触发时的情景，有利于测试设计，也有利于测试用例的理解和执行。

场景包含基本流和备选流。从一个流程开始，通过描述其所经过的路径确定其过程，通过遍历所有基本流和备选流完成场景设计。例如，如果申请一个项目，需要先提交审批单，由部门负责人审查后再由终审领导审批，如部门负责人审核不通过，将直接退回到责任人。场景可以清晰地描述这一系列过程。图 6-24 给出了一个场景示例。

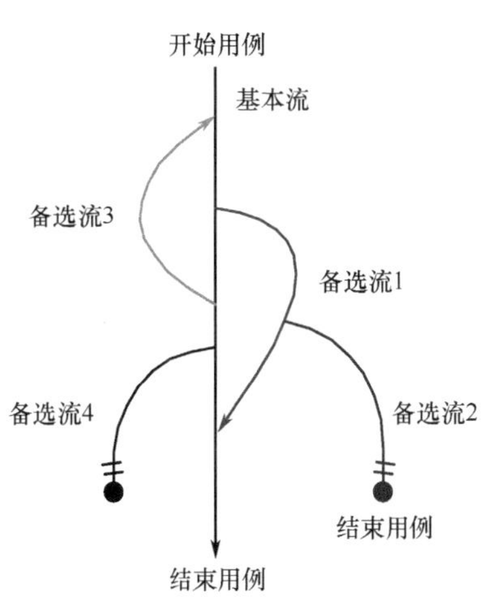

图 6-24　场景示例

上述场景示例包括一个基本流和四个备选流。每个经过用例的可能路径，可以确定不同的用例场景。从基本流开始，将基本流和备选流结合起来，即可确定如表 6-26 所示用例场景。

表 6-26　用例场景一览表

序　　号	场　　景	基　本　流	备　选　流			
1	场景 1	基本流				
2	场景 2	基本流	备选流 1			
3	场景 3	基本流	备选流 1	备选流 2		
4	场景 4	基本流			备选流 3	
5	场景 5	基本流	备选流 1		备选流 3	
6	场景 6	基本流	备选流 1	备选流 2	备选流 3	
7	场景 7	基本流				备选流 4
8	场景 8	基本流			备选流 3	备选流 4

6.7.2　基于场景驱动的测试设计流程

上述讨论明确了如何利用基本流和备选流确定场景的问题。基本流是经过测试用例最简单的路径，也就是软件系统从开始无差错地执行到结束，用黑直线表示。备选流可能从基本流开始，在某个特定条件下执行，然后重新加入基本流中，也可以起源于另一个备选流，或终止用例，不再加入基本流中，用不同颜色表示。基于场景驱动测试的基本步骤如下：

（1）根据软件需求规格，描述软件的基本流及各备选流。

（2）根据基本流和各备选流生成不同场景。

（3）对每一个场景生成测试用例。

（4）对生成的测试用例进行审查，去掉多余或冗余测试用例，对每个测试用例在其范围内及边界，确定测试数据。

6.7.3 基于场景驱动的在线购物系统测试设计

例如，某在线购物系统，用户进入购物网站，选定拟购物品，在线购买；使用账号登录成功后，在线交易；交易成功后，生成订购单，完成购物。

第一步，根据上述在线购物系统需求定义，可确定如表 6-27 所示的基本流和备选流。

表 6-27 某在线购物系统的基本流和备选流

基 本 流	进入在线购物网站，选择物品，登录账号，付款交易，生成订单
备选流 1	账号不存在
备选流 2	账号或密码错误
备选流 3	用户账号余额不足
备选流 4	用户账号无钱
备选流 x	退出系统

第二步，根据表 6-27 所确定的基本流和备选流，确定场景：成功购物、账号不存在、账号或密码错误、用户账号余额不足、用户账号无钱等场景，如表 6-28 所示。

表 6-28 基于基本流和备选流确定的场景

场景一	成功购物	基本流	
场景二	账号不存在	基本流	备选流 1
场景三	账号或密码错误	基本流	备选流 2
场景四	用户账号余额不足	基本流	备选流 3
场景五	用户账号无钱	基本流	备选流 4

第三步，对每个场景确定测试用例。采用矩阵或决策表确定或管理测试用例。表 6-29 给出了基于本例的一个通用格式。其中，行代表测试用例，列代表测试用例信息。当然，读者也可以使用自己熟悉的方法设计测试用例。

表 6-29 测试用例设计矩阵

用 例 号	场景/条件	账 号	密 码	账 户 余 额	预 期 结 果
1	场景一：成功购物	V	V	V	成功购物
2	场景二：账号不存在	I	n/a	n/a	提示账号不存在
3	场景三：账号或密码错误（账号正确，密码错误）	V	I	n/a	提示账号或密码错误，返回基本流第三步
4	场景三：账号或密码错误（账号错误，密码正确）	V	I	n/a	提示账号或密码错误，返回基本流第三步
5	场景四：账号余额不足	V	V	I	提示账号余额不足
6	场景五：用户账号无钱	V	V	I	提示账号余额不足

每个测试用例存在一个用例号、条件或说明、用例涉及的所有数据元素及预期结果。将通过从确定执行用例场景所需数据元素入手构建矩阵。对于每个场景，至少需要确定包含执行场景所需测试用例。表 6-29 所示矩阵中，用“V”表明该条件必须有效，才可执行基本流，“I”表明该条件无效，这种条件下将激活所需备选流，“n/a”表明这个条件不适用于测试用例。

第四步，根据等价类划分等方法，确定测试数据，将数据填入表 6-29 所示测试用例设计矩阵中，得到如表 6-30 所示的在线购物系统测试数据。当然，确定测试数据时，还必须分析确定测试数据的边界值。

表 6-30　某在线购物系统测试数据

用　例　号	场景/条件	账　　号	密　　码	账 户 余 额	预 期 结 果
1	场景一：成功购物	Sue	1s2	200	成功购物，账号余额减少 200 元
2	场景二：账号不存在	Jim	n/a	n/a	提示账号不存在
3	场景三：账号或密码错误（账号正确，密码错误）	Sun	1234zxc	n/a	提示账号或密码错误，返回基本流第三步
4	场景三：账号或密码错误（账号错误，密码正确）	Suns	123456	n/a	提示账号或密码错误，返回基本流第三步
5	场景四：账号余额不足	Van	1v2	1	提示账号余额不足
6	场景五：用户账号无钱	Tom	12zxcdd	0	提示账号余额不足

6.8　正交试验设计

科学研究及工程实践中，需要通过大量试验对方案或产品进行验证。那么，能否从众多组合中选择一定数量且有代表性的组合进行试验，减少试验次数，且不影响试验结果呢？正交试验就是解决这一问题的理想办法之一。

正交试验设计（Orthogonal Experimental Design，OED）是一种基于多因素水平的试验设计方法，是分式析因设计（Fractional Factorial Designs，FFD）的主要方法。FFD 是通过将每个因子分解成独立的成分，分析其对结果的影响，分解因子的作用，用以探索因子对试验结果的影响。当 FFD 要求试验次数太多时，根据正交性从 FFD 的水平组合中，选择具有“均匀分散、齐整可比”特征的代表性水平组合进行试验。例如，一个三因素三水平试验，即便不考虑每一个组合的重复数，也需要进行 $3^3 = 27$ 种组合的试验，如按 $L_{15}(3^7)$ 正交表安排试验，仅需进行 15 次试验，如按 $L_9(3^4)$ 正交表安排试验，仅需进行 9 次试验。显然，正交试验能大幅减少试验次数，提高试验效率。

6.8.1　正交试验设计原理

OED 是基于正交性原理，从全面试验中选择那些具有“均匀分散、整齐可比”特征的代表性试验点，处理多因素、多水平试验的一种方法，由日本质量管理专家田口玄一提出，故称为田口型方法，也称为国际标准型正交试验设计法。均匀分散性是指试验点均匀分布于整个试验范围内，每个试验点都有充分的代表性；整齐可比性使试验结果便于分析，可以估计各因素对试验指标的影响，进而找出对试验指标影响最大的因素。

6.8.1.1　因素、水平与指标

影响试验结果的量称为试验因素，试验过程中的自变量，简称因素。试验结果被视为是因素的函数。软件测试级别、测试类型、测试项等都是因素。因素包括定量因素、定性因素、可控因素和不可控因素。若无特殊规定，正交试验设计通常仅考虑可控因素。

试验过程中，将因素所处状态称为因素水平，简称水平。试验方案中，因素存在几种变化状态，就称该因素有几个水平，如果每个因素水平相同，则称为等水平试验；如果每个因素水平不同，则称为混合水平试验。若允许因素在一定范围内变化，即可根据试验要求，在变化范围内选择相应的值进行试验，这些不同的值就是每个因素所对应的水平。每项试验可能具有一个或多个确定的目标，将根据试验目的选定的用来衡量试验效果的值称为考核指标。考核指标可以是一个，也可以是多个，分别称为单指标试验设计和多指标试验设计。

6.8.1.2　正交表

正交表是运用组合数学理论，在拉丁方和正交拉丁方的基础上构造而成的规格化表格，是正交试验设计中试验安排和试验结果分析的基础工具。

1. 等水平正交表

等水平正交表是指各因素的水平数相等的正交表，通常用 $L_n(r^m)$ 表示。其中，L 表示正交表符号；n 表示正交表横行数即试验次数；r 表示因素的水平数；m 表示正交表纵列数即最多能够安排的因素个数。

正交表可从相关文献中查阅。表 6-31、表 6-32 给出了两个正交表 $L_8(2^7)$ 和 $L_9(3^4)$。

表 6-31　等水平正交表 $L_8(2^7)$

试验号	列号							试验号	列号						
	1	2	3	4	5	6	7		1	2	3	4	5	6	7
1	1	1	1	1	1	1	1	5	2	1	2	1	2	1	2
2	1	1	1	2	2	2	2	6	2	1	2	2	1	2	1
3	1	2	2	1	1	2	2	7	2	2	1	1	2	2	1
4	1	2	2	2	2	1	1	8	2	2	1	2	1	1	2

表 6-32　等水平正交表 $L_9(3^4)$

试验号	列号				试验号	列号			
	1	2	3	4		1	2	3	4
1	1	1	1	1	6	2	3	1	2
2	1	2	2	2	7	3	1	3	2
3	1	3	3	3	8	3	2	1	3
4	2	1	2	3	9	3	3	2	1
5	2	2	3	1					

$L_8(2^7)$ 是一个 8 行 7 列，由数字 1 和 2 组成的正交表。该正交表有 7 个因素，每个因素有 2 个水平，试验总次数为 8。等水平正交表具有如下特征：

（1）正交表中，任一列不同数字出现的次数相同，也就是每个因素的每个水平重复相同次数。例如，在 $L_8(2^7)$ 中，数字 1 和 2 在每列中各出现 4 次，在 $L_9(3^4)$ 中，数字 1、2、3 在每列中各出现 3 次。该特征反映了正交试验的均匀可比性。

（2）正交表中，任意两列横向组成的数字对，即水平组合出现次数相同。例如，在 $L_8(2^7)$ 中，任意两列横向组成的数字对(1,1)、(1,2)、(2,1)、(2,2)各出现两次，而在 $L_9(3^4)$ 中，任意两列横向组成的数字对(1,1)、(1,2)、(1,3)、(2,1)、(2,2)、(2,3)、(3,1)、(3,2)、(3,3)各出现一次。该特点保证了试验点均匀地分散在因素与水平的完全组合中，具有很好的代表性。此乃均匀分散性。

（3）上述两特征合称为正交性，使试验点在试验范围内排列整齐，规律有序，散布均匀。

2. 混合水平正交表

混合水平正交表是指各因素的水平数不完全相同的正交表。通常用 $L_n(r_1^{m_1},r_2^{m_2})$ 表示。其中，L 表示正交表符号；n 表示正交表横行数；$r_1^{m_1}$、$r_2^{m_2}$ 分别表示 m_1 个 r_1 水平的因素和 m_2 个 r_2 水平的因素。$L_{16}(4^4\times2^6)$ 则是一个混合水平正交表，使用该表可安排 4 个 4 水平因素和 6 个 2 水平因素试验。表 6-33 给出了混合水平正交表 $L_8(4^1\times2^4)$，使用该正交表可以安排 1 个 4 水平因素和 4 个 2 水平因素的试验。

表 6-33　混合水平正交表 $L_8(4^1\times2^4)$

试验号	列号					试验号	列号				
	1	2	3	4	5		1	2	3	4	5
1	1	1	1	1	1	5	3	1	2	1	2
2	1	2	2	2	2	6	3	2	1	2	1
3	2	1	1	2	2	7	4	1	2	2	1
4	2	2	2	1	1	8	4	2	1	1	2

对于混合水平正交表，具有如下优点：

（1）在所有试验方案中，均匀地挑选出代表性强的少数试验方案。

（2）通过对这些少数试验方案的试验结果进行统计分析，可以推出较优方案。

（3）对试验结果作进一步分析，能够得到试验结果之外的更多信息。

6.8.1.3　正交试验设计的优点

1. 全面试验

全面试验（Overall Experiment）是将所有因素和水平按全组合方式组织实施的试验，是一种基本的试验设计方法，信息量大而全面，可以准确估计各试验因素主效应以及因素之间各级交互作用效应的大小。其具有如下特点：

（1）同时施加全部因素，即每次试验涉及每个因素的一个特定水平，试验过程中，如果需要按顺序施加试验因素，则需要进行分割或裂区设计。

（2）试验因素对于定量观测结果的影响是平等的，没有充分的证据证明哪些因素对定量观测结果的影响大，而另外的因素影响小，如果试验因素对观测结果的影响在专业上能够排定主、次顺序，则称之为系统分组或嵌套设计。

（3）可以准确估计各试验因素及各级交互作用的效应大小，若不能对某些交互作用的效应进行准确估计，则属于非正规析因设计，如分式析因设计、正交设计及均匀设计等。

例如，对于 3 水平（1,2,3）、3 因素（A,B,C）的全面试验，即便不考虑每一组合的重复数，也需要进行 3^3=27 次试验。3 水平 3 因素全面试验如表 6-34 所示。

表 6-34　3 水平 3 因素全面试验

试验号	列号			试验号	列号		
	A	*B*	*C*		*A*	*B*	*C*
1	1	1	1	15	2	2	3
2	1	1	2	16	2	3	1
3	1	1	3	17	2	3	2
4	1	2	1	18	2	3	3
5	1	2	2	19	3	1	1
6	1	2	3	20	3	1	2
7	1	3	1	21	3	1	3
8	1	3	2	22	3	2	1
9	1	3	3	23	3	2	2
10	2	1	1	24	3	2	3
11	2	1	2	25	3	3	1
12	2	1	3	26	3	3	2
13	2	2	1	27	3	3	3
14	2	2	2				

这里，将这 27 次试验点标绘在如图 6-25 所示的以因素 A、B、C 为轴的直角坐标系内，得到全面试验点的分布情况。

由图 6-25 可见，这 27 个试验点均匀、全面、完整地出现在坐标系中所有交汇点上，无一遗漏，准确地表征了最佳因素水平组合，保证试验的全面性。对于一项有 q 个因素，各有 $l_1,l_2,\cdots,l_q$ 个水平的全面试验，至少需要进行 $l_1 \times l_2 \times \cdots \times l_q$ 次试验。

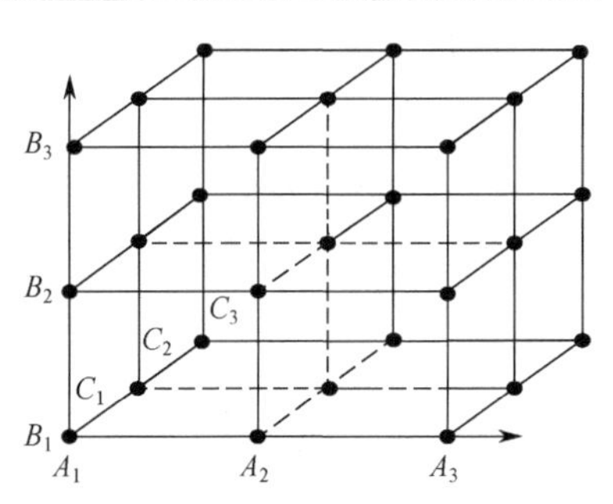

图 6-25　全面试验点分布

2. 单因素轮换试验

单因素轮换试验将多因素试验问题转化为单因素试验问题，该试验方法中，每次只变化一个因素，其他因素不变。例如，对于 3 个因素 A、B、C，每个因素都有 3 个水平的试验，其中一种试验方法如表 6-35 所示。

表 6-35　单因素轮换试验

试验号	列号			试验号	列号		
	A	B	C		A	B	C
1	A_1	B_1	C_1	6	A_3	B_2	C_2
2	A_2	B_1	C_1	7	A_1	B_3	C_3
3	A_3	B_1	C_1	8	A_2	B_3	C_3
4	A_1	B_2	C_2	9	A_3	B_3	C_3
5	A_2	B_2	C_2				

将这 9 个点标绘在以因素 A、B、C 为轴的直角坐标系对应位置上，得到如图 6-26 所示的分布情况。这些点的分布似乎很有规律，但并不均匀，不能客观地反映全部 27 个试验的情况。

单因素轮换试验较大幅度地减少了试验次数，但所考察的因素水平仅局限于区域中的局部区域，不能全面反映因素的全部情况，当因素之间存在相互影响时，不易找到最佳组合。如果不进行重复试验，无法进行试验误差估计，难以确定最佳分析条件的精度。

3．正交试验设计

正交试验融合了全面试验及单因素轮换试验的优点。例如，用 $L_9(3^4)$ 安排 9 次试验，反映在以 A、B、C 为轴的直角坐标系中，得到如图 6-27 所示均匀分布的 9 个点。

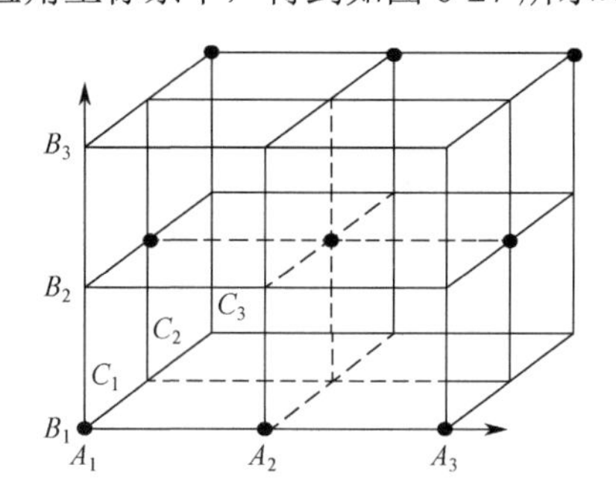

图 6-26　单因素轮换试验点分布

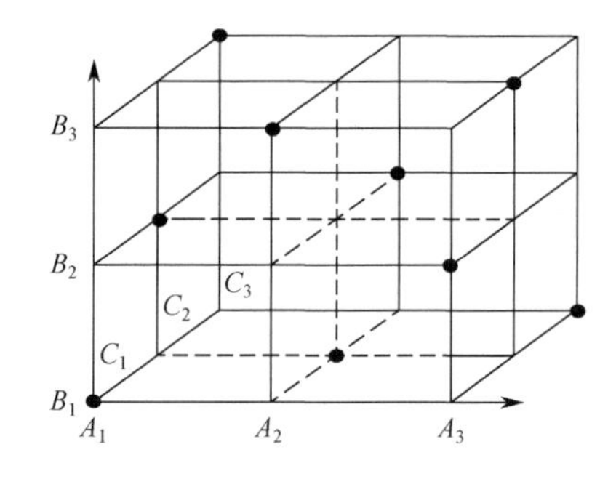

图 6-27　正交试验点分布

图 6-27 中，每条直线上均有 1 个点，每个平面上各有 3 个点，任一因素的任一水平与其他因素的每一水平相碰一次且仅一次，均匀分散、整齐可比，较好地反映了全部 27 个试验的情况。正交试验是在 2 个因素变动的情况下，比较第 3 个因素，解决单因素轮换试验的不均匀性问题，避免了由于忽略因素之间的相互关联而可能产生的错误，是一种综合比较的试验方法。

在确定因素水平值时，尽管可以采用边界值分析、等价类划分等方法，但正交试验与边界值分析、等价类划分的出发点、目标和方法不同。正交试验设计是基于正交表的特殊组合，能够保证测试输入的均匀分布。

边界值分析是基于单缺陷假设，使用输入变量及其边界值设计测试用例，等价类划分是在整个数据集中选择适当子集，分步骤地将海量或无限测试用例减少至最小。正交试验设计与等价类划分似乎有着一致的目标。正交试验设计具有如下优势：

（1）试验因素及水平合理且均匀分布，无须重复试验，能大幅减少试验次数。

（2）试验结果直观，且易于分析，每个试验水平重复相同次数，可以消除部分试验误差的干扰，可用于试验误差估计，且计算精度高。

（3）当仅有少量试验因素起主要作用时，亦能保证主要因素的各种可能不会被遗漏，有利于找出主

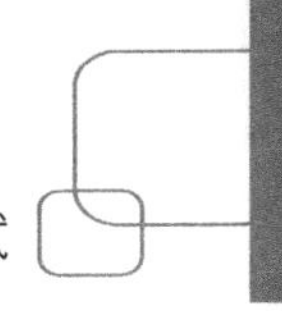

要因素，有利于探索性试验。

（4）因素越多，水平越多，因素之间的交互作用越多，正交表的作用越大。

6.8.1.4　混合水平正交试验

实际测试过程中，经常会遇到各因素水平不相等的情况。对此，可以采用混合水平正交表以及拟水平法、拟因素法、并列法、组合法、直合法等方法安排试验。

6.8.2　正交试验设计流程

正交试验设计包括国际标准型和中国型。国际标准型是基于因素之间的交互作用，按一定规则排列因素，同时至少留出一列以便进行方差计算。中国型是根据试验因素的水平数量，直接选用正交表，用于记录试验指标，并采用极差分析法分析试验结果。

6.8.2.1　确定因素

根据试验目的，找出影响试验结果的所有因素，按重要程度对各因素进行初步排序。

6.8.2.2　确定因素取值或范围

对于所确定的试验因素，分析确定因素类型及取值或范围。对于离散型因素，分析确定所有因素的取值；而对于连续型因素，则需要确定因素的变化范围。

6.8.2.3　确定因素水平

因素所处状态就是因素水平，即对于确定因素选取试验值。对于离散型因素，因素水平就是其所有取值，而对于连续型因素，可以采用抽样方法从中选择一定数量的点作为因素水平。

6.8.2.4　选择正交表

根据确定的因素和水平数选择正交表。正交表中的数码数与所确定的水平数一致，列数大于或等于所确定的因素数，试验次数在允许范围内。若试验精度要求较高，应尽量选择试验次数较多的正交表，若试验次数受限或无合适的正交表，可通过修改原定因素和水平个数，以选择合适的正交表。

对于混合水平试验，如有现成的混合水平正交表，直接套用即可，否则采用拟水平等方法将其转化为一个混合水平的正交试验或等水平试验。

6.8.2.5　制定试验方案

试验方案制定就是如何用确定的因素和水平替换正交表中的因素和水平，包括正交表表头设计和数码替换。当因素之间具有交互作用时，使用交互作用表。大部分正交表附有相应的交互作用表。表 6-36 所示为 $L_8(2^7)$ 所对应的两列间的交互作用表。

表 6-36　$L_8(2^7)$ 所对应的两列间的交互作用表

试验号	列号					
	1	2	3	4	5	6
7	6	5	4	3	2	1
6	7	4	5	2	3	
5	4	7	6	1		
4	5	6	7			
3	2	1				
2	3					

若要确定第一列和第二列的交互作用列，从横栏列号中查到 1，再从纵栏列号中查到 2，两者交汇处的数字 3 即是交互作用列。若因素 A 放在第一列，因素 B 放在第二列，则 $A\times B$ 就安排在第三列，$A\times B$ 对试验结果的影响可由第三列计算得到。以此类推，第二列和第五列的交互作用列为第七列，表示若把 A 放在第二列，把 B 放在第五列，则 $A\times B$ 便在第七列。

其他正交表两列之间交互作用的用法同 $L_8(2^7)$ 一样。但需要说明的是，2 个 2 水平因素的交互作用只占 1 列，而 2 个 3 水平因素的交互作用则占 2 列。一般地，水平数相同的 2 个因素交互作用的列数为水平数减 1。如果不考虑交互作用，表头设计可以是任意的，可将因素随机安排在每一列中。例如，对于一个 3 个水平、3 个因素 A、B、C 的试验，若按 $L_9(3^4)$ 安排试验，显然表 6-37 所给出的表头设计更合理可行。

表 6-37　$L_9(3^4)$ 表头设计方案

列　号		1	2	3	4
方案	1	A	B	C	/
	2	/	A	B	C
	3	C	/	A	B
	4	B	C	/	A
注：表中的“/”表示任意值					

试验方案制定的另一项重要工作是数码替换。首先将每个因素的水平与正交表中的数码一一对应，然后用水平值替换正交表中的数码。不一定始终按水平数规律（如大小等）确定数码与水平的对应关系，可以采用随机方法确定其对应关系。试验顺序似乎很重要，可以通过排定试验顺序确定重点。

理论上，没有必要完全按照正交表所确定的顺序组织试验。为减小试验中因为试验方法以及试验人员技能等因素所带来的误差干扰，通常推荐使用抽签办法决定试验次序。

6.8.2.6　试验结果分析

次序评分、公平评分、极差分析、方差分析等均是正交试验结果分析的有效方法。这里以极差分析为例进行讨论。

极差分析是通过计算试验指标平均值的最大值与最小值之差，找出对试验指标影响最大的因素。极差是指正交表各列中各水平对应的试验指标平均值的最大值与最小值之差。

这里以 $L_4(2^3)$ 安排的试验为例，基于表 6-38 所给出的试验数据，讨论正交试验结果的极差分析。

表 6-38　试验数据

试　验　号	列　号				试　验　号	列　号			
	1	2	3	试验指标 y_i		1	2	3	试验指标 y_i
1	1	1	1	y_1	3	2	1	2	y_3
2	1	2	2	y_2	4	2	2	1	y_4

令 F_{1j} 为第 j 个因素中第 1 个水平所对应的试验指标之和；F_{2j} 为第 j 个因素中第 2 个水平所对应的试验指标之和；k_j 为第 j 个因素中同一水平出现的次数，其值等于试验总次数 (n) 与第 j 个因素水平数之商；F_{1j}/k_j 为第 j 个因素中第 1 个水平对应试验指标的平均值；F_{2j}/k_j 为第 j 个因素中第 2 个水平对应试验指标的平均值；D_j 为第 j 个因素的极差，其值等于第 j 个因素各水平所对应的试验指标平均值中的最大值与最小值之差，即

$$D_j=\max\left\{\frac{F_{1j}}{k_j},\frac{F_{2j}}{k_j},\cdots\right\}-\min\left\{\frac{F_{1j}}{k_j},\frac{F_{2j}}{k_j},\cdots\right\}\tag{6-2}$$

S_j 为第 j 个因素中每个水平所对应试验指标之和，即

$$S_j = F_{1j} + F_{2j} = \sum_{i=1}^{n} y_i \tag{6-3}$$

每个 S_j 的值应等于试验指标之和，否则，说明计算存在错误。

那么，对于表 6-38 给出的试验数据，可以得到表 6-39 所示极差分析数据。

表 6-39　极差分析数据

类　别	列　号		
	1	2	3
F_{1j}	$F_{11} = y_1 + y_2$	$F_{12} = y_1 + y_3$	$F_{13} = y_1 + y_4$
F_{2j}	$F_{21} = y_3 + y_4$	$F_{22} = y_2 + y_4$	$F_{23} = y_3 + y_3$
k_j	$k_1 = 2$	$k_2 = 2$	$k_3 = 2$
F_{1j} / k_j	F_{11} / k_1	F_{12} / k_2	F_{13} / k_3
F_{2j} / k_j	F_{21} / k_1	F_{22} / k_2	F_{23} / k_3
D_j	$D_1 = \max\left\{\frac{F_{11}}{k_1}, \frac{F_{21}}{k_1}, \dots\right\} - \min\left\{\frac{F_{11}}{k_1}, \frac{F_{21}}{k_1}, \dots\right\}$	$D_2 = \max\left\{\frac{F_{12}}{k_2}, \frac{F_{22}}{k_2}, \dots\right\} - \min\left\{\frac{F_{12}}{k_2}, \frac{F_{22}}{k_2}, \dots\right\}$	$D_3 = \max\left\{\frac{F_{13}}{k_3}, \frac{F_{23}}{k_3}, \dots\right\} - \min\left\{\frac{F_{13}}{k_3}, \frac{F_{23}}{k_3}, \dots\right\}$
S_j	$F_{11} + F_{21}$	$F_{12} + F_{22}$	$F_{13} + F_{23}$

（1）**各因素对试验指标的影响程度**：极差最大的因素表示该因素的数值在试验范围内变化时，若试验指标的数值变化最大，那么该因素就是影响试验结果的主要因素，其他为非主要因素，但是否将非主要因素确定为次要因素，需要根据实际情况予以甄别。

（2）**试验指标随各因素的变化趋势**：为了更加直观、逼真地观察试验指标随各因素的变化趋势，通过数据分析处理，得到试验指标随各因素的变化趋势，以便能够有的放矢地调整试验方案。工程上，通常用直方图、折线图等形式展示试验指标随各因素的变化趋势。

（3）**找出使试验指标最好的因素水平搭配**：对于已经完成的 n 次试验，比较试验结果，分析得到最好因素水平组合。由于试验只是全部因素水平组合的一部分，不能用于确定该组合是否是最好的因素水平搭配，需要进一步找出每种因素所对应的最优水平。最优水平组合就是最佳因素水平搭配，根据该组合，追加一次试验，若得以进一步验证，可确认最佳因素水平搭配。

6.8.3　基于正交试验的某网络系统登录测试

输入组合与正交试验设计的处理对象和目的不同，输入组合所关注的是如何以最少的测试用例覆盖尽可能多的功能和路径。基于正交试验设计的软件测试是基于正交试验设计的“均匀分散、整齐可比”特征，关注主要因素，确保测试用例均匀分布，消除测试误差，提高测试效率，保证测试质量。

例如，某网络系统的登录界面包括“服务器”“端口”“用户名”“密码”四个多选输入框及“确定”“取消”两个确认按钮。为简化讨论，仅考虑四个多选输入，不考虑两个按钮的动作。基于正交试验的测试用例设计如下。

（1）**确定因素**：因素是指软件系统的输入、功能需求、性能需求、人机界面、运行剖面及运行环境等，可以通过测试需求分析获得，同时确定因素之间的组合、约束关系。对于该网络系统，影响登录的因素包括“服务器”“端口”“用户名”“密码”。

（2）**确定因素的取值范围或集合**：因素取值范围是指软件输入的取值范围或集合以及可用软硬件资源，通过测试需求分析确定。对于离散型因素，分析确定所有因素的取值；对于连续变化因素，需要确定因素的变化范围。不论是离散型因素还是连续变化因素，需要确定其取值范围或集合的边界值，以便确定各因素水平。对于本示例，登录界面的“服务器”及“端口”通过枚举方式采用下拉框选择，可确

定取值范围或集合。其中，服务器：北京、上海、广州、沈阳和兰州；端口：1258、2368、4588、6677、7788；用户名：字符型字段，长度为[4,20]，张三就是一个合法用户；密码：字符型字段，长度为[6,20]，初始密码为886644。

（3）**确定因素水平**：根据因素的取值范围或集合，采用等价类划分、边界值分析等，在每个因素的取值范围内，选择有效、无效等价类或上下、左右边界值等具有代表性的取值，作为因素水平。例如，对于通过下拉框输入的字段，下拉框的所有取值构成该因素的水平集。对于这里讨论的网络系统，因素水平就是四个因素所处状态。其中，“服务器”取值分别为北京、上海、广州、沈阳、兰州，“端口”取值分别为1258、2368、4588、6677、7788，这是两个离散型因素水平，其水平值与因素取值一致；而“用户名”和“密码”的水平值是规定长度的字符型字段，可采用等价类划分确定其因素水平。基于上述分析，将所确定的因素和水平汇总为如表6-40所示的因素和水平对照表。

表6-40 某网络系统因素和水平对照表

因　素	水　平	因　素	水　平
服务器	北京	用户名	空
	上海		Abc
	广州		张三
	沈阳		12345678901234567890
	兰州		12345678901234567890a
端口	1258	密码	空
	2368		abcde
	4588		886644
	6677		12345678901234567890
	7788		A12345678901234567890

（4）**选择正交表并设计测试用例**：根据所确定的因素和水平，选择正交表，若无合适的正交表或需要的测试用例数太多，则需要对因素和水平进行调整。将所确定的因素与正交表中的“列号”对应，将水平与正交表中的“列号”对应，填写正交表。表头设计时，可以根据情况选择响应时间、存储空间、极差等需要分析评估的行和列。此外，还要视情况增加“期望值”等列；测试用例设计过程中，需判断因素之间是否存在交互作用，若存在交互作用，必须使用交互作用表。对于本例，选择正交表$L_{25}(5^6)$中前4列作为测试用例设计表，如表6-41所示。

表6-41 某网络系统测试用例设计表

用例号	服务器	端　口	用户名	密　码	期望值	实测值
1	北京	1258	空	空	错误提示	
2	北京	2368	Abc	Abcde	错误提示	
3	北京	4588	张三	886644	错误提示	
4	北京	6677	S1	S1	错误提示	
5	北京	7788	S2	S3	错误提示	
6	上海	1258	空	空	错误提示	
7	上海	2368	Abc	Abcde	错误提示	
8	上海	4588	张三	886644	错误提示	
9	上海	6677	S1	S1	错误提示	
10	上海	7788	S2	S3	错误提示	
11	广州	1258	空	空	错误提示	
12	广州	2368	Abc	Abcde	错误提示	
13	广州	4588	张三	886644	错误提示	

续表

用 例 号	服 务 器	端 口	用 户 名	密 码	期 望 值	实 测 值
14	广州	6677	S1	S1	错误提示	
15	广州	7788	S2	S3	错误提示	
16	沈阳	1258	空	空	错误提示	
17	沈阳	2368	Abc	Abcde	错误提示	
18	沈阳	4588	张三	886644	错误提示	
19	沈阳	6677	S1	S1	错误提示	
20	沈阳	7788	S2	S3	错误提示	
21	兰州	1258	空	空	错误提示	
22	兰州	2368	Abc	Abcde	错误提示	
23	兰州	4588	张三	886644	错误提示	
24	兰州	6677	S1	S1	错误提示	
25	兰州	7788	S2	S3	错误提示	
注：S1=12345678901234567890；S2=12345678901234567890a；S3=A12345678901234567890						

（5）**测试结果分析**：根据测试目的及评价需求，对软件系统质量度量指标、覆盖率、缺陷率、功能实现情况、性能达标情况等，采用极差或方差分析方法进行分析处理，找出对测试指标影响最大的因素以及最佳因素水平组合，对软件系统质量进行分析评价。

6.8.4　基于正交试验的某超短波跳频分组无线网传输时延测试

6.8.4.1　被测系统概述

某超短波跳频分组无线网络系统由超短波调频电台构成，采用分组方式实现电台之间的信息传输，各电台之间互为中继。该系统具有多项性能指标。为讨论方便，在此以传输时延为例，采用正交试验设计方法，设计测试用例，分析测试结果，找出对传输时延影响最大的因素。

6.8.4.2　测试用例设计

通过分析，对超短波跳频分组无线网的传输时延有影响的因素包括组网电台数量、报文间隔、报文长度等。同时，确定每个因素所对应的水平。根据所确定的因素和水平，采用正交表 $L_9(3^4)$ 设计测试用例。测试用例、测试数据及极差分析数据分别如表 6-42 和表 6-43 所示。

表 6-42　测试用例及测试数据

用例号	列 号			
	电台数量（部）	报文间隔（秒）	报文长度（字节）	传输时延（秒）
1	2	1	10	9
2	2	2	50	7
3	2	5	100	4
4	3	1	50	23
5	3	2	100	22
6	3	5	10	10
7	4	1	100	34
8	4	2	10	28
9	4	5	50	14

表 6-43　极差分析数据

类别	因素				
	电台数量（部）		报文间隔（秒）	报文长度（字节）	
	极差分析数据	实际数据		极差分析数据	实际数据
F_{1j}	20	20	66	47	47
F_{2j}	55	55	57	44	44
F_{3j}	76	76	28	60	60
$F_{1j}/3$	6.7	6	22	15.7	15
$F_{2j}/3$	18.3	18	19	14.7	14
$F_{3j}/3$	25.3	25	9.3	20	20
D_j	18.6	18.6	12.7	5.3	5
S_j	151	151	151	151	151

6.8.4.3 结果分析

以平均传输时延 $F_{ij}/3$ 为纵坐标，水平数为横坐标，得到如图 6-28 所示平均传输时延与电台数量、报文间隔、报文长度 3 个因素的关系。

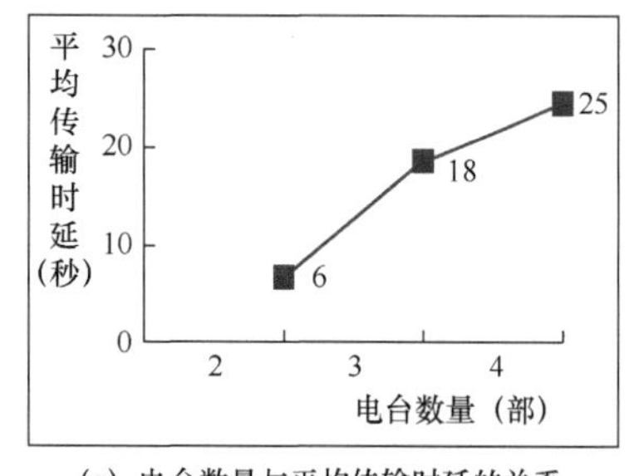

(a) 电台数量与平均传输时延的关系

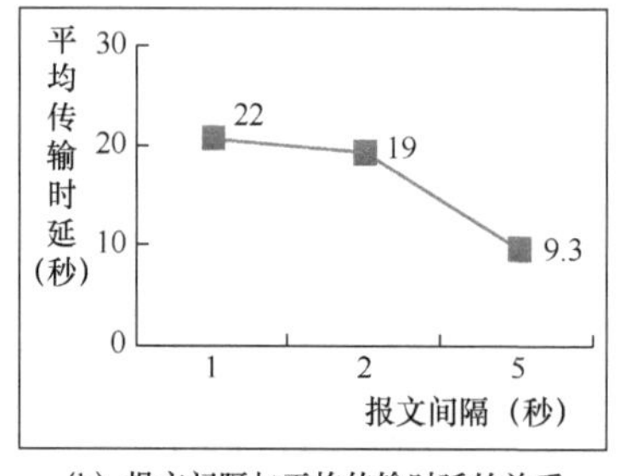

(b) 报文间隔与平均传输时延的关系

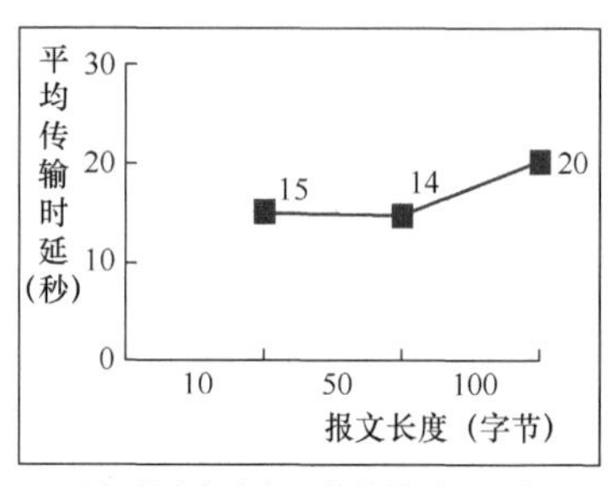

(c) 报文长度与平均传输时延的关系

图 6-28 平均传输时延与电台数量、报文间隔、报文长度 3 个因素的关系

1. 主次因素分析

各因素中，如果某一因素在不同水平上变化时所引起的传输时延变化较大，说明该因素对传输时延起主导作用，即极差较大。本示例的 3 个极差中，电台数量极差最大，报文间隔极差次之，报文长度极差最小。这一结论从图 6-28 得到了准确验证。因此，3 个因素的主次关系为电台数量→报文间隔→报文长度。

2. 最佳测试用例

由表 6-43 和图 6-28 可见，第 3 次测试结果最好，即电台数量为 2，报文间隔为 5 秒，报文长度为 100 个字节时，传输时延最小，仅为 4 秒。但能否认为这就是最好的测试用例呢？毕竟只进行了 9 次测试，仅占全部试验数 27 次的三分之一。显然，电台数量以 2 部、报文间隔以 5 秒、报文长度以 50 个字节为最佳测试用例。但该测试用例并不在这 9 次测试中，而是由 9 次测试结果分析所得。用该测试用例进行测试，验证了该结果。

通过计算所选择的测试用例，却不如直观比较得到的测试用例，需要进一步开展验证性测试。如果验证结果仍然没有直观比较出来的好，则说明因素或水平选取不当或不够全面，需要另行安排测试，寻找最优测试用例。如果需要对测试结果做进一步分析并给出误差估计，可以采用方差分析等方法。

6.9 均匀试验设计

6.9.1 均匀试验设计原理

对于正交试验，为了保证试验点的“整齐可比”特性，假设 r 为水平数，ω 为自然数，所需试验次数为 ωr^2，至少需要进行 r^2 次试验。但是，如果水平数 r 很大或不断增加时，试验次数 ωr^2 会很大或急剧增加。比如，当 $r=5$ 时，试验次数 $r^2=25$，当 $r=10$ 时，试验次数则快速增加至 $r^2=100$。若要减少试验数量，似乎只有放弃试验点的“整齐可比”特性。均匀试验设计就是仅考虑“均匀分散”特性的一种试验设计技术。

1978 年，方开泰和数学家王元基于正交表及试验点的均匀散布，放弃了正交表的整齐可比性，提出了均匀试验设计（Uniform Design Experimentation，UDE）技术，进一步减少了试验次数。UDE 是从全面试验点中选取具有代表性且在试验范围内充分均衡分散的试验点，构建试验方案，尤其是对于试验范围变化较大，需要进行多水平试验的情况，仅需与因素水平数相等次数的试验即可达到正交试验设计的效果，大幅降低试验次数。UDE 是“伪蒙特卡罗方法”的一个应用，与古典因子设计、近代最优设计、超饱和设计、组合设计等具有深刻的内在联系，且较这些试验方法具有更好的稳健性。

UDE 拟解决的问题是基于规定的试验范围以及确定的试验次数 n，选择均匀分布的 n 个试验点，得到目标函数，即试验指标的最值。例如，对于一个 2 因素，每个因素有 11 个水平的试验，若基于全面组合安排试验，需要进行 $11^2=121$ 次试验，受条件限制，假设仅允许进行 11 次试验，同时要求这 11 次试验总体上达到全面组合试验的效果。那么如何从全面组合试验中选择合适的试验点，就是均匀试验设计技术研究的问题。现以图 6-29 直观地展示 11 个试验点的分布情况。

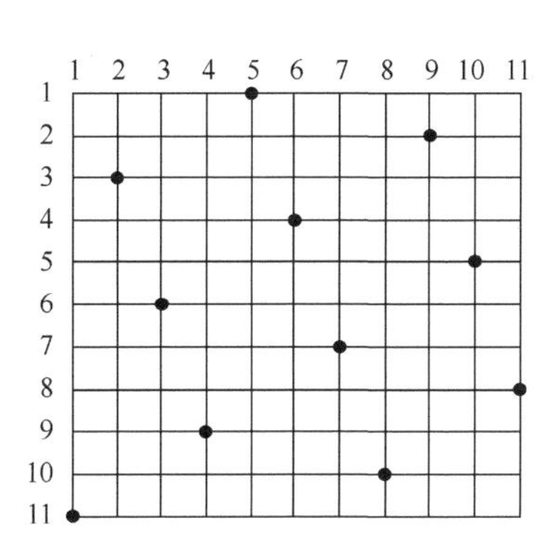

图 6-29　2 因素 11 个水平均匀分布的 11 个试验点

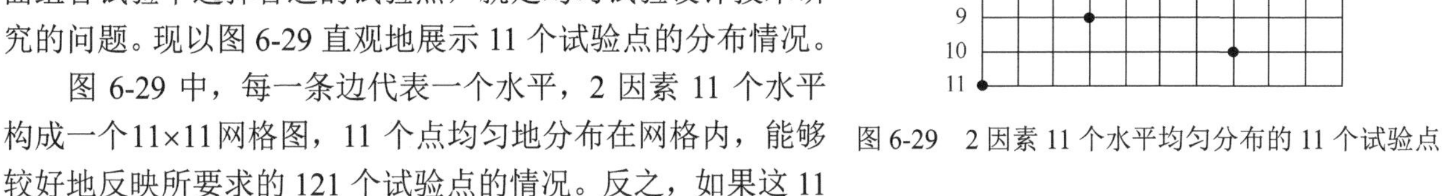

图 6-29 中，每一条边代表一个水平，2 因素 11 个水平构成一个11×11网格图，11 个点均匀地分布在网格内，能够较好地反映所要求的 121 个试验点的情况。反之，如果这 11 个试验点在图中分布不均匀，则意味着在某个较大范围内没有试验点，而在另外的范围内存在着过多的试验点。基于 UDE 的试验点是完全试验点的最佳代表。

6.9.1.1　均匀设计表

均匀设计表是 UDE 的基础，相关统计学著作及文献给出了完整的均匀设计表以及相应的使用表，可以直接应用于工程实践。表 6-44～表 6-46 分别给出了 $U_6^*(6^4)$、$U_7(7^4)$、$U_7^*(7^4)$ 共 3 个典型设计表，表 6-47 则给出了均匀设计表 $U_6^*(6^4)$ 的使用表。

表 6-44　均匀设计表 $U_6^*(6^4)$

试验号	列号			
	1	2	3	4
1	1	2	3	6
2	2	4	6	5
3	3	6	2	4
4	4	1	5	3
5	5	3	1	2
6	6	5	4	1

表 6-45　均匀设计表 $U_7(7^4)$

试验号	列号			
	1	2	3	4
1	1	2	3	6
2	2	4	6	5
3	3	6	2	4
4	4	1	5	3
5	5	3	1	2
6	6	5	4	1
7	7	7	7	7

表 6-46　均匀设计表 $U_7^*(7^4)$

试验号	列号			
	1	2	3	4
1	1	3	5	7
2	2	6	2	6
3	3	1	7	5
4	4	4	4	4
5	5	7	1	3
6	6	2	6	2
7	7	5	3	1

表 6-47　均匀设计表 $U_6^*(6^4)$ 的使用表

因素数	列号				D
2	1	3			0.1875
3	1	2	3		0.2656
4	1	2	3	4	0.2990

通常，用 $U_n(r^m)$ 或 $U_n^*(r^m)$ 来表示均匀设计。均匀设计表符号说明如图 6-30 所示。

6.9.1.2　混合水平均匀设计表

工程上，可以根据试验目的和试验条件进行灵活处理。例如，将 UDE 与调优方法融合，采用分组试验和拟水平法，混合水平试验处理—拟水平法就是一种常用方法。

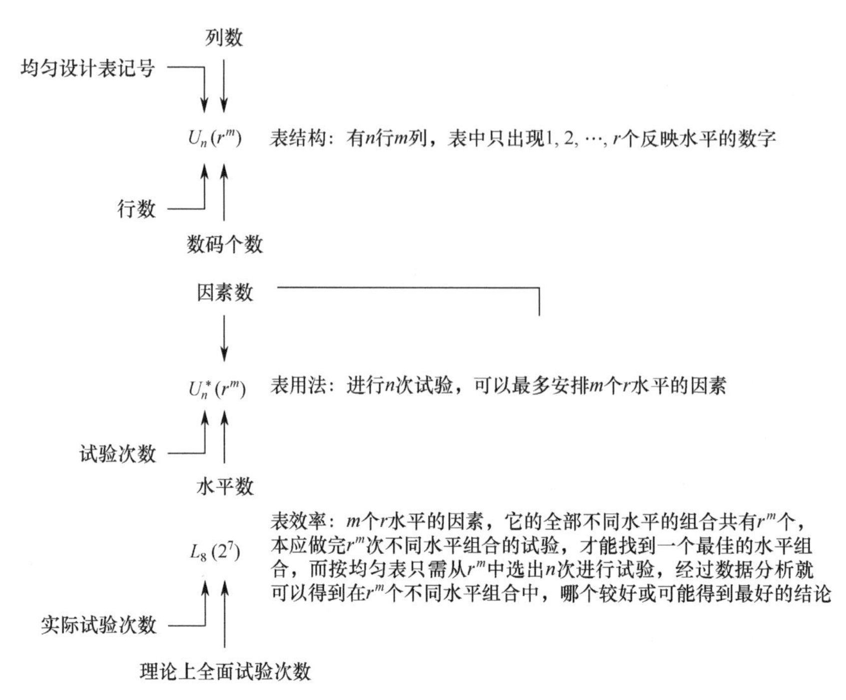

图 6-30　均匀设计表符号说明

假设某试验包含 3 个因素 A、B、C，因素 A、B 各有 3 个水平，因素 C 有 2 个水平，分别将 3 个因素的水平记为 A_1、A_2、A_3，B_1、B_2、B_3，C_1、C_2。如果用正交表 $L_{18}(2\times3^7)$ 安排试验，则等价于全面试验。用拟水平法，重复因素 C 的 C_1 水平，使该试验变成 3 因素的等水平试验，可选用 $L_9(3^4)$ 安排试验。

显然，直接应用均匀试验设计安排试验具有较大困难，需要运用拟水平法，通过水平合并减少水平数量。因此，应选择水平数大于需要水平数的均匀设计表。本试验共有 8 个水平，选用均匀设计表 $U_6^*(6^4)$，按使用表的推荐，选用第一、第二、第三列。如果将因素 A 和 B 放在前两列，C 放在第三列，并将前两列的 6 个水平合并为 3 个水平：$\{1,2\}\to1$、$\{3,4\}\to2$、$\{5,6\}\to3$，进一步将第三列水平合并为 2 水平，也就是 $\{1,2,3\}\to1$、$\{4,5,6\}\to2$，即可得到如表 6-48 所示的均匀设计表。

表 6-48　均匀设计表 $U_6(3^2\times2^1)$

试验号	列号			试验号	列号		
	A	B	C		A	B	C
1	(1)1	(2)1	(3)1	4	(4)2	(1)1	(5)2
2	(2)1	(4)2	(6)2	5	(5)3	(3)2	(1)1
3	(3)2	(6)3	(2)1	6	(6)3	(5)3	(3)2

混合水平均匀设计表 $U_6(3^2\times2^1)$ 具有良好的均衡性，A 列和 C 列，B 列和 C 列的 2 因素设计正好组成全面试验方案，且 A 列和 B 列的 2 因素设计中不存在重复试验。如果使用正交试验设计安排试验，可选用 L_{50} 表制定试验方案，但试验次数太多。

这里，我们选用均匀试验设计 $U_{10}^*(10^{10})$ 安排试验，选用第一、第五、第七列，同时对第一和第五列进行水平合并，即 $\{1,2\}\to1$、$\{3,4\}\to2$、…、$\{9,10\}\to5$，进一步对第七列采用水平合并 $\{1,2,3,4,5\}\to1$、$\{6,7,8,9,10\}\to2$，得到如表 6-49 所示的均匀设计表。

由表 6-49 所示的均匀设计表可见，因素 A 和因素 C 的 2 列分别有两个 $(2,2)$、$(4,1)$，且未出现 $(2,1)$ 和 $(4,2)$。显然，其均衡性较差。如果选用 $U_{10}^*(10^{10})$ 的第一、第二、第五列，使用拟水平法，可得到如表 6-50 所示的 $U_{10}^*(5^2\times2^1)$。

表 6-49　均匀设计表 $U_{10}^*(10^{10})$

试验号	列号			试验号	列号		
	A	B	C		A	B	C
1	(1)1	(5)3	(7)2	6	(6)3	(8)4	(9)2
2	(2)1	(10)5	(3)1	7	(7)4	(2)1	(5)1
3	(3)2	(4)2	(10)2	8	(8)4	(7)4	(1)1
4	(4)2	(9)5	(6)2	9	(9)5	(1)1	(8)2
5	(5)3	(3)2	(2)1	10	(10)5	(6)3	(4)1

表 6-50　均匀设计表 $U_{10}^*(5^2\times2^1)$

试验号	列号			试验号	列号		
	A	B	C		A	B	C
1	(1)1	(2)1	(5)1	6	(6)3	(1)1	(8)2
2	(2)1	(4)2	(10)2	7	(7)4	(3)2	(2)1
3	(3)2	(6)3	(4)1	8	(8)4	(5)3	(7)2
4	(4)2	(8)4	(9)2	9	(9)5	(7)4	(1)1
5	(5)3	(10)5	(3)1	10	(10)5	(9)5	(6)2

偏差 D 是度量测试用例均衡性的一个重要指标。对于不同组合，均衡性和偏差不同，甚至可能存在较大差异。需要找出一种组合，使得由该三列生成的混合水平表 $U_{10}^*(5^2\times2^1)$ 既有良好的均衡性，又具有尽可能小的偏差。这种情况下，需要计算每张表的偏差。根据表 6-50 计算得到偏差 $D=0.3925$ ，达到最小。关于偏差 D 的计算方法，此处不赘述，请读者参阅相关文献。

6.9.2　均匀试验设计的特点

6.9.2.1　每个因素的每个水平安排一次且仅安排一次试验

对每个因素的每个水平，安排一次且仅安排一次试验，避免重复试验，保证试验点的均匀性，提升试验效率。

6.9.2.2　每个因素的每个水平处于同等地位

如果将任意 2 个因素的试验点置于以水平数为边的正方形网格上，且假设每行、每列有且仅有一个试验点，即每个因素的每个水平处于同等地位，直观地反映了试验安排的均衡性与合理性，如 $U_7^*(7^4)$ 的第一和第三列组合成 $(1,3)$ 、 $(2,6)$ 、 $(3,2)$ 、 $(4,5)$ 、 $(5,1)$ 、 $(6,4)$ 、 $(7,7)$ 共 7 个数字对。同样， $U_7^*(7^4)$ 的第一和第四列组合成 $(1,6)$ 、 $(2,5)$ 、 $(3,4)$ 、 $(4,3)$ 、 $(5,2)$ 、 $(6,1)$ 和 $(7,7)$ 共 7 个数字对。这些数字对所对应的点分布如图 6-31 所示。

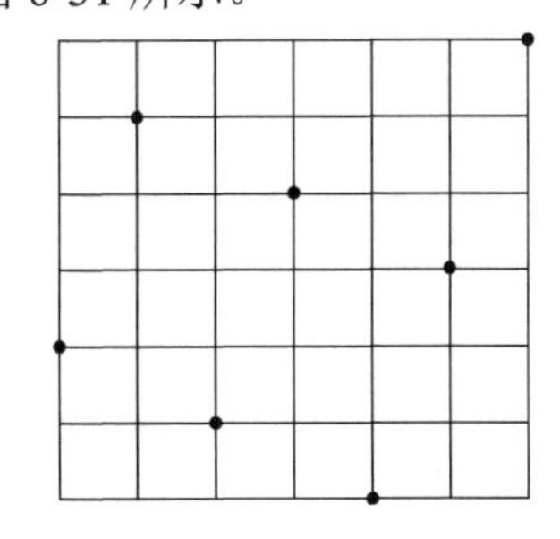

(a) $U_7^*(7^4)$ 第一和第三列组合成的数字对

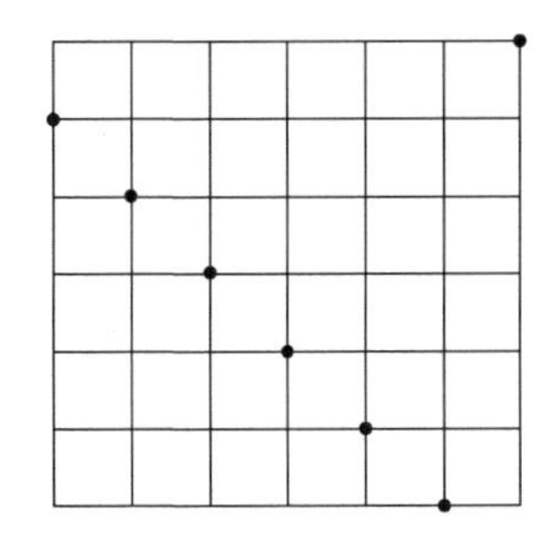

(b) $U_7^*(7^4)$ 第一和第四列组合成的数字对

图 6-31　$U_7^*(7^4)$ 不同列组合的试验点分布图

6.9.2.3 能够直接得到均匀度偏差

UDE 表中，任意两列组成的试验方案并不等价，由图 6-31 中可以直观地看到这一特点。图 6-31（a）中，试验点的散布总体比较均匀；而图 6-31（b）中，各试验点的散布并不均匀，均匀设计表的这一性质较正交表有着显著差别，造成不同试验方案的显著误差。等价性证明是研究和解决不同试验方案的有效方法，但等价变形方案制定、工程计算复杂。工程上，对每个均匀设计表附加一个使用表，将两者结合起来，可实现期望目标。

均匀试验是基于均匀设计表和使用表进行试验安排，且运用回归分析进行试验数据统计分析。使用表用以说明如何从设计表中选用适当的列以及由这些列所构成试验方案的均匀度。基于均匀设计表和使用表进行试验安排，能够有效解决试验的多因素、多水平问题，得到均匀度偏差。表 6-44 是均匀设计表 $U_6^*(6^4)$ 的使用表，由该表可知，如果有 2 个因素，则选用第一、第三列安排试验。若有 3 个因素，则选用第一列、第二列、第三列安排试验。最后一列表示相应的均匀度偏差，偏差值越小，表示均匀度越好。当试验次数 n 给定时，U_n 表比 U_n^* 表能够安排更多因素，但均匀度偏差较大。当因素 S 较大且超过 U_n^* 的使用范围时，可使用 U_n 表。

6.9.2.4 试验次数增加值与水平数增加值相同

当因素水平数增加时，试验次数的增加值与水平数的增加值相同，不会因为水平数增加而导致试验次数大幅增加。例如，当试验因素水平数从 9 增加到 10 时，UDE 的试验次数 n 从 9 增加到 10。而 OED 的试验次数则为 ωr^2，试验次数按水平数的平方比增加，当水平数从 9 增加到 10 时，试验次数将从 81 增加到 100。如果用表 $U_6^*(6^4)$ 安排试验，最多可以安排 4 因素 6 水平试验，试验次数为 6 次；若用正交表安排 3 因素 6 水平试验，采用 $L_{36}(6^3)$，最多能安排 3 个因素，但需要进行 36 次试验，前者偏差为 0.1875，后者偏差为 0.1579，两者相差 0.0278。

6.9.3 均匀试验设计与正交试验设计比较

UDE 适用于因素水平数很大、筛选因素或收缩试验范围进行逐步择优的场合，其能大幅减少试验次数，且能有效保证试验点的均匀分布，即试验的均衡性与合理性，这是其他试验设计方法所无法比拟的，也正是 UDE 的显著优点，其不足之处主要是试验结果的统计分析比较复杂。

（1）OED 为降低多因素多水平下的试验次数，提供了有效的优化设计方法，具有良好的正交性。基于 OED 安排试验，可以从所有试验因素中找出主要因素，能够估计出它们的交互效应，有利于抓住主要矛盾，发现关键问题。UDE 不具有正交性质，难以甚至不可能找出方差分析模型中的主要因素和交互效应，但可以估计出回归模型中的主要因素和交互效应。

（2）UDE 表的每一列中，每个数字只出现一次，无重复数字出现，任意两列同行数字构成的有序数字对各不相同，每个数字对也只出现一次，不同因素的不同水平搭配均匀，适用于试验中需要考察较多因素且因素变化范围较大的多因素多水平试验。例如，某系统有 5 个因素，每个因素有 31 个水平的试验，其组合高达 $31^5 = 28629151$ 个，若采用 OED，至少需要安排 $31^2 = 961$ 次试验，采用 UDE 仅需安排 31 次试验。

（3）UDE 需考虑试验点的均匀性，可以选择因素数较多的均匀设计表，通过适当组合，找出偏差最小的组合作为试验用表。

（4）对于 OED 数据，通过简单计算即可得到试验指标随因素水平的变化规律或趋势，而基于 UDE 的试验结果，没有整齐可比性，不能采用方差分析、基于回归分析等方法进行数据分析处理，过程复杂。

（5）基于均匀设计表的试验安排，基本步骤与 OED 相似，不同之处在于均匀设计表中的因素排列对试验点的均匀度具有显著影响，需要根据使用表确定因素所在的列。

6.9.4　基于 UDE 的信息录入与信息查询测试

某指挥调度系统具有信息录入和信息查询功能，其界面如图 6-32 所示。

6.9.4.1　确定因素

由图 6-32 可见，该指挥调度系统信息录入与信息查询输入界面包括“指挥机构”“组别”“操作人员”“中心”“席位”及“职务”6 个输入字段。也就是说，该指挥调度系统包括 6 个因素。

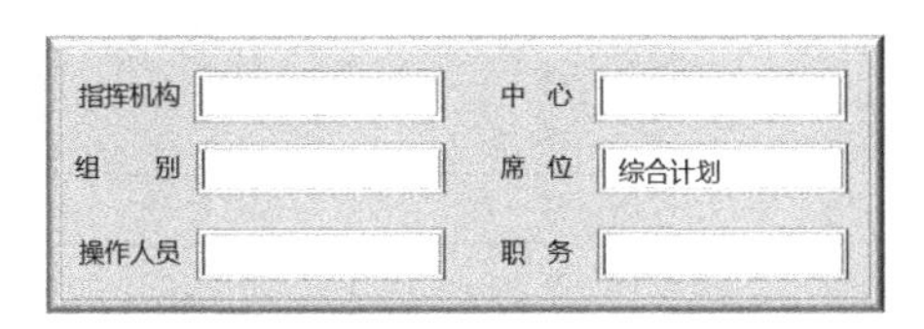

图 6-32　某指挥调度系统信息录入与信息查询输入界面

6.9.4.2　确定因素取值范围

依据需求规格，上述 6 个因素的取值范围分别如下。

（1）指挥机构：字符型字段，长度为[4,20]。

（2）组别：字符型字段，长度为[2,10]。

（3）操作人员：字符型字段，长度为[4,20]。

（4）中心：字符型字段，长度为[4,20]。

（5）席位：字符型字段，长度为[4,10]。

（6）职务：字符型字段，长度为[4,8]。

6.9.4.3　确定每个因素的水平

根据因素的取值范围，采用等价类划分，分析得到如表 6-51 所示的因素水平表。

表 6-51　因素水平表

试验号	列号			试验号	列号		
	指挥机构	组别	操作人员		指挥机构	组别	操作人员
1	空	空	空	8	空	空	空
2	Abc	A	Abc	9	Abc	A	Abc
3	Abcd	Ab	Abcd	10	Abcd	Ab	Abcd
4	导演部	二组	张三	11	指挥中心	综合计划	大队长
5	A1	A3	A1	12	A1	A3	A1
6	A2	A4	A2	13	A2	A4	A2
7	@#$&	%&*	@#$&	14	@#$&	%&*	@#$&
注：A1=12345678901234567890；A2=A12345678901234567890；A3=1234567890；A4=A1234567890							

6.9.4.4　选择均匀设计表

该指挥调度系统共有 6 个因素，每个因素各有 7 个水平。综合考虑均匀度变差及测试资源开销等因素，可选用 $U_{12}^{*}(12^{10})$ 安排测试设计，其偏差 D=0.2670。$U_{12}^{*}(12^{10})$ 均匀设计表及对应使用表分别如表 6-52、表 6-53 所示。

表 6-52　$U_{12}^{*}(12^{10})$ 均匀设计表

试验号	列号									
	1	2	3	4	5	6	7	8	9	10
1	1	2	3	4	5	6	8	9	10	12
2	2	4	6	8	10	12	3	5	7	11
3	3	6	9	12	2	5	11	1	4	10

续表

试验号	列号									
	1	2	3	4	5	6	7	8	9	10
4	4	8	12	3	7	11	6	10	1	9
5	5	10	2	7	12	4	1	6	11	8
6	6	12	5	11	4	10	9	2	8	7
7	7	1	8	2	9	3	4	11	5	6
8	8	3	11	6	1	9	12	7	2	5
9	9	5	1	10	6	2	7	3	12	4
10	10	7	4	1	11	8	2	12	9	3
11	11	9	7	5	3	1	10	8	6	2
12	12	11	10	9	8	7	5	4	3	1

表 6-53　$U^*_{12}(12^{10})$ 使用表

因素	列号							D
2	1	5						0.1163
3	1	6	9					0.1838
4	1	6	7	9				0.2233
5	1	3	4	8	10			0.2272
6	1	2	6	7	8	9		0.2670
7	1	2	8	7	8	9	10	0.2678

注：表中灰色填充行是根据因素个数所选定的行

6.9.4.5　设计测试用例

采用拟水平法进行水平合并，得到如表 6-54 所示的拟水平均匀设计表。

表 6-54　拟水平均匀设计表

试验号	列号					
	1	2	6	7	8	9
1	(1)1	(2)1	(6)3	(8)4	(9)5	(10)5
2	(2)1	(4)2	(12)7	(3)2	(5)3	(7)4
3	(3)2	(6)3	(5)3	(11)6	(1)1	(4)2
4	(4)2	(8)4	(11)6	(6)3	(10)5	(1)1
5	(5)3	(10)5	(4)2	(1)1	(6)3	(11)6
6	(6)3	(12)7	(10)5	(9)5	(2)1	(8)4
7	(7)4	(1)1	(3)2	(4)2	(11)6	(5)3
8	(8)4	(3)2	(9)5	(12)7	(7)4	(2)1
9	(9)5	(5)3	(2)1	(7)4	(3)2	(12)7
10	(10)5	(7)4	(8)4	(2)1	(12)7	(9)5
11	(11)6	(9)5	(1)1	(10)5	(8)4	(6)3
12	(12)7	(11)6	(7)4	(5)3	(4)2	(3)2

将所确定的水平与相应列号对应，得到测试用例设计表，如表 6-55 所示。

表 6-55　测试用例设计表

序号	列号							
	指挥机构	组别	操作人员	中心	席位	职务	期望值	实测值
1	空	空	Abcd	指挥中心	A3	A1		
2	空	A	@#$&	Abc	Ab	大队长		

续表

序　号	列　号							
	指挥机构	组　别	操作人员	中　心	席　位	职　务	期望值	实测值
3	Abc	Ab	Abcd	A2	空	Abc		
4	Abc	二组	A1	Abcd	A3	空		
5	Abcd	A3	Abc	空	Ab	A2		
6	Abcd	%&*	A1	A1	空	大队长		
7	导演部	空	Abc	Abc	A4	Abcd		
8	导演部	A	A1	@#$&	综合计划	空		
9	A1	Ab	空	指挥中心	A	@#$&		
10	A1	二组	张三	空	%&*	A1		
11	A2	A3	空	A1	综合计划	Abcd		
12	@#$&	A4	张三	Ab	A	Abc		
13	@#$&	A4	张三	Ab	A	Abc		
注：第 13 个测试用例，用来测试软件是否对相同记录进行了处理								

6.10　组合测试

组合测试（Combinatorial Testing）是基于组合设计方法，检查系统参数取值组合，以覆盖规定组合的测试设计技术，包括 N 维组合覆盖和变力度组合覆盖两类，而数学构造方法，启发式算法及贪心算法是研究的热点。由于组合测试用例生成问题是 NP 完全的，难以在多项式时间内针对一般情况生成最小组合测试用例，也无法使用一般方法生成基于组合的测试用例。组合测试的关键问题是如何选取组合覆盖力度，近似算法求解是组合覆盖的核心问题。

6.10.1　输入及组合覆盖问题

首先，用图 6-33 所示程序说明输入及组合覆盖问题。

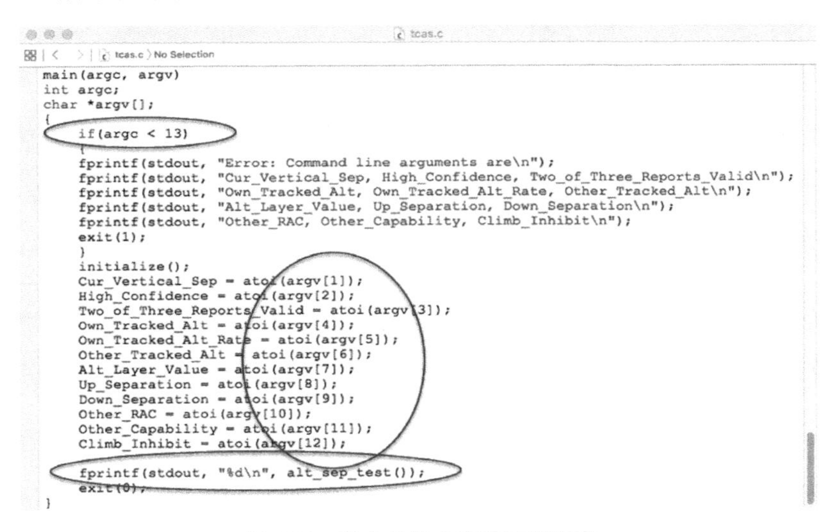

图 6-33　输入及组合覆盖示例程序

该示例程序包含 12 个输入参数，根据等价类划分，得到每个输入参数的测试数据集规模为 5，需要设计或重用 $5^{12} = 244140625$ 个测试用例才能覆盖测试需求。这样的测试覆盖需要巨大的投入，对于测试工程实践而言是不可想象的。

假设某软件系统由 n 个因素相互作用，影响其输出。n 个因素构成影响因素集合 $F=\{f_1,f_2,\cdots,f_n\}$，每个因素 $f_i(i=1,2,\cdots,n)$ 经过等价类划分等处理后，具有 t_i 个不同取值，构成集合 $v=\{1,2,\cdots,t\}$， n 元组 $\text{test}=(v_1,v_2,\cdots,v_n)$ 就是一个测试用例，所有测试用例构成测试用例集。若系统有 m 个参数，每个参数有 $t_i(1\leqslant i\leqslant n)$ 个离散取值，需要 $t_1\cdot t_2\cdot\cdots\cdot t_m$ 个测试用例才能覆盖参数的全部取值组合。

软件运行与环境配置密切相关。假设某软件系统配置环境由操作系统、数据库、应用服务器、浏览器 4 个因素构成，其取值分别为：操作系统 $=\{\text{Windows},\text{Linux},\text{Macintosh}\}$、数据库 $=\{\text{SQLServer},\text{DB2},\text{Oracle}\}$、应用服务器 $=\{\text{WebLogic},\text{WebSphere},\text{Tomcat}\}$、浏览器 $=\{\text{IE},\text{Firefox},\text{Opera}\}$。那么，完全覆盖该系统配置环境需要设计 $3^4=81$ 个测试用例。这似乎还在可接受范围之内，但如果系统配置更加复杂呢？

对于事件驱动架构，存在着数以万计的消息队列、Web Service 事件队列。面向对象的继承机制增加了类测试的复杂性，如类的多层或多重继承，面向对象类族间的交互异常复杂，使得对象在消息传递过程中出现歧义，产生状态不可预测的错误。基类的子类测试时，由于类的交互将导致测试路径爆炸。图 6-34 展示了面向对象类族间的交互的复杂关系。

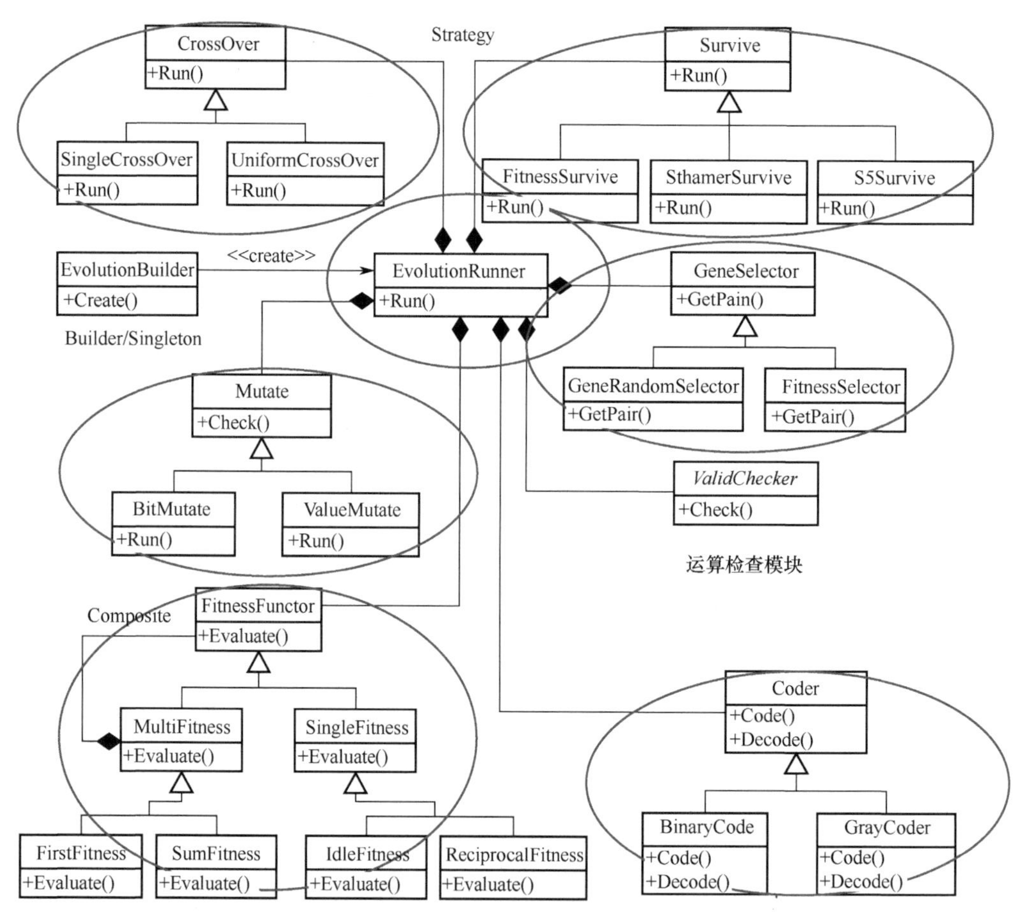

图 6-34　面向对象类族间的交互

对于如图 6-34 所示面向对象类族间的交互，在类族之间进行消息通信时，可能在相互等待对方发送输出数据时产生死锁，在对父类进行充分测试的基础上，被子类继承的方法，通常只需进行最小测试即可。而类中继承及重新定义的方法，必须在子类环境中进行完备测试。基于模型复杂性、节点类型多样性以及运用在类的继承测试中过于复杂等情况，虽然提出了事件消息驱动的 Petri 网模型，但究其实质，也仅仅是组织覆盖在类的层次测试用例生成中的应用。可见，软件的内部事件，同样面临着上述外部输入、环境配置组合覆盖问题。

基础软件平台是由操作系统、数据库、中间件、安全产品及其他通用组件构成的应用支撑系统，其整体质量并非单个基础软件质量的简单叠加。实践表明，将不同基础软件整合到一起时，可能凸显出兼容性、可靠性、可维护性等问题。基础软件平台中，软件之间的组合测试问题对于平台质量至关重要。随着持续集成等软件技术的发展，对于同一软件的迭代版本以及不同软件的多种版本，同样面临着组合爆炸问题。

软件失效往往由多个输入共同诱发，单个错误对应于多个输入域特征。研究表明，20%～40%的故障由两个参数相互作用所诱发，大约 70%的故障由一个或两个参数共同作用所致，组合覆盖强度达到 4 时，能基本满足需求。D. R. Kuhn 和 M. J. Reilly 在第二十七届软件工程大会上给出了 Mozilla 和 Apache Web 服务器触发一个错误所涉及输入变量（FTFI）数量；2004 年，D. R. Kuhn 和 D. R. Wallace 在《IEEE 软件工程学报》上发表了四代 RAX、POSIX、Medical 和 NASA 基于不同输入变量组合触发错误的比率，分别如表 6-56 和表 6-57 所示。

表 6-56　基于不同输入变量组合所触发软件错误率（一）

FTFI	Mozilla		Apache Web	
	错误比例	比例之和	错误比例	比例之和
1	28.6%	28.6%	41.7%	41.7%
2	47.5%	76.1%	28.6%	70.3%
3	18.9%	95.0%	19.0%	89.3%
4	2.2%	97.2%	7.1%	96.4%

表 6-57　基于不同输入变量组合所触发软件错误率（二）

FTFI	RAX1	RAX2	RAX3	RAX4	POSIX	Medical	NASA
1	61%	72%	48%	39%	82%	66%	68%
2	97%	82%	54%	47%		97%	93%
3						99%	98%
4						100%	100%

对于确定的软件系统，系统失效与输入及触发条件密切相关。在特定的条件下，缺陷被激活，引发软件失效。但执行路径不能准确刻画软件的失效行为。对于分立状态的软件系统，状态数比其驻留环境的非重复状态数大得多，软件失效可能是单个缺陷或缺陷组合所致。

一般地，单个失效往往对应于多个输入域特征。2015 年，南京邮电大学王子元在第八届软件测试国际学术会议上给出了如图 6-35 所示的单个软件失效与多个输入域特征的关系，由此可见一斑。

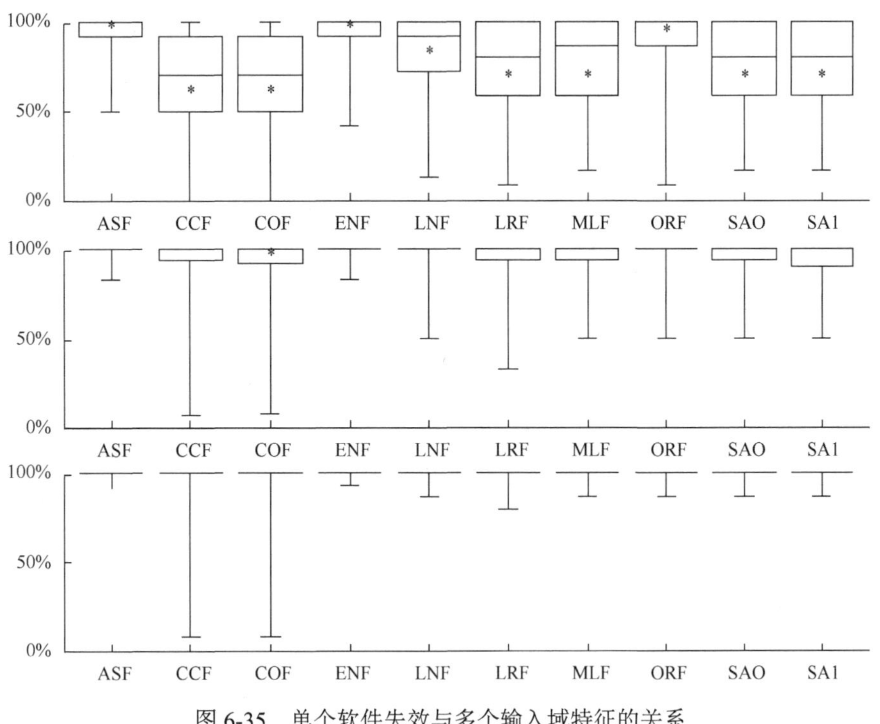

图 6-35　单个软件失效与多个输入域特征的关系

当软件测试问题被描述为一组参数且每个参数存在多个取值，且可能组合的参数值数达到测试不可实现时，导致组合爆炸。对于上述讨论的输入组合问题、多因素组合问题、环境配置问题、函簇交互问题等，莫不如此。基于输入域上的测试，随机测试、等价类划分、边界值分析等都面临着输入变量间的复杂组合关系问题，而基于模型驱动的测试，因果图法、决策表驱动测试方法，则面临着组合关系构造、表达困难等问题。

6.10.2 组合测试分类及覆盖类型

6.10.2.1 组合测试分类

经过近 40 年的研究和发展，业界先后提出了多种不同组合测试及分类方法。组合测试分为确定性方法、非确定性方法及混合方法三大类。组合测试方法分类如图 6-36 所示。

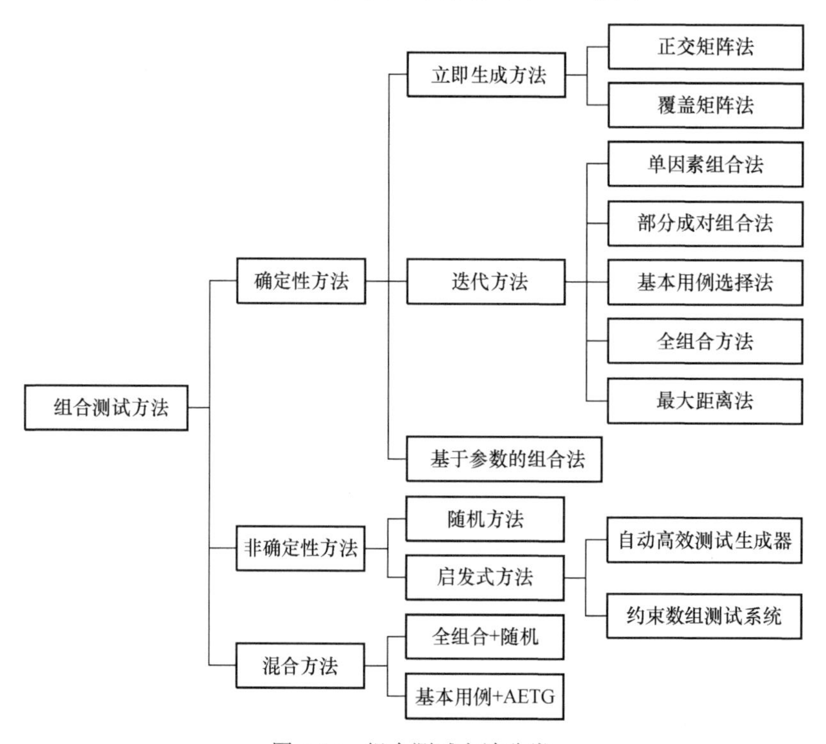

图 6-36 组合测试方法分类

1. *确定性方法*

对于相同的输入参数，确定性方法产生相同的测试用例，具有始终如一的确定性。基于正交矩阵和覆盖矩阵，能够直接生成测试用例集，此乃立即生成方法，包括正交矩阵法和覆盖矩阵法两种。基于参数的组合方法（In-Parameter Order，IPO）首先产生一个覆盖部分参数的测试用例集，然后每添加一个参数并根据最大覆盖原则选择新的测试用例，直至所有参数均被添加到测试用例集中。迭代方法一次产生一个测试用例，然后通过迭代不断加入新测试用例，包括单因素组合法、部分成对组合法、基本用例选择法、全组合方法、最大距离法 5 种。

2. *非确定性方法*

基于非确定性组合覆盖生成的测试用例集，具有一定的随机性。非确定性方法包括随机方法和启发式方法两种覆盖方法。其中，启发式方法可分为自动高效测试生成器（Automatic Efficient Test Generator，AETG）和约束数组测试系统（Constrained Array Test System，CATS）。AETG 和 CATS 都是根据启发式

算法生成覆盖 $n(n \geqslant 2)$ 个因素组合的测试用例生成工具。对于 CATS，假设选择了 $t_1,t_2,\cdots,t_{i-1}$ 个测试用例，且 $Q=\{$剩余的全部组合$\}$，同时有 $\mathrm{UC}=\{$未被 $t_1,t_2,\cdots,t_{i-1}$ 覆盖的成对组合$\}$，若 UC 非空，从 Q 中选择一个覆盖 UC 中元素最多的 t_i，如果出现相等的情况，选择第一个 $Q=Q-t_i$，从 UC 中删除已覆盖的元素，否则，结束搜索。

3. 混合方法

混合方法是同时采用两种或两种以上组合方法产生测试用例集的组合覆盖方法。

6.10.2.2　不同组合方法的覆盖类型

组合方法不同，其实现的覆盖目标不同。通常，不同组合方法的覆盖类型如下。

（1）单因素组合覆盖：每个因素的每个水平值至少被覆盖一次。

（2）成对组合覆盖：任意两个因素的所有水平组合至少被覆盖一次。

（3）k 维组合覆盖：任意 k 个因素的所有水平组合至少被覆盖一次。

（4）全组合覆盖：所有因素的所有水平组合至少被覆盖一次。

（5）有效单个组合覆盖：每个因素的每个有效水平值至少被覆盖一次。

（6）k 维有效组合覆盖：任意 k 个因素的所有有效水平组合至少被覆盖一次。

（7）单个错误覆盖：每个因素的每个错误值至少被覆盖一次。

6.10.3　成对组合覆盖

组合测试的核心问题是组合和抽样，其关键是组合覆盖力度如何选取？如何生成组合测试用例集？由表 6-56、表 6-57 可见，二维组合是发现问题强度最大的组合。在特定的场景下，交互仅发生在相邻因素之间，相邻因素组合是组合覆盖的基础。成对组合是将所有因素的水平进行两两组合，覆盖规定组合的测试方法，也称为两两组合、对对组合，是衡量测试充分性的重要准则。Cohen 等人应用成对组合覆盖，对 UNIX 中的 Sort 命令进行测试，其模块、判断、计算引用、判断引用覆盖率分别达到 93.5%、83%、76%和 73.5%，其效果可见一斑。

6.10.3.1　测试用例的成对组合表示

若系统包含 $k(k \geqslant 2)$ 个因素，第 i 个因素有 n_i 个取值。假设 $n_1=n_2=\cdots=n_k=n$，v_{ij} 表示第 $i(1 \leqslant i \leqslant k)$ 个因素的第 $j\,(1 \leqslant j \leqslant n)$ 个取值，$\tau=(v_{1j1},v_{2j2},\cdots,v_{kjk})$ 表示一个不计因素顺序的测试用例。那么，所有可能测试用例为

$$T=\{\tau=(v_{1j1},v_{2j2},\cdots,v_{kjk})\,|\,1 \leqslant j \leqslant n;1 \leqslant i \leqslant k\} \qquad (6\text{-}4)$$

$S(S \subseteq T)$ 表示选定的某个测试用例集，因素之间相互独立，即一个因素的取值不影响其他因素的取值。

某系统有 3 个因素，每个因素分别有 A_1,A_2,A_3；B_1,B_2,B_3；C_1,C_2,C_3 三个不同取值。对于测试用例 $\tau=(A_1,B_1,C_1)$，成对组合表示是一个集合 $S'=\{(A_1,B_1),(A_1,C_1),(B_1,C_1)\}$，如图 6-37 所示。

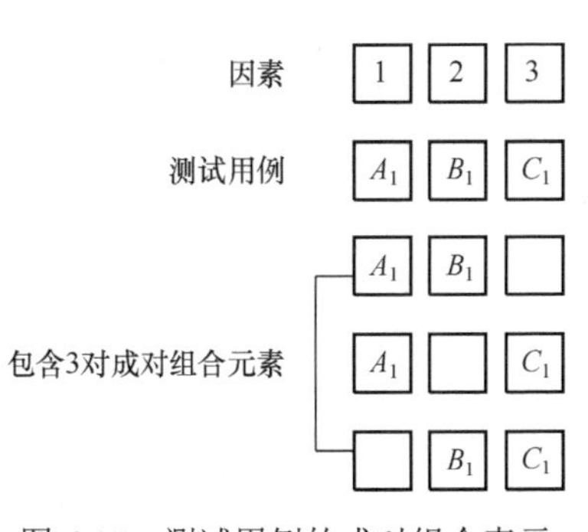

图 6-37　测试用例的成对组合表示

【定义 6-2】 如果 $S'=\{\tau=(v_{i1},v_{j1})\,|\,1 \leqslant i \leqslant k;2 \leqslant j \leqslant k\}$，不计因素顺序，称二元组合 S' 为测试用例 $T=(v_{11},v_{21},\cdots,v_{k1})$ 的成对组合表示。

推而广之，可以使用组合覆盖表来表示不同强度的组合。例如，对于表 6-58 所示的四个输入，即可得到表 6-59 所示的组合。

表 6-58　某系统的输入及参数表

输入 *A*	输入 *B*	输入 *C*	输入 *D*
A_1	B_1	C_1	D_1
A_2	B_2	C_2	D_2
			D_3

表 6-59　对应于表 6-58 的输入组合

输入 *A*	输入 *B*	输入 *C*	输入 *D*	输入 *A*	输入 *B*	输入 *C*	输入 *D*
A_1	B_1	C_1	D_1	A_2	B_1	C_2	D_3
A_1	B_1	C_2	D_2	A_2	B_2	C_1	D_2
A_1	B_2	C_1	D_3	A_2	B_2	C_2	D_1

6.10.3.2　成对组合覆盖率

对于某个给定的测试用例，能够覆盖一定数量的成对组合元素，用成对组合集合表示。图 6-38 中，测试用例 $\tau=(A_1,B_1,C_1)$ 覆盖了 (A_1,B_1)，(A_1,C_1)，(B_1,C_1) 3 个成对组合元素。另一个测试用例 $\tau_1=(A_1,B_1,C_2)$ 则覆盖了 (A_1,B_1)，(A_1,C_2)，(B_1,C_2) 3 个成对组合元素。

不同测试用例覆盖的成对组合元素不同。同样大小的测试用例集，覆盖的成对组合元素数量越多，表明该测试用例集的测试效果越好。为了度量测试用例集的优劣，引入成对组合覆盖率的概念。假设某系统包含 k 个因素，每个因素有 n 个不同取值，因素水平的全组合数目为

$$T=n^k \tag{6-5}$$

一个因素水平组合所能覆盖的成对组合元素为

$$T_1=\binom{k}{2}$$

达到的成对组合覆盖率为

$$C_2=T_1/T$$

成对组合总数目为

$$T'=\binom{k}{2}n^2 \tag{6-6}$$

假设某系统包括 3 个因素 *A*、*B*、*C*，每个因素的值分别为 A_1,A_2；B_1,B_2；C_1,C_2，那么共有 8 种不同的因素水平组合，即 3 因素 2 水平的全组合。3 因素 2 水平全组合如图 6-38 所示。

A_1	B_1	C_1
A_1	B_1	C_2
A_1	B_2	C_1
A_1	B_2	C_2
A_2	B_1	C_1
A_2	B_1	C_2
A_2	B_2	C_1
A_2	B_2	C_2

图 6-38　3 因素 2 水平的全组合

其对应的 12 个成对组合如图 6-39 所示。

测试用例 (A_1,B_1,C_1) 覆盖的成对组合元素为 $\{(A_1,B_1),(A_1,C_1),(B_1,C_1)\}$。测试用例 (A_1,B_1,C_1) 覆盖的成对组合元素，如图 6-40 所示。

该测试用例达到的覆盖率为

$$C_2=\frac{T_1}{T}=\frac{3}{8}\times100\%=37.5\%$$

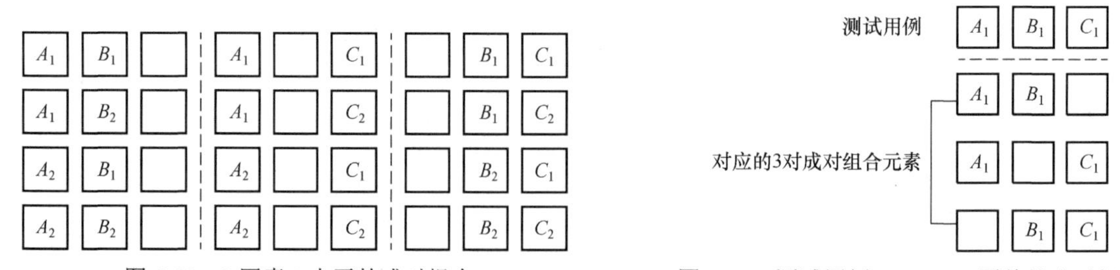

图 6-39　3 因素 2 水平的成对组合　　图 6-40　测试用例 (A_1,B_1,C_1) 覆盖的成对组合元素

在此基础上，如果再增加一个测试用例 (A_1,B_1,C_1)，那么该测试用例所覆盖的成对组合元素为 $\{(A_1,B_1),(A_1,C_1),(B_1,C_1)\}$。此时，成对组合覆盖率提高到

$$C_2=\frac{5}{8}\times100\%=62.5\%$$

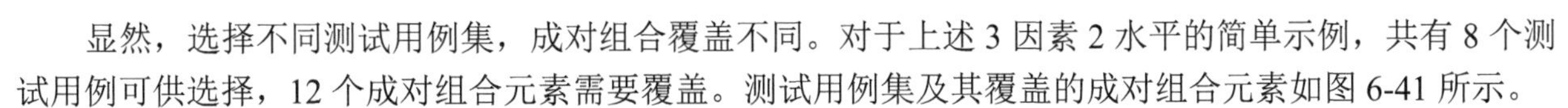

显然，选择不同测试用例集，成对组合覆盖不同。对于上述 3 因素 2 水平的简单示例，共有 8 个测试用例可供选择，12 个成对组合元素需要覆盖。测试用例集及其覆盖的成对组合元素如图 6-41 所示。

问题是，如何从这 8 个测试用例中选择最少的测试用例，达到 100%的成对组合覆盖呢？对于这个问题，有多种不同的选择方案，图 6-42 给出了其中一种方案，即从 8 个测试用例中选择(A_1,B_1,C_2)，(A_1,B_2,C_1)，(A_2,B_1,C_1)，(A_2,B_2,C_1)共 4 个测试用例，即可实现 100%的成对组合覆盖率。一般地，实现 100%成对组合覆盖所需最小测试用例数为n^2个，n为因素的水平个数。对于此示例，其因素水平数$n=2$，则所需最少测试用例数为$n^2=4$。

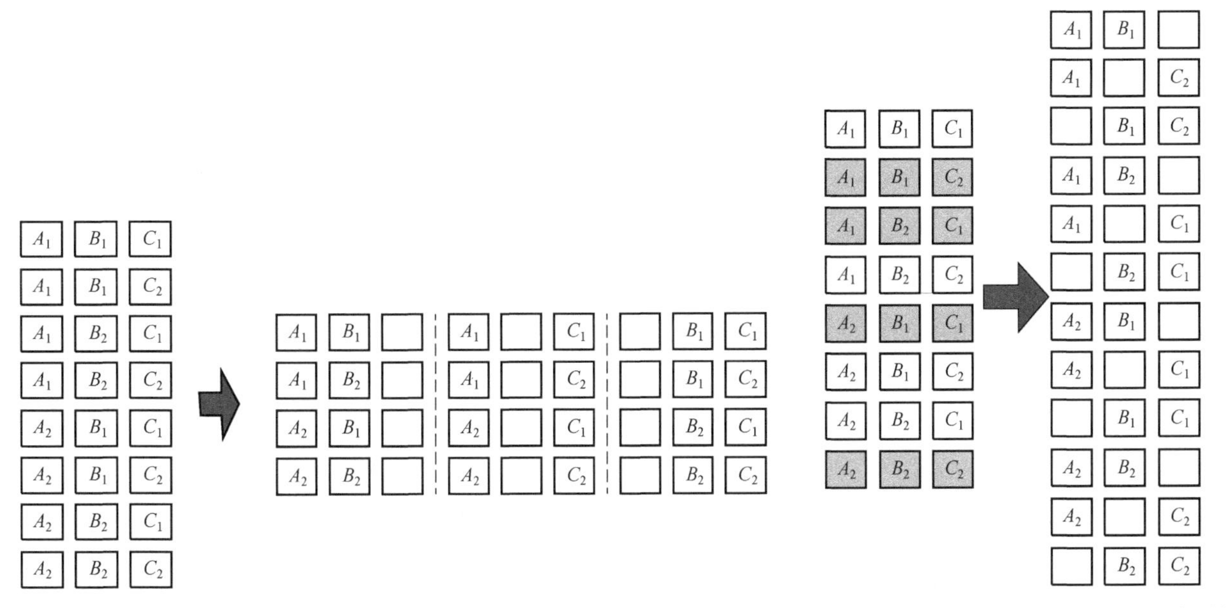

图 6-41　测试用例集及其覆盖的成对组合元素　　　图 6-42　基于 4 个测试用例的成对组合覆盖

6.10.3.3　基于成对组合覆盖的测试用例生成

对于给定的m个测试用例，从中选出$n\,(n \leqslant m)$个测试用例，使得n最小而成对组合覆盖率C_2最大，其目的是实现测试目标而选择最少测试用例的最优化问题。

1. 正交试验设计

基于正交表的性质，用正交试验设计生成的测试用例能实现 100%的成对组合覆盖。对于具有 3 个因素A、B、C，每个因素有 2 种类型值水平A_1,A_2；B_1,B_2；C_1,C_2的系统，可以用$L_4(2^3)$来设计测试用例，如表 6-60 所示。

表 6-60　正交表 $L_4(2^3)$

试验号	列号		
	1	2	3
1	1	1	1
2	1	2	2
3	2	1	2
4	2	2	1

由表 6-60 可得到覆盖全部成对组合的 4 个测试用例(A_1,B_1,C_1)、(A_1,B_2,C_2)、(A_2,B_1,C_2)和(A_2,B_2,C_1)。在实际应用中，某些正交表并不存在，无法通过正交表设计满足 100%成对组合覆盖的测试用例，除非有针对性地设计特定或专用的正交表。但通过其他方法生成的测试用例，有可能少于正交试验设计生成的测试用例。正交试验设计在成对组合覆盖中的应用受到了一定限制。

2. 线性规划

线性规划是指在线性约束条件下，求解线性目标函数极值问题（线性最优问题），将其应用于成对组合测试用例生成无疑是一个不错的选择。

1）{0,1}整数线性规划

{0,1}整数线性规划是整数线性规划的特殊情形，其变量 x_i 仅取 0 或 1。但如果变量 x_i 可取其他范围的非负整数，可以利用二进制计数法将其用若干个 0-1 变量代替。假设某软件系统由 k 个组件构成，每个组件有 n 个不同取值，全组合数为 T，分别用 $x_i=(1,2,\cdots,T)$ 表示，成对组合数目为 T'。令

$$\begin{cases} x_j=1 & j=0,1,\cdots,T-1 \text{ 测试用例 } j \text{ 被选中} \\ x_j=0 & j=0,1,\cdots,T-1 \text{ 测试用例 } j \text{ 未被选中} \\ a_{ij}=1 & j=0,1,\cdots,T'-1 \text{ 第 } i \text{ 个成对组合被测试用例 } j \text{ 所覆盖} \\ a_{ij}=0 & j=0,1,\cdots,T'-1 \text{ 第 } i \text{ 个成对组合未被测试用例 } j \text{ 所覆盖} \end{cases}$$

已选择的所有测试用例为 $\sum_{j=0}^{T-1}x_j$，第 i 个成对组合被覆盖的次数为 $\sum_{j=0}^{T-1}a_{ij}x_j$。

为了满足成对组合的覆盖目标，有

$$\sum_{j=0}^{T-1}a_{ij}x_j \geqslant 1 \tag{6-7}$$

即每个成对组合至少被覆盖 1 次。

因此，将成对组合覆盖转化为约束条件求解问题，其约束条件为

$$\sum_{j=0}^{T-1}a_{ij}x_j \geqslant 1, \quad i=1,2,\cdots,T'-1 \tag{6-8}$$

目标函数为

$$\min\sum_{j=0}^{T-1}x_j \tag{6-9}$$

这是一个线性规划问题，可以通过如下步骤求解：

（1）构造全组合集 Q_1。

（2）构造成对组合集 Q_2。

（3）构造成对组合覆盖表，其表头的行为 Q_1，列为 Q_2，覆盖表中的元素为 a_{ij}。为了清晰起见，略去 $a_{ij}=0$ 的元素。那么该覆盖表共有 $\binom{k}{2}n^2+1$ 行，n^k+1 列，除表头外的每行均有 n^{k-2} 个非零的 a_{ij}。

（4）列出约束条件和求解目标函数，然后求解目标极值。

这里，仍以上述所讨论的某 3 因素 A、B、C 且各有 2 个不同类型值的系统为例进行讨论。假设已知 $k=3$，$n=2$，则有

$$T=2^3=8\text{，}\ T'=\binom{3}{2}2^2=12 \tag{6-10}$$

$$Q_1=\{(A_1,B_1,C_1),(A_1,B_1,C_2),(A_1,B_2,C_1),(A_1,B_2,C_2),(A_2,B_1,C_1),(A_2,B_1,C_2),(A_2,B_2,C_1),(A_2,B_2,C_2)\}$$

8 组测试用例所对应的变量分别为 $x_i(i=1,2,3,4,5,6,7,8)$，如图 6-43 所示。

$$Q_2=\{(A_1,B_1),(A_1,C_1),(B_1,C_1),(A_1,B_2),(A_1,C_2),(B_1,C_2),(A_2,B_1),(A_2,C_1),(B_2,C_1),(A_2,B_2),(A_2,C_2),(B_2,C_2)\}$$

为了覆盖成对组合 (A_1,B_1)，可以选择测试用例 (A_1,B_1,C_1) 或 (A_1,B_1,C_2)，对应变量分别为 x_1 和 x_2。为确保成对组合 (A_1,B_1) 至少被覆盖一次，得到约束条件 $x_1+x_2\geqslant 1$。如果要实现满足所有成对组合至少被覆盖一次的要求，得到如图 6-44 所示的约束条件。

事实上，我们可以根据覆盖表的行 Q_1、列 Q_2 以及 x_j 的定义，构造如表 6-61 所示的成对组合覆盖的线性规划表示，通过该表将成对组合覆盖测试问题转化为目标函数为 $\min\sum_{j=0}^{7}x_j$（j 为整数）的线性规划问题。

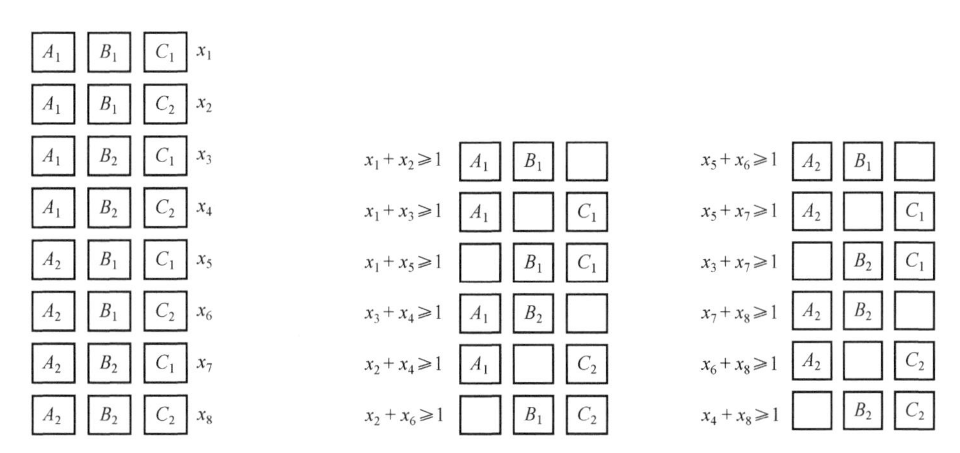

图 6-43　8 组测试用例所对应的变量　　　　图 6-44　成对组合覆盖对应的约束条件

表 6-61　成对组合覆盖的线性规划表示

	A_1,B_1,C_1	A_1,B_1,C_2	A_1,B_2,C_1	A_1,B_2,C_2	A_2,B_1,C_1	A_2,B_1,C_2	A_2,B_2,C_1	A_2,B_2,C_2	
A_1,B_1	x_1	$+x_2$							$\geqslant1$
A_1,C_1	x_1		$+x_3$						$\geqslant1$
B_1,C_1	x_1				$+x_5$				$\geqslant1$
A_1,B_2			x_3	$+x_4$					$\geqslant1$
A_1,C_2		x_2		$+x_4$					$\geqslant1$
B_1,C_2		x_2				$+x_6$			$\geqslant1$
A_2,B_1					x_5	$+x_6$			$\geqslant1$
A_2,C_1					x_5		$+x_7$		$\geqslant1$
B_2,C_1			x_3				$+x_7$		$\geqslant1$
A_2,B_2							x_7	$+x_8$	$\geqslant1$
A_2,C_2								$+x_8$	$\geqslant1$
B_2,C_2				x_4		x_6		$+x_8$	$\geqslant1$

这是一个 $\{0,1\}$ 整数线性规划问题，很容易得到该线性规划的解

$$x_1=1;x_2=0;x_3=0;x_4=1;x_5=0;x_6=1;x_7=1;x_8=0$$

由此可见，用 (A_1,B_1,C_1)，(A_1,B_2,C_2)，(A_2,B_1,C_2)，(A_2,B_2,C_1) 4 个测试用例就可以覆盖所有成对组合。此结果同前述分析结论一致。

2）线性规划法

一般情况下，如果将 x_j 的取值限定为整数，则线性规划问题就是一个多项式复杂程度非确定（Non-deterministic Polynomial，NP）的完全问题。这时，$\{0,1\}$ 整数线性规划所需变量数呈指数增长，导致求解可能会非常困难。例如，对于 5 因素 3 水平问题，需要 243 个变量，即便用 Lp_solve 也将耗费大量资源。若取消对所有变量都必须是整数的限制，$\{0,1\}$ 整数线性规划就转化为一般的线性规划问题，通过求解线性规划问题，可以得到 $\{0,1\}$ 整数线性规划的近似解。若取消所有变量都必须是整数的限制，使用 Lp_solve 求解该 5 因素 3 水平的问题将会变得非常简单。

对于更多因素或更多水平问题，必将导致计算量及计算难度急剧增长，这是实际工程中不得不面临的问题。用最少的测试用例实现最大化或 100%的组合覆盖，是我们不变的追求。为设计最少的测试用例，从最优化角度出发，业界研究提出了一系列方法。其中，近似生成算法是一种行之有效的测试用例设计方法。测试用例近似生成算法如图 6-45 所示。

测试用例近似生成算法就是在所有 n 个变量中，选择前 $i(i<n)$ 个变量，计算成对组合覆盖率并判断其是否达到 100%，如果未达到 100%，依次加入下一个变量再计算覆盖率，重复上述步骤，直到覆盖率

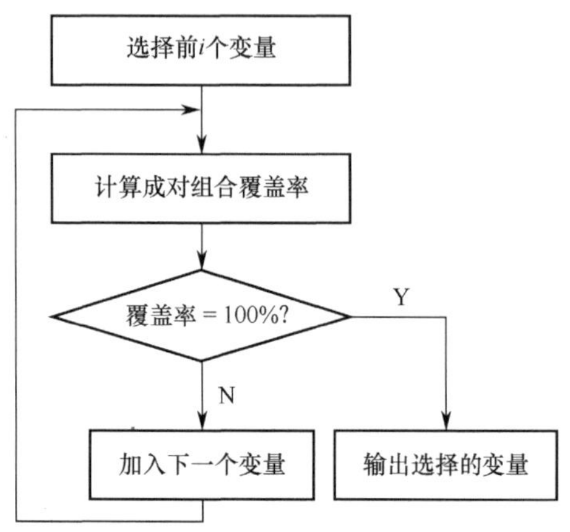

图 6-45 测试用例近似生成算法

达到 100%。

3．矩阵覆盖（TConfig）

加拿大渥太华大学 A. W. Williams 教授基于正交矩阵，采用递归构造方法，通过不断扩大因素的值，构造了满足成对覆盖要求的测试用例覆盖矩阵。

1）覆盖矩阵定义

【定义 6-3】 覆盖矩阵 $\boldsymbol{C}_m(n^k)$。每个成对组合在矩阵中至少出现 1 次。其中，m 是矩阵的行数，即测试用例个数；k 是矩阵列数，即因素数；n 是矩阵中出现数字的最大值，即因素水平数。

正交矩阵要求每个成对组合在矩阵中至少出现一次，且要求出现次数相等。由覆盖矩阵定义可知，正交矩阵一定是覆盖矩阵，反之则不然。在因素数比水平数至少多一个的情况下，用覆盖矩阵法产生的测试用例数将大幅减少。覆盖矩阵特别适合于多因素水平场合。

【定义 6-4】 基本矩阵 $\boldsymbol{B}_{n^2-1}(n^{k+1},t)$。去掉正交矩阵 $\boldsymbol{L}_{n^2}(n^{n+1})$ 的第一行，将每一列各自重复 t 次所得到的矩阵称为基本矩阵。

【定义 6-5】 简化矩阵 $\boldsymbol{R}_{n^2-n}(n^n,t)$。去掉正交矩阵 $\boldsymbol{L}_{n^2}(n^{n+1})$ 的前 n 行和第一列，将剩下的每一列各自重复 t 次得到的矩阵称为简化矩阵。

【定义 6-6】 零矩阵 $\boldsymbol{Z}(\rho,t)$。ρ 行 t 列元素值为 0 的矩阵称为零矩阵。

【定义 6-7】 对等矩阵 $\boldsymbol{N}(n^2-n,n,t)$。一个 n^2-n 行 t 列的矩阵，其中第一个 $n\times t$ 子矩阵的元素值为 1，第二个 $n\times t$ 子矩阵的元素值为 2，…，第 $n-1$ 个 $n\times t$ 子矩阵的元素值为 -1。

【定义 6-8】 递归次数 $s=\lceil \log_{n+1}k \rceil$。构造满足要求的覆盖矩阵所需次数称为递归次数。

正交矩阵 $\boldsymbol{L}_{n^2}(n^{n+1})$、基本矩阵 $\boldsymbol{B}_{n^2-1}(n^{k+1},t)$ 和简化矩阵 $\boldsymbol{R}_{n^2-n}(n^n,t)$ 之间具有从属及向下包含关系。图 6-46 以正交矩阵 $\boldsymbol{L}_9(3^4)$、基本矩阵 $\boldsymbol{B}_8(3^4,1)$、简化矩阵 $\boldsymbol{R}_6(3^3,1)$ 为例，说明了这种关系。

根据定义 6-6 和定义 6-7，可得到基于正交矩阵 $\boldsymbol{L}_9(3^4)$ 的零矩阵 $\boldsymbol{Z}(4,2)$ 和对等矩阵 $\boldsymbol{N}(6,3,2)$ 及其直观的图形展示，如图 6-47 所示。

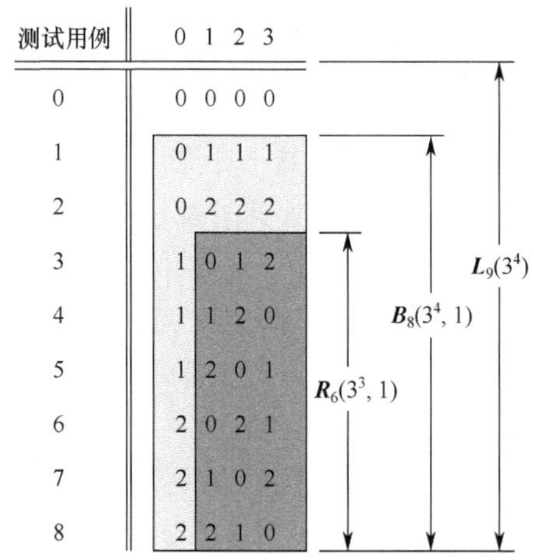

图 6-46 正交矩阵 $\boldsymbol{L}_9(3^4)$、基本矩阵 $\boldsymbol{B}_8(3^4,1)$ 和简化矩阵 $\boldsymbol{R}_6(3^3,1)$

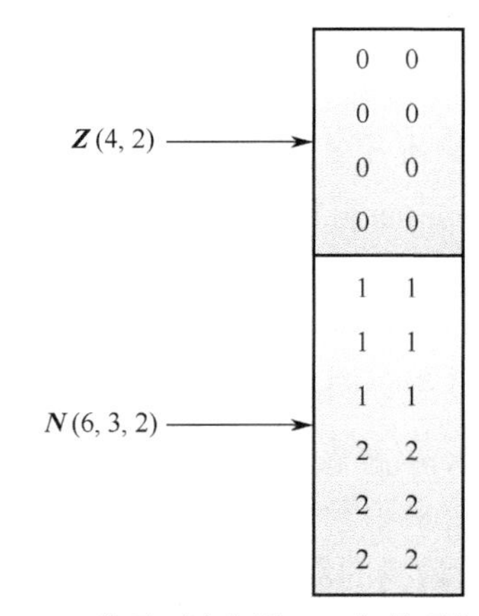

图 6-47 基于正交矩阵 $\boldsymbol{L}_9(3^4)$ 的零矩阵 $\boldsymbol{Z}(4,2)$ 和 $\boldsymbol{N}(6,3,2)$ 的图形展示

2）覆盖矩阵构造

第一步，选择基本矩阵和简化矩阵。

使用基本矩阵和简化矩阵，构造覆盖矩阵。基本矩阵和简化矩阵选择算法如图 6-48 所示。

算法中，s 表示递归次数，g_r 表示在第 r 次递归中所使用矩阵的列数。算法选择开始时，使用正交矩阵 $\boldsymbol{L}_{n^2}(n^{n+1})$，$g_0 = n+1$。$g_r = n(r = 1,2,\cdots,n-1)$ 表示尽可能地使用列数少的简化矩阵。为得到最小测试用例数，如简化矩阵不满足因素 k 的要求，考虑使用基本矩阵。如果 $g_r = n+1$，则在第 r 次递归中选用简化矩阵，如果 $g_r = n$，则在第 r 次递归中选用基本矩阵。

第二步，确定能够处理的因素数量。

随着递归次数的增加，能够处理的因素数量随之不断增加。因素数量确定算法如图 6-49 所示。

```
begin
    g0 = n+1
    r = 1
    for r = 1 to s-1
        gr = n
    end for
    call 因素数量计算方法
    h = hs - 1
    while h < k
        gr = n+1
        r = r+1
        call 因素数量计算方法
    end while
end
```

图 6-48　基本矩阵和简化矩阵选择算法

```
begin
    h0 = n + 1
    for r = 1 to s - 1
        hr = hr-1 × gr
        g = gr
        if g = n then
            hr = hr + 1
        end if
    end for
end
```

图 6-49　因素数量确定算法

算法中，h_r 表示第 r 次递归后覆盖矩阵的列数即所包含的因素数量。当开始的时候，由于使用正交矩阵 $L_{n^2}(n^{n+1})$，$h_0 = n+1$。后续阶段，根据 g_r 的不同，h_r 增加 n 或 $n+1$ 倍。如果在第 r 次递归中使用的是简化矩阵 $g_r = n$，则可在覆盖矩阵中再增加一列数据，即 $h_r = h_r + 1$。

第三步，计算每一列的重复次数 t_r。

每一列的重复次数 t_r，即在第 r 次递归中，矩阵中每一列需重复次数的计算方法，如图 6-50 所示。

第四步，计算附加列数 $e_r(s)$。

在覆盖矩阵右边增加额外的列，增加覆盖矩阵所包含的因素数量，即用简化矩阵构造覆盖矩阵。这些额外的列由零矩阵 $\boldsymbol{Z}(\rho,e_r(s))$ 和对等矩阵 $\boldsymbol{N}(n^2-n,n,e_r(s))$ 来实现，其中 ρ 是覆盖矩阵当前的行数，$e_r(s)$ 是在第 r 次递归时附加的列数。附加列数 $e_r(s)$ 的计算方法如图 6-51 所示。

第五步，计算附加列重复次数 λ_{qr}。

附加列重复一定次数，以增加因素数量。附加列重复次数 λ_{qr} 的计算方法如图 6-52 所示。算法中，r 和 g 表示不同的递归阶段。

```
begin
    t0 = 1
    for r = 1 to s - 1
        tr = tr-1 × gr-1
    end for
end
```

图 6-50　矩阵中每一列重复次数 t_r 的计算方法

```
begin
    g = gr
    if g = n + 1 then
        er(s) = 0
    else
        er(s) = (ts-1 × gs-1) / (tr × gr)
    end if
end
```

图 6-51　附加列数 $e_r(s)$ 的计算方法

```
begin
    if r = q + 1 and (q + 1) < s then
        λqr = 1
    end if
    for r = q + 2 to s - 1
        λqr = λrxq-1 × gr-1
    end for
end
```

图 6-52　附加列重复次数 λ_{qr} 的计算方法

```
begin
    C = Φ
    for  r = 0  to  s-1
        C = C |Z(ρ, e_r(s))
        case  r = 0
            A = L_{n^2}(n^{n+1})
        case  r > 0  and  g_r = n
            A = R_{n^2-n}(n^2, t_r)
        case  r > 0  and  g_r = n+1
            A = B_{n^2-1}(n^{n+1}, t_r)
            S = Φ
            A = 将A的各列重复 (t_{s-1}×g_{s-1})/(t_r×g_r) 次
            S = S = |A
      for  q = 1  to  r-1
            if  g_r = n  then  A = R_{n^2-n}(n^n, t_r)
            if  g_r = n+1  then  A = B_{n^2-1}(n^{n+1}, t_r)
            A = 将A的各列重复 e_q(s)/(λ_{qr}×g_r) 次
            S = S = |A
      end for
            S = S = |(n^2-n, n, e_r(s))
            C = C ∏ S
    end for
end
```

图 6-53　覆盖矩阵 $\boldsymbol{C}_m(n^k)$ 构造算法

第六步，构造覆盖矩阵 $\boldsymbol{C}_m(n^k)$。

覆盖矩阵 $\boldsymbol{C}_m(n^k)$ 构造算法如图 6-53 所示。

构造算法中，$\boldsymbol{C}$ 是拟构造的覆盖矩阵，$\boldsymbol{S}$ 是当前阶段要加入 $\boldsymbol{C}$ 中的矩阵，$\boldsymbol{\Phi}$ 是空矩阵，$\boldsymbol{S}=|\boldsymbol{A}$ 表示将 $\boldsymbol{A}$ 水平并置在 $\boldsymbol{S}$ 的右边，$\boldsymbol{C}\prod\boldsymbol{S}$ 表示将 $\boldsymbol{S}$ 垂直并置于 $\boldsymbol{C}$ 的下方。

第七步，估计测试用例数量及复杂性。

第一次递归时，使用正交矩阵 $\boldsymbol{L}_{n^2}(n^{n+1})$ 产生 n^2 个测试用例，后续递归阶段直至 $s-1$，如果 $g_r=n$，则增加 n^2-n 个测试用例；如果 $g_r=n+1$，则增加 n^2-1 个测试用例。因此，基于覆盖矩阵 $\boldsymbol{C}_m(n^k)$ 构造生成最小、最大测试用例数，进而该算法产生的测试用例数量 t 的范围是

$$\lceil\log_{n+1}k\rceil(n^2-n)+n\leqslant t\leqslant\lceil\log_{n+1}k\rceil(n^2-1)+1 \quad (6\text{-}10)$$

式中，k 为因素数量，n 为大于等于最大水平数的一个整数，该整数为某个素数的幂，即 $n=p^m$，其中，p 为素数，m 为整数。

上式表明，基于覆盖矩阵 $\boldsymbol{C}_m(n^k)$ 构造生成的测试用例数 t 与 n^2 成比例，与因素数量 k 的对数成比例。基于覆盖矩阵 $\boldsymbol{C}_m(n^k)$ 构造生成测试用例的复杂性为

$$o\left(n^3+\frac{k}{n}(\log_{n+1}k)^2\right) \quad (6\text{-}11)$$

第八步，构造覆盖矩阵。

用覆盖矩阵 $\boldsymbol{C}_{15}(3^{12})$ 说明覆盖矩阵的构造方法及其过程。$\boldsymbol{C}_{15}(3^{12})$ 有 12 个因素、3 个水平，可以选用正交矩阵 $\boldsymbol{L}_9(3^4)$，且 $s=[\log_{n+1}k]=[\log_4 12]=2$。将正交矩阵 $\boldsymbol{L}_9(3^4)$ 重复 3 次，形成一个新矩阵，得到如表 6-62 所示的第一次递归结果。

表 6-62　第一次递归结果

0	0	0	0	0	0	0	0	0	0	0	0
0	1	1	1	0	1	1	1	0	1	1	1
0	2	2	2	0	2	2	2	0	2	2	2
1	0	1	2	1	0	1	2	1	0	1	2
1	1	2	0	1	1	2	0	1	1	2	0
1	2	0	1	1	2	0	1	1	2	0	1
2	0	2	1	2	0	2	1	2	0	2	1
2	1	0	2	2	1	0	2	2	1	0	2
2	2	1	0	2	2	1	0	2	2	1	0
↑	√	√	√	×	√	√	√	×	√	√	√

表 6-62 中，相对于第一列（标记为↑），只有标记为“×”的列未达到成对组合覆盖要求，这两列与第一列完全相同，只覆盖了 (0,0)、(1,1)、(2,2)。因此，进行第二次递归，以覆盖未被覆盖的成对组合。

因为 $n=3$，$k=12\leqslant 3^2+3$，选用简化矩阵 $\boldsymbol{R}_6(3^2,1)$。在表 6-62 所示的第一次递归结果下面加入简化矩阵 $\boldsymbol{R}_6(3^3,1)$，构造一个新矩阵，得到如表 6-63 所示的第二次递归结果。

表 6-63　加入简化矩阵 $R_6(3^3,1)$ 的第二次递归结果

0	0	0	0	0	0	0	0	0	0	0	0
0	1	1	1	0	1	1	1	0	1	1	1
0	2	2	2	0	2	2	2	0	2	2	2
1	0	1	2	1	0	1	2	1	0	1	2
1	1	2	0	1	1	2	0	1	1	2	0
1	2	0	1	1	2	0	1	1	2	0	1
2	0	2	1	2	0	2	1	2	0	2	1
2	1	0	2	2	1	0	2	2	1	0	2
2	2	1	0	2	2	1	0	2	2	1	0
0				1				2			
1				2				0			
2				0				1			
0				2				1			
1				0				2			
2				1				0			

加入这三列之后，能覆盖所有在第一次递归中未被覆盖的成对组合。接下来，将每一列重复三次，构造新矩阵，即如表 6-64 所示的成对组合覆盖矩阵 $C_{15}(3^{12})$。

表 6-64　成对组合覆盖矩阵 $C_{15}(3^{12})$

0	0	0	0	0	0	0	0	0	0	0	0
0	1	1	1	0	1	1	1	0	1	1	1
0	2	2	2	0	2	2	2	0	2	2	2
1	0	1	2	1	0	1	2	1	0	1	2
1	1	2	0	1	1	2	0	1	1	2	0
1	2	0	1	1	2	0	1	1	2	0	1
2	0	2	1	2	0	2	1	2	0	2	1
2	1	0	2	2	1	0	2	2	1	0	2
2	2	1	0	2	2	1	0	2	2	1	0
0	0	0	0	1	1	1	1	2	2	2	2
1	1	1	1	2	2	2	2	0	0	0	0
2	2	2	2	0	0	0	0	1	1	1	1
0	0	0	0	2	2	2	2	1	1	1	1
1	1	1	1	0	0	0	0	2	2	2	2
2	2	2	2	1	1	1	1	0	0	0	0

上述构造可以用表 6-65 所示的简化形式表示。

对于覆盖矩阵 $C_{17}(3^{16})$，如果 $n^2+n<k\leqslant(n+1)^2$，第一次递归时，需要 $n+1$ 个正交矩阵 $L_{n^2}(n^{n+1})$，而非 n 个正交矩阵 $L_{n^2}(n^{n+1})$。第二次递归时，不能使用简化矩阵 $L_{n^2-n}(n^n,t)$，必须使用基本矩阵 $L_{n^2-1}(n^{n+1},t)$。假设 $k=16$，$n=3$，首先将正交矩阵 $L_9(3^4)$ 沿水平方向复制 4 次，然后将基本矩阵 $B_8(3^4,1)$ 的每一列，各自沿着水平方向复制 4 次置于其下，从而构造覆盖矩阵 $C_{17}(3^{16})$。覆盖矩阵 $C_{17}(3^{16})$ 的构造过程如表 6-66 所示。

表 6-65　覆盖矩阵 $C_{15}(3^{12})$ 的构造过程

$L_9(3^4)$	$L_9(3^4)$	$L_9(3^4)$
$R_6(3^4,4)$		

表 6-66　覆盖矩阵 $C_{17}(3^{16})$ 的构造过程

$L_9(3^4)$	$L_9(3^4)$	$L_9(3^4)$
$B_8(3^4,4)$		

对于覆盖矩阵 $C_{21}(3^{16})$，如果 $k>(n+1)^2$，可以在水平和垂直方向重复覆盖矩阵 $C_{15}(3^{12})$ 的构造过程，构造覆盖矩阵 $C_{21}(3^{16})$。覆盖矩阵 $C_{21}(3^{16})$ 的构造过程如表 6-67 所示。

表 6-67　覆盖矩阵 $C_{21}(3^{16})$ 的构造过程

$L_9(3^4)$	$L_9(3^4)$	$L_9(3^4)$	$L_9(3^4)$	$L_9(3^4)$	$L_9(3^4)$	$L_9(3^4)$	$L_9(3^4)$	$L_9(3^4)$
$R_6(3^4,4)$			$R_6(3^4,4)$			$R_6(3^4,4)$		
$R_6(3^3,12)$								

$C_{15}(3^{13})$ 比 $C_{15}(3^{12})$ 多一列。利用附加列，由 $C_{15}(3^{12})$ 构造覆盖矩阵 $C_{15}(3^{13})$。在 $C_{15}(3^{12})$ 的最右边增加一列，将该列前 n 行全部置为 0，将第 $n+1$～第 n^2 行置为空值，将第 n^2+1～第 n^2+n 行置为 1，将第 n^2+n+1～第 n^2+2n 行均置为 2。以此类推，构造得到表 6-68 所示的 $C_{15}(3^{12})$。

表 6-68　加入附加列后的 $C_{15}(3^{12})$

0	0	0	0	0	0	0	0	0	0	0	0	0
0	1	1	1	0	1	1	1	0	1	1	1	0
0	2	2	2	0	2	2	2	0	2	2	2	0
1	0	1	2	1	0	1	2	1	0	1	2	
1	1	2	0	1	1	2	0	1	1	2	0	
1	2	0	1	1	2	0	1	1	2	0	1	
2	0	2	1	2	0	2	1	2	0	2	1	
2	1	0	2	2	1	0	2	2	1	0	2	
2	2	1	0	2	2	1	0	2	2	1	0	
0	0	0	0	1	1	1	1	2	2	2	2	1
1	1	1	1	2	2	2	2	0	0	0	0	1
2	2	2	2	0	0	0	0	1	1	1	1	1
0	0	0	0	2	2	2	2	1	1	1	1	2
1	1	1	1	0	0	0	0	2	2	2	2	2
2	2	2	2	1	1	1	1	0	0	0	0	2
×	√	√	√	×	√	√	√	×	√	√	√	↑

为覆盖(1,0)和(2,0)，加入 0，1，2 中的任意值，构造形成如表 6-69 所示的覆盖矩阵 $C_{15}(3^{13})$。

表 6-69　覆盖矩阵 $C_{15}(3^{13})$

0	0	0	0	0	0	0	0	0	0	0	0	0
0	1	1	1	0	1	1	1	0	1	1	1	0
0	2	2	2	0	2	2	2	0	2	2	2	0
1	0	1	2	1	0	1	2	1	0	1	2	0
1	1	2	0	1	1	2	0	1	1	2	0	—
1	2	0	1	1	2	0	1	1	2	0	1	—
2	0	2	1	2	0	2	1	2	0	2	1	0
2	1	0	2	2	1	0	2	2	1	0	2	—
2	2	1	0	2	2	1	0	2	2	1	0	—
0	0	0	0	1	1	1	1	2	2	2	2	1
1	1	1	1	2	2	2	2	0	0	0	0	1
2	2	2	2	0	0	0	0	1	1	1	1	1
0	0	0	0	2	2	2	2	1	1	1	1	2
1	1	1	1	0	0	0	0	2	2	2	2	2
2	2	2	2	1	1	1	1	0	0	0	0	2

对于上述构造过程，可以用表 6-70 所示的简化形式表示。

表 6-70　覆盖矩阵 $C_{15}(3^{13})$ 的构造过程

<table>
<tr><td>$L_9(3^4)$</td><td>$L_9(3^4)$</td><td>$L_9(3^4)$</td><td>$L_9(3^4)$</td></tr>
<tr><td colspan="2">$R_6(3^4,4)$</td><td colspan="2">$N(6,3,1)$</td></tr>
</table>

将附加列与第二次递归后得到的矩阵一并复制，得到如表 6-71 所示的覆盖矩阵 $C_{21}(3^{40})$。

表 6-71　覆盖矩阵 $C_{21}(3^{40})$ 的构造过程

<table>
<tr><td>$L_9(3^4)$</td><td>$L_9(3^4)$</td><td>$L_9(3^4)$</td><td>$L_9(3^4)$</td><td>$L_9(3^4)$</td><td>$L_9(3^4)$</td><td>$L_9(3^4)$</td><td>$L_9(3^4)$</td><td>$L_9(3^4)$</td><td>$Z(9,3)$</td><td rowspan="2">$Z(1,5,1)$</td></tr>
<tr><td colspan="3">$R_6(3^4,4)$</td><td colspan="3">$R_6(3^4,4)$</td><td colspan="3">$R_6(3^4,4)$</td><td>$N(6,3,3)$</td></tr>
<tr><td colspan="9">$R_6(3^3,12)$</td><td>$R_6(3^3,3)$</td><td>$N(6,3,1)$</td></tr>
</table>

这一过程中，首先将第二次递归得到的结果水平复制 3 次，与此同时，零矩阵 $\boldsymbol{Z}(9,1)$ 和对等矩阵 $\boldsymbol{N}(6,3,1)$ 也同时被水平复制 3 次，分别记为 $\boldsymbol{Z}(9,3)$ 和 $\boldsymbol{N}(6,3,3)$。由于第三次递归时使用简化矩阵 $\boldsymbol{R}_6(3^3,12)$，因此可以再次加入附加列 $\boldsymbol{Z}(1,5,1)$ 和 $\boldsymbol{N}(6,3,1)$ 以处理更多的因素。

4. *启发式算法* IPO

1998 年，北卡罗莱纳大学 Yu Lei 和 Kuo-Chung Tai 采用贪心启发式算法对最小集合覆盖进行改进，提出 IPO 算法，开发了测试用例自动生成系统——Pairwise Test 系统。贪心启发式算法覆盖最多未被覆盖的成对组合算法及流程如图 6-54 所示。

```
输入：因素 p1,p2,…,pn(n ⩾ 2)及其对应的水平集 T1,T2,…,Tn。
输出：成对组合覆盖测试用例 T。
/* 对于前两个因素 p1,p2，建立成对组合二元组集合 T */
T = {(v1,v2) |v1 ∈ T1,v2 ∈ T2分别是因素 p1和 p2的水平值}
if n = 2 then stop
    for i = 3 to n
      (T,π) = 调用 IPO_H (T,pi) /* π 是执行函数调用后未被覆盖的成对组合*/
      T = 调用 IPO_V(T,π)
    end for
      IPO_H (T,pi) /*根据因素 pi，对 T 中的每个测试用例做水平方向扩展*/
      π = {pi和 p1,p2,…,pi-1的水平所构成的成对组合} s = min (|Ti|,|T|)
      s = min (|Ti|,|T|)
      m = |T|
      n = |Ti|
      for j = 1 to s
          将因素 pi的第 j 个水平添加到 T 中的第 j 个测试用例的第 i个位置上
          π = π⁻(扩展后的测试用例所覆盖的成对组合)
      end for
      if s = m then return
      for j = s + 1to m /*对于T中剩余的测试用例，从 pi中选择产生最大成对
                         组合覆盖的水平*/
          π' = Φ
          v' = 0
          for k = 1 to n
              π'' = {把 vik添加到 T 中第 j 个测试用例时覆盖的 π 中的成对组合}
              g = |π''|
              h = |π'|
              if g ⩾ h then
                  π' = π''
                  v' = vik
              end if
          end for
      end for
      将因素 pi的水平 v'添加到T中的第 j 个测试用例的第 i个位置上
      π = π − π'
      return(T,π)
    IPO_V(T,π) /*根据 pi与其他因素成对组合后的遗漏项对T进行垂直扩展*/
        T' = Φ
  对于 π 中每个元素 (pk,pi)，pk的值为 w，pi的值为 u。如果 T'中包含一个在因素 pk的
位置上其水平值为"-"，在因素 pi的位置上其水平值为 u 的测试用例，则将该测试用
例中的"-"替换为 w，否则，向 T'中添加一个新的测试用例，其中，pk的值为 w，pi的值
为 u，其余因素的值为"-"。
        T = Y ∪ T'
        Return T
```

图 6-54　贪心启发式算法及流程

贪心算法（Greedy Algorithm）是通过一系列局部最优选择（贪心选择），求解问题的整体最优解，是一种改进的分级处理方法。顾名思义，贪心算法总是做出当前看来最好的选择，并非所有问题都能得到整体最优解，它所做出的选择只是某种意义上的局部最优选择。贪心算法略必须具备无后效性，即某个状态以前的过程不会影响以后的状态，仅与当前状态有关。贪心算法采用自顶向下、以迭代方式选择，每进行一次贪心选择就将所求解问题简化为一个规模更小的子问题，然后用数学归纳法证明，最终得到问题的整体最优解。

对于贪心启发式算法，每次从候选子集中选择一个子集，使其所能覆盖的目标集合元素最多。对于成对组合覆盖，则相当于从候选测试用例中选择一个测试用例，使得覆盖的成对组合元素最多，但所需测试用例数呈指数增长。

Yu Lei 和 Kuo-Chung Tai 通过逐步增加因素，产生满足成对覆盖要求的测试用例，而非所有因素，对此方法进行了改进。首先，选择两个因素并生成所有组合的 $n_0 \times n_1$ 个测试用例。因为各个因素无须按照其水平数排序，不存在 $n_0 \geqslant n_1$ 的假设。然后，在水平和垂直两个方向上进行扩展，其中，在水平方向上的扩展就是加入另外一个因素，并从该因素中选择一个新的水平值，以期能够覆盖最多的因素水平组合对。水平扩展完成后，可能还存在未被覆盖的成对组合，无须进一步通过垂直方向上的扩展，以增加新的测试用例来覆盖未被覆盖的成对组合。

贪心启发式算法覆盖最多未被覆盖的成对组合算法所产生的结果中，可能包含“−”，假若 p_i 是最后一个因素，则 $p_k(1 \leqslant k \leqslant i)$ 所对应的“−”值可由 p_k 的任意值代替，否则，在水平方向上的扩展过程中，假设 p_{i+1} 的水平值 v 与包含“−”的 $p_k(1 \leqslant k \leqslant i)$ 构成一个成对组合 $(v,-)$，如在未被覆盖的成对组合中包含 v 和 p_k 的某个水平值组成成对组合，那么就用 p_k 的该水平值代替“−”，否则，p_k 取任意一个水平值。IPO 算法的复杂性为 $O(n^5 \times k^3)$。

假设某系统包含 A、B、C 共 3 个因素，因素 A、B 各有两个值 A_1、A_2 和 B_1、B_2，因素 C 有 3 个值 C_1、C_2、C_3。运用贪心启发式算法，满足成对组合覆盖的最小测试用例集生成过程如图 6-55 所示。

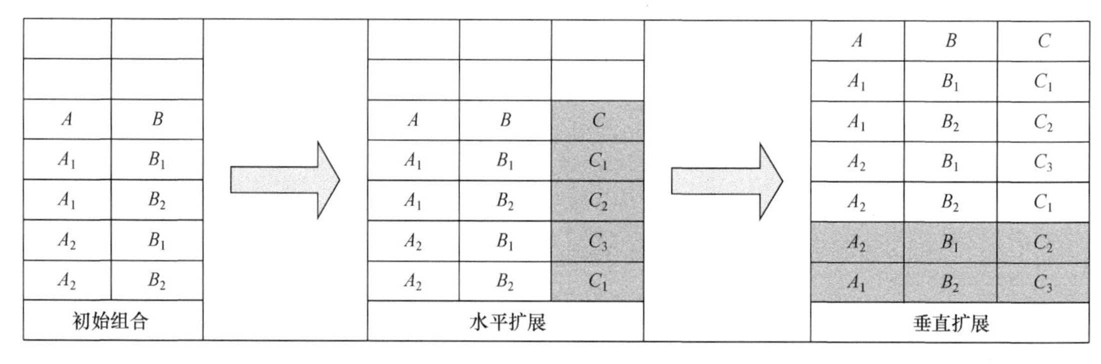

A	B
A_1	B_1
A_1	B_2
A_2	B_1
A_2	B_2
初始组合	

A	B	C
A_1	B_1	C_1
A_1	B_2	C_2
A_2	B_1	C_3
A_2	B_2	C_1
水平扩展		

A	B	C
A_1	B_1	C_1
A_1	B_2	C_2
A_2	B_1	C_3
A_2	B_2	C_1
A_2	B_1	C_2
A_1	B_2	C_3
垂直扩展		

图 6-55　测试用例集生成过程

由于因素 A 和 B 的成对组合集合为 $T=\{(A_1,B_1),(A_1,B_2),(A_2,B_1),(A_2,B_2)\}$，而当增加因素 C 之后，首先对 T 进行水平扩展。C 有 C_1、C_2、C_3 三个取值（水平值），可将 T 中前三个测试用例分别扩展为 $\{(A_1,B_1,C_1),(A_1,B_2,C_2),(A_2,B_1,C_3)\}$。这个时候，没有被覆盖的成对组合 $\pi=\{(A_2,C_1),(B_2,C_1),(A_2,C_2),(B_1,C_2),(A_1,C_3),(B_2,C_3)\}$。然后，从 C_1、C_2、C_3 中选择一个值添加到 T 的第四个测试用例 (A_2,B_2) 中，如果选择 C_1，即将 (A_2,B_2) 扩展为 (A_2,B_2,C_1)，则可以覆盖的遗漏项集合 $\pi''=\{(A_2,C_1),(B_2,C_1)\}$，如果选择 C_2，即将 (A_2,B_2) 扩展为 (A_2,B_2,C_2)，则可以覆盖的遗漏项集合 $\pi''=\{(A_2,C_2)\}$，如果选择 C_3，即将 (A_2,B_2) 扩展为 (A_2,B_2,C_3)，则可以覆盖的遗漏项集合 $\pi''=\{(B_2,C_3)\}$。将因素 C 按水平方向进行扩展之后，则会产生四个测试用例 $T=\{(A_1,B_1,C_1),(A_1,B_2,C_2),(A_2,B_1,C_3),(A_2,B_2,C_1)\}$ 以及还没有被覆盖的成对组合 $\pi=\{(A_2,C_2),(B_1,C_2),(A_1,C_3),(B_2,C_3)\}$。

为了覆盖 (A_2,C_2)、(A_1,C_3)、(B_1,C_2)，仅需设计测试用例 $(A_2,-,C_2)$、$(A_1,-,C_3)$、$(B_1,-,C_2)$ 即可，将 $(A_2,-,C_2)$、$(A_1,-,C_3)$、$(B_1,-,C_2)$ 分别修改为 (A_2,B_1,C_2)、(A_1,B_2,C_3)、(B_1,B_2,C_2)，无须增加新的测试用例。为了覆盖未被覆盖的成对组合，只需要增加 (A_2,B_1,C_2)、(A_1,B_2,C_3) 两个测试用例即可。至此，完成了 100%的成对组合覆盖，对应的测试用例为

$$T=\{(A_1,B_1,C_1),(A_1,B_2,C_2),(A_2,B_1,C_3),(A_2,B_2,C_1),(A_2,B_1,C_2),(A_1,B_2,C_3)\}$$

5. *启发式算法*——AETG

AETG 算法是贝尔实验室 D. M. Cohen 和 S. R. Dalal 提出的一种基于两两组合覆盖的启发式算法。该算法始于一个空测试用例集，每次往测试用例集中加入一个测试用例，都是为了得到一个新的测试用例，根据贪心算法产生一组候选测试用例，然后从中选择能够覆盖最多未被覆盖的成对组合用例。当然，也可以根据经验等事先指定一些测试用例，以此为基础生成一组能对所有两两组合覆盖的测试用例集。AETG 算法能够用较少测试用例覆盖所有两两组合，同时产生高层测试计划，如用于通信协议的一致性测试以及网络监视系统测试。假设系统有 k 个因素 $p_1,p_2,\cdots p_k$，第 i 个因素具有 l_i 个不同的水平值。AETG 算法实现如图 6-56 所示。

输入：已经确定的 m 个测试用例以及未被覆盖的成对组合集合 π。

输出：成对组合覆盖测试用例。

若 $\pi \neq \Phi$，则选择一个因素 p 和 p 的一个水平值 l，使得该水平值在未覆盖成对组合中出现的次数最多。令 $p_i=p$，然后对剩余因素随机排序，得到 k 个因素新的排序 $p_1,p_2,\cdots,p_k$。假设因素 $p_1,p_2,\cdots,p_j$ 的水平值已选定，对于 $1\leqslant i\leqslant j$，令因素 p_i 选定的水平值为 v_i，对 p_j 的每一个水平值 v，找出所有成对组合 $\{(p_{j+1}=v,p_i=v_i),\ 1\leqslant i\leqslant j\}$，将这些组合中出现次数最多的那个值作为 v_{j+1} 的值，由此选择因素 p_{j+1} 的水平值 v_{i+1}。

需要注意的是，在最后一步中，每一个因素的水平值只在候选测试用例中出现一次，同时当选择 p_{j+1} 中的一个水平值时，只与已选取的因素 $p_1,p_2,\cdots,p_j$ 的第 j 个水平值进行比较。从 π 中删除已覆盖的成对组合。

否则，结束。

图 6-56　AETG 算法实现

这里，仍以前述启发式算法——IPO 所讨论的示例说明如何应用 AETG 算法，求出满足成对组合覆盖的最小测试用例集。根据 AETG 算法，测试用例生成过程如图 6-57 所示。

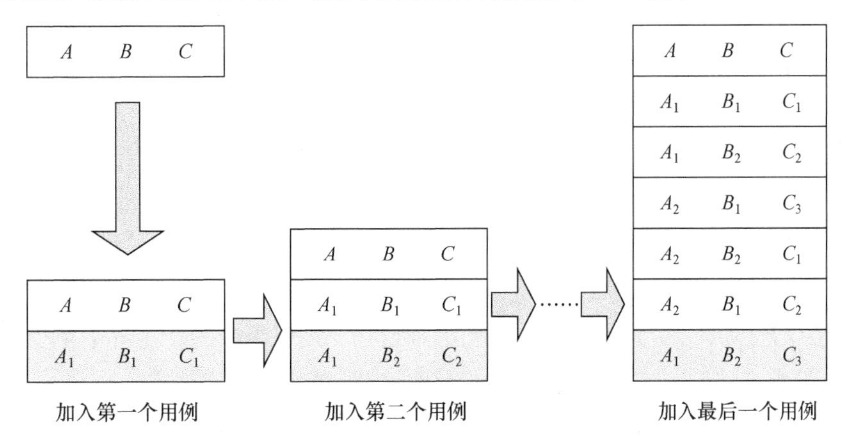

图 6-57　AETG 测试用例生成过程

开始时，未被覆盖的成对组合集合为

$$\pi=\{(A_1,B_1),(A_1,B_2),(A_1,C_1),(A_1,C_2),(A_1,C_3),(A_2,B_1),(A_2,B_2),(A_2,C_1),$$
$$(A_2,C_2),(A_2,C_3),(B_1,C_1),(B_1,C_2),(B_1,C_3),(B_1,C_1),(B_2,C_2),(B_2,C_1)\}$$

由于所有成对组合均未被覆盖，不妨选择测试用例 $T_1=(A_1,B_1,C_1)$，T_1 覆盖的成对组合为 $\{(A_1,B_1),(A_1,C_1),(B_2,C_1)\}$。因此，有

$$\pi=\{(A_1,B_2),(A_1,C_2),(A_1,C_3),(A_2,B_1),(A_2,B_2),(A_2,C_1),(A_2,C_2),(A_2,C_3),\\(B_1,C_2),(B_1,C_3),(B_2,C_1),(B_2,C_2),(B_2,C_3)\}$$

π 中，A_1、A_2 分别出现 3 次和 5 次，B_1、B_2 分别出现 3 次和 5 次，C_1、C_2、C_3 分别出现 2 次、4 次和 4 次。以出现次数最多的 B_2 生成测试用例 $T_2=(-,B_2,-)$，然后从 A_1 和 A_2 中选择一个值作为因素 A 的水平值，如选择 A_1，可以覆盖 π 中的 (A_1,B_2)；如选择 A_2，则覆盖 π 中的 (A_2,B_2)。不妨选择 A_1，则 $T_2=(A_1,B_2,-)$。如果从 C_1、C_2、C_3 中选择一个作为因素 C 的水平值，如选择 C_1，则 $T_2=(A_1,B_2,C_1)$，可以覆盖 π 中的 (A_1,B_2) 和 (B_2,C_1)；如选择 C_2，则 $T_2=(A_1,B_2,C_2)$，可以覆盖 π 中的 (A_1,B_2)、(A_1,C_2)、(B_2,C_1)；如选择 C_3，$T_2=(A_1,B_2,C_3)$，可以覆盖 π 中的 (A_1,B_2)、(A_1,C_3) 以及 (B_2,C_3)。由于选择 C_2、C_3 所覆盖 π 中的成对组合个数相同，不妨选择 C_2，即 $T_2=(A_1,B_2,C_2)$。此时未被覆盖的成对组合集合为

$$\pi=\{(A_1,C_2),(A_2,B_1),(A_2,B_2),(A_2,C_1),(A_2,C_2),(A_2,C_3),(B_1,C_3),(B_2,C_1),(B_2,C_2)\}$$

按同样的方法，加入新的测试用例，直到 π 为空。

6.10.4 可变力度组合模型

基于固定力度的 τ 维组合测试，假设系统中任意 τ 个因素间均存在交互作用，设计 τ 维组合测试用例集，以测试这些交互作用。但软件系统中，不同因素之间的交互力度并不相同，很难确定一个合适的正整数 τ 进行固定力度的 τ 维组合测试，若 τ 选取过小，某些因素间的交互将难以得到充分测试，若 τ 选取过大，将导致测试用例冗余。

可变力度组合测试是在固定力度 τ 维组合测试的基础上，允许部分互不相交的因素子集中存在力度大于 τ 的交互作用，以解决固定力度组合测试存在的问题。不幸的是，Cohen 等人提出的可变力度组合测试模型中，仍然假设所有因素间均存在力度至少为 τ 的交互作用，同时要求具有较高交互力度的因素子集互不相交。这样的假设制约了该模型的表达能力。

在充分了解软件系统中因素间交互作用的基础上，改进现有组合测试模型，提出一种基于输入输出关系的测试模型。该模型中，每个输出变量均依赖于若干个输入变量的交互作用。假设影响系统运行的 n 个因素构成有限集合 $F=\{f_1,f_2,\cdots,f_n\}$，因素 f_i 经过等价类划分处理之后，包含 a_i 个可选值，不妨假设该因素的可选值 $V_i=\{1,2,\cdots,a_i\}(1\leqslant i\leqslant n)$。如果所有因素取值数量相等，即 $a_1=a_2=\cdots=a_n$，称该系统为单一水平系统，否则，称为混合水平系统。

【定义 6-9】（组合测试用例集）。称一个 n 元组 test $=(v_1,v_2,\cdots,v_n)(v_i\in V_i)$ 为软件系统的一个测试用例。称一个由多个这样的 n 元组所构成的集合为软件系统的一个测试用例集。

【定义 6-10】（组合覆盖力度）。设 $\boldsymbol{A}=(a_{ij})_{m\times n}$ 是一个 $m\times n$ 矩阵，其第 j 列是软件系统的参数 f_i，其中所有元素均取自集合 $V_i=\{1,2,\cdots,n\}$，即 $a_{i,j}\in V_i$。给定正整数 $\tau(1\leqslant\tau\leqslant n)$，如果 $\boldsymbol{A}$ 中任意 τ 列，即第 $i_1,i_2,\cdots,i_\tau$ 列均满足 $V_{i1},V_{i2},\cdots,V_{i\tau}$ 中元素的所有 τ 元组合均在 τ 列所组成的子矩阵中至少出现一次，称 $\boldsymbol{A}$ 为 τ 维组合覆盖表，记作 $\mathrm{CA}(m:\tau:F)$。其中 τ 为 $\mathrm{CA}(m:\tau:F)$ 的组合覆盖力度。

显然，从 $\mathrm{CA}(m:\tau:F)$ 中任取 $k(\tau\leqslant k\leqslant n)$ 列，构成子矩阵的组合覆盖力度为 τ。因此，又称 τ 维族和覆盖表为固定力度组合覆盖表。

【定义 6-11】（组合覆盖表）。对于一个 τ 维组合覆盖表 $\boldsymbol{A}$，若 F 中存在 $t(t\geqslant1)$ 个互不相交的子集 $F_i\subseteq F(i=1,2,\cdots,t)$，这些子集构成集合 C。其中，$F_i(i=1,2,\cdots,t)$ 包含 n_i 个因素，且这些因素对应的列组成 $m\times n_i$ 的子矩阵 $\boldsymbol{A}_i$ 满足 $\tau_i(\tau<\tau_i\leqslant n_i)$ 维组合覆盖的条件，即 $\boldsymbol{A}_i$ 的组合覆盖力度不等于 τ，则称 $\boldsymbol{A}$ 为"狭

义”可变力度组合覆盖表，记作 $\mathrm{VSCA}(m;\tau,F,C)$。

【定义 6-12】（组合测试方法）。使用固定力度组合覆盖表和“狭义”可变力度组合覆盖表设计测试用例集的方法，可分别称为固定力度组合测试方法和“狭义”可变力度组合测试方法。

假设因素集合 F 中一组因素之间存在交互作用，将这些因素收集为 F 的一个子集 $r\subseteq F$，使得子集中所有 $|\gamma|$ 个因素间存在一个力度为 $|\gamma|$ 的交互作用，称之为 $|\gamma|$ 维交互作用。对于一个给定子集 r，组合测试用例集应覆盖 r 中因素间所有 $|\gamma|$ 元取值组合。系统中，每个交互作用均可抽象为这样的一个子集。

假设软件系统中共存在 t 个不同的交互作用，则可以构成一个由 F 的 t 个不同子集组成的集合 $R=\{\gamma_1,\gamma_2,\cdots,\gamma_t\}$。针对该 SUT 的组合测试用例集覆盖 R 中所有子集所对应的因素间的交互作用，即对于任一给定的 $\gamma_k\in R(k=1,2,,\cdots,t)$，测试用例集必须覆盖 γ_k 中因素间所有的 $|\gamma|$ 元取值组合。例如，对于一个具有 n 个因素的软件系统，进行基于固定力度的二维组合测试，测试用例集必须覆盖 $R=\{f_i,f_j\}(f_i,f_j\in F;1\leqslant i<j\leqslant n)$ 中所有 $|R|=n\times(n-1)/2$ 个二维交互作用。

【定义 6-13】（覆盖需求）。称集合 R 为系统的因素交互关系，简称交互关系。R 中的每一个元素 $r_k\in R(k=1,2,\cdots,t)$ 均为系统的一个因素组合覆盖需求，简称覆盖需求。

假设：

（1）覆盖需求 $r_i=\{f_{i,1},f_{i,2},\cdots,f_{i,n}\}\in R(i=1,2,\cdots,t)$ 中含有 n_i 个因素且 $n_i>1$。

（2）因素集合 F 中给定两个因素 f_i，$f_i\in F(1\leqslant i\leqslant j\leqslant n)$ 之间存在交互作用，当且仅当存在一个覆盖需求 $r\in R$，使得 $f_i,f_j\in r$。

（3）R 中任意两个覆盖需求 $\gamma_{i1},\gamma_{i2}\in R(i_1\neq i_2)$ 间不存在包含关系，否则若有 $\gamma_{i1}\subseteq\gamma_{i2}$，则可直接从 R 中删除 γ_{i1} 而不影响测试用例集的组合覆盖能力。

（4）F 中任意因素 $f_i\in F(1\leqslant i\leqslant n)$，至少存在一个覆盖需求 $r\in R$，使得 $f_i\in r$，否则 f 不与 F 中其他任何因素发生交互作用。这种情况不属于组合测试所考虑的范围。

【定义 6-14】（可变力度组合覆盖表）。设 $\boldsymbol{A}=(a_{i,j})_{m\times n}$ 为一个 $m\times n$ 矩阵，其第 j 列是系统的参数 f_i，所有元素均取自集合 $V_i=\{1,2,\cdots,n\}$，即 $a_{i,j}\in V_i(i=1,2,\cdots,m)$。给定系统的一个组合覆盖需求 $r_k\in R$，由 r_k 中 n_k 个因素所对应的列，组成一个 $m\times n_k$ 的子矩阵 $\boldsymbol{A}_k$，若该 n_k 个因素的所有 n_k 元取值组合在 $\boldsymbol{A}_k$ 中均至少出现一次，则称 $\boldsymbol{A}$ 满足覆盖需求 r_k。若任取 $r_k\in R(k=1,2,\cdots,t)$，均有 $\boldsymbol{A}$ 满足 r_k，则称 $\boldsymbol{A}$ 为满足交互关系 R 的可变力度组合覆盖表，并记为 $\mathrm{VCA}(m;F,R)$。

由定义 6-13 可知，对于交互关系 R 中的一个覆盖需求 $r_k\in R(k=1,2,\cdots,t)$，r_k 中因素间所有的 $|r_k|$ 元取值组合可以构成集合：

$$\mathrm{CombSet}_k=\{(v_{k1},v_{k2},\cdots,v_{kn})\,|\,v_{k1}\in V_{k1},v_{k2}\in V_{k2},\cdots,v_{kn}\in V_{kn}\}\tag{6-12}$$

相应的，R 中所有覆盖需求所对应的组合可以构成集合：

$$\mathrm{CombSet}=\bigcup_{k=1}^{t}\mathrm{CombSet}_k\tag{6-13}$$

显然，一个满足交互关系 R 的可变力度组合覆盖表，必须覆盖集合 CombSet 中所有组合。

使用可变力度组合覆盖表设计测试用例集的方法，称为可变力度组合测试方法。不同于固定力度组合测试，可变力度组合测试中，测试用例集无须覆盖任意 τ 个因素间的取值组合，仅需满足交互关系 R 中所有 τ 个覆盖需求即可。这里，给出如图 6-58 所示的基于服务化描述语言的可变力度组合模型。

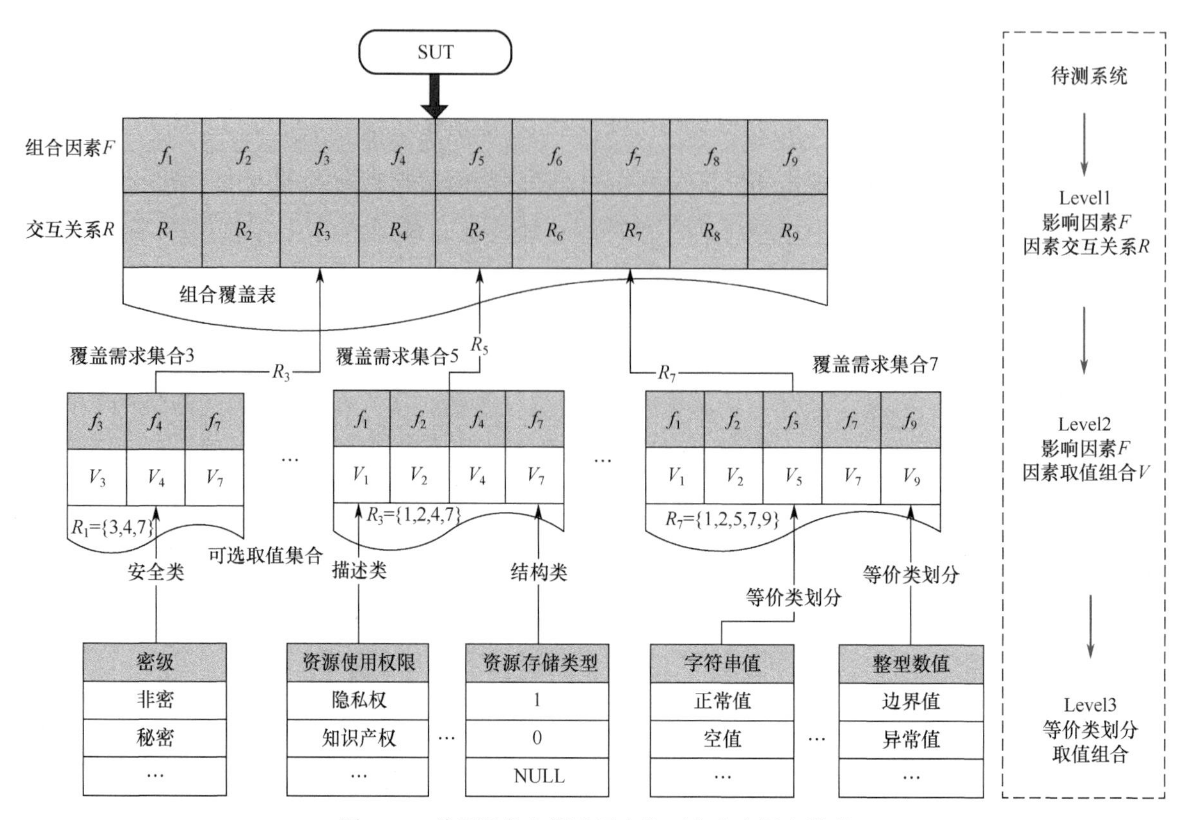

图 6-58　基于服务化描述语言的可变力度组合模型

6.10.5　成对组合测试方法比较

正交拉丁方算法、IPO 算法、AETG 算法、Williams 算法、Kobayashi 算法、PSST 算法等组合测试方法，均得到了深入研究和广泛应用，其各有特点，但也存在着一些不足。例如，IPO 算法以参数为对象，每次扩展时都能保持测试用例的最优化，具有良好的扩展性，但该方法存在着诸如测试用例水平扩展次序、测试用例覆盖成对组合个数安排、待扩展参数扩展次序等问题，需要在实际应用中予以解决。这里，对正交试验、线性规划、矩阵覆盖（TConfig）、IPO、AETG 五种成对组合覆盖测试用例生成方法加以比较，给出部分组合测试方法所产生的测试用例集大小。

6.10.5.1　TConfig、AETG、Pairtest 与正交拉丁方比较

为比较 TConfig、AETG、Pairtest 与正交拉丁方组合测试的效果，选择如下六个不同系统。

（1）系统 1（S_1）：共有 4 个因素，每个因素各有 3 个水平。

（2）系统 2（S_2）：共有 13 个因素，每个因素各有 3 个水平。

（3）系统 3（S_3）：共有 61 个因素，其中 29 个因素各有 2 个水平，17 个因素各有 3 个水平，15 个因素各有 4 个水平。

（4）系统 4（S_4）：共有 75 个因素，其中 35 个因素各有 2 个水平，39 个因素各有 3 个水平，1 个因素有 4 个水平。

（5）系统 5（S_5）：共有 100 个因素，每个因素各有 2 个水平。

（6）系统 6（S_6）：共有 20 个因素，每个因素各有 10 个水平。

分别使用 TConfig、AETG、Pairtest 和正交拉丁方这四种方法，生成如图 6-59 所示的满足成对组合覆盖所需要的测试用例数。

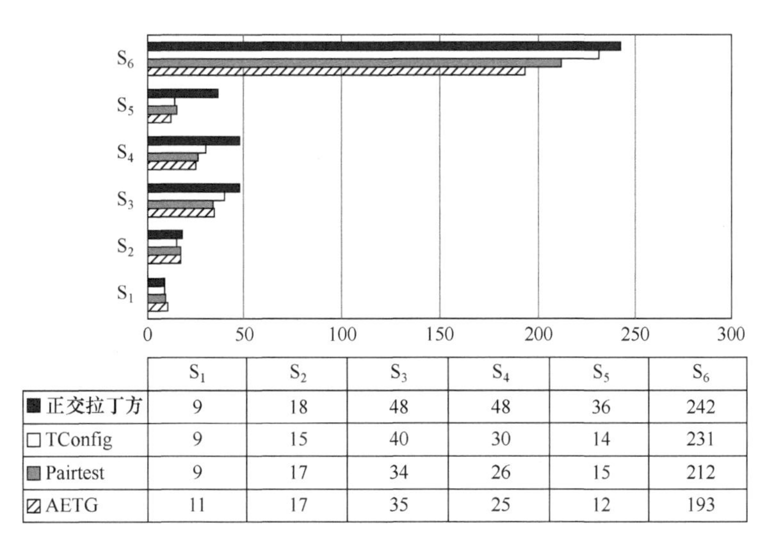

	S1	S2	S3	S4	S5	S6
■正交拉丁方	9	18	48	48	36	242
□TConfig	9	15	40	30	14	231
■Pairtest	9	17	34	26	15	212
▨AETG	11	17	35	25	12	193

图 6-59　基于 TConfig、AETG、Pairtest、正交拉丁方生成的测试用例数（单位：个）

在特定的使用场景下，使用这四种方法均能得到较优的测试用例集。对于 S_1，TConfig 采用正交矩阵得到 9 个测试用例；Pairtest 采用启发式方法得到同样的结果。但由于正交拉丁方需要添加“无关值”以满足构造算法的要求，其效果稍差。特别是对于系统 S_5，由于必须将 2 个水平的因素扩大为 3 个水平的因素进行处理，使得用例数量大幅增加。随着系统因素数量增加，TConfig 所产生的测试用例数量也随之快速增加，仅少于正交拉丁方，这也正是 TConfig 方法之不足。

为了进一步说明问题，可从测试用例数量以及产生相应测试用例所需要时间，给出 Pairtest 与 TConfig 的比较结果，如表 6-72 所示。

表 6-72　Pairtest 与 TConfig 的比较结果

序　号	被 测 系 统	Pairtest		TConfig	
		测试用例数（个）	时间（秒）	测试用例数（个）	时间（秒）
1	10 个因素，4 个水平	31	0.66	28	0.05
2	20 个因素，4 个水平	40	1.43	28	0.05
3	30 个因素，4 个水平	46	3.46	40	0.05
4	40 个因素，4 个水平	49	7.36	40	0.05
5	50 个因素，4 个水平	52	14.28	40	0.05
6	60 个因素，4 个水平	57	19.55	40	0.05
7	70 个因素，4 个水平	60	29.33	40	0.05
8	80 个因素，4 个水平	62	40.87	40	0.05
9	90 个因素，4 个水平	62	59.32	43	0.06
10	100 个因素，4 个水平	66	81.07	43	0.11

从表 6-72 可见，生成相同数量的测试用例，TConfig 所需时间远小于 Pairtest。TConfig 最多产生 $\lceil \log_{n+1} k \rceil (n^2-1)+1$ 个测试用例，用例数量随因素个数增加呈对数增加。所以，TConfig 适合于因素数量较多且每个因素的水平数相同的成对组合覆盖。

6.10.5.2　TConfig 与近似线性规划的比较

表 6-73 给出了 TConfig 及近似线性规划对于一个 5 因素 3 水平和 8 因素 3 水平系统的最小测试用例数。由表可见，TConfig 优于近似线性规划，但优势并不显著。

表 6-73　TConfig 与近似线性规划的测试用例数比较　　单位：个

被测系统	TConfig	近似线性规划
5 因素 3 水平	15	18
8 因素 3 水平	15	22

6.10.5.3　测试用例数量

这里，给出表 6-74 所示的 7 种组合覆盖方法产生的最大测试用例数量及相应的 2 个示例。其中 k 是因素个数，n_i 是第 i 个因素的水平数，n 为最大水平数。

表 6-74　不同组合方法产生的测试用例数　　单位：个

组合覆盖方法	测试用例数量	示例 1（8 因素 4 水平）	示例 2（4 因素 8 水平）
AETG	$\approx n^2$	≈16	≈64
正交矩阵	$\approx n^2$	≈16	≈64
覆盖矩阵	$\approx k^2 + n\log^2 n$	≈65	≈23
单因素组合	n	4	8
基本用例选择	$1+\sum_{i=1}^{k}(n_i-1)$	25	29
全组合	$\prod_{i=1}^{k} n_i$	65536	4.96
IPO	$\approx n^2$	≈16	≈64

成对组合覆盖测试用例生成是一个 NP 问题。例如，链路约束的分布式网络收集框架优化问题，链路延迟或路由跳数的限制决定了收集节点负责查询和收集的监控节点的数量有限，链路约束分布式网络收集框架的优化目标是部署尽可能少的收集节点，以便能够收集所有监控节点性能数据，且其最优化问题是 NP 难的。因此，只能采用启发式方法、贪心算法、代数方法等对其进行求解。在实际应用中，需要根据不同应用场景选择不同方法。

6.11　被动测试

被动测试（Passive Testing）是在真实的目标环境中，基于在线检测系统的输入和输出，验证系统是否正常运行的测试技术。例如，通过介入网络系统的检测探针，测试、记录并统计网络链路或节点上的业务流量等信息，对系统进行在线测试。对于被动测试，因为执行已经发生，系统的输入、输出就是可执行的测试用例，无须设计测试用例，也无须对系统进行干预，就能够进行长时间测试而不影响系统运行。例如，对于通信系统，各种网络协议及网络延迟、带宽、吞吐率等性能参数对于可区分的服务、网管业务，如主动式和被动式资源管理、流量工程以及端到端的服务质量保证等，可以方便地使用被动测试技术，基于网络系统进行协议测试，发现协议实现中的错误，保证网络通信系统安全可靠运行。但如何确定被测系统的当前状态、错误检测及错误定位是被动测试的关键技术问题。

主动测试（Active Testing）是根据测试目标，向被测系统发送特定的输入，测试并分析其输出，主动地同系统交互的一种测试技术。主动测试过程中，系统处于被测状态，而非正常的工作状态，测试人员需要对被测系统进行干预。例如，对于通信系统，向目标链路或目标节点发送探测包，测试链路或端到端的延迟、带宽、丢包率等性能参数，就是主动测试。

主动测试和被动测试的结构如图 6-60 所示。

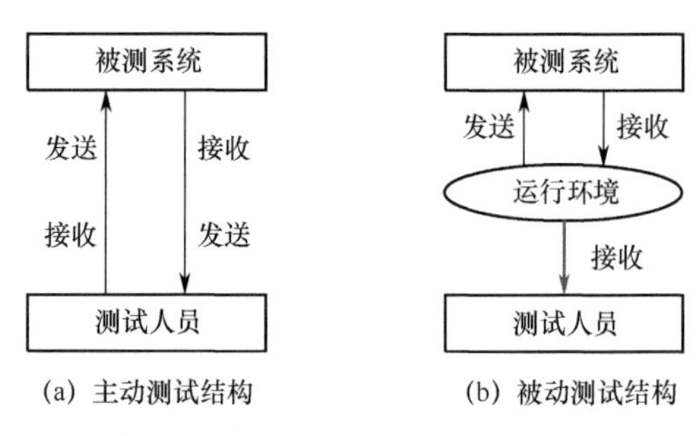

图 6-60　主动测试和被动测试的结构

主动测试和被动测试结构不同，目的不同，适用于不同场合，互为补充。主动测试通过测试用例执行，离线验证系统目标的实现情况，适用于系统验收或鉴定测试。被动测试则是通过采集系统在真实环境中的运行数据，分析其性能和运行状态，在线实现系统性能测试及使用过程中的监控和管理。被动测试具有不同于主动测试的显著优点，适合于下述应用。

（1）**在线测试**：不脱离运行环境且不受人为干扰，即在不干扰系统正常运行的情况下组织实施测试，测试与运行并行，有利于提高测试效率，降低测试成本。

（2）**动态行为测试**：测试过程中，往往难以精准模拟系统行为，必须在真实的使用环境或特定的运行剖面下，方能使系统处于某个特定状态或激发特定的系统行为，比如路由器的路由表，由于路由信息交互具有随机性，难以基于模拟方式生成测试用例，需要通过被动测试捕获其动态行为。

（3）**复杂系统测试**：对于多协议变量系统、不同组网方式的通信系统等异构大型复杂系统，需要构建系统场景，场景构建成本高、适用性差强人意，而被动测试则无须顾及这种情况。

（4）**性能测试**：对于某些系统，难以生成和描述其运行剖面、运行场景，难以模拟其运行环境，难以基于场景或运行流程生成测试用例，被动测试较好地避开了运行环境及运行剖面建模所带来的问题。

（5）**系统监控**：系统监控的基本要求之一就是不能影响系统的正常使用和有效运行，而测试过程中，插桩会降低系统的实时性，分段插桩则会显著降低测试效率，被动测试无须插桩就能通过被动地收集系统的运行及状态数据，分析系统行为，实现对系统的监控。

6.11.1　有限状态机测试

FSM 拥有有限个状态，在任意时刻处于有限状态集合中的某一状态，当获得一个输入字符时，将从当前状态迁移至另一个状态，或仍然保持在当前状态，即每个状态都能迁移到零个或多个状态，输入字符串决定执行哪个状态的迁移。FSM 包含状态管理、状态监控、状态触发以及状态触发所引发的动作等要素。工程上，常将 FSM 表示为一个有向图，如图 6-61 所示。

节点表示 FSM 的一个状态，有向加权边表示输入字符时状态的变化。如不存在与当前状态对应的有向边，则 FSM 进入并一直保持在“消亡状态”。状态转换图还包括起始和结束两个特殊状态。起始状态是 FSM 的初始状态，结束状态表示成功识别所输入的字符序列。图 6-61 中，状态 1 为起始状态，状态 6 为结束状态。当启动一个 FSM 时，将其置于“起始状态”，然后输入一系列字符，直到 FSM 到达“结束状态”或“消亡状态”为止。

6.11.1.1　FSM 模型

【定义 6-15】FSM 是一个 5 元组

$$M = \langle I, O, S, \delta, \lambda \rangle \qquad (6\text{-}14)$$

式中，I、O、S 分别表示非空的输入符号、输出符号、状态集合；$\delta: S \times I \to S$ 是状态转移函数；$\lambda: S \times I \to O$ 是输出函数。

假设 FSM 当前所处状态为 $s(s \in S)$，当其接收到一个输入 $\alpha(\alpha \in I)$ 时，它将依据状态转移函数 $\delta(s,\alpha)$ 转移至下一个状态 s'，依据输出函数 $\lambda(s,\alpha)$ 产生输出 o'。工程上，常用状态转换图来表示 FSM。图 6-62 给出了一个状态转换示例。

图 6-62 所示 FSM 的 5 个元组定义如下：

$$S = \{s_0, s_1, s_2, s_3, s_4, s_5, s_6, s_7\}；\quad I = \{a, b, c\}；\quad O = \{1, 2, 3\}$$

$$\delta = \{(s_0,a) \to s_1, (s_0,c) \to s_4, (s_1,b) \to s_0, (s_2,a) \to s_1, (s_2,b) \to s_0, (s_2,c) \to s_3,$$
$$(s_3,a) \to s_5, (s_3,b) \to s_1, (s_4,a) \to s_7, (s_4,b) \to s_3, (s_4,c) \to s_2, (s_5,b) \to s_7,$$

$$(s_5,c)\to s_1,(s_6,b)\to s_6,(s_6,c)\to s_4,(s_7,a)\to s_6\}$$

$$\lambda=\{(s_0,a)\to 1,(s_0,c)\to 3,(s_1,b)\to 2,(s_2,a)\to 2,(s_2,b)\to 3,(s_2,c)\to 2,$$
$$(s_3,a)\to 1,(s_3,b)\to 2,(s_4,a)\to 1,(s_4,b)\to 2,(s_4,c)\to 3,(s_5,b)\to 2,$$
$$(s_5,c)\to 3,(s_6,b)\to 2,(s_6,c)\to 3,(s_7,a)\to 1\}$$

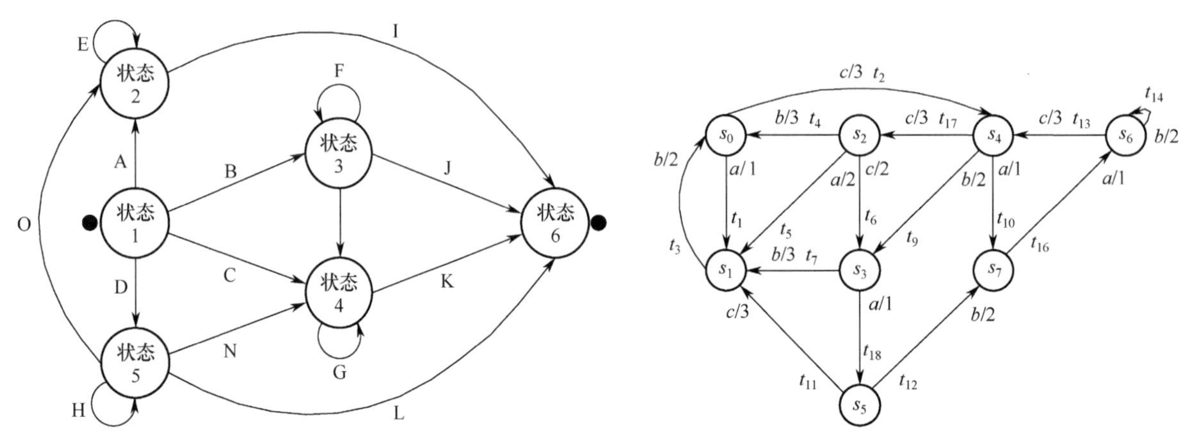

图 6-61　FSM 模型　　　　图 6-62　有限状态机状态转换示例

工程上，可用表格形式描述 FSM，行表示 FSM 的状态，列表示输入，当前状态及输入组合对应于 FSM 下一个状态和输出。例如，将状态 $S=\{s_0,s_1,s_2,s_3,s_4,s_5,s_6,s_7\}$ 用 FSM 表格的行表示，列表示非空输入 $I=\{a,b,c\}$，当前状态和输入组合对应于 FSM 的下一个状态及输出，如表 6-75 所示。

表 6-75　FSM 的表格表示

输入	状　态							
	s_0	s_1	s_2	s_3	s_4	s_5	s_6	s_7
a	$s_1/1$		$s_1/2$	$s_5/1$	$s_7/1$			$s_6/1$
b		$s_0/2$	$s_0/3$	$s_1/2$	$s_3/2$	$s_7/2$	$s_6/2$	
c	$s_4/2$		$s_3/2$		$s_2/3$	$s_1/3$	$s_4/3$	

6.11.1.2　FSM 测试的基本问题

FSM 测试旨在根据输入/输出序列判断软件系统工作是否正常，以解决如下问题。

（1）**状态确定**：已知状态机的完整描述，但是其当前所处状态未知，待特定测试序列输入后，确定状态机所处状态。

（2）**状态标志**：已知状态机的完整描述，但当前所处状态未知，标识出未知初始状态。

（3）**状态验证**：已知状态机的完整描述，但当前所处状态未知，假设当前状态处于某个特定状态，确认所需验证状态确实存在。

（4）**状态机验证、错误检测、一致性测试**：状态机 M 的完整描述未知，但另一个状态机 A 的完整描述已知，判定实现 M 与状态机 A 是否等价。

（5）**状态机标志**：若状态机的完整描述未知，给出该状态机的完整描述。

上述五方面的问题是基于 FSM 测试的基本问题。对于每一个问题，需回答：存在性即是否存在这样一个测试序列？长度即如果存在这样的测试序列，那么序列的长度是多少？算法及复杂性即存在性判断、测试序列构建、最短测试序列构建的难度及时间复杂性是多少？

6.11.1.3　基于有限状态机的主动测试算法

【定义 6-16】自引导（Homing）序列。如输入该序列后，FSM 的最终状态能够被确定，称输入序列

X 为自引导序列或 Homing 序列。

【定义 6-17】 同步序列（Synchronizing Sequence）。当且仅当对于任何初始状态 s_i，$s_j(i \neq j)$ 以及 $\delta(s_i,X)=\delta(s_j,X)$ 成立，称一个输入序列 X 是同步的。一个同步序列使得不论 FSM 的初始状态或输出是什么，输入该序列后，FSM 到达相同的终止状态。

同步序列用以解决 FSM 测试的第一个问题，即状态确定问题。由定义 6-17 和定义 6-18 可知，同步序列一定是自引导序列，反之则不然。对于一个 FSM，同步序列不一定存在，但必须判断同步序列是否存在。

【定义 6-18】 区分序列（Distinguishing Sequence，DS）。输入该序列后，FSM 的初始状态能够被确定，称输入序列 X 为区分序列。

由定义 6-17 和定义 6-18 可知，区分序列一定是自引导序列。

【定义 6-19】 唯一输入输出（Unique Input Output，UIO）序列。一个状态 S 的唯一输入输出序列是一个输入序列 X，使得从任何一个非 S 状态开始，X 所产生的输出序列与从 S 开始所产生的输出序列不同，即对任意的 $s_i \neq s$ 均有 $\lambda(s_i,X) \neq \lambda(s,X)$。

UIO 可以唯一地标识 FSM 的状态。状态不同，UIO 不同。如果向系统输入 UIO 中的输入，产生的输出刚好是 UIO 中的输出，那么即可断定系统正好处于该特定状态。

基于 FSM 的主动测试，大多采用欧拉遍历算法、中国邮递员算法等方法，遍历 FSM 状态，找到对应的输入序列，检测软件系统输出是否正确，即是否转换到正确的状态。基于转移遍历的 T 方法、基于区分序列的 D 方法、基于 UIO 序列的 U 方法、基于特征集的 W 方法等是目前最具代表性的实用方法，在此逐一介绍，以飨读者。

1. 基于转移遍历的 T 方法

基于转移遍历的 T 方法，是根据状态转移图，从初始状态出发，对每个状态转移至少遍历一次，最后返回到初始状态，生成一个遍历 FSM 所有状态转移的测试序列。该方法算法简单，生成的测试序列足够短，能够检出所有输入错误，但不能检出所有状态转移错误，而如果采用中国邮递员算法，能够实现进一步优化。

中国邮递员算法是指邮递员在某一特定地区，从邮局出发，如何选择一条最短路线，走完其辖区后返回邮局。该问题是我国数学家管梅谷先生于 1962 年提出的图论问题之一，并给出了奇偶点图上的作业算法。用顶点表示交叉路口，用边表示街道，邮递员所管辖区域可以用一个赋权图 G 表示，其中边的权重表示对应街道的长度。该问题表述为：在一个具有非负权的赋权连通图 G 中，找出一条权最小的环游，即最优环游。

如 G 是欧拉图，则 G 的任意欧拉环游都是最优环游，可以利用弗勒里算法求解。如 G 不是欧拉图，则 G 的任一环游必定不止一次通过某些边。将边 e 的两个端点再用一条权重为 $w(e)$ 的新边连接时，则称边 e 为重复的。如 G 是给定非赋权的赋权连通图，则可以通过添加重复边的方法，求得 G 的一个欧拉赋权母图 G^*，使得

$$\sum w(e),\ \ e \in \frac{E(G^*)}{E(G)} \tag{6-15}$$

尽可能小。然后求得 G^* 的欧拉环游。

2. 基于区分序列的 D 方法

基于区分序列的 D 方法首先为 FSM 生成一个 DS 序列，然后根据 DS 序列构造测试输入序列，以解决 FSM 测试的状态标识问题。但是，并非所有 FSM 都存在 DS 序列，其使用受到了一定限制。

3. 基于 UIO 序列的 U 方法

基于 UIO 序列的 U 方法首先为 FSM 的每个状态生成一个 UIO 序列，然后根据 UIO 序列构造测试输

入序列，以解决 FSM 测试的状态验证问题。步骤如下：

（1）建立所有边的标号与输入/输出集的关系。

（2）对每个状态，找出所有长度为 1 的输入/输出序列。

（3）检查序列是否唯一，若唯一，该序列就是对应于状态的 UIO 序列。

（4）对于没有 UIO 序列的状态，寻找长度为 2 的序列。

（5）从长度为K 的 UIO 序列中继续寻找长度为$K+1$的输入/输出序列，检查其唯一性，直到找到所有状态的 UIO 序列，或K 的长度超过$2n^2$。

找到每一个状态所对应的 UIO 序列后，通过如下步骤生成覆盖每一条边(s_i,s_j)的测试子序列。

（1）输入 FSM 的 reset（复位）序列，使 FSM 回到初始状态s_0。

（2）采用 Dijikstra 最短路径算法找出从初始状态s_0到状态s_i的最短路径。

（3）输入可以使 FSM 从状态s_i转移到状态s_j的值。

（4）输入状态s_j的 UIO 序列。

UIO 序列长度短，使用简单，但不能检出所有错误，且并非所有 FSM 都存在 UIO 序列。如果一个 FSM 不存在 UIO 序列，则无法采用该方法构造测试输入序列。

4. 基于特征集的 W 方法

生成 FSM 的特征集 W，基于 W 构造测试输入序列。特征集 W 是输入序列的集合，将特征集 W 中的数据作用于 FSM 的各个状态，输出的最后一位各不相同。W 方法与 UIO 方法类似，可以看成 DS 方法的改进。相对于 DS 方法而言，特征集 W 存在的可能性比 DS 序列大得多。如果 FSM 某个状态的 UIO 序列不存在，可以用 W 集合代替，但 W 方法大大加长了测试序列。

6.11.1.4 基于 FSM 的被动测试算法

基于 FSM 的主动测试算法能够产生满足不同需求的测试输入序列。但有些系统的测试输入并不可控，不能采用 6.11.1.3 节的方法对 FSM 进行测试。在这种情况下，可以采用被动测试算法解决上述问题。基于 FSM 的被动测试表述为：给定一个 FSM 及系统产生的输入/输出序列$a_1/o_1,a_2/o_2,\cdots$，判断系统是否存在问题。被动测试包括 Homing 和故障检测两个阶段。Homing 阶段主要是寻找系统的当前状态，故障检测阶段则是从当前状态开始，将后续输入/输出序列与 FSM 进行比较，若发现状态或输出存在差异，则报告错误。

1. Homing 阶段

采用排除法，确定系统的当前状态。初始时，系统可能处于所有状态中的任一状态，所有状态都是候选状态，然后逐一将输入/输出序列与 FSM 对比，凡符合当前输入/输出的状态，根据转移函数，用其下一状态代替当前状态，删除相同状态；对于不符合当前输入/输出的状态，将其删除。迭代后，产生两种可能结果：一是只剩下一个状态，即系统当前所处状态；二是输入/输出序列中某一输入/输出不能与 FSM 相匹配，系统与规范不一致，出现故障。

2. 故障检测阶段

从当前状态出发，根据观察得到输入/输出序列及 FSM，确定下一个状态及其输出，如果该状态或输出与期望不一致，说明系统出现故障；如果这两个状态和输出均与期望一致，则说明到目前为止未发现故障。基于 FSM 的故障检测算法如图 6-63 所示。

算法中，n_r是处理完r个 I/O 序列后的候选状态个数，$n_0=n$。

观察图 6-62 所示有限状态机，其 I/O 序列为

$$b/2,a/1,b/2,c/3,a/1,b/2,c/3,b/2$$

其 Homing 及故障检测过程如图 6-64 所示。

```
输入：FSM以及被测实现产生的I/O序列a1/o1,a2/o2,…,ak/ok,…。
输出：被测实现是否与FSM一致。
begin
     L = {s1,s2,…,sn}   /*候选状态*/
     for  k = 1  to  ∞   /*检查每一个I/O*/
         m = n(k-1)
         for  i = 1  to  m   /*检查 L 中的每一个状态*/
              如果 ok = λ(si,ak)，则
                  用 L 中的δ(si,ak)代替 si
              否则
                  删除 si
         end  for
         删除L中相同的状态
         如果L = Φ，则
             return  Fault   /*被测实现有误*/
         否则，如果|L| = 1，则
             Goto  Fault  Detection   /*找到当前状态，Homing过程结束*/
     end  for
     Fault  Detection:
          L = {S}
          r = 1
          如果 o(k+r) = λ(s,a(k+r))，则一直执行下面两条操作：
              s  = δ(s,a(k+r))
              r++    /*还没有发现故障，检查下一个I/O*/
        否则
        return  Fault    /*被测实现有误*/
end
```

图 6-63　基于 FSM 的故障检测算法

I/O序列	候选状态								
	0	1	2	3	4	5	6	7	
b/2		0		1	3	7	6		Homing序列
a/1		1			5	6			Homing序列
b/2		0			7	6			Homing序列
c/3		4			3	4			Homing序列
a/1					5 ← 当前状态				Homing序列
b/2					7				故障检测
c/3					3				故障检测
b/2					1				故障检测
…					1				故障检测

图 6-64　Homing 序列及故障检测过程

6.11.2　EFSM 测试

为了更加精确地刻画系统的动态行为，在 FSM 模型的基础上增加变量、操作及状态迁移的前置条件或动作和转移条件，对 FSM 进行扩展，构成 EFSM。转移条件是实现状态转移必须满足的一组约束条件，只有当转移条件为“真”时才能发生状态转移。正是由于转移条件的存在，才使得状态转移存在不确定性。

基于 EFSM 的主动测试旨在解决带变量的测试用例生成及可达性问题。而基于 EFSM 的被动测试，虽然产生可执行测试用例已不是问题，但因为该执行已发生，系统可以处于任何状态，难以确定其所涉及的变量值，难以根据已有输入/输出序列，判断被测系统运行是否正确，面临的主要问题是如何处理EFSM中的变量。图6-65给出了一个简单连接协议的EFSM。

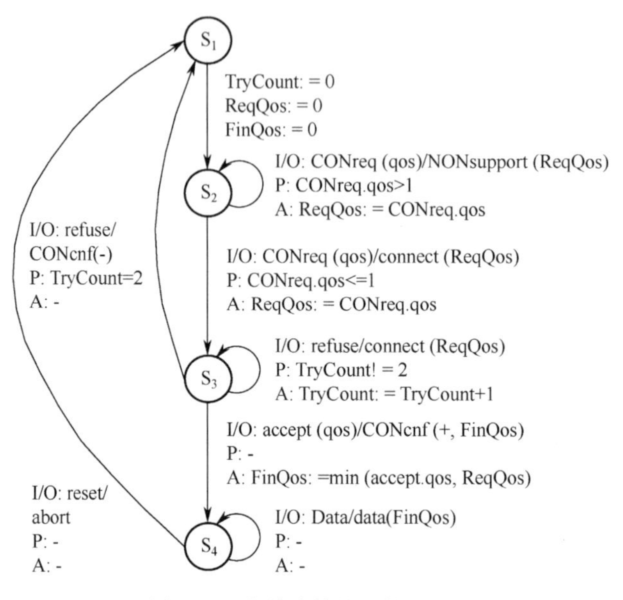

图6-65　简单连接协议的EFSM

由图6-65可见，在有些状态下，如S_3的状态转移不仅取决于I/O，还受变量TryCount的制约。

6.11.2.1　EFSM模型

【定义6-20】EFSM是一个6元组：

$$M = \langle S, s_0, I, O, X, T \rangle \qquad (6\text{-}16)$$

式中，I、O、S分别是有限非空的输入、输出、状态集合；s_0是初始状态；X是有限变量集合；T是有限转移集合。

一个转移是一个6元组

$$t = \langle s_i, s_j, a, b, P, A \rangle \qquad (6\text{-}17)$$

式中，s_i和s_j是某个转移的开始状态和结束状态；a和b是对应的输入和输出；P是一个转移条件；A是一个动作。

6.11.2.2　EFSM转化

EFSM转化就是将EFSM展开为FSM，第一种简单直观的方法是通过建立EFSM的可达图来实现，但这种方法将引起状态爆炸，仅适合于一些特殊场合。

第二种方法是建立区域状态机，按照变量等价原则，找出变量值的等价类，对于第二组变量值，当其作用于EFSM后，若EFSM在任何条件下的输出和状态转移相同，则认为这两组变量值等价。根据变量的等价类，可以将整个变量的取值空间划分为若干个等价区域，进而将EFSM的每个状态S分裂成为n个子状态$s_1, s_2, \cdots, s_n$（n是区域的数目）。子状态s_i对应于EFSM的状态S，变量取第i个等价区域中的值。通过状态分裂，构造一个FSM，其状态就是EFSM状态分裂后的子状态，状态转移不需要条件和动作。假设EFSM中每个变量的取值范围被EFSM中所有条件划分为n个区间，EFSM有m个变量和S个状态，子状态总数为$S \times n^m$。一般情况下，n可能会很大，若直接构造EFSM对应的FSM，仍然可能存在状态爆炸问题。若采用被动测试，只需记录系统当前所处状态及该状态可能的转移状态即可。记录状态的可能转移，一般无须构造整个扩展后的FSM。被动测试的跟踪过程不会引起状态爆炸，但在被动测试完成 Homing 之前，存在多个可能状态。

第三种方法是将 EFSM 转化为非确定性的有限状态机（Non-Deterministic Finite State Machine，NDFSM）。一般地，通过删除转移条件即可将 EFSM 转化为 NDFSM，如图 6-66 所示。

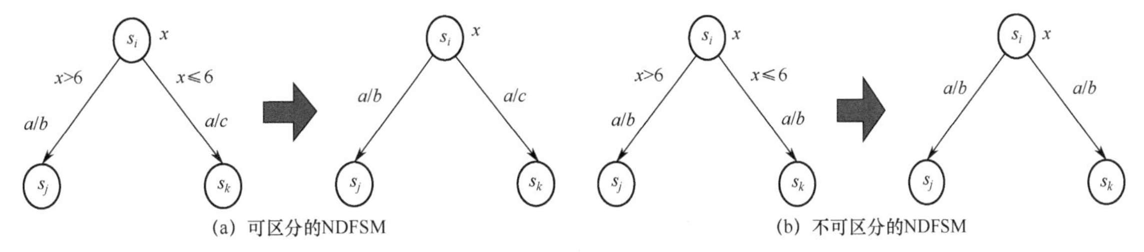

图 6-66　EFSM 转化为 NDFSM

图 6-66（a）所示为可区分的 NDFSM，因为根据其输入/输出序列 a/b 和 a/c，可以确定下一个状态。图 6-66（b）展示的是一个不可区分的 NDFSM，因为根据其输入/输出序列 a/b，无法确定下一个状态。用该方法能快速发现系统中存在的明显错误，避免状态爆炸，但却可能导致一些故障被遗漏。当输入序列为 a 时，a/b 和 a/c 均正确，而实际上此时只有一种情况是正确的。采用这种方法时，需要对其进行更精确的测试。基于 NDFSM 的被动测试算法如图 6-67 所示。

```
输入：被测实现的NDFSM以及被测实现产生的I/O序列a1/o1,a2/o2,…,ak/ok,…。
输出：被测实现是否与NDFSM一致。
begin
    L = {s1,s2,…,sn}    /*候选状态*/
    for k =1 to ∞    /*检查每一个I/O*/
        m = nR-1
        for i =1  to m   /*检查L中的每一个状态*/
            从L中删除si
            对于每一个可能的后续状态s'，将s'插入到L中
            删除L中的重复状态
            if L = Φthen
                return Fault   /*被测实现有误*/
        end for
    end for
end
```

图 6-67　基于 NDFSM 的被动测试算法

6.11.2.3　不确定值的变量处理

在 EFSM 的某个状态下，赋值语句和转移条件能改变变量的值。有些变量的值是确定的，而有些变量的值未知。一种简单的方法是对具有确定值的变量，直接保存该变量；对于暂时无法确定其值的变量，将其值置为 Possible。这样，每个变量要么有一个确定的值，要么被置为 Possible。经过如此处理后，赋值语句和转移条件中可能包含两类变量，一类是具有确定值的变量，另一类是其值为 Possible 的变量。根据数学及逻辑运算规则，可以通过第一类变量，推导出赋值语句和转移条件的结果。表 6-76 是含有 Possible 值的算术运算与逻辑运算规则。

表 6-76　含有 Possible 值的算术运算与逻辑运算规则

操　作　符	操　作　数	结　　果
*	任意一个操作数为 0	0
/	被除数为 0	0
	除数为 0	错误

续表

操 作 符	操 作 数	结 果
∩	任意一个操作数为 False	False
∪	任意一个操作数为 True	True
其他	任意一个操作数为 Possible	Possible
	所有操作数均确定	正常计算结果

对于某个转移条件，如果逻辑表达式为真，其结果为“真”；如果逻辑表达式为假，其结果为“假”；如果逻辑表达式的值不能判定，其结果为“可能”。

对于条件“假”，其对应的转移不可能发生，对于条件“真”或“可能”，将其对应的转移视为能够发生。这样，对应于某一个输入/输出，产生一个或多个转移。该方法的优点是算法简单，缺点是“可能”状态增多，导致处理难度增加。

6.11.2.4 变量的区间表示

通过不确定值的变量处理，将不确定的变量值标记为 Possible，但可能导致不应该出现的 Possible 状态，造成信息损失。使用区间方式表示变量，通过区间代数处理赋值语句和条件语句中的代数表达式和逻辑表达式，能够降低信息损失率。

1. 变量的区间表示

【定义 6-21】变量区间。对于变量 v，如果存在任意实数 $a,b \in R$，且 $a \leqslant b$，称有界闭集合 $X = [a,b] = \{x \in R \mid a \leqslant x \leqslant b\}$ 为变量 v 的闭区间。

对于一个具有确定值 a 的变量 v，区间表示形式为 $R(v) = [a,b]$；当变量值不能确定时，取值区间为初始定义值。例如，假设变量 v 的初始定义为 int$v$[5,100]，其对应的区间表示形式为 $R(v) = [5,100]$；若在程序声明部分未指定其范围，取最大值。对于语句 int$v$，其对应区间表示形式为 $R(v) = [0,65535]$（设 v 为 16 位整数）。如果对 $R(v)$ 做如下定义：

$$R(v) = \begin{cases} [a,b] & v = a \\ [0,+\infty] & v\text{的值不能确定} \end{cases} \tag{6-18}$$

那么，6.11.2.3 节所讨论的不确定值的变量处理方法可视为该方法的一个特例。

2. 区间算术运算

在赋值语句和条件判断语句中，经常会遇到变量的四则运算。用区间方法表示变量后，对于这些普通的四则运算，可以按照表 6-77 给出的区间算术运算法则计算这些表达式的值。

表 6-77 区间算术运算法则

算术运算类型	运 算 结 果
$A+B$	$[a,b]+[c,d]=[a+c,b+d]$
$A-B$	$[a,b]-[c,d]=[a-d,b-c]$
$A\times B$	$[a,b]\times[c,d]=[\min(ac,ad,bc,bd),\max(ac,ad,bc,bd)]$
$A\div B$	$[a,b]\div[c,d]=[a,b]\left[{}^{1}\!/_{d},{}^{1}\!/_{c}\right],0\notin B$
λA	$\lambda[a,b]=[\lambda a,\lambda b],\lambda\geqslant 0$
	$\lambda[a,b]=[\lambda b,\lambda a],\lambda\leqslant 0$

3. 区间逻辑运算

对于条件判断语句中的逻辑运算，按照表 6-78 给出的规则确定运算结果即可。

表 6-78　区间逻辑表达式运算规则

逻辑表达式	条　件	结　果	逻辑表达式	条　件	结　果
$A=B$	$b=a=d=c$	True	$A\leqslant B$	$b\leqslant c$	True
	$b>d$或$c>b$	False		$a>d$	False
$A\geqslant B$	$a\geqslant d$	True	$A<B$	$b<c$	True
	$b<c$	False		$a\geqslant d$	False
$A>B$	$a<d$	True	$A\neq B$	$a>d$ 或 $c>b$	True
	$b<c$	False		$b=a=d=c$	False

表 6-78 中，$A=[a,b]$；$B=[c,d]$。

上述规则可以通过数轴进行直观展示。图 6-68 给出了 $A>B$ 的数轴表示。

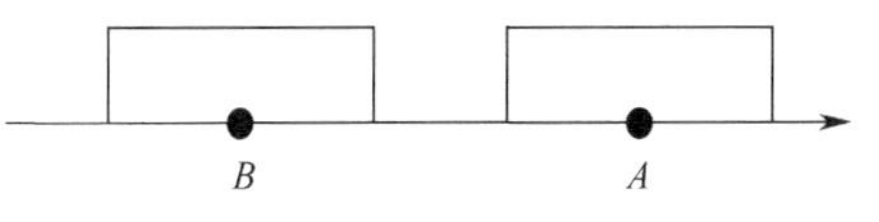

图 6-68　$A>B$ 的数轴表示

4. 区间削减

表 6-77 所给出的运算规则仅适合于变量 A 和 B 的取值区间无重叠的情况，当 A 和 B 的取值区间存在重叠时，按上述规则，不能判定逻辑表达式的真或假，可以通过如下算法予以解决。

1）逻辑表达式的区间等式表示

【定义 6-22】规格化逻辑表达式。称符合 $a_1x_1+a_2x_2+\cdots+a_kx_k\sim Z$ 形式的逻辑表达式为规格化逻辑表达式。其中，$\sim\in\{<,>,\leqslant,\geqslant,=,\neq\}$，$x_1,x_2,\cdots,x_k$ 是变量，$a_1,a_2,\cdots,a_k\in Z$ 是整数常量。

对于一个规格化逻辑表达式，可以用区间等式的形式表示为

$$\sum_{i=1}^{k}a_iR(x_i)=R(\sim Z) \tag{6-19}$$

例如，对于逻辑表达式 $x_1+3>13+x_2$，其规格化表示形式为 $x_1-x_2>10$，其对应的区间等式表示形式为

$$R(x_1)+(-1)R(x_2)=[11,+\infty]$$

2）区间削减

对于区间等式表达式中任一个变量 x_i 的区间 $R(x_i)$，可以通过下式将其区间进行削减

$$R(x_i)'=\frac{R(\sim Z)-\sum_{j\neq i}a_iR(x_j)}{a_i}\cap R(x_i) \tag{6-20}$$

例如，对于 $R(x_1)+(-1)R(x_2)=[11,+\infty]$ 表示的区间等式，该转移条件执行前，各变量对应区间为 $R(x_1)=[11,20]$，$R(x_2)=[5,10]$。在该转移条件执行后，根据式（6-20）削减公式，各变量的区间被削减为

$$R(x_1)'=\frac{[11,+\infty]-(-1)[5,10]}{1}\cap[11,20]=[16,20]$$

$$R(x_2)'=\frac{[11,+\infty]-(-1)[11,20]}{-1}\cap[5,10]=[5,9]$$

可见，加入了约束条件 $x_1-x_2>0$ 后，变量 x_1 的区间由 $[11,20]$ 被削减为 $[16,20]$，变量 x_2 的区间则由 $[5,10]$ 被削减为 $[5,9]$。

6.11.2.5　隐含信息提取

被动测试的一个重要特征就是其状态转移的必然性。对应于一组特定的输入/输出，必定发生一个状态转移。由于转移已经发生，该转移中包含的判定条件必为“真”，且“动作”中所包含的赋值语句必然成立。这些信息并不直接通过输入/输出序列进行显式说明，故称这些信息为隐含信息。借助这些信息，可以确定某些变量的值，从而发现系统输出错误或转移错误。

1. 判定条件中的隐含信息

如果根据输入/输出能够确定所转移到的状态，该转移中所包含的转移条件必然成立。将这些条件保存在一个条件变量集合中，以便后续跟踪过程使用。对于图 6-69（a）所示 EFSM，假设当前状态为s_i，当输入/输出为$3/2$，且发生s_i到s_j的转移时，转移条件$u=2$成立，其结果可以用来检测错误。如经过该转移后，u的值不等于 2，表明系统出现错误。此外，如果经过该转移后，u的值等于 2 是正确的，则在后续的跟踪过程中，可以利用该结果。

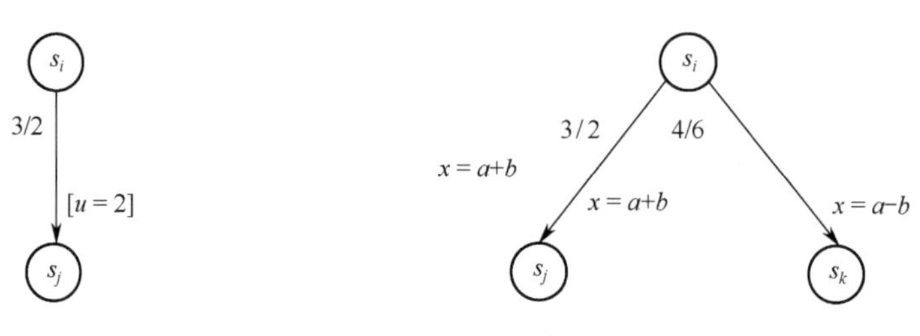

(a) 判定条件中包含的隐含信息　　(b) “动作”中包含的隐含信息

图 6-69　隐含信息提取

对于用区间方式表示的变量，可以通过转移条件中所包含的基本逻辑运算符推导出表 6-79 中的隐含信息。

表 6-79　基本逻辑运算符包含的隐含信息

逻辑运算符	隐 含 信 息
$A=B$	$b=d=\min(b,d)$　$a=c=\max(a,c)$
$A\neq B$	无
$A>B$	$d=\min(d,b-1)$　$a=\max(a,c+1)$
$A\geqslant B$	$d=\min(d,b)$　$a=\max(a,c)$
$A<B$	$b=\min(b,d-1)$　$c=\max(c,a+1)$
$A\leqslant B$	$b=\min(b,d)$　$c=\max(a,c)$

2. 动作信息

对于图 6-69（b）中的 EFSM，假设当前处于状态s_i，当输入/输出为$3/2$时，根据 EFSM，发生s_i到s_j的转移。该转移中包含$x=a+b$的动作，因此，将该动作保存起来。状态转移伴随动作的表现形式是赋值语句$w=$<表达式>。根据表达式的不同，可以分为如下三种情况。

（1）$w=$常量：若变量w同时存在于条件变量集合中，由于该语句对原有转移条件进行了修改，已有转移条件不再有效，应将条件变量集合中包含变量w的元素从条件变量集合中删除。

（2）$w=f(u,v,\cdots)$，f中不包含w：对于这种情况，除需要将条件变量集合中包含变量w的元素从条件变量集合中删除外，还需将该表达式加入条件变量集合中。

（3）$w=f(u,v,\cdots)$，f中不包含w：在该表达式中，变量w是该语句执行之前的w值，记为w_{old}；等式左边的变量w是赋值语句执行后的w值，记为w_{new}，如此处理后，原表达式可表示为$w_{\text{new}}=f(u,v,w_{\text{old}}\cdots)$，对该表达式进行反函数运算，得到$w_{\text{old}}=f^{-1}(u,v,w_{new}\cdots)$，该表达式对应于条件变量集合中的变量$w$。将条件变量集合中所有变量$w$用$w_{\text{old}}=f^{-1}(u,v,w_{new}\cdots)$代替。

3. 导出信息

测试过程中，可以采用福海执行技术，按照条件变量和行为变量处理规则更新条件变量集合和行为变量集合。随着跟踪的不断深入，积累的信息越来越多，行为变量及条件变量集合中将可能包含冗余信息或可以简化的式子，如多余的括号或类似$((2x+3)+5)$这样的表达式。因此，需要对这两个集合中所包含的代数表达式和逻辑表达式进行简化。对于用区间表示的变量则需要按区间运算法则和区间削减公式，对表达式进行简化。

通过简化，可以从已有信息中推导出新的信息。例如，图 6-70 所示 EFSM，在状态 s_i 下，当输入/输出为 $3/1$ 时，发生 s_i 到 s_j 的转移，同时伴随有 $x=u+1$ 的动作。此时，由于变量 u 的值未知，故变量 x 的值亦未知。在状态 s_j 下，当输入/输出为 $2/3$ 时，发生 s_j 到 s_k 的转移，获得 $u=1$ 的隐含信息。将 u 的值代入 $x=u+1$ 中，可以得到 $x=2$，即变量 x 的值也被确定了下来。

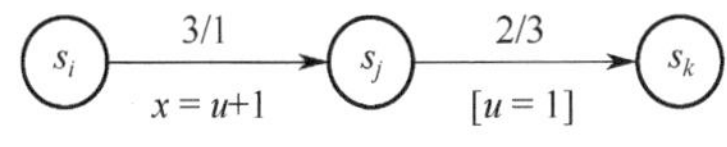

图 6-70　变量值导出

通过化简，若条件变量集合中存在矛盾或使用区间表示的某些变量取值区间为空，说明当前转移不可能发生。对于图 6-71 所示 EFSM，在状态 s_1 下，当输入/输出为 $1/2$ 时，发生 s_1 到 s_2 的转移。当该转移发生时，转移条件 $x>5$ 成立；在状态 s_2 下，如果仅根据输入/输出 $(2/3)$，则无法确定下一个状态。假设下一个状态是 s_3，则应将转移条件 $x>3$ 加入条件变量集合中。这时，条件变量集合为 $x>5\,\&\,x>3$，化简结果为 $x>5$，说明到目前为止未发现错误。假若下一个状态为 s_4，应将转移条件 $x=2$ 加入条件变量集合中，条件变量集合为 $x>5\,\&\,x=2$，出现矛盾，说明不能发生 s_2 到 s_4 的转移，从而将 s_4 排除。如果发生 s_2 到 s_4 的转移，说明系统中存在状态转移错误。该错误可能产生于 s_1 到 s_2 的转移，也可能产生于 s_2 到 s_4 的转移过程中，无法准确定位。错误定位是 EFSM 测试的重要课题之一。

4. 特征序列

状态转移取决于状态所对应的输入/输出以及转移条件。当转移条件为非“假”时，转移发生，当输入/输出序列与 EFSM 中的一致时，转移同样能够发生。根据特定输入/输出序列，能从众多可能的后续状态中确定要达到的状态，称这个序列为特征序列。

对于图 6-72 所示 EFSM，在状态 s_1 下，根据输入/输出 $(2/3)$ 及转移条件，尚无法确定下一个要达到的状态。假设 s_1 到 s_2 以及 s_1 到 s_3 的转移都能够发生。若下一个输入/输出为 $1/3$，则可以排除 s_1 到 s_3 的转移。显然，保存的特征序列长度越长，发现不可能转移的可能性越大。

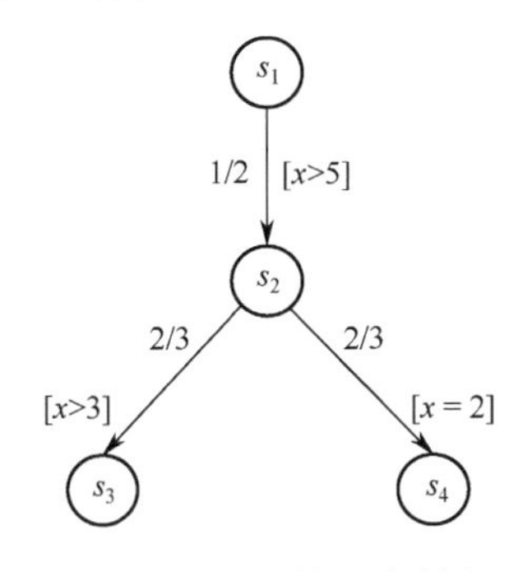

图 6-71　不可达状态判定

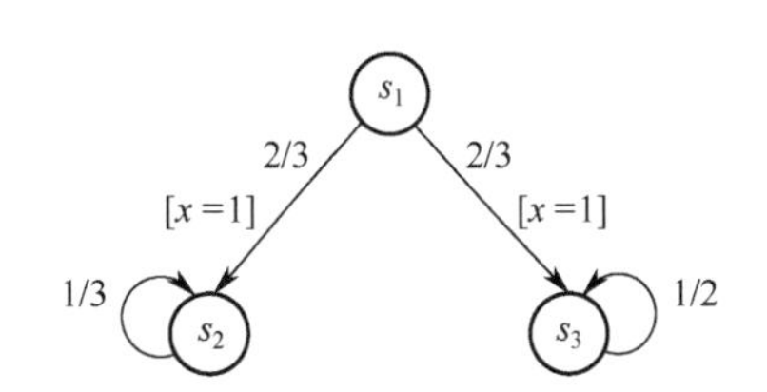

图 6-72　特征序列

6.11.3　基于不变性的被动测试

不变性是指一个系统的某个性质能够被描述为一个确定的逻辑表达式，且该逻辑表达式的值不随系统状态变化或执行序列而改变，恒为“真”。系统的不变性一旦被确定，且形成严格定义的不变性表达式之后，将系统产生的输入/输出序列代入不变性表达式，即可验证不变性表达式是否恒为“真”。如果表达式不为“真”，表明系统存在问题。

不变性表达式包括输入不变性、输出不变性、后继不变性三种。输入不变性是指某个输入/输出序列之后，必然出现的固定不变的输入/输出序列，测试开始之前，自右向左搜索输入/输出序列，寻找与输入不变性匹配的序列；输出不变性是指在某个输入/输出序列之后，必须出现的固定不变的输入/输出序列，开始测试之前，从左向右搜索输入/输出序列，寻找与输入不变性匹配的序列；后继不变性用来描述比输入不变性和输出不变性更进一步的属性。图 6-73 所示为简单连接协议的部分不变性表示。其中，下画线部分是需要测试的内容。

```
CONreq(qos)/NONsupport(ReqQos)
refuse/CONcnf(-)
accept(qos)/CONcnf(+, FinQos)
Data/data(FinQos)
abort/Reset
```

(a) 长度为1的输入不变性

```
CONreq(qos)/NONsupport(ReqQos), CONreq(qos)/CONsupport(ReqQos)
CONreq(qos)/NONsupport(ReqQos), CONreq(qos)/connect(ReqQos)
accept(qos)/CONcnf(+, FinQos), Data/data(FinQos)
Data/data(FinQos), Data/data(FinQos)
```

(c) 长度为2的输入不变性

```
Accept(qos)/CONcnf(±FinQos)
Data/data(FinQos)
Reset/abort
```

(b) 长度为1的输出不变性

```
CONreq(qos)/connect(ReqQos), accept(qos)/CONcnf(+, FinQos)
Data/data(FinQos), Data/data(FinQos)
```

(d) 长度为2的输出不变性

```
CONreq(qos)/connect(ReqQos), refuse/connect(ReqQos)
CONreq(qos)/connect(ReqQos), refuse/connect(ReqQos), refuse/connect(ReqQos)
```

(e) 后续不变性

图 6-73 简单连接协议的部分不变性表示

第 7 章　面向服务软件测试

7.1　面向服务架构

面向服务架构是通过接口和契约定义，对松耦合、粗粒度的应用组件进行分布式组合、部署、使用的组件模型，即以服务为基本元素，将业务逻辑从传统的紧耦合实现中分离为可部署的服务组件，基于服务重组，构建跨越分布式系统的业务流程，基于服务总线进行服务调用和管理，基于流程编排进行服务整合，实现资源重组、共享、共治及业务治理。

基于技术视角，SOA 是一种抽象、松耦合、粗粒度的架构设计模型；基于业务视角，SOA 将资源整合成基于标准、可操作的服务，弹性实现资源的高效重组、灵活部署、高度共享、协同共治、灵活应用。SOA 不仅是一种系统架构，更是一种思想和方法论。

7.1.1　架构

7.1.1.1　服务架构

SOA 是一种快速软件构建技术与应用集成方式，是基于云平台、互联网、物联网等系统开发的基础标准。HTTP、FTP、WCF、Web Service 等为 SOA 发展奠定了基础，SOA 同 REST DDD 及云计算融合，催生并促进了微服务、云架构等技术架构发展。基于业务组件化和服务化，微服务架构将单个业务系统拆分为多个可以独立开发、独立运行、独立维护的微小应用，通过服务实现交互和集成，是 SOA 演进和发展的必然结果。云架构是将构建云所需要的组件及功能连接起来，能够交付运行的在线平台。基于平台即服务（Platform as a Service，PaaS），云架构已成为用户平台及底层 IT 的基础架构。

7.1.1.2　架构模型

在 SOA 实现过程中，需构建服务架构，提供业务规则引擎、服务管理基础及业务流程。业务规则引擎通常被合并在一个或多个服务中；服务管理基础用于审核、列表、日志等服务管理；业务流程用于处理控制请求并在不影响其他服务的情况下更改服务。服务消费者通过发送消息调用服务，消息由服务总线转换后发送给服务实现。服务架构模型如图 7-1 所示。

通过应用组合治理、连接文档化描述，SOA 完成网络、传输协议及安全等特定实现，从逻辑、建模及维护三个维度构建系统架构。每个实体扮演服务提供者、消费者、代理者这三种角色中的一个或多个角色。服务角色之间包括构建和操作两种关系，构建包括服务和服务描述，服务通过已发布接口使用服务，允许消费者调用服务；服务描述是通过制定一组前置、后置条件以及服务质量（Quality of Service，QoS）级别，指定服务消费者与提供者交互的方式以及来自于服务的请求和响应格式。操作包括发布、查找、绑定和调用，服务角色之间通过发布、查找及绑定相互作用，发布服务描述，实现服务的可访问性。服务消费者定位服务，查找满足

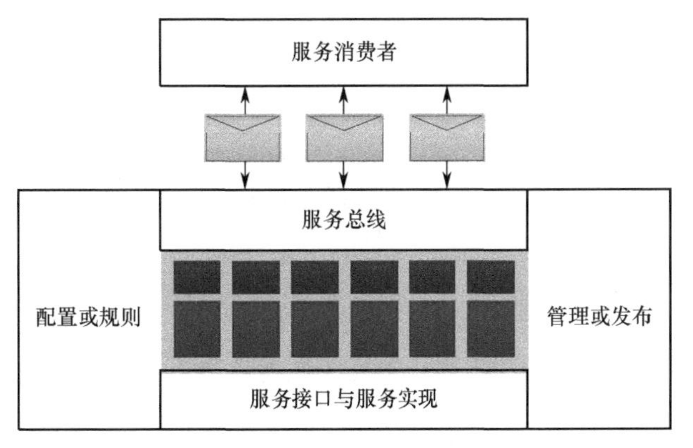

图 7-1　服务架构模型

标准的服务，完成服务描述检索之后，根据服务描述信息调用服务。服务角色及关系如图 7-2 所示。

7.1.1.3 概念模型

SOA 将对象、数据、组件、业务流程、界面等从服务提供者及消费者角度进行层次化，将安全架构、数据架构、集成架构、服务质量管理等通过共用设施提取出来，形成不同层次，为所有服务共有，构建如图 7-3 所示面向服务的概念模型。

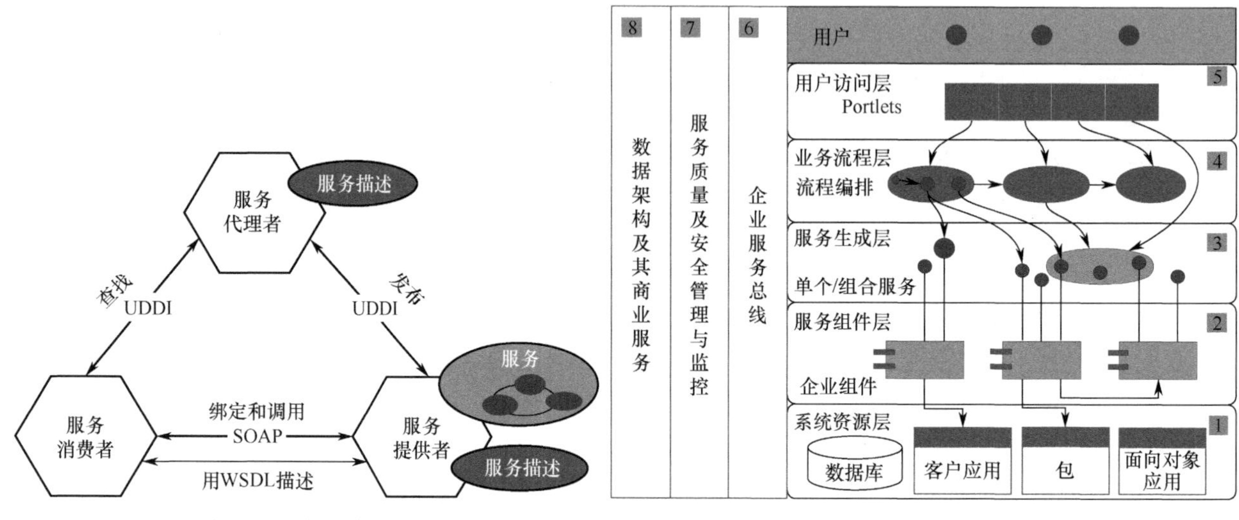

图 7-2 服务角色及关系　　图 7-3 面向服务的概念模型

7.1.1.4 编程模型

构建编程模型，从业务代码中移除相应的通信支持，将其隐藏在模型抽象及实现中，支持无缝的服务编排，简化服务资源配置、业务服务开发、业务解决方案构建、业务流程治理，增加敏捷性和灵活性，超越简单的服务调用，减少底层技术变更对业务逻辑资产使用的掣肘，规避直接处理中间件或 Web 服务特定 API 所面临的技术风险，提高系统的敏捷性和可测试性。SCA、Indigo 和 JBI 是工程上广泛使用的三种 SOA 编程模型。

服务组件框架（Service Components Architecture，SCA）模型以组件为基础，使用 SOA 构建系统模型。类型元模型描述组件类型、接口和数据结构；一个组合定义了不同组件实例并通过连线交互。连线被定义为同步或异步支持组件调用的事务行为，将绝大多数底层代码抽取出来，只要这两个接口定义的操作等价，就可以在任意方向上连接两种不同语言，如 Java 接口和 Web 服务描述语言（Web Services Description Language，WSDL）端口类型。SCA 类型元模型如图 7-4 所示。

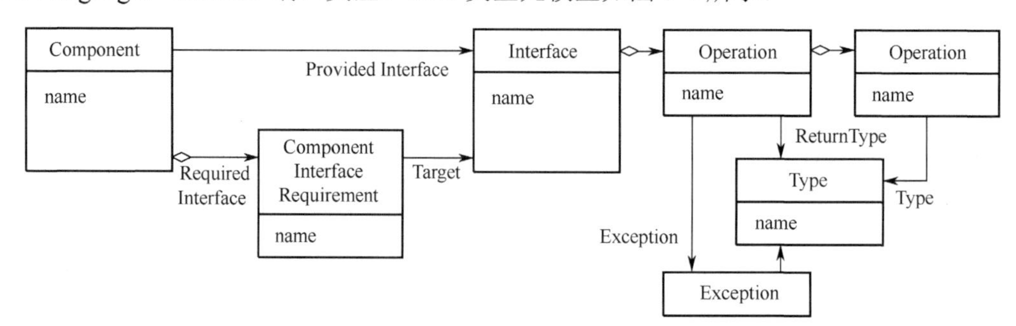

图 7-4 SCA 类型元模型

一个组件实现组件接口集、组件实现使用的接口集、剪裁或自定义组件行为的属性、组件实现的元件等规范定义。这些接口通常被定义为 WSDL 端口类型或语言接口，如 Java 或 C++等。一个组件可以暴露或包含 0 个或多个接口，每个接口包含多个方法。每个属性被定义为一个属性元素，一个组件包含 0 个或多个属性元素。SCA 为引入新的实现类型定义了扩展机制，具有诸如 Java、C++以及业务流程编排语言（Business Process Execution Language，BPEL）等多种不同的实现手段。组合元模型定义了组件实例以及构件实例之间的连接关系。组件实例及其在组合元模型中的连接如图 7-5 所示。

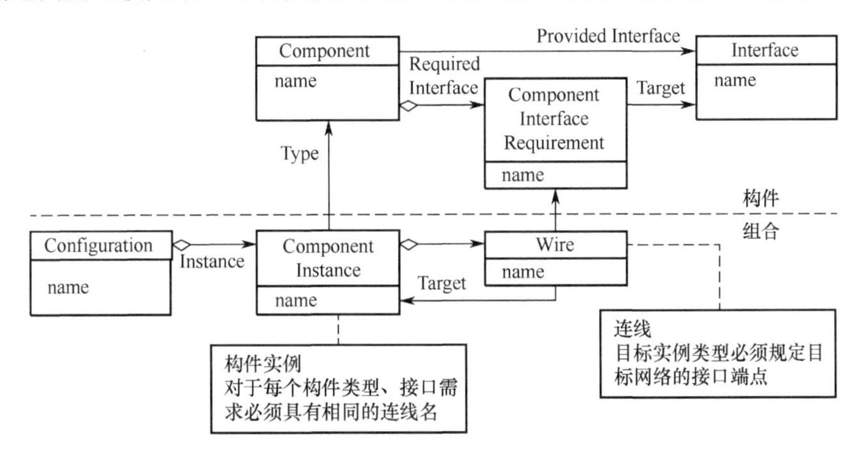

图 7-5　组件实例及其在组合元模型中的连接

Indigo 是将服务定义为一组端点的程序，每个端点是端点地址、端点绑定以及端点契约组合，通过包含不同绑定和 QoS 的复合端点暴露相同服务，扩展 WSDL 的服务定义，用于创建、消费、处理和传送消息，其显著优势就是使用面向对象（Object Oriented，OO）实现 SOA 编程。Indigo 根据服务提供的访问类型，将契约定义为接口或消息契约形式，支持携带一组类型参数的 RPC 风格及消息传递风格两种调用方式，通过连接器访问服务端点，提供通信托管框架及标准实现。连接器使用端口、消息和信道，使服务调用独立于传输协议和目标平台，减少构建互操作服务所需的管道代码，简化连接系统的网络创建。

JBI（Java Business Integration）是一种 Java 业务整合模型，通过创建专用服务容器的抽象层，解决服务编程的复杂性和可变性。

7.1.2　服务

服务是精确定义、封装完善、独立于其他服务所处环境和状态的函数，是由一个或多个组件组成的自包含、无状态实体，通过接口和契约响应服务请求或从客户端接收服务请求，执行解算、编辑、事务处理等任务。服务具有无状态特性，不依赖于其他函数和过程状态，可以被编排和序列化成多个序列，以执行业务逻辑。编排是指序列化服务并提供数据处理逻辑，但不包含数据展现功能。

软件即服务。粗粒度应用组件以服务形式存在，能够直接被应用调用，呈现为网络化交付形态及使用方式。同一个统一资源定位系统（Uniform Resource Locator，URL）发布的服务功能，整体上被视为一个服务，资源被视为可以通过标准方式访问的独立服务。

7.1.2.1　服务模型

SOA 系统将所有功能定义为独立的服务，服务之间通过服务总线或流程管理器连接，通过服务之间的调用及交互实现系统业务逻辑。服务具有标准的接口和描述语言，可以在多语言多平台上实现。将 EJB（Enterprise Java Bean）及相应软件包装成一个服务，将服务组合包装为一个更大的服务。基于服务分析和设计，实现服务建模、开发、编排。服务建模包括服务识别、定义和实现策略，其输出是一个服务模型。单个服务基本结构模型如图 7-6 所示。

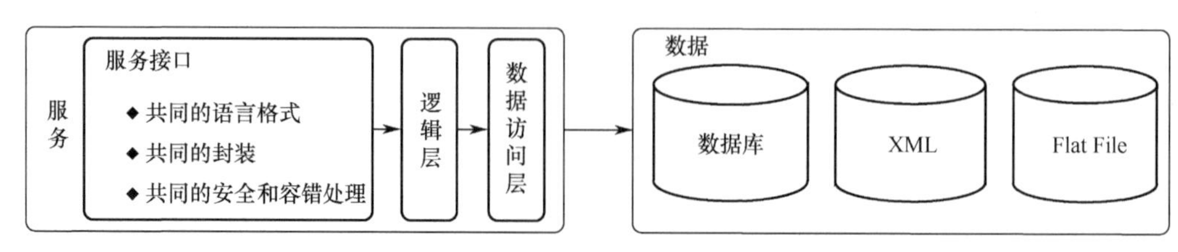

图 7-6　单个服务基本结构模型

服务包括简单服务和组合服务。简单服务是对单个服务直接包装，对外发布的一种基本服务，EJB 容器将 EJB 以 Web Services 方式暴露形成的服务就是简单服务。通过服务接口标准化描述，简单服务可以提供给任何异构平台及用户接口使用，亦可用于服务组合。组合服务是由多个服务通过一定调用关系组合构成的服务，通过调用多个服务束构成特定的业务流程，然后以服务形式对外发布。

7.1.2.2　服务特性

通常，服务具有自足、粗粒度、松耦合、可重用、可组合、互操作、自描述、可发现、无状态、标准化、幂等、演化等特性（相关著述对此进行了详尽分析，此处不赘述）。当然，这些特性正是服务测试关注的焦点，也是服务测试的出发点。

7.1.2.3　服务质量

服务契约包含调用服务的相关信息，但不包括运行时性能、可靠性等非功能特性以及服务等级协议、服务质量等相关要求。测试过程中，需要关注服务的基本特性以及基于 SOA 的特殊性、服务支撑能力、业务组合及实现能力、SOA 系统安全性与可靠性等。

服务质量是 SOA 系统质量的基点，服务的定义能力、传输能力、组合能力、管理能力、调度能力是服务质量的决定因素。基于 SOA 系统运行机制，分析及关键要素提取，遵循协议及依赖关系，构建服务支撑能力指标体系，确定度量元，进行指标分解和细化，建立评估模型，对服务质量进行分析评价。对于服务管理能力，关注的是服务注册发现能力，其评价指标包括服务支撑能力、业务能力、系统安全性、系统可靠性等要素。构建具体的评价指标体系时，可以采用层次分析、结构分析等方法将服务支撑能力、业务能力、可靠性、安全性等指标进行分解，根据实际情况细化到二级指标或三级指标，构建完整、全面、科学的评价指标体系。

7.1.3　环境

面向服务计算环境由服务运行时环境、服务总线、服务网关、服务注册库、服务组装引擎及服务管理、业务活动监控、业务绩效管理等组件构成。服务运行时环境用于服务及组件部署、运行、维护和管理，支持服务编程；服务总线提供服务中介，确保服务消费者以技术和位置透明方式访问服务；服务网关用于不同计算环境边界服务翻译；服务注册库支持存储和访问服务的描述信息，实现服务中介和管理；服务组装引擎将服务组装为服务流程，构建业务过程，在测试过程中，用于业务场景构建及驱动。面向服务计算环境构建如图 7-7 所示。

SOA 计算环境由 Transport 层的 HTTP 协议、Service Description 层的 WSDL、Business Process 层的 WS-CDL 等技术标准协议栈定义和支持。SOA 计算环境的标准协议栈如图 7-8 所示。

SOA 计算环境将过程、数据、人员以及分布、异构的计算、存储等资源进行整合，呈现为统一的逻辑对象，支撑数据、资源重用和组合，以安全和可管理的方式供用户使用，为随需应变计算环境的定义和构建奠定了基础。随需应变环境建立在开放的标准之上，具有自诊断、自恢复能力，能够自动配置和调整以适应环境的变化，能够自动优化资源使用，提高工作负荷的处理能力，能够自我保护数据和信息安全，保证系统的交互性。

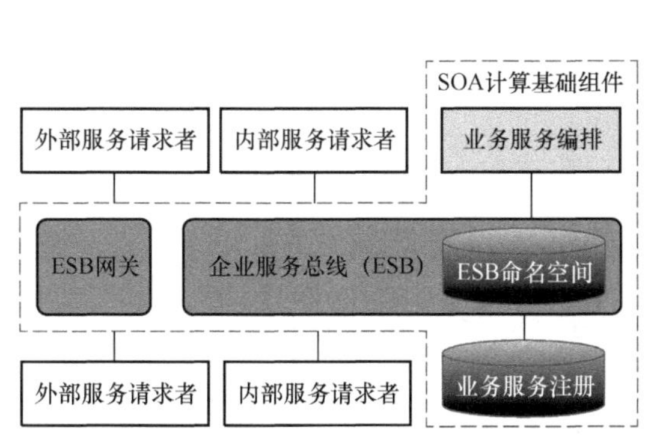

图 7-7　面向服务计算环境构建

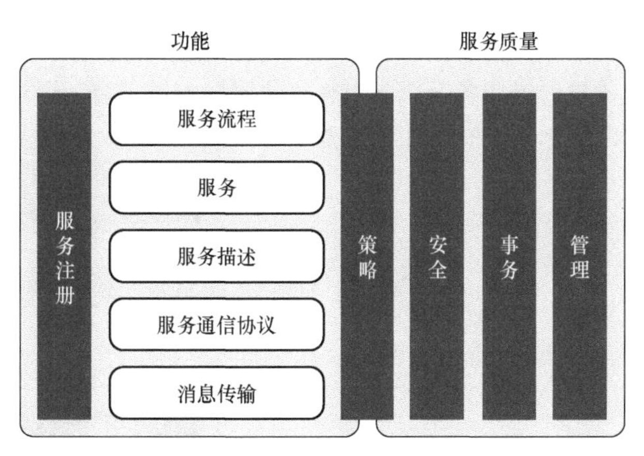

图 7-8　SOA 计算环境的标准协议栈

7.1.4　实现

依据业务逻辑需求，通过流程编排，构建业务流程，完成业务数据的分布式处理，将业务数据及事务通过浏览器、手持终端呈现给用户。企业级解决方案协调运行在群组硬件上，将系统组织为群组服务模式，系统实现为一组相互交互的服务，以服务形式展现系统功能。SOA 将系统架构划分为组件层、服务层和业务流程层三个层次，构成 SOA 系统的实现模型。

组件层使用 CORBA、COM/DCOM、J2EE 等分布式组件实现业务功能。业务组件将组件层的业务组件映射为服务层的服务,是 SOA 实现的关键步骤。分布式构件技术内建的支持 Web 服务的功能，可以实现组件与服务映射，但这种映射方法高度依赖于分布式组件，使用和定制缺乏灵活性且不同实现技术之间不可避免地存在着互联性障碍，形成信息孤岛。

服务层旨在解决应用集成中的信息孤岛问题。Web 服务使用 WSDL 定义和封装离散的业务功能，提供通用访问方式，屏蔽组件层之间的差异，实现业务逻辑封装。支持 Web 服务的分布式组件将业务组件以 Web 服务方式发布，生成 WSDL 文档，依据 WSDL 描述信息调用 Web 服务，业务组件被映射为 Web 服务，通过 WSDL 将服务组件包装成 Web 服务实体，形成 Web 服务层。基于 Web 的 SOA 技术标准划分为接入层、管理层、集成层、质量层、发现层、描述层、消息层和传输层八个层次。基于 Web 的 SOA 技术标准分层结构如图 7-9 所示。

业务流程层通过 Web 服务调用业务组件实现应用集成，通过流程编排构建业务流程，处于 Web 服务层之上。基于逻辑及高层抽象，Web Service、服务注册表、企业服务总线是较为成熟且广泛应用的三种 SOA 实现方式。

服务注册表是包含服务、服务实例及位置信息的数据库，服务实例在启动时注册至服务注册表，关闭时予以注销。客户端和/或路由器获取服务实例位置，通过服务注册表查询所需服务实例，Eureka、Apache ZooKeeper、Consul 是常用服务注册表技术。企业服务总线（Enterprise Service Bus，ESB）是构建 SOA 解决方案基础架构的关键部分，由中间件技术与 XML、Web Service 等结合，通过多种不同的通信协议连接并集成于不同平台上，映射成服务层的服务，支持异构环境中的服务、消息及基于事件的交互，并对应用之间的交互进行监督和管理，提供连接企业的跨企业应用。

基于服务架构模型及概念模型，确定 SOA 系统的物理资源，即面向服务基础设施以及系统结构层次、业务流程、服务及服务组合。

例如，某基于 SOA 的控制系统，在分布式异构环境下，通过 BPEL 描述服务组合流程，构建信息处理、模拟训练、系统诊断三个业务流程，实现操作序列、服务组合及系统构建、部署和组织管理。服务使用者采用实时消息传输协议（Real Time Message Protocol，RTMP），通过服务总线向流程调用服务发出请求，调用服务。流程调用服务通过查找算法为其匹配组合流程，通过业务调度引擎驱动流程运行。业务层通过服务及服务组合构建服务支撑平台，通过分布式数据共享服务和资源调用，实现信息处理、信息显示及控制功能。某基于 SOA 的控制系统架构如图 7-10 所示。

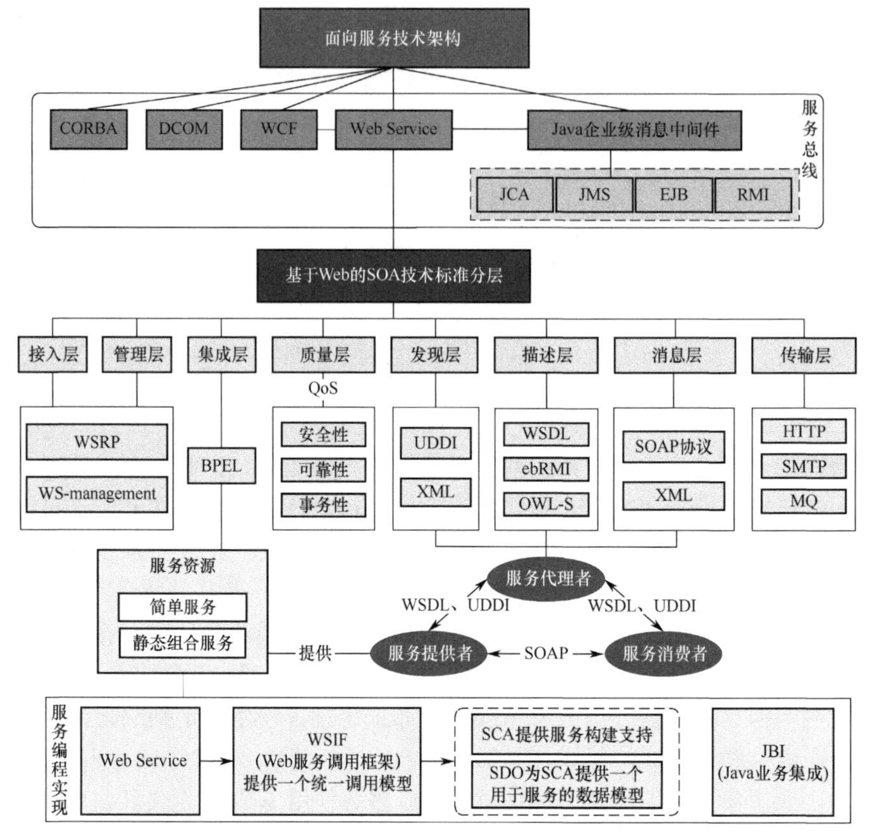

图 7-9　基于 Web 的 SOA 技术标准分层结构

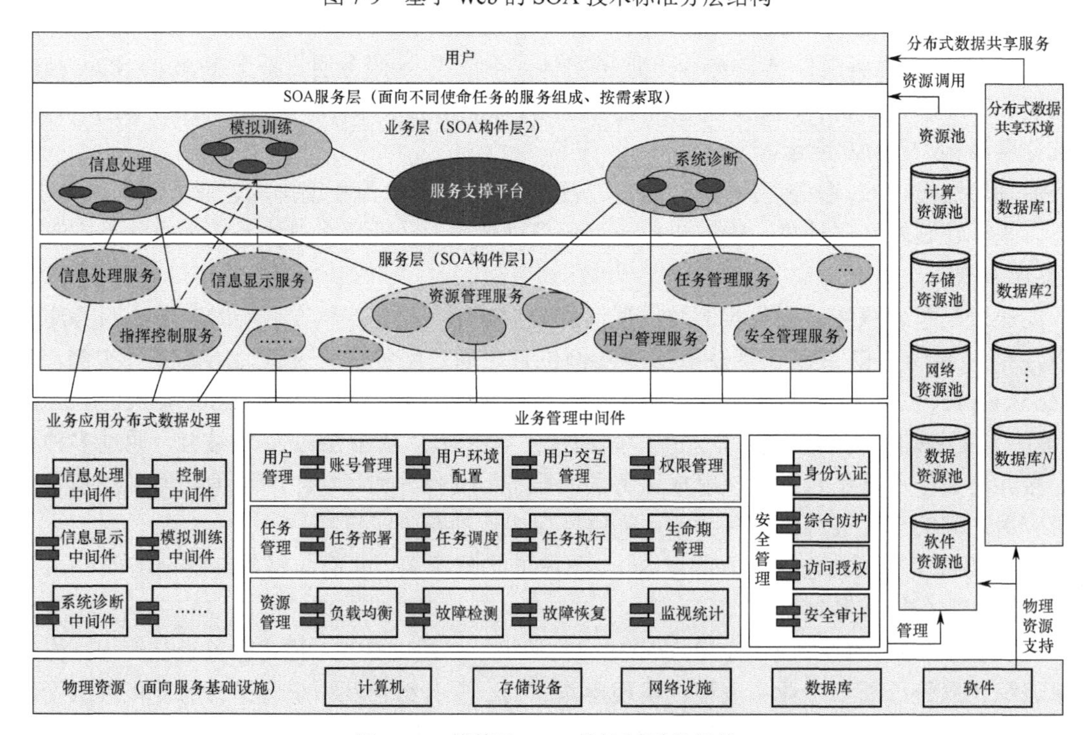

图 7-10　某基于 SOA 的控制系统架构

7.2　面向服务测试的主要问题和框架

7.2.1　面向服务测试的主要问题

7.2.1.1　服务封装性

服务对用户不透明，且其发布、查找、绑定过程具有动态性和不确定性，加之外部服务提供者大多不提供服务的源代码及相关文档，服务消费者只能通过服务描述了解服务及质量，难以通过逻辑驱动测试对服务实施代码级测试。与此同时，服务编排引擎的使用，编排流程的高频调度，对服务总线性能的依赖大幅提升，通过分布式部署的服务总线编排服务器，将请求流量持久化于数据库中，通过分布式调度流程执行，对编排流程进行调度，API 中的请求数据按业务逻辑和规则将数据异步推送到业务系统中，当流程执行结束后回调客户端的 API，可以应对大流量 HTTP 的 API 请求，但对 API 节点遍历将是一项十分庞杂的工作。因此，需要按照业务逻辑及规则进行场景及测试用例设计，独立地构建虚拟客户端，通过流程引擎在内存中构建节点进行 API 节点的逐步推进。

7.2.1.2　系统复杂性

在 SOA 系统设计过程中，通常基于仿效服务仿效未完成或未获得的服务，压缩服务，演练业务场景，以期在不同阶段检出缺陷，系统结构、业务流程、部署环境、使用场景、操作使用等异常复杂，其分布式性质及数据使得即便是建立阶段性的测试环境都可能非常困难。深入到所有服务的所有阶段和所有环节，把握从输入、输出以及决定新的编码等相关的复杂过程，判断服务的正确性，预测系统性能，转化为高质量的交付应用，这是软件测试的职责所在。

SOA 系统中，存在着不同的服务，一些服务由组织内部开发并拥有，一些服务则是运行时绑定的外部服务。内部服务可能是新开发的，也可能是重用或经由遗留系统包装而成的，通过版本升级的系统可能拥有多个具有相同功能且需要动态或静态绑定到系统中的服务。一般地，将 SOA 系统划分为内部系统和外部系统。内部系统是系统中的私有部分，包括客户端，内部通用描述发现和集成协议（Universal Description，Discovery and Integration，UDDI）、内部服务、模型视图代理（Model View Delegate，MVD）系统及遗留系统等，一般不与外界共享。而外部系统是系统所有者的私有组成部分，包括在 Internet 上共享的服务和 UDDI 服务器，可为不同实体共享。为快速构建系统，可以直接将外部服务通过 UDDI 动态绑定集成到系统中，完成业务流程。内部系统作为服务消费者向外部 UDDI 发出请求并调用外部服务。当外部服务增加时，内外部系统交互更加复杂。服务既可以是服务消费者，也可以是服务提供者，各种服务之间均可能相互交互，进一步增加了系统的复杂性，进而显著增加了 SOA 系统的测试难度。

7.2.1.3　环境差异性

环境差异是软件测试面临的重大问题。SOA 计算环境具有高度的分布性和异构性，开发环境与实际运行环境的差异所带来的不确定性以及分布式测试环境的多样性，多用户对同一服务同步访问带来的系统性能降低，服务柔性组合问题的可复现性及回归测试过程的可控性等，无一不对 SOA 系统测试环境构建提出了新的挑战。

7.2.1.4　测试充分性

由于服务的封装性以及不可预知的外部服务绑定、内部服务、MVD 系统、组合服务状态变迁、同一接口多个实现的绑定等情况导致 SOA 系统状态变迁，即系统运行状态的持续变化，无法采用传统软件测试的逻辑覆盖率、功能覆盖率以及用例执行率、错误检出率等度量指标构建测试的充分性准则。当然，基于风险的测试充分性，放之四海而皆准！对于 SOA 系统，一种行之有效的解决办法是当系统状态发生变迁时，重新进行系统测试，也可以将其视为一种回归测试。但系统状态伴随系统运行而变迁，永无止境，不可能在系统生命周期过程中进行无休止的测试，必须确定测试的技术性终止条件。

尽管可以充分继承、借鉴传统软件测试的技术、方法和流程，但对于 SOA 系统，其测试对象、测试角色、测试流程、测试级别、测试类型、测试环境、测试覆盖、测试执行、预期结果及分析评价等方面存在着显著差异，需要进行技术、方法、流程及管理创新，有针对性地采取有差别的措施，保证测试的充分性和完备性。

7.2.2　面向服务测试框架

服务实体、流程编排、发布/订阅传递的消息、对象层访问控制、动态服务替换、端到端的安全、分布式安全管理等是面向服务软件测试关注的焦点。将这些内容映射到服务功能性测试、服务间互操作性测试、服务集成测试、服务系统测试四个测试级别，是 SOA 系统测试的重要策略。基于 SOA 架构模型，将 SOA 系统测试转化为服务实体测试、服务组合测试、服务平台测试、服务系统测试，构建 SOA 系统测试框架。在此框架下，基于 Web 服务执行并产生测试结果报告引擎，自动激活用户指定的 Web 服务并报告测试返回结果，WSDL 文档生成测试脚本并审核响应结果，创建测试代理结构及通过环境建联、环境组合、环境映射与场景配置下发切换，支撑服务实体、服务组合、服务平台及服务系统测试，如图 7-11 所示。

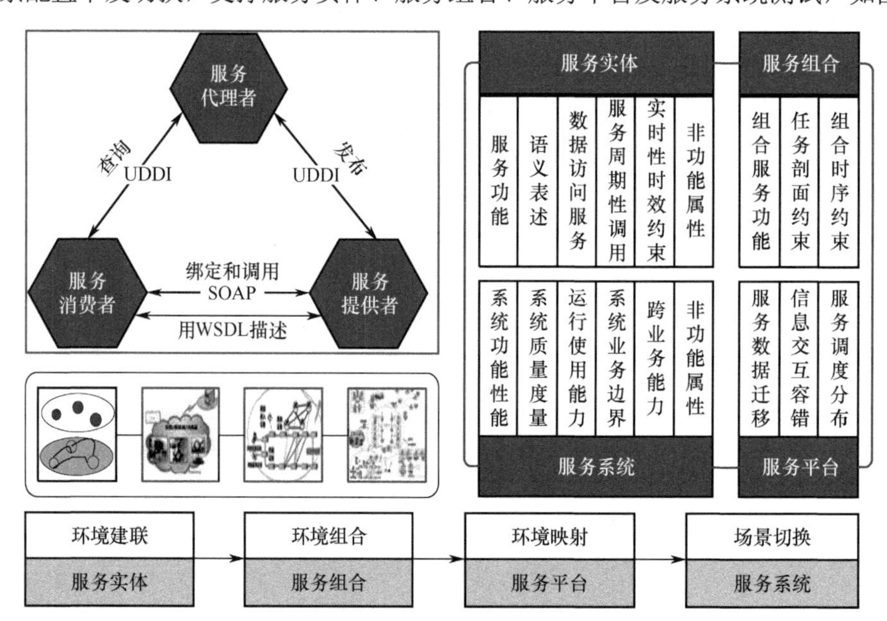

图 7-11　面向服务测试框架

面向服务测试框架以服务实体、服务组合、服务平台、服务系统为测试对象。首先，针对无状态服务，基于组合测试及数据约束规则，生成单个操作的最优测试用例集；其次，针对有状态服务，基于 EFSM 及接口契约模型，生成有状态服务操作序列路径测试用例集；再次，基于 WSDL 文档建立操作树模型，采用语义标注方法扩展 WSDL 文档，生成测试数据；最后，根据状态划分，构建操作调用序列 EFSM，依据接口契约模型生成操作序列测试数据集，以最优用例覆盖有状态服务操作序列路径。

面向服务测试框架以服务为中心，将传统的“应用-系统-平台”向基于服务化的“服务-平台”转变。但服务化之后的系统开发、技术架构、开发模式、行为模式、部署运维等，发生了重大变化，业务建模、服务划分以及实时性、可靠性、安全性等一系列问题随之产生，使得测试范围、测试类型、测试方式、测试设计、测试执行等随之变化。

传统软件测试技术的行为理论、多样性理论、故障假设理论等主要基于逻辑覆盖、功能覆盖、缺陷

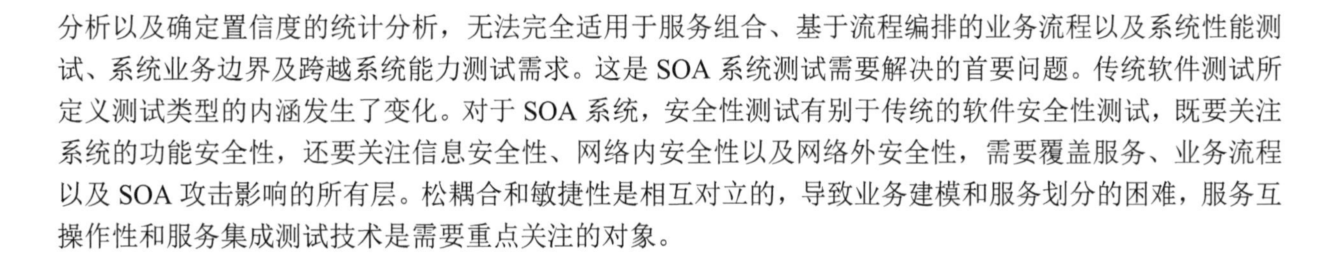

分析以及确定置信度的统计分析，无法完全适用于服务组合、基于流程编排的业务流程以及系统性能测试、系统业务边界及跨越系统能力测试需求。这是 SOA 系统测试需要解决的首要问题。传统软件测试所定义测试类型的内涵发生了变化。对于 SOA 系统，安全性测试有别于传统的软件安全性测试，既要关注系统的功能安全性，还要关注信息安全性、网络内安全性以及网络外安全性，需要覆盖服务、业务流程以及 SOA 攻击影响的所有层。松耦合和敏捷性是相互对立的，导致业务建模和服务划分的困难，服务互操作性和服务集成测试技术是需要重点关注的对象。

7.2.3　面向服务测试对象

7.2.3.1　服务组件

不同服务，来源不同，实现方式各异，粒度不一样，有些服务建立在现有界面或 API 上，需要在一个中间层之外再加上一个中间层。考虑 design-time 和 run-time 的诊断情况，确保服务的主要功能、重要性能界面、WSDL 及规划等应通过测试验证。

服务不依赖于事先设定的条件，一组服务可以被编排和序列化为多个序列以执行一套业务逻辑，当服务组合构成新服务时无须考虑其状态依赖。已发布且被消费者订阅的服务，在没有与服务消费者达成共识的情况下，仍然可以进行服务演化。服务的无状态及演化特性，对服务的持续测试、充分测试提出了挑战。

7.2.3.2　服务实体

服务实体根据标准协议描述、发布、编制和运行，独立存在。当测试面向服务自身时，关注的仅仅是单个服务实体，不论是对无状态服务的测试还是对有状态服务的测试，都按经典软件测试方法及测试流程，组织实施测试即可实现测试目标。而对于服务组合，则需要对传统测试技术进行拓展和创新，以符合测试需求。比如，基于组合测试技术，可以构造控制服务组合的测试环境，而传统测试方法对 WSDL 文档分析因局限于数据类型而无法覆盖服务中的测试路径，使用 EFSM 及接口契约模型，则可以生成基于有状态服务实体操作序列路径的测试用例集。

不同服务之间存在某种形式或一定的依赖关系，且服务实体具有领域知识多样性、技术规范复杂性、应用部署网络分布性、运行维护状态多变性等特征，加之大多数服务实体不具备可视化图形界面，因此，测试的重点是接口和契约，而无状态服务实体中的单个操作则需要通过基于 XML 标准规范进行测试，与传统的基于功能、数据、流程、场景、模型驱动等测试方法有着显著的差别。

大多数 SOA 系统，在其生命周期过程中，服务实体持续演进升级，需要将升级后的服务植入全基线测试环境，重新运行全部任务剖面，进行流程测试，以验证相关元素、服务功能的正确性及服务交互的有效性。

通过 WSDL 文档产生测试数据，用例冗余度高，且约简后的测试用例可能缺乏针对性，制约了错误检测能力及测试的充分性。例如，有状态服务实体 Session 在服务端保留了之前的请求信息，用以处理当前请求，存在着依赖关系，制约了伸缩性，难以对单个服务中各类操作序列进行深入分析。WSDL 文档分析方法局限于数据类型，生成的测试用例难以覆盖服务中的测试路径。SOA 软件测试实践中，服务的无状态性、可组合性、演化性等特征，制约了测试的充分性和完备性，何况还要对质量、进度、成本、效益进行综合权衡和决策。

7.2.3.3　服务组合

SOA 系统中，服务组合关系错综复杂，遍历所有服务组合无疑是一场噩梦。如何基于经典软件测试技术，构造控制服务组合的测试环境，确定系统任务剖面及覆盖任务剖面的所有服务组合，对服务及组

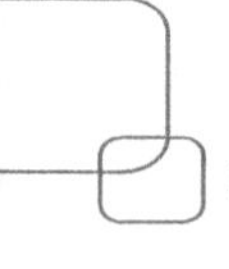

合进行测试，保证服务及其组合的符合性、正确性、有效性、可用性等是SOA软件测试面临的一个重大挑战。

7.2.3.4 面向服务系统

SOA系统的功能及性能指标覆盖服务实体，贯穿于系统任务剖面，即便每个关键技术参数业经完备性验证，但当组合工作流在真实环境下运行时，仍可能因为系统边界及跨业务能力验证不充分，发生功能、性能不满足要求的情况。实践中，通过场景配置下发切换，构建完备的测试环境，仿真系统在真实环境中的运行，保证测试的充分性和可控性，准确界定问题在任务流中的位置及其影响域。系统测试的关键在于体系架构而非应用实现，体系架构是系统和业务实现的关键基础。

SOA系统的质量问题，大多与性能紧密相关。性能测试主要是对服务、构成、进程及SOA系统等不同级别上的性能指标进行验证。不同场景下，服务及组合性能表征存在着差别。首当其冲的是按服务描述，构建不同使用场景及测试环境，对服务实体不同的性能形态进行测试。

系统性能指标是测试的重点，可以通过功能性覆盖、流程驱动等方法测试验证系统性能指标的实现及达标情况。随着系统演化、状态变迁、时间及数据流量增加或变化，系统性能指标会随之发生变化。这个时候，可以对被测系统自数据流图的最高层到底层进行分解，建立一个不间断的性能测试方案，进行性能测试，将问题定位到服务组件、进程及系统流程。SOA系统中，面向统一调度的服务及传输信息，需要对服务管理平台为服务实体提供的管理调度及消息传输能力进行验证，这是系统能力验证的问题。

7.3 服务模型的形式化描述及求解

7.3.1 服务模型的形式化描述

对于一个服务资源集S_{set}和一个用户服务需求P，在S_{set}中，找到对应于P的功能需求的服务构件子集S_{subet}，通过对S_{subet}的解释执行，满足用户服务需求。服务实现（求解过程）首先是通过搜索、挖掘网络环境中各类资源并将其包装成服务，进行服务化和统一描述以及功能提取和聚类，形成功能集合和功能语义网络，导出构件及服务等资源的功能集合；其次对用户需求进行分析、分解，确定子功能之间的逻辑关系，导出满足用户需求的子功能；最后将抽象功能需求映射到具体的服务构件，使服务实例化，从功能子集导出相应的服务子集，解释执行，生成满足需求的服务。服务求解过程包括资源虚拟化与组织、问题描述与求解、服务实例化与执行三个过程活动。

7.3.1.1 资源虚拟化与组织

资源虚拟化与组织过程包括资源服务化、服务功能聚类、服务功能语义关系定义三个子过程。资源服务化是通过服务构件代理机制，将资源进行服务化包装并部署在网络环境中；服务功能聚类是以服务资源分类为基础，采用刻面分类方法，在聚类抽象过程中，由术语构成一个聚类的基本单元，将功能刻面上术语取值相同的服务实例组合在一起形成一个服务目录项，然后按刻面术语空间中的层次结构进行组织，形成服务功能聚类目录树，其中每个服务目录项链接的服务就是经过聚类后的一组功能相同的服务；服务功能语义关系定义是将聚类后的抽象服务与服务之间的语义关系组织起来，形成一个具有层次结构的服务关系网络。资源虚拟化及组织过程如图7-12所示。

7.3.1.2 问题描述与求解

问题描述与求解过程是将用户需求转换为待解决问题并予以实现，进行验证、部署，获得问题解决方法的基本过程活动。目前，递归分解算法是最为成熟、有效、适用的问题描述与求解过程算法。

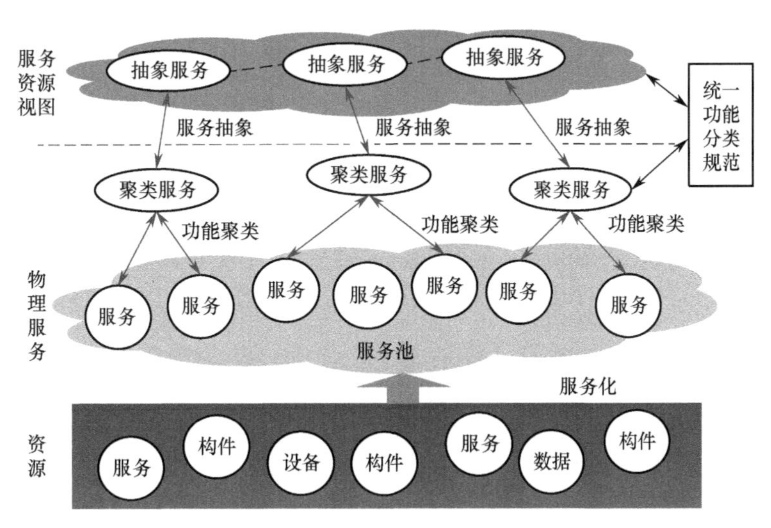

图 7-12　资源虚拟化及组织过程

7.3.1.3　服务实例化及执行

服务实例化是从抽象服务到具体服务构建的映射。服务实例化及执行过程包括抽象服务实例化、图形化服务构件组装、执行与监督三个过程活动。采用服务代理机制，通过构件代理向组装工具提供所代理功能体的统一访问方法，根据用户对统一功能的不同要求，选用不同实例以适应用户需求的动态变化，并对功能体调用中的异常进行处理。服务实例化及执行过程如图 7-13 所示。

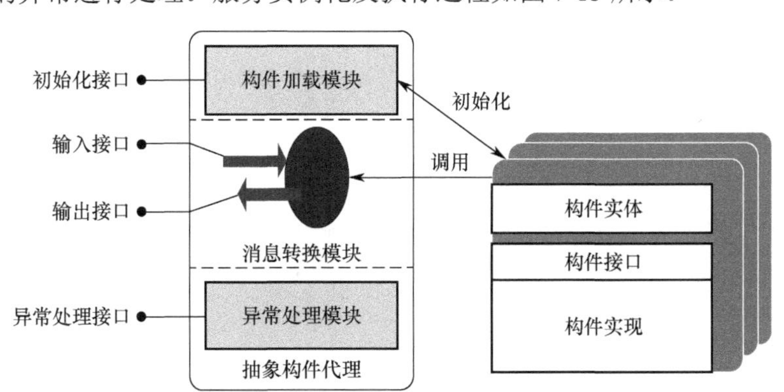

图 7-13　服务实例化及执行过程

图形化服务构件组装包括图形化建模工具、运行脚本生成模块、运行脚本解释执行模块三个要素。图形化构件组装过程如图 7-14 所示。

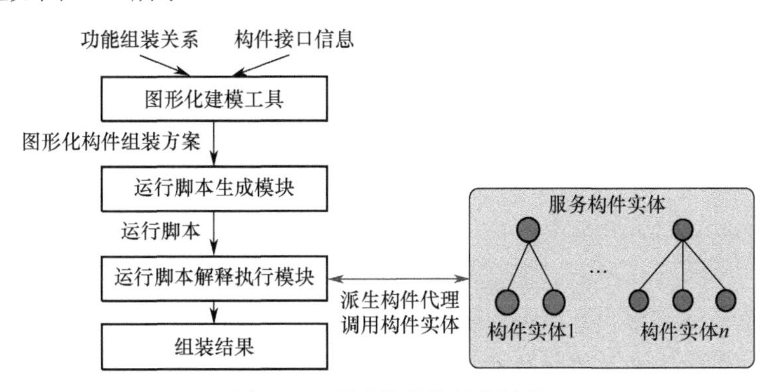

图 7-14　图形化构件组装过程

执行监督过程中，引入服务执行状态模型，采用深度优先调度算法描述服务实例化，对执行过程中的 Waiting、Executing、Failed、Aborted、Committed 及 Compensated 等状态进行监控。服务构件加载深度优先递归算法如图 7-15 所示。

```
输入：
输出：SUCCESS 或 FAIL
{
      初始化服务构件依赖关系图；
      /*从G的根节点出发以深度优化遍历方式生成调度方案*/
      DFS_Load(G, R, *Status_Load=1)；
      return(Status_Load)；
}
/*服务构件加载深度优先递归算法*/
void DFS_Load(Graphic G , int v, int *Status_Load)
{
      if(!*Status_Load)
      {
           return；
           visited[v]=TRUE；
           加载服务构件v对应的服务到执行环境中；
           if(服务加载成功)
           {
                将其状态置为Waiting；
                在服务构件依赖图中查找出其依赖的所有服务构件；
                if(其所有依赖服务构件对应的服务均已成功提交)
                {
                      执行该服务；
                }
           }
           Else
           {
                *Status_Load=0；
                if(加载服务构件v的重要度==Vitality)
                {
                      向所有其他构件发送abort请求并对已成功提交构件进行补偿；
                      释放资源；
                      退出整个服务；
                }
                else
                        return；
           }
           for(w=FirstAdjvex(,v))
           w：w=NextAdjvex(,v,w)；
           if(!visited[w])
           {
                DEF_Load(,w)；
           }
      }
}
```

图 7-15　服务构件加载深度优先递归算法

7.3.2　形式化树模型

数据类型包括简单数据类型和复杂数据类型。直接通过 WSDL 文档分析数据类型结构较为困难，且分析结果不够直观。这里给出如下数据类型抽象模型：

$$T(N,D,X,E,n_r) \tag{7-1}$$

式中，N 为元素及属性节点有限集；D 为内置数据及派生数据类型有限集；X 为刻面约束有限集；E 为边的有限集，一条边可以表示为 $p \in (N \cup \{n_r\})$（n_r 为根节点）。

Samer Hanna 将节点和有向边构成图 $T(N,E)$，对数据类型进行抽象建模。其中，N 是复杂数据类型、简单数据类型或简单数据类型约束值集合；E 是元素名或刻面约束名集合。当刻面约束较多时，抽象模型的复杂性随之快速增加。这种情况下，该模型无法表示复杂数据类型的结构特点，需要增加对数据类型特别是复杂数据类型结构的可视化和可理解性，构建形式化树模型，用于完整描述服务实体中单个操作的所有数据元素。形式化树模型如图 7-16 所示。

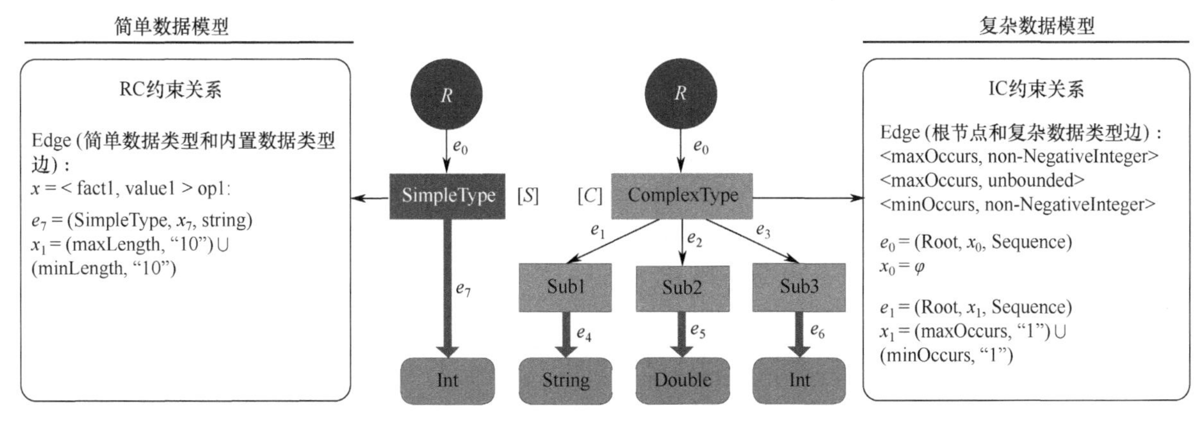

图 7-16　形式化树模型

R 为根节点，节点 S 为简单数据类型，其值为 OrderID，边 e_7 为简单数据类型和内置数据类型间的表达性约束关系；节点 C 为复杂数据类型，其值包括 Sequence、Choice、All，R 与 C 由边 e_0 相连，表示复杂数据类型的指示符关系，节点 Sub 为复杂数据类型元素的子元素，它们之间分别由三条边 e_1、e_2、e_3 相连，代表完整性约束关系，节点 Sub 与内置数据类型之间由 e_4、e_5、e_6 三条边相连，代表表达性约束关系，内置数据类型的值为 String、Double、Int。

【定义 7-1】（形式化树模型） 一个操作的数据元素可以表示成一个形式化树模型的集合

$$T(N,S,B,n_r,\text{IC},\text{RC},\text{EE},\text{ED}) \tag{7-2}$$

式中，N、S、B 分别为复杂数据类型、简单数据类型、内置数据类型元素名集合；n_r 是复杂数据根节点集合；IC 是复杂数据根节点及复杂数据子元素之间的刻面约束，即 WSDL 中定义的完整性约束；RC 为简单数据和内置数据之间的刻面约束，即 WSDL 定义的表达性约束（值域约束）；EE 为边的集合，$\forall e \in \text{EE}$ 表示为 $e(p,x,c)$，$p \in N \cup n_r$，$c \in N$，$x \in \text{IC} \cup \{\varnothing\}$；ED 表示边的集合，$\forall e \in \text{ED}$ 表示为 $e(p,x,c)$，$p \in N \cup S$，$c \in B$，$x \in \text{RC} \cup \{\varnothing\}$。

根据定义 7-1，图 7-16 所示形式化树模型可以转换为如下表示：

$e_0 = (\text{ComplexType}, x_0, \text{Sequence})$，$x_0 = \varnothing$；

$e_1 = (\text{Sequence}, x_1, \text{Sub1})$，$x_1 = (\text{minOccurs}, \text{“1”}) \cup (\text{maxOccurs}, \text{“1”})$；

$e_2 = (\text{Sequence}, x_2, \text{Sub2})$，$x_2 = (\text{minOccurs}, \text{“1”}) \cup (\text{maxOccurs}, \text{“1”})$；

$e_3 = (\text{Sequence}, x_3, \text{Sub3})$，$x_3 = (\text{minOccurs}, \text{“1”}) \cup (\text{maxOccurs}, \text{“1”})$；

$e_4 = (S_1, x_4, \text{String})$，$x_4 = (\text{minLength}, \text{“3”}) \cup (\text{maxLength}, \text{“8”})$；

$e_5 = (S_1, x_5, \text{Double})$，$x_5 = (\text{minInclusive}, \text{“11”}) \cup (\text{maxInclusive}, \text{“40”})$；

$e_6 = (S_1, x_6, \text{int})$，$x_6 = (\text{minInclusive}, \text{“11”}) \cup (\text{maxInclusive}, \text{“40”})$。

其中，

$N = \{\text{Sequence}, \text{Sub1}, \text{Sub2}, \text{Sub3}\}$；$S = \varnothing$；$B = \{\text{String}, \text{Double}, \text{Int}\}$；

$n_r = \{\text{Complex}\}$；$\text{IC} = \{x_0, x_1, x_2, x_3\}$；$\text{RC} = \{x_4, x_5, x_6\}$；

$EE=\{e_0,e_1,e_2,e_3\}$；$ED=\{e_4,e_5,e_6\}$。

根据定义 7-1 对模型元素的定义，得到如图 7-17 所示的形式化树模型生成算法。

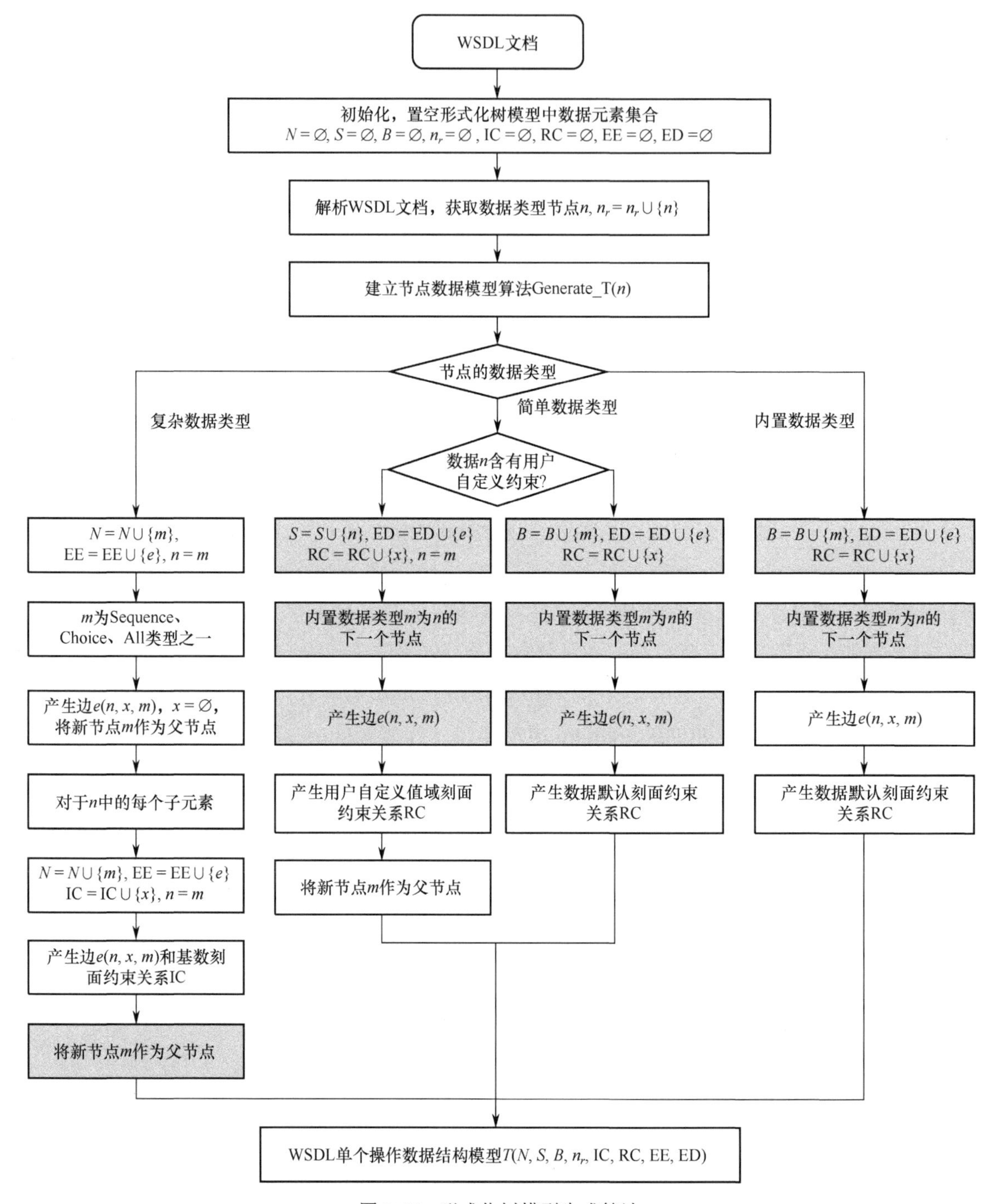

图 7-17　形式化树模型生成算法

7.3.3　领域数据约束

领域数据之间存在着数值约束、时序约束、结构约束等约束关系，对应某个特定的应用领域，领域数据约束制约了测试用例的有效性。主要领域数据约束关系如下。

（1）**数值约束**：参数之间存在物理含义、数值大小、量纲、互斥等约束，是信息采集、数据处理、控制决策等领域较为普遍的约束关系。例如，设备状态故障标识的不同标志位，以对应不同设备状态，这些状态往往存在互斥关系，一旦同时置“1”，则表示为无效故障报文。

（2）**变量前置条件约束**：变量取值由其他变量取值约束，变量前置条件约束是一种隐式数值约束。例如，目标航速与目标类型相关，不同目标对应于不同航速范围。

（3）**状态前置条件约束**：状态的下一个状态取决于状态变量取值，由变量取值约束。例如，传感器状态自检正常后才能进行下一步数据采集操作。

（4）**结构约束**：是指三维及三维以上数据存在的约束关系。例如，目标探测系统对探测获得的目标坐标 (X,Y,Z)，计算得到目标距离及方位角，目标距离和方位角不得大于探测器探测范围，否则该目标数据会出现异常。

7.3.4　领域数据语义描述

数据分为基本数据和领域数据两种类型。基本数据类型由系统实现定义，包括字节、字符串、整型、实型等简单数据类型以及由简单数据类型构成的结构、枚举等复杂数据类型。领域数据类型是可捕获领域内的基本概念、物理特性及其相互关系。

服务实体的输入/输出参数、环境变量、系统状态参数，包含物理含义、量纲类型、存储类型、存储环境等表征数据资源物理特征的领域知识信息，即领域数据。领域数据是特定集合中的元素，而非简单的字符串定义。例如，某系统包括使用、训练和诊断三种状态，每种状态具有确定的使命任务、功能需求、运行剖面，并能够在特定的条件下切换。

基于统一数据概念模型，准确理解领域数据的含义、功能特性、表示方式、引用格式，是服务提供者与服务消费者达成一致认知和理解标准的基础，是 SOA 系统测试的基本出发点。

基于本体技术，进行领域数据语义及共享概念形式化描述，构建服务领域概念模型。本体模型将领域知识和操作知识区分开来，明确隐含领域假设，对组织结构数据形成共识，实现领域知识在不同实现中的重用。本体通常用类、属性、关系、约束、实例对领域概念进行建模。数据语义模型定义为

$$\text{Data}:\langle\{\text{DataTypeClasses}\},\{\text{relations}\}\rangle \tag{7-3}$$

其中，DataTypeClasses 为数据类型定义；$\langle \text{relation}:\text{DataTypeClass1},\text{DataTypeClass2},\text{rel}\rangle$ 为数据类之间的关系定义。

基于本体定义，数据类型之间可以定义多种关系。基于集合操作，数据类型之间具有如下关系。

（1）**继承关系**：子类继承父类所有属性，且可以进行必要的扩展。

（2）**等价关系**：两个等价类拥有完全一样的实例，使用时可以互换。

（3）**互斥关系**：两个互斥类之间没有重叠，不包含相同实例。

（4）**交集关系**：通过对类进行交集运算得到交集类。

（5）**并集关系**：通过对类进行并集运算得到并集类。

（6）**补集关系**：如果 O_i 是 O_j 的补集类，所有不属于 O_i 的实例均为 O_j 的实例。

定义一个数据类型，需关注其物理特征、数据范围、表示方法、运算方法、类型说明符及每种类型的内存占用情况。现以如图 7-18 所示的基于服务化描述语言的系统数据模型实例进行说明。

TimeType、NameType 为 String 类型；资源储存类型为 Bool；设备名称及其故障名称是 NameType 的子类，继承 NameType 的所有特性，且比 NameType 包含更加丰富的语义信息；资源使用权限、保密等级等为枚举类型，参数值取自预定义的枚举元素集合；资源访问信息为结构类型，包含多个数据作为其结构元素，结构元素可以是基本数据类型或领域数据类型，通过数据属性定义结构数据与结构元素之间的关系。

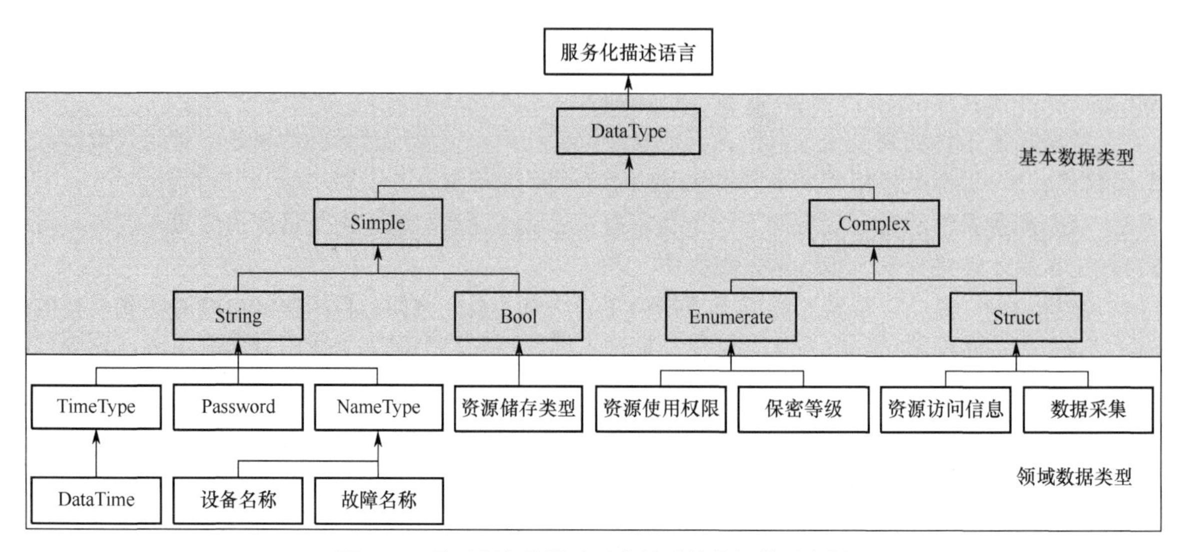

图 7-18　基于服务化描述语言的系统数据模型实例

7.3.5　数据约束模型

自服务化描述文件中获取简单数据、复杂数据约束关系，建立约束模型，表达数据之间的约束关系；根据模型生成测试用例，改造已有测试用例集，在约简测试用例的同时，增强已有测试用例的错误检测能力。约束模型中包括基数约束、值域约束和规则约束三种约束条件。简单数据和复杂数据约束模型分别定义如下：

【定义 7-2】（数据约束模型）

$$\text{SimpleDataConstrain} = \langle \text{Cardinality}, \text{ValueRange}, \text{Rules} \rangle \tag{7-4}$$

$$\text{ComplexDataConstrain} = \langle \text{Cardinality}, \text{ValueRange}, \text{innerRules}, \text{Rules} \rangle \tag{7-5}$$

其中， Cardinality 和 ValueRange 定义了数据自身属性的约束关系。

基数约束 Cardinality 规定了被约束对象的检测目标，即 WSDL 文档中 minOccurs 和 maxOccurs 元素的属性取值，其约束关系为最大、最小和固定基数限制。值域约束 ValueRange 规定了被约束对象的取值及范围限制，如所有取值、部分取值或至少有一个取值来自指定类的实例，对应于 WSDL 文档中的 Restriction 约束定义。对于一个空中目标，类 AirInfo 包含名字属性 hasName，该属性取值约束 allValuesFrom；TargetNam 规定了 AirInfo 类所有实例的名字属性 hasName。hasName 取值于 AirName 类的实例，基数约束 Cardinality：1 表明每个对象只能有一个名称。

数据约束模型中，多个数据及属性之间的约束关系由 Rules 定义。同一数据不同属性之间存在着约束关系。例如，某控制系统一个流程的结束时间字段必须大于开始时间字段，即对于 ControlProcess 类的任意一个实例，属性 StartTime 的取值小于 EndTime 的取值。该约束关系的简化规则语言 SWRL 表述为

$$\text{ControlProcess}(?x) \wedge \text{StartTime}(?x\,?\text{start}) \wedge \text{EndTime}(?x, ?\text{end})$$
$$\rightarrow \text{swrlb}:\text{lessThanOrEqual}(?\text{start}, ?\text{end})$$

不同数据属性之间同样存在着约束关系。例如，空中目标探测系统对探测获得的目标坐标值 (X,Y,Z)，计算获得目标距离，该距离不大于探测系统的探测范围，探测距离 DetectDistance 类的实例取值不大于探测范围 Distance 类的实例。该约束关系的简化规则语言 SWRL 表述为

$$\text{DetectDistance}(?x) \wedge \text{DetectDistance}(?y) \wedge \text{Distance}(?x, x_x) \wedge \text{Distance}(?x, x_y) \wedge \text{Distance}(?x, x_z)$$
$$\wedge \text{Distance}(?\text{yDistance}) \rightarrow \text{swrlb}:\text{lessThanOrEqual}(?\text{distance}(x,y,z), ?\text{distance})$$

7.4　服务实体测试

7.4.1　软件行为建模

7.4.1.1　测试过程模型

服务包括无状态服务和有状态服务两类。无状态服务对单次请求的处理不依赖于其他请求，服务器不存储任何信息，处理一次请求所需信息要么包含在该请求中，要么从外部获取，即服务运行的实例不会在本地存储持久化数据，多个实例对于同一请求，其响应结果完全一致。所以说，对于无状态服务，仅需独立测试其各个操作即可。

有状态服务的实例则是将一部分数据随时备份，在创建一个新的有状态服务时，通过备份恢复数据，实现数据持久化，操作的执行结果取决于服务已执行过的操作及被调用次序，即取决于服务所收到的消息序列，不同操作序列会导致服务进入不同数据状态，可验证状态服务的行为。对于有状态服务，操作序列测试尤为重要。

对于服务测试，一般包括单个服务测试（无状态服务测试）、操作序列测试（有状态服务测试）以及服务组合测试两个层次。单个服务实体测试类似于传统的单元测试，服务组合测试则类似于传统的集成测试。在统一的测试过程模型框架下，服务实体测试过程同样被划分为测试策划、测试设计、测试执行和测试总结四个阶段。

测试策划及测试总结，同传统测试过程模型无本质差别，在此不赘述。测试执行阶段，载入并执行测试用例，驱动测试，这同传统软件测试大同小异。但是，在这个阶段，需要基于变更影响分析、路径长度优先分析、服务数量及组合优先分析、关键度优先分析，分析判断服务及组合的覆盖情况。SOA 系统测试过程中，测试设计是重点。通常，将 SOA 测试设计分解为软件行为模型构建、模拟操作输入及测试用例设计三个阶段。如何构造测试用例则取决于软件行为建模。服务实体测试过程模型如图 7-19 所示。

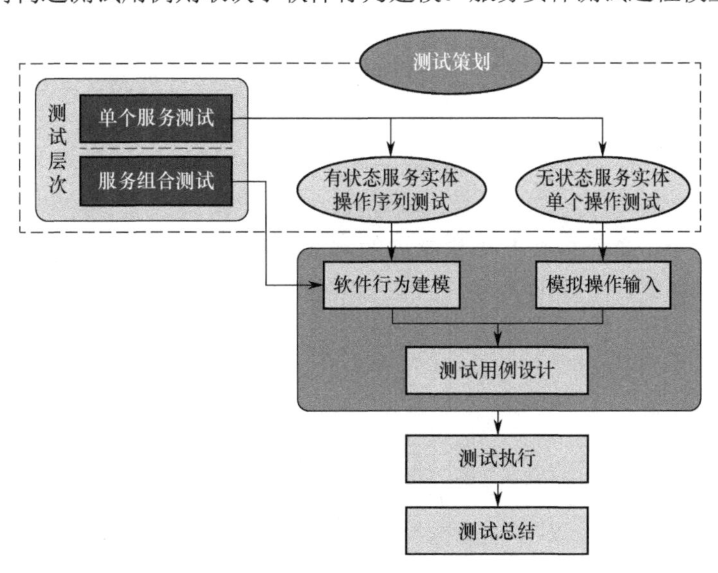

图 7-19　服务实体测试过程模型

7.4.1.2　软件行为模型构建

软件行为模型用于模拟软件行为及其功能性能、内外接口、操作使用、运行流程等，枚举所有输入/输出，构建可能的输入序列。常用逻辑驱动测试模型包括控制流图、数据流图、程序输入 / 输出依赖图等，FSM、EFSM、petri 网、马尔可夫链等是常用数据驱动测试模型，选取标准是软件行为模拟及结构描述的准确度，测试模型是否包含测试用例生成所需的全部信息，从测试模型获取测试用例的难易程度，模型改进的难易程度及自动化程度等。

7.4.2 测试框架

根据扩展 WSDL 的定义，建立基于输入/输出依赖关系以及服务间调用序列、并发序列、功能层次关系的扩展机制，以增强描述能力，支持服务实体测试。清华大学白晓颖等人将服务实体测试用例生成划分为四个层次。基于 WSDL 的服务实体测试层次结构模型如图 7-20 所示。

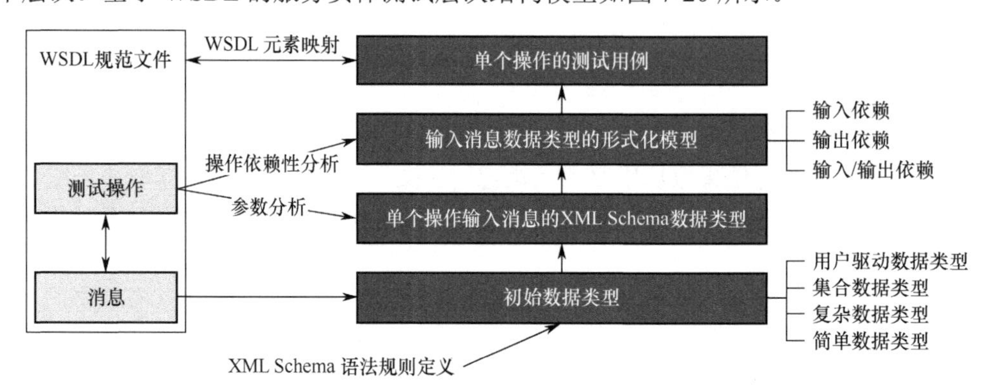

图 7-20　基于 WSDL 的服务实体测试层次结构模型

基于 WSDL 的服务实体测试层次结构模型考虑了简单数据、复杂数据、集合数据及用户驱动数据四种数据类型。模型中，测试数据从 WSDL 的消息定义中获取，通过消息参数信息生成测试操作，通过操作依赖性分析生成操作流，将测试用例编码到 XML 文件中，生成测试规格以进行操作序列测试。将服务实体的测试进行细分及扩展，构建基于服务化描述语言的服务实体测试框架。该框架对应于单个服务测试和服务组合测试，包括静态缺陷检测、无状态服务实体单个操作测试、有状态服务实体操作序列测试三个层次。

在该框架下，根据服务实体所提供的服务化描述语言文档进行静态缺陷检测，检出编码实现、语法规则、逻辑结构、标签信息缺失、功能实现、业务流程编排等错误。通过解析及基于模型的 XML 格式检查，测试 XML Schema 同 XML 规则库的一致性、符合性和适配性。对于 BPEL 文档，流程运行即验收测试之前，检出流程设计问题。通常，服务代理者及服务请求者只能获得服务实体的规格文档，只能进行功能性验证。对于单个操作及操作序列的测试，可以分别采取可变力度组合测试和基于接口契约的方法生成测试用例集，进行用例约简。由此，构建如图 7-21 所示的基于服务化描述语言的服务实体测试技术框架。

7.4.3 静态缺陷检测

服务实体的功能、QoS 属性等信息通过服务化描述语言暴露给服务消费者，服务消费者通过远程调用，消费服务。因此，不仅需要针对文档结构及功能表述对服务化描述语言进行文档测试，还需验证服务的功能和 QoS 是否符合需求。

7.4.3.1 服务实体的静态测试

SOA 具有 WSDL、SOAP、UDDI、BPEL 等服务化描述语言，对外提供描述文件，而服务化描述语言及服务均为被测对象。WSDL 用以描述如何访问具体接口，SOAP 用以描述信息传递格式，UDDI 用于 Web Service 管理、分发和查询。

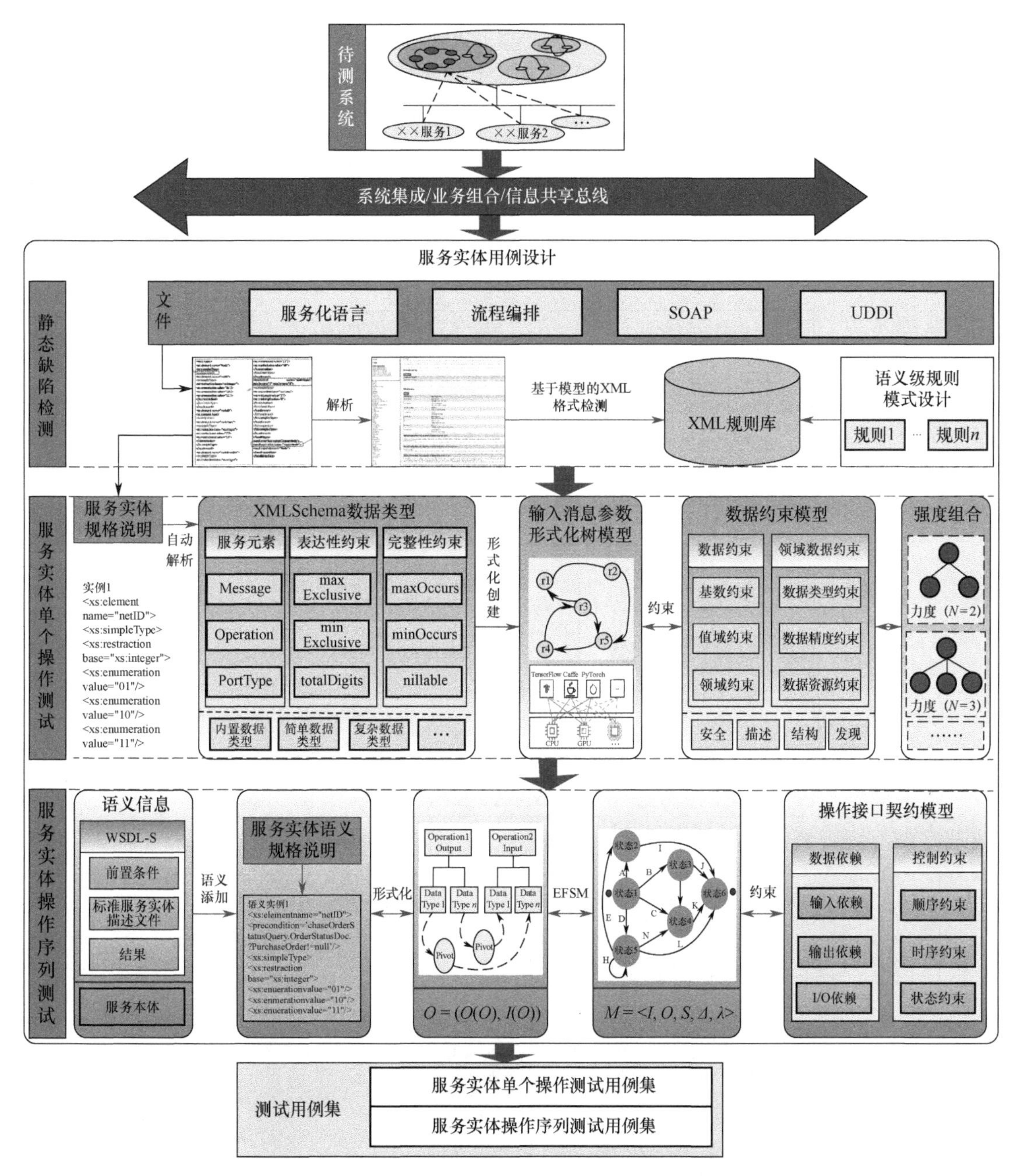

图 7-21　基于服务化描述语言的服务实体测试技术框架

同单元测试一样，服务实体测试包括静态分析和动态测试。静态分析旨在验证服务化描述语言的元素结构、取值正确性、元数据应用领域、数据类型、数据精度等是否满足数据元素的描述和表示要求及其用户需求。首先，根据 XML 语法、格式及服务化描述语言的结构要求，设计命名空间错误、变量类型错误等典型缺陷模式；其次，将服务化描述语言中的标签元素映射为对象及属性，构造面向对象的文档对象模型（Document Object Model，DOM）树；最后，遍历 DOM 树并逐一与缺陷模式进行匹配，验证服务化描述文件中功能描述的正确性、一致性和完整性。服务的静态测试方法如图 7-22 所示。

1. 服务化描述语言结构

WSDL 文档详细描述了服务的位置及所包含的操作、方法、服务调用等信息，扩展 WSDL 文档则增加了约束条件、内置数据类型、简单数据类型和复杂数据类型。内置数据类型包含字符串、小数、整数、布尔、日期、时间等数据类型；简单数据类型由用户定义，也可以通过在内置数据类型中增加 restriction 或其他简单数据类型获取，通过<xs：simpleType>将其标识为简单数据类型；复杂数据类型子元素之间存在 Sequence、Choice、all 三种指示符，由<xs:complexType>进行标识。Sequence 定义的子元素在 XML 中必须出现，按照 Schema 定义的顺序执行；Choice 定义的子元素必须出现且只能出现一次，类似于枚举类型；all 定义的子元素必须出现，但与顺序无关，内部声明元素 maxOccurs 的属性值不能设置为大于 1 的数值。简单数据类型元素与内置数据类型元素之间存在表达性约束关系，复杂数据类型元素与其子元素之间存在完整性约束关系。这里，给出图 7-23 所示服务化描述语言的实例文件，以说明服务化描述语言的结构及其静态特征。

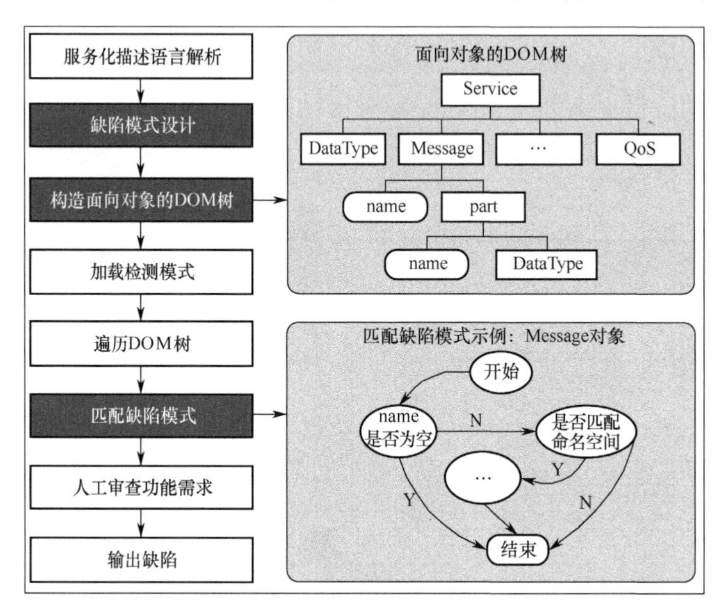

图 7-22　服务的静态测试方法

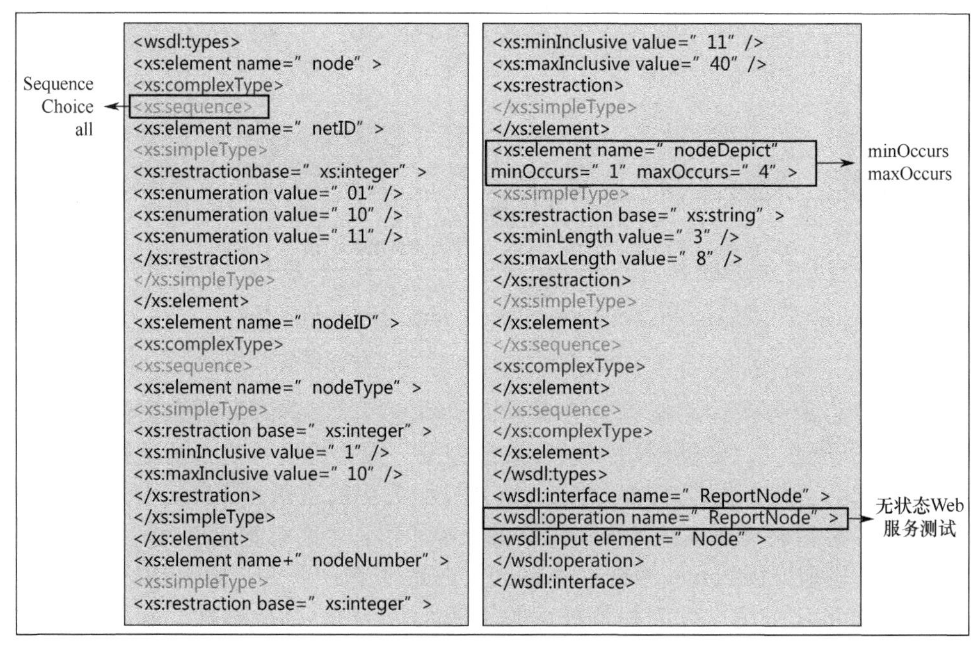


```
<wsdl:types>
<xs:element name=" node" >
<xs:complexType>
<xs:sequence>
<xs:element name=" netID" >
<xs:simpleType>
<xs:restractionbase=" xs:integer" >
<xs:enumeration value=" 01" />
<xs:enumeration value=" 10" />
<xs:enumeration value=" 11" />
</xs:restraction>
</xs:simpleType>
</xs:element>
<xs:element name=" nodeID" >
<xs:complexType>
<xs:sequence>
<xs:element name=" nodeType" >
<xs:simpleType>
<xs:restraction base=" xs:integer" >
<xs:minInclusive value=" 1" />
<xs:maxInclusive value=" 10" />
</xs:restration>
</xs:simpleType>
</xs:element>
<xs:element name+" nodeNumber" >
<xs:simpleType>
<xs:restraction base=" xs:integer" >
<xs:minInclusive value=" 11" />
<xs:maxInclusive value=" 40" />
<xs:restraction>
</xs:simpleType>
</xs:element>
<xs:element name=" nodeDepict"
minOccurs=" 1" maxOccurs=" 4" >
<xs:simpleType>
<xs:restraction base=" xs:string" >
<xs:minLength value=" 3" />
<xs:maxLength value=" 8" />
</xs:restraction>
</xs:simpleType>
</xs:element>
</xs:sequence>
<xs:complexType>
</xs:element>
</xs:sequence>
</xs:complexType>
</xs:element>
</wsdl:types>
<wsdl:interface name=" ReportNode" >
<wsdl:operation name=" ReportNode" >
<wsdl:input element=" Node" >
</wsdl:operation>
</wsdl:interface>
```

图 7-23　一个服务化描述语言的实例文件

元数据包括安全类、描述类、结构类和发现类四种类型。元数据类型及定义如表 7-1 所示。

通过 minOccurs、maxOccurs、minInclusive、maxInclusive 标签元素描述复杂数据子元素之间由 Sequence、Choice、all 关系指示符定义的约束关系。服务化描述语言根据节点之间以及节点和数据类型之间的关系，将约束分为完整性约束和表达性约束，这两类约束又分为边界约束和非边界约束。数据约束关系如表 7-2 所示。

表 7-1　元数据类型及定义

编　号	数 据 类 型	定　义	说　明
1	安全类 securityCategory	描述数据资源的安全等级、密级及相关内容	信息或数据密级取值范围为“绝密、机密、秘密、非密”
2	描述类 descriptionCategory	描述数据资源的内容、名称、标识、类型等	资源使用限制的取值范围为“隐私权、知识产权、著作权”
3	结构类 structureCategory	描述数据资源存储类型及存储环境等物理特征	资源存储类型的取值范围为“0”表示结构化；为“1”表示非结构化
4	发现类 discoveryCategory	描述数据资源的获取途径，如数据资源的访问信息	资源访问信息为 URL 串，记录能够访问到资源的访问信息

表 7-2　数据约束关系

数据约束关系	约 束 类 别	约束关键字
数据类型间约束	完整性约束	unique,maxOccurs,minOccurs,nillable,use
	表达性约束	length,maxExclusive,maxInclusive,maxLength,minExclusive,minInclusive,minLength,totalDigits,fractionDigits,pattern,whitespace, enumeration
边界划分约束	边界约束	maxOccurs,minOccurs,length,maxExclusive,maxInclusive,maxLength,minExclusive,minInclusive,minLength,totalDigits
	非边界约束	enumeration,use,fractionDigits,pattern,nillable,whitespace,unique

2. 基于需求规格的服务化描述语言扩展

WSDL 中，将服务访问及消息抽象定义从具体服务部署或数据格式绑定中分离出来，以对抽象定义进行再次使用，用于特定端口类型的具体协议和数据格式规范构成了能够再次使用的绑定。将 Web 访问地址与可再次使用的绑定关联，定义一个端口，端口集合则定义为服务。WSDL 文档在 Web 服务定义中使用 types、message、operation、portType、binding、port 及 service 等元素描述服务实体的相关信息。types 是数据类型定义容器，message 使用 types 所定义的类型定义消息数据结构，这两个元素是测试数据生成的主要来源。服务实体可能要求在实现某项操作时，用户输入的某些数据必须满足特定的取值范围，但使用 types 定义的类型缺少对类型的约束定义，且 XML 本身具有可扩展与灵活性，WSDL 文档 Types 部分的定义描述十分抽象，缺少一定的语义限制，只有开发者才明确知道参数的取值限制，使用者无法完全了解服务的正确使用方式，这为测试用例设计带来了不便。这里，给出一个服务实体 CallService 的服务化描述文档的 Types Schema 示例。

```
<wsdl : types>
      <schema targetNamespace = “http: //<allservice . Webservice. Com ”>
            < element name = “getCall”>
                  <complexType>
                        <sequence>
                              <element name “Call_number” type = “xsd : string ” />
                        </ sequence >
                  </ complexType >
            </ element >
      </ schema >
</wsdl :types>
```

该示例展示了一个未经语义扩展的服务化描述语言文档，元素 Call_number 的类型为 string。而实际上，相关元素只允许填入一个格式为“0+11 位手机号码”的 12 位字符串，才能正常交互。根据 XML、WSDL、XML Schema 等规范，对 WSDL 中的 Types Schema 进行扩展，依据需求规格在 types 元素中添加 simpleType 元素，扩展服务化描述语言文档，描述输入数据类型的基类，添加的 simpleType 元素采用 XML Schema 中的类型描述，以便生成测试数据。XML Schema 中可以使用一些限制约束对数据类型进行限制，以满足实际应用需要。根据表 7-2 所列限制约束关系元素，对 WSDL 文档的 Types Schema，采取可扩展标记语言架构（Xml Schema Definition，XSD）的复合纯文本方式进行约束限制。基于扩展的服务化描述语言给出直观的使用说明，能够自动化批量生产有效的测试用例。依据需求规格及上述规则，对 CallService 扩展生成如下服务化描述文档。

```
<wsdl : types>
        <schema targetNamespace = “http: //<allservice . Webservice. Com ”>
                < element name = “getCall”>
                        <complexType>
                                <sequence>
                                        <element name “Call_number” type = “tns : enuml ” />
                                          // 将 string 类型用自定义类型 enuml 描述;
                                </ sequence >
                        </ complexType >
                </ element >
          <simpleType name = “enuml” >
            //对 enuml 约束：1. 用 restriction 限制内置类型；2. 用 enumeration 枚举有效值
                        <restriction   base = “string”>
                                <enumeration value = “01380013800”>
                        </ restriction>
                </ simpleType>
        </ schema >
</ /wsdl :types>
```

基于 CallService 扩展生成的服务化描述文档，使用者能够通过 SOAP 接口进行调用，并依据 WSDL 文档结构格式进行测试用例设计。

3. 服务化描述语言（WSDL）

WSDL 包括服务实体功能描述语言和组合服务流程编排语言。服务实体描述语言概念模型如图 7-24 所示。

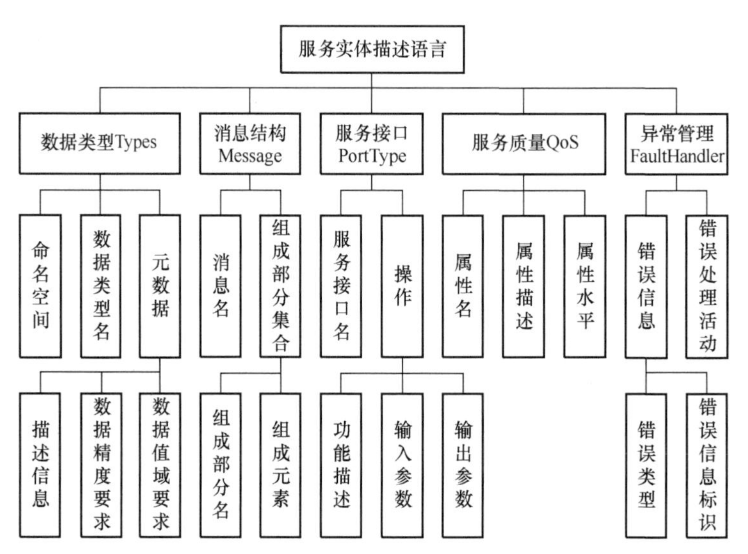

图 7-24　服务实体描述语言概念模型

WSDL 文档由抽象定义的顶部及具体描述的底部构成。XML Schema 是 XML 与 Web 服务架构的核心，XML 文件是其相应模式的一个实例。WSDL 通过 XML 文档给出 Web Service 标准，定义 Web Service 接口，描述服务功能、调用信息、通信协议、地理位置、与服务有关的操作、消息等内容，并说明如何调用服务。Type、Message、Operation、PortType、Binding、Port 及 Service 等元素是基于 XML 语法描述与服务进行交互的基本元素。

Type 是数据类型定义的容器，也就是使用 XML Schema 的 XSD 类型描述消息使用的数据类型；Message 是通信及消息数据结构的抽象类型定义，由一个或多个使用 Types 定义的数据类型或使用 XML Schema 基本数据类型定义的多个逻辑部分的 part 组成；Operation 对 WSDL 所定义的单向、请求–响应、要求–响应及通知等操作进行抽象描述；PortType 是特定端口类型的具体协议及其数据格式规范，用于描述接口访问所支持的操作集合，一个操作可以有多个输入和输出消息；Binding 是描述端口类型使用的协议及其对数据格式的绑定，是由端口类型定义的操作和消息指定的协议和数据类型结合；Port 定义单个服务访问点，即绑定和网络地址组合的单个端点，并给出绑定地址；Service 是描述端口逻辑分组，集成一组相关端口，即相关端口集合，包括关联的接口、操作、消息等。

将端口类型视为一个类，将消息视为一个函数调用所使用的参数，操作则可以看作是一个方法。端口类型、消息及操作描述调用 Web Service 的抽象定义。WSDL 元素信息如表 7-3 所示。

表 7-3　WSDL 元素信息

	元　素	实　例
服务描述语言	数据类型 Types	<types> <element name=“RecordTask”> … </element> </types>
	消息结构 Message	<message name=“TaskRequest”> <part name="part” element=“ns:Task”/> </message>
	服务接口 PortType	<portType name=“PortType”> <operation name=“RecordTask”> <input message=“tns:Request”/> <output message=“tns:Response”/> </operation> </portType>
	服务质量 QoS	<QoS name=“ResponseTime”> <operation name=“RecordTask”> … </operation> </Qos>
	异常管理 FaultHandler	<faultHandlers> <catch name=“RecordTask”> … </catch> </faultHandlers>

4．信息传输语言（SOAP）

SOAP 由封装、编码规则、RPC 表示及绑定四部分构成，是静态缺陷检测及编码规则检查的基础。SOAP 消息单向传输，提供标准的 RPC 方法调用 WebService，以请求/响应模式运行于 HTTP 及 SMTP、FTP 等传输协议，无须绑定到特定协议，即可调用 Web 服务中的一个或多个操作。但是，使用 RPC 在 DCOM、CORBA 等对象之间通信，可能产生兼容性、安全性问题。将 WSDL 从定义的细节中抽象出来，隔离通信协议，将 SOAP 转变为 SOA 选择的消息格式，将抽象接口绑定到 SOAP，完成与实现无关的接口服务。SOAP 消息就是一个包含 Header、Body 及 Fault 三部分的 XML 文档，并将其装入封套中。Envelope 与 Body 元素必须存在，Header 和 Fault 元素可作为可选存在。这里，通过如图 7-25 所示示例来说明 SOAP 的基本结构。

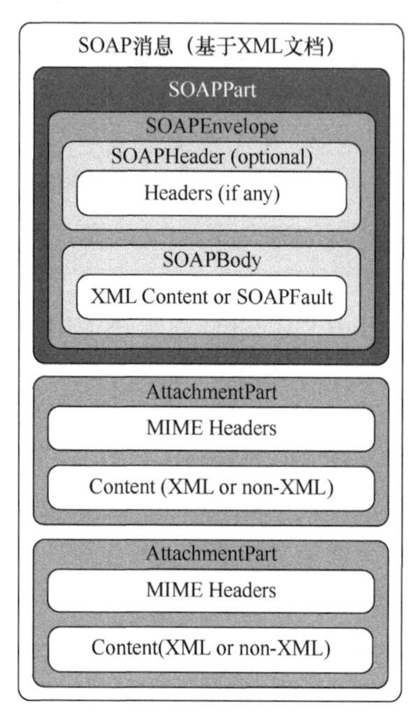


```
   <?xml version="1.0"?>
1  <soap:Envelope
2    xmlns:soap="http://www.w3.org/2001/12/soapenvelope"
3    soap:encodingStyle="http://www.w3.org/2001/12/encoding">
4
5    <soap:Header>
6      ...
7      ...
8    </soap:Header>
9
10    <soap:Body>
11      ...
12      ...
13      <soap:Fault>
14        ...
15        ...
16        </soap:Fault>
17      </soap:Body>
18    </soap:Envelope>
```

图 7-25　SOAP 的基本结构

5. 服务化注册语言（UDDI）

UDDI 是基于 XML 的跨平台、描述、发现、集成 Web Service 的技术规范，规定了访问协议标准及基于服务的分布式服务实体信息注册中心的实现标准，定义了服务实体的注册服务框架和发布方法，为服务实体的互操作和互调用奠定了基础，是 Web Service 协议栈的重要组成部分。

UDDI 包括 UDDI 数据模型、UDDI API、UDDI 注册服务三部分。UDDI 数据模型用于描述商业组织和 Web Service 的 XML Schema；UDDI API 是一组基于 SOAP 的用于查找或发布 UDDI 数据的方法；UDDI 注册服务是 Web Service 中的基础设施，相当于服务注册中心。UDDI XML Schema 定义了商业实体信息 businessEntity 结构、服务信息 businessService 结构、绑定信息 bindingTemplate 结构、技术规范信息 tModel 结构四种信息类型。UDDI 商务注册所提供的信息由白页、黄页和绿页三部分组成。图 7-26 给出了 UDDI 数据关系模型。

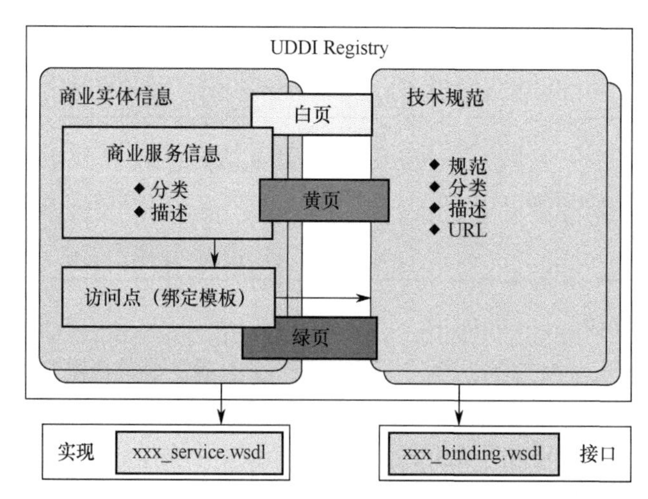

图 7-26　UDDI 数据关系模型

6. 业务流程编排语言（BPEL）

BPEL 是基于 XML 的一种高级、抽象、可执行的服务组合语言，通过 Web 服务定义，描述业务过程，在分布式计算环境中实现任务共享，协调服务执行。BPEL 将流程自身暴露为服务实体，通过 partnerlink、portType 和 operation 确定组合流程所需调用的外部服务，实现服务实体交互流程编制。

创建能完成 Web 服务调用，抛出故障或终止一个流程等活动，如果进一步将它们连接起来，能够创建更加复杂的流程。这些活动可以嵌套到结构化活动中。结构化活动定义活动的运行方式，如基于串列、并行以及取决于某些条件的活动方式。BPEL 的元素及活动关系如图 7-27 所示。

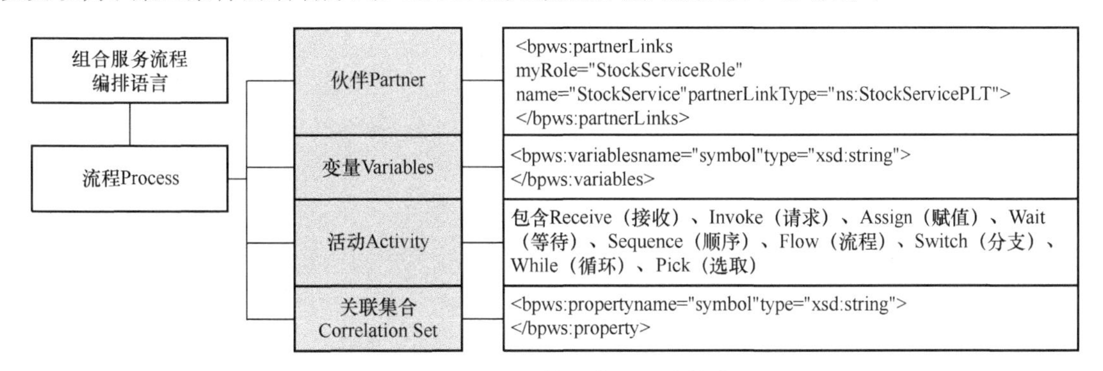

图 7-27　BPEL 的元素及活动关系

BPEL 使用变量传递并保存流程状态信息。变量数据类型可以是 XML Schema 内置的简单类型，也可以是 Schema element 或 WSDL message 类型，简单变量的叶子节点均是 XML Schema 元素类型。BPEL 流程实例的真假分支分别对变量的不同部分赋值，若流程沿着 if 的假分支执行，将引发变量未被初始化错误，但设计过程中往往难以发现这类错误。运行故障对于任何系统尤其是任务关键系统，无疑是致命的。

例如，变量未初始化虽然只是一个简单缺陷，但却极具代表性；死锁、数据竞争等运行故障对流程可靠性具有重大影响，尤其是对于复杂的流程，往往难以通过人工查找发现。流程部署之前进行静态分析十分必要，基于缺陷模式匹配的 BPEL 静态检测正是为了加速错误暴露而提出的。

7.4.3.2　缺陷描述

缺陷描述、定位、复现、确认、分类、处理及验证是消除错误、改进软件质量的重要过程活动，也是软件测试的根本任务。软件缺陷属性包括缺陷标识、缺陷类型、缺陷等级、缺陷来源、缺陷原因及缺陷优先级。

1. WSDL、SOAP、UDDI 缺陷

通过结构级检测，验证服务化描述语言文档是否符合 WSDL、BPEL 规范，是静态缺陷检测的主要内容。基于 Schema 模式文件的通用检测、基于 WSDL4j 包的 WSDL 文件检测、基于 org.eclipse.bpel.validator 包的 BPEL 文件检测是三种主要缺陷检测机制。WSDL、SOAP 及 UDDI 均存在着不满足 XML 格式和 Schema 规范的缺陷，是静态缺陷检测的重点。

对于 XML 格式问题，通常会发现无根元素、无关闭标签（如<message></message>）、属性必须加引号（如<message name="hehe"></message>）、对大小写敏感（如<messgae></Message>）、正确嵌套（如<message><part></message></part>）等问题。不满足 Schema 规范的情况更多，但不同情况下具有不同的表现形式，实际测试过程中，主要关注其是否满足如下规范：

（1）所有标签和属性在 Schema 中定义，如<definitions></definitions>中<type>元素必须是<message>之前被 Choice 规定的元素，且只能选择其中一个。

（2）所有 Schema 文件都有一个 ID，即 namespace。

（3）namespace 的值由 targetNamespace 指定，其值是一个 url。

（4）引入 Schema 规范、属性，xmlns 属性值对应于 Schema 文件 ID。

（5）如果引入的 Schema 非 W3C 定义，必须指定 Schema 文件的位置。

（6）Schema 文件位置：schemaLocation；属性值：namespacepath。

（7）如果引入 N 个约束，需要取 $N-1$ 个别名。

XSD 是基于 XML 模式定义的文件，用以描述 XML 文件应遵守的规则。通过对数据类型的支持，使用 XSD 描述文档内容、验证数据的正确性、定义数据约束和数据模型、在不同数据类型间转换数据，将是一件非常容易的事情。这里，给出如下 XSD 实例。

```
<? xml version="1.0" encoding = "UTF-8"? >
<schema xmlns = "http: // www.w3.org/2001/XMLSchema"
      targetNamespace = "http : // www.house.com/book"
      elementFormDefault = "qualified"

      <element name = " BOOKSHELF">
            <complexType>
                  <sequence>
                        <element name = "BOOK">
                              <complexType>
                                    <sequence>
                                    <element name = "TITLE" type = "string">
                                        <element name = "AUTHOR" type = "string">
                                        <element name = "PRICE" type = "string">
                                      </sequence>
                                    </complexType>
                              </element>
                        </sequence>
                  </complexType>
            </element>
      </schema>
```

2. BPEL 结构缺陷

评判一种测试理论是否成熟的重要标志之一就是测试对象是否具有明确的缺陷模式。缺陷模式和程序设计语言相关。BPEL 与 XML Schema 变量及 XPath 指定的所有条件和赋值操作紧密结合、相互依存，增加了流程复杂性。尤为关键的是，BPEL 位于服务实体之上，用以处理复杂业务场景，稍有不慎，便可引入顶层或结构性错误，导致死锁、数据竞争、变量未初始化等典型故障及一些不可预知的故障。这里，列举如下 BPEL 结构的部分缺陷模式，这是静态缺陷检测关注的重点。

（1）**未初始化变量**：使用一个变量或变量的某部分，如变量是 CV 类型时未被赋值。

（2）**变量子属性定位失败**：在<assign>函数或操作中，定位变量的某个属性时，找不到相应节点。

（3）**死锁**：并发执行活动循环等待，由于某些原因导致流程无法继续执行。

（4）**死循环**：循环条件不当，导致循环执行无法结束。

（5）**数据竞争**：并发执行的两个或多个活动之间，至少存在一个活动对同一个变量进行写操作。

（6）**循环完成条件冲突**：<foreach>活动中完成条件大于循环本身的执行条件限制。

（7）**link 非法使用**：link 链接的源操作和目标活动分别位于两个互斥分支上。

（8）**路径不可达**：例如，if 条件永远为 true，导致 else 分支永远得不到执行。

（9）**分支活动相同**：流程的不同分支执行相同活动，使流程行为难以理解。

鉴于 BPEL 的结构缺陷，业务流程不可避免地存在缺陷，且难以通过模型检测或动态执行检出。例如，BPEL 使用 XPath 对变量进行读写操作，或在条件中进行变量查询操作，提取数据或将数据复制到 XML 的元素中，这些元素结构复杂，难以确保所有操作的正确性。又如，link 用来同步并发执行中活动的同步操作，错误使用 link 结构，会导致流程不完整。

7.4.3.3　缺陷检测框架

根据服务实体使用的服务化描述语言，针对文档结构及功能表述进行静态缺陷检测，验证服务功能和 QoS 是否符合需求。构建一个基于模式匹配的服务实体缺陷检测框架，规范服务实体的测试流程，使得服务实体测试及缺陷检测在一致的对话平台上进行。服务化描述文档缺陷检测框架如图 7-28 所示。

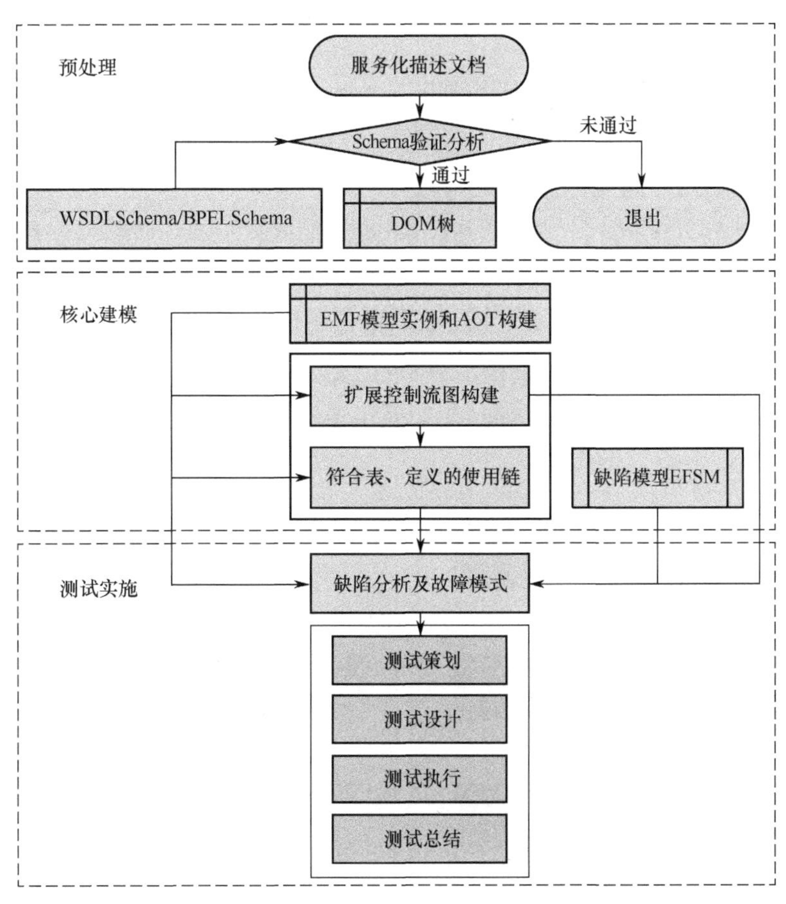

图 7-28　服务化描述文档缺陷检测框架

该框架由预处理、核心建模、测试实施三个部分构成。预处理是基于服务化描述文档，根据 WSDL Schema、BPEL Schema 等进行 Schema 验证分析，构建 DOM 树；核心建模是通过增强元文件（Enhanced-Meta File，EMF）模型实例化和预先编译（Ahead of TIME，AoT）构建，建立扩展控制流图及符合表和定义的使用链，通过缺陷模型进行缺陷分析和预测；测试实施包括测试策划、测试设计、测试执行和测试总结四个子阶段，其重点是测试设计。

7.4.3.4　静态覆盖准则

假设 SP 是程序集，SF 是规范集，D 是程序 P 的输入域，ST 是测试集即 D 的子集。将测试充分性准则 C 定义为

$$\mathrm{SP}\times\mathrm{SF}\times\mathrm{ST}\rightarrow\{\mathrm{true},\mathrm{false}\} \tag{7-6}$$

$C(P,F,T)=\mathrm{true}$ 表明对照规范说明 F，遵循测试准则 C，测试集 T 对测试程序 P 是充分的。在第 5 章，将逻辑覆盖作为通过准则，通过代码扫描，用语句、路径、分支等覆盖作为静态度量指标，用函数调用关系、行、分支、类、方法、语法分析树覆盖评价设计模型验证能力。

对于服务实体，引入 part、message、operation 及操作流四种覆盖准则，将 part 覆盖准则用于测

试用例生成，使所生成的测试数据能够达到约定的测试覆盖准则。服务实体测试覆盖准则如表 7-4 所示。

表 7-4　服务实体测试覆盖准则

准　则	要　求
part 覆盖	每个 part 引用一个数据类型，当该数据类型的某个子元素取无效数据 *T* 时，包含 *T* 的测试用例为 part 的无效测试用例；当所有子元素均取有效测试用例时，part 才能获得有效测试用例
message 覆盖	message 定义通信中使用消息的数据结构，包含一组 part 元素，当 message 中某个 part 元素取无效测试用例 *T* 时，包含 *T* 的测试用例为 message 的无效测试用例；当 message 中所有 part 元素均取有效测试用例时，message 才能取到有效测试用例；当 message 中只有一个 part 元素时，message 测试用例的有效性与该 part 测试用例的有效性等价
operation 覆盖	当单个 operation 描述一个访问入口请求 / 响应消息对，只有一个输入消息，且仅考虑输入消息而不考虑输出结果时，operation 覆盖准则与 message 覆盖准则等价
操作流覆盖	不考虑不同输入导致不同的下一步操作，操作流中的每个操作均取有效测试用例，即该操作流中所有操作均被成功执行时，该操作流才能被成功执行

7.4.3.5　基于 JARI-SOATest 的服务化描述文档静态测试

JARI-SOATest 一体化测试平台是一款由中国船舶工业软件测试中心研发的 SOA 测试平台，由测试设计前端(SOATest)、测试执行后端（TestAgent）以及用于部署待测服务实现、服务虚拟仿真的服务容器（SvcHost）三部分构成，如图 7-29 所示。

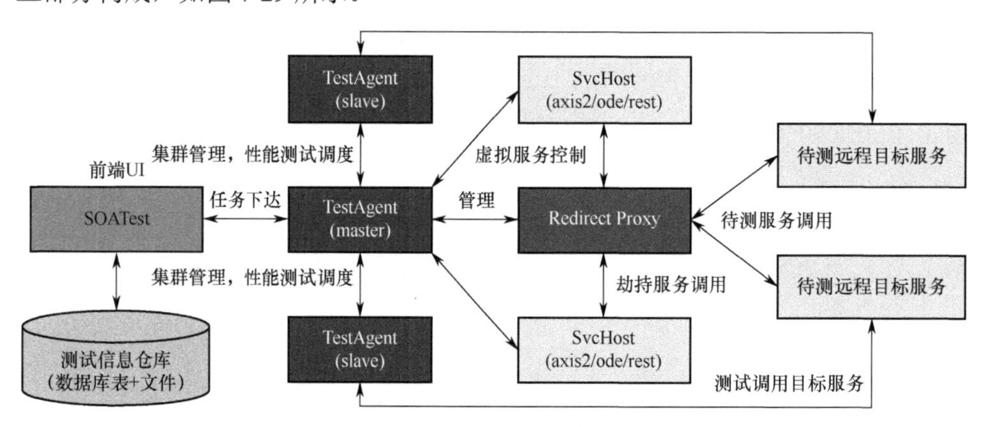

图 7-29　JARI-SOATest 一体化测试平台结构

JARI-SOATest 支持 Web Service 静态测试、功能测试、性能测试、故障注入及服务虚拟化以及 DDS 订阅–发布接口测试、Restful 服务测试。对于服务化描述文档的静态测试，其支持 WSDL、WADL、BPEL、SOAP、UDDI 等的格式规范验证、语义性规则检查及自定义规则检查。

根据被测服务，依次将服务所包含的 WSDL、SOAP、UDDI、BPEL 作为静态缺陷检测对象，进行实例验证。使用 JARI-SOATest 对某 SOA 系统进行静态检测，分别对 WSDL、SOAP、UDDI 和 BPEL 注入 16 类、4 类、6 类、25 类共计 120 个故障，根据检出的静态错误，进行统计分析，得到如表 7-5 所示静态分析结果。

表 7-5　某服务系统静态分析结果

被测文档	规范类别	缺陷数量	典型缺陷
WSDL	XML 格式	6 类 15 个	无根元素；namespace 不正确；属性未加引号；无关闭标签；大小写不规范；不正确嵌套
	WSDL 规范	10 类 24 个	WSDL namespace 声明缺失；targetNamespace 设置不正确；WSDL 的 restriction 限制不合理；message 名称缺失；具有唯一性要求的元素重复出现；schema 中 minOccurs、maxOccurs 设置不合理；message 中同时设置了元素和类型；Binding 中的 style 和 use 设置不正确；交叉链接信息不正确

续表

被测文档	规范类别	缺陷数量	典型缺陷
SOAP	SOAP 规范	4 类 18 个	缺少 Envelope 元素；缺少 body 元素；未使用 SOAP encoding 命名空间；未使用 SOAP Envelope 命名空间
UDDI	UDDI 规范	6 类 12 个	无根元素；大小写不规范；无关闭标签；元素名称存在有空格；属性缺引号；嵌套不正确
BPEL	XML 格式	7 类 26 个	未对 BPEL 文件的正确性进行检查；无根元素；无关闭标签；关闭标签不匹配；大小写不规范；属性未加引号；嵌套不正确；注释错误
	BPEL 规范	18 类 25 个	服务体中存在着多个顶层活动；condition expressionLanguage 错误；assign 的 name 错误；未对 assign 进行验证；未对 branches 进行验证；invoke 输入变量错误；invoke 中的操作无效；invoke 中接口 portType 不正确；invoke 中的 name 改变；invoke 中 partnerLink 不匹配；flow 活动的 link 同步未正确设置；No PartnerLinks；import 导入 wsdl 操作不正确；变量没有包含正确声明信息；variable name 不配套；对于唯一元素，不可以增加；无效的 BPEL 模式文件 URL；suppressJoinFailure 值错误

7.4.4　测试设计模型

7.4.4.1　单个操作测试

依据 XML 规范，通过 WSDL 文档产生测试数据，能够实现单个服务实体的功能性验证，但用例冗余度较高，约简之后则缺乏针对性，制约了错误检测及测试效率。基于组合测试及数据约束规则，根据服务实体单个操作的输入/输出，基于 WSDL 文档，建立形式化树模型，然后基于形式化树模型，采用组合测试方法，生成单个操作的最优测试用例集。

对于服务实体单个操作测试，需要为操作提供输入消息实例，即为操作提供测试用例，而输入消息的 XML Schema 数据类型决定了相应测试用例的生成，基于 XML Schema 数据类型生成测试用例，需要直观展现 XML Schema 数据类型的形式化模型。

将上述思想进行细化和抽象，构建如下服务实体单个操作测试流程。

（1）基于服务模型的形式化描述，解析 WSDL 构造，对输入消息的 XML Schema 数据类型进行建模；基于 Web 服务单个操作输入消息的形式化模型树，对 XML Schema 数据类型及约束刻面建模，从形式化模型树获取操作输入消息的测试用例。

（2）依据 WSDL 规格说明，构造基于输入消息数据类型的形式化模型树，生成输入消息测试用例算法。

（3）形式化模型树中，复杂数据子元素众多、组合复杂且形态持续演化，抽样测试风险不可避免。因为数据子元素具有可变力度组合特征，如果对强制约束进行子元素合并，重构输入空间，对非强制约束，建立可变力度组合模型，能够约简测试用例，提高组合覆盖率及空间分布均匀性。

（4）基于 One-Test-at-a-Time（OTT）策略及固定和可变力度组合测试方法，进行优先级排序。为避免优先级排序因素选取单一问题，对固定力度组合测试多重待覆盖率、测试用例失效率、测试用例重要度三个因素，分别赋以不同权重并进行排序；对于可变力度组合测试的局部组合覆盖率、测试用例局部失效率、测试用例局部重要度，分别赋以相应权重并排序，对优先级排序因素进行调整，实现测试用例的动态排序。基于数据约束模型的用例优选，通过模型定义服务数据在约束限制条件下的领域知识及数据场景信息，规定服务之间的数据依赖关系和控制依赖关系。

服务实体单个操作测试流程建立了因素集合与因素间的交互关系，展示了如何基于形式化模型树生成单个操作的测试用例。服务实体单个操作测试流程如图 7-30 所示。

7.4.4.2　模型及定义

（1）根据需求规格、扩展服务化描述语言文档，获取服务、操作及参数信息，将用户需求同服务实体融合，确保用户需求及质量要求向下传递，保持需求的一致性和可测试性；遍历服务实体中单个操作的输入参数，获取输入参数的结构类型，基于服务模型的形式化描述，建立形式化模型树。

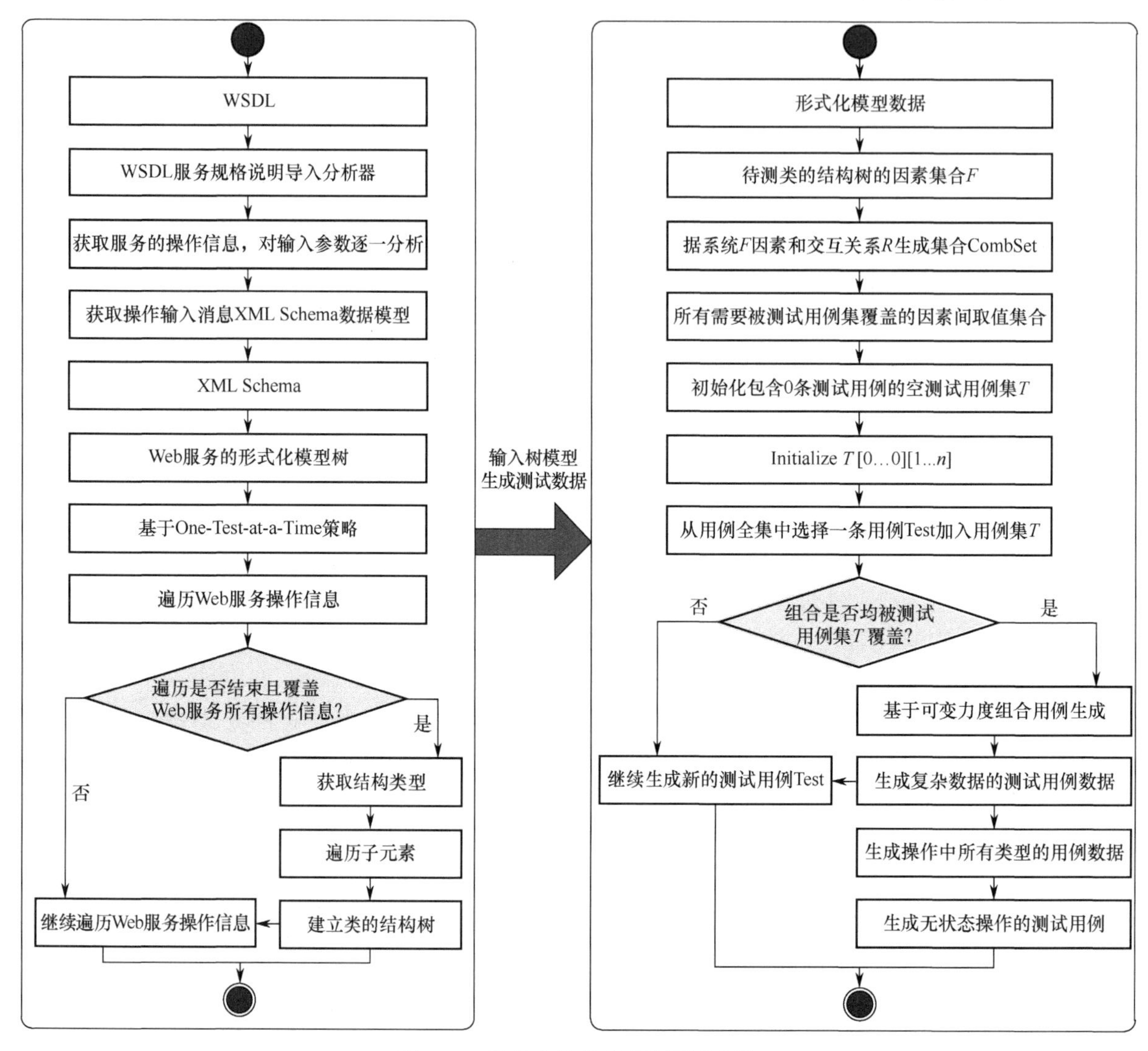

图 7-30 服务实体单个操作测试流程

（2）根据需求规格、数据类型、数据精度、数据资源等约束以及服务化描述语言的完整性及表达性约束关系，构建数据约束模型，描述数据元素之间的刻面约束关系，确定对特定输入元素的限制；描述XML Schema 复杂数据、简单数据、内置数据之间的结构关系，构建可视服务实体数据模型，生成基于服务化描述语言的单个操作测试用例。

（3）根据模型结构树中数据元素的子元素数量、元素间的交互关系力度及不同数据元素的取值组合，构建可变力度组合模型，对于组合测试中的非强制约束，无须覆盖其取值组合，直接忽略即可，而对于强制约束，通过重构输入区域、合并输入变量、修改测试用例等方式进行处理。

（4）考虑用户的非预期行为，在主要路径添加无效访问状态和无效迁移路径，形成数据元素因素的有限集合，根据因素之间的交互作用，构建可变力度组合模型，设计测试用例，覆盖给定的因素取值组合。通过定义模型测试生成的等价迁移和等价状态，合并迁移和状态，实现模型约简，生成服务实体单个操作的测试用例集。

上述服务实体单个操作模型构建流程可以直观地用图 7-31 展示。

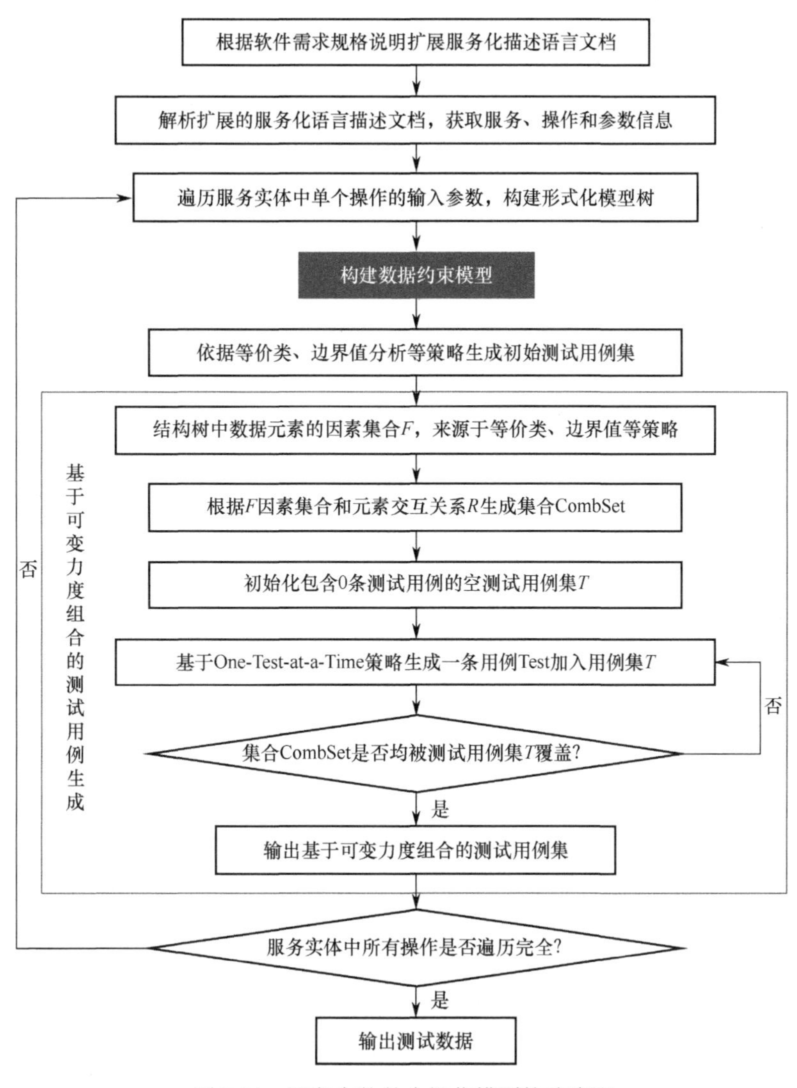

图 7-31　服务实体单个操作模型构建流程

7.4.5　测试数据生成

7.4.5.1　基于服务化描述文档的测试数据生成

1. 简单数据类型测试数据生成

简单数据类型测试数据由两部分构成：一部分是 WSDL 中未定义或未描述的元素，根据原始的 WSDL 描述生成测试数据，是基本数据类型测试数据；另一部分是在 WSDL 中已进行数据描述的元素，是根据带有刻面约束关系的 WSDL 描述生成的测试数据。简单测试数据生成流程如图 7-32 所示。

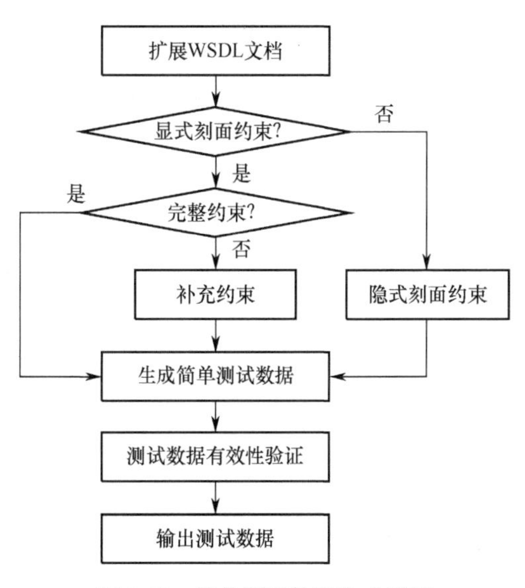

图 7-32　简单测试数据生成流程

1）基本数据类型测试数据生成

为保证测试数据检索的查全率和查准率，需要具有一定的松弛匹配能力。将传统数据库检索技术与同义词词典和刻面术语空间的层次结构结合起来，能够实现基于刻面描述的测试数据松弛匹配。但不同用例库的刻面分类方案可能完全不同，当跨越多个用例库进行查询时，通过刻面匹配，能够屏蔽不同测试数据刻面分类方案间的差异。刻面分类方案将刻面、子刻面分别映射为形式化树所对应的父节点及子节点，测试数据将描述术语映射为对应的叶子节点。刻面分类方案包括功能和环境两个主刻面，功能主刻面包括作用、对象、媒介三个子刻面，环境主刻面包括系统类型、应用领域、客户类型三个子刻面。通常，用刻面树表示刻面分类方案下描述的测试数据。刻面描述树是一棵倒二叉树。图 7-33 给出了一个测试数据刻面描述树示例。

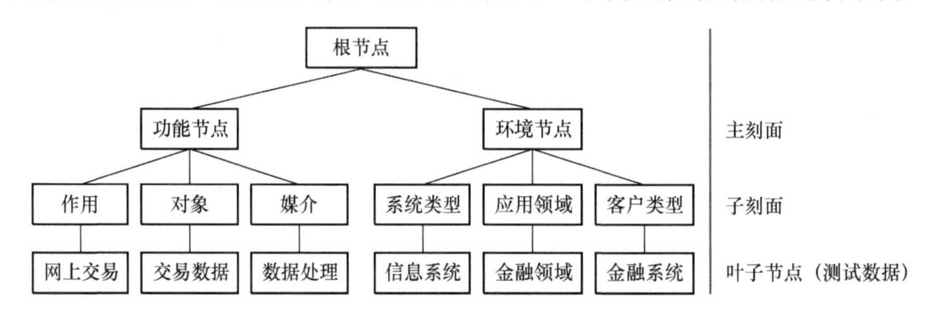

图 7-33　测试数据刻面描述树示例

上述刻面描述树，根节点是一个虚拟节点，父节点分别为功能节点和环境节点，作用、对象、媒介三个子刻面对应的子节点分别对应功能主刻面，即功能父节点，系统类型、应用领域及客户类型三个子刻面所对应的子节点分别对应于环境主刻面，即环境父节点。查询测试数据时，同样将其表示为一棵查询树，将查询中出现的主刻面名、子刻面名转化为相应层次的父子节点，将待查询刻面术语值映射为叶子节点。测试数据查询即转化为查询树与用例库中测试数据刻面描述树之间的匹配，即两棵树节点之间的映射关系。为得到不同类型的匹配，达到要求的匹配度，需要对两棵树之间的映射施加必要的约束条件。

根据基本数据隐式刻面约束关系及补充刻面约束关系，将测试数据划分为不同等价类；使用随机测试、边界值分析等生成基本数据类型测试数据集；向测试数据中添加不符合基本数据类型的测试数据和空值，补充测试数据，构成完整的测试数据集。而当基本数据类型为字符型时，将字符型数据的最大长度 max 和最小长度 min 作为一个补充刻面约束关系，补充测试数据，生成测试数据集。当基本数据类型为数值型时，直接利用基本数据类型生成完整的测试数据集。当基本数据类型为布尔型时，测试数据只生成 True、False 及 NULL 三个值。简单数据类型的测试数据如表 7-6 所示。

表 7-6　简单数据类型的测试数据

简单数据类型	测 试 数 据	含　义
字符型	Length(min−1)	字符长度为 min−1
	Length(min)	字符长度为 min
	Length(Random(min，max))	min 与 max 之间任意长度字符
	Length (max)	字符长度为 max
	Length(max+1)	字符长度为 max+1
	Random(int)	任意整型值
	NULL	空字符
数值型	min−1	数值 min−1
	min	数值 min
	Random(min，max)	min 与 max 之间的任意数值
	max	数值 max
	max+1	数值 max+1
	Random(String)	任意字符串
	NULL	空值
布尔型	True	真
	False	假
	NULL	空

2）含有约束关系的测试数据生成

当数据类型为派生类型时，首先，判断约束关系是否完整，若不完整则利用内置数据的隐式刻面约束和扩展补充约束将其补充完整；其次，根据完整的刻面约束关系，将测试数据划分为不同等价类，用边界值分析、随机测试等生成约束关系类型测试数据；再次，向测试数据添加相应测试数据和空值，补充完善测试数据，构造完整的测试数据集。布尔型数据有 True、False 两种取值，不存在刻面约束关系，直接生成测试数据，简单易行，在此不赘述。

这里，介绍当数据类型为字符型和数值型约束关系类型时，测试数据的生成方法。数据类型为字符型约束关系类型的测试数据生成如表 7-7 所示。

表 7-7　数据类型为字符型约束关系类型的测试数据生成

约 束 关 系	测 试 数 据
enumerative = {value1,⋯, value$N$}	CASE1 = value1 ； CASE2 = value2 ； ⋯； CASEN = value$N$ ； CASE(N+1) = Random(int) ； CASE(N+2) = NULL
约束为 min min < X < max	CASE1 = Length(min − 1) ； CASE2 = Length(min) ； CASE3 = Length(Random(min, max)) ； CASE4 = Length(max) ； CASE5 = Length(max + 1) ； CASE6 = Random(int) ； CASE7 = NULL
约束为 max min < X < max	CASE1 = Length(min − 1) ； CASE2 = Length(min) ； CASE3 = Length(Random(min, max)) ； CASE4 = Length(max) ； CASE5 = Length(max + 1) ； CASE6 = Random(int) ； CASE7 = NULL
具有显式约束上下限 min < X < max	CASE1 = Length(min − 1) ； CASE2 = Length(min) ； CASE3 = Length(Random(min, max)) ； CASE4 = Length(max) ； CASE5 = Length(max + 1) ； CASE6 = Random(int) ； CASE7 = NULL

在生成的测试数据中， min 、 max 为内置字符串类型的值约束， Random(value1, value2) 为产生在 value1 、 value2 间的随机字符串。当数据类型为数值型约束关系类型时，类似于表 7-7，得到如表 7-8 所示测试数据。

表 7-8　数据类型为数值型约束关系类型的测试数据生成

约 束 关 系	测 试 数 据
enumerative = {value1,⋯, value$N$}	CASE1 = value1 ； CASE2 = value2 ； ⋯； CASEN = value$N$ ； CASE(N+1) = Random(string) ； CASE(N+2) = 0
minInclusive ≤ X < max	CASE1 = minInclusive − 1 ； CASE2 = minInclusive ； CASE3 = Random(minInclusive, max) ； CASE4 = max ； CASE5 = max + 1 ； CASE6 = Random(string) ； CASE7 = 0
min < X ≤ maxInclusive	CASE1 = min − 1 ； CASE2 = min ； CASE3 = Random(min, maxInclusive) ； CASE4 = maxInclusive ； CASE5 = maxInclusive + 1 ； CASE6 = Random(string) ； CASE7 = 0
约束为 minExclusive minExclusive < X < max	CASE1 = minInclusive − 1 ； CASE2 = minInclusive ； CASE3 = minInclusive + 1 ； CASE4 = Random(minInclusive, max) ； CASE5 = max ； CASE6 = max + 1 ； CASE7 = Random(string) ； CASE8 = 0
约束为 maxExclusive min < X ≤ maxExclusive	CASE1 = min − 1 ； CASE2 = min ； CASE3 = Random(min, maxInclusive) ； CASE4 = maxInclusive − 1 ； CASE5 = maxInclusive ； CASE6 = maxInclusive + 1 ； CASE7 = Random(string) ； CASE8 = 0
具有显式约束上限和下限 min < X < max	CASE1 = min − 1 ； CASE2 = min ； CASE3 = Random(min, max) ； CASE4 = max ； CASE5 = max + 1 ； CASE6 = Random(string) ； CASE7 = 0

基于此 6 种约束关系所生成的每一项测试数据中， min 及 max 为数值型内置数据类型的值约束， Random(value1, value2) 为产生在 value1 、 value2 之间的随机字符串。

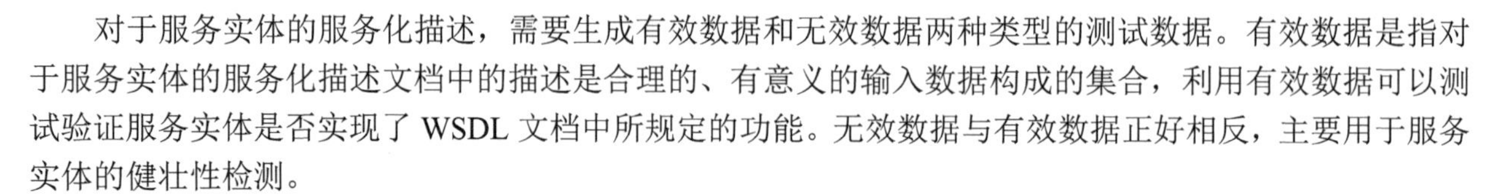

对于服务实体的服务化描述，需要生成有效数据和无效数据两种类型的测试数据。有效数据是指对于服务实体的服务化描述文档中的描述是合理的、有意义的输入数据构成的集合，利用有效数据可以测试验证服务实体是否实现了 WSDL 文档中所规定的功能。无效数据与有效数据正好相反，主要用于服务实体的健壮性检测。

2. *复杂数据类型的测试数据生成*

复杂数据类型测试数据生成之前，不仅要生成简单数据类型的测试数据，还要对简单数据类型的测试数据进行筛选，保证测试数据的有效性，减少测试数据数量。复杂数据类型的测试数据生成过程如图 7-34 所示。

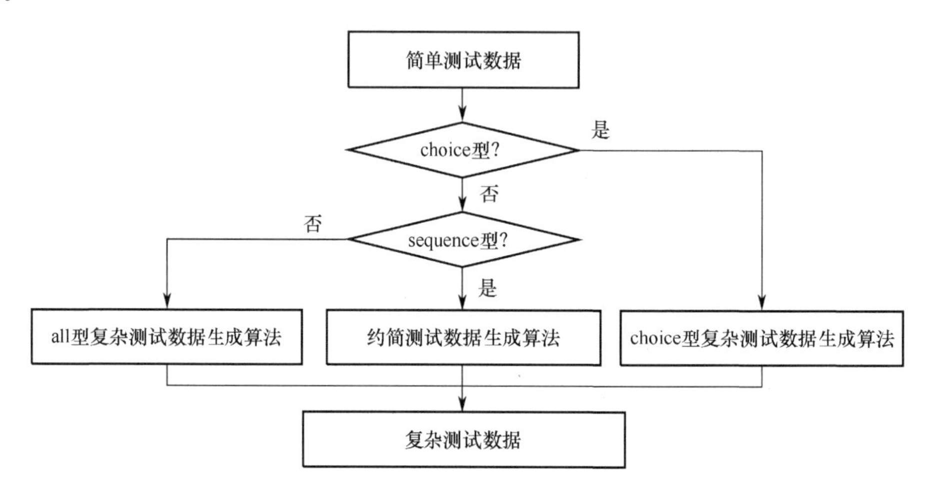

图 7-34　复杂数据类型的测试数据生成过程

对于复杂数据类型，子元素指示符取值为 sequence、choice、all 中的一种。如果存在 $d = \text{sequence}$，则该数据结构的每个子元素在实例文档中按定义顺序，必须且仅出现一次，将子元素的测试数据按定义顺序进行笛卡儿积式组合；若 $d = \text{choice}$，则实例文档中仅允许出现该结构中的一个子元素，将子元素的测试数据直接作为该数据类型的测试数据，每个测试数据只包含一个子元素的一个测试数据；若 $d = \text{all}$，则实例文档中该结构的每个子元素均以任意顺序出现或不出现，将选择之后的子元素的测试数据进行随机组合，组合后的测试数据可能只包含一个子元素的测试数据，也可能是多子元素的测试数据集合。

假设某 sequence 结构的复杂数据类型由 n 个子元素 $S_1, S_2, \cdots, S_n$ 组成，n 个子元素的初始测试数据的个数分别为 $N_1, N_2, \cdots, N_n$，若将这 n 个子元素的初始测试数据直接进行笛卡儿积式组合，需要 $N_1 \times N_2 \times \cdots \times N_n$ 个测试数据，并需要进一步约简。如果对子元素的初始测试数据进行筛选，子元素 S_1 的测试数据个数变为 $N_1 - 1$，那么就可以减少 $N_2 \times \cdots \times N_n$ 个测试数据。

7.4.5.2　基于形式化模型树的数据生成

1. *初始数据生成*

置空形式化模型树中的数据元素集合，通过 WSDL 文档解析出服务、操作、参数信息，获取数据类型节点 n，使得 $n_r = n_r \cup \{n\}$。在此基础上，建立节点数据模型算法 $\text{Generate}_{T(n)}$，生成初始数据。其流程如下：

（1）通过 WSDL URL 解析出服务、操作及参数信息，通过页面配置动态发布 Web 服务，然后根据单个操作数据元素构建形式化模型树。

（2）基于形式化模型树，制定刻面方案，确定主刻面、子刻面及隐式刻面约束和补充刻面约束关系，将主刻面、子刻面分别映射为模型树的父节点、子节点，将对应的描述术语映射为对应的叶子节点，实现刻面描述树与模型树之间的映射；对该映射施加不同的约束条件，得到不同类型的匹配；基于刻面分类方案描述的测试数据及用户定义规则，生成数据约束模型。

（3）根据形式化树模型和约束模型，对输入域进行等价类划分，生成基本数据类型测试数据集，然后从数据子集中选取具有代表性的数据作为测试用例。

（4）获取包括原始输入类型在内的内置数据类型集，根据所定义的表达性约束条件，选取数据类型的最小值和最大值，字符串长度的最小值和最大值，布尔型的 True 和 False 等因素的边界值。

（5）为每个简单数据选取正常值、异常值、边界值、空值进行赋值，根据完整性约束，生成初始测试数据集。

2. 测试数据生成

基于形式化模型树及初始数据生成流程，构建如图 7-35 所示的基于形式化模型树的测试数据生成算法 GetTestData(T)。

```
输入：形式化模型树 T(N,S,B,n_r,IC,RC,EE,ED)，数据约束集合 Constrains
输出：测试数据集 TestData
TestData=∅；//初始化 TestData
测试数据生成算法 GetTestData(T);
for each node 'm'in B and e(n,x,m)    //遍历模型树中每一个根节点
        GetData(n, Constrains);         //测试数据生成算法
end
测试数据生成算法 GetData(n, Constrains):
TD=∅；   //初始化复杂数据子元素测试用例集
if(Constrains==SimpleConstrain)
{
 while(x≠∅)
{
    根据数据约束集合 Constrains 中值域约束条件，利用等价类划分和边界值分析等方法
    生成测试数据 TestData，并放入因素数据集合 F;
    m=n;
    GetData(n, Constrains);
 }
}
else
{
    for each SubElement in n:
    TD.add(GetData(SubElement,Constrains));
    d=GetStructure(x);       //获取数据结构
    if(d==sequence)
    { TestData=GetSequenceData(TD);
        // 基于 sequence 规则，根据数据约束集合 Constrain 中的基数约束条件和数据结构
        类型，利用等价类划分和边界值分析等方法生成测试数据，并放入因素数据集合 F。}
    else if(d==choice)
    { TestData=GetChoiceData(TD);       //同上，基于 choice 规则生成测试数据}
    else{ TestData=GetAllData(TD);        //同上，基于 all 规则生成测试数据}
}
```

图 7-35　基于形式化模型树的测试数据生成算法

基于形式化模型树 $T(N,S,B,n_r,\text{IC},\text{RC},\text{EE},\text{ED})$ 及数据约束集合 Constrains，将测试数据置空 TestData $=\varnothing$，完成 TestData 初始化，遍历模型树的每一个根节点，生成基于约束集合的测试数据集。如果数据约束集合 Constrains 由简单数据元素构成，且复杂数据子元素测试数据集不为空，根据 Constrains 中值域的约束条件，生成测试数据 GetData(n,Constrains)，放入因素数据集合 F 中。获取数据结构，对于每一个子元素，增加基于 Constrains 的子元素测试数据 GetData(SubElement,Constrains)，分别将其赋值为 sequence、choice、all 中的一种，然后根据 Constrain 中的基数约束条件和数据结构类型，利用等价类划分和边界值分析等方法生成测试数据，放入因素数据集合 F，生成测试数据集。

7.4.5.3 测试数据的 XML 描述

使用 XML 描述测试用例，生成包含测试数据生成时间、测试人员姓名、测试数据所属服务地址、测试数据所属操作、测试数据所属端口、测试数据输入参数、测试数据所属消息、复杂数据类型名、测试数据编号、子元素名、测试数据有效性等信息，便于测试用例查找、重用和维护。

测试数据生成时间为系统时间，测试人员姓名则由测试人员手工输入，测试数据编号按序列自动生成，特殊编号需要人工输入，测试数据有效性在测试数据生成时根据刻面约束进行自动判断。其他信息均在测试数据生成时自动提取。

7.4.5.4 测试数据优化

基于形式化模型树的测试数据生成算法 GetTestData(T)，得到的服务实体单个操作初始测试数据，可能存在无效数据及较高的冗余度，影响测试的有效性和可信性。基于数据元素的交互关系，通过组合测试和数据约束规则进行数据优选，优化测试数据。服务实体测试数据优化方法及流程如图 7-36 所示。

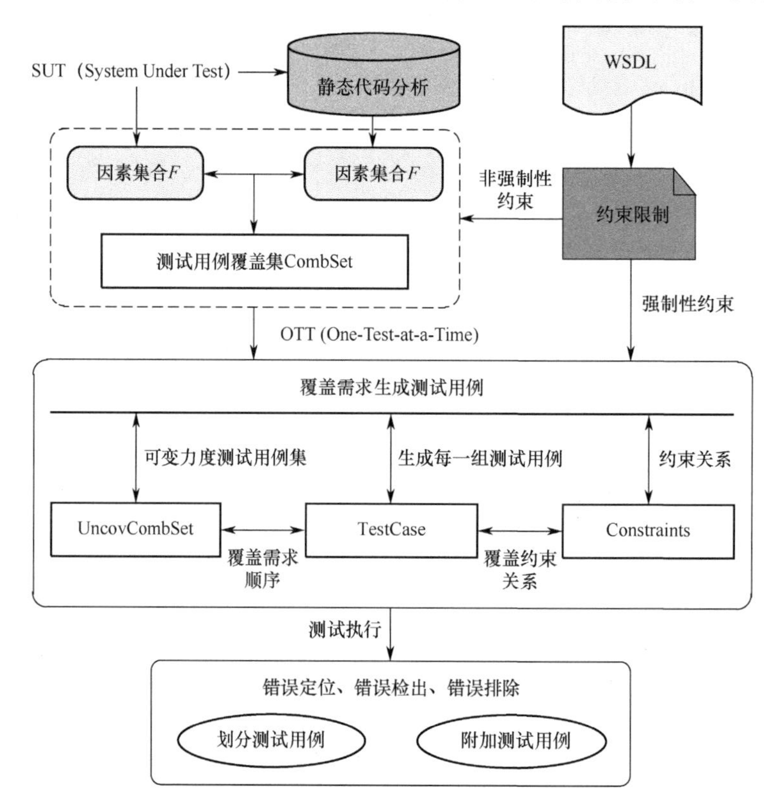

图 7-36 服务实体测试数据优化方法及流程

1. 基于可变力度的组合测试用例生成

基于可变力度组合测试模型、领域数据约束模型、形式化树模型及交互关系，由形式化树模型，自底层向高层逐条生成形式化树模型中复杂数据的测试组合用例集。

领域数据约束模型 DataConstrain = Cardinality, ValueRange, Rules 是基于规则约束和形式化树模型中元素的约束关系建立的。Cardinality 为形式化树模型 T_n 中的基数约束；ValueRange 为形式化树模型 T_n 中的值域约束；Rules 为规则约束。基于可变力度组合测试模型，组合测试用例集 Test 生成过程如下：

第一步，设置迭代 m，令 $m=1$。

第二步，标记形式化树模型 T_n 中第 m 层复杂数据子因素集合 F_m 和子元素之间的关系 R_m。

第三步，设置迭代 l，令 $l=1$，初始化测试用例集 $\text{Test}_m=\varnothing$，根据子因素集合 F_m 和子元素之间的

交互关系 R_m，生成所有需要被测试用例覆盖的因素间取值组合的集合 CombSet_m；从测试用例全集 T_{all} 中选择测试用例 Test_l 加入到 Test_m 中，令 $l \leftarrow l+1$，重复该过程，直至 CombSet_m 中所有因素间取值组合均被测试用例集 Test_m 覆盖为止，生成 m 层复杂数据的基于可变力度组合测试用例集 Test_m。

第四步，将用例集 Test_m 代表的复杂数据作为一个新数据因素加入子因素集合 F_{m+1} 中。

第五步，将复杂数据用例集匹配为一个整体元素作为其他复杂数据元素的子元素，将子因素集合 F_{m+1} 中所包含的测试用例集 Test_m 中子因素的因素组合剔除。

第六步，令 $m \leftarrow m+1$，重复第二至第五步，直至遍历到形式化树模型 T_n 的根节点为止。

第七步，对 Test 中的受限组合测试用例进行克隆，将克隆后的测试用例中的受限组合因素用该因素的取值范围内符合约束规则的值取代，生成最优测试用例。取代后的测试用例无受限组合出现，且保持对合法组合的覆盖。

2. 基于 OTT 策略的组合测试用例生成

基于初始数据及数据因素，根据 OTT 策略生成基于组合测试的测试用例集，定义系统的因素集合 F 及交互关系 R，生成集合 CombSet，使其包含所有需要被测试用例集覆盖的因素间取值集合，通过生成每一条用例来建立测试用例集。基于 OTT 策略的组合测试用例生成算法如图 7-37 所示。

输入：WSDL单个操作中因素集合*F*，因素交互关系*R*
输出：可变力度组合测试用例集
CombSet=∅； //初始化所有需要被测试用例集覆盖的因素取值组合
Initialize *T*[0...0][1...*n*]； //初始化一个矩阵***T***作为测试用例集
根据*F*和*R*生成集合CombSet；
UncovCombSet=CombSet；
当UncovCombSet≠∅时，生成一条测试用例test，将其加入测试用例集*T*；
更新UncovCombSet，删除其中已被test覆盖的组合；
终止循环。

图 7-37　基于 OTT 策略的组合测试用例生成算法

基于形式化树模型数据的特殊性，首先在复杂数据内部生成可变力度的测试用例集，然后将复杂数据视为一个新元素，根据交互关系生成单个操作的测试用例集。具体步骤如下：

第一步，寻找形式化树模型中复杂数据子元素的因素集合 F_0 及其元素间的交互关系 R_0。

第二步，通过 OTT 策略生成基于可变力度组合测试用例集 T_0。

第三步，将测试用例集 T_0 整体视为一个新数据因素，加入到原始因素组合 F 中，剔除 T_0 中复杂数据子元素的因素组合。

第四步，当所有复杂数据生成测试用例集 T_0，构成一个新元素后，迭代使用 OTT 策略生成测试组合用例集 T。

3. 基于约束的测试用例集改进

使用组合测试，大幅约简了测试用例，但某些测试用例组合的取值组合可能受到强制性约束，这将对错误检测能力产生显著影响。对此，基于约束规则，在减少测试用例的同时，对所获取的测试用例集进行改造，通过约束关系，找到测试用例集中的受限组合，对已有测试用例中包含受限组合的测试用例进行克隆，对克隆得到的测试用例中含有受限组合的位置进行变更，使其不再存在受限组合。

7.4.6　单个操作基本测试用例生成

7.4.6.1　测试数据生成

1. 随机测试数据生成

基于参数的数据类型、限制及数量要求，生成满足要求的随机测试数据。在支持基本数据类型随机测试数据生成的基础上，进一步提供复杂数据类型生成测试数据的能力。随机测试数据生成方法如下。

（1）**整数类型**：在无限制的情况下，通过随机数发生器生成任意整数，如果限定了整数的上、下边界，则在确定的边界范围内随机取值。

（2）**字符串类型**：随机生成字符串的长度，若限定了字符串的长度范围，则生成符合要求的长度；通过循环，从候选字符集中随机选择字符进行填充，构造一个完整的随机字符串，生成测试用例。某些情况下，用户可能通过界面或 WSDL 指定一个字符串模式（正则表达式），使用模式生成器生成匹配模式字符，无须通过字符逐一填充，以保证字符串的整体构造满足正则表达式要求。

（3）**枚举类型**：从 WSDL 文档中获取参数的枚举范围，从枚举范围内选择一个枚举值生成测试用例。

（4）**时间日期类型**：将时间、日期转化为长整数后随机生成，将生成的长整数重新映射回时间、日期格式。

（5）**二进制数据类型**：将二进制数据当作一种特殊字符串，以类似字符串处理方式生成随机值。

随机测试数据生成过程中，需要对历史数据进行比较，确保不同批次数据不重复，避免测试冗余。为了保证测试数据的合理性，在测试数据生成之前，读取 WSDL 描述信息，提取限定信息（XSD restriction）。限定信息规定了字符串候选的枚举值、字符串模式及数值类型的上、下边界等信息。当然，可以对这些信息进行调整，将调整后的限定数据传递给测试数据生成器，在限定要求下，生成随机数据。这一过程可以简述为 WSDL 文档解析，参数限定，通过页面呈现，对参数名、参数类型、限制进行编辑，生成随机测试数据。

2. 边界测试数据生成

现行 SOA 测试工具大多内置了一组易于造成错误的边界数据，能够生成整数、浮点数、时间日期、字符串、二进制数据、URL 等边界测试输入。首先，根据用户限定的数据范围，对内置边界值进行过滤，去除不在指定范围内的数据，比如限定某个整数的取值范围为(0,256)，那么 16、32、64 位整数的上、下边界需要从候选测试数据中过滤掉。然后，将用户给定数据范围的两端，加入到候选边界值表中。同样，假设限定范围为(0,256)，则需要将 1 和 255 加入到边界数据中。在此基础上，可根据测试数据需求，随机地从一组边界池中选择测试数据，获得满足要求的测试数据集。

字符串边界数据生成大相径庭。生成上述边界时，首先生成一个边界字符串长度，如 0 或 256 个字符的串。边界长度与系统运行平台缓冲区大小密切相关，可以检测待测服务能否处理过长或过短字符串。获取字符串长度之后，从标点符号、中文、拉丁文等特殊字符集中随机抽取字符，构成字符串，测试待测服务对奇异串、异常编码串的容错能力。

对于二进制数据，如果是十六进制的 HexBinary 类型，生成该类型字符串的边界长度，然后以填充全 0 或全 1 的串构成边界值。对于 base64Binary 类型，除全 0 或全 1 外，还需考虑编码后全是“/”“+”以及编码串末尾为单个“=”和双“=”等情况。因为 base64 以 3 字节数据为一组进行编码，需要模拟待编码串长度是 3 的倍数以及不是 3 的倍数这种情况。

3. 基于约束的有效测试数据生成

创建一组约束描述，用以表达服务与业务相关的数据特征，根据给定约束描述生成测试用例。基于原子约束，通过 AND、OR、NOT 三种算子组合成约束组，经过多次或多重组合后，约束组渐趋复杂。原子约束是由约束变量、常量以及由运算符构成的线性不等式或布尔表达式。约束变量的形式为 value(svc\operation\message_xpath)。其中，value 是变量名，表示一个服务操作参数的取值；svc 是服务地址标识，用以区分不同服务。

通常，使用一棵析取和合取树表达待测系统的约束。树的子节点就是一组基本的原子约束，中间节点是 AND、OR、NOT 关系。约束 AND_OR 树及关系转换如图 7-38 所示。

从待测服务约束树中，提取影响服务质量的服务操作约束，除用户定义的约束外，将 WSDL 中 restriction 所对应的约束添加到约束集中；建立从服务操作输入数据到各个约束变量之间的关联关系，约束变量的求解结果就是这些参数的取值；采用线性不等式约束、布尔约束、按位运算约束、基于字符串枚举类型判断等，进行约束求解，现行大多数测试工具内置的约束求解引擎，均能自动地进行约束求解；

根据约束变量取值，导出服务操作的参数取值，根据参数取值，构造服务操作测试所需的完整数据包。

4. 基于约束的无效测试数据生成

基于约束的无效测试数据和有效测试数据的生成过程，其差别在于获得约束之后，对约束取反，获取违反约束的不合理取值。对所有约束的整体直接取反，会导致约束中某一部分不成立，无效数据只能反映一条约束不成立的情况。例如，对于约束公式 $(\neg P)\wedge Q\wedge(M\wedge N)$，仅对 $(\neg P)$ 取反，虽然所得到的输入数据从整体上是无效数据，但却只能反映一个方面的无效特征。对约束进行分析，获得约束公式的合取范式，使得约束公式转变为 $P\wedge Q\wedge M\wedge N$ 这样的标准形式。然后，随机地从其中选取一个子成分进行取反，既能生成数据使得约束公式不成立，又能在不成立的关键子约束方面引入变化，使得无效数据具有多样性，提高发现缺陷的能力。

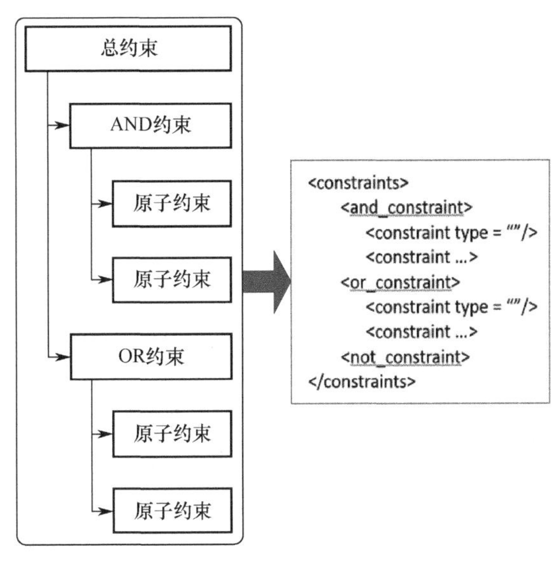

图 7-38　约束 AND_OR 树及关系转换

5. 复杂数据类型组合测试数据生成

对 WSDL 中复杂数据类型的信息进行解析，提取复杂类型的构成关系树，对关系树进行平摊处理，可以得到复杂数据类型的一维平摊形式。对平摊的基本类型向量，根据具体情况，选用不同方法生成测试数据。当生成各个成分的测试数据之后，再将平摊的测试数据重新组合转换为树结构，构造 SOAP 参数包，以便于测试实施。复杂数据类型构成关系树解析及平摊处理如图 7-39 所示。

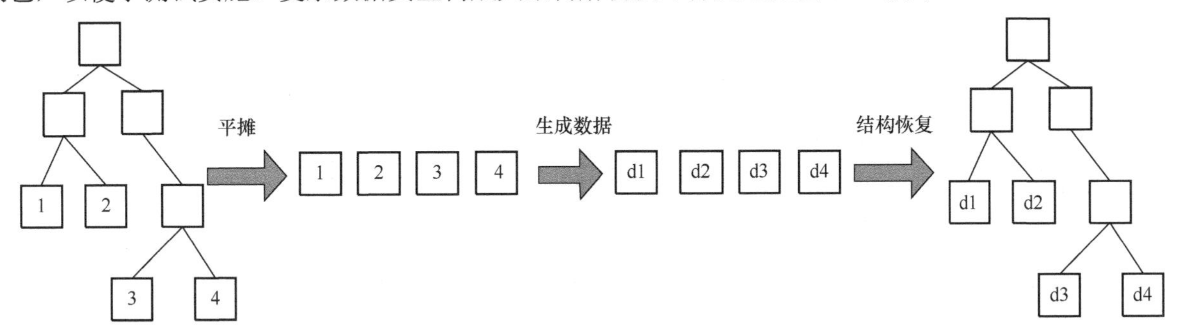

图 7-39　复杂数据类型构成关系树解析及平摊处理

对于无须进行多维数据组合覆盖的情况，首先，为复杂数据类型中的每个原子类型数据生成候选测试池，测试池的大小应能满足期望获得的测试用例数或达到指定测试用例生成方法所能生成数据的极限要求。其次，为每个测试池分配一个循环遍历游标，构建期望获得的 X 个测试用例，使得每个测试池的游标从 0 循环移动至 X。在每个游标位置上，复杂数据类型各成分测试数据的取值合成之后，构成复杂数据类型一个完整的测试用例。

上述测试数据的生成方法能够保证当不同成分组合满足要求时，确保每个成分的数据具有较好的散布性和均匀性。由普通复杂类型测试数据生成方法生成的多维输入数据，无法保证对复杂类型各成分的取值组合对实现充分覆盖，但通过组合测试用例生成算法，能实现对不同数据成分的二维乃至多维组合的有效覆盖。在 6.10.3 节已讨论得到的“二维组合是发现问题强度最大的组合”这一结论，得到了进一步验证。这里，给出如下复杂数据类型二维组合覆盖算法实现流程：

（1）为复杂数据类型的每个基本类型的子成分生成候选测试池，测试池可以通过混合使用随机测试、边界值分析等方法获得。

（2）为测试池中的每个数据设定属性标签，保证复杂数据类型的测试输入能够覆盖各成分属性标签的多维组合。对于离散数据类型，以其自身取值作为属性标签，对于连续数据类型，用其获取方式如边界、随机等标识作为属性标签。

（3）枚举复杂数据类型各成分之间所有可能的数据组合，确定对应的属性标签组合。一个数据的属性标签组合可能是[边界，随机，随机]，另一个数据标签组合可能是[边界，边界，随机]。属性标签标明每个复杂类型数据从组合特征上区别于其他数据。

（4）对于一个复杂类型数据对应的属性标签组合，检查是否能够覆盖更多属性组合对。如标签组[边界，随机，随机]，覆盖了<成分 1：边界，成分 2：随机>，<成分 1：边界，成分 3：随机>和<成分 2：随机，成分 3：随机>三个二维组合对。如果一个测试数据能够覆盖更多多维组合对，则将其加入到最终测试集中，否则认为数据不能形成更多覆盖，将其丢弃。

7.4.6.2 单个操作测试用例生成

对于某态势显示服务，在 JARI-SOATest 平台的项目树中找到待测服务之后，配置数据元素参数，生成服务单体测试用例。然后根据测试用例配置，选择数据为有效数据或无效数据，生成如图 7-40 所示的测试用例。

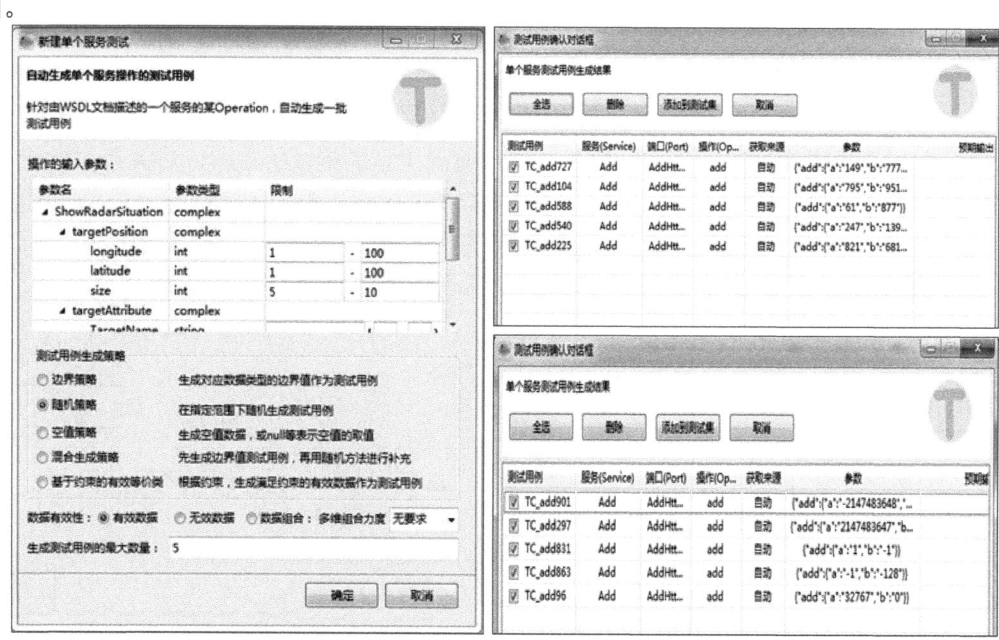

(a) 数据元素参数配置　　(b) 生成测试用例（随机值、边界值）

图 7-40　某态势显示服务单个操作测试用例生成

当然，按照此流程，同样能够在该平台下生成基于随机值加边界值以及基于约束的有效等价类和无效等价类的单个操作测试用例，分别如图 7-41 和图 7-42 所示。

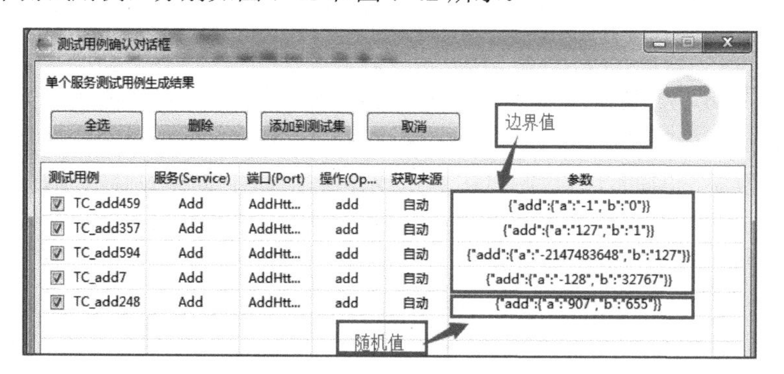

图 7-41　基于随机值加边界值的单个操作测试用例生成

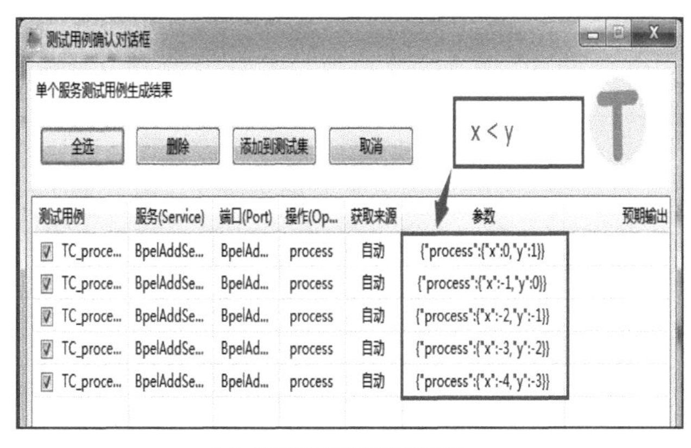

(a) 基于约束的有效等价类

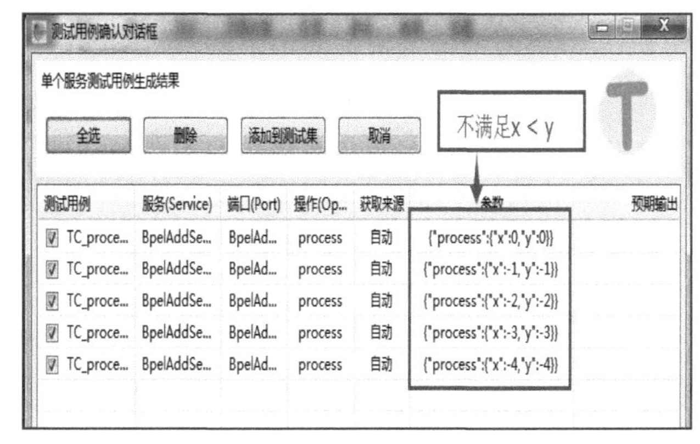

(b) 基于约束的无效等价类

图 7-42　基于约束的等价类单个操作测试用例生成

执行测试用例。首先在项目树上选择服务单体测试，进入服务测试用例集，选取并执行测试用例。对此态势显示服务，得到如图 7-43 所示的测试结果。

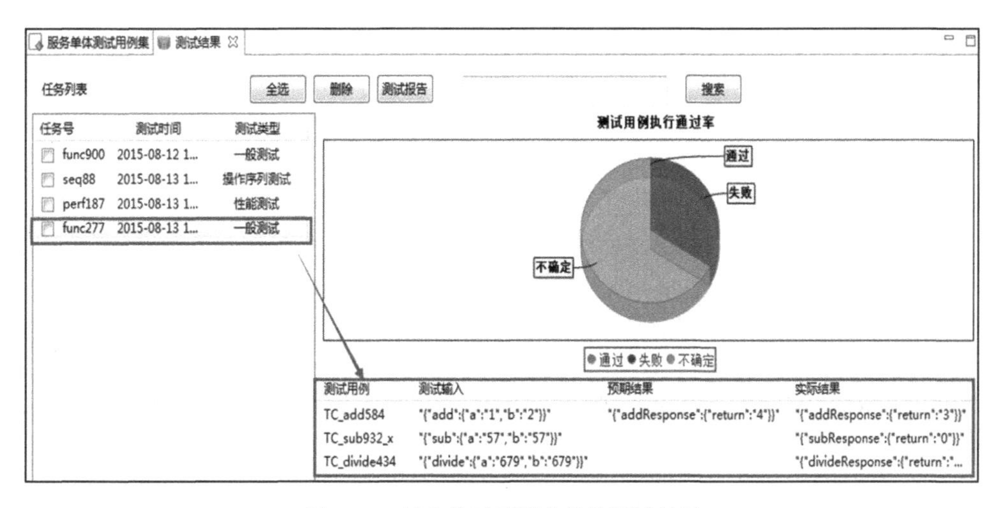

图 7-43　某态势显示服务单体测试结果

7.5　有状态服务实体测试

有状态服务实体具有复杂的持久数据变量，行为状态包括控制状态和数据状态，每个操作被视为一个可计算、可测试、可维护的独立单元，不同操作序列引导服务进入不同数据状态，其结果取决于操作执行顺序、服务实体收到消息序列及其被调用次序。服务化描述语言未提供操作前置条件、结果服务行为信息，服务代理及请求者仅根据 WSDL 显然无法完成操作序列测试，需按语义服务实体标准（WSDL-S）对服务化描述语言添加语义，增加服务实体的行为信息，才能实现有状态服务实体的操作序列测试。其基本思路为：

（1）基于 WSDL 文档，构建基于有状态服务间操作关系的操作树模型，采用语义标注扩展 WSDL 文档，根据操作关系、服务化描述文档的前置条件及结果，构建 EFSM 模型，将处理函数作为迁移标记，进行操作建模，描述有状态服务实体的所有操作序列，生成操作序列路径。

（2）依据操作之间的输入/输出依赖关系，建立操作接口契约模型，根据操作路径及接口契约模型、数据约束，生成操作序列测试数据，覆盖有状态服务实体的操作序列路径。

（3）通过改变内存值，展现服务实体持久数据变量值的变化，即行为状态变化，描述服务实体各种可能的使用方式，检验语义服务实体描述与实现的一致性。

（4）在一定测试条件下，生成基于 EFSM 的测试用例，通过检查 EFSM 内存的变化和操作输出结果，验证执行结果与预期结果是否一致，实现测试结果验证。

测试路径是服务实体的操作序列，测试数据生成必须充分考虑各操作的输入输出以及操作之间信息流的依赖关系，确保测试路径覆盖。但是，这种依赖关系异常复杂，如果不能准确描述并建模这种依赖关系，将难以实现测试路径覆盖率目标。此外，EFSM 测试模型开发，要求有状态服务实体提供者采用 EFSM 扩展 WSDL 并提供行为规格说明，使用语义规格说明 WSDL-S 构造 EFSM 模型，工作量大幅增加，在一定程度上制约了基于 EFSM 测试的应用。

7.5.1 模型及定义

服务实体单个操作测试模型未考虑服务实体操作的顺序关系，无法直接用于有状态服务实体测试。针对有状态服务实体操作序列的特点，基于扩展语义服务描述文档、操作树模型、FSM 及接口契约模型，构建测试模型，生成符合接口契约需求的约简测试用例集。

7.5.1.1 基于服务化描述语言的操作树模型

1. 标签解析

服务化描述文档由各种元素组成，元素通过标签形式呈现。服务化描述文档元素包含起始标签和闭合标签，闭合标签遗漏可能导致不可预料的结果。元素的内容是起始标签与闭合标签之间的内容。对服务化描述语言的测试，旨在检出服务化描述文档中的语法规范错误以及标签信息缺失等静态缺陷。

服务化描述文档结构解析是将标签映射为对象及属性，构造面向对象的 DOM 树，通过标签的树状表示，建立基于缺陷库的模式匹配模型，支撑服务化描述语言的缺陷检测。将单个服务实体 WSDL 文档的操作形式化为一个逻辑上的树状结构，构建操作树。操作树的根节点代表服务化描述文档，第二至第四层节点分别代表服务实体所包含的操作、操作调用的消息以及消息调用的参数。以每个操作所代表的节点作为根节点的子树包含输入、输出消息两类子节点。第四层 DataType 是基于 XML Schema 规范的结构信息模式树，而非叶子节点。形式化模型树抽取的是服务化描述文档中单个操作的数据元素，操作树模型抽取的则是 Service 和 Operation 的描述信息以及操作树各层节点的名称，即 Service 和 Operation 的 <documentation>标签下的内容以及服务、操作和参数名称。操作树结构模型如图 7-44 所示。

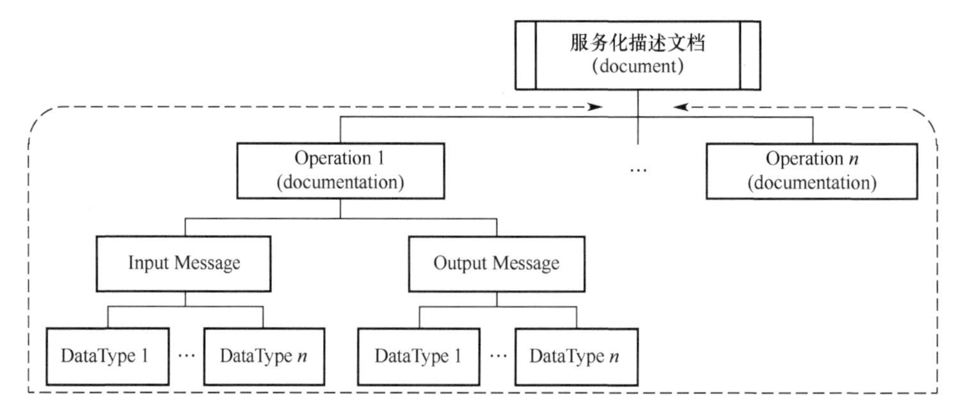

图 7-44 操作树结构模型

2. 操作树变形

操作树结构模型是根据服务化描述文档的结构信息构建而成的。DataType 是一棵基于 XML Schema 的结构信息模式子树，其包含两类节点：一类是对应于 WSDL 文档的 element 标签节点，提供与操作相关的语义信息；另一类是约束节点，对应于 XML 模式内建的 model group 标签，为 complexType 节点所嵌套。经典算法在进行操作流消息匹配时无法处理这类节点，需要通过操作树变形，消去并保留操作树结构模型中嵌套标签节点的语义信息。首先，将 Operation 层的每个操作节点分裂成一个操作输入节点和一个操作输出节点，一个操作子树分裂成一个子节点为该操作对应输入参数的输入子树和输出参数的输出子树，消去 Message 层。其次，将两棵输入子树之间的输入、输出依赖关系与对应的两棵输出子树之间的输入、输出依赖关系进行比较，确定两个操作之间输入、输出的依赖关系。操作树结构模型变形如图 7-45 所示。

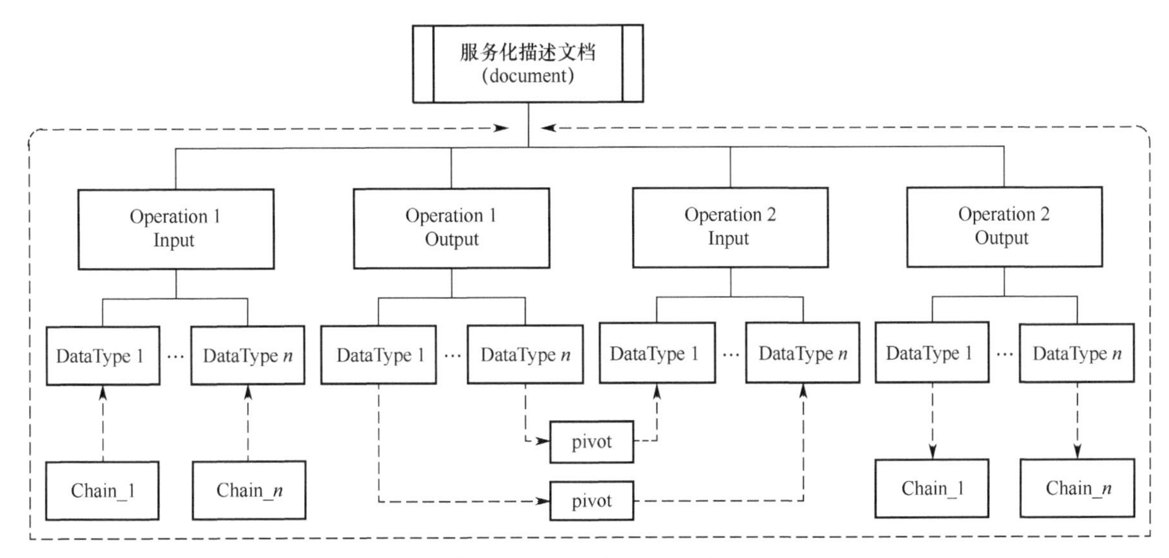

图 7-45　操作树结构模型变形

用下式表示操作树结构模型变形

$$\text{Match(Oper1,Oper2)} = \text{Match(Oper1input,Oper2output)} + \text{Match(Oper1output,Oper2input)} \quad (7\text{-}7)$$

XML 将 DataType 划分为简单和复杂两种数据类型。简单数据类型只声明参数名以及 int 和 string 等 xsd 内建参数类型；而对于复杂数据类型，除声明参数名外，通过使用内建的 model group 标签来嵌套其他简单数据类型或复杂数据类型。由简单数据类型构建的子树只有一个节点，而由复杂数据类型构建的子树则可能具有多层次多个节点。XML 模式内建 model group 包括〈xsd:sequence〉、〈xsd:choice〉、〈xsd:all〉三种约束节点，将标签嵌套的内容作为子节点。需要注意的是，依据 DataType 模式树构建的应用中，数据类型实例将不再含有这些约束节点，而这些数据类型的子节点都将按照上述约束出现。

顺序节点的标签为〈xsd:sequence〉，数据类型的子节点按顺序出现，仅需要简单消去约束节点，将子节点变为其父节点的子节点即可。

假设模式 A、B 的顺序节点具有相同的子节点，其顺序受顺序约束节点约束，即认为这种情况是数据类型匹配的，消去约束即可。选择节点标签为〈xsd:choice〉，数据类型中仅出现其子节点之一，消去约束节点，将所有子节点合并为一个子节点，并将合并的标签名作为新节点的标签名。选择节点消去方法如图 7-46 所示。

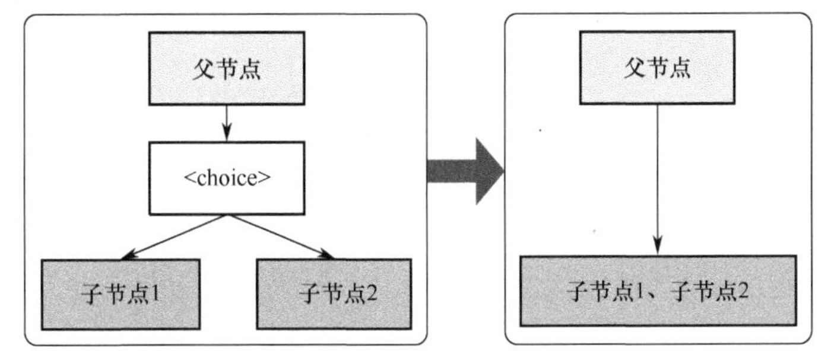

图 7-46　选择节点消去方法

在多选节点数据类型实例中，子节点出现次数未知，操作同顺序节点相同。多选节点对应于xsd:all标签，属性出现minOccurs/maxOccurs的标签对应于xsd:all标签。在实际数据类型中，每个子节点可选择的最低出现次数minOccurs为0，最高出现次数maxOccurs为1。

3. 操作的无序标签树模型

以Operation Input为根节点的树，其子节点是并列的DataType，虽无确定的顺序，但基于⟨xsd:sequence⟩约束的节点，DataType模式树本身是有序的。根据顺序节点、选择节点以及多选节点的约束节点消去原则，消去顺序节点有利于寻找相近的操作，仅需提供一种机制使两棵树的子节点对应顺序已知即可。例如，两个查询天气预报的服务，服务1的输入DataType包含countryCode、state、city共3个子节点，服务2的输入DataType包含city、state和countryCode共3个子节点。事实上，节点顺序并不影响DataType结构。将DataType模式树建模为无序标签树的另一原因是除去⟨xsd:sequence⟩约束节点，其他约束节点下的子节点都是无序的。

4. 操作树模型构建

【定义7-3】（服务实体操作树模型）：一个WSDL文档中的操作元素，假设O代表WSDL中的操作，$O=(\text{Input}(O),\text{Output}(O))$。

其中，$\text{Input}(O)=\{M\,|\,M$ 是操作 O 的一个输入消息$\}$；

$\text{Output}(O)=\{M\,|\,M$ 是操作 O 的一个输出消息$\}$；

$M=\{P\,|\,P$ 是WSDL中 M 用来描述 O 的一部分$\}$；

$P=\{G\,|\,G$ 是和 P 相关的XML Schema定义$\}$。

一个操作O的$\text{Input}(O)$和$\text{Output}(O)$可以为空，但不能同时为空。如果一个操作有多个输入和输出消息，应将所有输入、输出消息分别合并到$\text{Input}(O)$和$\text{Output}(O)$。由定义7-3，开发如图7-47所示操作树模型构建算法。

```
输入：WSDL文档
输出：WSDL文档中操作元素形成的操作树模型
初始化：
CurLevelNode；
 NextLevelNode；
int level=0；//初始化层次数据，第一层为0
Root=build_node(Schema,Tree,0)；//获取根节点
for each node Root.childNode() //向下逐个遍历每一层
 CurLevelNode=NextLevelNode；
 Level++；//当前层次遍历结束，层次加1
       Transform_node(node,Tree.Root)；//从根节点向下遍历当前节点
 end for
         Transform_node(Node,Root)；  //遍历当前层次的子节点函数
 if (node.classtype==Element||node.classtype==TYPE|| node.classtype==VALUE)
           //如果当前节点的类型是element，type或value
       Bulid(Node,Root)；  //以此为根节点进行构建
 else
       New_Root=Root；  //创建新的根节点数据
 end
 for each node in Node.children
       Transform_node(node,New_Root)；  //迭代遍历当前节点
 end
end
build_node(Node,Root,level)；  //构造根节点数据函数
{
 Child=new tree node；
 Child.set_attributes(Node,level)；
 Root.children+=child；
 Return child；
 end
}
//输出WSDL文档的操作树模型
```

图7-47　操作树模型构建算法

7.5.1.2　基于操作树模型的消息联系

1. 消息模型定义

有状态服务实体的有状态操作之间通过消息交换数据，存在消息流。测试序列的输入、输出依赖关系取决于消息流之间的联系。消息中的 XML Schema 定义包含 type 声明和 type 派生。在服务实体操作树模型中，假设 Output(OX)和 Input(OY)存在等价节点，则有消息从操作 OX 到 OY。一种最简单的情况就是如果两个节点的名称及命名空间完全相同，就认为这两个节点是等价的。例如，某系统登录访问，其 WSDL 文档中包含两个操作中的消息流，登录操作 login 和系统访问操作 visit 之间存在消息流，其流向为 login→visit。某系统登录访问操作流关系如图 7-48 所示。

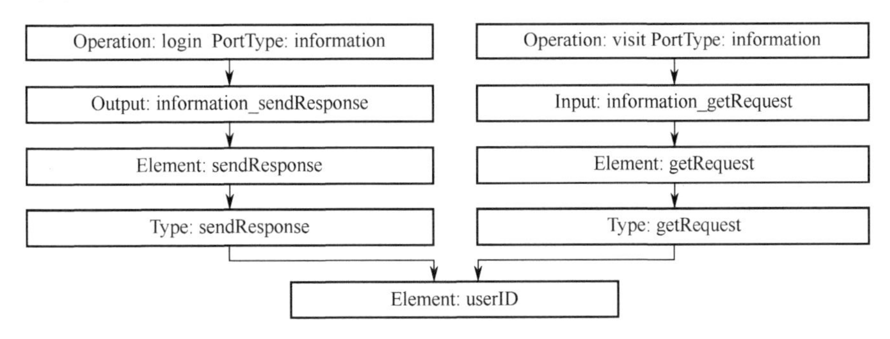

图 7-48　某系统登录访问操作流关系

实际情况比这要复杂得多，不仅需要考虑引用链接、element 内容及类型派生，还需对节点等价规则进行递归定义。这里，以规则的形式给出如下递归定义，供读者参考。

规则一：两个带引用的节点 N_1、N_2 所引用的是等价节点，N_1 和 N_2 是等价的。因为如果两个 type 类型的节点等价，一个节点是另外一个节点的子节点，或者说这两个节点引用了相同节点。

规则二：当两个 type 类型节点至少满足下列条件之一时，是等价的：

（1）N_1、N_2 的名字相同。

（2）N_1、N_2 的引用为空时，N_1 是 N_2 的子节点或 N_2 是 N_1 的子节点。

（3）N_1、N_2 的引用不为空时，N_1 和 N_2 满足规则一。

（4）当 N_1 的引用不为空，N_2 的引用为空时，N_1 引用的节点和 N_2 的关系满足规则一，当 N_2 的引用不为空，N_1 的引用为空时，N_2 引用的节点和 N_1 的关系满足规则一。

这一规则的原理是：如果两个 element 类型的节点等价，那么它们有相同的名字和等价的 types 或引用相同的节点，保证了等价的 element 类型的节点有相同的名字和等价的 types，避免了只有相同的名字而没有等价的 types。

规则三：两个 element 类型节点至少满足下列条件之一时，是等价的：

（1）N_1、N_2 分别是对方的别名。

（2）N_1、N_2 的引用为空时，N_1、N_2 的名字相同且 N_1 的子节点和 N_2 的子节点符合规则二。

（3）N_1、N_2 的引用不为空时，N_1、N_2 满足规则一。

（4）当 N_1 的引用不为空，N_2 的引用为空时，N_1 引用的节点和 N_2 的关系满足规则三；当 N_2 的引用不为空，N_1 的引用为空时，N_2 引用的节点和 N_1 的关系满足规则三。

如果两个操作的 XML Schema 树相交于两个等价节点，则存在消息流。如果只是与两个操作的输出信息或输入信息相关，但不存在消息流，只能说明这两个操作具有一定的关联性。为区分这两者的差别，将消息流类型划分支撑和关联两种类型。支撑消息流是指(Input(OX),Output(OY))或(Output(OX),Input(OY))有等价节点，从操作 OY 到 OX 或从 OX 到 OY 存在消息流。关联类型是指 Input(OX) 和 Input(OY) 或 Output(OX) 和 Output(OY) 有等价节点，操作 OX 和 OY 存在相同的输入信息或输出信息，两个消息之间存在多对多的支撑类型，一个操作可以支撑多个操作，或多个操作支撑一个操作。支撑类型的关系具有传递性，如果操作 X 和 Y，Y 与 Z 存在支撑类型关系，那么操作 X 和 Z 就存在支撑类型关系。

对于操作序列生成，需重点关注支撑类型。利用操作之间的先后顺序可以生成操作测试序列。信息流导向说明操作之间数据的交换顺序，如果操作 A 和 B 之间存在支撑关系，从操作 A 到 B 或从操作 B 到 A 存在数据信息，操作 B 就必须在操作 A 完成之后方能进行，即操作 A 和 B 之间存在先后顺序。支撑关系有传递性，这种先后顺序同样具有传递性。

2. 基于操作树模型查找联系

确定消息之间的消息流类型后，将服务实体中每个操作的消息转化为操作树结构模型，将每个操作的输入、输出消息中的节点和其他操作进行比较和匹配计算。如果两个操作的不同消息之间存在等价节点，那么这两个操作存在支撑联系。基于操作树模型的查找流程如图 7-49 所示。

7.5.1.3 服务实体语义标注的 WSDL-S 方法

1. 语义服务描述语言（WSDL-S）

WSDL-S 是一种面向服务实体，增加语义的轻量级服务化描述语言，将 WSDL 文档中的可扩展标签映射到 WSDL 文档之外，对服务的前置条件、输入、输出、结果进行定义的语义模型，将服务实体的语义标注与 WSDL 所描述的服务实体关联起来，如图 7-50 所示。

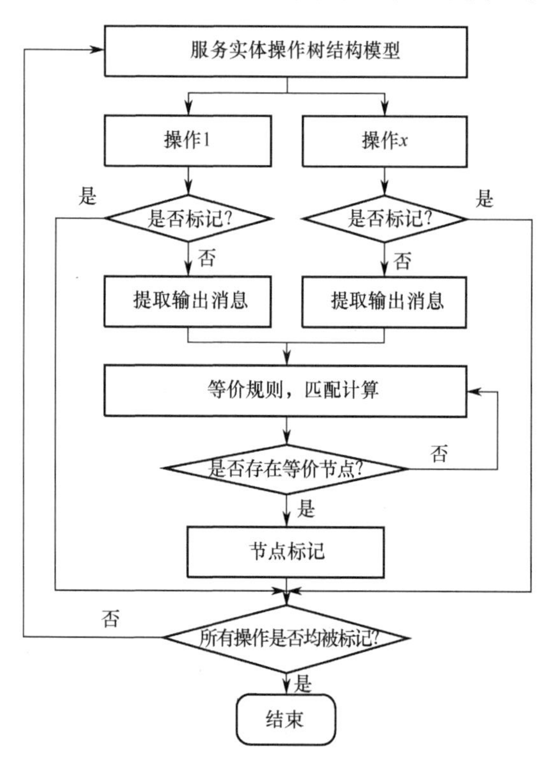

图 7-49 基于操作树模型的查找流程

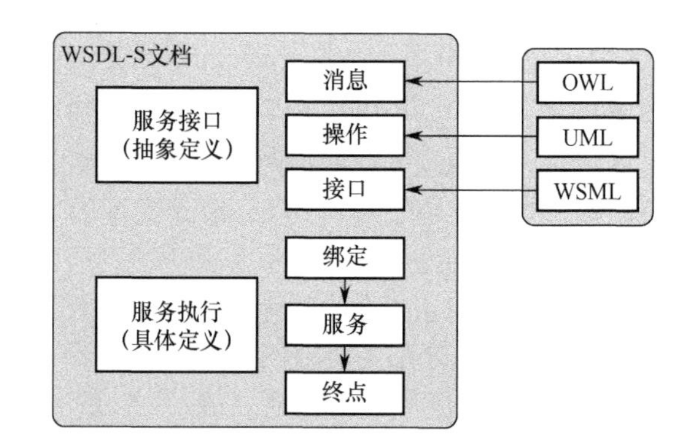

图 7-50 服务实体的语义标注

WSDL-S 在 WSDL、UDDI 等 Web 服务标准上增加语义信息，采用领域本体对 WSDL 进行语义标注，基于 OWL 描述的领域本体，增强 WSDL 的语义信息，利用 XML Schema 的格式信息与本体概念之间的相似性，实现对 Web 服务的语义标注，制定 WSDL 到 OWL-S 的转换规则，生成 OWL-S 格式的 Web 服务语义描述。

2. 语义标注

为了增强 WSDL 的语义描述能力，基于 WSDL、UDDI 等 Web 服务标准，使用 WSDL-S 为 WSDL

文档添加语义信息，并采用语义规则语言的领域本体规则，对 WSDL 文档进行语义标注。使用 WSDL-S 为操作符添加语义标签，使用行为标签描述操作符执行行为，指出本体中对应类执行之后得到的结果；在 WSDL-S 文档中采用 effect 标签描述，将约束标签用于状态描述即操作进入条件，确保操作执行，在 WSDL-S 文档中采用 precondition 标签描述。

WSDL-S 构建于 Web 服务标准之上，采用 OWL、WSML、UML 等不同语义表达语言对 Web 服务进行语义标注，将语义标注机制和具体语义表达语言分离开来，对 WSDL 向上兼容，支持对 Web 服务的 XML Schema 数据类型进行语义标注。WSDL-S 在 interface、operation、message 中插入扩展的 XML 元素和属性，达到语义标注的效果，被标注对象为 XML Schema 中的构件。

3. WSDL 与 WSDL-S 转换

所有服务实体均提供 WSDL 描述，但并不一定提供 WSDL-S 描述。WSDL 描述可以从 Web 服务实现程序中自动生成，而 WSDL-S 是语义描述，需要人工生成。提取 WSDL 中的语义信息，进行语义标注，是自动生成 WSDL-S 描述的关键步骤。语义标注的目的是构建 EFSM 模型，基于 FSM，构建的关键数据便是服务实体的 IOPE 信息。抽取 WSDL 中的语义信息，基于语义服务实体的输入与输出、预处理与结果信息进行语义标注，生成服务实体的语义描述。

7.5.1.4　EFSM 模型

基于有状态服务实体的内部交互，通过 FSM 刻画服务实体行为及其交互，构建基于 EFSM 的测试模型，驱动测试，验证服务实体动态交互行为的正确性，这无疑是自然的选择。

服务请求者将服务实体视为一个黑盒子，发送命令调用服务实体，激发服务实体的内部计算，得到服务实体输出消息的实现与服务交互。自然，可以用输入命令、内部计算及输出消息构成的三元组 $\langle \text{input}_{\text{command}}, \text{internal}_{\text{computation}}, \text{output}_{\text{message}} \rangle$ 表示服务消费者与提供者之间的交互关系。鉴于服务实体内部实现的不透明性，将服务消费者与服务提供者之间的交互简化为一个二元组 $\langle \text{input}_{\text{command}}, \text{output}_{\text{message}} \rangle$，同时将服务实体的每次交互视为 FSM 的状态转换，使用 FSM 描述服务实体。

根据定义 6-15，FSM 为 $M = \langle I, O, S, \delta, \lambda \rangle$。对于一个给定的有状态服务实体，$I$ 是 FSM 的非空输入集合，是操作输入命令 input_command 的有穷集合；O 是操作输出消息 output_message 的有穷集合；S 是 FSM 非空的状态集合，是一个有穷集合，状态表示请求者与服务交互序列中的历史记录，$s_0 \in S$ 是系统的初始状态；δ 是 $S \times I$ 的笛卡儿集合，是 $S \times I \to S$ 状态转移函数，即给定一个状态，根据 input_command，FSM 能转移到另一个状态并输出 output_message 信息；λ 是 $S \times I$ 的笛卡儿集合，是 $S \times I \to O$ 输出函数，即用户能够与服务实体结束交互的状态集。

有状态服务实体测试类似于面向对象软件的行为测试。行为状态包括控制状态，即操作序列和数据状态，亦即数据变量取值。对服务实体模型进行扩展，以满足服务序列之间交互的条件。例如，系统登录服务中，身份验证操作与登录控制操作之间的交互，只有身份合法性通过验证之后，方能登录系统。为了使用 FSM 来描述这种情况，需要扩展 FSM 形式化定义。

【定义 7-4】（条件）：假设 or 和 and 是条件联结词，条件是由状态和命题逻辑公式通过联结词组成的表达式。

如果 S 是 FSM 状态的集合，E 是命题逻辑公式的集合，条件具有如下规则：

（1）若 $p \in S$，$e \in E$，则 p and e 是条件，如果 $e = \text{true}$，则简写为 p。

（2）若 $p, q \in S$，则 p or q 和 p and q 是条件。

（3）若 c_1 和 c_2 是条件，则 c_1 and c_2 和 c_1 or c_2 是条件。

（4）条件只能由上述规则生成。

该定义的语义解释是：条件 p and e 表示只有当 e 的值为“真”时，才能选择状态 p；c_1 and c_2 和 c_1 or c_2

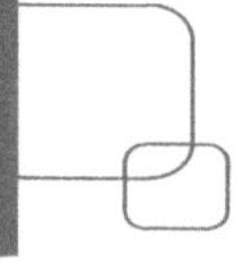

亦如此；条件 p or q 表示状态 p 和 q 中只选择其中一个状态；条件 p and q 表示两者都选择。

由定义 6-20 $\text{EFSM}=\langle S,s_0,I,O,X,T\rangle$ 可知，对于一个有状态服务实体，I,O,S 分别是有限非空的输入、输出及状态集合；s_0 是初始状态；X 是有限变量集合，即状态的条件集合，条件是由状态和命题逻辑通过联结词组成的表达式，扩展后的 WSDL 文档包含 Web 服务语义关系，采用 SWRL 表示QC状态的条件集合；T 是有限转移集合。

7.5.1.5 接口契约模型

接口契约是操作执行条件的描述和定义，是服务实体内部操作序列正确调用测试路径的基础。根据操作树模型中操作消息之间的联系，可以基于操作输入、操作输出、依赖关系，构建服务实体操作的接口契约模型。操作输入是指操作运行过程中从外界获取的数据；操作输出则是判断操作序列运行是否正常的依据，不同输入激发不同的操作序列运行路径，产生不同的执行结果。当服务实体中操作运行异常时，输出结果还包括异常信息。有状态服务实体中，多个操作通过一定交互协同实现用户需求。协同过程中，操作之间存在注入操作执行序列、运行时间约束、输入／输出参数之间的关联关系等约束依赖关系。将服务实体单个操作信息形式化为一个 5 元组的操作接口契约模型，用于捕获操作之间的依赖关系。依赖关系包括操作的基本信息、输入参数、输出参数、操作数据依赖及控制依赖。

【定义 7-5】（操作接口契约模型）：

$\text{Operation}\langle\text{Spece},\text{Inputs},\text{Outputs},\text{Control}-\text{Dependence},\text{Data}-\text{Dependence}\rangle$ 。

其中，$\text{Spece}:\langle\text{ID},\text{Name},\text{Description}\rangle$ 包括操作编号、操作名称、操作功能描述等信息；

$\text{Inputs}:=\{\text{data}_\text{i}\}$ 、$\text{Outputs}:=\{\text{data}_\text{o}\}$ 分别是输入、输出参数集合；

$\text{Control}-\text{Dependence}:=\{\langle\text{ID},\text{Dependence}\rangle\}$ 包括顺序约束、时间约束的控制依赖关系，定义执行顺序的各种约束条件；

$\text{Data}-\text{Dependence}:=\{\langle\text{ID},\text{Dependence}\rangle\}$ 定义操作之间的数据依赖关系。

接口契约模型定义了控制依赖和数据依赖两种操作依赖关系。操作序列路径构建时，有些操作可以同步进行，有些操作只能顺序执行，对于操作执行序列的要求就是操作控制依赖，控制依赖定义了执行顺序的各种约束条件。对于任意两个操作 O_1 和 O_2，控制依赖中的约束包括：

1）**顺序约束**。$\text{Before}(O_1,O_2)$、$\text{After}(O_1,O_2)$、$\text{Parallel}(O_1,O_2)$ 分别表示 O_1 在 O_2 之前、之后执行以及 O_1 和 O_2 并行执行。

2）**时间约束**。$\text{LessThan}(\text{Delay}(O_1,O_2),T)$，表示 O_2 必须在 O_1 执行结束后时间 T 内执行。

操作之间的数据依赖包括输入依赖、输出依赖及输入／输出依赖。对于顺序执行的两个操作 O_1 和 O_2，若 O_2 的输入参数由 O_1 的输入参数决定，O_1 和 O_2 之间存在输入依赖；若 O_2 的输出参数由 O_1 的输出参数决定，O_1 和 O_2 之间存在输出依赖；若 O_2 的输入参数由 O_1 的输出参数决定，O_1 和 O_2 之间存在输入／输出依赖。

【定义 7-6】（操作数据依赖）：$\exists d_1,d_2,O_1,O_2$，且 $d_1\in O_1.\text{Inputs}\cup O_2.\text{Outputs}$ 以及 $d_2\in O_2.\text{Inputs}\cup O_2.\text{Outputs}$，若存在函数 F，使得 $d_2=F(d_1)$，操作 O_1 和 O_2 存在数据依赖关系。

（1）若 $d_1\in O_1.\text{Inputs}$，且 $d_2\in O_2.\text{Inputs}$，则 O_1 和 O_2 存在输入依赖关系，记为 $\text{IND}(O_1,O_2)$ 。

（2）若 $d_1\in O_1.\text{Outputs}$，且 $d_2\in O_2.\text{Outputs}$，则 O_1 和 O_2 存在输出依赖关系，记为 $\text{OUTD}(O_1,O_2)$ 。

（3）若 $d_1\in O_1.\text{Inputs}$，且 $d_2\in O_2.\text{Outputs}$，则 O_1 和 O_2 存在输入/输出依赖关系，记为 $\text{INOUTD}(O_1,O_2)$ 。

通过数据之间的函数 F 定义数据依赖。如使用 $\text{Assertion}(d_1,d_2)$ 比较两个整数的大小，或判定两个字符串是否相等。假设被测操作中，O_1 为注册操作 reg，输入参数 d_{11},d_{12},d_{13} 分别表示用户名、密码及验证码。O_2 为更新操作 update，输入参数 d_{21},d_{22},d_{23} 分别为用户名、密码及需要更新的信息，那么 O_1 和 O_2 之间存在输入依赖关系 $\text{IND}(O_1,O_2)$，即 $\text{Equals}(O_1,d_{11},O_2,d_{12})$ 及 $\text{Equals}(O_1,d_{12},O_2,d_{22})$。$O_1$ 和 O_2 之间存在控

制依赖关系 Before(O_1,O_2)。也就是说，执行更新操作 update 之前必须首先执行注册操作 reg，只有当用户注册成功成为合法用户后才能完成更新任务。

7.5.2 操作序列测试路径生成

7.5.2.1 测试流程

有状态服务实体不同操作之间，通过消息交互数据。显然，仅对单个操作进行测试是不完整的，应对整个操作序列进行测试。为此，构建如图 7-51 所示的基于 EFSM 和接口契约模型的操作序列测试路径生成流程。

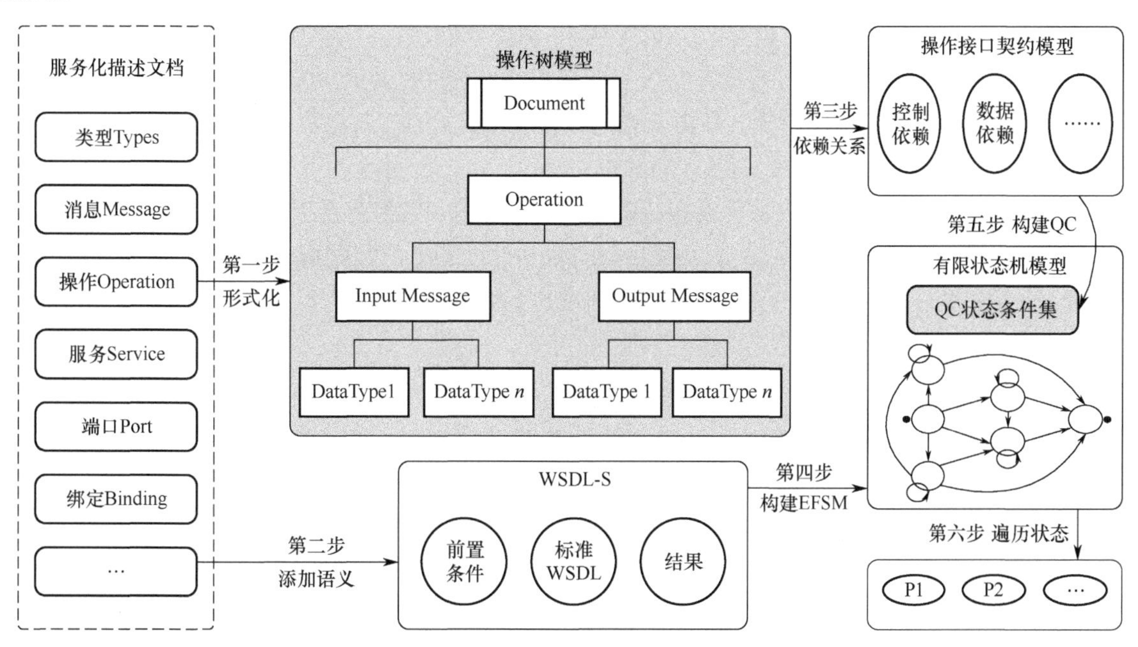

图 7-51 基于 EFSM 和接口契约模型的操作序列测试路径生成流程

7.5.2.2 操作依赖关系

基于操作依赖生成算法，进行操作依赖匹配，构建操作依赖关系。操作依赖生成算法的输入为 WSDL 文档，输出为操作之间的控制、数据依赖关系集合 Control – Dependence 和 Data – Dependence。

（1）初始化未被遍历的操作集合，$\text{UncovOperation} = \varnothing$。

（2）获取 WSDL 文档中操作的集合 Operation，取一个未标记的操作 $O_i \in \text{Operation}$ 作为当前操作 $\text{UncovOperation} = \text{Operation} - O_i$。

（3）比较 O_i 的输出消息和未被标记的 $O_i \in \text{Operation}$ 的输入消息，判断是否存在输入/输出数据依赖关系 INOUTD(O_1,O_2)，若存在，则加入集合 Control – Dependence、Data – Dependence。

（4）当 $\text{UncovOperation} = \varnothing$ 时，重复步骤（3），直至所有未被标记的操作均被比较过。

（5）赋值 $\text{UncovOperation} = \text{Operation} - O_i$，比较操作 O_i 的输出消息和未被标记的一个操作 $O_i \in \text{Operation}$ 的输出消息，判断是否存在输入/输出依赖关系，INOUTD(O_1,O_2)，若存在，则加入集合 Control – Dependence、Data – Dependence。

（6）当 $\text{UncovOperation} = \varnothing$ 时，重复步骤（5），直至所有未被标记的操作均被比较过。

（7）标记当前操作 mark(O_1)。

（8）重复步骤（2）～（7），直至所有操作步骤都被标记。

7.5.2.3 EFSM 系统化构建

1. 基于 WSDL-S 的 Web 服务行为信息表

Web 服务行为信息表是一张二维表格，每个操作及内部数据分别占据表格的每一行和每一列，表中的元素反映有状态服务实体操作是否改变其数据变量。

【定义 7-7】（行为信息表）：O 和 A 分别代表有状态服务实体的操作及内部变量集合。构建行为信息表 $T \subseteq O \times A \times \{'I','S',''\}$，对于 $\forall o \in O$，$\forall a \in A$，$(o,a,'') \in T$ 或 $(o,a,'I') \in T$ 或 $(o,a,'S') \in T$，$I(o)$ 和 $S(o)$ 的交集为空。

其中，$''$ 描述不可进入的操作或虽然可进入但不能修改的操作；$'I'$ 描述操作的初始化数据变量；$'S'$ 描述操作修改相应的数据变量，每一个数据遍历均需进行初始化操作；$I(o)=\{a \in A \mid (o,a,'I') \in T\}$ 描述被操作 o 初始化的数据变量；$S(o)=\{a \in A \mid (o,a,'S') \in T\}$ 描述被操作 o 修改的数据变量。

2. 操作模式获取

【定义 7-8】（操作模式）：操作模式是由一系列数据变量集合 $[a_{k1},a_{k2},\cdots,a_{ks}]$ 组成的抽象变量 $e_k=[a_{k1}, a_{k2},\cdots,a_{ks}]$。

行为信息表是一个由操作及内部元素构成的 $m \times n$ 二维表，其操作分别为 $o_1,o_2,\cdots,o_m$，内部元素数据变量为 $a_1,a_2,\cdots,a_n$。一个操作方式 $e_k=[a_{k1},a_{k2},\cdots,a_{ks}]$ 由一个 s 变量的数据集合 $\{a_{k1},a_{k2},\cdots,a_{ks}\}$ 组成。其中，$1 \leqslant s \leqslant n$，$1 \leqslant k_1 \leqslant k_2 \leqslant \cdots \leqslant k_s \leqslant n$。对于操作 $\exists o \in O$，满足如下条件：

（1）$\forall i(1 \leqslant i \leqslant s),(o,a_{ki},'') \notin T$。

（2）$\forall a_j \notin \{a_{k1},a_{k2},\cdots,a_{ks}\}$，当 $1 \leqslant j \leqslant n$ 时，$(o,a_j,'') \in T$。

对于操作模式 $e_k=[a_{k1},a_{k2},\cdots,a_{ks}]$，满足上述两个条件的操作集合行为 e_k 的操作等价于 $\mathrm{OE}=\{oe_1,oe_2,\cdots,oe_s\}$。

操作行为的值域通过综合每一个操作行为，由操作等价类中操作的变化数据获取，每一个行为 e_k 的值域为 V_k，通过语义信息 SWRL 描述操作改变数据的结果。操作模式的值域是操作模式值的集合，操作模式值域的值，可以从每个操作模式的数据等价类中选取。操作模式及其等价类获取算法如图 7-52 所示。

```
输入：信息表T由m行和n列组成，m个操作为o1,o2,…,om，n个数据变量为a1,a2,…,an
输出：操作模式集合E ={e1,e2,…,es}，其相应的操作集合等价类E ={e1,e2,…,es}
初始化：e1,e2,…and es =∅; //初始化操作模式为空集
        e1,e2,…and es =∅; //初始化操作等价类为空集
k = 1 ; i = n ;
while(i > 1)
        if ∀i (1≤j≤ i)and i < m ≤n , ∃o ∈ O , (o, ai,'') ∉ T , (o, am,'') ∈ T  then
          ek = [a1,a2,…,ai] ;
          t = 1 ;
          for(t ≤ m)
              if ∀i (1≤j≤ i) and i < m ≤n , (ot, ai,'') ∉ T , (o, am,'') ∈ T   then
                 oek = oek ∪ {ot} ;
                 t = 1 + 1 ;
              end if
          end for
              E = E ∪ {ek};
              OE = OE ∪ {oek}
        end if
          i = i − 1
          k = k + 1
end while
```

图 7-52　操作模式及其等价类获取算法

假设随机操作模式 $e_k=[a_{k1},a_{k2},\cdots,a_{ks}]\in E$，操作等价类 $oe_k=\{o_{i1},o_{i2},\cdots,o_{iq}\}\in \mathrm{OE}$。这里 $1\leqslant q\leqslant m$，$1\leqslant i_1\leqslant i_2\leqslant\cdots\leqslant i_q$。操作模式 e_k 的域获取算法如图 7-53 所示。

```
输入：e_k = [a_k1, a_k2, …, a_ks] ∈ E；操作等价类是 oe_k = {o_i1, o_i2, …, o_iq} ∈ OE
输出：操作模式 e_k 的值域 V_k
初始化：j = 0；t = 0；
while  1 ⩽ j ⩽ q
{
   while  1 ⩽ t ⩽ s
   {
      设操作 o_ij 改变的连续的数据 a_kt 作为值域的集合 A_kt;
      if(o_ij, a_kt, 'I') ∈ T，then  A_kt = {I}，
         otherwise  A_kt = {X}；
         如果(o_ij, a_kt, 'I') ∈ T，基于 SWRL 描述操作 o_ij 的前置条件，操作导致数据状态
迁移，将操作引起的持久性数据的值抽象为 b_1, b_2, …, b_r，那么 A_kt = {b_1, b_2, …, b_r}，r ⩾ 1。
         t = t + 1；
   }
   j = j + 1;
从操作 o_ij 到 e_k 的持久性数据的改变引起的模式值域为集 B_ij = A_k1 × A_k2 × … × A_kn
}
end while  V_k = B_i1 ∪ B_i2 ∪ … ∪ B_iq
```

图 7-53　操作模式 e_k 的域获取算法

3. 模式值属性

描述和定义模式值属性。假设操作模式 $e_k=[a_{k1},a_{k2},\cdots,a_{ks}]$ 的取值为 V_k，对于 $\forall v\in V_k$，模式值属性定义如下。

【定义 7-9】（模式值）：$v:O_{ij}$ 当前模式值不满足相应操作的前置条件；$v:O_n$ 能够满足前置条件的操作，$O=v:O_{ij}\cup v:O_n$；$v:O_c$ 能够将当前值 v 转化为其在 e_k 的值域的操作集合；模式值转换函数 η：若操作 o_i 改变模式 e_k 的值由 v 到 w，且 $o_i\in v:O_c$，模式值转换函数为 $\eta(o_i,v,\text{precondition})=w$，其中 $w\in V_k$，precondition 是操作 o_i 的前置条件。

以一个会议服务为例进行讨论。设：

$v_{11}=\{\mathrm{I,I}\}$；$v_{12}=\{\text{Conference.Terminated, Participants.Disconnected}\}$；

$v_{13}=\{\text{ConferenceInfo.NumberofParticipants}+1,\text{Participants}+1\}$；

$v_{14}=\{\text{ConferenceInfo.NumberofParticipants}-1,\text{Participants}-1\}$；

$v_{21}=\{X\}$；$v_{22}=\{\text{addMediaforParticipant}\}$；$v_{23}=\{\text{deleteMediaforParticipant}\}$。

这里，对每一个模式值属性进行描述，如表 7-9 所示。

表 7-9　模式值属性

模　式	模 式 值	属　性
e_1	v_{11}	$O_n=\{o_2,o_3,o_4,o_7\}$；$O_u=\{o_1,o_5,o_6,o_8,o_9\}$；$O_c=\{o_3,o_4\}$； $\eta(o_3,v_{11},\text{precondition})=v_{12}$；$\eta(o_4,v_{11},\text{precondition})=v_{13}$
e_1	v_{12}	$O_n=\{o_1,o_2,o_3,o_6,o_7\}$；$O_u=\{o_4,o_5,o_8,o_9\}$；$O_c=\{o_1\}$；$\eta(o_1,v_{12},\text{precondition})=v_{11}$
e_1	v_{13}	$O_n=\{o_2,o_3,o_4,o_5,o_6,o_7,o_8,o_9\}$；$O_u=\{o_1\}$；$O_c=\{o_3,o_5\}$； $\eta(o_3,v_{13},\text{precondition})=v_{12}$；$\eta(o_5,v_{13},\text{precondition})=v_{14}$

续表

模　式	模 式 值	属　　性
e_1	v_{14}	$O_n=\{o_2,o_3,o_4,o_5,o_6,o_7,o_8,o_9\}$；$O_u=\{o_1\}$；$O_c=\{o_3,o_4\}$； $\eta(o_3,v_{14},\text{precondition})=v_{12}$；$\eta(o_5,v_{14},\text{precondition})=v_{13}$
e_2	v_{21}	$O_n=\{o_1,o_2,o_3,o_4,o_5,o_6,o_7,o_8,o_9\}$；$O_u=\varnothing$；$O_c=\{o_8,o_9\}$； $\eta(o_8,v_{21},\text{precondition})=v_{22}$；$\eta(o_9,v_{21},\text{precondition})=v_{23}$
e_2	v_{22}	$O_n=\{o_2,o_3,o_4,o_5,o_6,o_7,o_8,o_9\}$；$O_u=\{o_1\}$；$O_c=\{o_9\}$； $\eta(o_9,v_{22},\text{precondition})=v_{23}$；$\eta(o_9,v_{21},\text{precondition})=v_{23}$
e_2	v_{23}	$O_n=\{o_2,o_3,o_4,o_5,o_6,o_7,o_8,o_9\}$；$O_u=\{o_1\}$；$O_c=\{o_8\}$；$\eta(o_8,v_{23},\text{precondition})=v_{22}$

所有模式值代表每一个数据变量的初始值，假设所有操作均能被服务实体所调用，如对于模式值v_{21}，$O_n=\{o_1,o_2,o_3,o_4,o_5,o_6,o_7,o_8,o_9\}$；$O_u=\varnothing$；$O_u$的所有其他操作值可以从 SWRL 描述的前置操作中获取。模式值的迁移则可以从操作模式信息表中获取。

4. 状态值

【定义 7-10】（冲突模式值对） 任意操作模式e_k和e_i，其值域分别为V_k和V_i。对于$\forall v\in V_k$和$\forall v'\in V_i$，如果满足$v:O_n\cap v':O_u\neq\varnothing$或$v:O_u\cap v':O_n\neq\varnothing,(v,v')$，称之为冲突模式值对。

构建 EFSM 模型旨在获取 EFSM 状态集。对此，以 Web 服务状态获取为例，给出如图 7-54 所示 EFSM 状态获取算法。

> 输入：服务实体的操作模式$E=\{e_1,e_2,\cdots,e_n\}$，相应的值域集$V=\{V_1,V_2,\cdots,V_n\}$，操作集$O=\{O_1,O_2,\cdots,O_m\}$
>
> 输出：EFSM 的状态集Q和初始状态q_0
>
> 1．根据属性条件构建冲突模式对，获取所有模式值，可得到所有冲突模式值对(v,v')的集合C。
>
> 2．从可能的状态集合Q中推算出所有模式值的组合，$Q=\prod_{i=1,\cdots,n}V_i$。
>
> 3．对于$\forall q\in Q$，通过模式值形成的集合q_v构建q，若$v\in q_v$，$v'\in q_v$，并且$(v,v')\in C$，则$Q=Q-\{q\}$。
>
> 4．增加初始状态q_0。
>
> 5．返回状态集Q和初始状态q_0。

图 7-54　EFSM 状态获取算法

5. 输入/输出集合

将所有操作的输入、输出分别看作是 EFSM 的输入集合I和输出集合O。每个输入、输出表示为一类数据类型。

6. 状态转移函数

对于一个$\text{EFSM}=\langle S,s_0,I,O,X,T\rangle$，一个转移是一个 6 元组$t=\langle s_i,s_j,a,b,P,A\rangle$，$s_i$和$s_j$是某个转移的开始状态及结束状态；$a$和$b$是对应的输入和输出；$P$是一个转移条件；$A$是一个动作。EFSM 状态转移函数获取算法如图 7-55 所示。

7. 测试路径生成

基于 EFSM 的主动测试，旨在解决带变量测试用例生成、可达性等问题，基于 EFSM 的被动测试，系统可能处于任何状态，难以确定其所涉及的变量值，也就是说，难以根据已有输入/输出序列，判断系统实现是否正确。EFSM 测试面临的主要问题是如何处理 EFSM 中的变量。理论上，获取 EFSM 状态转移图之后，只需遍历每条转移路径即可得到每条状态迁移路径的测试路径。但 EFSM 状态转移体可能非常复杂，遍历所有路径存在着巨大困难。

输入：服务实体的操作集O；服务实体的操作模式集$E=\{e_1,e_2,\cdots,e_n\}$，属性值$e_1,e_2,\cdots,e_n$；状态集S。

输出：状态转移函数T

1.初始化函数集，$F=\{\}$。

2.对于初始状态s_0，若状态$s=(v_1,v_2,\cdots,v_{|E|})\in S$，对于每一个模式值$v_i$，满足条件$v_i=\{I,I,\cdots,I\}$或$v_i=\{X,X,\cdots,X\}$，如果$I$或$X$在$v_i$的取值之间，那么$T(q_0,o)=s$存在，$o$是起始执行操作，它包含了数据变量的初始化。

3．对于每一个状态$s=(v_1,v_2,\cdots,v_{|E|})\in S-\{s_0\}$，执行如下步骤获取它的初始转换

（1）无转换，若$s:O_u=\cup v:O_u$，$\forall o\in s:O_u$，则$T(s_0,o)=s$没有被定义。

（2）转换到其他状态

1）$q:O_c=\cup v:O_c-s:O_u$。

2）$\forall o\in s:O_c$，则$T(s_0,o)=w$，设$w=(w_1,w_2,\cdots,w_{|E|})$

a）如果$o\in v_i:O_c(1\leqslant i\leqslant n)$，则$w_i=\eta(o,v_i,\text{precondition})$或$w_i=\eta(o,v_i,\varepsilon)$

b）如果$o\notin v_i:O_c(1\leqslant i\leqslant n)$，则$w_i=v_i$

3）环状态转换，令$s:O_i=O-s:O_c-s:O_u$，$\forall o\in s:O_i$，$T(q_0,o)=s$

4.返回状态转换函数T

图 7-55　EFSM 状态转移函数获取算法

这里，以图 7-56 所示 EFSM 状态转移图为例，说明如何遍历 EFSM 模型，生成操作序列的测试路径。对于上述状态转移函数算法，除了第 1、第 3 两个步骤外，其余步骤均可自动执行。

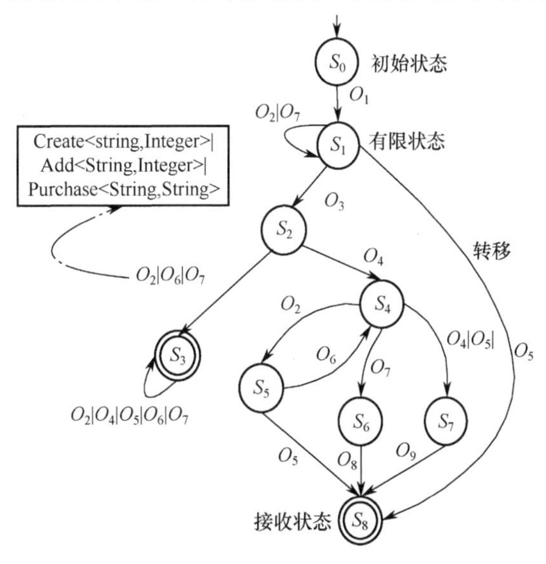

图 7-56　EFSM 状态转移图

一种有效的方法是建立 EFSM 可达图，将 EFSM 展开为 FSM，实现 EFSM 转化。而这种方法可能引起状态爆炸，仅适合于简单应用。另一种方法是建立区域状态机，依据变量等价原则，找出变量值的等价类，当第二组变量值作用于 EFSM 时，如果 EFSM 在任何条件下的输出及状态转移相同，则这两组变量值等价。根据变量等价类，将变量取值空间划分为若干等价区域，将 EFSM 的每个状态S分裂成n个子状态$s_1,s_2,\cdots,s_n$，子状态s_i对应于 EFSM 的状态S，其变量取第i个等价区域中的值。通过状态分裂，构造一个 FSM，其状态是 EFSM 状态分裂后的子状态，其状态转移不需要条件和动作。由此，便可将图 7-56 所示 EFSM 状态转移图转化为数据分区状态树，然后对数据分区状态树进行广度优先遍历，得到每一条状态迁移路径的测试路径。数据分区状态树如图 7-57 所示。

这样，基于状态转移图，通过遍历数据分区状态树，得到操作序列的测试路径，也就是从 EFSM 转换的分区状态树中获得测试数据。那么，图 7-57 所示数据分区状态树共有 95 条测试路径。

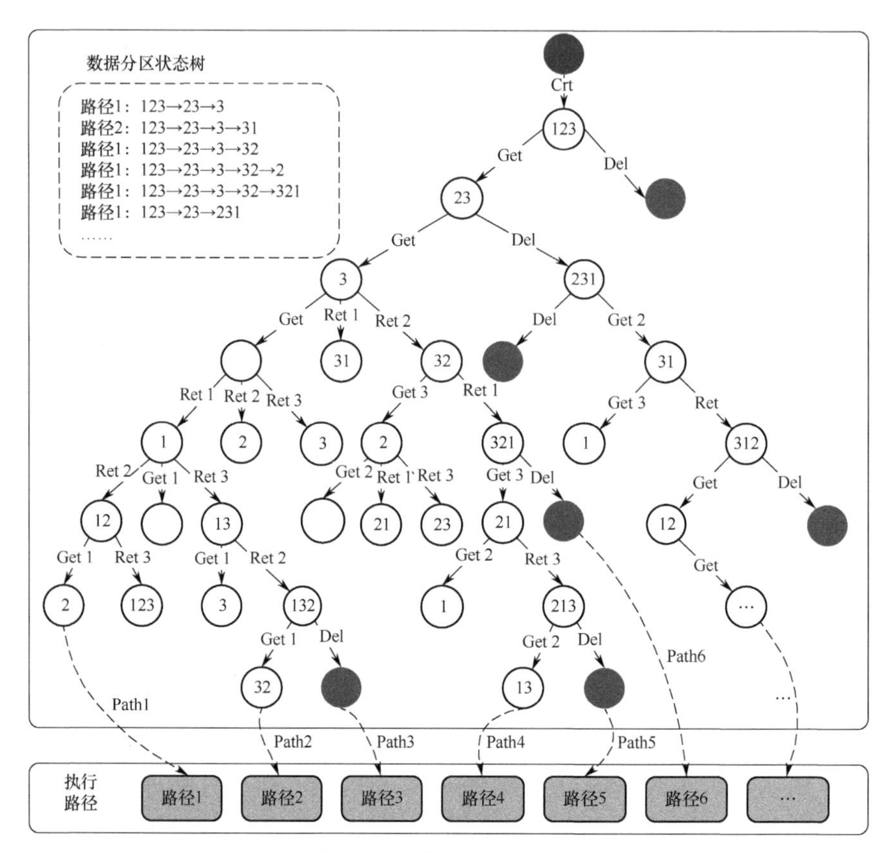

图 7-57　数据分区状态树

7.5.3　服务操作序列测试

7.5.3.1　操作序列的基本测试用例生成

1. 服务操作序列生成

操作序列生成是操作序列测试的关键问题。识别服务中的所有操作，通过排列算法生成操作的全排列，然后根据操作的输入、输出类型，过滤候选排列中的无效序列，确定有效序列，实现操作序列输入到输出的名称、结构匹配。服务操作序列匹配类型如图 7-58 所示。

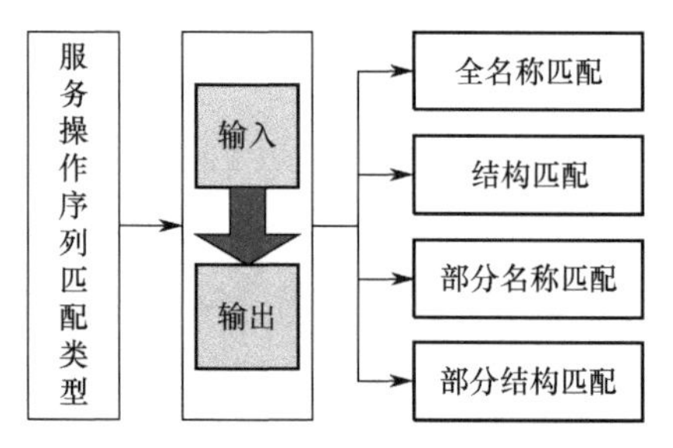

图 7-58　服务操作序列匹配类型

匹配旨在对序列中前一个操作的输出类型和后一个操作的输入类型进行匹配检查。主要有四种匹配方式：第一种方式是全名称匹配检查，类似于 C 语言基于名称的结构类型匹配，要求前一操作的输出对应的类型名称标识和后一操作的输入完全一致；第二种方式是输入、输出结构匹配，要求前一操作的输出所对应的结构树与后一操作的输入完全一致，前一操作的输出信息完全传递给后一操作；第三、第四种方式是部分匹配，这意味着后一操作的部分输入信息可能来源于其他信息源而非全部来源于上一操作。通常，只有输入、输出具有一定程度匹配的服务操作才能串联，这些串联操作更容易发现服务缺陷。获得具有合理串联关系的操作序列之后，才能生成正常、异常及边界等不同方式的服务操作序列测试用例。

2. 基于约束的无效序列过滤

通过过滤匹配得到的测试序列，其结构、类型匹配合理，但仍有可能同实际业务逻辑不相符。比如，基于流程安排，操作 A 必然发生在操作 B 之前，测试 B 在测试 A 之前的操作序列显然没有实际意义。

当用 startTime 约束变量表征一个操作的启动时间时，时间值越小，启动越早，表明一个操作的启动发生在另一个操作启动之前；同时，可以用 startTime 约束变量的不等式关系表达时序约束。

假设操作序列 $\langle a,b,c\rangle$ 对应的时序约束表达为 startTime(a)<startTime(b)and startTime(b)<startTime(c)，将待测序列操作的前后关系转换为 startTime 大小关系并加入到约束表中，即可检验一个序列是否符合业务逻辑约束。取用户定义的业务逻辑约束和当前所关注序列对应的约束关系，联立构成不等式组，进行约束求解，若不等式组有解，表明服务操作的 startTime()变量取值存在，用户业务逻辑要求以及当前序列要求的顺序都能得到满足，所生成的操作序列可行，否则不合理，予以排除。图 7-59 展示了由 JARI-SOATest 实现的基于约束的无效序列过滤结果。

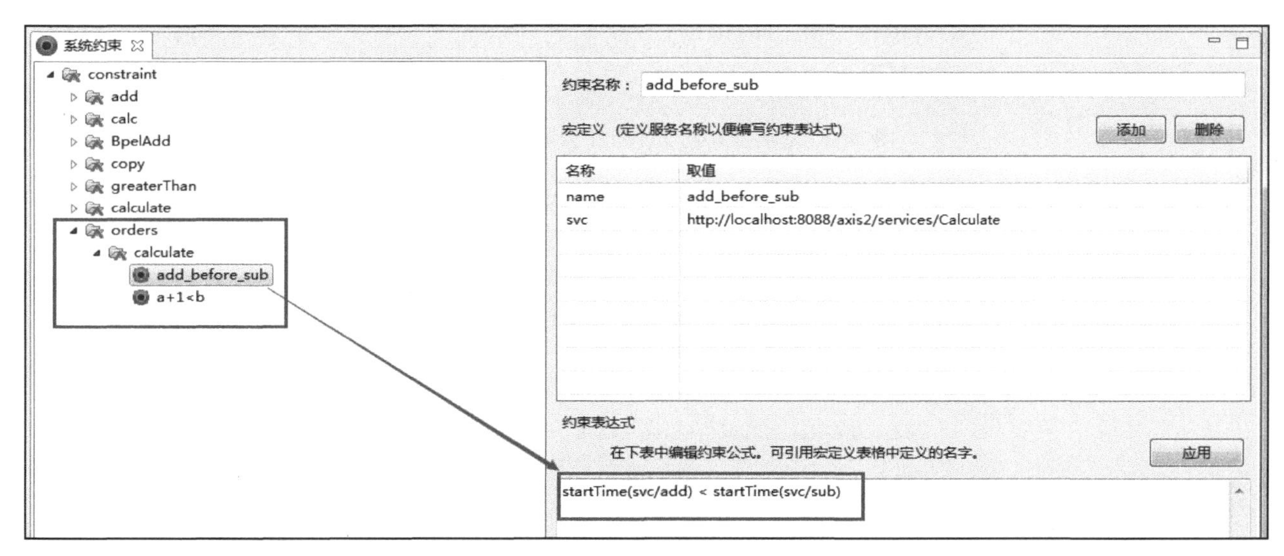

图 7-59　基于约束的无效序列过滤结果

3. 基于组合测试的高覆盖序列生成

普通序列测试用例生成具有一定的盲目性，若要覆盖更多的操作组合，就必须生成更多序列，但这势必导致数据冗余，降低测试效率。为了使用较少的序列测试用例覆盖最多的操作组合，利用组合测试算法生成高操作组合覆盖序列测试。

枚举所有合理的操作序列，逐个选择操作序列，构造组合测试用例集，仅仅需要考虑操作之间的顺序关系是否能够覆盖更多序列即可。一个序列 $\langle a,b,c\rangle$ 能够覆盖的二维顺序关系包括 $\langle 1:a,2:b\rangle$,$\langle 1:\mathrm{a},3:\mathrm{c}\rangle$,$\langle 2:b,2:c\rangle$，如果这些二维组合已被其他操作序列覆盖，该序列无须加入到最终测试集中，否则应加入，反复迭代，直至所有二维组合关系被覆盖为止。这样就能够保证以较少的序列覆盖最多的操作组合。以 Calculate 服务为例，生成相同覆盖的操作组合，在未进行组合测试的情况下，需要生成 24 个序列测试用例，才能实现操作间组合的最大覆盖，而组合测试则仅需 9 个测试用例便可实现最大的操作间组合覆盖。

7.5.3.2　测试用例执行

在 JARI-SOATest 平台的测试用例设计端选择测试用例，对每个服务配置执行环境注入故障，形成测试方案，发送给测试执行器 ServiceExecutor，测试执行器接收到测试任务后，根据测试任务类型，将测试任务封装为 SOAP 包，发送给目标服务主机 ServiceHost，目标服务主机接收到 SOAP 包后，解析 SOAP 包，调用服务，获得输出，然后将输出封装为 SOAP 包返回给测试执行器，并返回测试前端，存储到数据库中，呈现给用户。测试用例执行过程如图 7-60 所示。

7.5.3.3　操作序列测试用例生成及执行

例如，某控制系统，通过 JARI-SOATest 测试平台的项目浏览器，选择待测服务，识别其所有操作，生成操作的全排列，过滤无效序列，确定有效序列，实现操作序列匹配。然后进行参数配置，配置测试环境，生成测试方案及服务操作序列测试用例并确认，如图 7-61 所示。

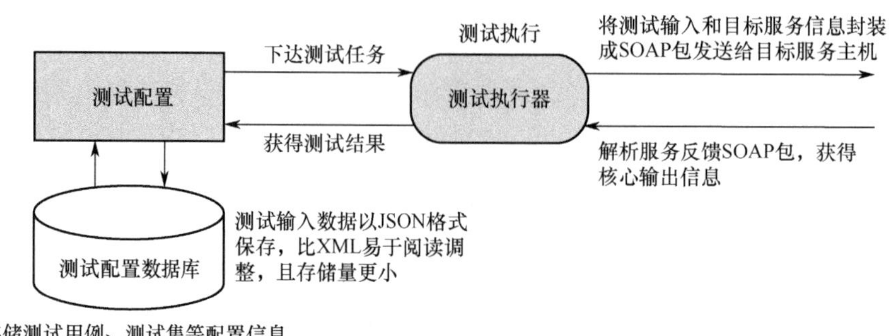

图 7-60　基于 JARI-SOATest 平台测试用例执行过程

序列测试用例确认

新建服务序列测试用例确认对话框

全选　保存　删除　取消

测试用例	服务地址	端口(Port)	操作(Oper...	获取途径	输入参数
☑ Seq215					
1	http://localhost:8088/axis2/services/Calculate	CalculateH...	add	自动	{"add":{"a":"1","b":"2"}}
2	http://localhost:8088/axis2/services/Calculate	CalculateH...	sub	自动	{"sub":{"a":"57","b":"57"}}
3	http://localhost:8088/axis2/services/Calculate	CalculateH...	divide	自动	{"divide":{"a":"645","b":...
☑ Seq593					
1	http://localhost:8088/axis2/services/Calculate	CalculateH...	add	自动	{"add":{"a":"831","b":"1...
2	http://localhost:8088/axis2/services/Calculate	CalculateH...	sub	自动	{"sub":{"a":"57","b":"57"}}
3	http://localhost:8088/axis2/services/Calculate	CalculateH...	multiply	自动	{"multiply":{"a":"375","b...
☑ Seq490					
1	http://localhost:8088/axis2/services/Calculate	CalculateH...	add	自动	{"add":{"a":"1","b":"2"}}
2	http://localhost:8088/axis2/services/Calculate	CalculateH...	divide	自动	{"divide":{"a":"835","b":...
3	http://localhost:8088/axis2/services/Calculate	CalculateH...	sub	自动	{"sub":{"a":"559","b":"7...
☑ Seq619					
1	http://localhost:8088/axis2/services/Calculate	CalculateH...	add	自动	{"add":{"a":"1","b":"2"}}
2	http://localhost:8088/axis2/services/Calculate	CalculateH...	divide	自动	{"divide":{"a":"689","b":...
3	http://localhost:8088/axis2/services/Calculate	CalculateH...	multiply	自动	{"multiply":{"a":"365","b...

图 7-61　服务操作序列测试用例确认

满足操作间的顺序约束、不满足操作间顺序约束的无效测试、考虑序列参数化以及服务操作两两组合等情况分别如图 7-62～图 7-65 所示。当采用两两组合方式时，只需要 9 个操作序列就可以覆盖所有的两两组合，而不采用两两组合则需要 24 个操作序列才能覆盖所有的两两组合。

测试用例	服务地址	端口(Port)	操作(Oper...	获取途径	输入参数
☑ Seq442					
1	http://localhost:8088/axis2/services/Calculate	CalculateH...	add	自动	{"add":{"a":"1","b":"2"}}
2	http://localhost:8088/axis2/services/Calculate	CalculateH...	sub	自动	{"sub":{"a":"57","b":"57"}}
3	http://localhost:8088/axis2/services/Calculate	CalculateH...	divide	自动	{"divide":{"a":"835","b":...
☑ Seq536					
1	http://localhost:8088/axis2/services/Calculate	CalculateH...	add	自动	{"add":{"a":"1","b":"2"}}
2	http://localhost:8088/axis2/services/Calculate	CalculateH...	sub	自动	{"sub":{"a":"559","b":"7...
3	http://localhost:8088/axis2/services/Calculate	CalculateH...	multiply	自动	{"multiply":{"a":"365","b...
☑ Seq326					
1	http://localhost:8088/axis2/services/Calculate	CalculateH...	add	自动	{"add":{"a":"1","b":"2"}}
2	http://localhost:8088/axis2/services/Calculate	CalculateH...	divide	自动	{"divide":{"a":"83","b":"...
3	http://localhost:8088/axis2/services/Calculate	CalculateH...	sub	自动	{"sub":{"a":"57","b":"57"}}
☑ Seq927					
1	http://localhost:8088/axis2/services/Calculate	CalculateH...	add	自动	{"add":{"a":"1","b":"2"}}
2	http://localhost:8088/axis2/services/Calculate	CalculateH...	divide	自动	{"divide":{"a":"383","b":...
3	http://localhost:8088/axis2/services/Calculate	CalculateH...	multiply	自动	{"multiply":{"a":"645","b...

图 7-62　满足操作间的顺序约束

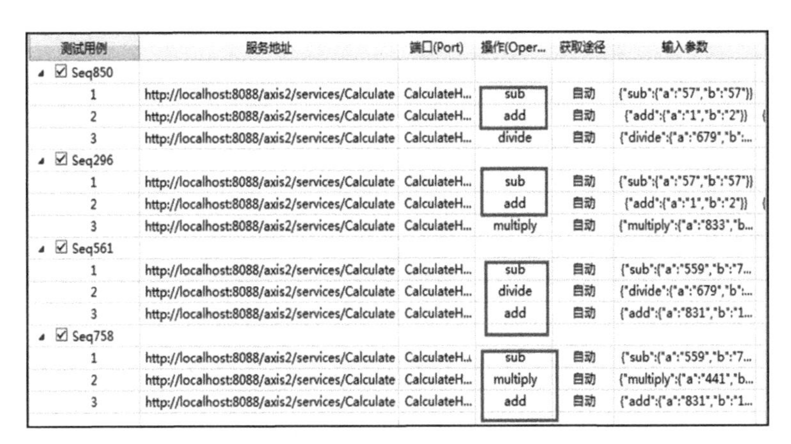

测试用例	服务地址	端口(Port)	操作(Oper...	获取途径	输入参数
Seq850					
1	http://localhost:8088/axis2/services/Calculate	CalculateH...	sub	自动	{"sub":{"a":"57","b":"57"}}
2	http://localhost:8088/axis2/services/Calculate	CalculateH...	add	自动	{"add":{"a":"1","b":"2"}}
3	http://localhost:8088/axis2/services/Calculate	CalculateH...	divide	自动	{"divide":{"a":"679","b":...
Seq296					
1	http://localhost:8088/axis2/services/Calculate	CalculateH...	sub	自动	{"sub":{"a":"57","b":"57"}}
2	http://localhost:8088/axis2/services/Calculate	CalculateH...	add	自动	{"add":{"a":"1","b":"2"}}
3	http://localhost:8088/axis2/services/Calculate	CalculateH...	multiply	自动	{"multiply":{"a":"833","b...
Seq561					
1	http://localhost:8088/axis2/services/Calculate	CalculateH...	sub	自动	{"sub":{"a":"559","b":"7...
2	http://localhost:8088/axis2/services/Calculate	CalculateH...	divide	自动	{"divide":{"a":"679","b":...
3	http://localhost:8088/axis2/services/Calculate	CalculateH...	add	自动	{"add":{"a":"831","b":"1...
Seq758					
1	http://localhost:8088/axis2/services/Calculate	CalculateH...	sub	自动	{"sub":{"a":"559","b":"7...
2	http://localhost:8088/axis2/services/Calculate	CalculateH...	multiply	自动	{"multiply":{"a":"441","b...
3	http://localhost:8088/axis2/services/Calculate	CalculateH...	add	自动	{"add":{"a":"831","b":"1...

图 7-63　不满足操作间顺序约束的无效测试

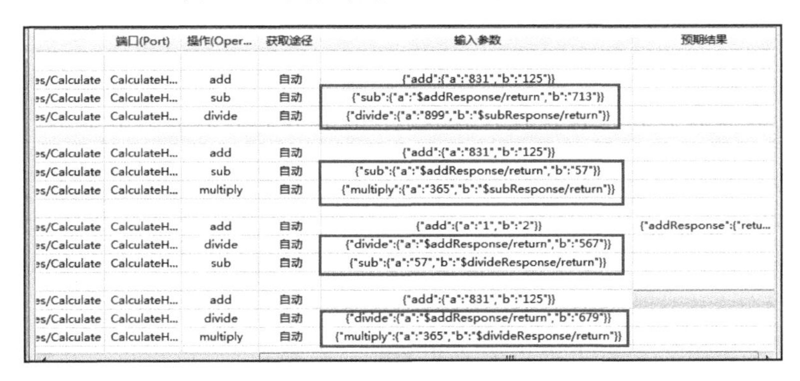

	端口(Port)	操作(Oper...	获取途径	输入参数	预期结果
es/Calculate	CalculateH...	add	自动	{"add":{"a":"831","b":"125"}}	
es/Calculate	CalculateH...	sub	自动	{"sub":{"a":"$addResponse/return","b":"713"}}	
es/Calculate	CalculateH...	divide	自动	{"divide":{"a":"899","b":"$subResponse/return"}}	
es/Calculate	CalculateH...	add	自动	{"add":{"a":"831","b":"125"}}	
es/Calculate	CalculateH...	sub	自动	{"sub":{"a":"$addResponse/return","b":"57"}}	
es/Calculate	CalculateH...	multiply	自动	{"multiply":{"a":"365","b":"$subResponse/return"}}	
es/Calculate	CalculateH...	add	自动	{"add":{"a":"1","b":"2"}}	{"addResponse":{"retu...
es/Calculate	CalculateH...	divide	自动	{"divide":{"a":"$addResponse/return","b":"567"}}	
es/Calculate	CalculateH...	sub	自动	{"sub":{"a":"57","b":"$divideResponse/return"}}	
es/Calculate	CalculateH...	add	自动	{"add":{"a":"831","b":"125"}}	
es/Calculate	CalculateH...	divide	自动	{"divide":{"a":"$addResponse/return","b":"679"}}	
es/Calculate	CalculateH...	multiply	自动	{"multiply":{"a":"365","b":"$divideResponse/return"}}	

图 7-64　考虑序列参数化

测试用例	服务地址	端口(Port)	操作(Oper...	获取途径	输入参数
3	http://localhost:8088/axis2/services/Calculate	CalculateH...	divide	自动	{"divide":{"a":"689","b":
Seq141					
1	http://localhost:8088/axis2/services/Calculate	CalculateH...	add	自动	{"add":{"a":"831","b":"
2	http://localhost:8088/axis2/services/Calculate	CalculateH...	sub	自动	{"sub":{"a":"559","b":"
3	http://localhost:8088/axis2/services/Calculate	CalculateH...	multiply	自动	{"multiply":{"a":"565","b"
Seq540					
1	http://localhost:8088/axis2/services/Calculate	CalculateH...	add	自动	{"add":{"a":"1","b":"
2	http://localhost:8088/axis2/services/Calculate	CalculateH...	divide	自动	{"divide":{"a":"875","b"
3	http://localhost:8088/axis2/services/Calculate	CalculateH...	sub	自动	{"sub":{"a":"57","b":"
Seq682					
1	http://localhost:8088/axis2/services/Calculate	CalculateH...	add	自动	{"add":{"a":"1","b":"
2	http://localhost:8088/axis2/services/Calculate	CalculateH...	divide	自动	{"divide":{"a":"689","b":
3	http://localhost:8088/axis2/services/Calculate	CalculateH...	multiply	自动	{"multiply":{"a":"233","b"
Seq430					
1	http://localhost:8088/axis2/services/Calculate	CalculateH...	add	自动	{"add":{"a":"1","b":"
2	http://localhost:8088/axis2/services/Calculate	CalculateH...	multiply	自动	{"multiply":{"a":"233","b"
3	http://localhost:8088/axis2/services/Calculate	CalculateH...	sub	自动	{"sub":{"a":"57","b":"
Seq963					
1	http://localhost:8088/axis2/services/Calculate	CalculateH...	add	自动	{"add":{"a":"1","b":"
2	http://localhost:8088/axis2/services/Calculate	CalculateH...	multiply	自动	{"multiply":{"a":"441","b"
3	http://localhost:8088/axis2/services/Calculate	CalculateH...	divide	自动	{"divide":{"a":"689","b":
Seq571					
1	http://localhost:8088/axis2/services/Calculate	CalculateH...	sub	自动	{"sub":{"a":"57","b":"
2	http://localhost:8088/axis2/services/Calculate	CalculateH...	add	自动	{"add":{"a":"1","b":"
3	http://localhost:8088/axis2/services/Calculate	CalculateH...	divide	自动	{"divide":{"a":"83","b":
Seq92					
1	http://localhost:8088/axis2/services/Calculate	CalculateH...	sub	自动	{"sub":{"a":"559","b":"
2	http://localhost:8088/axis2/services/Calculate	CalculateH...	divide	自动	{"divide":{"a":"835","b":
3	http://localhost:8088/axis2/services/Calculate	CalculateH...	add	手工	{"add":{"a":"2013","b":1(
Seq890					
1	http://localhost:8088/axis2/services/Calculate	CalculateH...	sub	自动	{"sub":{"a":"57","b":"
2	http://localhost:8088/axis2/services/Calculate	CalculateH...	multiply	自动	{"multiply":{"a":"341","b"
3	http://localhost:8088/axis2/services/Calculate	CalculateH...	add	自动	{"add":{"a":"1","b":"

图 7-65　服务操作两两组合

测试用例的执行同单个操作测试用例执行步骤一样。执行结果如图 7-66 所示。

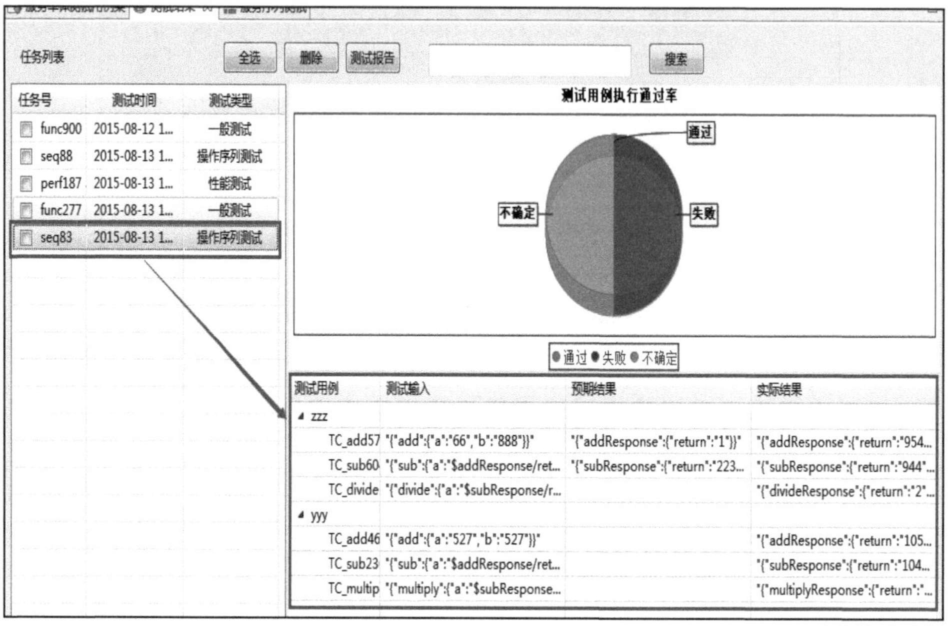

图 7-66　执行结果

7.6　基于时间波动的服务实时性测试

7.6.1　基于时间波动的服务实时性测试框架

系统性能是被测系统呈献给用户最重要的质量属性之一，且随着时间、数据流量、使用场景等变化而变化，甚至呈现出不同的表现形式。实时性是至关重要的系统性能指标，响应时间及吞吐量等则是面向服务软件系统最重要的性能属性之一。

（1）**响应时间**：自发送事务请求到收到请求回应的时间间隔。基于不同复杂度及使用频率的事务，响应时间不同，需要定义不同操作或不同场景下的响应时间。

（2）**吞吐量**：单位时间内应用服务器处理事务的数量。对吞吐量的测试旨在验证系统在特定的场景下及单位时间内处理事务的能力。若 SOA 系统包含实时处理和批量处理事务，应对不同事务分别定义其吞吐量。

对于系统的性能测试，通常是自顶而下对数据流图进行分解，构建运行剖面，形成一个持续并不断迭代的测试方案，确保系统性能指标验证的充分性和持续性。首先，根据系统业务剖面，基于服务实体的调用关系，提取服务调用流程及发生概率，构造被访问服务实体剖面；其次，基于服务访问频率、并发访问概率、响应时间，构造引起时间波动的响应时间测试场景，测试不同场景下服务实体的平均响应时间；最后，根据不同访问场景下的时间波动趋势，分析并根除系统设计缺陷。SOA 系统实时性测试场景设计过程如图 7-67 所示。

为保证系统的实时性，基于传统架构的系统通常将具有实时性要求的功能任务分配给高优先级线程处理，甚至独占多核处理器中的一个或多个内核。基于 SOA 架构的系统，服务实体运行由服务管理中心进行统一调度和资源均衡，不同运行场景可能导致服务请求等待时间的波动和不确定性，需要对服务实体的访问频率、并发访问概率、响应时间等因素进行分析评估，找出引起时间波动的原因，构造可能存在时间波动的服务实体访问场景，排除服务实体因设计等原因而导致响应时间波动的问题。

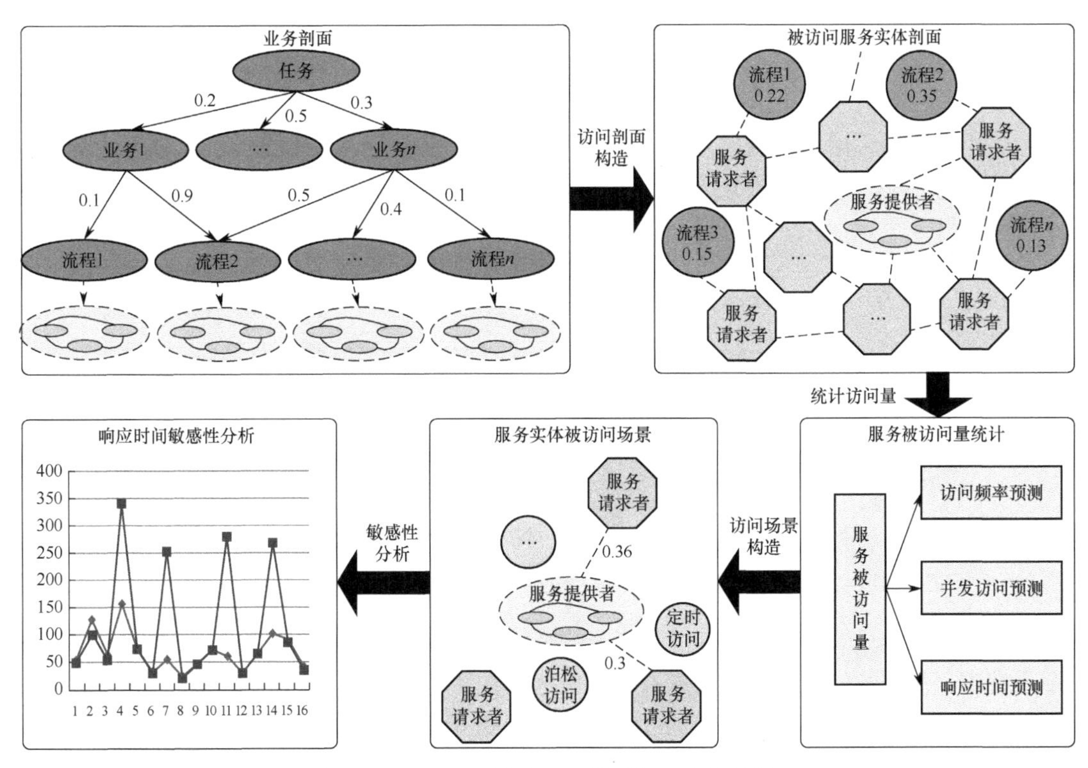

图 7-67　SOA 系统实时性测试场景设计过程

面向时间波动的服务实时性测试场景设计是以服务访问频率、响应时间计算为基础，通过对单个服务访问频率及并发访问概率的计算，找出实际应用中访问频率较高的热点服务，开启相应业务流程操作，构造存在时间波动的服务实体访问场景，针对业务流程进行测试，将实测响应时间与预测值进行比较，验证因热点服务设计不当而导致时间波动的问题。基于时间波动的服务实时性测试框架如图 7-68 所示。

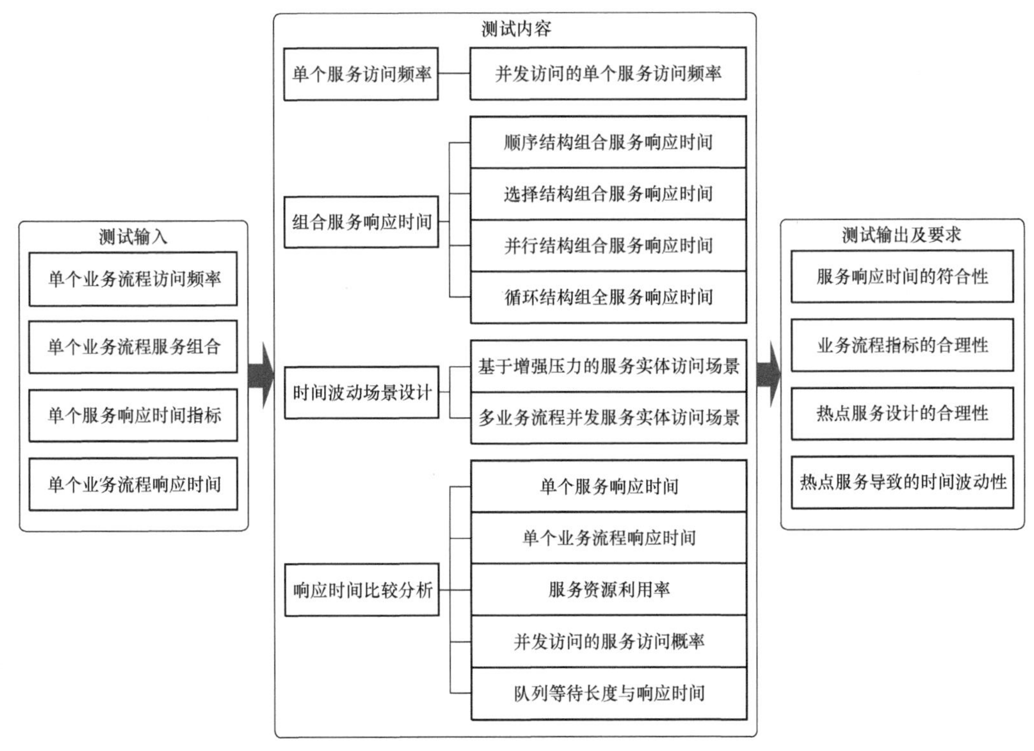

图 7-68　基于时间波动的服务实时性测试框架

7.6.2 基于并发机制的单个服务访问频率预测

SOA 系统中，服务调用关系错综复杂，一个服务可能被多个业务流程调用，而多个业务流程同时运行则可能导致并发访问，如图 7-69 所示。

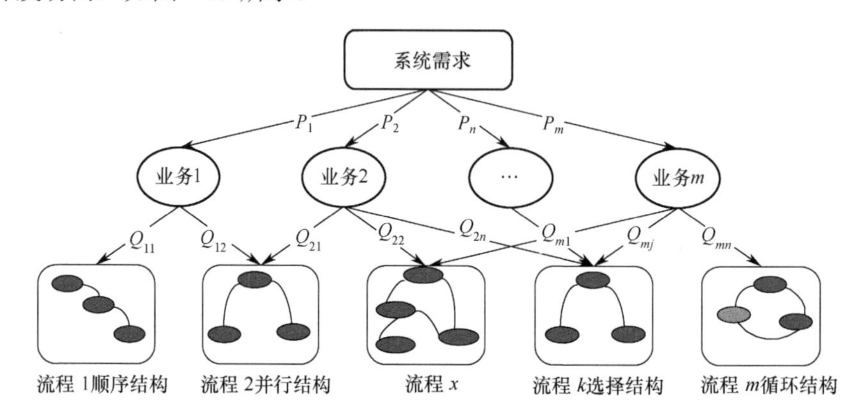

图 7-69 业务流程调用结构

SOA 系统中，每个业务流程访问频率及业务流程结构可以从业务剖面中获得。系统在接收到运行任务后，执行流程 x 的概率 R_x 以及第 m 个业务调用流程 n 的概率 $R(nm)$ 分别如下：

$$R_x = \sum_{m=1}^{L} R(nm) \tag{7-8}$$

$$R(nm) = P_i \cdot Q_{ij} \tag{7-9}$$

式中，i 的取值为所有能够调用到流程 x 的业务，j 的取值为流程 x 在业务 i 调用的所有流程中的编号。

7.6.2.1 基本结构组合服务响应时间

预测单个服务访问频率时，需要考虑服务调用的结构形式，即其在不同组合结构中所扮演的角色。可以直接通过端口输入与输出结果的响应，度量单个服务的响应时间，但需要重点关注的是一组服务的响应时间。假设调度本身所占用的时间可以忽略不计，那么问题就可以简化为：从组合服务的角度，对不同组合结构的组合服务响应时间进行测试。

服务组合具有随机性、多样性、不确定性等特点。但无论什么样的服务组合最终都可以简化为顺序、并行、选择、循环四种结构，并转化为组合服务结构，如图 7-70 所示。基于这四种基本结构，即可对组合服务的响应时间进行预测。

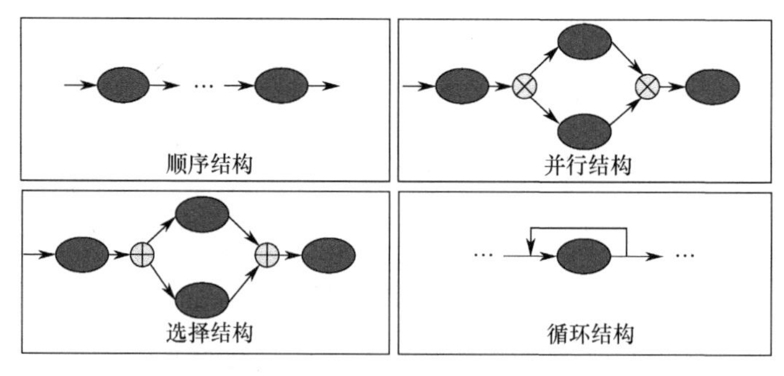

图 7-70 基本组合服务结构

这四种基本结构是业务流程编排模型中粒度最小的结构，任何一种结构均可由这四种基本结构构造得到。因此，可以基于有限的基本结构，对模型结构进行归纳分析，预测业务流程的响应时间，找到可能存在的时间瓶颈。

1. 顺序结构

顺序结构组合服务就是所有服务按顺序组合构成的服务。只有当前服务执行成功后才能按顺序执行下一个服务，执行序列中的任何失败都将导致整体执行失败。每个业务流程调用该组合服务所需时间为该组合所有服务的执行时间之和

$$T_{\text{sev}} = \sum_{i=1}^{L} T_i \tag{7-10}$$

式中，T_i 是顺序结构组合服务中第 i 个服务的执行时间；L 是组合服务对应的服务个数。

2. 并行结构

并行结构组合服务就是所有服务并行组合构成的服务。运行并行组合服务就是所有并行分支同时运行的过程。每个业务流程调用此组合服务所需时间为该组合服务中所有并行分支中执行时间最长分支中所有服务执行时间的总和。并行结构组合服务响应时间为

$$T_{\text{sev}} = \max \sum_{i=1}^{L} T_i \tag{7-11}$$

式中，T_i 是并行结构组合服务中执行时间最长分支中第 i 个服务的执行时间；L 是并行结构组合服务中执行时间最长的分支中服务的个数。

3. 选择结构

选择结构是根据一定条件，选择多个服务中的一个作为组合服务的一部分。选择结构组合服务的每个分支都有被选择的可能，所有分支被选择的概率之和为 1。每个业务流程调用此组合服务所需时间为该组合中所有分支执行时间之和。选择结构组合服务响应时间为

$$T_{\text{sev}} = \sum_{n=1}^{N} \sum_{i=1}^{L_n} T_i(n) \tag{7-12}$$

式中，$T_i(n)$ 是选择结构组合服务中第 n 个选择分支中第 i 个服务的执行时间；n 是选择分支数；L_n 是第 n 个选择分支的长度。

4. 循环结构

如系统的某些功能需要通过一个服务的多次反复迭代来实现，则此功能需要通过构造服务循环结构来实现。循环结构组合服务中，同一服务被反复执行直至任务完成，假设循环结构中的循环次数为 L，则每个业务流程调用循环结构组合服务所需时间为该组合服务单次执行时间与循环次数之积。循环结构组合服务响应时间为

$$T_{\text{sev}} = LT \tag{7-13}$$

式中，T 是循环结构组合服务中服务的执行时间；L 是循环结构中服务的循环执行次数。

7.6.2.2　单个服务访问频率

1. 顺序结构

当服务之间的调用为顺序结构时，每个服务被依次访问和执行，所有服务被访问的概率为 1。系统接收到运行指令之后，访问服务流程中所有需要访问服务的频率等于该业务流程被调用的概率，即服务在单个业务流程中被访问的频率

$$P_{\text{sev}} = R_x \tag{7-14}$$

2. 并行结构

当服务之间的调用为并行结构时，并行执行的服务同时被访问和执行，所有服务被访问的概率为 1。系统接收到运行指令后，访问该业务流程中所能访问服务的频率与顺序结构相同。但顺序结构是依次顺

序调用，并行结构则是同时访问。

3. 选择结构

当服务之间的调用关系为选择结构时，服务被选择性访问和执行，具有被选择的概率。在系统接收到运行指令后，访问业务流程中所能访问服务的频率等于该业务流程被调用的概率与服务被选择概率之积

$$P_{sev} = R_g \cdot P_{select} \tag{7-15}$$

式中，P_{select} 表示服务被选择的概率。

4. 循环结构

业务流程编排过程中，服务之间的调用关系可能存在多种结构关系，是一种混合结构。当服务之间的调用关系为循环结构时，服务被循环访问和执行。循环调用结构流程中，所有服务被访问概率均为 1。若业务流程中不存在选择结构，则每个服务的访问概率 P_{sev} 等于执行该流程 x 的概率 R_x，若存在选择结构，则存在被选择关系服务的访问概率为

$$P_{sev} = R_x \cdot P_{select}$$

7.6.2.3 基于并发访问的服务访问频率

业务流程调用过程中，并发访问普遍存在，而且同一业务流程中可能存在同一服务被不同并行分支并发访问的情况。基于并发的服务实体访问剖面如图 7-71 所示。

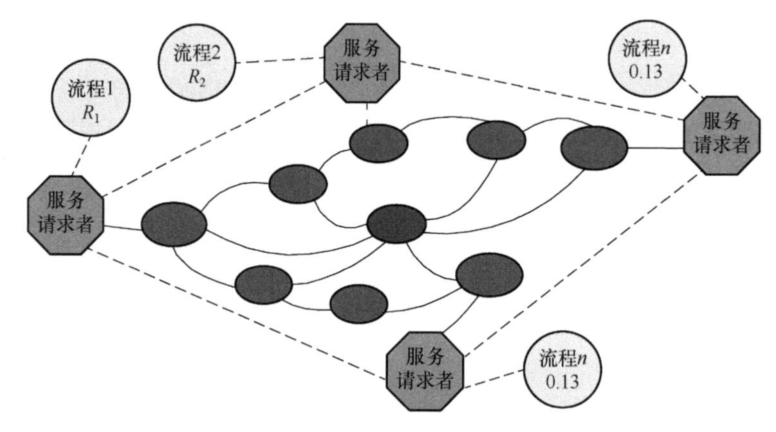

图 7-71 基于并发的服务实体访问剖面

每个服务请求者调用不同流程，可能访问相同的服务，多个流程同时执行时，会引发服务并发访问。当一个服务被多个业务流程分支调用时，该服务被访问的概率为所有调用该服务的分支概率之和。被并发访问服务的访问概率 P'_{sev} 等于所有调用该服务的分支概率之和。当业务流程中存在选择结构且一个选择分支覆盖并发访问服务时，并发访问服务的访问概率为

$$P'_{sev} = \sum R_x \cdot P_{select} \tag{7-16}$$

式中，x 的取值为调用服务的业务流程编号。

当业务流程中所有选择分支覆盖当前并发访问服务时，并发访问服务的访问概率为

$$P'_{sev} = \sum R_x \tag{7-17}$$

7.6.3 服务实体访问场景构建

对于已完成组合的服务系统，基于形式化建模，以数字或图形等方式刻画系统业务流程关系，根据服务访问频率，设计不同业务流程的执行场景，对服务进行测试，验证组合系统是否存在时间波动。

目前，进程代数、π 演算、自动机理论、排队论、Petri 网等是工程上广泛使用的服务组合测试与评

价技术。这些方法都是基于服务组合系统，建立组合模型，通过模型求解得到系统的性能指标。建立在业务流程编排图基础上的服务实体访问场景性能分析图，通过将业务流程编排语言结构化活动映射到 Petri 网，进而将完整的业务流程映射到 Petri 网结构中，得到访问概率、响应时间等信息，为性能分析与评估提供依据。

热点服务存在于两种业务活动场景中：一种是虽然仅被一个业务流程调用，但因该业务流程被访问频率较高而被纳入热点服务；另一种是被多个业务流程调用而被列入热点服务。热点服务可能引起访问时间波动，场景设计过程中，构建基于增强压力的服务实体访问场景以及基于多业务流程并发执行的服务实体访问场景，用以测试、分析和预测时间波动问题。

对于第一种情况，找出业务流程图中所有被列入热点服务的分支，开启该业务流程，设置启动延迟、触发次数、触发间隔，不断增加用户访问压力，构建基于增强压力的服务实体访问场景，测试业务流程与服务响应时间的最大值、最小值及平均值。对于第二种情况，构建基于多业务流程并发执行的服务实体访问场景，在系统业务流程图中，找出存在多业务流程访问的热点服务并开启所有业务流程，测试业务流程与服务响应时间的最大值、最小值及平均值。若不存在时间波动，继续增加各个业务流程的访问压力，测试出现服务实体访问时间波动的可能性。图 7-72 给出了一个基于多业务流程并发执行的服务实体访问场景。

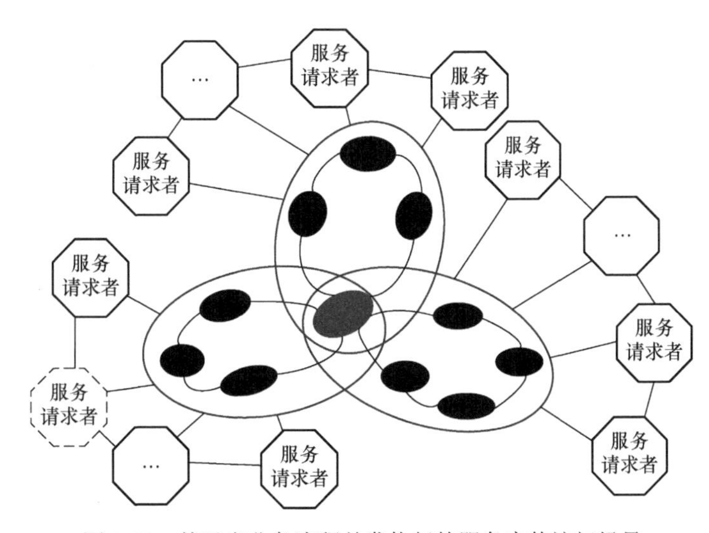

图 7-72　基于多业务流程并发执行的服务实体访问场景

7.6.4　服务响应时间波动分析

SOA 系统服务性能分析的重点是资源利用率、服务响应时间以及队列等待时间长度三个方面。资源利用率是指服务的忙闲状态，可以通过单个服务的利用率，分析服务组合的性能，而单个服务的利用率可通过访问概率进行度量。

服务响应时间是指每一个用户自进入队列等待开始，直到服务结束所耗费的时间资源，包括在每个业务流程中所有服务的最小、最大及平均等待时间，不同业务流程调用时，可能偶然发生服务响应时间超标的问题，这种波动具有偶然性和不易复现性，此乃服务实体被调用的不确定性问题。

基于系统业务剖面，根据服务被调用路径及服务所在业务流程的访问频率，建立基于结构的服务访问频率及响应时间计算模型，构建不同业务流程访问场景，对不同业务流程中服务的响应时间进行测试。服务响应时间受服务本身及其所处环境等因素影响，服务环境包括服务器配置、操作系统及网络资源环境配置，但应从服务本身剖析时间波动的复杂性及其对服务响应时间的影响。队列等待时间长度是队列中请求服务的排队数量，单节点服务中用户的平均队长，表示超过节点服务的接受或处理任务数而滞留在节点内的用户。在总服务数确定的情况下，节点滞留与该吞吐量成反比。

服务实体访问场景为服务实体访问时间波动性分析提供了支撑。依据不同访问场景，执行测试用例，得到各业务流程响应时间的最大、最小和平均值，将响应时间的要求值（规定值和预测值）作为参照标准，根据测试得到的响应时间的最大、最小及平均值，生成各业务流程的响应时间对比图表，然后通过分析比较，找出存在时间波动的业务流程。例如，某系统被分解为15个业务流程，已知每个流程响应时间的目标值，在确定的场景下，测试得到每个流程响应时间的最大值、最小值及算术平均值，由此得到业务流程的波动情况，如图7-73所示。

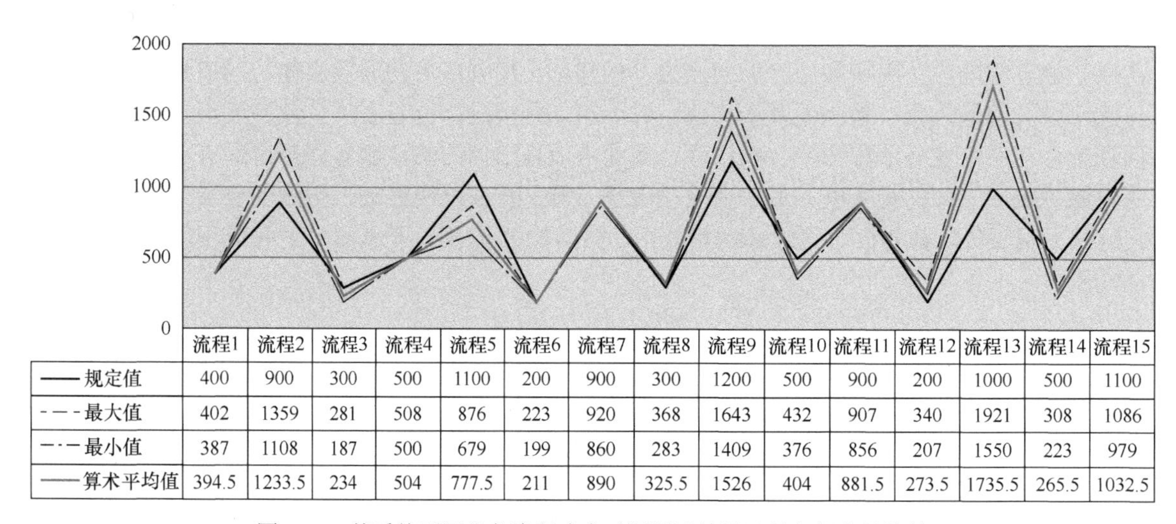

	流程1	流程2	流程3	流程4	流程5	流程6	流程7	流程8	流程9	流程10	流程11	流程12	流程13	流程14	流程15
——规定值	400	900	300	500	1100	200	900	300	1200	500	900	200	1000	500	1100
- — - 最大值	402	1359	281	508	876	223	920	368	1643	432	907	340	1921	308	1086
—·— 最小值	387	1108	187	500	679	199	860	283	1409	376	856	207	1550	223	979
——算术平均值	394.5	1233.5	234	504	777.5	211	890	325.5	1526	404	881.5	273.5	1735.5	265.5	1032.5

图7-73　某系统不同业务流程响应时间测试结果及其与规定值比较

由图7-73可见，业务流程2、5、9、13、14的响应时间的实测结果较规定值存在偏差。其中，流程14为下偏差，其他4个业务流程均为上偏差。基于测试结果，对时间波动较大的服务进行分析，对基于增强压力的服务实体访问场景进行测试，确定存在时间波动的服务及对应的资源利用情况，找出影响业务流程响应时间的服务，进而对基于多业务流程并发执行的服务实体访问场景进行测试，确定存在时间波动的服务，得到这些服务对应的并发访问概率，分析该服务是否属于热点服务，从而验证热点服务引起服务实体访问时间波动的可能性。

基于增强压力的服务实体访问场景及基于多业务流程并发执行的服务实体访问场景，通过增加负载压力实现场景模拟，设置启动延迟、触发次数和触发间隔，验证时间的波动。这种场景模拟能方便地用于系统负载测试，当服务用户访问数量超过其负载能力时，必然引起响应时间的较大波动，这种波动性可通过用户访问的队列等待长度与响应时间的关系分析得到。

基于系统业务流程响应时间测试，分别得到单个服务的响应时间、服务资源利用率、用户访问队列等待长度与响应时间的关系、并发访问服务访问概率等，由此对响应时间的波动性进行分析，解决服务实体被调用的不确定性问题，如图7-74所示。

业务流程执行过程中，通过插桩记录每个服务的响应时间，分析定位无法满足指标要求的服务，若响应时间不满足指标要求，甚至较期望结果存在较大偏差时，应对服务结构及系统架构设计进行分析。基于单个服务访问频率、并发访问频率计算，构建服务实体访问场景，基于不同结构的组合服务响应时间预测，进行服务响应时间波动性分析，通过组合服务响应时间计算模型得到具体业务流程响应时间的预测值，为服务实体访问的时间波动分析提供依据，同时为业务流程响应时间提供评判标准。

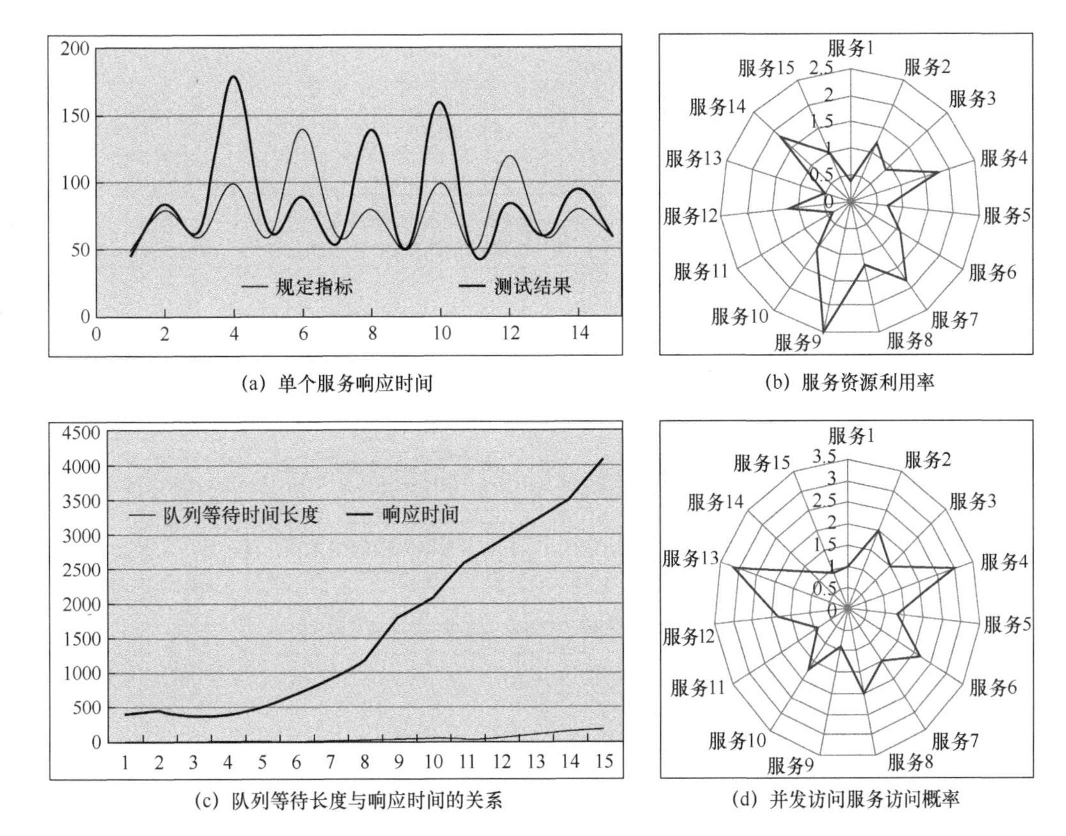

(a) 单个服务响应时间　(b) 服务资源利用率

(c) 队列等待长度与响应时间的关系　(d) 并发访问服务访问概率

图 7-74　服务响应时间波动性分析

7.6.5　服务实时性测试

对于单个服务，将测试获得的响应时间与规定值进行比较，分析确定导致服务访问时间波动的因素，解决服务实体访问的时间波动问题；对于每个业务流程，测试获得单个业务流程的响应时间，当实测值与目标值不一致时，应参考预测值对指标要求的合理性进行评价，在确保指标要求合理的情况下，业务流程响应时间的实测值应满足指标要求；基于服务实体访问测试场景，进行热点服务压力及负载测试，得到响应时间，确定时间波动及其引起时间波动的原因，验证因热点服务引起服务实体访问产生的时间波动。服务实时性测试流程如图 7-75 所示。

7.6.6　性能测试用例生成与执行

7.6.6.1　工作模型

服务访问场景构建是一个逐渐放大的过程，通过逐步放大预设场景，构造负载和压力，观察系统性能实现及其变化情况。测试场景由背景测试和观察测试两部分构成。背景测试用以模拟系统中错综复杂的调用关系，在场景放大过程中将成倍增加并发量以仿真高负载情况，由测试用例及测试执行时长、执行间隔、启动延时等构成。测试用例描述背景调用的数据发送；执行时长和执行间隔反映背景调用发生的频率及时段，背景测试执行的持续性能够模拟实际服务系统中持续不断的背景调用；启动延时将不同背景调用时间错开，使得模拟更加逼真。观察测试用以模拟复杂背景下一个独立的观察者，通过自身的执行性能，感知被测系统在不同负载下的工作情况，观察测试用例的执行情况以及测试在场景放大过程中不断增加的并发量。一个观察测试是复杂调用背景下的一个观察者，通过观察测试个体执行的性能反馈，从另一个侧面了解系统性能。背景测试主要从群体执行性能的角度反映服务体系的工作效率。

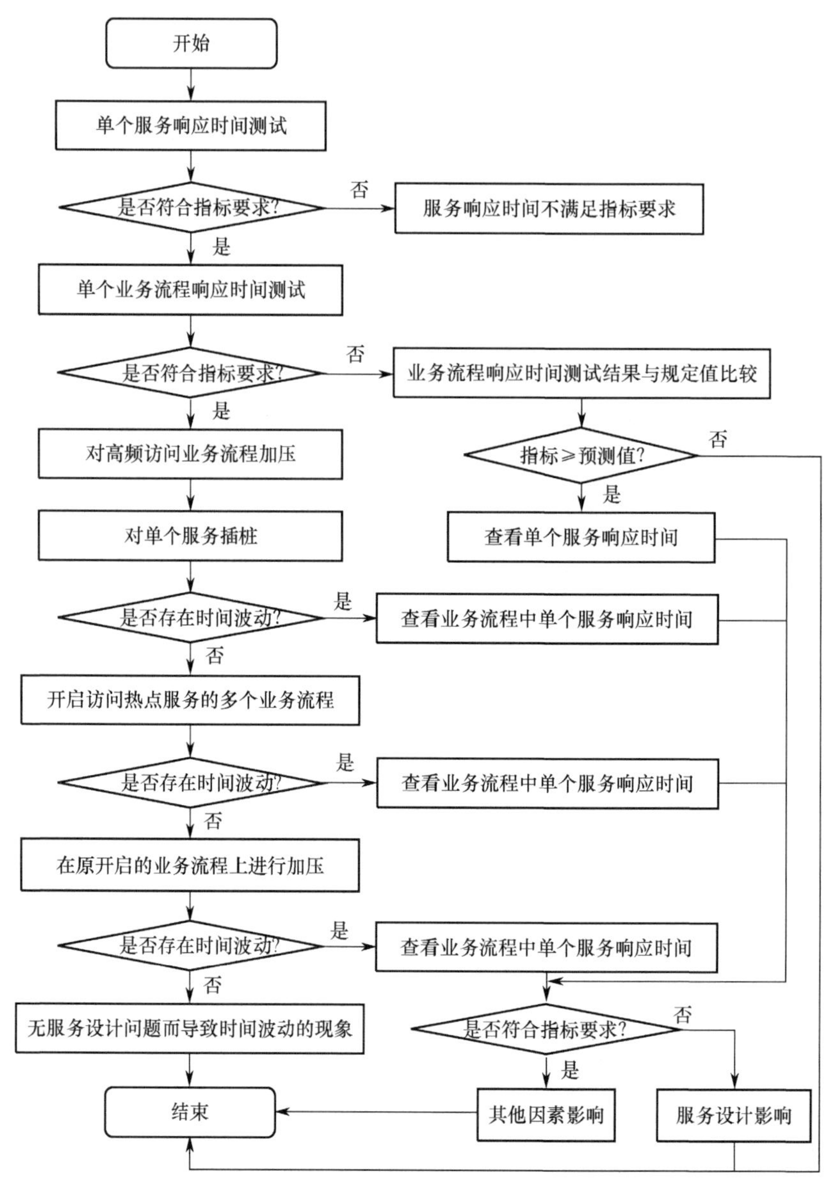

图 7-75　服务实时性测试流程

性能测试过程中，需要设定执行环境及测试场景并进行放大。对于一组待测服务，可能依赖于第三方服务。第三方服务的性能、工作状态可能对被测服务的性能指标有较大影响。为分析确定并隔离这些影响，需要在测试过程中对第三方服务的响应时间、吞吐量、调用成功率等性能指标进行设置，构成一个性能测试执行环境，为被测服务测试及评价提供支撑。

7.6.6.2　测试用例场景设计

背景测试需要定义服务、操作、输入参数、启动延迟、触发时长、触发间隔等用户剖面信息。其中，启动延迟、触发时长、触发间隔表示该场景下，测试用例执行过程中，等待启动延迟，然后每隔一个触发间隔就执行一次测试用例，直至执行时间达到或超过触发时长，无须判断上一次是否执行完毕。假设放大倍数为 3，场景中的每一个背景测试要同时触发 3 次执行，每次执行均按启动延迟、触发时长及触发间隔 3 个时间参数重复执行测试用例，在逐步增大的压力环境下，获得服务响应时间、吞吐量、调用成功率等数据变化。观察测试用例在不同压力环境下只执行一次。观察测试用例并非必需，如果期望测试特定服务在不同环境中的性能，可以通过设置观察测试用例来达到此目的。此两种测试的对象可以是同一服务，也可以是不同服务，依据用户对业务的认识而定。

一个场景包括一个观察测试用例和多个背景测试用例，基于 JARI-SOATest 平台的测试场景编排，通过持续执行背景测试用例，在不断施压的环境下，运行观察测试用例，即可获得测试结果，如图 7-76 所示。

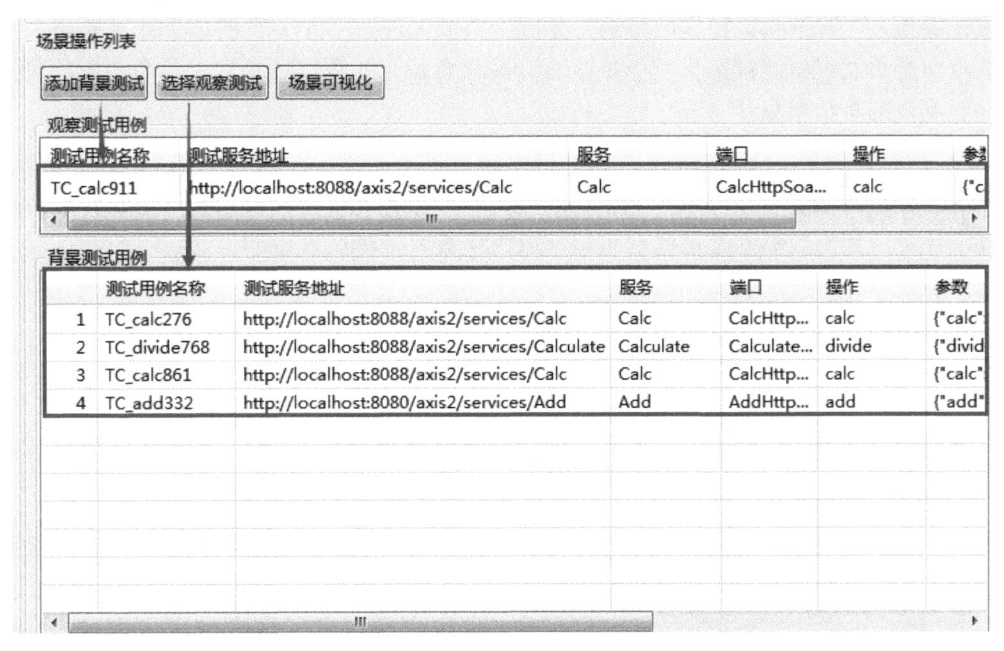

图 7-76　基于 JARI-SOATest 平台的测试场景编排

7.6.6.3　性能测试环境构建

性能测试环境是通过对第三方服务进行虚拟化，构建的 QoS 指标和业务逻辑测试环境。虚拟化过程是根据第三方服务的 WSDL 描述，创建一个仿真代理。对第三方服务的调用请求，在经过系统代理网关时，转发给虚拟服务，由虚拟服务控制第三方服务的性能指标和业务逻辑。虚拟服务列表中，根据场景中的背景测试和观察测试，生成相关的虚拟服务配置，也可通过手动添加或删除。虚拟服务配置可以设置该服务的业务逻辑类型、QoS 是否可用、服务状态、处理成功率、最大并发数、响应时间等参数。

7.6.6.4　性能测试执行

根据执行环境配置，创建虚拟服务并检查其工作状态，确保与性能测试配置设定一致，以一个放大倍数为一个阶段，执行一个放大倍数上的所有背景测试并观察测试，所有调用完成响应，回到原来状态后再启用下一轮场景放大执行。对于每一轮场景放大，按负载压力、场景测试时间等参数配置启动不同线程，针对关键测试用例，执行线程并添加监控线程，记录执行结果，判断是否超时。当所有放大轮次完成后，测试结束。性能测试执行流程如图 7-77 所示。

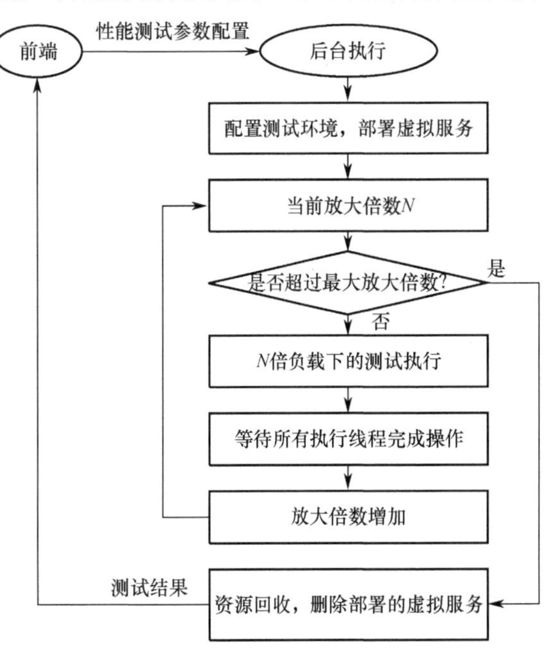

图 7-77　性能测试执行流程

7.6.6.5 测试结果采集及展示

1. 测试数据收集

背景测试执行时，在启动测试用例执行线程的同时，启动一个监控线程，判断测试用例执行是否超时并返回响应时间等信息。根据线程的启动调用关系，逐级向上传递测试结果。监控线程将获取的数据返回背景测试操作，而背景测试操作则将结果返回给该放大倍数（N）下的背景测试操作。N倍负载下的背景测试操作结果及观察测试结果，一并返回给N倍负载下的测试场景。N倍负载下的测试场景将结果汇总到性能测试的总结果集。

2. 性能计算

实际测试过程中，不同背景测试可能测试的是同一个服务操作，需要根据服务操作汇总所有背景测试结果。以下计算用到的数据都是在同一负载（放大倍数）下测试获得的。

（1）**服务吞吐量**：服务成功调用次数。

（2）**平均响应时间**：服务成功调用总响应时间/服务成功调用次数。

（3）**最大响应时间**：服务成功调用时的最大响应时间。

（4）**最小响应时间**：服务成功调用时的最小响应时间。

（5）**服务调用成功率**：服务成功调用次数/服务总调用次数。

3. 测试结果展示

性能测试结果展示包括平均响应时间、服务吞吐量、服务调用成功率、每个服务的性能测试数据。其中，每个服务的性能测试数据根据被测服务性能需求，形成一一对应的结果。通常用图表直观展示测试结果。

第 8 章　剖面驱动测试

软件是高度抽象、高度复杂的逻辑系统，在特定激励触发下导致失效在所难免，即便是经过充分测试的软件也常常受到错误的困扰，但一个前所未有日益增长的需求是软件应具有检定合格的可靠性。与此同时，面对高质量发展需求，以信息平台为主要载体，数据资源为关键要素，融合应用及全要素数字化转型为推动力的数字转型、智能升级、融合创新加速推进，对软件可靠性提出了新的更高要求。

软件可靠性（Software Reliability）是指在规定的条件下和规定的时间内，不引起系统失效的概率，是系统可依赖性的关键因素，在项目策划中确定，开发过程中实现，预期的环境中验证，交付投放前确认。软件可靠性工程（Software Reliability Engineering）是为实现可靠性目标而采取的系统化技术、方法和管理活动，其研究、实践范畴涵盖软件可靠性分析、软件可靠性设计、软件可靠性测试、软件可靠性管理等过程活动。在软件生命周期过程中，可靠性要求制定、预计与分配、可靠性分析、可靠性设计、可靠性测试、可靠性评估相互融合，构成如图 8-1 所示的软件可靠性系统工程总体架构。

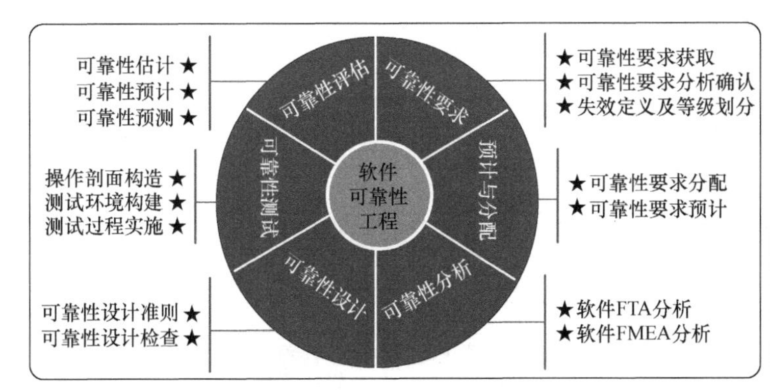

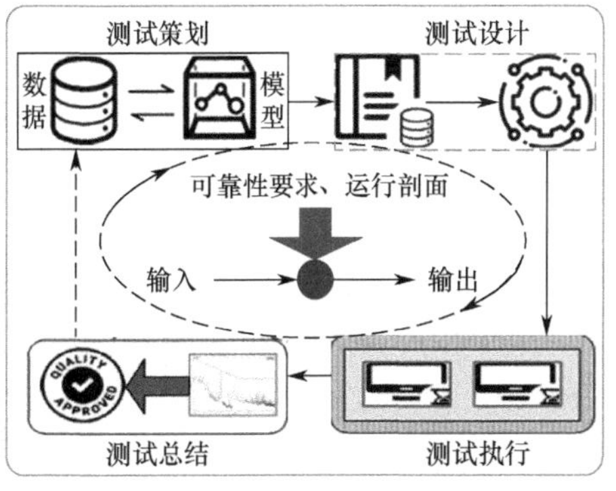

图 8-1　软件可靠性系统工程总体架构

软件可靠性测试（Software Reliability Test，SRT）是指在预期的使用环境（确定的运行域）上，基于软件系统的可靠性需求，确定运行模式及关键操作，构造运行剖面，镜像运行域，配置使用场景，生成测试用例，驱动测试，验证、预测、评价软件系统可靠运行的能力。软件可靠性测试是面向故障、基于剖面驱动的测试，其测试执行代表用户即将完成的一组操作，真实地反映软件系统的操作运行、环境数据加载等情况，是对最终系统运行的预演，是推进软件可靠性系统工程最佳实践的重要抓手。

软件可靠性测试包括可靠性增长测试和可靠性验证测试。软件可靠性增长测试是根据测试过程中检出及跟踪的故障，基于可靠性增长模型，采用迭代方式，有计划地激发并纠正缺陷，促使其固有可靠性增长的测试技术；软件可靠性验证测试是基于软件故障强度等估计，对软件可靠性进行统计推理，验证软件系统在风险限度内的可接收程度，是软件系统发放前进行的测试。

较传统软件测试而言，软件可靠性测试技术发展及工程实践相对滞后。近年来，基于混沌工程的可靠性测试，对于大型复杂分布式系统，尤其是服务端应用的可用性和稳定性保障，提高技术架构弹性，展现出了较强的生命力。此外，基于 MBSE，软件可靠性测试由验证、评价、预测向集效能仿真、统一建模、故障消减及健康管理于一体的方向发展，迈向测诊防治与健康管理融合的效能工程新模式。

8.1 软件可靠性测试的基本问题

无论是基于需求驱动还是基于剖面驱动的软件测试，都是以检出缺陷为目的，而且缺陷一旦被纠正，可靠性得以增长，使用风险得以释放。但此两者对软件可靠性增长的贡献截然不同。软件可靠性测试是基于可靠性定量要求，将可靠性要求作为测试终止条件，面向故障，基于软件缺陷，重点关注高级别风险。

8.1.1 基于运行周期的软件可靠性风险

在软件定义一切的背景下，基于运行周期的软件可靠性风险无处不在，持续维护系统可用性、稳定性、健壮性的难度与日俱增，由图 8-2 即可见一斑。

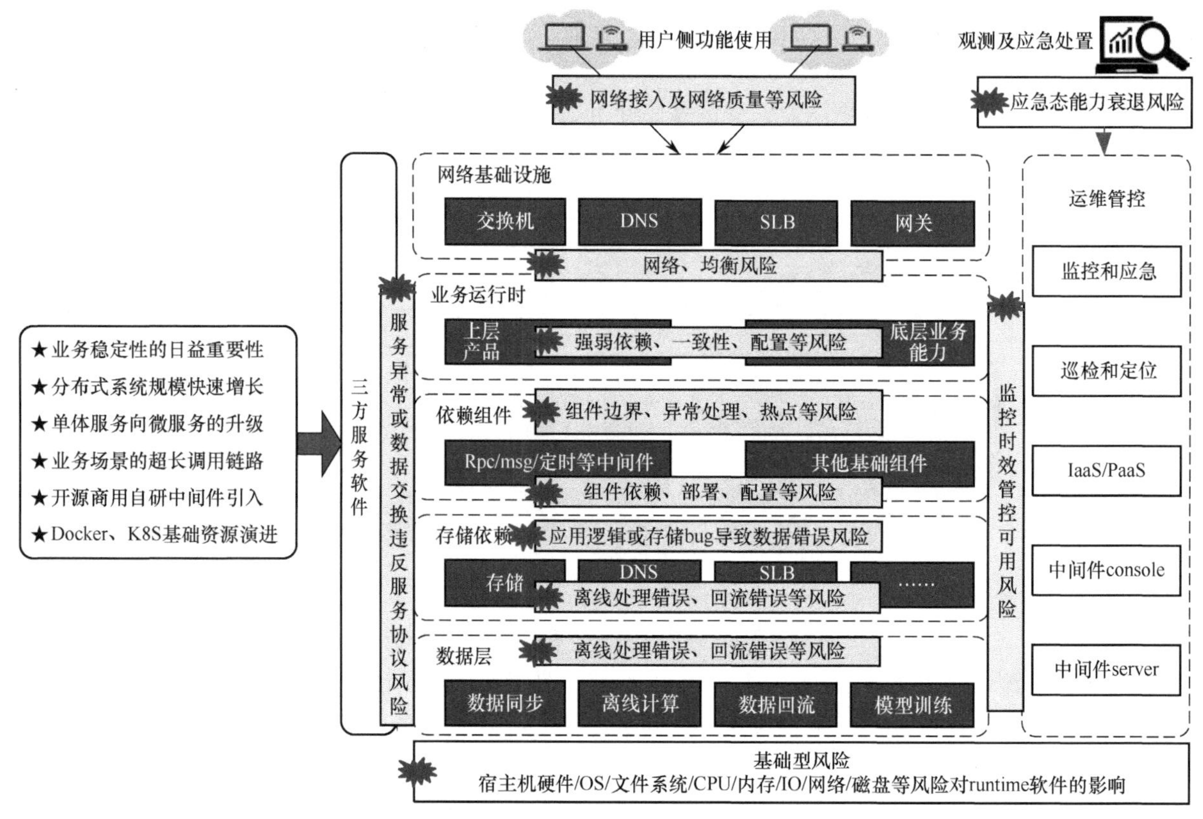

图 8-2 基于运行周期的系统可靠性风险表征

例如，源荷聚合服务系统，基于计量检测、网络通信、人工智能及先进控制等技术，聚合海量分布式电源、储能系统、可控负荷等分布式资源，对电网及源荷进行监测和调控，规模庞大，结构复杂，应用层追求更全面、更快捷、更高效的服务，逆向推动数据链路不断加长且依赖关系极度复杂，海量数据分析计算多维叠加之下的数据量爆发式增长，持续的系统维护、数据稳定性保障以及瞬时并发峰值冲击，进一步加剧了系统的稳定性、安全性、可靠性风险。进行充分的可靠性设计，通过容器、主备、集群、镜像、哨兵等多种方式保障系统可靠性，具有重要意义。而面向故障，开展全链路压测，进行完备的可靠性测试，反哺系统开发，不仅有利于改进系统可靠性，也是系统可靠性工程的宗旨和目标。

对于一个分布式系统，从设施层、数据层、语言平台层、中间件层、服务层审视其可靠性风险，如图 8-3 所示。

所以说，对于一个分布式系统，基于系统设施层、数据层、语言平台层、中间件层到服务层进行可靠性分层分析，基于故障根因，识别并确定不同层次的可靠性风险，制定可靠性测试策略，具有重要的意义。

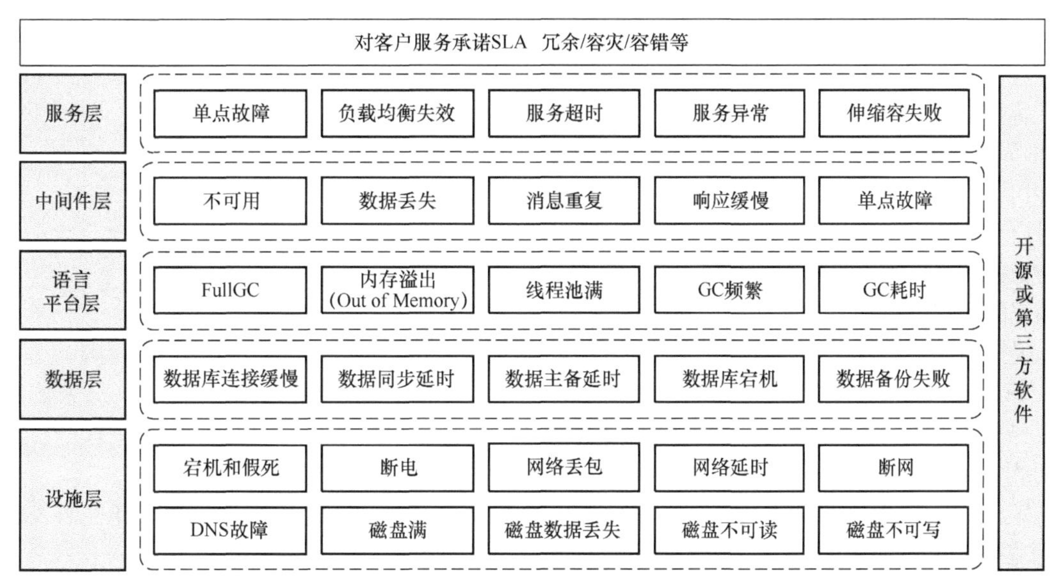

图 8-3　一个分布式系统的可靠性风险点

同样地，每个中间件都对应于一类风险场景。中间件风险分析取决于其部署架构，如主从部署、集群部署及哨兵模式所解析出来的风险场景，具有具体的风险项，对应于相应的测试风险。图 8-4 展示了一个基于中间件的软件可靠性测试风险分类。

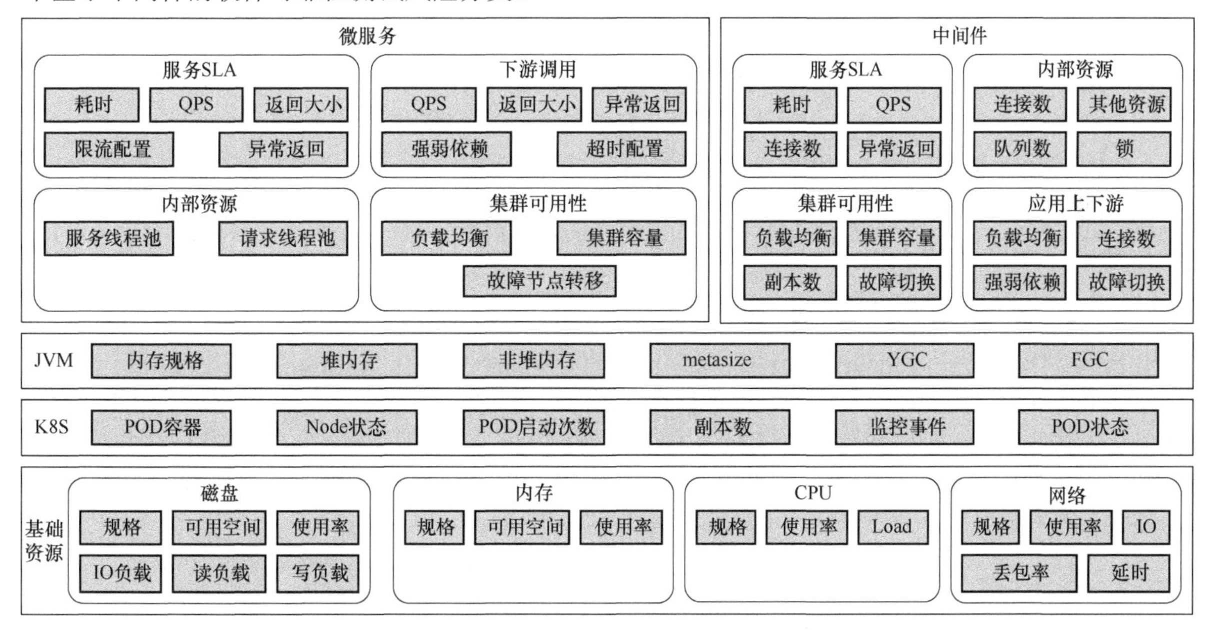

图 8-4　基于中间件的软件可靠性测试风险分类

8.1.2　与传统软件测试的差异

8.1.2.1　测试目的

软件可靠性测试面向故障，基于剖面驱动，关注操作使用，检出可靠性攸关的缺陷，实现可靠性增长，同时评估并预测软件系统的可靠性水平，同基于符合性验证的常规测试目的不同，其差异如图 8-5 所示。

8.1.2.2 测试流程

同样，可将软件可靠性测试过程划分为测试策划、测试设计、测试执行、测试总结四个顺序执行、相互关联的阶段，与常规测试并无本质差别。但在软件可靠性测试策划过程中，确定可靠性需求和目标，构建运行剖面，是需要重点关注的内容，也是软件可靠性测试独有的内容。

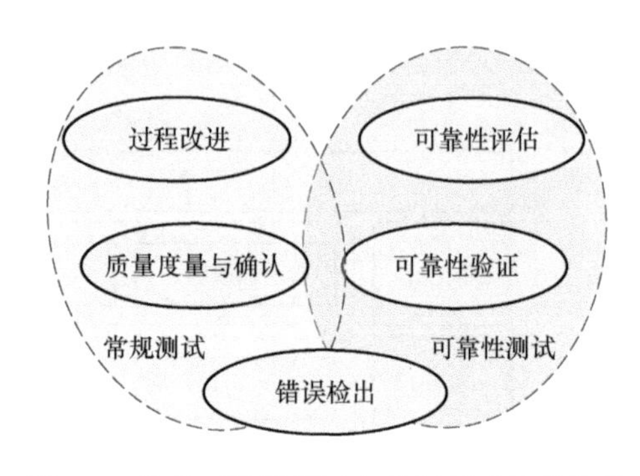

图 8-5 软件可靠性测试与常规测试目的差异

软件可靠性测试是基于定量可靠性目标驱动的测试。可靠性目标是用户对软件系统满意程度的期望，是对可靠性、计划进度及成本控制的均衡，常用可靠度、故障强度、MTTF 等表征。为了定义系统的可靠性指标，应确定系统的运行模式，定义故障严重等级，确定可靠性定量指标等目标。

（1）**识别输入及相关数据域**。分析系统可靠性需求，对所有可能的运行模式分类；分析影响运行模式的外界条件及其对系统运行的影响程度并进行排序；对各种功能需求之间的相关性进行分析和组合，合并密切相关的功能模块，确定相关功能模块输入变量的组合方法及组合。

（2）**定义失效模式及风险等级**。对于致命、严重类失效，使用 FTA 等识别相关功能需求及相应输入域，确保重要或频繁使用的功能得以充分测试。

（3）**确定概率分布**。分析确定不同运行模式的发生概率，给出各种运行模式下数据域的概率分布，并对需要强化的功能进行确认。

（4）**整理概率分布信息**。分析确定各项功能发生的概率及分布，构造并确认运行剖面。

（5）**建立测试过程模型**。确定测试策略，制定测试方案，配置测试场景，规范过程行为。

确定运行模式、关键操作及其概率分布，构造运行剖面，并镜像至运行域。功能剖面面向用户，运行剖面面向测试。运行剖面是对系统使用条件的定义，即按时间分布或按其在可能输入范围内发生概率的分布，定义系统的输入值，刻画软件系统的实际使用。表示为

$$\{\mathrm{OP}_i \mid \mathrm{OP}_i = \langle O_i, P_i \rangle,\ i=1,2,\cdots,m\} \tag{8-1}$$

式中，OP_i 是第 i 个运行剖面的元素；O_i 是第 i 个运行的操作使用、一个独立的任务乃至等待等；P_i 为第 i 个运行发生的概率，$\sum_{i=1}^{m} P_i = 1$；m 为软件运行剖面中的运行总数；$\boldsymbol{O}_i = \{V_{1i}, V_{2i}, \cdots, V_{mi}\}(i=1,2,\cdots,n)$，$\boldsymbol{V}_{mi}$ 是第 i 个运行下的第 m 个输入向量。

8.1.2.3 测试方法

软件可靠性测试是面向故障，基于定量目标及正向、逆向关联的反馈和迭代过程，其故障触发机制有别于常规软件测试。可靠性测试更加关注不同运行模式下，数据域的概率分布及故障发生概率，确定测试终止条件并对需要强化的功能、性能等进行测试和确认，直至达到规定的可靠性目标（如残留缺陷、缺陷密度、故障强度等）为止。软件可靠性测试方法如图 8-6 所示。

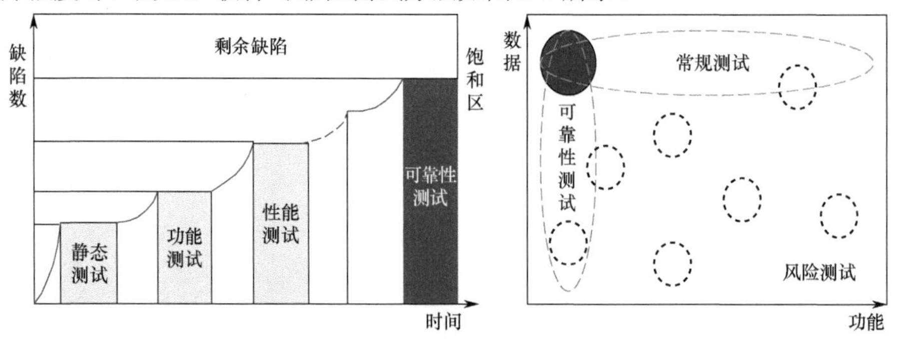

图 8-6 软件可靠性测试方法

8.1.2.4 测试终止

软件可靠性测试是根据软件系统的可靠性目标，在测试终止条件约束下，基于剖面驱动的测试。硬件可靠性试验的定时结尾及定数结尾试验方案并不适合于软件可靠性测试。但当软件可靠性达到要求的指标时，即可终止测试。图 8-7 给出了软件可靠性测试的终止方案。

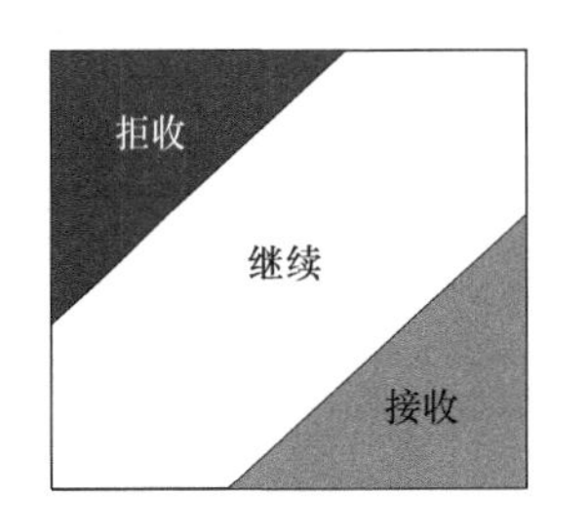

图 8-7 软件可靠性测试的终止方案

8.1.2.5 测试效率

软件可靠性测试关注的是软件在不同运行模式下，数据域的概率分布、故障发生概率、残留缺陷密度、缺陷分布等可靠性目标的实现情况，较需求符合性验证，软件可靠性测试的时间成本及测试效率均有显著差异。

8.1.3 软件可靠性测试的必备条件

软件系统的使命任务、体系结构、输入空间、运行流程、运行环境等无一不是影响软件可靠性的重要因素，可靠性目标、失效定义、剖面构造、模型建立等因素将直接影响可靠性测试的过程及结果。软件可靠性测试，首当其冲的任务就是制定测试方案，确定失效模式，建立评价模型，构建运行剖面。软件可靠性测试应具备的基本条件如下：

（1）分析确定软件系统的功能、性能以及执行这些功能、性能所需输入；功能之间的约束条件、相互关系及影响；失效发生时系统重构等对运行模式及操作使用的影响。

（2）确定每个使用需求及其相关输入的概率分布，给出影响软件运行模式的条件，如硬件配置、负荷等概率分布，以反映系统的实际使用情况。

（3）定义失效及等级，识别并确定即便是小概率发生但失效造成严重危害的功能需求以及不必查找失效原因或无须追踪统计的功能需求，如果存在关键失效，分析识别所有可能造成关键失效的功能需求及输入域、外部条件及发生概率。

（4）构建测试环境，使用概率分布随机产生输入，对于一些特殊条件，在使用环境或模拟环境下，若难以达到可靠性测试要求，应构建基于典型使用场景且具统计特性的测试环境。

8.1.4 软件可靠性测试的空间覆盖

软件可靠性测试，不仅要验证不同的单一输入空间，更重要的是对输入空间的组合覆盖。因此，首先应定义其输入空间、错误空间和测试空间。输入空间I：包括合法、非法输入空间在内的所有输入状态集合；错误空间F：所有错误集合及组合；测试空间T：测试用例覆盖的输入状态及组合的集合。对于一个特定的软件系统，输入空间与错误空间客观存在。对错误空间覆盖越充分，测试空间与错误空间交集就越大，检出错误的概率就越高。图 8-8 给出了测试空间覆盖及其与输入空间、错误空间的关系。

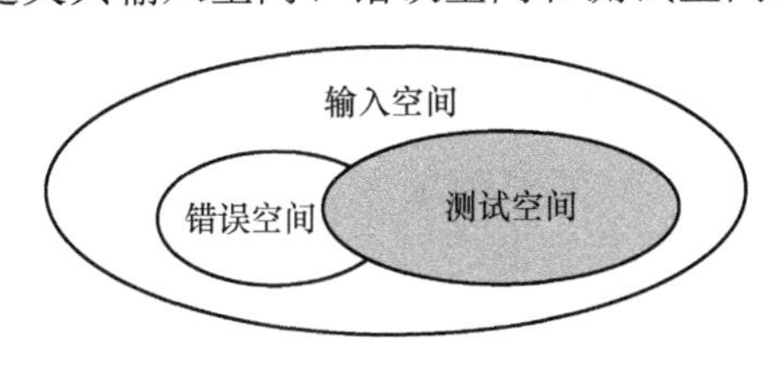

图 8-8 测试空间覆盖及其与输入空间、错误空间的关系

8.1.5 软件可靠性测试的不确定性

基于随机系统的可靠性理论，其应用存在着不确定性问题。因此，改变传统的基于随机过程的可靠性建模思路，创新建模方法，研究软件的失效过程，摆脱传统可靠性建模理论假设的束缚，是改进软件可靠性测试不确定性问题的基本思路。

8.1.5.1 软件可靠性理论

随机、模糊、未确知、混沌理论是软件可靠性建模及测试的基础理论。

（1）**随机可靠性理论**。基于随机系统的可靠性理论将软件系统视为随机系统。假设系统失效，符合特定的统计规律，根据系统失效强度及变化分布，构建不同可靠性模型。由于模型假设各不相同，不同模型在应用过程中存在着不一致性问题。几乎每种可靠性模型都假设关于故障过程中失效强度的变化规律。只有软件失效强度按照假定规律变化时，模型才有应用价值。

（2）**模糊可靠性理论**。软件系统及环境，存在着一定的模糊性。在软件可靠性测试技术研究中引入模糊理论，根据系统辨识的两个基本假设，对可靠性理论进行分类。基于这种理论提出的软件可靠性模型在一定范围内得以成功应用。

（3）**未确知可靠性建模**。未确知理论是研究未确知信息表达处理的技术。未确知信息的不确定性是决策者主观认识的不确定性。软件系统存在着不确定性，如输入组合、潜在缺陷等都具有不确定性。基于未确知理论的软件可靠性模型，在一些软件可靠性测试过程中具有较高的预测精度和较好的适应性，但目前尚未从理论上证明模型的预测能力和适用性优于经典模型。

（4）**混沌可靠性建模**。混沌是指特定系统中普遍存在的无规则或随机运动现象，表现为系统的复杂性、随机性和无序性。基于宏观视角，无序之中有序，具有结构的分形性、标度的不变性、对初始条件的敏感依赖性。软件失效行为受确定规则约束，表现出无序性，与混沌性具有相似性，虽然将混沌工程应用于软件可靠性建模，从客观数据出发，借助非线性混沌定量预测分析方法预测软件的演变规律，引入基于定量预测分析的仿真建模方法，对定量预测结果进行测试验证和推理，挖掘构建混沌模型的内在规律，避免主观性。将定性模拟（Qualitative Simulation，QSIM）算法应用于软件可靠性预测，为软件可靠性建模提供了新的方法和策略。目前，基于混沌工程的可靠性建模和测试，已广泛应用于服务端应用，对提高系统技术架构弹性能力及系统容错能力，展现了良好的发展态势。

8.1.5.2 不确定系统

不论是随机系统还是模糊、未确知、混沌系统，其本质都是不确定系统。当然，粗糙、灰色和泛灰系统亦广泛存在。波兰学者 Pawlak 用粗糙集理论刻画系统的不完整性和不确定性，从中发现隐含知识，揭示潜在规律，较好地解决了分析处理中的不精确、不一致和不完整性问题。按照人们对系统的理解与认知程度，将其分为白色系统、灰色系统和黑色系统。完全确知的系统称为白色系统，完全未知的系统称为黑色系统，而介于此两者之间（部分信息已知、部分信息未知）的系统称为灰色系统。灰色系统理论由我国著名学者邓聚龙提出，通过已知信息，研究和预测未知领域，以达到理解整个系统的目的。

8.1.5.3 不确定性问题的解决方法

工程上，对于软件测试的不确定性问题，一是建立测试组织、测试流程和测试成熟度模型，明确测试目标，规定每个过程的输入、输出、过程活动及控制要求，将具有不确定性的个人活动转化为规范的过程活动及标准化作业，对测试过程及活动进行监控，降低测试过程的不确定性。二是利用软件测试重用技术，对特定项目的测试资产进行抽象，使其与特定项目的相关度降至最低，解决测试人员因为经验、领域知识等差异造成的不确定性，解决测试不确定性问题。面向重用的软件测试模型如图 8-9 所示。

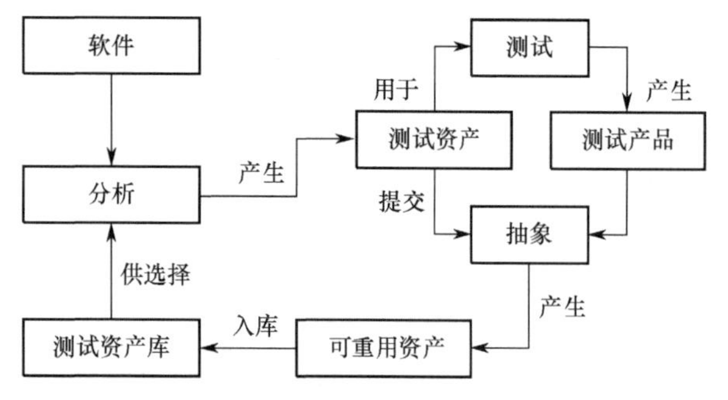

图 8-9　面向重用的软件测试模型

受软件系统的多样性和复杂性掣肘，软件可靠性测试重用面临着不同程度的挑战。为实现测试用例重用，需要有一个系统化的方法和实现策略。基于重用的测试用例生成过程包括系统分析、提取查询信息、查询测试、重用测试四个阶段。系统分析阶段，分析软件系统的各种需求，挖掘可重用资源，提取分析查询信息，最后重用查询结果中满足要求的测试用例，对其进行适当修改以满足测试需求。

8.2　软件可靠性测试策略

我们总是期望构建或选择一个理想模型，用于软件可靠性测试、预测、分析和评价，或许这样的模型根本不存在。究竟如何选择合适的模型，是一个极具挑战性的问题。一种理想的办法是遍历输入空间，有选择地选取测试数据。毫无疑问，这将导致一种十分特别的故障模式：软件故障密度在测试期间呈现为一个常数，其随机性仅来自错误分布。另一种方法是完全随机测试，按完全随机方式在输入空间随机选取测试数据，驱动测试。当然，工程实践中可能存在着混合状态方式，即既非完全相同亦非完全随机地生成输入数据。但为描述这一过程，需要获取更多关于测试集合输入空间本身以及它们之间的关系信息。

8.2.1　基于风险的可靠性测试方案

基于软件可靠性测试目标，对软件系统进行功能结构、运行模式、关键操作及可靠性风险分析，制定基于可靠性风险分析的可靠性测试总体方案，构建风险场景库，根据风险场景，镜像运行域，设计测试用例，如图 8-10 所示。

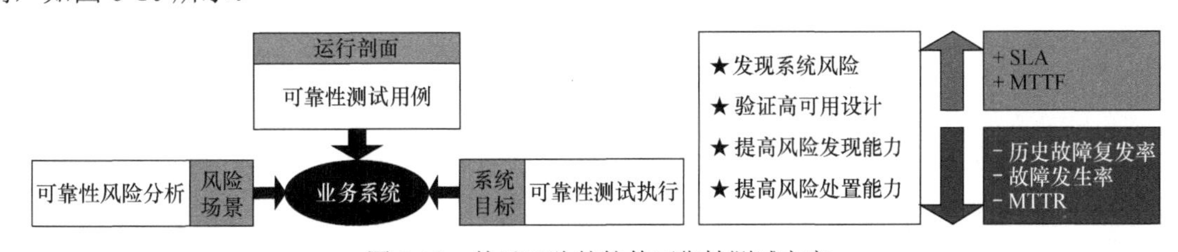

图 8-10　基于风险的软件可靠性测试方案

8.2.2　一种理想化情况

一种最简单的软件测试方法之一就是等概率选取测试数据，遍历输入空间。但遍历输入空间的穷举测试开销巨大。工程上，通常选用那些能够提供更多可靠性信息的输出所对应的输入数据，尽可能多地覆盖输入空间。对于这种情况，测试是确定的，测试过程是均匀的，测试输出的正确性则是随机的，故障密度是一个常数。

软件可靠性测试依赖于测试数据的数量以及从测试数据中所获取但没有进行测试的其他输入。将这类测试数据的每一个覆盖率作为一个测度，假设第 i 个测试数据的覆盖率为 C_i，为简单起见，假设对于所有第 $i(i=1,2,\cdots,n)$ 个测试数据，有 $C_i=c$（$c\geqslant 1$，常数），n 表示所选取的测试数据总数。对于第 i 个测试数据，如果软件系统不发生错误，则由它所覆盖的 c 个数据也不会触发错误。这里，将输入空间划分为两部分：一部分由其覆盖的 nc 个数据组成，另一部分由未被覆盖的数据组成。假设输入空间的总数据数为 N，那么这部分含有 $N-nc$ 个数据。若使用 n 个数据，检测出 n_e 个错误，且全部被排除，则软件中的剩余错误数为 n_e' 个，全部属于未被覆盖的输入部分。输入空间的构成如图 8-11 所示。

显然，对于软件中的残余错误数 n_e'，一个简单估计是

$$n'_e = \frac{n_e(N-nc)}{nc}$$

图 8-11　输入空间的构成

那么，软件可靠性估计为

$$R = 1-\frac{n'_e}{N} = 1-\frac{n_e(N-nc)}{N\times nc} \tag{8-2}$$

假设对于所使用的每个测试数据 i，都有一个覆盖率 C_i，如果 $C_i \neq cC_i$，则被覆盖的输入数据个数为 $\sum_{i=1}^{n} c_i$。$\sum_{i=1}^{n} c_i = N$，适用于 n 个测试数据，覆盖整个输入空间，而且在排除全部 n_e 个错误之后，$n'_e = 0$。于是，$R=1$，如果 $\sum_{i=1}^{n} c_i \ll N$，则有

$$R \approx 1-\frac{n_e}{\sum_{i=1}^{n} C_i} \tag{8-3}$$

如果 $C_i = 1(i=1,2,\cdots,n)$，则有

$$R \approx 1-\frac{n_e}{n} \tag{8-4}$$

这就是所谓 Nelson 模型。不难看出，c 实际上是一个平均覆盖率。对于 $i=1,2,\cdots,n$，获得每个对应的覆盖率比取平均覆盖率困难得多。假设对于 n 个测试数据，覆盖区域相互关联，即覆盖区域之间存在着重叠的覆盖区域，那么情况将变得更加复杂。设 D_i 是 i 个测试数据上的覆盖域，依次序 $D_i(i=1,2,\cdots,n)$ 个覆盖区域的前一个与其随后一个覆盖区域存在一个共同的覆盖域 d_i，且 $d_i = D_i \cap D_{i+1} \neq \varnothing(i=1,2,\cdots,n-1)$。此时，使用 n 个测试数据的总覆盖率为

$$P_{\text{cov}} = \sum_{i=1}^{n} C_i - \sum_{j=1}^{n} |d_j| \tag{8-5}$$

式中，$|d_j|$ 表示覆盖区域 d_j 的覆盖率。

8.2.3　完全随机的测试策略

假设错误检出后随即被完全排除，得到一个递减的故障密度，若连续的故障间隔呈指数分布，则故障数的递减方式呈马尔可夫过程型。以完全随机方式从输入空间选取测试数据，关键问题是按日历时间还是执行时间计算的测试是均匀进行的，指数分布的假设并不重要，重要的是能否完全随机地从输入空间中选取测试数据。许多测试数据并不能完全被随机选取，它们或多或少地带有测试人员的主观倾向性，这样势必会影响软件可靠性测试的完备性。

8.2.4　混合测试策略

工程中，可能既不是完全确定的测试，也非完全随机的测试，而是一种两者兼具的混合测试。对于混合测试，只需记录每个数据是如何选取的，就能够对其进行处理。使用故障率加法模型，其故障率估计算法为

$$\lambda = p\cdot\lambda_S + q\cdot\lambda_r \tag{8-6}$$

式中，λ 为软件系统的总故障率；λ_S 为以确定方式估计得到的故障率，测试过程中，λ_S 为常数，其值由平均故障间隔时间估计得到；λ_r 为随机方式估计得到的故障率，可以用极大似然法估计；$p = n_s/(n_s+n_r)$

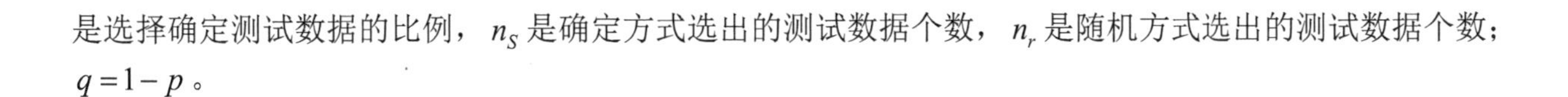

是选择确定测试数据的比例，n_S 是确定方式选出的测试数据个数，n_r 是随机方式选出的测试数据个数；$q = 1 - p$。

8.2.5 非均匀测试

软件测试并非一个均匀过程。基于均匀测试的 Musa 执行时间模型，通常能够获得较好的结果。Musa 执行时间模型强调了 CPU 时间比日历时间更能反映问题的本质，是比日历时间更好的测度。一方面按照日历时间计算的测试大多不是均匀进行的，但如果按 CPU 时间计算，则可以认为是均匀的。另一方面则是测试的客观实体——软件本身，也并非时间独立。

对于非均匀测试及时间独立性问题，通常使用 G-O 模型、Y-O 模型等 NHPP 类模型来描述。NHPP 类模型是一类硬件可靠性模型，但测试环境条件的非均匀性，为它们在软件可靠性测试中的应用提供了条件。

8.2.6 最小测试集确定

对于软件可靠性测试数据生成，首先需要估计所需测试数据的数量 N，使用实际测试过程中采样的全体数据是所有可能使用情况的集合，其中每个元素代表软件系统的一种可能运行情况。总体是无限的，完全测试是不可能的，必须利用统计方法对软件系统的使用进行推理。测试过程不论如何扩展，在所有可能的输入序列中都只能是一个有限的集合，所有测试活动只能是无限总体的抽样。

如何确定测试数据集的最小容量呢？软件系统 S 的使用，可以抽象地表示为：$D_1, D_2, \cdots, D_m$ 是依据用户实际使用软件 S 对输入空间的划分，$P_1, P_2, \cdots, P_m$ 为相应域的发生率，测试数据集是依据特定分布进行 N 次抽样产生的一组样本观察值。假设测试数据集 $D_1, D_2, \cdots, D_m$ 中的抽样个数分别为 $n_1, n_2, \cdots, n_m$（$\sum_{i=1}^{m} n_i = N$），可靠性测试的充分测试量满足如下条件：

$$P\left[\frac{\left|\frac{n_i}{N} - P_i\right|}{P_i} < \varepsilon\right] > \alpha \qquad i = 1, 2, \cdots, m \tag{8-7}$$

根据 De Moivre-Laplace 定理，n_i 服从均值为 $E(n_i) = NP_i$，方差为 $D(n_i) = NP_i(1 - P_i)$ 的正态分布。那么，上述可靠性测试的充分测试量可改写为

$$P(-\varepsilon NP_i < n_i - NP_i < \varepsilon NP_i) > \alpha \tag{8-8}$$

即

$$P\left[\frac{-\varepsilon NP_i}{\sqrt{NP_i(1-P_i)}} < \frac{n_i - NP_i}{\sqrt{NP_i(1-P_i)}} < \frac{\varepsilon NP_i}{\sqrt{NP_i(1-P_i)}}\right] > \alpha$$

$$2\Phi(z) - 1 > \alpha$$

其中，N 的容量从 $\Phi(z) > \frac{\alpha + 1}{2}$ 得到

$$N_{\min} > \left[\frac{\Phi^{-1}\left[\frac{\alpha+1}{2}\right]}{\varepsilon}\right]^2 \times \left(\frac{1}{\min\{P_i\}} - 1\right) \qquad i = 1, 2, \cdots, m \tag{8-9}$$

式中，α 为置信水平；ε 为误差幅度。

从上述讨论可以看出：

（1）当软件系统中存在较少使用的功能时，需要进行较多的测试。

（2）测试量由最小 P_i 确定。

（3）误差幅度越小，需要进行的测试量越大。

（4）置信水平越高，需要进行的测试量越大。

在测试数据数量确定之后，可以根据运行剖面进行随机抽样，然后根据运行描述，随机抽样获得输入变量的实际取值，进而获得测试输入。

8.3 软件可靠性建模

软件可靠性建模是软件可靠性工程领域研究最早，成果最丰富，至今仍然最活跃的方向之一。20 世纪 90 年代前，大多是基于使用模型或运行剖面，对软件系统与外部环境的交互进行建模，基于测试及使用过程中获得的失效数据，对失效过程建模，估计或预测软件的失效行为。

依据建模对象及预测、评估阶段的不同，软件可靠性模型分为面向开发过程的预测模型及基于验收确认的评估模型。预测模型是基于相似软件历史数据的归纳分析，预测软件达到的可靠性水平。评估模型是依据预期环境及运行剖面下获得的测试数据，通过拟合优度检验、分布参数估计，对软件可靠性进行评估。IEEE Std 1663 将软件可靠性模型分为基于指数分布的非齐次泊松过程（Non-Homogeneous Poisson Process，NHPP）模型、非指数分布的 NHPP 模型及贝叶斯模型三类。

极值统计、自展重抽样、基于故障注入及加速寿命试验的可靠性模型，较好地解决了基于小样本失效数据的软件可靠性评估的准确性问题。失效数据 X 可能位于母体分布 $F(X)$ 的尾部而非中心，极值统计模型关注的是母体分布 $F(X)$ 的尾部信息，而非预先假定的失效数据服从某一先验分布，得到更加准确的评估结果，但其假设理论性强，适用范围受到限制。自展重抽样模型将失效数据进行 N 次有放回重抽样，产生新的失效数据集，能无偏地接近总体分布，基于新的失效数据集，进行参数估计，对参数估计值取平均值作为最终结果，从而获得基于小样本失效数据的软件可靠性估计值。基于故障注入及加速寿命试验的软件可靠性评估，通过故障注入模拟运行环境故障，劣化运行环境，加速软件失效，更快获取失效数据，以进行可靠性评估，但如何确定适当的应力及应力步长、软件环境、硬件环境、操作系统等劣化所导致的故障模式及失效机理尚待进一步研究。软件可靠性建模是一个极具挑战性的工作。

软件失效具有随机性，可以用概率分布表征。软件测试过程中，随着错误不断被检出，若不计入新错误的引入，软件可靠性将不断增长。但软件错误主要是设计错误，在其生命周期过程中，随着软件需求变更、运行剖面改变、系统更新升级，错误不断引入，将导致软件可靠性降低。如果进一步考虑不同失效率，基于静态过程的可靠性理论并不适用于软件可靠性增长或衰减等非静态情景。

在任一给定时间内，通过历史数据分析，能够观察到软件的失效历史。历史可以回望，而我们更为关心的是软件未来的可靠性行为，如将来某个时刻的失效率或 MTTF。软件可靠性过程活动极其复杂的交互作用可能造成预测的不确定性，大多数模型基于完美的数学表达及软件特征去耦简化，难以充分反映软件开发、测试、维护等过程活动，适用于某些故障数据集合的模型未必适用于其他故障数据集合，同一模型适用于软件开发的某个阶段，但却未必适用于其他阶段。现有大部分模型假设软件可靠性随着错误检出而增长，在预测长度为 $(u_0,u_1,\cdots,u_{i-1})$ 的第 i 段时间内，观察到 $(k_0,k_1,\cdots,k_{i-1})$ 次失效，在预测长度为 $(u_i,u_{i+1},\cdots,u_n)$ 的时间段内发生的失效次数为 $(k_i,k_{i+1},\cdots,k_n)$，不计一个故障导致多个失效，软件失效被理想化为一个故障的第一次出现。此乃所谓集聚或分立软件可靠性建模问题。基于上述问题，软件可靠性建模以导致软件失效的一般假设为基础，一是规定以一个未知参数 P 为条件，观察到第 j 个失效的时间 T_j 的任意子集分布的概率模型；二是构建 P 的统计推断程序；三是预测流程和方法。希望得到随机变量 T_j 的分布及分布的矩、变量的期望值、均值和方差等信息。

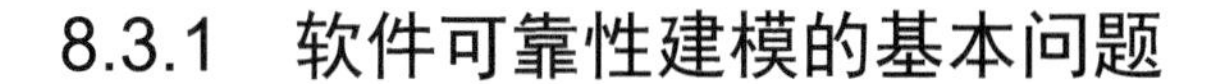

8.3.1　软件可靠性建模的基本问题

8.3.1.1　模型特征

软件可靠性模型描述软件的失效过程及影响失效的主要因素，如错误引入、错误检出、环境依赖等。一个适宜的软件可靠性模型，必须全面考虑并准确描述开发方法、开发语言、软件架构、过程模型、开发环境、开发工具、验证方法、项目管理及人员素质等因素，保证模型估测精度。现实中，是否存在这种模型呢？如果真有这种模型，可能毫无用处。

（1）**开发方法**：为简化建模过程及模型应用，假定模型与开发方法无关，或默认采用最坏的开发方法、最差的开发工具、最低劣的开发技术。

（2）**开发语言**：理论上，采用不同开发语言实现同一需求的软件，应用同一模型能够得到相同的估测结果。而事实上，先进开发语言有利于减少缺陷，软件可靠性建模应考虑开发语言的先进性、效率性及支持资源等因素。

（3）**输入分布**：软件系统输入及其组合可能非常庞大且动态变化，直接影响软件系统的可靠性。模型估测能力及精度与输入分布密切相关。若输入是一个常数，该软件要么成功执行，要么运行失败，即可靠度要么为 1，要么为 0，这种极端情况仅适用于那些极其简单的软件。

（4）**模型表述**：如果测试输入、测试条件、测试数据、运行环境具有同样的分布，模型就能表征测试输入覆盖被测输入域的充分性，测试条件及测试数据能模拟运行环境的准确性。

（5）**模型验证**：可靠性建模，应充分考虑客观条件或约束条件下的模型验证，并对验证结果进行确认。

（6）**时间问题**：模型与时间密切相关，为方便建模，对所使用时间进行无量纲处理，即对所采用的时间度量、时间单位进行归一化处理。

（7）**测试方法**：理论上，软件只要通过规定的测试，即可达到期望的可靠性目标，但测试用例与软件系统的操作使用具有同样的分布假设，限制了高可靠性估测情况下模型的可用性。

（8）**错误排除**：早期模型大多假定错误排除是完全的，且排错过程不引入新错误，但彻底的排错不仅在实践中难以实现，且错误排除过程往往也是错误引入和传递的过程。

（9）**数据要求**：数据及环境配置是软件可靠性测试的核心问题，软件可靠性评估、预测离不开准确、完整、有效的数据支撑，包括以不同形态呈现的时间序列及失效数据。

8.3.1.2　模型分类

软件可靠性模型数量众多，表达形式各异，适用情况不同，为了系统而深刻地理解软件可靠性模型，必须进行合理分类。但如何分类，尚无一致的分类方法。基于不同视角，有着不同的分类方法，如按数学结构、模型假设、参数估计、失效机理、参数形式、数据类型、建模对象、模型适用性等进行分类。基于建模方法、适用范围、模型假设、模型特性等不同维度，进行综合分类，是模型分类研究的重要方向。

依据建模对象，软件可靠性模型分为静态模型和动态模型。静态模型不考虑运行数据，分为缺陷播种模型、数据域模型和经验模型三类。缺陷播种模型是在软件中预先植入缺陷，通过比较检出的预先植入缺陷数和固有缺陷数，估计残留缺陷数；数据域模型将输入域划分为若干个等价类，或将运行过程划分为若干个最小执行过程，对应于一组输入及其组合，估计软件正确执行一个等价类或一个最小执行过程的概率；经验模型通过经验公式，基于语句数、路径数等固有特征量估计残留缺陷数。动态模型分为微模型和宏模型两类。微模型考虑软件结构、语句数等固有特征；宏模型仅考虑与运行时间有关的数据或信息，而不考虑软件的内部结构及固有特征，分为失效时间模型和失效计数模型，前者的建模对象是相邻失效间隔时间，后者则是一定时间内软件的失效数。

Ramamoorthy 和 Bastani 根据软件生命周期过程不同阶段的模型适用性，提出了基于过程的分类方法。开发阶段，假定错误一旦被检出即刻被纠正，纠错过程不引入新错误，可靠性随测试推进而增长。应用于这一阶段的模型称为软件可靠性增长模型，包括错误计数和非计数模型。基于应用视角，计数模型适用于可靠性和残余缺陷估计；非计数模型仅适用于软件可靠性估计。运行阶段，软件输入遵循某种分布，应用于这一阶段的模型，根据实际输入所依从的分布特性，计算其可靠性。维护阶段，错误被纠正，可靠性得以增长，若是再工程，软件更新升级势必引入新的错误，可靠性不可能大幅增长。可靠性增长模型并不适合于此阶段，使用少量测试条件与数据，估计可靠性变化是可能的，但必须保证不至于破坏其原有特性。此外，正确性测量也是一个重要的软件可靠性增长模型。

以有利于模型应用为原则，将软件可靠性模型分为结构模型和预计模型两类。结构模型基于逻辑结构，对软件可靠性特征及变化趋势进行预测和评价，既可用于可靠性综合，也可用于可靠性分解，包括串联模型、并联模型、硬–软一体化系统（X–系统）模型等。对于结构简单、单元可靠性特征或参数明确的软件系统，结构模型具有显著优势。预计模型描述软件失效与运行剖面的关系，预测给定时间内的软件可靠性水平及任意时刻软件的失效率、失效时间间隔分布。软件可靠性模型分为面向时间、面向输入、面向错误三类模型。面向时间模型以时间为基准，反映软件可靠性的时间形态，建模基础及预测结果符合软件可靠性定义，与硬件可靠性概念兼容，适用于软硬一体化系统可靠性分析。基于数据需求，软件可靠性模型分为失效时间间隔模型（TBF 模型）和失效计数模型（FC 模型）两类。失效时间间隔模型使用失效时间间隔数据，建立在以失效时间间隔服从特定分布的基础之上。失效计数模型使用给定时间内软件的失效次数，其分析方法大多建立在泊松过程的基础之上。面向输入模型建立了软件可靠性与输入域的关系，以软件运行过程中的失效次数与成功次数的比例作为可靠性度量。面向错误模型直接使用软件错误数反映软件可靠性，但同样不能反映可靠性与时间的关系。

8.3.1.3 模型假设

1. 模型假设集

通常，需要基于某些特定假设，才能进行可靠性理论计算和分析处理。假设质量决定模型质量。这里，给出如下模型假设集，特定模型假设通常是该假设集的子集。

（1）模型与其结构和使用频率无关。

（2）错误和失效相互独立，一般不考虑其关联性。

（3）所有错误具有相同的发生与检出概率。

（4）模型与开发方法、程序设计语言无关。

（5）模型与测试环境和测试用例假设分布无关。

（6）错误排除过程一般不引入新的错误。

（7）模型与输入分布和时间选择无关。

（8）模型能得到有效验证。

（9）模型有足够且可信的数据支撑。

2. 模型假设的主要内容

1）软件出错行为描述

（1）初始错误数 N_0 是一个固定不变的常数，与故障率 $\lambda(t)$ 成正比。

（2）不同错误彼此独立，且为常数发生率；故障发生彼此独立。

（3）错误检出率在固定时间内恒定。

（4）每个错误导致相同的失效。

（5）$N_0 = N(t)$ 是随机变量。

（6）故障发生率服从 Γ 分布。

（7）故障出现率服从泊松分布。

（8）故障间隔时间服从指数分布。

（9）假定的其他分布还有二项式、正态、威布尔、瑞利等分布。

2）测试与排错环境、行为描述

（1）一次排除 1 个错误。

（2）完全排错/不完全排错；立即排错/非立即排错。

（3）排错过程不引入新错误。

（4）测试环境与软件运行环境一致。

（5）可以允许排错时至多引入 1 个错误。

（6）测试输入与测试条件随机选取。

（7）测试输入空间覆盖使用空间。

（8）每次检出、纠正或引入的错误数可以大于 1 个。

（9）某些错误在其他错误被检出之前，不可能被查出。

3）其他内容

（1）剩余错误数 $N_r(t)$ 正比于最后一次测试的时间长度 Δt 。

（2）故障率 Δt 正比于第 $i-1$ 个故障间隔时间与其后半个故障间隔时间之和。

（3）相连接时间区间内的故障率以几何级数递减。

（4）故障率为分段常数。

（5）错误纠正率为 $p(0 \leqslant p \leqslant 1)$ ，不完全纠正率为 $q = 1 - p$ 。

（6）错误出现/纠正率为 $\lambda(k,t) = p\lambda(N_0 - k)$ ，引入率为 $\nu(k,t) = \gamma\lambda(t)(N_0 - k)$ 。

（7）故障数与剩余错误个数 $N_r(t)$ 成正比。

3. 模型假设的主要问题

模型假设同软件开发、软件特征及其可靠性行为并不完全一致，导致软件可靠性模型从假设开始便陷入了尴尬境地。例如，“排错过程不引入新错误”这一假设就与实际情况相去甚远。事实上，尽管随着测试推进，故障率不断下降并趋于稳定，但任何一次更改、维护升级，都可能引入新的错误，局部更改甚至可能产生全局性问题。这就是为什么在观察软件错误时，经常会发现大幅度振荡的原因。某软件测试过程中检出的错误数及变化情况如图 8-12 所示。

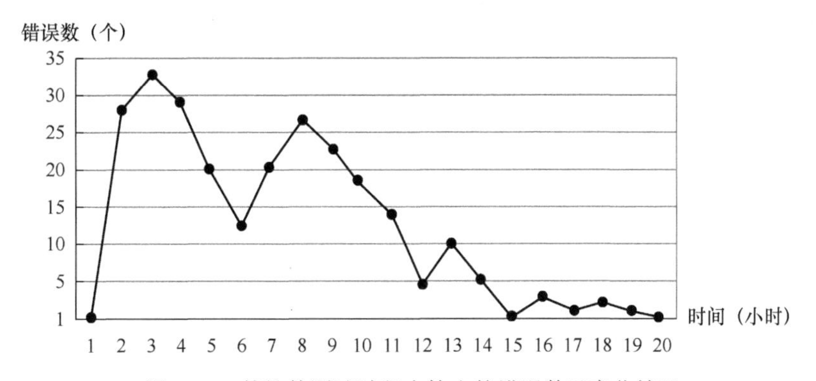

图 8-12　某软件测试过程中检出的错误数及变化情况

为解决“排错过程不引入新错误”这一假设所带来的问题，假定排错过程引入错误数为给定常数，对模型进行改进，但仍未能从根本上解决问题。不同软件失效的诱因及概率不同，将所有错误处理成具有相同出现率的模型并不现实，势必产生乐观的估计偏差。

关于测试输入空间覆盖使用空间的假设亦如此。即便是在真实的使用环境中进行测试，输入空间也仅仅只是在使用软件时，从输入集的全集中选取的子集，如果问题空间很大甚至是无穷集，那么所选输入不可能覆盖其问题空间，如果一定要这样，唯有进行无限测试，这是工程上力图避免的。模型假设的局限还很多，必然影响其适用性。对于软件可靠性模型的诸多疑虑，大抵源自于此。

8.3.2 随机过程类模型

随机过程类模型包括马尔可夫过程模型和 NHPP 模型两类。马尔可夫过程模型假定软件在无改动区间内，错误出现率为常数，且随错误数减少而下降。NHPP 模型将累计错误数视为时间的函数 $N(t)$，一定条件下，近似为一个非齐次泊松过程。

8.3.2.1 马尔可夫过程模型

J-M 模型是典型的马尔可夫过程模型，由 Z. Jelinski 和 P. Moranda 于 1972 年提出，对软件可靠性建模产生了深远的影响。假设如下：

（1）初始错误数是一个未知但恒定的常数 N_0。

（2）每个错误以相同的可能性诱发系统失效，错误一旦被检出便能被完全排除，每排除一个错误后，N_0 减去 1。

（3）软件故障率正比于残留错误数，比例常数用 ϕ 表示。

第一个错误排除后，故障率由 ϕN_0 变为 $\phi(N_0-1)$。假设 $t_0,t_1,\cdots,t_n$ 是相继出现错误之间的时间间隔，在每两个错误之间只有唯一一个故障发生。关于 t_i 的概率密度为

$$P(t_i)=\phi[N_0-(i-1)]\mathrm{e}^{-\phi[N_0-(i-1)]t_i} \tag{8-10}$$

由式（8-10），可以得到该概率密度函数的似然函数及对数似然函数，然后由似然函数得到 ϕ 的估计量

$$\hat{\phi}=\frac{n}{n_0T-\sum_{i=1}^{n}(i-1)} \tag{8-11}$$

其中，n 为样本大小，即到当前时刻为止所排除的错误数量；$T=\sum_{i=1}^{n}t_i$。

1972 年，Schick-Wolverton 假设故障之间的时间间隔相互独立，对 J-M 模型进行扩展，得到基于威布尔分布的 J-M 模型。其密度函数和 MTTF 分别为

$$f(\tau_i)=\phi(N_0-i+1)\tau_i\mathrm{e}^{-\frac{1}{2}\phi\tau_i^2(N_0-i+1)} \tag{8-12}$$

$$\mathrm{MTTF}=\int_0^\infty \tau f(\tau)\mathrm{d}\tau=\int_0^\infty \phi(N_0-i+1)\tau^2\mathrm{e}^{-\frac{1}{2}\phi\tau_i^2(N_0-i+1)}\mathrm{d}\tau \tag{8-13}$$

1975 年，Moranda 假设软件故障率随着测试时间的增加而呈几何级数下降，由此建立了几何 De-Eutrophication 模型。其密度函数为

$$f(\tau_i)=\phi\beta^{i-1}\mathrm{e}^{-\phi\beta^{i-1}\tau_i} \tag{8-14}$$

Shooman 和 Trivedi 将软件状态定义为“Up”和“Down”两种状态，当其处于“Up”状态时，软件具有状态序列 $n_0,(n_0-1),(n_0-2),\cdots$ 中的任一状态，而当其处于“Down”状态时，软件具有状态序列 $m,(m-1),(m-2),\cdots$ 中的任一状态。假设观察到 i 个故障的概率为 P_{N_0-1}，则

$$P_{N_0-1}(t)=\left(\frac{\lambda\mu}{\mu-\lambda}\right)^i\mathrm{e}^{-\lambda t}\cdot\sum_{j=0}^{i}\frac{t^{i-j}}{(\mu-\lambda)^j(i-j)!}\cdot[(-1)^{i+1}c_{ij}\mathrm{e}^{-(\mu-\lambda)t}+(-1)^j d_{ij}]$$

$$P_{m-1}(t)=\frac{1}{\mu}\left(\frac{\lambda\mu}{\mu-\lambda}\right)^{i+1}\mathrm{e}^{-\lambda t}\cdot\sum_{j=0}^{i}\frac{t^{i-j}c_{ij+1}}{(\mu-\lambda)^{j}(i-j)!}\cdot[(-1)^{j}+(-1)^{j+1}\mathrm{e}^{-(\mu+\lambda)t}]$$

其中，$c_{ij}=\begin{cases}0 & (j=0)\\ 1 & (j=1)\\ i+j-1 & (j>1)\end{cases}$；$d_{ij}=\begin{cases}1 & (j=0)\\ \begin{pmatrix}i+j-1\\ j\end{pmatrix} & (j>1)\end{cases}$。

于是，可以据此计算得到系统的可用度

$$A(t)=\sum_{i=1}^{N(t)}P_{N_0-1}(t) \tag{8-15}$$

后来，Goel 提出了包括不完全排错的马尔可夫过程模型。该模型仍然是 J-M 模型的马尔可夫公式表示形式

$$P_i(t)=\sum_{j=0}^{N_0-i}\begin{pmatrix}N_0-i\\ j\end{pmatrix}\begin{pmatrix}N_0\\ i\end{pmatrix}(-1)^{j}\mathrm{e}^{-p\phi t(i+j)} \tag{8-16}$$

假设软件达到无错状态时间的概率密度函数为 $g_0(t)$，则

$$g_0(t)=\frac{\partial P_0(t)}{\partial t}=\sum_{j=0}^{N_0}\begin{pmatrix}N_0\\ j\end{pmatrix}(-1)^{j+1}\phi pj\mathrm{e}^{-p\phi t_j} \tag{8-17}$$

1985 年，Kremer 将软件可靠性作为生灭过程进行建模，他假设：

（1）当软件从一个状态向其邻近状态转移时，任一状态中最多允许纠正或引入 1 个错误。

（2）错误出现/纠正率为 $\lambda(k,t)=p\lambda(t)(N_0-K)$。

（3）错误引入率为 $\nu(k,t)=\gamma\lambda(t)(N_0-K)$。

其中，$p=P\{$故障后成功纠错$\}$；$\gamma=P\{$故障后纠错不成功且引入新的错误$\}$。

得到基于生灭过程的软件可靠性模型

$$P_i(t)=\sum_{j=0}^{i}\begin{pmatrix}N_0\\ j\end{pmatrix}\begin{pmatrix}N_0+i-j-1\\ N_0-1\end{pmatrix}\gamma^{(N_0-j)}\beta^{(i-j)}(1-\gamma-\beta)^{j} \tag{8-18}$$

其中，$\gamma=1-[\mathrm{e}^{Q(t)}+A(t)]^{-1}$；$\beta=1-\mathrm{e}^{Q(t)}[\mathrm{e}^{Q(t)}+A(t)]^{-1}$；$Q(t)=(p-\gamma)\int_0^t\lambda(\mu)\mathrm{d}\mu$；$A(t)=\int_0^t\nu(s)\mathrm{e}^{Q(s)}\mathrm{d}s$。

由此，分别得到当前错误数的期望值、剩余错误数的方差、错误间的时间间隔分布

$$E[N_r(t)]=N_0\mathrm{e}^{-Qt}\text{；}\quad V[N_r(t)]=N_0\mathrm{e}^{-2Qt}\int_0^t[\nu(s)+\lambda(s)]\mathrm{e}^{Q(s)}\mathrm{d}s\text{；}\quad f(\tau\,|\,t)=-\frac{\partial R(\tau\,|\,N(t))}{\partial\tau}$$

其中，$q=P\{$故障之后不成功纠错或当排除已发现错误时引入新的错误$\}$。

当 $p=1$，$q=0$，$\gamma=0$，$\lambda(t)=\phi$ 时，可得到 J-M 模型。

1986 年，Sumita 和 Shanthikumar 提出多故障马尔可夫过程模型，允许在同一时刻，查出及纠正或引入的错误数可以多于一个。引入转换矩阵 $\boldsymbol{P}$ 及初始分布 α，$\alpha=\{\alpha_i\}$；$\alpha_i=P(N_0=i)$。有别于其他模型中的状态概率 $P_i(t)$，得到状态概率模型

$$\vec{p}(t\,|\,\alpha)=\mathrm{e}^{-tk\lambda}\sum_{k=0}^{\infty}\left[\frac{(tk\lambda)^k}{k!}\alpha\left(\boldsymbol{I}+\frac{1}{k\lambda}\boldsymbol{Q}\right)^k\right] \tag{8-19}$$

其中，k 是最大可能错误数；λ 是常量；$\boldsymbol{I}$ 是单位矩阵；$\boldsymbol{Q}=-k\lambda(\boldsymbol{I}-\alpha_k)$；$\alpha_k=\boldsymbol{I}+\frac{1}{k\lambda}\boldsymbol{Q}$。

则条件概率向量 $\vec{a}(t_0,t)$ 定义为

$$\vec{a}(t_0,t,n)=P\{\text{在时刻}t\text{，系统中}i\text{个错误}\,|\,\text{在区间}[0,\ t_0]\text{中查出}n\text{个错误}\}$$

特别地

$$\vec{a}(t_0,t,n)=\frac{\vec{f}_n(t_0\,|\,a)}{\sum_{i=0}^{k}f_{ni}(t_0\,|\,\alpha)} \tag{8-20}$$

式中，$\vec{f}_n(t_0\,|\,a)=P\{$在$[0,\ t_0]$中观察到n个错误，在时刻t还残留i个错误$\}$。

为获得$\vec{f}_n$，进而获得f_{ni}，最简单的方法是用

$$\boldsymbol{T}=\begin{bmatrix}-\upsilon_D & \upsilon & 0\cdots\cdots & 0 & 0\\ 0 & -\upsilon_D & \upsilon\cdots\cdots & 0 & 0\\ \cdots & \cdots & \cdots\cdots\cdots & \cdots & \cdots\\ 0 & 0 & 0\cdots\cdots & -\upsilon_D & 0\\ 0 & 0 & 0\cdots\cdots & 0 & -\upsilon_D\end{bmatrix}$$（其中$v_D=\{i\lambda\delta_{ij}\}$；$v=\{i\lambda p_{ij}\}$）代替；$\boldsymbol{Q}=-k\lambda(\boldsymbol{I}-\alpha_k)$，$\alpha_k=\boldsymbol{I}+\frac{1}{k\lambda}\boldsymbol{Q}$中的$\boldsymbol{Q}$。

8.3.2.2 NHPP 模型

Goel-Okumoto（G-O）模型是典型的 NHPP 模型，Musa-Okumoto 对数泊松执行时间模型是 NHPP 类 G-O 模型，对软件可靠性建模产生了重要影响。假设 NHPP 过程具有均值函数$m(t)$，强度函数$\lambda(t)(t\geqslant 0)$，对于 NHPP 过程中的未知参数，应用极大似然估计。其极大似然函数为

$$L=\prod_{i=1}^{n}\lambda(t_i)\mathrm{e}^{-m(t_n)} \tag{8-21}$$

其中，n是区间$[0,t]$内观察到的故障数，且$t_1<t_2<\cdots<t_n$。

为了处理方便，首先假设$N(t_i)-N(t_{i-1})=1$，$N(0)=0$，然后采用泊松分布

$$P_r\{N(t_i)=i,\ N(t_{i-1})=i-1\}=[m(t_i)-m(t_{i-1})]\mathrm{e}^{-m(t_i)+m(t_{i-1})}$$

假设$N(t)$和$m(t)$分别表示区间$[0,t]$内的累积错误数和期望错误数，则

$$m(t)=m_E(t)=a(1-\mathrm{e}^{bt}),\ \ a>0,\ \ b>0 \tag{8-22}$$

式中，a是最终查出的期望错误数；b是时刻t每个错误的查出率。

错误数呈指数分布。假设当查出的最终期望错误数为 175 且每个错误的查出率为 5%时，利用 G-O 模型，可得到如图 8-13 所示的软件失效率及其变化情况。

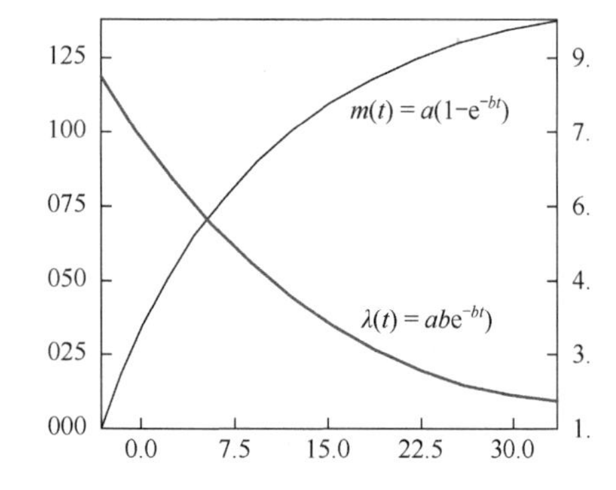

图 8-13　当 a=175、b=0.05 时，基于 G-O 模型的软件失效率及其变化情况

1984 年，Yamada 和 Osaki 假设软件包含p_1N_0个Ⅰ类错误和p_2N_0个Ⅱ类错误，对 G-O 模型进行推广，提出了两种错误类型软件可靠性模型。模型由均值函数$m_1(t)=p_1N_0(1-\mathrm{e}^{-\beta_1 t})$和$m_2(t)=p_2N_0(1-\mathrm{e}^{-\beta_2 t})$及互补相关的泊松过程描述。两个泊松过程之和也是一个泊松过程，且

$$p_r\{N(t)=n\}=\frac{[m(t)]^n}{n!}\mathrm{e}^{-m(t)};\quad m(t)=N_0\sum_{i=1}^{2}p_i(1-\mathrm{e}^{-\beta_i t})$$

$$p_1+p_2=1;\quad \lambda(t)=\frac{\mathrm{d}m(t)}{\mathrm{d}t}=N_0\sum_{i=1}^{2}p_i\beta_i\mathrm{e}^{-\beta_i t}$$

在t时刻，每个错误在单位时间内的查出率定义为

$$d(t)=\frac{\lambda(t)}{N_0-m(t)}=\sum_{i=1}^{2}\left(\frac{p_i\mathrm{e}^{-\beta_i t}}{p_1\mathrm{e}^{-\beta_1 t}+p_2\mathrm{e}^{-\beta_2 t}}\right)\cdot\beta_i \tag{8-23}$$

在确定的单位时间内，错误查出率随时间增加而单调下降，且有$d(0)=p_1\beta_1+p_2\beta_2$及$d(\infty)=\beta_2$。$N_r=N_0(p_1\mathrm{e}^{-\beta_1 t}+p_2\mathrm{e}^{-\beta_2 t})$给定最后一个故障出现的时间$s$，在区间$[s,s+x]$内，软件不发生故障的概率为

$$R(x|s)=\mathrm{e}^{-N_0\sum_{i=1}^{2}p_i(\mathrm{e}^{-\beta_i s}-\mathrm{e}^{-\beta_i(s+x)})} \tag{8-24}$$

这就是具有参数 $m(t)$ 的 NHPP 模型。

Ohba 将软件错误按其出现的模块进行分类，假定软件错误出现的均值函数依赖于该错误所在的软件模块，提出具有如下形式的 Ohba 可靠性增长模型：

$$m_i(t)=N_{0i}(1-\mathrm{e}^{-\phi_i(t)}) \tag{8-25}$$

将错误按错误所在软件单元分组，得到数据集 $\{n_{ij}\}$，据此估计 $\{\phi_j\}$ 和 $\{N_{0j}\}$。该模型同 G-O 模型、具有参数 $m(t)$ 的 NHPP 模型具有类似的形式，其差别仅在于参数估计不同。大多数故障时间模型和计数模型均假设测试期间软件故障率逐渐下降。事实上，在一个可观察的时间尺度上，其故障率往往是先上升，再下降，不断反复，但总体上呈下降趋势。为了对这种上升/下降的故障率模式建模，Goel 于 1985 年提出如下形式的一般 NHPP 模型：

$$p_r\{N(t)=y\}=\frac{[m(t)]^y}{y!}\mathrm{e}^{-m(t)},\ \ y=0,1,2,\cdots \tag{8-26}$$

$$m(t)=a(1-\mathrm{e}^{-bt^c}) \tag{8-27}$$

式中，a 是最终要下降的错误期望数；b 和 c 均是反映测试质量的常数。

显而易见，当 $c=1$ 时，此模型就是 G-O 模型的原始形态。故障率为

$$\lambda(t)\equiv m'(t)=abc\mathrm{e}^{-bt^c t^{c-1}} \tag{8-28}$$

除上述 G-O 模型、G-O 推广模型、Ohba 可靠性增长模型外，基于查错的 Γ -类增长模型即 Y-O 模型、离散型 NHPP 模型、IBM 泊松过程模型、不完全排错 NHPP 模型、基于版本升级的三参数 NHPP 模型等也是典型的 NHPP 模型。本书作者在《软件可靠性工程》一书中，对这些模型的建模及应用进行了讨论，感兴趣的读者可学习参考。

8.3.2.3 Musa 执行时间模型

究其实质，Musa 执行时间模型也是马尔可夫过程模型。

在一定时间范围内，软件可靠性是基于执行时间的估计，而非日历时间，此乃 Musa 执行时间模型的基础。执行时间是估计的基础，日历时间能够在基于计划管理及资源请求等条件下，由执行时间转换得到。在软件执行过程中，当前时刻的 MTTF 呈指数形式增加，是基于执行时间的指数增长模型。假设如下：

（1）错误彼此独立，且以一个常数平均发生率分布。

（2）各类指令以良好的方式混合出现，故障之间的执行时间比平均指令执行时间大得多。

（3）测试空间覆盖使用空间。

（4）在测试过程中，软件每次运行所使用的输入集合随机选取。

（5）故障能够被全部检出并记录。

（6）引起每一次故障的错误，在测试重新开始前被排除，即无论该错误出现多少次，错误个数只计为 1。

由假设（1）和（2）知，风险函数 $Z(\tau)$ 与残留错误数 N_r 成正比，与软件的线性执行频度 f，即平均指令执行率与软件指令数的比值成正比，即

$$Z(\tau)=kfN_r$$

式中，k 是错误暴露频度与线性执行频度 f 之比，称之为软件错误暴露系数。f 可以从平均指令规模计算得到。$N_r=N_0-N_c$，N_0 是初始错误数，假定为常数，从所收集到的数据和初始估算编码后的指令计算得到，测试过程中可以进行重新估算；N_c 是软件中已被修改的错误数。

只要从当前测试到终止的总执行时间 τ' 不超过下一个错误纠正的时间范围，则风险函数与 τ' 无关，

得到一个常数型分段故障率模型$Z(\tau)=kfN_0-fkN_c$。

由假设（5）和假设（6），且假设错误纠正过程中不引入新错误，错误纠正率$\mathrm{d}N_c/\mathrm{d}\tau$等于错误暴露率，即

$$\frac{\mathrm{d}N_c}{\mathrm{d}\tau}=Z(\tau) \tag{8-29}$$

根据式（8-29）所示常微分方程的通解，由于MTTF等于风险函数的倒数，得

$$\mathrm{MTTF}=\frac{1}{Z(\tau)}=\frac{1}{fkN_0-fkN_0(1-\mathrm{e}^{-fk\tau})}=\frac{1}{fkN_0}\mathrm{e}^{fk\tau} \tag{8-30}$$

由式（8-30）可知，从开始到当前为止，软件总执行时间τ不断增长，MTTF随之增加。在这一意义上，Musa执行时间模型属于可靠性增长模型。可以将其表示为

$$R(\tau,\tau')=\mathrm{e}^{-\int_0^{\tau'}Z(\tau)\mathrm{d}\tau}=\mathrm{e}^{-\frac{\tau'}{\mathrm{MTTF}}} \tag{8-31}$$

为了进行更加深入的讨论，可将错误递减率与故障发生率的平均比值定义为错误递减因子B。基于所收集的经验数据及排错效果，B的取值不同，排错效果也不同。通常，B由所收集的数据计算得到。工程上，通过验证得到B的加权平均值约为0.96。

（1）$B>1$，一次排除多个错误。

（2）$B=1$，错误一旦被查出，立即被完全排除。

（3）$B<1$，排错过程引入新错误。

（4）$B=0$，排错无效果。

（5）$B<0$，排错非但无效，反而增加新的错误。

那么，错误纠正率为

$$\frac{\mathrm{d}N_c}{\mathrm{d}\tau}=BZ(\tau)$$

在软件测试过程中，因为更多、更严酷的输入激励及其组合，故障率远高于使用过程。在软件运行期间，假设有A个不同输入集合组成使用空间，第a个输入集合在其生命周期过程中被使用s'_a次，则运行期间软件的故障率Z'为

$$Z'=\sum_{a=1}^{A}\frac{f_a}{s'_a\tau_a}$$

式中，f_a为故障次数；τ_a为包括第a个输入集合在内的一次运行的执行时间。

又设，$s_a(s_a\geqslant 1)$是测试过程中第a个输入集合出现的次数。潜在的测试空间必须覆盖软件的使用空间。因此，测试期间的平均故障率为

$$Z=\sum_{a=1}^{A}\frac{f_a}{s_a\tau_a}$$

定义测试压缩因子C为测试期间故障检测率与运行期间故障检测率的平均比值

$$C=\frac{Z}{Z'}=\frac{\sum_{a=1}^{A}\frac{f_a}{s_a\tau_a}}{\sum_{a=1}^{A}\frac{f_a}{s'_a\tau_a}}\doteq\frac{\tau_T}{\tau_{ij}} \tag{8-32}$$

式中，τ_T表示测试期间软件每天的平均执行时间；τ_{ij}表示运行期间软件每天的平均执行时间，可以是计划要求的指标，也可以根据类似软件使用的经验数据确定。

C的值可以由类似软件系统的经验数据获得，若$s_a=s'_a$，则$C=1$。因为$s_a<s'_a$，于是有$C>1$。一个业经验证的C的加权平均值为0.9。

那么，可将错误纠正率定义为

$$\frac{\mathrm{d}N_C}{\mathrm{d}\tau}=BCZ(\tau) \tag{8-33}$$

到目前为止，已发生的错误数也就是用于估计模型参数的故障样本大小为 $m=N_C/B$；为排除软件中所有 N_0 个错误，必须排除的故障数为 $M_0=N_0/B$。依照前面的推导过程，得

$$\mathrm{MTTF}=\frac{1}{BfkM}\mathrm{e}^{BCfk\tau}=T_0\mathrm{e}^{\frac{C\tau}{M_0T_0}} \tag{8-34}$$

为使 MTTF 的值从 T_1 增至 T_2，需要多排除 Δm 次故障。由此可得

$$m=M_0\left[1-\mathrm{e}^{-\frac{C\tau}{M_0T_0}}\right]；\quad \Delta m=m_2-m_1=M_0T_0\left(\frac{1}{T_1}-\frac{1}{T_2}\right)；\quad \tau=\frac{M_0T_0}{C}(\ln T-\ln T_0)；\quad \Delta\tau=\frac{M_0T_0}{C}\ln\left(\frac{T_2}{T_1}\right)$$

软件测试受故障检测、纠错人员、测试资源等制约。在 Musa 执行时间模型中，计算机时间仅用于计算资源的分配测量，其表现形式通常是软件在目标系统中的驻留时间。如果是多道程序，应使用可以并发执行的驻留程序个数除以驻留时间。测试与排错由不同人员完成。故障查明仅指判定软件不是根据对其要求而是以某些特别的方式工作，查错亦属于纠错范围。若分别用 $\mathrm{d}t_1/\mathrm{d}\tau$、$\mathrm{d}t_F/\mathrm{d}\tau$、$\mathrm{d}t_C/\mathrm{d}\tau$ 表示故障检测时间，纠错人员，测试资源，则

$$\Delta t=\int_{\tau_1}^{\tau_2}\left(\frac{\mathrm{d}t_1}{\mathrm{d}\tau},\frac{\mathrm{d}t_F}{\mathrm{d}\tau},\frac{\mathrm{d}t_C}{\mathrm{d}\tau}\right)\mathrm{d}\tau \tag{8-35}$$

如果日历时间在项目计划中留有较大余量，开发人员个体技术水平及任务难易程度等差异可忽略不计，与每次故障所要求的平均纠错时间相比，软件安装时间包括在每一次故障纠正过程中的全部等待时间之内，亦可忽略不计。对上述 3 种资源的要求可用经验公式表示为

$$x=\theta\Delta\tau+\mu\Delta m \tag{8-36}$$

式中，x 是资源要求；θ 是单位执行时间内耗费平均资源的比率；μ 是每次故障的平均资源占有率。

根据上面的讨论，得到

$$x=\theta\Delta\tau+\mu M_0\left(\mathrm{e}^{-\frac{C\tau_1}{M_0T_0}}-\mathrm{e}^{-\frac{C\tau_2}{M_0T_0}}\right) \tag{8-37}$$

设 P 表示有效的人员或计算机轮班制，因工作效率不可能达到 100%，还需要对 P 乘一个系数 $\rho(\rho<1)$。将 τ_1 当作常量，将 τ_2 当作变量，即 $\Delta\tau=\tau_2-\tau_1$，然后对其进行微分，对式（8-37）中的积分限 τ_1 和 τ_2 进行变换，对应于 τ_1 求出 T_1，对应于 τ_2 求出 T_2，得到

$$\Delta t=\frac{M_0T_0}{C}\int_{T_1}^{T_2}\frac{1}{T}\max_k\left(\frac{\theta_k\Delta\mathrm{MTTF}+\mu_kC}{\rho_k\Delta P_k\Delta\mathrm{MTTF}}\right)\mathrm{d(MTTF)} \tag{8-38}$$

式中，k 可以是计算机时间 C、故障纠正人员 F 或故障查明人员 I。

因此，对于积分的每一部分均有

$$\Delta t_k=\frac{M_0T_0}{\rho_kP_k}\left[\mu_k\left(\frac{1}{T_{k_1}}-\frac{1}{T_{k_2}}\right)+\frac{\theta_k}{C}\ln\left(\frac{T_{k_2}}{T_{k_1}}\right)\right] \tag{8-39}$$

式中，T_{k_1}、T_{k_2} 是对应于同一部分的积分限；k 是选择值，其选择原则是对于 k 所对应部分任意的 MTTF 值，能使 $\dfrac{\theta_k\cdot\mathrm{MTTF}+\mu_kC}{\rho_k\cdot P_k\cdot\mathrm{MTTF}}$ 得出最大值的 k。

每个部分的积分限由 T_1、T_2 及如下 3 个等式决定的过渡点所组成的子集中选取：

$$\frac{\mathrm{d}t_C}{\mathrm{d}\tau}=\frac{\mathrm{d}t_F}{\mathrm{d}\tau};\ \frac{\mathrm{d}t_F}{\mathrm{d}\tau}=\frac{\mathrm{d}t_I}{\mathrm{d}\tau};\ \frac{\mathrm{d}t_I}{\mathrm{d}\tau}=\frac{\mathrm{d}t_C}{\mathrm{d}\tau}$$

因此，过渡点即可由下式给出：

$$T_{kk'}=\frac{C(\rho_k\mu_{k'}P_k-\rho_{k'}\mu_kP_{k'})}{\rho_{k'}\theta_kP_{k'}-\rho_k\theta_{k'}P_k} \tag{8-40}$$

式中，$k=C,F,I$；$k'=F,I,C$。

如果能用日历时间估计得到测试终止时间，就能够估算得到软件的执行时间，但利用系数及模型参数估计始终是需要关心的问题。如果查错人员有限，则充分发挥现有人员的积极性并提高其效率是一种不错的选择。Musa 在开发执行时间模型时，假设用于检测故障的平均工作人员数 $\rho_I=1$。

故障辨识过程是用日历时间表示且时间不变的泊松过程，假设 λ 是这一过程的参数，一旦查明故障，就会按比例分配给 ρ_F（用于故障纠正的平均人员数）倍的排错人员，以便他们在各自负责的软件中查找并纠正错误。由于模型假设隐含了测试完全覆盖被测软件，基于日历时间视角，故障分配可视为是对排错人员随机选择的结果。因此，对于每个排错人员的输入率为 λ/ρ_F。

假设错误纠正过程是一个时间不变的泊松过程，一次错误纠正与其他错误纠正无关，排错期间的任何时间内，纠正一个错误的概率与此期间任何其他时间内纠正该错误的概率相等。这样可能导致短时间内可修改错误发生率的估计值偏高，但仍不失为一个好的假设。每个排错人员对于故障纠正的贡献率可以看成 $\frac{1}{\mu_F}$（μ_F 是纠正一个故障的平均工作量）。对于每个排错人员，可以将利用系数定义为输入率与贡献率之比，即

$$\rho_F=\frac{\lambda/P_F}{1/\mu_F}=\frac{\lambda\mu_F}{P_F} \tag{8-41}$$

一个特定排错人员具有 m_Q（排错人员一次排除故障数的极限，谁也不能达到或超过该数字）的排队或更多故障等待或正在被纠正的概率，在定态时为 ρ_F^mQ（假设 $\rho_F<1$）；而没有排错人员具有为 m_Q 的排队或没有更多故障待纠正的概率 H_{mQ} 为

$$H_{mQ}=(1-\rho_F^mQ)^{P_F} \tag{8-42}$$

只要将 ρ_F 限制在满足 $\rho_F=\left(1-H_{mQ}^{1/P_F}\right)^{1/mQ}$ 的范围内，假定任一给定时刻，没有排错人员具有为 m_Q 的排除能力，或无更多故障待纠正的概率是 H_{mQ}。如果将 ρ_F 的值控制在规定范围内，将能够最大限度地发挥人力潜能。

因为使用的是概率的定态值，所以在集结瞬态（Build-up Transient）期间的排队相对短暂。测试开始和结尾阶段，总有这样的区间存在：或故障辨认或故障纠正，仅有一个过程出现。这无疑会导致对日历时间开销估计偏低。可以认为对于日历时间开销估计的偏高与偏低两种倾向的因素，大致相互抵消。计算机利用系数 P_C 主要由软件安装所决定，等待时间可以忽略不计。如果安装时间不能或难以控制，P_C 取实际值，根据故障纠正时间与等待时间之和同故障纠正的工作时间之比，μ_F 将有所增加。

对于特定软件及开发环境，B、μ_C、μ_F、μ_I、θ_C、θ_I 及每条指令的平均错误数等参数，是确定的常数，可以通过故障辨识、故障纠正以及类似软件开发环境数据收集获得，使用加权最小平方法判别准则估计。μ_F、μ_I、θ_I 被定义为总数形式，难免存在某一因素的组合未加区分的情况。通常，处理参数的测度表示纯时间，由一个适当的扩大因子来增大。参数 B 由修改其他错误时引进的错误个数确定。由 Miyamoto 所收集的一般软件系统开发情况的数据来看，B 的值在 0.91～0.95 之间。在测试的初始阶段，可以通过平均错误率来估计 N_0 和 M_0。

C 的值必须在一个类似测试环境中测量或估算得到，如果没有估测基础，最好采取保守办法，取 $C=1$。参数 k 由所收集的类似软件数据初步确定，然后在将来以某种方式将 k 与程序结构联系起来即可得到较准确的值。

用极大似然估计进行反复的再估计。$\hat{\phi}$ 是故障的动差统计量，有

$$\hat{\phi} = \frac{1}{m\tau_m}\sum_{i=1}^{m}(i-1)\tau_i'$$

式中，τ_i' 是两个故障之间的执行时间区间；τ_m 是总的累计执行时间。

因而有

$$\phi(\hat{M}_0, m) = \frac{M_0}{m} - \frac{1}{\Delta\psi}$$

式中，$\Delta\psi = \psi(M_0+1) - \psi(M_0+1-m)$，$\psi$ 是双 γ 函数。

$\hat{T}_0$ 可以由下式给出：

$$\hat{T}_0 = C\overline{\tau}_m\left(1 - \frac{m}{M_0}\hat{\phi}\right) \tag{8-43}$$

式中，$\overline{\tau}_m$ 是测试期间无故障时间的样本均值。

$\hat{\phi}$ 的方差 $\mathrm{Var}(\hat{\phi})$ 由下式给出：

$$\mathrm{Var}(\hat{\phi}) = -\frac{1}{(\Delta\psi)^2}\left(\frac{\Delta\psi'}{(\Delta\psi)^2} + \frac{1}{m}\right)$$

式中，$\Delta\psi' = \psi'(M_0+1) - \psi'(M_0+1-m)$，$\psi'$ 是三 γ 函数。

确定或选择满足下式 ϕ 值对应的 M_0 值，就可以来确定其置信区间

$$\phi = \hat{\phi} \pm \left(\frac{1}{1-h}\right)^{1/2} \mathrm{S.D.}(\hat{\phi}) \tag{8-44}$$

式中，$\mathrm{S.D.}(\hat{\phi}) = [\mathrm{Var}(\hat{\phi})]^{1/2}$。

置信区间与切比雪夫不等式的应用有关。虽然该不等式倾向于保守地产生较大的区间，但当 Musa 执行时间模型应用于软件可靠性的经验积累得更多、更丰富后，它是可供选择的有效方法。$\hat{T}_0$ 的方差 $\mathrm{Var}(\hat{T}_0)$ 由下式给出：

$$\mathrm{Var}(\hat{T}_0) = \frac{T_0^2}{m}$$

在使用维护阶段，假定对软件错误不予以纠正，风险函数 $Z(\tau)$ 是一个常数，最大似然法估计亦不产生关于 $\hat{M}_0$ 和 $\hat{T}_0$ 的两个独立方程。而上一次系统测试阶段估计出的最后一个 M_0 值，可以用来估计 M_0 的值。由 $m = M_0(1 - \mathrm{MTTF}_0 / \mathrm{MTTF})$，系统测试阶段末期的 MTTF 等于该阶段的平均故障区间 $\overline{\tau}_m'$，因此

$$\widehat{\mathrm{MTTF}_0} = \left(1 - \frac{M}{M_0}\right)^{\overline{\tau}_m'} \tag{8-45}$$

在使用阶段的任一时刻纠错，则将其视为测试阶段的延长，仅仅是故障区间由 C 的一个因子来减少罢了。经验表明，对于小样本，由修匀 $\hat{\phi}$ 就能够对估算质量进行改进。随着剩余错误数的减少，经过大量不同校平器试探后，采用一个可变长校平器，修匀会削弱估计敏感度，修匀过程最终将被排除。例如，在 $m = 40$ 处，样本高达 40 个，而在 $m = 79$ 处，则降至 1 个样本，无须再进行修匀。

经验表明，大约 95%或更多故障能够容易地判别为软件故障或非软件故障。将一个故障判定为非软件故障的准则是：对软件及相同的已知非软件输入重复运行时，是否能够复现该故障。我们能够很容易地将绝大多数故障与特定的测试时间联系起来，那些不能与特定测试时间联系的故障，必定会与相当短的时间区间联系在一起。这种情况下，取区间的中点作为故障时间。如果测试过程中只有少量故障发生，因样本过小，置信区间十分显著。除最坏情况下预测的某些狭窄区间外，可以由假设某个故障恰好出现在测试的结束处来处理该故障的发生时间。

8.3.3 非随机过程类模型

非随机过程类模型旨在运用贝叶斯方法研究软件可靠性。第一种方法是先由贝叶斯统计推断确定参数的先验分布，利用联合概率密度及贝叶斯公式求得后验分布；然后，从后验分布对参数进行推断。第二种方法是经验贝叶斯方法，先验分布选取与当前样本关联。第三种方法是无信息先验分布，统计测试的观测值，提供相关参数信息，对于软件可靠性测试，如果没有使用数据所提供的信息来决定先验分布，这种方法就是无信息后验分布。

对于软件输入，数据选择具有随机性，即在给定时间内，软件系统能否正确执行是一个随机问题。早期估测模型大多假设故障数据满足泊松分布，故障间隔时间满足指数分布

$$\mathrm{pdf}(T\mid\lambda)=\lambda^{-\lambda t},(t>0,\lambda>0) \tag{8-46}$$

其中，故障率 λ 是一个固定但未知的常数。

软件的不确定性使得其运行错误的输入空间 I_F 具有不确定性。I_F 的不确定性转化为故障率 λ 的不确定性。此时 λ 是 I_F 的一个尺度，不再是一个固定参数，而是一个随机变量。大多数软件可靠性模型是增长模型，假设软件故障率随机下降，可靠性随机增长。事实上，在测试过程中，纠错的同时也可能引入新的错误，可能导致可靠性局部下降，这同图 2-7 所示的软件生命周期过程中的软件缺陷率的变化态势是一致的。

样本联合概率密度 $P(x,\theta)$ 反映了样本向量 x 与参数向量 θ 之间的关系以及 θ 对 x 的影响。先验分布选取与 $P(x,\theta)$ 的函数形式有关。将 x 视为固定常数，θ 视为变量，记密度 $P(x,\theta)$ 为 $L(\theta\mid x)$。依据式（8-46）既可对 θ 进行估计推断，也可以用后验密度给出 θ 的区间估计及假设检验。

经验贝叶斯方法将经典方法和贝叶斯方法结合起来，假设参数 θ、样本 x 为随机变量，先验分布函数为 $G(\theta)$，x 对 θ 的条件密度为 $p(x\mid\theta)$，样本 x 的边缘分布为

$$f(x)=\int p(x\mid\theta)\mathrm{d}G(\theta) \tag{8-47}$$

利用样本 x，采用经典方法估计密度 $f(x)$ 所包含的参数，确定先验分布 $G(\theta)$，先验分布从经验值中获得。因此，称为经验贝叶斯方法。

8.3.3.1 J-M 模型参数的贝叶斯推导

J-M 模型定义了每个错误引发故障的风险函数 $\lambda(t_i)=\lambda(N-i+1)$ 以及软件从第 $i-1$ 次故障到第 i 次故障的时间序列 $T_i(i=1,2,\cdots,N)$ 的条件密度函数 $f(t_i\mid N,\lambda)=\lambda(N-i+1)\mathrm{e}^{-\lambda(N-i+1)}$。已知 $t_1,t_2,\cdots,t_k(k\leqslant N)$，Jelinski 和 Moranda 用极大似然估计未知参数 N 和 λ。但 J-M 模型存在两个关键问题：一是假设“软件具有固定初始错误总数”及“每个错误引发故障的可能性相等”与实际情况不符；二是采用极大似然估计参数 N 和 λ 会产生与实际情况不一致的结果。针对第一个问题，Littlewood 和 Verrall 提出 L-V 模型，不再考虑错误总数，假设故障率随机下降。J-M 模型中的参数 N 和 λ 具有不确定性，假设 (N,λ) 服从某种先验分布 F，用贝叶斯方法估计 N 和 λ 更加符合实际情况。通常，在如下 3 种情况用贝叶斯方法对参数 N 和 λ 进行估计。

第一种情况：假设 N 的先验分布是具有参数 θ 的泊松分布，λ 是一固定值，得到 $N=q(q\leqslant k)$ 的极大似然函数，由贝叶斯公式得

$$p\{N=q\mid t_1,t_2,\cdots,t_k\}=\frac{\theta^{q-k}}{(q-k)!}\left(\mathrm{e}^{-\lambda\sum_{j=1}^{k}t_j}\right)^{q-k}\mathrm{e}^{-\theta}\mathrm{e}^{-\lambda\sum_{j=1}^{k}t_j}$$

(N,K) 服从泊松分布，其期望值为

$$r(t_1,t_2,\cdots,t_k)=\theta \mathrm{e}^{-\lambda\sum_{j=1}^{k}t_j}$$

第二种情况：假设 N 为固定值 n，λ 服从参数为 μ、α 的 Γ-分布，记为 $\lambda \sim \psi^{(\mu,\alpha)}$，得到 λ 的极大似然函数，对 λ 积分得

$$f(t_1,t_2,\cdots,t_k)\propto \frac{n!}{(n-k)!}\frac{\mu^{\alpha}}{\Gamma(\alpha)}\Gamma(k+\alpha)\left(\mu+\sum_{j=1}^{k}(n-j+1)t_j\right)^{-(k+\alpha)}$$

由贝叶斯公式得 λ 的后验分布服从 $\psi\left(\mu+\sum_{j=1}^{k}(n-j+1)t_j,k+\alpha\right)$。

第三种情况：假设 N 有任意的先验分布，$\lambda \sim \psi^{(\mu,\alpha)}$，$N$ 与 λ 相互独立，则

$$f(t_1,t_2,\cdots,t_k,\ N=q)\propto \frac{\mu^{\alpha}}{\Gamma(\alpha)}\frac{q!}{(q-k)!}\mathrm{e}^{-\lambda\mu+\sum_{j=1}^{k}(q-j+1)t_j}P\{N=q\}\cdot\lambda^{\alpha+k-1}$$

λ 的后验分布服从 $\psi\left(\mu+\sum_{j=1}^{k}(q-j+1)t_j,k+\alpha\right)$，由贝叶斯公式得，$N=q(q\geqslant k)$ 的后验分布为

$$P\{N=q\mid t_1,t_2,\cdots,t_k\}=\frac{\dfrac{q!}{(q-k)!}\left[\mu+\sum_{j=1}^{q}(q-j+1)t_j\right]^{-(\alpha+k)}p\{N=q\}}{\sum_{j=k}^{\infty}\dfrac{\gamma!}{(\gamma-k)!}\left[\mu+\sum_{j=1}^{q}(\gamma-j+1)t_j\right]^{-(\alpha+k)}p\{N=q\}}$$

将第一种情况和第二种情况进行一般化处理，分别得到 G-O 模型和 L-V 模型。

8.3.3.2　贝叶斯经验模型

贝叶斯经验模型建立在 L-V 模型的基础上。L-V 模型的基本假设如下：

（1）故障间隔时间 $T_i(i=1,2,\cdots)$ 条件独立且其密度函数为

$$f(t_i+\lambda_i)=\lambda_i\mathrm{e}^{-\lambda_i t_i}$$

式中，λ_i 表示第 i 个测试阶段的故障率。

（2）λ_i 相互独立，密度函数为

$$f\{\lambda_i\mid\psi(i),\alpha\}=\frac{\psi(i)^{\alpha}\lambda_i^{\alpha-1}\mathrm{e}^{=\psi(i)\lambda_i}}{\Gamma(\alpha)}\ ;\quad \psi(i)=\beta+\gamma i$$

式中，递增函数 $\psi(i)$ 保证了 $\{\lambda_i\}$ 随 i 随机下降，可靠性不断增长；参数 α、β、γ 均可采用极大似然估计得到，利用贝叶斯方法可求得 λ_i 的后验分布。

（3）给定全部背景信息集 H，α、β、γ 的先验边缘分布密度分别为

$$\prod_1(\alpha,H)=\frac{1}{W}(0<\alpha<W)$$

$$\prod_2(\beta\mid H,\gamma)=\frac{b^{\alpha}}{\Gamma(\alpha)}(\beta+\gamma)^{\alpha-1}\mathrm{e}^{-b(\beta+\gamma)}\quad(\beta>-\gamma)$$

$$\prod_3(\gamma\mid H)=\frac{q^{\alpha}}{\Gamma(c)}\gamma^{c-1}\mathrm{e}^{-q\gamma}(\gamma>0)$$

式中，$W>0,\ \alpha>0,\ b>0,\ c>0,\ q>0$ 均为已知量。

（4）已知 H 时，α 独立于 β,γ。

（5）给定参数α、β、γ、$\lambda^{(n)}$，T_i相互独立，且独立于α、β、γ及$\lambda_j(j=1,2,\cdots,n)$。式中，$\lambda^{(n)}=\{\lambda_1,\lambda_2,\cdots,\lambda_n\}$，同样假设$t^{(n)}=(t_1,t_2,\cdots,t_n)$。

该模型根据已知数据$X^{(n)}$，推断软件故障率λ_n及下一次故障的时间T_{n+1}。运用经验贝叶斯方法推导λ_n、T_{n+1}。将λ_n的后验分布记为$P(\lambda_n|t^{(n)})$。由交换扩展律得

$$P(\lambda_n|t^{(n)})=\iiint P(\lambda_n|t^{(n)},\alpha,\beta,\gamma)\prod(\alpha,\beta,\gamma|t^{(n)})\mathrm{d}\alpha\mathrm{d}\beta\mathrm{d}\gamma \tag{8-48}$$

式中，$P(\lambda_n|t^{(n)},\alpha,\beta,\gamma)$为给定$t^{(n)}$、$\alpha$、$\beta$、$\gamma$时，$\lambda_n$的条件概率密度函数；$\prod(\alpha,\beta,\gamma|t^{(n)})$是超参数$(\alpha,\beta,\gamma)$的后验联合分布。

由贝叶斯公式得

$$\prod(\alpha,\beta,\gamma|t^{(n)})=\frac{P(t^{(n)}|\alpha,\beta,\gamma)\prod(\alpha,\beta,\gamma|H)}{\iiint P(t^{(n)}|\alpha,\beta,\gamma)\prod(\alpha,\beta,\gamma|H)\mathrm{d}\alpha\mathrm{d}\beta\mathrm{d}\gamma} \tag{8-49}$$

式中，$P(t^{(n)}|\alpha,\beta,\gamma)$为$\alpha$、$\beta$、$\gamma$的似然函数；$\prod(\alpha,\beta,\gamma|H)$为超参数$(\alpha,\beta,\gamma)$的联合先验分布。

通过扩展以包括$\lambda^{(n)}$，同时假设λ_i、T_i相互独立，有

$$P(t_n|\alpha,\beta,\gamma)=\prod_{i=1}^{n}\int f(t_i|\lambda_i)g(\lambda_i|\alpha,\beta,\gamma)\mathrm{d}\lambda_i=\prod_{i=1}^{n}P(t_i|\alpha,\beta,\gamma) \tag{8-50}$$

由上述基本假设（1）、（2）、（3）及贝叶斯公式可得

$$P(\lambda_n|t^{(n)},\alpha,\beta,\gamma)=\frac{(\lambda_n)^{\alpha}(t_n+\beta+\gamma_n)^{\alpha+1}\mathrm{e}^{-\lambda_n}(t_n+\beta+\gamma_n)}{\Gamma(\alpha+1)} \tag{8-51}$$

由式（8-48）～式（8-51）可得到λ_n的后验分布。可以通过下式，由$t^{(n)}$预测T_{n+1}的分布：

$$P(t_{n+1}|t^{(n)})=\iiint P(t_{n+1}|\alpha,\beta,\gamma)\prod(\alpha,\beta,\gamma|t^{(n)})\mathrm{d}\alpha\mathrm{d}\beta\mathrm{d}\gamma \tag{8-52}$$

8.3.3.3 Littlewood-Verrall 模型

1973 年，Littlewood 和 Verrall 研究发现，软件的第i个故障区间T_i'具有以风险函数Z_i为条件的指数分布，即

$$f(t_i'|Z_i)=Z_i\mathrm{e}^{-Z_it_i'}$$

式中，t_i'表示第$i-1$次故障之后的一个故障发生的时间区间。

假定Z_i是一个随机变量，且服从具有标参$\xi(i)$和形参α的$\Gamma-$分布，则风险函数的概率密度函数及t_i'的无条件分布分别为

$$g(Z_i)=\frac{\xi(i)[\xi(i)Z_i]^{\alpha-1}\mathrm{e}^{-\xi(i)Z_i}}{\Gamma(\alpha)}\quad;\quad f(t_i')=\int_0^{\infty}f(t_i'|Z_i)g(Z_i)\mathrm{d}Z_i=\alpha\left[\frac{\xi(i)}{t_i'+\xi(i)}\right]^{\alpha}\frac{1}{t_i'+\xi(i)}$$

这是一个 Pareto 分布。那么第$i-1$个故障与第i个故障间的 MTTF 为

$$\Theta(i)=E[t_i']=\frac{\xi(i)}{\alpha} \tag{8-53}$$

软件的风险函数为

$$Z(t_i')=\frac{\alpha}{t_i'+\xi(i)} \tag{8-54}$$

风险函数随着时间t_i'的增加而连续下降，当不同故障发生时，风险函数下降的程度各不相同。Littlewood 和 Verrall 认为，只要软件不是带故障运行，其风险函数是低的这一论断的信任度随之增加。可以证明，$\xi(i)$是可靠性增长函数。Littlewood 和 Verrall 对它按$\xi(i)=\beta_0+\beta_1 i$和$\xi(i)=\beta_0+\beta_1 i^2$进行变动。

Littlewood 和 Verrall 使用 Cramer-von Mises 统计量，在多维曲面上进行反复搜索和分类，求得统计

量的极小值。参数的极大似然估计，可以降低计算误差。不失一般性，假设 $\alpha=1$，反线性函数的 MTTF 是 i 的线性函数 $\Theta(i)=\beta_0+\beta_1 i$，令 $\Theta(i)\approx 1/\lambda(t)$ 和 $i\approx\mu(t)$，得到

$$\lambda(t)=(\beta_0+\beta_1\mu)^{-1} \tag{8-55}$$

这是 μ 的反线性函数，也是一个反线性函数族。利用类似方法，可得到关于反二次多项式的故障强度和 MTTF 的函数形式。模型参数与剩余错误数有关。鉴于此，Musa 于 1979 年提出

$$\xi(i)=\frac{v_0\alpha}{\lambda_0(v_0-i)}$$

式中，v_0 是时间无限远处故障数的期望值；λ_0 是初始故障强度；i 是故障数编号。

Keiller 等人进一步构造 $\alpha(i)=\beta_2+\beta_3 i$，利用 $\Theta(i)\approx 1/\lambda(t)$ 和 $i\approx\mu(t)$，得到

$$\lambda(\mu)=\frac{\beta_2+\beta_3\mu}{\beta_1} \tag{8-56}$$

8.3.3.4　Nelson 模型

1973 年，Nelson 将程序 P 视为对一个可计算函数 F 的说明，提出基于输入域的模型，即 Nelson 模型。其基本思想如下：

（1）将程序 P 定义为集合 $E=\{E_i\mid i=1,2,\cdots,N; E\cap E_j=\phi(i\neq j)\}$ 上的函数 F。

（2）对于每一输入 E_i，P 的执行产生函数值 $F(E_i)$。

（3）集合 E 定义 P 所能进行的全部计算。

（4）由于 P 的实现缺陷，P 实际上只定义了一个不同于 F 的函数 F'。

（5）对于某些输入 E_i，执行 P 产生输出 $F'(E_i)$ 与 $F(E_i)$，存在允许误差 $\Delta_i\geqslant|F'(E_i)-F(E_i)|$。

（6）对于 $E-\{E_i\}$，构成 E_e，执行 P 产生的输出超出可接受范围，从而导致 3 种可能的执行故障：$|F'(E_i)-F(E_i)|>\Delta i, E_j\in E_e$、执行过早终止、不能终止（如死循环）等。

基于输入 E_i，执行 P 产生 $F'(E_i)$ 或出现执行故障的过程称为 P 的一次运行。但 E_i 的全部值并不一定同时提交给 P，P 的一次运行将导致一次执行故障的概率与一次运行所使用的 E_i 是从 E_e 中选取的概率相等，而 n 次运行的概率为

$$R_1(n)=R_1^n=(1-p)^n=\left[\sum_{i=1}^{n}p_i(1-y_i)\right]^n \tag{8-57}$$

而实际情况则复杂得多，提供给 n 次运行的输入并非独立选取，而是按预先确定的顺序选取，如实时系统中按值的递增序列选取等。运行剖面不再是 $\{p_i\}$，需要重新定义选取概率 p_{ji}。p_{ji} 是选取 E_i 作为在一运行序列中的第 j 次运行输入的概率。第 j 次运行导致一次执行故障的概率 p_j 为

$$p_j=\sum_{i=1}^{n}p_{ji}y_i$$

这样，在一个 n 次运行序列中不出现执行故障的概率，即 P 的可靠性 $R(n)$ 定义为

$$R(n)=\mathrm{e}^{\sum_{j=1}^{n}\ln(1-p_j)} \tag{8-58}$$

用 Δt_j 表示第 j 次运行的执行时间，$t_j=\sum_{i=1}^{j}\Delta t_j$ 表示从执行开始，一直到第 j 次运行的累积执行时间，

则有

$$R(n)=\mathrm{e}^{\sum_{j=1}^{n}\ln(1-p_j)}=\mathrm{e}^{-\sum_{j=1}^{n}\Delta t_j h(t_j)}$$

当n很大时，如$\Delta t_j \uparrow \to 0$，则上式可以表示为

$$R(t) = \mathrm{e}^{-\int_0^t h(s)\mathrm{d}s}$$

当$p_j \ll 1$时，$h(t_j)$可以解释为风险函数。因此，Nelson 模型在本质上与可靠性理论的数学表示一致。设n_e是在E_e中的E_i的个数，则可得到

$$R_0 = 1 - p = 1 - \frac{n_e}{N} \tag{8-59}$$

式中，p是从E中随机选取的E_i导致一次执行故障的概率；R_0是p从E中随机选取的E_i，运行产生可接受输出的概率。

实际输入时可能根据某一特定要求从E中选取，情况更复杂。此所谓特定要求可以用概率分布p_i来描述：p_i是E_i从E中被选中的概率，p_i的集合就是运行剖面。为了计算p，定义执行变量y_i如下：

$$y_i = \begin{cases} 0, & \text{如 } p \text{ 在} E_i \text{上的一次运行计算出一个可接受的函数值} \\ 1, & \text{如 } p \text{ 在} E_i \text{上的一次运行产生一次执行故障} \end{cases}$$

于是有

$$p = \sum_{i=1}^{n} p_i y_i$$

p表示软件根据概率分布p选取E_i上的一次运行，产生一次执行故障概率。有

$$R_1 = 1 - p = 1 - \sum_{i=1}^{n} p_i y_i = \sum_{i=1}^{n} p_i - \sum_{i=1}^{n} p_i y_i = \sum_{i=1}^{n} p_i (1 - y_i)$$

R_1表示软件系统依概率分布p_i选取E_i上的一次运行，导致一次正确执行的概率。根据概率分布p_i，彼此独立地选取E_i，不产生执行故障。对于p的估计，可以让其在具有n个输入的样本上运行。这样，即可计算出R的估计值$\hat{R}$：

$$\hat{R} = 1 - \frac{\hat{n}_e}{n} \tag{8-60}$$

式中，$\hat{n}_e$是在n次运行中，产生执行故障的次数。

如果该样本中n个输入是依概率分布p_i随机地从E中选取的，对于$p << 1$，在样本概率分布上的$\hat{R}$的期望值就等于R，基于这一认识，$\hat{R}$就是R的一个适宜的估计。

但在大多数情况下，可能的输入数N比样本量大得多，则可以得到$\hat{R}$的期望值$E(\hat{R})$：

$$E(\hat{R}) = \sum_{i=1}^{N} (1 - y_i) p_i \quad (\text{对于} p_i \ll 1)$$

对于R估计，运行剖面$\{p_i\}$的估计至关重要。在实际估计过程中，采用如下方法：

（1）将输入变量空间划分成N个子空间，基于实际输入估计，对某个输入将被从某个子空间选中这一事件指定概率p_i。

（2）依据p_i，用随机数发生器选取一个有n个输入的样本S。

（3）将P在S上运行n次，某些输入必将导致执行故障。

（4）每次执行故障发生时，不停止运行，不排错，只收集估测数据。

（5）待n次运行结束后，由所收集的数据，按式（8-60）计算估计值。

应用 Nelson 模型对软件可靠性的测量，只是一种估计值，仅反映对软件正确运行的信心，称为软件在实际运行中表现出来的可靠性。Nelson 模型有着坚实的理论基础，这是其他许多模型无法比拟的。但实际应用中尚存在如下问题：

（1）为获得良好的估计准确度，需要使用大量测试数据。

（2）未考虑输入域的连续性。

（3）对输入域进行随机采样，限制了它的应用范围，使其不能使用很多行之有效的测试策略，如实时系统的许多输入物理量大多是连续变化的，在实时系统中难以有效实施边值测试。

（4）未考虑软件复杂性测度。

8.3.3.5 错误植入模型

在软件中人为植入错误，在测试人员事先并不知道所植入错误的情况下，检出错误，根据所发现的固有错误及植入错误数量估计软件可靠性，称为错误植入模型，又称为 Seeding 方法。该模型由 H. D. Mills 于 1972 年提出，其基本假设如下：

（1）软件固有错误数是一个未知常数。

（2）人为错误数按均匀分布随机植入。

（3）固有错误和人为植入错误等概率被检出。

（4）所检测到的错误均能立即得到纠正。

设 N_0 为软件中的固有错误数，N_1 为人为植入错误数，n 表示所检测到的错误数。用随机变量 ξ 表示被检测到的错误中的人为植入错误数，则

$$P_r\{\xi = y, N_0, N_1, n\} = \frac{\binom{N_1}{y}\binom{N_0}{n-y}}{\binom{N_0+N_1}{n}} \tag{8-61}$$

对于给定的 N_1 和 n，假设测试过程中检测到的人为植入错误数为 k，用极大似然估计，即可得到固有错误数 N_0 的点估计值

$$\hat{N}_0 = \frac{N_1(n-k)}{k}\Big|_{\text{integer}} \tag{8-62}$$

鉴于错误植入的困难，1974 年，Basin 提出了两步查错法。该方法由两组测试人员独立地对软件进行测试，检测到错误立即纠正。N_0 表示软件中的固有错误数，N_1 表示第一组测试人员检测到的错误数，n 表示第二组测试人员检测到的错误数，用随机变量 η 表示两组测试人员所检测到的相同的错误数，那么有

$$P_r\{\eta = y, N_0, N_1, n\} = \frac{\binom{N_1}{y}\binom{N_0}{n-y}}{\binom{N_0}{n}}$$

如果实际检测出的相同错误数为 k，则软件的固有错误数 N_0 的点估计值为

$$\hat{N}_0 = \frac{N_1 n}{k}\Big|_{\text{integer}} \tag{8-63}$$

设 $\theta(0<\theta<1)$ 为给定的常数，对于给定的 N_0、N_1 和 n，可以通过下式得到软件固有错误数的单侧区间估计的置信区间上限 $N_0^+(y,\theta)$：

$$P_r\{N_0 \leqslant N_0^+(y,\theta)\} \geqslant \theta \tag{8-64}$$

同样，可以通过下式得到置信度为 $(\theta_1-\theta_2)\times 100\%$ 时，N_0 的置信区间的上限 $N_0^+(y,\theta_1)$ 和下限 $N_0^-(y,\theta_2)$：

$$P_r\{N_0^-(y,\theta_2) \leqslant N_0 \leqslant N_0^+(y,\theta_1)\} \geqslant \theta_2-\theta_1 \tag{8-65}$$

遗憾的是，错误植入模型不包含时间变量，无法直接给出软件失效率等可靠性参数值。如果将查错限于动态测试，可以建立模型与时间变量的关系，得到以时间为变量的可靠性函数表达式。假定导致软件出错的输入数据正比于残存错误数 N_c，则软件运行 m 次的可靠度为

$$R(m) = (1 - \bar{\gamma} N_c)^m \tag{8-66}$$

式中，γ 为平均比例常数。

在软件测试过程中，记录每次错误发现前的运行次数，用 j 表示从发现第 $i-1$ 个错误到第 i 个错误的运行次数，则有

$$\gamma_i = \frac{1}{j_i(N_0 + N_1 - i + 1)} \quad ; \quad \bar{\gamma} = \sum_{i=1}^{n} \frac{\gamma_i}{n}$$

因此，软件在开始测试时的可靠度为

$$R(m) = [1 - \bar{\gamma}(N_0 + N_1)]^m \tag{8-67}$$

测试结束后，所有人为植入错误及所发现的固有错误被排除，软件可靠度为

$$R(m) = (1 - \bar{\gamma} N_c)^m = [1 - \bar{\gamma}(N_0 - n + k)]^m \tag{8-68}$$

在测试过程中，记录每次的执行时间，求出平均运行一次的时间 Δt，则在 $(0,t)$ 时间内的平均运行次数为 $t / \Delta t$。因此有

$$R(t) = (1 - \bar{\gamma} N_c)^{\frac{t}{\Delta t}} = \mathrm{e}^{-\frac{1}{\Delta t \ln(1 - \bar{\gamma} N_c)^t}} \tag{8-69}$$

当 $\bar{\gamma} N_c \ll 1$ 时，令 $\lambda = \bar{\gamma} N_c / \Delta t$，可得

$$R(t) = \mathrm{e}^{-\lambda t} \tag{8-70}$$

当两个测试团队独立进行测试和排错时，根据不同测试团队所发现相同及不同错误来估计软件的可靠性，这就是 Tagging 方法。该方法同 Seeding 方法的不同之处在于放回过程，基于数理统计视角，彼此等价。

构成估计最简模型的基本假设是：排错过程完全随机，错误都是无特征的，每个错误都有相同的发生率 $1/N$（N 为初始错误总数）。设 $N=100$，第一个测试团队（加标记者）查出 t 个错误，假设 $t=20$，于是，共有 $t/N = 20/100 = 1/5$ 的错误被加上了标记。第二个测试团队检出 s 个错误，假设 $s=25$。由等概率假设，有

$$\frac{c}{s} \doteq \frac{t}{N}$$

式中，c 是在样本中被发现带有标记的错误个数。

因为 t、s、c 均已知，所以有

$$N = \frac{st}{c}$$

错误个数只能是整数，实际计算时，对 N 向上取整数值。假设 $c=6$，则

$$N = \left\lceil \frac{25 \times 20}{6} \right\rceil = 84$$

显然，该估计值与所假设的 $N=100$ 存在较大估计误差，进一步假设初始错误数为 80，记为 $N_x = 80$。$t=20$ 是人为加入错误数。于是有：$N = N_x + t = 100$。按上述方法，得到 N 的估计值为 84。这时，对于 N_x 的估计值为：$N_x = N - t = 64$。

对于 $c=4$、5、6，分别得到 N 的估计值为 125、100、84，在它们中间不存在其他中间值。这是由于对 c 的整数约束导致了较大的整数误差。

下面，讨论 N 的极大似然估计 N_0。s 和 t 是已知参数，c 由测试得到，则

$$N_0 = \begin{cases} \left\lceil \dfrac{st}{c} \right\rceil & (c > 0) \\ 2st & (c = 0) \end{cases} \tag{8-71}$$

将极大似然估计 N_1 定义修改为

$$N_1 = \frac{(s+1)(t+1)}{c+1} - 1 \tag{8-72}$$

对于足够大的样本，估计更加精确。而对于相对较小的样本，估计结果则可能存在较大偏差。对于极端情况 $s = t = N$，可得到完全估计。为提高估计精度，使用多次试验估计法。若使用 $m(m \geqslant 3)$ 个测试团队两两结合，对同一软件测试，每一组得到的测试结果都是独立的，m 个测试团队将得到 $n = \frac{m(m-1)}{2}$ 组数据。然后对其进行综合，得到一个新的、可以减小整数误差的估计值。首先对每个 c 值，用单次试验法，求出 N 的估计值，并将 n 个 N 的估计值均值作为最后估计值，然后对 n 个 c 值取均值，并以 $\overline{c}$ 代替 c，由单次试验方法估计 N 的估计值。

8.3.4　基于构件的软件可靠性模型

基于构件的软件系统，通常采用迭代增量式开发。特定软件构件封装了数据和功能，开发人员不能预知构件的使用环境，使用人员难以了解构件的内部细节。基于构件的软件系统难以保证马尔可夫过程模型的构件独立性假设。基于输入子域视角，追踪构件开发和使用过程，研究基于构件的软件可靠性，建立基于构件软件的可靠性工程过程：

（1）构件开发人员定义一种空间划分 Π 和一种度量或性质 M。

（2）计算构件关于每个划分块的度量，即 $\forall s \in \Pi$，计算关于 s 的度量 $M(s)$。

（3）收集各划分块及其度量，构造离散映射函数 $f = \{s, M(s) \mid s \in \Pi\}$。

（4）对构件开发方提供的数据及软件系统的使用环境进行分析，建立基于构件的软件可靠性模型，估计或预测软件系统的可靠性。

（5）如果某构件的可靠性不满足要求，应重新选择或开发合适的构件，或者调整软件系统架构，或两者兼备。

8.3.4.1　基于构件的软件可靠性估计

基于构件的软件可靠性估计，一种常用的方法是将构件视为一个黑盒子，基于使用模式信息，即使用模型或运行剖面，驱动测试，估计可靠性，但这种方法对如何获取各构件的使用频度缺乏足够的信息，难以保证估计精度。另一种方法是基于构件及其使用频度分析，应用构件可靠性数据估计软件系统可靠性。基于设计信息的自然性和方便性，这两种方法均未能充分利用已知信息。对估计方法进行评价的关键是拟选用估计方法能否利用已知信息覆盖构件开发过程及估计的准确性和精度。

8.3.4.2　构件软件中的函数

假设胶合逻辑的可靠度为 1，将较大规模的胶合逻辑抽象为独立构件，集成到软件中。较小规模的胶合逻辑足够简单。软件可靠性是用户对软件运行可靠度的感知，一种原始的计算方法是对所有运行路径的出现频度与该路径可靠性乘积进行累加。即

$$R = \sum_{P_l \in \wp} R_{P_l} \times F_{P_l} \tag{8-73}$$

式中，R 是软件可靠度；$\wp$ 是所有运行路径的集合；R_{P_l} 是路径 P_l 的可靠性；F_{P_l} 是路径 P_l 的出现频度。

将三方构件作为路径中的节点，基于运行路径的树状结构建模。但该模型存在两方面的问题：一是可能出现无穷长路径，尤其是对于反应式软件，存在无穷多分支节点；二是模型中的路径是一种带历史的路径，复杂度高，难以准确获取其频度信息。路径类似于可识别的字，路径无穷长问题可以采用自动机或迁移图模型予以解决。

迁移图中的迁移仅与当前状态相关，不能感知历史，带历史路径的频度信息只能以统计形态集中出

现在没有历史感知能力的迁移上。以一个由 3 个构件 C_1、C_2、C_3 构成的软件系统为例进行讨论。构件迁移图如图 8-14 所示。

图中，$R_{Cj}(C_i)$ 表示从构件 C_i 迁移到 C_j 的概率。

该模型的核心是两个函数：$f:C\to(C\to R)$，R 为可靠性，用以描述一个构件在其他构件上下文中所表现出来的可靠性；$f(C_i)$ 是 C_i 的可靠性函数，在不同构件如 C_j 和 C_k 上下文中，可靠性表现有所不同，如 $f(C_i)(C_j)$ 和 $f(C_j)(C_k)$；$g:C\times c\to P$。$P=\{p\,|\,0\leqslant p\leqslant 1\}\cdot g(\langle C_i,C_j\rangle)$ 是构件 C_i 迁移到 C_j 的概率。无法给出构件 C_i 的可靠性映射函数 $f(C_i)$。需将 f 分解为两个函数：$f_1:C\times C\to M$，M 为使用模型；$f_1(C_i,C_j)$ 表示从 C_i 迁移到 C_j 时，C_j 的使用模型，即 C_j 如何被使用；$f_2:C\to(M\to R)$，其中 M 为使用模型；$f_2(C_i)$ 为 C_i 的可靠性映射，只需知道 C_i 如何被使用，如 $m\in M$，即可知道这种使用方式下 C_i 所展现出来的可靠性，如 $f_2(C_i)(m)$。这一过程可以用图 8-15 进行抽象表示。

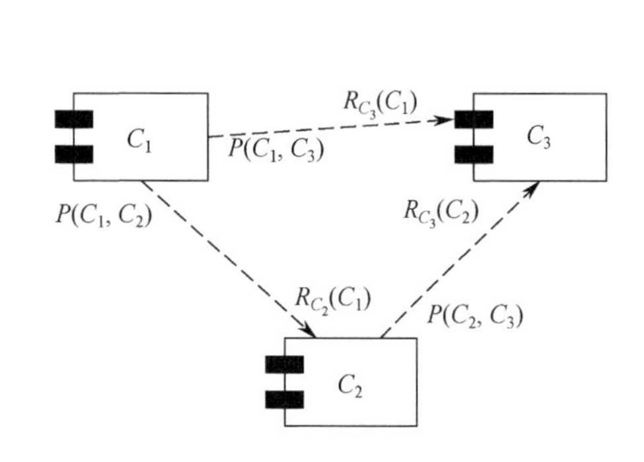

图 8-14　构件迁移图

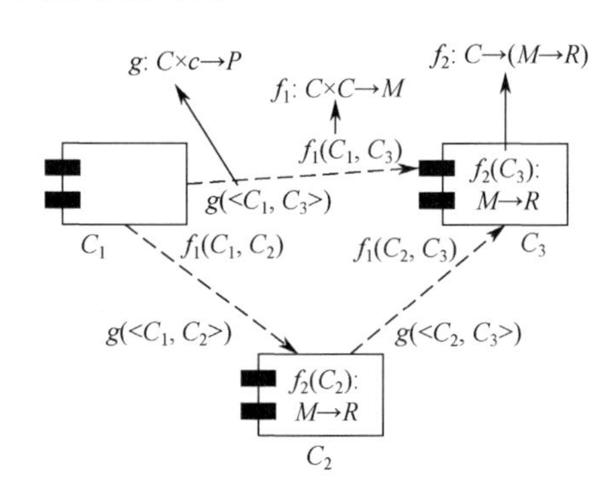

图 8-15　基于构件软件的函数抽象表示

8.3.4.3　基于构件软件的可靠性通用模型——构件概率迁移图

【定义 8-1】（构件概率迁移图 G）：是一个十元序偶 C,T,h,S,E,M,P,R,g,f。其中，C 表示构件集合；T 表示迁移集合；全函数 $h:T\to C\times C$；$S\subseteq C$ 表示起始构件集合；$E\subseteq C$ 表示终止构件集合；M 表示使用模型集合；P 为概率论域，通常，P 为集合 $\{x\,|\,0\leqslant x\leqslant 1\}$；$R$ 为可靠性度量论域；$g:T\to M\times P$；$f:C\to(M\to R)$。

【定义 8-2】（运行）：构件概率迁移图 G 中，若路径 $c_0t_1c_1\cdots t_nc_n$ 满足：

（1）$\forall 0\leqslant i\leqslant n, c_i\in C$。

（2）$\forall 1\leqslant i\leqslant n, t_i\in T$。

（3）$c_0\in S, c_n\in E$。

（4）$\forall 1\leqslant i\leqslant n, h(t_i)=c_{i-1},c_i$。

称该路径为构件概率迁移图 G 的一个运行。

8.3.4.4　通用模型实例化及可靠性估计

在构件概率迁移模型中，f 由构件开发人员提供，根据具体运用，使用模型描述可能有所不同。构件属性可以通过属性访问操作进行取值和置值，如 Void Set((ATTR,x),ATTR Get())。假设构件使用均通过具体操作进行，即构件只提供操作接口而不提供属性接口。

【定义 8-3】（使用模型）：假设 OP_{C_i} 为构件 C_i 的接口操作集合，一个满足 $\sum_{\mathrm{OP}\in\mathrm{OP}_{C_i}} m(\mathrm{OP})=1$ 的全函数 $m:\mathrm{OP}_{C_i}\to P$ 就是构件 C_i 的一个使用模型。其中，$P=\{p\,|\,0\leqslant p\leqslant 1\}$ 为出现概率论域。

在构件概率迁移图中，将从 C_i 到 C_j 迁移上出现的使用模型限定为 C_j 的使用模型，每个构件的迁移概率之和为 1。构件开发人员在构件接口中提供可靠性映射。

【定义 8-4】（可靠性映射）：假设 OP_{C_i} 为构件 C_i 的接口操作集合，那么全函数 $r:\mathrm{OP}_{C_i}\to R$ 就是构件 C_i 的一个可靠性映射。其中，$R=\{r\,|\,0\leqslant r\leqslant 1\}$。

根据可靠性映射，可以得到函数 f。图 8-16 给出了一个构件迁移概率图示例。

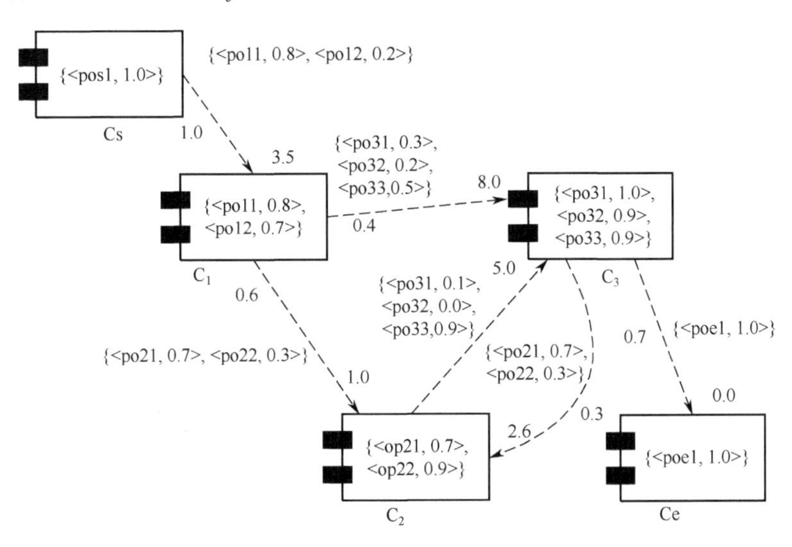

图 8-16　构件迁移概率图示例

在该示例中，其操作可以通过引入操作的状态空间进一步细化。若起始构件为附加构件，不产生任何动作，可靠性为 100%，可以在通用模型实例下估计软件系统的可靠性。

1. 生成测试路径

根据构件概率迁移图，即软件的使用模型，随机生成测试路径。在构件概率迁移图中，测试路径就是运行，可以通过手动或自动方式生成。

2. 测试路径可靠性计算

假设测试路径 P 为 $c_0t_1c_1\cdots t_nc_n$，那么该路径的可靠性为

$$R_P=\prod_{1\leqslant i\leqslant n}f(C_i)[(g(t_i))_1] \tag{8-74}$$

式中，$g(t_i)$ 是 $M\times P$ 上的二元序偶；$(g(t_i))_1$ 表示取 $g(t_i)$ 第 1 个元素。

3. 软件系统可靠性计算

软件系统的可靠性按下式计算：

$$R=\frac{\sum\limits_{1\leqslant i\leqslant n}R_{P_I}\times F_{P_I}}{\sum\limits_{1\leqslant i\leqslant n}F_{P_I}} \tag{8-75}$$

式中，R_{P_I} 和 F_{P_I} 分别为路径 P_I 的可靠性和出现频度。

若测试路径 P 为 $c_0t_1c_1\cdots t_nc_n$，则该路径的出现频度为

$$F_P=\prod_{1\leqslant i\leqslant n}(g(t_i))_2 \tag{8-76}$$

式中，$g(t_i)$ 是 $M\times P$ 上的二元序偶，$(g(t_i))_2$ 表示取 $g(t_i)$ 的第 2 个元素。

8.3.4.5　基于构件的软件可靠性分析流程

基于构件的软件可靠性分析流程如图 8-17 所示。

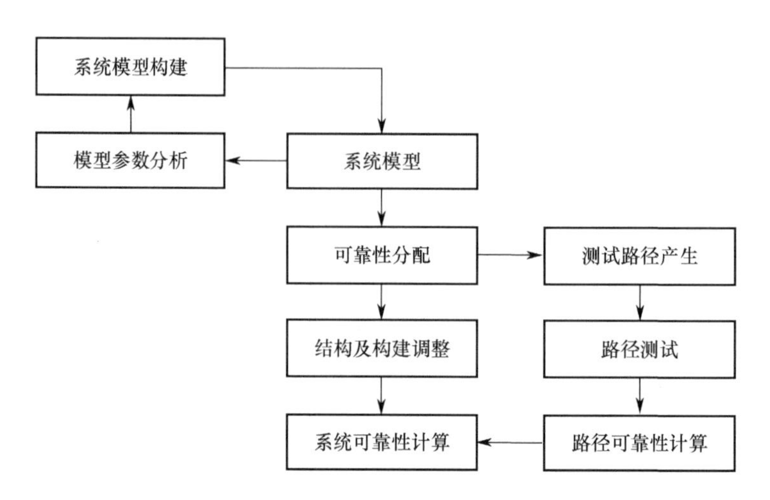

图 8-17　基于构件的软件可靠性分析流程

8.3.5　模型评价、选择及合并

8.3.5.1　模型评价

目前，尚无一个普适模型能够对不同软件或同一软件的不同过程活动进行可靠性评估或预测，也没有一个有效的办法能够先验地判别哪些数据集适用于一个具体模型。因此，建立评价体系，确定评价准则，给出基于软件开发、测试等过程的简化假设，实现软件可靠性模型的简化表达及统计处理，是软件可靠性建模的重要工作。

1. 模型拟合度

模型拟合度是指通过可靠性模型估计得到的软件可靠性与实际可靠性的吻合程度。为了使用一组规定的失效数据对一组可靠性模型进行比较，就必须考察拟合模型与观察数据的最佳符合性。根据拟合模型采样获得有效的观测数据存在较大困难。如果 $\hat{F}$ 是具有所估计参数模型的函数，通过假设检验就能回答这个问题。原假设 H_0 为：失效数据由具有分布函数 $\hat{F}$ 的模型产生。

拟合优度检验是观测数据与拟合模型之间符合性分析的重要方法，包括 χ^2 检验和 Kolmogorov-Smirnov（KS）检验。KS 检验是基于失效间隔数据，计算 KS 距离，度量模型对失效数据的拟合度。假设观察到的失效间隔数据为 $x_1, x_2, \cdots, x_n$，$t_1, t_2, \cdots, t_n$，其中 $x_i = t_i - t_{i-1}$，$t_0 = 0$。KS 距离定义为

$$D_n = \sup_t \left| F_n(t) - F(t) \right| = \max_{1 \leqslant i \leqslant n} \delta_i \tag{8-77}$$

式中，$\sup_t$ 标识函数的最小上限；$F_n(t)$ 是取样累加分布函数；$F(t)$ 是一致累加分布函数；$\delta_i = \max\left\{ F_n(t_i) - \dfrac{i-1}{n}, \dfrac{i}{n} - F_n(t_i) \right\}$，$i = 1, 2, \cdots, n$。

在显著性水平 α 下，样本大小为 n 的 KS 检验临界值为 $D_{n,\alpha}$，如果存在 $D_n < D_{n,\alpha}$，说明此模型具有理想的拟合效果。对于给定失效数据，D_n 的值越小，说明该模型的拟合效果越好。

2. 模型预测的有效性

模型预测有效性是指通过可靠性模型，利用相关数据预计软件可靠性并预测其故障行为的能力。这种能力仅针对故障行为的变化，不涉及由软件特性确定参数预计的内涵。模型拟合度是通过历史数据反映模型评估的有效性，预测有效性则是从预测角度评价模型的有效性，包括当前失效密度等的测量精度，以相关数据和资源开销完成测试时间、运行失效率等预测。

为了定量、客观、准确、直观地比较不同软件可靠性模型，工程上，通常采用准确性、模型偏差、模型偏差趋势、模型噪声 4 种形式化定义的测度，描述特定模型对软件可靠性的估测质量。

1）准确性

通过前序似然函数测定预测的准确性。假设观测到的失效数据是相继失效之间的时间序列 $t_1,t_2,\cdots,t_{i-1}$，通过这些数据预测将来未观测到失效的 T_i，得到 $F_i(t)$ 的估计值。$F_i(t)$ 被定义为 $P(T_i<t)$。基于时间序列 $t_1,t_2,\cdots,t_{i-1}$，预测 T_i 的分布 $\tilde{F}_i(t)$，得到其概率密度函数

$$f_i(t)=\frac{\mathrm{d}}{\mathrm{d}t}\tilde{F}_i(t) \tag{8-78}$$

对于 $t_{j+1},t_{j+2},\cdots,t_{j+n}$ 这种向前一步的预测，其前序似然函数为

$$\mathrm{PL}_n=\prod_{i=j+1}^{j+n}\tilde{f}_i(t_i) \tag{8-79}$$

对于同一失效数据集合，PL 值越大，预计的有效性越好，预测精度越高。但这种度量通常接近于 0，为此采用其自然对数进行比较。假定拟选择的两个可靠性模型分别为 A 和 B，其前序似然函数之比为

$$\mathrm{PLR}_n=\frac{\mathrm{PL}_n(A)}{\mathrm{PL}_n(B)} \tag{8-80}$$

该比率表示一个模型具有比另一个模型更加准确的预测结果。当 $n\to\infty$ 时，$\mathrm{PLR}_n\to\infty$，说明模型 A 优于模型 B；反之，则说明模型 B 优于模型 A。

2）模型偏差

如果一个模型的预测结果总是比观测到的失效时间长或短，表明该模型是有偏的。模型偏差定义为 u 结构图中完全预测曲线和实际预测曲线在垂直方向上的 KS 距离。通过计算单位斜率，即用 $u_j=\hat{F}_j(t_j)$ 表示的概率积分变换值之间的最大垂直距离，测量模型偏差。$u_j(0<u_j<1)$ 是观测时间 $t_j(j=s,\cdots,i)$ 的概率积分变换，即在各观测的失效时间点计算得到的模型分布函数值，用预计量 $\hat{F}_i$ 表示。u 结构图用于判定预测 $\hat{F}_j(t_j)$ 是否平均地接近实际分布 $F_j(t_j)$，通过 u 结构图，判断 $\{u_j\}$ 序列是否存在偏离的一致性。首先，根据观测到的 t_j 实现值和可靠性模型假设，得到序列 $u_j=\hat{F}_j(t_j)$，将 u_j 序列由小到大排序得到序列 u'_j；其次，在横轴的 $(0,1)$ 区间上依次取序列 u'_j；最后，自左至右画出单步增长函数，每个 u 值对应的增长高度为 $i-s+2$ 的倒数。

KS 距离是 u 结构图与单位斜率直线的最大垂直距离，是判定偏离性的有效方法。u 结构图的单位斜率表明预计存在着某种偏差，KS 距离越大，偏差越大。为标明模型偏倚方向，常用正数表示模型趋向乐观，用负数表示模型趋向悲观。但无论哪种情况，如果其绝对值越小，则模型的固有偏倚就越小。

3）模型偏差趋势

模型偏差趋势表示模型偏倚的一致性。趋势值越小，意味着模型越能够较好地适应不同的数据变化，产生更好的预测结果。模型偏差检验将均化这些影响，表现出无偏性。同模型偏差类似，可以用 y 结构图的 KS 距离来表示模型的偏差趋势。y 结构图用于探测 u 结构图难以发现的预测与现实数据之间的偏差。

例如，在 u 结构图中，某一阶段的预测趋势乐观，而另一阶段则可能趋于悲观。而对于 u 结构图，得到的 KS 距离值可能较小，使用 y 结构图就能够发现这种偏差。y 结构图通过 $\{u_j\}$ 序列变换之后绘制而成。u_j 是横轴 $(0,1)$ 区间上同分布的均匀随机变量。

这里，需要对 u_j 作一转换，即 $x_j=-\ln(1-u_j)$，从而得到另一个序列 x_j，序列 x_j 是独立同分布单位指数型随机变量的实现。检测泊松过程中的趋势，将序列 x_j 归一化到 $(0,1)$。即对于一个预计序列从 s 到 i，定义为

$$y_k = \sum_{j=s}^{k} x_j / \sum_{j=s}^{i} x_j, (k = s, s+1, \cdots, i-1;\ i \leqslant n) \tag{8-81}$$

类似于u结构图，由序列$\{y_j\}$绘制y结构图。在区间(0,1)上，自左画出步长为$1/(i-s+2)$的单步增长函数$y_s, y_{s+1}, \cdots, y_{i-1}$的值。$y$结构图能检测出$u$结构图是否掩盖了模型的一致性偏差。评价$y$结构图优劣的标准仍然是KS距离，KS距离越小，$y$结构图越好，模型偏差趋势越小。

4）模型噪声

模型噪声是模型预测引入噪声的能力，旨在描述模型是否能够给出变异最小的预测，即是否能得到一组数据来说明模型的稳定性。使用不同可靠性模型时，人们总是期望在预测过程中引入的噪声越小越好。对于噪声检验，类似于经典统计学中的均方差。该度量被定义为

$$N = \sum_{i=2}^{n} \left| \frac{r_i - r_{i-1}}{r_{i-1}} \right| \tag{8-82}$$

式中，n是噪声；r_i是预测的失效率$1/T_i$。

工程上，用m_i所表示的预测失效时间分布中值代替γ_i。N值越小，预测中的噪声越小，表明预测具有良好的平滑性。如果$N \to \infty$，表示模型已预测软件的失效率为0。

3. 测量参数的简易性

测量参数的简易性是指模型所需参数的数量以及评价这些参数的难易程度。大多数模型引入2～3个参数，当两个模型具有相同确定度时，参数越少越易于处理。通常情况下，二参数模型就能胜任软件可靠性评估，但较二参数模型，三参数模型与失效曲线具有更好的吻合度。当模型参数包含与初始错误数相关参数时，从一个预测阶段到下一个预测阶段，该参数会发生剧烈波动。极大似然法和最小幂法是解决该问题的有效方法。模型的论断性行为可能因为使用不同参数的评价过程而不同。当然，如果结果没有差别，则评价过程越简单越好。

4. 假设质量

本书8.3.1节讨论了模型假设的内容及存在的问题，毫无疑问，模型假设的合理性、清晰性、明确性以及数据支持程度是模型假设质量分析评价的基本要素。判断模型所采用假设的明晰性和精确性，有助于软件工程环境中特定模型的选择。如果假设可以检验，则应使用相关数据证明这种检验，以便确认该假设。若假设不可检验，则应从逻辑一致性和软件工程经验角度对其进行评价。

5. 能力

能力是指模型对给定软件可靠性预测或评估的能力。通常，软件可靠性模型应能对如下指标进行测量或评估：

（1）在给定时间内，软件的固有缺陷、期望失效或残留缺陷。

（2）当前的MTTF、失效率、失效密度、失效分布、失效强度。

（3）达到规定可靠性目标所期望的MTTF、失效密度、残留缺陷数等。

（4）人员、资源等耗费需求。

6. 适用性

一个适宜的软件可靠性模型能够适用于不同软件系统、不同软件工程阶段、不同开发及运行环境。这种模型可能永远不存在，也不可能存在。工程上，根据代码规模、软件架构、功能性能、运行剖面等评价软件可靠性模型的适用性，期望它能有效处理进化软件、失效分类、不完全数据、多重软件安装、不同平台上的测试和运行以及与模型假设存在差别的运行环境。

7. 简单性

模型越简单，参数越少，对可靠性数据要求以及通用参数选择、评估计算、评估结果理解与应用等

就越容易。软件可靠性模型的简单性表现为如下 3 个方面。

（1）**数据采集**：减少测量资源耗费、增加数据精度，模型易于应用。

（2）**建模原理**：更加容易理解模型假设、评估参数、使用模型和结果解释。

（3）**实现过程**：有利于计算实现及计算密集型问题。

当然，不能片面强调简单性对模型预测的有效性，如果引入一个额外的模型参数能有效地改进预测的有效性，必将柳暗花明。

8. 噪声敏感性

软件可靠性数据往往包含与模型处理过程不相关的噪声。噪声敏感性是评价软件可靠性模型的最重要标准之一。使用经验数据，反复应用并优化模型，对模型噪声敏感性进行测试和评估。模型不仅应能在使用纯净数据的理想情况下展现其良好的有效性，还需要在失效数据集不完全或包含测量不确定性时，实现精确测量与评估。

8.3.5.2　模型选择及合并

1. 模型选择

软件可靠性模型选择流程如图 8-18 所示。

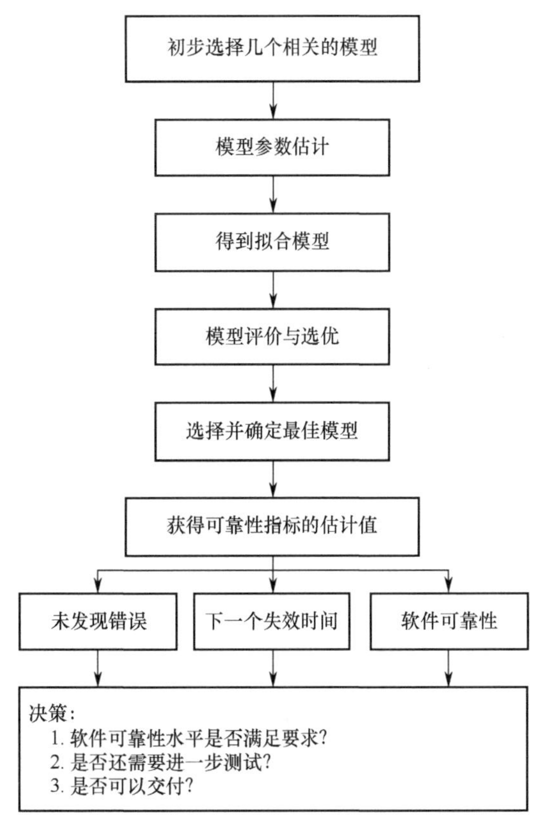

图 8-18　软件可靠性模型选择流程

2. 模型合并

现有软件可靠性模型大多将故障行为描述为马尔可夫过程，是一种宏观模型。对于静态模型，至今尚无一个有效的随机过程模型能够对此做出统一的描述。贝叶斯模型与宏观模型最大的差异是将每个阶段的失效率视为常数或随机变量。先验分布采用均匀分布、γ 分布、β 分布三种分布形式，导出模型的解析表达式。微观模型通过软件特性来估计软件的可靠性指标。以下是主要软件可靠性模型之间的联系：

（1）基于表达式、假设条件、使用方法等，J-M 模型、Shooman 模型和 Musa 模型都具有 $\lambda = K \times Y$（K 为常数）的形式，这种意义下，这些模型是等价的。

（2）二项式模型与泊松过程模型可以相互转化，Humphrey&Singpurwalla 指出从二项式模型可推导出指数类泊松形式的可靠性模型。

（3）贝叶斯模型类中的 L-V 模型，当 $\psi(i) = \beta$ 时，就是宏观模型中的二项式的 Pareto 类模型。

8.4　软件可靠性度量

软件是否可靠？在多大程度上可靠？这些问题需要通过度量来回答。上下文驱动测试流派掌门人 James Bach 认为：尽管软件质量可以讨论和评估，但却不能度量。他甚至认为，度量带来了很多问题，甚至是欺诈。他强烈建议：停下度量，把注意力放在评估上。显然，这种说法有失偏颇。如果一个软件的可靠性无法被度量，评估从何谈起？没有度量，量化的世界将黯然失色。

Everett 对软件可靠性度量的基础理论及方法进行了深入研究，提出了度量流程，开创了软件可靠性度量之先河。ISO/IEC 9126 对软件质量特性及子特性测量进行了系统刻画，确定的 39 种度量，直接或间接与软件可靠性度量相关，奠定了软件可靠性度量的基础。IEEE Std 982 为软件可靠性度量提供了指南，是最重要的软件可靠性度量标准之一。即便如此，令人遗憾的是，软件可靠性度量研究和实践成果还远不及传统可靠性工程。

度量就是通过明确的数字或符号表征真实世界实体属性的过程，涉及实体、属性、属性赋值规则及标度等要素。在现实世界中，存在产品、过程、资源、活动、环境、组织、限制条件等不同实体，一个实体可能包含另一个实体，如一个软件过程就包含不同子过程和过程路径。属性是实体的特征，属性类别及赋值是度量的内容及需要关注的对象。基于软件错误、故障等分析与定义，将技术度量和管理度量融入软件生命周期过程活动，基于故障模型对软件故障行为进行抽象，构建度量体系，确定度量准则，获取客观数据，对软件可靠性进行度量，支撑可靠性预测与评估、分析与设计、测试与验证、控制与改进，是软件可靠性工程的基本活动。即便前路迷茫，仍需踔厉前行。

本书作者在《软件可靠性工程》一书中，构建了软件可靠性度量模型、度量体系，并以丰富的实例，讨论了相关度量的定义、内涵、测量方法、工程应用等内容。这里，仅简介软件可靠性度量的相关内容。

8.4.1 度量模型视图

目前，对于软件可靠性行为，几乎还停留在定性认识阶段，全面、准确的定量度量尚待时日。FMEA、FTA 等有助于改进软件可靠性，这是不争的事实，但在多大程度上影响软件可靠性行为呢？尚难定量回答。在软件可靠性过程活动中，是否按策划组织开展可靠性工作，是否进行可靠性需求分析并测量可靠性目标，需要通过度量来回答。

软件度量包括产品度量和过程度量。其中，产品度量是从技术角度给出软件的可靠度、失效强度、平均失效间隔时间、残留缺陷数等可靠性定量指标，实体与属性及其可能的度量项之间存在着对应关系。过程度量包括管理度量、覆盖度量、风险评估等，其与管理过程相关，面向软件可靠性过程活动。不同过程，具有不同属性，不同属性具有一个或多个可能的度量元，存在着明确的对应关系。ISO/IEC 15939 标准给出了软件度量的一个顶层视图，反映了各个度量实体之间的关系。软件顶层度量模型视图如图 8-19 所示。

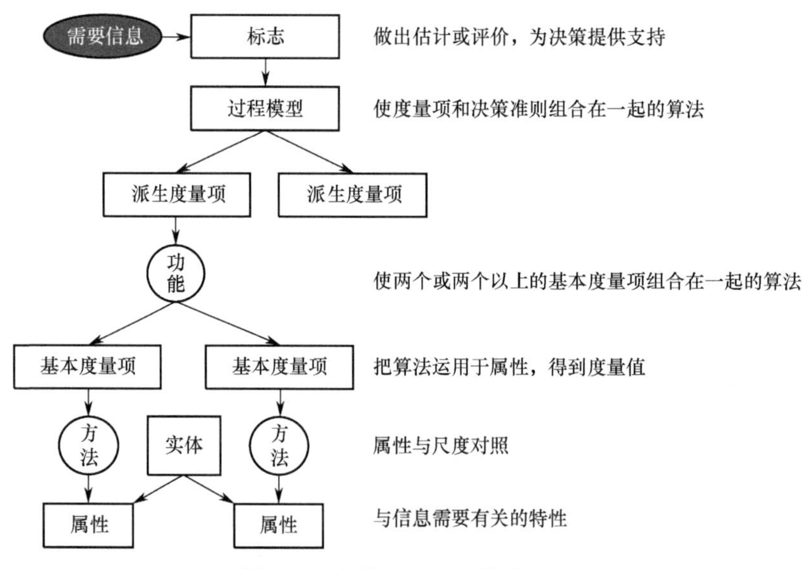

图 8-19 软件顶层度量模型视图

事实上，产品度量和过程度量均未能解决用户和开发人员所关注的目标问题。综合产品度量和过程度量，以用户为关注的焦点，建立度量体系，确定度量过程，聚焦于软件应实现的目标及实现过程，指导过程改进，以目标驱动度量。

图 8-20 所示为基于目标驱动度量过程的软件度量项选择模型。

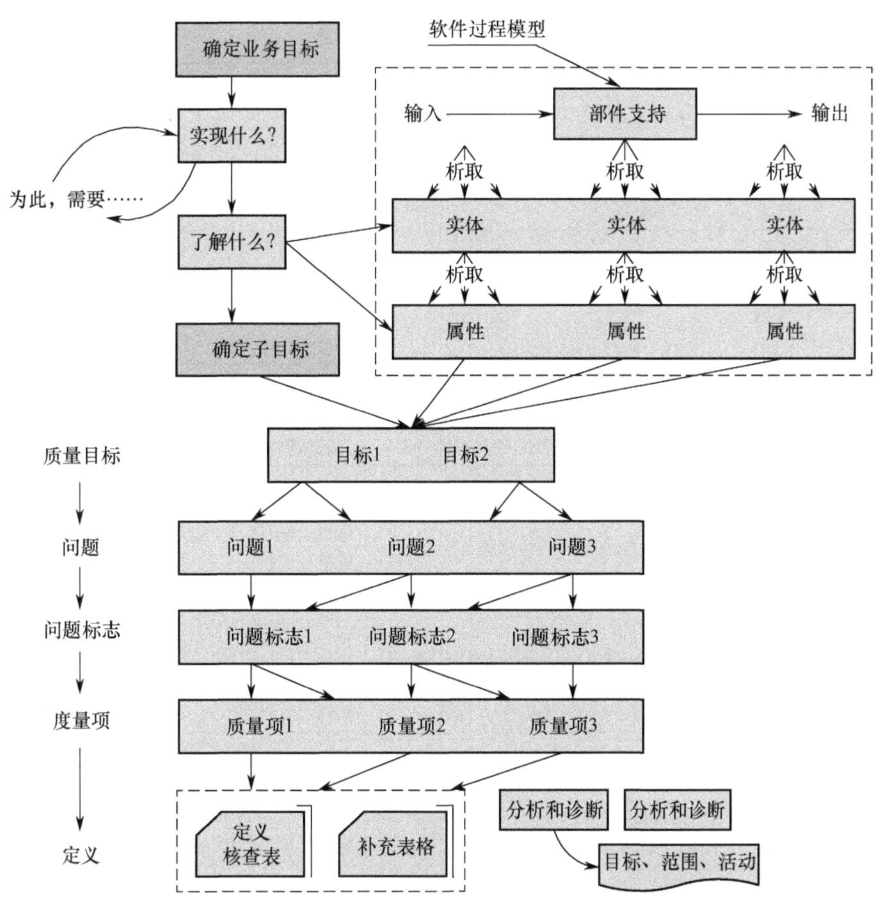

图 8-20　基于目标驱动度量过程的软件度量项选择模型

8.4.2　常用可靠性度量

8.4.2.1　质量模型

关于软件质量模型，已在本书 2.1.2 节详述，在此不复述。

使用质量模型是将软件系统对相关人员的影响特征化，其由软件质量、人员属性、任务及使用环境共同决定，软件的功能性、可靠性、有效性、可用性决定目标用户在特定场景中的使用质量，支持用户所关注的是基于可维护性和可移植性的质量。内部质量是系统本身所具有的质量特性的总体，由开发策划、需求分析、软件设计、编码实现赋予，通过评审、测试等进行验证和确认；外部质量是系统呈现的系统行为，基于外部质量需求进行测量和评价。产品质量模型由与软件静态属性及动态属性密切相关的功能性、效率、兼容性、易用性、可靠性、安全性、维护性和可移植性 8 个质量特性及一系列子特性构成。

8.4.2.2　常用可靠性度量

1. 内部可靠性度量

内部可靠性包括成熟性、容错性、易恢复性及可靠性的依从性等子特性。成熟性是用于评估软件成熟度的一组属性；容错性是用于评估软件故障时维持其期望性能水平的一组属性；易恢复性是用来评估软件失效时能否重新构建系统运行的性能水平，并恢复直接受影响数据能力的一组属性；可靠性是用以预测软件是否满足规定的可靠性要求；可靠性的依从性是用来评估软件遵循与可靠性有关用户组织的标准、约定和法规的能力的一组属性。内部可靠性度量如表 8-1 所示。

表 8-1　内部可靠性度量

子特性	度量名称	度量目的	数据元素计算	应用方法	测量值含义
内部成熟性度量	故障检测	通过评审的软件中检出多少缺陷	$X = A / B$ A=评审过程中发现的缺陷数；B=根据历史或所引用模型，评审过程中估计发现的缺陷数	对评审过程中发现的缺陷计数，与此阶段估计可能检出的缺陷数进行比较	$X \geqslant 0.0$。X的值越大，表明软件可靠性越高，$A=0$ 并不表明通过评审的软件中无缺陷
	故障排除	有多少错误已被纠正？错误被排除的比例是多少	$X = A$；$Y = A / B$ A=设计和编码实现过程中已纠正的错误数；B=评审过程中所发现的错误数	对设计及实现过程中排除的错误计数，与设计和实现过程中评审所发现的错误数进行比较	$0.0 \leqslant X \leqslant 1.0$。X的值越大，表明残留错误数越少；X的值越接近1.0，表明更多错误被纠正
	测试充分性	测试说明中覆盖了多少要求的测试用例	$X = A / B$ A=测试说明中设计并在评审中确认的测试用例数；B=要求的测试用例数	对测试用例进行计数，与获得充分的测试覆盖率所需测试用例数进行比较	$X \geqslant 0.0$。X的值越大，表明测试越充分
内部容错性度量	避免失效	为避免致命失效和严重失效，可以控制多少种故障模式	$X = A / B$ A=设计及实现过程中可避免的故障模式（如数据越界、死锁等）个数；B=需考虑的故障模式个数	对可避免故障模式进行计数，与需考虑的故障模式数进行比较	$X \geqslant 0.0$。X的值越大，表明避免失效的能力越强
	抵御误操作	有多少抵御误操作能力的功能被实现	$X = A / B$ A=为抵御误操作模式而实现的功能数；B=需考虑的误操作模式个数	对为避免误操作引起致命失效和严重失效的功能计数，与拟考虑的误操作模式数进行比较	$X \geqslant 0.0$。X的值越大，表明抵御误操作的能力越强
内部易恢复性度量	易恢复性	在异常事件发生或需要时，软件的恢复能力如何	$X = A / B$ A=评审过程中确认的已实现的故障恢复需求数；B=软件需求规格中的故障恢复需求数	对已实现故障恢复需求（如数据库检测点、故障恢复功能等）计数，与需求确定的故障恢复需求数进行比较	$0.0 \leqslant X \leqslant 1.0$。X的值越大，表明软件故障恢复能力越强
	恢复有效性	故障恢复的有效性如何	$X = A / B$ A=已实现满足目标的故障恢复时间需求数；B=有规定时间要求的故障恢复需求数	对已实现满足恢复时间的恢复需求计数，与规定的恢复需求数进行比较，确定故障恢复有效性	$0.0 \leqslant X \leqslant 1.0$。X的值越大，表明软件的故障恢复有效性越好
内部可靠性的依从性度量	可靠性的依从性	遵循软件可靠性法规、标准、约定的程度如何	$X = A / B$ A=在评价中确认的已正确实现与可靠性的依从性相关的项数；B＝依从项总数	对已满足的需要依从的项计数，与软件需求所要求的依从性项数进行比较	$0.0 \leqslant X \leqslant 1.0$。X的值越接近1.0，依从性越好

2. 外部可靠性度量

外部可靠性度量与系统行为相关，表征系统运行过程中软件可靠的程度，包括成熟性、容错性、易恢复性及可靠性的依从性等子特性。其含义同内部可靠性度量。外部可靠性度量如表 8-2 所示。

表 8-2　外部可靠性度量

子特性	度量名称	度量目的	数据元素计算	应用方法	测量值含义
外部成熟性度量	估计残留缺陷密度	将来可能发现的缺陷数	$X = \lvert A_1 - A_2 \rvert / B$ A_1=软件中残留缺陷预测总数；A_2=已检出缺陷的总数；B=软件规模	对一定测试时间内检出的缺陷数计数，用可靠性增长模型预测潜在缺陷数	$0.0 \leqslant X$。取决于测试阶段；后续阶段，X的值越小越好
	针对测试的失效密度	一定测试时间内检测到的失效数	$X = A_1 / A_2$ A_1=检出失效的个数；A_2=执行测试用例的个数	对检出的失效数和执行测试用例的个数计数，确定测试用例的失效密度	$0.0 \leqslant X$。取决于测试阶段；后续阶段，X的值越小越好
	故障密度	一定测试时间内检出的故障数	$X = A / B$ A=检出的故障数；B=软件规模	对检出的故障数进行计数，计算软件的故障密度	$0.0 \leqslant X$。取决于测试阶段；后续阶段，X的值越小越好

续表

子特性	度量名称	度 量 目 的	数据元素计算	应 用 方 法	测量值含义
外部成熟性度量	失效解决	已解决的失效条件件数	$X = A_1 / A_2$ A_1 =纠正的失效数；A_2 =实际检出的失效总数	在一定测试时间内，对同样条件下未再出现的失效计数，维护描述这些失效的解决报告	$0.0 \leqslant X \leqslant 1.0$。$X$ 的值越接近 1.0，表明解决了越多失效
	故障排除	已纠正的故障数	$X = A_1 / A_2$；$Y = A_1 / A_3$ A_1 =已解决的故障数；A_2 =实际检出的故障总数；A_3 =预测软件中潜在故障的总数	对测试阶段检出并被排除的故障计数，与已检出故障总数以及所预测的故障总数进行比较	$0.0 \leqslant X \leqslant 1.0$；$0.0 \leqslant Y$。$X$ 和 Y 的值越接近 1.0，表明软件中残留的缺陷越少
	平均失效间隔时间	软件运行失效频率	$X = T_1 / A$；$Y = T_2 / A$ T_1 =软件的运行时间；T_2 =软件相继发生失效时间间隔累计；A=实际检测出的失效总数	对一定运行周期内的失效次数计数，计算平均失效间隔时间	$0.0 \leqslant X,Y$。X、Y 的值越大越好，期望的失效间隔时间越长越好
	测试覆盖率	已执行要求的测试用例数	$X = A / B$ A=测试过程中实际执行的表示运行场景的测试用例数；B=按覆盖要求需执行的测试用例数	对执行的测试用例计数，与为获得测试覆盖率要求的测试用例数进行比较	$0.0 \leqslant X \leqslant 1.0$。$X$ 的值越接近 1.0，表明覆盖率越高
	测试成熟性	软件是否得到充分测试	$X = A / B$ A=通过的测试用例数；B=覆盖要求运行的测试用例数	对实际执行的测试用例计数，与每个需求要执行的测试用例总数进行比较	$0.0 \leqslant X \leqslant 1.0$。$X$ 的值越接近 1.0 越好
外部容错性度量	避免死机	引起系统运行死机的情况	$X = 1 - A / B$ A=死机次数；B=软件失效次数	对导致系统死机的失效计数，若处于运行状态，则分析运行历史日志	$0.0 \leqslant X \leqslant 1.0$。$X$ 的值越接近 1.0 越好
	避免失效	能控制多少种故障模式以避免关键失效或严重失效	$X=A/B$ A=对应故障模式的测试用例，避免关键失效和严重失效发生的次数；B=执行的故障模式用例数	对已避免的故障模式计数，与考虑到的故障模式个数进行比较	$0.0 \leqslant X \leqslant 1.0$。$X$ 的值越接近 1.0，表明用户更经常地避免关键失效或严重失效
	抵御误操作	实现了多少种抵御误操作能力的功能	$X = A / B$ A=避免关键失效和严重失效发生的次数；B=在测试中执行的（几乎引起失效的）误操作模式的测试用例数	对避免引起关键失效或严重失效误操作的用例计数，与执行的考虑外操作模式的测试用例数进行比较	$0.0 \leqslant X \leqslant 1.0$。$X$ 的值越接近 1.0，表明越能够避免过多用户误操作
外部易恢复性度量	可用性	在规定的时间内系统的可用度	$X = T_0 / (T_0 + T_r)$；$Y = A_1 / A_2$ T_0 =操作时间；T_r =修复时间；A_1 =用户成功使用该软件的总次数；A_2 =观察期间用户试图使用该软件的总次数	在特定时间内，执行所有用户操作，测量系统故障后的修复时间；计算修复的平均时间	$0.0 \leqslant X \leqslant 1.0$；$0.0 \leqslant Y \leqslant 1.0$ X、Y 的值越接近 1.0，表明用户能使用软件的时间越长
	平均宕机时间	失效后，系统启动之前，不能使用系统的平均时间	$X = T / N$ T=总宕机时间；N=所观察到的中断次数；最坏情况及宕机时间分布情况	在特定的测试时间内，测量每次系统不能使用时的宕机时间，计算其平均时间	$0 < X$。X 的值越小，表明系统宕机时间越短
	平均恢复时间	从系统初始的部分恢复到完全恢复所花费的平均时间	$X = \mathrm{Sum}(T) / N$ T=软件在每次宕机后的恢复时间；N=观察到的软件进入恢复的总次数	在特定的测试时间内，测量系统每次宕机的全部恢复时间，计算其平均时间	$0 < X$。X 的值越小越好
	可重启性	在要求时间内系统能重新启动为用户提供服务的频度	$X = A / B$ A=测试或运行过程中，符合时间要求的重启次数；B=重启的总次数	对系统要求的时间内重启并为用户提供服务的次数计数，与规定测试时间内系统中断后重新启动的总次数进行比较	$0.0 \leqslant X \leqslant 1.0$。$X$ 的值越接近 1.0，表明用户越易于重新启动系统

续表

子特性	度量名称	度 量 目 的	数据元素计算	应 用 方 法	测量值含义
外部易恢复性度量	易维护性	软件在异常情况下或需要时的自身修复能力	$X=A/B$ A=成功完成修复的用例数；B=每个需求要测试的修复用例总数	对成功修复的次数进行计数，与需求规格说明中所要求的测试修复的总次数进行比较	$0.0\leqslant X\leqslant1.0$。X的值越接近1.0，表明软件越能在一定用例中恢复
	修复的有效性	修复能力的有效性	$X=A/B$ A=满足目标修复时间成功修复的用例数；B=执行的用例数	对满足目标修复时间的测试修复的次数进行计数，与特定目标时间所要求的修复次数进行比较	$0.0\leqslant X\leqslant1.0$。X的值越接近1.0，表明产品修复过程越有效
外部可靠性的依从性度量	可靠性的依从性	遵循软件可靠性法规、标准和约定的程度	$X=1-A/B$ A=规定的可靠性的依从性未完全实现的项数；B=规定的可靠性的依从性总数	对要求的依从性已经满足的项计数，与软件需求规格说明要求的依从性项数进行比较	$0.0\leqslant X\leqslant1.0$。X的值越接近1.0越好

3. 预测度量与验收度量

基于预期可靠性目标及实现情况，软件可靠性度量包括预测度量和验收度量。预测度量用以估计软件可靠性的评估值，包括尺度度量和二元度量。尺度度量是一种定量度量，适用于能够直接度量的软件特性；二元度量是一种定性度量，适用于可使用性、灵活性等只能间接度量的特性。验收度量是在软件开发过程中的各个监测点，依据可靠性要求，对可靠性目标及要求实现情况进行确认性检查及考核验收。

8.4.3 复杂性度量

M. L. Shooman 认为，软件可靠性问题的本质就是复杂性问题。McCabe 的研究表明，当圈复杂度大于 10 时，缺陷数将大幅增加，软件可靠性随之下降。复杂性源自软件设计，取决于软件规模、结构形式、地址调用、函数表示、嵌套深度、控制结构、数据结构及转向语句等因素。对复杂性进行度量和控制，有利于软件可靠性的改进。

8.4.3.1 单元复杂性

1. Halstead 度量

Halstead 度量是基于静态分析，统计操作符和操作数，对软件文本复杂性进行的度量。用 n_1 和 n_2 分别表示不同操作符和操作数的数量，N_1 和 N_2 分别表示操作符及操作数总数，则可用这些数据对如下度量元进行估计。

（1）**程序词汇量：** $l=n_1+n_2$。

（2）**观察到的程序长度：** $L=N_1+N_2$。

（3）**估计的程序长度：** $\hat{L}=n_1\log_2 n_1+n_2\log_2 n_2$，$\hat{L}=\log_2(n_1!)+\log_2(n_2!)$。

（4）**程序量：** $V=L\log_2 l$，长度为 L 的程序中包括 l 个词汇，所有词汇等概率选自 $l=n_1+n_2$ 个词汇中，熵为 $H=-L\log_2(n_1+n_2)=-L\log_2 l$，其绝对值即 V，反映程序词汇复杂性。

（5）**程序实现难度：** $D=(n_1/2)\times(N_2/n_2)$，N_2 可通过 $n_2\log_2 n_2$ 估计。

（6）**程序级别：** $L_1=1/D$，高级程序设计语言的 L_1 的值接近或达到1，而低级程序设计语言的 L_1 的值介于 0 和 1 之间。

（7）**编码工作量：** $E=V/L_1$，是指为了实现已有算法，从规模为 $l=n_1+n_2$ 的符号表中进行 $L=N_1+N_2$ 次选择，需要进行 $V=L\log_2 l$ 次比较，每次比较均进行 $D=(n_1/2)\times(N_2/n_2)$ 次心理判别，总的心理判别数为 $E=V\times D$。

（8）**需要时间：** $T=E/S$，S 表示 Stroud 数，其典型值为每秒 5～25 个基本智力判识单位。

（9）**缺陷数**：$B = \dfrac{V / 3000 \approx E^{2/3}}{3000}$。

Halstead 度量是基于开发人员的标准水平，引用并不精确的 Stroud 数，未能充分考虑算法、控制结构、数据结构等因素，度量精度有限，即便是对于 n_1、n_2、N_1、N_2 基本相同的软件，也可能得到不一样的估计结果。如果将其应用限制在编码实现阶段，这种粗糙的度量仍然具有一定价值。

一般地，在设计策划阶段确定程序设计语言，操作符个数 n_1 可以基本确定，需求规格与设计文档确定的输入、输出数 n_2^* 基本接近于 n_2。在设计阶段，可用 Halstead 度量对 N 的估计值 N^* 进行估计。对于给定程序设计语言，如果能够统计得到转换系数 C_1，即可估计源程序行数 N^* / C_1，进而估算编码实现成本。

2. McCabe 度量

基于控制流及图论的 McCabe 度量，将控制流表示为有向图，将程序复杂性定义为有向图的圈数，即线性独立回路的最大个数。关于这方面的内容，已在第 5 章进行了详细介绍，在此不再赘述，仅对相关内容予以简述。

1）图

【定义 8-5】（图）：图 G 是一个三元组 $[v(G), E(G), \varnothing_G]$。其中，$v(G)$ 是非空节点集合，$E(G)$ 是边集合，$\varnothing_G$ 是从边集 $E(G)$ 到节点无序偶集合或有序偶集合的函数。若边 e_i 与节点无序偶 (v_j, v_k) 相关联，称该边为无向边。若边 e_i' 与节点有序偶 (v_j, v_k) 相关联，则称该边为有向边。

(a) 无向图　　(b) 有向图

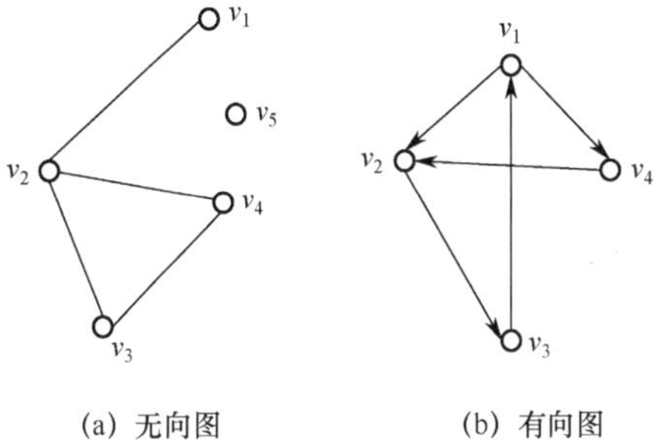

图 8-21　无向图及有向图

每条边均是无向的称为无向图，每条边都是有向的称为有向图，如图 8-21 所示。

有向图 G 中的任一对节点，两者之间相互可达，强连通。例如，图 8-21（b）中，从 v_1 可达 v_2：$v_1 \to v_2$，从 v_1 可达 v_3：$v_1 \to v_2 \to v_3$。显然，该图是一个强连通有向图。

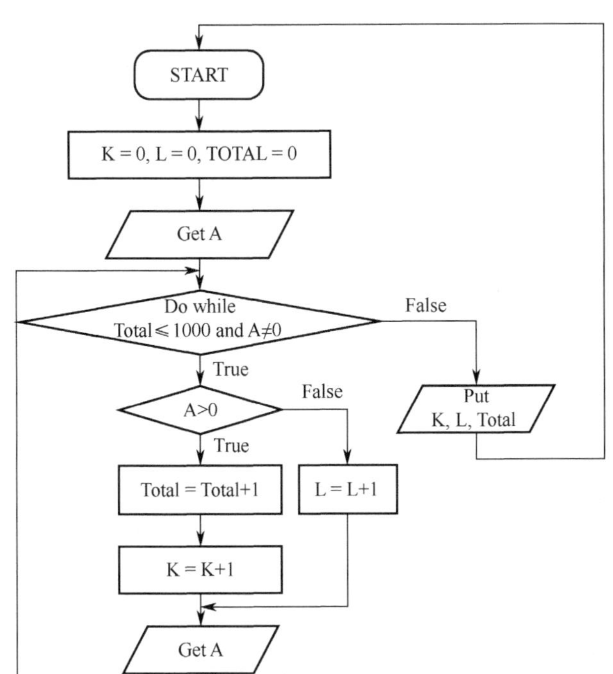

图 8-22　程序控制流

2）圈数

【定义 8-6】（强连通有向图的圈数）：具有 m 条边、n 个节点的有向图 G，圈数为：$v(G) = m - n + 1$。

对于图 8-21（b），有：$m = 5$，$n = 4$。于是：$v(G) = m - n + 1 = 5 - 4 + 1 = 2$。

3）程序的图形表示

本书 5.3.3.1 节系统地讨论了控制流图。已知，将程序的控制流表示为有向图，由此计算 McCabe 度量。对于图 8-22 所示程序控制流，可以容易地将其表示为图 8-23 所示控制流图。

该程序的起点为 start，第一个处理节点为 entry，而最后一个处理节点为 exit，终点为 stop。因为从节点 k 无路径可达节点 a，显然图 8-23 不是强连通的。若人为地附加一条有向边 13，就得到一个强连通图，如图 8-24 所示。

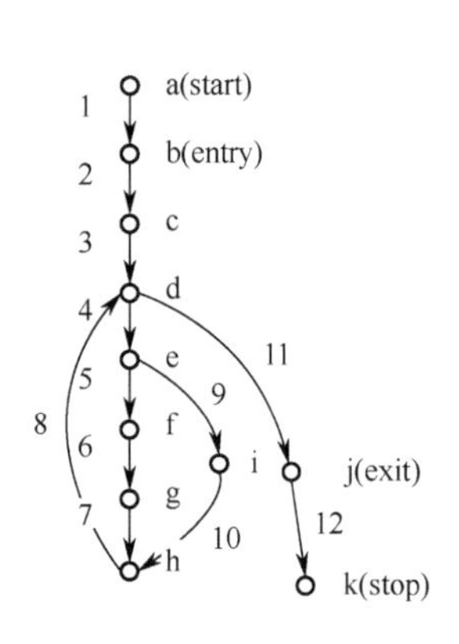

图 8-23　控制流图

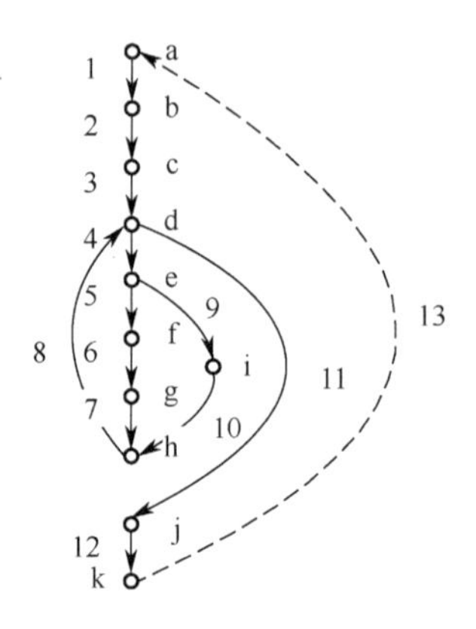

图 8-24　控制流对应的强连通图

4）结构化控制结构

Mills 曾证明，可用 SEQUENCE、IF-THEN-ELSE、DO WHILE 共 3 种控制结构描述任一程序。为使用方便，将这 3 种控制结构的 McCabe 度量进行归纳，如表 8-3 所示。

表 8-3　3 种控制结构的 McCabe 度量

结构名称	控制结构图	强连通图	m	n	v (G)
SEQUENCE 结构	START STATEMENT A STATEMENT B STOP	a 1 b 2 c 3 d 4	4	4	1
IF-THEN-ELSE 结构	START exp STATEMENT A　STATEMENT B START	a 1 b 2 3 c d 4 5 e 6	6	5	2
DO WHILE 结构	START False exp True STATEMENT A START	a 1 b 2 3 c 4 d 5	5	4	2

McCabe 度量的实质就是对程序控制流的度量。但是，McCabe 度量未考虑程序的数据流。由表 8-3 可见，SEQUENCE 结构复杂性最低，程序每增加一个决策点，复杂性便增加 1。

3. Thayer 复杂性度量

Thayer 认为，软件复杂性取决于其内在因素和逻辑结构。一般地，软件复杂性包括如下内在因素。

（1）**逻辑复杂性**：与分支、循环结构等有关。

（2）**接口复杂性**：包括各软件单元之间、应用系统与系统软件之间、软件与硬件平台之间的接口关系，当然也与编程接口有关。

（3）**计算复杂性**：与赋值语句及其所包含的算术运算符有关。

（4）**输入/输出复杂性**：与输入/输出语句有关。

（5）**程序的可读性**：与整洁性及程序注释有关。

软件单元的逻辑复杂性 L_{TOT} 取决于逻辑语句数量与可执行语句数量之比以及循环、条件和分支复杂性。其定义为

$$L_{\text{TOT}} = \frac{\text{LS}}{\text{EX}} + L_{\text{LOOP}} + L_{\text{IF}} + L_{\text{BR}} \tag{8-83}$$

式中，LS 是逻辑语句数；EX 是可执行语句数；L_{LOOP} 是循环复杂性度量；L_{IF} 是 IF 条件语句的复杂性度量；L_{BR} 是分支复杂性度量。

其中，循环复杂性度量 L_{LOOP} 计算如下：

$$L_{\text{LOOP}} = \left(\sum M_I W_I\right) \times 1000,\ \ W_I = 4^{I-1}\left(\frac{3}{4^q - 1}\right),\ \ \sum W_I = 1$$

式中，M_I 是第 I 嵌套层中的循环次数；W_I 是权系数；q 是最大嵌套数。系数 1000 是按逻辑循环在逻辑复杂性 L_{TOT} 中的相对重要性赋予的。

IF 条件语句复杂性度量 L_{IF} 可按下式计算得到：

$$L_{\text{IF}} = \left(\sum N_I W_I\right) \times 1000$$

式中，N_I 是第 I 嵌套层中 IF 条件语句数；W_I 是权系数。系数 1000 是按 IF 条件语句在逻辑复杂性 L_{TOT} 中的相对重要性赋予的。

分支复杂性度量 L_{BR} 可按下式计算得到：

$$L_{\text{BR}} = 0.005 N_{\text{BR}}$$

式中，N_{BR} 是分支数，按逻辑复杂性中分支系数的相对重要性赋予 0.005 的系数。

对于接口复杂性，其定义为

$$C_{\text{INF}} = \text{AP} + 0.5(\text{SYS})$$

式中，AP 是软件单元与其他单元的接口数；SYS 是与系统软件的接口。系数 0.5 用来反映系统软件接口与应用软件接口的相对重要性。

对于计算复杂性，其定义为

$$\text{CC} = \frac{\text{CS}}{\text{EX}} \times \frac{L_{\text{SYS}}}{\sum \text{CS}} \times \text{CS},\ L_{\text{SYS}} = \sum L_{\text{TOT}}$$

式中，CS 是用于计算的语句数。

对于输入/输出复杂性，其定义为

$$C_{\text{I/O}} = \frac{S_{\text{I/O}}}{\text{EX}} \times \frac{L_{\text{SYS}}}{\sum S_{\text{I/O}}} \times S_{\text{I/O}}$$

式中，$S_{\text{I/O}}$ 是软件单元中输入/输出的语句数量。

程序的可读性越高，程序的复杂性就越小。其定义如下：

$$U_{\text{READ}} = \frac{\text{COM}}{\text{TS} + \text{COM}}$$

式中，TS 是可执行语句数量和不可执行语句数量之和，但不包括注释语句数量；COM 是注释语句数量。

软件单元的复杂性定义为

$$C_{\mathrm{TOT}} = L_{\mathrm{TOT}} + 0.1C_{\mathrm{INF}} + 0.2\mathrm{CC} + 0.4C_{\mathrm{I/O}} + (-0.1)U_{\mathrm{READ}}$$

4 个权系数 0.1、0.2、0.4、−0.1 分别用来权衡各子因素对软件单元复杂性的影响程度。

8.4.3.2 结构复杂性

结构复杂性是软件单元或构件之间的交联复杂性，通常用软件单元的扇入/扇出数或信息扇入/扇出数表示。基于程序结构有向图，一个单元对应于一个节点，节点之间的连接关系表示单元之间的调用关系，将结构复杂性定义为起点为顶节点的路径数加 1。

数据结构复杂性是一种可供参考的度量。令 ifi 表示进入一个过程的局部流，datain 表示过程从其中检索数据的数据结构数；ifo 表示来源于一个过程的局部流；dataout 表示过程更改的数据结构数；length 表示在过程中源程序语句数。使用自动数据流、HIPO 图等确定软件单元或软部件或两者之间的信息流。如果以下之一为真，则从软件单元 A 到 B 存在着一个局部流：

（1）A 调用 B。

（2）B 调用 A 且 A 返回一个由 B 使用的值到 B。

（3）另一个单元调用 A 和 B，该单元从 A 传递一个值到 B。

令，$\text{fan-in} = \text{ifi} + \text{datain}$，$\text{fan-out} = \text{ifo} + \text{dataout}$，则信息流复杂性 IFC 为

$$C_{\mathrm{IF}} = (\text{fan-in} \times \text{fan-out})^2 \tag{8-84}$$

加权信息流复杂性为

$$C_{\mathrm{IFW}} = \text{length} \times (\text{fan-in} \times \text{fan-out})^2 \tag{8-85}$$

图 8-25（a）所示为程序结构，其对应的有向图如图 8-25（b）所示。由图 8-25 可见，起点为 M 的路径有 9 条，分别为：$M \to A$；$M \to A \to A_1$；$M \to A \to A_2$；$M \to B$；$M \to B \to A_2$；$M \to B \to B_1$；$M \to C$；$M \to C \to B_1$；$M \to C \to B_2$。

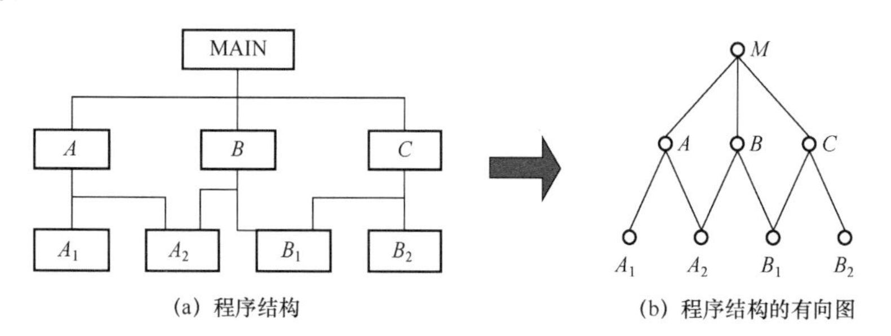

（a）程序结构　　（b）程序结构的有向图

图 8-25　程序结构及其有向图

根据定义，图 8-25（a）所示的程序结构复杂性为 $P(G) = 9 + 1 = 10$。

根据路径概念，可进一步定义单元重要度为

$$\mathrm{im}(X) = \frac{C(X)}{\sum_X C(X)}$$

式中，$C(X)$ 是起点为顶节点经过单元 X 的路径数。

显然，对于图 8-25（b），有

$C(M) = 9$；$C(A) = 3$；$C(B) = 3$；$C(C) = 3$；$C(A_1) = 1$；$C(A_2) = 2$；$C(B_1) = 2$；$C(B_2) = 1$

那么有

$$\sum_X C(X) = 24$$

于是，得到各节点的重要度

$$\mathrm{im}(M)=\frac{3}{8}\ ;\ \mathrm{im}(A)=\mathrm{im}(B)=\mathrm{im}(C)=\frac{1}{8}\ ;\ \mathrm{im}(A_1)=\mathrm{im}(B_2)=\frac{1}{24};\ \mathrm{im}(A_2)=\mathrm{im}(B_1)=\frac{1}{12}$$

8.4.3.3　总体复杂性

总体复杂性反映软件的系统复杂性，是比较设计方案及软件架构的重要度量之一，包括单元复杂性和结构复杂性。假设软件由若干个不同单元组成，单元 X 的 McCabe 复杂性为 $v(X)$，结构复杂性为 $P(G)$。总体复杂性定义为

$$O(G)=P(G)+\sum_{X}v^2(X) \tag{8-86}$$

这里，以如下程序为例，说明软件总体复杂性的计算方法。

```
/ * Function to calculate the absolute value of a number */
    float absolute-value float x
    {
      if(x<0)
        x=-x;
      return(x);
    }
    /* Function to compute the square root of a number */
    float square-root float x
    {
      float guess=1.0;
      while(absolute-value(guess*guess-x)>=epsilon)
        guess=(x/guess+guess)/2.0;
      return(guess);
    }
    main()
    {
      float f1=-15.5,f2=20.0,f3=-5.0;
      int i1=-716;
      float result;
      result=absolute-value(f1);
      printf("result=%,2f n",result);
      printf("f1=%,2fn",f1);
      result=absolute-value(f2)+absolute-value(f3);
      printf("result=%,2f\n",result);
      result=absolute-value((float)i1);
      printf("result=%,2f\n",result);
      printf("%2f\n",absolute-value(-6.0)/4;
      printf("square-root(2.0)=%f\n",square-root(2.0);
      printf("square-root(144.0)=%f\n",square-root(144.0);
      printf("square-root(17.5)=%f\n",square-root(17.5));
    }
```

上述程序输出如下：

```
result=15.50
f1=-15.50
result=25.00
result=716.00
1.50
square-root(2.0)=1.414216
square-root(144.0)=12.000000
square-root(17.5)=4.1833300
```

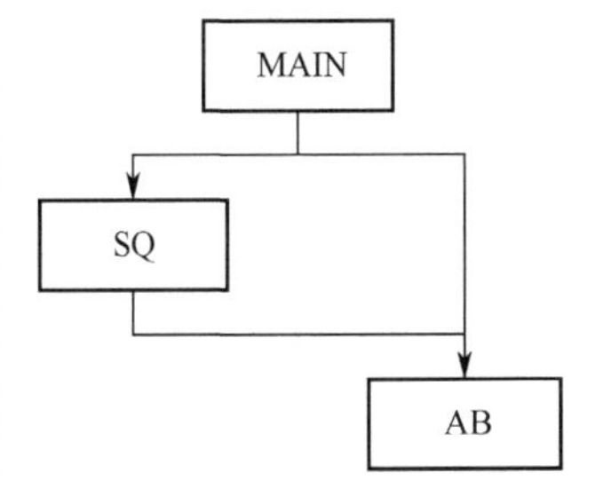

图 8-26　程序结构图

第一步，计算结构复杂性 $P(G)$。首先画出该程序结构图，如图 8-26 所示。

图中，MAIN 为主程序，SQ 为函数 square-root 单元，AB 为函数 absolute-value 单元。显而易见，$P(G)=3+1=4$。

第二步，计算软件单元的 McCabe 复杂性，有：$V(M)=1$，$V(\mathrm{SQ})=2$，$V(\mathrm{AB})=2$。

第三步，计算总体复杂性：$O(G)=P(G)+v^2(M)+v^2(\mathrm{SQ})+v^2(\mathrm{AB})=13$。

8.5 软件可靠性增长测试

软件可靠性增长测试旨在发现并排除影响软件可靠运行的缺陷，实现可靠性增长。根据给定可靠性需求，基于系统行为及运行模式，配置使用场景，确定关键操作，应用统计方法，开发运行剖面，将运行剖面中的每个元素赋予一个发生概率及关键因子，以迭代方式组织实施可靠性增长测试，对最重要或最频繁使用的功能及关键流程，加严测试，发现对可靠性影响最大的错误，释放并降低最高级别的风险。同时，根据测试过程中跟踪获得的故障信息，基于可靠性增长模型和统计推理的可靠性评估模型，跟踪测试进展，进行故障强度估计，评估软件当前的可靠性水平，预测未来可能达到的水平，为软件可靠性管理提供决策依据。

软件可靠性增长测试类似于硬件可靠性增长试验，是一个测试→分析→修改→再测试→再分析→再修改（Test Analysis And Fix，TAAF）的循环改进过程，直到满足软件可靠性目标为止，一般是在完成编码实现、单元测试、集成测试及系统测试之后，根据可靠性要求，进行可靠性增长测试。

8.5.1 软件可靠性增长预计

8.5.1.1 失效定义

软件可靠性增长测试策划过程定义软件失效及失效模式，确定失效分类原则和方法，同时明确对失效的计数和统计方法。

8.5.1.2 运行剖面开发

如果系统包含多种运行模式，则需要为每个运行模式构造运行剖面。运行模式是与重要环境变量相关联的功能组合，环境变量描述影响软件执行路径的条件，但并不与其特性直接相关。对于不同方式，可以分别确定可靠性要求，测试并跟踪其可靠性。

8.5.1.3 失效数据收集

失效数据包括失效计数数据和失效时间数据。失效计数数据是单位时间内发生的失效数，失效时间数据是指每次失效发生的累积执行时间或间隔时间。对于软件可靠性模型及失效数据，执行时间比日历时间有效，日历时间往往能够给出更加乐观的可靠性估计，如果不能获得执行时间，可以使用时钟时间、加权时钟时间等近似时间。当然，也可以使用单位时钟时间的平均利用率因子，对时钟时间进行调整，得到实际执行时间的估计值。

8.5.1.4 失效数据分析

对失效数据进行趋势分析，为模型开发或选择提供指南。常用趋势分析方法有图形法、拉普拉斯法等。趋势分析结果包括如下类型。

（1）**可靠性增长**：可选择 J-M、G-O、M-O、Duane 等可靠性增长模型。

（2）**可靠性下降**：可选择允许失效强度上升的模型。

（3）**可靠性先降后升**：可选择 Yamada、Ohba、Osaki S 型等模型。

（4）**可靠性稳定趋势**：失效强度为常值，诸如 HPP 模型、失效时间服从指数分布的模型。

8.5.1.5 估计模型选择

估计模型选择准则包括预计质量的高低、参数估计的难易、假设质量的优劣、适应性的好坏、噪声敏感性及模型应用的简单性等。

8.5.1.6 预计质量分析

常用预计质量分析方法如下。

（1）**拟合优度检验**：使用 χ^2 检验、K-S 检验等对观测数据的拟合情况进行评价。

（2）**序列似然函数法**：评价两个模型预计的相对准确程度。

（3）**U 图、Y 图法**：两者结合起来评价一个模型的预计准确性。

8.5.1.7 软件可靠性分析

软件可靠性分析具有 3 个方面的作用：一是估计软件的当前可靠性，如 MTTF、失效率、失效强度、残留缺陷等；二是预测软件可能达到的可靠性水平；三是预测需要增加的测试改进工作以及何时能够达到可靠性要求，或还需要检出多少缺陷才能达到可靠性要求等。

在软件可靠性增长测试过程中，以下问题容易被忽视或易于同传统软件测试或软件可靠性验证测试混淆，应予以关注：

（1）只对给出定量指标的软件进行可靠性增长测试，是一种为评估而实施的测试，可靠性增长有利于过程及中间产品、最终软件可靠性增长。

（2）可靠性增长测试使用的测试数据和测试用例，必须基于运行剖面生成，测试环境最好是目标环境，至少是实际运行环境的实例化。

（3）可靠性增长测试过程中发现的所有缺陷都必须予以纠正，纠正过程中不引入新的缺陷或引入缺陷的作用范围能得到有效控制，软件可靠性才能增长。

（4）在可靠性增长测试过程中，应详细、准确记录失效的时间、现象等。

软件可靠性增长测试和验证测试能够帮助我们从不同角度、不同层面理解软件的故障数据及失效行为。软件可靠性增长预计及评估的工作重点如下：

（1）软件可靠性评估必须使用测试过程中或实际使用过程中采集的失效数据；由相同软件缺陷导致的失效只计第一次；回归测试过程中所收集的信息，不作为软件可靠性评估的依据。

（2）进行可靠性测试前，应由相关方基于可靠性要求，共同定义失效。如果仅对影响任务的失效提出了可靠性定量要求，则失效应定义为影响系统任务完成的软件行为。

（3）如何确定运行剖面，取决于是否对不同运行模式给定了独立的可靠性要求，应针对不同运行模式开发不同的运行剖面，必要时应根据系统体系结构、功能特征等进行剖面综合。

（4）进行失效数据的趋势分析，并按要求进行模型开发或选择。

（5）选择适用的模型或不同模型对软件可靠性进行分类评估，然后进行可靠性综合。

（6）对模型的适用性进行持续检查、分析和评价，每当增加或修改一次失效数据，都应对预计质量进行再分析。

8.5.2 基于 FTA 的可靠性增长测试

可靠性增长测试力图挖掘并排除缺陷，重点关注软件的可靠性稳定增长。我们希望贡献期越短、曲线越陡越好，稳定增长期越长、曲线越平稳越好。因此，基于严重故障及致命故障，逐级向下，分析原因，直至找到最基本的原因；采取纠正和预防措施、确保导致致命故障的缺陷被根除。

E. N. Adams 对 IBM 的 9 型软件系统进行分析，按失效频率将软件缺陷导致的故障率分为 8 档，每档的 MTTF 代表值分别为 1.58、5、15.8、50、158、500、1580、5000 年。假设第 i 档的总缺陷数为 d_i，合计总缺陷数为 $d=\sum_{i=1}^{s}d_i$，令 $r_i=d_i/d$，第 i 档缺陷所导致的总故障率为 λ_i，全部软件的总失效率为 λ，且设 $f_i=\lambda_i/\lambda$。为此统计得到如表 8-4 所示不同档次的软件缺陷及其分布。

表 8-4　不同档次的软件缺陷及其分布

档　次　号	1	2	3	4	5	6	7	8
MTTF	1.58	5	15.8	50	158	500	1580	5000
$r_i=d_i/d$	0.4	1.0	2.5	5.2	10.6	18.7	28.2	33.4
$f_i=\lambda_i/\lambda$	30.1	23.7	18.7	12.3	7.9	4.4	2.1	0.8

从表 8-4 可见，MTTF 值较小的第 1、2、3 档，软件缺陷占总缺陷的 3.9%，占总故障率的 72.5%；MTTF 值最大的第 6、7、8 档，软件缺陷占总缺陷的 80.3%，但却仅占总故障率的 7.3%。这说明少数导致高故障率的缺陷，在测试早期易于暴露，软件测试初期阶段故障率最高，可靠性增长最快，效费比最高，验证了“尽早开始的测试会检出更多缺陷”的论断。同时说明多数缺陷需要通过很长时间的测试才能暴露，表明测试有一个较长的可靠性稳定增长阶段，在这一阶段故障率缓慢增长，但持续时间较长，软件可靠性进入稳定增长期。例如，在某软件系统可靠性增长测试过程中，收集了完整的基本信息及失效时间、失效计数等可靠性数据。基于这些数据，对累积故障数进行统计，如图 8-27 所示。

根据图 8-27，可以将软件可靠性增长测试过程划分为两个阶段。

（1）**贡献期：** $T_0\sim T_1$、$T_2\sim T_3$，故障率高，时间区间短，曲线陡。

（2）**稳定增长期：** $T_1\sim T_2$、$T_3\sim T_4$，故障率缓慢增加，持续时间长，曲线平缓。

运用 FTA 进行可靠性分析，将最不希望发生的事件作为顶事件，所有可能的顶事件构成一个顶事件表即关键故障事件表。根据故障树确定导致顶事件发生的错误或条件组合，制定可靠性增长测试计划。有针对性地对诱发顶事件的模块或语句及条件进行分析测试，控制错误发生条件，进一步缩短图 8-27 所示的贡献期。

假设某软件系统由 X_1、X_2、X_3、X_4、X_5、X_6、X_7 共 7 个模块构成，各模块的失效概率分别为：$F_{X_1}=F_{X_2}=0.01$、$F_{X_3}=0.004$、$F_{X_4}=0.007$、$F_{X_5}=F_{X_6}=0.02$、$F_{X_7}=0.03$。基于上述分析方法，构建故障树，如图 8-28 所示。

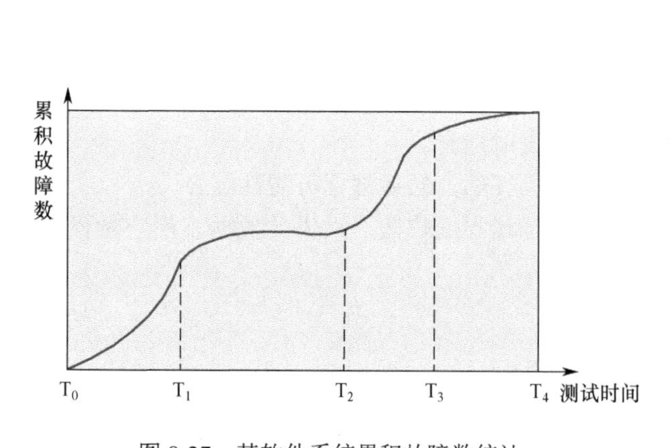

图 8-27　某软件系统累积故障数统计

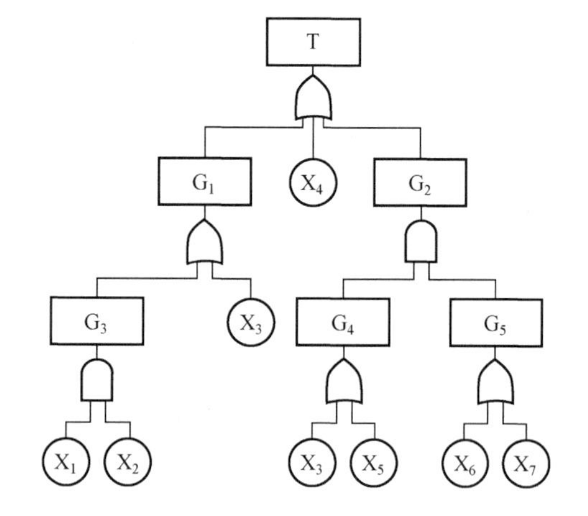

图 8-28　某软件故障树

由图 8-28 所示故障树，得到该故障树的所有最小割集

$$K_1=\{X_3\}、K_2=\{X_4\}、K_3=\{X_1,X_2\}、K_4=\{X_3,X_5,X_6\}、K_5=\{X_5,X_6,X_7\}$$

最小割集K_1、K_2各包含一个模块，分别为X_3和X_4，如果其中任一模块失效，都会导致系统失效，这两个模块就是关键功能模块。根据给定的各模块失效概率，各最小割集的故障概率分别为$F(K_1)=0.004$、$F(K_2)=0.007$、$F(K_3)=0.0001$、$F(K_4)=0.000001$、$F(K_5)=0.000012$，最小割集K_2的故障发生概率最大，其次为K_1。各底事件故障概率较小，系统故障概率近似为各最小割集故障概率之和，即

$$P(T)=0.004+0.007+0.0001+0.000001+0.000012=0.011113$$

对于大型复杂软件系统，需经过逐层分析才能得到所需结果。这是一种对于较小规模软件非常有效的分析技术。对于规模较大或大型复杂系统，可以将分析的粒度定义为功能模块，对于特定模块，再按上述要求进行逐层分析。

较常规软件测试，基于FTA的软件可靠性增长测试，具有较高的测试效率和显著的测试效果，可以在设计初期开始实施，找出可能的故障原因，有针对性地采取措施，控制并保证软件可靠性。在测试过程中，可以根据FTA分析结果，重点关注关键功能模块，按照TAAF，循环演进，逐步消除潜在故障，使得软件可靠性获得稳定增长。但软件功能模块不像硬件模块，难以测量其失效概率。在这种情况下，可利用可靠性分配和预计结果，确定功能模块的故障率量级，并将其作为定量分析的基础。

8.5.3　充分性准则

软件可靠性测试是面向使用的测试，即剖面驱动的测试，针对用户使用频率及可靠性风险较高的功能模块，集中力量，有的放矢地检出对可靠性影响较大的错误。这就意味着多发现错误并不是软件可靠性测试的目的，检出对可靠性影响大的错误才是可靠性测试的出发点，充分的可靠性测试应能保障测试后的软件具有满足其可靠性要求的趋势。因此，软件可靠性增长测试的充分性准则不仅要满足

$$\sum_{i=1}^{m}\frac{(n_i-Np_i)^2}{Np_i}<\chi^2_{1-\alpha}(m-1) \tag{8-87}$$

还包含软件系统满足$R\geqslant R_C$的要求。

式中，R为被测软件的可靠度；R_C为被测软件可靠度需要达到的最小值。

8.6　软件可靠性验证测试

软件可靠性验证测试是在给定的统计置信度下，验证软件当前的可靠性是否满足用户需求而进行的测试，旨在确定软件系统能否在确定的风险限度内通过验收。根据不同的使用方风险（接收一个不良软件的风险）和开发方风险（拒绝一个合格软件的风险）级别，构造可靠性视图，对软件系统是被接收还是被拒收，是否继续进行测试，提供决策支持。

8.6.1　无失效执行时间验证测试

给定使用方风险β和MTTF的检验下限θ_1，由公式$T=-\theta_1\ln\beta$计算得到软件的可靠性测试时间T。在确定的测试环境中考核测试时间T，根据测试方案给定的测试时间内是否发生失效，进行接收/拒收判断，无失效时，接收该软件，否则拒收。

例如，给定使用方风险$\beta=0.2$，MTTF的最低可接受值θ_1=700小时。那么

$$T=-\theta_1\ln\beta=-700\times\ln 0.2\approx 1127\text{（小时）}$$

也就是说，如果在1127小时内，软件在确定的测试环境中，在特定的业务强度下，未发生失效，则接收该软件，否则拒收。

8.6.2 定时可靠性验证测试

8.6.2.1 α、β值选取

根据软件可靠性要求及测试资源，由使用方和开发方协商确定 MTTF 的检验下限θ_1、鉴别比 d、开发方风险α、使用方风险β的值，在没有明确给出试验方案的情况下，分别选取α、β的值为 10%、20%，特殊情况可取高风险率 30%。

8.6.2.2 测试时间确定

根据协商确定的θ_1、d、α、β选定测试方案，确定测试时间θ_1的倍数，接收数A_c及拒收数A_c+1的值，统计在给定测试时间内收集的失效数据，进行接收、拒收判断。当实际失效数小于等于接收数A_c时，接收该软件；当实际失效数大于等于拒收数R_e时，拒收该软件，如表 8-5 所示。

表 8-5 验证测试统计方案

方案号	决策风险（%）				鉴别比	测试时间	判决失效数	
	名义值		实际值		$d=\frac{\theta_0}{\theta_1}$	（θ_1的倍数）	拒收数	接收数
	α	β	α'	β'			（≥）R_e	（≤）A_c
9	10	10	12.0	9.9	1.5	45.0	37	36
10	10	20	10.9	21.4	1.5	29.9	26	25
11	20	20	19.7	19.6	1.5	21.5	18	17
12	10	10	9.6	10.6	2.0	18.8	14	13
13	10	20	9.8	20.9	2.0	12.4	10	9
14	20	20	19.9	21.0	2.0	7.8	6	5
15	10	10	9.4	9.9	3.0	9.3	6	5
16	10	20	10.9	21.3	3.0	5.4	4	3
17	20	20	17.5	19.7	3.0	4.3	3	2
18	30	30	29.8	3.1	1.5	8.1	7	6
19	30	30	28.3	28.5	2.0	3.7	3	2
20	30	30	30.7	33.3	3.0	1.1	1	0

表 8-5 中，α、β值是名义值，在实际计算中，α、β的实际值为α'、β'。

8.6.2.3 参数估计

根据测试过程中激发的失效数，估计软件的平均失效间隔时间（MTTF），在给定置信度γ下估计 MTTF 的上、下限值。如果需要根据测试数据估计软件的 MTTF，则必须规定置信区间的置信水平γ。GJB 450 建议$\gamma=1-2\beta$。测试方根据测试数据，向使用方提供 MTTF 观测值的点估计值，即相应于给定γ的置信区间(θ_L,θ_U)，包括如下两种情况：

第一种情况是当判决结果为接收时，MTTF 的估计：设 T 是定时结尾测试的规定测试时间，γ是到测试结束时的失效总数，则 MTTF 的观测值为

$$\hat{\theta}=\frac{T}{\gamma} \tag{8-88}$$

当$\gamma=0$时，GJB 450 建议

$$\hat{\theta}=3T$$

给定置信水平γ，则$\hat{\theta}$的单侧置信下限θ_L为

$$\theta_L = \frac{2T}{\chi_{\gamma}^2(2\gamma+2)}$$

式中，$\chi_{\gamma}^2(2\gamma+2)$ 表示置信水平为 γ、自由度为 $2\gamma+2$ 的 χ^2 分布值。

那么，$\hat{\theta}$ 的双侧置信区间为

$$\theta_L = \frac{2T}{\chi_{(1+\gamma)/2}^2(2\gamma+2)} \;;\; \theta_U = \frac{2T}{\chi_{(1-\gamma)/2}^2(2\gamma)}$$

第二种情况是当判决结果为拒收时，MTTF 的估计：设 T 是最后一个失效发生时，软件已经历的总测试时间，γ 是失效总数，则 MTTF 的观测值为

$$\hat{\theta} = \frac{T}{\gamma}$$

给定置信水平 γ 时，其对应的置信区间为

$$\theta_L = \frac{2T}{\chi_{(1+\gamma)/2}^2(2\gamma)};\; \theta_U = \frac{2T}{\chi_{(1-\gamma)/2}^2(2\gamma)}$$

例如，某软件系统 MTTF 的最低可接收值 $\theta_1 = 500$ 小时，开发方风险 $\alpha = 0.1$，使用方风险 $\beta = 0.2$，经协商得到其鉴别比 $d = 1.5$。

（1）由给定的 θ_1、d、α、β，选定方案 10，测试时间 $T = -\theta_1 \ln\beta = -500 \times \ln 0.2 = 14950$（小时）。

（2）执行测试，在确定的测试时间内，当失效数不大于 25 时，接收该软件；当失效数大于等于 26 时，拒收该软件。

（3）假设测试过程中共发生 10 次失效，若给定置信水平 $\gamma = 1 - 2\beta = 1 - 2 \times 0.2 = 0.6$，计算 MTTF 观测值的点估计值及该置信水平下的置信区间 (θ_L, θ_U) 分别为

$$\hat{\theta} = \frac{T}{\gamma} = \frac{14950}{10} = 1495 \text{（小时）}$$

$$(\theta_L, \theta_U) = \left(\frac{2T}{\chi_{(1+\gamma)/2}^2(2\gamma+2)}, \frac{2T}{\chi_{(1-\gamma)/2}^2(2\gamma)}\right) = \left(\frac{2\times 14950}{\chi_{0.8}^2(22)}, \frac{2\times 14950}{\chi_{0.2}^2(20)}\right) \approx (1096, 2051)$$

8.6.3 序贯验证测试

8.6.3.1 θ_0、θ_1、α、β 的确定

使用方及开发方协商确定 θ_1、d、α、β 的值，$d = \theta_0 / \theta_1$ 的值可取 1.5、2.0、3.0 之一，α 及 β 可取 10%～20%，短时高风险方案取值为 30%。

8.6.3.2 画出序贯测试判决图

根据图 8-7，将拒收和继续测试两个区域之间的分界线定为不合格判定线，将接收区和继续测试区之间的分界线定为合格判定线，由此画出序贯测试判决图。合格及不合格判定线由如下线性方程确定：

$$V_1(\gamma) = h_0 + s\gamma \;;\; V_2(\gamma) = -h_1 + s\gamma$$

式中，$h_0 = -\dfrac{\ln B}{\dfrac{1}{\theta_1} - \dfrac{1}{\theta_0}}$；$h_1 = \dfrac{\ln A}{\dfrac{1}{\theta_1} - \dfrac{1}{\theta_0}}$；$s = -\dfrac{\ln\dfrac{\theta_0}{\theta_1}}{\dfrac{1}{\theta_1} - \dfrac{1}{\theta_0}}$；$B = \dfrac{\beta}{1-\alpha}$；$A = \dfrac{1-\beta}{\alpha}$。

根据每次失效的发生时间，在序贯测试判决图上描点，进行接收/拒绝判决：

（1）若该点落在“接收区”，则接收该软件。

（2）若该点落在“拒收区”，则拒收该软件。

（3）若该点落在“继续测试区”，则继续测试，直到失效点落在接收区或拒收区，方可停止测试。

8.6.3.3 参数估计

根据测试过程中所收集的每个失效发生时间，在给定置信度γ下估计得到 MTTF 的上、下限。

1. 判决结果为接收时的 MTTF 估计

给定置信度γ，单侧置信区间的置信度$\gamma'=\frac{1}{2}(1+\gamma)$，则其置信区间为

$$\theta_L=\theta_L'(\gamma',T_i)\theta_1;\quad \theta_U=\theta_U'(\gamma',T_i)\theta_1$$

式中，i 表示测试停止时出现的失效总数；$\theta_L'(\gamma',T_i)$、$\theta_U'(\gamma',T_i)$可以通过查表得到。

2. 判决结果为拒收时的 MTTF 估计

给定置信水平γ，单侧置信区间的置信度$\gamma'=\frac{1}{2}(1+\gamma)$，相应的置信区间同样为

$$\theta_L=\theta_L'(\gamma',T_i)\theta_1;\quad \theta_U=\theta_U'(\gamma',T_i)\theta_1$$

式中，T_i表示测试终止时以θ_1为标准的标准化时间；$\theta_L'(\gamma',T_i)$、$\theta_U'(\gamma',T_i)$由$T_0=T/K$确定，T为确定的软件测试时间；K为经验系数，其值一般为 1.5，适用于不同软件的具体数值由开发方与使用方协商确定，其上、下限估计值为

$$\theta_L'(\gamma',T_i)=\theta_L'(\gamma',t_i)+[\theta_L'(\gamma',t_{i+1})-\theta_L'(\gamma',t_i)]\frac{T-t_i}{t_{i+1}-t_i}$$

$$\theta_U'(\gamma',T_i)=\theta_U'(\gamma',t_i)+[\theta_U'(\gamma',t_{i+1})-\theta_U'(\gamma',t_i)]\frac{T-t_i}{t_{i+1}-t_i}$$

式中，t_i、t_{i+1}是标准化判决时间；$\theta_L'(\gamma',t_i)$、$\theta_L'(\gamma',t_{i+1})$、$\theta_U'(\gamma',t_i)$、$\theta_U'(\gamma',t_{i+1})$可以通过查表得到。

例如，某软件系统 MTTF 的最低可接收值$\theta_1=50$小时，开发方及使用方风险分别为$\alpha=0.2$和$\beta=0.2$，经协商，鉴别比为$d=2.0$。

由$\theta_1=50$，$d=2.0$，可得到：$\theta_0=100$。同时，可以得到

$$h_1=\frac{\ln A}{\frac{1}{\theta_1}-\frac{1}{\theta_0}}\approx 139;\quad h_0=\frac{-\ln B}{\frac{1}{\theta_1}-\frac{1}{\theta_0}}\approx 139;\quad s=-\frac{\ln\frac{\theta_0}{\theta_1}}{\frac{1}{\theta_1}-\frac{1}{\theta_0}}\approx 69$$

由此，可以得到如下合格判定线和不合格判定线，画出序贯测试判决图，确定其接收区、拒收区和继续测试区。

$$V_1(\gamma)=h_0+s\gamma=139+69\gamma;\quad V_2(\gamma)=-h_1+s\gamma=-139+69\gamma$$

假设表 8-6 是该软件在其可靠性验证测试过程中所记录的失效发生时间。

表 8-6 某软件失效时间记录

失效序号	发生时间（小时）	失效序号	发生时间（小时）
1	50	3	120
2	90	4	135

依据所记录的数据，即可得到该软件的本次序贯测试判决图，如图 8-29 所示。

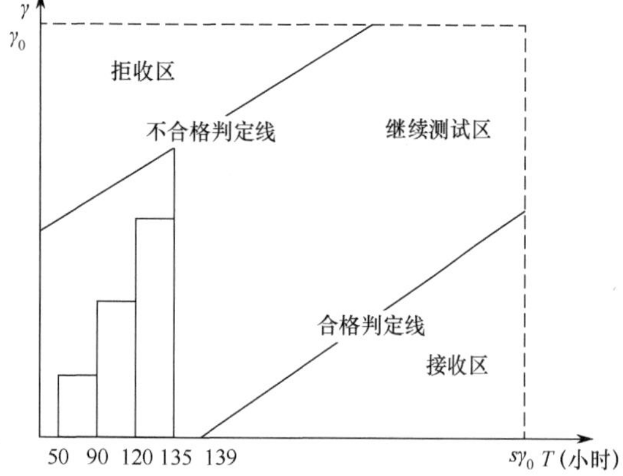

图 8-29 某软件序贯测试判决图

由图 8-29 可见，前 3 个失效发生于继续测试区域内，

当第 4 个失效发生时，测试时间为 90 小时，落在拒收区内，拒绝接收该软件。如果 $\theta_1 = 600$ 小时，以 θ_1 为单位的标准化累计失效时间，$T_1 = 1.0$、$T_2 = 1.8$、$T_3 = 2.4$、$T_4 = 2.7$。

如果进一步假设 $T = T_4 = 2.7$，由 α、β、d，选定方案 4，给定置信水平 $\gamma = 1 - 2\beta = 0.6$，则 $\gamma' = 1 - \beta = 0.8$ 在该置信水平下的置信区间 (θ_L, θ_U)

$$\theta_L'(0.8, 2.7) = \theta_L'(\gamma', t_i) + [\theta_L'(\gamma', t_{i+1}) - \theta_L'(\gamma', t_i)]\frac{T - t_i}{t_{i+1} - t_i} = 0.5646 + (0.6644 - 0.5646) \times \frac{2.7 - 2.8}{3.46 - 2.8} \approx 0.549$$

$$\theta_U'(0.8, 2.7) = \theta_U'(\gamma', t_i) + [\theta_U'(\gamma', t_{i+1}) - \theta_U'(\gamma', t_i)]\frac{T - t_i}{t_{i+1} - t_i} = 1.5571 + (1.7379 - 1.5571) \times \frac{2.7 - 2.8}{3.46 - 2.8} \approx 1.530$$

从而有

$$\theta_L = \theta_L'(0.8, 2.7)\theta_1 = 0.549 \times 50 = 27.45 \text{（小时）}$$

$$\theta_U = \theta_U'(0.8, 2.7)\theta_1 = 1.530 \times 50 = 76.50 \text{（小时）}$$

因此，MTTF 的置信区间为(27.45,76.50)，置信度为 0.6。

8.6.4　验证测试方案

软件可靠性验证测试中，通常选用的测试方案包括定时截尾方案、序贯方案和无失效运行方案，表 8-7 简述了各测试方案的特点。

表 8-7　验证测试方案的特点

测 试 方 案	特　　点
定时截尾方案	①测试时间可预先确定，便于资源分配，管理简单；②信息量利用上不够充分
序贯方案	①能充分利用软件测试过程中的失效信息；②在可靠性比较高或比较低的情况下可以做出更快的判断
无失效运行方案	①针对高可靠性软件；②对已判为接收的软件，纠错后进行无失效运行测试

8.6.5　充分性准则

在软件可靠性验证测试过程中，无须对错误进行处理，其充分性意味着随机抽样产生的测试数据集合完全反映用户使用软件的统计特征，使得利用这些数据估计得到的可靠性反映了软件真实的可靠性水平。通常，以测试执行的程度度量测试的充分性，通过判断样本的统计特征与整体统计特征的接近程度，度量可靠性测试的执行程度。假设运行剖面具有如下形式：

$$\{\mathrm{OP}_i \mid \mathrm{OP}_i = O_i, P_i, \quad i = 1, 2, \cdots, N\} \tag{8-89}$$

式中，N 为该软件系统运行剖面中的运行总数；O_i 为第 i 个运行；P_i 是第 i 个运行发生的概率，$\sum_{i=1}^{n} p_i = 1$，运行相互独立。

软件可靠性测试数据集是依据总体分布抽样产生的一组样本观察值。假设测试数据集 T 是依据上述分布，进行 N 次抽样产生的一组样本观察值，在 $\mathrm{OP}_1, \mathrm{OP}_2, \cdots, \mathrm{OP}_m$ 中的抽样个数分别为 $n_1, n_2, \cdots, n_m$。$\sum_{i=1}^{n} n_i = N$，$\sum_{i=1}^{m} n_i = 1$。则有如下统计量：

$$\chi_q^2 = \sum_{i=1}^{m} \frac{(n_i - Np_i)^2}{Np_i} \tag{8-90}$$

皮尔逊证明了当 N 足够大时，χ_q^2 的渐进分布满足自由度为 $m-1$ 的 χ^2 分布，通过检验该统计量的分布，作为判断测试用例集 T 是否满足可靠性测试数据的统计特性的依据。假设用户可以接受的风险值为

α，即当统计量满足

$$\chi_q^2=\sum_{i=1}^{m}\frac{(n_i-Np_i)^2}{Np_i}<\chi_{1-\alpha}^2(m-1) \tag{8-91}$$

即可认为其分布能够反映总体分布特征，软件可靠性测试数据满足测试充分性准则要求。

8.7 基于蒙特卡罗方法的软件可靠性测试

8.7.1 蒙特卡罗方法

蒙特卡罗方法是以随机模拟和统计试验为手段，从随机变量的概率分布中，随机地选择数字，产生符合该随机变量概率分布特征的随机序列，作为输入变量序列进行模拟试验。首先，对所研究的确定性问题构造一个符合其特点的概率模型，将具体问题转化为概率问题，建立概率模型；其次，产生一种均匀分布的随机序列，将其转换成特定要求的概率分布的随机数序列，作为数字模拟试验的抽样输入变量序列，进行试验，得到模拟试验值；最后，对模拟试验结果进行统计处理，计算频率、均值等特征值，给出所求问题的解及解的精度估计。蒙特卡罗方法通常采用某个随机变量 x 的简单子样的算术平均值

$$\overline{x}_N=\frac{1}{N}\sum_{n=1}^{N}x_n$$

作为所求解的近似值。由柯尔莫哥洛夫加强大数定理可知，当 $E(x)=1$ 时，算术平均值 $\overline{x}_N$ 以概率 1 收敛到 I，按照中心极限定理，对于任何 $\lambda>0$，有

$$P\left(\left|\overline{x}_N-I\right|<\frac{\lambda_\alpha\sigma}{\sqrt{N}}\right)\approx\frac{2}{\sqrt{2\pi}}\int_0^{\lambda_\alpha}\mathrm{e}^{-0.5t^2}\mathrm{d}t=1-\alpha$$

这表明，不等式

$$\left|\overline{x}_N-I\right|<\frac{\lambda_\alpha\sigma}{\sqrt{N}}$$

近似概率 $1-\alpha$ 成立。当 α 很小时，如 $\alpha=0.05$ 或 0.01 时，$\overline{x}_N$ 收敛到 I 的速度的阶为 $O\left(N^{-\frac{1}{2}}\right)$。如果 $\sigma\neq0$，蒙特卡罗方法的误差为

$$\varepsilon=\frac{\lambda_\alpha\sigma}{\sqrt{N}}$$

蒙特卡罗方法能够比较逼真地描述事物的特点及物理过程。蒙特卡罗算法的一般步骤如下：

（1）求取系统的概率密度函数。

（2）利用随机数发生器产生[0,1]区间上服从均匀分布的随机数，并进行随机性检验。

（3）在[0,1]区间上均匀分布的随机数中，按照确定的抽样规则（如直接抽样、舍选抽样、复合抽样）随机选取满足给定概率密度函数的随机变量。

（4）记录所感兴趣量的模拟结果。

（5）确定统计误差或方差随模拟次数及其他量的变化规律，进行误差估计。

（6）采用减少方差的相关技术，减少模拟过程中计算的次数。

定义在[0,1]区间上服从均匀分布的随机变量的独立样本，称为均匀分布随机数 $U[0,1]$。连续型随机变量分布中，最简单且最基本的分布之一是单位均匀分布，由该分布抽取的简单子样称为随机数序列，其中每一个体就是随机数。同余法是产生伪随机数的常见方法，即用如下递推公式产生随机数序列：

$$R_{n+k}=T(R_n,R_{n+1},\cdots,R_{n+k+1}),\quad n=1,2,\cdots$$

对于给定的初始值 R_1，确定 $R_{n+1}(n=1,2,\cdots)$。只要它们能够通过随机性检验，就可以将其当作随机

数。用同余法由递推公式和初始值产生伪随机数，包括乘同余法、加同余法、混合同余法等。乘同余法是产生伪随机数最为常用的方法之一，对于任一初始值 R_1，伪随机数序列由如下递推公式确定：

$$R_{n+1} = \lambda R_n (\mathrm{mod}\, M),\ n = 1, 2, \cdots$$

其中，$M = 10^8 + 1$；$\lambda = 23$；$R_0 = 47594118$。

于是可以产生十进制的 8 位伪随机数。当周期比较大时，可以用

$$|R_{i+1}| = \left\{ R_i / M \right\},\ i = 1, 2, \cdots$$

作为[0,1]区间上的伪随机数。为便于处理，通常取 $M = 2^s$，其中 s 为计算机中二进制的最大可能有效位数。$R_1 =$ 奇数；$\lambda = 5^{2k+1}$，k 为使 5^{2k+1} 在计算机上能容纳的最大整数，R_i 为计算机所能容纳的最大奇次幂。一般地，$s = 32$ 时，$\lambda = 5^{13}$；$s = 48$ 时，$\lambda = 5^{15}$ 等。

8.7.2　测试过程模型

测试过程模型来源于基于模型的软件测试，相关内容已在第 3 章详细讨论，此处不赘述。下面仅结合软件可靠性的测试特征，对测试设计及评判准则予以简述。

（1）**测试设计**：对于简单的软件系统，随机产生满足覆盖需求的测试用例，检查是否满足路径覆盖，否则依据路径覆盖要求进行测试设计，产生逻辑覆盖中未覆盖路径的测试用例，这两类测试用例共同组成一组具有完全覆盖性的测试用例。在同一组测试用例内，不同测试用例覆盖的路径与覆盖条件不能同时相同，但不同用例覆盖的路径或覆盖条件可以相同。$P(\{e_1\}) = P(\{e_2\}) = \cdots = P(\{e_k\}) = 1/k$ 体现了这一条件，即各测试用例独立的条件。最终，这组测试用例既能完全覆盖所列出的条件，又能覆盖所列出的路径。这样产生的测试用例数量就是 $P(\{e_1\}) + P(\{e_2\}) + \cdots + P(\{e_k\}) = 1$ 中的 k 值。在设计测试用例时，除了给出 k 值，还应根据输入软件中的各个测试用例，给出对应的预期输出，提供测试结果基准。

（2）**评判准则**：基于逻辑覆盖和基本路径覆盖生成测试用例，覆盖所有测试，保证每个可执行语句至少执行一次，这些测试用例构成一个完整的测试样本空间。将测试用例生成及发生概率与马尔可夫链联系起来，如果将正确的逻辑结构或模块所对应的状态集，视为时刻 t 处的状态集，状态集中的每个状态对应一个测试用例，构成一个完整的基于马尔可夫链模型的测试用例集。将待测逻辑结构或模块所处状态看作是下一时刻 $t+1$ 的状态，构造一个基于该模型的可靠性测试结果的评判准则 $P_Z = (C, E)$，其中 C 是被测逻辑结构或模块所对应的测试用例集，是有限的可列集合或任意非空集；$E = \{e_1, e_2, \cdots, e_n\}$ 是时刻 t 测试用例的发生概率分布；$P(\{e_i\})$ 表示 t 时刻第 i 个测试用例发生的概率。可以通过测试用例发生的概率来检验各逻辑结构以及语句的覆盖性，并通过测试数据与预期数据的比较，判断各逻辑结构和语句的正确性。

（3）**最优测试用例生成**：对于复杂软件系统，在给定的运行环境中，基于各个参数的统计分布，产生符合其分布规律的随机数抽样值，这个过程称之为伪随机数模拟。由于伪随机数特性会影响测试用例的覆盖性，可以采用类同余法产生随机数，对随机数进行简单处理，构成初步满足测试目标的随机数集。然后对测试用例集进行细化，生成满足评判准则的测试用例集，从而既可以检查软件的内容要求，也可以检查软件的接口要求。

8.7.3　基于蒙特卡罗方法的测试应用

基于软件系统的功能及结构组成，将其划分为结构清晰、相互独立的功能单元，对于每一功能单元，随机产生具有完全覆盖性的逻辑和路径测试用例，驱动测试，获得测试输出。利用评判准则 $P_Z = (C, E)$ 进行评判，如果每组测试用例对应的测试结果均达到概率值 1，且测试数据与预期数据相符，则终止测试。

各功能单元测试通过后，进行集成，整合测试用例，对配置项及系统进行测试，当上一步的测试结果都满足评判准则时，转入下一步或下一阶段的测试。

当测试用例满足覆盖要求时，如果某一组测试结果存在$\sum_{i=1}^{m} P_i \neq 1$，说明软件存在问题，测试无须进行下去，转入第二步。如果测试结果与预期结果不符，说明软件逻辑结构或结构中或路径中的语句不正确，重新检查。使用评判准则，分析测试结果，如果每组测试用例对应的测试结果都达到概率值 1，且测试结果与预期结果相符，表明达到规定的测试目标。

这里，以如下程序为例，对传统测试和基于蒙特卡罗方法测试技术进行比较，以帮助读者更好地理解蒙特卡罗方法测试技术的特点、思想和技巧。

```
void DoWork(int x, int y,int z)
{
int k=0,j=0;
if((x>3)&&(z<10))
{
  k=x*y-1;
  j=sqrt(k);
}           //语句块 1
if((x==4)||(y>5))
{
  j=x*y+10;
}           //语句块 2
j=j%3;   //语句块 3
}
```

对于这段简单程序，能够非常容易地用流程图展示其结构及功能实现流程，如图 8-30 所示。

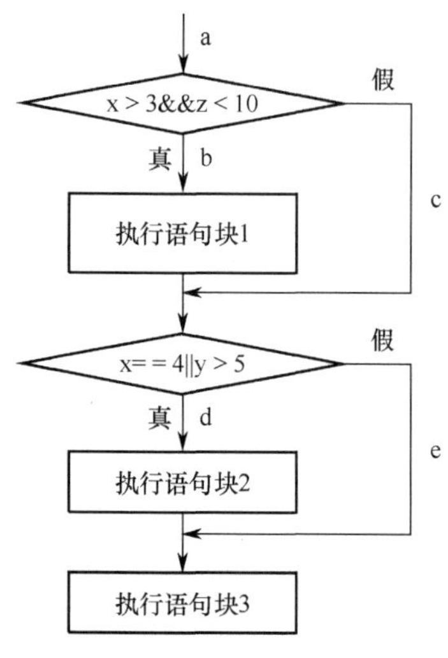

图 8-30　程序流程图

8.7.3.1　逻辑驱动覆盖

本书第 5 章已详细讨论了逻辑驱动测试，此处不再赘述其原理和方法，仅结合图 8-30 所示程序流程图，给出测试用例，以期同基于蒙特卡罗方法的测试效率等进行比较。

1. 语句及判定覆盖

按 5.2.1 节所讨论的方法，只需设计一个测试用例$\{x=4, y=5, z=5\}$，即可覆盖函数 DoWork 的所有可执行语句。执行路径为 a→b→d。

按 5.2.2 节讨论的方法，设计测试用例$\{x=4, y=5, z=5\}$和$\{x=2, y=5, z=5\}$，即可实现 DoWork 函数的判定覆盖，执行路径分别为 a→b→d 和 a→c→e。

2. 条件覆盖

对函数 DoWork 各个判定的各种条件取值进行标记。对第一个判定$((x>3)\&\&(z<10))$：条件$x>3$，取真值 T1，取假值-T1；条件$z<10$，取真值 T2，取假值-T2。对于第二个判定$((x==4)||(y>5))$：条件$x=4$，取真值 T3，取假值-T3；条件$y>5$，取真值 T4，取假值-T4。根据条件覆盖原理，要使此 4 个条件可能产生的 8 种情况至少满足一次。设计的条件覆盖测试用例如表 8-8 所示。

表 8-8　条件覆盖测试用例（1）

测试用例	执行路径	覆盖条件	覆盖分支
$x=4, y=6, z=5$	a→b→d	T1,T2,T3,T4	b→d
$x=2, y=5, z=15$	a→c→e	−T1,−T2,−T3,−T4	c→e

表 8-8 所示测试用例不仅覆盖了 4 个条件可能的 8 种情况，而且覆盖了两个判定的 4 个分支 b、c、d、e，实现了条件覆盖和判定覆盖。但并非满足条件覆盖就一定能够满足判定覆盖。如果设计表 8-9 所示条件覆盖测试用例，虽然满足条件覆盖，但仅覆盖了第一个判定取“假”的分支 c 和第二个判定取“真”的分支 d，并不满足判定覆盖要求。同时要注意，上述测试在 $y>5$ 的情况下也能执行，存在某些条件将会被其他条件所掩盖的问题。

表 8-9　条件覆盖测试用例（2）

测 试 用 例	执 行 路 径	覆 盖 条 件	覆 盖 分 支
$x=2, y=6, z=5$	a→c→d	−T1,T2,−T3,T4	c→d
$x=4, y=5, z=15$	a→c→d	T1,−T2,T3,−T4	c→d

3. *判定–条件覆盖*

根据 5.2.4 节讨论的判定–条件覆盖原理，只需设计如下两个测试用例便可覆盖 4 个条件的 8 种取值，以及 4 个判定分支，如表 8-10 所示。

表 8-10　判定–条件覆盖测试用例

测 试 用 例	执 行 路 径	覆 盖 条 件	覆 盖 分 支
$x=4, y=6, z=5$	a→b→d	T1,T2,T3,T4	b→d
$x=2, y=5, z=15$	a→c→e	−T1,−T2,−T3,−T4	c→e

上述测试用例虽然覆盖了各个判定中所有条件的取值，但编译器检查含有多个条件的逻辑表达式时，某些情况下的某些条件将会被其他条件所掩盖，判定–条件覆盖未必能够完全检出逻辑表达式中的错误。对于第一个判定 $((x>3)\&\&(z<10))$，必须当 $x>3$ 和 $z<10$ 这两个条件同时满足时才能确定该判定为真。如果 $x>3$ 为“假”，则编译器将不再检查 $z<10$ 这个条件，即使该条件存在错误也无法发现。对于第二个判定 $((x==4)\|(y>5))$，若条件 $x=4$ 满足，就认为该判定为“真”，不再检查 $y>5$，同样无法发现该条件中的错误。

4. *组合覆盖*

按照本书 5.2.5 节所讨论的条件组合覆盖原理，组合覆盖是使测试用例能够覆盖每个判定所有可能的条件组合。下面对函数 DoWork 中各个判定的条件取值组合加以标记：

（1）$x>3, z<10$，记作 T1、T2，第一个判定取“真”分支。
（2）$x>3, z\geqslant 10$，记作 T1、−T2，第一个判定取“假”分支。
（3）$x\leqslant 3, z<10$，记作−T1、T2，第一个判定取“假”分支。
（4）$x\leqslant 3, z\geqslant 10$，记作−T1、−T2，第一个判定取“假”分支。
（5）$x=4, y>5$，记作 T3、T4，第二个判定取“真”分支。
（6）$x=4, y\leqslant 5$，记作 T3、−T4，第二个判定取“真”分支。
（7）$x!=4, y>5$，记作−T3、T4，第二个判定取“真”分支。
（8）$x!=4, y\leqslant 5$，记作−T3、−T4，第二个判定取“假”分支。

根据组合覆盖方法，设计测试用例，如表 8-11 所示。

表 8-11　组合覆盖测试用例

测 试 用 例	执 行 路 径	覆 盖 条 件	覆盖组合号
$x=4, y=6, z=5$	a→b→d	T1,T2,T3,T4	（1）和（5）
$x=4, y=5, z=15$	a→c→d	T1,−T2,T3,−T4	（2）和（6）
$x=2, y=6, z=5$	a→c→d	−T1,T2,−T3,T4	（3）和（7）
$x=2, y=5, z=15$	a→c→e	−T1,−T2,T3,−T4	（4）和（8）

表 8-11 所示测试用例覆盖所有 8 种条件的取值组合及判定的真假分支，但丢失了路径 a→b→e。只有当程序中的每一条路径都得到检验，才能得到全面覆盖。根据路径覆盖原理，在满足组合覆盖的测试用例中修改其中一个测试用例，即可实现路径覆盖，如表 8-12 所示。

表 8-12　基于路径覆盖设计的测试用例

测 试 用 例	执 行 路 径	覆 盖 条 件
$x=4, y=6, z=5$	a→b→d	T1,T2,T3,T4
$x=4, y=5, z=15$	a→c→d	T1,−T2,T3,−T4
$x=2, y=5, z=15$	a→c→e	−T1,−T2,−T3,−T4
$x=5, y=5, z=5$	a→b→e	T1,−T2,−T3,−T4

满足路径覆盖的测试用例并不一定满足组合覆盖。前一组用例满足路径覆盖但却未覆盖所有条件组合，丢失了组合（3）和组合（7）。如果程序中出现较多判断或循环，可能的路径数将会急剧增长，覆盖所有路径将会变得异常困难。为此，可将覆盖路径数压缩到一定限度，如程序中的循环体只执行一次。

8.7.3.2　基于蒙特卡罗方法的逻辑覆盖

1. 测试用例设计

对于图 8-30 所示函数，列出其 8 种条件、8 种组合及 a→b→d、a→c→d、a→c→e、a→b→e 共 4 条路径。对随机数取整，其取值范围为 1～20，x、y、z 分别取 1～20 的随机整数。随机产生两组测试用例。表 8-13 所给出的第一组测试用例，这组测试用例共计 5 个，满足逻辑覆盖要求，但只覆盖了 3 条路径，而路径 a→b→e 未被覆盖，且路径 a→c→d 被覆盖两次。于是再生成一组测试用例，必然导致覆盖条件重合。在保证每个测试用例互不相容的情况下，再生成一条覆盖路径 a→b→e 的测试用例“$x=5, y=5, z=5$”。该测试用例虽然能够覆盖条件（1）和条件（8），但执行路径 a→b→e 和覆盖条件（1）及条件（8）尚未同时被一个测试用例覆盖。该测试用例不相容于其他测试用例。这样随机生成一组测试用例，如表 8-13 所示。

表 8-13　第一组逻辑覆盖测试用例

测 试 用 例	执 行 路 径	覆 盖 条 件	覆盖条件组合	预期发生概率	预期结果
$x=4, y=6, z=5$	a→b→d	T1,T2,T3,T4	（1）和（5）	1/5	j=1
$x=4, y=5, z=15$	a→c→d	T1,−T2,T3,−T4	（2）和（6）	1/5	j=0
$x=2, y=6, z=5$	a→c→d	−T1,T2,−T3,T4	（3）和（7）	1/5	j=1
$x=2, y=5, z=15$	a→c→e	−T1,−T2,−T3,T4	（4）和（8）	1/5	j=0
$x=5, y=5, z=5$	a→b→e	T1,T2,−T3,−T4	（1）和（8）	1/5	j=2

第二组逻辑覆盖的测试用例如表 8-14 所示。

表 8-14　第二组逻辑覆盖测试用例

测 试 用 例	执 行 路 径	覆 盖 条 件	覆盖条件组合
$x=4, y=5, z=5$	a→b→d	T1,T2,T3,−T4	（1）和（6）
$x=5, y=6, z=10$	a→c→d	T1,−T2,−T3,T4	（2）和（7）
$x=3, y=5, z=5$	a→c→e	−T1,T2,−T3,−T4	（3）和（8）
$x=3, y=5, z=10$	a→c→e	−T1,−T2,−T3,T4	（4）
$x=4, y=6, z=10$	a→c→d	T1,T2,−T3,T4	（5）

这组测试用例满足逻辑覆盖要求，但只覆盖了 3 条路径，路径 a→b→e 未被覆盖。为实现测试用例全覆盖，还需要再生成一条覆盖路径 a→b→e 的测试用例“$x=5, y=5, z=5$”。可以统计出这组测试用例共有 6 个，所以 k 值为 6。这样生成第三组测试用例，如表 8-15 所示。

表 8-15　第三组全覆盖测试用例

测 试 用 例	执 行 路 径	覆 盖 条 件	覆盖条件组合	预期发生概率	预 期 结 果
$x=4, y=5, z=5$	a→b→d	T1,T2,T3,–T4	（1）和（6）	1/6	j=0
$x=5, y=6, z=10$	a→c→d	T1,–T2,–T3,T4	（2）和（7）	1/6	j=1
$x=3, y=5, z=5$	a→c→e	–T1,T2,–T3,–T4	（3）和（8）	1/6	j=0
$x=3, y=5, z=10$	a→c→e	T1,–T2,–T3,T4	（4）	1/6	j=0
$x=4, y=6, z=10$	a→c→d	T1,T2,–T3,T4	（5）	1/6	j=1
$x=5, y=5, z=5$	a→b→e	T1,T2,–T3,–T4	（2）和（8）	1/6	j=2

以同样的方法，基于逻辑覆盖列出 8 种条件，基于路径覆盖列出 4 条路径，依据测试用例的产生过程，随机生成多组测试用例，此处不赘述。

2. 测试执行

将各组测试用例输入被测程序，分别得到各组测试用例对应的测试结果。这里，给出两组测试用例对应的测试结果。

第一组测试结果为

$$P(\{e_1\})=P(\{e_2\})=P(\{e_3\})=P(\{e_4\})=P(\{e_5\})=\frac{1}{5}$$
$$P(\{e_1\})+P(\{e_2\})+P(\{e_3\})+P(\{e_4\})+P(\{e_5\})=1$$
$$j=1,0,1,0,2$$

第二组测试结果为

$$P(\{e_1\})=P(\{e_2\})=P(\{e_3\})=P(\{e_4\})=P(\{e_5\})=P(\{e_6\})=\frac{1}{6}$$
$$P(\{e_1\})+P(\{e_2\})+P(\{e_3\})+P(\{e_4\})+P(\{e_5\})+P(\{e_6\})=1$$
$$j=0,1,0,0,1,2$$

3. 测试结果分析

两组测试用例数分别为 5 个和 6 个，各测试用例独立且具有完全的覆盖性，测试结果的概率值均达到 1。将测试结果和预期结果进行比较，如果测试结果和预期结果相符，说明被测程序符合设计要求，测试得到的 j 值与预测结果相同，满足评判准则，通过规定的测试。如果随机生成多组测试用例进行测试，测试结果的概率值也都应达到 1，并且测试结果和预期结果应一致。

8.7.3.3　两种测试方法比较

从本示例可以看出，逻辑驱动测试不能完全覆盖程序的每个条件和语句，而基于蒙特卡罗方法，随机产生多组测试用例，每组测试用例涉及软件的各个逻辑和路径且达到了完全覆盖的目的。由每组测试用例分别驱动测试，得到多组测试结果，每组测试结果都达到概率值 1。通过对测试结果的概率化分析，实现了软件可靠性测试数字化，降低了发现错误的难度，缩短了测试周期。这个例子说明基于蒙特卡罗方法的测试技术优于传统软件测试技术。

第 9 章　大数据及应用测试

数据承载着人类感知世界、认识世界、改造世界的历史使命，始终伴随着人类社会的发展和进步。随着计算机、互联网等信息基础设施高速发展及其延伸带来的无处不在、低成本化应用，信息感知、数据获取、数据处理、数据存储、数据消费能力发生了质的跃升，形成了涵盖数据资源、基础设施、数据分析、数据处理、应用示范、数据消费的生态体系及产业格局，驱动社会经济深刻变革。

2023 年 3 月，国家数据局挂牌成立，彰显了国家决策层面对数据作为经济社会发展总抓手的高度重视。这一举措旨在解决数据要素、数字经济领域发展的制度性难题，驱动数据、算法及算力等数字经济相关产业的发展和创新，形成数据要素流通和使用的良好生态，推进数字经济、数字中国、数字社会高速健康发展。一个璀璨的大数据时代正在到来！

大数据的发展对基础设施技术体系持续重构提出了前所未有的挑战，如果仅在已有体系上进行扩展和延伸，将导致数据治理的碎片化和一致性缺失等问题。这是大数据及应用质量的根本问题，也是大数据及应用测试的着眼点和出发点。针对大数据的超海量性、泛多样性以及快速传输和汇聚，高密度泛在移动接入，高性能、高时效、高吞吐等特征，大数据时空复杂度表示、组织、分析、处理等应用质量需求，以传统软件测试技术为基础，基于开源开放、云边端融合的新型计算模式及软件定义方法论，构建共享、开放、融合的大数据及应用测试技术体系，创新测试方法，推进大数据时代的深刻变革，是软件测试人的责任和担当。

9.1　大数据架构

大数据泛指在可容忍的时间内，无法通过传统技术、方法、手段撷取、处理及管理的与自然、社会、技术等系统及其环境相关、规模宏大的数据集合。在足够小的时间和空间尺度上，基于可伸缩的计算体系结构，将现实世界数字化为虚拟的数字影像并进行分析处理，揭示其状态及行为，为人们提供全新的思维方式以及探索客观世界、改造自然和社会的新模式、新方法和新手段，是大数据的使命和发展的动能。

基于云计算的虚拟化及分布式处理、分布式存储技术，为海量数据的分布式挖掘奠定了基础。大数据与云计算深度融合，大数据基础技术、基础设施、分析处理、数据治理及数据生态迭代演化，协同发展。基于应用视角，云计算是大数据的实现平台，大数据是云计算的应用实践，两者的关系如图 9-1 所示。

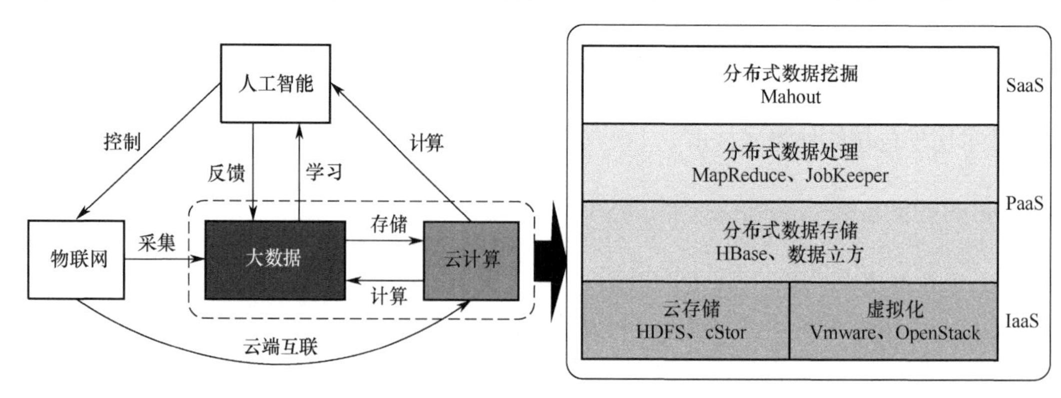

图 9-1　大数据与云计算的关系

大数据在描述性、预测性、指导性分析等层面得以广泛应用。描述性分析是从大数据中抽取相关信息，以可视化形式展示其属性、架构及履历，帮助用户认知大数据的本质及价值；预测性分析是基于预测模型，分析事物之间的关联关系、发展模式，预测事物的变化趋势及发展方向；指导性分析是基于大数据的描述性和预测性，分析不同策略所导致的结果并优化，为消费者提供决策支持。图 9-2 展示了大数据应用场景及发展需求。

数据挖掘	应用技术	知识获取、知识抽取、智能挖掘等
	发展目标	构建基于历史规律、样本统计规律的模型及推演计算，支持问题分析研判
数据存储	应用技术	基于大数据媒体形态及目标、事件驱动的数据时空统一编码的云存储管理
	发展目标	提高数据管理及使用效率
语义表述	应用技术	领域实体和事件语义标注
	发展目标	多源数据语义表述的结构化信息高效、准确提取
业务建模	应用技术	大数据特征形式化描述，非结构化大数据表征、计算与理解
	发展目标	构建从数据到知识的实例分析模型，支撑业务领域问题建模及业务推演
综合处理	应用技术	大数据样本聚类、分裂、统计、时序分析；跨媒体、跨语言信息识别处理
	发展目标	多源数据整理、筛选、分类及基本关系运算，支撑知识挖掘和业务问题分析

图 9-2　大数据应用场景及发展需求

随着数据共享开放机制的持续完善，广互联分布式处理能力的持续增强，基于人工智能的深度数据挖掘，基于大数据的知识图谱，超高速关键线索发现等关键技术取得了重大突破，擘画了一幅梦幻般的大数据发展前景。即便如此，大数据技术尚难以满足应用及增值能力持续增强的需求。第一，数据驱动与规则驱动、数据与实体关系、非结构化表征与理解、全数据时空相对性、关联与因果关系、模型的可解释性、鲁棒性等大数据基础理论尚待深入研究和突破；第二，知识智能获取、知识谱系分析、敏感数据分析、多元数据语义标注、线索挖掘、深层发掘、业务建模、高效加密及压缩、跨层跨域存储等同应用需求存在着较大差距；第三，大数据来源广泛，种类和格式繁多，存量和增量庞大，如何基于特定数据集及其问题域，构建通用或领域通用的技术体系，解决大数据的时空关系、颗粒度量的一致性，实现多源多域数据融合、大数据与精确数据混合使用，是大数据技术应用及发展所面临的重大课题。

9.1.1　大数据架构模型

9.1.1.1　大数据的特征

大数据具有超海量性、泛多样性、广领域性、低值密性、强时效性、高演化性等特征。图 9-3 展示了大数据的基本特征及内涵。

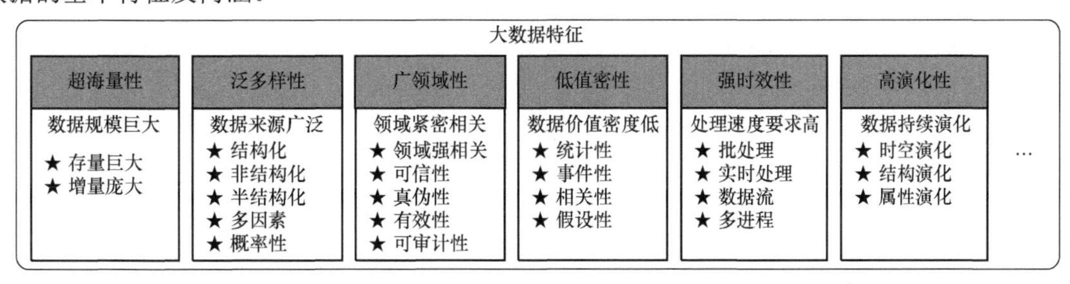

图 9-3　大数据的基本特征及内涵

9.1.1.2　大数据过程模型

大数据过程模型如图 9-4 所示。

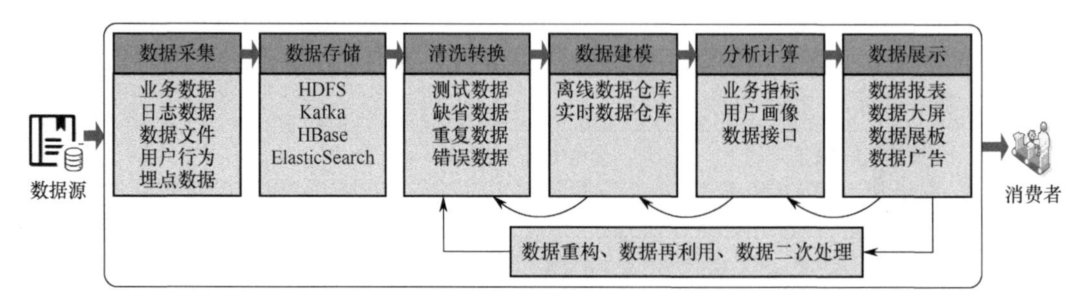

图 9-4　大数据过程模型

9.1.1.3　大数据架构模型

大数据架构是基于模式的整体结构及组件的抽象描述。构造基于概念系统、体系架构、特征描述、数据表征、数据理解、数据挖掘、知识抽取等领域的大数据技术架构，能够为大数据生态系统构建提供一致的解决方案及对话平台。大数据架构模型如图 9-5 所示。

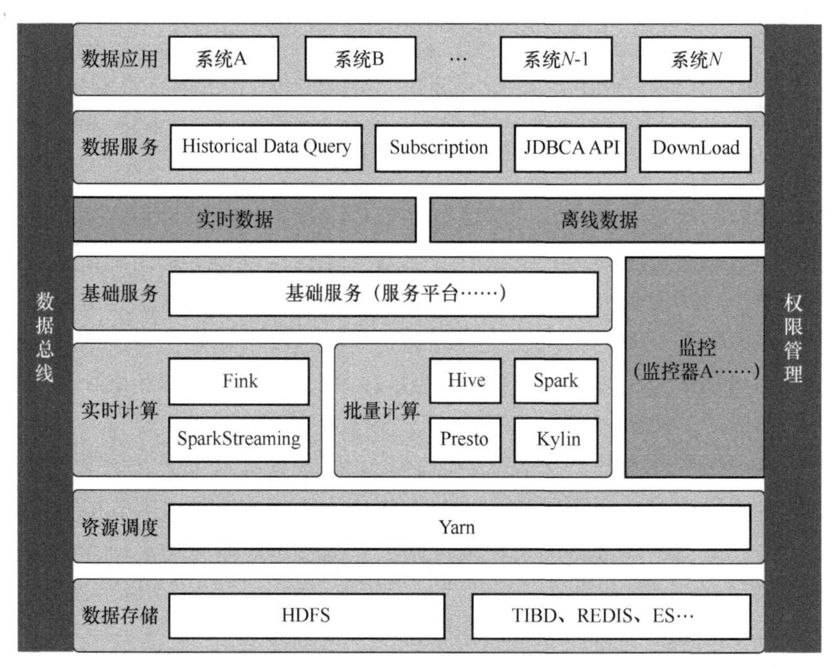

图 9-5　大数据架构模型

基于大数据架构，以大数据基础平台层、处理平台、应用系统层构成大数据平台，为大数据应用提供自底层架构至应用开发及测试验证的一体化平台。基础平台层由接入层、存储层、调度层和应用层构成；处理平台包括样本发现、线索发掘、多维发掘、数据仿真、作业管理、决策支持、知识输出、结果可视、态势展示等；应用系统层，即应用系统与工具层，包括一系列工具，如 Memex、DARPA Open Catalog、PEALDS、ARGUS-IS、AFSC 等。

9.1.2　大数据处理

9.1.2.1　大数据处理的原理

大数据处理是一个从数据源提取数据，通过转换之后，加载到数据仓库的过程活动，即所谓 ETL

（Extract、Transform、Load）模型。大数据处理原理如图 9-6 所示。

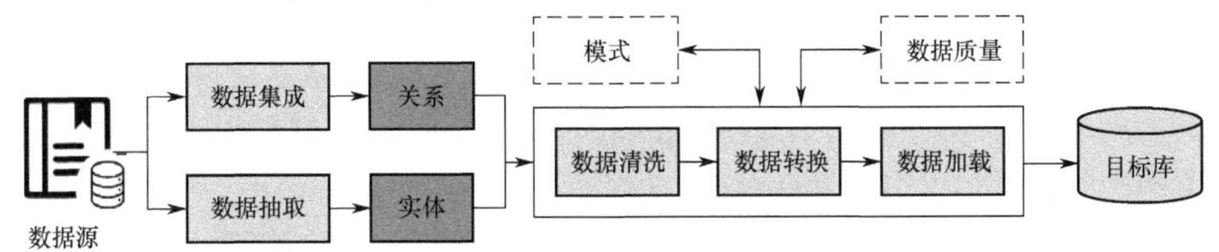

图 9-6　大数据处理原理

面向某一主体，数据抽取与数据集成包括基于物化或 ETL 引擎、基于数据流引擎、基于搜索引擎等类型。从不同业务系统中抽取得到的混源数据，可能包含错误数据、虚假数据及不完整数据，甚至产生数据冲突，即所谓“脏数据”。

数据清洗是通过对数据的一致性、有效值、缺失值等进行检查，将“脏数据”清洗掉，让数据“清澈如水”。数据转换则是通过平滑、合计、泛化及规格化处理，生成一个适合数据处理的描述形式，存储到目标仓库。

在数据仓库中，操作数据（Operational Data Store，ODS）同业务数据保持一致，数据经过清洗转化，明晰模型数据；在数据汇总（Data Mart，DM）层，根据业务主题、颗粒度不同进行数据汇总，生成宽表；应用层数据为用户提供结果数据。大数据处理过程模型如图 9-7 所示。

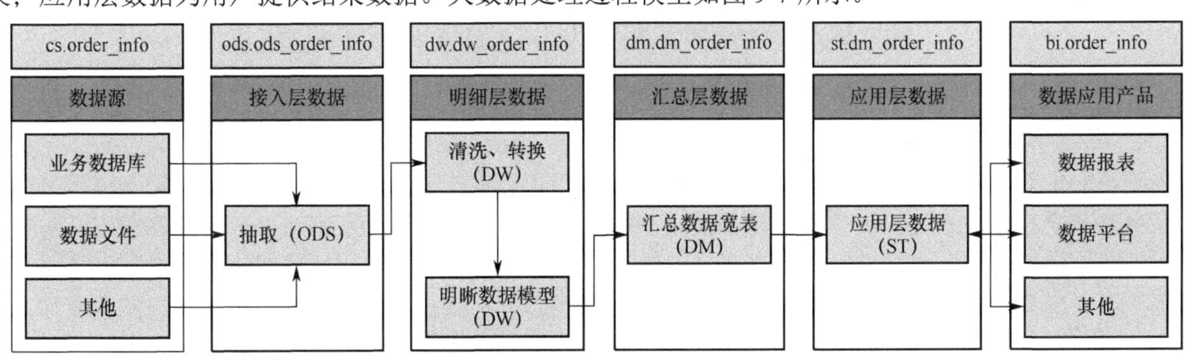

图 9-7　大数据处理过程模型

在大数据处理过程中，通常用正确性、完整性、一致性、完备性、有效性、时效性、可获取性等表征 ETL 质量。对于这些特征量的测试验证，通常被视为数据库测试的一部分。我们通过界面字段与数据库字段的对比，实现数据字段的测试验证。

9.1.2.2　分布式数据模型

1. Hadoop 整体框架

图 9-8 给出了 Hadoop 整体框架。其中，最基础、最重要的元素是用于存储集群中所有存储节点文件的分布式文件系统（Hadoop Distributed File System，HDFS）及 MapReduce 引擎。

HDFS 是运行于计算机集群的分布式文件系统，以流的形式访问文件系统中的数据，实现超大数据集存储，具有高容错性和高吞吐率等特点；MapReduce 是一种分布式数据处理编程模型，用于大规模数据集的并行处理，运行于大规模通用计算机集群；Pig 是一个基于 Hadoop 的大规模数据分析平台，运行在 MapReduce 和 HDFS 集群上，为复杂

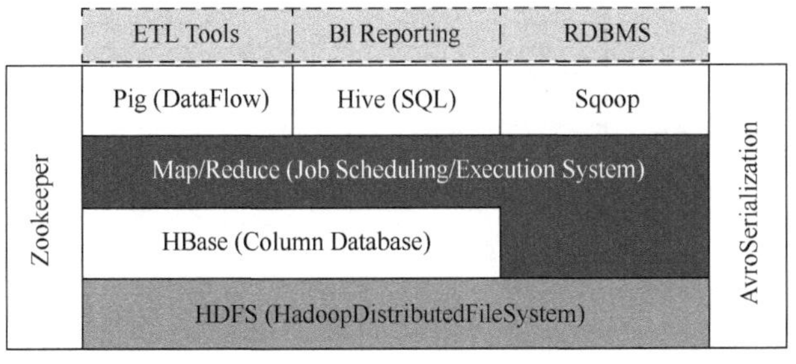

图 9-8　Hadoop 整体框架

海量数据并行计算提供一个简单的操作和编程接口；Hive 是基于 Hadoop 的分布式、按列存储的数据仓库，将 SQL 转化为 MapReduce 任务运行，提供完整的基于 SQL 的查询并对 HDFS 中存储的数据进行管理；HBase 是一个开源及基于列存储模型的分布式数据库，使用 HDFS 作为底层存储，支持 MapReduce 批量计算和点查询；Zookeeper 提供分布式锁服务，构建分布式应用，存储和协调关键共享状态。Hadoop 组件之间存在着如图 9-9 所示的依赖共存关系。

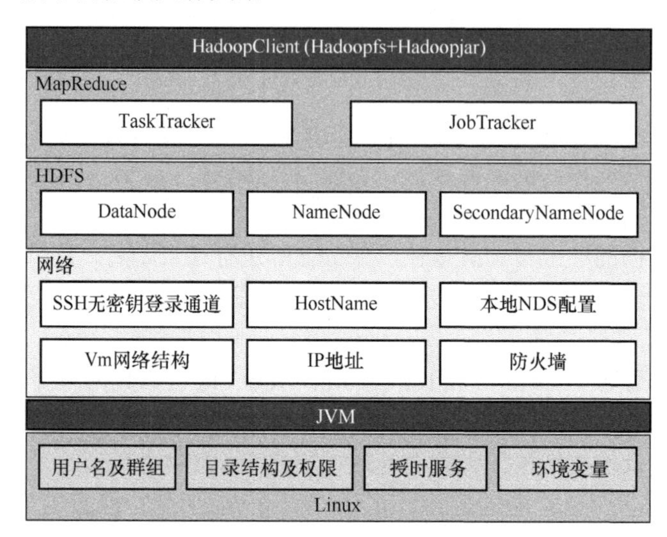

图 9-9 Hadoop 组件之间的依赖共存关系

2. 数据模型

HDFS 和 MapReduce 构成 Hadoop 架构的底层。HDFS 通过定义支持大型文件，提供支持跨节点数据复制存储模式。MapReduce 采用主/从架构，由 Client、JobTracker、TaskTracker 等组件构成，对用户提交的数据进行分块，通过 Client 提交到 JobTracker 端，JobTracker 周期性地通过心跳机制将节点上的资源使用情况和任务执行进度汇总给 JobTracker，同时接收 JobTracker 发送的命令并执行相应操作，实现资源监控和作业调度，在集群上执行 Map 和 Reduce 任务并报告结果。MapReduce 流程如图 9-10 所示。

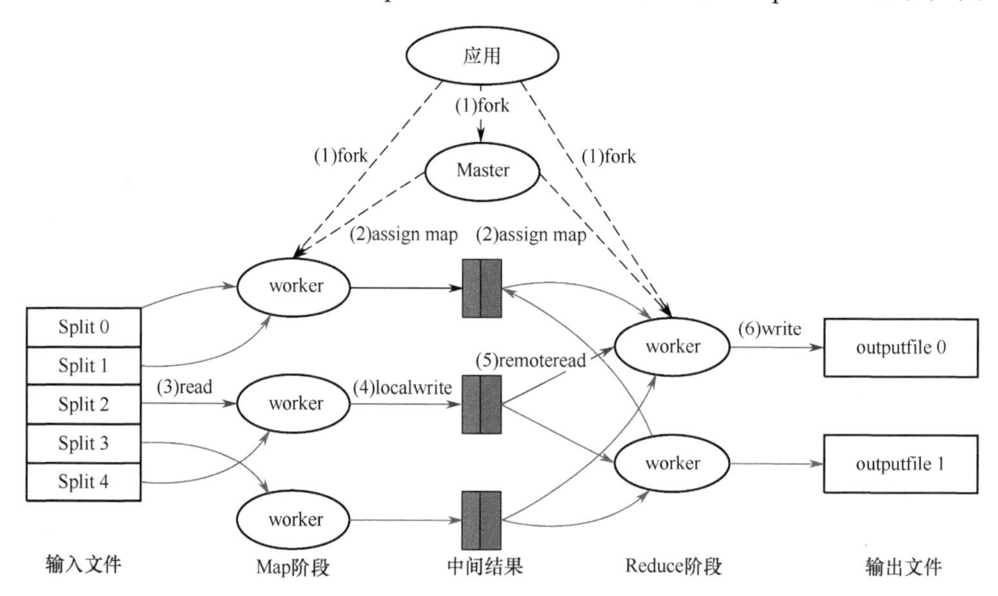

图 9-10 MapReduce 流程

9.1.2.3　数据血缘

源数据通过加工处理，生成新数据及数据表，数据表之间的链路关系就是大数据血缘。如果源数据存在问题，加工处理过程中未进行完备的检测和处理，问题数据不仅可能流转到目标表，还可能导致问题放大或扩散。数据血缘属于元数据的一部分，是数据变更影响分析、数据问题追踪排查的基础。基于数据视角，数据血缘包括数据库、表、字段、系统、应用程序；基于业务视角，数据血缘就是数据所属业务线，包括数据的产生、使用逻辑及业务线之间的关联关系。例如，通过 MR、Spark、Hive 生成相应的中间表及最终表 TableX，实现业务需求。图 9-11 给出了一个数据血缘示例。

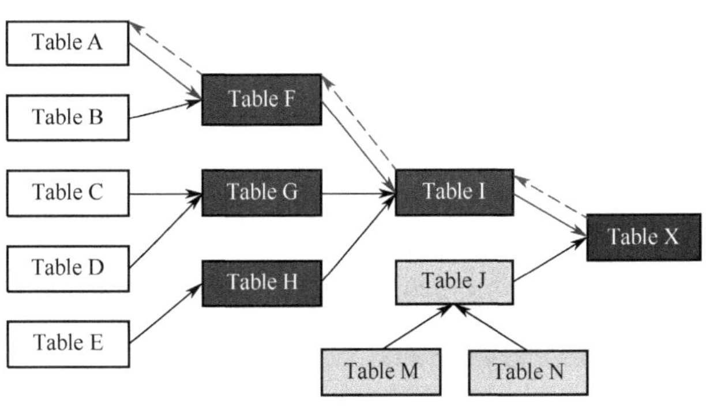

图 9-11　数据血缘示例

图 9-11 所示数据血缘示例中，TableA～TableE 是原始数据，TableF～TableI 是数据处理过程中生成的中间表，TableJ 是其他业务处理过的表。若在最终表 TableX 中发现问题，就能按血缘关系逐一回溯，定位问题数据。对于最终表 TableX 中检出的问题，按路径 TableX→TableI→TableF→TableA，通过向前回溯，就能最终将问题定位到 TableA。这一示例清晰地展示了数据血缘。

9.1.2.4　数据清洗

“脏数据”扭曲了数据信息，污染数据环境，影响数据分析、处理及挖掘效能。数据清洗是基于确定的规则，对遗漏数据、错误数据、残缺数据、噪声数据、重复数据、不一致数据等进行处理，清洗掉“脏数据”。数据清洗原理如图 9-12 所示。

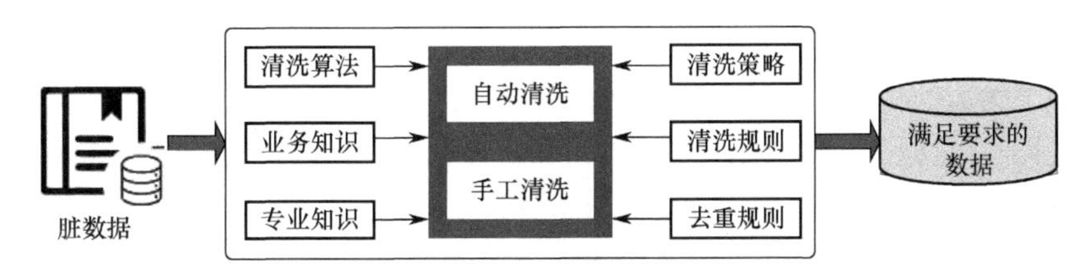

图 9-12　数据清洗原理

数据清洗框架是清洗流程构建、清洗主体定义、数据质量分析、清洗技术选择及清洗实施的基础平台。不同应用领域，数据清洗框架具有一定差异。通常，将数据清洗框架划分为业务主体层、逻辑规范层、算法实现层 3 个层次，如图 9-13 所示。

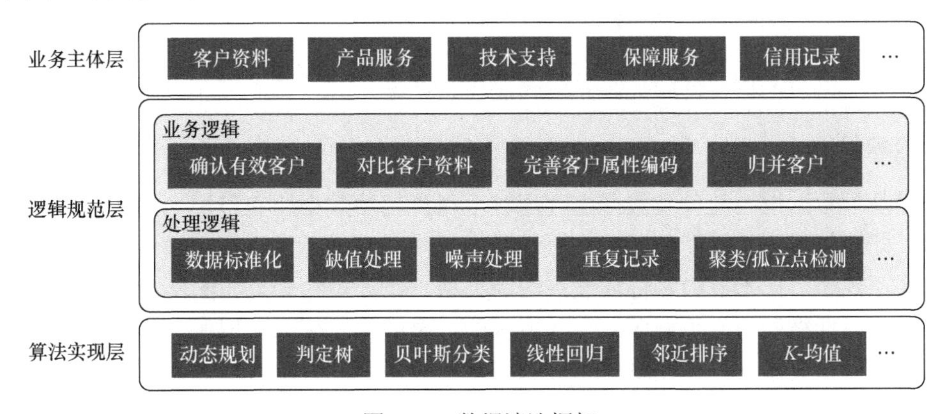

图 9-13　数据清洗框架

业务主体层定义数据清洗流程、清洗主体及其数据质量要求；逻辑规范层将概念转换为业务逻辑，描述数据流，实现业务逻辑向数据处理逻辑转换；算法实现层用于数据错误修正和迁移。例如，将市场管理系统的客户资料清洗划分为：核对有效客户数，客户资料对比核实，补充缺失的客户关键字段，统一客户属性编码，客户归并与切割等步骤。根据每个步骤对数据质量的要求，将业务需求转化为处理逻辑，就能够将客户归并与切割映射到重复记录查找、数据备份/恢复/删除、聚类/孤立点检测等处理逻辑。

9.1.2.5 数据集成

数据集成是从物理或逻辑上，将来源、格式、属性等不同的数据，合并存储到统一的数据库中，即将相互关联的分布式异构数据源集成到一起，为用户提供统一的数据源访问接口，确保用户能够以透明的方式访问数据源。图 9-14 给出了数据集成系统模型。

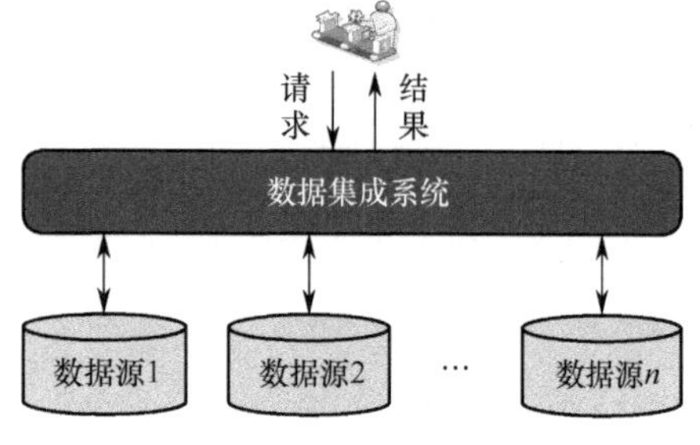

图 9-14　数据集成系统模型

数据集成包括系统模型基本数据、多级视图、模式及多粒度数据集成 4 个层次，以解决模式匹配以及数据冗余、数据值冲突检测与处理等问题。数据集成通过应用间的数据交换或连接实现，包括联邦数据库、中间件集成、数据仓库等方法。表 9-1 给出了典型的数据集成问题分类及描述。

表 9-1　典型的数据集成问题分类及描述

问题类型	问题描述
模式匹配	通过相同主键对不同数据表进行自然连接，当表中主键不匹配时，无法连接
数据冗余	数据表连接过程中，若未对表中的字段进行严格选择即连接，将造成大量冗余
数据冲突	不同数据源中不同属性值将导致数据表连接字段类型或数据记录重复

9.1.2.6 数据转换

数据转换是基于确定的规则，将所抽取的数据进行标准化处理和变换，将其转化为满足格式及结构颗粒度等要求的过程。当通过修改、连接、过滤、聚合等方式进行数据转换时，需要识别并确定数据源及数据类型，以便执行数据映射时，定义各字段的映射。源的范围可以发生变化，包括结构化源（如数据库）、流式源（如连接设备的遥测、使用 Web 客户的日志文件）等。数据转换处理内容如表 9-2 所示。

表 9-2　数据转换处理内容

数据分类	描　述
属性的数据类型转换	属性间的取值范围相差很大时，进行数据映射处理，映射关系可以与平方根、标准方差及区域对应；属性取值类型较小时，分析数据分布频率，进行数值转换，将其中字符型属性转换为枚举型
数据构造	根据已有属性集构造新的属性，支持数据挖掘
数据离散化	将连续取值的属性离散化成若干区间，消减连续属性的取值数
数据标准化	通过不同来源所得到的相同字段定义可能不一样

9.1.2.7 数据规约

数据规约是基于数据挖掘任务及数据内容理解，保持初始数据的完整性，提炼核心特征信息，获得数据简化表示，即近似子集，精简数据量，压缩数据规模，降低无效数据、错误数据对建模的影响。数据规约可分为特征规约、样本规约、特征值规约等类型。数据规约分类如图 9-15 所示。

数据规约策略包括维规约、数据压缩、数值规约、离散化、概念分层等。维规约是指通过删除不相关的属性及维数，减少数据量，包括属性子集选择和探索性两种方法；数据压缩包括有损和无损压缩，字符串压缩是典型的无损压缩，小波变换和主要成分分析是有损压缩的基础方法；数值规约是通过选择可替代、较小的数据表示形式，减少数据量，包括有参数和无参数法，有参数法是使用一个参数模型估计数据，包括线性回归、多元回归、对数线性模型、近似离散多维概率分布，无参数法包括直方图、聚类、选样等方法，所谓聚类是将数据元组视为对象，在数据规约时，用数据的聚类代替实际数据，选样是用数据的较小随机样本表示大数据集，如简单选择 n 个样本、聚类选样和分层选样。

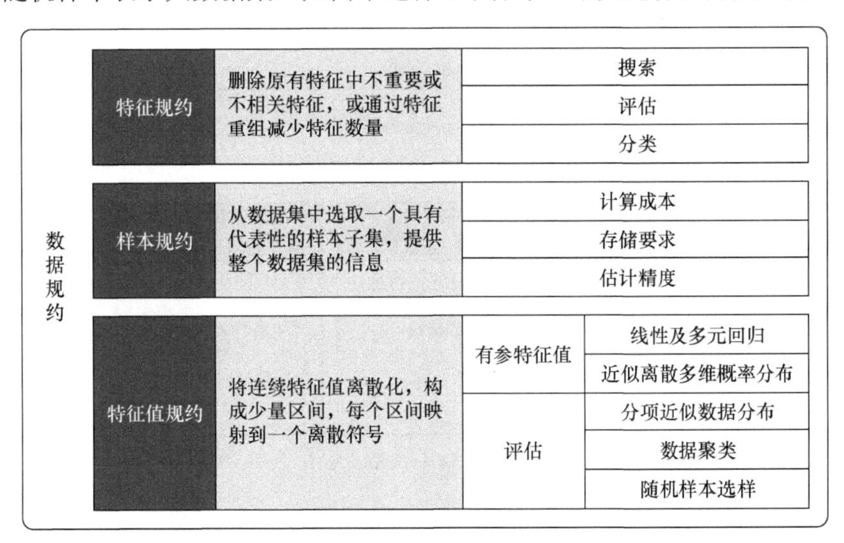

图 9-15 数据规约分类

9.2 大数据及应用测试体系

9.2.1 大数据质量

9.2.1.1 大数据质量问题

多域数据源使得大数据具有广领域性和泛多样性。数据处理是一个引入错误、传递错误的过程。基于数据来源，从模式层和实例层考虑大数据质量问题，分为单数据源模式层、单数据源实例层、多数据源模式层、多数据源实例层 4 类，如表 9-3 所示。

表 9-3 数据质量问题分类

数据类型	问题位置	特性
单数据源数据	模式层	设计模式引发的错误：缺少完整性、唯一性、引用约束
	实例层	数据记录错误：拼写错误；相似重复记录；相互矛盾字段
多数据源数据	模式层	异质数据模型和模式设计：命名冲突；结构冲突
	实例层	冗余、相互矛盾或不一致数据：不一致汇总；不一致时间选择

对于单数据源数据，模式层的主要问题是由不完整的约束及差强人意的设计模式所致。文件、Web 数据等大多数单数据源数据，缺乏数据模式和统一的模式规范，容易诱发错误或不一致性等问题。尽管数据库系统拥有特定的数据模型及完整性约束，但缺乏完备的数据模型，某种特定的完整性约束会导致数据质量问题。实例层的问题在模式层上具有不可见性，无法通过改进模式规避问题的发生。

在多数据源模式层，除差强人意的模式设计之外，还存在着命名、结构冲突等问题。命名冲突是因不同对象使用相同名称或同一对象使用不同名称所致，结构冲突是同一对象诸如字段类型、组织结构、完整性约束，因表达方式不同所致。在实例层，除单数据源数据问题外，也可能出现矛盾数据或不一致性等问题。在多源数据中，模型与模式是不同的问题，但都会导致数据汇总质量问题，对相同内容的不同表达方式，同样会带来问题。

9.2.1.2　数据质量标准

Huang K T. 在 *Quality information and knowledge* 一文中，将数据质量定义为：数据适合使用的程度。而 Aebi D. 在 *Towards improving data quality* 一文中将数据质量定义为：信息系统对模式和数据实例的一致性、正确性、完整性和最小性的满足程度。基于不同视角，数据质量定义存在着一定差异，但无一例外地关注数据质量指示器以及数据质量参数两类度量指标。基于可用性及测试视角，从数据的完整性、一致性、准确性、及时性、可用性 5 个维度构建数据质量标准体系，旨在描述数据满足特定用户期望的程度，如图 9-16 所示。

完整性	一致性	准确性	及时性	可用性
数据信息是否缺失，数据缺失可能是整个数据记录缺失，也可能是数据中某个字段信息的记录缺失	数据是否遵循统一的规范，数据集合是否保持统一的格式，指标定义是否一致	数据记录的信息是否准确即是否存在异常或错误	数据从产生到可以使用的时间间隔是否满足要求。此意义上，及时性也称为数据延时时长	数据是否能够真实、有效地反映实际业务情况

图 9-16　大数据质量标准体系

基于软件质量模型，将数据质量分为内部质量和外部质量。内部质量由数据本身的特性决定，在抽取及处理过程中形成，包括数据的完整性、一致性、准确性、及时性和可用性，数据真实、客观、完整、准确地反映实际业务，数据充分，任务操作数据无遗漏，数据不是孤立存在而是通过不同约束相互关联，在满足数据之间关联关系时不违反相关约束。外部质量是指使用过程中，数据满足使用的程度。数据质量分类如图 9-17 所示。

9.2.1.3　数据监控

在大数据生成及处理等过程中，由于数据生成的不确定性以及数据的多源性，操作的不规范性，数据处理的不完备性，测试验证的不充分性，加之数据链路过长，服务不稳定等因素，针对数据的变化，按照特定的规则，对数据及其特征进行监控，根据监控结果进行预警并反馈异常数据，对异常数据进行修复处理，同时通过对监控数据的波动、时域、值域分析，发现任务过程问题，优化任务过程，确保大数据应用的可靠性和稳定性。数据监控范围包括任务调度、表和字段。图 9-18 给出了一个基于监控内容的数据监控规则模板。

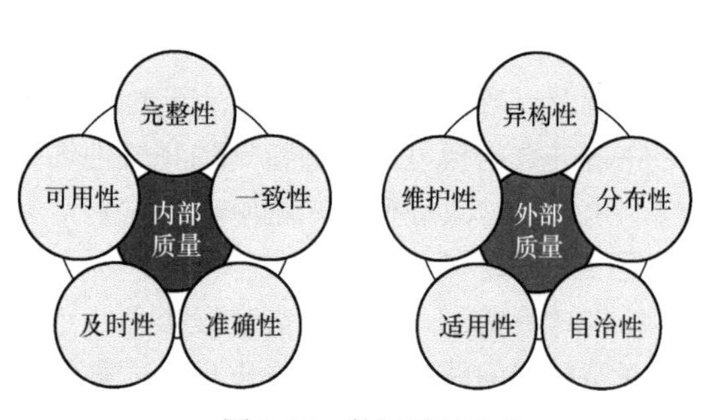

图 9-17　数据质量分类

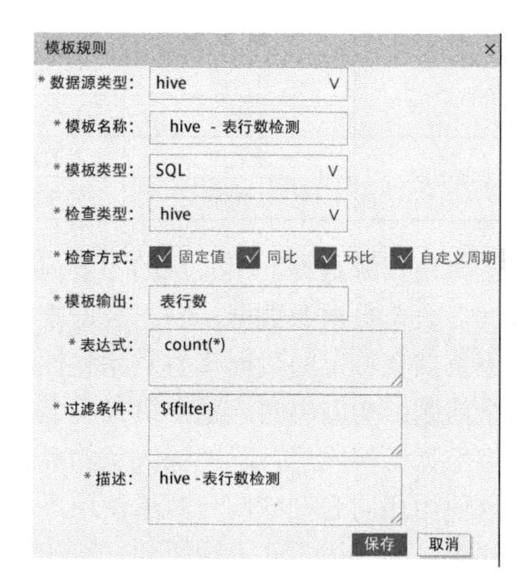

图 9-18　基于监控内容的数据监控规则模板

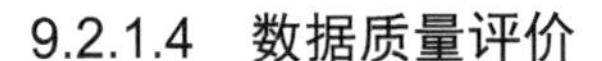

9.2.1.4　数据质量评价

基于大数据质量标准体系，数据质量评价是大数据测试的自然延展。数据质量能力及成熟度模型将质量模型的描述作为元数据进行定义，通过对数据质量模型的抽象，在一个质量元模型之下，定义多个质量模型，构建一个可扩展的数据质量控制元模型，由核心层、初始层、扩展层构成，为数据质量体系定义提供一个完整的框架。

9.2.2　大数据及应用测试的基本问题

9.2.2.1　测试负载模型

在大数据及应用测试过程中，需将大批量脚本分配至不同测试资源，可能导致过载或负载均衡问题。基于数据规模及测试场景，构建测试负载模型，使用中心控制点对测试资源的利用情况进行监测，动态地进行资源配置和调整，实现自动负载均衡，确保测试资源利用率最大化。

9.2.2.2　测试脚本开发

测试脚本开发包括脚本录制和脚本修改两个子过程。根据传输协议进行脚本录制，基于 HTTP 协议的脚本录制通常包括 HTML 和 URL 两种方式。基于 Web 浏览器的 HTTP 应用，可选择 HTML 方式，而基于其他方式的 HTTP 应用，则可选择 URL 方式。脚本录制完成之后，对脚本进行调试，确认其正确性和有效性。对调试通过的脚本设置运行参数和监测脚本。由于大数据应用的动态性和不确定性，往往需要根据测试执行情况，对多用户并发环境下的脚本运行、应用动态性和测试要求，进行参数化、性能测试的压力最大化。

（1）**思考时间设置**：思考时间（Think Time）是指用户操作时，请求之间的时间间隔，如浏览器收到响应后到提交下一个请求之间的时间间隔。为模拟这样的时间间隔，引入思考时间概念，以期更加真实地模拟用户操作。不同思考时间会对应用性能产生不同影响，如将思考时间设置为 0 或一个较小的值，会对服务端造成较大压力。

（2）**集合点设置**：通过插入集合点（同步点），使得大数据性能测试的压力最大化，以检查不同负载下的性能表征。假设某系统能承受 500 个用户同时提交数据，设置集合点，在测试过程中，当虚拟用户运行至提交数据的集合点时，检查到达集合点的虚拟用户数，若未达到 500 个虚拟用户，已到达集合点的虚拟用户在此等待。当集合点等待的虚拟用户达到 500 个时，要求 500 个虚拟用户同时进行数据请求，达到压力最大化。事实上，在测试过程中，并非所有虚拟用户都能运行成功，不能无限制等待，而是通过设置等待比例，控制数据请求的时机。例如，将等待比率设置为 90%，即当达到 450 个虚拟用户时，即可进行数据请求。

9.2.2.3　环境与测试准备

对于大数据及应用系统，测试环境并非单一的独立服务器，也并非由简单的应用服务器、中间件服务器、数据库服务器等构成，而是由服务器集群或虚拟化服务器集群构成。从脚本录制到脚本运行，一般需要经历如下 4 个步骤。

（1）**单用户单循环**：验证脚本的正确性。

（2）**单用户多循环**：验证参数化及加载数据的正确性。

（3）**多用户单循环**：在控制器上验证并发功能。

（4）**多用户多循环**：根据用户场景要求，验证系统性能。

在测试执行过程中，根据脚本内容，设置不同脚本的虚拟用户数量及所产生的实际负载，同时对数据库、应用服务器、服务器的主要性能计数器进行监控，采用多用户多循环方式进行测试。例如，

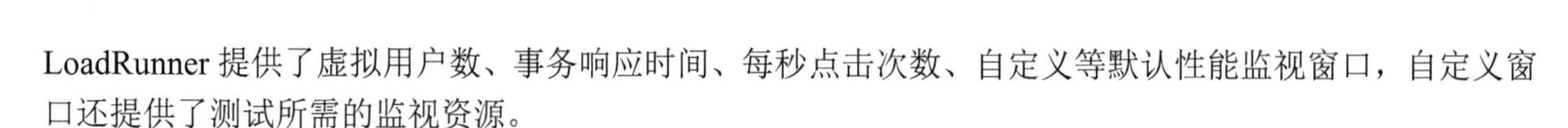

LoadRunner 提供了虚拟用户数、事务响应时间、每秒点击次数、自定义等默认性能监视窗口，自定义窗口还提供了测试所需的监视资源。

9.2.2.4 分析调优

分析调优包括性能分析和性能调优两个过程。通常，性能分析是基于压力测试结果，对客户端、网络及服务器上端到端的请求和响应时间进行分析，确定网络传输或数据处理的分布，定位性能瓶颈并进行追溯，确认导致性能问题的原因。

网络传输中，可将网络延时进行分解，判断 DNS 解析时间，连接服务器或 SSL 认证所耗费的时间。大规模数据传输会导致网络传输时间增加，如是否因为返回一个过大的数据集或未对数据集进行汇总或分页导致网络传输时间过长。

在数据处理过程中，考虑图像、框架、文本等下载所耗时间，如是否因为一个大尺寸图形文件或三方数据组件造成运行速度降低等。对于大数据应用性能调优，基于节点扩充、单机处理能力等问题，考虑是通过单节点处理能力扩展还是通过增加新节点实现性能提升。无论哪种方式，都需要特别关注性能测试的“拐点论”，也就是随着某种资源达到极限，压力增大，导致系统性能急剧下降的情况。

9.2.3 基于大数据应用架构的测试体系

大数据及应用测试包括大数据本身及大数据应用测试两个维度。大数据应用测试是基于大数据架构及层次分解，对大数据算法、数据架构、应用性能及安全性等的测试验证，同时也是对系统成功处理海量数据能力的测试验证。

典型大数据应用系统包括基础架构、大数据处理和大数据应用 3 个层次。基础架构层包括资源调度、数据服务以及 HDFS、TiDB、ES、Redis 等计算、存储、接入等功能；大数据处理层提供数据查询、数据订阅、数据下载、JDBC API 等功能；大数据应用层包括数据展示、报表分析、数据中台连接等功能。基于应用的功能、性能、接口测试以及基于 SQL 脚本、数据自动对比大数据处理测试需求，构建大数据测试平台及度量指标体系，综合测试技术和方法，整合测试工具，构建适宜的场景和环境，建立线上监控规则和方法，实现业务和技术的综合，具有重要意义。基于大数据应用架构的测试体系如图 9-19 所示。

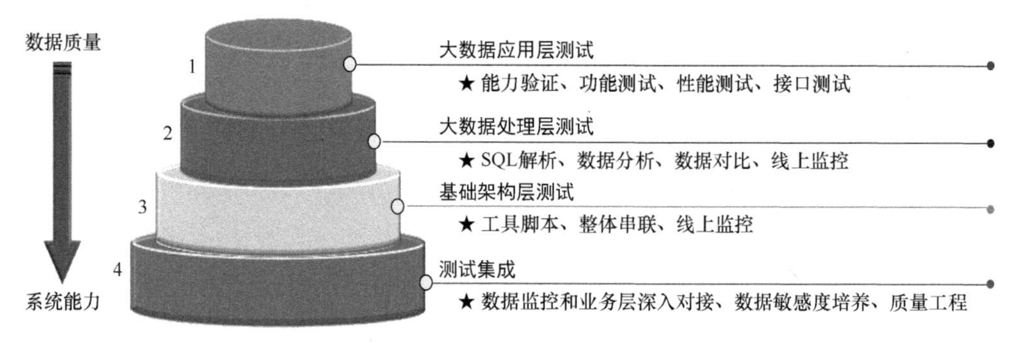

图 9-19 基于大数据应用架构的测试体系

对于大数据，除关系型数据库外，还包括 HBase、ES、Redis 等非关系型数据查询，数据分布特性包含数据之间的关联关系，与传统的数据审查、数据处理测试有显著差别。通常，较少的数据量往往无法感知数据的关联关系，只有当数据量达到一定规模时才能反映出隐含在数据之间的因果关系或逻辑关系。为应对数据的爆发式增长，大数据处理层支持动态扩展，如应用系统采用全部数据，构造一个和原来数据集等价的数据集，必然导致测试成本急剧增加。输入数据构建及数据关联性分析是大数据处理层测试需要重点关注和解决的问题。

9.3　大数据及算法测试

数据测试包括数据接入、数据清洗、数据转化、数据加载、数据逻辑测试、数据监控、数据被动性分析等内容。大数据算法是指在给定资源约束下，以大数据为输入，在确定的时间约束内，生成满足给定约束结果的计算方法。图形搜索、集束搜索、二分查找、分支界定、离散微分、动态规划等是典型的大数据算法。大数据聚类与分类算法如图 9-20 所示。

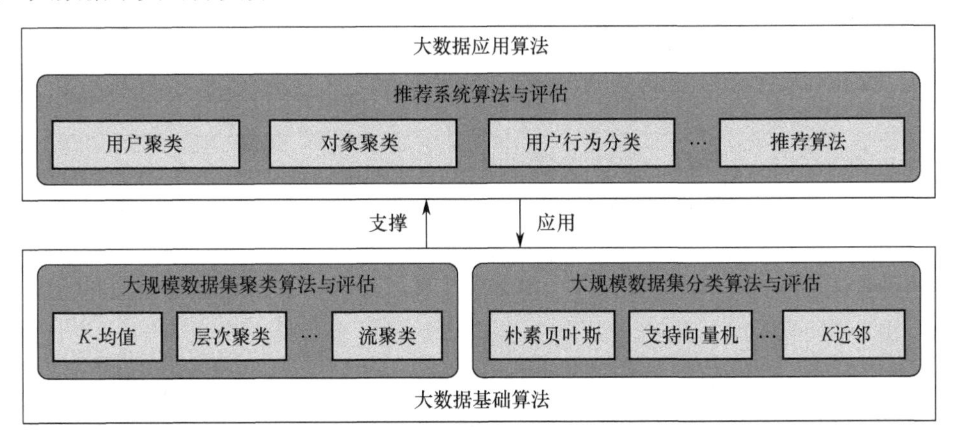

图 9-20　大数据聚类与分类算法

9.3.1　基准测试

基准测试是运行一系列测试程序，在系统环境描述中进行注释，将性能计数器的结果，即性能指标以及测试结果、系统配置、环境记录等一并保存，以便对系统过去及现在的性能表现进行比对，确认系统及环境的变化。

9.3.1.1　测试方法

测试数据规模及应用对基准测试具有显著影响。大数据框架提供测试基准，并行数据生成框架（Parallel Data Generation Framework，PDGF）利用并行随机数发生器生成独立、确定及可重复的关系数据，通过后处理模块，将关系数据映射为 XML、RDF 等数据格式，使中间过程及转换的最终结果具有良好的可计算性，并且能够使用关系数据库模型，产生一致性查询，为大数据基准建立一种通用的数据发生器。

9.3.1.2　Hadoop 基准测试

Hadoop 基准测试包 Hadoop-*test*.jar 和 Hadoop-*examples*.jar，Hadoop-*test*.jar 中包含 TestDFSIO、NNBench、MRBench 共 3 个测试工具。在 Hadoop 环境中，运行 Hadoop-*test*.jar 就能列出所有测试程序，可以从多个不同角度对 Hadoop 进行测试，如表 9-4 所示。

表 9-4　Hadoop-*test*.jar 基准测试命令

序　号	命　令	说　明
1	TestDFSIO	用于 HDFS 的 I/O 性能测试，使用一个 MapReduce 作业执行读写操作，每个 Map 任务用于文件的读或写，Map 输出用于收集与处理文件相关的统计信息，Reduce 用于累积统计信息，产生 summary
2	NNBench	用于 NameNode 负载测试，生成大量与 HDFS 相关的请求，给 NameNode 施加压力，能够在 HDFS 上模拟创建、读取、重命令和文件删除等操作
3	MRBench	多次重复执行一个小作业，检查集群上小作业运行的重复性和有效性

9.3.1.3 BigDataBench 基准测试

BigDataBench 是一个抽取 Internet 典型服务构建的大数据基准测试程序集，覆盖微基准测试、Cloud OLTP、关系查询、搜索引擎、社交网络、电子商务等典型应用场景，在抽象操作和模式集合的基础上，BigDataBench 构建代表性和多样性的大数据负载，其描述如表 9-5 所示。

表 9-5 BigDataBench 描述

被测内容	说明
微基准测试	采用 MapReduce、Spark、MPI 对 Sort、Grep、WordCount、BPS 进行离线分析
Cloud OLTP	对 HBase、Cassandra、MongoDB、MySQL 等数据库的表数据进行在线分析
关系查询	对 Impala、Shark、MySQL、Hive 等数据库进行实时分析
搜索引擎	采用 Hadoop、MPI、Spark 对 NutchServer、PageRank、Index 等进行基准分析
社交网络	对 OlioServer、K-means、Connected Components 等进行测试
电子商务	对 Rubis Server、Collaborative Filtering、NaiveBayes 等进行测试

BigDataBench 采用的 BigOP 是基准测试框架及数据集-操作-匹配架构模型，所提供的数据生成工具 BDGS 能够在保留原始数据特性的基础上以小规模真实数据生成大规模数据，支持代表性文本数据、图数据和表数据，其框架如图 9-21 所示。

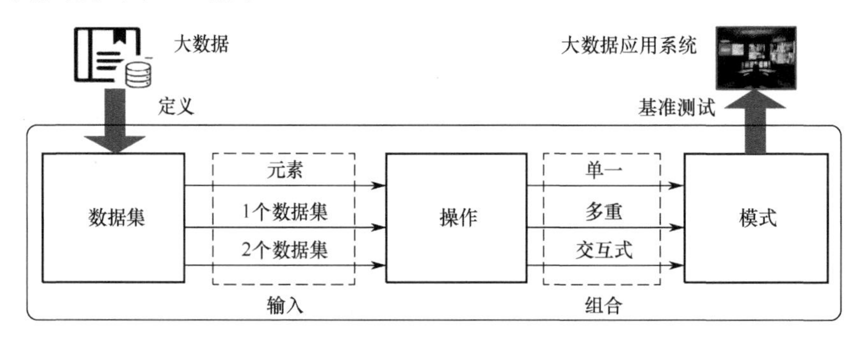

图 9-21 BigDataBench 框架

9.3.1.4 微基准测试

微基准是一个衡量非常小及特定代码性能的基准。JMH 是一个典型的微基准测试框架，可以方便地进行 Java 代码基准测试。微基准测试就是对“程序被 JVM 编译成机器代码而非直接执行字节码执行速度”的验证，包括数据生成和测试执行两个步骤。

9.3.1.5 MapRaduce 单元测试

MapReduce 封装了相关基础功能，给 MapReduce 单元测试造成不便。MRUnit 基于 JUnit 单元测试功能，通过 Mock 对象控制 OutputCollector 操作，拦截 OutputCollector 输出，与期望结果对比，实现自动断言。MapDriver 和 ReduceDriver 分别驱动 Map 和 Reduce 测试，通过 MapReduceDriver 将 Map 与 Reduce 结合起来测试，PipelineMapReduceDriver 将多个 Map-Reduce 对结合起来进行测试验证。

9.3.2 聚类分析测试

物以类聚，人以群分。聚类是将数据集中具有相似特征的对象归为一簇，揭示数据的层次与规律，增加数据的可理解性和可用性，是重要的数据挖掘算法。大多数聚类算法都是基于欧几里得或曼哈顿距离，度量聚类效果，旨在发现具有相近尺度和密度的球状簇，对于不大于 200 个数据对象的小数据集，具有显著效果。对于任意形状簇，其效果则差强人意，基于大数据集合样本上的聚类，可能导致有偏的结果，需要高度可伸缩性的聚类算法支撑。

在高维空间，尤其是当数据分布非常稀疏且高度偏斜的情况下，进行数据对象聚类极具挑战性。聚类算法需要对数据进行降维及特征选择、数据抽取等预处理；根据数据集特征选择或开发聚类算法，对聚类算法进行测试与评估；进行聚类结果展示与解释。聚类算法及流程如图 9-22 所示。

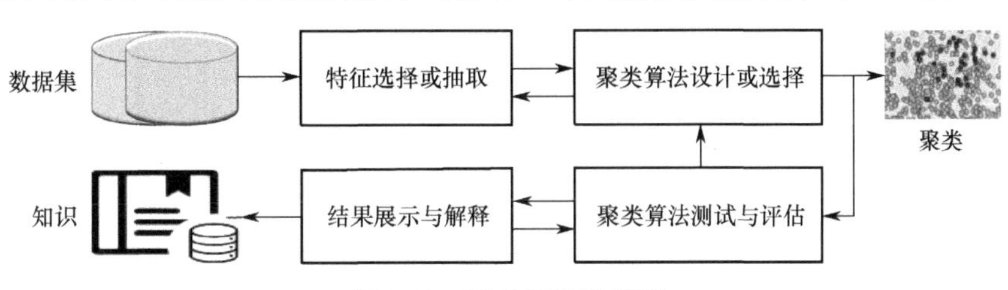

图 9-22　聚类算法及流程

9.3.2.1　典型聚类算法

簇内不同类别的重叠，将导致一类方法呈现多类特征，对聚类算法进行分类，并非易事。尽管如此，对不同聚类算法提供一个相对有组织的描述及一般分类方法具有重要意义。通常，聚类算法包括层次、划分、*K*–均值、并行化、图论以及基于网格、基于模型、基于密度等方法。这里，选取常用的层次、*K*–均值、并行化三种聚类方法进行讨论，其他方法请读者参考相关文献。

1. *层次聚类*

层次聚类算法是对数据进行反复聚合或分裂，构造树状结构，即将每个点视为一个簇，将两个小簇合并构成一个新簇，直至簇聚类满足某些条件为止。因此，称为树聚类算法。以聚合为例，其方法如下：

（1）将每个点视为一个簇 C_i， $i=1,2,\cdots,m$ 。

（2）找出所有簇中距离最近的两个簇 C_i 、 C_j 。

（3）将 C_i 、 C_j 聚合成为一个新簇。

（4）若目前簇数多于预期簇数，重复步骤（2）和步骤（3），直到满足预期簇数。

基于聚合的层次聚类伪代码如下：

```
while number of nodes > 1
repeat
{
    for i = 1 to m
        for j = i+1 to m
            (i,j): = index of minimum distance pair
        merge node (i) and node (j)
        delete node (i) and node (j)
        update nodes list
}
```

层次距离可以用二维欧氏空间或聚类树表示，如图 9-23 所示。

层次聚类算法的复杂度为 $O(n^3)$ 。其虽然可以将所有点对的距离保存在一个优先队列中，通过算法优化将复杂度降至 $O(n^2\log n)$ ，但效率依然不高，仅可用于规模较小的数据集。

2. *K–均值聚类*

K–均值聚类是按某一顺序，依次遍历所有点，将点分配到合适的簇中，是一种基于点分配的聚类方法。假定二维欧氏空间中，聚类数 *K* 已知，接受一个未标记的数据集，然后将数据聚类成 *K* 个不同簇。*K*–均值聚类是一个迭代过程，其算法如下：

（1）随机选择 *K* 个点，即聚类质心。

（2）遍历数据集中每一个点，按距 *K* 个质心的距离，将其与距离最近的质心关联起来，与同一个质心相关联的所有质心聚成一类。

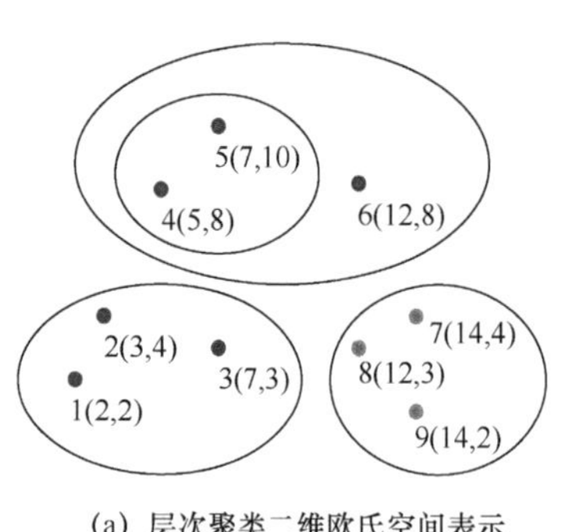

(a) 层次聚类二维欧氏空间表示

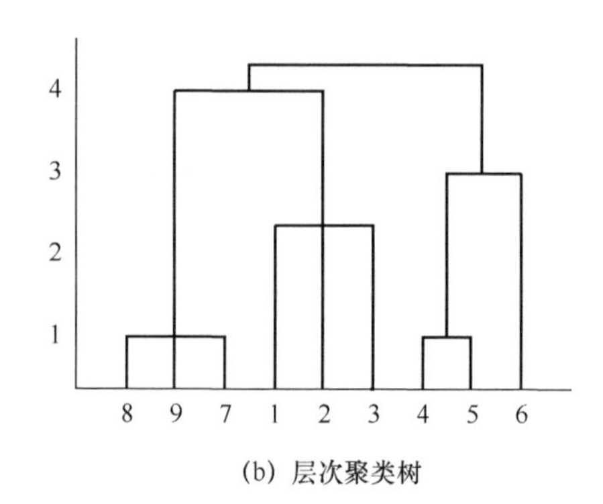

(b) 层次聚类树

图 9-23 层次聚类表示方式

（3）计算每一类中所有点的位置均值，产生新质心，将该类的质心移动至新质心位置。

（4）重复步骤（2）和步骤（3），直到满足收敛要求（质心不再变化）为止。

K–均值聚类算法优化问题就是最小化所有数据点与其所关联聚类质心之间的距离之和，K–均值的代价函数为

$$I(c^{(1)},(c)^{(2)},\cdots,c^{(m)};\mu_1,\mu_2,\cdots,\mu_K)=\frac{1}{m}\sum_{i=1}^{m}x^{(i)}-\mu_c^{(i)2} \quad (9\text{-}1)$$

式中，$\mu_c^{(i)}$ 代表与 $x^{(i)}$ 最近的聚类质心。

K–均值聚类算法的优化目标旨在找出使式（9-1）的代价函数最小的 K 个聚类质心 $\mu_1,\mu_2,\cdots,\mu_K$ 与第 $i(i=1,2,\cdots,m)$ 个点最近的聚类质心的索引 $c^{(1)},c^{(2)},\cdots,c^{(m)}$ 满足

$$\min c^{(1)},c^{(2)},\cdots,c^{(m)},\mu_1,\mu_2,\cdots,\mu_K J(c^{(1)},c^{(2)},\cdots,c^{(m)},\mu_1,\mu_2,\cdots,\mu_K) \quad (9\text{-}2)$$

K–均值聚类算法的伪代码如下：

```
repeat
{
    for I = 1 to m
        e(i) : = index ( from 1 to k) of cluster centroid closet to
    for k = 1 to k
        μk  : = average of points assigned to cluster k
}
```

K–均值聚类算法的复杂度为 $O(mkt)$。其中，m 为需要处理的点数，k 为聚类质心数，t 为迭代次数。

3. 并行化聚类

层次聚类需要计算任意两点的相似性，不具有并行性。K–均值算法可以实现并行计算。Hadoop 将聚类算法部署在 MapReduce 框架上，显著提升了算法的并行程度。基于 MapReduce 的 K–均值算法如图 9-24 所示。

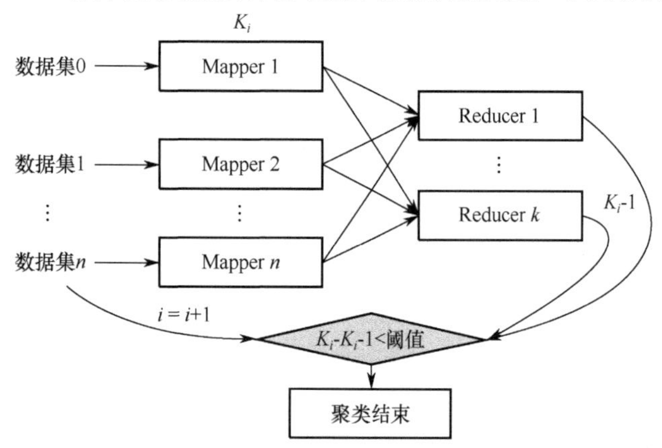

图 9-24 基于 MapReduce 的 K–均值算法

（1）**Mapper 任务**：将数据集分成子集并将质心描述文件一并发送至各 Mapper 节点，每个 Mapper 节点分别执行任务，即将子集中的数据分配给最近点质心，并以所属簇质心为 Key，点的索引为 value，组成中间结果并传递至 Reducer 节点。

（2）**Reducer 任务**：得到中间结果后，基于同一簇的点计算新质心。

（3）**质心比较**：比较新质心与原有质心是否一

致，若一致，则算法收敛，否则持续迭代，即更新质心描述文件，重新运行整个作业。

Mapper 任务和 Reducer 任务伪代码分别如下：

```
**Mapper 任务伪代码

input : dataset and cluster centroids description file
    output : < key , value >
    for each point do begin
        key : = cluster centroid list
        value : = index of point belongs to some cluster centroid
output : < key , value >
```

```
** Reducer 任务伪代码

input : the key and the value output by map function
    output : < key , value >
    for each centroid do begin
        key : = cluster centroid list
        value : = new centroid position
output : < key , value >
```

需要注意的是，MapReduce 模型并不直接支持迭代模型，需要额外编写驱动程序判断迭代是否终止，若迭代没有终止，则需要驱动 MapReduce 程序重新执行任务，直至满足终止条件。

9.3.2.2　聚类算法测试

在测试执行之前，无法知道聚类结果，即对于任意输入，无法预知确定的输出。没有可靠测试准则的软件系统称为不可测系统。

1. 测试方法论

大数据分析处理通常依赖于基于机器学习、数据挖掘等智能算法，传统软件测试方法难以甚至无法满足大数据分析处理及应用测试需求，需要研究开发新的方法，创新测试方法论。

（1）**问题域**：对于大数据基础类算法，首先进行领域分析，确定算法类别，如有监督学习、无监督学习、半监督学习等；其次对拟处理数据集，分析确定其等价类；最后对数据集的大小、属性以及标签值的潜在范围、浮点数运算时预期达到的精度等进行分析，确保算法设计与数据特征关联。对于有监督学习算法，标签可能包含正类、负类或多种分类；对于无监督学习算法，样本无标签；在半监督学习算法中，有些样本有标签，有些样本无标签。

（2）**算法定义**：模型的正确性、精确性、依赖性、测试性以及模型假设的合理性是影响算法评价的重要因素，可以通过评审、试验等方式验证。对于聚类算法实现代码的正确性、有效性，使用传统的测试方法，就能检出设计与实现规范等缺陷，比如算法是否能明确解释如何处理缺失的属性值或标签，而非实现缺陷，推测缺陷可能出现的区域，创建测试集，检出潜在算法缺陷。通过程序规范检查，确定如何构建可预测的训练和测试数据集。

（3）**运行选项**：对于 K–均值聚类算法，需要将分类数 K 设定为一个大于 1 且小于样本数的整数。基于支持向量机的分类算法提供了线性、多项式和径向基核等运行时选项，这些选项决定了如何创建分类超平面。

2. 基于蜕变关系的聚类算法测试

蜕变测试是基于软件测试领域的两个观察：一是成功的测试用例尽管未被进一步挖掘和有效利用，但可能蕴含着富有价值的信息；二是软件测试存在“测试 ORACLE”问题。测试准则是验证确认软件输出正确性的机制。所谓测试准则问题就是不存在测试准则，或没有可靠的测试准则，即使有测试准则，应用代价可能非常高昂。

蜕变测试就是利用成功的测试用例，根据蜕变关系创建衍生测试用例，然后分析这两类测试用例的执行结果是否满足蜕变关系，从而判定软件系统是否存在缺陷，从而在较大程度上解决大数据应用无测试准则所带来的挑战。

【定义 9-1】假设 $x_1,x_2,\cdots,x_n(n>1)$ 是函数 f 的 n 个变量，$f(x_1),f(x_2),\cdots,f(x_n)$ 是函数值，如果 $x_1,x_2,\cdots,x_n$ 之间满足关系 r，$f(x_1),f(x_2),\cdots,f(x_n)$ 满足关系 r_f，即 $r(x_1,x_2,\cdots,x_n)\Rightarrow r_f(f(x_1),f(x_2),\cdots,$

$f(x_n))$，则称(r,r_f)是实现函数f的程序P的蜕变关系（Metamorphic Relation，MR）。

【定义 9-2】使用蜕变关系测试程序P时，初始测试用例称为原始测试用例；由原始测试用例根据关系r计算得到的测试用例，是该原始测试用例基于蜕变关系(r,r_f)的衍生测试用例。

（1）基于路径覆盖、等价类划分等用例选择策略，为程序P生成原始测试用例x_0。

（2）利用原始测试用例对程序P进行测试，若测试通过，计算结果为$P(x_0)$，然后分析被测程序的特点，构造蜕变关系。

（3）根据蜕变关系生成衍生测试用例$r_1(x_0)$和$r_2(x_0)$，执行衍生测试用例，得到测试结果$P(r_1(x_0))$和$P(r_2(x_0))$。

（4）分析原始测试用例的计算结果$P(x_0)$与衍生测试用例的输出$P(r_1(x_0))$和$P(r_2(x_0))$是否满足蜕变关系r_{f1}和r_{f2}，如果满足蜕变关系，则通过测试，否则说明软件P存在缺陷。

基于蜕变关系的聚类算法测试，其原始测试用例就是聚类算法的测试数据集，关键问题是如何构造具有较强测试能力的蜕变关系，覆盖算法的核心功能。为确保对缺陷具有高度的敏感性，应基于路径覆盖、数据属性重要性等，有针对性地构造蜕变关系。这里，以K–均值聚类为例，构造蜕变关系。

MR1.1：属性全局仿射变换一致性。对原始测试用例中的每个属性值$x^{(i)}$进行仿射变换，即对一个向量空间进行线性变换并进行一次平移

$$f(x^{(i)})=ax^{(i)}+b \quad (a\neq 0) \tag{9-3}$$

得到衍生测试用例，聚类结果不变。

MR1.2：属性局部仿射变换一致性。如果对原始测试用例中的每个属性列$x_j^{(i)}$进行仿射变换

$$f(x_j^{(i)})=ax_j^{(i)}+b \quad (a\neq 0) \tag{9-4}$$

得到衍生测试用例，聚类结果不变。

MR2.1：数据样本行置换。对原始测试用例中任意两行数据样本进行行置换，得到衍生测试用例，聚类结果不变。

MR2.2：数据样本列置换。对原始测试用例中任意两列属性进行列置换，得到衍生测试用例，聚类结果不变。

MR3：增加不提供信息属性。原始测试用例增加一列属性值全部相同的属性，即该列属性值与原始测试用例中的属性信息无关，得到衍生测试用例，聚类结果不变。

MR4：赋值单个数据样本。原始测试用例增加一个与原始测试用例中某一样本相同的数据样本，得到衍生测试用例，聚类结果不变。

以 Apache Mahout 的K–均值算法为例，说明聚类算法的蜕变测试方法。在 Mahout 中，K–均值算法通过 KMeansCluster 或 KMeansDriver 类运行，前者以 in-memory 方法对数据点进行聚类，后者则通过驱动一个 MapReduce 作业执行K–均值程序。假设使用 Mahout 中的随机数发生器生成 3 类数据，每个样本包含 8 个属性，共生成 1000 个随机数据样本。Mahout 的K–均值程序中，以欧氏距离作为相似性度量准则，指定迭代终止的阈值条件及迭代次数。表 9-6 是基于蜕变关系的测试结果，对K–均值算法的适用性进行分析。其中，“Y”表示原始测试用例与衍生测试用例的测试结果与预期结果一致，“N”则表示不一致。

表 9-6 基于蜕变关系的测试结果及K–均值算法的适用性分析

蜕变关系	一致性	K–均值算法的适用性分析
MR1.1	Y	属性全局仿射变换的一致性
MR1.2	Y	属性局部仿射变换的一致性
MR2.1	N	初始聚类质心的改变将影响聚类结果
MR2.2	Y	对数据维的顺序不影响聚类结果
MR3	Y	增加一列无关属性（属性值相同），不改变聚类结果
MR4	N	增加重复数据样本将改变聚类结果

由表 9-6 可见，基于蜕变条件 MR1.1、MR1.2、MR2.2 和 MR3，原始测试用例及衍生测试用例与预期结果一致，而在蜕变条件 MR2.1 与 MR4 下，出现了不一致的情况。需要对 K−均值聚类算法加以分析，以确定究竟是程序实现问题还是其他原因。

MR1.1、MR1.2 分别对测试数据的属性进行仿射变换，对于属性而言，K−均值聚类算法无论是进行全局仿射变换还是局部仿射变换，聚类结果不变。

MR2.1 要求对数据样本进行行置换后，聚类结果不变，K−均值算法采用随机方法选择初始聚类质心，不同初始聚类质心可能带来不同迭代次数及聚类结果。数据样本进行行置换后，可能使得聚类质心改变，从而导致聚类结果不一致。

MR3 增加一列属性值全部相同的属性，即不提供信息的属性，改变数据样本之间距离的绝对值，但不影响它们之间的相对距离，测试结果与预期结果一致。但如果增加列中的属性值不同，聚类结果即改变。

MR4 要求赋值单个数据样本，即衍生测试用例中存在两个重合的点，理论上不影响聚类结果。事实上，K−均值算法随机选择聚类质心，且每次迭代后的聚类质心均发生改变，从而导致聚类结果与预期结果不一致。

9.3.2.3　聚类质量评价

使用不同聚类算法，将得到不同的聚类结果。如果选择不同参数或交换数据集中数据的位置，即便是同一聚类算法，聚类结果也未必相同。聚类质量与数据集特征、聚类算法、算法参数等密切相关。聚类质量评价包括聚类质量度量、聚类算法与数据集的适宜程度以及最优聚类数目等。通常，采用内部指标、外部指标及相对指标对聚类质量进行评价。

1. 内部指标

基于内部指标的聚类质量评价是不依赖于外部信息，基于原始数据集，检查聚类效果，如分类的先验知识等。簇内误差和 Cophenetic 相关系数是两种重要的内部指标。簇内误差是任意点与其质心距离的平方和，即

$$V(C)=\sum_{C_k\in C}\sum_{x_i\in C_k}\delta(x_i,\mu_k)^2 \tag{9-5}$$

式中，C 为所有的簇；μ_k 是 C_k 的质心；$\delta(x_i,\mu_k)$ 是距离度量函数，即数据点 x_i 与其对应簇的质心距离。

良好的聚类算法能够保证簇内误差最小化。簇内误差越小，聚类效果越好。簇内误差最小化是 K−均值算法需要优化的目标函数。用 Cophenetic 矩阵 $\boldsymbol{P}_c$ 表示层次聚类得到的属性图，即采用 Cophenetic 相关系数度量层次聚类的质量。$\boldsymbol{P}_c$ 的元素 c_{ij} 是数据 x_i 和 x_j 首次在同一簇中的距离值，$\boldsymbol{P}$ 是数据点的相似性矩阵，$\boldsymbol{P}$ 的元素为 d_{ij}。有

$$\text{CPCC}=\frac{\left(\dfrac{1}{M}\right)\displaystyle\sum_{i=1}^{N-1}\sum_{j=i+1}^{N}d_{ij}c_{ij}-\mu_{iP}\mu_c}{\sqrt{\left[\left(\dfrac{1}{M}\right)\displaystyle\sum_{i=1}^{N-1}\sum_{j=i+1}^{N}d_{ij}^2-\mu_P^2\right]\displaystyle\sum_{i=1}^{N-1}\sum_{j=i+1}^{N}c_{ij}^2-\mu_c^2}} \tag{9-6}$$

式中，$M=N(N-1)/2$，N 是数据的个数；μ_P 和 μ_c 分别是矩阵 $\boldsymbol{P}$ 和 $\boldsymbol{P}_c$ 的均值；CPCC 的取值范围为 [−1,1]，其值越小，两个矩阵的相关性越好，层次聚类效果越好。

2. 外部指标

外部指标是聚类结果与已有标准结果的吻合程度。F-Measure、信息熵、Rand、Jaccard 指数是常用聚类质量的外部度量指标。

1）F-Measure

F-Measure 旨在利用信息检索中的准确率和召回率，进行聚类质量评价。聚类结果中的类簇 j 与真实

分类i的准确率Precision(i,j)与召回率Recall(i,j)分别定义为

$$\text{Precision}(i,j)=\frac{N_{ij}}{N_j} \tag{9-7}$$

$$\text{Recall}(i,j)=\frac{N_{ij}}{N_i} \tag{9-8}$$

式中，N_{ij}代表簇j中类别为i的样本数；N_j代表簇j的样本数；N_i代表类别i中的样本数。

F-Measure是对准确率与召回率的加权调和平均，即

$$F(i,j)=\frac{2\times\text{Precision}(i,j)\times\text{Recall}(i,j)}{\text{Precision}(i,j)+\text{Recall}(i,j)} \tag{9-9}$$

整个聚类结构的F-Measure由每个分类i的加权平均得到，其计算公式为

$$F=\sum_i\frac{N_i}{N}F(i,j) \tag{9-10}$$

式中，N代表聚类的总样本数。

F-Measure的值越大，聚类效果越好。准确率与召回率比较直观地解释了聚类质量。

2）信息熵

假设数据集C可以分为K个簇，样本数为N，类簇C_i的样本数为N_i，该类簇的信息熵定义为

$$\text{Entropy}(C_i)=\frac{1}{\lg q}\sum_{i=1}^{q}\frac{N_i^j}{N_i}\log\frac{N_i^j}{N_i} \tag{9-11}$$

式中，q为数据集中类簇的数目；N_i^j表示类簇C_i与类簇C_j的交集。

每个聚类结果的信息熵定义为

$$\text{Entropy}(C)=\sum_{i=1}^{k}\frac{N_i}{N}\text{Entropy}(C_i) \tag{9-12}$$

信息熵反映了同一类样本在结果簇中的分散度，同一类样本在结果簇中越分散，信息熵越大，聚类效果越差。当同一类样本属于一个类簇时，信息熵值为0。

3）Rand和Jaccard指数

假设数据集X的聚类结果类簇为$C=\{C_1,C_2,\cdots,C_m\}$，$P=\{P_1,P_2,\cdots,P_s\}$是数据集的真实聚类，C中的类数m和P中的类数s不一定相同，可以通过对C和P进行比较来评价聚类结果的质量。对数据集中任一对点(x_i,x_j)计算下列项：

（1）两点属于C中同一簇，且属于P中同一类。

（2）两点属于C中同一簇，且属于P中不同类。

（3）两点属于C中不同簇，且属于P中同一类。

（4）两点属于C中不同簇，且属于P中不同类。

其中，（1）和（4）用于描述两个分类的一致性，（2）和（3）用于描述聚类对于真实分类的偏差。假如用a、b、c、d分别表示上述4项的数目，C和P的相似程度可以用Rand指数和Jaccard指数分别定义如下：

$$R=\frac{a+b}{a+b+c+d} \tag{9-13}$$

$$J=\frac{a}{a+b+c} \tag{9-14}$$

Rand和Jaccard指数用于度量聚类算法的聚类结果与真实聚类的相似度，Rand指数R的值越大，相似程度越好，聚类效果越好；Jaccard指数J越小，聚类效果越差。

3. 相对指标

相对指标评价方法是在同一数据集上，基于不同输入参数及同一种聚类算法，得到相应的聚类结果，使用已定义的有效性函数对不同聚类结果进行比较，判断最优划分。对于聚类算法的评价，应该首先分析其应用领域及采用的聚类算法特点及数据属性特征，然后选用多个评价指标进行分析判断。

9.3.3　分类算法测试

分类旨在根据数据集的特征，构造一个分类模型，即分类器，将未知类别的样本映射到某一指定类别，将样本分类，减少样本数量，用于预测分析，是重要的数据挖掘技术。分类算法是一种有监督机器学习算法，需要事先定义好类别，对训练样本进行标记，通过有标记的训练样本，学习得到分类器，由分类器对样本进行分类。分类算法原理如图 9-25 所示。

9.3.3.1　典型分类算法

分类算法可分为单一型和组合型两类。单一型分类算法包括 K 近邻、朴素贝叶斯、支持向量机、决策树、人工神经网络等；组合型分类算法是单一型分类算法的组合集成，如 Bagging 及 Boosting 等。

1. K 近邻分类算法

K 近邻（K-Nearest Neighbor，KNN）分类算法是将拟分类数据和一组已经分类标注的样本集合进行比较，得到距离最近的 K 个样本。K 个样本最多归属的类别，就是需要分类数据的类别。例如，对于新闻分类，需要提前对不同新闻进行标注，标识新闻类别，计算其特征向量，对于一篇未分类的新闻，计算其特征向量以及与已标注新闻的距离，然后利用 KNN 算法进行自动分类。KNN 分类算法原理如图 9-26 所示。

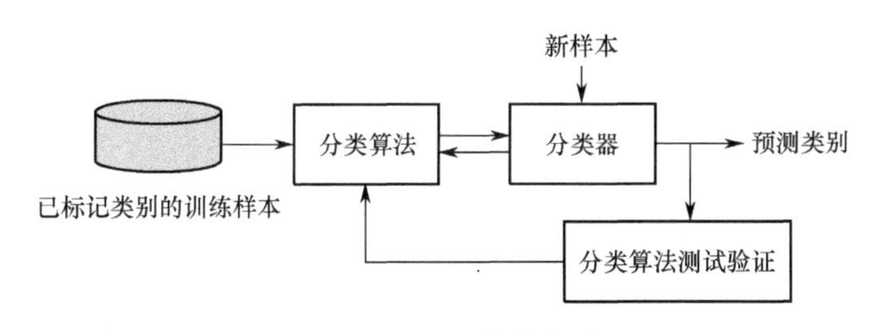

图 9-25　分类算法原理

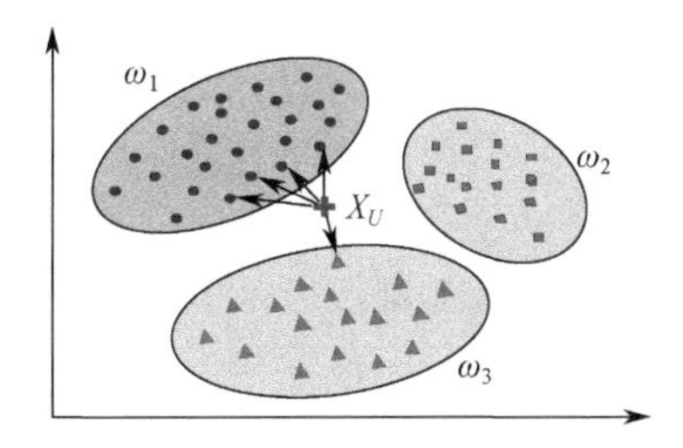

图 9-26　KNN 分类算法原理

图 9-26 中，3 种不同形状的点是分属于 3 种类别（ω_1、ω_2、ω_3）的样本数据，对于待分类点 X_U，计算与其距离最近的 5 个点，即 $K=5$。由图可见，这 5 个点中的 4 个归属类别为 ω_1，1 个归属类别为 ω_3，归属最多的类别为 ω_1。那么，X_U 的类别被分类为 ω_1。

KNN 分类算法是将提取数据特征值组成一个 n 维实数向量空间，即所谓特征空间，然后计算向量之间的空间距离，比较拟分类数据与样本数据之间的距离。KNN 分类算法及流程如图 9-27 所示。

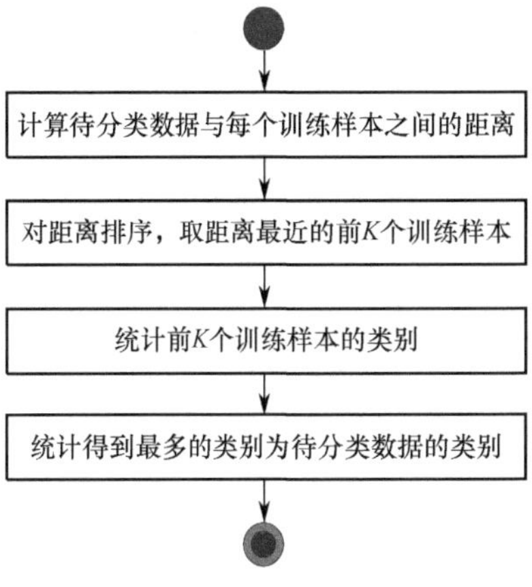

计算待分类数据与每个训练样本之间的距离

对距离排序，取距离最近的前K个训练样本

统计前K个训练样本的类别

统计得到最多的类别为待分类数据的类别

图 9-27　KNN 分类算法及流程

常用空间距离计算方法有欧氏距离、余弦距离等。假设 x_i 和 x_j 的特征空间是 n 维实数向量空间 R^n，即 $x_i=(x_{i1},x_{i2},\cdots,x_{in})$，$x_j=(x_{j1},x_{j2},\cdots,x_{jn})$。欧氏距离为

$$d(x_i,x_j)=\sqrt{\sum_{k=1}^{n}(x_{ik}-x_{jk})^2} \tag{9-15}$$

基于文本数据及用户评价数据的机器学习，更加适用的是余弦相似度

$$\cos(\theta)=\frac{\sum_{k=1}^{n}x_{ik}x_{jk}}{\sqrt{\sum_{k=1}^{n}x_{ik}^{2}}\sqrt{\sum_{k=1}^{n}x_{jk}^{2}}} \tag{9-16}$$

余弦相似度的值越接近 1，越相似；越接近 0，其差异越大。使用余弦相似度可以消除数据的冗余信息，更加贴近数据的本质。例如，两篇文章的特征值均为：大数据、机器学习和极客教程，文章一的特征向量为$(3,3,3)$，即这 3 个关键词出现的次数均为 3；文章二的特征向量为$(6,6,6)$，即这 3 个关键词出现的次数均为 6。如果仅看特征向量，这两个特征向量的差别似乎很大，欧氏距离计算结果亦如此，但其余弦相似度均为 1，这意味着此两者相似。

欧氏距离反映的是空间距离，余弦相似度计算的是向量的夹角，更加关注数据的相似性。例如，两个用户对两件商品的评分分别为$(3,3)$和$(4,4)$，那么两个用户对这两件商品的喜好是相似的，在这种情况下，余弦相似度比欧氏距离更加合理。

2. 朴素贝叶斯分类算法

朴素贝叶斯模型（Naive Bayes Model，NBM）是基于贝叶斯定理与特征条件独立假设，对样本数据进行分类的方法，适用于样本特征维数很高的情形，如垃圾邮件、文本分类等。

假设在给定类别信息y_i的条件下，$x=(x_1,x_2,\cdots,x_m)$是数据集中的某一个样本，其特征x_i相互独立，有类别集合$C=\{y_1,y_2\cdots,y_k\}$；可以计算概率$p(y_1|x),p(y_2|x),\cdots,p(y_k|x)$；如果$p(y_i|x)=\max\{p(y_1|x),p(y_2|x),\cdots,p(y_k|x)\}$，则$x\in y_i$，即$x$属于$y_i$类。根据贝叶斯定理

$$p(y_i|x)=\frac{p(x|y_i)p(y_i)}{p(x)} \tag{9-17}$$

鉴于分母对所有类别为常数，只需要考虑分子部分即可。根据朴素贝叶斯假设，有

$$p(x|y_i)p(y_i)=p(x_1|y_i)p(x_2|y_i)\cdots p(x_m|y_i)p(y_i)=p(y_i)\prod_{j=1}^{m}p(x_j|y_i) \tag{9-18}$$

遍历整个数据集，可以统计得到k个类别下各个特征的条件概率估计，即

$$\begin{gathered}p(x_1|y_1),p(x_2|y_1),\cdots,p(x_m|y_1)\\ \vdots \\ p(x_1|y_k),p(x_2|y_k),\cdots,p(x_m|y_k)\end{gathered}$$

根据贝叶斯公式，计算得到$p(y_i|x),i=1,2,\cdots,k$，从而预测样本x属于哪一类。

3. 支持向量机算法

支持向量机（Support Vector Machines，SVM）算法是基于 VCD（Vapnik Chervonenkis Dimension）和结构风险最小化原理的分类算法，其目标是寻找一个满足分类要求的最优分类超平面，使得该超平面在保证分类精度的同时，能够使超平面两侧的间隔最大化。基于 SVM 算法的分类原理如图 9-28 所示。

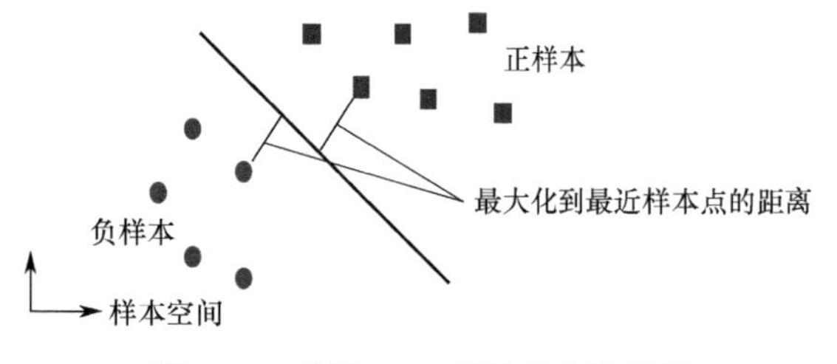

图 9-28　基于 SVM 算法的分类原理

SVM 算法在非线性和高维数据分类中展现出了良好的性能，较好地克服了过拟合和维数灾难问题。以两类数据分类为例，给定训练样本$(x^{(i)},y^{(i)})$，$i=1,2,\cdots,m;x\in\mathbf{R}^n$；$y\in\{-1,1\}$，超平面记为$\boldsymbol{\omega}^{\mathrm{T}}x+b=0,\omega\in\mathbf{R}^n,b\in\mathbf{R}$。为保证最优的分类超平面，应满足如下约束：

$$y^{(i)}(\boldsymbol{\omega}^{\mathrm{T}}x^{(i)}+b)\geqslant 1,\ i=1,2,\cdots,m \tag{9-19}$$

即所有样本点的函数间隔至少为 1。

SVM 的目标是最大化分类的几何间隔$\|\boldsymbol{\omega}/2\|$。因此，构造最优超平面，使几何间隔最大化问题转化为约束最小化问题，即

$$\min \frac{1}{2}\|\boldsymbol{\omega}\|^2 \tag{9-20}$$

$$\text{s.t. } y^{(i)}(\boldsymbol{\omega}^{\mathrm{T}} x^{(i)} + b) \geqslant 1,\ i = 1,2,\cdots,m \tag{9-21}$$

为求解上述线性不等式在约束条件下的二次规划问题，引入拉格朗日乘数法

$$L(\omega,b,\alpha) = \frac{1}{2}\|\boldsymbol{\omega}\|^2 + \sum_{i=1}^{m}\alpha_i[y^{(i)}(\boldsymbol{\omega} x^{(i)} + b) - 1] \tag{9-22}$$

式中，α_i是拉格朗日算子。将式（9-22）对$\boldsymbol{\omega}$、b求偏导数并设为 0，得到如下两个等式：

$$\boldsymbol{\omega} = \sum_{i=1}^{m}\alpha_i y^{(i)} x^{(i)}$$

$$\sum_{i=1}^{m}\alpha_i y^{(i)} = 0$$

将上述二次优化问题转化为相应的对偶优化问题，即

$$\max_{\alpha} W(\alpha) = \sum_{i=1}^{m}\alpha_i - \frac{1}{2}\sum_{i,j=1}^{m} y^{(i)} y^{j} \alpha_i \alpha_j \langle x^{(i)}, x^{(j)} \rangle$$

$$\text{s.t. } \alpha_i \geqslant 0,\ i = 1,2,\cdots,m$$

$$\sum_{i=1}^{m}\alpha_i y^{(i)} = 0$$

求解以上优化问题，对于$\alpha_i > 0$的点，可以得到

$$b = y^{(k)} - \boldsymbol{\omega}^{\mathrm{T}} x^{(k)}$$

式中，$\boldsymbol{\omega} = \sum_{i=1}^{m}\alpha_i y^{(i)} x^{(i)}$。

由于大部分α_i的值都为 0，$\alpha_i > 0$对应的$\boldsymbol{x}^{(i)}$是支持向量，其最优分类函数为

$$f(x) = \operatorname{sign}\left(\sum_{i=1}^{m}\alpha_i y^{(i)} \boldsymbol{x}^{(i)\mathrm{T}} x^{(i)} + b\right) \tag{9-23}$$

为了提高 SVM 处理异常点的能力，引入正则化来处理不能线性可分的数据集，可以通过引入松弛变量ξ_i来解决。这时，约束最小化问题如下：

$$\min \frac{1}{2}\|\boldsymbol{\omega}\|^2 + C\sum_{i=1}^{m}\xi_i \tag{9-24}$$

$$\text{s.t. } y^{(i)}(\boldsymbol{\omega}^{\mathrm{T}} x^{(i)} + b) \geqslant 1 - \xi_i,\ i = 1,2,\cdots,m$$

$$\xi_i \geqslant 0,\ i = 1,2,\cdots,m$$

式中，C是正则化因子，可以通过C来控制样本的过拟合问题。

总体上，所讨论的数据集是线性可分的，仅包括少数异常点。对于线性不可分的情况，SVM 将输入数据的特征向量映射到高维特征向量空间，并在该特征向量空间中构造最优分类面，称这种方法为核技巧（Kernel Trick）。因此，通过某个映射函数φ将原始空间的向量$\boldsymbol{x}$映射到高维空间，即

$$\varphi:\ \boldsymbol{x} \to \varphi(x)$$

称

$$K(x^{(i)}, x^{(j)}) = \boldsymbol{\varphi}(x^{(i)})^{\mathrm{T}} \boldsymbol{\varphi}(x^{(j)})$$

为核函数。以空间点的特征向量$\boldsymbol{\varphi}(x)$代替原始向量$\boldsymbol{x}$，得到最优分类函数

$$f(x)=\mathrm{sign}\left(\sum_{i=1}^{m}\alpha_i y^{(i)}\boldsymbol{\varphi}(x_i)^{\mathrm{T}}\boldsymbol{\varphi}(x)+b\right) \tag{9-25}$$

在支持向量机的实际应用中，核函数常用高斯核或多项式核。

4. 并行化分类算法

序列最小优化（Sequential Minimal Optimization，SMO）是一种最快二次规划优化算法。但它是一种基于迭代优化的坐标上升算法，难以采用 MapReduce 并行化。基于 MapReduce 的朴素贝叶斯算法的核心是输出分类模型，适于并行化分类。

1）Mapper 任务

Mapper 任务将数据集划分成子集并发送至各个 Mapper 节点，每个 Mapper 节点分别执行任务，统计输入数据的类别和属性，类别为 key，属性统计数为 value，组成中间结果传递至 Reduce 节点。Mapper 任务伪代码如下：

```
input: the training dataset
output: < key, value > pair
for each sample do
    parse the category and the value of each attribute
for each attribute value do begin
    key : = category
    value : = frequencies of the attribute
end
output < key, value >
```

2）Reduce 任务

Reduce 任务统计（累加）某个类别下的属性数，结果形式为：类别，属性 1：值，…，属性 n：值。输出训练结果。Reduce 任务统计伪代码如下：

```
input: the key and value output by map function
output: < key, value > pair
sum : = 0
for each sample do begin
    sum + = : value. Next. Get( )
    key : = category
    value : = sum
output < key, value >
```

9.3.3.2 分类算法测试

模型的精确性和计算的并行性是分类算法的核心问题。但遗憾的是，即便是形式化证明亦难以保证分类算法实现的正确性，况且并行计算进一步加剧了算法实现的复杂性。

1. 测试数据设置

怀卡托智能分析环境（Waikato Environment for Knowledge Analysis，WEKA）是基于 Java 环境的开源机器学习及数据挖掘平台，集成了数据预处理、分类、回归、聚类、关联规则及可视化数据挖掘机器学习算法。下面以 NBM 分类算法为例，讨论分类算法测试方法。假设数据集有 k 个训练样本 $S=[s_0,s_1,\cdots,s_{k-1}],s_i\in\mathbf{R}^m$，每个向量有 m 维属性，类标签 $S=[c_0,c_1,\cdots,c_{k-1}],c_i\in L=[l_0,l_1,\cdots,l_{n-1}]$。利用 NBM 分类算法对每个未标签的测试用例 t_s，给出相应类别 $c_i\in L$ 的信息。

2. NBM 分类算法中的蜕变关系

针对 NBM 分类算法的特点，构建基于 NBM 分类算法的蜕变关系。关于蜕变关系的构造，已在聚类算法测试中进行了深入讨论，此处不赘述。

3. NBM 分类算法测试结果分析

通过蜕变测试发现， NBM 分类算法出现了基于原始测试用例和衍生测试用例的测试结果与预期结果不一致的情况，违反了蜕变关系约束。例如，假设某一类情况的发生概率为 $P=0.0000000000000001$，不发生概率为 $P=0.9999999999999999$。由于 WEKA 实现采用的是 double 数据类型，其小数部分最多为 16 位，不发生概率被计为 1.0，导致 MR1.1、MR1.2、MR5 这 3 个蜕变关系在某些测试用例上发生违反约束的情况。同样，蜕变关系 MR2.1 违反约束也是因概率计算不一致所致。因为 NBM 分类算法中使用了拉普拉斯平滑，即

$$p(y_i)=\frac{(\text{属于}y_i\text{的样本数}+1)}{(\text{所有样本数}+\text{类别数})}$$

蜕变关系 MR5 中删除了某些类别，导致 $p(y_i)$ 在基于原始测试用例与衍生测试用例的计算结果不一致，从而导致最终分类结果不一致。

9.3.3.3　分类器性能评估

将数据分为训练样本和测试样本两部分，对已知类别训练集进行分析建模，学习得到分类器。通过对分类器性能评估选择合适的分类算法，优化算法参数，改进分类性能，预测新数据类别，是分类算法测试的重要内容。即便是训练集中性能表现优异的分类器，也可能因为分类器泛化能力较差，可能导致分类过拟合，使得测试集中分类精度不高的现象。

1. 评估方法

1）留置法

留置法是将数据分为互不相交的训练集和测试集，训练集用于构造分类器，测试集则用于评估分类器性能。一般地，训练集与测试集的比例为 2∶1。分类性能定义为

$$P=\frac{1}{N/3}\sum_{i=1}^{N/3}F(g(x^{(i)},y^{(i)}))\qquad(9\text{-}26)$$

式中，N 是样本数；$F(\cdot,\cdot)$ 是分类性能评估指标。

2）随机子抽样

随机子抽样是基于留置法的多次迭代，随机形成训练集和测试集。其分类器性能为

$$p=\sum_{j=1}^{K}p_j\qquad(9\text{-}27)$$

式中，K 是迭代次数；p_j 是第 j 次迭代时分类器的性能。

3）交叉验证

交叉验证是按照规则对数据集进行切割，分别标记为训练集和测试集。在实施过程中，交换训练集和测试集，使得每个数据用于训练的次数相同且恰好测试一次，通过对两次运行的误差求和得到分类总误差。如果将数据分为大小相同的两个子集，一个作为训练集，另一个作为测试集，然后交换两个子集的角色，此所谓**二折交叉验证**。K 折交叉验证是将数据集分为独立且数量相同的 K 个子集，每次选择其中一个子集作为测试集，其余 $K-1$ 个子集为训练集，重复该过程 K 次，每个子集用于测试恰好一次，分类误差是 K 次运行误差之和。假设 N 为样本总数，令 $K=N$，每个测试集只有一个数据，此所谓留一法。这样就能够使用尽可能多的训练数据，但由于整个验证过程需要重复 N 次，导致测试效率降低。

4）自助法

自助法是将训练数据进行回放抽样，使所有数据等概率地被重新抽取。假设数据集有 N 个样本，一个样本被自助抽样抽取的概率为

$$p=1-\left(1-\frac{1}{N}\right)^{N}\qquad(9\text{-}28)$$

当 N 足够大时， $P \to 1-\mathrm{e}^{-1}=0.632$，表明训练集中包含 63.2%的数据样本，即所谓**自助样本**。假设抽中的数据样本构成测试集的一部分，将训练集上构建的模型应用到测试集中，得到自助样本分类准确率的一个估计 ε_i，将抽样过程重复 M 次，产生 M 个自助样本。常用 0.632 自助法计算分类器总的准确率，即通过组合每个自助样本的准确率 ε_i 和由训练集计算的准确率 ε_i 来计算总准确率

$$p=\frac{1}{M}\sum_{i=1}^{m}(0.632\times\varepsilon_i+0.368\varepsilon_i) \tag{9-29}$$

2. 评估指标

工程上，通常使用分类准确性、F-Measure、接受者操作特征（Receiver Operating Characteristic，ROC）曲线、分类时间代价、鲁棒性、可解释性等对分类算法进行评估和比较。

1）准确性和 F-Measure

运用分类器对测试集进行分类时，有些样本被正确分类，有些则可能被错误分类，这些信息可以通过混合矩阵来描述，如表 9-7 所示。

表 9-7 分类混合矩阵

		测试类别	
		+	−
实际类别	+	正确的正例（TP）	错误的负例（FN）
	−	错误的正例（FP）	正确的负例（TN）

（1）正确的正例（True Positive，TP）：分类器预测正确的正样本。

（2）正确的负例（True Negative，TN）：分类器预测正确的负样本。

（3）错误的正例（False Positive，FP）：分类器预测错误的正样本。

（4）错误的负例（False Negative，FN）：分类器预测错误的负样本。

准确性定义为测试集中正确分类的样本数占总测试样本的比例

$$\text{Accuracy}=\frac{\text{TP}+\text{TN}}{\text{TP}+\text{TN}+\text{FP}+\text{FN}} \tag{9-30}$$

同样，可以用信息检索中的准确率和召回率对 F-Measure 进行评价，其定义分别如下：

$$\text{Precision}=\frac{\text{TP}}{\text{TP}+\text{FP}} \tag{9-31}$$

$$\text{Recall}=\frac{\text{TP}}{\text{TP}+\text{FN}} \tag{9-32}$$

$$\text{F-Measure}=\frac{2\times\text{Precision}\times\text{Recall}}{\text{Precision}+\text{Recall}} \tag{9-33}$$

显然，准确性与 F-Measure 的值越大，分类器性能越好。

2）ROC 曲线与 AUC

ROC 是基于分类混淆矩阵评价模型，用错误正例率（False Positive Rate，FPR）[FPR = FP / (FP + TN)] 表示 x 轴，用正确正例率（True Positive Rate，TPR）[TPR = TP / (TP + FN)] 表示 y 轴，对于一个分类器，根据其在测试样本上的表现得到一个 FPR 和 TPR 点对，分类器将其映射为 ROC 平面上的一个点，ROC 曲线直观地展示了 FPR 与 TPR 之间的对应关系。调整分类器的决策阈值即可得到如图 9-29 所示的该数据集上的 ROC 曲线。

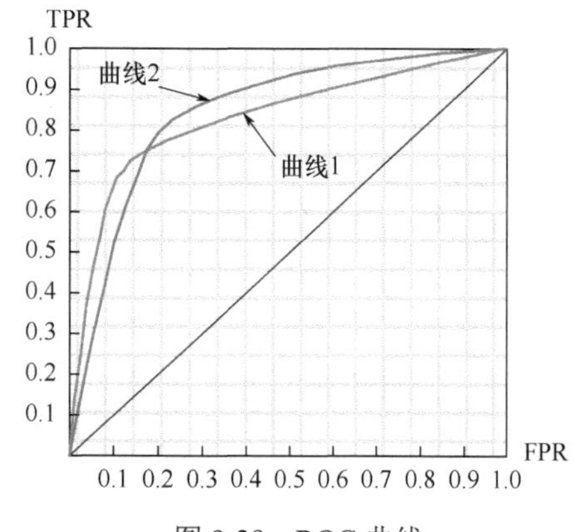

图 9-29 ROC 曲线

在 ROC 曲线中，若 FPR = 0，TPR = 0，则意味着分类器将每个样本均预测为负例；若 FPR = 1，TPR = 1，则意味着分类器将每

个样本预测为正例；若 $FPR=0$，$TPR=1$，则表明该分类器是一个最优分类器。图 9-29 所示两条 ROC 曲线，当 $FPR<0.2$ 时，曲线 1 优于曲线 2；当 $FPR>0.2$ 时，则相反。ROC 曲线直观地展示了分类器的性能，但如果仅用 ROC 曲线对两者进行比较，很难评估两条曲线所对应分类器性能的优劣，无法说明两者之间的差距，需要使用更加准确的数值对分类器性能进行评估。ROC 曲线下方面积（Area Under the ROC Curve，AUC）较好地解决了此问题。如果一条曲线的 AUC 值大于另一条曲线，表明其对应的分类器更优。

AUC 值可以通过积分法求取。当正负样本的分布即正负样本的比例发生变化时，ROC 曲线和 AUC 的值保持不变。正负样本的分布会影响准确性、F-Measure 等指标。任何用到实际正例数 $P=TP+FN$ 和负例数 $N=TN+FP$ 的指标都会受样本分布改变的影响。

在 ROC 曲线中，FPR 只用到了 N 中的样本，TPR 只用到了 P 中的实例，ROC 曲线不依赖于样本分布。在实际应用中，测试样本分布不均衡的现象非常普遍，这种不均衡的样本分布使得某些评估指标不再适用。

9.3.4　推荐算法测试

推荐系统是一种主动的信息过滤系统，将信息过滤过程由用户主动搜索转变为系统主动推荐。其本质就是建立用户和对象之间的连接 $y=F(x_i,x_u,x_c)$，以解决用户、对象、环境的匹配问题，是解决信息过载的有效方法。

9.3.4.1　推荐系统

推荐架构包括整体技术架构、推荐系统架构、推荐引擎架构 3 个层次。它们依次为包含关系，推荐系统是整体技术架构中的一环，推荐引擎则是推荐系统的一环。

1. 整体技术架构

推荐系统技术架构自下而上依次为数据生产、数据存储、候选集触发、融合过滤、重排序及结果应用等层面，通过推荐算法，将数据源、推荐结果及用户需求紧密地联系在一起，构成如图 9-30 所示的推荐系统基础技术架构。

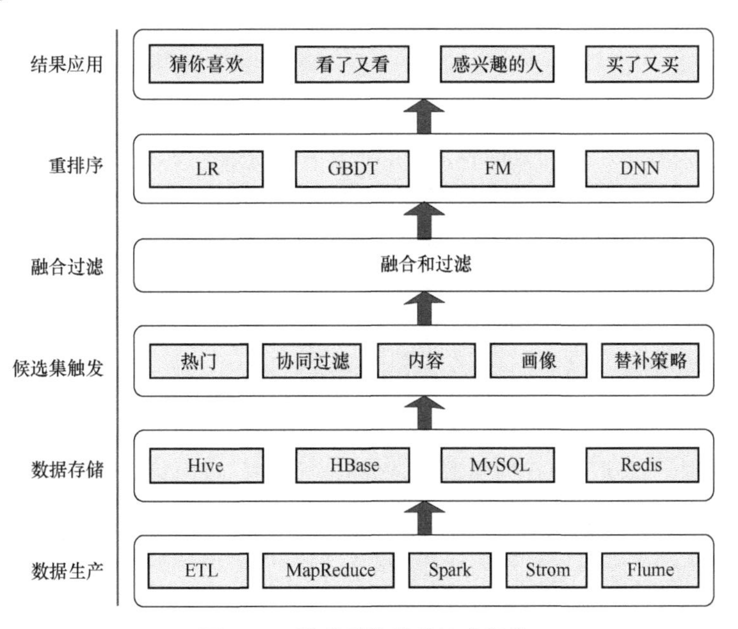

图 9-30　推荐系统基础技术架构

2. 推荐系统架构

可以将推荐系统形象地视为一个数据加工厂，输入用户及对象数据，通过推荐算法处理及过滤、排序之后，找到用户感兴趣的对象，输出对象清单，将对象清单中前若干个对象推荐给用户。

在此过程中，需要通过推荐系统架构进行过滤、排序并进行推荐解释，提供对象信息和消费建议，提高用户的接受度和认可度。推荐系统架构如图 9-31 所示。

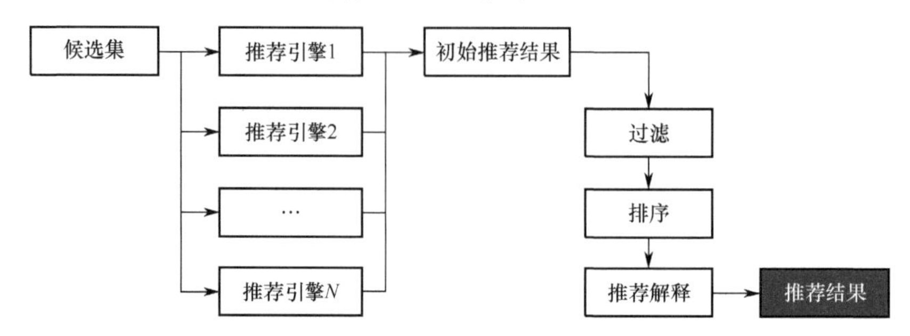

图 9-31　推荐系统架构

3. 推荐引擎架构

推荐引擎由用户特征、候选对象集、用户–对象匹配、过滤、融合及排序等构成，其架构如图 9-32 所示。

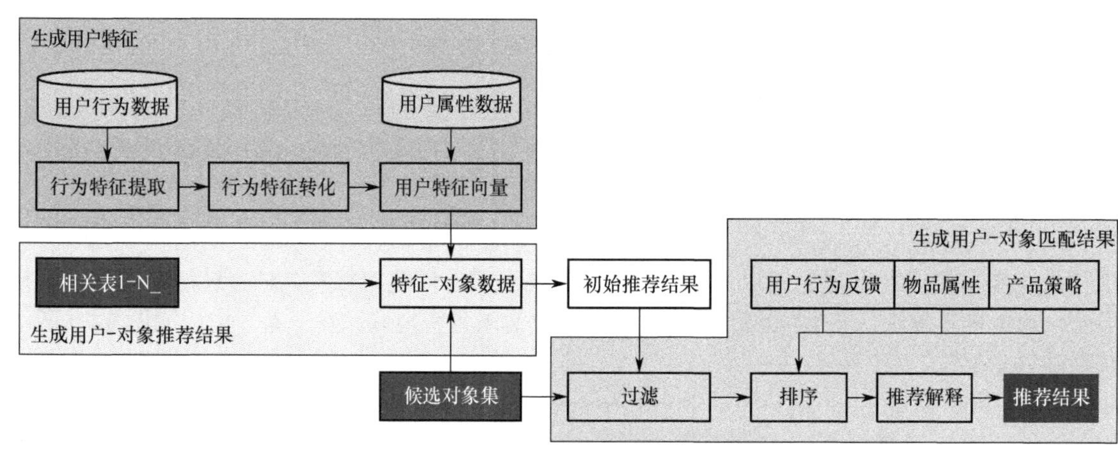

图 9-32　推荐引擎架构

将点击、浏览、购买等用户行为数据和入口属性、用户关系、兴趣爱好等属性数据，转化为用户特征向量，支撑用户–对象匹配。候选对象集是需要用户匹配的对象，需要转化为对应的对象特征。根据用户及对象特征，生成用户–对象初始推荐表，过滤掉用户已购买过的物品，按用户行为反馈、物品属性及产品策略，进行列表顺序调整，生成最终推荐结果。

9.3.4.2　推荐流程

推荐系统由用户特征收集、用户行为建模、推荐对象排序与推荐、推荐系统评估等模块构成。用户特征收集用于收集用户浏览、评论、点赞、购买、评分等历史信息，支撑分类和用户偏好描述；用户行为建模是根据用户特征数据，构建用户行为模型，分析用户偏好，找出相似偏好的用户；推荐对象排序与推荐是将用户行为信息作为特征，通过推荐算法，获得用户感兴趣的对象，排序后推荐给用户；推荐系统评估是对推荐系统是否满足需求进行分析评价，常见的评估指标包括准确度、多样性、新颖性和覆盖率等。

9.3.4.3　推荐系统算法

1. 基于内容的推荐算法

基于内容的推荐算法是根据对象内容数据即对象的特征信息，通过内容挖掘，得到内容画像，然后基于用户行为生成用户画像，最后基于用户画像和内容之间的相似度向用户推荐不同的对象。标签、关键词、实体、分类、主题、词嵌入向量等是基于内容推荐的主要方法。假设 $\text{UserProfile}(u)$ 为用户 u 的对象偏好向量，定义为

$$\text{UserProfile}(u)=\frac{1}{|N(u)|}\sum_{s\in N(u)}\text{Content}(s) \tag{9-34}$$

式中，$N(u)$ 是用户 u 之前偏好的对象集合；$\text{Content}(s)$ 是对象内容向量，从对象特征中获得。

对于任意一个用户 u 及其所不知道的对象 c，用户偏好向量 $\text{UserProfile}(u)$ 与 $\text{Content}(s)$ 的相似度定义为

$$s(u,c)=\text{sim}(\text{UserProfile}(u),\text{Content}(s)) \tag{9-35}$$

通过向量余弦定理对这两个向量的相似度进行度量，两个向量之间的夹角越小，相似度越高。但是，这种算法仅适用于对象特征容易抽取的领域，而对于用户潜在兴趣的挖掘尚存在一定困难。

2. 近邻推荐算法

近邻推荐算法是基于用户喜好及具有相似偏好用户喜欢的对象，利用用户行为数据，通过用户或对象之间的相似度进行推荐，包括基于用户和基于对象的协同过滤。其核心思想是物以类聚，人以群分。

1）基于用户的协同过滤推荐

基于用户的协同过滤推荐旨在找到和用户相似的群体，向用户推荐这群用户中比较流行但该用户尚未关注的对象。首先，计算用户相似度，找到与目标用户偏好相似的用户集合；然后，在用户集合中，分析并找出目标用户可能喜欢且未关注的对象，推荐给目标用户。

常用相似度计算方法包括用户之间的余弦相似度及有正反馈对象的相似度。令 $N(u)$ 和 $N(v)$ 分别是用户 u 和 v 偏好的对象集合，用户 u 和 v 的偏好相似度用 Jaccard 公式度量

$$s(u,v)=\frac{|N(u)\cap N(v)|}{|N(u)\cup N(v)|} \tag{9-36}$$

式（9-36）所示用户偏好相似度度量的核心是计算用户偏好对象的共现度，共现度越大，两个用户偏好越相似。计算得到偏好相似度之后，向目标用户推荐与其兴趣最相似的 k 个用户偏好的对象。目标用户 u 对对象 i 的偏好程度由下式计算得到

$$p(u,i)=\sum_{v\in N(u,k)\cap N(i)} s(u,v)r_{vi} \tag{9-37}$$

式中，$N(u,k)$ 是包含与用户 u 偏好接近的 k 个用户；$N(i)$ 是对对象 i 有过行为的用户集合；$s(u,v)$ 是用户 u 和 v 的偏好相似度；r_{vi} 是用户 v 对对象 i 的兴趣。

2）基于对象的协同过滤推荐

基于对象的协同过滤推荐是基于对象与对象之间相似度的推荐。首先找到与用户喜欢过的对象最相似的对象列表，然后向用户推荐。但对象与对象之间的相似度不能通过直接计算得到，而是通过共现度计算得到。

3. 智能推荐系统

智能推荐系统采集终端用户行为数据以及后端服务器日志、业务数据、第三方数据，基于数据全流程、深度学习、语义分析，构建推荐引擎，进行多维度、多指标分析，形成快速反馈及精准迭代的特征集。智能推荐系统涉及数据、模型、推荐、分析四大要素。智能推荐技术架构如图 9-33 所示。

9.3.4.4　推荐系统测试

离线实验、用户调查、在线测试是 3 种典型的推荐系统测试方法。离线实验是基于现有数据集，对用户行为建模，评估推荐系统的预测准确度等性能；用户调查是让部分用户使用推荐系统，执行一组任务，回答关于使用体验等方面的问题，基于用户调查结果，对推荐系统进行评价；在线测试是在一个部署好的推荐系统上，对推荐系统架构、推荐算法、系统指标等实现情况进行测试验证。基于不同数据集，

不同推荐算法的能力存在较大差异。用户偏好预测准确性及多样性、覆盖率、惊喜度、可扩展性是需要测试验证的指标。由于指标之间并不一致，且不存在强相关性，准确性和多样性本身就是一对矛盾。对于不同指标，需要通过不同方法进行测试验证。一般地，可以通过离线计算获得准确性，通过用户调查得到惊喜度，而有些指标的评估则需要通过在线测试获得。

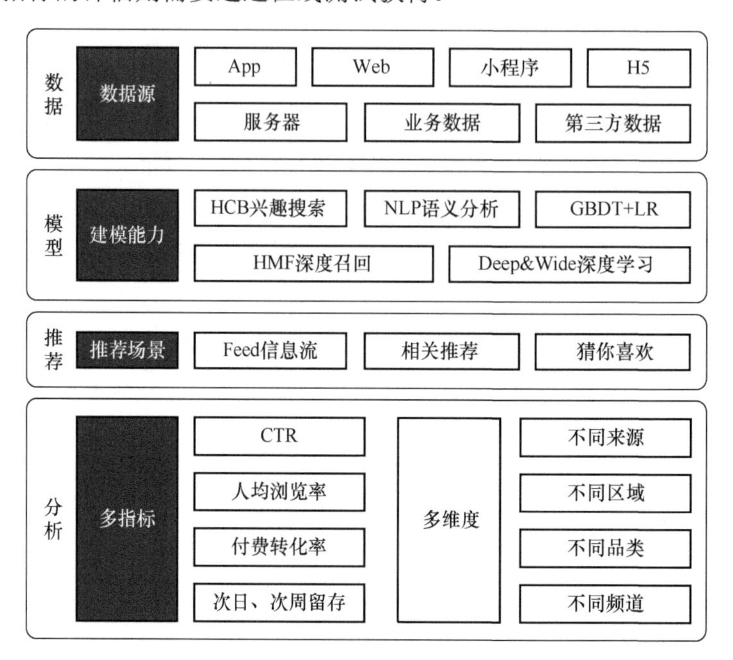

图 9-33 智能推荐技术架构

9.3.4.5 推荐系统评估

对于一个推荐系统，往往难以直接通过测试数据进行评估。可以基于机器学习、信息检索、用户体验、软件工程师等不同视角，构建评估体系，确定评估指标，然后基于测试等数据进行分析评估。推荐系统评估体系如图 9-34 所示。

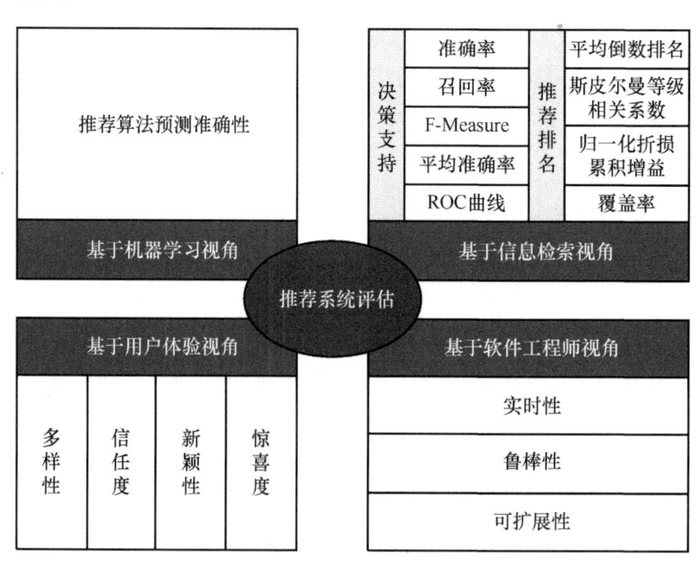

图 9-34 推荐系统评估体系

1. 基于机器学习视角：推荐算法预测准确性评估

预测准确性评估是对推荐系统预测用户行为的能力，如分类、聚类准确性的度量和评价，需要一组包含用户评分记录的离线数据集支撑。采用 K 折交叉验证将数据集划分为训练集和测试集，在训练集上建立用户评分预测模型，在测试集上预测用户评分。预测准确性包括平均绝对误差（Mean Absolute Error，MAE）、均方误差（Mean Square Error，MSE）和均方根误差（Root Mean Square Error，RMSE）。计算公式分别如下：

$$\text{MAE}=\frac{1}{|Q|}\sum_{(u,i)\in Q}\left|r_{ui}-\hat{r}_{ui}\right| \quad ; \quad \text{MSE}=\frac{1}{|Q|}\sum_{(u,i)\in Q}\left|r_{ui}-\hat{r}_{ui}\right|^2 \quad ; \quad \text{RMSE}=\sqrt{\frac{1}{|Q|}\sum_{(u,i)\in Q}\left|r_{ui}-\hat{r}_{ui}\right|^2}$$

式中，Q 是测试集；r_{ui} 是用户真实偏好（评分）；$\hat{r}_{ui}$ 是推荐系统预测评分。

对于 MAE，不考虑误差方向，计算简单；MSE 对大误差具有较大的惩罚值，误差的平方值不具有直观意义，可以使用 RMSE 度量预测的准确性。值得注意的是，利用预测准确性评价推荐系统，需要获得不同推荐算法所采用的数据集及数据尺度。

2. *基于信息检索视角：基本决策支持及排名评估*

用户仅仅关心所推荐的对象，而非具体数值。推荐结果类似于搜索引擎的搜索结果，基于信息检索视角，检视推荐系统，准确率、召回率、F-Measure、平均准确率、ROC 曲线等决策支持度量及平均倒数排名、斯皮尔曼等级相关系数、归一化折损累积增益等基于推荐排名的度量，展示了独特的魅力。决策支持度量反映推荐系统能否向用户推荐其心仪的对象，而基于推荐排名的度量则反映了推荐系统为用户推荐其所喜爱物品的顺序。

1）准确率、召回率、F-Measure

推荐系统通常推荐一个对象列表，但用户所关心的往往是列表前面的对象，这种推荐方式称为 Top-n 推荐。准确率是用户喜欢对象占推荐对象的比率；召回率是推荐对象中用户喜欢对象数的比率；F-Measure 是准确率与召回率的一种折中。那么，读者会发现，为什么没有定义前 n 个的召回率 Recall@n 呢？这是因为其定义及其结果与 Precision@n 相同。推荐系统中，更加关注的是前 n 个的准确率，而非召回率。定义如下：

$$\text{Precision}=\frac{N_{rs}}{N_s} \quad \text{或} \quad \text{Precision}@n=\frac{N_{rs}@n}{n} \tag{9-38}$$

$$\text{Recall}=\frac{N_{rs}}{N_r} \tag{9-39}$$

$$\text{F-Measure}=\frac{2\times\text{Precision}\times\text{Recall}}{\text{Precision}+\text{Recall}} \tag{9-40}$$

式中，N_{rs} 是推荐对象中用户喜欢的数量；N_s 是推荐对象数；n 是前 n 个推荐项；N_r 是用户喜欢对象数。

2）平均准确率

平均准确率（Mean Average Precision，MAP）是多个推荐准确率的平均值，推荐对象越靠前，平均准确率越高。其定义为

$$\text{MAP}=\frac{\sum_{q=1}^{Q}\text{Avep}(q)}{Q} \tag{9-41}$$

$$\text{Avep}(q)=\frac{\sum_{k=1}^{n}p(k)\times\text{rel}(k)}{\#\text{relevant item}} \tag{9-42}$$

式中，Q 是对象被推荐次数；k 是排名；$\text{rel}(k)$ 是给定排名的相关性函数；$p(k)$ 是给定排名精度。

3）ROC 曲线

通过 ROC 曲线调整推荐系统参数，找到推荐系统错误正例率与正确正例率之间的折中。同时，通过 AUC 还可以对不同推荐系统的性能进行比较。

4）平均倒数排名

平均倒数排名（Mean Reciprocal Rank，MRR）表示，越相关的检索结果排序越靠前，以度量推荐系统是否将用户最喜欢的对象排在最前面。其定义为

$$\mathrm{MRR}=\frac{\sum_{q=1}^{Q}1/\mathrm{rank}_i}{Q} \tag{9-43}$$

式中，Q 是对象推荐次数；rank_i 是用户喜欢对象在推荐列表中的排序。

显然，MRR 的值越大，推荐系统的性能越好。

5）斯皮尔曼等级相关系数

斯皮尔曼等级相关系数（Spearman Rank Correlation Coefficient，SRCC）用于计算推荐对象排名顺序与真实排名顺序之间的皮尔逊相关系数。其定义为

$$\mathrm{SRCC}=\frac{\sum_i(r_1(i)-\mu_1)(r_2(i)-\mu_2)}{\sqrt{\sum_i r_1(i)-\mu_1)^2}\sqrt{\sum_i(r_2(i)-\mu_2)^2}} \tag{9-44}$$

式中，$r_1(i)$ 和 $r_2(i)$ 分别是推荐系统对象排名及真实排名；μ_1 和 μ_2 分别是推荐系统对象排名及真实排名均值。

在推荐系统中，若对象排名与真实排名相同，则 SRCC = 1。

6）归一化折损累积增益

SRCC 对所有错误排名的惩罚相同，而未考虑排名位置。但排名位置颠倒对评估的准确性会产生重要影响。归一化折损累积增益（Normalized Discounted Cumulative Gain，NDCG）较好地解决了这一问题，因此其在推荐系统评估中得以广泛采用。其定义如下：

$$\mathrm{NDCG}=\frac{\mathrm{DCG}(r)}{\mathrm{DCG}(r_{\mathrm{perfect}})} \tag{9-45}$$

式中，$\mathrm{DCG}(r)=\sum\mathrm{discr}(r(i))u(i)$；$\mathrm{discr}(r(i))$ 是基于排名位置的折损函数，使得前面对象的排名更加重要；$u(i)$ 是推荐列表中每个位置对象的效用，比如用户评分、是否点击、浏览或购买等；$\mathrm{DCG}(r_{\mathrm{perfect}})$ 表示一个完美排名的折损累积增益。

7）覆盖率

覆盖率反映推荐系统挖掘对象范围的能力，包括对象覆盖率及用户覆盖率。对象覆盖率是指被推荐对象数占总对象数的比例，用户覆盖率是指被推荐对象的用户占总用户的比例。以对象覆盖率为例，其定义如下：

$$\mathrm{Coverage}=\frac{U_{u\in U}I(u)}{I} \tag{9-46}$$

式中，$I(u)$ 是推荐系统为用户 u 推荐的对象数；I 是总的对象数。

在工程上，通常利用信息熵来度量推荐系统的对象覆盖率，即

$$H=-\sum_{i=1}^{n}p(i)\log_2 p(i) \tag{9-47}$$

式中，$p(i)$ 是对象 i 的流行度与所有对象流行度之比，即对象 i 被推荐的概率。

由式（9-47）可见，如果仅仅只有一个对象一直被推荐，则 H 为 0，若 n 个对象以等概率被推荐，则 $H=\log_2 n$。显然，H 值越大，覆盖率越高。

3. 基于用户体验视角：推荐的多样性、信任度、新颖性与惊喜度

（1）**多样性**：多样性与相似性相反。如果用户已购买某品牌商品，可能会在一段时间内不再对该品

牌商品感兴趣，则继续为其推荐相似商品，收效甚微，若推荐不一样的商品，可能产生意想不到的效果。在推荐系统测试时，需要测试预测的准确性及推荐对象的多样性。

（2）**信任度**：用户对推荐系统的信任程度。若推荐系统向用户推荐其有所了解且中意的对象，用户就认为推荐系统提供了合理的推荐，信任度增加；反之，信任度降低。大多数推荐系统获取用户信任的主要方法是对推荐的解释，合理的解释可以提高用户对推荐系统的信任度。

（3）**新颖性**：过滤掉用户已评分或购买过的对象，为其推荐不了解的新颖对象。提高推荐新颖性的方法是利用推荐对象的平均流行度，越流行的对象其新颖性越低，推荐不太热门的对象可能反而让用户感觉新颖。预测准确率与推荐的新颖性、多样性应在一定程度上取得平衡。

（4）**惊喜度**：推荐系统带给用户的惊喜程度。如用户喜欢某一明星主演的电影，推荐系统向其推荐该明星的早期电影，用户可能会喜欢且感觉有新颖性，但却难以带来惊喜。惊喜度度量需要定义推荐对象与用户历史偏好的相似度，需要统计用户对推荐对象的满意度，而且还要平衡准确度与惊喜度的关系。

4. 基于软件工程师视角：系统的时效性、鲁棒性和可扩展性

（1）**时效性**：如果能在第一时间为用户推荐满意的对象，会赚足流量，赢得先机。时效性是能够实时地将新添加到系统的对象推荐给用户，并根据用户行为，为用户实时推荐新品。大多数推荐系统基于并行计算框架，利用 Mahout 来提升实时性。

（2）**鲁棒性**：在极端条件下系统的稳定性，如“双 11”期间的大规模用户请求。这与推荐系统基础设施架构及系统可靠性等密切相关。推荐算法大多依赖于用户行为，用户行为改变，将直接影响推荐结果，这种情况称之为对推荐系统的攻击。对于这类攻击，通常是基于攻击模型，进行异常数据与用户行为分析检测。

（3）**可扩展性**：随着数据量持续快速增长，推荐算法效率也将下降，需要持续优化推荐算法，改进推荐系统架构，增加计算、存储等资源。推荐系统测试，应对其可扩展性进行测试验证，并在系统运行时持续监控系统的运行情况及资源消耗的变化。

9.4　大数据应用性能测试

基于不同场景和负载，测试大数据应用系统的响应时间、容量规模、最大在线用户数、吞吐量、最大处理能力等性能指标的实际呈现及满足用户需求的程度，摸清边界及极限条件下的性能底数，发现可能导致性能问题的条件，定位性能瓶颈，服务于性能提升，是大数据应用性能测试的根本目的。

不合理的数据架构、数据操作分布、架构腐败等，是导致大数据应用性能失衡乃至于系统失败的根本原因，如在 MapReduce 应用中，对于输入切分、冗余移动、排序操作等，需要关注操作是否处于合适的步骤中，Map 过程中的聚合操作是否应移动至 Reduce 步骤中。

大数据应用性能测试包括基准测试、稳定性测试、压力测试、负载测试、容量测试、并发测试等类型。立足于大数据应用的数据特点和处理特征，构建大数据应用性能测试指标体系，基于用户视角，进行性能测试验证，是大数据应用性能测试的重要内容。这里，通过图 9-35 给出了一个大数据应用性能测试指标体系。

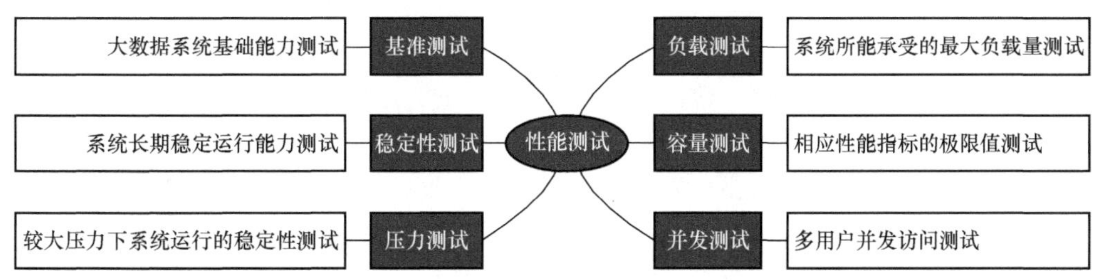

图 9-35　大数据应用性能测试指标体系

9.4.1 影响大数据应用性能的因素

数据来源于传感器、网络系统、终端用户、移动计算环境等广泛分布的异构数据源，数据规模庞大且持续增长，数据类型不断变化。为确保大数据应用系统性能测试的充分性，必须基于大数据的基本特征，分析影响大数据应用性能的主要因素。

（1）**数据集**：对于不同应用获得的数据，进行正确性、完整性、一致性测试。例如，对于存储在 HDFS 中的数据，可以通过脚本对比文件和工具，提取其差异。在极端情况下，需要花费大量时间和资源进行完备的文件比对。

（2）**数据多样性**：数据来源及类型多种多样，千差万别，包括结构化、非结构化及半结构化数据。对于异构且缺乏整合的数据，传统测试方法难以适应数据多样性的处理需求。大数据应用性能测试需要关注数据多样性对系统性能的影响。

（3）**数据持续更新**：在大数据应用过程中，数据无时无刻不在快速生成或流入，对应用系统的响应速度、处理能力等产生持续影响。大数据应用性能测试不仅要关注如何持续地生成实时测试数据，还应使测试数据得到快速响应，实时处理，为应用系统或组织注入持续的活力和竞争力。

9.4.2 大数据应用性能指标及监控

9.4.2.1 应用性能指标

通常，将大数据应用性能划分为前端性能和后端性能。用户通过前端操作，获得使用价值，前端性能对用户价值实现具有重要意义。后端性能通过前端呈现，网络、集群环境等作为大数据应用不可或缺的基础架构，对系统性能具有重要影响。大数据应用性能测试需更加关注后端性能以及网络状态、数据传输效率等影响。一般地，对于大数据应用系统运营性能指标，需要测试验证如下 3 个方面的时间性能。

（1）**呈现时间**：客户端接收到数据，解析数据的时间。

（2）**传输时间**：发送与接收数据，在网络系统中的传输时间，包括时延等。

（3）**处理时间**：系统对请求进行处理并返回的时间。

Hadoop 能够有效捕获响应时间、用户数、吞吐量等性能数据，识别性能问题。响应时间是对请求做出响应所需要的时间，包括服务器处理时间、网络传输时间、客户端展示时间等。对于用户而言，自单击一个按钮、链接，发出一条指令或提交一个表单开始，到应用系统将结果以用户所需形式呈现出来为止，这个过程所消耗的时间就是用户对该应用性能的表征，这个过程所需要的时间就是响应时间。呈现时间属于前端性能，处理时间属于后端性能，而传输时间属于基础设施性能。基于浏览器应用，所谓响应时间就是自浏览器向 Web 服务器提交一个请求到收到响应的间隔时间。浏览器下载时间包括内嵌对象、JavaScript 文件、层叠样式表 CSS、图片等所有元素到终端用户所花费的时间和初始化页面上元素的时间之和，即

$$\mathrm{RT} = T_s + T_n + T_c \tag{9-48}$$

式中，T_s 为服务处理时间，包括应用服务器、中间件服务器、数据库服务器等的处理时间之和；T_n 为网络传输时间；T_c 为客户端处理时间。

用户数包括最大用户数、在线用户数、并发用户数等。最大用户数是系统所支持的最大额定用户数，对于一个需要用户登录的系统，最大用户数是可登录用户的最大规模，而对于无用户登录系统，应分析允许访问该系统的最大用户规模，必要时对系统运行期间所收集的数据进行分析，以获得最大用户数；在线用户数是指在一定时间范围内，同时在线的最大用户规模，这是一个间接负载目标值，可理解为所有正在操作使用系统的用户规模；并发用户数是指典型场景中，集中操作的用户数量，当然非绝对并发，

包括平均并发用户数和峰值并发用户数。平均并发用户数 C_{avg} 通过所收集的数据计算得到

$$C_{\text{avg}} = \frac{nL}{T} \tag{9-49}$$

式中，n 是平均每天访问系统的用户总数；L 是一天内用户从登录系统到退出系统的平均持续时间；T 是考察时间周期，一般取 24 小时，也可以取采集的时间段。

一般地，峰值并发用户数 C_{peak} 可以通过平均并发用户数来估计

$$C_{\text{peak}} \cong C_{\text{avg}} + \sqrt[3]{C_{\text{avg}}} \tag{9-50}$$

吞吐量是指单位时间内系统处理用户请求数的能力。对于交互式系统，吞吐量能够较好地反映系统的负载能力。对于 Web 应用，吞吐量是指单位时间内应用服务器成功处理的 HTTP 页面或 HTTP 请求数量。以不同方式表达的吞吐量可以说明不同层次的问题。以字节数/秒表示的吞吐率可以反映网络基础设施、服务器架构以及应用服务器的服务能力；以请求数/秒表示的吞吐率可以反映应用服务器和应用代码的服务能力。当未遇到性能瓶颈时，吞吐量与虚拟用户数之间存在着如下关系：

$$F = \text{VU}\frac{R}{T} \tag{9-51}$$

式中，F 是吞吐量；VU 是虚拟用户数；R 表示每个虚拟用户在 T 时间内发出的请求数；T 表示性能测试所用的时间。

9.4.2.2　性能监控

在测试过程中，应通过监控指标对资源使用情况进行监控，定位性能瓶颈，分析系统的可扩展性，优化性能。性能瓶颈查找由易到难的程度为：服务器硬件瓶颈→网络瓶颈→应用瓶颈→服务器操作系统瓶颈（参数配置）→中间件瓶颈（参数配置、数据库、Web 服务器等）。通常，监控指标包括如下两类。

（1）**比例指标**：资源利用率，即实际使用资源占总资源的比例。CPU、内存、存储器等是测试过程中需要关注的资源。通常，在缺省情况下，可以将指标设定为 75%～80%。

（2）**数值指标**：描述服务器、操作系统等的性能指标，如使用内存数、进程时间等。

监控指标包括用户监控（峰值并发操作用户、系统支持用户、同时在线用户）、短时间内在线人数监控（自定义时间段）、页面访问次数、某段时间内访问次数以及服务器参数、数据库参数、JVM 参数变化等的变化情况。

9.4.3　测试数据

9.4.3.1　数据结构

（1）**结构化数据**：是能够预先定义其含义和格式，由二维表结构进行逻辑表达和实现的数据。结构化数据严格遵循数据格式与长度规范，能在数据表和文件中进行处理，可以通过关系型数据库或结构化文件进行存储和管理。

（2）**非结构化数据**：是数据结构不规则或不完整，没有预定义的数据模型，无特别的数据定义，难以用二维逻辑表进行表征的数据。任何格式的数据都可视为非结构化数据，如广泛存在的文档、文件、图片、XML、HTML、报表、图像、音频、视频等。

（3）**半结构化数据**：是介于结构化数据和非结构化数据之间的数据，如 HTML 文档，一般是自描述的，数据的结构和内容混在一起，无明显区分。半结构化数据不包含任何格式，数据结构能够从数据模式得到。譬如，对通过爬虫从不同 Web 站点得到的网页数据进行测试时，需要通过脚本定制，转化为具有结构的格式，而对于 HTML 返回数据处理，涉及半结构化数据，需要对数据进行解析以获得相应信息，为持续测试提供测试数据，对数据进行验证，判断测试结果是否符合预期。

9.4.3.2 数据设计原则

大数据特性对应用性能具有显著影响，在测试策划过程中，应对应用所承载的数据特性进行分析。全随机数据设计方式有利于数据分布的均匀性，但在某些场景下，全部随机是不现实的，不能想当然地认为全部随机生成的数据，就能够逼真地模拟所有真实数据环境。受制于测试资源、测试进度，原则上基于 Pareto 法则即“80/20”分布，将主要精力专注于正常测试数据以及数据设计的代表性、广泛性和数据分布密集度。

1. 代表性

测试数据应该具有广泛的代表性，不仅要包含合理、处于取值区间的测试数据，还应包含不合理、非法、处于取值区间边界和越界的数据，乃至于极限数据。此外，还应充分考虑偏离数据，如空缺值类型数据、噪声数据、不一致数据、重复数据等。对于偏离数据，不仅可能无法得到正确结果，而且在某种程度上会影响大数据应用性能。

（1）**空缺值数据**：这类数据缺失针对的是必须有信息的字段，如学生的生源地信息。数据缺失值处理包括删除、补齐、忽略 3 类方法。

（2）**噪声数据**：在原始数据上偏离产生的数据值，同原始数据具有相关性。由于噪声偏离的不确定性，导致噪声数据偏离实际数据具有不确定性。

（3）**不一致数据**：这类数据产生的根源是业务系统不健全、没有数据约束条件、约束条件过于简单、输入后未进行逻辑判断而直接写入等，如日期格式不正确和日期越界等。

（4）**重复数据**：数据表链接时，数据合并过程中产生的数据。

2. 广泛性

广泛性要求测试数据应尽可能多地包含可取的数值，能够普遍地发现错误，而不是仅仅针对某个错误进行反复测试。广泛性要求尽可能多地设计测试数据，通过变换一部分内容，针对不同内容进行测试。测试数据应关注测试用例中所涉及的每个细节及每种可能情况，覆盖每种可能的情况及其组合。测试数据组合可能导致测试设计的无限膨胀。

3. 数据分布密集度

数据分布密集度可以理解为数据倾斜。在数据库的某个表中，当数据量很大时，某个字段的值是否取值均匀，以决定建立在这个字段上索引的集群分子，如果集群数很大，在 SQL 中就可能不执行建立在该字段上的索引。

数据库索引具有多种类型，在生成数据的同时，可以通过对索引类型进行校验，来提高索引效率。后台程序将该字段分派出去运算时，会根据这个值通过特定的算法计算得到某个值，然后再分派到后台计算服务器进行运算。如某个阶段的值过于集中，会导致分派到某个计算服务器的压力不断加大。由这种场景可以看出，测试数据也是影响大数据应用的因素之一。

9.4.3.3 测试数据生成

测试设计涉及大数据应用中的基础数据规模，若无一定规模的基础数据支撑，将无法精确地验证性能指标。对于一个测试，如果通过添加不同测试数据能形成新的测试，就能够以较低的成本为测试用例扩展测试数据。基于大数据应用的特点，可使用多种方法生成测试数据，但每种数据生成的方法各有特点，需要综合运用，确保测试数据的代表性、广泛性及分布密度。

（1）**手动设计**：进行等价类划分，确定有效、无效等价类及数据边界值，进行边界值分析，选择等价类的边界测试数据作为等价类划分的补充测试数据。

（2）**规则设计**：数据具有一定规则，而数据字典等数据生成方法的规则过于简单，测试结果不理想。正则表达式是正则语法的一种描述方式，广泛应用于模式匹配。将正则表达式应用于数据生成，能够显著提高测试的充分性。

（3）**场景设计**：多数软件是通过事件触发进行流程控制的，事件触发的情景形成场景，事件的不同触发顺序及处理结果构成事件流。将这种思想引入大数据应用性能测试，能够生动地描述事件触发情景，有利于测试设计及测试用例的理解和执行。

（4）**动态生成**：根据测试过程中的一个步骤操作，返回测试结果，生成测试数据。在大数据应用性能测试中，服务器返回客户端的数据，有些是动态改变的，在下一个执行步骤中，需要使用该动态数据。

9.4.4　负载模型及测试

9.4.4.1　应用负载模型

选取应用负载模型，根据负载策略，确定负载模式，将测试需求、数据需求转换为可量化和可实现的基于不同场景的负载目标，基于服务器及集群、网络、客户端 3 个方面，考虑负载并进行测试验证。通常基于功能点选择、业务现状分析、数据量分析、预测分析等构建大数据应用负载模型。

（1）**功能点选择**：基于可信的整体架构及数据设计，通过监控获取用户使用情况、在线情况、页面访问量等数据，分析用户规模，获取常用功能点，支撑测试场景构造。工程上，应重点关注发生频率、关键程度、资源占用率高的功能。

（2）**业务现状分析**：所有性能测试都是以复现实际业务场景为目标。基于需求分析，从时间和空间两个维度，分析并构造业务场景。

（3）**数据量分析**：对于业已运行一段时间的系统，参考历史数据规模，分析系统在确定的使用时间段的数据量。如某数据库在第一年存储了 50000 条数据，每年递增 10%，现共有 500000 条数据，那么就可以估算出特定时间的数据规模。对于尚未投入运行的项目，可以通过业务需求分析，构建业务增长模型，估计数据量及其增长情况。

（4）**预测分析**：针对不同类型的系统，考虑业务量、用户扩展等因素，预测目标值，应用于测试范围选择。根据业务和日志统计得到负载目标，通过预测分析，确定负载策略。前端负载目标适合交易关联不大、操作用户分散、无具体业务量要求的系统。对于服务端，根据业务模型的期望，计算得到负载目标，适合交易关联度大、操作用户相对集中且有具体业务量要求的系统。在测试场景中，将并发用户设置为每隔一段时间增加若干虚拟用户，在预热阶段进行设置时，加载所有并发用户的测试结果不同，在实际测试过程中应根据具体业务情况进行设计。

9.4.4.2　数据负载模型

数据负载模型包括数据生成模型和数据加载模型。大多数测试工具具有数据库连接功能，便于数据提取，且能够通过 SQL 语句生成大量可重用数据，支持大型业务并发压力测试。

1. *参数化*

通过录制生成脚本的所有数据都是常量。当多个虚拟用户运行脚本时，可能提交相同的记录，这显然有悖于实际情况，且可能引发冲突。为了更加真实地模拟实际环境，向服务器发送多样化数据，需要将一些数据常量转化为变量。参数化是在脚本中用参数取代常量值，设置参数属性及数据源，模拟多种数据。用参数表示用户脚本，使用不同数值来测试脚本，缩短脚本长度。LoadRunner 参数化提供手工编辑及通过数据库两种取值方式，允许多种类型的数据源，如 DAT 文本文件、电子表格、来自 ODBC 的数据及其他系统所提供的具有不同格式的数据源。

2. *数据加载*

对于每个虚拟用户，数据加载方式可能不同。对于每个数据源，数据加载方式包括数据获取、数据更新和加载组合 3 种方式。

1）数据获取

表 9-8 给出的数据获取方式，可以指示虚拟用户在执行脚本时，如何从参数文件中选取数据的方式及内容。

表 9-8　数据获取方式

数据获取	描　述
随机	从每次循环中随机读取一个数据且在本次循环中保持不变；为每个虚拟用户分配一个数据表中的随机值；当运行一个场景、会话或业务流程监控器配置文件时，可以指定随机顺序的种子数；每个种子值代表用于测试执行的一个随机值顺序，将相同顺序的值分配给场景或虚拟用户。若在测试过程中发现问题时，应使用相同的随机值顺序重复该测试
顺序	虚拟用户按相同顺序逐行读取数据。当虚拟用户访问数据表时，提取下一个可用数据行。如果数据表中没有足够的值，则控制器返回到表中的第一个值，循环至测试结束
唯一	为每个虚拟用户分配一个唯一的顺序值。使用该类型时，数据表中应存在足够的数据，确保表中的数据对所有虚拟用户及迭代是充裕的。例如，控制器中设定 10 个虚拟用户，进行 5 次循环，那么编号为 1 的虚拟用户取 1～5 的数，编号为 2 的虚拟用户取 6～10 的数，依此类推，直至循环结束。这样，数据表中至少要有 50 个数据，否则控制器运行过程中会返回错误

2）数据更新

数据更新是指每个虚拟用户在每次测试开始前，如何得到一个新数据。表 9-9 所给出的数据更新方式，可以指示虚拟用户在脚本执行过程中，如何更新数据值。

表 9-9　数据更新方式

数据更新	描　述
每次出现	运行时，每遇到一次该参数，便会取一个新的值。虚拟用户在每次参数出现时使用新值。对于随机数据，在该参数每次出现时都使用新值，则可采用此方式
每次迭代	运行时，每一次循环中都取相同的值。虚拟用户在每次脚本迭代时使用新值。如果一个参数在脚本中出现若干次，则虚拟用户为整个迭代中该参数的所有出现使用同一个值。当使用同一个参数的几个语句相关时，可采用此方式
一次	运行时，每次循环中，参数只取一个值。虚拟用户在场景或会话步骤运行期间仅对参数值更新一次。虚拟用户为该参数所有迭代使用同一个参数值。当使用日期和时间时，可使用此方式

3）加载组合

基于数据获取和更新方式，可以得到数据负载的加载组合方式，如表 9-10 所示。

表 9-10　数据加载组合方式

数据加载	获取方式		
	随　机	顺　序	唯　一
每次出现	每次迭代，虚拟用户从数据表中提取新的随机值	每次迭代，虚拟用户从数据表中提取下一个值	每次迭代，虚拟用户从数据表中提取下一个唯一值
每次迭代	每次参数出现时，虚拟用户能从数据表中提取新的随机值	每次参数出现时，虚拟用户能从数据表中提取下一个值	每次参数出现时，虚拟用户能从数据表中提取新的唯一值
一次	分配的随机值将用于该虚拟用户的所有迭代	第一次迭代中分配的值将用于所有后续迭代	分配的唯一值将用于该虚拟用户的所有后续迭代

9.4.4.3　负载策略

负载策略包括固定负载、增量式负载、动态负载、队列负载以及面向目标的负载设置。通常，负载选择应考虑如下 3 种情况：

（1）**有明确交易量的应用**：每秒交易量（Transaction Per Second，TPS）是度量事务处理能力最准确的负载目标之一，可以通过运行日志或相似系统交易量估算 TPS 的均值和峰值，基于“80/20”原则及业务扩展，估算得到更高的峰值。如果脚本中只定义一个交易量，且交易响应时间（Transaction Response Time，TRT）小于 1s，那么虚拟用户数就是并发用户数，可以通过调节虚拟用户数来控制负载目标。但如果在迭代过程中，TRT 随着 TPS 增加而增加，则需要以 TPS 目标为基础，调整虚拟用户数。

（2）**无明确交易量的应用**：以确定最大事务处理能力为目标，将并发工具和被测应用部署在同一网段，无网络瓶颈，让虚拟用户对被测应用产生最大负载。

（3）**虚拟用户**：确定负载目标时，应弱化虚拟用户，但性能测试中需要注意的是，如果系统具有确定的操作用户数量，则只有登录用户才能交易，虚拟用户数不能高于实际注册用户数；按照最大用户数量加压，以要求的 TPT 为目标调优被测应用，尽量提高 TPS。

9.5　大数据应用安全性测试

隐私挖掘、数据篡改、信息窃取、黑客入侵、病毒攻击等时刻威胁着大数据应用安全，是广泛受关注的社会问题。基于网络系统安全需求及大数据特征，大数据应用系统构建的基本安全目标是通过数据挖掘、密码学、网络安全等技术手段，确保大数据及应用安全。

数据安全及架构安全是大数据应用安全的两个重要方面，数据安全是大数据应用系统的基础。鉴于非关系型数据薄弱的验证及鉴权机制，不能保证事务的一致性，存在安全隐患；即便是分布式计算架构也存在着诸如不可信 Map 节点导致的安全性等问题，何况大数据分析过程也是隐私泄露的过程。

共识安全、隐私保护、智能合约安全、内容安全等与数据安全紧密相关，是数据安全目标在大数据应用系统中各层级的细化，是大数据应用安全测试的重点。

那么，对于大数据应用安全性测试，首当其冲的是获取大数据安全需求，构建大数据安全目标体系。这里给出图 9-36 所示大数据安全需求及目标体系。

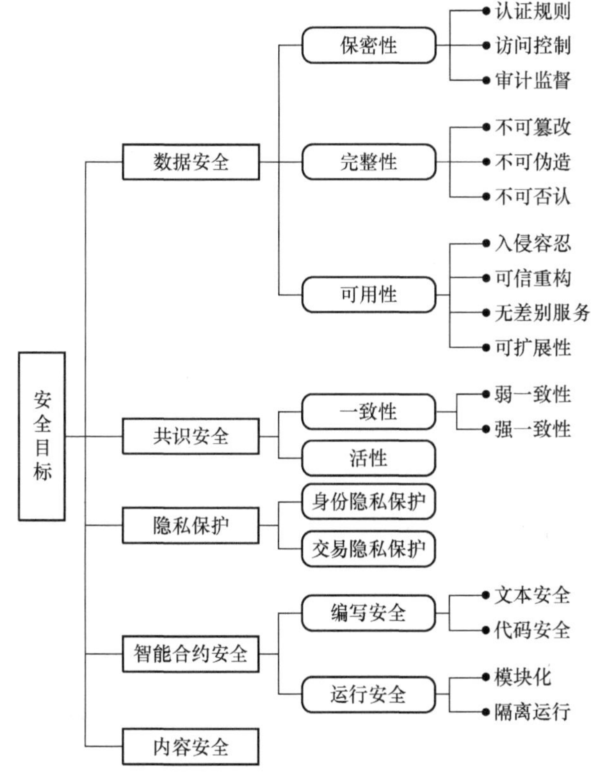

图 9-36　大数据安全需求及目标体系

9.5.1　大数据应用安全要素

9.5.1.1　架构安全要素

1. 分布式计算框架安全

对于 MapReduce 分布式计算框架，其典型实现是 Hadoop 分布式计算平台，具有高效、高容错、高扩展、高可靠性等特点。但是在初始设计时，Hadoop 假设所处环境是安全可靠的，未加入信息安全保护机制。默认情况下，假设 HDFS、MapReduce 及工作节点都是可靠的，且用户合法。因此，存在着如下不安全因素。

（1）**不可信的 Map 函数**：Map 节点故障导致计算结果错误，且 Map 函数可能被修改，以用于不可告人的目的。譬如，黑客利用伪造的 Map 函数，对云架构实施中间人攻击、拒绝服务攻击；一个伪造的 Map 节点加入集群后，不断引入新的伪造 Map 节点，发送大量重复数据影响数据分析；通过 Map 节点，改变 MapReduce 工作流程或篡改计算结果，造成用户数据泄露。凡此种种，不可信的 Map 函数导致的安全问题大量存在，并且还难以通过技术手段定位 Map 节点中的问题节点，这妨碍了安全性测试的有效实施。

（2）**用户及服务器安全认证和访问控制机制**：缺乏用户认证，任何用户均可冒充他人非法访问 MapReduce 集群，可能导致恶意提交作业、随意写入或修改数据，甚至任意修改或删除其他用户作业。

（3）**传输及存储加密**：客户与服务器之间，通过明文传输并存储数据，攻击者能够在传输过程中窃取数据，或入侵存储系统窃取数据。

2. 非关系型数据存储安全

非关系型数据库具有键值对存储、结构不固定及高可用、高扩展性等特点，适用于大数据存储。NoSQL 是典型的非关系型数据库，相较关系型数据库，其存在如下薄弱环节。

（1）**验证机制**：验证机制较薄弱，容易遭受暴力破解，存储设备可能被直接访问，如侵入在线支付系统、通过 App 或下载病毒访问数据，支持 NoSQL 访问的 RESTful 协议容易遭受跨站脚本攻击、拒绝服务攻击和跨站请求伪造，导致数据被篡改或窃取。

（2）**鉴权机制**：基于角色的访问控制及基于数据库底层的鉴权机制不健全，缺乏有效的日志分析，大多数应用依赖于上层业务部署鉴权机制，难以发现未授权访问，敏感数据存在被泄露风险，容易遭受到内部攻击。

（3）**注入攻击**：攻击者能够利用 JSON、array、view、REST、SQL、schema 注入等向数据库添加垃圾数据，容易受到各类注入攻击。

（4）**事务处理**：基于 CAP（Consistency、Availability、Partition-tolerance）理论，一个分布式系统无法同时满足一致性、可用性及分区容错性要求，一致性和可用性本来就是一对矛盾，可能无法在任何时刻提供一致的数据查询结果。

9.5.1.2 数据安全要素

1. 数据来源

对不同终端设备、日志中所采集的数据，要对其来源进行甄别，需要对其真实性、正确性及一致性等进行验证，剔除误用数据、恶意数据、错误数据，确保数据的可信性。

（1）**伪造或刻意制造数据**：攻击者通过 ID 克隆、修改或破坏数据采集软件等手段，篡改或伪造数据。大数据的低信息密度特性，为虚假信息隐藏提供了条件，增加了鉴别难度。

（2）**数据失真或被破坏**：在数据传输过程中，攻击者能够通过重放攻击或中间人对数据进行破坏。数据采集、传输、分析处理等过程中的人工干预，亦可能引入误差，导致数据失真。

（3）**元数据修改或伪造**：元数据是描述文件大小、创建时间等数据属性的一组数据，用于数据来源检查及审计。攻击者如果通过修改或伪造元数据，将导致数据来源无法确认或审计错误。特别是对于需要进行元数据检查的系统，元数据破坏可能造成极大的危害。

2. 数据泄露

大数据聚集不可避免地增加了数据泄露风险。数据泄露方式包括拦截及移动设备或应用数据泄露。具有定位功能的移动终端已成为主要的数据泄露源之一。2023 年新年之夜，俄军士兵在顿涅茨克驻地违反禁令使用手机，泄露位置信息，遭乌军火箭弹袭击，造成包括 1 名副团长在内的 89 人阵亡。手机可以“杀人”，数据泄露的巨大危害可见一斑。

3. 数据挖掘中的隐私问题

通过数据挖掘，能够从大量数据中抽取规则和知识，实现数据赋能。但是，这些规则和知识中，可能包含敏感或隐私信息，通过数据挖掘分析，能够找出非隐私信息和隐私信息之间的关联关系，推理出隐私信息。隐私信息包括两类：一类是姓名、身份证号、手机号、信用卡号等原始信息；另一类是隐藏在原始信息中的关系信息，如个人工资与公积金之间的关系。数据加密是保护数据安全的重要措施。

9.5.2　架构安全性测试

9.5.2.1　分布式计算框架安全性测试

1. Hadoop 安全认证

对于 MapReduce 架构，基于 mapper 可信度及数据可信度两个维度，进行安全性测试。对于 mapper 可信度，建立初始信任并通过认证之后，周期性检查每个 Worker 节点的安全属性是否与预设安全策略一致，通过访问控制，验证数据安全性。Hadoop 访问控制包括服务级权限、作业队列权限、HDFS 权限 3 个层面。服务级权限控制用于指定服务的访问权限控制，用户向集群提交作业权限，是最基础、最底层的访问控制之一，优先于其他访问控制。作业队列权限控制处于服务级权限控制的上层，用于控制作业队列权限。HDFS 权限控制用于文件操作权限控制。

Hadoop 提供 Simple 和 Kerberos 两种安全机制。Simple 是 Hadoop 默认安全机制，当用户提交作业时，Simple 在 JobTracker 端对用户进行核实，判断用户身份是否合法，检查访问控制列表（Access Control List，ACL）的配置文件及用户提交作业的权限，通过验证后，获取 MapReduce 授予的授权令牌。Kerberos 提供身份认证机制，认证密钥由密钥分配中心（Key Distribution Center，KDC）分配。客户端与 KDC 建立会话，将身份信息发送给 KDC，生成票据授权票（Ticket-Granting Ticket，TGT），用之前与客户端的会话密钥对生成的 TGT 进行加密，并将加密后的 TGT 发送给客户端。TGT 获取方式如图 9-37 所示。

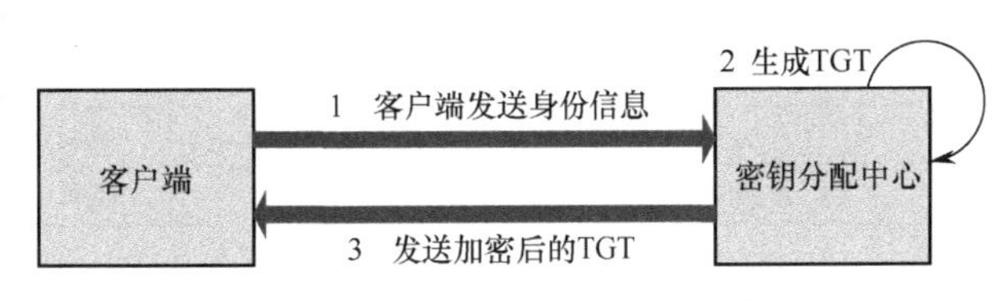

图 9-37　Kerberos 认证——TGT 获取

客户端使用 Hadoop 的其他服务时，首先使用所获取的 TGT 向 KDC 请求该服务的密钥，KDC 将该服务的密钥加密后发送给客户端，客户端再利用该服务的密钥向该服务发送请求，该服务验证客户身份后，将服务响应发送给客户。服务请求过程如图 9-38 所示。

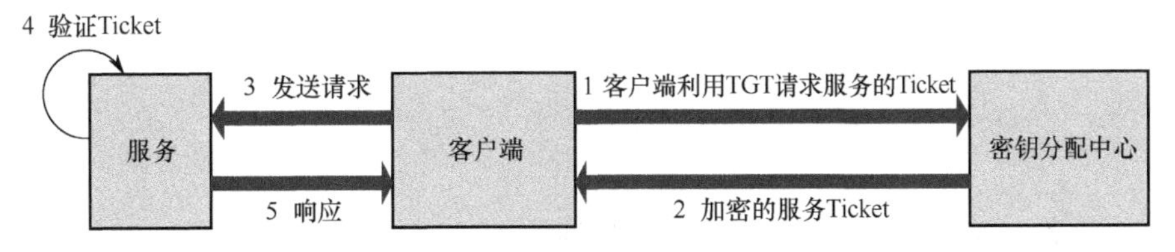

图 9-38　Kerberos 认证——服务请求过程

为防止 Map 节点被恶意篡改，用户提交 MapReduce 作业时，作业调度器为每个作业生成一个令牌，作业执行任何操作时，检查令牌是否存在且仅在作业处理期内有效。Hadoop 提供访问控制机制，每个用户及用户组对应的权限事先存储在位置文件中，MapReduce 作业中每个任务以提交该任务的用户身份执行，防止恶意用户干扰正常用户的 MapReduce 作业以及 MapReduce 任务的中间结果不会被其他用户窃取。

2. MapReduce 安全测试

下面以 Hadoop 安全配置为例，说明 MapReduce 的安全测试方法及过程。

1）身份认证和授权配置测试

此项配置在文件 core-site.xml 中。其验证代码如下：

```
< property >
    < name > hadoop. security. authentication < /name >
    < value > kerberos < / value >
< /property >
< property >
```

```
        <name>hadoop.security.authorization</name>
        <value> true </value>
    </property>
```

hadoop.security.authentication 指明身份认证机制，其值为 simple 或 kerberos，默认设置为 kerberos。hadoop.security.authorization 指明是否开启服务级权限控制，true 表示开启，false 表示未开启。若此项不为 true，则表明 Hadoop 的安全配置不满足要求。

服务级访问控制配置存放在文件 hadoop-policy.xml 中，包括 9 个方面的访问控制，每个方面都可以指定用户或用户组拥有该方面的权限，如表 9-11 所示。

表 9-11　服务级访问控制属性

属　性	含　义
security.client.datanode.protocol.acl	控制 client-to-datanode 协议，主要是 block 恢复
security.client.protocol.acl	控制访问 HDFS 的权限
security.datanode.protocol.acl	控制 datanode 到 namenode 的通信权限
security.inter.datanode.protocol.acl	控制 datanode 之间的通信权限
security.inter.tracker.protocol.acl	控制 tasktracker 与 jobtracker 之间的通信权限
security.job.submission.protocol.acl	控制提交作业、查询作业状态等权限
security.namenode.protocol.acl	控制 second namenode 与 namenode 之间的通信权限
security.refresh.policy.protocol.acl	控制更新作业管理配置文件的权限
security.task.umbilical.protocol.acl	控制 task 与其 tasktracker 的通信权限

默认情况下，这 9 种访问控制不对任何用户和用户组开放。可以用命令来动态加载这些访问控制的配置。因此，通过检查这 9 种访问控制的配置，即可验证每个访问控制列表分配的用户是否满足应用需求，如不满足则认为访问权限的配置不恰当。

2）调度器配置测试

调度器配置存放在文件 mapred-site.xml 中。其测试代码如下：

```
    <property>
        <name>mapred.Jobtracker.taskScheduler</name>
        <value>org.apache.hadoop.mapred.CapacityTaskScheduler</value>
    </property>
```

mapred.Jobtracker.taskScheduler 属性指明 MapReduce 的作业调度器名称。欲启用作业调度访问控制，需要选择一个支持多队列管理调度器。该属性的值为 CapacityTaskScheduler 或 FairScheduler，否则认为调度器的访问控制配置不当。同时，查看 mapred-site.xml 中配置的队列是否满足应用场景的需要。

3）作业队列权限配置测试

作业队列访问权限配置保存在文件 mapred-site.xml 中。作业队列权限配置测试代码如下：

```
    <property>
        <name>mapred.acls.enabled</name>
        <value>true</value>
    </property>
```

mapred.acls.enabled=true 表示开启，若为 false 则表示关闭。此时，Hadoop 的安全配置不能满足要求。对作业的访问控制属性在如下文件 mapred-queue-acl.xml 中定义：

```
    <property>
        <name>mapred.queue.stat.acl-submit-job</name>
        <value>user1, user2, group1, group2</value>
    </property>
```

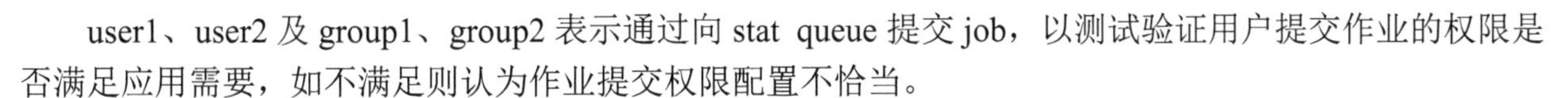

user1、user2 及 group1、group2 表示通过向 stat queue 提交 job，以测试验证用户提交作业的权限是否满足应用需要，如不满足则认为作业提交权限配置不恰当。

4）DFS permission 配置测试

DFS permission 配置在文件 hdfs-site.xml 中。其测试代码如下：

```
< property >
      < name >dfs. permission < /name >
      < value > true < / value >
< /property >
```

当 dfs.permission 为 true 时，文件权限验证被开启；当其为 false 时，则不进行文件权限验证。所以，此项应为 true，否则认为 Hadoop 的安全配置不能满足要求。

9.5.2.2　NoSQL 安全性测试

NoSQL 安全性包括保密性、完整性、可用性、一致性 4 个方面。保密性是指未经授权数据不能被访问和泄露，规定了不同用户对不同数据的访问控制权限，涉及身份认证、鉴权、访问控制及数据加密等方面的内容，引申出了隐私保护的性质。完整性是指数据不能被未经授权的用户或不可察觉的方式实施伪造、恶意篡改、破坏、删除等非法操作，包括数据本身及传输过程中的完整性。可用性是指在任何时间，数据能被有权限的用户访问和使用。也就是说，当需要时，数据不因人为或自然等原因而被未授权用户访问，包括数据库内部节点和外部接口的可用性、数据库容灾与恢复等方面。一致性是指任何已被记录并达成共识的数据均无法被更改，也就是指数据对不同用户保持一致，除事务支持外，不同 NoSQL 数据库对一致性具有不同需求。NoSQL 数据库安全性如表 9-12 所示。

表 9-12　NoSQL 数据库安全性

安 全 类 别	安 全 内 容	
保密性	身份认证和鉴权	
	访问控制	
	数据加密存储和传输	
完整性	数据本身的完整性及其验证	
	数据传输的完整性	
可用性	数据库外部接口的可用性	
	数据库内部节点的可用性	
	数据库容灾与恢复	
一致性	事务支持	
	强一致性	数据存储一致性
		单键访问一致性
		单节点并发访问的一致性
		分布式并发访问的一致性
	最终一致性	保证数据最终一致
		数据不一致尽可能少

根据 CAP 理论，一个分布式系统最多只能同时满足一致性、可用性、分区容错性 3 个方面中的两个方面。不同 NoSQL 数据库选择的因素与其应用场景密切相关。例如，SimpleDB、Dynamo 选择了可用性和分区容错性，需要满足最终一致性，而 Bigtable、HBase 则选择一致性与分区容错性，需满足强一致性。最终一致性要求不一致的数据尽可能少，强一致性要求有单键、单节点及分布式 3 个粒度级别的一致性要求。

NoSQL 引入数据加密、身份验证、授权、日志等机制。工程上，常采取部署中间件层封装底层 NoSQL，或将 NoSQL 集成到一个框架中以增强其安全性。这样，可以在中间层或框架中集成各种安全机制，保护 NoSQL 的安全性。

这里，以 HBase 为例，说明 NoSQL 数据库的安全性测试方法及流程。HBase 采用主/从框架模型，是一个高性能、列存储、可伸缩、实时读写的高可靠分布式数据库系统，是 Google Bigtable 的开源实现，用以存储非结构化和半结构化松散数据。

Client 通过 RPC 机制与 HMaster 和 HRegionServer 通信。HMaster 负责管理表的插入、更新、删除等基本操作以及 HRegionServer 中表的动态迁移、负载均衡管理。HRegionServer 为数据存储节点，负责用户 I/O 请求响应，并向 HDFS 读写数据。Zookeeper 是一个分布式协调系统，记录各 HRegionServer 节点地址，每个 HRegionServer 注册到 Zookeeper 中，当 HMaster 失效时，从其他节点中选取一个新的 HMaster，以增强 HBase 的可靠性。此外，HMaster 通过 Zookeeper 实时感知 HRegionServer 的健康状态。HBase 安全机制包括 Kerberos 认证机制以及 Coperocessor 框架的 ACL 访问控制等。工程上，通过配置文件检查，测试 HBase 安全级别。工程上，通过配置文件检查，测试 HBase 安全级别。

1. 身份认证配置测试

HBase 与 HDFS 进程交互时，使用 Kerberos 认证机制，认证服务使用密钥文件。对于 HBase 集群中的所有服务器，身份认证配置测试用如下 hbase-site.xml 实现。

```
< property >
     < name >hbase. regionserver. kerberos. principal < /name >
     < value > hbase/ _HOST@YOUR-REALM. COM < / value >
< /property >
< property >
     < name >hbase. regionserver. keytab. file < /name >
     < value > / etc /hbase/ conf/ keytab. krb5 < / value >
< /property >
< property >
   < name >hbase. master. kerberos. principal < /name >
   < value > / hbase/ _HOST@YOUR-REALM. COM < / value >
< /property >
< property >
   < name >hbase. master. keytab. file < /name >
   < value > / etc /hbase/ conf/ keytab. krb5 < / value >
< /property >
```

在身份认证配置中，hbase.regionserver.kerberos.principal 属性表示 HBase 的 HRegionServer 节点，hbase.master.kerberos.principal 属性表示 HMaster 的 Kerberos 主体。每个 Kerberos 主体通过主体名称进行标识。主体名称由服务或用户名称、实例名称及域名 3 个部分组成。其形式为 username/fully.qualified.domain.name@YOUR-REALM.COM。

hbase.regionserver.keytab 属性和 hbase.master.keytab.file 属性分别表示 HBase 的 HRegionserver 节点和 HMaster 节点的密钥文件，利用此密钥文件，以 Kerberos 主体的身份通过 Kerberos 认证。通过检查 hbase-site.xml 文件中是否设置了上述 4 个属性及各个属性的配置是否准确，如 Kerberos 主体格式是否正确，密钥文件是否存在等，即可实现身份认证配置的测试验证。

2. 接口调用安全配置测试

HBase 接口调用安全配置包括服务器和客户端两方面。对于服务器，测试验证集群内所有服务器的 hbase-site.xml 文件是否有如下代码：

```
< property >
     < name >hbase. security. authentication < /name >
     < value > kerberos < / value >
< /property >
< property >
```

```
        <name>hbase.security.authorization</name>
        <value>true</value>
    </property>
    <property>
        <name>hbase.rpc.engine</name>
        <value>org.apache.hadoop.hbase.ipc.SecureRpcEngine</value>
    </property>
    <property>
        <name>hbase.coprocessor.region.classes</name>
        <value>org.apache.hadoop.hbase.security.token.TokenProvide</value>
    </property>
```

hbase.security.authentication 指明 HBase 的认证方式及授权，验证认证方式是否设为 Kerberos 且授权开启方式为 true；hbase.rpc.engine 指明远程过程调用使用的引擎并设为 org.apache.hadoop.hbase.ipc.SecureRpcEngine。这些设置如果缺失或不正确，均视为服务器端的认证安全性不符合要求。对于客户端，接口调用安全配置测试，验证所有客户端中 hbase-site.xml 文件是否包含如下代码：

```
    <property>
        <name>hbase.security.authentication</name>
        <value>kerberos</value>
    </property>
    <property>
        <name>hbase.rpc.engine</name>
        <value>org.apache.hadoop.hbase.ipc.SecureRpcEngine</value>
    </property>
    <property>
        <name>hbase.rpc.protection</name>
        <value>privacy</value>
    </property>
    <property>
        <name>hbase.thrift.kerberos.principal</name>
        <value>$USER/_HOST@HADOOP.LOCALDOMAIN</value>
    </property>
    <property>
        <name>hbase.thrift.keytab.filel</name>
        <value>  /etc/hbase/conf/hbase.keytab</value>
    </property>
    <property>
      <name>hbase.rest.kerberos.principal</name>
      <value>$USER/_HOST@HADOOP.LOCALDOMAIN</value>
    </property>
    <property>
      <name>hbase.rest.keytab.file</name>
      <value>/etc/hbase/conf/hbase.keytab</value>
    </property>
```

hbase.security.authentication 与 hbase.rpc.engine 应与服务器设置一致，否则客户端无法连接 HBase 集群。hbase.rpc.protection 设置了远程过程调用加密连接，并设置为 privacy。hbase.thrift.kerberos.principal 和 hbase.thrift.keytab.file 分别指明客户端以 thrift 接口发送请求时，kerberos 的主体名称及密钥。而 hbase.rest.kerberos.principal 和 hbase.rest.keytab.file 分别指明客户端以 REST 接口发送请求时，Kerberos 的主体名称及其密钥。这些设置如果不正确，均视为客户端的认证安全性不符合要求。

3. *访问控制配置测试*

Coprocessor 是 HBase 的一个运行时环境，是 HMaster 及 HRegionServer 进程中的一个框架，使用 HBase 中的每一个表，均可实现分布式处理。基于 Coprocessor 框架，HBase 能够实现基于列族或表结构的访问控制列表。访问控制列表通过 Zookeeper 保持同步。为确保访问控制处理器正常工作，需配置集群中所有服务器的 hbase-site.xml 文件。访问控制配置测试代码如下：

```
<property>
    <name>hbase. coprocessor. master. classess</name>
    <value> org. apache. hadoop. hbase. security. access. AccessController</ value>
</property>
<property>
    <name>hbase. coprocessor. region. classes</name>
    <value>org. apache. hadoop. hbase. security. token. TokenProvider,
            org. apache. hadoop. hbase. security. access. AccessController</ value>
</property>
```

hbase.coprocessor.master.classes 指明每个 HMaster 应加载的 Coprocessor 类，并设为 org.apache.hadoop.hbase.security.access.AccessController 访问控制类。

hbase.coprocessor.region.classes 指明 HBase 每个数据表需加载的 coprocessor 类，设置一个令牌机制类 org.apache.hadoop.hbase.security.token.TokenProvider 和访问控制类 org.apache.hadoop.hbase.security.access.AccessController，用半角逗号分隔。以上设置如果缺失或不正确，均视为访问控制的安全性不符合要求。

9.5.3 数据安全性测试

9.5.3.1 数据来源安全性测试

通常，采取 3 个方面的措施确保数据来源安全：对数据质量进行测试、预防攻击者提交恶意数据、数据溯源。

1. 恶意数据输入预防机制及测试

可信计算组（Trusted Computing Group，TCG）制定的技术规范，通过可信平台模块（Trusted Platform Module，TPM），提供数据加密、数字认证、身份认证、BIOS 密码保护、硬盘密码管理等安全功能，预防恶意数据输入，保证数据的完整性。可信平台体系结构如图 9-39 所示。

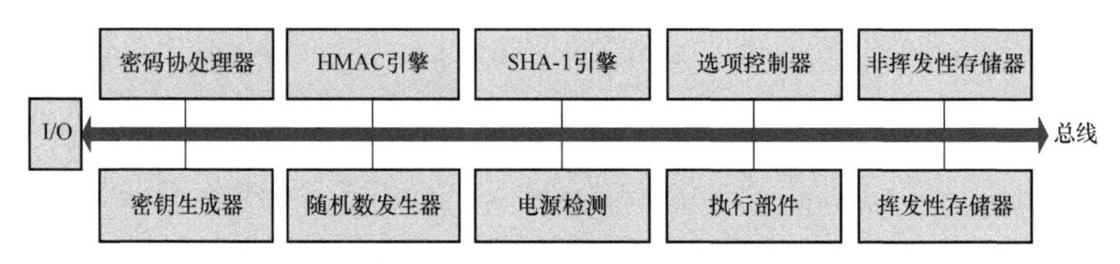

图 9-39 可信平台体系结构

TPM 包括可信平台模块的密钥生成及加解密功能。Libtmp 是 IBM 为可信平台开发的一套函数库及配套的驱动程序、上层软件栈和一个测试套件。其中，测试套件包括可信 TCG 标准符合性测试、直接匿名认证测试、密钥迁移测试及回归测试。可信平台测试流程如图 9-40 所示。

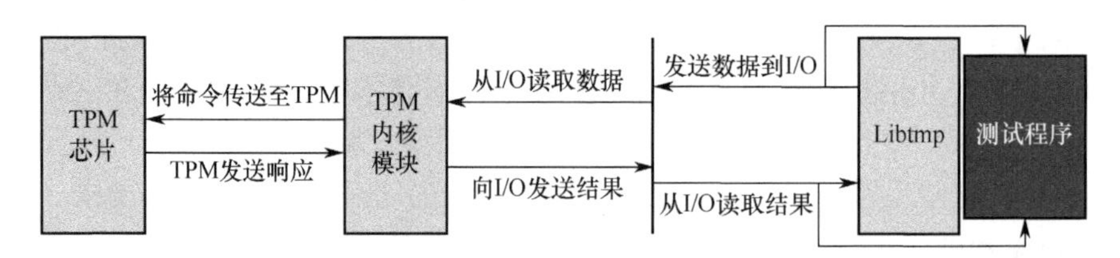

图 9-40 可信平台测试流程

测试程序将预设输入数组依次写入设备文件，TPM 读取数据，处理完毕之后，将响应写入输出缓存，

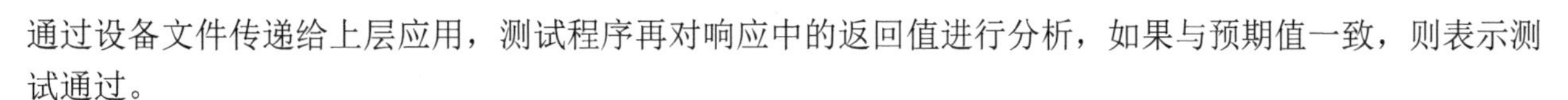

通过设备文件传递给上层应用，测试程序再对响应中的返回值进行分析，如果与预期值一致，则表示测试通过。

2. 基于数据溯源的可行性评价

数据溯源用以验证数据是否被篡改，以确定数据来源，实现数据追踪和回溯，评估数据来源的可信性，或在灾难发生后进行数据恢复。数据溯源的基本方法是通过对数据进行标记，记录数据在数据仓库中的查询及传播历史，进一步细化为 Why、Where 和 Who 等类别，分别侧重数据的计算方法以及输出的出处。对于数据的可信性测试，首先检查数据溯源信息是否存在，然后将溯源信息与预定义信息进行比较，当两者一致时，即认为该数据是可信的。

9.5.3.2　隐私保护测试

隐私是个人、团体或机构如何、在多大程度上与他人交流有关信息的权利。智能手机集成了大量传感器，安卓和 iOS 均不需要应用程序额外申请访问权限，通过对室内特定位置的传感器信号采集和学习，攻击者能够在不获取定位权限的情况下，基于手机传感器追踪手机位置，实现侧信道攻击。在大数据应用系统中，基于对抗机器学习，攻击者通过训练样本/模型污染攻击、模型提取、模型逆向攻击、对抗样本及闪避攻击等方式获取用户隐私。基于对抗机器学习的攻击模型如图 9-41 所示。

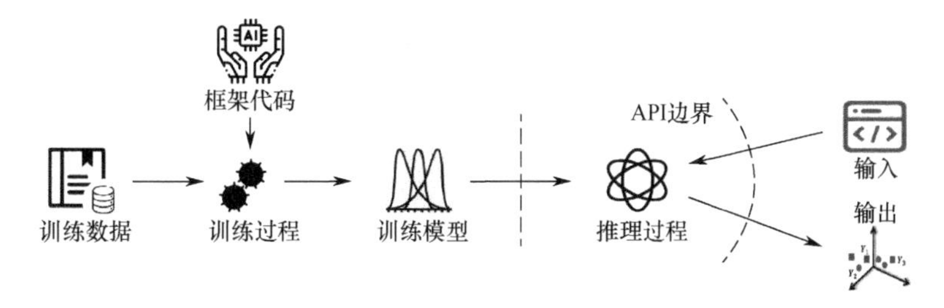

图 9-41　基于对抗机器学习的攻击模型

数据层面，隐私安全解决方案包括 3 个方面：一是对原始数据进行去隐私处理，以实现隐私保护；二是采取严格的访问控制，防止数据泄露；三是对输出数据进行加噪处理，使得攻击者难以甚至无法从输出结果中推测出原始数据。

1. 去隐私处理测试

数据扰乱和数据加密是两种常用的去隐私处理技术。数据扰乱是对数据进行修改，删除或弱化敏感信息，包括数据乱序、数据交换、数据扭曲、数据清洗、数据匿名、数据屏蔽、数据泛化等方式。数据乱序是将数据重新排序；数据交换是交换数据记录中的某些属性值，从记录层面保护隐私；数据扭曲是在数据上通过加性叠加或乘性叠加，叠加一个噪声值，在已知噪声值概率分布的情况下，从加噪后的数据中提取出与原始数据近似的统计特征；数据清洗是删除或修改数据中的某些记录，减少高频度记录的影响；数据匿名是通过 K−匿名等算法，删除或泛化数据中某些记录的标识属性或关键属性，使得数据集中的单个个体无法被识别；数据屏蔽是将原始数据中的隐私属性值隐去，通过概率分析修正隐去的属性值，实现隐私保护；数据泛化是将数据中的敏感属性值替换为一个更加抽象的值，使攻击者难以识别或理解所获取的数据。使用数据扰乱技术时，需要对隐私保护程度及数据分析精度进行综合权衡。

公钥加密算法 RSA 是一种非对称加密算法，具有足够的加密强度，但对于海量数据，计算开销将随之快速增加，同时对加密数据计算前必须解密，存在着隐私泄露风险。对于同态加密数据，可以直接进行代数运算，运算结果仍然是加密数据，且该结果就是明文经过同样运算再加密后的结果，无须对数据解密就能得到准确的结果。

1）基于准确性的隐私保护效果

准确性是指经过隐私保护处理后的数据集与原数据集的相似程度，是衡量数据信息损失程度的指标。

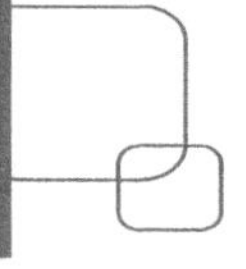

假设原始数据集为 D，经隐私保护处理后的数据集为 D'，用 D 和 D' 的差异性来度量数据的准确性。Bertino 等人给出了如下算法：

$$\text{Diss}(D,D') = \frac{\sum_{i=1}^{n}\left|F_D(i) - f_{D'}(i)\right|}{\sum_{i=1}^{n} f_D(i)} \tag{9-52}$$

式中，$\text{Diss}(D,D')$ 是隐私保护处理前后数据频率的绝对误差之和与原始数据集中数据频率之和的比值，比值越大，说明数据失真度越高，准确性越低；i 是 D 中的一个数据项；$f_D(i)$ 是数据项 i 在 D 中出现的概率；$f_{D'}(i)$ 是 i 对应的处理后数据在 D' 中出现的频率。

2）基于方差的隐私保护效果

可以通过扰乱后的值与原始值误差的方差，评估基于数据扰乱的隐私保护效果，即

$$\text{Var}(X-Y) = \frac{1}{N}\sum_{i=1}^{N}[(X_i - Y_i) - (\bar{X} - \bar{Y})]^2 \tag{9-53}$$

式中，X 是数据的原始值；Y 是扰乱后的值；N 是数据数量；$\bar{X}$ 和 $\bar{Y}$ 是 X 及 Y 的平均值。

为避免方差随着数值增大而变得过大，将式（9-53）修改为 X、Y 误差的方差与 X 方差的比值

$$\frac{\text{Var}(X-Y)}{\text{Var}X} = \frac{\frac{1}{N}\sum_{i=1}^{N}[(X_i - Y_i) - (\bar{X} - \bar{Y})]^2}{\frac{1}{N}\sum_{i=1}^{N}[X_i - \bar{X}]^2} \tag{9-54}$$

通过上述方法计算得到的方差或协方差越大，扰乱后的值与原始数据差异越大，隐私保护程度越好。但是，数据可用性会越低。

3）基于信息熵的隐私保护效果

基于信息熵的隐私保护效果评估指标由 Bertino 等人提出，其基础是信息熵。设 X 是一个随机变量，根据概率分布，$p(X)$ 在一个有限范围内取值，将概率分布熵定义为

$$h(X) = -\sum p(X)\log_2(p(X)) \tag{9-55}$$

信息熵用来度量 X 取值的不确定度，即度量与一组数据相关联信息的量，用以评价数据的隐私保护程度。因为熵表示数据的信息量，数据经过隐私保护处理之后的熵较处理之前高。对于隐私保护，就是预测经过隐私保护处理后数据原值的难度。

4）基于匿名化程度的隐私保护效果

数据匿名是针对数据的准标识属性，执行隐去或泛化操作。数据准标识属性是指数据集中一组可唯一确定一条记录的属性。一个有效的匿名化方法能够使用户难以从匿名化数据中推测得到原始数据中的敏感数据。K-匿名算法就是将原始数据集中的某些属性值匿名化，使得数据集中的记录在准标识属性上至少与 K-1 条其他记录不可区分，是常用隐私保护算法。该算法常用 K 的数值来度量，K 值越大，说明不确定度越大，原始数据越难被推测出来。在实际应用中，数据集发布之前，将具有敏感数据的数据集中的某些属性进行泛化处理，使得该数据集满足 K-匿名条件。

5）基于数据泄露风险度的隐私保护效果

数据泄露风险度表示某条信息同一个特定个人相关联的风险度，是一种有效的隐私保护程度度量。通常有如下 3 种方法：

第一种方法是**基于数据集之间距离的计算**。计算经隐私保护处理后的数据集记录与原始数据集记录之间的距离，在处理后的数据集中，如果一条记录恰好与其对应的原始记录的距离最接近，该条记录被标记为“关联”，如果一条记录与其对应的原始记录的距离是第二个最近，该条记录被标记为“第二关联”。数据泄露风险度定义为处理后的数据集中标记为“关联”的记录数与标记为“第二关联”记录数的比值。

比值越大，数据泄露风险越大。

第二种方法是**基于数据落在某区间内的概率**。如果一个原始数据落在已处理后的数据为中心的某个区间，则认为该原始数据存在风险，所有有风险数据的百分比即为数据泄露风险。

第三种方法是**隐藏失效参数**。隐藏失效参数是指数据集经隐私保护处理后，仍然能够发现敏感信息的百分比。数据中隐藏敏感信息越多，丢失的有用信息就越多。有些隐私保护算法允许使用者选择隐藏敏感信息的数量，以求在数据隐私度和可用性之间取得平衡。Oliveira 和 Zaiane 将隐藏失效定义为在处理后的数据集中被发现的敏感信息的百分比，即

$$\mathrm{HF}=\frac{\#R_P(D')}{\#R_P(D)} \tag{9-56}$$

式中，$\#R_P(D)$ 和 $\#R_P(D')$ 分别表示从原始数据集 D 中发现敏感数据以及从处理后的数据集 D' 中发现敏感数据的数量。百分比越大，说明隐私保护程度越低。

2. 访问控制机制测试

访问控制旨在限制用户对受控信息进行访问，防止信息被篡改和非法窃取，是一种重要的安全机制，其主体包括用户、进程和服务。受保护信息包括文件、目录、网络资源等，访问控制包括自主访问控制（Discretionary Access Control，DAC）和强制访问控制（Mandatory Access Control，MAC）两种控制机制。访问控制限制的 DAC 由数据拥有者自行决定是否将数据访问权或部分访问权授予其他访问主体，控制方式是自主的，典型应用是 Linux 系统中的 9 位权限控制码和访问控制列表（Access Control List，ACL）。MAC 由系统强制确定访问主体能否访问相应资源，强加给访问主体。较之于 DAC，MAC 可以提供更细粒度的访问控制，可以防止木马攻击，用于安全性要求较高的系统。

Airavat 是基于 MapReduce 的框架，通过整合 MAC 和差分隐私保护技术，提供端到端的机密性、完整性、隐私保护机制的分布式计算系统，包括计算提供者、数据提供者和 Airavat 计算框架。其在 SELinux 中运行，利用其安全特性对系统资源进行保护，防止系统资源泄露，增强 MAC 策略管理，为 MapReduce 和 HDFS 提供了有效的访问控制。计算提供者使用 Airavat 编程模型编写 MapReduce 代码，数据提供者制定隐私策略参数。Airavat 系统结构如图 9-42 所示。

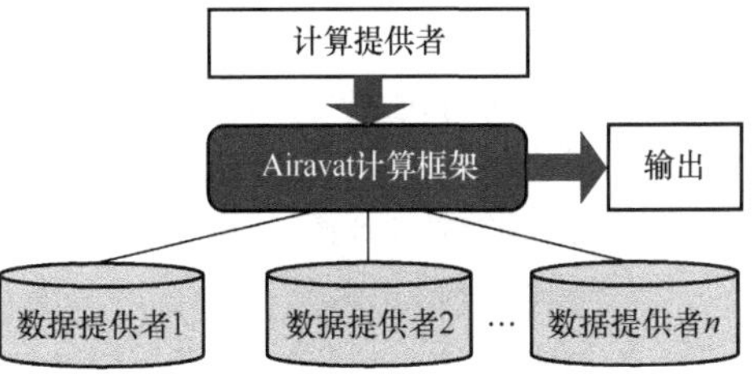

图 9-42　Airavat 系统结构

1）SELinux 中 MAC 状态检查

Airavat 计算框架底层搭建在 SELinux 之上。SELinux 被集成到 Fedora、Red Hat Enterprise Linux 等 Linux 版本的内核中，是 MAC 的一个实现。这里，以 Fedora 10 为例，通过查看/etc/sysconfig/selinux 文件，来确认 MAC 的运行状态。该文件的部分内容如下：

```
…
SELINUX = enforcing
# SELINUX = disabled
# SELINUXTYPE = type of policy in use. Possible values are :
# targeted – Only targeted network demons are protected.
# strict – Full SELinux protection.
SELINUXTYPE = targeted
…
```

SELINUX=enforcing 指明 MAC 的运行状态。运行状态包括 enforcing（记录警告并阻止可疑行为）、permissive（仅记录安全警告但不阻止可疑行为）、disabled（完全禁用 MAC）3 种选择。在大数据环境中，MAC 的运行状态设置为 enforcing，以阻止 MapReduce 对数据的未授权访问，否则视为安全性不严密。SELINUXTYPE=targeted 指明了 MAC 的运行策略。MAC 运行策略包括两类：一类是 targeted，它对主要网络服务进行保护，如 Apache、Sendmail、Bind 及 PostgreSQL 等，其他网络服务均处于未定义状态，

可定制性较好，可用性强，但不能对整体进行保护；另一类是 strict，所有网络服务和访问请求都要经过 SELinux，对整个系统进行保护，但是设定复杂。一般地，将 MAC 的运行策略设置为 targeted，根据具体应用场景灵活配置需要监控的网络服务；也可以设置为 strict，对系统进行更加严格的保护。

2）Airavat 的 MAC 配置检查

Airavat 在 SELinux 安全策略中创建了可信域 airavatT_t 和不可信域 airavatU_t 两个安全域。Airavat 中可信域和不可信域的声明代码如下：

```
type airavatT_t ;
type airavatT_exec_t , file_type, exec_type;
application_domain( airavatT_t, airavatT_exec_t)
role system_r types airavatT_t;
role airavatuser_r types airavatT_t;
domain_auto_trans( airavatuser_t, airavatT_exec_t, airavatT_t);
allow airavatuser_t self: process setexec;

type airavatU_t ;
type airavatU_exec_t , file_type, exec_type;
application_domain(airavatU_t, airavatU_exec_t)
role system_r types airavatU_t;
role airavatuser_r types airavatU_t;
domain_auto_trans(userdomain, airavatU_exec_t, airavatU_t);
allow user_t self: process setexec;
domain_auto_trans(airavatuser_t, airavatU_exec_t, airavatU_t);
```

可信域运行 Airavat 的可信组件包括 MapReduce 框架和 HDFS，这些组件被标记为 airavatT_exec_t 类型，用于读写可信文件及其网络连接。可信文件只能被可信域内的进程读写。不可信域内运行用户自定义的 Map 函数，不能读写可信文件，也不能连接网络。不可信域内的进程只能通过管道与可信域内的进程通信，而管道由可信组件建立。为了进一步加强安全性，Airavat 设置了一个可信用户 airavat_user，只有该可信用户才能进入可信域，执行可信程序。输出中存在 airavatU_t 和 airavatT_t，表明 Airavat 配置正常，否则配置不成功。

3）对计算结果隐私保护程度的测试

基于数据匿名的隐私保护，当攻击者结合外部数据对匿名数据进行分析时，仍然可能推测出原数据中的敏感信息。差分隐私技术通过在计算结果中加入噪声，使得数据集中任何单个数据项是否存在都不会过多地影响总的计算结果，也就是攻击者希望获得数据的计算结果 $f(x)$，而系统最终给出的结果则是 $f(x)$+噪声，使攻击者无法获得原始数据中的隐私信息。对于图 9-43 所示差分隐私保护原理，无论数据记录 D 是否存在，输出 $f(x)$的差别并不会有太大变化。

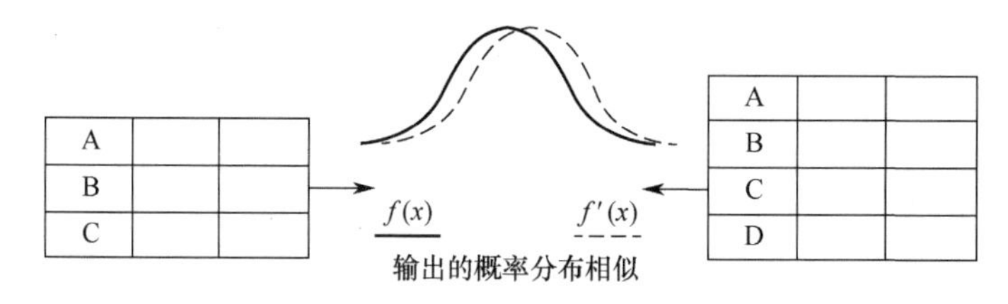

图 9-43　差分隐私保护原理

也就是说，如果函数 F 满足：对于任意两个数据集 D_1 和 D_2，且 D_1 和 D_2 的区别最多是某个数据项不存在，对于函数 F 所有可能的输出 S，有

$$P_r[F(D_1)\in S]\leqslant \exp(\varepsilon)\cdot P_r[F(D_2)\in S] \tag{9-57}$$

则称函数 F 满足 ε 差分隐私。

式中，ε 是隐私参数；$F(D_1)$ 和 $F(D_2)$ 是 F 在数据集 D_1、D_2 上的计算结果；$P_r[F(D_1)\in S]$表示计算结

果为 S 的概率，即隐私被泄露的风险。

这一概念意味着，通过计算结果无法判断原始数据集中是否存在某个特定的数据项。差分隐私技术可以使输入数据集的隐私信息不被泄露，ε 可以用以权衡单个数据项的隐私保护程度和输出结果的准确性。那么如何评价差分隐私保护的效果呢？

第一种方法，输出差异性比较。假设 f 是一个提供 ε 差分隐私保护的查询函数

$$f(i)=\text{count}(i)+\text{noise}$$

式中，noise 是服从随机分布的噪声。

这种针对统计输出的随机化方式，使得攻击者无法得到查询结果间的差异，从而保证数据集中每个个体的安全。为了检测差分隐私保护效果，可以多次查询 count 函数的输出并进行判断，若每次输出均为固定值，则隐私保护效果未达到要求；若每次输出均有差别且服从随机分布，则隐私保护效果达到要求。

第二种方法，计算函数的灵敏度分析。向输出结果添加多少噪声，取决于计算函数的灵敏度。函数灵敏度表示输入数据集中任何一个数据项存在与否，对函数输出结果的最大影响。为了达到差分隐私保护的要求，计算函数的灵敏度越高，需要在输出结果上添加越多的随机噪声。

函数灵敏度由函数本身决定，不同函数具有不同灵敏度。例如，对于前述 count 函数，从数据集中添加或移除某个数据项，其计算结果的最大可能变化为 1，即 count 函数灵敏度为 1。不过，许多函数的灵敏度估计比较困难。在此，给出函数灵敏度计算的一般公式。设函数为 f，其输入为数据集 D，对于至多只相差一条记录的数据集 D 和 D'，函数 f 的灵敏度 S 定义为

$$S=\max f(D)-f(D') \tag{9-58}$$

式中，$f(D)-f(D')$ 是 $f(D)$ 和 $f(D')$ 之间的函数距离。

对于灵敏度较小的函数，仅需加入少量噪声即可掩盖因一条记录被删除对查询结果所产生的影响，实现差分隐私保护。但对于平均值、中位数等函数，往往具有较大的灵敏度，必须在函数输出中添加足够大的噪声才能保证隐私安全。如果函数灵敏度过高，则需加入更多噪声，从而导致数据可用性差。低灵敏度函数更容易实现差分隐私保护，数据可用性也较好。

第三种方法，隐私参数对输出结果的影响评价。为了使算法满足差分隐私保护要求，不同问题有着不同的实现方法。例如，Airavat 在 MapReduce 输出结果上添加随机噪声的形式是拉普拉斯分布，即 $\text{Lap}(b/\varepsilon)$。其概率分布函数为

$$p(x)=\text{Lap}\left(\frac{b}{\varepsilon}\right)=\frac{\varepsilon}{2b}\exp\left(-\frac{\varepsilon|x|}{b}\right) \tag{9-59}$$

式中，b 是 MapReduce 函数的灵敏度。

对于不同参数的拉普拉斯分布，噪声与 b 的值成正比，与 ε 成反比，即 b 较小时，算法表现较好。当 ε 减小时，拉普拉斯分布曲线趋于扁平，意味着噪声幅度的预期变大。但由于拉普拉斯噪声仅适用于数值型查询，而实际应用中，查询为实体对象，如一种方案或选择，可以添加指数噪声。这是拉普拉斯噪声的一种延伸。其定义为：设随机算法 f 的输入为数据集 D，输出为一实体对象 r，$q(D,r)$ 为输出值 r 的可用性函数，即用来评价 r 的优劣程度的函数，b 为函数 $q(D,r)$ 的灵敏度。为保证算法 f 的 ε 差分隐私保护特性，算法 f 需以正比于 $\exp(\varepsilon q(D,r)/2b)$ 的概率选择并输出 r。评价 ε 对差分隐私保护的影响时，可先计算函数的各项输出概率，若输出概率差别不大或略等于时，则说明 ε 的取值不合理，反之 ε 的取值较为合理。

第四种方法，数据发布机制评估。数据发布问题表述为：给定数据集 D 和查询集合 F，寻求一种数据发布机制，使其能够在满足差分隐私保护的条件下逐个回答 F 中的查询。向每个数据格的频数分别添加独立的拉普拉斯噪声，以实现差分隐私保护。但是，这样可能导致累积噪声过大。为了降低噪声，一种有效的方法是将所有数据格合并为若干个分区，每个分区的频数为其中全部频数的平均值，然后为每个分区频数加入噪声。对数据发布机制的评价就是检查发布的数据是否满足差分隐私保护要求。

9.5.4 应用安全等级保护测试

应用安全等级保护测试包括用户鉴别、事件审计、资源审计、通信安全及软件容错等内容。

9.5.4.1 用户鉴别

1. *身份鉴别*

常用身份鉴别包括用户密码、动态口令设备、动态口令卡、USBkey、短信验证码等。采用两种及以上身份鉴别技术组合，一般能够实现身份鉴别的目的。例如，为防止通过口令破解工具破解密码，登录时同时输入验证码，若登录失败，系统提供诸如限制非法登录次数、结束会话、自动退出等安全措施。用户身份鉴别流程如图 9-44 所示。

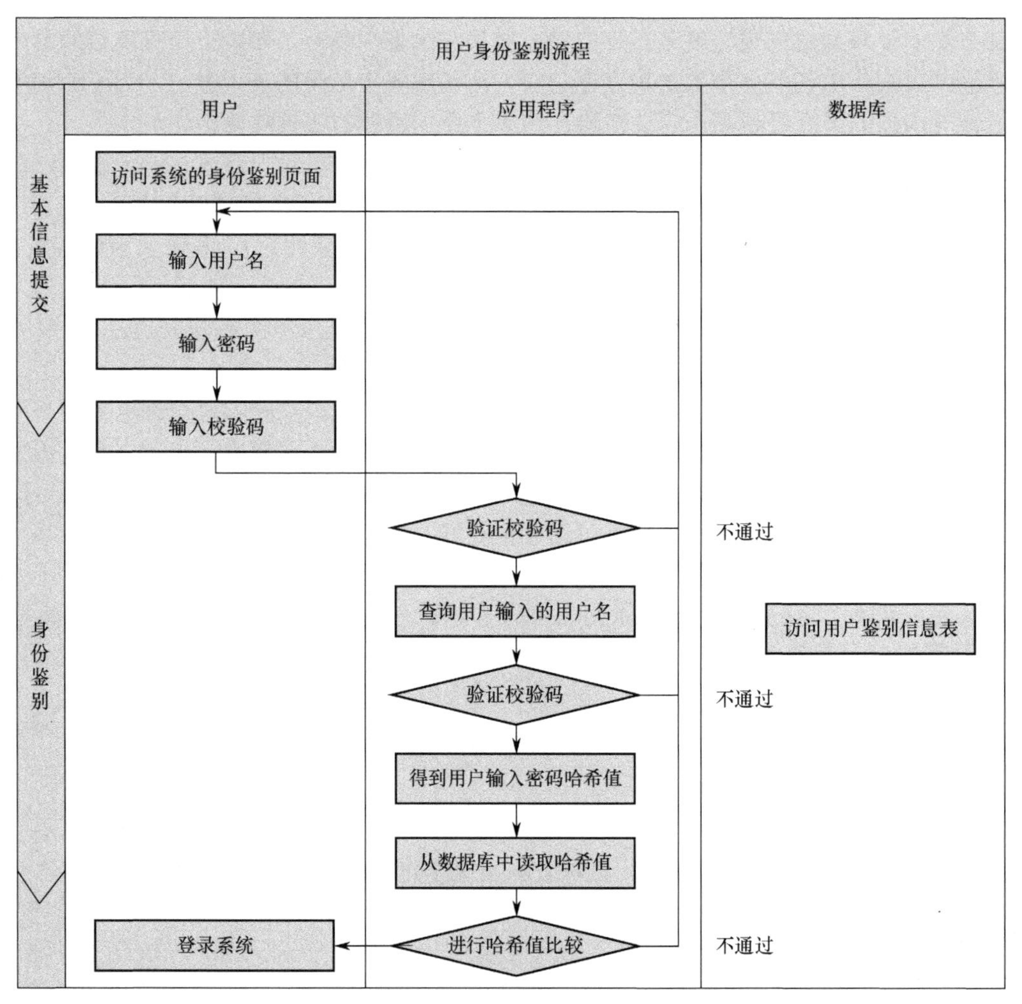

图 9-44　用户身份鉴别流程

假设用户登录应用，输入用户名及密码，系统将用户名及密码存储于两个字符串类型变量或数组中。为防止攻击者采用自动脚本对应用进行攻击，要求用户输入校验码，并优先对校验码进行验证。校验码验证通过后，应用从数据库中读取用户身份信息，查找是否存在该用户名。如未查找到，返回“用户名不存在”或模糊地返回“用户名不存在或者密码错误”；如果在用户身份信息表中找到该用户名，通常采用哈希算法，对所输入密码进行运算得到哈希值，与用户身份信息表中的密码哈希值进行比较。需要说明的是，数据库中一般不明文存储用户密码，而是存储密码的哈希值。

一般地，身份鉴别测试包括但不限于如下内容：

（1）登录控制是否实现了标识和鉴别用户的功能。

（2）用户身份注册审核制度是否严格，如用户开设账户前，是否需要提供身份证明材料，验证通过后方可开设账户。

（3）使用用户密码验证时，是否采取手机短信、USBkey 等进行身份鉴别。例如，手机银行账户设置两重密码，一是登录密码，用于账户登录、查看等操作；另一个是支付密码，凡涉及资金流转时，需要使用支付密码，缺少任一个密码，都不能进行资金流转。同一天内，系统只允许密码输入出错两次，当第三次密码输入错误时，系统自动锁定该账户，24 小时后方能解除锁定。

（4）是否采取约定的密码策略，如密码长度不少于 10 位，且由数字、大小写字母、特殊字符混合组成，在固定周期内如每周强制更换，且与上一次有 3 位以上不同的字符，密码重用次数不得多于 2 次等。

（5）是否提供登录失败处理功能，如连续 3 次密码输入错误，锁定登录，锁定时间是否满足要求。

（6）用户身份是否唯一，审计数据与用户绑定。

（7）客户端在设定的闲置时间间隔后，是否自动中断网络连接，再次使用时需重新登录。

（8）用户成功登录后，是否显示用户最近一次成功或失败的登录信息。

2. 访问控制

跨平台数据传输存在信息泄露风险，需要根据大数据应用密级、用户需求等制定访问控制策略，在数据和用户两个维度设定不同的权限等级，对数据文件、数据库表以及应用功能访问进行控制。控制覆盖范围包括访问者对数据的所有操作。

访问控制策略由授权主体在安全环境中配置，对默认账户的访问权限进行严格限制；通过统一身份认证、角色权限控制等，对用户访问权限进行控制；按最小权限原则，对内部用户账户如系统管理员、数据库管理员、业务操作员、审计员等分配权限，并保证这些账户的权限相互制约。对外部用户账户，采用 Web Service 等方式封装应用接口，隐藏底层数据结构，确保底层数据对前台访问用户不可见。访问控制测试包括但不限于如下内容：

（1）是否对用户分类，对信息分级，且对每个级别采取对应的保护措施。

（2）是否覆盖访问者对数据的所有操作。

（3）配置权限是否受到严格控制。

（4）配置环境是否安全。

（5）用户权限是否合理，是否实施了账户最小权限以及制约关系。

（6）底层数据是否隐藏。

9.5.4.2　事件审计

1. 安全审计

安全审计的内容包括事件的日期、时间、发起者信息、类型、描述、结果及内部用户、外部用户的所有操作。审计进程不能被单独中断，系统不能对未授权用户提供删除或修改审计记录的功能。如果审计记录被删除或修改，应形成审批记录以及新的审计记录。管理员定期对审计记录数据进行查询、统计、分析，生成审计报表，支持异常事件检查分析。对于自互联网客户端登录的应用，每次登录时提供上一次成功登录的日期、时间、方法、位置等信息，以便用户能够及时发现可能存在的问题。

在大数据应用中，不仅可以使用传统方法对安全审计信息进行记录和分析，还可以通过融合云计算、机器学习、语义分析、统计学等领域的数据分析技术，基于实时监测与事后回溯的全流量审计方案，提醒隐藏病毒的应用，进而在第一时间从安全审计数据中挖掘出黑客攻击、非法操作、潜在威胁等安全事件，发出警告信息。安全审计测试包括但不限于如下内容：

（1）审计范围覆盖所有用户。

（2）审计策略覆盖重要的安全事件，如用户标识与鉴别、访问控制的所有操作记录、重要用户行为、系统资源异常使用、重要系统命令使用等。

（3）审计记录包括身份鉴别事件中请求的来源、触发事件的主体与客体、事件类型、事件发生日期与时间、事件成功与失败、事件结果等内容。

（4）提供对审计数据的分析功能，根据需要生成审计报告。

（5）审计进程不能独立于服务进程单独中断。

（6）审计记录不能非授权删除、修改或覆盖。

（7）审计记录定期备份。

（8）每次用户登录时，都提供上一次成功登录的日期、时间、客户端、IP 地址等信息，以便用户及时发现可能的问题。

2. 抗抵赖

采用数字签名等方式访问数据，在数据原发者或接受者主动提出认证请求的情况下，提供数据原发或接收证据。数字签名一般采用非对称加密算法实现。非对称加密解密原理如图 9-45 所示。

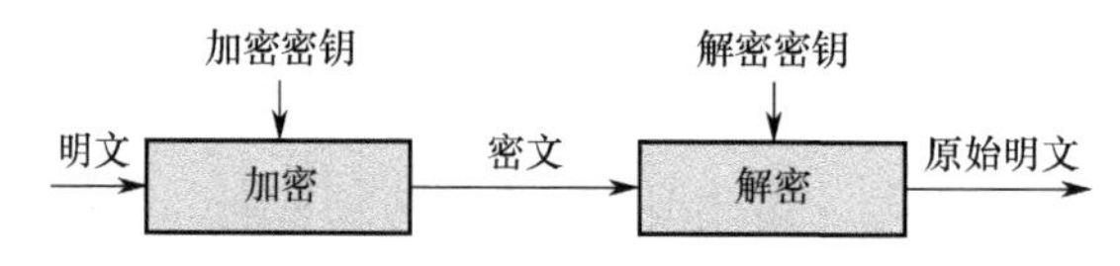

图 9-45　非对称加密解密原理

甲方生成一对密钥，将其中一个作为公用密钥向需要与甲方通信的乙方公开；乙方得到公用密钥后，使用该密钥对信息加密，发送给甲方；甲方收到加密信息后，利用另一专用密钥对其进行解密。对于使用公用密钥加密的信息，甲方只能用专用密钥解密，其他人员即使收到该加密信息，也无法解密，从而保证信息传输安全。

数字签名是解决否认、伪造、篡改、冒充等问题的有效手段。其他用户不能冒充发送者或接收者，发送者在信息发送之后不能否认发送的报文签名，接收者不能伪造发送者的报文签名及对报文进行篡改，接收者能够核实发送者发送的报文签名。抗抵赖测试包括如下内容：

（1）网站提供的数据、用户提交的需求均需采用抗抵赖技术，确保数据准确。

（2）如收到请求，应用提供操作时间、操作人员、操作类型、操作内容等原发及接收证据，并能追溯到用户。

9.5.4.3　资源审计

1. 剩余信息保护

剩余信息保护包括对内存及存储设备中剩余信息的保护。内存中剩余信息保护是内存释放前，删除内存中的信息，将内存清空或写入随机无关信息。

如果未对使用过的内存进行清理，当身份认证函数或方法退出后，认证信息仍然存储在内存中，若攻击者对内存进行扫描，则能够获取相关信息。为了对剩余信息进行保护，使用完用户名及密码信息后，身份认证函数在对曾经存储过认证信息的内存空间进行重写操作，将无关信息或垃圾信息写入该内存，或对该内存空间进行清零操作。

剩余信息保护是在文件删除之前，删除存储信息，将文件的存储空间清空或写入随机的无关信息，而非简单执行文件删除操作。剩余信息保护测试包括但不限于如下内容：

（1）释放或再分配硬盘或内存中的存储空间之前，将其中的数据完全清除。

（2）释放或重新分配系统内文件、目录、数据库记录等资源所在存储空间给其他用户之前进行完全清除。

（3）用户不能读取、修改或删除其他用户产生的个人信息，无论这些信息是存放在文件、数据库还是内存中。

2. 资源控制

大数据应用需频繁进行数据搜索、钻取、统计。因此，需要对资源进行控制，降低系统资源消耗，提高系统可靠性和可用性。资源控制测试包括但不限于如下内容：

（1）对系统的最大并发会话连接数进行限制。

（2）对一段时间内的并发会话连接数进行限制。

（3）对系统内单个账户的多重并发会话数进行限制。

（4）对一个访问账户或请求进程占用的资源，分配最大限额和最小限额，超过限制时给出提示信息，降低优先级或拒绝服务。

（5）设定服务优先级并根据优先级分配系统资源。

（6）若通信双方中的一方在一段时间内无任何响应，另一方自动结束通信。

（7）对服务水平进行监控，当系统服务水平降到规定的最小值时，进行检测和报警。

（8）按时段、区域等分配资源使用的优先级，满足不同服务需求。

（9）对单个用户下载数据量、发起的服务请求数量等进行限制，避免服务资源被少数用户长时间占用。

9.5.4.4　通信安全

通信安全包括通信完整性和保密性。在应用环境中，客户端与服务器之间的通信，可能导致用户认证信息泄露，应在通信双方建立连接之前，使用密码进行会话验证，确保关键数据的完整性。对于通信过程中的所有报文，采用专用通信协议（如 SSL 技术或加密方式）传输，保证通信过程的保密性。例如，手机银行交易平台采用 128 位 SSL 加密技术，确保用户输入的任何信息都能安全传送至交易平台。完整性和保密性测试包括如下主要内容：

（1）通信双方建立连接前，通过加密进行会话初始化及通信双方的身份验证。

（2）通信过程中的整个报文或会话过程，通过专用通信协议或加密方式进行。

（3）提供信息重传机制。

9.5.4.5　软件容错

容错是指对故障的容忍，并非无视故障存在。一般地，容错系统包括故障限制、故障检测、故障屏蔽、重试、诊断、重组、恢复、重启等过程或活动。软件容错测试包括如下主要内容：

（1）对人机接口输入数据进行有效性检验，保证数据格式、长度等符合要求。

（2）对导入数据文件进行有效性检验，保证数据类型、数据格式、数据长度符合要求，必要时可以对数据文件的完整性进行校验。

（3）对通过通信接口输入的数据进行有效检验。

（4）当软件故障发生时，能自动保护当前状态，确保系统能够有效恢复。

（5）当软件故障发生时，不影响系统安全等级，确保故障导向安全。

（6）屏蔽系统技术错误信息，不将系统错误信息直接反馈给客户。

第 10 章　软硬件一体化测试

软硬件一体化系统是指软硬件一体，使命任务、性能指标、接口特性等可实现、可交付且系统链路连通的系统。基于 CPU/GPU/FPGA 混合架构的可重构计算以及云计算、大数据、人工智能、综合集成等技术，硬件加速的高速性、并行性、实时性以及软件的灵活性、通用性、可重用性优势得以充分展现，软硬件一体化（Cloud Native Hardware）、无服务器计算（Serverless）及智能化（Smart）融合发展，软硬件一体化系统体系结构发展获得重大突破。

软硬件一体化系统具有多种任务剖面、多种应用场景，在特定的环境中，其运行由场景驱动。自然环境、平台环境、软件环境、诱发环境乃至人文社会环境构成综合应力环境，共同诱发系统失效。软硬件一体化系统的失效机理、失效模式，较硬件系统或软件系统，具有显著的差异。受技术手段掣肘及路径依赖，工程上，大多将软件和硬件割裂开来，孤立于系统、任务场景及使用环境，独立开展硬件试验和软件测试，难以覆盖系统运行流程及业务场景，难以检出系统关联缺陷及环境诱发失效，难以对系统效能及交付能力进行测试和评价。

以系统工程思想为指导，基于系统行为模型，构造综合环境应力剖面、软件状态剖面，通过场景映射，剖面切片，抽取测试序列，生成一体化测试剖面，在综合环境应力及多域任务场景下，基于模型和数据驱动，实现软件测试与硬件试验综合，系统测试与任务场景及运行环境融合，对系统关键技术参数、关键接口特性等系统属性进行测试及闭环验证，基于各 KPI 测度及系统质量风险，对系统效能及交付能力进行评价。软硬件一体化测试是基于能力战略的测试。

10.1　一体化测试框架

10.1.1　基于 MBSE 的一体化测试

软硬件一体化系统的质量呈现及系统效能、交付能力是软硬件综合作用及系统与外部环境关联的结果。系统设计由传统的接口互联互通设计向面向任务的资源优化设计转变。基于文件的系统工程难以揭示系统特性、机理及涌现性。

面对软硬件一体化系统的内在质量实现及外在可用性表现，双重、多层级可验证的系统质量需求，传统软件测试技术已力不从心。基于对象一体化、过程模型化、场景综合化、环境虚拟化、管理知识化的基本原则，根据系统行为模型、任务场景、运行环境，通过模型标识、模型治理、数据标识、数据治理及数据关联，打通数据链路，建立系统化的过程信息分享、集成协同机制，构建稳定可靠、协调一致的测试流程，建设基于模型库、场景库、用例库、脚本库及缺陷库的测试资产管理体系及过程改进机制，实现技术、方法、流程和管理融合创新。这是复杂的组织体系工程问题。MBSE 为该问题的解决提供了指导思想和方法论，为一体化测试理论、技术、方法、流程创新提供了基础支撑。

依据软硬件一体化系统的使命任务、功能性能、系统架构、开发模型、技术状态管控模块化、集成化、敏捷化设计理念，将测试过程模型化，基于软件测试、硬件试验、环境应力及使用场景综合，模型驱动测试，实现测试结果与用户需求一致性、可追溯性、完整性的闭环验证以及测试过程的迭代演化。

面向任务及其能力定义的系统功能逻辑架构设计，结构共形和资源解耦的系统物理架构设计，基于模型交互的系统与搭载平台融合设计，资源均衡优化的系统多方案虚拟集成与快速推演评估，基于基线升级的系统寿命周期需求敏捷开发与管理，使用需求牵引能力需求，能力需求牵引开发设计，开发设计映射系统关键属性，基于多视图建模的测试场景设计及模型驱动的虚实融合测试设计，面向软件工程过程，构建基于 MBSE 的一体化测试模型，实现软硬件一体化系统多异构模型关联映射与数据互操作，模型定义与需求工程及系统设计融合，系统行为模型与软件测试过程模型耦合，测试设计与系统定义集成协同，测试实现与验证评估同步。基于 MBSE 的一体化测试模型如图 10-1 所示。

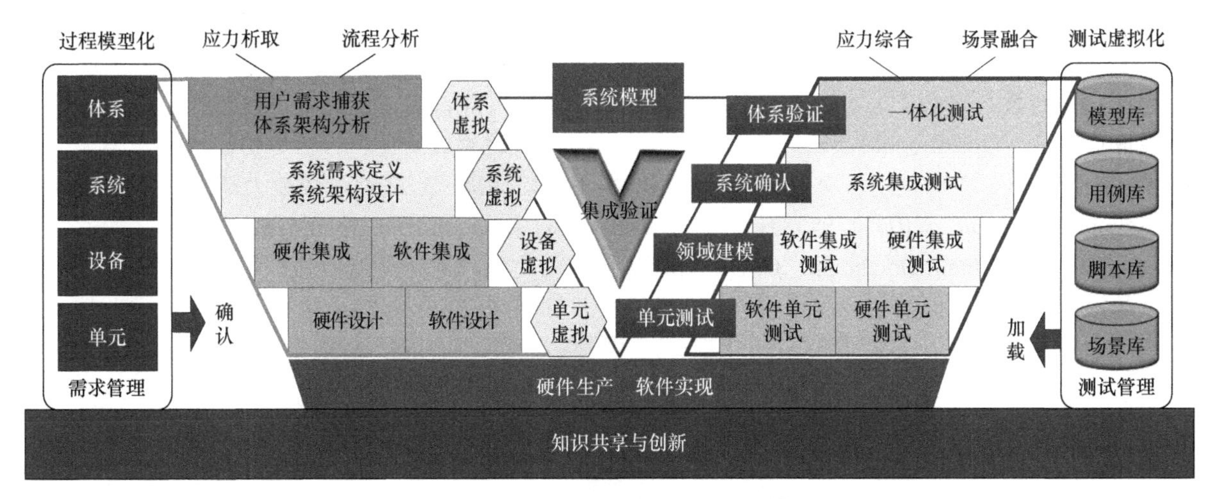

图 10-1　基于 MBSE 的一体化测试模型

基于 MBSE 的一体化测试模型将软件测试视为一个工程系统工程过程，将测试与开发过程、环境与场景融合，将软件测试与能力验证综合，有利于推进基于数字化测试评估计划（Test & Evaluation Main Plan，TEMP）、数字代理、数字孪生、数字化决策为支撑的一体化测试体系发展，有利于推进以标准化能力文档为中心的线性过程向动态、互联、以数字模型为中心的测试技术发展及模式变革。

10.1.2　基于能力的一体化测试

基于能力的测试是指在综合应力环境及多域任务场景中，对系统使命任务、功能性能、系统效能进行测试验证，摸清性能底数，确保交付能力的一体化测试方法。作为一种开放融合、迭代演进的顶层设计概念，基于能力的战略同组织建设、发展战略、流程治理等深度融合，驱动软件测试由传统的符合性验证向系统能力验证转型。从美国空军指导性文件 AFI 99-103《基于能力的试验鉴定》中，可窥一斑。

可靠性试验是在综合环境应力条件下，通过模拟或现场试验，揭露系统的失效规律、失效机理及失效模式，分析评价系统实现预定可靠性目标的能力，为系统研制提供改进输入，为性能验证及鉴定提供决策依据。依据 MIL-HDBK-781A《工程、研制、鉴定及生产的可靠性试验方法、计划和环境》，构造试验剖面，确定应力量值及变化率，将系统及其构成单元置于特定的环境中，加载综合环境应力，验证系统可靠性。随着激发试验、仿真试验、虚拟试验、数字化试验技术的快速发展，综合环境应力归纳、时间匹配、场景下载等重大关键技术取得突破，促进可靠性强化试验、系统可靠性试验、全状态可靠性试验等技术发展，可靠性试验由单一设备、单一应力试验发展到基于综合环境应力的系统可靠性试验。因 MIL-HDBK-781A 标准源于典型系统的统计推断，对于特定系统，可能存在较大误差及缺陷激发能力。基于实际运行环境，进行应力测量，构造基于实测应力的综合环境应力剖面，有效地解决了推荐应力的失真问题。但是，基于实测应力的剖面综合面临资源、经费、时间等因素掣肘，尽管系统可靠性试验综合了典型环境应力，将软件故障计入系统故障，但现行试验方法源于硬件试验，很少考虑甚至忽视软件运行应力对系统的影响，难以系统、完整、充分地反映综合环境应力下的系统质量特性以及软硬件之间、系统与环境之间相互制约等情况。

软件测试是基于软件设计模型及行为模型，以单个操作为最小单元，构造运行剖面，基于软件系统的动态使用信息，对 Musa 测试剖面进行扩展，生成任务场景与系统运行流程，析出测试剖面，基于模型或数据驱动，检出错误，验证系统需求的符合性，评价系统效能及其交付能力。传统软件测试关注错误检出和符合性验证，很少考虑自然环境、电磁环境等外部环境因素以及硬件退化、系统状态变化等对软件质量的影响。事实上，将环境应力剖面同任务剖面割裂开来，无法真实地反映软硬件一体化系统的任务场景及使用环境的影响，难以对系统效能及交付能力做出客观、可信的评价。

试验鉴定（Test & Evaluation，T&E）是基于系统能力需求–技术要求–性能指标–适用性–系统效能及其递进关系，对系统使命任务、性能指标、关键接口、系统效能、交付能力等测度进行验证和评价，形成使用评估报告（Operational Assessment Report，OAR），实现测试验证、分析评价的迭代和闭环，在研制决策、开发设计、生产建造、交付部署、使用维护等里程碑决策点之前形成能力需求文档（Capability Requirement Document，CRD）、能力开发文档（Capability Development Document，CDD）、能力生产文档（Capability Production Document，CPD）等标准化能力文档，是基于能力的一体化测试实践的最佳范例。试验鉴定闭环系统如图 10-2 所示。

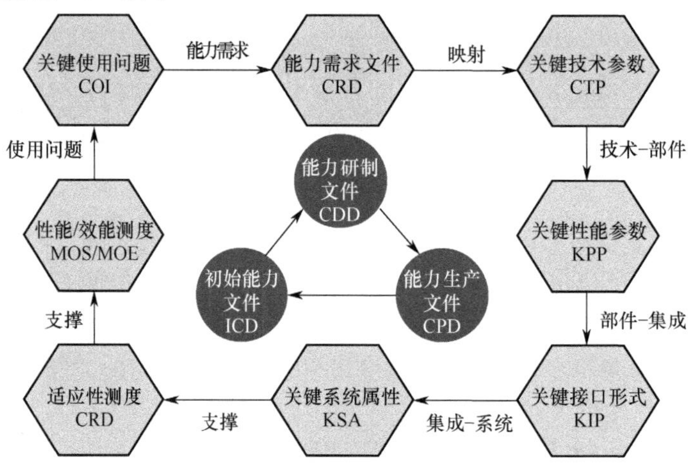

图 10-2　试验鉴定闭环系统

基于建模仿真的虚拟试验鉴定是试验技术的重要发展方向。构建基于建模–仿真–试验–结果比对的试验鉴定模型及虚拟试验环境，驱动试验，将基于物理及先验数据驱动的虚拟试验与实际试验结果进行比对，如果结果一致，则通过试验鉴定；否则，校核并修正仿真模型，优化试验方案和仿真策略，调整试验流程。图 10-3 给出了一个基于建模–仿真–试验–结果比对的试验鉴定模型。

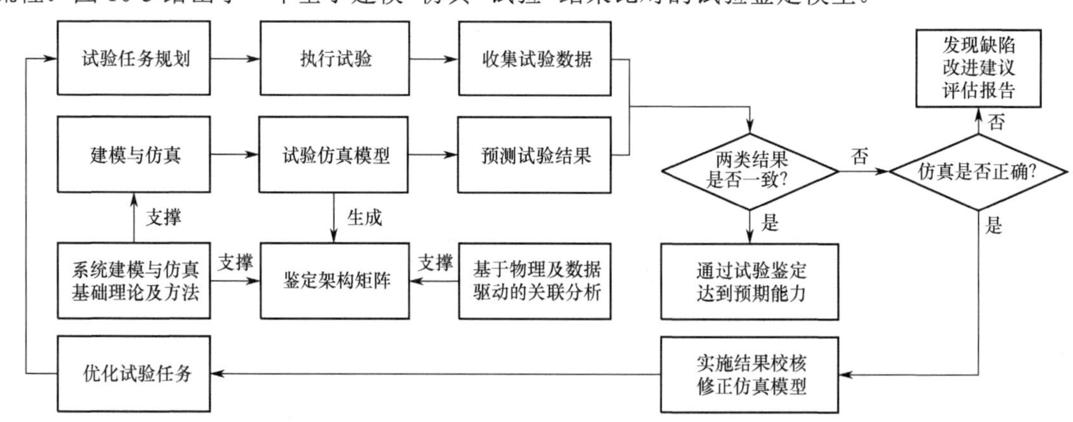

图 10-3　基于建模–仿真–试验–结果比对的试验鉴定模型

将系统可靠性试验、基于数据驱动的软件测试及试验鉴定技术、方法、流程进行综合，构建综合应力环境和多域任务场景，实现环境应力综合，场景融合，在一体化测试剖面中，验证系统效能及交付能力。

10.1.3　多域任务场景下的一体化测试

一个特定的系统，在复杂多变的环境条件下，基于不同运行流程，实现其使命任务，呈现其特定的能力。基于综合环境应力加载及多视图建模的系统测试场景设计与活动分析，构建综合环境应力剖面、多域任务场景、软件状态剖面，基于剖面切片、场景下载、状态转换，通过切片组合，构造软硬件一体、环境应力综合、任务场景融合的一体化测试剖面，实现多异构模型关联映射与数据互操作、面向资源均衡优化的系统多方案虚拟集成与快速推演评估，将系统暴露于特定的环境应力条件下，识别并解决任务关键风险，验证评价系统效能及能力。基于剖面综合与场景融合的一体化测试架构如图 10-4 所示。

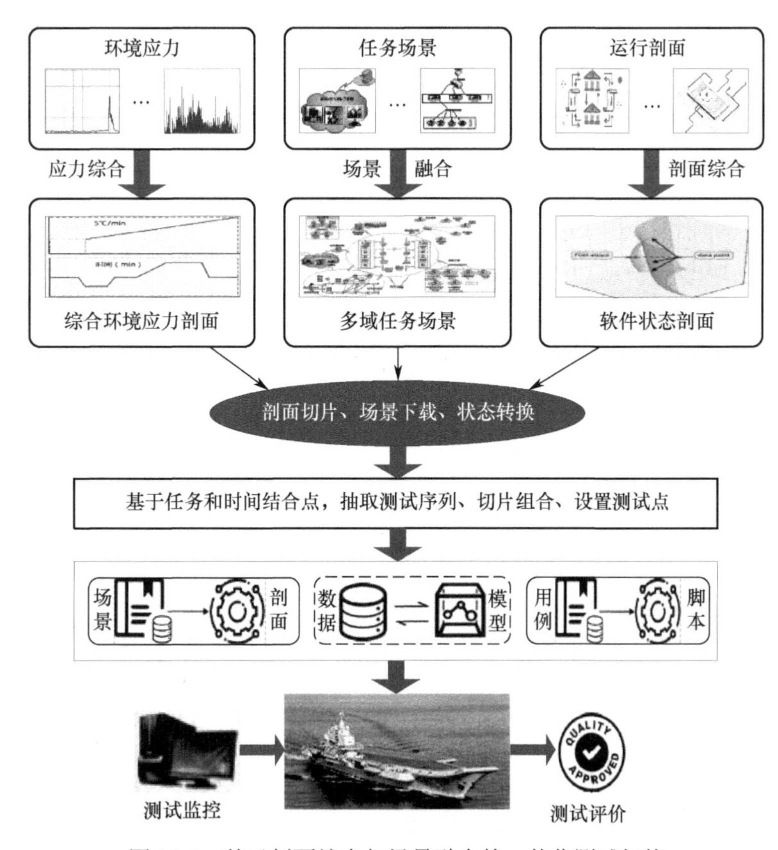

图 10-4　基于剖面综合与场景融合的一体化测试架构

测试方案制定、测试剖面生成、测试环境构建、测试分析评价是相互衔接、相互融合、相互支撑的 4 个阶段，构成如图 10-5 所示的多域任务场景下的一体化测试总体技术能力框架。

10.1.3.1　测试方案制定

一体化测试总体方案是指依据系统规格、软件需求规格等，对系统的使命任务、性能指标、系统架构、系统状态、工作模式、操作组织、任务场景、使用环境等进行分析，析取关键技术参数、关键接口形式、关键任务场景以及系统效能、适应性、交付能力等系统属性要求，进行测试策划和测试需求分析，制定测试策略，确定测试需求，制订测试计划。

10.1.3.2　测试剖面生成

根据系统任务剖面、安装部署及运行环境，分析确定环境要素及典型环境应力量值，通过归纳和综合，构造综合环境应力剖面；确定任务场景，进行场景融合，构造多域任务场景；建立综合环境应力剖面、多域任务场景及一体化测试剖面之间的映射关系，将系统运行和外部环境条件综合在一起；基于任务和时间两个结合点，抽取测试序列，通过剖面切片组合、状态转换，将综合环境应力剖面、任务场景及软件状态剖面合成为一体化测试剖面。一体化测试剖面设计与综合如图 10-6 所示。

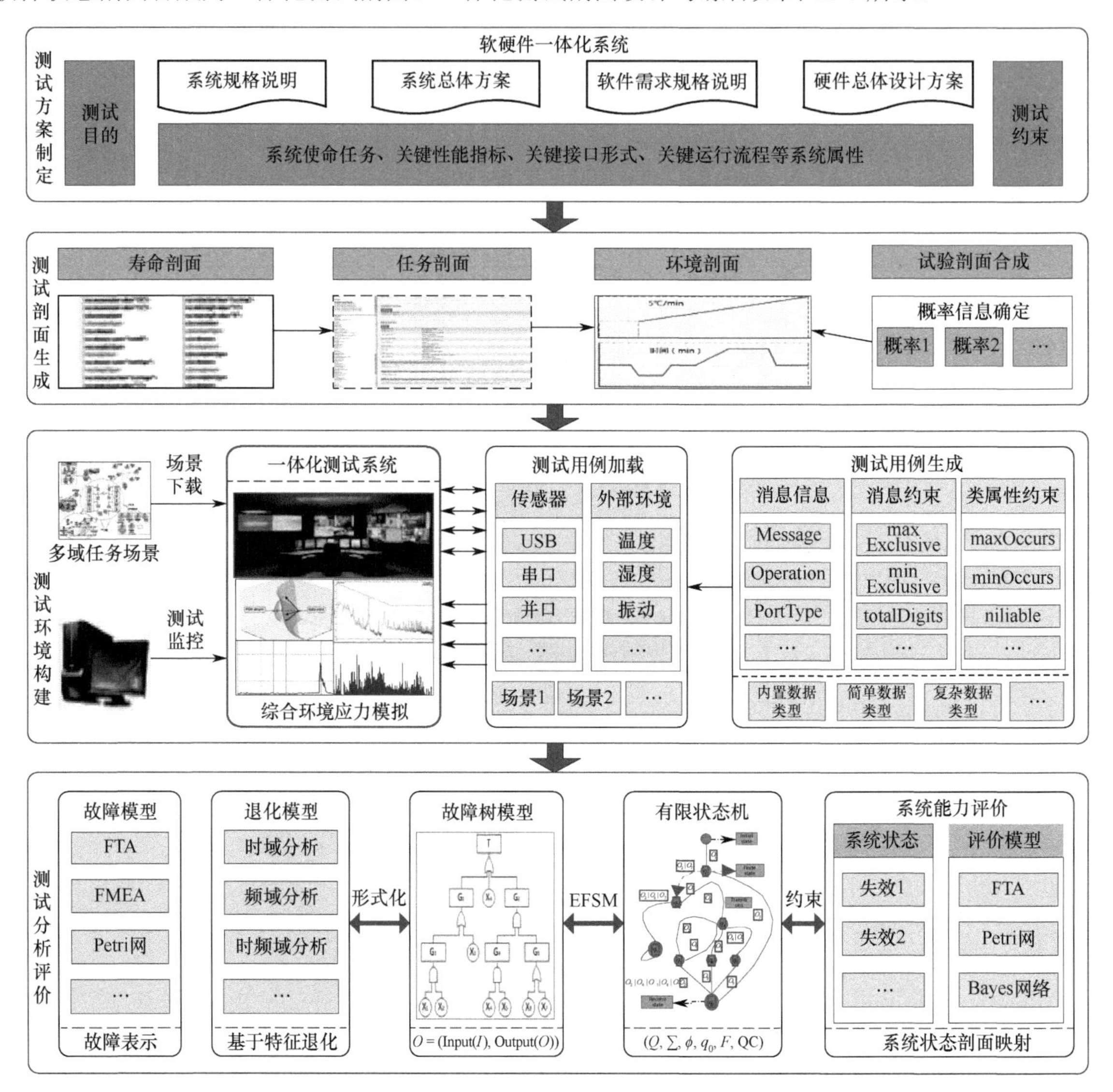

图 10-5　多域任务场景下的一体化测试总体技术能力框架

自顶而下，对系统关键任务、任务场景与运行环境的关联关系进行解析，获取客户剖面和用户剖面，定义模式剖面，确定功能剖面，通过系统任务周期内所经历的事件及其环境时序刻画，确定任务剖面；基于系统安装部署及使用环境条件，对系统的自然环境、力学环境、电磁环境、平台环境特性进行分析，根据系统对环境的诱发、转换作用及系统自身环境对功能、性能、效能等的影响，构造综合环境应力剖面；根据系统使命任务、运行流程、操作组织，配置使用场景，确定关键操作，生成运行剖面，对运行剖面的每个元素赋予一个发生概率值及关键因子，按实际使用方式镜像运行域，确定不同功能域任务场景；建立任务剖面和综合环境应力剖面之间的映射关系，根据映射关系将综合环境应力剖面、软件测试剖面进行综合，形成一体化试验剖面，描述在同一任务阶段下软硬件一体化系统应力的变化情况及软件输入随时间的变化情况，综合考虑软硬件的关联关系及软件在系统中的核心功能实现对系统的影响，真实地展现系统的使用情况。

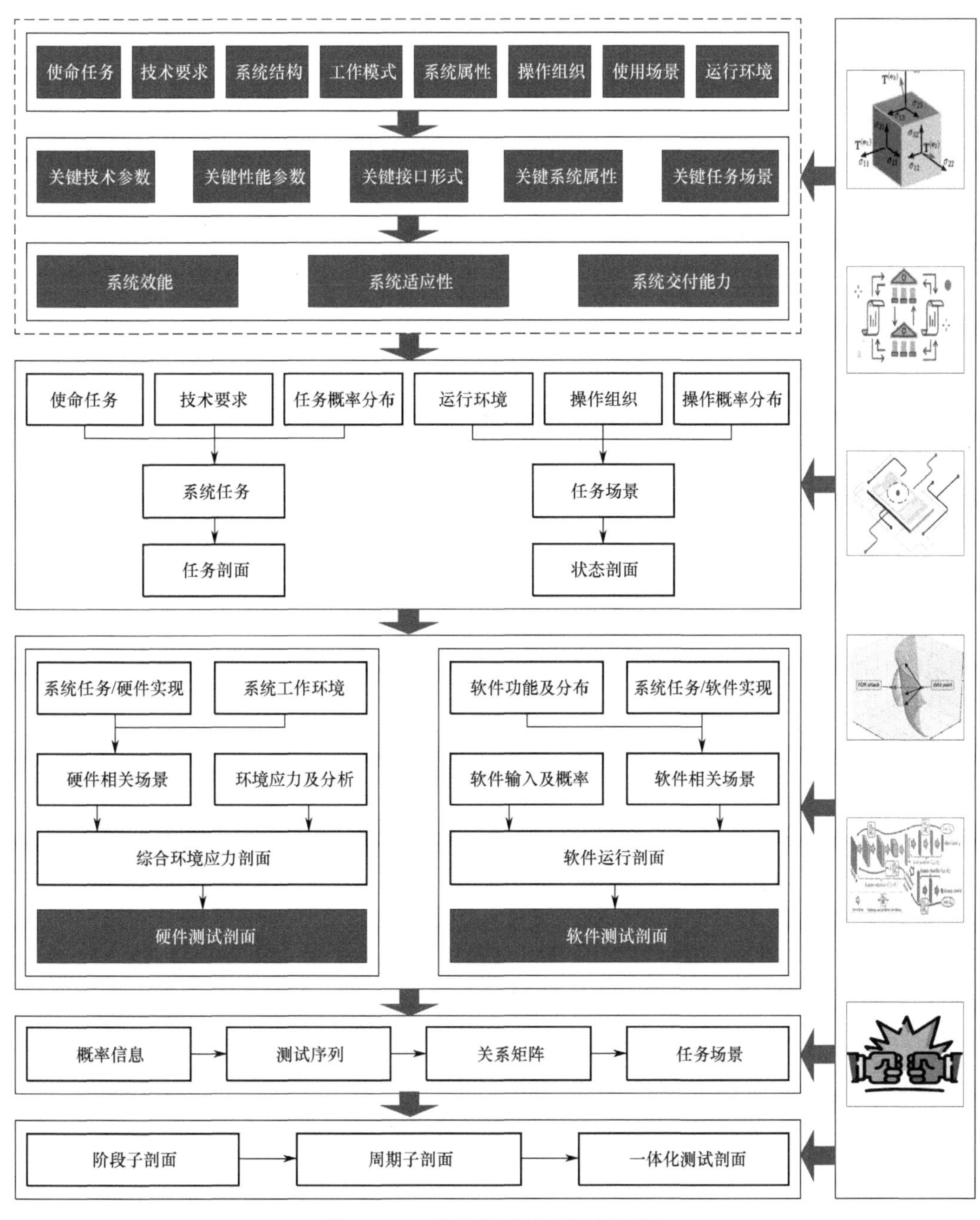

图 10-6　一体化测试剖面设计与综合

一体化测试剖面设计与综合可划分为如下 5 个步骤：

（1）根据系统规格，确定系统的任务剖面，基于任务剖面确定场景剖面及环境参数，得到场景剖面数据表并对其进行简化处理，由此构造综合环境参数—时间关系图。应力量值主要来源于推荐应力、估计应力和实测应力。对于温度应力，通常采用 Arrhenius 模型和 Manson-Coffin 模型对实测数据的周期分量和随机分量进行等效平均和循环处理，得到实测温度应力剖面。对于力学环境应力（如振动应力），基于随机性检验和谱分析，对实测数据进行编辑确认及分离性测量分析，得到实测功率谱密度曲线；基于修正容差上限技术，对实测应力进行修正，实现剖面综合，得到综合环境应力剖面。

（2）依据软件需求规格，确定软件任务剖面，识别所有可能的运行并建立运行与任务之间的关系，构造软件状态剖面及操作剖面。在不同场景中，确定相关输入变量及其状态，计算每个运行子类的执行概率，确定软件测试剖面。

（3）基于系统使命任务，确定软件场景和硬件场景，建立关系矩阵 $\boldsymbol{R}$ ，将同一任务场景中的软件测试剖面和硬件试验剖面关联，建立软件测试剖面与综合环境应力剖面的时序关系，对软件运行场景的执行概率进行加权计算，基于剖面切片和时序结合点，得到系统任务场景及任务场景的执行概率，即任务场景剖面。

（4）基于系统任务场景剖面，对于一个任务场景，按照关系矩阵 $\boldsymbol{R}$ ，识别与任务场景关联的软件测试剖面，根据任务场景中环境应力函数关系，构造基于综合环境应力的试验剖面，然后将综合环境应力试验剖面与软件测试剖面综合，构造阶段子剖面，由任务场景概率和试验周期时间，确定阶段子剖面的试验时间，生成阶段子剖面。

（5）依据系统使命任务，将阶段子剖面进行分类组合，得到系统任务的一个或多个阶段子剖面集合，生成基于任务场景的阶段子剖面并按系统任务对其分类，综合系统任务相关的阶段子剖面，构成一个周期子剖面，然后依据场景概率，进一步综合系统运行的电应力、软件运行应力等，按照试验循环周期，将周期子剖面进行综合，生成一体化测试剖面。

10.1.3.3 测试环境构建

根据测试总体方案及一体化测试剖面，以有利于应力模拟、用例加载、测试检测，故障诊断、测试监控为目的，搭建集环境应力模拟、环境应力加载、测试用例加载、测试监控、测试管理等于一体的一体化测试环境，将软硬件一体化系统暴露于更加充分、更加真实的综合应力环境中，同系统任务紧密关联，识别并纠正任务关键局限性问题及制约系统能力及效能的问题。

在一体化测试环境中，根据系统运行过程及其所处环境，使用统计方案进行随机测试，基于一次系统任务加权时间及测试截尾时间，确定测试用例数量，基于一体化测试剖面及任务场景，生成测试用例，并转化为测试脚本，依据测试场景加载测试激励数据，按流程和确定的方法执行测试。

10.1.3.4 测试分析评价

制定模型选择、参数估计、模型确认、模型评价规程，基于失效定义及系统失效模式，开发或选择系统故障模型及分析评估模型。基于系统功能、性能、能力及效能等测度数据，对测试过程及结果进行综合评价，同时通过测试管理对测试效率及测试质量进行评价。

随着一体化测试技术研究与实践的不断深化，业界基于 Deep-End 理论，研究提出了基于大数据的一体化测试策略，构建混合模型，基于硬件功能性能退化模型，以及故障树、故障 Petri 网、贝叶斯网络综合的系统能力评估模型，按期望状态测试并度量系统性能及交付能力。

10.2 一体化测试剖面构造

10.2.1 寿命剖面

MIL-STD 721、MIL-STD 781D 等标准将寿命剖面定义为：产品从制造到退役周期过程中所经历的装卸、运输、储存、检测、试验、检验、维修、部署、使用、备用、待命、报废等事件，描述每个事件发生的顺序、持续时间及经历的环境条件和工作模式。寿命剖面往往包含一个或多个任务剖面。工程上，应将寿命剖面中非任务期间的特殊状况转化为系统论证设计、测试验证、分析评估要求，并在相应过程中予以验证确认。

10.2.2 任务剖面

10.2.2.1 任务与环境关联性分析

在寿命周期内，系统与各种环境因素相互关联。应对系统使用过程中所经受的环境因素进行相关性分析，确定主要因素。例如，对于一艘远洋捕捞船，捕捞作业与温度、湿度、振动、冲击、风速、风向等环境因素密切相关。现以捕捞作业为因变量 F_1，平均真风速 F_2、平均真风向 F_3、温度 F_4、湿度 F_5、振动 F_6 等环境因素为自变量，建立多元线性回归模型

$$F_1 = \beta_1 + \beta_2 F_2 + \beta_3 F_3 + \beta_4 F_4 + \beta_5 F_5 + \beta_6 F_6$$

运用全回归模型，对因变量 F_1 与 5 个环境因素的关联性进行分析。将显著性水平设置为 0.05，由方差分析和参数估计值，得到全回归模型的多重线性回归方程

$$F_1 = 621.06988 - 2.12398F_2 + 1.05962F_3 + 35.09576F_4 - 12.15032F_5 + 29.54367F_6$$

由此，得到该线性回归方程的解算结果

$$R_m(\text{Root MSE}) = 13.49700\text{；}\quad R^2(\text{RSquare}) = 0.4797\text{；}\quad F_1(\text{FValue}) = 381\text{；}\quad P_r < 0.0001$$

由线性回归分析结果可得：全回归模型具有显著性意义，且 $P_r < 0.0001$，环境因素对捕捞作业影响的顺序为：温度（F_4，35.09576）、振动（F_6，29.54367）、湿度（F_5，12.15032）、平均真风速（F_2，2.12398）、平均真风向（F_3，1.05962）。

由此可见，温度、振动、湿度 3 个环境因素对远洋捕捞船捕捞作业的影响相对较大，其显著性指标达到了 < 0.05 的设定要求，是影响捕捞作业的主要环境因素。

10.2.2.2　任务剖面分析

任务剖面是对系统使用条件、任务执行时间及其顺序的刻画，是系统在完成规定任务的时间内所经历的事件、时序及环境条件的描述，即描述事件、预计环境条件及系统受激励和不受激励的时间延续情况。为了将任务剖面同综合环境应力剖面合成，可将任务剖面的定义扩展为：对系统与某一特定任务相关的事件、状态及环境条件的描述，包括任务成功及致命故障的判断准则，输入值用时间分布或在可能输入范围内的出现概率分布定义。任务剖面定义为如下四元组：

$$M_p = \{m_i, \text{pre}_i, \text{msg}_i, p_i\} \tag{10-1}$$

式中，m_i 为第 i 个系统任务；pre_i 为系统任务 m_i 的执行前置条件；msg_i 为系统交联的分系统或设备及用户信息；p_i 为系统任务 m_i 的执行频率。

系统任务剖面捕获步骤如下：

（1）根据系统规格，识别并获取其使命任务 m_i。

（2）分析确定系统交联的分系统或设备以及用户等信息 msg_i。

（3）确定系统任务 m_i 执行的前置条件 pre_i 及执行频率 p_i，直至所有任务执行前置条件和执行频率均已确定，得到系统任务剖面 M_p。

在一次使用过程中，系统可能遂行多个任务。运行模式表示与重要环境变量相关联的功能组合，环境变量描述影响系统使用的环境条件，但并不一定与其特性直接相关。对于不同的运行模式，分别确定其质量要求及目标，并分别进行跟踪或测试验证。

10.2.2.3　任务剖面构造

对于一个使命任务确定的系统，由于受环境条件及其变化的影响，直接构造任务剖面并非易事。工程上，通常采用自顶向下的方法，首先根据系统的客户及用户类型，确定客户剖面和用户剖面；其次根据系统使用模式及其发生概率，定义模式剖面；再次根据系统功能及发生概率，建立功能剖面；最后基于系统的模式剖面及功能剖面，构造系统的任务剖面。

10.2.3　环境剖面设计

环境剖面是系统储存、运输、使用等过程中可能经受的环境应力参数及时间关系图。环境剖面设计是根据系统规格，基于任务剖面，确定影响系统使用及关键性能的环境因素，根据系统及其载体对自然

环境和动力学环境的诱发、转换及载体环境对系统的作用，构造环境剖面。环境剖面设计原理如图 10-7 所示。

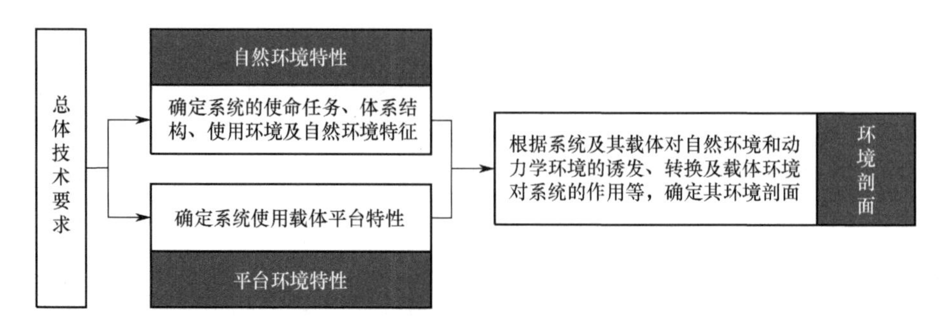

图 10-7　环境剖面设计原理

一个系统，可能具有多个环境剖面。环境剖面和任务剖面之间存在着一一对应的关系。同一环境因素可能在任务剖面的不同阶段以不同概率出现，其强度不尽相同。在环境剖面构造过程中，应充分考虑各种环境因素出现的频率及持续时间，得到定量数据或估计值，准确反映实际使用环境。

10.2.4　面向任务的一体化测试剖面设计

建立任务剖面与综合环境应力剖面以及软件测试剖面的映射关系，根据映射关系，对综合环境应力剖面和软件测试剖面进行综合，将系统运行和外部环境条件结合在一起，构造一体化测试剖面，以反映系统的实际使用情况。基于任务剖面的一体化测试过程如图 10-8 所示。

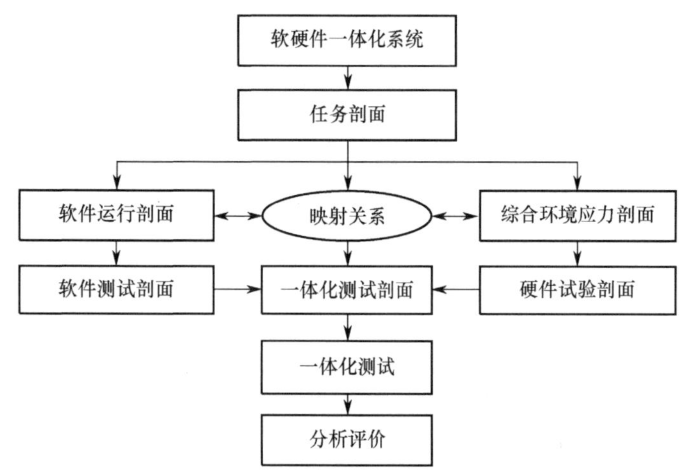

图 10-8　基于任务剖面的一体化测试过程

10.2.4.1　软件测试剖面

根据软件系统的功能剖面确定软件运行剖面，建立软件功能剖面和软件操作剖面之间的映射关系，构造软件测试剖面。软件测试剖面构建流程如图 10-9 所示。

1. 软件任务剖面

基于系统任务剖面，析出软件任务列表，软件任务列表包括任务信息、任务执行顺序和执行频率等信息。定义为如下四元组：

$$ST_p = \{sm_i, spre_i, smsg_i, sp_i\} \tag{10-2}$$

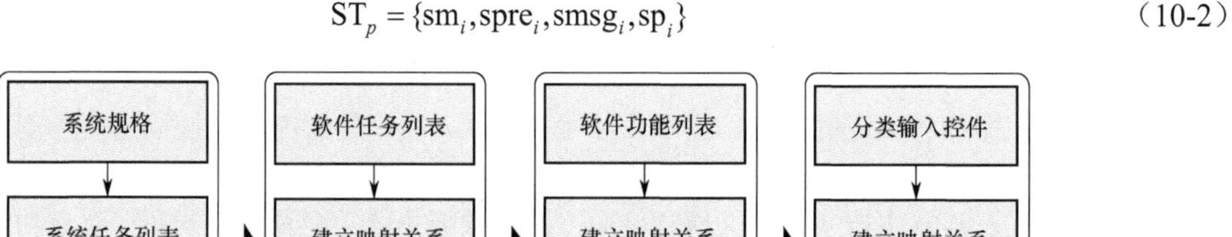
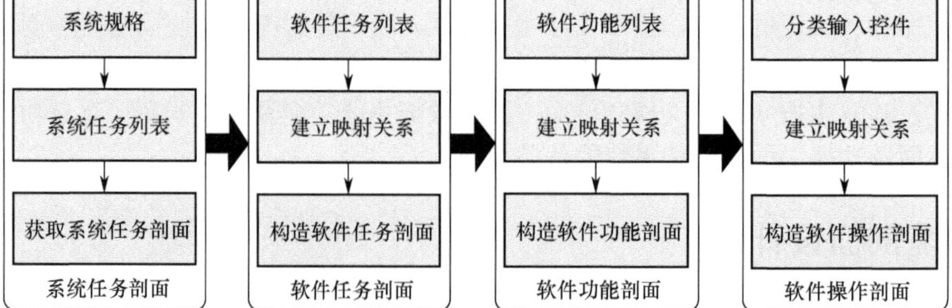

图 10-9　软件测试剖面构建流程

式中，sm_i 为第 i 个软件任务；$smsg_i$ 为软件任务信息；$spre_i$ 为任务执行顺序；sp_i 为软件任务执行频率。

系统任务与软件任务之间的映射函数定义为

$$m: \mathrm{sm} \to \mathrm{ft(sm)} \tag{10-3}$$

（1）根据系统任务剖面，确定软件任务 sm_i 及软件任务信息 $smsg_i$。

（2）根据系统任务与软件任务的关联关系，建立映射函数 ft(sm)，即每个系统任务对应于一个及或以上的软件任务。

（3）根据系统任务执行顺序及执行频率 p，构造系统任务和软件任务的映射关系函数 ft(sm)，确定软件任务 sm_i 执行的前置条件 $spre_i$ 及执行频率 sp_i，直至确定所有软件任务执行的前置条件和执行频率，获得软件任务剖面 ST_p。

2. 软件功能剖面

描述软件任务完成所涉及的一个或若干个功能及状态，包括功能、执行频率、执行顺序等信息。定义为如下四元组：

$$\mathrm{SF}_p = \{\mathrm{sf}_i, \mathrm{sfpre}_i, \mathrm{sfmsg}_i, \mathrm{sfp}_i\} \tag{10-4}$$

式中，sf_i 为第 i 个软件功能；$sfpre_i$ 为软件功能执行前置条件；$sfmsg_i$ 为软件功能信息；sfp_i 为软件功能执行频率。

软件任务与软件功能之间的映射函数定义为

$$\mathrm{sm}: \mathrm{sf} \to \mathrm{fs(sf)} \tag{10-5}$$

（1）根据软件需求规格，确定软件功能 sf_i 及其功能信息 $sfmsg_i$。

（2）建立软件任务与软件功能之间的映射函数 fs(sf)，该映射函数覆盖软件在不同任务下各种可能的运行场景。

（3）利用软件任务和软件功能之间的映射函数 fs(sf)，确定软件功能执行前置条件 $sfpre_i$ 和执行频率 sfp_i，直至所有软件功能执行前置条件和执行频率均已确定，获得功能剖面 SF_p。

3. 软件操作剖面

软件操作剖面由一组或多组操作构成，包括操作信息、执行概率、执行顺序等逻辑信息。定义为如下五元组：

$$\mathrm{SO}_p = \{\mathrm{so}_i, \mathrm{sopre}_i, \mathrm{sot}_i, \mathrm{somsg}_i, \mathrm{sop}_i\} \tag{10-6}$$

式中，so_i 为第 i 个软件操作；$sopre_i$ 为软件操作执行前置条件；sot_i 为软件操作输入数据关于时间的分布；$somsg_i$ 为软件操作信息；sop_i 为软件操作执行频率。

软件功能与软件操作之间的映射函数定义为

$$\mathrm{sf}: \mathrm{so} \to \mathrm{fo(so)} \tag{10-7}$$

（1）根据软件设计文档，对软件功能 sf_i 的输入域 $\varPsi_i = \bigcup \mathrm{InputValue}_l.\mathrm{Range}, l = 1,2,\cdots,r$ 进行分析，得到软件操作信息 $somsg_i$。

（2）按软件功能与操作的对应关系，建立功能与操作之间的映射函数 fo(so)。

（3）根据输入数据 InputValue 关于时间的分布情况 sot，利用软件功能与软件操作之间的映射函数 fo(so)，结合软件功能执行前置条件 $sfpre_i$ 和执行频率 sfp_i 确定软件操作执行的前置条件 $sopre_i$ 和执行频率 sop_i，完成软件操作剖面 SO_p 的构造。

10.2.4.2　一体化测试剖面

对于一个确定的软硬件一体化系统，根据其使命任务，确定任务列表以及每个任务发生的概率，构造其任务剖面；基于系统的使用环境分析，确定环境因素以及每个环境应力的量值及发生概率，构造综合环境应力剖面；基于软件功能剖面和软件操作剖面之间的映射关系，构造软件测试剖面；根据软件测

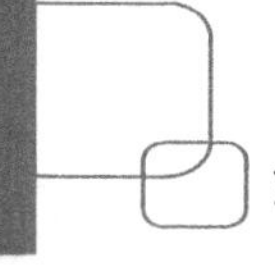

试剖面及综合环境应力剖面与任务剖面的映射关系，构造一体化测试剖面。进而，确定系统的输入激励及施加顺序。软硬件一体化系统测试剖面合成原理及步骤如图 10-10 所示。

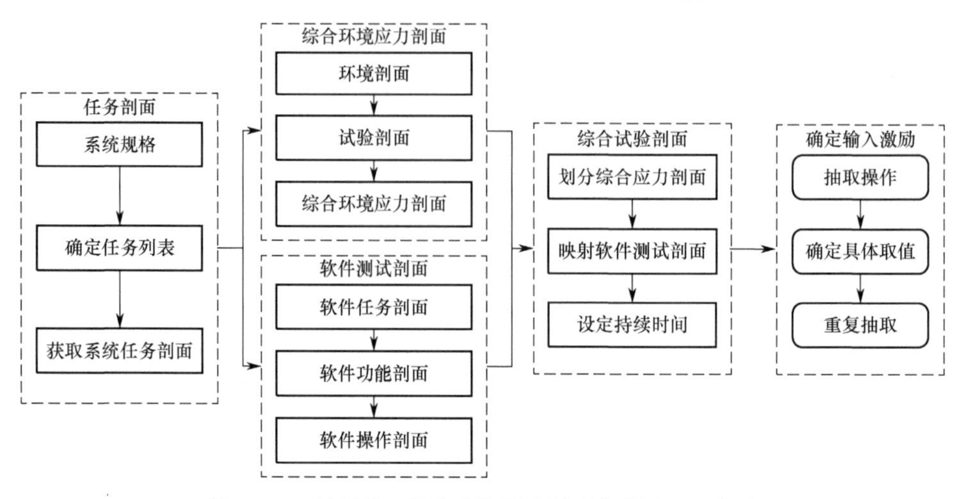

图 10-10　软硬件一体化系统测试剖面合成原理及步骤

1. *一体化测试剖面综合*

综合环境应力剖面定义为如下四元组：

$$H_p = \{\text{ht}, \text{hv}, \text{hh}, \text{hl}\} \tag{10-8}$$

式中，ht 为测试执行时间；hv 为随执行时间变化的电应力；hh 为随执行时间变化的温度应力；hl 为随执行时间变化的振动应力。

一体化测试剖面定义为如下六元组：

$$\text{SH}_p = (\text{so}_i, \text{ht}_i, \text{hv}_i, \text{hh}_i, \text{hl}_i, \text{shp}_i) \tag{10-9}$$

式中，so_i 为第 i 个软件操作；ht_i 为第 i 个操作所对应的执行时间；hv_i 为该执行时间内的电应力；hh_i 为该执行时间内的温度应力；hl_i 为该执行时间内的振动应力；shp_i 为其执行频率。

任务剖面与综合环境应力剖面之间的映射函数为

$$\text{m}:\text{hp} \to \text{fh(hp)} = \begin{cases} \text{fh}_1(\text{hv}) \\ \text{fh}_2(\text{hh}) \\ \text{fh}_3(\text{hl}) \end{cases} \tag{10-10}$$

（1）确定综合环境应力剖面 H_p 与任务剖面中各个任务阶段的对应关系 $\text{m}:\text{hp} \to \text{fh(hp)}$，利用对应关系对综合环境应力剖面进行阶段划分。

（2）按时间顺序，基于综合环境应力剖面与各任务阶段的对应关系以及系统任务剖面 M_p 与软件测试剖面的映射函数，确定软件测试剖面与综合环境应力剖面的映射函数 $\text{hp}:\text{so} \to \text{f(so)}$，确定各段综合应力剖面所对应的软件操作 so_i 及操作概率 shp_i。

（3）重复选取软件操作，直至各段综合环境应力剖面所对应软件操作的总持续时间 $\sum \text{ht}_i$ 与各段综合应力剖面一致。

【定义 10-1】软件测试剖面与综合环境应力剖面之间的映射函数为

$$\text{hp}:\text{so} \to f(\text{so}) = \text{fh}^{-1}(\text{ft}(\text{fs}(\text{fo}(\text{so})))) \tag{10-11}$$

证明

$$\text{hp}:\text{so} \to f(\text{so}) = \text{hp}:\text{m}:\text{sm}:\text{sf}:\text{so} \to \text{fh}^{-1}(\text{ft}(\text{fs}(\text{fo}(\text{so}))))$$

2. *确定软件激励*

软件测试剖面与综合环境应力剖面综合之后，即可对各段综合环境应力剖面确定特定激励的内容、量值以及施加顺序，模拟系统的使用场景。

（1）根据各段综合环境应力剖面 hp_i，利用映射函数 $f(\mathrm{so})$，对应到软件测试剖面 SH_p，采取随机抽样方式选取操作。

（2）按输入数据 InputValue 关于时间的分布 sot，确定操作的输入数据 InputValue。

（3）重复抽取，直至软件激励持续时间与各段综合环境应力剖面持续时间一致，或达到规定的终止条件时，则停止。

10.2.5　一体化测试剖面设计

一体化测试剖面设计包括系统分析、系统任务分析、系统流程分析、核心剖面构造、概率信息确定以及一体化试验剖面综合 6 个阶段。基于任务剖面的一体化测试剖面设计要素及流程如图 10-11 所示。

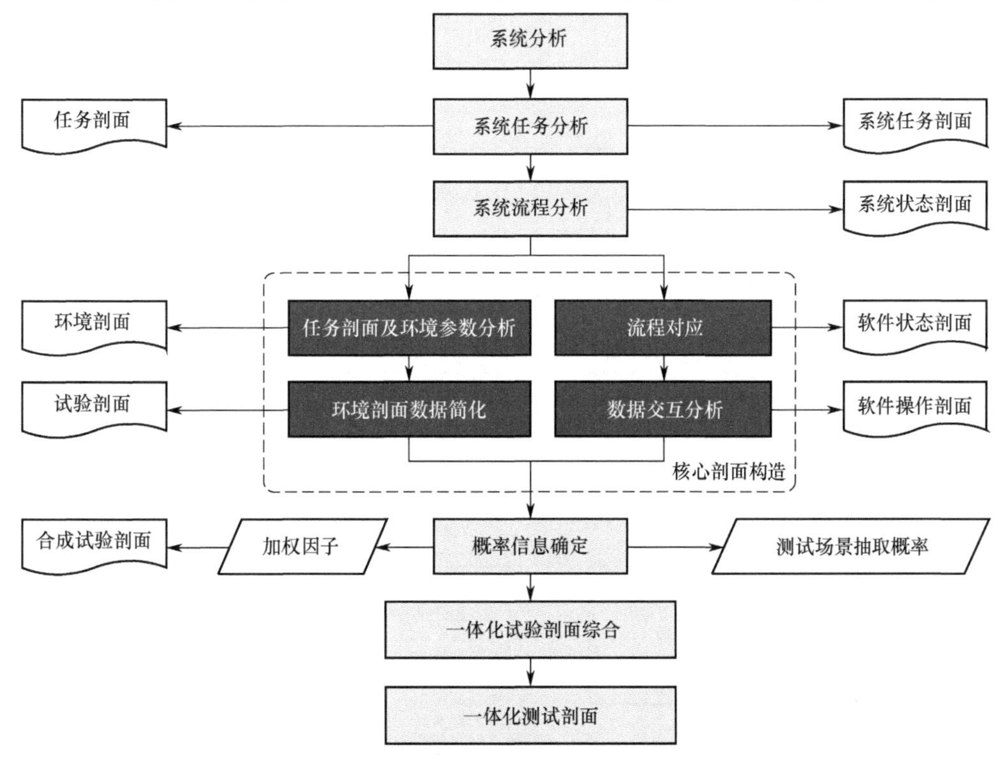

图 10-11　基于任务剖面的一体化测试剖面设计要素及流程

（1）**系统分析**：对被测软硬件一体化系统的使命任务、体系结构、关键功能、关键性能参数、关键接口形式、运行流程、交联系统、用户关系、使用环境、任务场景等进行分析，确定测试需求，制定测试策略。

（2）**系统任务分析**：基于系统使命任务、功能性能、运行流程、操作使用，对系统任务进行分解，确定任务列表以及各项任务发生的时机及发生概率，构造任务剖面。

（3）**系统流程分析**：基于系统运行流程及状态剖面，描述流经系统主要状态迁移过程的路径，从初始状态到终止状态，遍历基本流程和备选流程。

（4）**核心剖面构造**：核心剖面包括任务剖面、环境剖面、综合环境应力剖面、软件状态剖面、操作剖面、软件测试剖面。各剖面构造原理及方法，在前述内容中已进行详细讨论，在此不赘述。而对于综合环境应力剖面构造，则应通过测试策划，确定环境应力参数及量值的选择和测量方案以及加载顺序、加载频率、持续时间。将软件状态与系统状态关联，使用 UML 状态图，构造软件状态剖面图，描述软件的状态迁移过程；对软件输入数据进行分类，综合软件状态剖面，基于输入数据关于时间的分布情况，得到软件操作剖面。

（5）**概率信息确定**：分析确定系统任务的执行频率以及场景状态图中各状态转移过程的发生概率，根据系统任务执行频率信息，将每个任务下的测试剖面合成得到一个综合的测试剖面。综合系统任务的执行频率以及软件场景状态图中各状态转移过程的发生概率，得到各个测试场景的抽取概率，即从系统任务到具体场景流程进行每一次概率抽取的所有概率的乘积。

（6）**一体化试验剖面综合**：按照任务阶段，对综合环境应力剖面和软件状态剖面进行切片，然后顺序选取切片，针对每个切片，找到该切片所处任务阶段的测试场景，得到测试场景对应的软件剖面切片，基于任务和时间的结合点，抽取测试序列，将综合环境应力剖面切片与相应的软件剖面切片组合，通过剖面综合，生成一体化测试剖面。基于综合环境应力剖面及软件测试剖面切片组合的一体化测试剖面如图 10-12 所示。

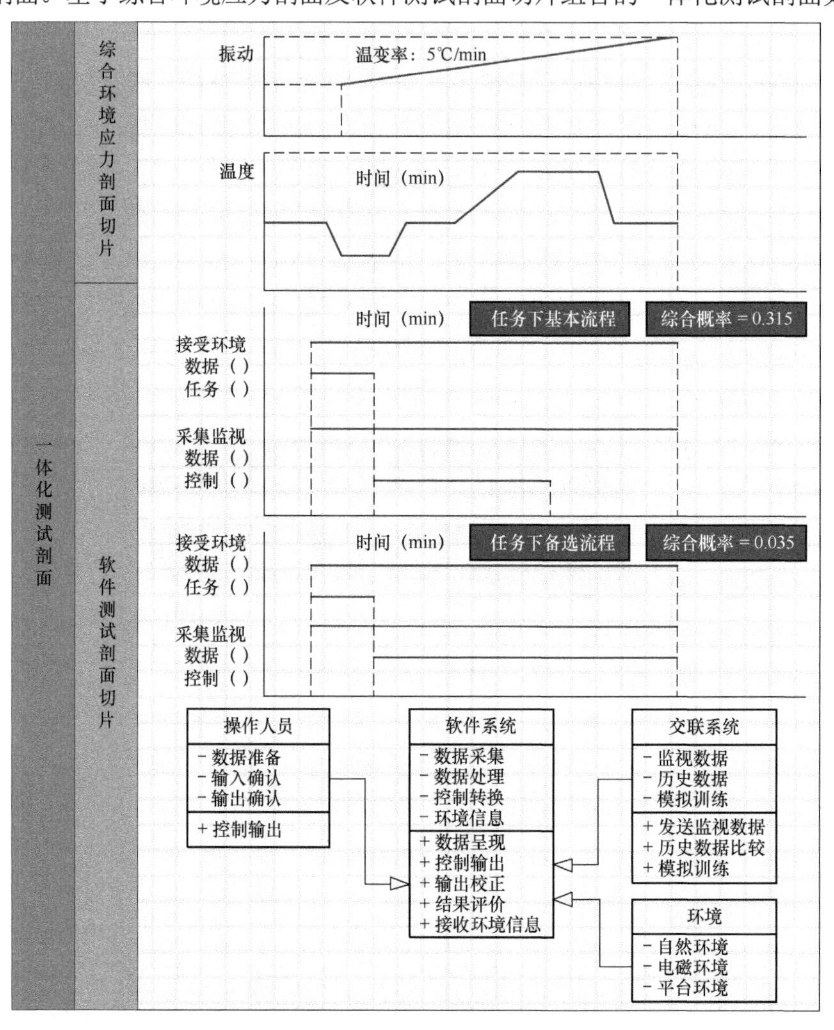

图 10-12　基于综合环境应力剖面及软件测试剖面切片组合的一体化测试剖面

10.3　基于实测应力的综合环境应力剖面生成

10.3.1　应力测量

为了准确刻画系统承受的环境应力及变化情况，需要基于其结构形式、安装方式、应力特性、环境参数及严酷度等级、环境相关性分析，制定应力测量方案，进行应力测量。这里，以振动应力测量为例进行讨论。其他环境应力测量分析相对简单，在此不赘述。

（1）**应力分析**：根据系统部署、安装方式以及主要环境影响因素，按系统实际尺寸及约束条件，在冲击载荷为特定加速度的条件下，进行有限元分析，生成 ANSYS 有限元网格图、应力分布图及变形图，确定应力的最大值、应力较大的区域以及振动冲击的传递路径。

（2）**测量系统**：振动应力测量系统由传感器、放大器、数据采集等模块组成，频率及动态响应范围应满足被测振动环境要求。

（3）**测量点选择与布置**：选择系统安装或敏感应力处为测量点，传感器安装位置和方向与系统的实际安装形式、受力情况一致，同时兼顾其敏感部位的响应。

（4）**量值及采集时间预计**：根据测量需求，分析确定测量的环境条件，设计采样频率、分析频率、振动频率及幅值、连续记录时间等。

（5）**测量系统误差分析**：加速度测量系统的误差源包括传感器标定误差 e_1、传感器横向振动引起的误差 e_2、放大器漂移误差 e_3、放大器准确度误差 e_4 和放大器噪声误差 e_5，按均匀分布计算得到加速度测量的不确定度 $U_a = \frac{K}{\sqrt{3}}\sqrt{e_1^2 + e_2^2 + e_3^2 + e_4^2 + e_5^2}$ ，在确定的置信度下，得到加速度的测量误差。一些一体化测量系统，集成了系统误差分析功能，能自动进行系统误差分析。

（6）**测量记录表格设计**：设计包括系统参数、测量条件及测量结果的记录表格。

10.3.2　振动应力分析与归纳处理

10.3.2.1　数据分析与归纳处理方案

数据的平稳性、周期性、正态性等对数据使用具有显著影响。实测数据可能存在着奇异数据，其分布特性决定了数据归纳处理方法的选择。测量数据分析与归纳处理方案包括数据整理与分类、数据编辑与确认、数据归纳和数据外推。实测振动应力分析与归纳处理方案如图 10-13 所示。

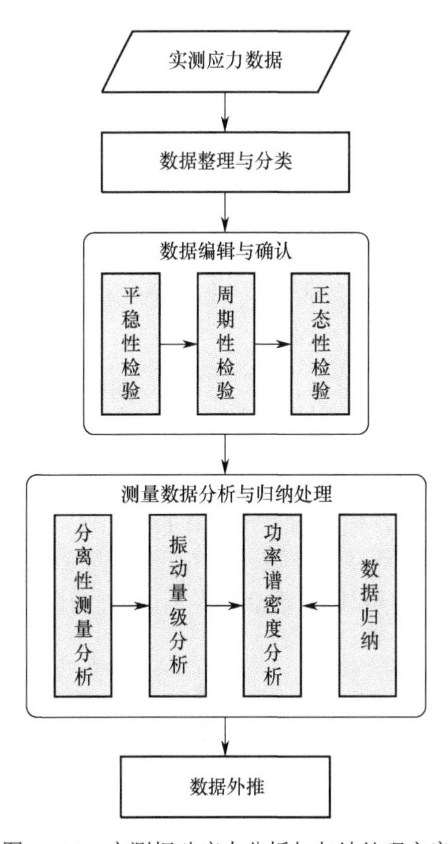

图 10-13　实测振动应力分析与归纳处理方案

10.3.2.2　数据编辑与确认

动态测量数据随机变化，可能造成测量数据波动，须对其进行特性检验。测量数据处理的正确性和有效性，取决于数据的平稳性、周期性、正态性等特性。通常，系统动力学环境中存在强烈的周期信号，运用线性回归分析和随机性检验对实测振动应力的平稳性、周期性、正态性进行检验，以确定实测数据的分布特性。

1. 平稳性检验

若用单个样本记录检验数据的平稳性，假设任意给定样本能够正确反映随机过程的非平稳特征，对于具有确定性趋势项的非平稳性随机过程，这种假设是合理的。同时，假设任意给定样本较之于数据中的最低频率分量要长得多，且不包含非平稳均值，也就是要求样本长度必须足够长，以至于能够辨识非平稳的趋势项和时间历程的随机起伏量。基于这两个假设，假设某随机序列 X 的长度为 M，对于单个记录 $x(t)$，基于轮次法的平稳性检验步骤如下：

（1）将待检验随机序列划分为 N 个子区间，分别求出这 N 个子区间的均方值。

（2）求出 N 个子区间均方值的中值，若随机序列是平稳的，均方值在中值附近的变化具有随机性，不存在着趋势项。

（3）将 N 个子区间的均方值分别与其中值进行比较，大于中值的记为“+”，小于中值的记为“−”。从“+”到“−”以及从“−”到“+”变化的总次数就是轮次数，它反映了随机序列的独立性，用 k 表示。

（4）若给定随机序列平稳性的显著水平为 α 或当置信度系数为 $1-\alpha$ 时，置信区间为 $(k_{N/2,(1-\alpha)/2},k_{N/2,\alpha/2})$，判断检验轮次数 k 是否满足 $(k_{N/2,(1-\alpha)/2},k_{N/2,\alpha/2})$，如果满足，则说明该随机序列在置信度 $1-\alpha$ 下是平稳的。不同置信度下，检验结果不尽相同，这正好反映了将随机序列近似为平稳序列的可能性。

例如，对某设备的振动应力测量数据进行整理和分类，选择其中 3 组测量数据（每组各 16 个通道），随机截取 1024×80 个采样点，将其均分为 $N=20$ 段，对每段数据的 4096 个采样点进行平稳性检验。假设平稳性检验的显著水平为 $\alpha=0.05$，得到轮次区间 $(k_{N/2,(1-\alpha)/2},k_{N/2,\alpha/2})=(6,15)$。根据平稳性检验结果，即可确定每组测量数据的平均值波动大小、波形的峰谷变化情况以及频率结构的一致性，由此确定测量数据的平稳性。

2. 周期性检验

周期性检验与随机数的幅值、频域、时域相关。物理判断、目视定性检验及典型曲线图比较是常用的周期性检验方法。物理判断是分析随机序列结构是否存在着与谱峰相对应的周期性特征；目视定性检验是通过观察数据的时间历程判断其周期性；典型曲线图比较是将数据的功率谱函数图、概率密度函数图、自相关函数图与相应函数的典型曲线进行比较，判断其周期性。

自相关函数描述同一样本在不同瞬间，随机信号幅值之间的依赖关系，用以表征一个随机过程在任意两个不同时刻 t_1、t_2 的状态之间的相关度，可以用 $t=t_1t_2$ 时的二维概率密度函数进行描述。随机信号自相关函数定义为

$$R_{xx}(t_1,t_2)=E[X(t_1)X(t_2)]=\int_{-\infty}^{+\infty}\int_{-\infty}^{+\infty}x_1x_2p_2(x_1,x_2,t_1,t_2)\mathrm{d}x_1\mathrm{d}x_2 \tag{10-12}$$

自相关函数是反映同一随机信号波形随时间变化的关联紧密性函数，是检验信号周期性成分的有效方法。周期性信号的自相关函数仍然具有周期性且与原信号周期相同，不随时间变化而衰减。非周期信号的自相关函数仍具有非周期性，且随时间变化而衰减，衰减速度随信号带宽增加而加快。

式（10-12）表示随机信号 $x(t)$ 在任意两个不同时刻 t_1、t_2 的取值 $X(t_1)$ 和 $X(t_2)$ 之间的关联度。当 $t=t_1=t_2$ 时，有 $X=X_1=X_2$。由此，可以得到

$$R_{xx}(t_1,t_2)=E[X(t)X(t)]=E[X^2(t)]=\int_{-\infty}^{+\infty}x^2p_1(x,t)\mathrm{d}x \tag{10-13}$$

式（10-13）说明，$x(t)$ 的均方值是其自相关函数在 $t=t_1=t_2$ 时的特例。

例如，选取 3 组（每组各 16 个通道）测量数据，随机截取 1024×16=16384 个采样点，以 1280Hz 的采样频率和 1024 个点的数据长度，计算衰减性指标 $r=\left|\dfrac{\mathrm{xcorr(Nt)}}{\mathrm{xcorr(1)}}\right|$，判断自相关函数的衰减情况，若 $r<0.001$，则表明该随机信号不存在周期分量，反之，则存在周期分量。

3. 正态性检验

对于存在弱干扰的随机信号，将其近似为正态随机过程，即将测量数据中的干扰分量当作正态过程处理，但需要通过正态性检验验证其合理性。工程上，采用模拟正态概率纸方法，观测数据的正态概率分布的点是否在一条直线上及附近，如果在一条直线上及附近，就表明其具有正态性；如果偏离该直线且偏离较大，则表明其不具有正态性。

10.3.2.3 数据归纳处理

1. 分离性测量分析

基于测量数据的初步分析，可以使用快速傅里叶变换（Fast Fourier Transform，FFT）谱分析、功率谱分析、能谱分析、对数谱分析等进行分离性测量分析。

1）FFT 谱分析

对任意连续时域信号进行抽样和截断，得到一系列离散型频谱，频谱包络线就是该连续信号真实频谱的估计值，呈现频域分布情况。FFT 谱分析能分别给出连续和离散 FFT 变换公式，即

$$X(f)=\int_{-\infty}^{+\infty}x(t)\mathrm{e}^{-j2\pi ft}\mathrm{d}t \quad (连续) \tag{10-14}$$

$$X(n\Delta f)=X_n=\frac{1}{n}\sum_{k=0}^{N-1}x(k\Delta t)\mathrm{e}^{-\frac{j2n\pi k}{N}} \quad (离散) \tag{10-15}$$

2）功率谱分析

功率谱表示随机信号在某个频段的能量分布情况。随机信号在时间历程 T 内的平均功率为

$$P=\frac{1}{T}\int_0^T x^2(t)\mathrm{d}t$$

振动信号在单位带宽 Δf 内的平均功率称为自功率谱密度函数 $G_x(f)$。随机信号在单位带宽 Δf 内的平均功率（自功率谱密度函数）为

$$G_x(f)=\frac{1}{\Delta f}\lim\frac{1}{T}\int_0^T x^2(t,f,\Delta f)\mathrm{d}t \tag{10-16}$$

式中，$G_x(f)$ 为均方功率谱密度函数，用于描述平均功率随频率 f 分布的分布密度，即功率谱密度，与 f 轴所包围的面积等于 $x(t)$ 的均方值；$x^2(t)$ 表示时间历程 $x(t)$ 的平均能量或平均功率。

利用功率谱分析，可以得到各个测量通道的实测功率谱密度曲线。功率谱密度函数有一个重要的特性，即它与自相关函数的关系：两者互为正、逆傅里叶变换

$$G_x(f)=\frac{1}{2\pi}\int_{-\infty}^{+\infty}R_x(\tau)\mathrm{e}^{j\omega\tau}\mathrm{d}\tau\text{；}\quad R_x(\tau)=\frac{1}{2}G_x(f)\mathrm{e}^{j2\pi ft}\mathrm{d}f$$

3）能谱分析

能谱反映随机信号的能量分布，是信号 FFT 频谱平方的积分求和。

4）对数谱（倒频谱/倒谱）分析

功率谱中包含大量大小及周期不同的周期成分，分离困难。对于一个复杂的频谱图，难以直观地观察其特性及其变化情况。功率谱中的周期分量在第二次谱分析的谱图中是离散谱，对功率谱进行再一次谱分析，就能将有关信号分离出来，其高度反映原功率谱中周期分量的大小。若用倒频谱分析，则能突出频谱图特点。倒频谱是功率谱函数的对数 $\log G_x(f)$ 的功率谱。若时间历程函数为 $x(t)$，则倒功率谱为

$$G_x(\tau)=\left|\int_{-\infty}^{+\infty}\log G_x(f)\mathrm{e}^{-j2\pi ft}\mathrm{d}f\right|^2 \tag{10-17}$$

2. *功率谱密度及振动量级分析*

用 $x^2(t)$ 表示时间历程 $x(t)$ 的平均能量或平均功率，$G_x(f)$ 描述了平均能量或平均功率随频率 f 分布的分布密度。实测振动应力功率谱密度分析处理方法及流程如图 10-14 所示。

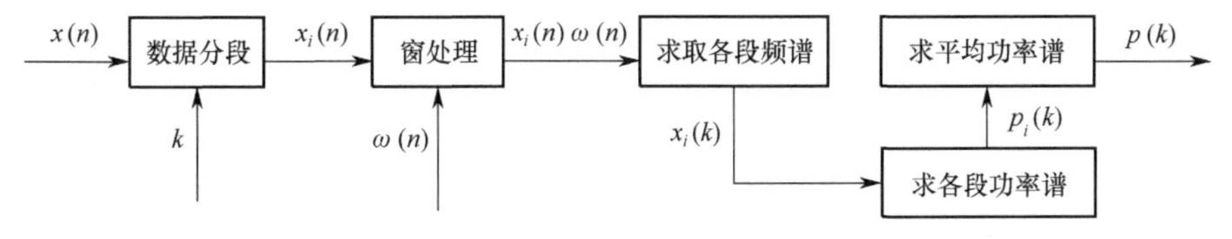

图 10-14　实测振动应力功率谱密度分析处理方法及流程

10.3.2.4　统计容差上限及修正

MIL-STD-810F 标准的附录 516.5A《现场实测数据预估与处理中的统计考虑》给出了包络法和上限统计法两种数据归纳方法。如果测量数据满足正态分布或对数正态分布，即可应用参数统计预计极值环境条件。GB 10593.3—1990《电工电子产品环境参数测量方法 振动数据处理和归纳》按一定置信度及其

所包含数据的百分位点，对测量数据进行统计分析，而非根据测量数据的样本量及分布特性进行分析，这就是所谓极值包络法。这种方法有赖于分析处理人员的经验，偏于保守。

统计容差法是在初始估计时，对邻接频带进行平滑和平均，在单一估计时进行功率变换或对数变换，实现从上限包络法到基于统计的归纳处理方法的飞跃。但该方法需要确定测量数据的概率分布，在给定置信度和给定概率下，所得到的容差上限系数存在着较大偏差。假设实测振动应力是一个服从均值为μ、标准差为δ的正态分布的随机变量X，在给定概率β下，随机变量$X \leqslant X_H$的上限为

$$X_H = \mu + K_\beta \delta \tag{10-18}$$

式中，K_β为满足$P(X \leqslant K_\beta) = \beta$的正态分布分位点。

随机变量X的均值μ和标准差δ均为未知数，该随机变量X的子样均值$\bar{X}$和标准差S为

$$\bar{X} = \frac{1}{N}\sum_{i=1}^{N} X_i \tag{10-19}$$

$$S = \sqrt{\frac{1}{N-1}\sum_{i=1}^{N}(X_i - \bar{X})^2} \tag{10-20}$$

式中，N为样本数。

由此，根据子样均值$\bar{X}$和标准差S，得到随机变量X在置信度γ下，均值μ的上限μ_H和标准差δ的上限δ_H

$$\mu_H = \bar{X} + \frac{S}{\sqrt{N}} \cdot t_r(N-1)$$

$$\delta_H = \sqrt{\frac{N-1}{\chi^2_{1-r}(N-1)}} \cdot S$$

将置信度γ下的均值上限μ_H和标准差上限δ_H代入式（10-18），有

$$X_H = \mu + K_\beta \delta = \bar{X} + \frac{S}{\sqrt{N}} \cdot t_r(N-1) + K_\beta \sqrt{\frac{N-1}{\chi^2_{1-r}(N-1)}} \cdot S = \bar{X} + KS \tag{10-21}$$

从而可确定置信度γ下，以概率β包含测量数据的容差上限系数为

$$K = \frac{t_r(N-1)}{N} + K_\beta \sqrt{\frac{N-1}{\chi^2_{1-r}(N-1)}} \tag{10-22}$$

对于正态分布的随机变量X，样本均值$\bar{X}$与方差S^2相互独立。样本均值$\bar{X}$和标准差S之和构成一个新的随机变量

$$Y = \bar{X} + KS \tag{10-23}$$

式中，K为给定置信度下的容差上限系数。

对于随机变量Y，其概率分布函数并非由样本均值$\bar{X}$和标准差S的概率分布函数简单相加而成。若$\bar{X} < \mu_H$的置信度为γ，必然有$Y < \mu_H + K\delta_H$；反之，若$Y < X_H$的置信度为γ，$\bar{X} < \mu_H$且$S < \delta_H$的置信度未必也为γ。显然，在给定置信度下，采用统计容差法计算得到的随机变量上限值偏大，由此确定的应力将造成过应力测试。

根据样本均值$\bar{X}$及标准差S估计随机变量X在一定概率下的上限，其容差上限的形式为$\bar{X} + KS$。根据$\bar{X}$和S，得到概率β下的随机变量上限，就有一定的置信度γ，即随机变量X在置信度γ下，小于X_H的概率为β

$$P(X_H = \mu + K_\beta \delta \leqslant \bar{X} + KS) = \gamma \tag{10-24}$$

因为

$$\frac{\sqrt{N}\dfrac{(\mu-\bar{X})}{\delta}+\sqrt{N}\cdot K_{\beta}}{\dfrac{S}{\delta}}=\frac{\dfrac{\dfrac{\mu-\bar{X}}{\delta}+\sqrt{N}\cdot K_{\beta}}{\sqrt{N}}}{\sqrt{\dfrac{S^2}{\delta^2}}}=\frac{Z+\lambda}{\sqrt{A}} \tag{10-25}$$

式中，$Z=\dfrac{\mu-\bar{X}}{\dfrac{\delta}{\sqrt{N}}}$为标准正态分布；$A=\dfrac{S^2}{\delta^2}\sim\chi^2(N-1)$是自由度为$N-1$的$\chi^2$分布；$\lambda=\sqrt{N}K_{\beta}$为非中心度。

式（10-25）是当自由度为$f=N-1$时，非中心度为$\lambda=\sqrt{N}K_{\beta}$的非中心$t(f,\lambda)$分布。

当$\lambda=0$时，式（10-25）简化为t分布，给定概率β即可计算得到K_{β}，给定置信度γ，即可计算得到$t(f,\lambda)$。于是，式（10-25）可写成

$$P[t(f,\lambda)\leqslant\sqrt{N}K]=\gamma \tag{10-26}$$

当给定自由度$f=N-1$，非中心度$\lambda=\sqrt{N}K_{\beta}$以及置信度$\gamma$后，即可由非中心$t$分布计算得到$t(f,\lambda)$，从而计算得到给定置信度下的容差上限系数$K$。在给定置信度$\gamma$下，以概率$\beta$包含测量数据的单边容差上限系数为

$$K=\frac{t(f,\lambda)}{\sqrt{N}} \tag{10-27}$$

由此，得到置信度γ下以概率β包含的测量数据的单边容差上限，即

$$X_H=\bar{X}+KS=\bar{X}+\frac{t(f,\lambda)}{\sqrt{N}}\cdot S \tag{10-28}$$

由正态单边容差及统计容差法确定的容差上限系数K不尽相同。在相同置信度及相同概率下，GJB/Z 126 给出的容差上限系数较本书提出的容差上限系数大；当样本量较小时，两者差异明显，但随着样本量增加，其差异逐渐减小。在同一概率下，两种容差上限系数均随置信度增加而增加。当样本量趋于无穷时，样本均值与实际均值无限接近，样本偏差和真实方差无限接近。所以说，当样本量趋于无穷时，两种容差上限系数与置信度无关，只要概率相同，容差系数则为同一值。也就是说，容差上限系数只与概率β有关，且在一定概率下，两个K值必然相等。

10.3.3　温度应力分析与归纳处理

自然环境包括地理和气候两大类环境因素。除非突发重大自然灾害，否则一段时间内，某地域的地理环境因素变化很小，可视为一个稳态系统。气候环境呈现一定的周期性和随机性。

1. 测量数据的周期性与随机性分离

特定地理环境中，温度变化呈周期性和随机性。某个周期内，虽然可能因剧烈的气候变化出现极端天气，出现极值温度应力，但极值温度应力历程一般较短，在环境鉴定等过程中，通常不考虑极值温度应力对系统寿命的影响。

工程上，按式（10-29）判别极值应力，然后按式（10-30）进行剔点处理

$$\left|T_{i,j}-\frac{1}{4}(T_{i-2,j}+T_{i-1,j}+T_{i+1,j}+T_{i+2,j})\right|\geqslant 10 \tag{10-29}$$

$$T_{i,j}=\frac{1}{4}(T_{i-2,j}+T_{i-1,j}+T_{i+1,j}+T_{i+2,j}) \tag{10-30}$$

对于测量系统误差或测量过程中引入的随机干扰信号，采用滑动平均滤波处理

$$T_i = \frac{1}{5}(2T_{i-1} + T_i + 2T_{i+1}) \tag{10-31}$$

时域上，应用最小二乘法拟合趋势项进行信号分离与重组，可能导致重组信号出现较大失真。采用小波变换进行信号分离和重组，能够有效实现数据的周期分量和随机分量分离。对于任一可积平方函数 $C_\psi \in L^2(R)$，若其傅里叶变换满足

$$C_\psi = \int_R \frac{\left|\psi(\omega)^2\right|}{|\omega|} \mathrm{d}\omega < \infty$$

则在基波函数上进行伸缩和平移可得到小波基函数

$$\psi_{\alpha,\tau}(t) = \frac{1}{\sqrt{\alpha}} \psi\left(\frac{t-\tau}{\alpha}\right) \tag{10-32}$$

式中，α，$\tau \in \mathbf{R}$；$\alpha > 0$。

构建小波基函数后，对任意 $L^2(R)$ 空间中的函数 $f(t)$，定义小波变换及其逆变换

$$\begin{cases} \mathrm{WT}_f(\alpha,\tau) = \dfrac{1}{\sqrt{\alpha}} \displaystyle\int_R f(t)\, \psi^*\left(\frac{t-\tau}{\alpha}\right) \mathrm{d}t \\ f(t) = \dfrac{1}{C_\psi} \displaystyle\int_0^{+\infty} \frac{\mathrm{d}\alpha}{\alpha^2} \int_{-\infty}^{+\infty} \mathrm{WT}_f(\alpha,\tau) \psi_{\alpha,\tau}(t) \mathrm{d}\tau \end{cases}$$

小波基函数的窗口随尺度因子 α 不同而伸缩，当 α 增大时，基函数 $\psi_{\alpha,\tau}(t)$ 的时间窗口随之增大，对应频率窗口减小，中心频率变低。当 α 减小时，基函数 $\psi_{\alpha,\tau}(t)$ 的时间窗口随之减小，对应频率窗口则随之增大，中心频率升高。当 α 为一个固定值时，其变换对应于一个中心频率滤波器。取 $\{\alpha_1, \alpha_2, \cdots, \alpha_n\}$ 进行离散小波变换和逆变换，即可在时域上对测量数据进行分层处理。

2. 测量数据统计分析

为了得到所需温度应力剖面，需对归纳得到的温度应力剖面进行等效损伤平均。对周期应力剖面，根据 Arrhenius 方程，系统的对数寿命与其受到的绝对温度应力的倒数呈直线关系

$$\ln\theta = \alpha + \frac{b}{T(t)} \tag{10-33}$$

式中，θ 为系统寿命特征参数；α, b 为待定常数；$T(t)$ 为绝对温度应力。

根据积分中值定理，可以得到损伤等效的均值函数 T^*

$$T^* = \frac{\displaystyle\int_{t_1}^{t_2} \frac{1}{T(t)^2} \mathrm{d}T(t)}{t_2 - t_1} \tag{10-34}$$

10.3.4 基于实测应力的综合环境剖面生成

10.3.4.1 数据归纳

基于修正容差极上限的统计方法，进行测量数据归纳，从而实现振动应力剖面合成。基于参数假设检验的随机测量数据归纳方法及流程如图 10-15 所示。

10.3.4.2 参数假设检验

经过预处理的数据，在其频带范围内，假设同一通道各次测量数据的功率谱密度服从 χ^2 分布，功率谱密度函数记为 $G_K(i,j)$（$i = 1,2,\cdots,L_1$；$j = 1,2,\cdots,M_1$；$k = 1,2,\cdots,N_1$。其中，L_1 为测量通道数；M_1 为样本容量；N_1 为谱线数）。

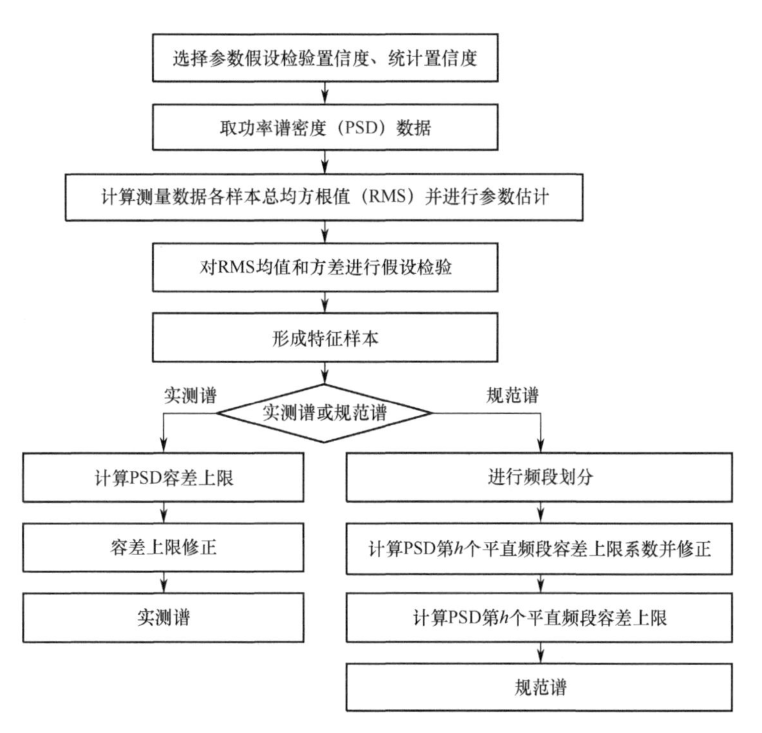

图 10-15　基于参数假设检验的随机测量数据归纳方法及流程

1. 统计分析

计算功率谱密度函数 $G_K(i,j)$ 的总均方根值，得到 $\mathrm{RMS}(i,j)$。然后对 $\mathrm{RMS}(i,j)$ 进行均值和方差估计，求均值和方差的统计量 $F_n(i,m)$ 和 $T_n(i,m)$。若通道 i 和 m 的功率谱密度属于同一总体，$F_n(i,m)$ 服从自由度为 (M_1-1,M_1) 的 F 分布，$T_n(i,m)$ 服从自由度为 $(2M_1-1)$ 的中心 t 分布。对于给定置信度 $(1-\alpha)$，若下式成立，则通道 i 和 m 与功率谱密度属于同一总体，否则不属于同一总体

$$\begin{cases} F_{(M_1-1,M_1-1);\alpha/2} \leqslant F_n(i,m) \leqslant F_{(M_1-1,M_1-1);(1-\alpha/2)} \\ \left|t_n(i,m)\right| \leqslant t_{2(M_1-1);(1-\alpha/\omega)} \end{cases}$$

2. 数据归并

对属于同一总体、不同通道的功率谱密度进行归并，形成特征样本 $G(p,q)$。其中，$p=1,2,\cdots,P_1$；$q=1,2,\cdots,Q_p$；P_1 为特征样本数；Q_p 为特征样本容量。特征样本 $G(p,q)$ 将作为随机振动环境条件归纳处理的基本数据。

3. 容差上限系数估计

对特征样本 $G(p,q)$ 按下式进行变换处理，得到近似服从正态分布的样本 $x_k(p,q)$

$$x_k(p,q)=\sqrt{\tilde{G}_k(p,q)}(k=1,2,\cdots,N_1;\ p=1,2,\cdots,P_1;\ q=1,2,\cdots,Q_p) \tag{10-35}$$

即可对容差上限系数进行估计。

4. $x_k(p,q)$ 的均值和方差估计

对样本 $x_k(p,q)$ 进行均值和方差估计

$$\begin{aligned} \bar{X}_k(p) &= \frac{1}{Q_p}\sum_{q=1}^{Q_p} x_k(p,q) \\ S_k^2(p) &= \frac{1}{Q_p-1}\sum_{q=1}^{Q_p}[x_k(p,q)-\bar{X}_k(p,q)]^2 \end{aligned} \tag{10-36}$$

5. 容差上限系数计算

按式（10-36），计算置信度为$(1-\alpha)$、分位点为β的容差上限系数

$$F_{11}=\frac{t_{Q_p-1;(1-\alpha)}}{\sqrt{Q_p}}+Z_\beta\sqrt{\frac{Q_p-1}{\chi^2_{Q_p-1,\alpha}}} \tag{10-37}$$

式中，Z_β为满足$\text{Prob}[Z\leqslant Z_\beta]$的正态分布分位点；$\chi^2_{Q_p-1,\alpha}$为自由度$Q_p-1$的$\chi^2$的$\alpha$分位点。

6. 容差上限估计

第p个特征样本的容差上限估计由下式给出：

$$G_k(p)=[\bar{X}_k(p)+K\cdot S_k(p)]^2(k=1,2,\cdots,N_1;\ p=1,2,\cdots,P_1) \tag{10-38}$$

对每个特征样本$G(p,q)$进行容差上限估计，得到置信度为$(1-\alpha)$、分位点为β的随机振动实测谱$G(p)$。为了得到各个测量点在所有状态下的特征谱形，以每个测量点为归纳对象，对测量点在所用状态下的功率谱取最大包络谱形，经过规整所得到的多折线谱形，就是各测量点综合所有状态的振动归纳结果。

10.3.4.3 剖面修正与优化

基于实测应力，构造综合环境试验剖面，需要综合考虑推荐应力、估计应力以及试验水平和能力、试验成本等因素，对综合环境试验剖面进行修正和工程化处理。综合环境试验剖面合成原理如图10-16所示。

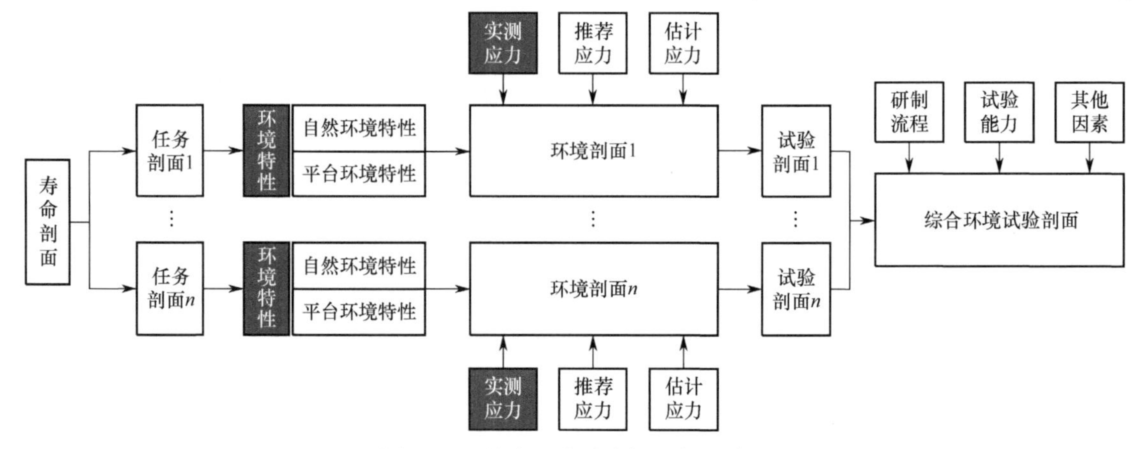

图10-16 综合环境试验剖面合成原理

10.3.5 基于实测应力的显控设备综合环境试验剖面生成

10.3.5.1 基于实测振动应力的剖面生成

1. 测量数据编辑与分离性测量分析

某显控设备主体结构为铸铝结构，以隔振方式安装于船舶舱室内。使用一套32通道、加速度测量误差为0.21%的振动测量设备对振动应力进行测量，录取了24组不同位置及不同状态下的测量数据。在分析频带内，同一通道各次测量数据的功率谱密度$G_k(i,j)$服从χ^2分布，随机截取1024×80个采样点，将其平均划分为20个数据段，在0.05的显著度下，轮次区间为

$$(k_{N/2,(1-\alpha)/2},k_{N/2,\alpha/2})=(6,15)$$

对每段数据的4096个采样点进行平稳性分析，得到测量数据的平稳性检验结果。随机截取1024×16=16384个采样点，其采样频率为1280Hz，数据长度为1024，计算自相关函数的衰减指标$\gamma=|\text{xcorr(Nt)}/\text{xcorr(1)}|$，以此判断自相关函数的衰减情况，若$\gamma<0.001$，表明该测量数据不存在周期分量。采用模拟正态概率纸方法，对测量数据的正态性进行检验，在采样频率为1280Hz时，随机截取序

列长度 1024×16=16384 个采样点时，对测量数据进行分离性测量分析。图 10-17 展示的是其中一个通道的数据分析处理结果。

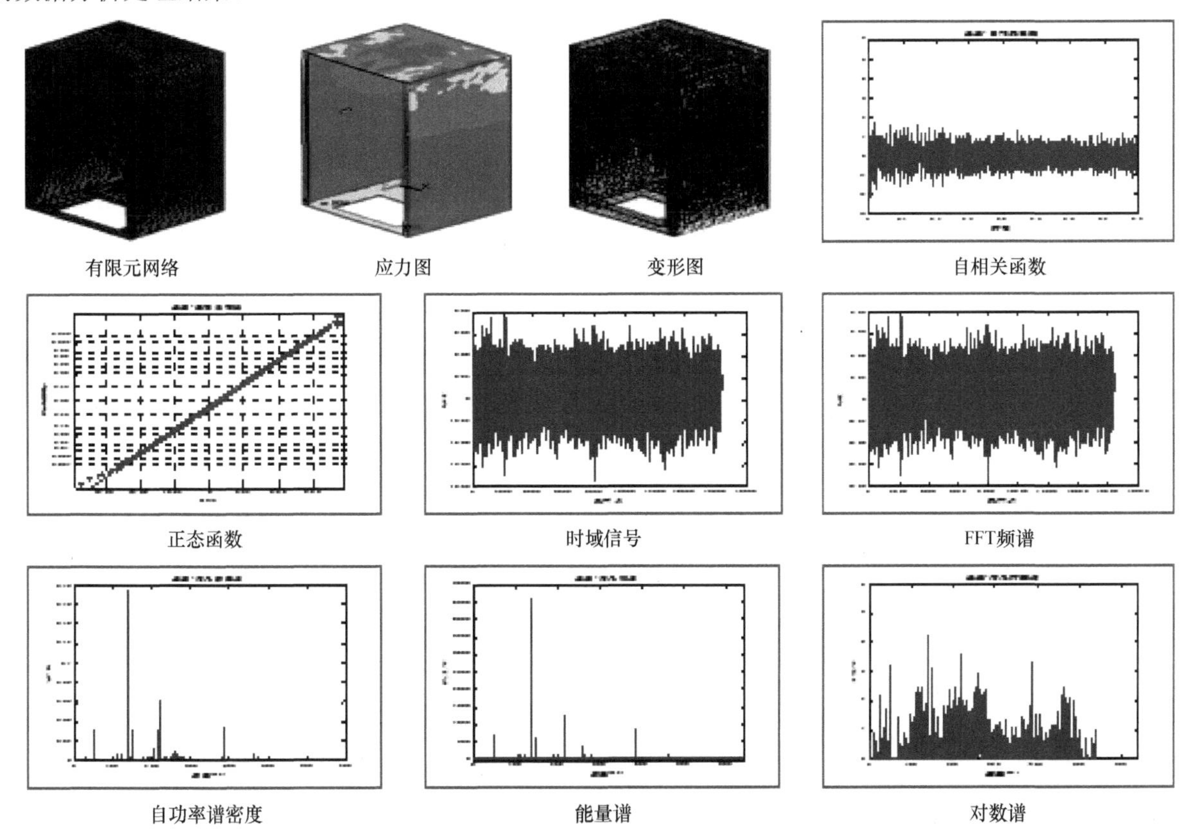

图 10-17　某显控设备其中一个通道振动测量数据分析处理结果

2. 容差上限估计

表 10-1 是在不同自由度、不同置信度及不同概率下，容差上限系数的计算结果。

表 10-1　不同自由度、不同置信度、不同概率下的容差上限系数

样本数	$\gamma=0.50$；$\beta=0.95$		$\gamma=0.95$；$\beta=0.95$		$\gamma=0.95$；$\beta=0.99$	
	修正容差上限系数	GJB/Z 126 容差上限系数	修正容差上限系数	GJB/Z 126 容差上限系数	修正容差上限系数	GJB/Z 126 容差上限系数
5	1.7793	1.7956	4.6660	5.1971	5.7411	6.4723
10	1.7016	1.7084	3.5317	3.8558	3.9811	4.4070
20	1.6712	1.6743	3.0515	3.2677	3.2952	3.5747
40	1.6575	1.6591	2.7932	2.9421	2.9409	3.1324
50	1.6549	1.6561	2.7349	2.8675	2.8624	3.0327
∞	1.6449	1.6449	2.3263	2.3263	2.3263	2.3263

3. 基于实测振动应力的剖面生成

将实测数据处理后得到 526 组（每组 $N=16$）功率谱密度样本，在其全频带内进行数据归纳。对单个频率点的功率谱密度样本数据进行归纳，将实测数据由小到大进行排列，对不符合正态分布的测量数据，按约翰逊曲线拟合方法给出一定概率下的数据上限，寻找分位数。

对整个频率带宽上的数据进行归纳处理，凡是服从正态分布的测量数据，依据 GJB/Z 126 计算置信度为 0.95、概率为 0.99 的容差上限值，不服从正态分布的测量数据，则按约翰逊曲线拟合，给出数据的概率上限（概率为 0.99）。由此得到如图 10-18 所示的该显控台基于实测振动应力的剖面图。

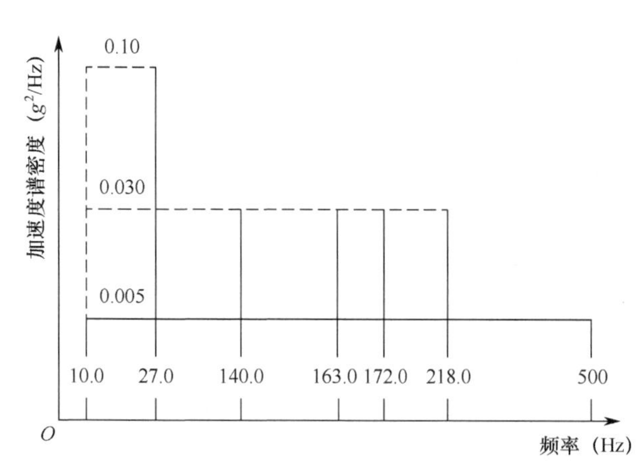

图 10-18　某显控台基于实测振动应力的剖面图

10.3.5.2　基于实测温度应力的剖面生成

大多数地区拥有完备的气候数据，除非是特别地区或空间，需要气候应力测量。对于一组实测温度数据，首先对该数据进行预处理，判断是否存在奇异数据，进行剔点处理；然后对预处理数据进行滑动平均滤波处理。

对温度剖面进行平均，得到系统使用地域的年温度变化曲线。年温度周期变化随着年份不同而具有一定的随机性，假设采集数据的随机性服从正态分布，进行数据统计分析时，希望所得到的统计估计量能够较好地包络较多的极值条件，同时又不希望进行完全的峰值包络，造成统计估计量过大。假设测量数据的随机性服从正态分布，采用基于容差上限的估计方法估计年温度极值剖面和年温度循环的极值应力条件，得到置信度为 0.90、包容概率为 0.99 的年温度变化及容差估计。某系统年温度变化曲线及容差估计曲线如图 10-19 所示。

应用雨流法进行循环计数统计，即可得到温度循环数。由此可以得到该系统的温度循环应力的归纳结果，即如图 10-20 所示的温度循环剖面图。

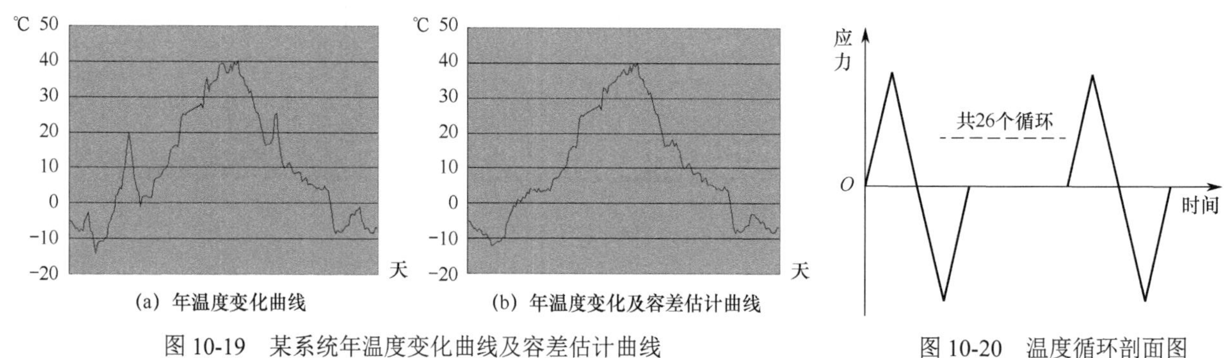

图 10-19　某系统年温度变化曲线及容差估计曲线

图 10-20　温度循环剖面图

10.3.5.3　等效试验剖面生成

将温度循环应力视为正弦载荷，取 MIL-STD-810F 所推荐的正弦载荷值为 5。图 10-20 所示温度循环应力等效为幅值为 20℃（峰–峰）的温度循环时，等效循环数为 9。为简化处理，不考虑气压的影响，在自然环境应力剖面构造时，以实验室环境标准大气压作为模拟应力。

湿度应力根据热天平均湿度（93%）的相对湿度作为试验应力。由于冷天的湿度控制较为困难，白昼由于阳光能量输入，对环境具有加湿作用，夜间环境基本上不存在加湿，试验时不考虑冷循环下的湿度控制。每个循环内以不少于 25%的时间施加振动应力。电应力根据系统设计条件施加，并根据电应力的施加安排确定检测点。根据归纳得到的振动、温度应力剖面，按试验的时序关系即可合成综合环境试验剖面。

10.4　基于退化模型的一体化测试

10.4.1　在环系统失效机理

在外部环境因素的作用和影响下，硬件老化、磨损耗散是引发软硬件在环系统失效的重要因素，软件运行应力诱发硬件应用应力进一步增加，加速系统性能退化。对于软硬件一体化系统，不同软硬件缺陷如何诱发系统故障？不同软硬件缺陷如何通过接口关系相互作用引发系统故障？软件和硬件如何交联引发系统故障？这些都是一体化系统测试需要关注和研究解决的问题。

10.4.1.1　基于 FTA 的故障建模

1. 故障特征分析

某控制系统由探测分系统、控制分系统、执行分系统 3 个相互关联的分系统构成，其中任一分系统失效均将导致系统失效。3 个分系统也同样会因为其构成单元的软件或硬件失效而导致分系统失效。下面以该系统流程中断执行导致系统失效为例，进行失效建模。系统流程中断，会导致探测分系统、控制分系统、执行分系统乃至于系统失效。为了对该控制系统流程中断进行失效建模，首先构建控制系统流程执行中断故障树，如图 10-21 所示。

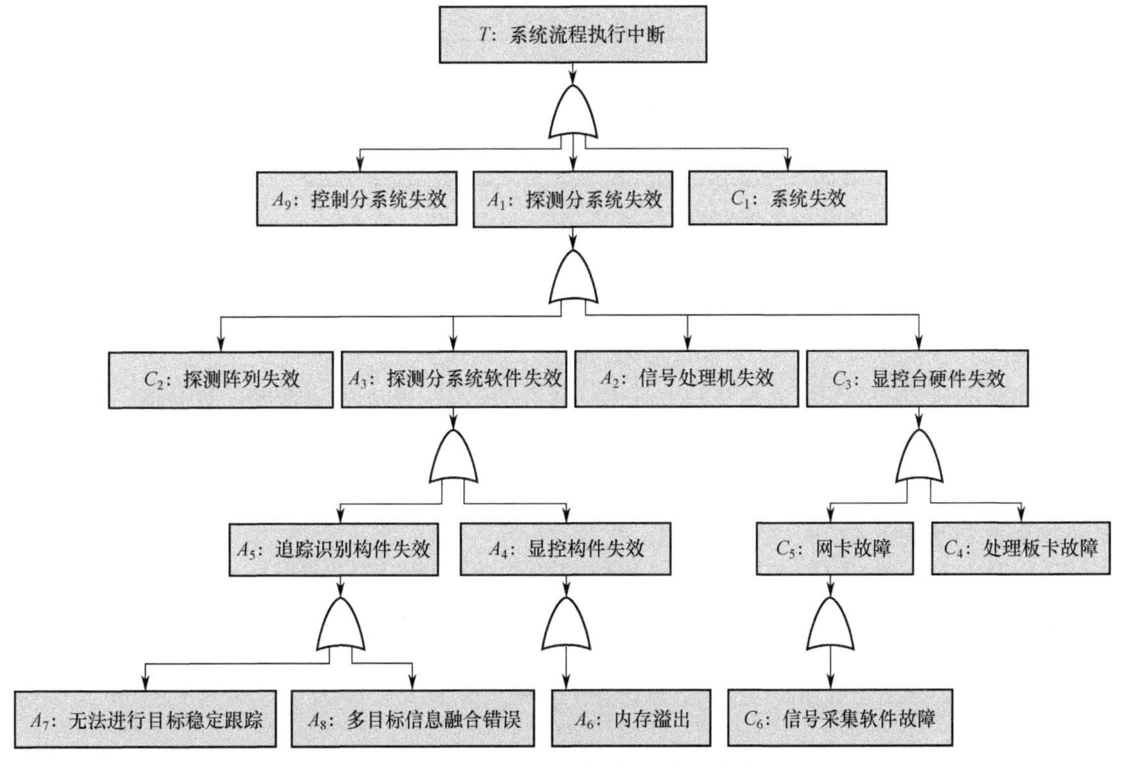

图 10-21　某控制系统流程执行中断故障树

2. 失效模型构建

将系统流程执行中断作为顶事件，分析与顶事件关联的功能单元及相应的软件或硬件，找出可能导致该事件的原因。将故障事件与故障原因联系起来，构建中间事件、底事件以及它们之间的因果关系。例如，信号采集软件故障（C_6 事件）可能导致网卡故障（C_5 事件），进而导致显控台硬件失效（C_3 事件）和探测分系统失效（A_1 事件），最终引发系统流程执行中断（T 事件）。

在故障树中，探测分系统失效可能是探测阵列损坏、信号处理机故障、探测分系统软件失效以及显控台故障等所致，显控台故障可能是处理板卡故障或网卡故障等所致。软硬件一体化系统的功能流程一般较多，基于演绎法所构建的故障树，规模庞大，为降低分析的时空复杂度，需要对故障树进行逻辑门合并，简化建模，构建基于故障树的系统失效模型。

3. 最小割集求解

自顶事件开始，如果底事件与中间事件或底事件通过逻辑门“与”连接，则将“与”逻辑门相连接的输入事件横向展开，如果通过“或”连接，则将“或”逻辑门相连接的输入事件纵向展开。探测分系统失效事件可以纵向展开为探测阵列失效、信号处理机失效、探测分系统软件失效、显控台硬件失效等事件。根据系统组成，进一步展开直至故障树中的全部逻辑门均转化为只含有底事件的矩阵。矩阵的每一行代表故障树的一个割集，对全部割集进行分析，去除重复的底事件以及重复割集，得到故障树的最小割集，每个最小割集都是故障树的一个最小失效模式。该故障树对应的最小割集如表 10-2 所示。

表 10-2　某控制系统流程执行中断失效模型最小割集分析表

步　骤				
1	2	3	4	5
T	A_1	C_2	C_2	C_2
	A_9	A_2	A_2	A_2
	C_1	A_3	A_4	A_6
		A_9	A_5	A_7
		C_1	C_4	A_8
			C_5	C_4
			A_9	C_5
			C_1	A_9
				C_1

最小割集表明顶事件发生的可能通道。由表 10-2 所示最小割集表，得到该故障树的最小割集：$Q_1=\{C_2\}$、$Q_2=\{A_2\}$、$Q_3=\{A_6\}$、$Q_4=\{A_7\}$、$Q_5=\{A_8\}$、$Q_6=\{C_4\}$、$Q_7=\{C_5\}$、$Q_8=\{A_9\}$及$Q_9=\{C_1\}$。表 10-2 中，最后一列的 9 个最小割集表示顶事件的 9 种不同失效模式，如 A_2 信号处理机故障、C_6 信号采集软件错误等。

故障树定量分析包括故障树顶事件发生概率、结构重要度、概率重要度等计算分析。针对系统流程执行中断故障树，由最小割集知

$$T=Q_1+Q_2+\cdots+Q_9$$

基于顶事件的发生概率，采用一级近似，有

$$P(T)=\sum P(Q_i) \tag{10-39}$$

结构重要度表示各单元对系统流程中断的贡献度，最小割集(Q_i)对流程中断的贡献份额为

$$E(Q_i)=\frac{P(Q_i)}{\sum\limits_{1\leqslant j\leqslant n}P(Q_i)} \tag{10-40}$$

由此可计算得到各底事件对系统流程中断的贡献度。

概率重要度是指底事件发生概率引起顶事件发生概率的变化程度，因为

$$T=Q_1+Q_2+\cdots+Q_9=A_2+A_6+A_7+A_8+A_9+C_1+C_2+C_4+C_5$$

每个底事件的概率重要度是其概率关于 T 发生概率的偏导数，所以其概率重要度均为 1。

10.4.1.2　基于 Petri 网的故障建模

1. 故障的 Petri 网描述

1）基于故障的 Petri 网模型

对于故障的 Petri 网模型，变迁的启动表现为故障信息的一个衍生过程。资源是可重用、可覆盖的。软硬件一体化系统故障 Petri 网定义为一个六元组

$$\Sigma=(P,T,F,K,W,M_0) \tag{10-41}$$

其中，$P=P_S\cup P_H\cup P_M$ 是有限库所对象集，P_S、P_H 分别为软件、硬件故障集合，P_M 是故障模式集合，$|P|=n$ 为 P 中库所对象的个数；$T=\{t_1,t_2,\cdots,t_m\}$ 是有限变迁对象集，m 为变迁对象个数，T 中包含软件和硬件引发的变迁 T_S 和 T_H，如果 $t\in T,\exists p_1\in P_H,\exists p_2\in P_S$，使得 $p_1,p_2\in {}^*t$，则称 t 为软硬件故障事件，记为 T_C；$F=(P\times T)\cup(T\times P)$ 表示 $P\to T$ 或 $T\to P$ 的弧对象集合，是软硬件故障 Petri 网上的流关系；

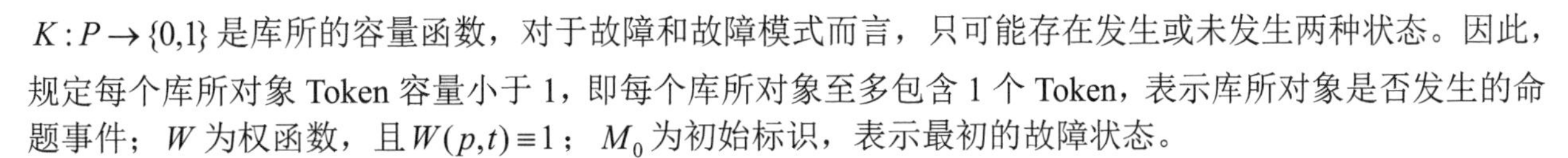

$K:P\rightarrow\{0,1\}$ 是库所的容量函数，对于故障和故障模式而言，只可能存在发生或未发生两种状态。因此，规定每个库所对象 Token 容量小于 1，即每个库所对象至多包含 1 个 Token，表示库所对象是否发生的命题事件；W 为权函数，且 $W(p,t)\equiv 1$；M_0 为初始标识，表示最初的故障状态。

2）故障 Petri 网的状态获取

故障 Petri 网状态由库所对象的 Token 分布、变迁对象状态以及正在激发的变迁描述。每个库所的标记由驻留在该库所中的 Token 描述，网中的每个 Token 描述一个库所对象实例对应的命题事件及其状态。Petri 网中的 Token 依照变迁发生规则在库所中不断衍生，这个过程既描述了网络的动态特性，也反映了故障信息的产生和传播过程。

故障 Petri 网的定义表明，$W(p,t)\equiv 1$，只要变迁的所有输入库所包含一个 Token，该变迁就可能被激发。在 Petri 网中，t 在 M 下发生变迁的条件是 $\forall p\in {}^{*}t:M(p)\geqslant 1$。变迁被激发后，输入库所中的 Token 数并不发生变化，这表明故障一旦发生，不随故障事件的激发而变化，符合故障的传播特性。Petri 网描述的是故障的传播过程，变迁的激发并非资源的流动，而是故障信息的衍生。由于故障可以共享和叠加，Petri 网是无冲突、无冲撞和无资源竞争的过程，这与传统 Petri 网有着本质的区别。

故障能从一个故障模块传播到另一个故障模块，体现在 Petri 网上，就是变迁前集中的所有库所都含有一个 ${}^{*}t$ 引起该变迁发生，使得变迁后集中的所有库所都含有一个 ${}^{*}t$。若 $\exists t\in T$，$M[t>M']$，称故障通过 t 从 ${}^{*}t$ 传播到 t^{*}，表示为 $M({}^{*}t)\xrightarrow{t}M'(t^{*})$。例如，$\exists t_1,t_2,\cdots,t_k$，$\exists M_1,M_2,\cdots,M_{k+1}$ 且 M_{k+1} 从 M_1 是可达的，即 $M_1[t>M_2]t_2>\cdots>M_k[t_k>M_{k+1}]$，称故障可从 ${}^{*}t_1$ 传播到 t_k^{*}，记为 $M_1({}^{*}t_1)\xrightarrow{\alpha}M_{k+1}(t_k^{*})$。$A=t_1,t_2,\cdots,t_k$ 称为故障传播路径，${}^{*}t_1$ 称为故障原因，t_k^{*} 称为故障结果。

故障模式是故障的外在表现形式，是引发系统失效后的可见故障现象。故障 Petri 网中库所之间存在着因果关系，可以根据故障 Petri 网的结构特点，利用故障的传播特性，分析故障与故障模式之间的关系。

3）故障原因及过程分析

软硬件一体化系统故障往往是软件和硬件相互作用形成的复杂故障，与其故障过程密切相关，不能简单地将单一的软件故障或硬件故障视为软硬件故障。系统发生故障后，观测到的是系统失效以及对应于系统失效的故障模式。

2. 故障模式分析

为了对系统的故障模式进行准确分析，给出软硬件故障及故障模式的形式化定义。在故障 Petri 网中，对于 $p\in P_M$，若存在 $t\in{}^{*}p$，且 $t\in T_S\wedge t\notin T_C$，则称 P 为软件故障模式，即 $p\in P_{MS}$；若存在 $t\in{}^{*}p$，且 $t\in T_H\wedge t\notin T_C$，则称 P 为硬件故障模式，即 $p\in P_{MH}$。对于 $p\in P_M$，存在 $t\in{}^{*}p$，如果存在变迁序列 $\alpha=t_1,t_2,\cdots,t_k,t$，同时满足如下 3 个条件：

（1）${}^{*}\sigma\subseteq P_S\bigcup P_H$。

（2）${}^{*}\sigma\bigcap P_S\neq\phi\wedge{}^{*}\sigma\bigcap P_H\neq\phi$。

（3）从 σ 的任意位置 i 及其后的所有变迁构成的新变迁序列 σ_i，存在不同标识 M 和 M'，使得 $M({}^{*}t_i)\xrightarrow{\sigma_i}M'(t^{*})$ 成立，则称 P 为软硬件故障模式，即 $p\in P_{MC}$。其中，σ 为故障传播路径，σ^{*} 是指其序列中所有变迁的前集，即软硬件故障模式的故障原因集。

要识别某个故障模式是否为软硬件故障模式，需要建立传播路径和故障集以及这些传播路径可能引发的一组状态标识集，然后根据故障 Petri 网的运行结果，判断所形成的故障模式是否为软硬件故障模式。

状态标识集不是唯一的，不同的初始标识会产生不同的标识集和运行结果，动态验证软硬件故障模式并非易事。系统故障 Petri 网图形结构上的可达性和 Petri 网的可达性一致，表明故障传递具有一致性。由此，基于 Petri 网的图形分析，建立软硬件故障模式识别方法，也就是说，如果 $p\in P_{MC}$，那么在 P 的

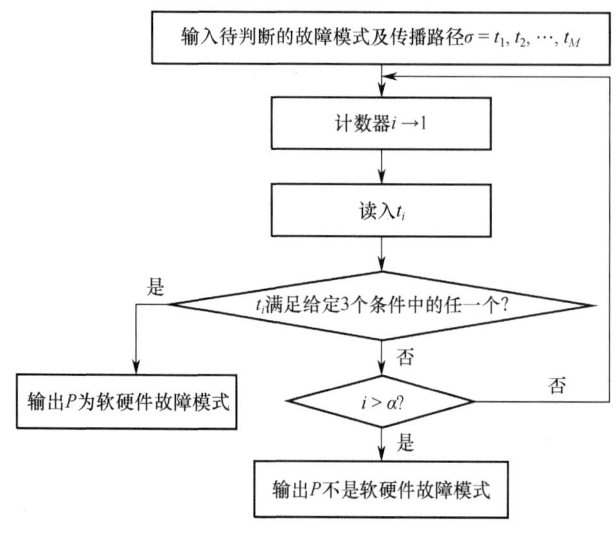

图 10-22　软硬件故障模式识别算法

传播路径上存在t，其至少满足下列 3 个条件之一：

（1）$^{*}t \cap P_S \neq \phi \wedge {}^{*}t \cap P_H \neq \phi$。

（2）$^{*}t \cap P_S \neq \phi \wedge t^{*} \cap P_H \neq \phi$。

（3）$^{*}t \cap P_H \neq \phi \wedge t^{*} \cap P_S \neq \phi$。

建立故障模式识别算法，首当其冲的是验证一个故障模式是否存在一个软硬件故障集，然后判别该故障模式的传播路径上是否存在满足上述 3 个条件的变迁，在此基础上建立软硬件故障模式识别算法，如图 10-22 所示。

10.4.1.3　基于动态故障树的系统失效不确定性建模

基于系统最小功能部件缺陷、局部故障与系统失效的关联关系、失效因素时序关系、失效形成表达、失效层次分解描述，应用动态故障树、时间自动机理论对软硬件错误、故障模式、失效原因及不确定失效，进行完整描述及建模，如图 10-23 所示。

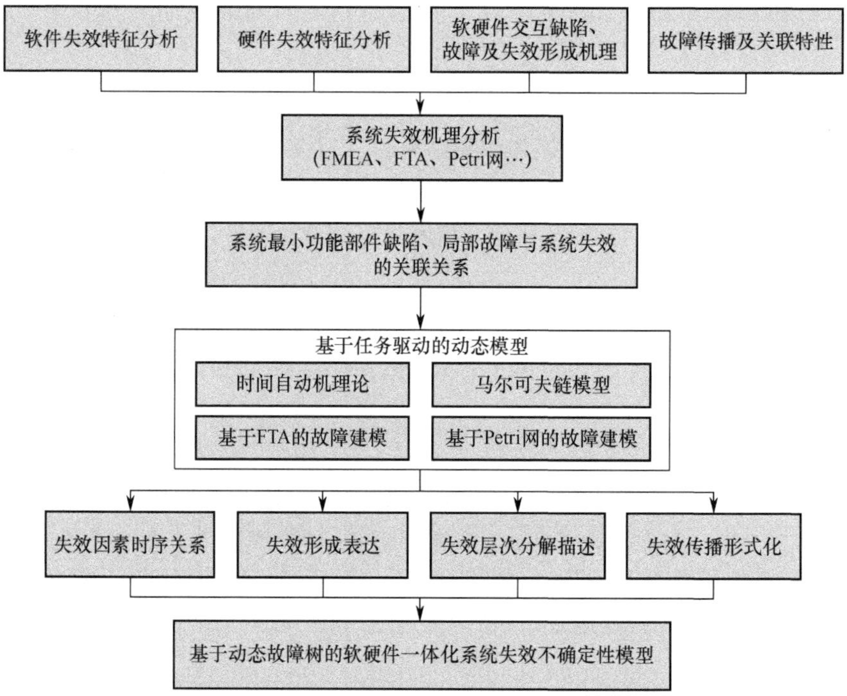

软件失效特征分析　硬件失效特征分析　软硬件交互缺陷、故障及失效形成机理　故障传播及关联特性

系统失效机理分析（FMEA、FTA、Petri网…）

系统最小功能部件缺陷、局部故障与系统失效的关联关系

基于任务驱动的动态模型：时间自动机理论　马尔可夫链模型　基于FTA的故障建模　基于Petri网的故障建模

失效因素时序关系　失效形成表达　失效层次分解描述　失效传播形式化

基于动态故障树的软硬件一体化系统失效不确定性模型

图 10-23　基于动态故障树的系统失效不确定性建模

基于硬件性能退化、软件失效以及软硬件交互缺陷、软硬件故障或失效形成机理、故障传播模式、故障关联分析，确定系统及其各功能单元的错误、缺陷、故障与系统失效之间的逻辑关系，利用失效模型刻画系统失效的内在联系，利用 FTA 确定顶层故障、失效事件，对系统失效进行统一描述。基于动态故障树、时间自动机等不确定性理论，结合形式化语义模型，通过构件动态调度，对系统功能重组下系统失效模式的形式化表达，构建失效模型。故障事件和失效结构函数描述具有正常和失效两种状态，对多态性事件及事件发生的时间顺序进行描述，表示失效形成机理。

为了能够有效解决不确定性错误定位、故障检测等问题，在传统失效模型的基础上，引入带时间扩展的时序逻辑，基于时间自动机、马尔可夫链的系统失效不确定性建模方法，构建基于任务驱动的动态失效模型。

船舶航行航向取决于导航、操舵、航向计算等分系统。航向偏离由操舵分系统失效、错误动作、航向计算错误 3 个故障事件导致，如图 10-24 所示。

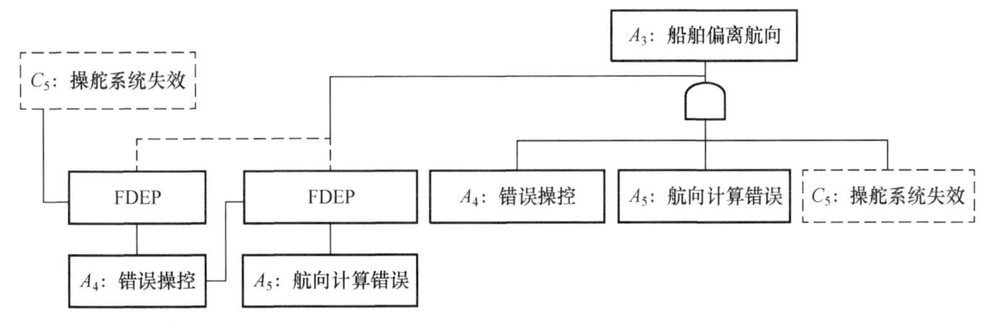

图 10-24　某船舶航行航向控制系统故障模式

该船舶航行航向控制系统故障模式所对应的马尔可夫链序列如图 10-25 所示。

假设所有部件的失效时间服从参数为 λ 的指数分布，且初始时刻系统的所有部件均正常。针对上述故障进行定性分析，其马尔可夫链为

$$\begin{cases} 0-3 \\ 0-2-3 \\ 0-1-3 \\ 0-1-2-3 \end{cases}$$

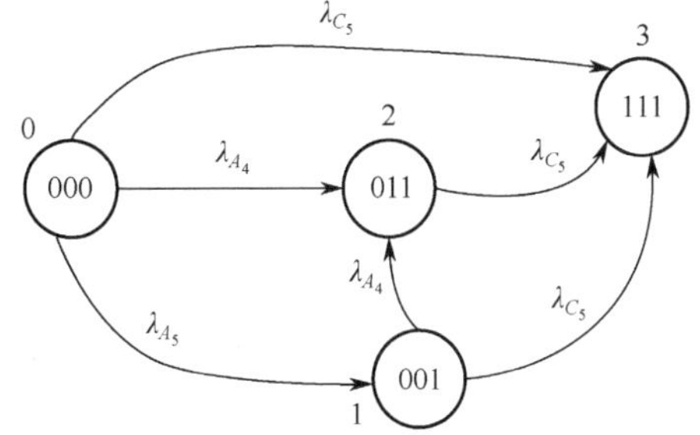

图 10-25　某船舶航行航向控制系统故障模式所对应的马尔可夫链序列

对应的故障模式为

$$\begin{cases} C_5 \\ A_4 - C_5 \\ A_5 - C_5 \\ A_5 - A_4 - C_5 \end{cases}$$

对上述故障模式进行定量分析，列出与马尔可夫链模型对应的微分方程

$$P(t) = AP'(t)$$

其中，$P(t)=\begin{pmatrix} P_0(t) \\ P_1(t) \\ P_2(t) \\ P_3(t) \end{pmatrix}$；$P'(t)=\begin{pmatrix} P_0'(t) \\ P_1'(t) \\ P_2'(t) \\ P_3'(t) \end{pmatrix}$；$A=\begin{pmatrix} -3\lambda & \lambda & \lambda & \lambda \\ 0 & -2\lambda & \lambda & \lambda \\ 0 & 0 & -\lambda & \lambda \\ 0 & 0 & 0 & 0 \end{pmatrix}$。

$P_i(t)$ 表示系统在时刻 t 处于状态 i 的概率，$P_i'(t)$ 为 $P_i(t)$ 的导数。以 $P(0)=(1,0,0,0)^{\mathrm{T}}$ 为初始值求解方程，得到解析解

$$P(t)(\mathrm{e}^{-3\lambda t}, \mathrm{e}^{-2\lambda t}-\mathrm{e}^{-3\lambda t}-\mathrm{e}^{-2\lambda t}+\mathrm{e}^{-\lambda t}, 1-\mathrm{e}^{-\lambda t})^{\mathrm{T}}$$

则系统在时刻 t 的可靠度为

$$R(t) = P_0(t) + P_1(t) + P_2(t) = \mathrm{e}^{-\lambda t}$$

10.4.2　基于特征的功能性能退化模型

10.4.2.1　退化特征提取与选择

基于功能、性能退化模型的系统效能评估，需要确定表征系统运行状态的使命任务、性能指标、接口特性等关键系统特征参数以及从系统运行环境中提取的温度、振动、电压等间接特征参数。间接特征参数监测信息一般不能直接用于退化建模。为了提升退化评估精度，利用现代信号处理方法，基于系统监测数据，提取能充分反映系统运行状态的系统特征，产生一个特征向量集。特征向量集具有高维性质，

其中某些特征向量可能高度相关，导致信息重叠。为降低数据冗余度，往往需要采用特征选择等方法，降低特征维度。

1. 特征提取

选择适当的特征指标进行动态监测，把握系统使用状态以及系统功能、性能退化规律，确保退化数据满足系统评估要求。传感器拾取的原始数据，如振动监测信号，在时域内的变化并不能直接表征系统运行状态，不能直接用于退化建模。特征向量是退化模型的基本输入。特征提取是根据信号类型，提取与系统运行状态相关的各类特征参数，是退化建模与寿命评估的重要工作。时域分析、频域分析、时-频域分析、信息熵分析是广泛使用的特征提取方法。

（1）**时域分析**：通过对信号波形的组成及特征分析，提取时域波形和幅域参数值。时域波形分析是对于某些具有明显特征的故障，利用时域波形进行初步的直观诊断；幅域参数包括有量纲和无量纲参数，有量纲参数包括峰值、均值、均方根值等，无量纲参数包括波形指标、峰值指标、裕度指标、峭度指标等。

（2）**频域分析**：基于傅里叶变换的时频变换，能够从时域信号中提取整个频域能量的大小及分布，获得重心频率、均方频率、频率方差等特征指标，反映系统性能状态的变化。

（3）**时-频域分析**：非平稳信号的统计量反映信号频谱随时间的变化情况。基于经验模态分解的希尔伯特黄变换（Hilbert-Huang Transform，HHT），是广泛应用的时-频分析方法，既能反映信号频率随时间变化的规律，还能准确反映信号能量随时间和频率的分布。常用特征指标包括 HHT 边际幅值谱、HHT 边际能量谱、小波包频带能量等。

（4）**信息熵分析**：信息熵表征信源的平均不确定性，是对系统信息不确定性的量测，也是对系统状态无知程度或混乱程度的度量。信息熵越大，信号的平均信息量越大，信号的不确定性越大，即信号越复杂。为充分发挥信息熵分析的优势，对其定义进行扩展，使之能够用于不同信号变换空间，如 Hilbert 边际谱熵。

2. 特征选择

为保证系统状态信息的完整性和普适性，从功能、性能退化数据中提取特征指标集，将不可避免地提升数据维度。高维数据提供了丰富、详细的系统运行状态信息，但数据冗余不可避免产生系统状态信息，因此必须进行数据压缩和降维处理，摒弃冗余和重叠信息。

为实现原始数据的紧凑表示，通过压缩，消除那些可能混淆和隐藏与原始数据有关系的冗余因素，解决维数灾难问题，这对于退化建模极为重要。多数情况下，采用特征选择，将数据维数降到一个合理的大小且尽可能保留原始信息。特征选择旨在选取一组对最终决策过程具有关键作用的变量因子，消除不重要变量所带来的干扰。基于如下两种方法进行特征选择，能有效实现高维退化数据降维。

第一种方法是通过映射变换或矩阵运算，降低原始信号的空间维数，实现从 n 维欧氏样本空间到 m 维欧氏特征子空间的映射转换，即

$$f:\mathbf{R}^n \to \mathbf{R}^m (m < n) \tag{10-42}$$

该方法是使用子空间来限定模式类别，保留有用特征，用于张成空间，将一个矢量或矩阵在某子空间内的投影作为该矢量或矩阵与该类模式的相似度度量。变换之后的子空间包括线性子空间和非线性子空间。线性子空间法包括主成分分析（Principal Component Analysis，PCA）、独立分量分析、Fisher 线性判别等。非线性子空间法包括自编码网络、核主成分分析（Kernel Principal Component Analysis，KPCA）、局部线性嵌入（Local Linear Embedding，LLE）等方法。最大限度地抑制或消除噪声，获得表征信号特征的信息，是特征选择的基本目标，当然这仅仅相对于目标任务而言。

第二种方法是从一组数量为 N 的特征中选择一组数量为 M，能够代表原始数据的最优特征子集（$N > M$）。这里，作者给出单调性、趋势性、鲁棒性 3 个度量指标，采用不同权重进行综合权衡，用于特征参数的适宜性描述，进而从备选特征集中选择适于退化建模的特征指标。单调性表示特征参数潜在

的正、负趋势。

$$M = \text{mean}\left[\left|\frac{\text{No. of d}/\text{d}x > 0}{n-1} - \frac{\text{No. of d}/\text{d}x < 0}{n-1}\right|\right] \tag{10-43}$$

其中，n 是样本数量；$\frac{\text{d}}{\text{d}x}$ 表示特征参数趋势的斜率。

趋势性度量反映特征参数和时间变量之间的线性关系，即特征参数随时间的退化状态

$$T = \frac{\left|n(\sum x_T \cdot t) - (\sum x_T)(\sum t)\right|}{\sqrt{[n\sum x_T^2 - (\sum x_T)^2][n\sum t^2 - (\sum t)^2]}} \tag{10-44}$$

鲁棒性度量反映特征参数对外界干扰的容忍程度

$$R = \frac{1}{n}\sum \exp\left(-\left|\frac{x_R}{x}\right|\right) \tag{10-45}$$

由此可见，3 个度量均在[0,1]范围内。综合考虑 3 个度量权重的特征选择为

$$\max \text{fitness} = w_1 \cdot M + w_2 \cdot T + w_3 \cdot R$$
$$\text{s.t.}\begin{cases} w_i > 0 \\ \sum_i w_i = 1 \end{cases} \quad i = 1,2,3 \tag{10-46}$$

式中，w_1、w_2、w_3 表示每个度量的重要度。

上述两种特征选择方法，前者从高维特征空间通过映射或变换得到低维特征空间，新旧特征不同；而后者则从高维特征中选择一部分特征组成低维特征空间，不改变每个特征维度本身。

10.4.2.2　基于随机过程模型的单参数退化建模

利用随机过程描述系统退化过程，无疑是一种让人期待的选择，尤其是维纳过程良好的数学特性，在退化建模方面展现出了显著优势。对于需要通过加速退化试验，快速验证评价系统可靠性的高可靠长寿命系统，作者基于线性漂移维纳过程退化建模方法，根据系统退化失效机理，建立反映系统退化速率与应力水平关系的加速模型及加速退化试验评估模型，评估系统在正常工作条件下的可靠性水平。基于大多数系统功能、性能参数退化呈现非线性的特点，综合考虑环境应力协变量、随机效应、系统个体间差异、测量误差等因素导致的不确定性，建立通用非线性维纳过程退化模型，并对应于失效分布的近似表达式，给出统计推断方法。

退化建模需要使用一个确定的函数，表达系统功能、性能随时间的退化趋势，但可能无法全面描述系统的性能退化特征。如果系统彼此之间具有完全的一致性，且其使用环境条件完全一致，系统经过一段时间的使用后，达到一定的退化临界值，所有系统都将同时失效。现实世界中，系统和使用条件存在差异，几乎不可能存在系统同时失效的情况。通过对系统性能退化过程进行监控可以清楚地看到，每个系统的性能退化过程是一条粗糙而非光滑的曲线，系统性能退化规律并不确定，如图 10-26 所示。若要对其进行精确分析建模，需要采用随机过程方法。

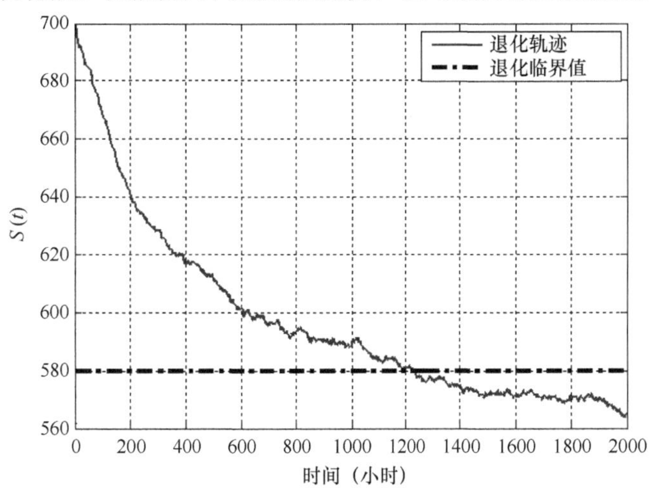

图 10-26　某系统性能退化过程

1. 基于线性漂移维纳过程的退化建模

基本维纳过程模型 $\{X(t); t \geqslant 0\}$ 通常表示为

$$X(t) = \mu\Lambda(t) + \sigma B(\Lambda(t))$$

式中，μ 为漂移参数，用以描述系统退化速率；σ 是扩散系数；$B(\cdot)$ 是标准布朗运动；单调递增函数 $\Lambda(\cdot)$ 是时间尺度，表示退化轨迹的非线性。

维纳过程具有独立的正态分布增量，任意两个不相交时间段内的增量相互独立且服从正态分布

$$\Delta X(t) \sim N(\mu\Lambda(t+\Delta t)-\mu\Lambda(t), \sigma^2\Lambda(t+\Delta t)-\sigma^2\Lambda(t))$$

对于维纳过程，若 $T_\omega = \inf\{t>0 \mid X(t) \geqslant \omega\}$ 表示其首次穿越失效阈值 ω 的时间，则称之为**首穿时**或**首达时**。维纳过程的随机性决定了首穿时同样是一个服从某种分布的随机变量，称这种分布为维纳过程的**首穿时分布**。首穿时分布描述经过 t 时间后维纳过程 $X(t)$ 首次穿越 ω 时的概率为 $P(T_\omega \leqslant t)$。若系统功能、性能退化过程是一个维纳过程，由于性能超过其临界值后，对于不可修系统即视系统为失效，也就是维纳过程 $X(t)$ 首次穿越 ω 对应的首穿时 T_ω 正好对应系统寿命。首穿时分布刻画了系统退化失效寿命分布。对于线性漂移维纳过程，对应的给定失效阈值 ω 的首穿时分布有着封闭的表达式，是服从概率密度函数的逆高斯分布

$$f(t)=\frac{\omega}{\Lambda(t)\sqrt{2\pi\sigma^2\Lambda(t)}}\exp\left[-\frac{(\omega-\mu\Lambda(t))^2}{2\sigma^2\Lambda(t)}\right]\frac{\mathrm{d}\Lambda(t)}{\mathrm{d}t} \tag{10-47}$$

此时，系统的可靠度函数为

$$R(t)=\Phi\left[\frac{\omega-\mu\Lambda(t)}{\sigma\sqrt{\Lambda(t)}}\right]-\exp\left(\frac{2\mu\omega}{\sigma^2}\right)\Phi\left[-\frac{\omega+\mu\Lambda(t)}{\sigma\sqrt{\Lambda(t)}}\right] \tag{10-48}$$

最后，根据采集到的系统功能、性能退化数据，采用极大似然法即可评估线性漂移维纳过程的模型参数，从而预测系统的寿命与可靠性。

2. 加速退化试验建模

对于性能退化缓慢的系统，在研制方、使用方均可接受的时间内，需要将更高应力下获得的性能退化数据外推至常规应力条件。这种通过提高应力水平，加速系统性能退化，搜集更加完备、有效的退化数据，估计系统在常规使用应力下的可靠性水平的加速试验，即所谓加速退化试验，其核心是预测。根据性能退化趋势预测性能穿越临界值的系统失效时间，则需要建立反映系统退化过程动态特性的随机过程退化模型。将此两者结合起来，能构建加速退化模型，即可基于加速退化试验数据对系统在正常工作条件下的可靠性进行评估。

基于加速退化试验，建立系统可靠性评估模型，首先是根据系统退化失效机理和试验应力类型，选择或建立适宜的加速模型。加速模型可以分为物理加速模型、经验加速模型和统计加速模型 3 类。加速模型分类如图 10-27 所示。

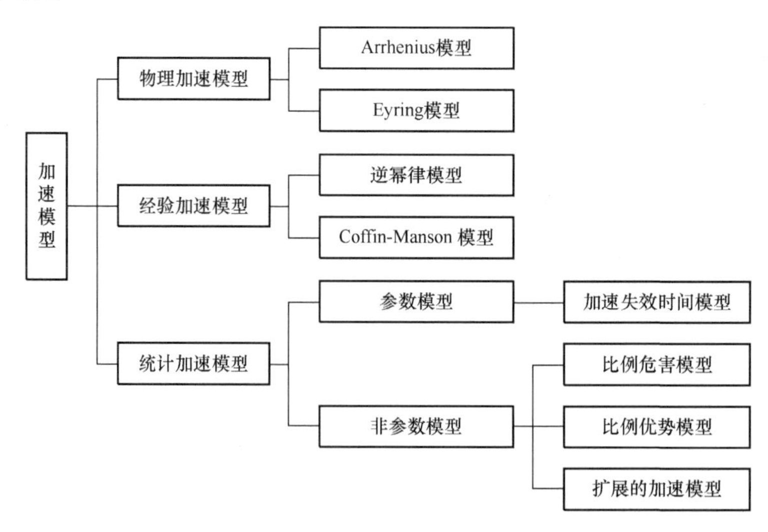

图 10-27　加速模型分类

物理加速模型是基于物理诱因，导致系统功能性能退化，描述失效过程的模型。Arrhenius 模型描述系统寿命和温度应力之间的关系，是典型的物理加速模型。Eyring 模型基于量子力学理论，描述系统寿命和温度应力之间的关系，也是典型的物理加速模型。Glasstene 扩展了 Eyring 模型，描述系统寿命和温度应力、电压应力的关系，同样是物理加速模型。

经验加速模型是基于对系统性能退化的长期观察，包括逆幂律模型、Coffin-Manson 模型等。逆幂律模型描述了电压、压力等应力与系统寿命之间的关系。Coffin-Manson 模型给出了温度循环应力与系统寿命之间的关系。

工程上，应紧密结合系统实际，灵活选择上述 3 类加速模型进行加速退化试验建模。通过在退化模型的某些参数上添加协变量，就能够将加速模型与退化模型结合起来。对于维纳过程模型，漂移参数 μ 用来描述系统的功能性能退化速率，被视为应力水平函数。由于大部分加速模型可以通过一定形式变换转化为对数线性模型。系统退化速率 μ 的应力加速模型表示为

$$\ln\mu = \ln d(S) = a + b\varphi(S) \tag{10-49}$$

式中，a、b 为未知参数；$d(S)$ 为应力水平 S 下的退化速率；$\varphi(S)$ 为应力水平的函数，其形式与应力类型相关。

将加速模型代入维纳过程退化模型，可构建基于维纳过程的加速退化模型。对各加速应力水平下的退化数据，采用极大似然估计，可得到未知参数的估计值。采用加速模型进行应力外推，即根据高应力下的性能退化率外推预测正常应力水平下的性能退化率。由于应力外推需要事先知道系统性能参数在不同应力水平的退化速率，需要事先确定退化速率。

3. 基于通用维纳过程的非线性加速退化模型

通过时间尺度变换、对数变换等方式，将非线性退化过程变换为线性过程，也可以根据线性漂移维纳过程的性质进行退化建模，进行推断分析。但并非所有非线性退化过程都可以转换成线性过程。应建立更加一般化的非线性维纳过程模型，对退化数据直接建模，增加维纳过程退化模型的应用范围，而不是试图将其线性化。综合考虑退化建模过程中存在的非线性漂移、系统个体间差异、随机效应、环境应力协变量等不确定性问题，建立通用的非线性维纳过程退化模型。通过分析该模型的性质，推导模型对应失效分布的近似表达式，给出相应的统计推断方法。基于维纳过程模型，定义如下具有一定通用性的非线性维纳过程退化模型：

$$X(t) = X(0) + \mu\int_0^t \lambda(t;\theta)\mathrm{d}t + \sigma B(\tau(t;\gamma)) \tag{10-50}$$

式中，$X(t)$ 是 t 时刻的系统性能；$X(0)$ 是系统的初始退化量，假定 $X(0)=0$；μ 是系统性能的退化速率，即漂移系数；σ 是扩散系数；$\lambda(t;\theta)$、$\tau(t;\gamma)$ 是关于时间 t 的连续非减函数；$B(\tau(t;\gamma))$ 是非线性布朗运动，用以描述退化量在时间轴上的不确定性。

由于生产工艺、材料及系统运行环境条件等差异，同类型但不同批次系统的退化过程可能存在着差异，具有不同的退化速率。为了描述这种差异，相关文献将退化模型中相关参数进行随机化处理。为了对加速退化试验建模，预测系统在动态环境、负载情况下的剩余寿命，将环境应力协变量引入退化模型，建立协变量与模型参数的函数关系，如 Arrhenius 模型、幂律模型、指数模型等。综合考虑随机效应和动态环境因素对退化过程的影响，将漂移系数 μ 定义为环境应力协变量的对数线性函数，并通过添加随机噪声项描述其随机效应

$$\log(\mu(S;\eta)) = \alpha + \sum b_i\varphi(S_i) + \eta \tag{10-51}$$

式中，$\eta \sim N(0,\xi^2)$。

在此基础上，进一步令

$$\Lambda(t;\theta) = \int_0^t \lambda(t;\theta)\mathrm{d}t$$

得到通用非线性维纳过程退化模型的最终形式

$$X(t)=\mu(S;\eta)\Lambda(t;\theta)+\sigma B(\tau(t;\gamma)) \tag{10-52}$$

该模型在退化建模中具有较好的通用性，很多维纳过程模型都是该退化模型的特例。但受退化模型的非线性、模型参数的随机性、应力协变量等特征限制，难以得到对应的失效概率密度函数以及失效分布函数的精确表达式，需要在温和假设前提下，通过模型形式转化，得到其近似表达式。模型形式复杂，未知参数多，直接采用极大似然估计，存在较大的困难，所幸的是，能够通过 EM 算法等进行参数估计，建立通用非线性维纳过程退化模型的统计推断程序，得到未知参数的估计值。

10.4.2.3 相依情形下多参数退化模型

某些系统，在内外部环境应力的共同作用下，功能性能参数之间存在着复杂的相关性，具有多种退化失效模式，可能导致多个关键使命任务、关键性能指标同时退化，任一参数达到失效阈值时，均可能导致系统失效，即所谓多功能、性能参数同时退化的多参数退化型系统。多元退化导致系统功能、性能指标维数增加，分析难度显著增加，特别是对相依性的描述。

对于多参数退化系统，首先，描述多个不同功能、性能参数之间的相依结构，从结构形态上把握多退化过程间的耦合关系，采用维纳过程分别对每个参数建立退化模型；其次，将相关参数随机化，刻画系统之间的差异；最后，利用多元 Copula 方法描述多个功能、性能参数之间的相依结构，构建多元相依退化模型，进行模型参数估计和拟合检验。

大部分退化建模方法仅针对单功能、性能参数退化系统，而实际上系统失效往往是多个功能、性能参数同时退化的结果，各个参数的退化过程相互作用，一个参数的退化在一定条件下可能加速或抑制另一个参数的退化。在退化测试过程中，各个功能、性能参数可能未退化到失效阈值，由测试获得的退化数据是截尾数据，需要基于系统功能、性能参数退化的综合表现，判断系统是否失效。对于具有多个功能、性能参数退化的系统，忽略各参数之间的相依性，基于独立假设进行可靠性评估，往往会出现偏差，甚至得到错误的结果。必须考虑各功能、性能参数退化过程之间的相互影响，即多参数退化过程间的相依性。

对于多功能、性能参数同时退化的系统，采用多元 Copula 方法描述多个性能参数之间的相依结构，结合通用非线性维纳过程，构建多元相依退化模型，不仅适用于正常应力情况，也适用于多性能参数加速退化测试模型建立。首先，采用通用非线性维纳过程描述系统功能、性能参数的退化轨迹，建立每个功能、性能参数的单变量退化模型；其次，结合各个功能、性能参数的失效阈值进行统计推断，获得每个性能指标的失效分布函数和可靠度函数，作为系统多元退化模型的边缘分布函数；最后，以各个性能指标的退化可靠度函数作为边缘分布，利用多元 Copula 函数描述多功能性能参数之间的相依结构，构建多元相依退化过程模型。

10.4.3 基于退化模型的系统可靠性评价

软硬件一体化系统存在突发失效和退化失效两种失效模式。当其中任何一种失效模式达到失效阈值时，必将导致系统失效。这就是系统的竞争失效模式，是软件产生的外部载荷与硬件失效共同作用的结果，是一个复杂的过程。图 10-28 展示了一个软件产生的外部冲击和性能退化共存的情形。

突发失效是指在系统使用过程中，当外部载荷超过系统最大强度时，系统突然丧失其特定功能。突发失效将系统功能定义为“0”和“1”两种状态，当系统功能状态为“1”时，系统失效前，其功能保持不变，如果不具备此功能则为“0”状态，失效发生后，其功能完全丧失。退化失效是随着使用时间的增加，系统的特定功能或抗应力能力逐渐下降，一旦超过失效阈值，系统失效。软件运行所产生的额外载荷导致硬件失效，则无法用“0”和“1”两种状态对系统的功能变化情况进行描述。工程上，需要同时考虑这两种失效模式对系统功能、性能的影响。对此，可将软件使用或失效导致的额外载荷视为对系统的外部冲击。

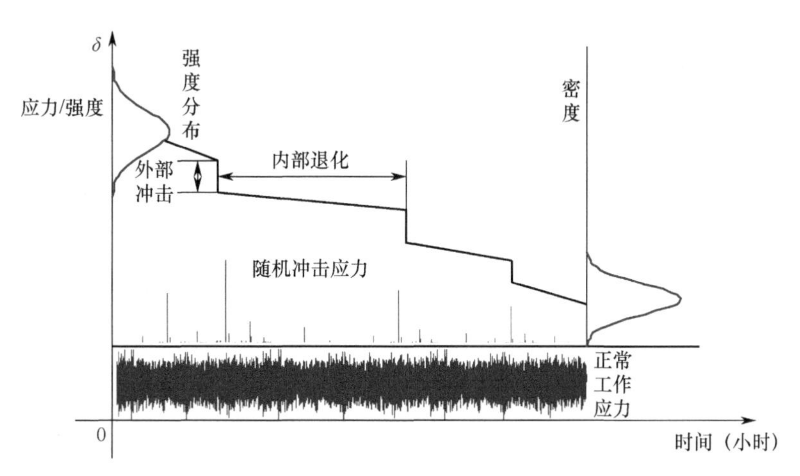

图 10-28　一个软件产生的外部冲击和性能退化共存的情形

系统在关键功能、性能参数退化的同时，还可能受到软件故障的随机冲击，系统退化与软件故障之间相互关联、相互竞争。系统失效是多参数退化与软件故障导致突发失效之间耦合竞争的结果。在软件故障这种外部随机冲击的作用下，系统功能、性能退化。对于突发失效，运用泊松过程描述外部载荷，根据应力强度干涉（Stress Strength Interference，SSI）模型，采用极端值冲击模型表征外部冲击引起的突发失效。

10.4.3.1　冲击模型

冲击模型（Shock Models）是系统可靠性理论研究的重要内容之一。在系统使用过程中，将经受环境应力等不同外部冲击的作用，且每次冲击造成的损伤可能导致系统直接失效或间接失效，即系统功能性能逐渐退化。外部冲击可能是连续过程，也可能是随机的离散过程。对于连续过程，外部冲击一般不会直接引起系统失效，但随着冲击载荷的持续作用，当损伤累积量超过失效阈值时，系统失效。这是一个逐渐发展的过程。而对于离散过程，外部冲击所造成的损伤可能导致系统状态发生跳跃变化，一旦外部冲击的最大值超过系统内部强度值，即可能导致系统失效。因此，在分析系统的性能退化时，应充分考虑外部冲击对性能退化的影响。

用二维随机变量 $\{A_n,B_n\}_{n=0}^{+\infty}$ 描述冲击模型。其中 A_n 是第 n 次冲击强度，表示第 n 次冲击对系统的影响，它是独立同分布的非负序列；B_n 表示连续两次冲击的间隔时间，与 A_n 相互独立。若 B_n 是从第 $n-1$ 次冲击到第 n 次冲击的间隔时间，则称之为模型Ⅰ；若 B_n 是从第 n 次冲击到第 $n+1$ 次冲击的间隔时间，则称之为模型Ⅱ。对于模型Ⅰ，假定 $A_0=B_0=0$；对于模型Ⅱ，假定首次冲击在 $t=0$ 时刻发生。冲击模型可分为累积冲击、极端值冲击、连续冲击和 δ –冲击 4 种类型。

1. 累积冲击模型

冲击强度 A_n 是累积可加的，当累积量超过失效阈值时，将导致系统失效，故称为累积冲击模型。将系统失效时间或寿命记为 T，每次冲击的时间间隔序列记为 $\{B_n\}_{n=0}^{+\infty}$，且计数过程表示为 $\{N(t),t\geqslant 0\}$，则有

$$\{T\leqslant t\}\Leftrightarrow\left\{\sum_{i=0}^{N(t)}A_i\in Z\right\} \tag{10-53}$$

式中，$Z\subset\mathbf{R}^+$ 为实数集上的某个区域，通常表示为 $[0,z],(z_1,z_2),(z,+\infty)$ 等。

假设 t 时刻的冲击数 $N(t)$ 是服从参数为 λ 的泊松过程，且第 n 次冲击的大小 $A_n(n=1,2,\cdots)$ 服从均值为 μ 的指数分布。那么，系统的平均寿命为

$$ET=\int_0^{+\infty}P\{T>t\}\mathrm{d}t=\int_0^{+\infty}P\{Y(t)<A\}\mathrm{d}t=\frac{\mu+A}{\mu\lambda} \tag{10-54}$$

2. 极端值冲击模型

若每次冲击对系统的作用不能累加，则考虑极端值冲击模型。当某次冲击的强度大于失效阈值时，

系统将失效，其失效时间定义为

$$\{T \leqslant t\} \Leftrightarrow \{\max(A_i; i=1,2,\cdots,N(t)) \in Z\} \tag{10-55}$$

式中，T 为系统寿命；A_i 为第 i 次冲击的强度；$Z \subset \mathbf{R}^+$ 为实数集上的某个区域。

引入相依更新序列对 $\{A_n, B_n\}_{n=0}^{+\infty}$ 的概念，进行一般化的处理，其表达式为

$$P\{T \leqslant t\} = P\{M(t) > Z\}$$

其中，$\max\limits_{1 \leqslant i \leqslant N(t)} A_i$。

3. *δ-冲击模型*

δ-冲击模型是指当连续两次相邻冲击时间间隔小于给定阈值 δ 时，系统失效。假设 B_n 为第 $n-1$ 次冲击与第 n 次冲击之间的时间间隔，$\{B_n\}_{n=0}^{+\infty}$ 为一个非负随机变量序列，$\{N(t), t \geqslant 0\}$ 为时间间隔的计数过程，T 为系统寿命，对一个给定阈值 $\delta > 0$，有

$$\{T \leqslant t\} \Leftrightarrow \{\min(A_i; i=1,2,\cdots,N(t)) \in Z\} \tag{10-56}$$

δ-冲击模型是一类特殊冲击模型。若无法直接测量冲击的大小，则通过测量各个冲击的到达时间，用冲击时间间隔与失效阈值的关系描述系统失效。对于 δ-冲击模型，其可靠度函数为

$$P\{T > t\} = \sum_{i=0}^{+\infty} P\{T > t, N(t) = i\} = \sum_{i=0}^{+\infty} P_i(t) \tag{10-57}$$

当 $i > \left[\dfrac{t}{\delta}\right]$ 时，在 $[0,t]$ 时间内至少有一个冲击时间间隔小于 δ，系统在 t 时刻之前失效。首次故障前的平均时间为

$$\mathrm{ET} = \frac{1}{\lambda(1 - \mathrm{e}^{-\lambda t})} \tag{10-58}$$

10.4.3.2 外部冲击作用下的系统可靠性分析

1. *系统描述*

在系统使用过程中，可能同时受到多种外部冲击以及硬件性能退化的共同作用。外部冲击因素众多，以软件运行引起的外部冲击和硬件性能退化共同作用下的系统失效为例，其关系如图 10-29 所示。

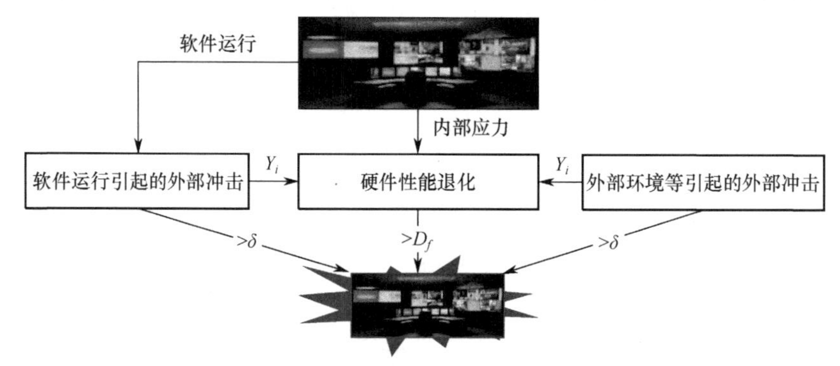

图 10-29　软件运行引起的外部冲击及硬件性能退化与系统失效的关系

2. *基本假设*

假设一：独立同分布变量 $X(t)$ 表示系统内部性能退化损伤累积大小及性能退化的不可逆过程，是一个单调递增函数。

假设二：软件运行引起的外部冲击是服从参数为 λ 的泊松过程，当外部冲击量超过其临界失效阈值 D_f 时，系统突发失效。

假设三：系统退化失效由内部性能退化和外部冲击共同作用所致，当两者的累积量达到失效阈值 D_f

时，系统退化失效。

假设四：突发失效和退化失效都是导致系统失效的根本原因，当两者中任一种达到失效阈值时，系统失效。

3. 基于外部冲击的突发失效

当软件运行引起的外界载荷大于系统最大强度时，系统失效，这是基于外部冲击的突发失效，使用极端值冲击模型描述这一过程。假定每次冲击是服从参数为 λ 的同性质泊松过程，随机变量 $N(t),t\geqslant 0$ 表示到 t 时刻的冲击数，根据泊松过程的性质，t 时刻冲击发生的概率为

$$P\{N(t)=n\}=\frac{(\lambda t)^n}{n!}\mathrm{e}^{-\lambda t},\quad n=0,1,2,\cdots \tag{10-59}$$

用非负独立同分布随机变量 $\{A_i\}(i=1,2,\cdots)$ 表示第 i 次冲击产生的损伤大小 $(A_0=0)$，累积分布函数为 $F_A(a)$，最大强度为 D，根据应力强度干涉模型，在极端值冲击模型作用下，系统在第 t 时刻不发生失效的概率为

$$P\{A_1<D,A_2<D,\cdots,A_{N(t)}<D\}=P\left\{\bigcap_{i=1}^{N(t)}A_i<D\right\}=(F_A(D))^{N(t)} \tag{10-60}$$

如果每次冲击的累积分布函数服从正态分布，即 $A_i\sim N(\mu_A,\sigma_A^2)$，则上式变为

$$F_A(D)=\left(\varPhi\left(\frac{D-\mu_A}{\sigma_A}\right)\right)^{N(t)}$$

式中，$\varPhi()$ 是正态分布的累积分布函数。

4. 基于外部冲击的退化失效

系统性能退化 $X_S(t)$ 是由内部退化 $X(t)$ 和软件运行引起的外部冲击的累积损伤 $S(t)$ 共同作用所致。外部冲击引起的性能退化是跃变的，而内部退化所引起的系统性能退化则是一个累积过程。系统内部退化量 $X(t)$ 遵循不同退化轨迹，通常采用线性退化轨迹模型 $X(t)=\lambda+\omega t$ 表征。对于外部冲击，假设每次冲击对系统性能退化的影响为 Y_i，且每次冲击的作用是累积可加的，到 t 时刻外部冲击对系统性能退化的损伤累积量为

$$S(t)=\begin{cases}\sum\limits_{i=0}^{N(t)}Y_i, & N(t)>0\\ 0, & N(t)=0\end{cases} \tag{10-61}$$

式中，$N(t)$ 为 t 时刻系统受到的由软件运行引起的外部冲击数，$N(t)=0$ 表示系统未受外部冲击作用。

随着每次外部冲击作用，连续的性能退化过程可以划分为不同状态，状态在特定条件下发生转移，如图 10-30 所示。

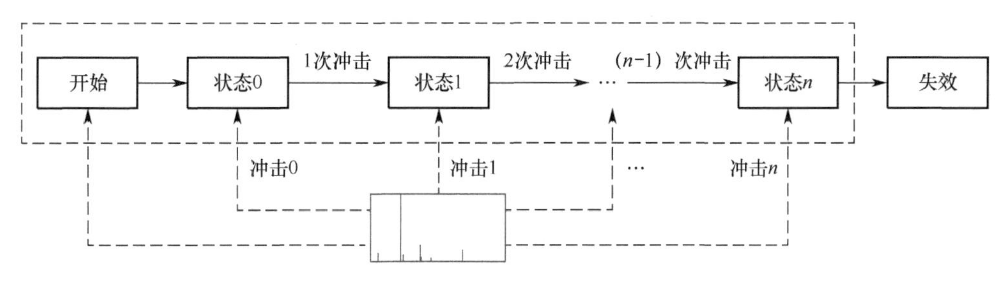

图 10-30　软件外部冲击下的系统状态转移

在第 n 次外部冲击作用下，系统状态从 $n-1$ 转移到状态 n，如图 10-30 中实线所示。实际计算每次外部冲击对系统性能退化的影响时，是直接从状态 0 到状态 n，如图 10-30 中虚线所示。因此，系统处于各个状态的概率可分别表示为

$$\begin{cases} P_0 = P\{N(t)=0, X(t)<D_f\} = P\{N(t)=0\}P\{X(t)<D_f\} \\ P_1 = P\{N(t)=1, X(t)+S(t)<D_f, A_1<D\} = P\{N(t)=1\}P\{X(t)+Y_1<D_f\}F_A(D) \\ P_i = P\{N(t)=i, X(t)+S(t)<D_f, A_1<D,\cdots,A_i<D\} = P\{N(t)=i\}P\left\{X(t)+\sum_{i=1}^{N(t)}Y_i<D_f\right\}F_A^{N(t)}(D) \end{cases}$$

系统总的可靠性等于各个状态的概率之和，即

$$R_S = \sum_{i=1}^{n} P_i \tag{10-62}$$

如外部冲击对系统性能退化的影响服从正态分布 $Y_i \sim N(\mu_1, \sigma_1^2)$，则其累积分布函数为

$$F(y_i) = \frac{1}{\sqrt{2\pi\sigma_1}}\int_{-\infty}^{y_i} \mathrm{e}^{-\frac{(y-\mu_1)^2}{2\sigma_1^2}} \mathrm{d}y \tag{10-63}$$

假定系统性能退化 $X(t)$ 也是正态分布 $X(t) \sim N(\mu, \sigma^2)$ 或威布尔分布 $W(\alpha \cdot \beta)$，则可以得到其累积分布函数。当$1.5 \leqslant \alpha \leqslant 3.5$时，可以将威布尔分布转化为正态分布。

$$\mu = \beta\Gamma\left(1+{}^{1}\!/_{\alpha}\right) \;\; ; \;\; \sigma = \beta^2\left(\Gamma\left(1+{}^{2}\!/_{\alpha}\right)\right) - \Gamma^2\left(1+{}^{2}\!/_{\alpha}\right)$$

当系统在第 n 次外部冲击的作用下，如软件运行引起的外部冲击和硬件内部性能退化均服从正态分布，则其系统总的性能退化

$$X_S(t) = X(t) + S(t) = X(t) + \sum_{i=1}^{N(t)} Y_i$$

也服从正态分布，故对应的累积分布函数为

$$F_D(t) = P\left\{(t) + \sum_{i=1}^{N(t)} Y_i < D_f\right\} = P\{X(t)+Y<D_f\} = \Phi\left[\frac{D_f - \mu(t) - n\mu_1}{\sqrt{n\sigma_1^2 + \sigma^2(t)}}\right]$$

综上所述，t 时刻系统不发生失效的累积分布函数为

$$F_x(x,t) = P\{X_S(t)<D_f\} = P\{X(t)+S(t)<D_f\} = \sum_{i=0}^{n}\left(\left(X(t)+\sum_{i=1}^{N(t)}Y_i<D_f\right)N(t)=i\right)P\{N(t)=i\}$$

由此可计算出由软件运行引起硬件性能退化的系统可靠性。

10.5 多域任务场景驱动的一体化测试

一体化测试环境由被测系统及应力施加、测试驱动、测试监控等组成。应力施加环境包括单应力环境和综合应力环境，其中综合应力环境是基于系统使用环境应力测量，参考估计应力和推荐应力，构建的综合环境应力剖面。通常所使用的温度、湿度、振动三综合应力试验系统就是典型的综合应力环境，进一步同电应力、电磁混响环境等结合，即可构成相对完整的综合应力环境。为了简化讨论，这里仅讨论基于综合应力的实验室模拟环境。测试驱动环境就是由基础框架、底层驱动、仿真支持等构成的集成环境。测试监控系统通过网络系统、I/O 接口等与被试系统、应力施加系统、测试驱动系统、配试设备及支持系统等连接，用于过程监控、数据录取、测试管理等。图 10-31 给出了一个一体化测试环境架构。

10.5.1 基于任务剖面的一体化测试用例生成

基于任务剖面，分析测试用例的顺序，确定用例图与用例之间的依赖关系；结合任务剖面采用启发式搜索算法，确定基于 UML 用例图 UD 和顺序图 SD 的测试用例生成方法。图 10-32 给出了一个一体化测试用例生成方案。

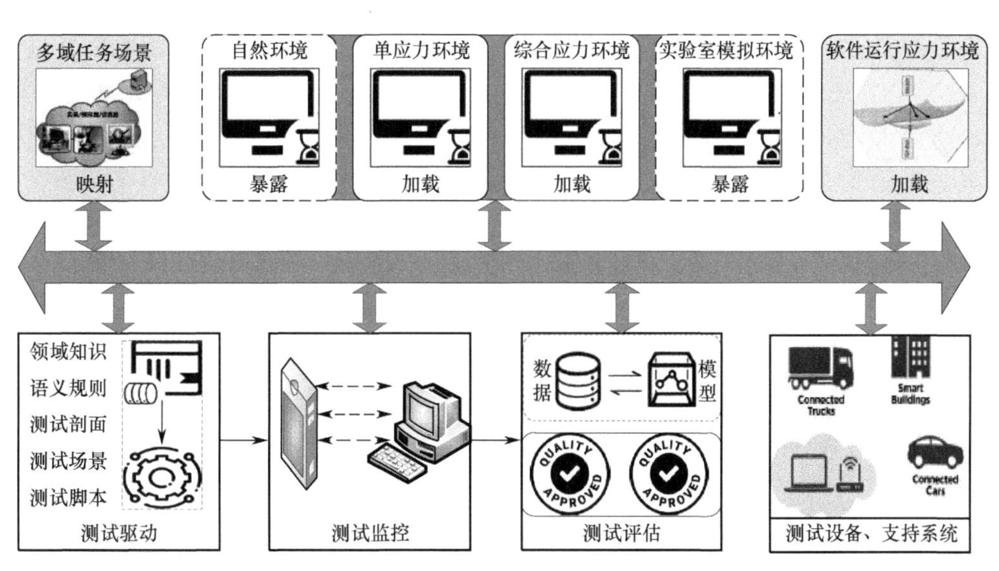

图 10-31　一体化测试环境架构

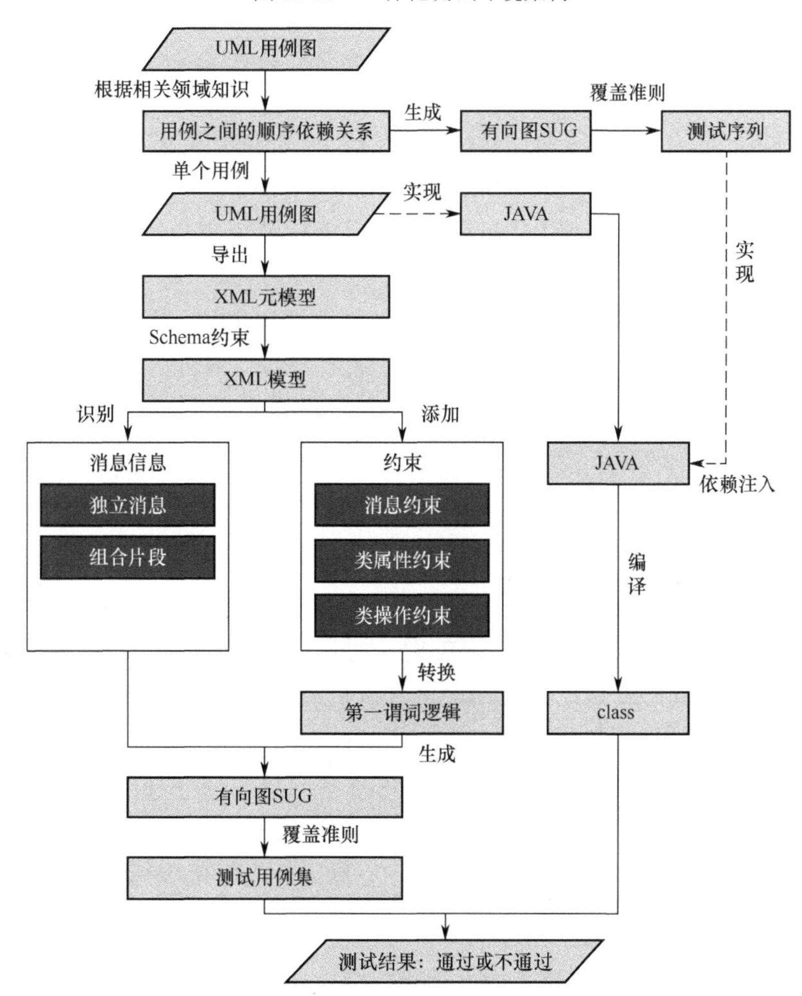

图 10-32　一体化测试用例生成方案

测试用例之间存在着顺序依赖关系，而非独立存在。根据系统的任务场景，确定可能执行的用例序列以及用例之间的顺序及依赖关系。测试用例顺序依赖关系有向图 SUG 定义为

$$\text{SUG} = \langle V_{\text{SUG}}, \Sigma_{\text{SUG}}, q_{0\text{SUG}}, F_{0\text{SUG}} \rangle \tag{10-64}$$

式中，$V_{\mathrm{SUG}}=\mathrm{UC}\cup A, A=\{A_1,A_2,\cdots,A_n\}$ 表示参与者，$\mathrm{UC}=\{U_1,U_2,\cdots,U_m\}$ 表示与参与者 A 相关的测试用例；$\Sigma_{\mathrm{SUG}}=\mathrm{AU}\cup\mathrm{UD}, \mathrm{AU}=\{A\times\mathrm{UC}\}\cup\{\mathrm{UC}\times A\}$ 表示参与者与测试用例之间的依赖关系；$\mathrm{UD}=\{\mathrm{UC}\times\mathrm{UC}\}$ 表示用例之间的顺序依赖关系；$q_{0\mathrm{SUG}}\in\{A_1,A_2,\cdots,A_n\}$ 表示 SUG 的起点，只能由参与者开始；$F_{0\mathrm{SUG}}\in\{A_1,A_2,\cdots,A_n\}$ 表示 SUG 的终点，是参与者要达到的目标。

在测试用例图中，每个用例映射为 SUG 中的一个节点，节点包含用例前置条件和后置条件以及参与者与测试用例之间的数据等信息，将参与者映射为或起点，或终点，或起点及终点。节点 U_i 与节点 U_j 之间的有向边则表示用例 U_i 与 U_j 之间的顺序依赖关系。对于一些测试用例图没有对应的可作为终点的参与者的情况，可为其设置一个终点 FSUG。

第一步，从顺序图的 XM 文件中识别出消息信息，如果是独立消息，直接由消息创建 SUG 节点，如果是组合片段，则对其进行逐层分解直至独立消息，依次建立 SUG 节点，最后将多态消息的子类消息节点添加到 SUG 中。

第二步，基于顺序图，构建测试路径生成算法，对测试路径进行分析，得到基于 SUG 的测试路径。在顺序图中，一条测试路径对应于一个测试场景，验证设计模型与系统需求的一致性。

第三步，基于 UML 顺序图的需求描述，根据消息的前置/后置条件，对测试场景中的消息进行分析，识别需求场景中存在的矛盾并逐一消除，合并多个测试场景中所包含的相同或相似行为，得到一致的需求场景。其步骤如下：

（1）分析测试场景，定义一个状态向量 $\boldsymbol{s}_i=\langle s_{i,1},s_{i,2},\cdots,s_{i,n}\rangle$，其中 $s_{i,j}(1\leqslant j\leqslant n)$ 表示系统设计时需要使用的全局变量。

（2）确定对应测试场景中消息序列中每一消息需满足的前置/后置条件。

（3）将测试场景中消息 m_i 的前置约束对应状态向量值记为 m_i 的前置状态向量值 $\mathbf{pre}_{s_i}$；后置约束生成的状态向量值记为 m_i 的后置状态向量值 $\mathbf{post}_{s_i}$，初始状态向量用 $\boldsymbol{s}_0$ 来表示。

（4）对应顺序图中测试场景中消息前置/后置状态向量值，若 $\boldsymbol{s}_{0,j}$ 未知，$\boldsymbol{s}_{0,j}$ 为 NULL；若 $\mathbf{pre}_{si,j}$ 为 x，$\mathbf{pre}_{si,j}=x$；若 $\mathbf{pre}_{si,j}$ 为 y，$\mathbf{pre}_{si,j}=y$；若 $\mathbf{pre}_{si,j}$ 没有定义，$\mathbf{pre}_{si,j}=\mathbf{post}_{si-1,j}$；若 $\mathbf{post}$ 没有定义，$\mathbf{pre}_{si,j}=\mathbf{post}_{si-1,j}$。

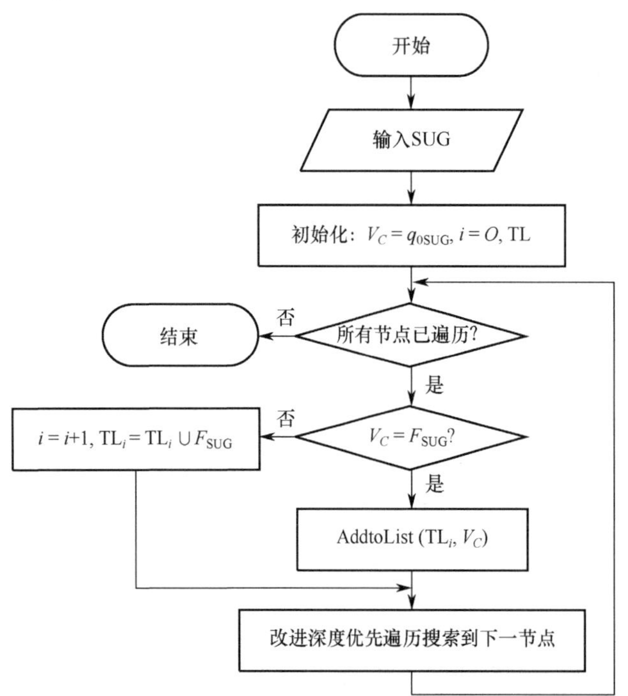

图 10-33　基于改进深度优先遍历搜索的测试用例序列生成算法

（5）对于单个测试场景，若前后顺序发生的两个消息 m_{i-1} 和 m_i 满足 $\mathbf{post}_{s_{i-1}}\neq\mathbf{pre}_{s_i}$，$m_{i-1}$ 和 $\boldsymbol{m}_i$ 之间存在矛盾；对测试场景 TS_i 和 TS_j，m_i、$\boldsymbol{m}_j$ 分别是 TS_i、TS_j 中的消息，而且 $\boldsymbol{m}_i$ 和 $\boldsymbol{m}_j$ 为同一消息，如对应 $\boldsymbol{m}_i$ 和 $\boldsymbol{m}_j$ 的前置条件状态向量值或后置状态向量值不一致，则 TS_i 和 TS_j 之间存在矛盾。

（6）根据上述两种情形，识别测试场景中是否存在矛盾，如顺序图所对应的测试场景不正确，则修改测试场景，否则修改存在矛盾消息的前置/后置状态向量值。

（7）通过消除测试场景中存在的矛盾，得到顺序图的一致性场景。

第四步，基于测试用例的顺序依赖关系有向图 SUG，根据系统任务剖面及测试场景，采用改进的深度优先搜索算法，遍历有向图，即可生成测试用例序列，如图 10-33 所示。

为了能够在 SUG 中搜索到特定的测试用例序列，采用深度优先搜索算法时需要考虑循环路径问题。对于大多数循环，通过设置一定限制条件，使一个循环分别执行 0 次、1 次、2 次（Zero-One-Two，ZOT）即使用 ZOT 循环覆盖准则，将路径数变为有限数，生成有限测试用例序列。测试用例生成算法的输入是测试场景序列，遍历测试场景，顺序提取场景路径中的相关信息，以表格或数组等形式表示每个测试场景中的输入信息、操作序列及预期运行结果，构成测试用例序列，如图 10-34 所示。

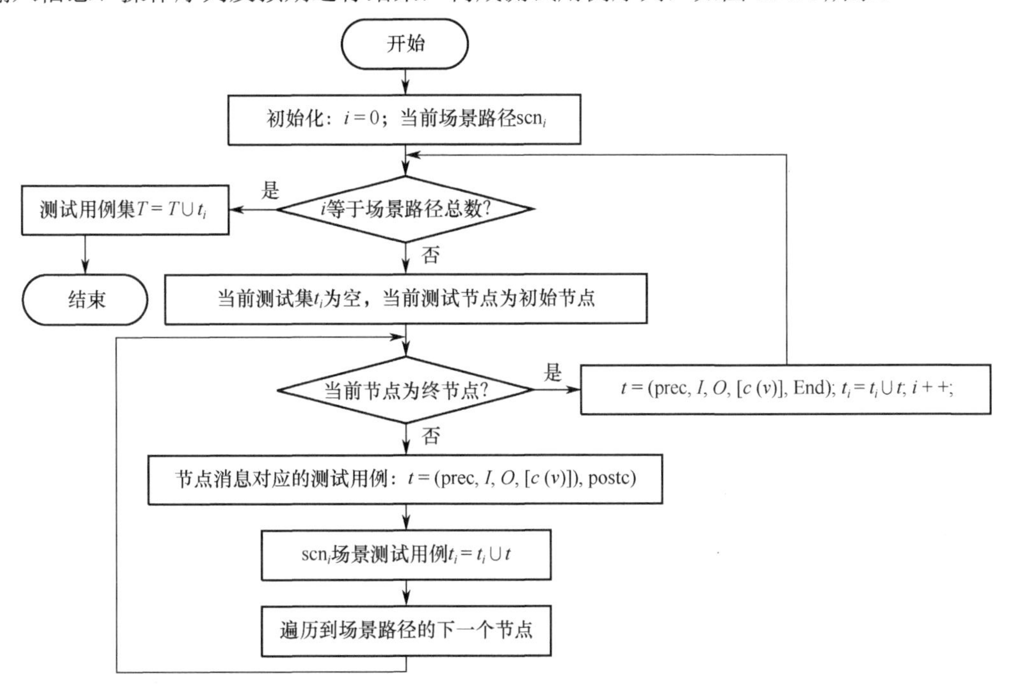

图 10-34　基于场景序列的测试用例生成算法

10.5.2　测试用例加载

10.5.2.1　一体化测试用例加载技术路线

这里，首先给出如图 10-35 所示的一体化测试用例加载技术路线。

一体化测试用例加载同传统软件测试用例加载并无本质差别。通过任务场景模式在线感知及标识，获取系统状态数据，甄别系统所处场景模式，进行场景模式组合，加载测试用例。一体化测试用例加载是一套完备的技术体制及实现路线，包括多域任务场景下载与映射、用例加载方式、加载方法、动态加载优化以及用例加载装置的选择或开发。而至关重要的是确定测试用例与任务场景模式的映射关系，即场景模式与测试用例的关联关系，通过场景模式识别及场景与测试用例覆盖关系分析，对每一确定的场景以及场景下载和场景配置，确定测试用例加载的顺序、时机和方法，根据不同任务场景加载对系统质量目标实现有效检测的测试用例集合，确保所有任务场景及其组合的覆盖。

第一步，在测试策划及测试设计阶段，构造一体化测试剖面，分析确定环境应力类型、量值、施加顺序，确定功能、性能等测试的内容、要求、环境和系统状态。

第二步，根据一体化测试剖面，对场景模式进行标识，每个场景模式都代表一类关键功能需求或关键质量风险，所有场景模式的组合构成系统功能及非功能需求的完整覆盖。每个场景模式 P 可用一个多维数据组合表示

$$P = \langle E_1, E_2, \cdots, E_i; H_1, H_2, \cdots, H_j; S_1, S_2, \cdots, S_k \rangle \tag{10-65}$$

式中，E_i, H_j, S_k 分别表示系统环境、硬件及软件状态。

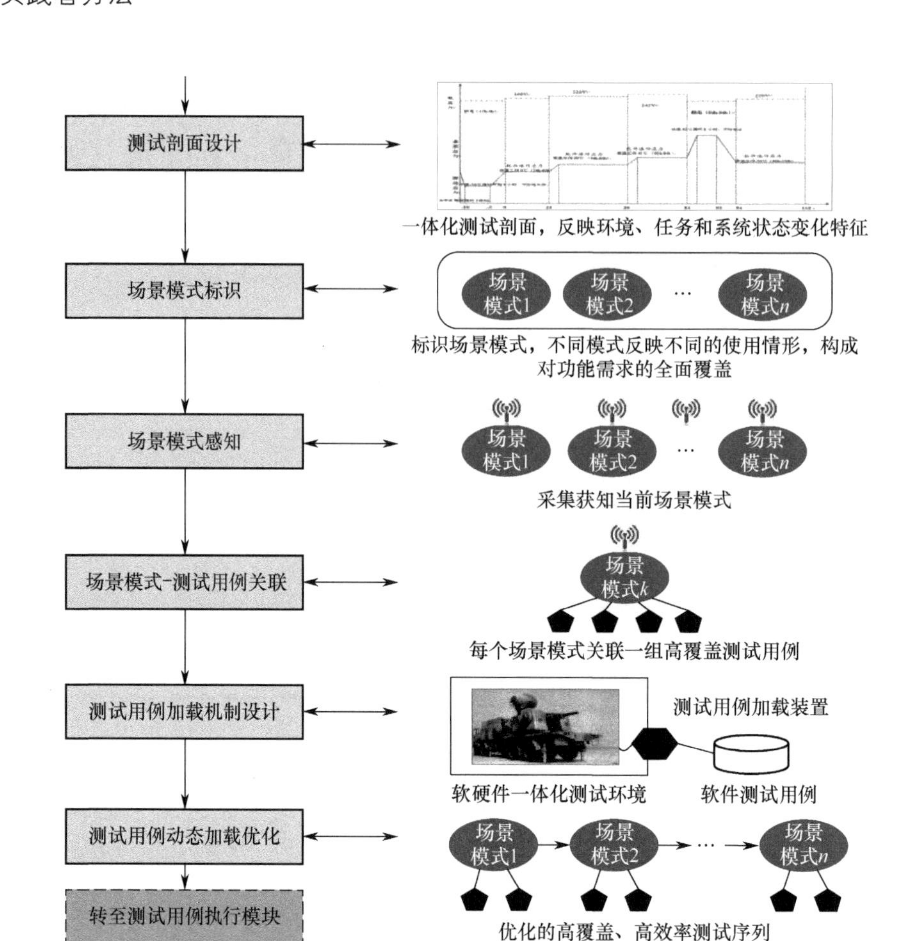

图 10-35　一体化测试用例加载技术路线

每个状态都是系统原始运行特征数据上的一个抽象，由原始数据通过抽象函数获得，如 $H_j = f(r_1, r_2, \cdots, r_k)$ 表示硬件状态 H_j 是从原始数据 $r_1, r_2, \cdots, r_k$ 上衍生出的一个抽象状态。在系统原始运行特征数据中，环境、硬件类数据由系统参数和一体化测试剖面决定，软件数据则来源于软件任务场景、主要功能、关键性能、体系结构、运行流程等信息。原始特征数据的抽象粒度由系统失效模型及测试资源决定。

第三步，基于场景模式标识，在线感知场景模式。场景模式感知的基础信息来源于软件接口中的逻辑数据以及环境应力和硬件退化数据，而软件接口中的逻辑数据，则可以通过网络获取当前的软件状态数据；对于环境和硬件模拟数据，往往需要通过现场采集获取。对于嵌入式系统，系统暴露的接口可能较少，可以采用逻辑分析仪等进行监测，观察系统状态。

第四步，基于场景模式划分、感知以及场景模式与测试用例的关联关系，确定测试用例加载机制和方法。在测试用例加载过程中，实时监控系统工作状态，根据监测数据，预测每个场景模式下的测试风险，确定系统当前所处的场景模式及下一步需要载入的测试用例，同步更新各场景模式、任务、组件等测试数据。

10.5.2.2　测试用例加载装置

对于特定的系统，往往需要使用测试用例加载装置进行测试用例加载。测试用例加载装置能够载入软硬件一体化系统中软件接口、硬件接口等各类接口上的常见数据和信号，能够灵活地驱动测试执行。测试用例加载装置主要由传感器、测试监控、总线等构成，其连接处于受控环境中的被测系统，感知系统当前所处环境及变化情况，如图 10-36 所示。测试用例加载装置对应的软件可以远程运行，由远程终端控制测试用例加载。当然，一个更加泛在的测试用例加载装置是云化承载的，尤其是基于云平台的软硬件一体化系统。

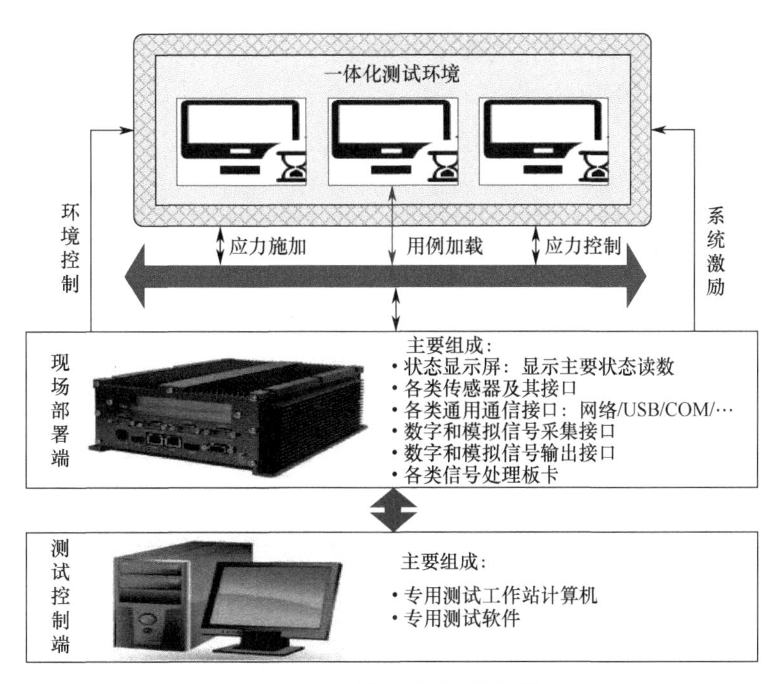

图 10-36　测试用例加载装置

通常，测试用例加载装置采用两级部署方案，一级部署在测试现场，包括环境检测、数据处理、显示控制等单元；另一级远程部署在实验室中，配置搭载专用测试软件的工作站，实现测试过程管控。典型的测试用例加载及控制方式如图 10-37 所示。

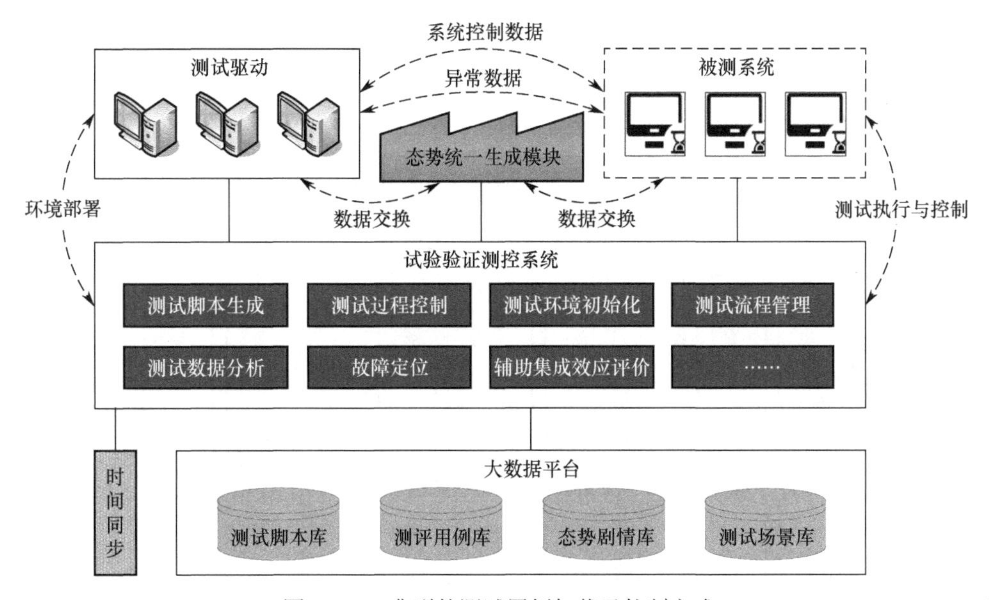

图 10-37　典型的测试用例加载及控制方式

测试用例加载装置自检正常后进入测试循环，每轮循环中通过从前端读取的状态数据，判定当前所处的测试场景模式，针对不同测试场景模式，选择不同测试用例。测试用例中相应的环境参数配置和输入激励要求等，通过前端传递给测试环境和待测系统，完成一轮测试。根据测试用例执行情况，确定是否继续测试。当退出测试时，生成测试报告，支持测试进展控制。测试用例加载流程如图 10-38 所示。

在通常情况下，测试脚本使用的数据库多为同名数据库，当多个脚本串行使用时，如后续脚本数据库覆盖前面运行的脚本数据库，一旦某个测试脚本执行失败，将无法从数据库追溯失败原因。必须解决数据库的同名问题，使不同测试脚本使用的数据相互独立，可以实现多个测试脚本并行运行。多个测试脚本并行执行原理及流程如图 10-39 所示。

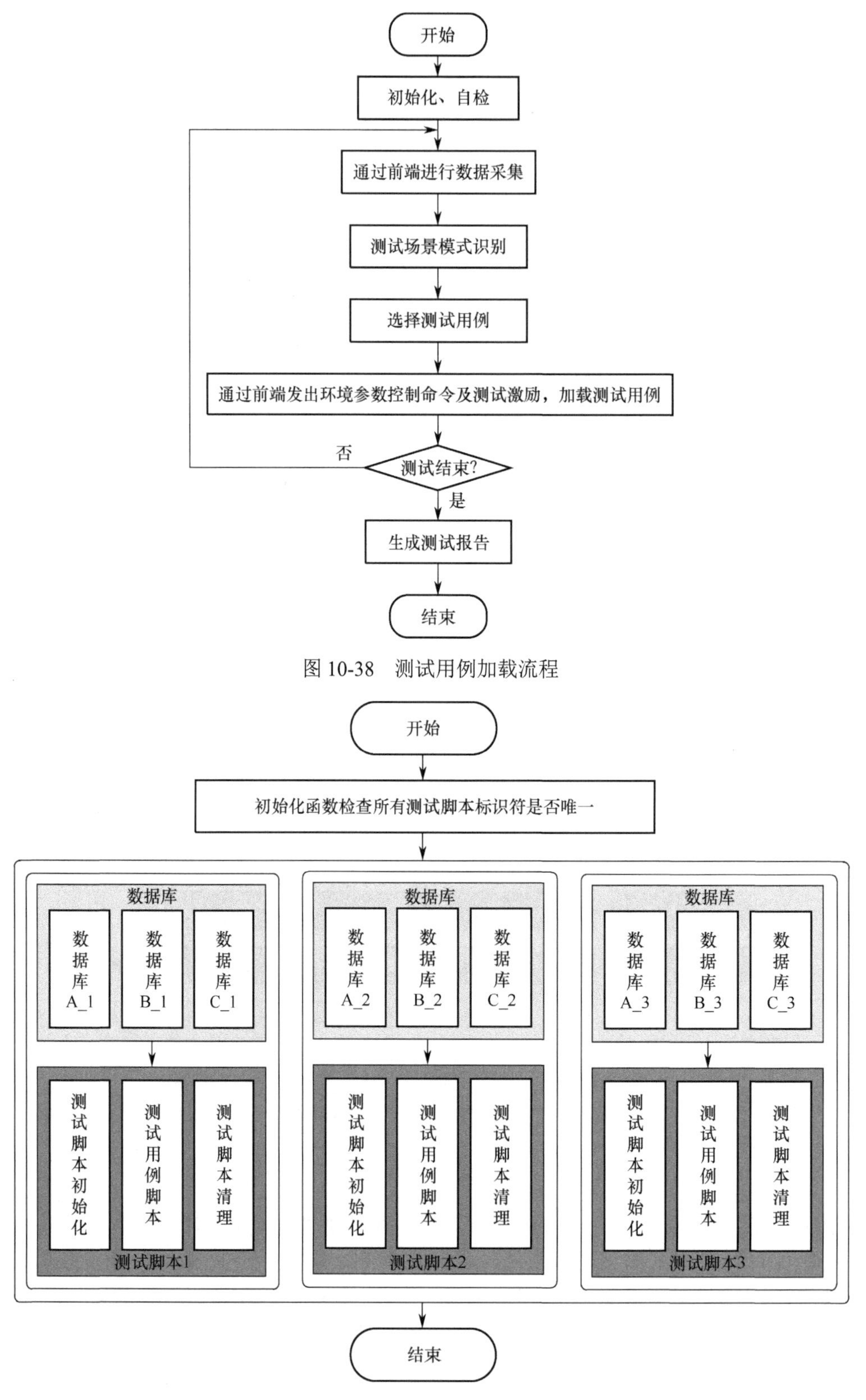

图 10-38　测试用例加载流程

图 10-39　多个测试脚本并行执行原理及流程

10.5.3　基于场景模式感知的测试用例加载

如果测试场景识别模糊、划分不恰当、标识不明确，将难以保证测试的充分性。即便能够获得有效的测试用例，但如果测试场景与测试用例之间的关联性描述不准确，不仅可能无法有效激发缺陷，且通过非标准化的接口载入异常环境等数据，会进一步加剧测试数据载入的难度。应对一体化测试环境进行评判，合理地划分为一组测试场景模式，为测试用例选择、设计及载入提供依据。通过场景模式覆盖评估，较好地解决了测试充分性问题。基于场景模式感知驱动的测试用例加载如图 10-40 所示。

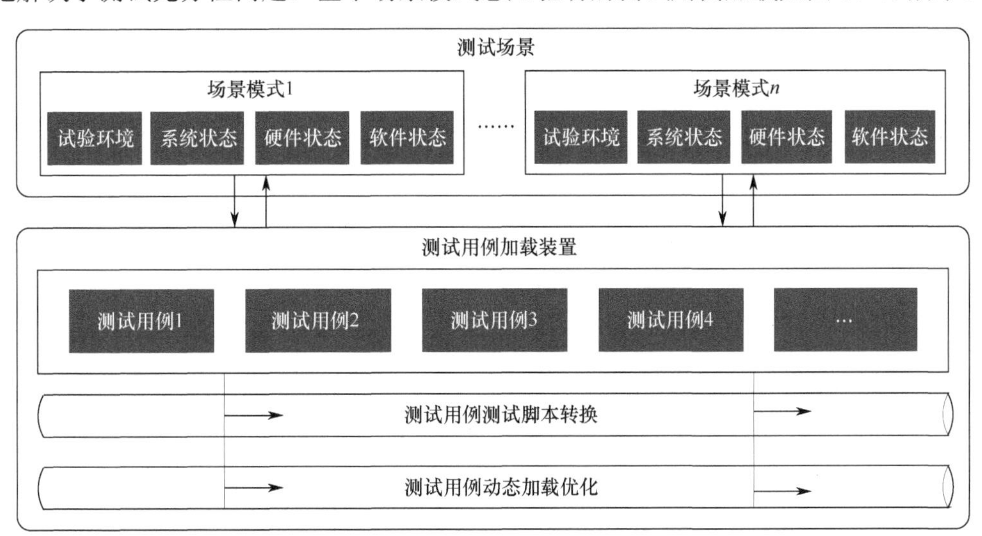

图 10-40　基于场景模式感知驱动的测试用例加载

10.5.4　测试用例执行

基于仿真主控软件、模拟信号控制系统和测试用例执行软件，执行所加载的测试用例，驱动测试。仿真主控软件完成测试初始化、报告态势初始化、仿真节点初始化、测试过程干预等功能；测试用例执行软件是测试用例执行引擎，加载测试用例并生成脚本，完成时序控制、同步控制，执行测试脚本，如图 10-41 所示。

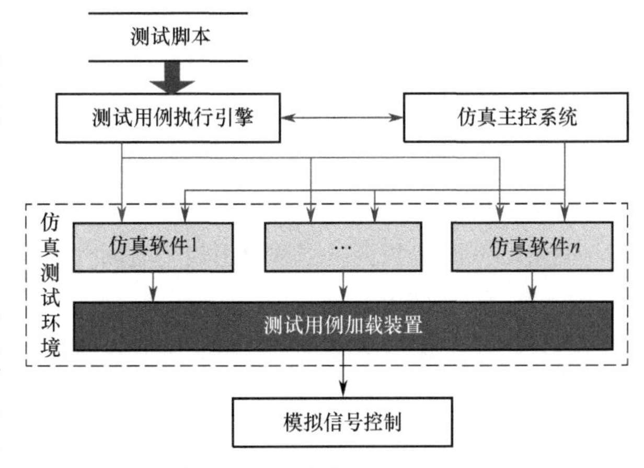

图 10-41　一体化测试用例执行

10.5.4.1　仿真测试环境构建

软硬件一体化系统往往包含种类繁多、功能各异、结构不同、状态不一的异构软件，软件之间交互方式多样，交互协议迥异。例如，对于指挥控制系统态势初始化参数（平台参数、目标参数<批号、属性、距离及方位等>），如何将多类型、多批次目标分配到多个探测器，用例执行过程中如何对指定目标进行目标指示，如果按照真实剖面生成测试用例，将大幅增加测试用例数量，使得测试环境构建越发困难。工程上，对系统进行简化，将其划分为多个节点，建立相应的仿真节点，快速搭建测试用例仿真执行环境。对于上述指挥控制系统态势初始化参数进行测试，将态势初始化从剖面中独立出来，形成仿真主控节点，对于初始化参数进行分析，随机生成多批目标，对态势进行初始化设置，按不同距离将目标分配给不同探测器，约定固定批号目标用于目标指示。然后，由测试用例执行引擎、仿真环境主控节点、仿真测试环境构成一体化测试系统。测试用例执行引擎自动执行测试用例。

10.5.4.2 多功能、多参数测试脚本控制

对脚本模型进行标识，构建测试脚本控制架构，基于 Python 等提供的数据处理模块，从测试用例到测试脚本转换，为测试用例自动执行建立一条通道，实现多功能、多参数系统测试。

1. 脚本模型表示

基于任务剖面，生成能自动执行的测试用例，提供一个可行的测试用例数据表示方法，即所谓的测试脚本模型。通常，系统由多个子系统构成，不同子系统由多个设备组成，各设备包括多个操作，各操作包括前置条件、后置条件、操作描述、延时及同步等。但子系统、设备、操作及其他信息数量均不确定，对系统进行抽象，结合 XML 格式数据文件的数据表示方法以及 Python 提供的适用于脚本处理的数据类型如字典数据、列表数据及其对 XML 格式数据文件处理支持，提取测试脚本模型表示方法，如图 10-42 所示。

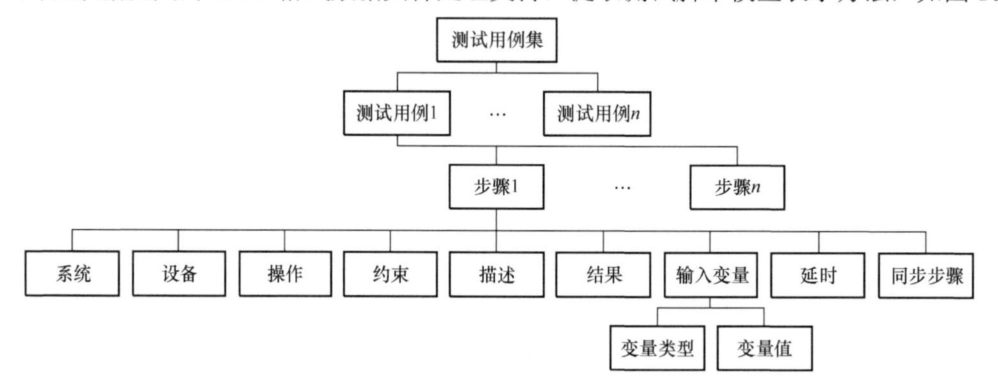

图 10-42 测试脚本模型结构

测试脚本模型结构对测试用例描述规则中的属性进行组织，通过迭代方式实现从测试用例到脚本数据的转换，能够有效遍历所有测试用例及相关步骤，解决同步信息的不确定性问题。

2. 测试用例转换

获得测试脚本模型表示方法后，提供给剖面分析模块一个测试脚本模型接口文件，剖面分析工具按照测试脚本模型接口文件格式，生成测试用例文件。测试用例自动执行，对测试用例文件进行解析，基于 Python 提供的字典、列表类型等，提取并组织测试用例数据，生成测试用例自动执行所需的测试脚本。

3. XML 文件处理

将测试用例文件读入列表中，进行中英文映射转换，利用 xml.etree 的 fromstring 模块解析 XML 信息，使用 findall 模块查找测试用例集，返回列表类型的测试用例集数据。

4. 测试用例迭代

迭代法又称辗转法，是一种不断用变量的旧值递推新值的过程，每次执行这组指令或这些步骤时，从变量原值推出其新值。程序中所使用的迭代就是递归过程调用。使用递归策略只需少量程序就能够描述解题过程所需要的多次重复计算，大大减少程序代码量，并且简洁易懂。

5. 模拟信号处理

建立一个通用模拟信号控制系统，进行控制系统框架管理，实现 A/D 转换、D/A 转换、DI/DO 转换，如图 10-43 所示。

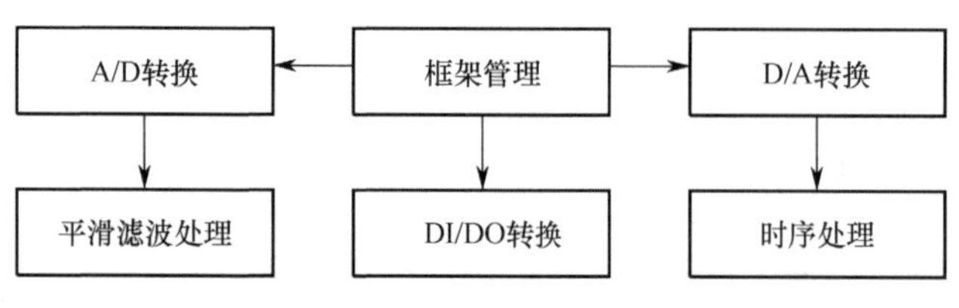

图 10-43 模拟信号处理控制结构

10.5.4.3　脚本控制系统驱动测试用例自动执行

1. 测试用例执行的同步控制

对于软硬件一体化系统，其软件实现过程中，大多采用多线程技术进行同步控制，实现并行处理。当多个操作同时执行时，往往通过新建一个线程来执行相应操作。但是，每次线程创建将带来额外的处理时间，且每次处理的线程体并非固定不变，带来了编程的不便。

各操作的时延是导致同步操作不能同时执行的主要原因，如果将需要同步的操作之间的时延信息去掉，同步操作执行时，立即执行这些同步操作，执行时间一般都在微秒级，可以忽略不计。这样做易于程序实现，不会改变程序结构，从而达到同步控制。在实现过程中，先进行同步信息识别，搜索到符合条件的同步操作后，调整相关操作的时延信息，无延时执行这些同步操作，同时设置操作的执行标识，避免后续执行时的重复执行。

2. 测试用例执行时序控制

为保证测试过程的有效性，当操作步骤同步后，需要对测试操作时序进行控制。在实际测试时，有些过程延时时间过长或过短，需要对测试进度进行加速、减速及暂停执行测试用例，便于缺陷定位和数据采集。由于存在着用户干预执行过程的操作，必须采用线程方式建立自动执行主体过程，方能暂停或继续执行测试用例，否则将无法响应用户操作。

在程序实现过程中，利用 Python 提供的系统库函数 sleep 实现测试用例的时延控制，对于时延加速或减速，设置一个加速因子作为参数传递给 sleep 函数，对于暂停控制设置控制标识即可，在判定执行标识为暂停时不执行后续操作，只有当标识为继续执行时才执行后续操作。当然，各种操作不可能完全自动执行，部分操作必须由人工完成，对测试脚本模型中的操作进行分类和改进，将不能自动执行的操作归类为人工操作，对人工操作进行检测。当检测到人工操作时，测试过程自动暂停并给出操作提示，从而实现自动执行与人工操作的有机结合。

第 11 章　质量、效率驱动的测试实践

聚焦测试策划，立足测试设计，着眼测试执行，关注测试结果，基于系统行为模型、系统能力模型，构建基于质量、效率双轮驱动的软件测试过程行为框架以及基于云化承载的测试技术、测试工具、设备设施、场景数据、环境条件、测试用例、缺陷数据等的测试能力融合体系，测试策划与系统定义协同，模型定义与需求工程集成，测试设计与系统设计融合，测试执行与能力评价融合，驱动可视、可信的软件测试实践，推进基于测试驱动的软件质量工程创新。这是不断序化、对抗熵增、持续演进的认知过程及能力提升过程，是面向测试实践的复杂组织系统工程。质量、效率双轮驱动的软件测试框架如图 11-1 所示。

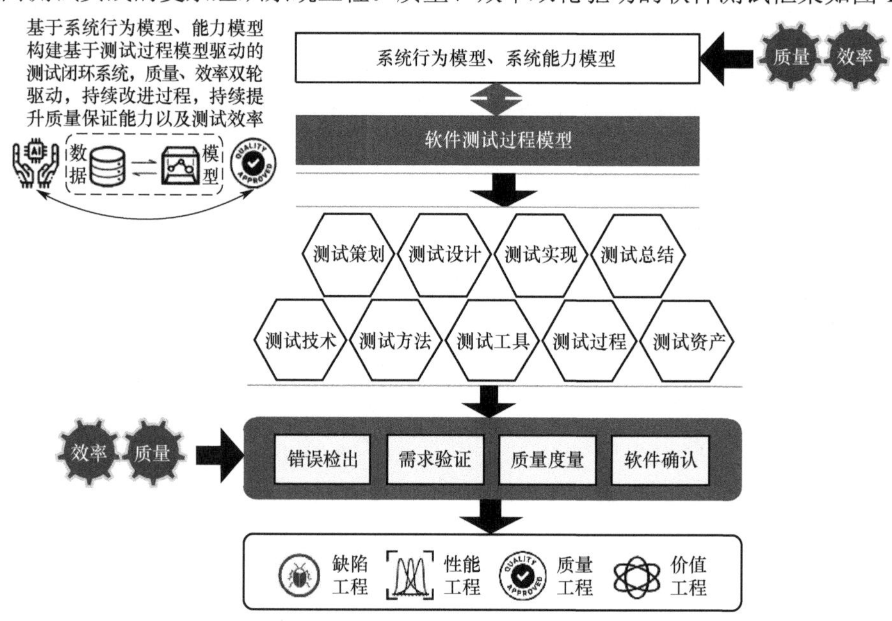

图 11-1　质量、效率双轮驱动的软件测试框架

11.1　测试过程治理

基于质量、效率双轮驱动的软件测试框架，进行正向及逆向分析，泛化得到测试过程活动的展开模式及过程活动事件序列，建立可视、动态、开放、融合的测试流程；基于测试过程风险、质量风险及其控制目标，确定测试总体要求、测试要素、测试技术、测试方法、环境构建、资源配置、组织管理等目标和要求，通过过程监视测量反馈，持续改进并不断提升过程能力。软件测试过程治理如图 11-2 所示。

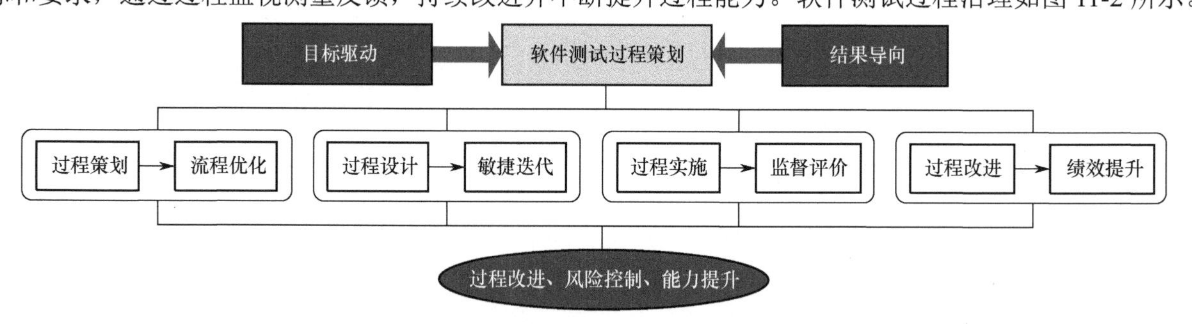

图 11-2　软件测试过程治理

11.1.1　测试过程模型

根据 3.1.2 节介绍的软件测试过程活动，建立了如图 11-3 所示的软件测试过程模型。

该测试过程模型无法满足敏捷开发、持续集成、持续交付等开发模式的要求。基于敏捷开发的持续交付由计划、编码、构建、测试、发布、部署、运维及监控等持续迭代的过程构成，软件测试是面向生命周期过程的测试迭代。基于敏捷开发及 DevSecOps 的测试流程如图 11-4 所示。

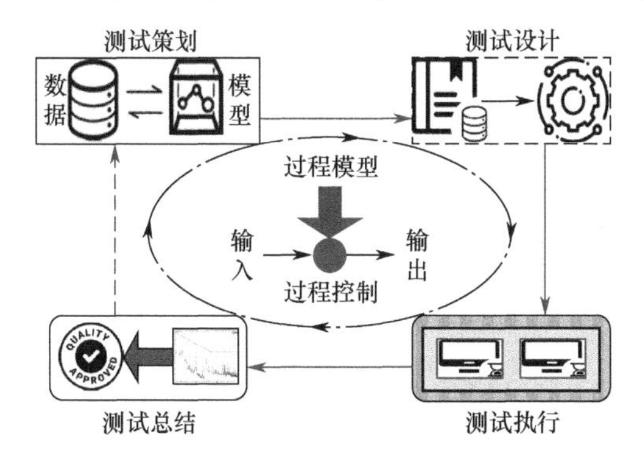

图 11-3　软件测试过程模型

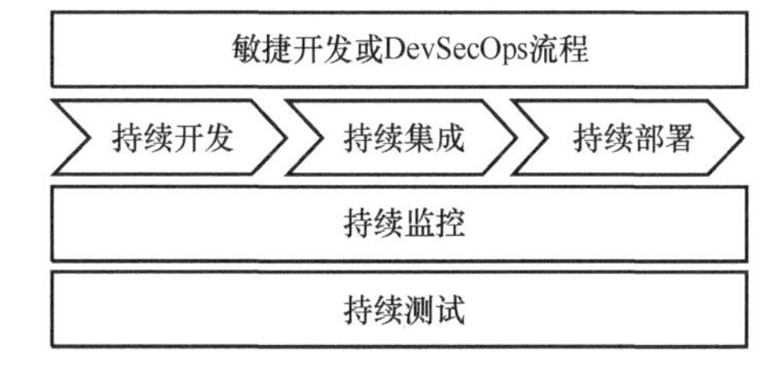

图 11-4　基于敏捷开发及 DevSecOps 的测试流程

基于敏捷开发及 DevSecOps 的测试，是基于测试目标、能力体系、支撑基础的持续测试。持续测试总体框架如图 11-5 所示。

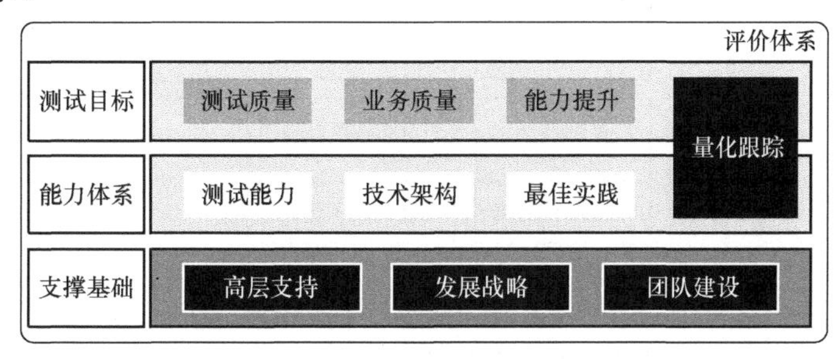

图 11-5　持续测试总体框架

11.1.1.1　测试策划

测试策划是基于目标驱动、对象主导、架构引导、数据支撑、流程决定 5 个维度以及系统定义、设计实现、任务场景、环境构建等约束条件，将软件需求映射为测试需求。软件测试策划过程如图 11-6 所示。

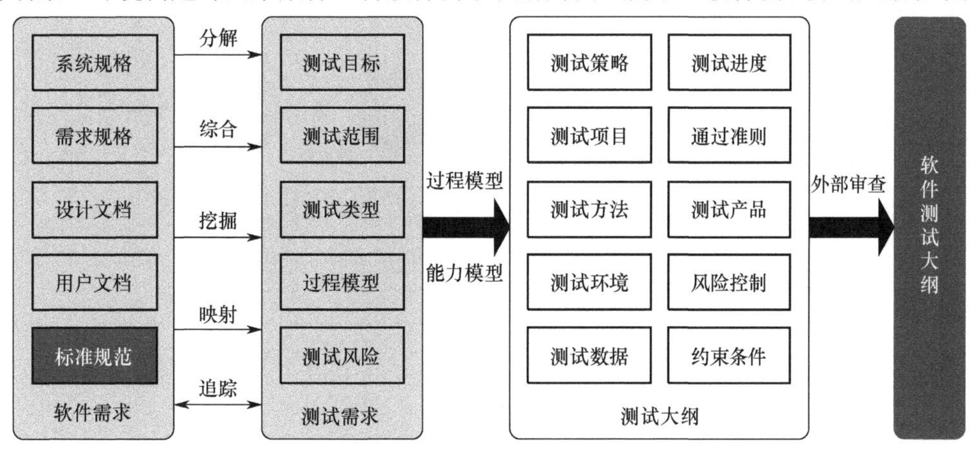

图 11-6　软件测试策划过程

测试策划包括测试策略制定和测试需求分析两个子过程，测试需求分析旨在构建测试需求与软件需求的映射关系，是该阶段工作的重点。为确保测试需求分析过程活动有效开展，一个行之有效的方法是基于如图 11-7 所示软件测试需求工程，进行测试需求开发和管理。

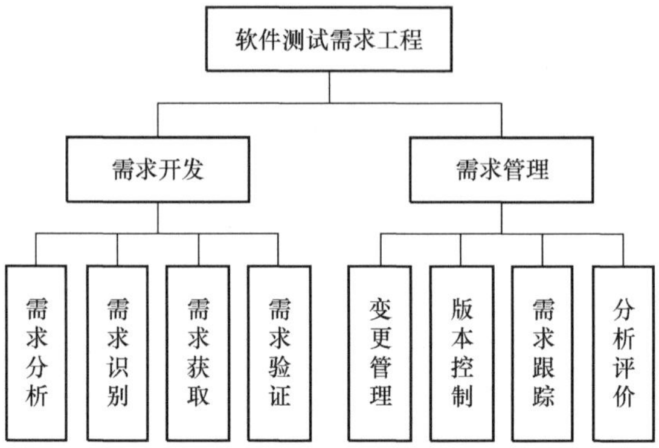

- 软件测试需求工程
  - 需求开发
    - 需求分析
    - 需求识别
    - 需求获取
    - 需求验证
  - 需求管理
    - 变更管理
    - 版本控制
    - 需求跟踪
    - 分析评价

图 11-7　软件测试需求工程

11.1.1.2　测试设计

测试设计就是依据测试大纲，确定测试输入、输出及预期值，设计测试用例，设定测试执行顺序，生成测试说明。测试说明应通过内部审核及相关方会签确认。软件测试设计过程如图 11-8 所示。

11.1.1.3　测试执行

测试执行是依据测试说明，在特定的环境和任务场景下，加载测试用例，驱动测试，分析判定测试输出与预期结果的符合性、一致性。为了便于过程建模及测试状态控制，避免问题向下传递和蔓延，在确定的状态下，按软件单元测试→部件测试→配置项测试→系统测试逐级递进，每个测试级别按先静态后动态顺序执行。软件测试执行过程如图 11-9 所示。

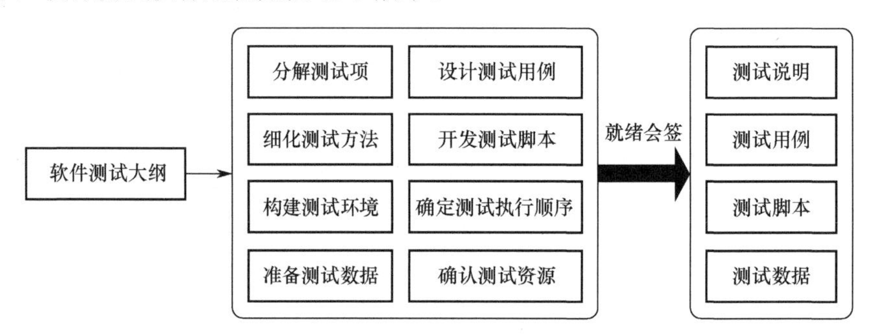

图 11-8　软件测试设计过程

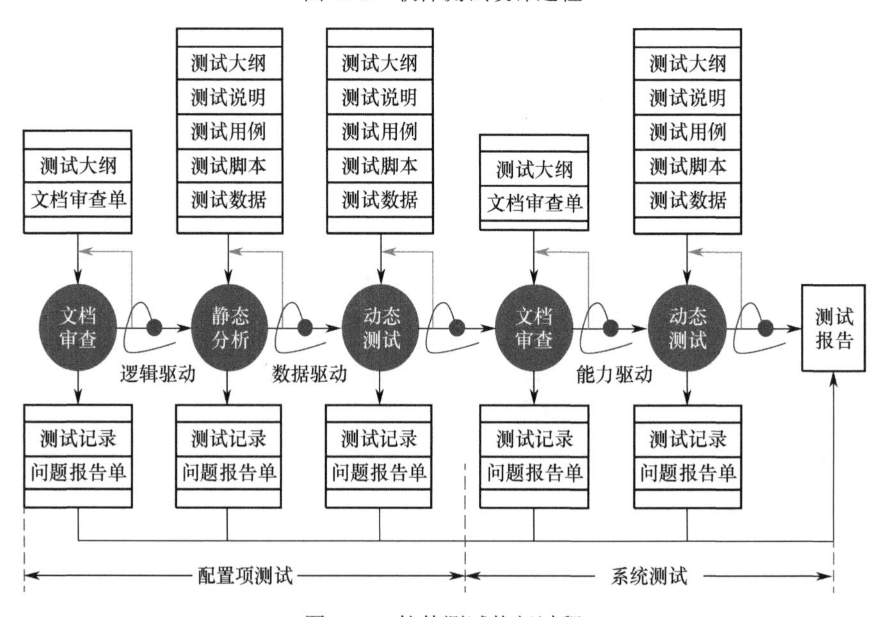

图 11-9　软件测试执行过程

11.1.1.4　测试总结

对测试用例的执行情况及结果进行统计分析，对于未通过的测试用例以及系统功能实现情况、性能指标达标情况等进行逐一说明；对测试过程数据、质量数据、测试执行输出等进行分析处理，必要时采用 FTA、FMEA、故障 Petri 网、贝叶斯网络等故障模型、系统退化模型等进行分析，基于系统静态质量度量以及系统功能性能、缺陷密度、安全性、可靠性等测度，对系统的符合性、系统效能、交付能力等进行评价。软件测试总结过程如图 11-10 所示。

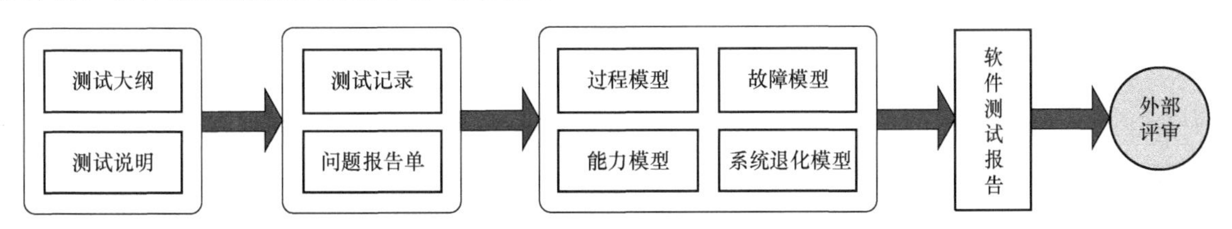

图 11-10　软件测试总结过程

11.1.2　测试过程控制

基于测试过程策划，制定测试过程监视与测量策略和方法，对测试过程进行监视测量，基于统计分析，实施测试过程的关联追踪、过程绩效评价及过程改进。软件测试过程关联及追踪关系如图 11-11 所示。

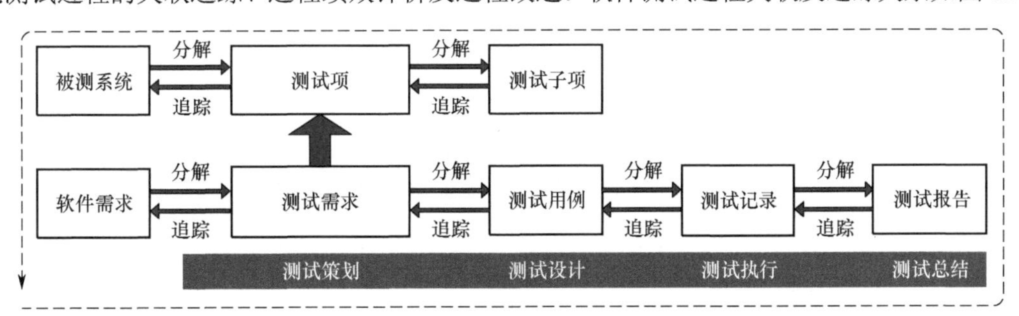

图 11-11　软件测试过程关联及追踪关系

11.1.2.1　测试进入条件检查与控制

测试进入条件检查与控制是固化软件系统状态，确认测试资源，保证测试质量的重要手段。

（1）**软件状态**：被测软件完成开发，通过自测试，状态固化，纳入配置管理。基于敏捷开发的持续集成，同样需要固化被测实现状态，否则，测试就演化成了调试。

（2）**文档状态**：文档齐套、格式正确、签署完整、标识清晰、内容完整、状态固化，通过规定级别评审；文档与文档、文档与实现、软件与文档一致。

（3）**测试环境**：测试环境、陪试设备、模拟设备、驱动设备、测试数据等通过状态检查和确认，并将其纳入状态控制，直至测试结束；测试环境差异导致的风险得以识别并处于受控状态。

（4）**人员状态**：配备测试、开发、质保、管理等不同类别人员，具有承担相应工作的素质和能力，能够持续到测试工作结束。

11.1.2.2　过程质量控制

建立由项目负责人负责，以质量监督人员、质量保证人员为主体，相关人员各司其职的测试过程质量控制机制。过程质量控制的主要内容包括但不限于：测试过程审核、测试过程监督、测试质量保证、测试产品提交审批。

（1）**测试过程审核**：对测试策划、测试设计、测试执行及测试总结等阶段的工作产品进行预审及审核确认，评价过程改进绩效。

（2）**测试过程监督**：确定过程质量目标及监测、评价机制；对测试过程质量活动开展、质量目标落实、质量问题分析处理等情况进行监测，对存在的问题进行闭环追踪和确认。

（3）**测试质量保证**：在样品接收、样品发放以及测试生命周期过程中，持续组织开展质量保证活动，对发现的问题进行闭环追踪和确认。

（4）**测试产品审批**：对测试工作产品尤其是测试大纲和测试报告，组织实施预审、内部审核和外部评审，根据三级审核报告，批准发布测试工作产品。

11.1.2.3 测试环境控制

对测试环境进行检查和确认；对测试工具、测量设备、模拟设备、辅助设备等进行检定或再确认；模拟设备的性能参数不高于运行环境，外围环境的性能参数与实际外围环境一致；分析确定环境差异性对测试过程及结果的影响，对所采取的措施进行确认，将环境差异的影响控制至测试工作结束。

11.1.2.4 测试项目基线控制

测试项目基线控制实际上是软件测试配置管理，可将其形象地用图 11-12 展示出来。现行配置管理工具、测试管理平台等均能有效支持项目基线管理。

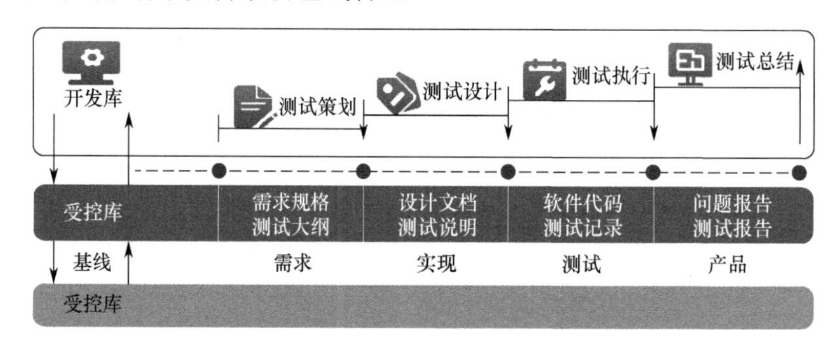

图 11-12 测试项目基线控制

11.1.2.5 测试终止控制

测试终止控制就是对测试结束条件及测试充分性的控制。第 8 章所讨论的基于剖面驱动的测试充分性准则，是基于用户风险值α，测试数据分布能够满足其总体分布。但基于逻辑和数据驱动的测试，受特征数据处理制约，通常只能定性给出正常终止和异常终止条件及控制要求。

1. 正常终止

完成软件测试大纲规定的测试目标及任务，发现的问题均通过回归验证，无遗留问题；对于无法整改但不影响软件系统验收或鉴定的问题，具有明确的意见且经相关方认可；测试总结通过评审。

2. 异常终止

当存在下列情形之一时，经批准后终止测试：

（1）软件技术状态或质量问题危及测试工作安全进行。

（2）软件的主要功能、性能等不满足要求或存在重大技术缺陷。

（3）软件质量差，致使测试工作无法正常进行。

（4）出现短期内难以排除的故障。

3. 终止后恢复

导致测试终止的因素得到有效处置，经测试方及相关方验证确认后，恢复测试。

11.1.3　基于系统特征状态的充分性度量

11.1.3.1　系统特征

系统特征是软件系统行为的一组观测项。如果系统行为具有 n_c 个重要度不尽相同的特征 $c_i(i=1,2,\cdots,n_c)$，记特征 c_j 的重要度因子为 α_j，$\alpha_j \geqslant 0$。这样，就可以基于特征的重要度，确定特征权重。例如，某系统包含操作使用、模拟训练、系统检查 3 种工作方式，这就是系统特征。显然，操作使用是系统最重要的特征之一。一般情况下，推荐特征权重为：不重要取 0.5，一般取 1.0，重要取 1.5，很重要取 2.0。

11.1.3.2　特征状态

特征状态是系统特征的表现形式。每种特征都可能存在多种重要度不同的状态，记特征 c_j 有 n_j 个状态 $s_{i,j}$，$j=1,2,\cdots,n_i$。例如，某系统包括 4 种特征，各特征的状态分别如下：

（1）制导方式特征包括三点法制导、高度动态前置法制导 2 种状态。

（2）目标跟踪方式特征包括搜索、跟踪、记忆 3 种状态。

（3）传感器应用方式特征包括雷达、光电、红外、操纵杆 4 种状态。

（4）平台航向角特征定义为[0,90)、[90,180)、[180,270)、[270,360)4 种状态；平台俯仰角特征定义为[−45,0)、[0,45]2 种状态。

根据状态重要程度，确定状态权重。一般地，根据某状态占该特征所有状态的份额确定其状态权重，记特征 c_j 的状态重要度因子为 β_{ij}，$\beta_{ij} \geqslant 0$，$\Sigma\beta_{ij}=1$。例如，某系统工作方式包括操作使用、模拟训练、电子目标、测试维护 4 种状态。其中，操作使用是最重要的状态，取其权重为 $3/6$，模拟训练、电子目标、测试维护状态的权重分别取 $1/6$。

11.1.3.3　实时采集和统计分析

在软件测试过程中，在不消耗系统资源、不影响系统实时性，且能够保持数据的原始性和客观性的情况下，对系统特征状态进行实时采集，基于所采集数据，统计分析测试过程所覆盖的特征状态。记特征 c_j 的状态 $s_{i,j}$ 覆盖标志为

$$\rho_{i,j}=\begin{cases}0, & s_{i,j}\ \text{未覆盖} \\ 1, & s_{i,j}\ \text{已覆盖}\end{cases} \tag{11-1}$$

针对特征状态统计，通常采用如下 3 种数据处理方式。

（1）宽松处理：放弃本次采集数据，保持之前特征状态覆盖标志不变，继续测试。

（2）严格处理：本次采集数据覆盖特征状态，将覆盖标志清为未覆盖，继续测试。

（3）严苛处理：废弃之前所有数据，将所有特征状态覆盖标志清为未覆盖，重新测试。

11.1.3.4　指标评价

系统每完成一次运行，依据所采集的数据，对覆盖标志 $\rho_{i,j}$ 进行一次更新，计算获得关键特征状态累计覆盖率（KCSC）度量指标

$$\text{KCSC}=\frac{\sum_{i=1}^{n_c}\left(\alpha_i\sum_{j=1}^{n_i}\rho_{i,j}\beta_{i,j}\right)}{\sum_{i=1}^{n_c}\alpha_i}\times 100\% \tag{11-2}$$

若KCSC满足要求，则测试结束；否则以权重大小排序，对尚未覆盖的特征状态继续进行测试。

11.1.3.5 系统特性

系统特性是度量系统某一特定行为的一组特征集合，是判断系统是否正常运行的依据。基于系统特征状态的逻辑关系、数据精度分析，判断系统运行是否正常。假设目标导弹遭遇距离特性由导弹距离特征、目标距离特征、制导方式特征等构成；光电目标跟踪状态特性由跟踪器控制特征、跟踪器状态特征、目标角偏差特征等构成。使用系统特征状态的组合测试覆盖对系统特性验证的充分性进行度量。

假设某系统特性由使用方式｛自主，协同｝、发射方式｛单发，双发｝、目标速度｛低速，中速，高速｝、飞行器型号｛A 型，B 型，C 型｝4 个特征构成。那么，就可以得到如表 11-1 所示的满足两两组合覆盖的测试用例集。

表 11-1 某系统特征两两组合覆盖的测试用例集（1）

用例号	使用方式特征	发射方式特征	目标速度特征	飞行器型号特征
1	协同	双发	高速	C 型
2	自主	双发	中速	B 型
3	自主	单发	高速	A 型
4	协同	单发	低速	B 型
5	协同	双发	中速	A 型
6	自主	双发	低速	C 型
7	协同	单发	中速	C 型
8	协同	双发	高速	B 型
9	协同	双发	低速	A 型

进一步地，假设某系统特性由作战方式{自主，协同}、发射方式{单发，双发}、目标速度{低速，高速}、目标空域{低空，高空}、目标类型{A 型，B 型}、干扰情况{无干扰，有干扰}及飞行器类型{A 型，B 型}7 个特征组成。在系统测试时，要求 7 个特征的所有状态满足两两组合覆盖，且其中目标速度、目标空域、目标类型、干扰情况这 4 个特征满足三三组合覆盖。从而可得到如表 11-2 所示的满足两两组合覆盖的测试用例集。

表 11-2 某系统特征两两组合覆盖的测试用例集（2）

用例号	作战方式特征	发射方式特征	目标速度特征	目标空域特征	目标类型特征	干扰情况特征	飞行器类型特征
1	自主	单发	低速	低空	A 型	无干扰	A 型
2	自主	单发	低速	高空	A 型	有干扰	A 型
3	自主	双发	高速	低空	B 型	无干扰	B 型
4	自主	双发	高速	高空	B 型	有干扰,	B 型
5	协同	单发	低速	低空	B 型	有干扰	B 型
6	协同	单发	高速	低空	A 型	有干扰	B 型
7	协同	双发	低速	高空	B 型	无干扰	A 型
8	协同	双发	高速	高空	A 型	无干扰	A 型

11.1.4 测试评价及改进

11.1.4.1 测试评价体系

在软件测试领域中，重测试、轻评价的现象普遍存在，且因评价标准不统一，评价方法不规范，制约了基于测试的软件质量评价，无法获得准确的质量风险测度，难以建立定量的用户信心。现以目标为导向，过程改进为驱动，构建基于测试过程、测试能力、测试质量的测试评价体系，以期基于测试驱动质量工程、性能工程和价值工程融合发展。图 11-13 给出了一个软件测试评价总体框架。

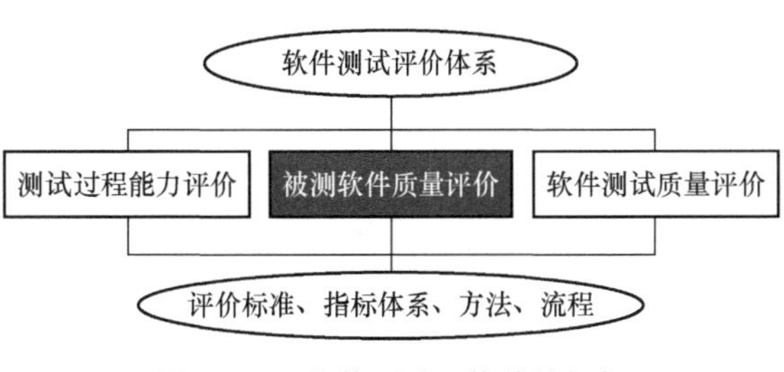

图 11-13　软件测试评价总体框架

软件测试评价包括测试过程能力评价、软件测试过程质量评价及被测软件质量评价。其实，这是一个基于测试方和被测方两个维度的评价。关于测试过程能力，属于测试机构的运行绩效，ISO/IEC17025 等标准规范及认可准则已给出评价标准和评价方法，此处不赘述。

11.1.4.2　软件质量评价

对于软件质量，通常是依据测试过程产生的数据，从评价目标开始逐层分解到能够独立度量的层次，形成软件质量要素、衡量标准和度量标准相结合的层次结构。每个质量要素由若干衡量标准表示，衡量标准是与软件产品及设计相关的质量特征的属性。通过质量度量工具，如 McCabe IQ 等获取软件质量度量信息，对软件内部质量进行评价；在业务层及系统层，执行测试，度量软件质量并进行评价。软件质量评价要素如图 11-14 所示。

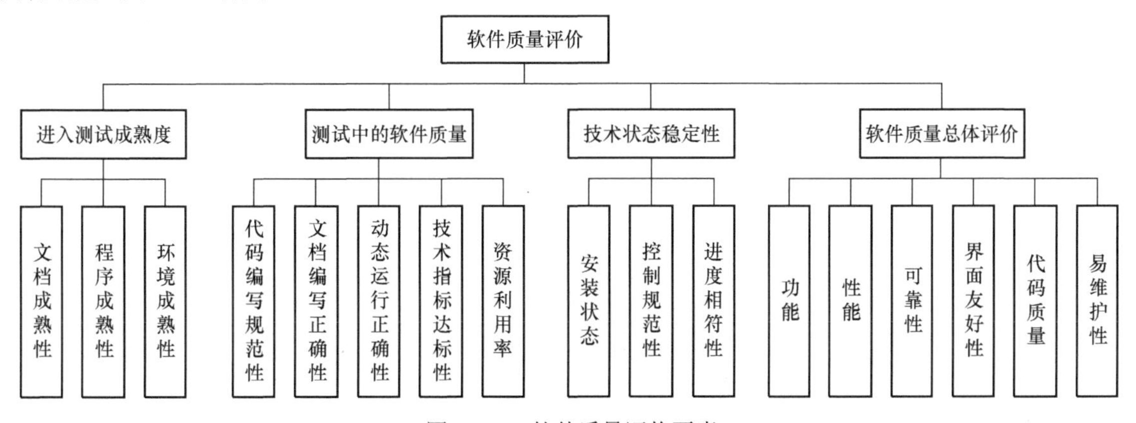

图 11-14　软件质量评价要素

11.1.4.3　软件测试过程质量评价

软件测试过程质量评价旨在基于测试过程监测、质量保证、满意度等数据，对测试过程的规范性、标准符合性及测试质量的有效性进行度量和评价。软件测试过程质量评价要素如图 11-15 所示。

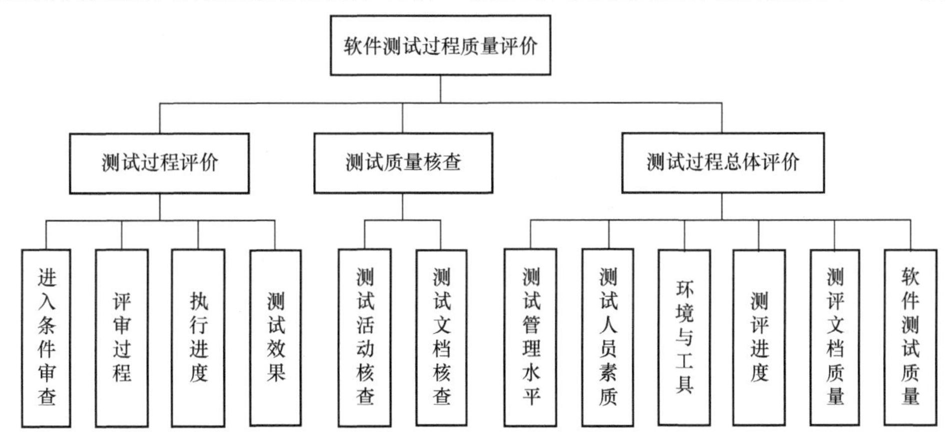

图 11-15　软件测试过程质量评价要素

11.1.4.4　测试过程改进

测试评价的目的在于驱动测试过程改进及测试过程能力提升。基于测试过程能力、测试过程质量及被测软件质量评价的过程改进是一个迭代闭环并持续改进的过程活动。基于过程监测的软件测试评价及改进过程如图 11-16 所示。

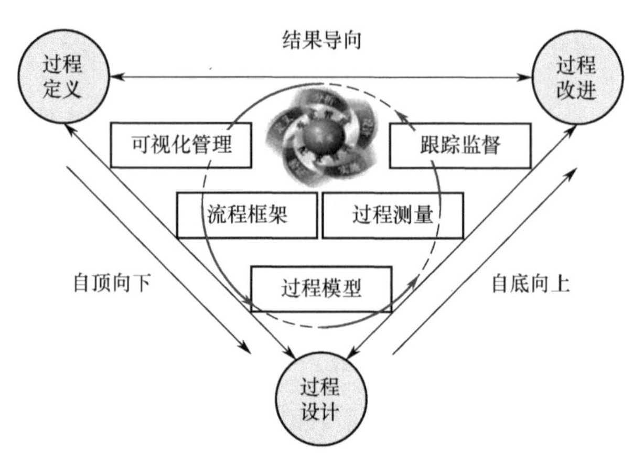

图 11-16 基于过程监测的软件测试评价及改进过程

11.1.4.5 测试质量提升工程

单点质量控制往往事倍功半。基于数据驱动的测试质量监督、评价及管控，有利于测试过程改进、测试技术创新、测试组织治理。基于软件测试工程实践，面向测试过程持续改进的要求，建立基于 MBSE 的一体化测试模型，推进基于测试驱动的软件质量工程发展。以基于过程监测的测试过程改进为目标，基于穿透式质量工程要求以及过程目标、过程管控、过程确认 3 个视角，构建如图 11-17 所示的软件测试过程质量提升工程体系。

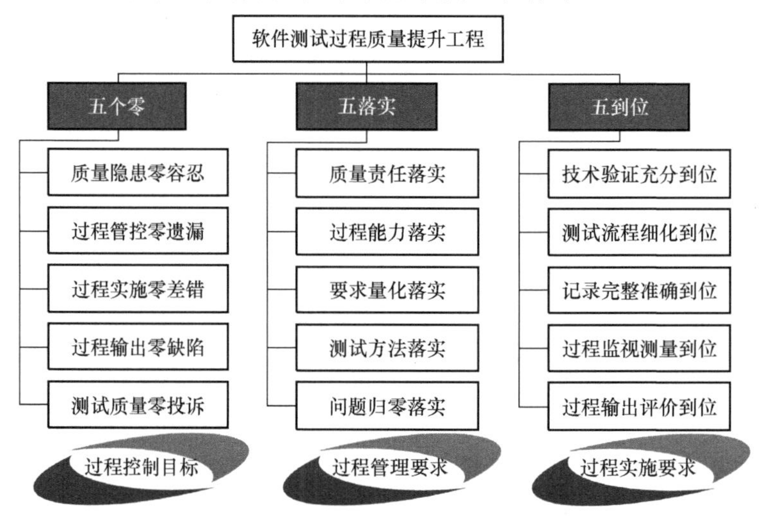

图 11-17 软件测试过程质量提升工程体系

11.2 测试范围及测试类型

11.2.1 测试范围

系统是相互关联、相互作用的元素集合，各元素依据预设规则运行或演化，形成群体功能特征，呈现系统能力。系统结构是元素之间相互作用的方式和秩序，旨在表征系统中各级界面的定义、划分以及对各级界面上、下功能的分配方式。对于确定的系统，其生命周期过程中，以测试级别全贯通、测试范围全覆盖、测试类型无遗漏、测试要素全受控为基本原则，按系统、分系统、配置项、功能单元，自上而下，逐层分解，确定系统组成结构、元素状态、关联关系、内外交互、集成模式等，确定测试范围。软件测试范围包括软件系统及其构成因素以及对外交付的集合，也就是构成软件系统的所有软件成分以及相关固件和数据。

基于不同开发及演化过程，不同系统元素可能具有诸如新研、改进、重用、开源、货架产品等不同状态。不同状态元素的粒度亦不尽相同。图 11-18 展示了一个结构化系统构成元素及状态示意。该示意图将被测系统按系统、配置项、功能单元，自上而下逐层分解，同时展示了不同系统元素的状态以及元素之间的关系。由此可确定软件测试的范围。

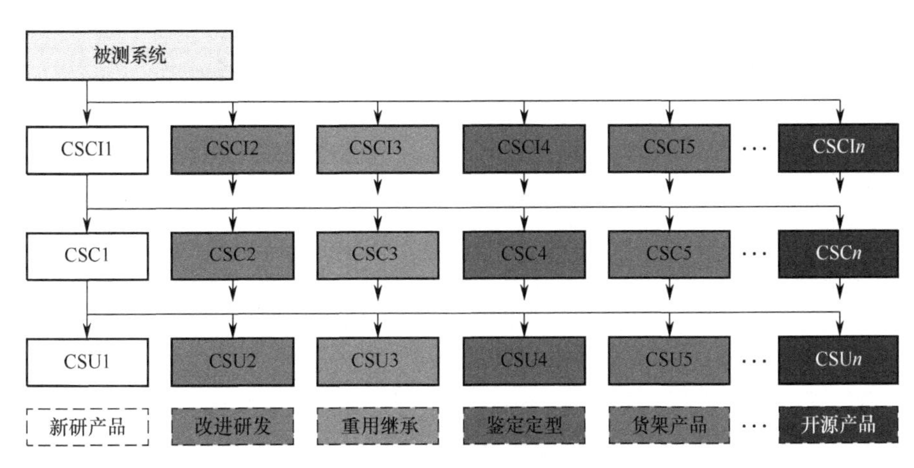

图 11-18　结构化系统构成元素及状态示意

新研软件是测试关注的重点，不论哪个级别，都必须进行完备的测试；对于改进软件，若其状态已确定，如鉴定定型后的适应性改进，可以根据影响域分析确定其测试范围；对于货架产品，一般将其视为状态已固化并业经充分验证的产品；对于开源软件，一般将其视为新研软件，纳入测试且对其进行来源分析，以验证其来源、安全、合规性等风险。但是，不论系统元素的状态如何，都必须纳入系统测试，测试级别的取舍仅限于单元测试和配置项测试。对于不同状态的系统元素，推荐的测试范围界定如表 11-3 所示。

表 11-3　系统元素测试范围界定

序　　号	元 素 状 态	单 元 测 试	配置项测试	系统测试 (5)
1	新研软件	√	√	√
2	改进软件 (1)	√	√	√
3	重用软件 (2)	○	○	√
4	鉴定定型软件	×	×	√
5	货架产品 (3)	〇	〇	√
6	开源软件 (4)	〇 Δ	〇 Δ	√

注：（1）对于改进软件，若改进前为鉴定状态，经过影响域分析，改进内容较少，对其他软件成分影响很小或无影响，只对改进部分进行测试，但必须纳入系统测试；（2）对于重用软件，将其视为状态固化且业经测试验证的软件成分，不再进行配置项测试，但必须纳入系统测试；（3）对于货架产品，若无法获取其开发类文档和源代码，不进行配置项测试，但必须纳入系统测试；（4）对于开源软件，视为新研软件，必须纳入配置项测试及系统测试；（5）不论系统元素的状态如何，都必须纳入系统测试，若在系统测试过程中发现问题，则必须追溯到存在问题的软件，且无论其状态如何

基于软件框架+应用插件的软件形态，以计算平台及其应用环境为核心，采用开放式体系架构，支持即插即用，按需加载，系统功能动态重构，软件系统独立演化，应用插件的来源更加广泛，状态更加多样化。在测试范围界定过程中，不仅要关注系统构成元素的设计与实现，还要关注元素之间的关联关系即系统的内外部接口、系统运行流程以及系统与环境的交联以及系统交付能力。系统构成及内外交互关系如图 11-19 所示。

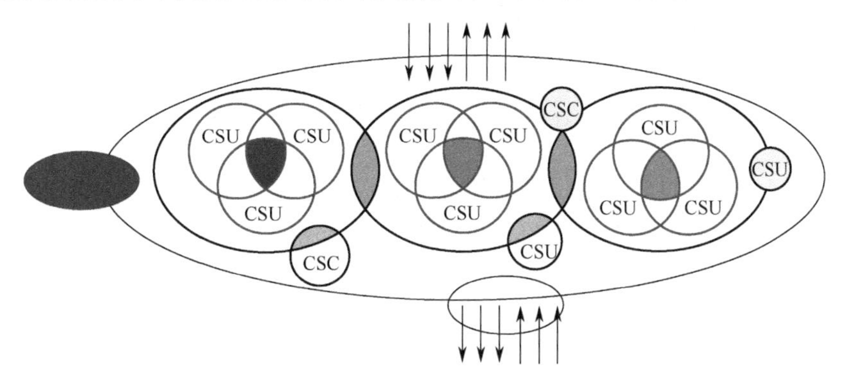

图 11-19　系统构成及内外交互关系

11.2.2 测试类型

对于确定的软件系统，似乎测试类型越多越好，但这有悖于系统工程思想及质量、效率双轮驱动原则。基于不同测试目的，依据可靠性及安全性等级，确定测试类型，构造完整、可追溯、可视的测试工作产品版本链，确保不同测试级别、测试类型在固化及一致的状态下，得以测试验证。

ISO/IEC、国家标准以及中国合格评定国家认可委员会、中国国家认证认可监督管理委员会等组织机构，各自定义了不同的测试类型集。例如，ISO/IEC 17025《检测和校准实验室能力的通用要求》，GB/T 25000.51《系统与软件工程 系统与软件质量要求和评价（SQuaRE）就绪 可用软件产品（RUSP）的质量要求和测试细则》等标准，根据软件质量特性，确定测试类型。无论哪种定义与分类方法，均无本质差别，可以相互融合，互为补充。这里，根据软件技术体制、开发技术、测试技术以及软件系统对可靠性、安全性、可用性、可信性、一致性等不断增长的新要求，参考相关标准规范，构建了一个开放融合的测试类型框架集，如图 11-20 所示。

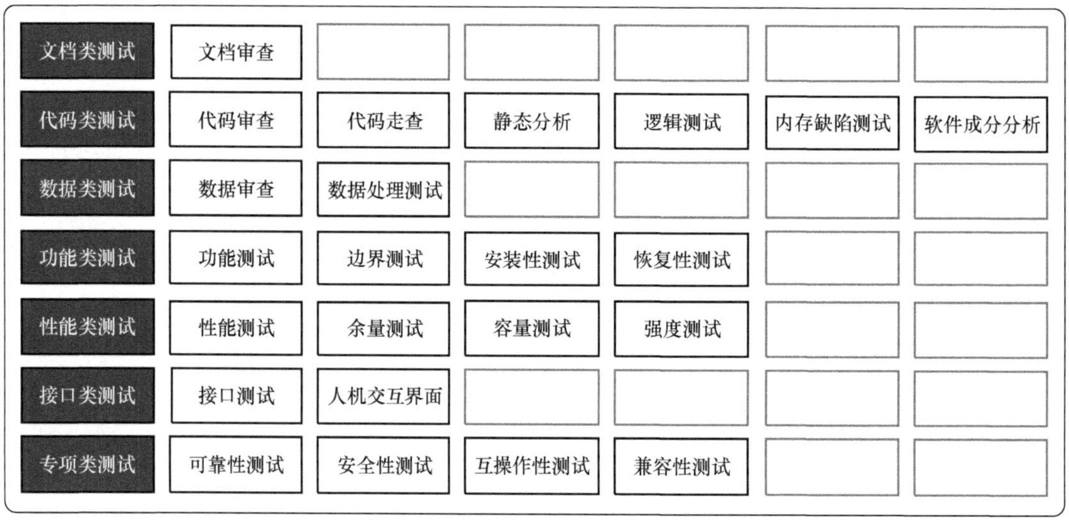

文档类测试	文档审查					
代码类测试	代码审查	代码走查	静态分析	逻辑测试	内存缺陷测试	软件成分分析
数据类测试	数据审查	数据处理测试				
功能类测试	功能测试	边界测试	安装性测试	恢复性测试		
性能类测试	性能测试	余量测试	容量测试	强度测试		
接口类测试	接口测试	人机交互界面				
专项类测试	可靠性测试	安全性测试	互操作性测试	兼容性测试		

图 11-20　软件测试类型框架集

当然，在特定的领域，对于特定的应用，测试类型的定义及选择应根据实际情况而定。例如，对于可靠性、安全性攸关的软件系统，需要验证系统在配置参数数据、大容量数据、环境干扰数据、对抗数据、噪声数据以及大载荷等情况下的可靠性、安全性实现情况，除可靠性测试外，还应视情况选择数据一致性验证、形式化分析等测试类型。又如，随着开源软件广泛使用，在传统安全性即安全可靠测试验证的基础上，应进行授权源代码成分分析、代码来源分析、恶意软件检测、安全漏洞检测、库包恶意软件检测、知识产权检测，厘清知识产权风险，为开源软件治理、软件安全分析、自主可控等级评估等提供支撑。

对于不同粒度的软件元素，软件测试类型的选择与其可靠性、安全性密切相关。这里，基于软件测试类型框架集，给出单元测试、配置项测试、系统测试 3 个级别的测试类型选择指南，读者可以根据测试策划进行剪裁使用。软件测试类型选择指南如表 11-4 所示。

表 11-4　软件测试类型选择指南

序　号	测试类别	测试类型	配置项级			系统级
			关键软件	重要软件	一般软件	
1	文档类	文档审查	●	●	●	●
2	代码类	代码审查	●	●	○	—
3		代码走查	○	○	—	—
4		静态分析	●	●	●	—

续表

序　号	测试类别	测试类型	配置项级			系统级
			关键软件	重要软件	一般软件	
5	代码类	逻辑测试	○	○	—	—
6		内存缺陷测试	●	●	●	●
7	数据类	数据审查	○	○	○	—
8		数据处理测试	○	○	○	○
9	功能类	功能测试	●	●	●	●
10		边界测试	●	●	●	●
11		安装性测试	○	○	○	○
12		恢复性测试	●	○	○	●
13	性能类	性能测试	●	●	●	●
14		余量测试	●	●	○	●
15		容量测试	○	○	○	○
16		强度测试	●	○	—	●
17	接口类	接口测试	●	●	●	●
18		人机交互界面测试	○	○	○	○
19	可信类	可靠性测试	○	—	—	○
20		安全性测试	●	●	○	●
21	专项类	代码来源分析	●	●	●	—
22		兼容性测试	○	○	○	●
23		互操作性测试	○	○	○	●
24		可移植性测试	○	○	○	●
注：●必选；○根据软件特点视情选取；—无须选择						

对于确定的测试范围和测试类型，构建基于过程能力改进驱动的测试总体方案，为读者提供一个最佳实践指南，创建一种能够引起广泛共鸣、探索改进的对话机制。图 11-21 展示了一个基于过程能力改进的测试总体方案。这也是测试类型选择的重要依据。

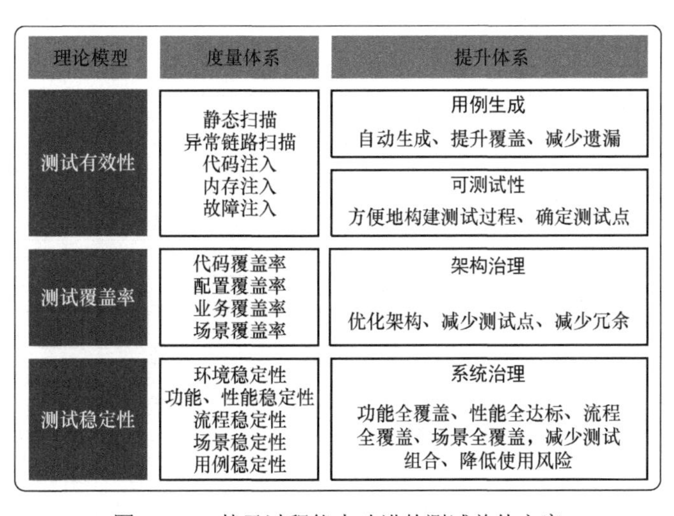

图 11-21　基于过程能力改进的测试总体方案

11.3　文档类测试

完整、正确、规范、易理解、易维护、让人愉悦的文档，对保证软件开发、软件工程管理及软件测试的可视性、一致性、追溯性、典型性具有重要作用，是软件文明的基础。令人遗憾的是，一些开发组织中，重代码，轻文档的现象普遍存在，文档问题俯拾皆是。

文档类测试仅包含文档审查一个测试类型。文档审查是依据标准规范、文档审查规程，编制文档审查单，对文档的齐套性、完整性、正确性、一致性、有效性等，进行正向审查和逆向校核，建立软件问题与文档的映射关系，检出文档错误，梳理出有缺陷的传递路径，保证软件测试的一致性与完备性。

（1）**齐套性**：文档齐套，满足相关标准（如 GB/T 8567）及开发策划要求。一般包括开发、管理、测试、维护 4 类文档。嵌入式软件和非嵌入式软件对文档齐套性的要求有所不同。在某些开发组织内，管理类、维护类文档往往未得到足够重视，易于发现齐套性问题。

（2）**完整性**：文档内容、格式、标识、签署完整，例如，相关文档是否缺少所要求的内容，如通用质量特性要求及相关内容是否明确；是否缺少性能指标或性能指标定义过于笼统；文档标识号、版本号是否符合规定且完整。

（3）**正确性**：文档内容、格式、标识正确，要求明确，分析合理，设计正确。例如，是否准确获取并把握用户需求，设计是否合理，是否存在功能或性能指标遗漏，功能、性能及接口等分析描述是否正确，是否存在歧义或模糊的功能描述。

（4）**一致性**：基于正向映射和逆向校核，文档内容的上下文关系、文档与文档、文档与实现之间的要求、内容是否一致。在软件测试过程中，经常发现软件实现与设计及需求不一致，文档反复更改的现象。

（5）**有效性**：通过规定的评审、验证和确认，签署完整、标识正确。评审、验证、确认等过程中发现的问题是否得以跟踪、处理并闭环，是否纳入配置管理且处于受控状态。

11.3.1 基于审查单的文档审查

文档审查是依据相关标准，编制文档审查单，对照文档审查单，检查文档的齐套性以及软件需求规格、设计说明、用户手册等文档的完整性、规范性、正确性、一致性、有效性是否满足要求。不同类别的文档，其存在自有其必然性，不能为写文档而写文档，更不能敷衍塞责。当然，行文的合理性、表达的规范性等，也是对文档的基本要求，但属于非技术问题，不必吹毛求疵。

受制于审查人员的领域知识、专业背景、审查技能、用心程度，基于人工的文档审查，效果有限。基于大模型高效的学习效率及自动化性能，基于人工智能的文档审查令人期待，必将带来审查方法的深刻变革。

文档审查单是软件测试大纲的重要组成部分，通过评审确认后，将文档审查单纳入配置管理。下面以基于 GJB 438C 的软件需求规格说明为例，给出如表 11-5 所示的需求规格说明审查单示例，供读者参考。

表 11-5　基于 GJB 438C 软件需求规格说明审查单示例

审　查　项	描　　述	结　　果	备　　注
齐套性	需求规格说明所包含的要素是否齐全且符合相关标准，如 GJB 438C 的规定		
	如果软件系统包含数据库，是否包含数据库需求规格说明		
	需求规格说明审查前，文档齐套性审查是否通过		
完整性	标题、署名、编目、内容、图表、标准引用等是否完整		
	标识、密级、版本、签署、受控状态、版本变更、日期等是否完整		
	内容是否完整，如是否缺少相关内容，遗漏用户需求或相关细节		
正确性	标题、标识号、版本号、密级、受控状态等是否正确		
	名词术语、缩略语是否正确且符合相关标准要求		
	文档适用的系统、文档用途、一般特性等系统概述是否正确		
	系统使命任务、系统组成结构、软件结构、系统流程是否描述正确		
	用户需求是否完整地转化为系统需求或软件需求		
	隐含需求是否得到完整识别并正确表述		
	是否准确地描述了全部引用文档		
	对能力需求的描述及标识是否完整、准确		
	外部接口和内部接口描述是否完整、准确		
	数据库、数据文件等内部数据元素的描述是否完整、准确		
	多种状态或方式下运行时，每种状态及方式定义和标识是否正确		
	是否准确描述了适应性、安全性、保密性、运行环境等需求		
	是否准确描述了硬件、软件、通信等资源需求及配置要求		
	是否准确描述了软件质量因素，验证确认等要求		

续表

审 查 项	描 述	结 果	备 注
正确性	是否准确描述设计和实现约束、人员、培训、软件保障等需求		
	合格性规定、需求的可追踪性、注释描述是否完整、准确		
	通用质量特性的定义、设计、验证确认等要求是否准确可行		
	文档间相互引用、追溯关系是否正确		
	文档中是否包含二义性的术语或定义，无错别字、排版准确		
一致性	内容是否与其他文档及软件一致		
	术语、量纲、内容以及文档风格是否一致		
	开发环境、运行环境描述与实际是否一致		
有效性	签署是否完整且符合签署规则		
	是否通过了规定级别的评审，一般应通过外部评审		
	标识和版本是否有效，是否处于受控状态并纳入配置管理		

对于专业软件测试机构或软件能力成熟度较高的企业，大多开发了通用文档审查单，其可作为基础规范，供不同项目剪裁使用。文档审查单通过评审之后，可依据文档审查单，使用审查工具，结合人工进行逐一审查，记录审查结果。对于发现的问题，通过分析、修改及回归验证后方可转入静态分析阶段。

11.3.2　基于问题驱动的文档审查

（1）基于需求规格、设计文档等设计测试用例，若在测试执行过程中发生重大偏差或输出奇异结果，则应对测试用例进行验证且无误之后，再对文档中的定义、描述、计算方法、约束条件等的正确性进行重新审查。

（2）在测试过程中，如果发现系统流程及重大安全问题，应对文档进行重新审查，确认安全需求、流程定义、设计措施等的正确性和完备性。

（3）在软件测试过程中，基于逆向工程，对所有文档进行正向审查和逆向复核，基于测试问题回溯，检查需求规格、设计文档及被测实现的一致性、关联性和符合性。

11.3.3　文档审查问题

一般地，在文档审查过程中，应重点关注如下问题：

（1）任意一次文档变更尤其是需求变更，应慎之又慎，所有非勘误性的修改都应按规定的流程进行确认并纳入配置管理。

（2）文档审查不同于文档阅读，枯燥乏味的阅读只会让你昏昏欲睡，一无所获。文档审查是基于全过程文档、文档与软件、文档与用户之间的正向审查和逆向校核，建立软件问题与文档的映射关系，检出文档缺陷及其传递路径，从源头分析并把握质量风险的主线。

（3）软件文档大多用自然语言编制而成，往往存在歧义性、二义性、不确定性等问题，应对使用“可能”“或许”“应该”等描述的功能定义、性能指标、接口关系等进行严格审查。

（4）深度挖掘隐含需求、隐含设计，审查涉及隐含需求的标准规范、产品规程的引用情况以及隐含需求在设计文件中的展开情况。

（5）在软件开发过程中，通常都会开展相应的评审、验证、确认活动，应基于这些过程活动的报告及记录，对问题的分析处理、跟踪闭环情况进行审查。

（6）文档审查通常是在不同测试级别的静态测试之前完成的，动态测试之后的文档审查未得到足够重视，应增加动态测试之后即全链路的文档审查。

（7）不仅需要对被测软件文档进行审查，对测试文档的自我审查具有同样的重要性，不可或缺，这是展示自我能力的过程。

11.3.4　性能指标描述审查

对于一个软件能力成熟度不够高的开发组织，往往可能存在文档资料不齐套、文档内容不完整、系统功能定义错误、性能指标描述不准确、性能指标检验约束条件缺失、边界定义不清楚、未进行系统或软硬件指标分解、文档与软件实现不一致以及文档格式不规范、文档标识缺乏或混乱、文档未纳入配置管理等典型问题。某系统软件需求规格说明定义并描述了如表 11-6 所示的查询时间等 5 个性能指标。依据文档审查单，对其进行审查，检出了表 11-6 第 3 列所列出问题。该示例说明，该系统需求规格等文档，对性能指标的描述过于笼统，未明确给定查询时间、时延均值、典型用户数、自检时间、连续工作时间、带宽占用率等性能指标的值及约束条件，将使得软件设计、编码实现及测试验证无所适从。

表 11-6　某系统性能指标描述审查示例

序号	性能指标描述	存在的问题
1	查询时间不大于 3 秒	未规定数据库中的记录数、查询条件、单机还是网络查询以及网络查询时服务器是否允许其他操作等约束条件
2	忙时点到点键链时延平均值为 10 毫秒	未说明“忙时”的准确含义
3	典型用户数、全连通网络条件下，所有用户 2 分钟间隔时间随机发送分组，平均传输时延不超过 5 秒，接收成功率大于 99%	未说明“典型用户数”的准确含义及数量
4	自检时间小于 10 秒	未明确自检内容及自检级别
5	连续工作时间不小于 100 小时	未规定系统的运行剖面，即连续工作时间的起始点
6	带宽占用率不大于 x%	未规定运行剖面

11.4　代码类测试

即便是 TeX 排版系统、NASA 宇航控制系统这种高度稳定、高可靠的系统，也无一例外地潜藏着错误。这个世界上根本就没有无缺陷的软件，或许永远也不会存在。Martin Fowler 在《重构》一书中指出：无法真正重构未经测试的代码。XML 之父 Tim Bray 则毫不客气地说：不对代码进行测试就像上完厕所不洗手。代码类测试是对代码逻辑结构的剖析，是基于逻辑驱动的测试，是对软件文明的守望和捍卫。

代码类测试包括代码审查、代码走查、静态分析、逻辑测试、内存使用缺陷测试和软件成分分析 6 种测试类型。

11.4.1　代码审查

代码审查是通过对代码的规范性、符合性以及设计实现的正确性、逻辑结构的合理性等进行检查，检出编码缺陷，确认代码质量的过程活动，是一系列规程和错误检查技术的集合。假设代码是有效的，通过代码审查，检出 $O(N3)$瓶颈、可读性问题、笨拙的函数参数、不稳定的错误处理等，在早期发现程序问题，且一旦发现错误，能够精确定位，快速排除，降低错误修正及调试成本，而非只是暴露缺陷的某个表征，有利于发现批量性错误，有助于将测试重点集中于那些脆弱的地方或薄弱环节，为编程规范、算法选择、编程技术改进等提供指导，反哺软件开发。同时，代码审查还有利于构建开发与测试方的合作、互信关系。

代码审查是测试粒度最小、介入时间最早的测试类型，包括正式审查（范根审查）、轻量级审查（结对编程、同步代码审查、异步代码审查、基于会议的审查）等形式及编程规范、程序逻辑、设计实现等内容。当然，诸如格式化字符串攻击、竞争危害、内存泄漏、缓存溢出等安全性问题以及可测试性等问题，同样也是审查的重要内容。

在本书 5.1.4 节已详细讨论了代码审查组织、进入条件、审查内容、审查范围以及审查流程。这里，不再重复前述内容，而是以此为基础，讨论工程上如何进行有效的代码审查，如何提高代码审查的效率和质量。

对于不同安全等级、基于不同语言的代码，代码审查技术要求具有一定差异。我们无时不期望获得独立于编程语言的代码审查单，定义任意开发语言都可能出现的错误，如数据引用错误、数据声明错误、控制流程错误、接口错误、输入/输出错误、运算错误、比较错误等，但谈何容易。

这里，给出如表 11-7 所示的通用代码审查技术要求，供读者参考。

表 11-7　通用代码审查技术要求

审查项目	审查内容	技术要求
命名规则检查	遵循命名规则	√
代码格式检查	遵循编码规范及代码格式	√
内存使用检查	没有读未初始化内存；不越界使用内存；释放已分配的内存	√
	指针使用正确	√
表达式判断	无浮点数相等比较	√
	逻辑表达式正确，正确使用逻辑表达式中的变量	√
	各判断分支均得到处理	√
可读性	缩进控制有利于提高代码的可读性	√
	标号、程序、函数名、变量名等有意义且准确	√
	注释准确、充分、有意义	√
功能	编码完成了设计所规定的内容	√
	正确处理输入参数的异常值	√
	变量值符合定义域范围要求	√
程序多余物	不存在执行不到的代码；不存在垃圾语句	√
	声明的变量、常量、函数等必须使用	√
寄存器使用	指定所需专用寄存器	√
	宏扩展时使用的寄存器得到保护	√
	子程序调用时所使用的寄存器得到保护	√
	默认使用寄存器的值正确	√

11.4.1.1　基于审查单的代码审查

1. 代码审查单

代码审查单是依据编码规范，规定代码审查的范围、内容及其技术要求，是代码审查的基础。静态分析工具是基于规则库、缺陷库，对代码的正确性、编码规范性进行扫描分析，能够较好地保证审查的质量和效率。基于 Subversion、Mercurial、Get 及线上软件库，进行协同代码审查，进一步简化了审查过程，显著提高了审查效率；基于大模型的代码审查，或许将重新定义代码审查的概念及方法。

每种编程语言都有其特定的编码规范。虽然 C/C++缺乏与内存安全相关的特性，存在着安全隐患，但作为一种广泛使用的编程语言，这里给出如表 11-8 所示的基于 C 语言的编码规则检查条款和表 11-9 所示的基于 C/C++语言的代码审查单。其他语言的代码审查单，请读者参阅相关标准或文献。

表 11-8　基于 C 语言的编码规则检查条款

序号	准则号	准则内容
1	R-1-1-1	禁止通过宏定义改变关键字和基本类型含义
2	R-1-1-2	禁止将其他标识宏定义为关键字和基本类型
3	R-1-1-3	用 typedef 自定义的类型禁止被重新定义
4	R-1-1-5	禁止#define 被重复定义
5	R-1-1-7	以函数形式定义的宏，参数和结果必须用括号括起来

续表

序　号	准 则 号	准 则 内 容
6	R-1-1-8	结构、联合、枚举的定义中必须定义标识名
7	R-1-1-9	结构体定义中禁止含有无名结构体
8	R-1-1-10	位定义的有符号整型变量位长必须大于 1
9	R-1-1-11	位定义的整数型变量必须明确定义是有符号还是无符号
10	R-1-1-13	函数声明中必须对参数类型进行声明，并带有变量名
11	R-1-1-14	函数声明必须与函数原型一致
12	R-1-1-15	函数中的参数必须使用类型声明
13	R-1-1-16	外部声明的变量，类型必须与定义一致
14	R-1-1-17	禁止在函数体内使用外部声明
15	R-1-1-18	数组定义禁止没有显式的边界限定
16	R-1-1-19	禁止使用 extern 声明对变量初始化
17	R-1-1-20	用于数值计算的字符型变量必须明确定义是有符号还是无符号
18	R-1-1-21	禁止在#include 语句中使用绝对路径
19	R-1-1-22	禁止头文件重复包含
20	R-1-1-23	函数参数表为空时，必须使用 void 明确说明
21	R-1-2-1	循环体必须用大括号括起来
22	R-1-2-2	if、else if、else 必须用大括号括起来
23	R-1-2-3	禁止在头文件前有可执行代码
24	R-1-2-4	引起二义性理解的逻辑表达式，必须使用括号显式说明优先级顺序
25	R-1-2-5	逻辑判别表达式中的运算项必须要使用括号
26	R-1-2-6	禁止嵌套注释
27	R-1-3-1	禁止指针的指针超过两级
28	R-1-3-3	禁止对参数指针进行赋值
29	R-1-3-4	禁止将局部变量地址作为函数返回值返回
30	R-1-3-5	禁止使用或释放未分配空间或已被释放的指针
31	R-1-3-8	动态分配的指针变量第一次使用前必须进行是否为 NULL 的判别
32	R-1-3-10	禁止文件指针在退出时没有关闭文件
33	R-1-4-1	在 if-else if 语句中必须使用 else 分支
34	R-1-4-2	条件判定分支如果为空，必须以单独一行的分号加注释进行明确说明
35	R-1-4-3	禁止使用空 switch 语句
36	R-1-4-4	禁止对 bool 量使用 switch 语句
37	R-1-4-5	禁止 switch 语句中只包含 default 语句
38	R-1-4-6	除枚举类型列举完全外，switch 必须要有 default
39	R-1-4-7	switch 中的 case 和 default 以 break 或 return 终止，共用 case 须加以明确注释
40	R-1-4-8	switch 语句的所有分支必须具有相同的层次范围
41	R-1-5-1	禁止从复合语句外 goto 到复合语句内，或由下向上 goto
42	R-1-5-2	禁止使用 setjmp/longjmp
43	R-1-6-1	禁止将浮点常数赋给整型变量
44	R-1-6-2	禁止将越界整数赋给整型变量
45	R-1-6-3	禁止在逻辑表达式中使用赋值语句
46	R-1-6-4	禁止对逻辑表达式进行位运算
47	R-1-6-5	禁止在运算表达式中或函数调用参数中使用++或--操作符
48	R-1-6-6	对变量进行移位运算禁止超出变量长度
49	R-1-6-7	禁止移位操作中的移位数为负数
50	R-1-6-8	数组禁止越界使用
51	R-1-6-9	数组下标必须是大于等于零的整型数

续表

序　号	准 则 号	准 则 内 容
52	R-1-6-10	禁止对常数值做逻辑非的运算
53	R-1-6-11	禁止非枚举类型变量使用枚举类型的值
54	R-1-6-12	除法运算中禁止被零除
55	R-1-6-13	禁止在 sizeof 中使用赋值
56	R-1-6-14	缓存区读取操作禁止越界
57	R-1-6-15	缓存区写入操作禁止越界
58	R-1-6-16	禁止使用已被释放了的内存空间
59	R-1-6-18	禁止使用 gets 函数，应使用 fgets 函数替代
60	R-1-6-19	使用字符串赋值、复制、追加等函数时，禁止目标字符串存储空间越界
61	R-1-7-1	禁止覆盖标准函数库的函数
62	R-1-7-2	禁止函数的实参和形参类型不一致
63	R-1-7-3	实参与形参的个数必须一致
64	R-1-7-4	禁止使用旧形式的函数参数表定义形式
65	R-1-7-5	函数声明和函数定义中的参数类型必须一致
66	R-1-7-6	函数声明和函数定义中的返回类型必须一致
67	R-1-7-7	有返回值的函数必须通过返回语句返回
68	R-1-7-8	禁止无返回值函数的返回语句带有返回值
69	R-1-7-9	有返回值函数的返回语句必须带有返回值
70	R-1-7-10	函数返回值的类型必须与定义一致
71	R-1-7-11	具有返回值的函数，其返回值如果不被使用，调用时应有(void)说明
72	R-1-7-12	无返回值的函数，调用时禁止再用(void)重复说明
73	R-1-7-13	静态函数必须被使用
74	R-1-7-14	禁止同一个表达式中调用多个顺序相关函数
75	R-1-7-15	禁止在函数参数表中使用省略号
76	R-1-7-16	禁止使用直接或间接自调用函数
77	R-1-8-1	禁止不可达语句
78	R-1-8-2	禁止不可达分支
79	R-1-8-3	禁止使用无效语句
80	R-1-8-4	使用八进制数必须明确注释
81	R-1-8-5	数字类型后缀必须使用大写字母
82	R-1-9-1	for 循环控制变量必须使用局部变量
83	R-1-9-2	for 循环控制变量必须使用整数型变量
84	R-1-9-3	禁止在 for 循环体内部修改循环控制变量
85	R-1-9-4	无限循环必须使用 while(1)语句，禁止使用 for(;;)等其他形式的语句
86	R-1-10-1	浮点数变量赋给整型变量必须强制转换
87	R-1-10-2	长整数变量赋给短整数变量必须强制转换
88	R-1-10-3	double 型变量赋给 float 型变量必须强制转换
89	R-1-10-4	指针变量的赋值类型必须与指针变量类型一致
90	R-1-10-5	将指针量赋予非指针变量或非指针量赋予指针变量，必须使用强制转换
91	R-1-10-6	禁止使用无实质作用的类型转换
92	R-1-11-1	变量禁止未赋值就使用
93	R-1-11-2	变量初始化禁止隐含依赖于系统的缺省值
94	R-1-11-3	结构体初始化的嵌套结构必须与定义一致
95	R-1-11-4	枚举元素定义中的初始化必须完整
96	R-1-12-1	禁止对逻辑量进行大于或小于的逻辑比较
97	R-1-12-2	禁止对指针进行大于或小于的逻辑比较

续表

序　号	准 则 号	准 则 内 容
98	R-1-12-3	禁止对浮点数进行是否相等的比较
99	R-1-12-4	禁止对无符号数进行大于等于零或小于零的比较
100	R-1-12-5	禁止无符号数与有符号数之间的直接比较
101	R-1-13-1	禁止局部变量与全局变量同名
102	R-1-13-2	禁止函数形参与全局变量同名
103	R-1-13-3	禁止变量名与函数名同名
104	R-1-13-4	禁止变量名与标识名同名
105	R-1-13-5	禁止变量名与枚举元素同名
106	R-1-13-6	禁止变量名与 typedef 自定义的类型名同名
107	R-1-13-7	禁止在内部块中重定义已有的变量名
108	R-1-13-8	禁止仅依赖大小写区分的变量
109	R-1-13-11	禁止单独使用小写字母“l”或大写字母“O”作为变量名
110	R-1-13-13	禁止在表达式中出现多个同一 volatile 类型变量的运算
111	R-1-13-15	禁止给无符号类型变量赋负值

表 11-9　基于 C/C++语言的代码审查单

审 查 项 目	审 查 内 容	期 望 结 果
命名规则检查	遵循设计要求的命名规则	是
格式检查	程序结构和模块功能定义是否清楚合理	是
	注释是否准确并有意义，是否存在注释嵌套	是
	是否遵循编程准则，该缩进的地方是否已正确地缩进	是
	标号和子程序名是否符合代码的意义	是
初始化	对系统和通讯相关的软硬件设置是否正确	是
	定时器、计数器的设置是否正确	是
	内存是否进行了正确的自检	是
	硬件初始化前是否关闭全局中断	是
	中断优先级设置是否合理正确	是
	对未使用的中断是否屏蔽	是/不适用
寄存器使用	如果需要一个专用寄存器，是否正确指定	是
	子程序调用已使用的寄存器，是否需要保存数据	是
	默认使用的寄存器的值是否正确	是
存储器使用	动态分配的内存是否及时释放	是
	动态申请内存是否判断成功后使用	是
	未使用内存的内容是否影响系统安全	否
	存储器是否重复使用，是否会产生冲突	否
	各种缓冲区大小是否满足需求	是
	接收缓冲区使用之前是否进行了清零	是
	对 FLASH 进行读写操作时，是否严格按照芯片手册进行	是
入口和出口	每一个被调用的模块，全部所需的参数是否已传送并正确设置	是
	输入参数是否进行了异常值检查	是/不适用
	退出函数或模块时，是否释放了应释放的资源	是
测试和转移	是否进行了浮点相等比较	否
	测试条件是否正确	是
性能	逻辑是否被最佳地编码	是
	时间余量是否满足设计文档的要求	是

续表

审查项目	审查内容	期望结果
逻辑	逻辑判别是否存在相互冲突的条件分支	是
	判断条件之和是否为全集	是
	每个循环是否执行正确的次数	是
	是否存在潜在的死循环	是
软件多余物	是否有不可能执行到的代码	否
	是否有执行但无意义的代码	否
	是否有未引用的变量、标号、常量和宏	否
	是否有多余的软件单元	否
数值计算及异常保护	关键数据使用前是否进行数据有效性检测	是
	数值计算是否对被零除、负数开方等异常计算进行了保护	是
	是否对反三角函数等函数的定义域进行有效性检查	是
	编码实现的连续计数或累计计数是否正确	是
	十六进制和十进制数据使用是否正确	是
	变量使用时是否超出值域范围或越界	否
	数据类型转换是否正确	是
接口	通讯前是否对硬件进行了正确的初始化	是
	编码实现是否与通信协议一致	是
	是否对数据帧异常进行了处理（站地址错误、命令字错误、校验字错误、丢帧、错帧）	是
	通信协议是否具有有效的校验	是
	对于查询或延时方式读取或发送数据，不应存在死循环。若有超时处理，处理是否正确	是
中断	中断源的开放是否合理，不会引入非预期中断	是
	中断前后是否进行了正确的现场保护与恢复	是
	中断之间存在依赖关系时，是否会出现互锁现象	否
	中断与通讯的处理，对内存或共有资源操作是否存在冲突	否
文件操作	打开文件是否进行了打开成功判断	是
	打开后使用完的文件是否及时进行了关闭	是
可靠性	硬件操作是否预留了足够的响应时间	是/不适用
	看门狗触发周期和清除周期是否设置合理	是/不适用
	看门狗重启后，程序处理是否正确，需要保护的变量是否都进行了保护，应重新初始化的变量是否重新进行了初始化	是/不适用
	看门狗复位时间是否设置正确	是/不适用
文实一致性	与任务书一致	是/不适用
	与需求一致	是/不适用
	与设计一致	是/不适用
	与其他文档（如更改单、协议、算法等）一致	是/不适用

2. 审查要点

这里，以 Java 语言为例，说明代码审查的要点。

1）参数检验

（1）对公共方法进行参数检验，若检验不通过，则明确抛出异常或对应的响应码。

（2）在接口中，使用验证注释修饰参数及返回值；作为一种协议要求，调用方按注释约束传递参数，返回值验证注释约束，提供方按注释要求返回结果。

2）魔法数字（幻数）

幻数就是直接使用的常数，不仅反映不出数字所表示的含义，而且当需要对其进行修改时，需要对所有使用它的代码进行修改，工作量大，还可能遗漏修改。杜绝幻数，将幻数定义为宏或枚举，推荐使用枚举，以避免修改遗漏。

3）空指针检验

（1）当不确定返回集合是否为空时，进行非空判断后再进行 for 循环。

（2）尽量返回空对象或空集合，而非 null。

（3）判断字符串为空时，先行判断是否为空，再判断是否为空串，并将其提出为公共方法。

（4）使用 a.equal(b)时，将常量放在左边。

4）下标越界

只能在定义的范围内访问数组元素和集合成员。

（1）将方法传入数组下标作为参数时，首先进行下标越界校验，避免下标越界异常。

（2）根据数组长度计算下标范围。

（3）使用容器的 size()函数获取元素的个数。

（4）抛出异常。

5）重复代码校验

不允许代码重复，如存在 4 行代码重复，则计为代码重复，需要使用重构工具提取重构。

如果一个类的两个函数含有相同表达式，则用提炼函数提炼出重复代码，让两个函数调用被提炼出的代码；如果两个互为兄弟的子类含有重复代码，则从两个类中提炼出重复函数，并通过函数上移将其推入超类；如果重复代码在构造函数中，则通过构造函数本体将其上移；如果重复代码只是相似但并非完全相同，则用塑造模板函数获得一个模板方法模式；如果函数以不同算法实现，除非是冗余实现，应选择最合适的一个，应用替换算法替换其他函数的算法；如两个毫不相干的类中存在重复代码，则使用提炼超类，为维护所有先前功能的这些类创建一个超类；如果存在大量条件表达式，且执行完全相同的代码，只是条件不同而已，可合并条件表达式，将这些操作合并为单个条件，并用提炼函数将该条件放入一个独立函数中；如果条件表达式的所有分支有部分相同的代码片段，则合并重复的条件片段，将都存在的代码片段置于条件表达式外部。

6）命名规则

（1）项目、包、类、接口、方法、字段、变量以及常量等均需遵循命名规则。项目名全部小写，如 workdesk；包用于对不同功能类分类，置于不同目录中，命名规则是将公司域名反转作为包，如 www.baidu.com，包名全部小写，如 java.awt.event；类及接口名首字母大写，若其由多个单词组成时，每个单词首字母大写，中间不使用连接符，如 public class MyClass{}；方法及属性名首字母小写，若由多个单词组成，自第二个单词开始，首字母大写，中间不使用连接符，如 addPerson、ageOfPerson；实例、类、类常量以大小写混合方式命名，第一个单词首字母小写，其后各单词首字母大写；变量名简短且赋予描述，不能以“_”和“$”开头，如 char c、int i、float myWidth；构成常量名的单词全部大写，当由多个单词构成时，通过下画线连接，如 public static final int AGE_OF_PERSON = 20。

（2）命名应具有较好的可读性，方法、变量、类的职责清晰且适宜。

（3）不在循环中调用服务以及数据库等的跨网络操作。

（4）循环或递归是否一定包含停止循环/递归条件。

（5）尽量避免 while(true)，如果非使用不可，循环开始前加一个 sleep，以避免出现异常，跑死 CPU。

7）关心频率

关注方法的调用频率及峰值，对于高频调用方法，关注性能指标是否会打垮数据库及缓存。

8）差错控制

（1）避免过大的 try 块；勿将不出现异常的代码（可信代码）放入 try 块中；保持一个 try 块对应一个或多个异常。

（2）细化异常类型，不要将任何一种类型的异常写成 Exception。

（3）一个 catch 块捕获一类异常，不要忽略捕获的异常，异常捕获之后，要么处理，要么重新抛出新类型的异常。

（4）在方法内部，不要将自身能够处理的异常抛给其他方法。

（5）异常控制旨在处理程序的非正常情况，不要使用 try…catch 控制程序流程。

9）关于长度

如何做对是科学，怎么做好是艺术。避免裹脚布式的编程方法，让代码更加整洁，易于理解，富有艺术性，是卓越的追求。这至少需要做到：如果一行代码过长，则将其分离开来；如果一个方法过长，则重构该方法；如果一个类过长，则拆分该类。

10）外部依赖的性能

如果调用了外部依赖，就必须明确该外部依赖可以提供的性能指标以及能否提供符合使用场景的服务。

11）避免重复造轮子

如果已有成熟类库实现了类似功能，就优先使用成熟类库的方法，不重复造轮子。

12）注意多线程

在多线程环境中，典型的 HashMap、SimpleDateFormat、ArrayList 具有非线程安全性，但如果使用 Spring 自动扫描服务，则该服务被默认为单例，其内部成员共享多个线程，如果直接使用成员变量则会导致线程不安全。应注意数据的原子性与可见性等线程安全问题。

13）日志打印

（1）打印日志时，应设定合理的日志级别。

（2）长字符串拼接会占用大量 GC（Garbage Collection）年轻代，生成长字符串 toString()时，通过日志级别和 if 语句实现打印控制。

（3）通过 Log4j 打印日志而不是直接将日志打印到控制台。

14）正向依赖

对于一个复杂的软件架构，程序依赖于抽象接口，而非具体实现，对抽象接口进行编程，而不是对具体实现进行编程，降低与实现模块间的耦合。如果出现双向依赖，则意味着软件设计存在问题，需要通过依赖倒置等解决。

严禁底层模块依赖上层模块、严禁数据层依赖服务层、严禁服务层依赖用户界面（UI）层、严禁模块之间形成循环依赖关系。

15）分治

分治就是将复杂问题分解成相对简单、相互独立且与原问题性质相同的子问题，只有分析确定核心问题、核心入参、结果及入参需要通过几步变化，才能得到最终结果。分治是很多高效算法，如排序算法、傅里叶变换等的基础。

3. 代码审查项设计

表 11-10 给出了一个代码审查项设计示例，用以说明代码审查项的测试方法。

表 11-10　代码审查项设计示例

测试项名称	代码审查	测试项标识	DS-JLGD	优先级	1
追踪关系	隐含需求				
测试项描述	以人工阅读方式对代码进行审查，并借助工具辅助完成分析，完成编程准则、代码流程、软件结构、需求实现等审查				
测试方法	依据编码规则及表 11-8 所示代码审查单，对全部源代码进行：（1）代码规范性、可读性检查；（2）代码和设计的一致性检查；（3）代码的逻辑表达和控制逻辑的正确性检查；（4）代码实现和结构的合理性检查；（5）需求实现的正确性、完整性检查；（6）对发现的问题进行分析和确认				
充分性要求	对全部源代码进行代码审查				
通过准则	规范性、可读性、一致性、正确性、合理性和完整性满足要求为通过				

11.4.1.2　基于故障模式的代码审查

基于审查单的代码审查，广泛应用于测试实践，但因为缺乏自代码至缺陷的映射，倘若缺陷类型定

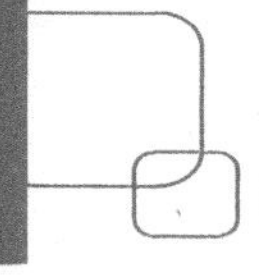

义不完整、缺陷模式描述不准确，可能导致缺陷遗漏以及对缺陷理解的偏差，甚至错误。基于代码层次划分，在不同层次建立故障模式，能够较好地弥补缺陷定义问题，代替传统代码审查单。对于特定的编程语言，故障模式是检查编程语言特定缺陷的检查项集合，包括编程风格和逻辑结构两类。基于故障模式的代码审查，无须动态运行程序，亦无须特别的条件，只要能够针对审查重点，有的放矢，直入主题，就能有利于提高审查效率。

1．程序结构审查

程序结构审查是对结构相似的算法、函数、数据结构进行审查，对比赋值、判断、循环条件、处理顺序等的一致性，验证所有不同之处是否符合设计要求。例如，某程序包括 Application1、Application2、Application3 共 3 个命名且结构相似的函数，各函数中的局部变量、指针、结构体变量以及成员与函数名的编码规则含义一致，如只与 Application1 对应的指针，结构体变量或成员相应的命名与 1 有关的名称。当对 Application2 和 Application3 进行审查时，应关注这两个函数是否存在与其不对应的命名变量，在对这 3 个结构相似的函数结构进行审查时，应审查该 3 个函数中各变量是否与函数名的编码规则相对应。

通常，对于大篇幅但相对简单且有规律的赋值操作，包括头文件中的宏定义值，每个文件或函数开头部分的全局变量初始化赋值、数组成员初始化赋值等，应分析赋值规律，尤其是命名类似变量，按规律对赋值操作进行检查，特别是对多维数组成员初始化赋值时，应重点关注数组下标值的顺序。例如，某网络设备管理软件头文件中，包括如下代码：

```
m_arJXCaption[30]="打印机";
m_arJXCaption[30]="投影仪";
m_arJXCaption[31]="复印机";
m_arJXCaption[32]="传真机";
m_arJXCaption[33]="扫描仪";
```

上述代码是对数组 m_arJXCaption 按由小到大的下标顺序，共享网络设备，进行初始化赋值，但对 m_arJXCaption[30]却连续进行了两次初始化赋值，导致第二个 m_arJXCaption[30]的值“投影仪”取代了第一个 m_arJXCaption[30]的值“打印机”，使得“打印机”无法列入网络共享设备中，当客户端提交打印作业时，系统将无法执行打印作业。

对于并排赋值操作结构，赋值操作结构相同，仅结构体成员赋值不同。在编码过程中，可能首先通过复制类似结构，然后对相应的结构体成员或结构体变量进行修改，在此过程中可能发生修改遗漏等情况，应仔细审查赋值含义。例如，某北斗导航管理软件中，如下代码用于对精度 longitude 的数值和符号赋值：

```
g_s_av_zhouqi_ku.s_longitude_msb.val=g_s_inen00_00.s_longitude_msb.val;
g_s_av_zhouqi_ku.s_longitude_msb.val=g_s_inen00_00.s_longitude_msb.sign;
```

上述代码中，因复制经度数值的赋值操作未修改结构体成员 val，导致将经度的符号值赋给了经度的数值，而不是将符号位的值赋予经度的高 15 位，使得第一条语句所赋予的值被覆盖。

在软件中，多层条件嵌套非常普遍，当代码中出现多个 if 嵌套或循环体嵌套 if 时，判断条件和循环条件嵌套逻辑正确性及前后一致性，是程序结构审查的重点。尽管有些函数声明了返回值类型，但在函数定义中却恒定地返回某一个值。在函数调用处，如果存在判断此函数返回值的代码，将导致语句不可达。对于文件操作 fopen，应有对应的 fclose 操作，执行 fopen 操作后，文件指针指向指定文件，若该文件执行读、写操作后，未关闭文件指针，那么该文件将一直处于打开状态，导致其不安全。因此，应检查每个 fopen 操作后，在每个可能的返回路径上，是否有一个与之匹配的 fclose 操作。

2．逻辑一致性审查

（1）**代码与注释一致性审查**：审查注释定义或描述与代码实现范围是否一致；判断条件中，变量边界值定义是否与相应的注释一致，需要重点关注开区间与闭区间的区别。

（2）**注释间的一致性审查**：审查头文件中变量的注释与变量调用处的注释是否一致，各调用处之间的注释是否一致。

（3）**代码与提示信息的一致性审查**：审查代码实现与相应提示信息的含义是否一致。例如，某 GPS 管理系统中，有如下代码：

```
if(amend_car.XF<=0.llamend_car.XF>360.llamend_car.VF<=0.llamend_car.VF>360.)
{
    QMessageBox::warning(this,("管理系统"),tr("方向 0-360  速度 0-360"),tr("确定"), 0, 0);
    return;
}
```

从告警信息可以看出，汽车行驶方向和速度的正常值范围均为[0，360]，但从判断条件可知，当 amend_car.XF（方向）、amend_car.VF（速度）为 0 时，系统判定其为非法值，并将其作为非法值进行处理，导致不能接收方向、速度信息。

（4）**文档对特定值规定的范围与代码实现一致性审查**：对软件需求规格及设计文档定义的所有变量范围进行检查，确保文档与代码实现的一致性。

（5）**相似判断条件或处理语句中判断常量的一致性审查**：对相似判断条件或处理语句进行审查，验证使用判断常量值的一致性，尤其是当判断条件过长时，应验证每个判断条件的子条件；对于判断精度，应使用相同的精度要求，笔误可能导致前后精度不一致，如有效位多一位或少一位，小数部分长度不一致等问题。

3. 运算正确性审查

（1）**除法溢出**：分析被除数是否存在等于 0、变量初始化赋值为 0 后直接作为分母使用，以及两个相等变量相减后赋值给分母等情况，需要追溯多个函数之间调用的实参值，分析变量可能的取值范围。显而易见，如下代码存在着除零风险：

```
44    float v0 = (float)(a / sqrt((1 - ecc2 * pow(sin(lat), 2))));
85    float theta = (float)atan((DZ_z * a) / (Dxy * b));

118   *Glat = (float)(180.0 * atan((DZ_z + eccp2 * b * sin(theta) * sin(theta) * sin(theta)) / (Dxy - ecc2 * a * cos(theta) *
              cos(theta) * cos(theta))) / PI);
119   *Gh = (float)(Dxy / cos((*Glat) * PI / 180.0) - a / sqrt(1 - ecc2 * sin((*Glat) * PI / 180.0) * sin((*Glat) * PI / 180.0)));
```

（2）**数组越界访问**：数组越界访问会导致访问一个没有指定地址的数据，如果该数据是系统关键数据，可能导致程序卡死或重启。对于下标为固定数值的数组，测试工具能够予以准确识别，但对于下标为变量的数组，则需分析数组下标的实际取值范围。数组运算通常嵌套在循环体中，需重点分析数组下标变量与循环体变量之间的关系，当数组下标为循环体变量时，循环体结束后，如果存在对数组的操作，且下标仍为循环体变量，则需要对此数组下标的取值进行重点分析。因为退出循环体的条件通常是循环体变量的取值已等于或大于数组定义的大小，所以退出循环体后数组仍使用循环体变量作为下标时，容易造成数组越界访问。

（3）**strcpy、memcpy 复制操作**：检查两个操作数的长度是否一致，如果两个操作数的长度不一致，尤其是当第二个操作数长度大于第一个操作数长度时，必定导致内存越界。

4. 运算符号检查

（1）**for 循环条件审查**：for(i=0；i<a；i++)或 for（i=a；i>0；i--）是 for 循环的正确形式，但惯性思维可能导致低级错误，当 i--时，i 的循环终止条件是 i>0，而非 i<0。

（2）**等号敏感审查**：如果判断条件中对两个浮点型变量进行比较，杜绝 a==b 这种情况，应使用 fabs()进行比较；当循环体内存在数组，且数组下标为循环体变量时，如果循环体终止条件中循环变量不大于或不小于某个数值，可能导致数组越界访问；在判断条件中，如果两个变量相等，且判断分支中将两变量相减的值作为分母时，可能导致除法溢出。

（3）**循环条件、判断条件中的运算符是否为逻辑运算符审查**：在判断条件中，如果将逻辑运算符误写为算术运算符，将使得判断条件无效或恒成立，从而导致有条件进行的语句操作无法执行或无条件执行。例如，在判断条件的布尔表达式中，将逻辑运算符“==”误写为算术运算符“=”，将逻辑运算符“&&”误写为算术运算符“&”，都是常见的错误。

5. 基于故障模式的代码审查效率

下面引用徐思琰所著《基于故障模式的代码审查方法》中的数据来说明基于故障模式的代码审查效率。表 11-11 给出了按时间顺序的代码审查情况统计表，而基于故障模式的代码审查情况统计如图 11-22 所示。

表 11-11 代码审查情况统计

序号	规 模	编程语言	工 作 日	缺陷总数	CV 缺陷数	FM 缺陷数	比例 1	比例 2
1	12668	C	10	175	163	15	9.20	8.57
2	12659	C	8	207	200	15	7.50	7.25
3	13260	C	6	59	44	6	13.64	10.17
4	37000	C++	10	188	168	32	19.05	17.02
5	22000	C	5	109	91	27	29.67	24.77
6	13504	C	10	89	46	16	34.78	17.89
7	31000	C	15	73	67	39	58.21	53.42
8	25000	C++	15	222	164	88	53.66	39.64
9	21000	C	7	451	106	65	61.32	14.42

说明：（1）“工作日”是代码审查所用日历时间；（2）“缺陷总数”是指除文档审查外测试检出的缺陷总数；（3）“CV 缺陷数”是指代码审查发现的软件缺陷总数，包括基于故障模式代码审查问题数，即 FM 问题数；（4）“比例 1”是指基于故障模式的代码审查缺陷数占代码审查缺陷数的百分比；（5）“比例 2”是指基于故障模式的代码审查缺陷数占缺陷总数的百分比

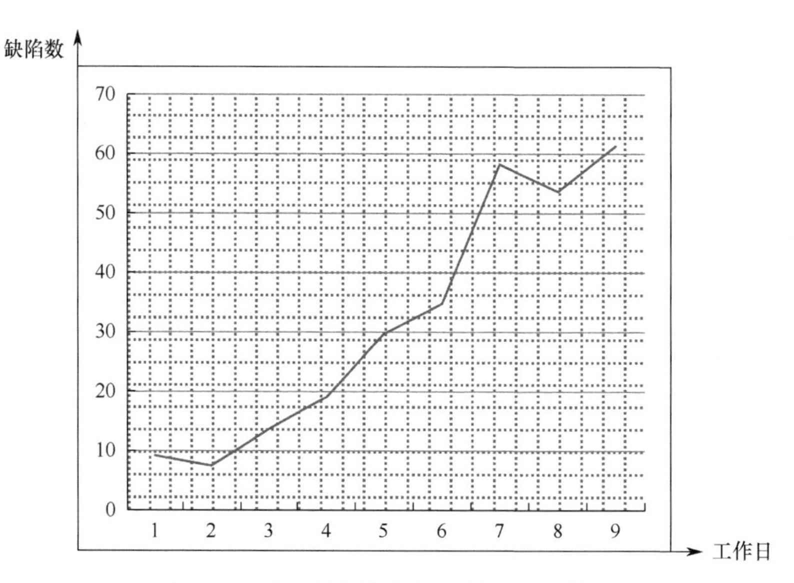

图 11-22 基于故障模式的代码审查情况统计

可见，在相同的审查周期内，基于故障模式的代码审查检出缺陷的比例不断上升，审查效率明显提升，且较好地解决了基于审查单的代码审查所存在的问题。

11.4.2　代码走查

代码走查是指由测试人员、开发人员共同组成走查小组，集体阅读并讨论程序，沿程序逻辑执行测试用例，查找可能存在的编码缺陷，它是软件开发过程中重要的质量保证与提升活动。在本书 5.1.3 节已介绍了代码走查的概念、方法及效果，此处不重复介绍，仅简要介绍代码走查流程，并用一个示例对代码走查方法进行说明。

11.4.2.1　代码走查流程

代码走查流程同软件测试基本过程一致，其基本流程如下。

（1）**走查策划**：制定走查策略，建立走查小组，确定走查的范围、内容及计划进度。

（2）**走查设计**：针对需要走查的代码，设计具有代表性的测试用例，明确走查步骤以及输入条件、期望的执行结果。

（3）**走查执行**：沿程序逻辑，执行测试用例，监视程序状态，验证代码实现与设计的一致性、代码执行标准的情况、代码逻辑表达的正确性、代码结构的合理性、代码的可读性等。

（4）**走查总结**：对走查过程中发现的问题进行分析讨论，形成问题确认单，开发人员修改后，进行回归确认，形成走查报告。

11.4.2.2　转台控制–接收手持终端指令处理程序代码走查

某转台系统，接收手持终端发出的指令，经处理后，对转台进行操作控制，其指令处理程序流程如图 11-23 所示。

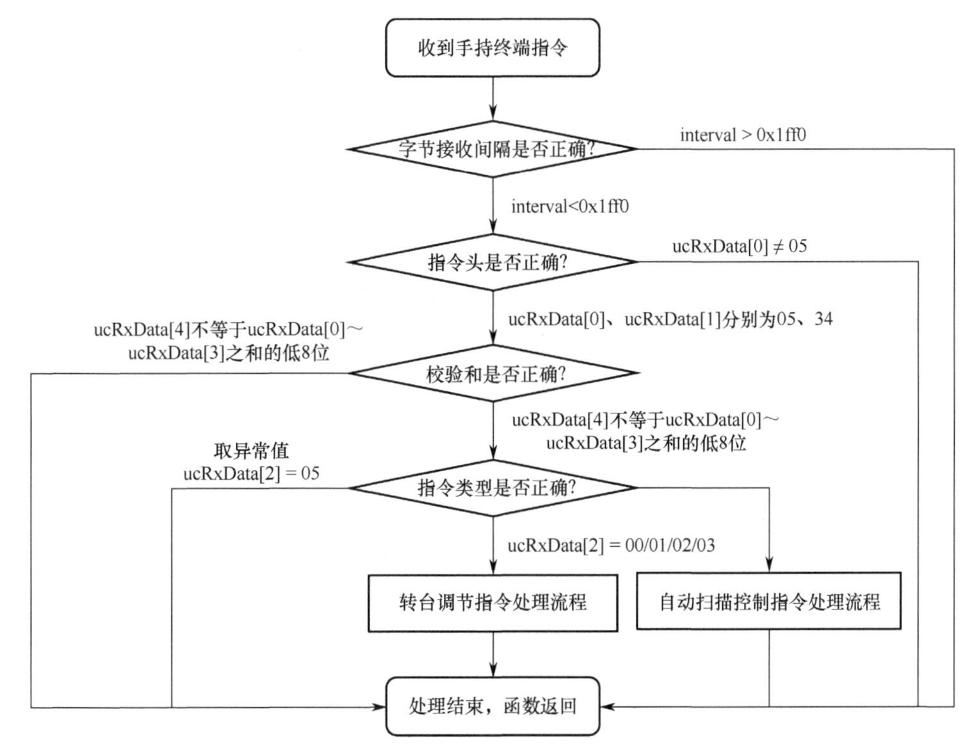

图 11-23　某转台控制–接收手持终端指令处理程序流程

按照 11.4.2.1 节的代码走查流程，对该程序进行代码走查，走查记录如表 11-12 所示。

表 11-12 某转台控制-接收手持终端指令处理程序代码走查记录

用例名称	接收手持终端指令	用例标识	COW-TXZT01	大纲章节	4.2.3.2
简要描述	转台控制-接收手持终端指令处理程序代码走查				
测试过程					
序号	测试步骤	测试结果			结论
		预期结果		实际结果	
1	收到手持终端指令，接收到串口中断，进入函数 rx0DData()，按字节接收串口数据并存入数组 ucRxData[]	串口 0 数据接收中断，对串口数据有效性进行判断		满足要求	通过
2	若每个字节接收间隔超过 0x1ff0，则放弃本次数据，重新接收串口中断；interval>0x1ff0	数据异常，放弃，函数返回		满足要求	通过
3	接 1，interval<0x1ff0	数据有效，函数继续执行		满足要求	通过
4	接 3，指令头为 0534，否则丢弃。ucRxData[0]≠05	数据异常，放弃，函数返回		满足要求	通过
5	接 3，指令头为 0534，否则丢弃。ucRxData[1]≠34	指令头错，放弃，函数返回		满足要求	通过
6	ucRxData[0]、ucRxData[1]分别为 05、34	指令头正确，继续执行		满足要求	通过
7	接 6，判断校验和，校验位为前 4 字节之和的低 8 位，如不是，则丢弃	校验位正确，继续执行		满足要求	通过
8	接 7，ucRxData[4]≠ucRxData[0]～ucRxData[3]之和的低 8 位	校验位错，放弃，函数返回		满足要求	通过
9	ucRxData[2]=04	数据异常，放弃，函数返回		满足要求	通过
10	接收到转台调节指令，进行处理。ucRxData[2]=00/01/02/03	转台调节指令，调用函数 move (ucRxData[2],ucRxData[3])		满足要求	通过
11	接收到自动扫描控制指令，进行处理。ucRxData[2]=10	扫描控制指令，判断全局变量 bPointF，进行 0/1 置反		满足要求	通过
12	指令类型为异常值。ucRxData[2]=04	数据异常，放弃，函数返回		满足要求	通过

11.4.3 静态分析

究其实质，静态分析就是程序运行的模拟器或仿真器。静态分析具有显著的优势及应用场景，但模拟仿真不可能和实际运行的动态程序完全相同。因为静态分析是不可判定的，所以静态分析结果必然存在误报和漏报。为了更好地发掘静态分析的价值，通常在需求分析和软件设计阶段，针对不同安全等级要求的软件，构建合规性、安全性、可靠性模型，直接映射到编码过程，并使用不同的静态分析工具进行并行测试。基于需求分析和软件设计的模型是强制约束的，并行测试能显著降低静态分析的漏报率和误报率，提高静态分析的可信度。典型静态分析质量度量指标如表 11-13 所示。

表 11-13 典型静态分析质量度量指标

度量元	描述	指标
文本度量	软件单元语句数	≤200
注释度量	软件单元有效注释率	≥20%
扇出数	函数调用的下层函数个数	<7
局部变量	局部变量个数	<8
函数参数	函数参数个数	≤7
结构度量	平均圈复杂度（不适用于 switch、case 结构）	≤10
	最大圈复杂度	≤80
	圈复杂度比例控制	≤20%
	基本复杂度	≤4
Goto 语句	Goto 语句数（只适应于结构化的高级语言）	0

11.4.3.1 静态分析方法

这里，首先给出一个如表 11-14 所示的某捷联惯导软件的静态分析测试项示例，以直观地说明静态分析方法。

表 11-14　某捷联惯导软件静态分析测试项示例

测试项名称	静 态 分 析	测试项标识	SZZD-JTC-Q01	优 先 级	1
追踪关系	隐含需求				
测试项描述	使用静态分析工具 Clockwork，对代码进行程序结构分析、数据结构分析、控制流分析、数据流分析、接口分析、表达式分析、语言使用分析、软件质量指标度量				
测试方法	（1）根据被测软件的特点，配置静态分析工具；（2）统计软件代码行数、有效代码行数、注释行数、模块数、模块代码行数、模块圈复杂度、模块基本复杂度、模块扇入数、模块扇出数等信息；（3）对质量不满足指标要求的模块，进行专项代码审查				
充分性要求	对捷联惯导软件的全部源代码进行静态分析				
通过准则	完成要求的源代码静态分析，得到软件质量度量信息				

根据表 11-14 所示测试项要求，设计测试用例，扫描该捷联惯导软件，得到其质量度量指标，将程序基本信息及质量度量记录填入表 11-15。

表 11-15 程序基本信息及质量度量记录表

序　号	度量元名称	测试进入版统计值				测试最终版统计值			
1	源文件个数								
2	头文件个数（不含系统文件）								
3	总代码行数								
4	有效代码行数								
5	总注释行数								
6	总注释率（注释行/总代码行）（%）								
7	文件注释率<20%的比例（%）								
8	文件注释率（%）	最小值		最大值		最小值		最大值	
9	模块总数								
10	模块圈复杂度平均值								
11	模块圈复杂度最大值								
12	模块圈复杂度过大的比例（%）	>10 的比例		>40 的比例		>10 的比例		>40 的比例	
13	模块平均行								
14	模块最大行								
15	模块规模>200 行的比例（%）								
16	模块扇入数平均值								
17	模块扇入数最大值								
18	模块扇出数平均值								
19	模块扇出数最大值								
20	模块扇出数过大的比例（%）	>7 的比例				>7 的比例			

数据流分析、基于约束的分析、抽象解析、类型与结果分析等是静态分析的基础理论和分析算法。常用静态分析方法如下。

（1）**词法分析**：自左至右，对构成源程序的字符流进行逐字符扫描，使用正则表达式匹配方法，将源程序转换为等价的符号，生成相关符号列表，按照构词规则，检出非法字符、违反构词规则等词法错误。

（2）**语法分析**：根据特定形式文法，将词法分析输出序列转化为语法树，使用上下文无关语法，对输入文本进行分析，检出语法结构错误。

（3）**语义分析**：对结构正确的源程序进行上下文有关性质的审查，检出语义错误。

（4）**控制流分析**：建立程序控制流图，用节点表示基本代码块，节点间的有向边表示控制流路径，反向边表示可能存在的循环生成函数调用关系图，表示函数间的嵌套关系，验证程序控制流是否存在错误。

（5）**数据流分析**：遍历控制流图，记录变量的初始化点和引用点，保存切片数据，测试程序的运行时行为。

（6）**污点分析**：基于数据流图，确定可能受到攻击的变量，识别代码表达缺陷。

（7）**无效代码分析**：根据控制流图，分析出孤立节点，检出无效代码。

11.4.3.2 udpClient.java 静态分析

软件单元 udpClient.java 用于读取文本中的登录及心跳报文，旨在将文本字符串转化为字节数组，向系统发送登录报文及周期性心跳报文。软件单元 udpClient.java 实现代码如图 11-24 所示。

```
11 public class udpClient {
12     private static DatagramSocket clientSocket = null;
13     private static InetSocketAddress serverAddress = null;
14     /**编码格式，一般gbk或者utf-8*/
15     private static String CHARSET_NAME="gbk";
16     private static String UDP_URL="10.2.100.181";    //服务端IP地址
17     private static Integer UDP_PORT=6000;            //服务端端口号
18     public static DatagramSocket getDatagramSocket()throws SocketException {
19         return (clientSocket == null)?new DatagramSocket( ):clientSocket;
20     }
21     public static InetSocketAddress getInetSocketAddress(String host, int port)throws SocketException {
22         return (serverAddress == null)?new InetSocketAddress(host, port):serverAddress;
23     }
24     public static void send(String host, int port,String msg) throws IOException {
25         try {
26             System.out.println("UDP发送数据:"+msg);
27 
28             byte[] data = hexStringToByteArray(msg);
29             DatagramPacket packet = new DatagramPacket(data, data.length, getInetSocketAddress(host,  port));
30             getDatagramSocket().send(packet);
31             System.out.println("发送完毕");
32             getDatagramSocket().close();
33         } catch (UnsupportedEncodingException e) {
34             e.printStackTrace();
35         }
36     }
37     public static byte[] hexStringToByteArray(String hexString) {
38         hexString = hexString.replaceAll(" ", "");
39         int len = hexString.length();
40         byte[] bytes = new byte[len / 2];
41         for (int i = 0; i < len; i += 2) {
42             // 两位一组，表示一个字节,把这样表示的16进制字符串，还原成一个字节
43             bytes[i / 2] = (byte) ((Character.digit(hexString.charAt(i), 16) << 4) + Character
44                     .digit(hexString.charAt(i + 1), 16));
45         }
46         return bytes;
47     }
48     public static String readString(int i)
49     {
50         String str="";
51         File file;
52         if(i == 0)
53         {
54             file=new File("D:\\716\\udpSim\\src\\udpSim\\登录.txt");
55         }
56         else
57         {
58             file=new File("D:\\716\\udpSim\\src\\udpSim\\心跳.txt");
59         }
60         try {
61             FileInputStream in=new FileInputStream(file);
62             // size  为字串的长度，这里一次性读完
63             int size=in.available();
64             byte[] buffer=new byte[size];
65             in.read(buffer);
66             in.close();
67             str=new String(buffer,"UTF-8");
68         } catch (IOException e) {
69             // TODO Auto-generated catch block
70             return null;
71         }
72         return str;
73     }
74     public static void main(String[] args) throws Exception {
75         //main方法用于测试
76         String result;
77         udpClient udpClientIns = new udpClient();
78         result = udpClientIns.readString(0);
79         udpClientIns.send(udpClient.UDP_URL,udpClient.UDP_PORT,result);    //发送登录报文
80         while(true)
81         {
82             result = udpClientIns.readString(1);
83             udpClientIns.send(udpClient.UDP_URL,udpClient.UDP_PORT,result);    //发送心跳报文
84             Thread.sleep(10000);
85         }
```

图 11-24 软件单元 udpClient.java 实现代码

设计测试项，使用 KlocWork 对软件单元 udpClient.java 进行静态分析，使用 McCabe 进行质量度量。其测试项设计如表 11-16 所示。

表 11-16　软件单元 udpClient.java 静态分析测试项设计表

测试项名称	udpClient.java 静态分析	测试项标识	XX_XX_JTF_J01	优　先　级	1
追踪关系	隐含需求				
测试项描述	利用静态分析工具对软件进行控制流分析、数据流分析、接口特性分析、表达式分析、内存使用缺陷分析和质量度量，给出分析结果				
测试方法	使用 KlocWork 10.1，对软件单元 udpClient.java 进行控制流分析、数据流分析、接口特性分析、表达式分析、内存使用缺陷分析；使用 linecount、McCabeIQ 统计该软件单元的基本信息及质量度量信息				
充分性要求	进行控制流分析、数据流分析、接口特性分析、表达式分析、内存使用缺陷分析				
约束条件	对版本固定的软件单元 udpClient.java 源程序进行分析				
终止要求	对软件单元 udpClient.java 进行静态分析，通过人工整理判断，得到分析结果				
通过准则	完成源代码分析，得到软件单元 udpClient.java 的质量度量信息及分析结果，该软件没有违反强制性编程准则，度量结果满足要求				

1. 结构分析

使用 McCabeIQ 对该软件单元进行结构分析，得到如图 11-25 所示方法间的调用关系。

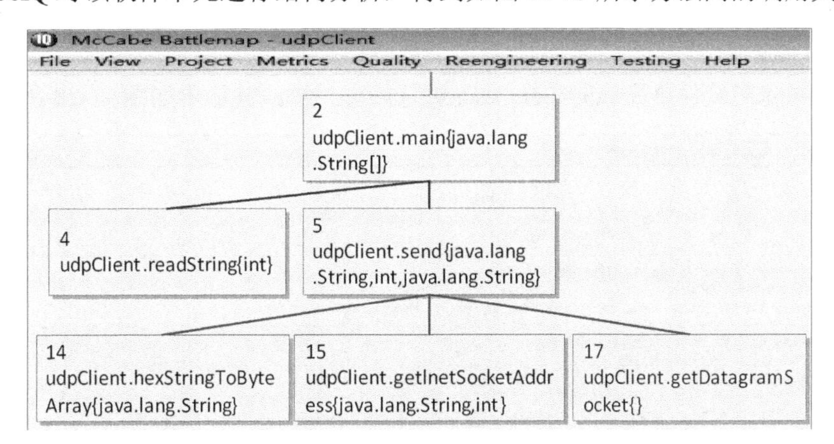

图 11-25　软件单元 udpClient.java 方法间的调用关系

2. 质量度量

使用 McCabeIQ 按模块和类对软件单元 udpClient.java 的圈复杂度 $v(G)$、基本复杂度 ev(G)、衍生类数量（由父类产生的子类数量）NOC、类的深度（从父类开始到最低端子类的长度）Depth、类中包含方法的数量 WMC、扇入/扇出等进行度量，其质量度量结果分别如图 11-26 和图 11-27 所示。

Customized Report 'METRIC'

Print...　Save As...　Save Text...　Save Data...　Apply To Chart　Close　Help...

Module Name	v(G)	ev(G)	nl	BLOC	CLOC	Param Count
udpClient.getDatagramSocket()	2	1	3	0	0	0
udpClient.getInetSocketAddress	2	1	3	0	0	2
udpClient.hexStringToByteArray	2	1	11	0	1	1
udpClient.send(java.lang.Strin	3	1	13	1	0	3
udpClient.readString(int)	4	1	26	0	2	1
udpClient.main(java.lang.Strin	2	1	13	0	1	1
Total:	15	6	69	1	4	8
Maximum:	4	1	26	1	2	3
Minimum:	2	1	3	0	0	0

Rows in Report: 6

图 11-26　软件单元 udpClient.java 按模块的质量度量结果

图 11-26 分别给出了软件单元 udpClient.java 中各个函数的圈复杂度、基本复杂度、模块规模、空白

代码行数、注释行数、软件模块所含参数个数以及参数总数的度量结果。

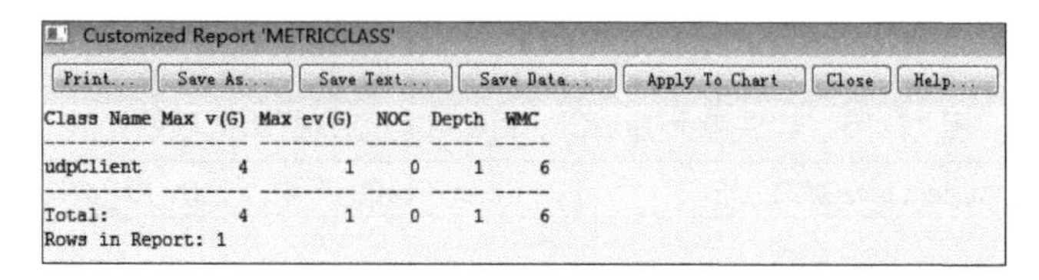

Class Name	Max v(G)	Max ev(G)	NOC	Depth	WMC
udpClient	4	1	0	1	6
Total:	4	1	0	1	6

Rows in Report: 1

图 11-27　软件单元 udpClient.java 按类的质量度量结果

圈复杂度的度量结果为：$v(G)_{\text{Total}}=15$、$v(G)_{\text{Maximum}}=4$、$v(G)_{\text{Minimum}}=2$。

基本复杂度的度量结果为：$\text{ev}(G)_{\text{Total}}=6$、$\text{ev}(G)_{\text{Maximum}}=\text{ev}(G)_{\text{Minimum}}=1$。

代码（包含有效代码、注释行及空白行）总行数 $\text{nl}=69$；空白行 $\text{BLOC}=1$。

仅为注释的代码行数 $\text{CLOC}=4$，则可得该软件模块的注释率为 $4/(69-1-4)\times100\%=6.25\%$。

模块所含参数个数 $\text{Param Count}=8$。

从质量度量结果来看，除注释率较低外，该软件单元各质量度量符合相关标准要求。

由图 11-27 可得到 udpClient 类包含的所有模块的圈复杂度的最大值 $\text{Max } v(G)=4$；所有模块的基本圈复杂度的最大值 $\text{Max ev}(G)=1$；该类衍生出类的数量 $\text{NOC}=0$；该类继承树的深度 $\text{Depth}=1$；该类执行方法的数量 $\text{WMC}=6$。

3. *静态扫描结果分析*

使用 Klocwork 10.1 对软件单元 udpClient.java 进行静态扫描，其输出如图 11-28 所示。

图 11-28　软件单元 udpClient.java 静态扫描输出

由图 11-28 可见，对软件单元 udpClient.java 进行静态扫描，共发现包括不符合编码规则等 11 个问题。进一步地，对这 11 个问题进行分析，分别得到“严重”错误和“一般”错误的静态分析结果及对应的代码，分别如图 11-29 和图 11-30 所示。

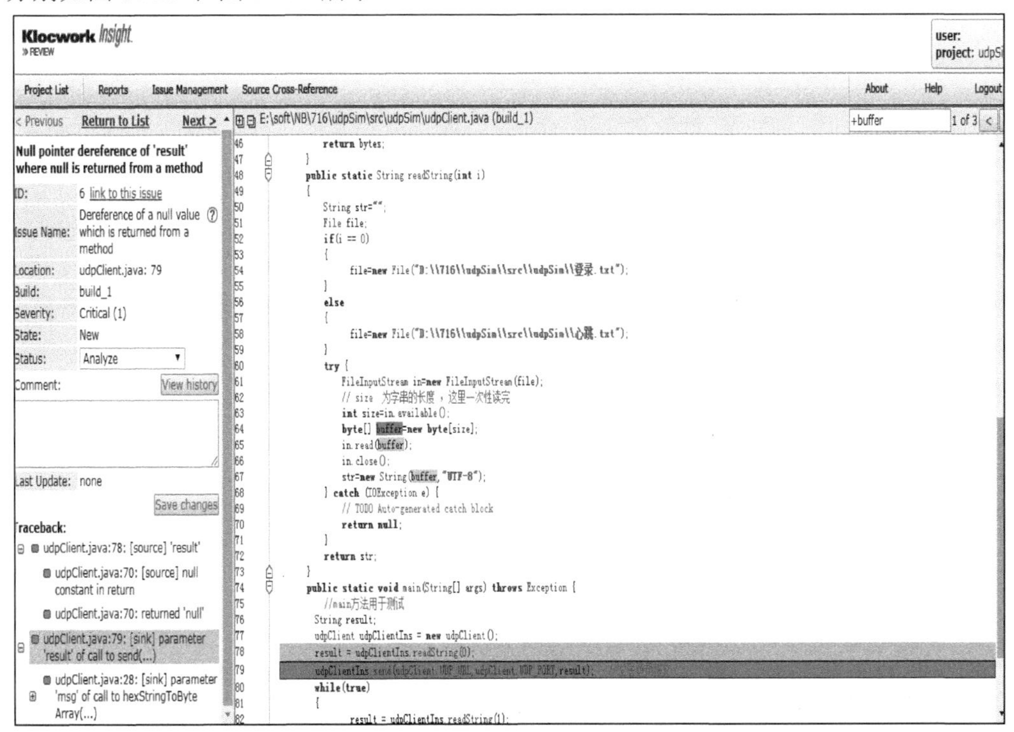

图 11-29　静态分析结果及“严重”错误的代码

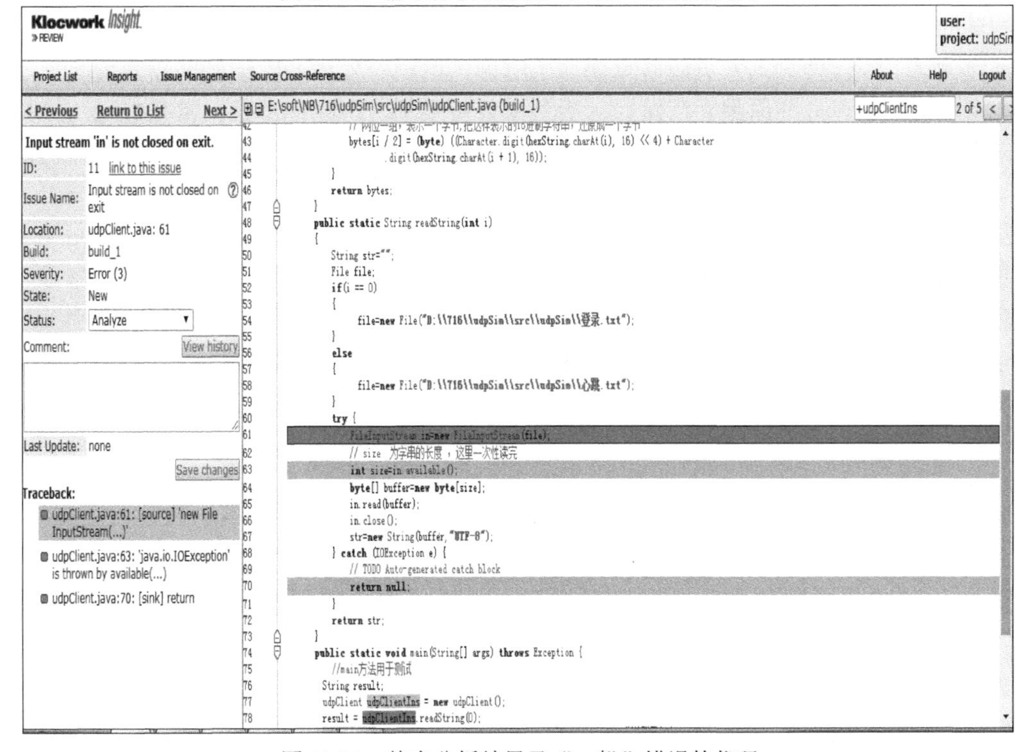

图 11-30　静态分析结果及“一般”错误的代码

由图 11-29 可知，当向 udp 服务端发送登录报文（第 79 行）时，未对 result 进行非空判断，导致 result 为 null 的原因是创建文件输入流异常（第 70 行）。显然，该问题是一个严重问题。当向 udp 服务端发送登录报文（第 79 行）时，应首先对 result 进行判断，若为非空，则向 udp 服务端发送；若为空，则重新获取登录报文内容。

由图 11-30 可知，当创建文件数据流（第 61 行）之后，创建异常未对文件数据流进行关闭操作，导致此资源未成功释放。解决该问题的方法是文本数据流在 try catch 后增加 finally 语句块，在 finally 语句块中对文件数据流对象进行关闭，保障资源能成功释放。

11.4.4 逻辑测试

逻辑测试是在程序可能引起跳转的代码处进行插装处理，完成程序变异，重新编译后在实际平台上运行，执行与被插装模块相关的测试用例，当程序执行到该代码时，触发桩标记，对运行结果进行分析，判断语句、分支、条件、条件组合及路径等覆盖率是否满足技术要求，评价程序逻辑结构设计的合理性、实现的正确性。逻辑测试是一种对程序逻辑路径的穷举测试。

不同安全等级的软件，对逻辑结构覆盖率有着不同的要求。表 11-17 给出了一个典型的逻辑测试技术要求，供读者参考。

表 11-17 典型的逻辑测试技术要求

软件等级	语句覆盖率（SC）	判定/条件覆盖率（DC）	修正的条件判断覆盖率（MC/DC）
A	100%	100%	100%
B	100%	100%	—
C	100%	—	—
	部件/单元间调用对覆盖率 100%		

11.4.4.1 充分性要求

逻辑测试的目的是对程序逻辑结构设计的合理性、正确性的验证，也是对逻辑驱动测试充分性的度量。通过逻辑测试，不仅使测试人员能够直观地了解测试用例对程序逻辑结构的覆盖情况，而且能够快速、准确地定位覆盖不充分的原因。当然，由于测试条件限制，如存在部分异常状态无法模拟执行等情况，对软件中相应的异常保护、分支判断语句不能充分覆盖，对于此类未能实现充分覆盖的情况，应进行相应代码的人工分析、代码走查，测试验证其逻辑正确性。

对于各种覆盖类型，当遍历代码控制流表达的逻辑结构，达到所要求的覆盖率时，就意味着执行这些测试用例即可达到期望的结果。在这个意义上，逻辑测试就是对测试充分性的度量。在本书第 5 章已系统介绍了各种覆盖类型的定义、覆盖要求、用例设计方法、充分性要求等内容，此处不重复介绍。这里，仅对不同覆盖类型定义进行归纳，以期说明其充分性要求。逻辑结构覆盖类型及充分性要求如表 11-18 所示。

表 11-18 逻辑结构覆盖类型及充分性要求

序号	覆盖类型	充分性要求
1	语句覆盖	每条可执行语句至少被执行一次
2	判定覆盖	每个判定取“真”及“假”的分支至少被执行一次
3	条件覆盖	每个判定的每个条件的所有可能取值至少被执行一次
4	判定/条件覆盖	判定条件中所有条件的可能取值，所有判定的可能结果至少被执行一次，同时满足判定覆盖和条件覆盖的技术要求
5	条件组合覆盖	条件的各种可能组合以及每个判定本身的判定结果至少被执行一次
6	MC/DC 覆盖	所有条件的每个取值、所有判定的每个取值至少被执行一次，且每个判定中的每个条件能够独立地影响一个判定的结果
7	路径覆盖	程序的所有可执行路径至少被执行一次

11.4.4.2　测试方法

关于逻辑测试的技术要求、内容及方法，已在本书 5.2 节进行了详细讨论，此处不赘述。这里，仅以某惯导软件系统的重要模块 StartNavi、NaviCompute、AttiDemodulate、FineAlign 及 CircleAlignHanble 为例，设计逻辑测试项，以说明逻辑测试的方法。逻辑测试项如表 11-19 所示。

表 11-19　某惯导软件逻辑测试项

测试项名称	逻 辑 测 试	测试项标识	XX_XX_LJC_J01	优 先 级	高
追踪关系	隐含需求				
测试项描述	利用程序代码内部的逻辑结构及相关信息设置监测点，设计或选择测试用例，在测试用例执行过程中记录监测点的状态，确定实际状态是否与预期状态一致				
测试方法	使用 RTInsight 对惯导软件的关键模块插桩，在代码内部的逻辑结构及相关信息设置监测点，执行测试用例，记录监测点状态，查看语句、判定、条件、判定/条件、条件组合、MC/DC 覆盖情况。对无法实现 100%覆盖的代码，通过代码走查分析确认未覆盖的原因				
充分性要求	对 StartNavi、NaviCompute、AttiDemodulate、FineAlign 、CircleAlignHanble5 个重要模块开展逻辑测试				
通过准则	语句、分支覆盖率达到 100%。对于达不到要求的代码，通过代码走查，给出合理解释				

11.4.4.3　目标码覆盖

目标码覆盖也是逻辑测试的重要对象。目标码覆盖要求编译生成的可执行代码的每条机器指令均被执行。目标码覆盖考虑了编译器因素，同上述各种类型的逻辑结构覆盖相互补充。这里，以如下代码为例，说明目标码覆盖的方法。

```
if((a<0||b<0)&&c<0)
{
        e=1;
}
e=e+1;
```

在上述代码中，if 语句中的判定（(a<0||b<0）&&c<0）包含了 3 个条件，对应的流程图如图 11-31 所示。

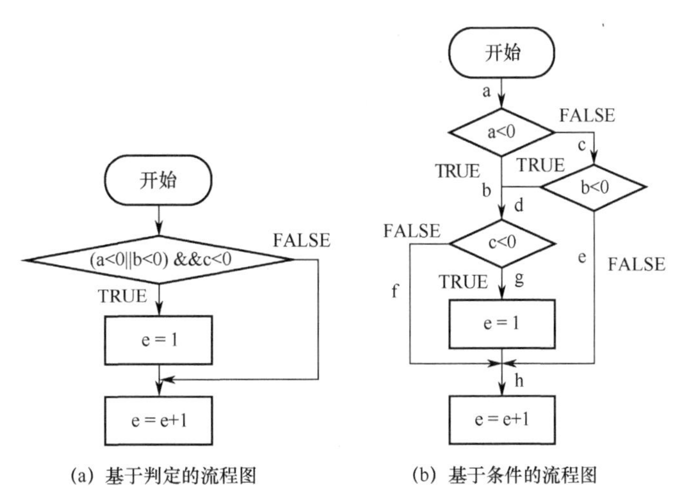

图 11-31　示例代码流程图

上述示例代码，编译后生成如表 11-20 所示的可执行代码。

对于上述示例代码及编译后的可执行代码，用表 11-21 所示测试用例，即可实现对该目标码 100%的覆盖。

表 11-20 示例代码编译生成的可执行代码

指令地址	机器指令	反汇编	注释
00401051	837DFC00	cmp dword ptr[ebp-04],00000000	变量 a 与 0 比较
00401055	7C06	jl 0040105D	若 a<0，则跳转到 0040105D
00401057	837DF800	cmp dword ptr[ebp-08],00000000	变量 b 与 0 比较
00401058	7D0D	jge 0040106A	若 b>=0，则跳转到 0040106A
0040105D	837DF400	cmp dword ptr[ebp-0C],00000000	变量 c 与 0 比较
00401061	7D07	jge 0040106A	若 c>=0，则跳转到 0040106A
00401063	C745F001000000	mov [ebp-10],00000001	变量 e 置 1
0040106A	8B45F0	mov eax,dword ptr[ebp-10]	将变量 e 存入寄存器
0040106D	83C001	add eax,00000001	寄存器加 1
00401070	8945F0	mov dword ptr[ebp-10],eax	将寄存器赋给变量 e

表 11-21 目标码覆盖用例集

用例号	输入 a 取值	输入 b 取值	输入 c 取值
1	−1	−1	−1

从第 5 章的讨论已知，对于判定覆盖，要求遍历程序的每个分支，而且判定的每个取值均需要被执行。对于真假二值判定，如 if 结构，测试用例至少执行 TRUE、FALSE 各一次；而对于多值判定，如 switch-case 结构，则需要保证所有 case 和 default 分支均被测试用例覆盖。

该例代码仅有一个 if 语句，包含 3 个条件。显然，对于表 11-22 所示分支覆盖用例集，用例 1 覆盖了 if 语句的 TRUE 取值，用例 2 覆盖了 if 语句的 FALSE 取值，分支覆盖率达到 100%。

表 11-22 分支覆盖用例集

用例号	输入 a 取值	输入 b 取值	输入 c 取值
1	−1	1	−1
2	−1	−1	1

满足分支覆盖的用例集对机器指令的覆盖情况如表 11-23 所示。表 11-22 所示测试用例，用例 1 未能覆盖 837DF800 及 7D0D 这 2 条机器指令，用例 2 未能覆盖 837DF800、7D0D、C745F001000000 这 3 条机器指令，即未能实现目标码的覆盖要求。因此，需要基于目标码设计测试用例。

表 11-23 满足分支覆盖的用例集对机器指令的覆盖情况

指令地址	机器指令	用例 1	用例 2
00401051	837DFC00	√	√
00401055	7C06	√	√
00401057	837DF800		
00401058	7D0D		
0040105D	837DF400	√	√
00401061	7D07	√	√
00401063	C745F001000000	√	
0040106A	8B45F0	√	√
0040106D	83C001	√	√
00401070	8945F0	√	√

11.4.4.4 udpClient.java 逻辑测试

用 McCabeIQ 可对 11.4.3.2 节所讨论的软件单元 udpClient.java 进行逻辑测试。在对代码插桩后，程序未运行之前，类中方法的覆盖率均为 0。插桩后运行前类中方法覆盖情况如图 11-32 所示。

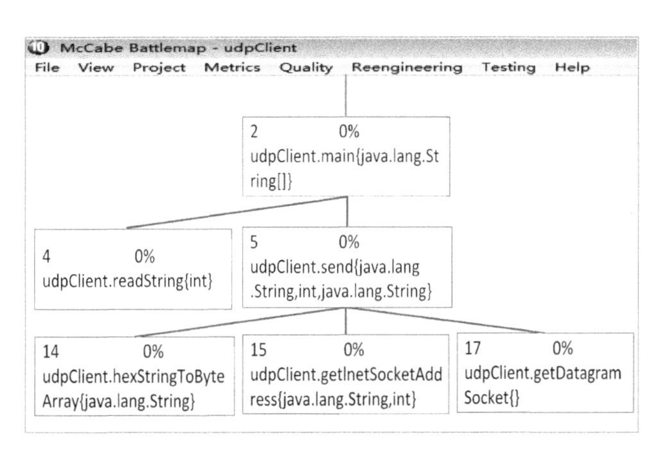

图 11-32　插桩后运行前类中方法覆盖情况

由 udpClient.readString 方法的控制流分析得知，节点 5 至节点 30 之间存在 2 条路径，分别是 i==0 以及 i 为非 0 的情况，当发送报文时，覆盖登录及心跳报文，便可覆盖此路径。节点 51 至节点 64 之间存在 3 条路径，分别是 try 代码段抛出异常为 IOException、未抛出异常及抛出异常为 UNHANDLED_EXCEPTION 的情况。udpClient.readString 方法控制流分析结果如图 11-33 所示。

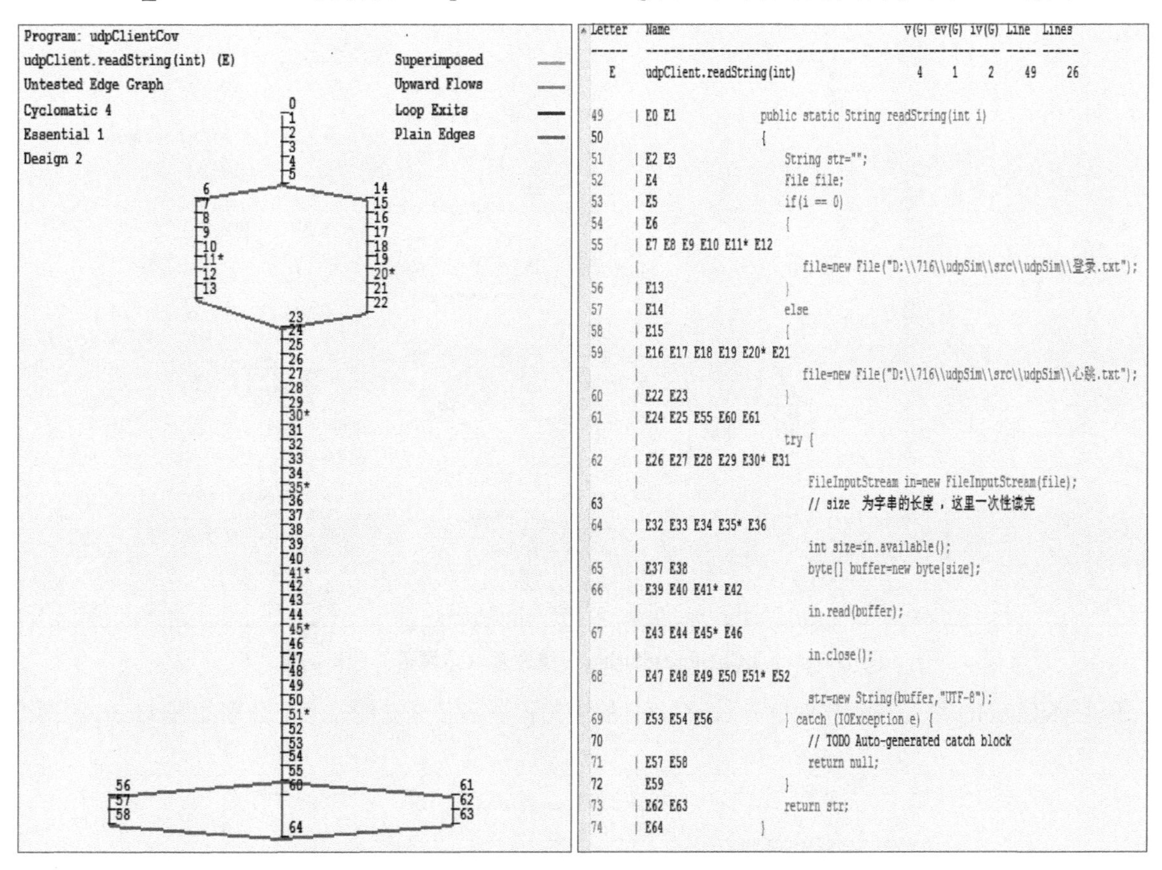

图 11-33　udpClient.readString 方法控制流分析结果

对于执行插桩后的程序，通过模拟登录.txt 文件，得到如图 11-34 所示的分支覆盖分析结果。

同样，得到 udpClient.readString 未覆盖分支的分析结果。未覆盖路径为节点 51，直接跳转至节点 64，其原因是未抛出 UNHANDLED_EXCEPTION，new FileInputStream 抛出的异常为 IOException，异常可被捕获；new String 抛出的异常应为 UnsupportedEncodingException，但因其支持 UTF-8 字符集，而不会抛出此异常，节点 51 不会直接跳转至节点 64。分支覆盖分析结果如图 11-35 所示。

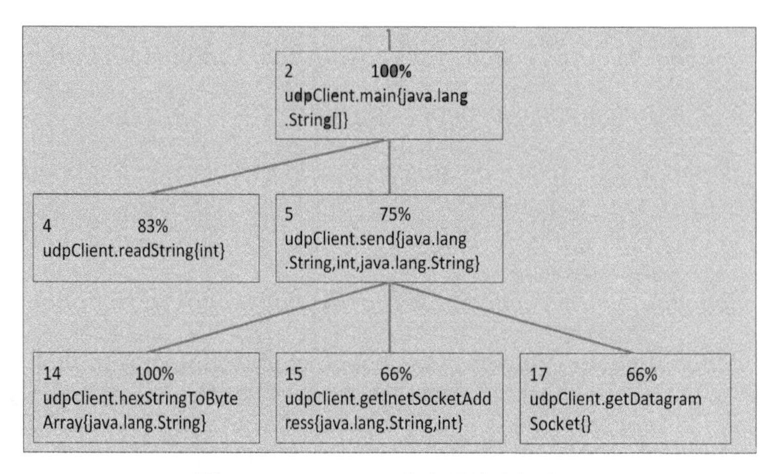

图 11-34 udpClient 分支覆盖分析结果

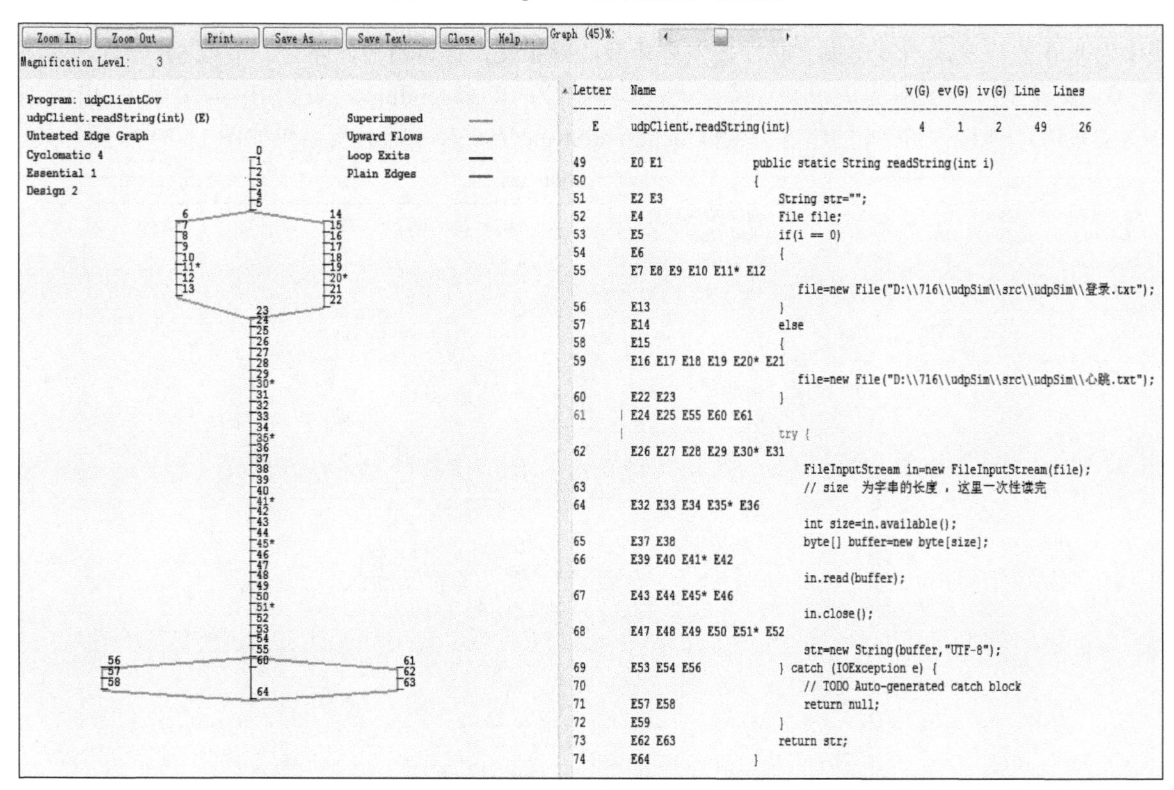

图 11-35 udpClient.readString 分支覆盖（未覆盖）分析结果

通过 McCabeIQ 统计得到软件单元 udpClient 的语句覆盖率及分支覆盖率，分别如图 11-36 和图 11-37 所示。

Code Coverage Metrics

Program: udpClientCov

Module Name	Lines	Covered	% Covered
udpClient.send(java.lang.String,int,java.lang.String)	12	10	83.33
udpClient.readString(int)	22	22	100.00
udpClient.main(java.lang.String[])	12	12	100.00
udpClient.hexStringToByteArray(java.lang.String)	10	10	100.00
udpClient.getInetSocketAddress(java.lang.String,int)	3	3	100.00
udpClient.getDatagramSocket()	3	3	100.00

图 11-36 软件单元 udpClient 的语句覆盖率

Branch Coverage Metrics

Program: udpClientCov

Module Name	# Branches	# Covered	% Covered
udpClient.getInetSocketAddress(java.lang.String,int)	3	2	66.67
udpClient.getDatagramSocket()	3	2	66.67
udpClient.send(java.lang.String,int,java.lang.String)	4	3	75.00
udpClient.readString(int)	6	5	83.33
udpClient.main(java.lang.String[])	3	3	100.00
udpClient.hexStringToByteArray(java.lang.String)	3	3	100.00

图 11-37 软件单元 udpClient 的分支覆盖率

11.4.5 内存使用缺陷测试

内存泄漏或内存使用错误，可能造成系统内存浪费直至内存资源耗尽，导致系统运行速度下降甚至系统崩溃等严重后果。为了讨论内存使用缺陷测试，考察如下由指针别名引起指针重复释放的程序。

```
1  char   *p,*q;
2  p=(char*)malloc(sizeof(char) *10);
3  strcpy(p, "OK");
4  q=p;
5  strcpy(q, "hello");
6  free(p);
7  free(q);
```

当软件中存在两个及以上指针表达式指向同一块内存空间时，指针表达式与内存空间形成别名关系。在示例程序中，语句 2 为指针 p 动态分配了内存，语句 4 使指针 q 指向指针 p，指针 p 和 q 形成指针别名，编译器无法识别这种情况，不能发现语句 6、语句 7 的指针重复释放错误。如果程序通过对象间赋值，该对象的构造函数动态申请内存，析构函数动态释放内存；两个动态申请的对象，通过相互赋值导致某一对象指向的空间被多次释放；由于复制构造函数使指针成员指向的内存多次释放，编译器不进行别名检查，导致同一内存重复释放。

内存使用缺陷往往无明显症状，编译器也可能无法发现，但在长时间运行或特殊触发等情况下，可能会暴露出来。导致内存访问错误的条件往往难以再现，这进一步增加了错误定位的难度。例如，在某软件测试过程中，检查 ControlDis.exe 进程占用内存情况时，发现其占用内存动态增加，经分析发现系模拟目标生成，删除“目标数据”时，内存未释放所致。图 11-38 展示了某软件内存动态增加的测试结果。

11.4.5.1 常见内存错误

当软件运行时，将其加载到内存代码区、数据区、BSS 区、堆和栈等区域。在内存分配、使用、释放等过程中，可能发生如下错误。

（1）**使用未分配成功的内存**：从堆中动态申请内存后，可能默认内存分配成功，而实际分配可能并不成功。使用内存之前，应检查指针是否为 NULL，以防止错误发生。

（2）**内存分配成功，但未初始化就引用**：对于 C 语言，内存默认初始值无统一标准，也无固定值，如变量引用处及其定义处相距较远，可能遗忘对变量赋初值，导致引用时出现错误。

（3）**内存分配成功且已初始化，但访问时越界**：越界内存中所存储的数据可能处于不确定状态，访问这些内存往往会导致程序异常。

（4）**未释放内存，导致内存泄漏**：内存分配之后，如果未及时释放或释放不正确，可能导致内存泄漏。

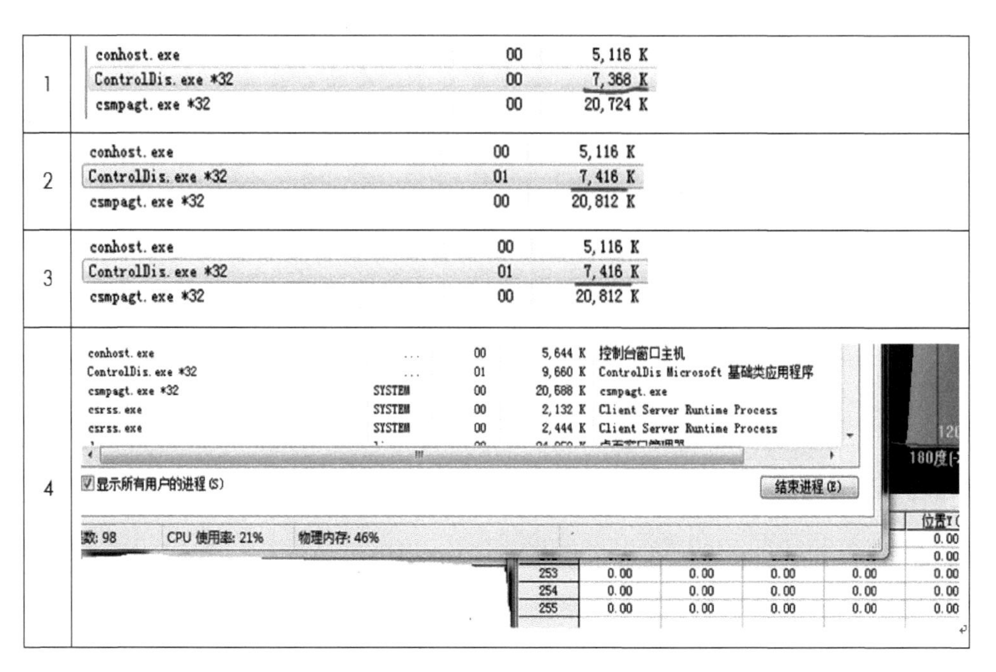

图 11-38　某软件内存动态增加的测试结果

（5）**使用释放内存，在内存生成周期之外访问内存**：访问一个已释放的堆分配单元，释放的内存单元归还系统后，该内存可以重新分配，但由于程序对象调用关系复杂，难以准确掌握内存分配与释放情况，用 free()或 delete()释放内存后，未将指针设置为 NULL，在 return 语句中返回了指向栈内存的指针或引用等原因，再次访问时该内存的值不确定。

（6）**动态分配内存释放**：动态分配内存必须整块一起释放，不能单独释放其中某一部分内存；free()只能释放动态分配内存，非动态分配内存由编译器释放。

11.4.5.2　测试方法

1. 内存使用错误检测

通过内存监控，采用目标代码插桩、系统代码插桩等方法，对动态分配内存越界、释放后仍处于锁定状态之中的句柄、对未处于锁定状态之中的句柄进行释放操作、内存分配冲突、读溢出内存、写溢出内存、读未初始化内存、栈溢出、静态内存溢出等进行检测，检出内存使用错误，但内存使用错误通常仅在系统运行过程中暴露出来。工程上，将内存使用错误检测同功能测试、性能测试、强度测试结合起来，往往会事半功倍。

2. 指针与内存泄漏错误检测

通过指针引用分析、内存分配和释放分析、指令插桩等方法，针对数组索引越界、指针指向越界、表达式中对不相关指针比较、函数指针未正确指向函数、内存泄漏（不正确的 free 操作、再次分配内存、离开某作用域时造成内存泄漏）、资源泄漏、使用未分配的指针、返回指向局部变量的指针等进行指针与内存泄漏错误检测。一般情况下，通过静态代码扫描，能够检出大部分内存使用缺陷，但内存泄漏往往暴露于系统连续运行等过程中，需要通过动态测试发现。在软件测试实践中，通常结合系统强度测试，采用专有动态内存测试工具进行动态内存监控及分析。这里，以如下程序为例，针对未检查 new()返回值的情况，对内存使用缺陷进行分析，以说明内存使用缺陷测试方法。

```
1    #include <new>
2    void foo ()
3    {
4        char   *P;
```

```
5        p = new char[10*10*10];
6        p[0] = 'x';
7        delete[]   p;
8        int *p;
   …
9    }
```

使用 new()、malloc()/calloc()等内存分配函数时，务必检查其返回值是否为空指针。若内存分配成功，则指针不为空，否则内存分配失败，且默认抛出 bad_alloc()异常。在程序中需要捕捉此异常语句，检查内存分配是否成功。对于上述示例程序，指针 p 通过 new()分配内存但未检查 new()分配内存后的返回值，造成内存使用缺陷，对于该情况的处置方法如图 11-39 所示。

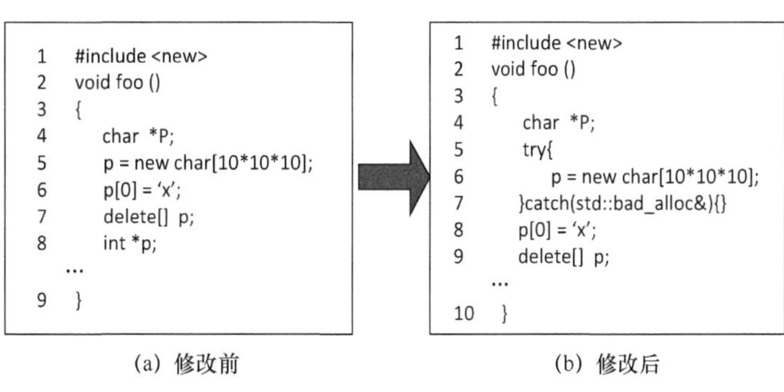

(a) 修改前　　(b) 修改后

图 11-39　内存使用缺陷程序修改示例

11.4.5.3　管理软件内存使用缺陷测试设计

以某管理软件为例，设计如表 11-24 所示的内存使用缺陷测试项。

表 11-24　某管理软件内存使用缺陷测试项

测试项名称	某管理软件内存使用缺陷测试	测试项标识	JL3GLJ_NCC_N01	优先级	1
追踪关系	隐含需求：《××测试指南》×.×.×.×节				
需求描述	无内存缺陷和内存错误				
测试项描述	使用内存使用缺陷测试工具，对管理软件内存使用缺陷进行检查分析				
测试方法	（1）使用 KlocWork 进行内存使用缺陷分析，对结果进行处理；（2）结合强度测试，在高并发下，进行动态内存缺陷分析；（3）对结果进行分析处理				
充分性要求	对所有源程序进行静态内存和动态内存使用缺陷分析，给出分析结果				
约束条件	对固化版本的某管理软件源程序进行分析				
终止要求	所有源程序均完成内存使用缺陷测试，测试结果有效且经过确认				
通过准则	完成内存使用缺陷测试，得到软件内存使用信息，未发现内存使用缺陷和错误				

11.4.6　软件成分分析

开源组件的广泛应用，显著地提高了软件开发效率，但也随之带来了极大的质量不确定性及安全风险。SCA 是基于软件代码及依赖关系，确定所包含的组件和三方库信息，识别软件系统所使用的组件与第三方库的来源、版本、许可证信息，与已知漏洞、安全威胁、许可证条款等进行比较，检出潜在的安全风险及合规性等问题。SCA 所关注的是溯源结果的精准性、应用场景的适应性、运行过程的稳定性以及核心技术的掌控能力，其技术要求如下。

（1）**功能要求**：包括基本功能和特色功能要求。基本功能包括组成分析、文件级溯源分析、项目级来源分析、自研代码比率分析、溯源分析任务管理、相似源码高亮比对、软件项目间的横向比对分析、开源及授权代码项目导入；特色功能包括软件类型分类标记、代码许可证分析以及基于溯源的漏洞检测等功能。

（2）**完备性和准确性**：包括项目级库和文件级库完备性以及项目组成、文件级来源、同源代码相似性、基础软件类型分类标记、自研代码比率分析支撑准确性。

（3）**性能及稳定性**：包括效率指标和稳定性指标。效率指标是指基于不同规模测试样本溯源分析的总用时，稳定性指标是指对不同规模的测试样本溯源分析的差错率。

11.4.6.1 SCA 技术及实现

SCA 技术包括 SCA 检测技术和 SCA 数据技术。SCA 技术实现如图 11-40 所示。

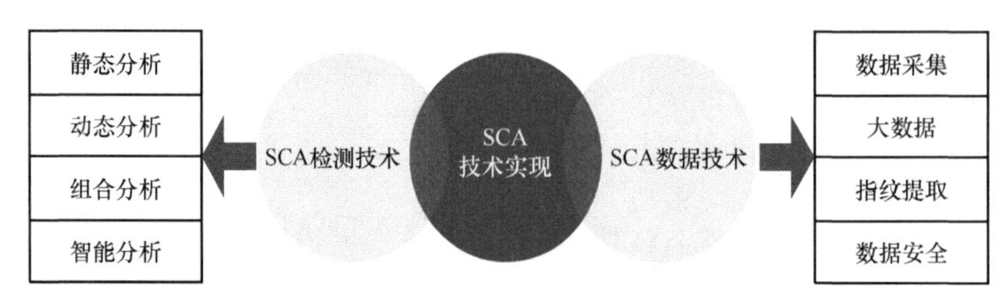

图 11-40　SCA 技术实现

1. SCA 检测

（1）**静态分析**：对源代码及二进制文件进行静态分析，识别软件系统所使用组件、第三方库来源、版本信息、包管理器及指纹特征信息；通过包管理器实现依赖性分析，常见包管理器有 Maven、NPM、NuGet 等；指纹识别是指针对无包管理器的软件，通过提取源代码或二进制文件基于文本的特征、基于属性度量的特征、程序逻辑特征等指纹信息，确定组件及三方库信息。

（2）**动态分析**：通过软件系统的运行数据，确定所使用的组件和第三方库。动态分析效率远高于静态分析，但可能遗漏不常用的组件和代码路径。

（3）**组合分析**：将静态分析和动态分析进行综合，提供更加准确的分析结果。

（4）**智能分析**：包括基于机器学习的分析方法和基于深度学习的分析方法。基于机器学习的分析方法是通过机器学习算法和训练数据，识别软件系统所使用的组件和第三方库，自适应识别新的组件和第三方库；基于深度学习的分析方法是基于神经网络算法实现组件识别及安全风险预测。

2. SCA 数据

（1）**数据采集**：在相关法律法规、道德规范的约束下，从互联网收集、抓取和提取数据，如 URL 爬取、API 调用、基于正则表达式的文本解析等。

（2）**大数据**：SCA 数据能力要求强大的知识库支撑，数据体量庞大，格式种类繁多，且对数据存储、处理、查询等具有极高的要求，需要使用批处理、流处理等技术，以保证数据处理的效率和准确性，同时需要对数据进行分析和挖掘，提炼数据价值，预测安全风险。

（3）**指纹提取**：软件指纹是用于唯一标识软件组件的技术。一般地，通过计算组件的哈希值，创建唯一的标识符，其难点在于对不同语言、不同格式，需要采用不同指纹提取规则。

（4）**数据安全**：保护大数据系统安全，包括数据加密、访问控制、审计和风险评估。

随着基于代码克隆的代码差异性、相似性分析等软件成分分析技术快速发展，涌现出了 WhiteSource、Nexus LifeCycle、BlackDuck、FOSSID 等分析工具。但 BlackDuck 等需要上传源代码，存在技术泄漏等风险。与此同时，不同分析工具因其代码库规模、分析比对技术等差异，目前还难以实现基于一致标准的评估。

11.4.6.2 测试方法

基于代码特征提取算法，提取工程级、文件级、函数级特征，作为样本特征，构建代码知识图谱和知识库，收集开源网站、第三方插件站点、安全社区等代码和漏洞信息，进行分类和存储，通过扫描比对，确定软件来源、软件成分及安全漏洞。即根据不同编程语言的标识符、格式结构、关键字及是否支持多语言嵌入编码等特点，建立语言特征集，通过关键字、文字格式及语言风格匹配，识别并标识混源代码中的不同编程语言。另外，使用二进制代码分析技术，提取二进制代码特征，识别二进制代码模块并进行来源分析。此外，对于特定源代码，扫描外部服务声明，获得远程服务调用点，对外部服务的详细信息和实体代码进行获取操作，识别外部服务。混源代码检测及成分分析技术框架如图 11-41 所示。

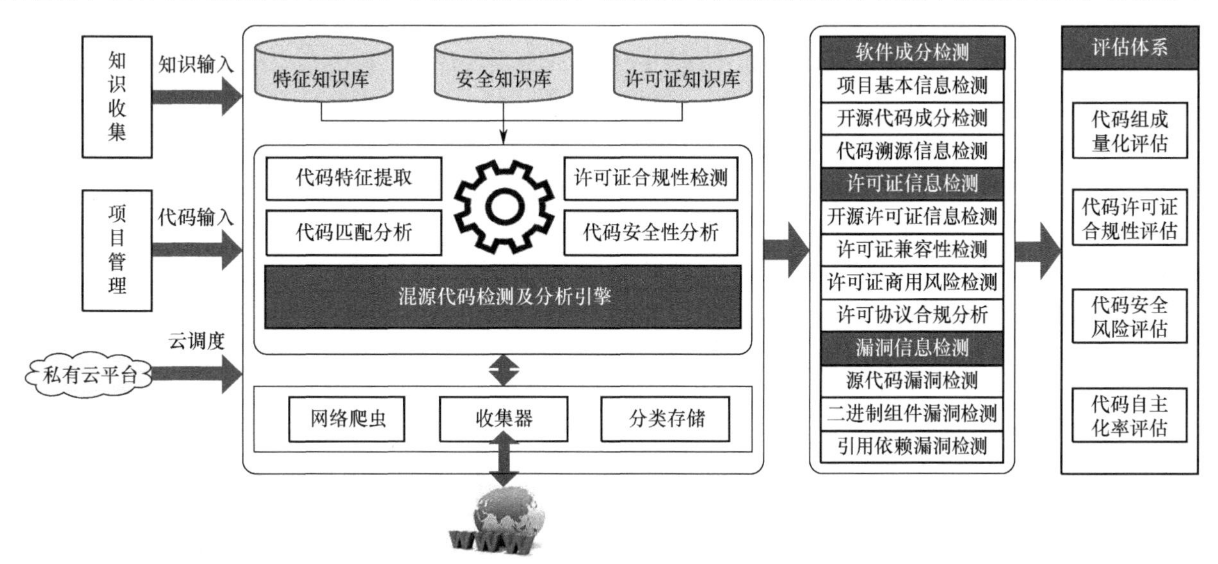

图 11-41　混源代码检测及成分分析技术框架

1. 软件成分检测

1）项目基本信息检测

对项目工程中所包含的基础信息进行检测，输出工程文件中包含的文件列表、文件数量、文件类型格式（如.c/.java/.cpp/.dll/.php/.xml）、分布情况、文件大小、文件所使用的编程语言及源代码行数统计等基础信息，对工程文件进行分析，并对分析结果进行归纳统计。

2）开源代码成分检测

将所有文件与开源代码知识库中的项目，就文本、文件结构、代码片段逐一进行比对，识别出与开源项目相似的文本、文件结构及代码片段。检测输出包括但不限于：

（1）被认定为开源成分的文件数量。

（2）开源成分占总文件数量的比例。

（3）与开源项目文本、项目结构、项目代码片段相似的文件信息，包括文件名称以及开源项目的文件名称、文件版本、两文件彼此的相似片段。

同时，运用代码相似度检测技术，对如下情况进行检测和识别：

（1）开源代码的函数名、类名、变量名、头文件等修改情况。

（2）开源代码新增、删除部分代码片段。

（3）开源代码扰乱的代码片段或函数的文本顺序。

（4）新增、删除或修改的代码注释。

（5）新增、删除换行符、空格符等。

（6）在不改变代码语义的情况下，使用等价运算符替代开源代码运算符；如将 if(a>b)修改为 if(b<a)，将 if(a!=b)修改为 if(a>b||a<b)等。

3）代码溯源信息检测

对源代码溯源信息进行检测，识别软件工程中的开源成分信息，为开源代码成分分析、漏洞分析、开源许可证风险分析提供支撑。检测内容如下。

（1）**源代码溯源信息**：检出项目中包含的所有代码格式为源代码的开源项目信息。检测输出包括溯源项目名称、创建时间、代码托管地址、项目描述、许可证名称、最新版本号、文件匹配数、有效文件数、匹配文件名称、匹配文件版本、匹配文件许可证名称等。

（2）**二进制组件溯源信息**：检出项目中包含的所有二进制代码的开源项目信息。检测输出包括二进制组件名称、创建时间、组件描述等。

（3）**引用依赖溯源信息**：检出项目中所引用依赖的开源项目信息。检测输出包括项目中引用的开源项目的项目文件名称、项目版本号。

基于项目代码与开源项目的匹配检测，以文件、结构、代码片段为粒度，追溯代码所引用依赖的开源项目，与开源代码库中的开源项目进行匹配，检出所包含及依赖的开源项目，提取详细信息。基于检测结果，分析判断开源文件及来源、许可协议，用于源代码、代码片段、二进制组件溯源。例如，使用KeySwan对LiteOS_master进行分析，识别出开源文件的数量及占比，定位开源项目来源。LiteOS_master成分分析结果如表11-25所示。

表 11-25　LiteOS_master 成分分析结果

项目名称	源文件数量	识别出的开源文件数量	开源文件占比	关联漏洞数量	被引用开源项目来源
LiteOS_master	659	151	22.91	5	https://github.com/×××/mebdtls https://github.com/×××/cmockery https://github.com/×××/contiki https://github.com/×××/coap=service https://github.com/×××/fatfs https://github.com/×××/cscout https://github.com/×××/acl https://github.com/×××/spiffs https://github.com/×××/cinder https://github.com/×××/mebed-client

2. 许可证信息检测

1）开源许可证信息检测

通过开源许可证信息检测，为许可证商用风险检测、基于不同许可证信息对比分析的许可证兼容性检测提供支撑，对引入包含许可证的开源项目的注意事项、对许可证的义务、政策等形成认识。检测内容如下。

（1）**源代码许可证信息**：检出源代码的开源许可证信息。开源许可证信息包括项目级、文件级及代码级3类。

（2）**二进制许可证信息**：检出二进制代码的开源许可证信息。

（3）**引用依赖许可证信息**：检出项目所引用依赖的开源项目的开源许可证信息。

检测输出包含开源项目许可证名称、许可证类型、许可证所在文件路径、条款、原文等信息。开源许可证知识库存储主流许可证的许可证信息。

2）许可证兼容性检测

许可证兼容性是许可证信息中关于一个许可证与其他许可证兼容的能力。检测目的如下：

（1）部分许可证因其条款冲突，无法共存于同一个开源项目中，为规避开源项目许可证兼容性风险，在开发阶段对许可证兼容性问题进行检测及处理。

（2）部分许可证兼容性问题会导致许可证商用风险，可以通过对软件工程中开源许可证兼容性信息进行检测，为许可证商用风险检测提供支撑。

（3）许可证兼容性检测与许可证商用风险检测、漏洞检测互为补充，形成安全检测闭环。

检测输出包含开源项目中相互冲突许可证的冲突条款、冲突描述、冲突许可证名称、冲突许可证描述、冲突信息来源、冲突信息更新时间等；软件工程中存在开源许可证兼容性问题的开源项目的项目数量、项目名称、项目托管地址、许可证名称。

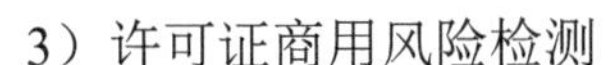

3）许可证商用风险检测

许可证商用风险信息是许可证信息中关于该许可证能否用于商业用途以及商用风险条款和内容等信息。某些许可证仅限于非商业用途，用于商用目的时，需要对许可证商用性进行检测确认。检测输出包含存在商用风险的开源许可证数量、名称、类型以及软件工程中存在商用风险的许可证名称、许可证数量、代码托管地址等。

许可证合规性分析是将项目基本信息与所识别出的项目许可证进行合规性比对，对每个匹配到的文件与项目许可证进行冲突检测，检出商业不友好协议并予以提示，规避开源知识产权风险。表 11-26 所展示的是使用关键科技的 KeySwan 进行许可协议合规分析结果示例。

表 11-26　许可协议合规分析结果示例

许可文件类型	许可证文件属性	识别出的许可类型	识别出的属性	许可证合规性
BSD3	权限：商业用途；修改；分发；私人使用 条件：许可和版权声明 限制：现任；保证	The MIT Licence(MIT)	责任：保证	合规
		Apache Licence 2.0	商标使用；现任；保证	
		FatFs Licence	许可证文件类型	

3. 漏洞信息检测

1）源代码漏洞检测

源代码漏洞检测是基于源代码、二进制文件、第三方组件扫描，检出存在的已知漏洞，确保系统安全。其检测输出包含软件工程中存在漏洞的项目数量、名称、代码托管地址、项目描述、漏洞数量等。同时包含匹配项目漏洞的危害等级、漏洞等级、发布时间、漏洞描述、参考链接、受影响产品、补丁参考链接及其解决方案。源代码漏洞检测需要强大的漏洞知识库支撑并满足如下要求：

（1）从主流漏洞网站实时收集漏洞数据并进行综合处理，形成统一的漏洞数据字典，建立项目-组件-漏洞-版本-文件的关联和映射关系。

（2）应包含源代码漏洞数据。

（3）应持续更新，保证漏洞库的时效性。

（4）应包含主流开发语言的开源项目漏洞。

（5）应包含项目级、版本级、文件级等多维漏洞数据。

根据漏洞数据字典，匹配得到项目级、版本级、文件级、代码级等多维度、不同粒度的漏洞信息，定位到具体版本，从漏洞数据字典中查询该漏洞的解决方案。

2）二进制组件漏洞检测

二进制组件漏洞检测是通过对二进制组件进行扫描，检出安全漏洞，其与许可证风险检测、源代码漏洞检测、引用依赖漏洞检测互为补充，形成安全检测闭环。检测输出包含存在漏洞的二进制组件数量、名称、代码托管地址、组件描述、漏洞数量以及匹配组件漏洞的危害等级、漏洞等级、发布时间、漏洞描述、参考链接、受影响产品、补丁参考链接、解决方案等信息。

3）引用依赖漏洞检测

项目所引用依赖项目的代码，是软件代码的重要组成部分，而引用依赖项目的代码可能存在安全漏洞。引用依赖漏洞检测是通过代码扫描，提取项目所依赖的开源项目，根据漏洞数据字典，匹配得到开源项目、组件所对应的漏洞信息，并定位到具体的版本，从漏洞数据字典中查询得到该漏洞的解决方案。引用依赖漏洞检测输出包含软件工程中存在漏洞的开源项目数量、名称、代码托管地址、组件描述、漏洞数量及匹配组件漏洞危害等级、漏洞等级、发布时间、漏洞描述、参考链接、受影响产品、补丁参考链接及其解决方案。

源代码漏洞检测是基于特征文件、函数关联方式的文件级、函数级漏洞检测，而二进制组件漏洞检测方式为版本漏洞检测，被识别组件会关联通用漏洞披露（Common Vulnerabilities & Exposures，CVE）

的漏洞信息，根据美国国家漏洞资料库的评分标准进行评估。表 11-27 所展示的是一个关联漏洞检测分析结果示例。

表 11-27 关联漏洞检测分析结果示例

序 号	被匹配项目及版本	被匹配项目已知漏洞（CVE）	CVSS 评分（V3）
1	mbedtls 2.1.10	CVE-2018-0487	9.8 CRITICAL
2	mbedtls 2.1.10-rcl	CVE-2018-0487	9.8 CRITICAL
3	mbedtls 2.6.0	CVE-2017-14032	8.1 HIGH
4	mbedtls 2.7.0-rcl	CVE-2018-0487	9.8 CRITICAL
5	mbedtls 2.7.0	CVE-2018-0487	9.8 CRITICAL

4. 自主化评估

自主化评估是通过构建软件成分评估算法，根据软件成分检测结果，对软件组成成分、自主化水平、代码安全风险、代码许可证合规性等进行评估。软件自主化评估模型如图 11-42 所示。

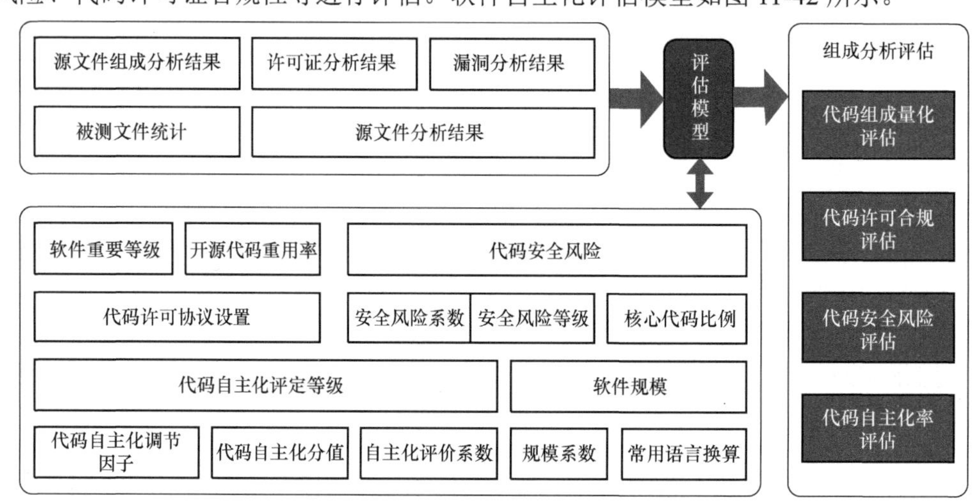

图 11-42 软件自主化评估模型

11.4.6.3 代码溯源工具自研代码率分析

某代码溯源工具的基本功能包括项目组成分析、文件级溯源分析、项目级来源分析、自研代码比率分析、代码许可证分析、相似源码高亮比对。根据需求规格，基于软件组成分析、文件级溯源、项目级来源等分析，设计如表 11-28 所示的自研代码率分析测试项，分析自研代码的比率。

表 11-28 某代码溯源工具自研代码率分析测试项

测试项名称	自研代码比率分析	测试项标识	JBACSA-NR02_04	优先级	2
追踪关系	隐含需求				
需求描述	项目组成分析、文件级溯源分析、项目级来源分析、自研代码比率分析、代码许可证分析、相似源码高亮比对				
测试项描述	使用代码溯源工具，对软件系统进行溯源分析，将测试文件与溯源成功的开源文件中的相似源码进行高亮标注，给出测试文件的自研代码比率，并判定其是否满足要求				
测试方法	对软件系统中开源代码文件名、文件结构、代码片段进行修改，得到此文件中自研代码行数、空行数、文件总行数及文件中的开源代码，通过代码溯源工具对修改后的项目进行分析，对测试文件与开源文件中的相似源码进行高亮标注，然后进行统计，得到分析结果				
测试用例要求	（1）被测项目样本覆盖来自 1 个开源项目或者多个开源项目的情况；（2）构建样本时应覆盖到工具所能识别的代码匹配的最小敏感度；（3）测试样本覆盖文件全部为闭源代码、全部为开源代码、部分为开源代码的情形				
充分性要求	软件系统级自研代码比率满足标准要求				
终止要求	进行溯源分析及自研代码比率分析，对分析结果进行人工整理和判定				
通过准则	完成源代码溯源分析，得到软件系统自研代码比率且满足要求				

11.5　数据类测试

数据是软件系统的重要组成部分。信息时代，数据无处不在，种类繁多、数量巨大、爆发增长，且现实世界中的数据大多是不完整、不精准、不一致的“脏数据”，无法直接进行处理和应用，因此正在日益成为制约软件系统质量保证和改进的重要因素。数据类测试包括数据审查和数据处理测试。本书第 9 章已对大数据及大数据应用测试进行了详细讨论，本节作为第 9 章的补充和扩展，仅对数据审查和数据处理测试的技术要求和基本方法作简要介绍。

11.5.1　数据审查

数据审查是依据相关标准规范，对构成软件系统或支撑软件系统运行维护的数据，就其可信性、完整性、正确性、适用性等进行审查核对，是数据质量保证的重要方法。数据审查的主要内容及技术要求如下。

（1）**依赖数据审查**：对安装参数、装订参数、诸元参数等软件依赖数据的完整性、有效性及规范性等进行审查。

（2）**配置数据审查**：对影响软件运行的配置数据的最大、最小、典型、默认配置下数据的有效性进行审查。

（3）**控制数据审查**：对控制输出数据的精度、门限值、阈值等合理性、准确性等进行审查。

（4）**支持数据审查**：对支撑及保障软件运行的数据，如环境数据、场景数据等的完整性、有效性、规范性等进行审查。

（5）**数据安全审查**：对数据的不可更改性、安全保密、防侵入、加密处理等安全保护措施进行审查。

（6）**数据格式审查**：对数据的完整性、呈现方式、表现形式、存储格式等进行审查。

各种各样的数据在挖掘或应用之前，需要对其进行加工处理，使之系统化、条理化、归一化，满足应用需求。数据整理是统计分析的嵌套，包括数据预处理及分类汇总，数据预处理是数据分组整理的先前步骤，包括数据筛选及排序等内容。

目前，鲜见数据审查的标准规范及文献，但就其流程而言，数据审查类似于文档审查和代码审查。对于原始数据，主要审查数据的完整性和准确性，而对于二手数据，除完整性、准确性审查外，还应着重审查数据的适用性和时效性。对源自不同渠道的数据，审查内容及方法有所不同。

（1）**完整性审查**：对数据的类型、类别、内容、数量、特征、格式、标识、受控方式等进行审查，确保数据的完整性。

（2）**准确性审查**：对数据的真实性、精确性等内容以及数据采集过程中是否存在误差或采集方法是否导致误差等进行审查。

（3）**适用性审查**：基于数据用途，审查数据的有效性、可信性及使用场景。包括数据分类的合理性、与软件系统总体的界定、与软件系统运行维护匹配等内容。

（4）**时效性审查**：检查数据是否按规定的时间和流程进行采集和处理，能否满足数据采集及分析处理、输出控制等实时性要求。

（5）**一致性审查**：不同过程及不同场景下，审查数据格式、呈现形式及其意义等一致性。

11.5.2　数据处理测试

数据处理测试的内涵十分丰富，既包括对数据处理系统的测试，也包括对系统数据处理能力的测试，当然还包括大数据及应用测试。对于前两者，与系统功能测试、性能测试并无本质区别。而关于大数据及应用测试，已在本书第 9 章详细讨论，此处不赘述。这里，将数据处理测试定义为对完成专门数据处理功能所进行的测试。

一般地，数据处理测试包含如下内容：

（1）数据文件存取、数据库操作、数据采集、数据融合、数据转换、数据解析等专门数据处理功能测试。

（2）数据容错、数据滤波、坏数据剔除、数据清洗等特殊数据处理功能测试。

（3）数据读取、写入等过程中的容错、保护、超时等测试。

（4）大数据处理算法、模型实现的正确性及大数据应用测试。

11.5.2.1 测试策略

目前，业界尚未构建一个统一的数据处理测试技术架构或总体方案，也没有在一个宽泛的概念体系下研究开发出一致的数据处理测试方法。这里，给出数据处理测试的基本策略，供读者参考。

（1）数据处理的正确性、精确性、完备性验证。包含数据采集、数据分类、数据处理、数据融合、数据转换、坏数据剔除以及数据解释功能、性能测试。在这个意义上，可以采用同软件系统功能、性能测试近乎一致的策略。如果数据处理是一个系统的组成部分，通常将其合并到系统一并进行测试验证。

（2）通过数据处理测试，验证数据采集、数据处理、数据融合、数据转换等过程中每一步的正确性，剔除坏数据，保证算法的合理性、有效性。

（3）具有大量数据交互和处理的系统，对外部信号源的信息融合、通信数据格式转换、传输数据过滤和调优等予以测试验证。软件单元及配置项测试时，对核心算法进行仿真分析，获取数据处理的理想值，验证数据处理算法的正确性；系统测试时，综合验证数据处理逻辑的正确性，验证算法输出满足需求的能力。在实际测试过程中，通过虚实结合的测试环境，模拟构造各类触发场景，对输入域进行覆盖验证。

11.5.2.2 测试方法

1. 基于目标表检查的数据处理系统功能测试

数据处理系统对数据质量具有重要影响。基于目标表检查，根据检查点来源，将目标表检查内容划分为技术和业务两个层面，按照从技术层面到业务层面，从简单到复杂、从宏观到微观的策略组织实施测试。

数据处理系统是一个处理数据的软件系统，经典软件测试方法大多适用于数据处理系统测试。例如，使用逻辑驱动测试就是根据业务需求对系统批量程序的代码或脚本进行测试，检出编码规则错误等代码级问题；数据驱动测试就是运行批量程序，测试是否出现报错信息与中断，运行结束后，检查所生成的数据表或数据文件，判断数据处理功能的正确性。基于目标表检查的数据处理系统功能测试是通过 SQL 语句查询，进行目标检查，验证系统实现的数据加工逻辑是否能够正确地满足业务需求。

2. 面向技术层面的测试

通常，数据处理系统的输出供下游应用使用，可视为与下游系统的接口。面向技术层面的测试主要是对接口格式的验证，最基本的要求就是验证其是否满足系统间接口格式约定以及因约定导致的技术约束。其内容包括：

（1）目标表齐全，表名与约定一致。

（2）目标表字段齐全，字段名、字段类型、长度、精度等属性与约定一致。

（3）目标表主键设置与约定一致，由此导致的技术约束既不存在主键重复记录，也不存在主键字段为空值的记录。

（4）时间拉链与约定一致，导致的技术约束即时间拉链不存在断链、倒链和交叉链。这部分测试内容执行简单，容易发现错误，且错误影响范围较广。

3. 面向业务层面的测试

面向业务层面的测试是根据系统业务规则，对业务设计的测试验证。其包括业务约束检查及数据加工处理规则检查。

1）业务约束检查

（1）目标表记录数的数量级是否与设计要求或业务经验一致。

（2）目标表字段空值比例是否满足设计要求或业务预期。例如，客户编号、交易金额等字段空值比例为 0，客户字段空值比例小于 50%。

（3）目标表字段默认值比例是否满足设计要求或预期。

（4）目标表字段数据取值范围是否合理，数值型字段的最小值、最大值是否在设计或业务预期范围之内，文本型字段的字符串格式是否符合业务规定。

（5）业务逻辑关系是否满足设计或业务需求，简单业务约束的测试结果与测试数据密不可分，一般应使用脱敏的历史数据，但脱敏时不得破坏数据的有效性。

2）数据加工处理规则检查

根据数据加工处理规则，对数据处理系统的源数据进行计算，获得准确的计算结果，与目标表进行对比。对于记录较少的目标表，进行全表核对；对于记录较多的目标表，可以进行表级汇总属性核对，如表记录数是否一致、数值型字段的表级加总值是否一致、离散型字段的分布比例是否一致等。然后进一步抽取部分记录进行核对，抽样时可根据等价类划分、边界值等方法有针对性地进行抽取。

例如，若某系统功能需求为汇总统计各部门的月度利润完成情况，那么就可以先测试汇总之后目标表记录数是否与部门数据一致，目标表月度利润额总计字段的表级加总额是否与各部门月度利润总额一致。测试通过后，进一步从目标表中抽取小部分样本，测试验证对应部门的月度利润额是否计算正确。

4. 数据一致性验证

数据一致性用于表征数据属性无矛盾的程度，包括与单个实体有关的数据，多个可比较实体之间的数据。一般地，需要验证单个实体前后逻辑的正确性以及关联数据之间逻辑关系的正确性。首先通过设置相互矛盾的单体属性，如开始时间大于结束时间，验证单体的一致性；然后对于多个软件访问的数据，增加共享数据一致性检查以及数据访问顺序验证。

11.5.2.3　导航软件坐标转换数据处理测试

对于导航系统，需要将经度、纬度信息转换为迪卡儿坐标。下面以表 11-29 所示的某导航软件坐标转换数据处理测试项设计为例，说明数据处理测试方法。

表 11-29　某导航软件坐标转换数据处理测试项

<table>
<tr><td>测试项名称</td><td>坐标转换数据处理测试</td><td>测试项标识</td><td>ZZKZ_HXKZ_SJC_S01</td><td>优　先　级</td><td>3</td></tr>
<tr><td>追踪关系</td><td colspan="5">软件需求规格说明，3.2.1.3</td></tr>
<tr><td>需求描述</td><td colspan="5">根据航行任务数据包对目标点进行解析，将其经度、纬度信息转换为笛卡儿坐标系，同时将目标经度、纬度信息转换到笛卡儿坐标系中。海域：经度[30°,180°]，纬度[0°,70°]</td></tr>
<tr><td>测试项描述</td><td colspan="5">测试坐标转换数据处理在海域内是否正确，是否符合软件设计要求</td></tr>
<tr><td>测试方法</td><td colspan="5">（1）根据坐标转换算法，建立数据模型；采用等价类划分，设计测试输入数据并注入数据模型，计算理论预期结果，形成以下测试真值检查表：
<table>
<tr><td>输入</td><td>输出</td></tr>
<tr><td>（纬度，经度）单位：°</td><td>（$X_{高斯}$，$Y_{高斯}$）单位：m</td></tr>
<tr><td>(35.535278，107.076667)</td><td>(3935957.958999，688345.807934)</td></tr>
<tr><td>(30.035，113.619167)</td><td>(3326880.148466，752669.201267)</td></tr>
<tr><td>(0，102.5)</td><td>(0，221612.328132)</td></tr>
<tr><td>(23.333333，180)</td><td>(2584633.522408，806904.154997048)</td></tr>
<tr><td>(70，30)</td><td>(7771787.18687315，614519.531777868)</td></tr>
<tr><td>(70.01，29.99)</td><td>(7772882.88725082，614083.363631064)</td></tr>
</table></td></tr>
</table>

续表

<table>
<tr><td>测试方法</td><td>
<table>
<tr><th>输入</th><th>输出</th></tr>
<tr><td>（纬度，经度）单位：°</td><td>（$X_{高斯}$，$Y_{高斯}$）单位：m</td></tr>
<tr><td>（0，180）</td><td>（0，834112.20170136）</td></tr>
<tr><td>（0.01，179.99）</td><td>（1107.258625，832997.4689）</td></tr>
<tr><td>（−0.01，180.01）</td><td>（−1107.258625，167002.5311）</td></tr>
</table>
（2）将上述真值检查表测试数据逐条注入软件坐标变换解算模块，查看软件解算结果并记录；
（3）将解算结果与理论计算预期结果进行比对，验证软件数据处理的正确性
</td></tr>
<tr><td>充分性要求</td><td>测试覆盖等价类划分后的测试数据，涵盖有效等价类、无效等价类</td></tr>
<tr><td>约束条件</td><td>（1）数据模型可按设计要求计算理论预期结果；（2）测试数据使用导航软件输入解算模块</td></tr>
<tr><td>终止要求</td><td>测试过程符合测试方法要求且满足充分性要求则正常终止，或者出现严重不符合情况导致其他用例无法执行则终止测试，对于未执行的测试用例说明原因。若发现软件问题则提交软件问题报告单</td></tr>
<tr><td>通过准则</td><td>软件解算结果与理论计算预期结果一致</td></tr>
</table>

11.6 功能类测试

功能意指事物或方法所发挥的作用。不同系统具有截然不同的功能。例如，通用操作系统具有虚拟机管理、设备管理、功耗管理、内存管理、进程管理、网络协议支持等基本功能；而嵌入式操作系统则包括优先级翻转、任务锁、中断嵌套、任务调度等基本功能；云平台操作系统则包括生命周期管理、虚拟机配置、虚拟机隔离、容器启动、容器配额、服务组合、云平台资源监控、云桌面终端管理、云桌面虚拟化、外设兼容等基本功能。而事实上，即便是同一系统，在不同环境或不同场景下，将呈现不同的功能。

功能测试是根据系统规格及需求规格，测试验证系统特性及可操作行为是否满足设计要求的过程活动。功能测试是系统行为测试。例如，某雷达在值班状态下，执行生成目标操作，当辐射关闭后，A 区目标消失，但是 G 区仍显示目标的动态实时信息，表明该雷达目标动态实时信息显示功能错误，如图 11-43 所示。

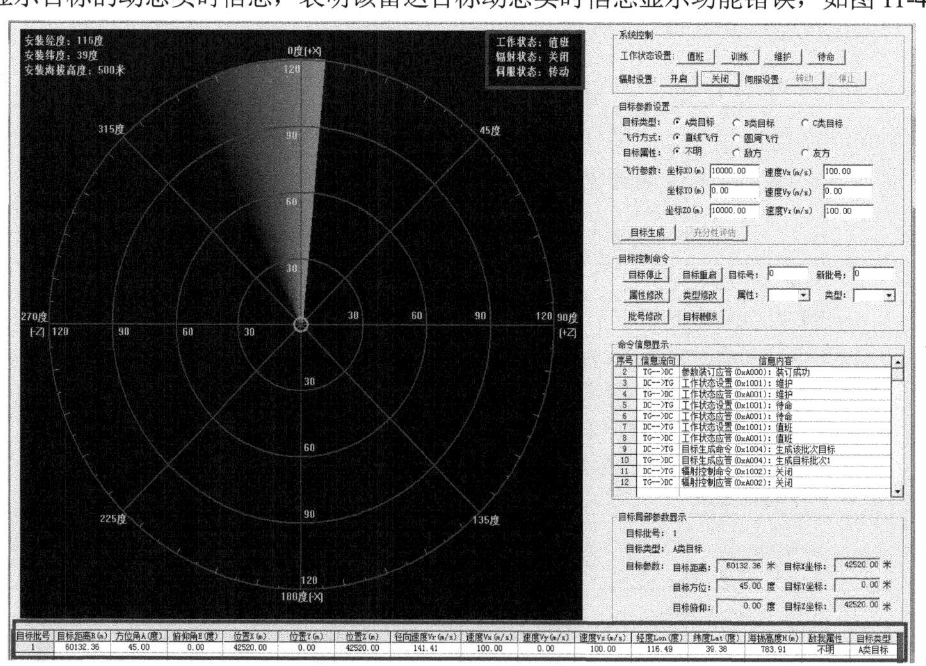

图 11-43　雷达目标动态实时信息显示功能错误示例

上述示例展示了一个典型的功能实现错误。在实际测试过程中，根据软件系统的给定功能需求，分析确定功能测试需求，基于数据驱动，进行功能测试。例如，对于应用服务器，功能测试至少覆盖 Web

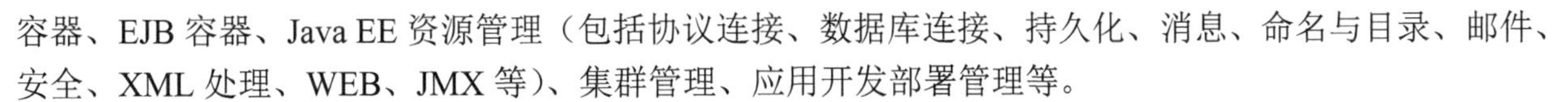

容器、EJB 容器、Java EE 资源管理（包括协议连接、数据库连接、持久化、消息、命名与目录、邮件、安全、XML 处理、WEB、JMX 等）、集群管理、应用开发部署管理等。

功能类测试包括功能测试、边界测试、安装性测试和恢复性测试 4 种类型。

11.6.1　功能测试

功能测试是验证软件的系统特性、操作描述、使用流程等是否满足用户需求的测试过程活动，是一种基于行为的测试。在测试实践中，通常将功能测试视为基于需求和基于业务场景的测试。测试内容及技术要求如下：

（1）识别给定需求，进行功能分解，通过等价类划分、边界值分析、因果图分析等，确定软件系统的功能输入和测试需求。

（2）用正常值和非正常值的等价类输入数据值，驱动测试。

（3）对每个功能的合法边界值和非法边界值输入进行测试，对于功能边界的测试验证，是不可或缺的内容。

（4）确定功能输出、预期输出结果及判定条件。

（5）用一系列真实数据类型及数据值，驱动测试，验证系统在超负荷、饱和及其他最坏情况等极端条件下功能的正确性。

（6）验证系统功能控制流、状态转换、模式切换的正确性和合理性。

（7）基于系统运行环境、任务场景、任务剖面，验证系统业务流程的正确性和合理性。

（8）对于关键或重要功能，采用组合测试、蜕变测试等测试技术或方法，确保关键功能测试的充分性。

11.6.1.1　测试方法

理论上，本书第 6 章讨论的所有测试技术，均适用于功能测试。读者可以根据软件系统行为特征以及对测试方法的熟悉情况等，有针对性地选择测试方法。

1. 基于等价类划分的功能测试

按照本书 6.2.2 节的等价类划分规则，依据输入条件，确定有效等价类及无效等价类。在有效等价类中，选取正常值作为输入数据，驱动功能测试；在无效等价类中，选取非正常值作为输入数据值，驱动功能测试。基于功能异常及缺陷触发的测试，对功能测试具有特别重要的意义。

2. 基于边界值分析的功能测试

系统输入来源于用户输入及外部设备，基于系统功能的边界值输入，对系统功能进行测试验证。对于用户输入，在操作界面分别输入边界点、边界内点、边界外点，验证软件系统能否正确处理合法边界值输入，以及在非法边界值输入时，能否具备不允许输入要求的限制。对于外部输入，通过模拟仿真环境或编制测试脚本，向软件系统发送功能边界点及边界内、边界外点数值，验证系统是否具备对外部输入的合法性边界值进行正确解析和处理的能力，同时验证系统是否具备对非法边界值进行容错处理的能力。

3. 超负荷、饱和及最坏情况下的功能测试

使用真实数据类型及数据值，通过负载测试工具，录制真实业务场景，进行回放。回放成功后，对录制脚本进行优化，创建业务负载场景并逐步加压，验证超负荷、饱和及其他最坏情况下，系统功能实现的正确性。

4. 运行流程测试

在软件测试过程中，通常将不同功能割裂开来，针对每个功能进行单独测试，缺乏相关性和耦合性验证。但是，问题往往发生在一些功能的综合上。在系统测试过程中，分析软件系统的运行流程，确定系统任务场景、使用要求、运行环境、约束条件及其与运行流程的映射关系，验证系统正常使用情况下

运行流程的正确性以及非正常使用情况下可能发生的情况。通常，测试时应考虑以下情况：

（1）在状态转换情况下，测试验证软件系统的功能，在多次变换软件状态后，进一步验证软件系统功能的正确性和稳定性。

（2）在流程测试过程中，对于相互关联的功能，在完成某一功能测试后，再逐一测试其他相关功能，直至所有功能组合均得以验证；对于多个功能的综合，执行交叉连续测试。

（3）基于功能的流程测试，由小业务流程、大业务流程、综合业务流程，先分别对其功能进行逐级测试，然后进行综合测试。

（4）将系统运行流程转化为数据流，验证全系统数据流的正确性。

11.6.1.2 功能测试用例设计

使用正交试验、因果图等方法，进行功能测试设计时，往往需要由人工进行测试设计，从而可能导致测试用例设计的差异。当无特别要求时，基于一致的思想进行功能测试用例设计，可规避偏差发生。对于大型复杂系统，如通信系统，其通信组网类型多、任务场景复杂，可能导致业务场景不一致，那么可以采用标准模型构建测试用例库，规范测试用例设计。在测试过程中，通过不断补充、完善、优化测试用例，能够提升测试效率。而对于管理类软件，通常可以通过记录用户操作流程并录制脚本，回归测试时自动执行脚本，来提升测试效率。

例如，对于某数据链的 V/UHF 通信功能测试，使用信道模拟器、衰减器、噪声发生器等模拟电磁干扰等极限情况下的信号衰减以及通信节点动态接入、退出场景，各个节点同时长时间发起请求模拟饱和业务，验证网络通信能力。某数据链 V/UHF 通信功能测试项如表 11-30 所示。

表 11-30 某数据链 V/UHF 通信功能测试项

测试项名称	数据链 V/UHF 通信功能	测试项标识	SZZD_SB_GNC_G13	优先级	1
追踪关系	《某数字终端软件需求规格说明》X.X.X.X				
需求描述	通过设置数据链 V/UHF 通信功能参数，完成通信模式下的数据业务				
测试项描述	测试数据链 V/UHF 通信子功能中的数据通信是否正常				
测试方法	（1）在系统主界面选中部署 V/UHF 波形的通道，打开 V/UHF 通信参数配置界面，配置数据链的业务参数，按“参数下载”/“F3”按键，查看参数是否下载成功；（2）设置 V/UHF 通信数据的基本参数，通过 A 端综合数据链，运用模拟系统发送 V/UHF 通信数据到数字终端，通过 V/UHF 射频设备发送到电台，通过数据链辅助设备及综合数据链后，到达 B 端综合数据链运用模拟系统，在 B 端查看收到的数据是否正确；（3）通过 B 端综合数据链运用模拟系统，发送 V/UHF 数据到数字终端，在 A 端查看收到的数据是否正确				
充分性要求	测试覆盖不同设备之间信息的接收和发送				
约束条件	软件运行正常；软件与外部接口设备之间连接正常、数据通信正常、正确				
终止要求	若测试充分性达到要求，则正常终止；若该功能出现严重不符合情况导致其他用例无法执行，则终止测试，对于未执行的测试用例说明原因				
通过准则	在启动应用软件的情况下，软件能够正常接收、发送数据				

11.6.1.3 某液体输送系统流量监控计费器功能测试

某液体输送系统的流量监控计费器，接收阀门控制器发送的瞬时流量、计费标志、管道压力等信息，实现管道压力控制和输送计费。液体输送流量监控计费器构成及接口关系如图 11-44 所示。

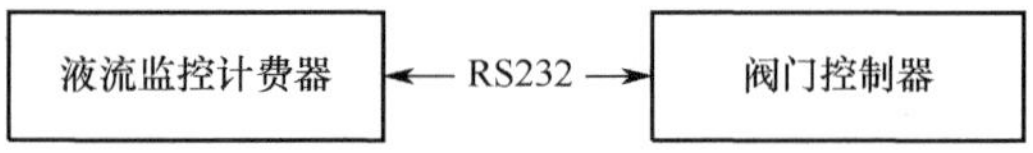

液流监控计费器 ←RS232→ 阀门控制器

图 11-44 液体输送流量监控计费器构成及接口关系

1. 功能需求

1）阀门控制器数据采集与处理（FMSJCJ_GN）

启动数据采集，打开串口，阀门控制器定时（1s）向流量监控计费器发送瞬时流量、计费标志、管道压力数据；流量监控计费器接收到数据后，进行计算处理并显示处理结果。为了保证数据的容错性，当采集数据超出范围时，进行截断处理，截断为边界值。各采集数据的取值范围如表 11-31 所示。

表 11-31　阀门控制器数据采集取值范围

序　号	数据名称	取值范围	单　位
1	瞬时流量	0～500	m^3，界面显示保留小数后 2 位
2	计费标志	枚举值	1：需要计费；其他：不需要计费
3	管道压力	0～10	MPa，界面显示保留小数后 2 位

2）管道压力控制（GDYLKZ_GN）

根据阀门控制器发送的管道压力，调整阀门开度，将管道压力控制在[0,10]的范围内。处理方法如下：

（1）当管道压力＞4MPa 时，向阀门控制器发送“减压”指令字“0”。

（2）当管道压力＜3MPa 时，向阀门控制器发送“增压”指令字“1”。

（3）在其他情况下，向阀门控制器发送“不做处理”指令字“2”。

3）瞬时流量报警处理（SSLLBJ_GN）

当瞬时流量≥300m^3 时，输出瞬时流量“报警”标志字“1”；若当瞬时流量＜300m^3 时，无报警输出，从串口输出瞬时流量“无报警”标志字“0”。

4）流量计费处理（LLJFCL_GN）

当采集到计费标志“1”时，对瞬时流量进行累计，计算流量输送费。计费标准根据输送流量类型的不同而不同，通过界面设定。

2. 功能测试用例设计

1）确定输入/输出项

（1）输入项：瞬时流量［0～500］、计费标志［1，其他非 1 值］、管道压力［0～10］。

（2）输出项：瞬时流量、计费标志、管道压力、累计流量、流量计费、瞬时流量报警标志及管道压力控制指令。

2）测试用例设计

对于数据采集与处理（FMSJCJ_GN），瞬时流量和管道压力关注的是超边界的处理，各测试数据的边界值分析是测试用例设计的关键。为此，设计如表 11-32 所示的瞬时流量及管道压力测试用例。

读者可能会问，为何只进行边界值分析呢？流量监控计费器功能需求规定，所有参数为边界值内的正常值，功能处理与［下边界−、下边界+、上边界−、上边界+］相同。

计费标志取“1”和“2”（要求 1 和其他值），用以确定是否计费，和瞬时流量值及管道压力值没有直接关系。因此，在表 11-32 的基础上，可增加一个计费标志段。增加计费标志后的测试用例如表 11-33 所示。

表 11-32　瞬时流量及管道压力测试用例

	瞬时流量	管道压力
下边界−	−1	−1
下边界	0	0
下边界+	1	1
上边界−	499	9
上边界	500	10
上边界+	501	11

表 11-33　计费标志及瞬时流量、管道压力测试用例

	计费标志	瞬时流量	管道压力
下边界−	1	−1	−1
下边界	1	0	0
下边界+	1	1	1
上边界−	0	499	9
上边界	2	500	10
上边界+	3	501	11

根据管道压力控制（GDYLKZ_GN）功能，分别取管道压力值为 1（<3,）、3（=3）、3.5（其他值）、4（=4）、9（>4）。根据瞬时流量报警处理功能（SSLLBJ_GN），取瞬时流量的值分别为 499（>3）、300（=300）、1（<300）。对于流量计费处理（LLJFCL_GN）功能，从阀门控制器每秒向液体输送流量监控计费器发送一次数据，液体输送流量监控计费器将每次收到的瞬时流量进行累加，得到累积流量。因此，可以使用上述瞬时流量测试用例，在不同的计费条件下进行测试验证。根据上述分析，得到如表 11-34 所示液体流量监控计费器功能测试用例。

表 11-34　液体流量监控计费器功能测试用例

	计费标志	瞬时流量	管道压力
下边界-	1	−1	−1
下边界	1	0	0
下边界+	1	1	1
上边界-	1	499	9
上边界	1	500	10
上边界+	1	501	11
	1	2000	3
	1	2000	3.5
	1	2000	4
	1	300	0
	2	500	10

综合各测试用例，将测试输入数据填入测试用例表，得到如表 11-35 所示液体输送系统流量监控计费器测试用例及预期输出。

表 11-35　液体输送系统流量监控计费器测试用例及预期输出

序号	输入			输出						
	瞬时流量	计费标志	管道压力	瞬时流量	计费标志	管道压力	累计流量	流量计费	瞬时流量报警标志	管道压力控制指令
1	−1	1	−1	0	1	0	0	0×X	0	1
2	0	1	0	0	1	0	0	0×X	0	1
3	1	1	1	1	1	1	1	1×X	0	1
4	499	1	9	499	1	9	500	500×X	1	0
5	500	1	10	500	1	10	1000	1000×X	1	0
6	501	1	11	500	1	1	1500	1500×X	1	1
7	2000	1	3	2000	1	3	2500	2500×X	1	2
8	2000	1	3.5	2000	1	3.5	4500	4500×X	1	2
9	2000	1	4	2000	1	4	6500	6500×X	1	2
10	300	1	0	300	1	0	6800	6800×X	1	1
11	500	2	10	500	2	10	1500	1500×X	1	0

注：表中 X 为单价/m^3

11.6.2　边界测试

边界测试是当软件系统处于边界或端点情况下，对其运行状态的测试。对于边界测试，首要问题是找出并确定边界。一般地，边界包括设计边界和使用边界，设计边界是指代表边界的变量所能表示的最大范围，而使用边界则是指变量所代表具体事物的边界，包括输入边界和输出边界，输入边界包括通过界面输入的边界和通过接口输入的边界，输出边界包括显示边界和打印边界。基于边界呈现视角，边界又分为显式边界和隐式边界，显式边界就是软件文档规定的边界，隐式边界则是文档中未定义、隐含存在的边界，隐式边界难以发现，需要深度挖掘才能获取。

在进行边界测试时，不仅要关注软件系统的输入/输出边界，更需要关注外界环境持续变化至系统处理的边界。边界问题不仅与软件系统的功能、性能密切相关，也存在于数据类型、数组及分支判断等逻辑结构中。所以说，不论是静态分析，还是动态测试，均应根据具体情况选择边界测试类型，进行边界测试。一般地，边界测试的内容及技术要求如下：

（1）输入域或输出域的端点或边界点测试。

（2）数据结构（如数组、字符串、堆栈等）的端点或边界点测试。
（3）状态转换条件（如阈值判别、区间判别等）端点或边界点测试。
（4）针对状态（如设备状态、通信状态等）发生概率进行小概率极端情况测试。
（5）功能、性能、容量所涉及的极限情况，作为广义端点或边界点测试。
（6）对接近边界、穿越边界、连续来回穿越边界等情况进行测试。

11.6.2.1　测试方法

关于边界值分析方法，已在本书 5.7 节和 6.3 节进行了讨论，此处不复述。这里，仅针对工程上经常存在或不易于理解的几种情况，简述其工程测试方法。

1. 输入/输出边界测试

对于输入/输出边界，不仅要覆盖左、右边界及边界内、边界上、边界外的值，还要考虑外部接口输入的边界。若输入域为$[a,b]$，则需要测试 $a-1$，a，$a+1$，$b-1$，b，$b+1$ 这些值。对于输入/输出边界值的选取和使用，通常遵循以下原则：

（1）若规定了输入值的范围，则选取该输入值的左、右边界，将边界内、边界上、边界外值作为边界测试值。

（2）若规定了输入值的个数，则选取该输入的最大、最小个数以及比最小个数少 1、比最大个数多 1 的值作为边界测试输入值。

（3）若规定了输出值的范围，则选取该输出的左、右边界，将边界内、边界上、边界外值作为边界测试值。

（4）若规定了输出值的个数，则选取该输出的最大、最小个数以及比最小个数少 1、比最大个数多 1 的值作为边界测试输出值。

（5）若输入、输出域为有限集合，则选取集合的第一个元素和最后一个元素作为边界测试值。

2. 边界或端点情况下运行状态测试

（1）**功能界限边界或端点测试：**综合分析软件系统的各项功能及其边界，运行系统或通过人为干预，使软件系统达到功能的边界，验证其能否正常运行，如是否能够正确处理、显示各类信息。

（2）**性能界限边界或端点测试：**综合分析软件系统的性能指标，如最大数据库容量下的性能等，基于性能指标及影响因素，建立对应的关联关系，将影响性能的因素设置为边界值，验证在性能边界情况下，系统是否满足性能指标要求以及在性能界限的边界或端点的正确性。

（3）**容量界限边界或端点测试：**综合分析软件系统的数据处理、数据存储、计算时间等容量指标，将容量指标设置为边界值，如在目标处理批数容量的边界下，测试验证系统功能是否正常，性能是否满足指标要求。

3. 状态变换及状态承接边界测试

一个系统，通常具备不同的运行模式（状态），在确定的条件下，状态之间相互转换。针对软件系统中具备状态承接变换的状态，建立状态变换对照表，确认各状态间的承接关联关系，按照状态变换对照表，依次进行状态转换，验证状态转换关系与设计值的一致性以及状态变换及状态承接边界的正确性。例如，对于某状态下各子状态间的转换，当初始开机由硬件控制工作状态时，测试各模式下重新开机工作状态转换及开机后各状态间转换的正确性。

4. 关联边界测试

对于相互关联的多个功能或性能指标同时达到边界的情况，需要综合分析软件系统中具备关联功能或性能的指标，确认各功能或性能指标间的关联关系，通过人为干预，令具备关联关系的各项功能或性能指标同时达到边界值，执行功能、性能、界面等测试用例，检测软件系统运行是否正常。

11.6.2.2 邮件发送功能/边界测试

工程上，通常将功能边界测试与功能测试一并进行，一般不再另设功能边界测试项。下面以邮件发送功能测试为例，说明功能边界测试设计方法。邮件发送是通信系统的常见功能，其功能及功能边界测试项如表 11-36 所示。

表 11-36 某通信系统邮件发送功能及功能边界测试项

测试项名称	邮件发送功能	测试项标识	GN-YJFS-01A	优 先 级	1
追踪关系	《通信系统软件需求规格说明》3.2.5.1				
需求描述	能够发送邮件				
测试项描述	验证软件是否能够发送邮件				
测试方法	启动系统，运行软件，执行邮件发送操作，观察系统能否正常发送邮件且发送正确				
充分性要求	（1）正常测试项：发送规定格式的邮件；（2）异常测试项：发送规定格式之外或不正常的邮件，发送内容为空的邮件，发送过程中人为中断发送，再次发送邮件、发送同名邮件				
终止要求	正常终止：所有测试用例执行完毕，达到充分性要求，记录完整 异常终止：由于某些特殊原因，导致测试用例不能完全执行，记录无法执行的原因				
通过准则	（1）正常操作时，能够发送指定的邮件；（2）发送异常格式邮件时，弹出提示信息；（3）发送过程中，人为中断后，能重新发送邮件；（4）发送同名邮件时，弹出提示信息；（5）除上述情况外，其他情况则为不通过				

对于上述测试项，似乎能够完成邮件发送功能的测试，但该测试项不仅需要测试邮件收发功能，还要测试该功能的边界问题。显然，该测试项未考虑邮件发送功能所包含的如下边界。

（1）**收件人数边界**：最大允许添加的收件人数量。

（2）**附件数量边界**：最大允许添加的附件数量。

（3）**附件最大容量边界**：最大允许添加的附件大小。

因此，在设计测试项时，不仅需要测试验证能否正常发送邮件，还应充分考虑上述边界条件下的邮件发送功能。

11.6.3 安装性测试

安装性测试是依据安装手册或用户手册规定的安装规程，对软件安装过程是否符合安装规程以及移植安装、软件卸载残留等进行验证的过程活动。当软件运行出现问题之后，通过重新安装，可以恢复系统运行并解决资源分配、内存泄漏等问题。

一般地，安装性测试技术要求如下：

（1）验证软件安装过程与安装规程的一致性、正确性；安装完成后，验证软件系统能否正常运行。

（2）对适用于多种操作系统或多种系统配置的软件系统，在不同操作系统和系统配置组合下的安装和卸载测试。

（3）对软件在线升级、数据迁移、系统配置等部署与撤收进行测试。

（4）异常安装和卸载，如安装路径更改、重复安装、终止安装后的重新安装。

（5）在安装或卸载过程中，是否显示安装或卸载进度以及终止安装或卸载。

（6）卸载后，软件及相关数据是否被彻底清除。

11.6.3.1 测试方法

在进行安装性测试时，应综合考虑系统运行环境的不同需求，覆盖不同操作系统、不同硬件配置以及不同软件版本等内容。

（1）**不同配置下的安装性测试**：在安装手册上说明的标准硬件（资源）配置条件和操作系统平台版本范围内，进行不同硬件配置、操作系统及其交叉组合环境下的安装性测试，至少在标准配置和最低配置两种环境下进行安装性验证。

（2）**安装规程的正确性测试**：对于已复制到安装介质的软件，依据用户手册对安装过程的描述进行安装性测试，正常安装完毕后，系统应能正常启动和运行；这种情况也是对安装规程正确性的验证。

（3）**卸载测试**：测试用例应包含安装程序的容错性验证，并与安装手册进行比较，验证与安装手册的一致性；测试结束后，进行卸载测试，验证安装程序对目标系统及目标系统软件的影响；卸载后，文件、目录、快捷方式等是否被彻底清除，占用的系统资源是否被释放；卸载是否影响其他软件的使用。

（4）**系统级安装性测试**：对于由多个配置项构成的软件系统，即便对每个配置项都进行了安装性测试，也不能代替系统级的安装性测试。在进行系统级安装性测试时，重点测试在不同的安装顺序下，软件占用资源是否冲突，各个配置项是否相互影响。

11.6.3.2　预报系统软件安装性测试

某预报系统由预报处理和显控两个通过以太网交互的配置项构成。预报处理软件配置项由 6 个模块构成，部署在预报处理单元和显控单元上；显控软件配置项由 2 个模块构成，分别部署在显控单元以及 2 个预报显控单元上。某预报系统构成及软件部署如图 11-45 所示。

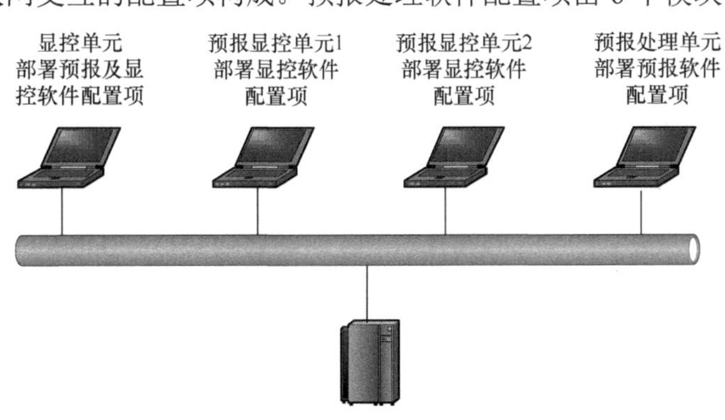

图 11-45　某预报系统构成及软件部署

根据预报系统硬件环境及软件系统构成、软件部署情况以及安装性测试技术要求，即可设计测试项。对于该预报系统，进行安装性测试时，需要特别注意的是，该预报系统由两个配置项构成，分别有 6 个和 2 个软件模块，并分别部署在不同环境中，其部署存在交叉和重叠。某预报软件系统安装性测试项如表 11-37 所示。

表 11-37　某预报软件系统安装性测试项

测试项名称	预报软件系统安装性	测试项标识	SZZD_SB_AZC_A02	优　先　级	1
追踪关系	《预报软件系统软件需求规格说明》3.2.4.3				
需求描述	软件可以安装、卸载				
测试项描述	测试预报软件系统能否正常安装和使用，包括正常操作和异常操作				
测试方法	依据用户手册规定的安装步骤，对系统进行正常安装或异常安装，检查系统能否成功安装，以及安装后能否成功运行				
充分性要求	（1）依据用户手册进行正常安装，查看是否安装成功；（2）不按用户手册进行安装（安装路径错误、未设置环境变量），查看能否安装成功				
终止要求	正常终止：测试用例执行完毕 异常终止：测试环境不满足要求，测试用例无法执行				
通过准则	可以安装成功，软件运行正常；错误路径及未设置环境变量安装失败				

由于该预报软件系统的两个配置项分别部署于不同的环境中，而软件安装包仅有一个，且未提供安装软件选项，只能将整个软件分别在预报处理单元、显控单元及两个预报显控单元上进行完整安装。就安装性测试而言，似乎已完成测试目标，但这显然不合理。导致该问题的根本原因在于配置项划分不合理，解决方案是，对于独立的配置项，应分别制作安装包，在安装时需要有安装模块选项，以便将不同模块安装到相应运行环境中。

11.6.4　恢复性测试

恢复性是指故障发生后，重建系统性能水平并恢复受影响数据的能力。操作系统、数据库管理系统、远程处理系统等基础软件以及可靠性、安全攸关系统，无一不要求能够从软硬件失效、数据错误中快速、有效地恢复。恢复性测试是对具有恢复或重置功能的软件系统，验证其能否从失效状态，克服软硬件故障，恢复或重置功能继续正常工作，以及系统故障修复能否有效恢复相应数据且不对系统造成损害的一种过程活动。恢复性测试关注的是软件和数据的恢复能力、恢复时间及恢复程度。

恢复性测试是将软件系统置于极端条件下或模拟极端条件下，人为设置故障，监测、检查并核实软件和数据能否在规定的时间内得以正确恢复以及恢复的程度。其技术要求如下：

（1）对探测错误并通过容错恢复其正常工作的能力进行测试。

（2）对自复位或备机切换措施恢复继续工作的能力进行测试。

（3）依据记录数据，对恢复故障前运行作业、相关数据、系统状态等能力进行测试。

（4）对恢复程度、恢复时间是否满足规定的要求进行测试。

11.6.4.1 测试方法

恢复性测试旨在验证系统能否在故障之后恢复到初始状态或期望的程度，关乎系统任务能否顺利完成。对于管理、服务类软件系统，恢复性测试主要包括主备双冗余测试，关注的重点是主备数据库数据实时一致性验证、主备服务器任一数据库故障或服务故障后能否成功切换至另一服务器。在涉及主备数据库同步时，如果仅仅考察数据的实时热备，忽视设备由故障状态转移到正常状态的数据同步，即任一主机由故障状态到正常状态能否自动对故障期间的数据进行实时同步，是远远不够的。

例如，对于信道传输软件，恢复性所关注的是信道恢复及信道板卡的冗余能力，任一信道板卡发生故障后，另一信道板卡能否在规定的时间内重新入网。在测试过程中，往往仅关注各配置项的恢复性测试，并不关注通信系统的恢复性测试，如通信系统中任一节点发生故障后，系统是否能自动切换至稳定的传输通道进行通信。又如，对于射频类软件，恢复性所关注的是天线跟星丢失后的恢复能力，即任一天线发生故障后，系统能否自动地切换至另一天线，在测试过程中，可以通过遮挡天线，验证系统能否快速、自动切换至另一天线且不影响通信业务。

11.6.4.2 冗余计算系统恢复性测试

某冗余计算系统由 12 套计算单元构成，每套计算单元均由 2 套计算机热备构成，其中一套计算机故障后，通过管理计算单元判断后，在给定的时间内，通过双冗余以太网，切换至另一套计算机。管理单元同样由两台计算机热备构成。某冗余计算系统构成如图 11-46 所示。

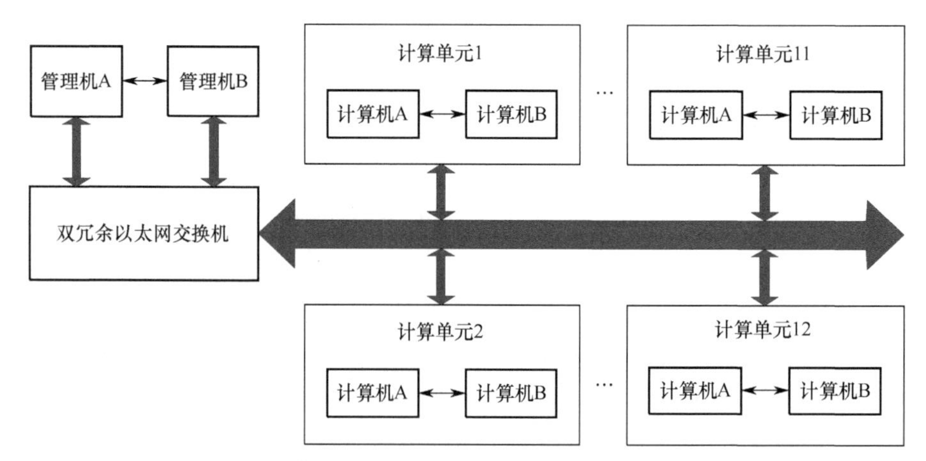

图 11-46 某冗余计算系统构成

这里，以其中一套计算单元为例，根据其恢复性需求，设计如表 11-38 所示的冗余计算系统计算单元恢复性测试项。

表 11-38　某冗余计算系统计算单元恢复性测试项

测试项名称	通信故障恢复性测试	测试项标识	JL3XT_HFC_H01	优　先　级	1
追踪关系	《某计算系统软件需求规格说明》3.7.2.3				
需求描述	计算系统通信故障恢复性				
测试项描述	计算系统的双冗余网卡，其中一条网络传输故障或断开时，另一条网络自动恢复网络连接				
测试方法	通过拔插网线的方式模拟网络 A、B 通道的断开、连接状态，验证双冗余网卡是否能够自动切换通道，保持连接				
充分性要求	（1）A、B 通道连接时，断开 A 通道，恢复 A 通道，断开 B 通道；（2）A、B 通道连接时，断开 B 通道，恢复 B 通道，断开 A 通道；（3）A、B 通道断开时，恢复 A 通道，断开 A 通道，恢复 B 通道；（4）A、B 通道都断开时，恢复 B 通道，断开 B 通道，恢复 A 通道				
约束条件	计算系统内部和外部接口网络畅通				
终止要求	测试充分性达到要求，测试用例执行完，或由于出现异常，部分测试用例不能执行				
通过准则	A、B 通道中任意一条处于连接状态时，数据传输无异常				

11.7　性能类测试

性能是系统具有的性质和效能。GB/T 11457 将性能定义为：系统或部件在给定的约束，如速度、精度、存储器使用等条件下，系统实现指定功能的程度。从这个意义上说，性能就是软件质量属性中的“效率”特性。例如，对于数据处理系统，通常包括数据导入/导出时间、数据备份及恢复时间、并发吞吐应用场景处理、PB 级大规模数据应用场景处理等数据处理基础性能，以及 TPC-C、TPC-H、TPC-E、TPC-DS、TPCx-BB、SPECjEnterprise、SPEC JMS 等 7 类基准性能。性能定义是有条件约束的，没有前提条件的性能将无法被测量和度量。不同场景及环境条件下，不同系统可能呈现出不同的性能。现将性能类测试划分为性能测试、余量测试、容量测试、强度测试 4 种相互关联、向上包容的测试类型。

11.7.1　性能测试

11.7.1.1　性能测试分类定义

基于不同视角，性能测试定义具有一定的差异。GB/T 11457 将性能测试定义为：评价系统或部件与规定性能需求的依从性的测试行为。国际软件测试资质认证委员会（ISTQB）则将其定义为：判断软件产品性能的测试过程。性能测试是在给定的时间内及其资源约束条件下，验证系统完成规定功能的程度，即性能指标的达标情况。也就是通过模拟正常、峰值、异常负载条件，测试验证系统性能指标的过程活动，旨在聚焦于业务场景，验证系统的能力，摸清性能底数。GB/T 39788 规定了系统与软件性能测试过程、测试需求模型及如下测试类型。

（1）**负载测试**：在预期负载下，验证系统性能指标的达标情况。

（2）**压力测试**：在高于预期或指定容量负载需求或低于最少需求资源的条件下，测试系统的性能表现。

（3）**峰值测试**：短时间内负载大幅超出正常负载时，验证系统性能指标的达标情况。

（4）**扩展性测试**：当用户负载支持、事务数量、数据等外部性能需求变化时，测试系统性能指标的达标情况。

（5）**容积测试**：在吞吐量、存储容量以及同时考虑此两者的情况下，验证系统处理指定数据量（达到最大容量）的能力。

（6）**疲劳强度测试**：在指定时间内，验证系统能够持续维持所需负载的能力。

性能测试是对系统规格、需求规格等规定的性能指标进行逐一测试，验证性能指标是否满足需求。主要技术要求包括但不限于以下内容。

（1）数值计算精度等数据计算、分析测试。

（2）执行时间、响应时间等时间精度测试。

（3）软件运行占用内存空间等资源占用测试。

（4）数据处理量等数据分析处理能力测试。

（5）数据传输吞吐量测试。

（6）并发处理能力测试。

（7）在系统测试过程中，关注软硬件性能集成、系统效能及系统交付能力。

（8）测试结果量化，即通过数据分析处理、数据融合，得到量化的测试结果。

（9）对于不确定性数值测试，通过分析确定测试次数、频率等要求，测试得到5组及以上的测试数据，给出最大值、最小值及平均值的统计结果，对波动性较大的测量值，应统计给出实测值的方差。

11.7.1.2 性能测试拓展

在软件测试实践中，通常将性能测试的应用领域划分为能力验证、规划能力、性能调优、瓶颈发现、性能基准比较5个不同领域。

1. 能力验证

能力验证是一种最常见的性能测试类型。对于一个典型的能力验证问题，其描述方式为：**系统在T时间内、A条件下，具有B能力**。但是，我们难以根据系统在一个环境中的表现推断其在另一个不同环境中的表现，这种基于应用领域的测试，其基础是确定的测试环境，只有在一个确定的环境条件下，性能验证才有意义。工程上，通常采用性能测试、可靠性测试、压力测试、失效恢复性测试等方法进行能力验证。基于用户视角，对软件可靠性的保证也就是对软件性能的重要承诺，这就是为什么将可靠性测试归入该应用领域的原因。

2. 规划能力

规划能力关注的是如何使系统实现用户期望的性能，即在给定条件下，系统具有的性能能力。通常，将规划能力描述为：**系统能否满足未来一段时间内不断增长和变化的需求**。对于这种情况，大部分业务系统中并不鲜见。规划能力领域的重点是规划，即不依赖预先设定的用于比较的目标，而是要求在测试过程中了解系统本身的能力，与能力验证的最大区别在于其探索性。规划能力是基于当前系统的能力验证，获得扩展系统性能，以应对未来业务的增长。

3. 性能调优

性能调优就是与性能测试相互融合，对系统性能的优化调整。性能调优对象众多，适用于系统生命周期过程的各个阶段。对于已交付系统，性能调优所关注的是系统部署环境的变化，如对服务器、数据库参数等的调整。而对于开发过程，性能调优关注的重点则是应用逻辑的实现方法、算法实现、数据库访问层设计等因素的调整。这个时候，需要构建一个测试基准环境，用于性能调优比较。一般地，一个基本的性能调优过程如下：

（1）确定基准环境、基准负载及基准性能指标。基准负载是用于衡量和比较性能调优测试结果的标准运行环境、测试操作脚本及衡量调优效果的性能指标。

（2）调整运行环境及实现方法，改进系统性能表现。对硬件环境进行升级调整，例如，改用具有更高性能的设备，更换更加快速的网络设备，采用更高带宽的组网技术；对系统设置进行调整，例如，对系统运行的基础平台设置进行调整，调整Unix系统的核心参数，调整数据库的内存池大小，增加应用服务器内存，采用更高版本的JVM环境；对应用级别的调整，这是针对应用本身的调整，包括选用新的架构、采用新的数据访问方式或修改业务逻辑等实现方式。

（3）记录测试数据，基于数据分析，对运行环境及实现进行方法调整，构成一个性能调优循环。循环的出口是“达到预期性能调优目标”。

4. 瓶颈发现

瓶颈发现旨在通过性能测试发现系统的性能瓶颈，是一种并发测试方法。在测试过程中，可能会遇到这样的问题：系统在测试环境下能够正常运行，性能指标满足要求，但在实际使用过程中，可能发生意想不到的问题。这些问题可能是因并发时的线程锁、资源竞争、内存使用缺陷所致。一般地，将瓶颈发现作为系统测试阶段的强化措施，或作为系统维护阶段的问题定位手段，复现和定位系统运行过程中出现的问题。

5. 性能基准比较

较传统重量级软件开发方式，敏捷开发采用轻量级开发模式，将软件开发过程划分为多个可迭代的短周期，每个迭代定义本次迭代所需实现的目标，在一个迭代过程中，保持用户需求不变，以“交付迭代目标的工作产品”作为每次迭代完成的标志。由此可见，敏捷开发采用递增开发模式时，很难在每个迭代周期内定义明确的性能需求。

11.7.1.3　测试方法

一般地，对于性能测试，应重点关注和验证如下指标：

（1）获得定量结果，如计算、处理精度等。

（2）时间特性，如完成特定功能的时间、响应时间等。

（3）完成功能所处理的数据量。

（4）软件运行所占用的空间。

当然，我们不仅要关注时间、存储、数据处理等这些通用性能指标，还要更加关注系统的战术技术指标，如武器系统的射击精度，防空系统对来袭目标的拦截精度等。例如，对于一个通信系统，基于需求规格，进行测试需求分析，识别获得如下需要测试验证的性能指标。

（1）**通信管理设备**：查询响应时间、告警响应时间、并发用户访问数、管理规模。

（2）**通信信道设备**：误码率、组网规模、入网时间、迟入网时间。

（3）**通信业务设备**：注册用户数、同时会话能力。

（4）**通信网络控制**：异构网络路由协议收敛时间、网络吞吐时延、吞吐率、信道利用率。

在测试策划及测试设计过程中，基于测试过程模型，对析出的所有测试需求，逐一进行测试项设计，构建测试环境，设计测试用例，驱动测试。例如，对于时间类性能指标，一种通用的测试方法是通过测试工具、代码插桩等方法测试相应的时间指标，同时关注查询数据量需足够大、需去除网络传输时延等情况。又如，对于误码率这一性能指标，通常采用频谱分析仪、信号发生器产生指标要求的信噪比，在确定的信噪比条件下，通过误码率检测设备，进行误码率测试；对于承载通信用户量，通过 sipp 模拟器编制测试脚本，模拟多个用户进行注册、语音通信，验证该指标的正确性；而针对网络吞吐率、网络吞吐时延等，则可以通过网络分析仪，进行网络传输性能指标验证。

11.7.1.4　基于可视化的性能测试监控

1. 基于层的工程事务识别

对于大多数性能测试工具，脚本加载往往包含事务处理或有序的 API 调用，以完成业务工作流的测试验证。例如，为一个物联网应用程序创建一个性能管理工具，其脚本包含代表一个设备的事务处理逻辑或行为。工程脚本包含部署的特定层，如网络层、应用层、消息层、数据库层等单个事务处理。基于工程事务处理的退化，可以隔离部署层，但需要确定哪些事务到达哪些层。当然，每个部署都是独一无二的，可能会遇到如下一些与层次相关的问题。

（1）**Web 层**：获取静态非缓存文件事务。

（2）**应用程序层**：执行一个方法并创建对象事务，但可能停留于此，未访问数据库层。

（3）**数据库层**：需要从数据库查询事务。

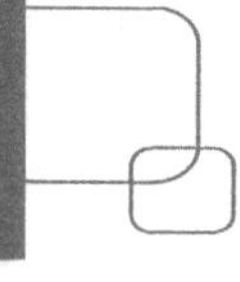

如果每个工程事务都有自己的脚本，即可确定每个工程事务的命中率（TPS）和响应时间。如果在每个工程事务之前，加上一个恒定的思考时间或间隔执行时间，就可以创建一个一致的采样率。

2. KPI 监控

通常，可以通过关联用户负载、TPS、响应时间、错误率等展示当前的前端性能指标。通过被监视的 KPI，完整地说明应用程序在某个工作负载级别上开始降级的原因。TPS 和空闲资源是每个服务器具有启发性的 KPI。TPS 随着工作负载变化而变化。在递增负载测试过程中，随着工作负载增加，TPS 随之增加。以下是可以监控的 TPS 示例。

（1）**操作系统**：TCP 连接速率。

（2）**Web 服务器**：每秒请求数。

（3）**消息传递**：入队和出队统计。

（4）**数据库**：每秒查询数。

值得注意的是，每个部署都是唯一的，需要确定每个服务器的命中率，然后同需要监视的资源进行关联。与在用资源不同，资源空闲趋势与工作负载正好相反，基于对空闲资源 KPI 的监视，能够快速、精准地识别性能瓶颈。对于监控目标资源，如果制定了排队策略，那么就需要添加一个排队计数器，用于显示正在等待的请求。以下是用于监控的资源。

（1）**操作系统**：CPU 平均空闲。

（2）**Web 服务器**：等待请求。

（3）**应用服务器**：空闲的工作线程。

（4）**消息传递**：进入/退出队列迭代时间。

（5）**数据库**：线程池中的空闲连接。

分析确定部署架构图，接收或转换数据的每个接触点都是潜在的性能瓶颈，亦是监视的候选对象。所监视 KPI 的相关度越强，性能描述就越清晰。如果设置一个缓慢增长的测试，如每 15 秒增加一个用户，最多可以增加 200 个虚拟用户。当测试结束后，将所有 KPI 的监控结果绘制成图表，并确保其与测试报告的 TPS/工作负载之间存在直接或反向关系，通过趋势分析确定性能瓶颈。

也许并非所有资源都能在架构图的审查期间被捕获，往往需要启动一个快速增长的负载测试，以发现一些新的资源或 KPI。这只是一个探测，看看哪些进程和操作系统活动会启动。如果注意到一个外部过程，就可以作为一个 KPI 候选对象添加到脚本中。

3. 减少事务分析数量

对于所有业务事务使用部署的共享资源，只需要选择其中一些事务，即可避免无意义的分析。至于选择哪些事务，取决于软件系统的行为特征。例如，面向单用户的负载测试，可选择访问页面、登录、响应时间最长、响应时间最短的业务事务。工程事务数量取决于部署中有多少层，有多少层就等于有多少个工程事务。

4. 确保结果的可复现

对于每个测试场景，在相同的负载条件下，测试 3 次。在 3 次测试执行过程中，不得调整或更改测试内容、运行时设置、测试脚本、测试持续时间、负载模式以及测试环境。只允许数据重置或服务器回收以及在测试运行期间将环境恢复到基线，以确保测试结果可复现。

5. 增加负荷

通过逐渐增加负载，以创建一个缓慢增长的阶梯并发用户负载场景，允许为每个负载集捕获 3 个被监视的 KPI 值。也就是说，在添加一组用户之前，配置缓慢的用户斜坡，以维持一段持续时间。例如，如果每次增加 10 个或 100 个用户，每 5 秒采集一次 KPI，那么在增加到下一个负载前，每个负载集至少运行 15 秒。通过减缓斜坡，延长测试时间，其结果更加容易解释。不能持续的 KPI 指标并不是一种趋势。

在性能测试过程中，遵循“一半–两倍”定律，会显著简化性能工程方法。从实现一半的目标负载开始，系统加载一半负载，然后翻倍到目标负载，如果不能加载到一半负载，再次将负载减少一半。如果有必要，重复此过程，继续减少一半，直到得到一个可扩展的测试。

6. 基于可视化的异常发现

假如能够“透视”一个可伸缩的软件系统，那么就能够快速、准确地发现异常。虽然这仅仅是假设而已，但却让我们豁然开朗。因此，可以基于系统架构，分析一个完全可伸缩的系统应该发生什么，会发生什么，不会发生什么，并将其与测试结果进行比较，由此确定测试风险及测试策略。这与第 4 章讨论的基于架构的测试策略不谋而合。

例如，随着用户负载增加，应用服务器活动、数据库连接数、CPU 使用率、Web 每秒请求数等随之增加。基于可视化，还可以快速发现不代表可伸缩应用程序的条件，减少测试时间。粒度对于 KPI 监视和可视化分析至关重要。通常，如果一个测试运行需要很长时间，使用更细粒度的时间间隔，将能显著改进分析结果的可信度。

7. 寻找 KPI 趋势及停滞期，发现瓶颈

当资源被重用或释放时，就如同 Java 虚拟机的垃圾收集或线程池一样，KPI 会发生起伏变化。这个时候，需要将注意力集中在数值变化趋势上，用分析的眼光判断趋势，而非绝对偏差。

确定第一个瓶颈出现的方法是用图表表示前端 KPI 的最小影响时间，使用粒度分析并识别从其底部出现的第一次突变。最小响应时间内的提升不会有明显变化，一旦资源饱和，就会突破最小响应时间，第一次突变相对精确。随着部署接近第一次出现的瓶颈，TPS 或每秒命中数将趋于稳定，响应时间将立即降低或增加，错误率将呈级联趋势。

当 TPS 第一次出现平稳期时，表明对吞吐量有限制。一个数据点值只能给出一个峰值，而 3 个数据点则可以构成一个平稳区间。这一点至关重要，有助于发现软件系统受到的限制，这种要么是软件限制，要么是硬件限制，但绝大多数瓶颈都是软件限制，任何硬件都无法解决这一问题。通过调优，能够提高系统的可伸缩性，优化提高吞吐量，进一步减少软件限制，如果应用系统在云部署中，则能够有效地实现向上和向外扩展。对峰值负载条件进行负载测试时，应关注以适应工作负载的资源分配，并将这些资源投入到部署中去。

11.7.1.5　V/UHF 网络控制单元网络容量性能测试项设计

某 V/UHF 网络控制单元负责执行 V/UHF 组网协议模式下的实时通信，其网络容量为 60 个站点。按此需求，设计测试项。某 V/UHF 网络控制单元网络容量性能测试项如表 11-39 所示。

表 11-39　某 V/UHF 网络控制单元网络容量性能测试项

测试项名称	网络容量性能	测试项标识	SZZD_V/UHF_XNC_X01	优　先　级	1
追踪关系	《V/UHF 网络控制单元软件需求规格说明》4.2.2.4				
需求描述	综合数据链 V/UHF 网络控制器软件网络容量为 60 个站				
测试项描述	测试某 V/UHF 网络控制器软件的网络容量是否满足 60 个站的要求				
测试方法	综合数据链网络管理系统；控制系统模拟器；数字终端；V/UHF 射频设备；电台；综合数据链；综合数据链网络管理系统；综合数据链模拟控制系统；电台；综合数据链；综合数据链网络管理系统；综合数据链模拟控制系统				

续表

测试方法	在数字终端部署综合数据链 V/UHF 波形，设置网络方式为主站，工作方式为轮询；设置从站地址表中的第一个地址为本站地址，依次设置剩余的 59 个从站地址；设置综合数据链为从站轮询模式，其他参数与数字终端相匹配；参数设置成功之后，启动通道，驱动运行对应的网络管理系统软件；数字终端发送申请数据报文，检测并记录数字终端是否呼叫从站地址，比较数字终端和数据链的收发数据是否一致
充分性要求	测试覆盖：被测设备和陪测设备分别为主站、从站
约束条件	被测软件运行正常且与外部接口设备之间连接正常、数据通信正常
终止要求	若测试充分性达到要求，则正常终止，或该功能出现严重不符合情况导致其他测试用例无法执行，则终止测试，对于未执行的测试用例说明原因
通过准则	主站呼叫除本站外的 59 个从站地址

11.7.2 余量测试

余量是指软件系统在完成特定任务之后，相关资源的剩余量，即为了确保系统有效运行，需要预留的附加资源。余量能够保证或提升系统的稳定性、可用性、健壮性。

余量测试是一种基于能力的测试，与系统任务场景、功能性能、操作使用等密切相关。例如，对软件执行周期或提交业务响应速度等时间性能余量的测试，对存储空间、内存大小、网络带宽等资源使用余量及功能处理能力、性能指标余量的验证，是余量测试的重要内容。

基于测试需求分析，确定系统响应时间、存储空间、处理能力、性能指标等余量，如果未给出明确的余量需求，通常以 $x(1+y\%)$ 作为缺省余量指标，$y\%$就是缺省余量，如 20%。其技术要求如下：

（1）针对时间约束，实际执行时间相对于时间约束要求的余量。

（2）针对空间约束，实际占用空间相对于空间约束要求的余量。

（3）针对处理约束，具备的处理能力相对于处理约束要求的余量。

（4）针对通信约束，数据传输吞吐量相对于带宽的余量。

（5）针对其他性能指标，给定性能指标余量，如未给定性能指标余量，则以所遵循标准规定缺省值或测试方与被测方协商确定的值，作为隐含测试需求。

11.7.2.1 测试方法

1. 存储余量

在实际运行环境及任务场景中，生成特征数据，运行至规定的数据量之后，观测软件系统的运行状态，测量或计算存储余量是否满足要求。对于这种情况，需要分析不同任务场景下系统运行数据量的规模及特征，基于最大数据量进行测试验证。在余量测试过程中，需验证当数据存储达到或超过余量要求时，系统能否正确地实现规定的处理要求，如数据备份、覆盖和删除等。所以说，余量测试也是对系统容错性、健壮性以及数据安全性的测试验证。

2. 数据吞吐能力余量

对于数据吞吐能力余量测试，需要对软件系统的正常、异常、降功能、应急等不同状态进行综合分析，明确不同状态下，不同数据类型数据量的传输情况，确认数据吞吐余量指标，并验证余量指标的实现情况。

工程上，通常结合软件系统的典型任务场景，基于数据类型、数据总量、数据交叉发送频率等因素，建立涵盖典型流程以及应急情况下的数据吞吐能力测试模型组，按照测试模型组进行数据吞吐能力余量的初始测试，记录不同情况下的测试数据并进行综合分析；基于初始测试结果分析，修正不合理的测试模型，对数据吞吐能力余量进行补充测试；根据测试结果对应急情况下的数据吞吐能力进行精确预测，确保软件系统在正常流程和应急情况下的运行状态。

3. 功能处理能力余量

基于真实环境，构建功能处理极限及边界条件，结合功能测试，验证软件系统对大数据量处理、批处理以及具备规模要求功能的能力。当功能处理能力达到余量要求时，继续执行功能测试用例，观测软件系统能否正常实现规定的功能。

4. 功能处理时间余量

采用插桩函数，进行插桩操作，记录功能处理的起始时间和结束时间，通过二者之间的差值得到软件系统的功能处理时间及其余量。

11.7.2.2　嵌入式系统运行内存余量测试

对于大多数强实时嵌入式系统，系统内核小，资源有限，必须留有一定内存余量，以保证系统可靠运行。由于难以像桌面系统那样观察嵌入式系统的内存占用情况，所以精确测量其运行内存余量存在着一定困难。

1. 静态分析计算

对于 DSP 这类无操作系统以及 IDE 这类不支持内存监控的操作系统，难以自动监测动态运行内存的使用情况，但可以通过代码及 map 文件分析计算内存的使用情况。

代码分析计算是基于源代码中的变量声明、内存申请、软件部署占用空间等，对内存使用情况进行分析统计。软件运行内存余量计算方法为：（可用内存总量−变量声明占用内存−内存申请占用内存−软件部署占用内存）/可用内存总量。

map 文件是 CCS 编译产生的有关程序、数据、IO 空间的映射文件。通过 map 文件分析，可统计计算软件运行时的内存占用余量。通过查看文件中的全局变量和局部变量（.bss）、使用大寄存器模式的全局变量和静态变量（.ebss1/.ebss2）、堆栈（.stack）、为动态存储分配保留的空间（.system）字段实际分配的内存大小，即可得到内存余量：（可用内存总量−上述所有内存占用总和）/可用内存总量。

基于静态分析的软件运行内存余量计算，具有环境依赖性弱、无须专用环境支撑的特点。但未实际运行软件，不能确认实际的内存占用情况，难以发现内存泄漏等问题，分析计算结果的可信度较低。这种方法适用于完全采用静态内存分配申请操作、结构简单、规模较小、可用内存总量远大于初步分析的内存占用量，且无法提供其他环境支持、余量测试精度要求不高的情况。

2. 动态运行监测

对于运行在 VxWorks 平台上的嵌入式系统，可以通过 VxWorks 提供的 API，动态监测内存的使用情况，计算内存余量。根据内存占用量的取样次数，动态运行监测可分为 memshow 指令监测和代码嵌入 memshow 指令监测。memshow 指令监测法是获取系统当前某一时刻的内存占用情况，在 VxWorks 提供的 shell 指令界面中，使用 memshow 指令进行监测。假设返回结果如下：

```
status bytes        blocks    avg block    max block

Current
free    2909436     3         969812       2909400
alloc   969060      16102     60           _

Cumulative
alloc   1143340     16365     69
```

在 shell 指令界面，查看当前空闲内存及已分配占用内存大小，计算当前内存余量。根据上述返回结果，有

$$\text{内存余量}=\frac{\text{当前空闲内存}}{\text{当前空闲内存}+\text{已分配占用内存}}=\frac{2909436}{2909436+969060}\times 100\%\approx 75\%$$

代码嵌入 memshow 指令监测法是通过在源代码中插桩调用 memshow 指令，对内存占用量多次采样。其步骤如下：

（1）在 tornado 开发环境中，修改软件，增加 memshow()调用，在软件周期任务中，增加一个低优先级任务调用。

（2）重新编译运行软件。

（3）在最大内存负荷场景中，测试内存占用情况。

（4）分析 VxWorks 输出信息，得到软件运行过程的最大内存占用量，计算内存余量。

如果在原有周期任务中增加 memshow()调用，应确认不会影响系统的实时性。如果采用新增任务调度方式，为保证软件系统的实时性，将新增任务优先级设置为最低。但是，任务优先级过低可能会无法被调度，一般将优先级设置为与原有任务最低优先级相同；当采集记录时，系统必须运行于最大内存负荷场景，否则将影响其可信度。这里，给出如下嵌入 memshow 指令监测法插桩的示例代码，供读者参考。

```
编写调用 memshow 命令的函数

voidtTest(void)
{
    while(1)
    {
        memshow();
        taskDelay(10);
    }
}

将调用 memshow 命令的函数作为任务加到软件 main 函数中

int memshowTask ID;
memshowTaskID=taskSpawn(“tTest”,200,0,16*1024),tTest,0,0,0,0,0,0,0,0,0,0);
if(ERROR == memshowTask ID)
{
    logMsg(“create memshow task error! \n”,0,0,0,0,0,0);
    return ERROR;
}
return OK;
```

动态运行监测是在实际运行环境下，对内存使用情况的测试，结果精确，具有较好的可信度。对于 memshow 指令监控法，在 shell 界面下调用 memshow 命令，不能确保在内存负荷最大时获得监控结果，可能影响可信度；而对于代码嵌入 memshow 指令监测法，需要进行插桩处理，可能引入缺陷。为了录取软件输出，需要重定向输出，从一段时间的大量实时监测数据中，分析获取最大内存占用量，工作量较大。为减轻工作量，可以使用 shell 脚本进行多次采样，选取最大占用量作为测试结果。若运行时内存占用量变化较小，且能提供 shell 界面，适宜采用 memshow 指令监控法；而对于实时性要求不是特别高，增加代码不影响其实时性的系统，适宜采用代码嵌入 memshow 指令监测法。

3. *逆向证明*

逆向证明是当额外占用一定内存后，检测系统是否仍然能够正常运行，如果在最大内存负荷场景之下，仍能保持其功能和性能，则间接地证明系统不会用到这部分内存，说明内存余量不小于这个值。其步骤如下：

（1）根据内存余量要求和可用内存总量，计算要求的内存余量大小。

（2）在编译环境中，增加一个任务，此任务通过 calloc()申请上一步计算得到的内存空间大小，保持能被调度，重新编译并运行软件。

（3）在最大内存负荷场景中，运行软件系统，检查相关功能、性能是否正确。

使用内存申请语句，以确保内存不会被系统回收，且保证该任务可被调度。例如，malloc 就可能被回收。在申请内存之后，使用 while(1)死循环保持任务活跃，同时在 while(1)中增加打印语句，观察该任务是否被调度。当测试运行时，将软件运行于最大内存负荷场景下，否则将可能影响其可信度。这里，给出如下逆向证明插桩示例，以飨读者。

```
构造方便计算大小的数据结构

struct One_KB
{
      char head[12];
      char body[1000];
      char tail[12];
}
struct One_MB
{
      One_KB head[12];
      One_KB body[1000];
      One_KB tail[12];
}

编写申请内存的函数（假设可用内存为 32MB）

void Mem_Take()
{
      One_MB*pointer;
      pointer = calloc(sizeof(One_MB),10);
      if(pointer! = Null)
      {
            printf("Memory has been taken! \n");
      }
      while(1)
      {
            printf("Memory take task is running… \n");
      }
}

将内存占用函数作为任务加到软件 main 函数中

int mem_take_tid;
mem_taken_tid = taskSpawn("mem_take_task",200,0,90,(FUNCP-TR)Mem_ake,0,0,0,0,0,0,0,0,0,0);
```

在实际测试过程中，一种方法是通过不断增加占用内存，直至系统处于无法正常运行和可以正常运行之间的边界，将其作为相对准确的余量值。另一种方法则是通过静态分析，粗略估计一个可能的余量值，占用该内存，如果系统运行正常，则按一定步进增大内存占用值，重复测试，直至系统无法正常运行为止。如果系统不能正常运行，则按该步进减小占用内存值，重复测试，直至找到内存占用的边界值。逆向证明适用于动态内存分配，实时性及余量精度要求不高的软件。

11.7.2.3　系统同时在线及并发访问人数余量测试

某管理信息系统具备 x 个用户同时在线、y 个用户并发访问的能力。但是，在系统规格及软件需求规格等文档中，未规定这两个性能指标的余量。按照隐含需求，根据 20%的缺省余量指标要求，设计测试项。某管理信息系统同时在线及并发访问人数余量测试项如表 11-40 所示。

表 11-40 某管理信息系统同时在线及并发访问人数余量测试项

测试项名称	同时在线人数和并发访问人数余量	测试项标识	JL3XT_YLC_H01	优先级	1
追踪关系	《管理信息系统软件需求规格说明》4.2.2.4				
需求描述	同时在线人数及并发访问人数余量为 20%				
测试项描述	测试管理信息系统同时在线人数及并发访问人数是否满足 20%的余量要求				
测试方法	（1）使用 Jmeter 模拟 x 个用户同时在线，然后将同时在线用户数增加到 $x\times(1+20\%)$ 并向上逐渐增加，直至系统运行明显变缓或不能运行为止；（2）使用 Jmeter 模拟 y 个用户同时访问系统，然后将同时访问系统人数增加到 $y\times(1+20\%)$ 并向上逐渐增加，直至系统运行明显变缓或不能运行为止				
充分性要求	执行系统相应的操作，运行相应流程				
约束条件	系统运行正常				
终止要求	所有测试用例执行完毕，对于未执行的测试用例说明原因；对发现的问题整改完毕并通过回归验证				
通过准则	系统在 $\geqslant x\times120\%$ 个用户同时在线，$\geqslant y\times120\%$ 个用户同时访问时，运行正常				

11.7.3 容量测试

容量就是系统性能指标的界限或极限值，是一类特定的性能指标，包括处理能力容量和资源容量，如软件系统长时间运行后，存储能力是否达到饱和？对超过存储能力的数据，按照何种策略进行处理？对并发数据如何处理？如此等等，均需通过容量测试来回答。

容量测试是在确定的任务场景和运行负荷下，验证软件系统持续处理最大负载或持续接收大容量数据的能力，即反映系统应用特征指标的极限值，如最大并发用户数、数据库最大记录数等，评价软件系统的承载能力或提供服务的能力。例如，当编译器对规模庞大的源程序进行编译时，需要处理成千上万个软件模块，操作系统作业队列可能已达到饱和状态，当需要处理跨越不同卷的文件时，需要产生足够的数据使程序从一个卷转换至另一个卷中。

一般地，容量测试的内容及技术要求如下：

（1）对于具有时间约束的功能、性能，验证正常工作条件下执行时间的最值范围。

（2）对于具有空间约束的功能、性能，验证正常工作条件下占用空间的最值范围。

（3）对于通信接口，验证正常工作条件下传输时间、传输数据量等的最值范围。

（4）对于软件处理能力，如处理目标数等，验证正常工作条件下处理能力的最值范围。

11.7.3.1 测试方法

1. 最大处理容量

最大处理容量涉及的性能指标非常广泛，如并发用户访问处理能力等。其测试方法是构建大数据量场景，不断增加外部及内部数据强度、输入条件及其组合的复杂程度，产生符合真实场景的高强度数据量，直至软件系统无法正常运行为止，从而给定数据处理能力的饱和测试指标。例如，对于并发用户访问处理能力测试，分析系统对并发用户访问处理能力要求，通过模拟任务场景及用户活动方式，执行相同脚本，模拟多用户同时请求；渐进增加用户数，不断增压，直到系统无法正常处理为止，从而确定并发访问处理能力容量。

2. 最大存储能力容量

基于软件系统任务场景，确定基准数据，加载数据，使常驻内存、缓冲区、表格区、临时信息区等所存储的数据从基准值逐渐增加，直至软件系统无法处理或给出提示不再处理超限数据为止，记录达到最大存储能力的端点及前、后信息，以及对应的系统运行状态，确定软件系统存储能力的饱和指标。

3. 长时间运行容量

长时间运行容量是指在基于确定的负载条件下，测试验证软件系统运行指定时长的处理能力。如果明确了运行时间强度指标，则根据指标要求进行测试设计，若未明确时间运行强度，则基于软件系统的任务剖面进行测试设计，在指定运行时长下满负载运行，执行功能、接口等测试用例，验证软件系统对流程控制、外部响应、数据处理等相关处理的正确性，确定软件系统长时间运行能力的饱和测试指标。需要注意的是，长时间运行容量测试必须是连续的。

11.7.3.2　大容量数据加载

对一个软件系统进行容量测试时，首当其冲的就是如何加载大容量数据。数据加载一般需要开发测试脚本。根据数据呈现的不同规律性，采用不同的脚本开发方式。这里，向读者分享基于 WinRunner 的 3 种容量测试脚本开发方法。

1. 基于结构化脚本的容量测试

结构化脚本类似于结构化程序，一般是基于脚本的选择结构或迭代结构指令，控制脚本执行。选择结构使脚本具有判断功能，最普遍的形式是 if 语句。迭代结构可以根据需要重复一条或多条语句，直至满足设定的重复次数为止。WinRunner 脚本能够循环添加数据，有利于容量测试。脚本设计步骤如下：

（1）分析容量测试数据，确定所添加数据的规律性，如关键字递增或单指标递增等。

（2）将数据添加的规律以脚本形式录制下来。

（3）添加迭代或选择控制结构，一般以循环结构实现数据重复添加。

（4）运行脚本，实现数据加载。

这里，以添加 No.7 路由为例说明脚本设计方法。首先，寻找数据规律，局容量设定了 No.7 路由的最大值为 255， No.7 路由数据以路由号为关键字递增，每次成功添加路由数据后，添加的路由号均被删除，新添加时仅需记录先前位置即可。由此，录制如下单次执行脚本。

```
# Add signaling route
 win_mouse_click(“Add signaling route”,165,46) ;
 win_type(“Add signaling route”,“Route”);
 win_mouse_click(“Add signaling route”,193,154) ;
```

将所录制的脚本循环执行 255 次，即可添加 255 条数据。但是，需要在单次执行脚本上加入控制结构，生成如下基于迭代的脚本，循环执行，实现数据加载。

```
for(i=0;i<255:i++)
{
     # Add signaling route
     win_mouse_click(“Add signaling route”,165,46) ;
     win_type(“Add signaling route”,“Route”);
    win_mouse_click(“Add signaling route”,193,154) ;
}
```

2. 基于数据驱动的容量测试

如果所添加的数据无规律可循，就可以使用数据驱动脚本，通过读取本地 Excel 表的方式进行测试。当执行数据驱动脚本时，WinRunner 会读取数据表中的每一笔数据，放入被参数化的地方，然后执行一次，直至所有数据添加完成为止。脚本设计步骤如下：

（1）将拟添加数据放入 Excel 表中，第一行表示这组数据的名称，数据可能杂乱无章且无规律可循，WinRunner 读取数据，添加至被测系统。

（2）录制一个添加数据的普通脚本，基于该脚本，构建数据驱动测试。

（3）增加开启及关闭数据表的指令。

（4）增加循环语句，读取数据表中的每笔数据。

（5）将脚本中录制的固定值参数化为数据表的字段值。

（6）执行脚本，添加数据。

这里，以号码分析为例说明基于数据驱动的容量测试方法。首先建立一个 Excel 数据表，将拟分析数据添加到该表中，第一行表示数据名称，而非真正的数据，如表 11-41 所示。

表 11-41 拟添加数据表

	A	B	C
1		Digit	
2		133851	
3		133861	
4		133891	
5		13383101	
6		13383102	
7		13383103	
8		13383104	
9		13383108	

录制如下普通脚本。其中，133851 就是需要添加的号码。按如下代码，参数化此号码，使其能够读取 Excel 数据表中的数据。

```
# Add the Analysed Digit Type5[Local Network] Entry5
win_mouse_click("Add the Analysed Digit Type5[Local Network] Entry5",174,25);
win_type("Add the Analysed Digit Type5[Local Network] Entry5","133851");
```

按如下形式添加开启数据表指令和关闭数据表指令。数据表只有在打开的条件下，才能读取数据。当然，这一步也可以使用 WinRunner 自带的数据驱动向导进行添加。

```
table   = "D:\\table\\config_table.xls"; 表的路径
rc = ddt_open(table,DDT_MODE_READ) ;
if(rc! = E_OK && rc! = E_FILE_OPEN)
pause =( "Cannot open table. ");
# Add the Analysed Digit Type5[Local Network] Entry5
win_mouse_click("Add the Analysed Digit Type5[Local Network] Entry5",174,25);
win_type("Add the Analysed Digit Type5[Local Network] Entry5","133851");
ddt_close(table);
```

通过如下循环语句，添加循环语句，并逐句读取数据表中的数据，实现数据自动添加。

```
table   = "D:\\table\\config_table.xls";
rc = ddt_open(table,DDT_MODE_READ) ;
if(rc! = E_OK && rc! = E_FILE_OPEN)
pause =( "Cannot open table. ");
ddt_get_row_count(table,table_RowCount) ;
for(table_Row = 1;table_Row <= table_RowCount;table_Row++)
{
    ddt_set_row(table,table_Row);
    # Add the Analysed Digit Type5[Local Network] Entry5
    win_mouse_click("Add the Analysed Digit Type5[Local Network] Entry5",174,25);
    win_type("Add the Analysed Digit Type5[Local Network] Entry5","133851");
}
ddt_close(table);
```

将固定值 133851 替换为表的 Digit 参数，每次循环都可以读取数据表的一个值，而不是原先的固定值，从而实现参数化。参数替代实现代码如下：

```
table   = "D:\\table\\config_table.xls";
rc = ddt_open(table,DDT_MODE_READ) ;
if(rc! = E_OK && rc! = E_FILE_OPEN)
pause =( "Cannot open table. ");
ddt_get_row_count(table,table_RowCount) ;
for(table_Row = 1;table_Row <= table_RowCount;table_Row++)
{
        ddt_set_row(table,table_Row);
        # Add the Analysed Digit Type5[Local Network] Entry5
        win_mouse_click("Add the Analysed Digit Type5[Local Network] Entry5",174,25);
       win_type("Add the Analysed Digit Type5[Local Network] Entry5","133851");
}
ddt_close(table);
```

执行上述脚本，即可完成数据的自动添加。

3. 结构化脚本和数据驱动相结合

如果所添加的数据同测试环境（如局向号、版本号等）具有密切的关系，则测试环境一旦确定下来，其数据具有很强的规律性，所以在这种情况下添加数据时就需要将上述两种方法结合起来开发脚本，使用数据驱动应对测试环境的变化。

11.7.3.3　配置表加满后的容量测试

这里，基于容量测试的基本方法，讨论配置表加满后的容量测试方法：

（1）达到最大容量时，系统能够正常运行。

（2）达到最大容量时，功能显示、修改、删除等正常。

（3）超出最大容量时，将限制数据加载，且提示已达到最大容量。

（4）能够进行数据备份、恢复和同步，数据同步后，系统运行稳定；查看前台表，数据同后台一致，尤其是最后几条记录。

（5）添加大容量数据后，与该功能关联的功能正常。

（6）进行主备切换和重启，单板启动、运行正常。

（7）日志管理中没有异常日志信息。

（8）告警管理中，如果存在相关告警，其告警信息正确。

（9）数据加满之后，不影响后台使用，后台 CPU 和内存冲高后可以恢复。

（10）前台 CPU 和内存冲高后可以恢复。

（11）达到最大容量后，删除部分中间数据或排序在前的数据，能够再次增加数据，直至达到最大容量。

11.7.3.4　某系统并发访问容量测试

对于 11.7.2.3 节讨论的某管理信息系统同时在线及并发访问人数问题，该系统支持不小于 x 个用户同时并发访问，设计如表 11-42 所示的并发访问容量测试项。

表 11-42　某管理信息系统并发访问容量测试项

测试项名称	并发访问容量	测试项标识	SZZD_V/UHF_XNC_X01	优先级	3
追踪关系	《管理信息系统软件需求规格说明》4.2.2.4				
需求描述	能够支持不小于 x 个用户同时并发访问				
测试项描述	测试管理信息系统并发访问人数是否满足要求				
测试方法	（1）在表 11-39 所示余量测试的基础上，通过多线程并发测试程序，逐一增加线程数量，同时调用目标数据访问服务，直到有些服务请求不能获取服务结果为止；（2）逐渐减少线程数量，直至所有服务均能获取服务结果。此时，线程数即为系统并发访问容量				
充分性要求	逐一增加线程数量，找出服务请求的临界点				
约束条件	系统运行正常				
终止要求	所有测试用例执行完毕，对于未执行的测试用例说明原因				
通过准则	支持不小于 x 个用户同时并发访问				

11.7.4　强度测试

强度是指在一个确定的时间段内，有时是一个极短的时间段内，达到的数据或操作峰值。强度测试是验证软件系统承受高负载或高强度的能力，即软件系统抵御异常情况的能力或在极限状态下运行时其性能下降幅度仍能保持在允许的范围内的能力。强度测试是异常资源配置下的测试。在极限条件下进行的测试，更容易发现系统的可靠性、稳定性、健壮性、扩展性等问题。这一点，不同于容量测试。强度测试包括业务强度测试和时间强度测试。

业务强度测试是当软件系统性能下降幅度在允许范围内的情况下，基于容量测试，逐渐增加步进量，直至性能开始恶化，但仍然在允许范围内，验证处理最大业务量的能力，从而摸清系统性能底数。例如，某雷达系统要求能够同时跟踪和处理500批次空中目标，对此需求，以500批次空中目标跟踪、处理为基点，通过模拟器，逐步增加目标批次数，直至系统目标跟踪能力下降为止。此时的目标批次数就是该性能指标的强度值。不过，这显然还不完全满足强度测试的要求，在不断增加空中目标批次的同时，还应考虑不同运动轨迹、航速、飞行高度、反射面及不同类型飞行器组合，更加复杂的航迹及航迹交叉、重叠等的跟踪处理业务强度。

时间强度测试旨在测试验证软件系统长时间运行的性能表现，也称之为疲劳强度测试，如7×24小时的压力测试。时间强度测试的最短时间要求小于完成软件系统使命任务的时间，可以通过系统任务剖面分析确定。如果系统规格、需求规格及其他等效文件未规定时间强度，通常取一个确定的时间值如25小时作为时间强度指标。需要注意的是，MTBF、MTTF 和时间强度指标分别从软件系统的寿命特征和任务剖面两个视角定义系统能力，是两个完全不同的性能指标，不可混为一谈。

强度测试基于设计的处理能力，验证软件系统在内部退化以及外部可变影响恶劣到何种程度时，导致软件系统无法正常工作，即系统在异常资源配置下运行的能力。其技术要求如下：

（1）确定软件系统运行所依赖的外部可变影响条件。

（2）控制外部可变影响条件的范围及指标变化，如处理的信息量越来越大、通信数据量越来越大、监测报警数越来越多等，直至系统故障或达到极限条件。

（3）控制外部可变影响条件的频度变化，如越来越频繁的外部错误、越来越小的通信周期以及越来越频繁的中断信号等，直至系统故障或频度极限条件。

（4）在特定的任务场景中，对系统进行时间强度测试时，不要求一定运行至系统故障，而是定时截尾；若系统给定了时间强度指标，则按照规定的指标进行测试，否则按系统运行剖面分析确定时间强度，如果无法得到系统的运行剖面，可使用推荐或商定的时间强度。

（5）当运行环境资源不能保证时，在测试过程中逐步恶化运行环境，直到系统故障时的极限运行环境条件。

（6）对具有降级处理能力的系统，对降级条件进行极限条件测试。

11.7.4.1 测试方法

（1）**长时间运行强度**：在特定任务场景中以及一定负载或满负载情况下，执行测试，监测软件系统对功能性能、流程控制、外部响应、数据处理等的实现情况，直至确定的截尾时间。时间强度指标由系统规格、软件需求及其等效文件规定，或根据任务剖面分析确定运行时间强度指标。对于连续运行小于24小时的系统，测试最小时间长度，不小于系统执行一次任务的整个时间长度。对于时间强度测试，至关重要的是同步进行业务强度测试，即如何施加最复杂、最大的业务强度。

（2）**并发访问处理强度**：基于软件需求规格，分析并发用户访问处理能力要求，模拟用户活动方式，通过加压产生符合真实情况的并发访问场景，模拟多个不同用户同时请求，渐进增加用户数量直至超出软件系统的处理能力或无法正常处理或存在排队处理机制而无须继续增压为止，记录软件并发访问处理能力。

（3）**最大存储能力强度**：基于软件系统实际应用的分析结果，给出基准数据，通过加载大量数据进行测试，使存储范围（如常驻内存、缓冲区、表格区、临时信息区）从基准值逐渐增加到软件系统无法处理或提示不再处理超限数据为止，记录达到最大存储范围时端点、前、后信息以及对应的系统运行状态。

（4）**内存使用缺陷测试**：程序在申请内存后，如果没有及时释放已申请的内存空间，不仅会造成系统内存浪费，导致程序运行速度下降，而且随着内存泄漏堆积，导致内存溢出甚至系统崩溃。在强度测试过程中，基于长时间的使用情况观测，能够有效地检出内存使用缺陷以及动态内存分配问题。将强度测试同内存使用缺陷测试进行结合，是一种行之有效的测试策略。

11.7.4.2　强度测试与性能、余量、容量测试的关系

基于测试输入视角，性能测试、余量测试、容量测试、强度测试是性能类测试的 4 种测试类型，其输入数据量及测试过程呈递进关系，测试内容及方法呈向上包容关系。图 11-47 给出了性能、余量、容量和强度测试的关系。

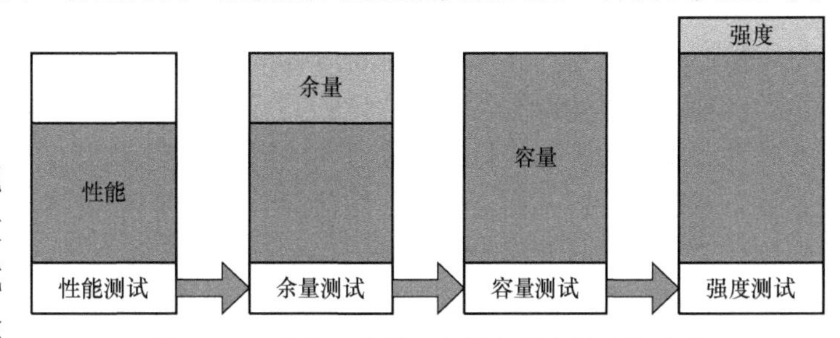

图 11-47　性能、余量、容量和强度测试的关系

性能测试是基于系统规格、软件需求规格及其他等效文件规定的条件，输入测试数据，验证软件系统应具有的能力；余量测试是在性能测试的基础上，逐渐增加负载，验证系统是否具有超出规定性能指标的能力，其与性能测试的不同之处在于验证的指标值，较性能指标提高了规定值，但性能指标仍能满足要求；容量测试是在余量测试的基础上，进一步增加负载，直到刚好满足系统性能指标时所施加的负载大小，其与余量测试的区别在于容量指标是系统处理能力的最大值；强度测试是在容量测试的基础上，继续增加负载，直至系统运行不正常或发生故障，其与容量测试的不同之处在于容量测试时，系统性能指标仍满足要求，是一种摸边测试。对于强度测试，是当系统性能指标已不能满足要求，但仍然在用户允许的范围之内，如响应时间指标已不满足要求，系统响应变缓，直到响应时间超出用户容忍的程度，是一种探底测试。

虽然性能、余量、容量、强度 4 种测试类型的目的不一样，方法也不尽相同，但这 4 种测试类型都以性能指标为考核目标，以性能测试为基础，基于同样的基点向着不同的目标序进。在软件测试过程中，如果对此 4 种测试类型进行综合，进行一体化测试，将产生事半功倍的效果。

11.7.4.3　网络控制器强度测试

短波串行软件用于实现综合数据链短波串行模式下的实时通信，其数据传输强度对可靠地进行数据传输具有重要影响。这里，以大容量数据传输场景下的网络控制器强度测试为例，说明强度测试的方法。网络控制器时间强度测试项如表 11-43 所示。

表 11-43　网络控制器时间强度测试项

测试项名称	连续运行时间强度	测试项标识	SZZD_QDC_Q01	优先级	1
追踪关系	《网络控制器软件需求规格说明》6.3.3.11				
需求描述	网络控制器不少于连续 25 小时的时间强度				
测试项描述	测试网络控制器软件连续运行 25 小时的稳定性				
测试方法	（1）设置信道模拟器为加性高斯白噪声，即随机无线噪声，带宽 3000Hz：设置网络模式为链路测试，站方式为应答站，将模式信息速率分别设置为 75、150、300、600、880、1600 和 2320 bit/s；（2）将信道模拟器分别设置为的 S/N=9dB、S/N=7.5dB、S/N=5dB、S/N=3dB、S/N =0dB、S/N=-3dB、S/N=-5dB；（3）连续运行 25 小时，执行相应的功能、性能、接口等测试用例，观测网络控制器软件能否正常运行 控制模拟器01　控制模拟器02 LAN　LAN 被测设备 —音频接口— 信道模拟器 —音频接口— 数据链辅助设备 —音频接口— 综合数据链				
充分性要求	连续 25 小时，运行功能、性能、接口等测试用例；在测试过程中，接口畅通，数据传输连续，以验证软件对各种数据的综合处理能力				
约束条件	软件运行正常，与外部设备连接正常、数据通信正常				
终止要求	测试充分性达到要求则正常终止，代码缺失导致测试用例无法执行则终止测试，对于未执行的测试用例说明原因				
通过准则	连续运行 25 小时，执行功能、性能、接口等测试用例，软件无异常				

11.8 接口类测试

接口是系统对外部系统及系统内各子系统之间提供的一种可调用或连接能力的标准，是系统对外提供的一种数据传输通道。GB/T 11457 将接口定义为：一个共享界面，信息跨越边界传送；连接两个或多个部件，相互间传送信息的硬件或软件部件。接口类型众多，如对于基础计算与运行环境，通常包括基本接口、扩展接口、增强接口、通信接口、人机交互接口、云平台服务接口、云平台管理接口等；对于弹性计算应用，通常包括云计算平台的虚拟机租赁接口、镜像管理接口、网络管理接口、存储管理接口、运维监控接口等应用编程接口。

接口测试旨在验证系统与外部系统及系统内各子系统之间的接口协议、参数传递、功能实现、输出结果的正确性，系统间逻辑依赖关系以及对各种异常情况容错处理的完整性与合理性，是重要的测试类型之一。

11.8.1 接口测试

基于用户视角，接口测试以系统的正确性、稳定性为核心，对系统接口进行检测，覆盖一定程度的业务逻辑，不仅有利于缺陷检出，符合质量控制前移的理念，而且有利于实现测试自动化和持续集成。一般地，接口测试的内容及技术要求如下：

（1）接口功能、性能以及是否便于使用等测试。

（2）接口信息格式（如帧格式）及内容解析的正确性测试。

（3）接口特性，如数据特性、错误特性、速度特性，尤其是接口的时间特性测试。

（4）接口正常和异常情况测试。

（5）接口外部干扰、丢帧、错帧、误码等异常模式的容错性测试。

（6）在配置项测试和系统测试中，应重点对软件系统的外部接口进行测试。

（7）对于嵌入式系统，应关注软硬件接口及信号触发类接口测试。

11.8.1.1 接口分类

基于物理形态视角，可分为硬件接口和软件接口；基于接口协议视角，可分为串口、网口、CAN 口等；基于交互方式视角，可分为串行协议、网络协议、API、数据文件等；基于软件测试视角，可分为用户接口、外部接口和内部接口，其中用户接口即人机交互接口，是指用户同软件系统的交互界面。下面基于软件测试视角简单介绍内部接口和外部接口。

（1）**内部接口**：以被测对象为参照点，内部接口就是位于系统内部，通过内部抛出的接口，实现同一系统内部上层服务对下层服务的调用及不同方法、模块之间的交互。例如，一个 BBS 系统包括登录、发帖等模块，如果要发帖，就必须先登录，两个模块之间需交互，抛出一个接口，供系统内部调用。

（2）**外部接口**：以被测对象为参照点，外部接口就是系统与外部系统进行交互或对外提供服务的接口，即系统对外提供的一种数据传输通道。例如，通过引用网站或服务器提供的接口就能使用其方法，获取资源或信息。

11.8.1.2 测试方法

1. *基本方法*

首先给出一个如表 11-44 所示的捷联惯导监控接口测试项，以说明接口测试的基本方法。

接口测试旨在验证系统与外部系统及系统内各子系统之间数据交互的内容及格式等的正确性和协调性，其基本方法是按照接口协议，使用接口测试工具，模拟外部系统向被测系统发送不同格式和内容的接口报文，验证系统处理的正确性；同时，接收系统发送的报文数据，验证该报文数据与接口协议的一致性。对于每个外部输入/输出接口，针对每条接口报文，都应进行正常情况和异常情况测试。

表 11-44 捷联惯导监控接口测试项

测试项名称	监控接口	测试项标识	JK-JKJK	优先级	1
追踪关系	《捷联惯导软件需求规格说明》3.3.6				
需求描述	捷联惯导监控接口采用 RS-232 接口，波特率为 38400bps，每个字节包括 8 个数据位、1 个起始位、1 个停止位，无奇偶校验，数据从低位至高位发送。监控接口用于软件上传、参数维护				
测试项描述	（1）测试监控接口对软件上传、参数维护指令的处理；（2）测试监控接口对异常格式数据的处理；（3）测试监控软件输出数据				
测试方法	（1）通过监控软件向捷联惯导系统发送正常上传、参数维护指令，查看软件处理是否正确；（2）向捷联惯导系统发送格式异常的上传、参数维护指令，包括帧头、命令字、校验和等异常，检查系统能否进行正常处理且处理是否正确；（3）通过控制监控软件向捷联惯导发送下传指令，查看软件处理是否正确				
充分性要求	（1）覆盖监控接口对软件上传、参数维护指令的处理；（2）覆盖监控接口对异常格式数据的处理；（3）覆盖监控软件输出的数据				
通过准则	（1）捷联惯导正常处理上传、参数维护指令；（2）捷联惯导不处理异常格式指令；（3）捷联惯导输出监控数据帧与协议一致，波特率为 38400bps，每个字节 8 个数据位、1 个起始位、1 个停止位，无奇偶校验，数据从低位至高位发送				

（1）模拟外部系统向被测系统发送正确格式内容的报文，验证处理的正确性。

（2）模拟外部系统向被测系统发送异常内容、报文标识、校验和、长度，验证被测系统能否对异常报文进行摒弃处理。

（3）模拟外部系统向被测系统发送正确报文+异常报文、异常报文+正确报文，验证被测系统能否对异常报文进行摒弃处理，对正确报文进行接收处理。

（4）进行正常、异常操作，监听报文数据是否与接口协议一致。

使用接口测试工具模拟外部设备，验证系统特性对软件功能、性能特性的影响。

（1）向被测系统发送不同内容的报文数据，检查系统运行是否正确。

（2）向被测系统发送错误报文内容和报文格式数据，检查系统运行是否正确。

（3）向被测系统以不同速率发送报文数据，检查系统运行是否正常。

对所有内部接口的功能、性能进行测试，测试配置项内部模块与模块之间的消息传递，验证软件功能、性能等的正确性。

对于接口测试，其关注点大多是被测系统与单一配置项间的报文结构、报文内容、报文时序的正确性验证，当缺乏多个配置项与被测系统按业务流程交互、同时接收到多个配置项报文时，软件系统处理正确性的验证，尤其是对接口数据交互安全性的验证。例如，对于无线通信系统，如果无线侧已加密，有线侧存在未加密数据时，测试过程中需要考虑恶意构造接口报文（如报文数据量超大、内容存在死循环）时系统的容错能力。

接口测试的基本方法就是基于等价类划分、边界值分析等技术，验证接口实现的功能、性能等与设计的一致性以及是否具有良好的容错机制，能够在接收到各种异常输入数据时，返回对错误定位具有良好参考意义的错误码，屏蔽底层信息，暴露接口代码缺陷。通常使用接口测试工具，录入接口标准规范，依据接口规范，采用等价类划分、边界值分析等方法，生成测试脚本，针对每个测试脚本输入判定准则，执行测试，输出测试结果。

2. 测试设计

一般地，接口测试设计的内容包括：输入参数组合、预期结果、实际运行结果以及备注的相关信息，如测试功能点说明、测试环境说明等。其中，预期结果包括接口返回值及接口输出参数等内容，参数组合旨在基于等价类划分、边界值分析、组合分析，以最少测试用例数覆盖所有典型参数组合，每个测试用例覆盖不同测试点，且每组测试用例具有不可取代性。

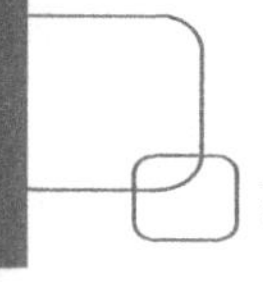

对于每组测试用例，需要完善的初始化和结束操作，因无法确定上一组测试用例的执行结果对测试环境的影响，需要将涉及此组测试用例的相关数据初始化。例如，测试创建文件接口时，需要将已存在的文件全部删除，然后在测试用例中创建相应数量的文件。调用创建文件接口之后，设备上可能存在文件，如果不进行初始化操作，则上一组测试用例产生的文件可能依然存在，由此在验证点中写明的文件数量就与实际情况不符，导致该组测试用例运行失败。同样，结束操作也是为了尽可能不影响后续测试用例执行。

例如，测试用例所创建的文件夹和文件，分配的内存空间等，需要在测试用例执行结束时将其删除或释放，如果不在使用之后及时释放，将可能导致相关资源被耗尽等意想不到的结果，导致接口调用失败，文件数达到上限，内存被耗尽等。如果在API接口性能及稳定性测试过程中，出现此类问题，将严重影响测试结果的正确性。

通过调用其他接口，实现接口初始化及结束操作，部分初始化操作时，无须判断接口调用返回值即可直接执行。究其原因，一是用于初始化和结束操作的接口往往比较简单或者是通过测试验证的基础性接口，具有良好的可信度，无须通过判定其返回值便可确定该操作是否成功；二是此类接口的调用结果可能成功，也可能失败，无须判定其返回值。如果在调用创建文件接口前，为初始化测试环境调用了删除文件接口，则执行结果只有成功或失败两种情况，如果执行成功，则表明测试环境中残留有其他测试用例创建的文件，输出操作有效；如果执行失败，则表明该测试环境中已无影响测试的其他数据，可以顺利地进行下一步接口调用。

无论初始化接口调用成功与否，都能够确保测试环境与预期结果一致，无须对初始化接口进行调用结果判断。被测接口创建文件的执行结果可能为成功，也可能为失败，这两种结果均会导致测试环境中数据的不同变化。因此，统一调用删除文件操作且不判断其调用返回值，是一种简单有效的数据清理方法。

1）正常测试用例

正常测试用例设计是根据接口实现，分析正常测试用例所包括的输入参数组合，构造相应的参数组合，以覆盖所有正常分支。输入参数分为两种类型：一种可以直接赋值，另一种是其他接口调用的输出参数，无法直接给出，需要在调用被测接口前先调用其他接口，将其输出参数作为被测接口所需要的输入参数传入，或将所需参数数据写入文件中，通过读取文件以获取输入参数数据。通常，根据自然逻辑对接口输入参数进行排列组合，排除无效组合；将可以划分等价类的组合进行同类项合并，控制测试用例数量，避免冗余。

与此同时，还需要基于系统业务分析，判断是否遗漏特殊组合。这类测试用例涉及根据某个特定业务流程产生的接口调用流程，而不只是单一接口。通过接口调用方式模拟关键业务流程，可以在不搭建辅助测试环境的情况下，单纯地测试被测接口，去除删除环境复杂性对测试结果的影响。例如，接口测试所涉及的某个特定关键业务流程，一是搭建真实的测试环境，将该业务流程涉及的所有模块、设备、软件全部准备到位，进行业务流程测试，其优点是最大限度地还原了用户真实业务使用场景，缺点是当异常出现时，难以定位问题到底是出现在被测接口上，还是出现在陪测设备，或者是几者之间的衔接上；二是通过调用接口，模拟业务流程，覆盖业务需求，这种方式无须额外搭建测试环境，只需要通过编写脚本进行接口调用，测试业务流程即可，结果直观，有利于问题分析处理。

一个完整的测试用例，除了输入参数组合，还必须包括执行结果的预期值。预期值包括两部分：一部分是接口调用本身的返回值，反映该接口调用结果是成功还是失败。一般地，结果为0时表示执行成功，为非0时表示执行失败。非0值一般是事先定义好的错误码，表示接口调用失败的原因，便于故障诊断。另一部分是大部分接口参数除输入参数外，还包括输出参数，对于正常测试用例的输出参数，需要给出明确的预期值，作为判断测试用例是否成功执行的依据。

2）异常测试用例

异常测试用例设计是选取一组正常数据作为基础数据，遍历所有输入参数，且基于每个输入参数，分别使用等价类划分、边值分析等枚举该参数的所有异常值。除该参数为异常外，其余参数均保持正常值不变，说明测试结果仅由异常参数所致。如果对于所有输入参数，设计了对应的异常测试用例，对于那些不便于在测试用例文件中输入的异常参数，则将其补充到测试脚本中，通过 switch 分支判断，将无法通过文件读取的异常输入值（如错误指针等）直接赋值给接口的输入参数，测试某些指针类型的数据错误是否被及时捕获并返回正确无歧义的错误码。对于异常用例设计，需要注意如下两个方面的问题：

（1）任何时候，接口都应返回错误码，不能存在未经处理的情况，导致调用接口的程序异常退出或将底层错误信息直接返回上一层调用程序。如果调用程序异常退出，将无法进行故障诊断和错误定位，而未经处理的底层错误信息直接返回调用程序，则可能将不应该被用户知晓的数据，如数据库相关信息返回给用户，造成可能被攻击的漏洞或安全隐患。

（2）错误码设置应准确、无歧义。一种错误类型有一个错误码，且在不同接口中保持一致。

3. 接口测试环境生成

对于一个大型复杂系统，存在着大量不同类型的内外部接口。编辑数据报文，通过插桩调用编码、解码函数，建立真实测试环境，可能无法构造异常数据，进而需要对系统进行反复修改，难以发现编码、解码错误，即便是遍历每个接口，也只是无聊的低水平重复，无助于错误检出。因此，需要构建适用于多种不同接口、具有态势推演功能、面向外部接口的测试环境，实现不同接口类型通信传输适配、测试场景编制、测试加载、数据协议解析等能力。

接口测试环境生成是通过多种类型接口数据支持，完成多种类型接口适配，在测试环境中同时仿真多个交联设备，覆盖多种接口通信方式，通过信息交互和数据解析，生成并执行测试用例，能够显著地降低接口调试及适配资源开销，有助于测试环境搭建，基于测试用例回放，能够实现缺陷的迭代追踪。基于可视化及仿真技术，进行态势仿真，直观地显示目标信息，根据模型生成态势参数，对相关参数进行人工干预，完成想定数据输入，生成态势剧情，实现态势模型与接口报文关联，完成外部模拟环境的构建。外部接口测试环境生成构建的原理和流程如图 11-48 所示。

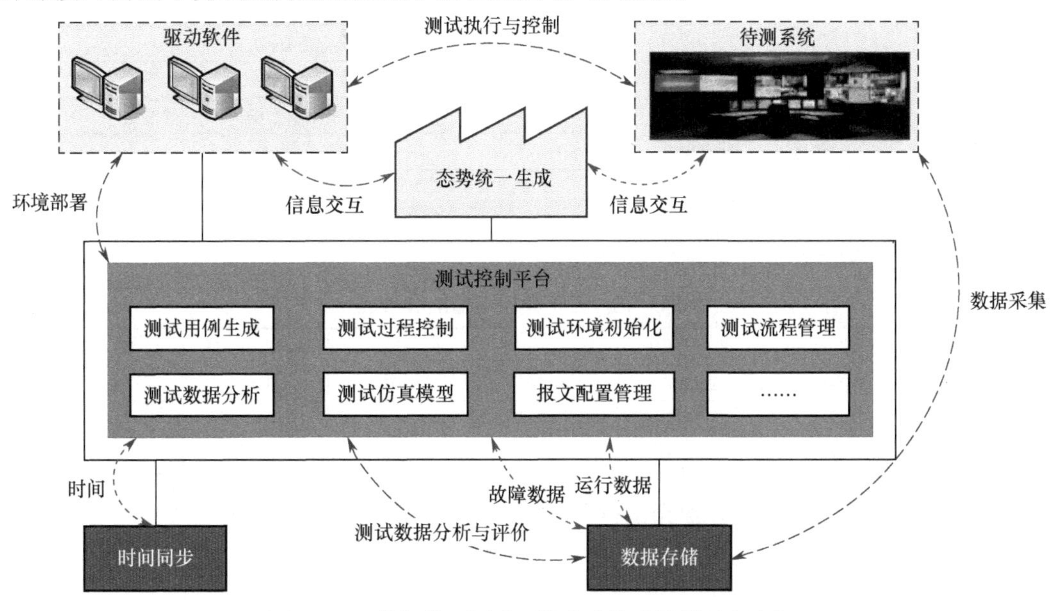

图 11-48　外部接口测试环境生成构建的原理和流程

4. 协议脚本模型

（1）**数据范围**：数值、文本、计算。

（2）**取值方法**：固定值、随机值、枚举值、十六进制转换、文件内容、XML 文件转换、最大最小范围定义、对齐填充等。

（3）**编码方式**：二进制（不足单字节）、BCD、ASCII、十六进制。

（4）**数据类型**：整数、浮点、双精度，提供带符号、无符号、最高位为符号的表示。

（5）**数据编码方向**：主机字节序、网络字节序。

5. 协议定义检查

协议定义检查：包括 xsd 定义规范性检查，数据范围及其取值方法一致性检查，索引值与字段名一致性检查，变长字段定义合法性检查，数据类型与长度一致性检查，数值有效性定义检查等。

11.8.1.3 起重系统安全检测接口测试

1. 需求描述

某起重系统安全监测分系统由传感器、监测单元、上位机 3 个部分构成，对系统正常工作及满载、超载、变幅超上限、变幅超下限等工作状态进行指示、报警、提示及控制。其接口包括数据采集接口、上位机查询接口、数据帧上报接口和报警帧上报接口。这里，以上位机查询接口为例，分析说明接口测试的方法

上位机查询接口（CXJK）需求为：点击“开始”按键，安全监测分系统监听所选接口。接口为串口；默认通信参数波特率为 9600；奇偶校验：不发生奇偶校验；数据位长：8 位；停止位：使用一个停止位。从串口接收到查询指令，指令格式符合要求，根据查询指令回复相应内容，对应于查询内容字段“0”和“1”，分别回复“数据帧”和“报警帧”。对不属于各个字段定义的内容，进行容错处理。数据查询指令帧格式如表 11-45 所示。

表 11-45 数据查询指令帧格式

字段名称	范围	偏移：大小（字节）	说明
同步标志	封包头	0:1	取固定值 0x5a
协议版本		1:1	取固定值 0x04
源地址		2:2	取固定值 0x00，0x01
状态标志		4:1	取固定值 0x00
命令号		5:1	取固定值 0x01
内容长度		6:1	取固定值 0x01
查询内容	封包内容	7:1	0：未采集数据；1：报警数据
包尾	封包尾	8:1	取固定值 0x5a

2. 测试设计

确定如表 11-46 所示的各个字段取值的等价类。

表 11-46 各个字段取值的等价类

等价类	同步标志	协议版本	源地址	状态标志	命令号	内容长度	查询内容	包尾
正常	5a	04	0x0001	0x00	0x01	0x01	0	5a
							1	
异常	5c	03	0x0000	0x01	0x00	0x00	2	5c

下面以上位机查询接口的异常查询为例进行分析说明。为了验证软件对每个单因素的容错，需要仅保留一个字段取错误值，其他为正常值。测试用例如表 11-47 所示。

表 11-47 测试用例

用例号	同步标志	协议版本	源地址	状态标志	命令号	内容长度	查询内容	包尾
1	5c	04	0x0001	0x00	0x01	0x01	0	5a
2	5a	03	0x0001	0x00	0x01	0x01	0	5a
3	5a	04	0x0000	0x00	0x01	0x01	0	5a
4	5a	04	0x0001	0x01	0x01	0x01	0	5a

续表

用例号	同步标志	协议版本	源地址	状态标志	命令号	内容长度	查询内容	包尾
5	5a	04	0x0001	0x00	0x00	0x01	0	5a
6	5a	04	0x0001	0x00	0x01	0x00	0	5a
7	5a	04	0x0001	0x00	0x01	0x01	2	5a
8	5a	04	0x0001	0x00	0x01	0x01	0	5c

对于这些数据，建立一个如图 11-49 所示的测试数据文件。

```
5c    4    1    0    1    1    0    5a
5a    3    1    0    1    1    0    5a
5a    4    0    0    1    1    0    5a
5a    4    1    1    1    1    0    5a
5a    4    1    0    0    1    0    5a
5a    4    1    0    1    2    0    5a
5a    4    1    0    1    1    2    5a
5a    4    1    0    1    1    0    5c
```

图 11-49　测试数据文件

利用图 11-49 所示数据文件，通过如下程序读取如下脚本，进行自动判断，在脚本中设置发送查询命令后等待 700ms，如未得到返回值，则认为安全监测分系统对查询命令进行了容错处理，没有返回报文。

```
import ProtocolReader
def Test(flag,content,src,len);
      seekresult=CH_RS232_1.Clear()
      protocol_Write.Flag.Value=flag
      protocol_Write.Content.Value=content
      protocol_Write.Source.Value=src
      protocol_Write.Len.Value=len
      b=Protocol_Write.Write()
      b=ProtocolReader.ReadUntil(Protocol_Data,700)
return b
      #######################Start##############################
      file=API.Common.IO.TxtFileReader.Open('Data/Data.Txt')
      line=file.SkipLine()
      for i in range(20);
         arr=file.ReadLine(10)
         b=Test(arr[0],arr[1],arr[2],arr[3])
         print'输入：同步标志=%s 查询命令=%s 源地址=%s 内容长度=%s 应该输出=%s
                     实际输出=%s'%（arr[0],arr[1],arr[2],arr[3],b）
     file.Close()
```

3. 测试执行

执行如下测试脚本，得到如图 11-50 所示测试执行结果。

```
import time
#定义函数，获取数据上报帧
defReadUntil(p,ms);
   s=time.time()
   while Ture;
      b=p.Read()
      if b;
         return True
```

```
        t=time.time()-s
        if t*1000>ms;
          return False

######################Start############################
file=API.Common.IO.TxtFileReader.Open('D:/安全监测/Data.Txt')
line=file.SkipLine()
for i in range(20);
    arr=file.ReadLine(16)

    protocol_Write.Flag.Value=arr[0]
    protocol_Write.Ver.Value=arr[1]
    protocol_Write.Source.Value=arr[2]
    protocol_Write.Flag.StatusValue=arr[3]
    protocol_Write.CMD.Value=arr[4]
    protocol_Write.Len.Value=arr[5]
    protocol_Write.Content.Value=arr[6]
    protocol_Write.Tail.Value=arr[7]

    seekresult=CH_RS232_1.Clear()
    b=Protocol_Write.Write()
    b=ReadUntil(Protocol_Data,1000)
    print'输入：同步标志=%s 协议版本=%s 源地址=%s 状态标志=%s 命令号=%s 内容长度=%s
    查询内容=%s 包尾=%s 是否有返回数据：
    %s'%（arr[0],arr[1],arr[2],arr[3],arr[4],arr[5],arr[6],arr[7],b）
    file.Close()
```

```
ServerRuntime.ExecuteScript(string code) Start!
输入：同步标志=92 协议版本=4 源地址=1 状态标志=0 命令号=1 内容长度=1 查询内容=0 包尾=90 是否有返回数据 False
输入：同步标志=90 协议版本=3 源地址=1 状态标志=0 命令号=1 内容长度=1 查询内容=0 包尾=90 是否有返回数据 False
输入：同步标志=90 协议版本=4 源地址=0 状态标志=0 命令号=1 内容长度=1 查询内容=0 包尾=90 是否有返回数据 True
输入：同步标志=90 协议版本=4 源地址=1 状态标志=1 命令号=1 内容长度=1 查询内容=0 包尾=90 是否有返回数据 False
输入：同步标志=90 协议版本=4 源地址=1 状态标志=0 命令号=0 内容长度=1 查询内容=0 包尾=90 是否有返回数据 False
输入：同步标志=90 协议版本=4 源地址=1 状态标志=0 命令号=1 内容长度=0 查询内容=0 包尾=90 是否有返回数据 False
输入：同步标志=90 协议版本=4 源地址=1 状态标志=0 命令号=1 内容长度=1 查询内容=2 包尾=90 是否有返回数据 True
输入：同步标志=90 协议版本=4 源地址=1 状态标志=0 命令号=1 内容长度=1 查询内容=0 包尾=85 是否有返回数据 False
```

图 11-50 测试执行结果

由图 11-50 所示测试执行结果可见，在测试过程中，共检出 2 个问题，将其分别标记为 WT_JK_01 和 WT_JK_02。WT_JK_01：对于查询接口测试，“查询内容”字段为 2 时，系统回复报警帧；WT_JK_02：当“源地址”字段为 0 时，系统回复报文，同需求描述不符。

11.8.2 人机交互界面测试

人机交互界面是人与系统进行信息交换的媒介和对话接口。使用表示模型和形式化设计语言，分析和表达人机交互界面的功能以及用户与系统之间的交互；通过行为模型（用户及任务视角，COMS UANLOTOS）、结构模型（系统视角，状态转换网络及其产生式规则）、事件–对象模型（事件与对象的相互作用）等界面表示模型，将交互需求映射到设计实现。人机交互界面测试是对界面的符合性、准确性、直观性，操作输入的方便性、健壮性、提示性，人机交互的友好性、导航性、适宜性等进行测试验证的过程活动。对于嵌入式系统，作为系统输入的操纵杆、旋钮、物理开关等属于操作界面的范畴，作为系统输出的警示灯、蜂鸣器等亦属于显示界面的范畴，应纳入测试范围。

11.8.2.1 测试内容及技术要求

不论是命令式界面，还是图形用户界面，抑或是自然和谐的人机交互，作为一种通用要求，人机交互界面测试是基于健壮性、友好性、易用性的测试验证，其技术要求如下。

1. 健壮性

（1）以非常规操作、误操作、快速操作等验证人机交互界面的健壮性。

（2）对错误命令、非法输入的检测能力与提示情况。

（3）对误操作流程的检测与提示情况。

（4）对于非法操作，系统受致命破坏的情况。

2. 友好性

（1）使用的隐喻与系统保持一致，且直观、易于理解和学习。

（2）操作简洁，符合用户习惯。

（3）当发生严重事件时，系统具有提示和告警输出，消警后，允许用户取消。

（4）对于需要大量录入的系统，应提供快捷键以支持用户快速输入，尽量减少用户在操作过程中须记忆的信息量。

（5）对于有时序要求或逻辑关系的操作，界面保持一致，避免误操作。

3. 易用性

（1）自动保存缺省设置，使用最后输入值作为默认值以减少用户操作，不得将不可恢复域破坏性的操作设置为默认值。

（2）对于数据录入，允许用户取消录入操作。

（3）在关键性操作执行前，要求用户进行操作确认。

11.8.2.2　测试方法

1. 健壮性

健壮性是指系统在异常情况下，能够正常运行的能力，是边界值分析的一种简单扩展。在人机交互界面测试中，其价值在于观察处理异常情况，是系统容错性测试的重要手段。

（1）在确定的条件下和任务场景中，以非常规方式进行快速操作和错误操作，测试界面显示的正确性以及对异常、错误操作告警、提示的正确性。

（2）输入错误命令、错误数据、非法数据，验证系统对错误命令、非法输入的检测能力以及告警、提示的正确性。

（3）进行异常流程操作，验证系统对错误或异常的响应能力及其告警或提示情况。

（4）通过异常登录、重复登录等非法操作，验证系统是否会出现致命错误。

2. 友好性

人机交互界面与用户使用习惯等密切相关，符合人因工程设计要求，友好的人机交互是最直观的用户体验。应站在用户角度，基于沉浸式体验，进行界面友好性测试；必要时，可以邀请用户代表进行体验性测试。人机交互界面的友好性测试包括但不限于如下内容：

（1）界面布局、文字、标识、量纲等规范、直观、易于学习理解，且与用户手册一致。

（2）界面符合用户操作习惯，不存在简单操作复杂化等问题。

（3）界面显示信息具有信息删除、不可逆操作等提示；重点操作及重点报警信息具备点亮显示及操作提示；流程性操作具备用户撤销能力。

（4）界面具备快速输入、数据批量导入导出、重复增加数据、关键不变字段记忆等功能。

（5）若输入或操作存在前后顺序或时序关系，具备流程操作导向，各界面顺序、时序操作保持一致，则能够避免或减少误操作。

3. 易用性

（1）数据保存时，下拉框、列表框、默认菜单等是否能够进行默认选择或操作，该默认选择或操作是否符合用户重点关注的内容，是否将不可恢复域破坏性操作设置为默认值。

（2）数据录入时，能否允许用户取消录入操作，针对增加的数据，是否具备修改操作。

（3）对流程性、关联性较高，涉及关键字段的数据修改，是否具备用户确认和提示信息。

对于大型复杂系统，不同系统元素可能具有不同状态，对于不同组织开发的软件元素，界面设计可能存在差异，这是界面测试关注的重点。对于管理类系统，大多采用 B/S 架构，Web 界面规范，能够通过自动化编制脚本定位界面元素，对界面元素进行操作，并对操作增加断言，判断操作执行成功与否以及其易用性，而且能够显著提高测试效率。

11.8.2.3 测试规则

依据人因工程学，基于操作使用、显示输出以及用户体验，面向用户，遵循一致性、平衡性、预期性、简洁性、适当性、顺序性、结构性、规则化等原则进行 GUI 测试，是人机交互界面测试的总体原则。而对于可靠性、安全性攸关系统，界面问题可能导致系统操作失败。人机交互界面测试不仅是对操作使用、显示输出是否满足用户要求的验证，也是检出界面编码缺陷及相应功能设计缺陷的重要手段。针对人机交互界面的设计原则以及测试设计的客观性，构造一组测试规则集，供读者参考或剪裁使用。

1. 面向用户规则

（1）**信息冗余**：最低限度显示与用户需求有关的信息，无冗余信息，避免导致歧义理解及误操作。例如，在对话框内，加载某类信息时，如未过滤其他信息，可能导致加载信息错误。

（2）**功能完整**：在数据处理界面中，“增加”“删除”“修改”等功能应完整，否则可能导致界面无法使用。若某对话框左侧查询方案编辑框中，只能增加和删除查询方案，无修改功能，则无法正常使用。

（3）**信息提示**：对于非法参数输入，应有完整、准确的信息提示，反馈信息及屏幕输出应面向用户，以满足用户使用需求为目标，对其值域进行判断。当超过值域时，弹出提示信息并提示参数的值域范围；将值域之外的参数作为输入参数，验证是否弹出提示信息，并确认提示的该参数的值域是否正确；对于“保存”“删除”“取消”“退出”“关闭”等操作，应给出提示信息，确认后方可完成此操作。假如在完成某项任务后，双击“退出”按钮，弹出“是否退出”对话框，确认后退出，对话框消隐，而当再次打开该对话框时，所有操作需要从初始状态开始执行。

（4）**信息清除**：向导功能实现退出后，若没有清除功能实现过程中遗留在界面上的信息，可能导致这些信息无人管理，处于失控状态；当功能终止时，应同步清除遗留的显示信息。

（5）**进度展示**：当一个任务执行时间较长需要等待时，通过进度条或任务完成百分比，直观展示任务的执行进度，切勿让用户面对一个没有反应的屏幕，给用户带来不良体验，甚至可能让用户误判为死机。

2. 一致性规则

（1）**显示风格一致**：操作过程、显示界面、界面风格与用户要求一致，界面同级按钮及提示信息字体、字体大小、配色风格一致，无错别字。

（2）**显隐操作一致**：对于功能实现对话框、菜单等，应控制图形显隐，在图层显示框同时勾选对应的勾选状态，确保同一元素控制显隐操作一致。

3. 简洁性规则

（1）**主逻辑功能唯一**：一个窗口界面只实现一个主逻辑功能，无关操作分页显示，否则无法确定界面实现的主体功能，也无法区分窗口的主体逻辑按钮。

（2）**查询条件区分**：以显著方式将正在使用的查询条件组合呈现给用户，未使用的查询条件置为灰色，即不可用状态；将有效的查询条件与未使用的查询条件进行显著区分。

（3）**查询条件组合**：对查询条件进行分类，用组合框将组合查询条件组合在一起。将多个条件组合在一起实现组合查询时，只能由一个按钮输出结果，该按钮应置于右下角。

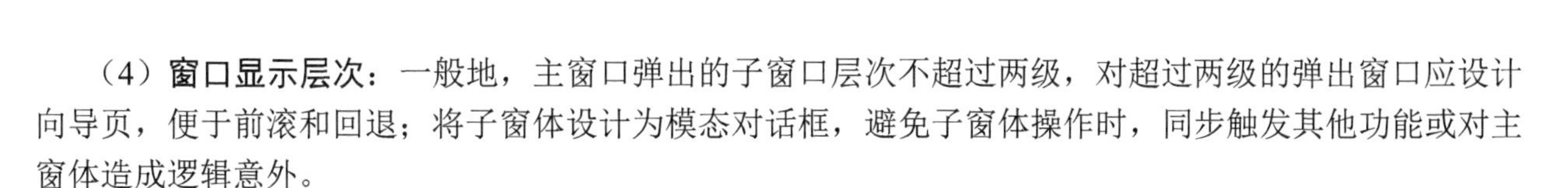

（4）**窗口显示层次**：一般地，主窗口弹出的子窗口层次不超过两级，对超过两级的弹出窗口应设计向导页，便于前滚和回退；将子窗体设计为模态对话框，避免子窗体操作时，同步触发其他功能或对主窗体造成逻辑意外。

4. 适当性规则

（1）**界面布局**：遵循自上而下、从左到右的逻辑顺序进行界面布局，将查询条件放置在界面上部，底部为界面的最终操作逻辑。

（2）**显示内容**：显示内容恰当，显示速度、视觉密度合理，当显示内容较多时，可采用滚动翻页来实现。

（3）**显示空白**：就像一幅精美的国画，适当“留白”，改善审美观。必要时，通过空行及空格，增强界面显示结构的合理性与美观性。

5. 顺序性规则

按使用习惯、重要程度、使用频率、信息的一般性和专用性、字母顺序、时间顺序，进行显示顺序编排。

6. 结构性规则

（1）**控件使用**：对于超过 20 个节点的树控件、列表控件、下拉列表控件，应提供用户输入首字母等方式，以实现快速检索。

（2）**窗口设置**：每个窗口都有一个或一组主体逻辑，设置条件有效，操作按钮一般放置在最外层窗口的底部或右下角；如果对话框中的多个 Tab 页公用“保存”按钮，则不能实现多个 Tab 页中所有信息同时被保存，只能保存当前编辑的 Tab 页中的信息。如果用户编辑完一个 Tab 页未保存，随后切换至其他 Tab 页再单击“保存”按钮，则可能导致之前 Tab 页的输入信息丢失。

7. 色彩及字型应用规则

同一画面不超过 5 种颜色，使用不同层次及形状配色，以增加色彩变化；除非进行对比，否则应避免将不兼容的颜色放在一起，如黄与蓝、红与绿、红与蓝等；活动前景色鲜明，非活动字段或背景色暗淡；告警信息以红色闪烁显示。

字段名黑体显示，关键字加“*”显示，其他文字显示字体相同；英文应尽量使用小写，适度增加空行；不宜选用复杂字型或软弱无力的字体。

8. 安全提示、报警和故障处理规则

误操作、按键连击等均可能导致数据误录。标准配置下，对系统处理能力和保护能力进行测试；异常条件下，系统处理和保护能力测试，不能因为可能的输入错误导致不安全状态；对于输入故障模式、参数边界、界外及边界结合部、“0”、穿越“0”以及从两个方向趋近于“0”的输入值、最坏情况配置下的最小和最大输入数据率、安全关键操作错误、具有防止非法进入并保护数据完整性能力进行测试；对双工切换、多机替换的正确性和连续性进行测试；对重要数据的抗非法访问能力进行测试。所有异常情况界面均应弹出安全提示或报警，具有故障规避处理能力。

11.8.2.4　GUI 测试

1. GUI 测试的技术特点

GUI 拥有大量状态，基于如下技术特点，GUI 测试仍然存在一些困难：

（1）GUI 接口空间可能非常庞大，每个 GUI 的活动序列可能导致系统处于不同状态。不同状态下，GUI 的活动结果各异，在一个庞大的状态集上进行 GUI 测试，除非使用高效的自动化测试工具，否则难以遍历所有状态。

（2）基于 GUI 的事件驱动特性，用户可能会单击屏幕上任一像素，这就意味着可能产生数量巨大的输入，模拟这类输入不仅非常困难，而且也没有必要。

（3）GUI 测试覆盖不同于传统的结构化覆盖，现行软件测试工具，大多采用捕获/回放技术以获得测试脚本，一旦系统发生改变，测试脚本不易修改，只能被动、有选择性地捕获系统的执行信息，不能同系统进行交互。

（4）不同用户对界面元素的默认大小、元素间的组合及排列次序、元素位置、界面颜色等有着不同的要求，如何使不同用户满意，是 GUI 测试的一个非技术难题。

（5）界面与功能混杂，界面修改时，将不可避免地引入错误，增加测试的难度和工作量。

2. GUI 测试的内容

1）窗口

（1）窗口显示是否正确。

（2）改变窗口时，是否有提示。

（3）帮助菜单项是否有效。

（4）最大、最小化按钮是否有效。

（5）窗口最小化时，图标是否有效。

（6）移动或改变窗口大小是否正确。

（7）滚动条实现是否正确。

（8）窗口中 Tab 键的移动顺序是否合理。

（9）窗口关闭后，屏幕显示是否正确。

（10）与窗口相关的控件显示是否正确。

（11）窗口类型是否正确。

（12）窗口标题内容是否正确。

2）菜单

（1）下拉菜单项功能是否正确。

（2）定义的快捷键功能是否正确。

（3）不可用菜单项是否变灰。

（4）菜单项由不可用变为可用，颜色是否改变。

（5）活动项是否有正确的检查标记。

（6）多级菜单项是否恰当地用右箭头标记。

（7）菜单项分组是否合理。

（8）菜单设计风格是否协调一致。

3）控制按钮

（1）按钮功能是否正确。

（2）是否具有合理的默认或取消功能。

（3）不可用控制按钮是否变灰。

（4）按钮由不可用变为可用时，颜色是否改变。

（5）按钮的式样、位置、颜色等是否合理、统一。

4）单选按钮

（1）按钮功能是否正确。

（2）窗口中的所有单选按钮是否互斥。

（3）按钮式样、位置、颜色是否合理、统一，默认设置是否正确。

（4）按钮分组是否合理。

5）对话框

（1）对话框标题内容是否正确。

（2）对话框中的文本是否清晰易懂。
（3）对话框的按钮功能是否正确。
（4）移动对话框时，系统是否正常。
6）检查框
（1）默认设置是否正确。
（2）是否能正确实现所标记的操作。
（3）分组是否合理。
（4）检查框中的文本是否清晰易懂。
7）编辑框
（1）默认设置是否正确。
（2）在编辑框中能否正确地编辑文本。
（3）在编辑框中输入超界文本时，能否正确地进行处理。
8）列表框
（1）默认设置是否正确。
（2）当选项参数超过列表框大小时，是否具有滚动条。
（3）列表框的输入选项是否有效。
（4）输入非法数据时，是否有提示。
（5）列表框中的数值是否按字母排序并显示。
（6）如果列表框支持多选，是否可以选择多个数值。
（7）如果字段是选项框，是否列出了需求中的所有数值。
（8）关闭或打开同一个对话框时，是否显示同一个被选中的数值。

11.9　专项类测试

将可信类以及难以归入前述 6 种测试类的兼容性测试、互操作性测试归入专项类测试。可靠性测试、安全性测试是可信类测试的两个重要类型。关于软件可靠性测试，已在本书第 8 章进行了系统介绍，此处不赘述。

11.9.1　安全性测试

到目前为止，尚无统一的软件安全性定义。一般地，软件安全性是指软件系统在确定的使用环境和场景下，对人类、业务、财产、环境造成损害的可接受风险级别，是重要的软件质量特性之一，包括失效安全性（Software Safety）和可信安全性（Software Security）。

失效安全性是指在特定的使用环境中，软件系统实现可接受危害风险的能力，即软件运行不引起系统事故的能力。GJB/Z 102 将其定义为：在规定的条件下和规定的时间内，软件运行不引起系统事故的能力，与系统固有缺陷及输入和使用相关。如果系统存在设计、算法、实现等缺陷，就可能引发安全事故。失效安全性关注的是软件系统的安全缺陷、死锁、竞争冲突、资源竞争等问题。可信安全性所关注的是安全漏洞、恶意用户、黑客攻击、病毒侵入、隐私安全、访问控制、加密解密、威胁建模等因素。从这个意义上，软件安全性可以定义为系统进入危险状态以及危险状态导致事故的概率。

可信安全性是指软件系统防止未授权访问的能力。ISO 9126 将其定义为：与防止对软件和数据进行非法存取的预防能力有关的质量属性。即在黑客或恶意用户利用系统漏洞，进行恶意攻击和非法侵入的情况下，系统仍能提供所需功能并确保其在授权范围内合法使用的能力。可信安全性关注的是程序及信

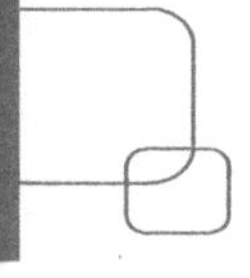

息的完整性、机密性和可用性。

软件失效安全性和可信安全性的内涵及外延、触发条件、表现形式、属性和角色、目的和动机、产生的后果、防范措施等具有一定差异，但导致两者的根源及其风险的本质相同，皆因软件缺陷所致。

软件安全性测试是通过静态代码安全性测试、动态渗透测试、软件成分分析、程序数据扫描等方法，检出安全性缺陷，确保系统安全的过程活动。静态代码安全性测试是通过源代码扫描，将软件数据流、控制流、语义等信息与软件安全规则库进行比对和匹配，检出潜在的安全漏洞以及可能存在安全风险的代码；动态渗透测试是模拟黑客输入，对系统进行攻击性测试，找出运行时存在的安全漏洞；软件成分分析是基于软件代码及依赖关系，识别开源代码及第三方组件潜在的安全漏洞、合规性等问题；程序数据扫描则是通过内存使用缺陷等测试，发现诸如缓冲区溢出之类的漏洞，检出安全隐患。

11.9.1.1 软件安全性根因

导致软件系统安全性问题的原因，既有内因，也有外因，或者是两者共同作用的结果。内因与软件系统自身潜藏的缺陷有关；恶意用户或黑客利用软件漏洞对系统进行攻击，以获取隐私、窃取信息或价值资产，破坏系统，是导致软件系统安全问题的外因。

1. 内部原因

在特定的环境中，缺陷被触发，导致软件安全性问题，此乃内部原因。这里给出如下可能导致软件安全性问题的主要内部原因。

（1）**需求缺陷**：需求的不一致性、不完整性、不精确性等问题，尤其是软件安全性需求定义及说明缺失或不明确，如果未通过完备的需求测试，需求缺陷会传导至软件设计、编码实现及运行维护等过程中，在源头埋下安全隐患。

（2）**设计缺陷**：在架构设计、模块设计、接口设计、数据库设计、算法设计等过程中，因资源竞争处理不当、异常处理遗漏等原因，可能导致死循环、死锁、数据不兼容等缺陷，引起安全性问题。

（3）**代码漏洞**：因编码人员能力不够及编程语言本身的局限性，可能产生缓冲区溢出、未验证输入、SQL 注入、资源竞争、跨站脚本、跨站请求伪造、文件上传、后台弱口令、后台口令暴力破解、后台登录页面绕过、命令执行、文件包含、目录遍历、Unicode 编码转换、水平权限、HTTP 消息头注入、未过滤 HTML 代码、URL Redirect 等漏洞，导致安全性问题。

（4）**算法缺陷**：算法通过代码呈现，算法缺陷通过代码传导给最终软件，如果算法存在错误以及死循环、死锁或其他无法终止、不确定性输出等情况，就会引发软件安全性问题，而且难以通过代码测试检出此类缺陷。

（5）**代码侵权**：使用开源代码，除可能因为开源代码存在的安全漏洞而导致安全风险外，还存在许可证使用不合规及冲突等侵权风险。

（6）**数据缺陷**：数据定义非常重要，需要明确定义软件能够处理的数据类型及数据量，数据的完整性、兼容性，尤其是非法数据可能影响软件的安全性。

（7）**检测缺陷**：虽然静态分析可以实现逻辑覆盖，但由于输入空间组合巨大，难以实现完备的动态覆盖，何况软件运行与环境配置、任务场景、处理数据的类型及复杂性、兼容性等因素密切相关，所有因素及其组合可能形成一个巨大的状态组合，受检测技术掣肘，无法确保能够检出所有缺陷和漏洞，软件安全性问题可能一直存在，理论上无法避免。

（8）**人为因素**：不排除极少数别有用心的人员，在软件开发过程中，人为植入恶意代码，需要时，激活这些代码，获取隐私信息、有价资产，甚至破坏系统运行，达到其不可告人的目的。恶意植入的漏洞，隐秘性强、检测难度大，将带来巨大的安全隐患。

2. 外部原因

其他外部系统、组织机构、相关人员，可能利用软件的缺陷或安全漏洞，恶意攻击或非法侵入系统。

其中，一般称组织机构或相关人员为黑客。黑客能够利用软件缺陷或安全漏洞等达到获取隐私信息、敏感信息、保密信息、核心资产或破坏系统的目的。例如，黑客通过数据库泄漏获取口令明文，非法登录系统；又如，黑客利用系统缓冲区溢出漏洞攻击，获得远程用户权限，如果系统对用户登录安全验证强度不够，黑客就能够假冒合法用户登录。这里，给出如下可能导致软件安全性问题的主要外部原因，以引起测试人员的关注。

（1）**运行环境**：即便是一个安全软件，同运行环境交互时，软件之间不合理的交互、软硬件的异常交互以及软件不兼容、软硬件不兼容、数据不兼容，都可能导致安全性问题。除此之外，如果恶意用户传递恶意信息、实施恶意行为，将对用户隐私及财产安全构成威胁，甚至对软件系统生态构成威胁。

（2）**无权限状态和不确定输出**：软件系统不安全的重要原因之一就是其输入的离散性和实际输入的连续性。软件系统往往拥有无限数量的状态和函数，在测试过程中，难以遍历所有状态和函数，无法保障系统的绝对安全；对于实时控制系统，大量输入参数的取值动态变化，且与实时环境、操作人员相关，可能导致不确定性输出风险。

（3）**病毒入侵**：病毒往往通过移动存储设备、网络系统、计算机系统、应用软件漏洞侵入并传播，不仅可能影响系统的运行速度，甚至会导致系统死机、系统崩溃，以及隐私泄露、资产损失、国家秘密泄露等风险或严重后果。

（4）**恶意代码**：是指故意编造或设置会对系统产生威胁的代码，包括计算机病毒、特洛伊木马、计算机蠕虫、后门、逻辑炸弹等。恶作剧程序、游戏软件、广告软件等虽然不能被视为恶意代码，但会影响软件的使用效率和使用者的情绪，让人不胜其烦。

（5）**黑客攻击**：一般分为破坏性攻击和非破坏性攻击两类。破坏性攻击是以侵入他人网络或计算机系统，盗取系统信息、破坏目标系统为目的；非破坏性攻击通常采用拒绝服务或信息炸弹攻击，扰乱系统行为。统计分析表明，成功的黑客攻击大都针对和利用已知、未打补丁的软件漏洞和不安全的软件配置进行破坏。

11.9.1.2　技术要求

软件安全性测试旨在检出软件系统的安全缺陷，发现信息泄露、拒绝服务、非法使用、旁路控制、授权侵犯、恶意软件等问题。一般地，软件安全性测试的技术要求如下。

（1）**真实性**：信息来源真实可靠。

（2）**保密性**：信息只被授权人访问，即便被截取也不能了解其真实含义。

（3）**完整性**：信息及处理的原始性、准确性、一致性，防止数据被非法用户篡改。

（4）**可用性**：授权用户在需要时可以访问信息。

（5）**不可抵赖性**：用户对其行为不可否定。

（6）**可追溯性**：实体行动可以被跟踪。

（7）**可控制性**：信息传播及内容具有控制力。

（8）**可审查性**：对网络安全等问题，提供调查的依据和手段。

当然，就软件系统本身而言，特别是对于单机系统，尤为重要的是其失效安全性，即软件运行不引起系统事故的能力。测试内容及技术要求如下：

（1）对安全性需求中确定的与软件相关的故障模式进行逐一测试，验证软件系统处理故障模式的安全性措施是否正确且有效。

（2）系统故障后的降级处理能力验证。

（3）软硬件混合故障模式验证。

（4）安全关键单元或部件安全性测试。

（5）涉及安全性措施的结构、算法、容错、冗余及中断处理等，有针对性地进行测试。

（6）对多点组合故障模式，结合各种最坏情况组合进行测试验证。

（7）对双工切换、多机替换等安全性冗余设计措施进行测试验证。

（8）对所有硬件异常如外部设备故障，软件异常如程序跑飞，操作异常如操作失误，输入异常如数据丢帧，时序异常如控制流程时间顺序紊乱等异常事件进行测试验证。

（9）信息保密与防护能力验证。

（10）身份识别、权限保护能力验证。

（11）重要数据保护能力，如抗非法访问能力、加密传输能力等验证。

（12）系统被恶意篡改或攻击的防护能力验证。

11.9.1.3 测试内容

基于 FTA、FMEA，枚举软件系统中可能潜存的安全隐患、漏洞及风险，分析确定导致安全事故的可能途径。针对可能导致安全事故的所有可能路径或事件，运用业务模拟软件、接口测试工具等外部输入，对用户权限安全性、信道加解密安全性、数据访问安全性等进行测试。

不论是对于明示还是隐含的安全性需求，针对外部输入，设置安全门限值，对输入物理量进行控制，测试验证系统安全保护措施是否合适。在初始门限值的基础上，不断降低门限，进行迭代测试，防止对系统造成破坏。一般地，系统安全性测试应覆盖下列情况：

（1）构造系统出现不安全的状态或发生安全事故的操作，如软件限位、旋转角位移等，检测系统能否有效处理不安全的状态或导致不安全的操作。

（2）将软/硬件配置切换至标准配置之下，检测系统能否正常运行。

（3）在软件系统运行过程中，进行错误、非法、非常规操作，验证其接收合法数据，过滤非法数据以及抵御错误操作的能力。

（4）多机系统出现故障或数据备份切换时，在故障及切换前后，验证软件系统功能的正确性以及数据的一致性和连续性。

（5）模拟对重要数据的恶意访问，如读取、修改、删除等操作，验证软件系统对重要数据抵御非法访问的能力；对于重要数据，模拟非法的外部备份，验证软件系统对重要数据的外部备份能力。

（6）模拟非法或非验证如匿名登录，检测软件系统能否对用户进行管理，防止软件非授权操作；在软件正常运行的情况下，使用低级别用户权限操作更高级别用户或非本用户权限范围内的功能，验证软件系统对用户权限正常管理的能力。

例如，某通信系统包括终端安全防护、终端登录认证、外通网络接入、传输安全、内通网络子网边界控制、入侵检测和安全审计、内部网络登录认证和安全审计、数据加密存储及备份与恢复、数据销毁等安全需求。基于系统安全需求，进行安全风险分析，从物理安全、终端安全、网络安全、数据安全、基础设施安全、运行维护安全等方面进行安全性测试。

1. 系统安全性

（1）软件系统安全性。

（2）系统安全规范与标准。

（3）源代码评审。

（4）基于风险的安全性测试。

（5）渗透性测试。

（6）模糊测试。

2. 代码安全性

（1）程序代码安全性。

（2）C++/Java 安全性列表。

（3）JavaScript 安全性列表。

（4）代码安全性扫描。

3. Web 安全性

（1）动态跟踪元素属性。
（2）检测 JavaScript 事件。
（3）跨站脚本攻击（XSS）。
（4）跨站请求伪造攻击（CSRF）。
（5）拒绝服务攻击（DoS）。
（6）Cookie 劫持。
（7）输入验证。
（8）浏览器安全问题。
（9）文件上传风险。
（10）Web 服务器端安全性。
（11）MS IIS 漏洞检测。
（12）Apache/Tomcat/…漏洞检测。
（13）内容安全性。
（14）会话管理。
（15）截获和修改 post 请求。
（16）SQL 注入及其实例。
（17）AJAX 安全性测试。
（18）多系统单点登录机制。
（19）使用工具扫描 SQL 注入漏洞。
（20）使用 Firebug 观察实时请求头。
（21）使用 Webscarab 观察实时 post 数据。
（22）使用 Tamper Data 观察实时的响应头。
（23）使用 curl 检验 URL 重定向攻击。
（24）使用 Nikto 扫描网站。

4. 功能安全性

（1）口令安全性。
（2）身份验证，即明确区分不同用户权限，会不会出现用户冲突，会不会因用户权限改变造成混乱，用户登录密码是否可见和可复制，是否可以通过绝对路径登录系统，即复制用户登录后的链接直接进入系统，用户退出系统后是否删除所有鉴权标记，是否可以使用后退键而不通过输入口令进入系统。
（3）用户权限。
（4）非授权攻击。
（5）访问控制策略。
（6）操作日志检查。
（7）配置管理。
（8）功能失效、异常带来的安全风险。

5. 数据安全性

（1）数据编码验证。
（2）数据加密和解密。
（3）数据完整性。

（4）数据管理性。
（5）数据独立性。
（6）数据备份和灾难恢复。

6. 网络及通信安全性

（1）协议一致性。
（2）防火墙。
（3）入侵检测。
（4）网络拦截。
（5）IPSec/SSL VPN。
（6）PKI/CA。
（7）网络漏洞。

11.9.1.4 测试方法

软件安全性度量包括建立在可靠性理论之上的安全度、失效率、平均事故间隔时间、事故率等。失效安全性测试是基于软件失效机理、失效模式的测试，其着眼点是安全性缺陷，常用的有基于 FTA、FMEA、Petri 等的测试方法。而对于可信安全性，典型的测试方法有：基于逻辑驱动的安全性测试、基于模型驱动的安全功能测试、基于故障注入的安全性测试、模糊测试、威胁模型与攻击树理论、形式化安全测试、语法测试、基于属性的安全性测试、基于风险的安全性测试及动态污点分析等。对于此两种安全性，基于测试流程视角，通用测试方法如下：

（1）基于业务场景驱动的分析技术，针对安全事故的发生场景，分析软件系统运行过程中防止危险状态措施的有效性及其每种危险状态下软件系统反应的及时性、有效性。

（2）基于安全性需求，析出实现安全性的软件结构、资源竞争处理、异常处理及算法、容错以及冗余、中断处理等方案及软件实现，针对代码逻辑安全性，通过静态分析、代码审查等进行安全性测试。

（3）通过人工输入、故障注入等方式构造输入异常、节点失效、网络故障、物理节点宕机等异常，验证异常条件下，单个或多个输入错误导致不安全的状态。

（4）挖掘、分析安全攸关操作，如重要数据删除、权限设置、核心业务流程控制等，以非常规操作、误操作、快速操作、非法操作、错误命令、非法数据输入等进行安全性测试。

（5）基于系统配置、任务场景、任务剖面分析，确定系统的安全关键部件，对安全关键部件的独立性及安全性进行测试。

（6）基于系统运行环境，构造软硬件及系统故障或逻辑错误、边界值处理不足、缓冲区溢出及异常处理遗漏等缺陷，在硬件、软件、软硬件故障发生的情况下，验证系统对故障的处理和保护能力。

（7）在系统正常运行的情况下，模拟对重要数据的恶意访问，如读取、修改、删除等，验证软件系统能否对重要数据进行抗非法访问。

（8）模拟非法用户、不同权限用户、低级别用户、权限更改用户，验证用户管理及权限管理的正确性。

软件安全性测试包括安全功能测试和安全漏洞测试。安全功能测试是基于安全功能需求，验证软件系统的安全功能实现的正确性、完备性、一致性。通常，安全功能包括数据机密性、完整性、可用性、不可否认性、身份验证、授权、访问控制、审计跟踪、委托、隐私保护、安全管理等。而安全漏洞测试则是从攻击者角度，检出软件的安全漏洞。

1. 基于静态分析的安全性测试

基于静态分析的安全性测试是通过类型推断、控制流分析、数据流分析、约束分析等方法，检查安全缺陷代码模式，检出诸如数据竞争、缓冲区溢出等可能导致软件系统安全性问题的缺陷。基于静态分析的安全性测试过程模型如图 11-51 所示。

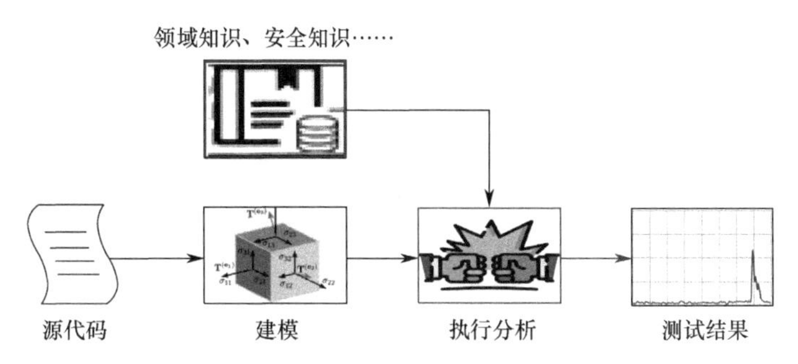

图 11-51　基于静态分析的安全性测试过程模型

无论哪个阶段，当发现一种新的攻击时，通过静态分析，对代码进行重新检查，通过二进制程序静态分析进行安全性测试。基于二进制程序静态分析的安全性测试如图 11-52 所示。

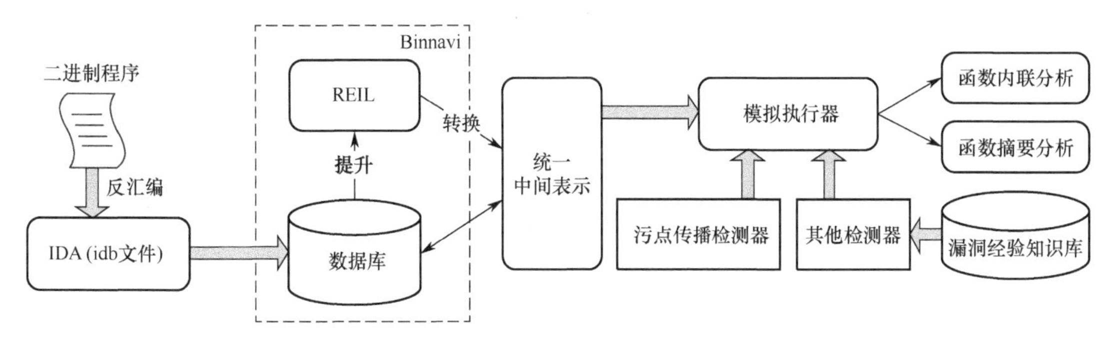

图 11-52　基于二进制程序静态分析的安全性测试

Ben Breech 和 Lori Pollock 提出了一种基于动态编译的安全性测试框架，在程序运行时插入攻击代码，测试基于程序攻击时的堆栈缓冲区溢出等，验证安全机制的可用性和完备性。

2. 基于模型的安全功能测试

有限状态机、UML、马尔可夫链等是典型的软件测试模型，是自动化安全功能测试的基础。以 UML 模型为例，以 UML 序列图的形式对安全威胁进行建模，提取威胁路径集合，在程序执行过程中，这些威胁均不应该发生。随机执行测试用例，将所收集的执行路径与定义的威胁路径进行比较，如果一条执行路径符合其中某一条威胁路径，则报告并予以处理。Mark Blackburn 和 Robert Busser 利用 SCRModeling 工具，对软件安全性功能需求进行建模，使用表单方式构造软件安全功能行为模型，将表单模型转化为测试规格模型，生成由一组输入变量、期望输出变量组成的测试向量，将测试向量输入测试驱动。基于模型的自动化安全功能测试流程如图 11-53 所示。

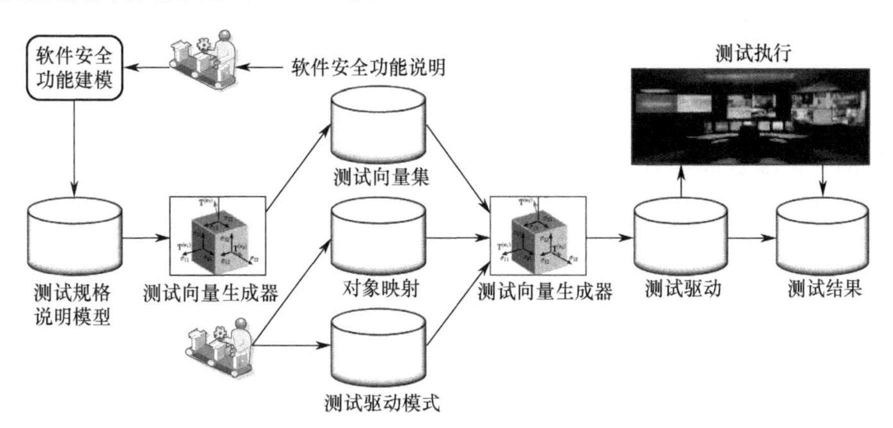

图 11-53　基于模型的自动化安全功能测试流程

这是一种一般的安全功能测试方法，其适用范围取决于安全功能建模能力，特别适用于用“与”“或”

子句表达逻辑关系的安全需求及对授权、访问控制等安全功能进行测试。

3. 基于故障注入的安全性测试

故障注入是依据故障模型，直面系统安全性薄弱环节，人为引入网络层、平台资源层等指定类型故障，并施加到目标系统，激发缺陷，加速系统失效。图 11-54 给出了一种典型的故障注入系统结构。

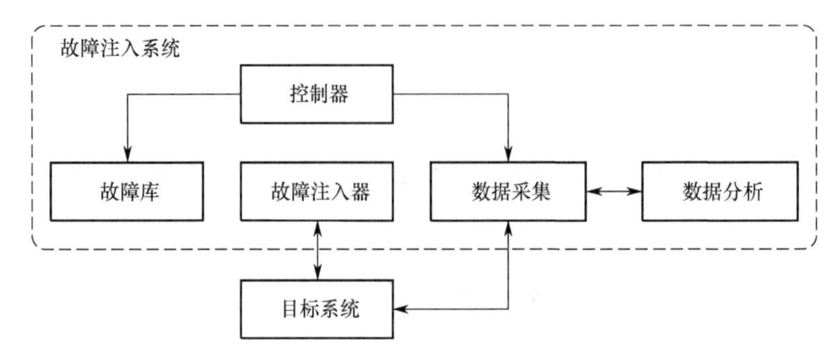

图 11-54　一种典型的故障注入系统结构

网络层故障注入是指向目标系统注入多类型、参数可调、可混合的故障，故障注入类型包括网络传输、网络攻击、平台故障等；平台资源层故障注入是指通过截获资源调用方式，向系统注入只读、不可访问、读写速度受限的文件系统及网络资源故障，也可将寄存器、内存中的相关数据更改为指定值，实现底层故障注入。JariFi 是中国船舶工业软件测试中心自主研发的一款故障注入系统，能够在网络层、操作系统层、代码层模拟注入网络故障、文件故障、进程故障、内存故障、变量故障、寄存器故障等故障，图 11-55 给出了基于 JariFi 的系统故障注入方法和形式。

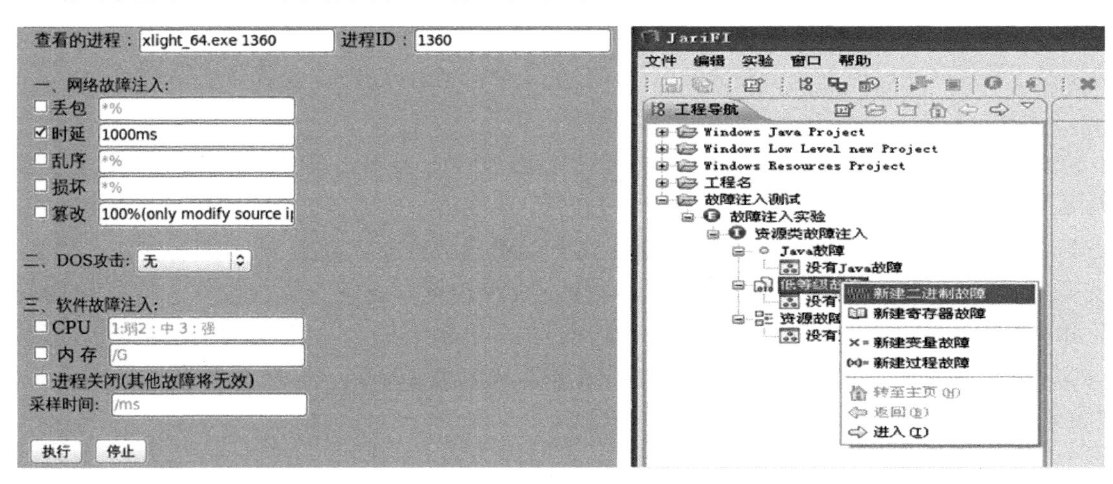

图 11-55　基于 JariFi 的系统故障注入方法和形式

基于故障注入的安全性测试是对 ISO 26262 流程模型右侧测试环节的扩展，也就是针对软件设计中违背安全目标的失效模式以及应用与环境的交互点，如用户输入、文件系统、网络接口、环境变量等引起的故障，设置故障模式，建立软件系统与环境交互故障模型，通过故障注入函数，将系统置为某种特定状态，模拟系统时钟中断、内存过载、CPU 过载、资源丢失、释放错误资源、资源申请失败、任务强制挂起、任务强制删除、插入死循环、频繁中断、重复中断、终端丢失、突发大流量、状态机故障插入、数据状态一致性、操作紧急终止、操作互斥等异常行为，注入特定故障，验证软件系统安全机制及安全措施的有效性。例如，在弹性微服务架构中，通过注入特定故障或自定义错误代码，进行延时注入及终止请求，即可验证不同失败场景下处理的能力，如服务失败、服务过载、服务高延时、网络分区等。

常用故障注入方法有：**仿真故障注入**，需要以较好的目标系统仿真模型为基础；**硬件故障注入**，需要专业的硬件设备或通过软件模拟实现；**软件故障注入**，能方便跟踪目标程序执行并回收数据，例如，利用 UNIX 的 ptrace 函数，在其运行期间破坏程序的内存映像，在故障被激活的地方插入陷进指令；**基于环境混乱的故障注入**，将应用程序及运行环境纳入系统范畴，通过改变正常的环境因素（如文件、网络等）测试系统对环境故障的容错能力。

4. 基于语法的安全性测试

基于语法的安全性测试是根据软件系统功能接口语法，生成测试输入，检测软件系统对各类输入的响应，验证其安全性。接口包括命令行、文件、环境变量、套接字等类型。首先，识别软件系统接口语言，定义语言的语法，基于软件接口所明确或隐含规定的输入语法，采用基于巴科斯–诺尔范式（Barckus-Naur Form，BNF）的形式化符号表示或正则表达式的语法，定义软件系统接受的输入数据类型和格式。其次，根据语法生成测试用例，执行测试。测试输入包含的各类语法错误，符合语法的正确输入及不符合语法的畸形输入等；最后，查看软件系统对各类输入的处理情况，确定其是否存在安全缺陷。基于语法的安全性测试原理及流程如图 11-56 所示。

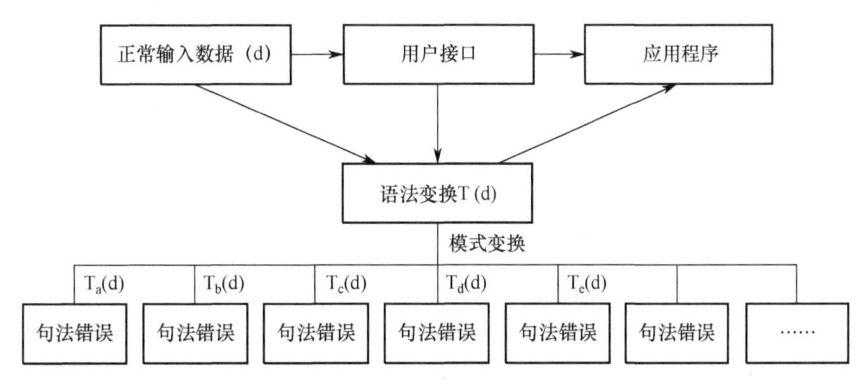

图 11-56　基于语法的安全性测试原理及流程

5. 基于风险的安全性测试

以软件系统安全风险及等级作为测试的出发点及测试活动展开的依据，将风险分析与管理、安全性测试及软件开发过程进行综合，在软件开发的各个阶段，基于安全风险，同步进行安全性测试。该方法强调在安全开发周期的各个阶段，通过误用模式、异常场景、风险分析、渗透测试等技术，锁定软件系统的安全风险，进行测试策划和测试实践，处理安全风险问题。测试不再是软件发布后的穿透和补丁，其实质是将与安全性测试相关的过程集成到软件生命周期过程。

6. 基于属性的安全性测试

1997 年，G. Fink 在 *Property Based Testing：A New Approach to Testing for Assurance* 中提出了基于属性的安全性测试方法。首先，制定安全编码规则，对安全编码规则进行编码，作为安全性属性，采用 TASPEC 对安全属性进行描述，生成安全属性规格说明；然后，基于程序切片，抽取与安全属性相关的代码，验证相关代码是否符合安全属性规格说明，以验证代码是否遵守安全编码规则。该方法是基于软件系统特定的安全属性、安全属性分类及优先级排序，有针对性地开展测试，效果显著。但基于人工验证的效率低，成本高。一个行之有效的方法是将安全属性形式化描述为一个有限状态自动机，将代码模型化为一个下推自动机，利用模型验证技术确定模型中任何一个违反安全属性的状态在软件中的可达性，实现测试的自动化。

7. 基于形式化规格说明的安全性测试

基于形式化规格说明的安全性测试，包括定理证明和模型检测。定理证明是将程序转化为逻辑公式，基于公理和规则，证明程序是一个合法的定理；模型检测是基于有限状态迁移的系统检测技术，通过显式状态搜索或隐式不动点计算，验证有穷状态并发系统的模态命题性质。形式规格说明由形式规格说明语言描述。典型的形式规格说明语言有 Z、VDM、B 等基于模型的语言；有限状态自动机、SDL、状态图等基于有限状态的语言；CSP、CCS、LOTOS、Petri 网等基于行为的语言；OBJ 等代数语言。

对于一个软件系统，使用状态迁移系统 S 描述其行为，用时序逻辑、计算树逻辑 μ 或演算公式 F 表示软件系统执行必须满足的性质，那么就可以通过搜索 S 中不满足公式 F 的状态，检出软件系统中的安全漏洞。NASA 喷气推进实验室提出了一套形式化安全性测试方法，其主要思路就是建立安全需求形式化模型，如状态机模型。这样，安全性测试便转化为状态空间搜索，即检测状态迁移系统中是否存在一条从起始状态到达违反规约的不安全状态的路径。

11.9.1.5 移动应用软件安全性测试

1. 安全风险分析

下面以手机为例，分析说明移动应用软件安全性测试策划、测试设计等内容。首先进行安全风险分析，对安全风险进行分类，确定安全风险的内容。移动应用软件安全风险如表 11-48 所示。

表 11-48 移动应用软件安全风险

安全风险分类	安全风险内容
故意行为	非授权存取；使用窃取的密码登录；电子窃听和数据修改；网络上传输、处理的数据可能被窃取或更改；后门或陷门：对调试入口，直接存取硬编码口令；逻辑炸弹、病毒等
管理风险	导致存储在设备、SIM 卡、存储卡内的信息被他人存取；通过设备接收的信息（如 E-mails 等相关信息）被他人获取
用户错误	删除关键数据或输入错误
技术故障	导致数据中断、删除和不可存取
其他风险	其他不可预期和预防的失效和事件

2. 测试策略

（1）测试验证移动应用是否满足安全准则要求和防止灾难性故障、成败型故障的能力以及系统容错能力、对数据非法访问的保护能力。

（2）在各种故障模式下，验证应用正常运行及降级配置时的处理和保护能力。

（3）操作数据、通信数据安全性保护，重要数据抗非法访问，权限管理保护等能力验证。

（4）多系统、多平台上运行的软件人机接口安全性测试。

（5）在测试过程中严格执行 JAVA 安全域划分，进行相应的签名或测试。

（6）注重安装性测试的重要性，严格按照安装及卸载的安全性要求进行测试。

3. 测试内容

下面以系统权限、通信安全、数据安全、人机接口安全性及安装与卸载测试项为例，说明移动应用软件安全性的测试内容，分别如表 11-49～表 11-53 所示。

表 11-49 系统权限测试项及内容

序 号	测 试 项	测 试 内 容
1	互联网访问权限	限制/允许使用手机功能接入互联网
2	信息功能	限制/允许使用手机发送、接收信息
3	自动启动权限	限制/允许应用程序注册自动启动应用程序
4	本地连接	限制或使用本地连接
5	媒体录制权限	限制/允许使用手机拍照、录像或录音
6	读取用户数据	限制/允许使用手机读取用户数据
7	写入用户数据	限制/允许使用手机写入用户数据

表 11-50　通信安全性测试项及内容

序　号	测 试 项	测 试 内 容
1	运行中断	运行过程中，当有来电、SMS、MMS、EMS、蓝牙、红外等通信设备充电时，系统能否暂停程序运行，优先处理通信，通信处理完毕之后，正常恢复软件运行，继续其原有功能
2	通信中断	创立连接时，能否有效处理网络连接中断并告知用户连接中断的情况；能否有效处理通信延时或中断；能否将工作保持到通信超时，并发送给用户“连接错误”的错误信息提示
3	网络异常	能否处理网络异常并及时将异常情况通报给用户；当应用程序关闭或网络连接不再使用时，能否及时进行关闭或断开
4	无线消息	MIDlet 能否正确发送文字短信；短信发送发生意外时能否准确提示用户；短信格式是否符合规定，以便能正确地被接收和处理
5	蓝牙连接	能否有效发现蓝牙设备和服务；当长时间不使用或闲置时，能否中断；多个设备互连时，即使其中一个蓝牙设备消失，其他设备之间是否能够保持连接；如发生中断，是否对用户进行提示

表 11-51　数据安全性测试项及内容

序　号	测 试 项	测 试 内 容
1	密码处理	输入密码或其他敏感数据时，不会被储存在设备中，密码不会被解码；密码是否以明文形式存储并显示；密码、信用卡明细及其他敏感数据是否储存在预输入位置上；不同应用程序的个人身份信息或密码长度必须至少在规定的数字长度之间，且要求由数字、字母、特殊字符等混合构成；登录时，除输入密码外，是否需要同时输入验证码；如果登录失败，系统是否提供非法登录次数限制、结束会话、自动退出等安全措施
2	敏感数据	处理信用卡明细等敏感数据时，不以明文形式将数据写入其他单独文件或临时文件中，防止应用程序异常终止未删除其临时文件而遭受入侵者攻击；当将敏感数据输入到应用程序时，不会被存储在设备中
3	备份恢复	备份加密，数据恢复应考虑通信中断恢复过程异常；数据恢复后在使用前应经过校验
4	安全提示	系统或虚拟机产生的提示信息或安全警告，不能在安全警告显示前利用显示误导信息欺骗用户；不应模拟进行安全警告误导用户
5	数据删除	必须明确数据是否将被永久性删除或能够简单恢复；数据删除前，应当提示用户或提供一个“取消”命令操作，只有当确认后方可删除；“取消”命令操作能够按照设计要求实现其功能
6	PIN 信息存取	能处理当不允许应用软件连接到个人信息管理的情况（读、写用户信息操作）时，向用户发送一个操作错误的提示信息；错误信息必须声明，读或写操作是不可用的
7	个人信息	能否正确连接到个人信息管理应用程序，确保在没有用户明确许可的前提下不损坏和删除个人信息管理应用中的相关内容；在没有用户明确许可的前提下，不损坏、删除个人信息管理应用中的相关内容；应用程序读和写数据正确；设备闪存不被不必要的数据填满；如果数据库中重要数据正要被重写，能否及时告知用户；具有异常保护功能
8	应用环境	MIDlets 即使应用环境发生改变也能正常运行；能合理地处理出现的错误；在处理异常的同时，MIDlets 也能正常运行；意外情况下应提示用户

表 11-52　人机接口安全性测试项及内容

序　号	测 试 项	测 试 内 容
1	用户接口菜单	返回菜单总保持可用
2	用户接口命令	命令有优先权顺序
3	声音要求	声音设置不影响应用程序的功能
4	GUI 要求	必须利用目标设备适用的全屏尺寸显示相关内容
5	用户异常响应	能够处理不可预知的用户操作，如错误操作和同时按下多个按键等

表 11-53　安装与卸载测试项及内容

序　号	测 试 项	测 试 内 容
1	安装性测试	应用系统是否能够按照安装规程安装到设备驱动程序上；能够在安装设备驱动程序上找到相应的应用程序图标；是否包含数字签名信息；J2ME 至少包括 MIDlet-Name、MIDlet-Version、MIDlet-Vendor、MIDlet-Jar-URL、MIDlet-Jar-Size 等特性；JAD 文件和 JAR 包中所有托管属性及其值必须正确；应用程序描述规格应包含 MIDP1.0、MIDP2.0 规格规定的特征和内容；JAD 文件显示的资料内容与应用程序显示的资料内容一致；安装路径应能指定；没有用户允许，应用程序不能预先设定自动启动
2	卸载测试	卸载是否安全，文件是否能够全部卸载；卸载用户使用过程中产生的文件是否有提示；修改的配置信息能否恢复；是否影响其他软件功能；卸载应移除所有文件

11.9.2　互操作性测试

互操作性是指两个或多个系统或组成部分之间交换信息及对所交换信息加以使用的能力，即不同系统之间共享信息、相互协同、共同运行的能力。互操作性包括语法层面的互操作性和语义层面的互操作性。如果不同系统之间能够进行通信和数据交换，表示它们之间具备语法层面的协同工作能力。就数据通信而言，其基本要素包括规定的数据格式、通信协议及接口描述，XML、SQL 标准提供的就是语法层面的互操作性。

数据交换至少涉及两个系统，只有当系统之间交换的数据能够得到对方正确处理和使用的情况下，才能实现语义协同。OSI 是构造可互操作系统的通用模型，协议栈的底层定义了联网硬件及系统之间的数据传输，上层定义了应用程序间的互操作，OSF 则在表示层和应用层上支持互操作。

对于区块链，以太坊创始人 Vitalik Buterin 认为跨链即为互操作，可信区块链推进计划则认为区块链的互操作包括：用于解决上层应用与底层链紧耦合问题的应用层互操作，用于解决“链级孤岛”的链间互操作和用于解决链上链下数据互操作 3 个方面。

互操作性测试是为验证软件系统能否与其他系统或组件进行交互，确保其兼容性而进行的测试，即验证被测对象之间互操作的连通性、健壮性及兼容性。例如，对于两个通信系统，互操作性测试就是对两个系统之间端到端功能的符合性验证。互操作性测试必须同时运行两个或多个不同系统，且相互之间发生互操作。互操作性测试包括物理互操作性、数据类型互操作性、语义互操作性及规范级互操作性测试等不同类型。

11.9.2.1　测试方法

互操作性测试是基于两个或多个系统之间的交互情况，分析系统组成及接口关系，确定互操作性测试对象（配置项与配置项、系统与外部软件），通过接口协议厘清发生互操作对象之间的数据流、控制流，针对分析结果进行测试设计。除测试规范、测试设备、测试驱动与一致性测试不同外，测试方法基本上与一致性测试类似。但是，对于一个系统，即便通过了一致性测试，也并不能确保其能够通过互操作性测试。

无论是哪个级别、哪种类型的互操作性测试，均可视为对操作流及操作对象状态的验证：

（1）A→操作→B（正常）。

（2）A→操作→B（故障）。

（3）B→操作→A（正常）。

（4）B→操作→A（故障）。

（5）A→操作→B（正常/故障）→操作→A（正常/故障）→操作→……。

（6）A→操作→B（正常/故障）→操作→C（正常/故障）→操作→……。

与此同时，互操作测试还应考虑互操作对象间的链路状态：

（1）A→操作（链路正常）→B。

（2）A→操作（链路故障）→B。

（3）B→操作（链路正常）→A。

（4）B→操作（链路故障）→A。

（5）A→操作（链路正常/故障）→B→操作（链路正常/故障）→A→操作（链路正常/故障）→……。

（6）A→操作（链路正常/故障）→B→操作（链路正常/故障）→C→操作（链路正常/故障）→……。

11.9.2.2　SAN 卷控制器互操作性测试

SAN 卷控制器（SAN Volume Controller，SVC）预装于 SVC 存储引擎中，一旦将引擎连接到存储网络，即可实现对不同存储设备的管理。由于 SVC 将服务器显示为单个存储类型，简化了虚拟服务器的配置和服务器映像管理，在不更改服务器映像的情况下，可以轻松地将数据从一个存储类型迁移至另一个存储类型。

SVC 同多种不同服务器、存储设备及 SAN 交换机交互，互操作性是 SVC 的重要属性，这不仅体现在不同服务器和存储设备等硬件设备，而且要考虑驻留在这些硬件设备上的操作系统、多路径软件、HBA 驱动以及集群管理软件等。假设 Solaris10 服务器端包括 Sparc 和 X86 两种平台，存储设备端的 HP 或 EMC 具有多种不同型号，SAN 网络交换机存在着同样的情况，加之 HBA 卡、多路径软件和集群软件等多种不同的交互对象，SVC 设备的互操作性相当复杂。假设 SVC 支持的服务器端操作系统为 HP-UX 11i v3（B.11.31），那么在 PARISC 和 Itanium 平台上的互操作性测试配置如表 11-54 所示。

表 11-54　SVC 在 PARISC 和 Itanium 平台上的互操作性测试配置

<table>
<tr><th>Host Bus Adapter</th><th>HBA Driver</th><th>Platform</th></tr>
<tr><td>A6795A
A5158A</td><td>FibreChannel-00 B.11.31.0803
FibreChannel-00 B.11.31.0809
FibreChannel-00 B.11.31.0812
FibreChannel-00 B.11.31.0903</td><td>HP9000 Series Servers
&HP Itanium Servers</td></tr>
<tr><td>AB378A
AB378B
AB379A
AB379B
AB465A
AD193A
AD194A
A9782A
A9784A
A6826A</td><td rowspan="2">FibreChannel-00 B.11.31.0803
FibreChannel-00 B.11.31.0809
FibreChannel-00 B.11.31.0812
FibreChannel-00 B.11.31.0903</td><td></td></tr>
<tr><td>AD300A</td><td>HP Itanium Servers Only</td></tr>
</table>

通过结对测试实现所有输入的两两组合，是常用的互操作性测试技术。但在 SVC 的互操作性测试中，即便使用两两组合，测试用例数也可能是一个庞大的数字，而且 SVC 组网复杂，涉及用户存储数据，对于每个测试用例，无论是环境构建，还是测试执行，无一不是耗时极长的工作。遍历所有组合是一项极其艰巨甚至不可能完成的任务。基于有限资源，可以通过如下策略提高测试效率：

（1）在可能情况下，争取所有输入至少被测试一次。

（2）在同一个测试中，覆盖多种不同设备，如 SVC 后台存储同时有 DS4300 和 DS8000 两种型号，且服务器上使用的 HBA 卡包含不同型号。

（3）由专门的测试小组负责互操作性测试。

（4）基于市场需求，针对应用最广的组网优先测试。

（5）根据测试目标，进行动态测试组合。

（6）基于风险类型和风险等级，对高风险组合进行重点测试。

11.9.2.3 Gmail 互操作性测试

Gmail 邮件系统，除邮件收发功能外，还集成了过滤器、搜索、实时聊天、反垃圾邮件等功能。来自世界各地的用户，可能使用不同操作系统和浏览器，对互操作性提出了极高的要求。Gmail 支持 Windows、Mac、Linux 等操作系统及 Google、Firefox、IE、Safari、Netscape 及 Opera 等浏览器。然而，并非所有操作系统和浏览器的组合都能使用 Gmail，且部分版本较低的浏览器只能使用其部分功能，甚至有些版本很低的浏览器无法使用 Gmail 的标准视图，只能使用基本的 HTML 视图。为了实现 Gmail 的互操作性测试，首先分析确定 Gmail 支持浏览器和操作系统的互操作组合，如表 11-55 所示。

表 11-55　Gmail 支持浏览器和操作系统的互操作组合

编　号	功能完整性	操 作 系 统	浏 览 器
1	支持所有最新功能		
1.1		Windows	Chrome 38+
1.2			Firefox 2.0+
1.3			Internet Explorer 6.0+
1.4		Mac	Firefox 2.0+
1.5			Safari 3.0+
1.6		Linux	Firefox 2.0+
2	可能无法使用某些最新功能		
2.1		Windows	IE 5.5+
2.2			Netscape 7.1+
2.3			Mozilla 1.4+
2.4			Firefox 0.8+
2.5		Mac	Netscape 7.1+
2.6			Mozilla 1.4+
2.7			Firefox 0.8+
2.8			Safari 1.3+
2.9		Linux	Netscape 7.1+
2.10			Mozilla 1.4+
2.11			Firefox 0.8+

Gmail 并非完全不支持表 11-55 未列出的组合。为了能够支持一些较低版本，Gmail 提供了基本 HTML 视图功能，当浏览器为 IE 4.0+、Netscape 4.07+或 Opera 6.03+时，可以通过该视图访问邮件。当然，有些功能无法使用，如创建过滤器、拼写检查、地址自动完成等功能。在进行 Gmail 互操作性测试时，应覆盖上述所有组合。

11.9.3 兼容性测试

兼容性是指软件系统在特定的软硬件平台及不同应用之间协调工作的能力，即将软件系统与从某一环境迁移至另一环境的能力有关的一组属性。这些属性包括：无须采用有别于为该软件准备的活动或手段就能适应与不同规定环境有关的软件属性；遵循与可移植性有关标准或约定的软件属性；在该软件环境中用以替代与指定的其他软件的机会和努力有关的软件属性。

兼容性测试是验证不同类型软件之间正确交互、协同运行以及共享数据的能力。兼容性测试旨在：

（1）验证软件在规定条件下共同使用若干实体时满足有关要求的能力。

（2）验证软件在规定条件下与若干实体实现数据格式转换时能满足有关要求的能力。

（3）验证软件与目标平台、网络设备、外设、存储设备等的硬件兼容性。

（4）验证软件与操作系统、浏览器等的软件兼容性。

11.9.3.1　兼容性分类

基于不同视角，可将兼容性划分为不同类型。例如，对于基础运算与运行环境，其兼容性包括硬件兼容性、应用兼容性和虚拟机纳管。现将兼容性划分为向上向下兼容、不同版本兼容、标准规范兼容、数据共享兼容和交错兼容 5 种类型。

（1）**向上向下兼容**：向上兼容是指在某一平台较低版本环境中开发的软件能够在较高版本的环境中运行，即可以使用软件的未来版本，也称为向前兼容；向下兼容是指软件更新到新版本后，用其早期版本创建的文档或系统仍能正常使用，或基于旧版本开发的软件能够正常编译和运行，即可以使用软件的以前版本，也称为向后兼容。

（2）**不同版本兼容**：不同版本的软件能够在确定的环境中相互兼容，有效运行。

（3）**标准规范兼容**：适用于软件平台的标准规范包括高级标准和低级标准。高级标准是产品普遍遵循的标准，如应用系统声明与某平台兼容就必须接受关于该平台的标准和规范；低级标准是对产品开发细节的描述，从某种意义上说，低级标准比高级标准更加重要。

（4）**数据共享兼容**：在应用程序之间共享数据，要求支持并遵循公开的标准，允许用户同其他软件无障碍地共享和传输数据。

（5）**交错兼容**：软件与其他软硬件协同工作的能力。当软件在不同硬件设备中使用时，交错兼容即为适配兼容；当软件在不同软件环境中使用时，交错兼容即为环境兼容。

11.9.3.2　测试方法

兼容性测试是指在不同环境下，对软件系统进行测试，即对软件系统在特定的软硬平台及不同应用之间协同工作能力的测试。系统构成要素即分系统或设备或功能单元的操作系统、开发机制、运行环境、接口关系等可能存在较大差异，需要综合考虑系统内部的运行兼容性。例如，对于一个短波通信系统，基于不同型号、不同阶段的电台，将系统中原设备替换为同类型的其他设备，分别对模拟话、模拟跳频、自动控制通信、自适应通信、数据波形进行参数配置和业务建链通信操作，验证其互联互通、组网等能力。

1. 操作系统兼容性

同一操作系统不同版本之间的兼容性，如 Windows XP 和 Windows 7 之间的兼容性；不同操作系统之间的兼容性，如 Windows 与麒麟操作系统的兼容性。根据不同软件开发方式确定是否需要进行兼容性测试以及如何进行兼容性测试。有些软件需要重新开发或进行较大改动后，才能在不同操作系统上运行，对于两层体系和多层体系结构的软件，还需要考虑前端和后端操作系统的可选择性，对于这类软件，兼容性测试是必不可少的选择。对于采用跨平台语言开发的软件，与操作系统平台无关，能够在不同操作系统上运行，无须进行兼容性测试。有些软件虽然不是基于跨平台语言，只需在不同操作系统上重新编译即可运行，亦无须进行兼容性测试。

2. 异构数据库兼容性

不少软件系统，尤其是 MIS、ERP、CRM 等软件系统，需要验证其对不同数据库平台的支持能力。

数据库兼容性包括两个方面：一是同一种数据库不同版本之间的兼容性；二是不同数据库之间的兼容性，如 Oracle、MySQL、达梦之间的兼容性。在兼容性测试过程中，需要关注不同数据库平台能否平滑替换，软件能否直接挂接。

3. 数据兼容性

一是验证软件系统是否具有异种数据兼容能力，即是否提供对其他数据格式的支持，如办公软件是否支持常用的 Doc、WPS 等文件格式；二是软件系统迭代升级，可能增加新的数据或对原有数据格式、文件格式等进行修改，需要对新旧版本软件的数据兼容性进行测试。

4. 应用系统兼容性

除操作系统、数据库等支撑软件外，软件运行需要其他应用系统支持，尤其是大型复杂系统，当其中某个或某些配置项更改升级后，需要验证其与其他软件是否协调一致，以及其他应用系统是否仍然能够正常工作。

5. 硬件兼容性

不同软件系统对硬件具有不同的要求，有些软件可能在不同硬件环境中呈现出不同的运行结果，应在规定的不同硬件环境中，对系统功能实现、性能表征、响应时间、资源分配等进行测试验证。

11.9.3.3 浏览器兼容性测试

某软件系统支持 Chrome 和 360 浏览器。对此，设计如表 11-56 所示的浏览器兼容性测试项。

表 11-56 某软件浏览器兼容性测试项

测试项名称	浏览器兼容性	测试项标识	SZZD_JRC_Q01	优 先 级	1
追踪关系	软件需求规格说明，6.3.3.11				
需求描述	软件系统应支持 Chrome 和 360 浏览器				
测试项描述	用 Chrome 和 360 浏览器访问软件系统，检测软件运行是否正常				
测试方法	（1）用 Chrome 浏览器访问软件系统，对功能性能、人机界面、操作使用等进行测试；（2）分析 Chrome 和 360 浏览器之间的差异，用 360 浏览器访问软件，对差异部分进行重点测试；（3）如果不能确定 Chrome 和 360 浏览器之间的差异，则分别使用 Chrome 和 360 浏览器访问软件系统，分别进行测试				
充分性要求	使用 Chrome 和 360 浏览器访问软件系统，执行功能、性能、接口、人机界面、边界、余量、强度、安全性等测试用例				
约束条件	用 Chrome 和 360 浏览器访问软件系统，软件系统运行正常				
终止要求	正常终止：所有测试用例执行完毕；异常终止：不满足测试要求，相关测试用例无法正常执行				
通过准则	用 Chrome 和 360 浏览器访问软件系统，软件系统运行正常				

参考文献

[1] 于秀山，王小娟，等. 软件测评经典案例剖析[M]. 北京：电子工业出版社，2022.

[2] 孙志安. 软件可靠性工程[M]. 北京：北京航空航天大学出版社，2009.

[3] 朱少民. 全程软件测试[M]. 北京：人民邮电出版社，2019.

[4] 付彪，秦五一，等. 深度实践微服务测试[M]. 北京：机械工业出版社，2022.

[5] 黄松，洪宇，等. 嵌入式软件自动化测试[M]. 北京：机械工业出版社，2022.

[6] 张永清. 软件性能测试、分析与调优实践之路[M]. 北京：清华大学出版社，2020.

[7] MYERS G J, BADGETT T, SANDLER C. 软件测试的艺术[M]. 张晓明，黄琳，译. 北京：机械工业出版社，2014.

[8] SUN Z A, SHI M. An automated test suite generating approach for stateful web services[C]. Proceeding of 18th IEEE International Conference on SQRS, 2018: 362-369.

[9] 李必信，廖力，等. 软件架构理论与实践[M]. 北京：机械工业出版社，2019.

[10] 赵斌. 软件测试经典教程[M]. 北京：科学出版社，2015.

[11] 蔡立志，武星，等. 大数据测评[M]. 上海：上海科学技术出版社，2015.

[12] HOU K J, BAI X Y, LU H, et al. Web service test data generation using interface semantic contract[J]. Journal of Software, 2013, 24(9): 2020-2041.

[13] BLACK R. 软件测试基础[M]. 郑丹丹，王华，译. 北京：人民邮电出版社，2013.

[14] 于秀山，于洪敏. 软件测试新技术与实践[M]. 北京：电子工业出版社，2006.

[15] 张小峰，赵永升，等. 离散数学[M]. 北京：清华大学出版社，2016.

[16] ZHAO S, LIU H, WANG Y F. Fuzz testing of Android inter-component communication[J]. Computer Science, 2020, 47(S2): 303-309.

[17] 贲可荣，袁景凌，等. 离散数学解题指南[M]. 北京：清华大学出版社，2023.

[18] WHITTAKER J A, ARBON J, CAROLLO J. Google 软件测试之道[M]. 黄利，李中杰，薛明，译. 北京：人民邮电出版社，2013.

[19] 苗东升. 系统科学精要[M]. 北京：中国人民大学出版社，2006.

[20] WANG X, YANG Y, ZHU S. Automated hybrid analysis of android malware through augmenting fuzzing with forced execution[J]. IEEE Transactions on Mobile Computing, 2019, 18(12): 2768-2782.

[21] 于秀山，等. C/C++程序缺陷与优化[M]. 北京：电子工业出版社，2014.

[22] 王顺，盛安平，等. 软件测试工程师成长之路：掌握软件测试九大技术主题[M]. 北京：电子工业出版社，2014.

[23] 金碧辉. 系统可靠性工程[M]. 北京：国防工业出版社，2004.

[24] FU H, HU P, ZHENG Z. Towards automatic detection of nonfunctional sensitive transmissions in mobile applications[J]. IEEE Transactions on Mobile Computing, 2021, 20(10): 3066-3080.

[25] 周伟明，等. 软件测试实践[M]. 北京：电子工业出版社，2008.

[26] 杜庆峰，等. 高级软件测试技术[M]. 北京：清华大学出版社，2011.

[27] 朱少民，等. 软件测试方法和技术[M]. 北京：清华大学出版社，2010.

[28] BROEKMAN B, NOTENBOOM E. 嵌入式软件测试[M]. 张思宇，周承平，译. 北京：电子工业出版社，2004.

[29] 何书元. 随机过程[M]. 北京：北京大学出版社，2008.

[30] JONES C. 软件评估基准测试与最佳实践[M]. 韩柯，译. 北京：机械工业出版社，2003.

[31] GOMAA H. 并发与实时系统软件设计[M]. 姜浩，译. 北京：清华大学出版社，2003.

[32] 王子元. 组合测试用例生成技术[J]. 计算机科学与探索，2008，2（6）：571-588.

[33] 马海云，张少刚. 软件质量保证与软件测试技术[M]. 北京：国防工业出版社，2011.

[34] HOCK-KOON A, OUSSALAH M. Defining metrics for loose coupling evaluation in service composition[C]. Proceedings of 2010 IEEE International Conference on Services Computing, 2010: 362-369.

[35] 宋华文，耿华芳. 软件密集型装备综合保障[M]. 北京：国防工业出版社，2011.

[36] 尹浩，于秀山. 程序设计缺陷分析与实践[M]. 北京：电子工业出版社，2011.

[37] 周培. 基于 LDRA Testbed 的机载软件静态测试方法[J]. 计算机测量与控制，2019，27（7）：107-108.

[38] 陈超. C/C++安全检查工具中抽象语法树的设计与实现[D]. 西安：电子科技大学，2009.

[39] 毛新生. SOA 原理、方法、实践[M]. 北京：电子工业出版社，2007.

[40] ZHANG X, FENG C, LEI J. Real time idle state decection method in fuzzing test in GUI program[J]. Journal of Software, 2018, 29(5): 1288-1302.

[41] 杨利利，李必信. Web 服务测试问题综述[J]. 计算机科学，2008，135(19)：258-265.

[42] 仇铭阳，赛煜，王刚，等. 基于时间-概率攻击图的网络安全评估方法[J]. 火力与指挥控制，2022，47（1）：145-149.

[43] 刘凯，郑吉洲. 嵌入式实时操作系统 μC/OS-II 在 DSP 芯片上的移植与测试[J]. 信息安全与技术，2013，4(6):91-94.

[44] BRENNER D, ATKINSON C, HUMMEL O, et al. Strategies for the run-time testing of third party web services[C]. IEEE International Conference on Service-Oriented Computing and Applications, 2007:114-121.

[45] 杨春周，王曼曼. 航天装备一体化试验模式创新构想探讨[J]. 计算机测量与控制，2021，28（8）：238-244.

[46] 代亮，陈婷，许宏科，等. 大数据测试技术研究[J]. 计算机应用研究，2014，31（6）：1606-1613.

[47] SINHA A. Model based functional conformance testing of web services operating on persistent data[C]. Proceedings of the 2006 Workshop on Testing，Analysis，and Verification of Web Services and Applications, 2006: 362-366.

[48] 刘光源. 基于 K-均值聚类的软件测试数据生成算法[J]. 数字通信世界，2022，56（11）：56-58.

[49] LI Z J, SUN W, JIANG Z B, et al. BPEL4WS unit testing：framework and implementation[C]. Proceedings of the 2005 IEEE International Conference on Web Services(ICWS'05), 2005: 103-110.

[50] 黄沛杰，杨铭铨. 代码质量静态度量的研究与应用[J]. 计算机工程与应用，2011，47（23）：61-63.

[51] PETROVA A, DESSISLAVA I, et al. TASSA: Testing framework for web service orchestrations[C]. Proceedings of 10th International Workshop on Automation of Software Test In Conjunction with The 37th International Conference on Software Engineering, 2015: 8-12.

[52] 张林. 嵌入式软件静态测试技术[J]. 数字通信世界，2018，14（9）：67.

[53] VANDERVEEN P, JANZEN M, TAPPENDEN A F. A web service test generator[C]. Proceedings of 2014 IEEE International Conference on Software Maintenance and Evolution, 2014: 516-520.

[54] 王鑫，赵伟，吴亚锋. 软件静态分析融合技术研究[J]. 火力与指挥控制，2022，47（1）：26-30.

[55] 张甜甜，李妮，龚光红. 一种基于数独分组的拉丁超立方实验设计方法[J]. 系统仿真学报，2020，32（11）：65-69.

[56] WALZ A, SIKORA A. Exploiting dissent: Towards fuzzing based differential black-box testing of TLS implementations [J]. IEEE Transactions on Dependable and Secure Computing, 2020,17(2): 278-291.

[57] 胡建伟，赵伟，闫峥，等. 基于机器学习的 SQL 注入漏洞挖掘技术的分析与实现[J]. 信息网络安全，2019，19（11）：36-42.

[58] SINHA A, PARADKAR A. Model-based functional conformance testing of web services operating on persistent data[C]. Proceedings of the 2006 Workshop on Testing, Analysis, and Verification of Web Services and Applications, 2006: 17-22.

[59] 王磊. 微服务架构与实践[M]. 北京：电子工业出版社，2016.

[60] 何双. 一种基于用户剖面的构件软件可靠性度量方法研究[D]. 重庆：西南大学，2012.

[61] 刘凯悦. 大数据综述[J]. 计算机科学与应用，2018，8（10）：1503-1509.

[62] DIN F, ZAMLI K. Fuzzy adaptive teaching learning-based optimization strategy for GUI functional test cases generation[C]. Proceedings of the 7th International Conference on Software and Computer Applications, 2018: 92-96.

[63] LI W M, ZHANG A F, LIU J C. An automatic network protocol fuzz testing and vulnerability discovering method[J]. Chinese

Journal of Computers, 2011, 34(2): 242-255.

[64] MA R, REN S M, MA K. Semi-valid fuzz testing case generation for stateful network protocol[J]. Tsinghua Science and Technology, 2017, 22(5): 458-468.

[65] 姜璐. 一种改进的基于抽象语法树的软件演化分析技术研究[D]. 南京：南京大学，2013.

[66] 董夏磊，项正龙，吴泓润，等. 基于开发者多元特征的软件缺陷自动分派方法[J]. 计算机科学，2022，49（12）：82-89.

[67] 徐培德，李志猛. 武器系统效能分析[M]. 长沙：国防科技大学出版社，2016.

[68] 胡一丹. 基于卷积神经网络的跨站脚本攻击检测模型[J]. 舰船电子工程，2023，43（6）：110-115.

[69] JEMAL I，CHEIKHROUHOU O，HAMAM H. SQL injection attack detection and prevention techniques using machine learning[J]. International Journal of Applied Engineering, 2020,15(6): 569-580.

[70] TUFANO M, PALOMBA F, BAVOTA G, et al. When and why your code starts to smell bad[C]. Proceedings of the IEEE/ACM 37th IEEE International Conference on Software Engineering, 2015: 403-414.

[71] KEUM C, KANG S, KIM M. Architecture-based testing of service-oriented applications indistributed systems[J]. Information and Software Technology, 2013, 55(7): 1212-1223.

[72] SHI X W, MA Y T. Software bug tringing method based on text classification and developer rating[J]. Computer Science, 208. 45(11): 193-198.

[73] ZHANG Y, YANG M, YANG Z. Permission use analysis forvetting undesirable behaviors in Android apps[J]. IEEE Transactions on Information Forensics and Security, 2014, 9(11): 1828-1842.

[74] WANG K, LIU Q X, ZHANG Y Q. Android inter application communication vulnerability mining technique based on fuzzing[J]. Journal of University of Chinese Academy of Sciences, 2014, 31(6): 827-835.

[75] ZHANG M, YANG L, ZHANG J W. Fuzzer APP: The robustness test of application component communication in Android[J]. Journal of Computer Research and Development, 2017, 54(2): 338-347.

反侵权盗版声明

电子工业出版社依法对本作品享有专有出版权。任何未经权利人书面许可，复制、销售或通过信息网络传播本作品的行为；歪曲、篡改、剽窃本作品的行为，均违反《中华人民共和国著作权法》，其行为人应承担相应的民事责任和行政责任，构成犯罪的，将被依法追究刑事责任。

为了维护市场秩序，保护权利人的合法权益，我社将依法查处和打击侵权盗版的单位和个人。欢迎社会各界人士积极举报侵权盗版行为，本社将奖励举报有功人员，并保证举报人的信息不被泄露。

举报电话：（010）88254396；（010）88258888

传　　真：（010）88254397

E-mail：　dbqq@phei.com.cn

通信地址：北京市万寿路 173 信箱

　　　　　电子工业出版社总编办公室

邮　　编：100036